Textile Werkstoffe für den Leichtbau

Chokri Cherif

Herausgeber

Textile Werkstoffe für den Leichtbau

Techniken – Verfahren – Materialien – Eigenschaften

 Springer

Herausgeber
Univ.-Prof. Dr.-Ing. habil. Dipl.-Wirt. Ing.
Chokri Cherif
Technische Universität Dresden
Fakultät Maschinenwesen
Institut für Textilmaschinen und
Textile Hochleistungswerkstofftechnik
01062 Dresden
chokri.cherif@tu-dresden.de

ISBN 978-3-642-17991-4   e-ISBN 978-3-642-17992-1
DOI 10.1007/978-3-642-17992-1
Springer Heidelberg Dordrecht London New York

Die Deutsche Nationalbibliothek verzeichnet diese Publikation in der Deutschen Nationalbibliografie;
detaillierte bibliografische Daten sind im Internet über http://dnb.d-nb.de abrufbar.

Einbandentwurf: WMXDesign GmbH, Heidelberg

Gedruckt auf säurefreiem Papier

Springer ist Teil der Fachverlagsgruppe Springer Science+Business Media (www.springer.com)

Vorwort

Die natürlichen Ressourcen für die ökonomische Entwicklung stehen nur begrenzt zur Verfügung. Um nicht die eigene Lebensgrundlage zu zerstören, erfordert dies einen konsequent schonenden und effizienten Umgang mit den verfügbaren Energieträgern und Werkstoffen in allen Wirtschaftsbereichen mit dem Ziel der Reduzierung des Energiebedarfs, der Schadstoffemission und des Werkstoffeinsatzes. Dies wird besonders vor dem Hintergrund der Globalisierung deutlich, die mit einem sprunghaften Anstieg der weltweiten Transportbewegungen und der ständigen Ausweitung des Individualverkehrs einhergeht. Besonders in den Industriebereichen, in denen große Massen bewegt und dabei beschleunigt werden müssen, wie im Personen- und Güterverkehr sowie im Maschinen- und Anlagenbau, sind innovative Leichtbautechnologien auf Kunststoffbasis heute gefragter denn je. Diese Aspekte der Material- und Energieeffizienz gelten ebenfalls für Holz- und Betonbewehrungen. Im Bauwesen gibt es zunehmend Anwendungen für faserbewehrte schlanke und filigrane Betonbauteile, faserverstärkte Kunststoffe sowie für die Ertüchtigung und Instandsetzung von bestehenden Bauwerken. Weiterhin sind textile Membranen leistungsstarke und zugleich extrem leichte Konstruktionswerkstoffe mit einstellbaren Funktionalitäten, die ebenfalls für eine Vielzahl von Anwendungsgebieten von besonders praktischer Relevanz sind.

Textile Werkstoffe und Halbzeuge weisen ein vielfältiges Eigenschaftspotenzial auf und sind häufig Träger und Treiber für innovative Entwicklungen. Sie zeichnen sich vor allem durch den Einsatz von Hochleistungsfaserstoffen sowie die Verwendung von hochentwickelten Technologien aus. In den vergangenen Jahrzehnten hat sich weltweit ein einzigartiges interdisziplinäres Wissensspektrum im Bereich der Textiltechnik entwickelt. Der Fokus ist dabei auf polymere, mineralische und metallische faserbasierte Werkstoffe für den Einsatz in High-Tech-Bereichen gerichtet. Diese textilen Materialien stellen in Gegenwart und Zukunft eine bedeutende Gruppe an Hochleistungswerkstoffen dar und werden sich als ein entscheidender Schwerpunkt in der Materialforschung des 21. Jahrhunderts etablieren. Die Faser- und Textiltechnik wird sich verstärkt zu einer nicht mehr wegzudenkenden Querschnittsdisziplin für neuartige Technologien und Produkte entwickeln.

Aus der Kombination mit der Materialwissenschaft, Nanotechnologie, Mikrosystemtechnik, Bionik, Physik und Chemie resultiert ein innovatives Produktspektrum, dessen Eigenschaften in weiten Grenzen anforderungsgerecht einstellbar sind. Die Bandbreite und Tiefe der hierzu notwendigen Prozesse und Werkstoffe sind immens und hoch komplex. Es lassen sich Produkte mit einzigartigen Merkmalen sowie Ansätze für intelligente und selbstlernende Materialien entwickeln.

Das Ziel der vorliegenden Erstauflage ist es, das Leistungspotenzial der textilen Werkstoffe und Halbzeuge und deren Vielfalt voll ausschöpfen zu können. Experten der Textiltechnik vermitteln Grundlagenwissen der Textil- und Konfektionstechnik sowie zukunftsorientiertes Spezialwissen zur Herstellung und zum Einsatz von High-Tech-Textilien. Sie zeigen auf, welche Möglichkeiten zum Einsatz von textilen Strukturen in Leichtbauanwendungen bestehen. Daher konzentriert sich dieses Fachbuch auf die ausführliche Darstellung und Beschreibung der gesamten textilen Prozesskette vom Faserstoff über die verschiedenen Garnkonstruktionen, bis zu den unterschiedlichen textilen Halbzeugen in 2D- und 3D-Gestalt, ebenso aber auch auf das Preforming sowie auf die Grenzflächen- und Grenzschichtgestaltung. Darüber hinaus werden Prüfungen nach geltenden Normen und speziellen, neu entwickelten Prüfverfahren in Zusammenhang mit dem textilen Leichtbau vorgestellt. Dieses Nachschlagewerk wird mit Ausführungen zur Modellierungs- und Simulationstechnik zu strukturmechanischen Berechnungen der stark anisotropen, biegeschlaffen Hochleistungstextilien und Beispielanwendungen aus den Gebieten der Faserkunststoffverbunde, des Textilbetons und der textilen Membranen abgerundet. Damit soll das Potenzial textiler Strukturen als innovativer Leichtbauwerkstoff aufgezeigt werden, welches durch gezielte Auswahl und Kombination der textilen Prozesse zu nahezu beliebiger Vielfalt an Eigenschaftsprofilen und zu Möglichkeiten der Funktionsintegration ebenso wie der Designgestaltung von Near-Net-Shape Komponenten führt. Dies soll zur bewussten Motivation für einen verstärkten Einsatz von textilen Hochleistungswerkstoffen in Leichtbauanwendungen für Großserien führen, die in naher Zukunft einen Siegeszug im Bereich der Faserverbundwerkstoffe erleben werden.

Die im Buch dargestellten Ausführungen beruhen auf langjährigen interdisziplinären Entwicklungs- und Forschungsaktivitäten, zu denen auch Sonderforschungsbereiche und Forschungscluster auf den Gebieten der Faserkunststoffverbunde, des textilbewehrten Betons und der textilen Membranen gehören. Diese Forschungsarbeiten werden am Institut für Textilmaschinen und Textile Hochleistungswerkstofftechnik der TU Dresden entlang der gesamten textilen Prozesskette intensiv vorangetrieben. Weiterhin konnte im Rahmen der Ingenieurausbildung und von Promotionsarbeiten auf den Gebieten der Textil- und Konfektionstechnik sowie des Leichtbaus umfangreiches Lehrmaterial gesammelt werden, das zum Gelingen dieses Fachbuches beiträgt.

Dresden, Juni 2011   *Univ.-Professor Dr.-Ing. habil. Dipl.-Wirt. Ing.*
                                                                                    Chokri Cherif

Danksagung

Dieses Fachbuch ist das Werk von Wissenschaftlerinnen und Wissenschaftlern des Institutes für Textilmaschinen und Textile Hochleistungswerkstofftechnik (ITM) der Technischen Universität Dresden sowie von weiteren Experten aus Forschung und Lehre. Das sind vor allem Erfahrungsträger, die durch ihre langjährige Forschungs- und Entwicklungsaktivitäten ebenso ihre Lehrtätigkeit auf den Gebieten der Textil- und Konfektionstechnik sowie des textilverstärkten Leichtbaus umfangreiches Fachwissen besitzen, und Nachwuchswissenschaftler, die sich im Rahmen ihrer Promotion vertieft mit speziellen Fachgebieten befassen. Durch die intensive Zusammenarbeit des Herausgebers mit den einzelnen Autoren und die daraus realisierte inhaltliche Verknüpfung sowie Verzahnung der einzelnen Kapitel ist ein durchgängiges Gesamtwerk zur Thematik „Textile Werkstoffe für den Leichtbau" ausgehend von den Faserstoffen über die Halbzeuge und Preforms entlang der textilen Wertschöpfungskette entstanden.

Allen an der Erstellung des Buches involvierten Mitarbeiterinnen und Mitarbeitern des ITM möchte ich an erster Stelle ganz herzlich danken. Neben der Durchführung ihrer Tätigkeiten in Lehre und Forschung waren das persönliche Engagement und ihre Einsatzbereitschaft für dieses Projekt wesentlich für dessen Gelingen. Dieses Fachbuch entstand auf Basis langjähriger Erfahrungen der als Autoren genannten Wissenschaftler des ITM. Allen Verfassern der einzelnen Kapitel gilt mein besonderer Dank für ihre Beiträge und die verständnisvolle Zusammenarbeit zum Gelingen des Gesamtwerkes.

Persönlich danken möchte ich den weiteren Experten Frau Dr. Beata Lehmann (ehemalige Wissenschaftliche Mitarbeiterin des ITM, zurzeit Wissenschaftliche Mitarbeiterin im Institut für Oberflächen- und Fertigungstechnik, TU Dresden), Herrn Dr. Georg Haasemann (Institut für Festkörpermechanik, TU Dresden) und Herrn Dr. Silvio Weiland (TUDALIT Markenverband e.V., Dresden), die ich für einzelne Fachgebiete einbeziehen durfte. Freundlicher Weise hat sich auch Herr Prof. Dr.-Ing. Hilmar Fuchs, Sächsisches Textilforschungsinstitut e. V., Chemnitz und Honorarprofessor für Technische Textilien an der TU Dresden, bereit erklärt, Autor in diesem Fachbuch zu sein.

Die redaktionelle Koordinierung sowie die korrekte Darstellung in einer inhaltlichen und formalen Einheit oblagen Frau Annett Dörfel, der ich an dieser Stelle ganz herzlich danken möchte. Ein besonderer Dank gilt auch Herrn Dr. Ezzeddine Laourine, der alle Einzelbeiträge, Abbildungen und Tabellen formatiert, zusammengeführt und die fertige Druckvorlage in LATEX erstellt hat. Dies erforderte eine hohe und exakte Einsatzbereitschaft sowie viel Ausdauer. Ebenfalls gilt mein Dank Frau Janine Jungmann (Studentin der Germanistik und Politikwissenschaften) für die sprachlich-stilistischen Empfehlungen und formalen Hinweise bei der textlichen Gestaltung des Fachbuches. Ebenso danke ich Herrn Dipl.-Designer (FH) Aram Haydeyan, Frau Stefanie Fiedler, Frau Anja Wenzel, Herrn Moritz Eger sowie Herrn Richard Müller stellvertretend für viele weitere Studierende, die am ITM aktiv sind, für die Erstellung der Abbildungen, Grafiken und ergänzende Recherchearbeiten.

Ich möchte es nicht versäumen, den Freunden und Experten besonders zu danken, die zum Gelingen des Fachbuches durch Korrekturlesen und konstruktive fachliche Hinweise beigetragen haben. Mein persönlicher Dank gilt Herrn Prof. Dr.-Ing. habil. Dr. h. c. Peter Offermann (ehemaliger Institutsdirektor des ITM), Herrn Prof. Dr. rer. nat. Volker Rossbach (ehemaliger Lehrstuhlinhaber der Professur Textilveredlung), Herrn Prof. Dr. Frank Ficker (Hochschule Hof, Institut für Materialwissenschaften, Fachbereich Münchberg), Herrn Dr. Harald Brünig (Leibniz-Institut für Polymerforschung Dresden e. V.), Herrn Dr. Adnan Wahhoud (Lindauer Dornier GmbH, Lindau), den Herren Peter Maier, Peter Rotter und Martin Leidel (LIBA Maschinenfabrik GmbH, Naila) sowie Herrn Dr. Christian Callhoff (Mehler Texnologies GmbH, Hückelhoven).

Unseren Partnern aus Wissenschaft und Wirtschaft sei für bereichernde Diskussionen und den regen Erfahrungsaustausch sowie die Bereitstellung von umfangreichen aktuellen Bildmaterialien, die in den jeweiligen Kapiteln mit entsprechenden Quellen versehen sind, besonders gedankt.

Danken möchte ich auch dem Verlag für die vorzügliche Zusammenarbeit, die guten Ratschläge während der Erstellung der Druckvorlage und die Ausgestaltung des Fachbuches.

Dresden, Juni 2011   *Univ.-Professor Dr.-Ing. habil. Dipl.-Wirt. Ing.*
                                                                 Chokri Cherif
                                                                 (Herausgeber)

Inhaltsverzeichnis

Autorenverzeichnis

Chokri Cherif (Kapitel 1, 2 und 16)
Institut für Textilmaschinen und Textile Hochleistungswerkstofftechnik, TU Dresden
E-mail: chokri.cherif@tu-dresden.de

Olaf Diestel (Kapitel 11 und 16)
Institut für Textilmaschinen und Textile Hochleistungswerkstofftechnik, TU Dresden
E-mail: olaf.diestel@tu-dresen.de

Thomas Engler (Kapitel 16)
Institut für Textilmaschinen und Textile Hochleistungswerkstofftechnik, TU Dresden
E-mail: thomas.engler@tu-dresden.de

Christiane Freudenberg (Kapitel 3)
Institut für Textilmaschinen und Textile Hochleistungswerkstofftechnik, TU Dresden
E-mail: christiane.freudenberg@tu-dresden.de

Hilmar Fuchs (Kapitel 9)
Sächsisches Textilforschungsinstitut e. V., Chemnitz
E-mail: hfuchs@stfi.de

Lina Girdauskaite (Kapitel 15)
Institut für Textilmaschinen und Textile Hochleistungswerkstofftechnik, TU Dresden
E-mail: lina.girdauskaite@tu-dresden.de

Georg Haasemann (Kapitel 15)
Institut für Festkörpermechanik, TU Dresden
E-mail: georg.haasemann@tu-dresden.de

Jan Hausding (Kapitel 7 und 11)
Institut für Textilmaschinen und Textile Hochleistungswerkstofftechnik, TU Dresden
E-mail: jan.hausding@tu-dresden.de

Claudia Herzberg (Kapitel 4.5)
Institut für Textilmaschinen und Textile Hochleistungswerkstofftechnik, TU Dresden
E-mail: claudia.herzberg@tu-dresden.de

Gerald Hoffmann (Kapitel 5)
Institut für Textilmaschinen und Textile Hochleistungswerkstofftechnik, TU Dresden
E-mail: gerald.hoffmann@tu-dresden.de

Evelin Hufnagl (Kapitel 16)
Institut für Textilmaschinen und Textile Hochleistungswerkstofftechnik, TU Dresden
E-mail: evelin.hufnagl@tu-dresden.de

Heike Hund (Kapitel 13)
Institut für Textilmaschinen und Textile Hochleistungswerkstofftechnik, TU Dresden
E-mail: heike.hund@chemie.tu-dresden.de

Rolf-Dieter Hund (Kapitel 13)
Institut für Textilmaschinen und Textile Hochleistungswerkstofftechnik, TU Dresden
E-mail: rolf-dieter.hund@chemie.tu-dresden.de

Roland Kleicke (Kapitel 5)
Institut für Textilmaschinen und Textile Hochleistungswerkstofftechnik, TU Dresden
E-mail: roland.kleicke@tu-dresden.de

Cornelia Kowtsch (Kapitel 5)
Institut für Textilmaschinen und Textile Hochleistungswerkstofftechnik, TU Dresden
E-mail: cornelia.kowtsch@tu-dresden.de

Sybille Krzywinski (Kapitel 15)
Institut für Textilmaschinen und Textile Hochleistungswerkstofftechnik, TU Dresden
E-mail: sybille.krzywinski@tu-dresden.de

Ezzeddine Laourine (Kapitel 8)
Institut für Textilmaschinen und Textile Hochleistungswerkstofftechnik, TU Dresden
E-mail: ezzeddine.laourine@tu-dresden.de

Beata Lehmann (Kapitel 4, außer 4.5)
Institut für Oberflächen- und Fertigungstechnik, TU Dresden
E-mail: beata.lehmann@iws.fraunhofer.de

Jan Märtin (Kapitel 7)
Institut für Textilmaschinen und Textile Hochleistungswerkstofftechnik, TU Dresden
E-mail: jan.maertin@tu-dresden.de

Kathrin Pietsch (Kapitel 9)
Institut für Textilmaschinen und Textile Hochleistungswerkstofftechnik, TU Dresden
E-mail: kathrin.pietsch@tu-dresden.de

Thomas Pusch (Kapitel 14)
Institut für Textilmaschinen und Textile Hochleistungswerkstofftechnik, TU Dresden
E-mail: thomas.pusch@tu-dresden.de

Hartmut Rödel (Kapitel 12)
Institut für Textilmaschinen und Textile Hochleistungswerkstofftechnik, TU Dresden
E-mail: hartmut.roedel@tu-dresden.de

Mirko Schade (Kapitel 10)
Institut für Textilmaschinen und Textile Hochleistungswerkstofftechnik, TU Dresden
E-mail: i.textilmaschinen@tu-dresden.de

Wolfgang Trümper (Kapitel 6)
Institut für Textilmaschinen und Textile Hochleistungswerkstofftechnik, TU Dresden
E-mail: wolfgang.truemper@tu-dresden.de

Silvio Weiland (Kapitel 16)
TUDALIT Markenverband e.V., Dresden
E-mail: info@tudalit.de

Kapitel 1
Einführung

Chokri Cherif

Die derzeit verfolgten Konzepte und Trends für Leichtbauanwendungen und die Entwicklung von anforderungsgerechten faserbasierten Materialien und Matrixsystemen sowie die durchgängig automatisierten Fertigungskonzepte führen zum verstärkten Einsatz von Hochleistungsfasern und verhelfen zum Durchbruch der das 21. Jahrhundert bestimmenden Werkstoffgruppe - Faserverstärkte Verbundwerkstoffe (FVW). Die textilen Werkstoffe und Halbzeuge fungieren als Träger und Treiber für diese innovativen Entwicklungen und sind eine wichtige Basis für Quantensprünge in der Ressourceneffizienz und Reduktion von CO_2-Emissionen sowie für Produkte, die die Bedürfnisse und Konsumgewohnheiten der Menschen durch völlig neue Konzepte bedienen können. Zukünftig werden zur Deckung des Energiebedarfs in allen zivilen und wirtschaftlichen Zweigen verstärkt erneuerbare und CO_2-neutrale Energiequellen und -konzepte notwendig sein, die zu neuen Entwicklungen und Veränderungen auf dem Energiesektor führen. Deshalb werden die faserbasierten Hochleistungsmaterialien und die daraus hergestellten Produkte auf Grund des von Energie- und Rohstoffknappheit getriebenen Paradigmenwechsels im Materialeinsatz von verschiedensten Industrien zunehmend nachgefragt [1].

Endlosfaserverstärkte Verbundwerkstoffe als relativ junge Werkstoffgruppe bestehen aus einer Zugkraft aufnehmenden textilen Verstärkungsstruktur und einem Form gebenden sowie Druckbeanspruchung aufnehmenden Matrixwerkstoff. Zu den Verbundwerkstoffen gehören ebenfalls textile Membranen, die aus einer beschichteten oder mit Folie kaschierten Textilfläche als Festigkeitsträger bestehen.

Die hervorragenden Eigenschaften von Faserverbundwerkstoffen, wie die hohe spezifische Festigkeit und Steifigkeit, die guten Dämpfungseigenschaften, die chemische Resistenz sowie die geringe Wärmeausdehnung führen zum verstärkten Einsatz von faserbasierten Leichtbauprodukten, die häufig als hochwertige Konstruktionswerkstoffe klassifiziert werden. Sie zeichnen sich im Vergleich zu konventionellen Werkstoffen, insbesondere auf Metallbasis, durch hervorragende Korrosionsbeständigkeit, Duktilität und signifikante Gewichtseinsparung aus. Um das Potenzial der Faserverstärkung im Verbundbauteil voll auszunutzen, müssen diese möglichst gestreckt und in den Hauptbelastungsrichtungen angeordnet sowie anforderungsgerecht gepackt in die Matrix eingebunden werden. Die textilen Werkstoffe und Halbzeuge für die Verstärkungswirkung werden häufig nach verschiedenen Fertigungstechnologien in endkonturnahe Bauteilgeometrien überführt.

Die endlosfaserverstärkten Verbundbauteile auf Basis verschiedener Matrixsysteme zeichnen sich weiterhin durch eine flexible Anpassbarkeit der Werkstoffstruktur und damit auch durch eine gezielte Einstellbarkeit der Werkstoffeigenschaften und der Eigenschaftsanisotropie an die bestehenden Verarbeitungs- und Bauteilanforderungen aus. Deshalb verfügen sie über ein sehr hohes Potenzial für eine kosteneffiziente Fertigung maßgeschneiderter Verbundbauteile mit hohem Leichtbaunutzen für konventionelle und neue Anwendungsbereiche. Der Aufbau effizienter durchgängiger Prozessketten für die Entwicklung textilbasierter Leichtbaustrukturen ist dabei wesentlich. Eine anforderungsgerechte Gestaltung der Faserkunststoffverbund-Bauteile (FKV-Bauteile) auf Basis von Carbonfasern kann zu einer möglichen Gewichtseinsparung verglichen mit Aluminium bis zu 30 % und mit Stahl bis zu 70 % führen. Im Bauwesen lassen sich Gewichtseinsparungen von bis zu 80 % gegenüber den konventionellen Stahlbetonkonstruktionen erreichen.

Textilbasierte Leichtbaustrukturen, resultierend aus der Kombination textiler Verstärkungskomponenten mit Matrixsystemen auf Kunststoff- und mineralischer Basis, haben sich auf Grund der großen Strukturvielfalt bereits heute, als neuartiger, wirtschaftlich lukrativer und anforderungsgerecht gestaltbarer Werkstoff etabliert und sind aus dem Bereich des Leichtbaus nicht mehr wegzudenken. Die Leistungsfähigkeit von FVW im Hinblick auf Anwendungen, die einen hohen Leichtbaunutzen erfordern, ist allgemein anerkannt. Der Markt für Faserkunststoffverbunde (FKV) verzeichnete in den letzen Jahren überdurchschnittliche Wachstumsraten [2]. Besonders FKV auf der Basis von Kurzfaserverstärkungen, die beispielsweise nach dem *Sheet Moulding Compound-* (SMC) oder den verschiedenen langfaserverstärkten Thermoplast-Verfahren *(LFT-Verfahren)* realisiert werden, sind bereits in der Serienfertigung von Nutz- oder Personenfahrzeugen vorzugsweise für Sekundärbauteile etabliert [3]. Eine ähnliche Situation ist auch im Bauwesen durch die im Markt bewährten Kurzfaser-Betonbauteile, z. B. Fassadenelemente, und *CFK-Lamellen* zur Ertüchtigung von Bauwerken zu verzeichnen. Zahlreiche aktuelle Leichtbau-Entwicklungen zielen auf die konsequente Weiterentwicklung und Forcierung des Einsatzes von endlosfaserverstärkten Verbundbauteilen. Neben der aufwändigen *Prepregtechnologie* (vorimprägnierte Textilstrukturen mit Harzsystem) verfolgen Wissenschaft und Wirtschaft intensiv alternative Fertigungsverfahren auf Basis trockener, d. h. nicht vorimprägnierter, Verstärkungsstrukturen in Verbindung mit duroplastischen Matrixsystemen, bzw. durch den Einsatz von thermoplastbasierten Hybridkonstruktionen mit dem Ziel der hochproduktiven Weiterverarbeitung zu komplexen funktionsintegrierten Verbundbauteilen.

Die FKV-Bauteile werden vorrangig auf Basis duroplastischer Matrixsysteme hergestellt. Die breite Verwendung von diesen FKV-Lösungen, insbesondere in der Luft- und Raumfahrt sowie in der Windkraftenergie- und Sportgerätetechnik, hat dazu beigetragen, dass diese Technologie besondere Potenziale in der Material-,

Umwelt- und Energieeffizienz unter wirtschaftlichen Gesichtspunkten bietet. Deren Einsatz umfasst zunehmend Strukturbauteile und Anwendungen mit anspruchsvollen Anforderungen. Trotz der hervorragenden Eigenschaften dieser Werkstoffgruppe und teilweise erheblicher Steigerungsraten bei der Verwendung von FKV, insbesondere in der Luft- und Raumfahrtindustrie, sind jedoch die heute realisierbaren Zykluszeiten ein limitierender Faktor für Anwendungen in Großserien. Bisherige Industrieeinsätze beschränken sich oft auf „Prestigeobjekte", in Form von Spoilern, Seitenverkleidungen, Heckklappen, Türen oder Dächern von Fahrzeugen [4]. Die durchgängige Automatisierung der Prozesse für die reproduzierbare FKV-Bauteilherstellung und die Entwicklung kostengünstiger textiler Halbzeuge, hoch reaktiver Harzsysteme und schneller Imprägnier- sowie Konsolidiertechniken sind Gegenstand aktueller Entwicklungen, die wesentliche Voraussetzungen für die aussichtsreiche industrielle Umsetzung in Großserienanwendungen darstellen.

Endlosfaserverstärkte Thermoplastverbundwerkstoffe verfügen über ein hohes Potenzial für den Serieneinsatz in komplexen, hoch beanspruchten und recycelbaren Bauteilen des Fahrzeug- und Maschinenbaus und stellen den Gegenstand intensiver Entwicklungsarbeiten in der Wissenschaft und Wirtschaft zur Umsetzung trockener Strukturen dar. Die erzielbaren spezifischen Festigkeiten und Steifigkeiten sind bei gleichem Materialeinsatz deutlich höher und können bis auf das Zehnfache von metallischen Werkstoffen gesteigert werden. Lastfälle durch Veränderung der Bauteilgeometrie infolge Wärmeausdehnung können außerdem durch die gezielte Kombination von Carbonfasern und Matrixwerkstoffen vermieden oder generell definiert werden.

Im Bereich des textilbewehrten Betons existieren bereits verschiedenste Anwendungen, die die Leistungsfähigkeit textiler Verstärkungen sowie deren Praxistauglichkeit demonstrieren. Es ist inzwischen eine Vielzahl von Anwendungsmöglichkeiten von Textilbeton umgesetzt worden, die sich hauptsächlich auf die freie Formgebung und den geringen Materialeinsatz und somit auf Ressourceneinsparungen und die erhebliche Reduktion von CO_2-Emissionen durch einen deutlich geringeren Energie- und Materialverbrauch, insbesondere Zementverbrauch, beziehen. Gerade für die Verstärkung von alten Stahlbetonkonstruktionen oder die Instandsetzung von bestehenden Bauwerken entwickelt sich die Verwendung von textilen Bewehrungen zu einer aussichtsreichen Technologie [5, 6]. Die geringen geometrischen Veränderungen und die hohe Leistungsfähigkeit der eingesetzten Hochleistungsfasern und die damit verbundenen geringen zusätzlichen Eigengewichtslasten sowie die gleichzeitig relativ leichte Applizierbarkeit der textilbewehrten Feinbetonschichten führen zu völlig neuen Anwendungsmöglichkeiten und Konstruktionsbauweisen. Aus der nahezu unbegrenzten Umformbarkeit und kraftflussgerechten Anordnung der Rovings in textilen Strukturen, deren freie Gestaltung und Auslegung, auch inspiriert durch die Natur, resultieren komplexe, ästhetische und filigrane Bauweisen, die eine volkswirtschaftlich bedeutsame Marktrelevanz haben.

Neben FKV und Textilbeton stellen textile Membranen für den technischen Bereich innovative, in der Regel dünne und hauptsächlich durch Zugkräfte beanspruchte Materialien dar, die durch Werkstoffauswahl und Konstruktion so gestaltet werden können, dass sie die unterschiedlichsten Funktionen erfüllen, z. B. Trennen, Abgrenzen, Umhüllen, Filtrieren, Lastaufnahme und -verteilung, Wetter-, Schall- und Hitzeschutz. Daraus resultiert ein breites Anwendungsspektrum, dass von Membranen für Textiles Bauen bis hin zu Segeln für den Hochleistungssegelsport reicht und dabei auch Sonnenschutztextilien, Werbeflächen, Zelte, Geotextilien und LKW-Planen einschließt. Die bisherigen Entwicklungen zielen auf das Erreichen hoher Zugfestigkeiten und Zug-Elastizitäts-Moduln, bei gleichzeitig niedriger Masse von Membranen ab. Textilmembranen bilden somit auch die Grundlage für eine Vielzahl neuartiger technischer Leichtbaulösungen für den Hochleistungsbereich.

Die anforderungsgerechte Ausrichtung der textilen Verstärkungsstrukturen bei komplex geformten Bauteilen stellt hohe ingenieurtechnische Anforderungen sowohl an die einzusetzenden Berechnungs- und Simulationsprogramme als auch an die Umsetzung von geeigneten Maschinenkonzepten und Fertigungsverfahren. Faserverstärkte Verbundwerkstoffe können bei gezielter Auswahl der Verstärkungsstrukturen und einer schädigungsarmen Fertigung, verglichen mit metallischen Werkstoffen, eine kostengünstigere Bauteilgestaltung ermöglichen. Dazu ist es notwendig, die richtige Technologie auszuwählen und die Geometrie hinsichtlich gestalterischer und konstruktiver Aspekte auf den zu verarbeitenden Werkstoff abzustimmen. Wird dies berücksichtigt, lassen sich mit Hilfe von Verbundwerkstoffen komplexe Bauteilgeometrien darstellen, die mit metallischen Werkstoffen nur sehr aufwändig oder unwirtschaftlich realisierbar wären.

Innovativer und effizienter Leichtbau heißt dabei, jedes Bauteil für das Gesamtkonzept der Anwendung auszulegen. Bei der Produktentwicklung werden hierzu ökonomische und ökologische Aspekte (z. B. Altfahrzeugverordnung, Emissions- und Verbrauchsbegrenzung) nicht als Gegensatz sondern als Ergänzung und Symbiose verstanden [7]. Durch die effiziente Ausnutzung vorhandener und die Entwicklung maßgeschneiderter Faserstoffe, Bauweisen und Technologien für Leichtbauprodukte kann ein nachhaltiger Beitrag zum Klimaschutz geleistet werden. Je weniger ein Auto, ein Flugzeug oder eine Maschine wiegt, umso geringer ist der Energieverbrauch, um das Fahrzeug oder die Anlage zu betreiben, und desto geringer sind die Emissionen von Treibhausgasen und Luftschadstoffen. Während bei der Produktentstehung vor allem durch beanspruchungs- und recyclinggerechte Gestaltung sowie durch endkonturnahe Fertigungsverfahren eine hohe Materialeffizienz erreicht werden kann, ist beim täglichen Einsatz der Produkte bzw. Bauteile die Energieeffizienz ein entscheidendes Wettbewerbskriterium.

Die gegenwärtig eingesetzten Technologien zur Herstellung textiler Faserstoffe, Strukturen und *Preforms* (endkonturnahe, trockene Fasergebilde) und deren nachfolgende exakte Positionierung im Werkzeug zur Imprägnierung sind in der Regel unabhängig vom Bauteilherstellungsverfahren und dem eingesetzten Matrixmaterial für verschiedenste Anwendungen geeignet. Der Durchbruch für den stärkeren Einsatz textilbasierter Leichtbauweisen in Großserienanwendungen kann nur nachhaltig erzielt werden, wenn das Leistungspotenzial der verschiedenartigen Textilkonstruktionen anforderungsgerecht für den jeweiligen Anwendungsfall ausgeschöpft wird [8]. Die extrem große Bandbreite an textilen Werkstoffen und Fertigungstechnologien und deren Kombinationen erschweren es dem Anwender, die geeigneten Fertigungsprozesse effizient zu gestalten und anforderungsgerechte Materialien bauteilbezogen auszuwählen. Folgende Komplexe und Herausforderungen müssen weitestgehend berücksichtigt werden, um eine effiziente und reproduzierbare Herstellung von verarbeitungs- und beanspruchungsgerechten textilen Halbzeugen und Preforms aus unterschiedlichen textilen Konstruktionen mit bauteilnaher Gestalt zu ermöglichen, die sich für die wirtschaftliche Weiterverarbeitung zu komplex gestalteten, hoch beanspruchten Faserverbundbauteilen für den Fahrzeug- und Maschinenbau, das Bauwesen, die Membrantechnik sowie für die Elastomer- und Holzindustrie eignen [9]:

- Senkung der Faser- und Halbzeugkosten durch die richtige Auswahl der textilen Faserstoffe und Fertigungstechnologien, Minimierung des Verschnitts, beispielsweise durch den Einsatz endkonturnaher Fertigungsverfahren und schonende Verarbeitung der Hochleistungsfaserstoffe zur Erzielung höchster Materialeffizienz,
- Entwicklung und Auswahl von kostengünstigen Technologien und Maschinentypen zur Umsetzung von trockenen Strukturen bzw. deren Hybridisierung oder (Teil-)Imprägnierung, Vorfixierung textiler Halbzeuge für die Herstellung komplexer, beanspruchungsgerechter und leicht handhabbarer Preforms mit bauteilangepasster Verstärkung sowie endkontur- und enddickenangepasster Form für mittlere und große Serien,
- Auswahl von reproduzierbaren und automatisierten Preformingprozessen und -konzepten mit anschließender Imprägnierung und Konsolidierung in kurzen Taktzeiten,
- Senkung der Fertigungskosten und der Prozesszeiten von Bauteilen durch die richtige Auswahl der textilen Verstärkungsstrukturen und die dazugehörigen Technologien in Abhängigkeit von den einzusetzenden Matrixsystemen, der schnellen und fehlerfreien Imprägnierung und Konsolidierung ebenso der daran angepassten Werkzeugkonzepte sowie Imprägnierstrategien,
- maßgeschneidertes *Grenzschichtdesign* durch Oberflächenmodifizierung und Realisierung angepasster Grenzschichten für die anwendungsbezogene Einstellung der Verbundeigenschaften zwischen Verstärkungs- und Matrixkomponente,
- Erarbeitung von intelligenten Konzepten zur funktionsintegrativen Leichtbauweise im Multi-Material-Design,
- Entwicklung von leistungsfähigen zerstörungsfreien und schnellen Prüfmethoden sowie Qualitätssicherungssystemen für textile Werkstoffe, Halbzeuge und Preforms ebenso
- Entwicklung und Nutzung von leistungsfähiger und zuverlässiger Simulationssoftware zur Auslegung der biegeschlaffen Verstärkungsstrukturen für die Umsetzung komplexer Bauteile.

Der Schwerpunkt dieses Fachbuches liegt in der ausführlichen Darstellung und Interpretation von Definitionen sowie der eindeutigen Abgrenzung der textilen Fertigungsverfahren, die dazu dienen, Fehlinterpretationen zu vermeiden und das Leistungspotenzial der nahezu unbegrenzten Möglichkeiten der Textil- und Konfektionstechnik für die energieeffizienten Faserverbundwerkstoffe im Bereich Leichtbau voll auszuschöpfen. Das aktuelle Fachwissen unter Beachtung der exakten textilen Terminologie und die Zusammenhänge der vielfältigen textilen Prozessstufen und deren Wechselwirkungen werden umfassend vermittelt. Es werden weiterhin besondere Verfahren, die sich derzeit in der Entwicklung befinden, vorgestellt und Entwicklungstrends aufgezeigt. Das Potenzial der textilen Werkstoffe und Halbzeuge und deren Vielfalt sowie deren Kombinationen zu völlig neuen Möglichkeiten und Produktgeometrien ebenso deren Eigenschaften sollen im Rahmen dieses Fachbuches besonders herausgearbeitet werden.

Der Fokus des Fachbuches liegt in der Darstellung der Bedeutung von textilen Konstruktionen auf Basis von faserbasierten Hochleistungswerkstoffen für funktionsintegrierende Leichtbauanwendungen. Dazu gehören Anwendungsgebiete der Faserkunststoffverbunde auf thermo- und duroplastischer Basis, der textilen Membranen und des Leichtbaues mit Beton. Des Weiteren sind Holzverstärkungen sowie Festigkeitsträger für Elastomerverstärkungen ebenfalls Zielgruppen. Die Verbundwerkstoffhersteller erhalten erstmals einen umfassenden Gesamtüberblick über die Möglichkeiten und das Leistungspotenzial der Faser- und Textiltechnologien und die dazu gehörigen Maschinentechniken zur wirtschaftlichen Fertigung von anforderungsgerechten 2D- und 3D-Textilstrukturen für den Leichtbau in komplexer Bauweise, da bisherige einschlägige Fachbücher nur ausgewählte Bereiche anreißen.

Das Buch soll ein „Klassiker" als zeitgemäßes Lehr- und Lernpaket sein und richtet sich an Studierende, Ingenieure, Konstrukteure und Entwickler sowie Forschungseinrichtungen auf den Gebieten der Textil- und Konfektionstechnik, der Kunststoff-, Elastomer- und Holztechnik gleichermaßen des Leichtbaus, der Faserkunststoffverbunde, der Werkstoffwissenschaft und des Bauingenieurwesens ebenso der Architektur. Der Schwerpunkt des Buches liegt hauptsächlich auf den textilen Werkstoffen und Halbzeugen. Die im vorliegenden Fachbuch ausgewählten Anwendungsbeispiele (FKV, Textilbeton und textile Membranen) beschränken sich auf eine kurze Einführung zu den Anforderungen an die Bauteile und die nachfolgenden Erläuterungen der speziell dafür notwendigen textilen Prozessketten sowie der Technologien der Bauteilfertigung, die erforderlich sind, um diese gestellten Forderungen zu erfüllen. Für die Vertiefung in den Themenkomplexen der Faserkunststoffverbunde, des Textilbetons und der textilen Membrantechnik wird auf einschlägige Fachbücher und Publikationen verwiesen.

Literaturverzeichnis

[1]   SGL Group: *Textilbewehrter Beton - ein neuer Verbundwerkstoff für die Bauindustrie (Fachpresse-Information).* Meitingen, Deutschland, 28. November 2008

[2]   ANONYM: *Composite Materials Price Trends, Forecast and Analysis, Marktanalyse.* Dallas, USA, 2007

[3]   NASSAUER, J.: *Automobil + Innovation - Internationale Märkte, technische Entwicklung.* Nürnberg, 2007

[4]   NEITZEL, M. ; MITSCHANG, P.: *Handbuch Verbundwerkstoffe.* München, Wien : Carl Hanser Verlag, 2004

[5]   CURBACH, M. ; MICHLER, H. ; WEILAND, S. ; JESSE, D.: Textilbewehrter Beton - Innovativ! Leicht! Formbar! In: *BetonWerk International* 11 (2008), Nr. 5, S. 62–72

[6]   DUBEY, A. (Hrsg.): *Textile-reinforced concrete.* Farmington Hills, USA : American Concrete Institute, 2008

[7]   HUFENBACH, W.: Materialeffizienz durch Systemleichtbau. In: *Proceedings. 11. Dresdner Leichtbausymposium.* Dresden, Deutschland, 2007

[8]   CHERIF, Ch. ; DIESTEL, O. ; GRIES, Th.: Textile Verstärkungen, Halbzeuge und deren textiltechnische Fertigung. In: HUFENBACH, W. (Hrsg.): *Textile Verbundbauweisen und Fertigungstechnologien für Leichtbaustrukturen des Maschinen- und Fahrzeugbaus.* Dresden : SDV - Die Medien AG, 2007

[9]   CHERIF, Ch.: Trends bei textilbasiertem Leichtbau / Trends in textile based lightweight design. In: *Technische Textilien/Technical Textiles* 51 (2008), S. 22–23, E22–E23

Kapitel 2

Textile Prozesskette und Einordnung der textilen Halbzeuge

Chokri Cherif

Das vorliegende Kapitel bietet einen allgemeinen Überblick über die wichtigsten Stufen der textilen Prozesskette. Somit ist es der Einstieg in das tiefere Verständnis der Werkstoffgruppe der Funktionstextilien. Die einführend beschriebenen werkstoff- und prozessbezogenen Definitionen zu Fasern, Garnen, Flächengebilden und deren Weiterverarbeitung werden in den folgenden Kapiteln vertiefend und umfangreich erläutert. Der Einsatz Technischer Textilien geht mittlerweile weit über die ursprünglichen technischen Einsatzgebiete hinaus. Durch die stetige und intensive Nutzung insbesondere der Mikrosystemtechnik, Nanotechnologie, Mess- und Sensortechnik, Plasmatechnik sowie moderner Ausrüstungstechniken werden Textilien mit spezifischen, einstellbaren Eigenschaften und Funktionen ausgestattet. Charakteristisch für Funktionstextilien ist deren Ausrichtung auf die Funktionalität, die Leistungsfähigkeit und den ersichtlichen Zusatznutzen gegenüber konventionellen Textilien.

2.1 Einleitung

Die europäische Textilbranche erfährt seit Jahrzehnten einen strukturellen Wandel mit einer starken Ausrichtung auf die Erschließung von innovativen und hochwertigen Produkten. Aktuelle Entwicklungen und das in die Praxis umgesetzte Knowhow weisen das enorm hohe Potenzial von textilen Innovationen auf. Dies betrifft nicht nur die Textilbranche selbst, sondern entfaltet seine Wirkung in viele andere Industriezweige und Produkte. Neben den klassischen Einsatzgebieten Bekleidung und Heimtextilien sind technische Anwendungen in fast allen Bereichen des täglichen Lebens präsent. Ein neues, innovatives und zukunftsträchtiges Wachstumsfeld ist der Produktionsbereich der Technischen Textilien. Diese zeichnen sich meist durch mehrere Funktionalitäten aus und erfordern für deren Auslegung und Herstellung spezifisches Know-how.

Der Einsatz dieser Technischen Textilien ist facettenreich und erfolgt außer in der Bekleidungsindustrie und dem Bereich der Haus- und Heimtextilien ebenfalls in den verschiedenen Disziplinen, wie in der Automobilindustrie, in der Luft- und Raumfahrt, im Bauingenieurwesen, in der Architektur sowie im Gesundheits- und Sicherheitswesen.

Technische Textilien sind vor allem durch den Einsatz von Hochleistungsfaserstoffen, die Verwendung von hochentwickelten Technologien sowie die Verbindung mit anderen, meist nicht textilen Materialien geprägt. Sie weisen ein extrem vielfältiges Eigenschaftspotenzial auf, so dass sowohl die textilen Werkstoffe als auch die Verfahren als Träger und Treiber für innovative Produkte fungieren. Die Faserstoffe und Textilien mit ihren einzigartigen Merkmalen bilden die besten Voraussetzungen für neue Produkte und Technologien, z. B. auf den Gebieten der Materialwissenschaft und Mikrosystemtechnik, ebenso Ansätze für intelligente und selbstlernende Materialien.

Technische Textilien zeichnen sich durch ihre Diversität, Kompatibilität, Funktionalität, Flexibilität und Interaktivität aus. Diese Eigenschaften führen zu einer erheblichen Ausweitung vorhandener Einsatzgebiete und gestatten die Entwicklung und Erschließung völlig neuer Produktgruppen. Der Variantenreichtum und die Funktionalität Technischer Textilien sind außerordentlich groß, weil Faserart, und -mischung, Garnerzeugung, Techniken der Flächenherstellung sowie Oberflächenmodifizierungen und -funktionalisierungen auf den verschiedenen Fertigungsebenen eine fast beliebige Vielfalt an Eigenschaftsprofilen ermöglichen. Diese Möglichkeiten schaffen beste Voraussetzungen für die Kompatibilität bzw. Verbindung mit anderen nichttextilen Werkstoffen wie z. B. Kunststoffen, Metallen und Beton. Die Kombination Technischer Textilien mit der Mikrosystemtechnik führt zu interaktiven Daten- und Informationsmedien [1] ebenso wie zur Realisierung von integrierten Sensor- und Aktornetzwerken, beispielsweise für die Strukturüberwachung und Schwingungsdämpfung von Verbundbauteilen. Damit lassen sich textile Werkstoffe und Halbzeuge mit ihren einstellbaren Eigenschaften flexibel einsetzen und anpassen.

Der Einsatz Technischer Textilien als eigenständige Produktgruppe hat sich in nahezu allen Disziplinen fest etabliert, die weit über technische Einsatzgebiete hinausgehen. Dies führt zu einer intensiven Auseinandersetzung mit der Begrifflichkeit und Abgrenzung der technischen und funktionalen Produkte von herkömmlichen Bekleidungs-, Haus- und Heimtextilien. Durch die stetige und intensive Nutzung insbesondere der Mikrosystemtechnik, der Nanotechnologie, der Mess- und Sensortechnik, moderner Ausrüstungstechniken sowie der Bionik werden Textilien mit spezifischen, einstellbaren Eigenschaften und Funktionen ausgestattet, die weit über die Anforderungen technischer Anwendungsgebiete hinausgehen. Daher wird im Rahmen dieses Fachbuches der Begriff Funktionstextilien favorisiert. Charakteristisch für diese Produktklasse ist deren Ausrichtung auf die Funktionalität, die Leistungsfähigkeit und den ersichtlichen Zusatznutzen gegenüber konventionellen Textilien.

Die Textiltechnik mit ihren vielfältigen Fertigungsverfahren bietet hervorragende Möglichkeiten, auf bionischen Prinzipien beruhende Lösungen zu entwickeln. Das wohl bekannteste bionische Produkt aus dem Bereich der Bekleidungstechnik ist sicherlich der Klettverschluss, welcher dem natürlichen Verschluss-System der Klettfrucht nachempfunden wurde [2]. Andere pflanzliche Vorbilder wie Bambusgewächse, Schachtelhalm oder Pfahlrohr zeichnen sich bei hohen Stängeln und dünnen Halmwänden durch extreme Stabilität aus. Diese Konstruktionsprinzipien werden genutzt, um strukturoptimierte Faserverbundwerkstoffe zu entwickeln, die eine ähnliche Kombination aus Stabilität und geringer Masse aufweisen [3–5]. Auch Blattstrukturen dienen als Inspiration für die Entwicklung von leichten und extrem steifen Bauteilkonstruktionen aus Faserverbundwerkstoffen, wie Schalen mit Versteifungsrippen. Komplexe dreidimensionale Geometrien mit Leichtbaucharakter, die z. B. dem Seerosenblatt (Abb. 2.1 a) nachempfunden sind, lassen sich mit Hilfe textiler Konstruktionen herstellen. Die *Bionik* eignet sich potenziell auch für die Herstellung komplexer und räumlich belasteter Leichtbaukonstruktionen, die eine optimierte Konstruktion mit kraftflussgerechter Bauweise und speziellen Krafteinleitungssystemen darstellen, z. B. entsprechend einem Hüftgelenkknochen (Abb. 2.1 b) und dem Gelenkknorpelgewebe. Die flexibel gestaltbare Faser- und Textiltechnik bietet hierzu ein ideales Fundament, um biologische Lösungen in ihrer gesamten Bandbreite und Komplexität nachzuahmen.

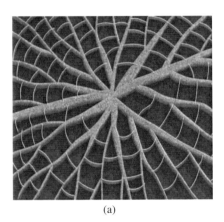
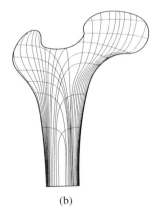

(a)   (b)

Abb. 2.1 Seerosenblatt und Knochenstruktur

Die Bandbreite und Tiefe der hierzu notwendigen textilen Werkstoffe und Prozesse sind immens und hoch komplex. Daher konzentriert sich dieses Fachbuch auf die Darstellung und Beschreibung der textilen Prozesskette vom Faserstoff, über die verschiedenen Garnkonstruktionen und die unterschiedlichen textilen Halbzeuge in 2D- und 3D-Gestalt, das Preforming, die Grenzflächen- und Grenzschichtgestaltung und deren Prüfungen nach geltenden Normen und speziell neu entwickelten Prüfverfahren für Leichtbauanwendungen. Dazu gehören die Bereiche der Faserkunststoffverbunde (FKV), des Textilbetons und der textilen Membranen. Insgesamt wird in diesem Kapitel Basiswissen über die Darstellung der textilen Prozesskette und deren Verknüpfung bzw. Zusammenhänge sowie die richtige Einordnung der textilen Werkstoffe und Halbzeuge vermittelt.

2.2 Textile Prozesskette

2.2.1 Darstellung

Um die enorme Breite der textilen Prozesse anschaulich darzustellen und dabei einen Überblick über die Vielfalt der Kombinationsmöglichkeiten zu verschaffen, ist es notwendig, die textilen Prozesse stark zu abstrahieren und dabei nur die wichtigsten Prozessstufen darzustellen. An dieser Stelle ist jedoch anzumerken, dass den Kombinationsmöglichkeiten der textilen Werkstoffe und Prozesse nahezu keine Grenzen gesetzt sind. Dies zeichnet die Faser- und Textiltechnik hinsichtlich der Gestaltung variierbarer, richtungsabhängiger Struktureigenschaften von Komponenten aus Faser- bzw. Textilverbunden aus.

Abbildung 2.2 gibt einen allgemeinen Überblick über die wichtigsten Stufen der textilen Prozesskette: die *Primärspinnerei*, die *Sekundärspinnerei*, die *Spulerei* und *Zwirnerei*, die Kettfadenvorbereitung, die Prozesse für die Bildung von ebenen und räumlichen Textilkonstruktionen, die *Ausrüstung* und *Konfektionierung*.

Die Primärspinnerei umfasst die Herstellung von endlosen Chemiefaserstoffen aus natürlichen und synthetischen Polymeren sowie aus nichtpolymeren Rohstoffen. Für Hochleistungsanwendungen werden diese Materialien häufig in unveränderter Form zu textilen Halbzeugen und Produkten weiterverarbeitet. Zur Verbesserung der Verarbeitungsbedingungen werden die Chemiefasern bereits bei deren Erspinnung mit Schlichten und Avivagen ausgerüstet. Damit lassen sich die, in der Regel querkraftempfindlichen, Fasermaterialien schädigungsarm und störungsfrei weiterverarbeiten sowie elektrostatische Aufladungen vermeiden.

Naturfasern und synthetisch hergestellte Fasern (Chemiefasern) endlicher Längen (geschnitten bzw. gerissen) werden in der *Sekundärspinnerei* zu Stapelfasergarnen versponnen. Häufig werden ebenfalls Chemiefasern in geschnittener bzw. in Endlosfaserform mit Naturfasern gemischt und zu hybriden Garn- bzw. Flächenkonstruktionen weiterverarbeitet. Der Begriff der *Sekundärspinnerei* ist ausschließlich in Bereichen gebräuchlich, in denen Naturfasern und geschnittene bzw. gerissene (d. h. nicht in Endlosform) Chemiefasern verarbeitet werden. Er dient zur Differenzierung zwischen der eigentlichen Faserherstellung (*Primärspinnerei* zur Erzeugung von Endlosfasern) und den anschließenden Prozessstufen, die zur Spinnfasergarnerzeugung erforderlich sind.

Die *Spulerei*, die *Zwirnerei* und die Kettfadenvorbereitung dienen dazu, die Garne in geeignete Aufmachungsformen für nachfolgende Prozessstufen zu überführen.

Dazu gehören die Flächenbildungs-, Ausrüstungs- und Konfektionierungstechniken. Die in Abbildung 2.2 dargestellten Prozesse und deren Kombinationen lassen sich nahezu beliebig erweitern und maßgeschneidert für die entsprechenden Anwendungsgebiete und Produkte miteinander verbinden.

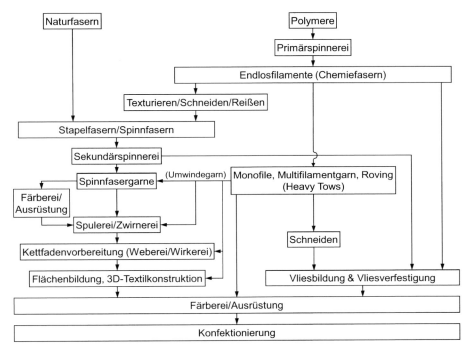

Abb. 2.2 Überblick über die Stufen der textilen Prozesskette

2.2.2 Begriffsbestimmung

Um dem Leser wichtige Grundbegriffe zu vergegenwärtigen und den Einstieg in die Thematik der Faser- und Textiltechnik zu ermöglichen, werden in den folgenden Abschnitten die wichtigsten Begriffe erläutert. Dies bildet eine wichtige Basis für das Verständnis und die tiefgreifende Auseinandersetzung mit den nachfolgend beschriebenen textilen Werkstoffen, Konstruktionen und Technologien. Der Schwerpunkt liegt in der Darstellung und Interpretation von Definitionen in Anlehnung an geltende nationale und internationale Normen sowie der eindeutigen Abgrenzung textiler Werkstoffe, Zwischenprodukte, Produkte und der notwendigen Fertigungsverfahren voneinander. Dies dient dazu, Fehlinterpretationen zu vermeiden und das Leistungspotenzial der nahezu unbegrenzten Möglichkeiten der Textil- und Konfektionstechnik für energieeffiziente Leichtbauweisen und Verbundwerkstoffe voll auszuschöpfen. Das aktuelle Fachwissen, unter Beachtung der exakten textilen Terminologie, und die Zusammenhänge der vielfältigen textilen Prozessstufen sowie deren Wechselwirkungen werden vermittelt. Die den wichtigsten textilen Strukturen zugehörigen Normen werden zu den jeweiligen Abschnitten angeführt.

2.2.2.1 Textile Faserstoffe

Textile Faserstoffe lassen sich in Natur- und Chemiefasern einteilen. Durch die extrem hohe industrielle Nachfrage nach maßgeschneiderten faserbasierten Werkstoffen in den verschiedenen Einsatzgebieten und die kontinuierlich steigende Weltbevölkerung wird der Weltfaserverbrauch größtenteils durch Chemiefasern gedeckt, deren Einsatz auch in der Zukunft hohe Wachstumsraten verzeichnen wird. Die verschiedenen textilen Faserstoffe sind in Abbildung 2.3 dargestellt. Anhand der Übersicht soll verdeutlicht werden, wie weit das Spektrum der textilen Faserrohstoffe reicht und wie sie eingeordnet werden. Auf die Details der inneren und äußeren Struktur der Fasern und der daraus resultierenden Eigenschaften wird in Kapitel 3 näher eingegangen.

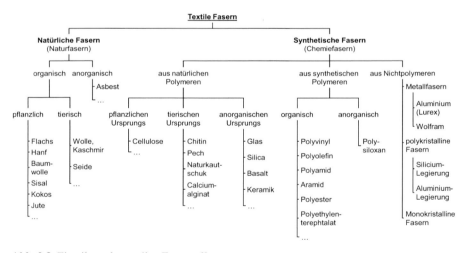

Abb. 2.3 Einteilung der textilen Faserstoffe

Als *Naturfasern* werden alle Textilfasern und Faserwerkstoffe bezeichnet, die ohne chemische Veränderungen aus pflanzlichem oder tierischem Material gewonnen werden. Sie sind damit abzugrenzen von Chemiefasern („Kunstfasern"), die synthetisch hergestellt werden. Regeneratfasern wie Bambusviskose oder Lyocell werden den Naturfasern nicht zugeordnet.

Die Naturfasern sind in zwei Hauptgruppen gegliedert: die organischen und anorganischen Fasern. Die organischen Fasern lassen sich wiederum in pflanzliche bzw. cellulosische Fasern, z. B. Baumwolle, Jute, Hanf, Sisal und Kapok, sowie in tierische Fasern, z. B. Wolle und Seide, einteilen. Zu den anorganischen Naturfasern gehören die mineralischen Asbestfasern. Die Naturfasern sind häufig in ihrer Länge begrenzt. Dabei stellen Seidenfasern einen Sonderfall dar, da deren Länge mehrere Hundert Meter betragen kann.

Chemiefasern sind industriell gefertigte textile Faserstoffe und lassen sich synthetisch endlos herstellen. Faserbildende Polymere sind Makromoleküle, deren relative Molekülmasse mindestens 10 000 beträgt. Am Aufbau eines Makromoleküls sind mehr als 1000 Atome beteiligt. In der Regel entstehen diese Polymere durch kovalente Verknüpfung von Monomeren im Ergebnis einer Polyadditions-, Polykondensations- und Polymerisationsreaktion [6, 7]. Die Chemiefasern lassen sich in drei Kategorien einteilen:

- Chemiefasern aus natürlichen Polymeren: Diese textilen Faserstoffe können pflanzlichen (z. B. Viscose und Acetat), tierischen (z. B. Chitin, Pech als Ausgangswerkstoff für die Carbonfaserherstellung und Alginat) oder anorganischen Ursprungs sein. Für Leichtbauanwendungen spielen Faserstoffe aus natürlichen Polymeren anorganischen Ursprungs eine entscheidende Rolle. Dazu gehören Glaserfasern unterschiedlicher Typen, Kieselglas (Silika), Basalt und Keramik.

- Chemiefasern aus synthetischen Polymeren: Die Makromoleküle synthetischer Faserstoffe resultieren aus der Aneinanderreihung von Monomeren, die auf Einzelatomen bzw. Molekülen beruhen. Auf die Bildungsmechanismen der Makromoleküle wird in Kapitel 3 näher eingegangen. Diese Fasergruppe umfasst die größte Anzahl an Fasertypen, die in der Praxis auch am häufigsten eingesetzt werden. Zu den wichtigsten Synthesefasern zählen Polyester, Polyamide, Aramide, Polyimide, Polyurethan, Polyethylen, Polypropylen und die Faserstoffe der Gruppe Polyvinyle. Einige dieser synthetisch hergestellten Fasern werden beispielsweise als Verstärkungskomponente, als thermoplastische Matrix für Faserkunststoffverbunde oder zur Stabilisierung biegeschlaffer Textilstrukturen bzw. zur Rissminimierung in Betonanwendungen genutzt.

- Chemiefasern aus nicht polymeren Werkstoffen: Dazu gehören monokristalline und polykristalline Fasern sowie Metallfasern, beispielsweise auf Stahl-, Aluminium- und Wolfram-Basis.

Die Chemiefasern können in unterschiedlichen Aufmachungsformen in der Praxis vorkommen (s. Kap. 3). Ihre Eigenschaften können herstellungsseitig in weiten Bereichen gezielt eingestellt werden. Darüber hinaus lässt sich ihr Einsatzspektrum systematisch erweitern, in dem auf chemischer bzw. physikalischer Basis die Faserstoffoberflächen modifiziert bzw. funktionalisiert werden (Oberflächen- und Grenzschichtdesign), damit beispielsweise ihre Temperaturbeständigkeit erhöht bzw. die Verbundeigenschaft auf die Matrices abgestimmt ist.

2.2.2.2 Fasern, Filamente und Spinnfasern

Die textilen Faserstoffe im Sinne von DIN 60000 sind textiltechnisch verarbeitbare linienförmige Gebilde. Sie sind sehr schlank und biegsam und besitzen eine für die Textilverarbeitung ebenso für den Gebrauch ausreichende Festigkeit. Die textilen Faserstoffe sind das elementare Konstrukt für die Bildung von Garnen, Vliesstoffen und Flächengebilden. Sie sind hauptsächlich auf Zug belastbar.

Die textilen Faserstoffe lassen sich in *Spinnfasern* und *Endlosfasern* unterteilen.

Die *Spinnfasern* sind in ihrer Länge begrenzt. Sie tragen diese Bezeichnung, auch wenn sie nicht in jedem Falle anschließend versponnen, sondern zu Faservliesen, als Vorprodukt für die Vliesstoff-, Matten- oder Filzherstellung, verarbeitet werden. Die Spinnfasern umfassen die Naturfasern und die auf eine gewünschte Stapellänge geschnittenen bzw. gerissenen Endlosfasern. Nicht verspinnbare sehr kurze Fasern werden als *Flockfasern* oder *Linters* bezeichnet. Fasern sehr großer, praktisch unbegrenzter Länge heißen *Filamente* oder *Kapillare*. In der Praxis werden Filamente auch als Fasern mit einer Länge von mindestens 1000 mm definiert, wobei diese Grenze nicht unbedingt gesetzt ist und von vielen Gegebenheiten und Randbedingungen abhängt, z. B. der Bauteilgröße. Zu den Filamenten gehören:

- alle synthetisch hergestellten Chemiefasern, auch *Kunstfasern* genannt, mit Ausnahme von Produkten, die auf eine Stapellänge bzw. Stapellängenverteilung geschnitten oder gerissen sind und
- *Naturseide*, wobei diese im Sprachgebrauch nicht als Filament bezeichnet wird.

2.2.2.3 Faser- und Garnfeinheit als textilphysikalische Bezugsgrößen

Textile Faserstoffe sind extrem vielfältig und weisen je nach Fasertyp unterschiedliche Querschnitte auf. Die Naturfasern unterliegen dabei einer starken natürlichen Schwankung in den geometrischen Abmessungen. Sie sind wachstumsbedingt von endlicher Länge und weisen eine große Inhomogenität auf. Die Faserquerschnitte sind meist unrund und nicht gleichmäßig, über die Faserlänge sogar veränderlich. Sie weisen zum Teil undefinierte Hohlräume auf. Unter den Naturfasern des gleichen Typs unterscheiden sich zudem auch die Faserlängen. Daher ist es sehr aufwändig und unpraktikabel, den Faserquerschnitt als Bezugsgröße für die Bestimmung der Feinheit der Fasern bzw. Garne zu Grunde zu legen. Deshalb werden für alle linienförmigen textilen Gebilde das Gewicht und die Länge als Bezugsgrößen zur Bestimmung der Faser- und *Garnfeinheit* herangezogen. In diesem Zusammenhang wurden in der Vergangenheit verschiedene Feinheitssysteme *(Nummerierung)* eingeführt, die zum Teil länder- und materialspezifisch sind. Besonders gut durchgesetzt hat sich die Feinheit in „*tex*" (Gewichtsnummerierung). Diese *Feinheit* (Tt) ist ein textilspezifischer Begriff und bezeichnet das Verhältnis von Masse zu Länge. Sie wird in „*tex*" (1 tex = 1 g/1000 m) angegeben. Beide geometrischen Größen (Masse und Länge) lassen sich exakt messtechnisch erfassen. Neben der *Gewichtsnummerierung* existieren weitere Feinheitsbegriffe. Dazu gehören die *Längennummerierung* (Metrische Nummer Nm (m/g)), das *Titer-Denier-System* (Td: 1 g/9000 m) und die *englische Baumwollgarnnummer* (NeB: 840 yard/1 lb). Für die Bezeichnung von Fasermaterialien auf Kohlenstoffbasis wird häufig die Anzahl der Filamente im Garnquerschnitt angegeben. 50 K bedeutet, dass der Roving bzw. das Heavy Tow aus 50 000 Einzelfilamenten besteht. Die Kohlenstofffilamente besitzen runde Querschnitte mit einem Durchmesser von üblicherweise sieben Mikrometer.

Tabelle 2.1 gibt einen Überblick über die Umrechnung zwischen den verschiedenen Feinheitssystemen.

Tabelle 2.1 Umrechnung zwischen den Feinheitssystemen

	tex	Nm	Ne_B	Td
tex	–	$1000/tex$	$590,541/tex$	$9 \cdot tex$
Nm	$1000/Nm$	–	$0,590 \cdot Nm$	$9000/Nm$
Ne_B	$590,541/Ne_B$	$1,693 \cdot Ne_B$	–	$5314,87/Ne_B$
Td	$0,111 \cdot Td$	$9000/Td$	$5314,87/Td$	–

Für die Bestimmung der Faser- bzw. Garnfestigkeit wird der Quotient aus der Bruchkraft und der Faser- bzw. Garnfeinheit gebildet. Diese feinheitsbezogene Kraft [N/tex] für linienförmige Fasermaterialien wird als Ersatz für die bei nicht faserbasierten Materialien, z. B. bei Metallen und Kunststoffen, üblicherweise genutzte Spannung (Kraft/Fläche) verwendet. Um das Leichtbaupotenzial von textilen Hochleistungsfaserstoffen zu verdeutlichen, wird häufig die spezifische Festigkeit bzw. Steifigkeit herangezogen, die das Verhältnis zwischen Faserfestigkeit bzw. E-Modul und Faserdichte darstellt.

2.2.2.4 Garne, Rovings, Heavy Tows und Mehrfachgarne

Garne umfassen gemäß DIN 60900-1 alle linienförmigen textilen Gebilde, die sich aus textilen Fasern zusammensetzen. Einfache Garne stellen ein elementares Konstrukt für weitere textile Garnkonstruktionen, z. B. *gefachte Garne, Zwirne* oder sogar Flächengebilde dar. Garne bestehen aus textilen Fasern (Spinnfasern, Filamente oder Bändchen), die in der Regel mittels Drehung formschlüssig oder auch mittels Hilfsstoffen stoffschlüssig miteinander verbunden sind. Garne werden auch häufig im Zusammenhang mit einem Verwendungszweck bzw. bei einer technologischen Erläuterung als *Faden* bezeichnet, z. B. Schussfaden oder Nähfaden. Die Garne lassen sich in Spinnfaser- und Filamentgarne einteilen (Abb. 2.4).

Ein *Spinnfasergarn* besteht aus Spinnfasern und wird anhand von verschiedenen Spinnfaserverfahren durch kontinuierliches Verziehen des vorgelegten Fasermaterials und durch Verdrehen aller bzw. eines Teiles der Fasern untereinander auf

Basis verschiedener Wirkprinzipien (mechanisch, pneumatisch) gebildet. Die Drehung des Garnes erfolgt idealerweise durch eine echte Drehung aller Fasern um die Längsachse des Garnes. Die Drehungen dienen zum einen zur Verfestigung des Garnes und bewirken somit die Ausnutzung der Fasersubstanzfestigkeit durch form- und/oder kraftschlüssige Übertragung der Kräfte zwischen den Fasern. Zum anderen können durch Drehungen bestimmte Effekte und Eigenschaften erzielt werden. Zu den wichtigsten Spinnverfahren gehören das *Ring-*, das *Open-End- (OE-)Rotor-*, das *Luft-* und *OE-Friktionsspinnen*. Diese Verfahren werden je nach Verwendungszweck, Material und Faserlänge entsprechend maschinentechnisch und technologisch ausgelegt. Derartige Spinnfasergarne, aus organischen (z. B. Jute, Hanf) oder anorganischen Naturfasern (z. B. Basalt) bzw. aus geschnittenen Chemiefasern, sind ebenfalls für Faserverbundanwendungen von Interesse.

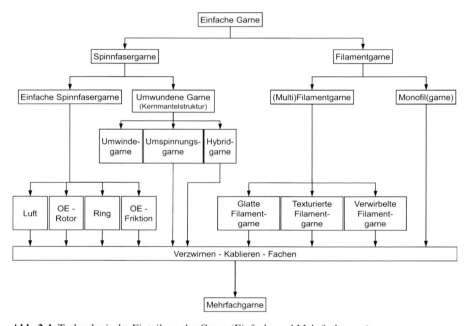

Abb. 2.4 Technologische Einteilung der Garne (Einfach- und Mehrfachgarne)

Bei speziellen und zum Teil weiterentwickelten Spinnverfahren (z. B. OE-Friktionsspinnen, OE-Rotorspinnen und Ringspinnen) werden Filamentgarne als Kernkomponente von Spinnfasern, die als Mantelkomponente fungieren, umwunden. Alternativ dazu werden ebenfalls parallelisierte Spinnfasern bzw. Spinnfasergarne von einem Filamentgarn umwunden. Kennzeichen dieser Garnkonstruktion ist die ausgeprägte Kern-Mantel-Struktur, die als *Umwindegarn, Umspinnungsgarn* bzw. *Hybridgarn* bezeichnet wird.

Spinnfasergarne lassen sich ebenfalls durch drehungslose Verfahren, beispielsweise mittels Kleben, bilden.

Die Eigenschaften der *Spinnfasergarne* hängen sehr stark von den Faserstoffeigenschaften, dem Garnaufbau und vom Spinnverfahren ab. Von entscheidender Bedeutung sind die Prozess- und Faserparameter: Faserorientierung, Einbindungsgrad der Fasern, Faseranordnung, Faserlänge, Anzahl der Fasern im Garnquerschnitt und Drehungshöhe. Die textilphysikalischen Eigenschaften von einfachen Spinnfasergarnen sind gegenüber Filamentgarnen mit gestreckter Faserlage relativ niedrig. Die *Spinnfasergarne* werden häufig nach dem Herstellungsverfahren bezeichnet. Auf Grund der Vielzahl der verschiedenen, zum Teil speziellen, Garnkonstruktionen wird an dieser Stelle auf eine nähere Beschreibung verzichtet und auf DIN 60900-1 hingewiesen.

Unter den Filamentgarnen wird zwischen *Monofilen* und *Multifilamentgarnen* unterschieden. *Monofile* bestehen aus einem einzigen Filament mit einem Durchmesser > 0,1 mm für technische Anwendungen. Für konventionelle Textilien, z. B. Bekleidung, lassen sich Monofildurchmesser in der Größenordnung von 20 μm erzielen. Im Gegensatz zu Monofilen bestehen *Multifilamentgarne* aus jeweils mehreren Einzelfilamenten mit oder ohne Drehungen. Der Begriff Filamentgarn ist ebenfalls in DIN 60900-1 eindeutig definiert. Multifilamentgarne stellen den Oberbegriff für abgeleitete praxisübliche Bezeichnungen dar und umfassen das gesamte Feinheits- und Faserstoffspektrum. Für textile Leichtbauanwendungen, basierend auf Hochleistungsfaserstoffen, hat sich der Begriff Roving durchgesetzt. Für Multifilamentgarne aus Carbon in extrem hoher Garnfeinheit, in der Regel größer als 2400 tex, wird der Begriff Heavy Tow verwendet. Auf Grund des carbonspezifischen Begriffes *Heavy Tow* wird in der Praxis auch der Begriff *Low Tow* für einen Roving mit einer Feinheit von 300 tex bis 2400 tex verwendet, wobei dieses Feinheitsspektrum nicht allgemeingültig definiert ist. Detaillierte Ausführungen zu den verschiedenen Garnkonstruktionen sind in Kapitel 4 zu finden.

2.2.2.5 Textile Flächengebilde und räumliche Textilkonstruktionen

In Faserverbundbauteilen nehmen vorrangig die in der Matrix eingebetteten Rovings die im Bauteil wirkenden Zugkräfte auf. Das Fasermaterial muss deshalb belastungsorientiert angeordnet sein. Neben dem direkten Einsatz von Verstärkungsfasern in geschnittener oder endloser Form werden insbesondere für komplexere Bauteile textile Gebilde mit Filamentgarnen als Verstärkungskomponente eingesetzt. Diese ermöglichen einerseits die Umsetzung komplizierter Faseranordnungen und andererseits eine effiziente Bauteilfertigung. Das Einsatzpotenzial und die Akzeptanz der Verstärkungshalbzeuge sind dabei wesentlich vom Stand der textilen Verarbeitungstechnik abhängig. Zu den textilen Gebilden gehört eine Vielzahl von Konstruktionen, die sich zum einen durch die Art der Bindung der einzelnen Grundelemente (Einheitszelle) und zum anderen durch die Art der Anordnung der Verstärkungsfadensysteme unterscheiden. Prinzipiell lassen sich die textilen Halbzeuge in flächige und dreidimensionale Textilien einteilen.

Abbildung 2.5 zeigt eine Übersicht über die Vielfalt umsetzbarer Geometrien und die vielfältigen Möglichkeiten der flächigen und dreidimensionalen Textilkonstruktionen, die technologieabgängig unterschiedliche Komplexitäten aufweisen. Zu den am häufigsten eingesetzten Flächengebilden gehören Gewebe, Gewirke, Gestricke, Vliesstoffe und Geflechte. Aus diesen Grundstrukturen sind ebenfalls eine Vielzahl von Sonderkonstruktionen durch anforderungsgerechte Weiterentwicklungen bzw. Kombinationen von verschiedenen textilen Technologien abgeleitet worden, die heute zum Teil bereits Stand der Technik sind. Dazu zählen insbesondere die multiaxialen Gelege und Halbzeuge nach dem *Tailored Fibre Placement-Verfahren* (TFP). Diese Fertigungsverfahren sind sehr weit entwickelt und wurden bereits für diverse Anwendungsgebiete eingesetzt.

Ein Großteil der Textilien ist nur als zweidimensionales Flächengebilde mit konstanter Breite verfügbar. Derzeitige Entwicklungen verfolgen häufig die Herstellung konturierter Textilien, die als Abwicklung einer räumlichen Struktur in einer mehrstufigen *Preformbildung* durch Umformen und/oder Fügen zu einem dreidimensionalen Halbzeug weiterverarbeitet werden. Zunehmend werden einstufige Verfahren zur direkten Formgebung von textilen Halbzeugen mit bauteilnaher Geometrie entwickelt.

Neben der Geometrie des Textils bestehen weitere Unterscheidungsmerkmale durch die Anordnung der Verstärkungsfäden. Grundsätzlich erlaubt der derzeitige Entwicklungsstand der textilen Flächenbildungsverfahren räumliche Verstärkungsfadenanordnungen mit offenen und geschlossenen Flächen. Im Folgenden werden die wichtigsten textilen Fertigungsverfahren als Basistechnologien in Anlehnung an DIN 60000 für die Ableitung von komplexen Textilkonstruktionen kurz vorgestellt. Die den Flächengebilden zugehörigen Normen und Kapitel im vorliegenden Fachbuch werden zu den jeweiligen Abschnitten in Klammern angeführt.

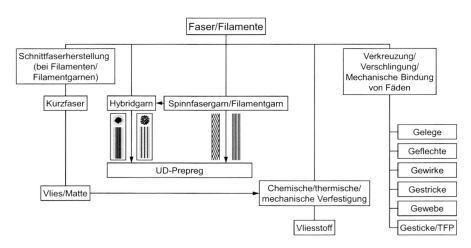

Abb. 2.5 Einteilung der textilen Gebilde

Gewebe (DIN ISO 9354, DIN 61100-1, DIN 61100-2, s. Kap. 5): Gewebe sind das älteste, von Menschenhand hergestellte Flächengebilde. Erste Gewebefragmente, die auf sogenannten Gewichtswebstühlen gefertigt wurden, sind bereits vor mindestens 7000 Jahren dokumentiert worden. Heute werden modernste computergesteuerte Webmaschinen eingesetzt, die die Herstellung von belastungsgerechten Geweben in Hinblick auf Festigkeit, Steifigkeit und Energieabsorption ermöglichen. Konventionelle 2D-Gewebe sind aus mindestens zwei Fadensystemen aufgebaut, die sich miteinander verkreuzen und senkrecht zueinander stehen. Die in Längsrichtung (Fertigungsrichtung) verlaufenden Fäden werden als Kettfäden, die in Querrichtung eingetragenen Fäden als Schussfäden bezeichnet. Die Art der Verkreuzung der Kettfäden mit den Schussfäden, d. h. die wechselseitige Unter- bzw. Überführung wird als Bindung bezeichnet. Diese beeinflusst das Warenbild, die mechanischen Eigenschaften und die Drapierbarkeit. Jedes der beiden Fadensysteme kann aus mehreren Kett- bzw. Schussfadenarten aufgebaut sein. Durch das Weben mit mehreren Fadensystemen, d. h. mittels Grund- und Füllfäden in Kett- und Schussrichtung und zusätzlichen Kettfäden als *Pol-* und/oder *Bindefäden* sind mehrlagige und räumliche Strukturen erzeugbar.

Maschenwaren – Gestricke und Gewirke (DIN 4921, ISO 7839, DIN 62050, DIN 8388, DIN 8640, DIN 61211, s. Kap. 6 und 7): Im Gegensatz zu gewebten Strukturen erfolgt die Flächenbildung beim Stricken und Wirken durch Umformen von Garnen zu Maschenschleifen und die anschließende Verbindung dieser miteinander. Das Kettenwirken ist dadurch gekennzeichnet, dass eine oder mehrere Fadenscharen, auch als Wirkfadensystem bezeichnet, gleichzeitig zu Maschen umgeformt werden. Ein Wirkfadensystem ist demnach eine Vielzahl von Fäden, die parallel nebeneinander laufen und bei der Bildung des Kettengewirkes die gleiche Funktion innehaben [8]. Bei Gestricken werden die Maschen nacheinander quer zur Produktionsrichtung gebildet (einfädige Maschenware) [9]. Verwendung finden Maschenwaren bei der Ausbildung von komplexen Geometrien, da sich diese textilen Halbzeuge durch eine extrem hohe Dehnbarkeit und somit Drapierfähigkeit auszeichnen und durch die Kombination von verschiedenen Bindungsarten für verschiedenste Anwendungsgebiete flexibel einsetzbar sind. Dadurch ermöglichen sie komplexe *Near-Net-Shape*-Geometrien. Die maschenartige Anordnung der Garne in der Maschenware führt zu einer hohen Elastizität, was jedoch für hochbelastete Verbundbauteile nachteilhaft ist. Zur Ausnutzung des Leistungspotenzials von Maschenstrukturen in Composite-Anwendungen werden daher gestreckte Fadensysteme, die für die Kraftübertragung verantwortlich sind, in das Maschensystem zur Realisierung von Gelegehalbzeugen eingebunden.

Nähwirkstoffe (DIN 61211, s. Kap. 7): Das Nähwirken ist ein Verfahren zur Herstellung von textilen Flächengebilden und stellt eine Variante des Kettenwirkens dar. Das Verfahren beruht darauf, Fadenscharen oder Flächengebilde mittels Maschen eines oder mehrerer Wirkfadensysteme miteinander zu verbinden. Die Fadenscharen werden beim Nähwirken an einer oder mehreren aufeinander folgenden Legestationen in zwei parallel laufende Transporteinrichtungen eingebracht. Die übereinander angeordneten Fadenscharen werden dann der Wirkeinheit zugeführt und durch die Maschen des Wirkfadensystems zu einem stabilen bi- bzw. multiaxialen Gelege verbunden [10].

Geflechte (DIN 60000, s. Kap. 8): Geflechte entstehen durch das regelmäßige Verkreuzen von mindestens drei Garnen, die in der Regel diagonal zur Produktionsrichtung verlaufen. Zusätzlich lassen sich in das Geflecht Axialfäden, sogenannte 0°-bzw. Stehfäden, zur axialen Verstärkung einarbeiten. Geflechte können als flächen- aber auch als volumenbildende Strukturen ausgeführt sein.

Vliesstoffe (DIN EN 29092, s. Kap. 9): Vliesstoffe sind Flächengebilde in Form von Vliesen oder Faserflor aus gezielt ausgerichteten oder wirr zueinander angeordneten Fasern, die kraft-, form- oder stoffschlüssig miteinander verbunden sind. Im Gegensatz zu Geweben und Maschenwaren erfolgt die Vliesstoffbildung ohne die Prozessstufe der Garnherstellung. Alle Fasern lassen sich zu Vliesstoffen verarbeiten. Vliesstoffe, auch zum Teil Fasermatten genannt, werden häufig für gering beanspruchte Bauteile ohne bzw. in Kombination mit einer Kunststoffmatrix, wie z. B. bei Spinn-Vliessstoffen und Glasmatten, *SMC*- bzw. *GMT-Halbzeugen*, eingesetzt.

Gesticke (DIN 60000, s. Kap. 10): Hierbei handelt es sich um Flächengebilde, bei denen Stickfäden durch einen Stickboden (Stickgrund), z. B. Gewebe oder Gewirke, gezogen sind. Der Stickgrund kann bei bestimmten Verfahren nachträglich ganz oder teilweise entfernt werden. Eine aus der Sticktechnik abgeleitete Technologie ist das *Tailored Fibre Placement* (TFP). Dieses Verfahren bietet die Möglichkeit der Fertigung vielfältiger Textilstrukturen mit kraftflussgerechter Faserorientierung und lokal anpassbarer Fasermenge [11].

Dreidimensionale Textilkonstruktionen: In der Praxis sind häufig komplexe Bauteilgeometrien unentbehrlich, die die Entwicklung von anforderungsgerechten textilen 3D-Halbzeugen *(Preforms)* erfordern. Eine Vielzahl von neuen textilen Fertigungsverfahren zur Umsetzung von 3D-Textilien beruht größtenteils auf der Weiterentwicklung von bestehenden Fertigungstechniken für textile Flächengebilde. Ein in der Praxis häufig eingesetztes Verfahren basiert hingegen auf dem Verbinden von verschiedenen Einzelstrukturen durch den Einsatz von textilen Fügetechniken zu komplexen Preforms (s. Kap. 12). Diese Vorgehensweise wird als *Differenzialbauweise* bezeichnet. Hingegen ist für die *Integralbauweise* kennzeichnend, dass das Fertigen von möglichst vielen Strukturelementen einer Gesamtpreform in einem einzigen Fertigungsschritt geschieht. Die Anzahl der einzelnen Elemente und damit die Anzahl der Verbindungen werden durch diese Bauweise drastisch reduziert. Der Komplexitätsgrad derartiger integraler 3D-Strukturen bzw. -Geometrien ist jedoch beschränkt. Auf die besonderen Textilkonstruktionen und die dazu notwendigen Techniken sowie die Entwicklungsrichtungen und Möglichkeiten wird in den Kapiteln 5 bis 10 und 12 näher eingegangen.

2.2.2.6 Ausrüstung

Werkstoffe mit maßgeschneiderten Oberflächeneigenschaften sind für eine Vielzahl von Anwendungen im Leichtbau und in Verbindung mit der Realisierung integrierter Sensornetzwerke von großem Interesse. Dabei wird in dem interdisziplinären Gebiet der nanotechnologischen Materialsynthese zunehmend beobachtet, dass Ober- und Grenzflächen in der Natur oft nanostrukturierte Systeme mit mehreren Komponenten aus Polymeren und anorganischen Bestandteilen darstellen, die technisch relevante und wünschenswerte Eigenschaften aufweisen [12–16]. In diesem Zusammenhang richtet sich ein Großteil der derzeitigen Entwicklungen in der modernen Materialwissenschaft auf Hybridsysteme aus Verstärkungsmaterialien, Matrices und Nanostrukturen, um maßgeschneiderte Oberflächeneigenschaften und Funktionalitäten zu erzielen.

Neben dem Einfluss der Eigenschaften der Verstärkungsfasern und der Matrix ist die Art des Zusammenwirkens dieser beiden Komponenten auf das Leistungsvermögen von Verbundwerkstoffen entscheidend. Die Lastübertragung zwischen den beiden Komponenten und das Risswachstum werden, neben den mechanischen Eigenschaften der Einzelkomponenten selbst, entscheidend durch deren Haftung bestimmt. Die Festigkeit und Zähigkeit eines Faserverbundwerkstoffes kann durch die Grenzfläche zwischen Faser und Matrix signifikant verändert werden. Die Art der Gestaltung der Grenzschicht und der Oberflächenmodifizierung bestimmt, wie die Spannungen von der Matrix auf die Fasern übertragen werden und im Ergebnis die chemischen, thermischen und/oder mechanischen Eigenschaften des FKV selbst [17]. Durch die Ausrüstung von Ober- und Grenzflächen sowie Grenzschichten lassen sich sensorische und aktorische Funktionen in Verbundbauteile integrieren, die eine kontinuierliche Strukturüberwachung, Selbstdiagnose und -regelung ermöglichen.

Innerhalb der textilen Prozesskette ist die Qualitätssteigerung der Haftung, gegenüber herkömmlichen Anwendungen, mittels Oberflächenbearbeitung unter dem Gesichtspunkt einer industriellen Nutzbarkeit und somit der Entwicklung anforderungsgerechter Textilstrukturen von größter Bedeutung. Dabei ist die Verbindung von Faser und Matrix das entscheidende Kriterium zur Beurteilung der Qualität von textilverstärkten Verbundwerkstoffen. Während für gering beanspruchte Verbundbauteile eine mechanische Verankerung meistens ausreicht, ist für Bauteile, die hohen dynamisch-mechanischen Belastungen unterliegen, eine chemische Anbindung der Fasern an die Matrix unbedingt notwendig. Die Haftung in der Faser-Matrix-Grenzschicht ist für die Lasteinleitung und Kraftübertragung von großer Bedeutung. Um verlässliche Verbunde mit hohen mechanischen Eigenschaften zu gewährleisten, ist die Wechselwirkung zwischen Matrix und Verstärkungskomponente durch maßgeschneidertes *Grenzschichtdesign* gezielt einzustellen.

Für die Bearbeitung der Materialien müssen die gesamten Prozessstufen von der Faser, über den Roving, das Flächengebilde bis hin zum konfektionierten 3D-Verstärkungshalbzeug in fixierter Form *(Preform)* zum Einsatz kommen. Die Ausrüstung faser- und fadenförmiger Werkstoffe erlaubt eine außerordentliche Vielfalt der Kombination unterschiedlich funktionalisierter Fasern und Garne für daraus hergestellte textile Strukturen. Für die Ausrüstung der textilen Materialien sind dabei nasschemische Prozesse, Plasmabehandlungen, Sol-Gel-Verfahren und funktionelle Beschichtungen einsetzbar. Intelligente funktionelle Beschichtungen ermöglichen hierbei neuartige Funktionssysteme. Durch den kombinierten Einsatz neuartiger Methoden der physikalischen Selbstorganisation, der Oberflächenchemie sowie der Oberflächenstrukturierung lassen sich gezielte skalenübergreifende Grenzflächenarchitekturen schaffen, die das Leistungspotenzial der Verbundeinzelkomponenten ausschöpfen und deren Funktionalisierung erzielen lassen [17]. Detaillierte Ausführungen zu der Ausrüstung textiler Strukturen sind in Kapitel 13 zu finden.

2.2.2.7 Konfektion und Preforming

Mit konfektionstechnischen Prozessen werden die textilen Halbzeuge, z. B. Gelege, Gewebe, Geflechte, einzeln bzw. in Kombination in die Form der endkonturnahen Preform umgeformt und montiert. Der Konfektionsprozess beginnt mit der Konstruktion von Einzelteilen dieser Preform, wobei zum Gewährleisten der mechanischen Funktionalität des künftigen textilverstärkten Verbundbauteils sowohl die geeigneten Halbzeuge auszuwählen als auch deren richtungsgerechte Integration in den Aufbau der Preform zu berücksichtigen ist. Außerdem ist zu beachten, dass im Prozess der Preformfertigung das Ausformen der Einzelteile ohne Faltenbildung und mit definierter Veränderung der ursprünglich erzeugten Fadenorientierung beim Drapieren erfolgt.

Aus den Halbzeugen, die meist als Meterware bereitgestellt werden, sind mit textilgeeigneter Zuschnitttechnik die konkreten Einzelteile auszuschneiden, wobei die Sicherung der Schnittkanten einem Verlust von Randfäden vorbeugen muss. Diese Schnittkantensicherung ist vor, während oder auch nach dem Zuschnittprozess ausführbar.

Für die Montage der Einzelteile zur endkonturnahen *Preform* eignet sich die bekannte Nähtechnik, wobei insbesondere bei großformatigen bzw. komplexen Preforms aus Gründen der Zugänglichkeit der Nähwerkzeuge zur Nahtstelle ein neuartiges Nähprinzip, die sogenannte Einseiten-Nähtechnik, angewandt wird. Jegliche Nähtechnik benötigt Nähfäden, die von ihrer Faserstoffzusammensetzung, ihrer Fadenstruktur und ihrer Präparation dem Nähprozess standhalten, die Preform im textilen Zustand zusammenhalten sowie, falls vorgesehen, im textilverstärkten Verbundbauteil ihren Verstärkungsbeitrag meist in der *Out-of-Plane*-Richtung als sogenannte z-Verstärkung leisten. Nähen ist jedoch mit Ein- und Durchstechen verbunden, so dass gleichzeitig mit einer Reduzierung der *In-Plane*-Eigenschaften infolge der Perforation bei der Konstruktion der Preform gerechnet werden muss.

Alternative Verbindungsverfahren für Textilien sind Schweißen, Kleben und Bebindern. Schweißen setzt thermoplastische Faserstoffe voraus, wobei auch Faserstoffmischungen mit anteilig thermoplastischem Verhalten verarbeitbar sind. Kleben für die Preformfertigung setzt die Kompatibilität zum Matrixmaterial voraus. Thermisch aktivierbare Kleber, sogenannte Binder, können zu einer Preformmontage genutzt werden, um die Formgebung der Preformbestandteile bis in den Verbundbauteilherstellungsprozess hinein zu sichern. Eine tragende Funktion im Verbundbauteil ist damit nicht gegeben. Außerdem ist durch lokalen Binder- bzw. Kleberauftrag bereits vor dem Zuschnitt oder unmittelbar daran anschließend eine definierte Beeinflussung des Drapierverhaltens der Einzelteile möglich.

Eng mit dem Konfektionsprozess verbunden ist die Handhabung textiler Einzelteile, beginnend mit der Entnahme vom Zuschnitttisch, über die definierte Zuführung zu den Montagearbeitsplätzen, bis hin zur Übergabe der textilen Preform in den Bauteilfertigungsprozess. Aus Gründen der Reproduzierbarkeit sind sowohl im Zuschnitt als auch in den diversen Montagearbeiten Maschinen mit CNC-Steuerung zu bevorzugen. Während für Arbeiten in der Ebene Kreuztischsysteme dem Stand der Technik entsprechen, finden insbesondere für Montagearbeiten im Raum robotergeführte Verbindungstechniken Anwendung. Detaillierte Ausführungen zu der Konfektionierung textiler Preforms sind in Kapitel 12 zu finden.

2.2.2.8 Allgemeingültige textilphysikalische Kenngrößen zur Charakterisierung von textilen Faserstoffen, Garnen, textilen Flächengebilden und Bauteilen

Die Beurteilung der Qualität und der Gebrauchsfähigkeit der textilen Strukturen erfolgt auf Grundlage ihrer textilphysikalischen Kenngrößen. Zur Bestimmung dieser Kenngrößen existieren Vorschriften, die üblicherweise Prüfnormen entnommen werden. Die Prüfnormen sind international verbindlich und werden insbesondere im kommerziellen Warenverkehr angewandt. Die Nutzung von Prüfnormen beinhaltet die exakte Einhaltung der Prüfbedingungen, z. B. Prüfgeschwindigkeit, Prüfklima, Konfektionierung der Proben sowie Prüfabläufe, und garantiert dadurch die Vergleichbarkeit der von verschiedenen Prüfstellen gemessenen Kennwerte. Diese Verfahrensweise ist notwendig, da textilphysikalische Kennwerte textiler Strukturen stark von den Prüfbedingungen und Prüfverfahren abhängen.

Geräte zur Prüfung textiler Werkstoffe und Strukturen erfordern eine mechanische Auslegung, die sich an den Abmessungen der Faserstoffe und der textilen Struktur orientieren muss. Aus diesem Grund wird in Gesamtdarstellungen des Fachgebiets Textilprüfung oft eine Gliederung in

• Faser-/Filamentprüfung,

• Garnprüfung,

• Flächengebildeprüfung und

• Bauteilprüfung

vorgenommen. Innerhalb dieser Teilgebiete werden jeweils typische textilphysikalische Kennwerte ermittelt, die oftmals formal gleich sind, deren Ermittlung jedoch zum Teil erheblich unterschiedliche Prüfbedingungen und Messprinzipien erfordert. Die Charakterisierung erfolgt im Allgemeinen unter den nachfolgend angeführten Aspekten, für die in Klammern einige Beispiele angeführt sind:

- Material (Art, Zusammensetzung, Faserfeinheit, Feuchte-, Schlichte-, Matrixanteil),
- Materialeigenschaften (thermischer Ausdehnungskoeffizient, Dielektrizitätszahl, Wärmeleitfähigkeit),
- geometrische Merkmale (Durchmesser, Länge, Gleichmäßigkeit, Homogenität),
- Konstruktionsmerkmale (Bindungsart, Garndrehungen, Fadendichten von textilen Flächen, Lagenaufbau von Verbundbauteilen),
- Masse (längenbezogene Masse von Filamenten und Fäden, flächenbezogene Masse von textilen Halbzeugen),
- Formänderung bei geringen Geschwindigkeiten (Elastizitätsmodul, Bruchkraft und -dehnung, Biegesteifigkeit, Schersteifigkeit, Torsionssteifigkeit, Kriechen, Rissbildung und Delamination bei Verbunden),
- Formänderung bei hohen Geschwindigkeiten (Bruchkraft und -dehnung, Schlagzähigkeit, Dauerschwingfestigkeit),
- Crashverhalten (Crash-Energien, Restfestigkeit nach Impact, Rissbildung, Delamination),
- Wechselwirkungen mit Partnern (Reibung, Abrieb, Luftdurchlässigkeit) und
- Charakterisierung der Oberflächen- und Grenzschichteigenschaften (Oberflächenenergie, Benetzbarkeit).

Die Möglichkeiten einer prüftechnischen Charakterisierung der textilen Strukturen sind außerordentlich hoch. Eine Gesamtdarstellung ist deshalb in diesem Fachbuch nicht möglich. Das liegt an der Vielfalt der Materialien, der geometrischen Abmessungen vom Makromolekül bis zum Bauteil, den verschiedensten Messprinzipien und Einsatzspektren. Die angeführten, in Klammern gesetzten, textilphysikalischen und chemischen Kennwerte sind typische Parameter. Die Auflistung ist allerdings nicht vollständig. Die Entwicklung von komplexen, maßgeschneiderten Textilstrukturen für spezielle Anwendungen erfordert zum Teil die Konzeption von neuen Prüftechniken. Eine Auswahl relevanter Prüfverfahren, die für die Charakterisierung der textilen Strukturen und der daraus hergestellten Verbundbauteile für technische Anwendungen verwendet werden, enthält Kapitel 14.

2.3 Textile Halbzeuge und Preforms für den Leichtbau

2.3.1 Einteilung, Abgrenzung und Begriffsbestimmungen

Zur besseren Darstellung der textilen Halbzeuge und Preforms für den Leichtbau und das Verständnis für die Auswahl der richtigen Technologien, Strukturen und Geometrien wird zunächst auf wichtige Begriffe und deren Abgrenzungen eingegangen. Die Abbildungen 2.6 und 2.7 zeigen relevante Merkmale zur Unterscheidung der Geometrie und Verstärkungsstruktur textiler Halbzeuge.

2.3.1.1 Geometrie versus Struktur

Bei der Betrachtung existierender textiler Flächenbildungsverfahren bezüglich ihrer Eignung zur Umsetzung von konturgerechten zwei- und dreidimensionalen Verstärkungstextilien steht der Aufbau des Textils im Vordergrund. Die Anordnung der Garne und das Warenbild sind sowohl für die Beschreibung textiler Verstärkungshalbzeuge als auch für die strukturmechanischen Eigenschaften der daraus hergestellten Verbundbauteile von großer Bedeutung. Die Begriffe ein-, zwei-, zweieinhalb- und dreidimensional werden in Verbindung mit textilen Gebilden zum einen zur Charakterisierung der Lage der Verstärkungsfäden und zum anderen zur Bestimmung der Geometrie des Halbzeuges verwendet. Um eine eindeutige Einteilung der Begriffe vorzunehmen, wird im Folgenden zwischen Struktur und *Geometrie* unterschieden. Die *Struktur* kann wiederum in die *Verstärkungsstruktur* und in die *bindungsbedingte Struktur* untergliedert werden.

2.3.1.2 Geometrie eines textilen Halbzeuges

Die *Geometrie* beschreibt die linienförmige, flächige bzw. räumliche Erscheinungsform des textilen Halbzeuges mit und ohne Einwirkung von zusätzlichen Prozessen zur Erzeugung der Endkontur, wobei die Art der Anordnung der Verstärkungsfadensysteme eine untergeordnete Rolle spielt (Abb. 2.6).

Eindimensionale Geometrie: Diese umfasst linienförmige Gebilde mit einem hohen Schlankheitsgrad (Verhältnis Länge zu Querschnitt) beispielsweise in Form eines Monofils, Spinnfasergarns, Rovings bzw. Zwirns.

Zweidimensionale Geometrie: Unter einer zweidimensionalen Geometrie eines Textils wird ein ebenes textiles Flächengebilde verstanden, dessen Ausdehnung in Dickenrichtung im Vergleich zur Flächenabmessung zu vernachlässigen ist.

Zweieinhalbdimensionale Geometrie: Eine zweieinhalbdimensionale Geometrie eines Textils wird als ein textiles Flächengebilde definiert, dessen Ausdehnung in Dickenrichtung im Vergleich zur Flächenabmessung zu vernachlässigen ist und das

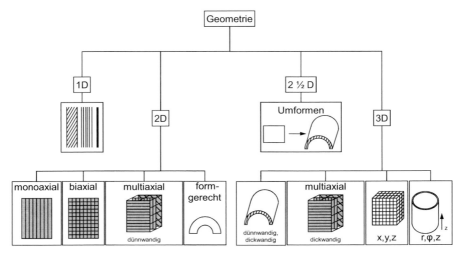

Abb. 2.6 Gestalt von Textilien – Geometrie

eine dreidimensionale Gestalt bzw. Endkontur durch Umform-, Drapier- und Konfektioniervorgänge aufweist.

Dreidimensionale Geometrie: Diese umfasst volumenbildende oder dünne, räumlich gestaltete schalenförmige Textilarchitekturen, die textiltechnisch in einer einzigen Prozessstufe ohne zusätzliche Einwirkung von nachfolgenden Arbeitsschritten gefertigt werden. Volumenbildende Textilien, die einem nachträglichen Umformprozess unterliegen, gehören somit ebenfalls zu Gebilden mit dreidimensionaler Geometrie.

2.3.1.3 Verstärkungsstruktur eines textilen Halbzeuges

Im Gegensatz zu der Geometrie eines textilen Halbzeuges wird bei der Darstellung der Verstärkungsstruktur die Ausrichtung der Fadensysteme zur Verstärkung bzw. Bewehrung betrachtet, was die Hauptaufgabe textiler Halbzeuge in mechanisch beanspruchten Faserverbundbauteilen darstellt.

Eindimensionale Verstärkungsstruktur: Die Verstärkung der textilen Halbzeuge ist hauptsächlich in eine Vorzugsrichtung, bzw. *unidirektional* (UD) orientiert. Dies betrifft gestreckt vorliegende Garne und unidirektional verstärkte textile Flächengebilde. Eine UD-verstärkte textile Fläche ist eine eindimensionale Struktur, die eine 2D-Geometrie aufweist.

Zweidimensionale Verstärkungsstruktur: Ein textiles Gebilde weist eine zweidimensionale Verstärkungsstruktur auf, wenn sich die Verstärkungskomponenten vorwiegend in der Fläche befinden und in mindestens zwei unterschiedliche Richtungen angeordnet sind. Bi-, tri- und multiaxial ausschließlich in der Fläche

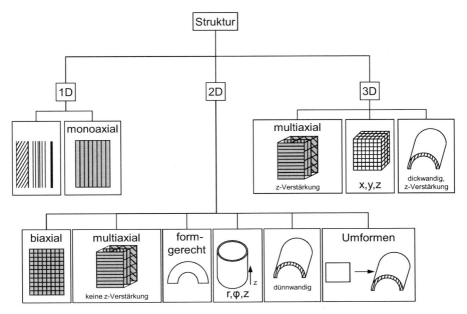

Abb. 2.7 Gestalt von Textilien – Verstärkungsstruktur

verstärkte Strukturen (2D-Geometrie) werden ebenfalls den zweidimensionalen Verstärkungsstrukturen zugeordnet. Dünnwandige 3D-Geometrien, die textiltechnisch in einer einzigen Prozessstufe, ohne die zusätzliche Einwirkung von nachfolgenden Arbeitsschritten, gefertigt werden und mindestens zwei Vorzugsrichtungen der Verstärkungskomponenten in der Fläche aufweisen, sind 2D-Verstärkungsstrukturen, da keine Verstärkung in Dickenrichtung vorliegt. Dies wird verdeutlicht durch die Abwickelbarkeit der schalenförmigen 3D-Geometrie. Dickwandige mehrlagige Verstärkungsstrukturen, die in Dickenrichtung kein Verstärkungssystem aufweisen, sind 2D-Verstärkungsstrukturen mit einer 3D-Geometrie.

Dreidimensionale Verstärkungsstruktur: Eine dreidimensionale Verstärkungsstruktur weist in alle drei Raumrichtungen angeordnete Verstärkungsgarnsysteme auf und gewährleistet somit eine entsprechende Verstärkungswirkung im Verbund. Generell gilt, dass 3D-Strukturen eine 3D-Geometrie, auf der Basis einer volumenbildenden Textilarchitektur, voraussetzen. Die Vorteile dieser integralen 3D-Strukturen bestehen in der signifikanten Verbesserung sowohl der mechanischen Eigenschaften des Bauteils in z-Richtung als auch des Impactverhaltens sowie in der Verringerung der Delaminationsgefahr.

2.3.1.4 Bindungsbedingte Struktur eines textilen Halbzeuges

Im Gegensatz zu der Verstärkungsstruktur, die die Ausrichtung der Verstärkungsgarne berücksichtigt, beschreibt die *bindungsbedingte Struktur* die lokale bzw. globale Anordnung der verschiedenen Verstärkungsgarnsysteme zueinander. Dies spiegelt die Art und Weise der Garnverkreuzung bzw. -verschlingung im textilen Halbzeug wider. Im konkreten Fall handelt es sich um die Art der Bindung.

2.3.1.5 Textile Halbzeuge mit offenem bzw. geschlossenem Warenbild

Neben der Art des Textilaufbaus auf der Basis von verschiedenen Verstärkungsfadensystemen spielt das Warenbild der textilen Verstärkungshalbzeuge beim Einsatz in Verbundbauteilen ebenfalls eine entscheidende Rolle. Je nach zu verwendendem Matrixsystem (auf Kunststoff-, Beschichtungs- bzw. mineralischer Basis) und Belastungsgrad des Bauteils wird zwischen geschlossenen (hoher Faservolumengehalt) und gitterartigen Verstärkungsstrukturen unterschieden. Textilien mit offenem Warenbild werden zur Bewehrung in Matrices mit festen Zuschlägen, z. B. Beton, bzw. zur Verstärkung von nicht hoch zu belastenden Faserkunststoffverbundbauteilen eingesetzt. Hoch belastete Verbundbauteile können nur mit geschlossenen Strukturen realisiert werden, die einen hohen Faservolumengehalt aufweisen.

2.3.2 Preform und Preforming

Als *Preform* oder *Vorformling* wird eine ein- oder mehrlagige, trockene textile Struktur bezeichnet, die in einem anschließenden Prozess mit einem geeigneten Matrixsystem imprägniert wird. Die Geometrie der textilen Verstärkungsstruktur (*Preform*) entspricht dabei weitestgehend der späteren Bauteilgeometrie und sichert eine belastungsgerechte Fadenanordnung. Die Verfahren zur Herstellung von Preforms können in *direktes* und *sequentielles Preforming* unterschieden werden (Abb. 2.8):

Unter der direkten Preformherstellung werden Fertigungsprozesse verstanden, die in einem einstufigen Verfahren zu einer in der Regel dreidimensionalen Preform in Integralbauweise führen. Die geometrische Komplexität und der mögliche Faservolumengehalt sind dabei vom eingesetzten Verfahren abhängig. Während bei den konventionellen Verfahren Kurzfasern (Sekundärstrukturen) eingesetzt werden, kommen bei den direkten Verfahren der textiltechnischen 2D- und 3D-Preformherstellung Endlosfasern zur Anwendung. Für die Herstellung von Hochleistungsbauteilen (Primärstrukturen) in komplexer Bauweise werden die bestehenden Standardverfahren weiterentwickelt. Damit ist der angestrebte Leichtbaueffekt

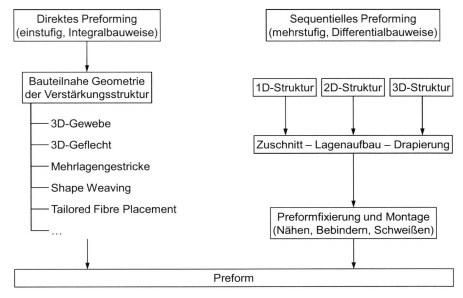

Abb. 2.8 Verfahren zur Preformherstellung

mit den notwendigen räumlichen Steifigkeiten und Festigkeiten bei geringerer Masse realisierbar.

Bei den *sequentiellen Verfahren* zur Fertigung von Preforms nach der *Differenzialbauweise* wird zwischen zwei Verfahrensvarianten unterschieden. Bei der Binder-Umform-Technik werden die Lagen der Preform aus Filamentgarnen durch Binder relativ zueinander in der abzubildenden Endkontur fixiert. Darüber hinaus kann der Binder zur Strukturfixierung eingesetzt werden. Wesentlich ist dabei die Auswahl zur jeweiligen Polymermatrix kompatibler Binder, die eine Fixierung außerhalb des Werkzeuges bei geringen Härtungstemperaturen gestattet. Die Applikation der Binder kann in fester oder flüssiger Form erfolgen und darf dabei nicht zur Einschränkung des benötigten Umformverhaltens und der Permeabilität führen. Des Weiteren kann der Binder bereits während der Herstellung des textilen Flächengebildes in Form von Fäden auf- bzw. eingebracht werden. Ein anforderungsgerechtes Binderdesign ist eine Grundvoraussetzung zur Effizienzerhöhung der Verbundbildungstechnologien.

Die Herstellung von Preforms mittels konventioneller Verfahren der textilen Konfektionstechnik ist seit den 80er Jahren bekannt. Dabei wird die *Cut-and-Sew-Technik* zunächst vor allem zur Montage einfacher Preforms eingesetzt. Um komplexe Geometrien aus textilen Verstärkungsstrukturen herstellen zu können, führen Weiterentwicklungen auf dem Gebiet der Stick- und Nähtechnik u. a. zu verschiedenen Einseitennähverfahren, die in der Regel robotergeführt betrieben werden [18–20]. Der Einsatz zum Einbringen von Fixiernähten kann mit einer Faserschädigung einhergehen, die zu einer Degradation der mechanischen *In-Plane-*

Eigenschaften des Bauteils führt. Die Vorteile dieser textilen Fügetechniken bestehen darin, dass die Näh- oder Stickfäden die mechanischen Eigenschaften des Bauteils in z-Richtung wesentlich verbessern, die Delaminationsgefahr verringert und das Impactverhalten deutlich erhöht wird. Detaillierte Ausführungen sind Kapitel 12 zu entnehmen.

2.3.3 Vorteile der Integration der Matrix als Endlosfaser

Für thermoplastische Faserverbundwerkstoffe werden zunehmend neue Anwendungsgebiete erschlossen. Ein wesentlicher Vorteil gegenüber Verbundwerkstoffen mit duroplastischer Matrix liegt in den erreichbaren kurzen Verarbeitungszeiten der Ausgangsmaterialien bei der Bauteilfertigung. So lassen sich Thermoplastbauteile mit hochproduktiven Verfahren, z. B. Spritzgießen, Tiefziehen und Pressen, kostengünstig und effizient herstellen. Weitere Vorteile von Thermoplasten bestehen in der thermischen Formbarkeit, der Möglichkeit, das Polymer beliebig oft aufzuschmelzen und umzuformen, den besseren Schlagzähigkeits- und Schadenstoleranzeigenschaften sowie der höheren Reparaturfreundlichkeit.

Während anfangs hauptsächlich kurzfaserverstärkte Faserverbundwerkstoffe umgesetzt wurden, wird seit einigen Jahren intensiv an der Entwicklung langfaserverstärkter Thermoplaste (LFT) bis hin zum Einsatz von Endlosfaserverstärkungen gearbeitet [21–24]. Um in den Bereich hochbelastbarer Faserverbundwerkstoffe vorzudringen, werden Endlosfaserverstärkungen benötigt, deren Faserlänge den Bauteilabmessungen entspricht. Herausfordernd bei der Verwendung thermoplastischer Matrixwerkstoffe ist deren hohe Schmelzviskosität, da das Injizieren des hochviskosen thermoplastischen Materials bei hohen Betriebsdrücken zu Strukturverzerrungen der Preforms in der Werkzeugkavität führt. Deshalb ist es notwendig, die Fließwege der Thermoplastschmelze bei der Bauteilimprägnierung zu minimieren. Ein seit längerem verfolgter Lösungsansatz besteht in der Vorimprägnierung bzw. Hybridisierung textiler Werkstoffe und Halbzeuge. Der für das jeweilige Bauteil geforderte Faservolumengehalt der Matrix- und Verstärkungskomponenten kann über das Mischungsverhältnis maßgeschneidert voreingestellt werden.

Eine Möglichkeit zur Fertigung hybrider Textilhalbzeuge ist die gemeinsame Verarbeitung von Verstärkungsgarnen und thermoplastischen Garnen. Eine deutlich bessere Vermischung der Verstärkungs- und der Matrixkomponenten lässt sich mit dem Einsatz von *Hybridgarnen* bereits im textilen Herstellungsprozess erzielen. Eine möglichst homogene Mischung beider Komponenten gestattet kurze Fließwege für die hochviskose Matrixschmelze bei der Verbundkonsolidierung und stellt eine wesentliche Voraussetzung für eine hohe Verbundqualität dar. Hybridgarne mit endlosen Verstärkungsfilamenten können z. B. durch Umspinnen, Umwinden, Zwirnen oder durch Imprägnierung von Verstärkungsfäden mit Matrixpulvern hergestellt werden, wobei die beiden Komponenten im Fadenquerschnitt als Kern/Mantel-Struktur oder nebeneinander angeordnet sind. *Hybridgarne* mit einer weitgehend homogenen Faser/Matrix-Verteilung und einer für die textile Verarbeitung vorteilhaften geringen Biegesteifigkeit können durch die Integration von thermoplastbasierten Filamenten, z. B. Polypropylen, in Glasrovings *(Twintex®)* während der Glasfilamentgarnherstellung oder aber durch den Commingling-Prozess [25] hergestellt werden. In der Praxis werden zahlreiche Hybridgarnkonstruktionen angeboten, die sich in Hinblick auf Aufmachungsform der Einzelkomponenten, Hybridgarntyp und -struktur unterscheiden. Die wichtigsten Hybridgarnkonstruktionen sind in Abbildung 2.9 dargestellt.

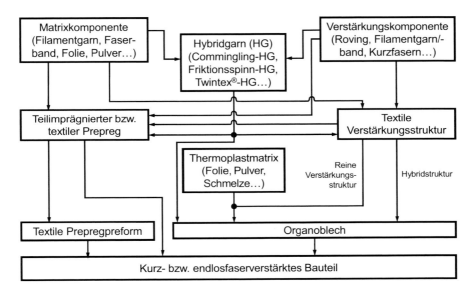

Abb. 2.9 Hybridgarnkonstruktionen aus Filament- bzw. Stapelfasergarnen nach [26]

Weitere Verfahren zur Vorimprägnierung der Verstärkungskomponente mit Matrixmaterial in nicht textiler Aufmachungsform verfolgen unterschiedliche Ansätze, wie das Folienpressen *(Film-Stacking)*, die *Pulverimprägnierung*, die *Schmelzextrusion* sowie die Tränkung in Polymerlösungen [27]. Durch Anwendung eines der vorgenannten Verfahren entstehen fadenförmige Prepregs mit sehr unterschiedlichen Eigenschaften. Die resultierenden vorimprägnierten Garne weisen hohe Biegesteifigkeiten auf und sind für die textile Weiterverarbeitung, besonders zur Herstellung komplexer Verstärkungshalbzeuge, nur bedingt geeignet [28]. Diese Fragestellungen und Möglichkeiten werden ausführlich in Kapitel 11 behandelt.

2.4 Anwendung und Leistungspotenzial textiler Halbzeuge und Preforms im Leichtbau

Der Leichtbau mit textilverstärkten Verbundwerkstoffen bietet bei der Entwicklung material- und energieeffizienter Strukturbauteile zahlreiche Vorteile gegenüber konventionellen Bauweisen. Dabei kommt insbesondere dem funktionsintegrierenden Leichtbau in textiler Mischbauweise ein hoher Stellenwert zu. Besonders die hohe Festigkeit und Steifigkeit bei extrem geringem Gewicht, die einstellbaren kurzzeitdynamischen Eigenschaften *(Impact)*, die große Vielfalt textiler Verfahren und Strukturen sowie die wirtschaftliche Fertigung mit hoher Reproduzierbarkeit, die Serientauglichkeit und Recyclingfähigkeit machen die noch junge Werkstoffgruppe der endlosfaserverstärkten Verbundwerkstoffe im Faserkunststoffverbund, im Textilbeton und in der textilen Membrantechnik für zukünftige Leichtbauanwendungen in unterschiedlichen Branchen besonders interessant und aussichtsreich. Textilverstärkte Verbundwerkstoffe besitzen im Vergleich zu anderen Werkstoffgruppen die größte Flexibilität und sind damit für die im Leichtbau bei komplexen Anforderungen gebotene Mischbauweise mit optimalem Materialmix geradezu prädestiniert [29].

Textile Werkstoffe und Halbzeuge als innovative Werkstoffe weisen ein extrem vielfältiges Eigenschaftspotenzial auf und stellen für die Gegenwart und Zukunft eine bedeutende High-Tech-Werkstoffgruppe dar. Sie sind eine Grundvoraussetzung zur Schaffung von neuartigen Produkten mit neuen skalierbaren Eigenschaften. Endlosfaserverstärkte Verbundwerkstoffe verfügen über ein besonders hohes Potenzial für den Serieneinsatz in komplexen, hoch beanspruchten Leichtbauteilen des Fahrzeug- und Maschinenbaus ebenso für die Bewehrung schlanker und filigraner Betonbauteile sowie für die Ertüchtigung und Instandsetzung von bestehenden Bauwerken. Sie tragen zur signifikanten Reduzierung von Massen und gleichzeitig zur Energieeinsparung bei. Sie zeichnen sich durch eine flexible Anpassbarkeit der Werkstoffstruktur und damit durch eine gezielte Einstellbarkeit der Werkstoffeigenschaften und der Eigenschaftsanisotropie an die bestehenden Verarbeitungs- und Bauteilanforderungen aus.

Die vielfältigen textilen Prozesse und deren Kombination für die Herstellung von 2D- und 3D-Strukturen und Preforms bieten zahlreiche Möglichkeiten sowie Parameter, durch deren Variationen die Eigenschaften der herzustellenden Produkte weitreichend beeinflussbar und anforderungsgerecht einstellbar sind. So können beispielsweise die folgenden Textilkonstruktionen für den Leichtbau mit maßgeschneiderten Eigenschaften durch das aktive und zielgerichtete Formen des textilen Werkstoffes erreicht werden:

- beliebige räumliche Anordnung der kraftaufnehmenden Fadensysteme (1D-, 2D- und 3D-Strukturen),

- kraftschlussgerechte Ausrichtung der Garne und die Bestimmung der Anzahl der kraftaufnehmenden Fadensysteme je nach Belastungsfall, z. B. biaxial, multiaxial oder polar,

- Anpassung an die Bauteilgeometrie und Designgestaltung, beispielsweise bei Freiformflächen, komplexen Profilen, schlauchförmigen Strukturen, *Spacer Strukturen*, sowie
- Hybridisierung und Funktionsintegration.

Die große Vielfalt der vorhandenen und verfügbaren textilen Materialien, Strukturen und Verfahren, die wirtschaftliche Fertigung sowie die Serientauglichkeit machen diese Werkstoffgruppe zukunftsträchtig [30]. Mit der zunehmenden Anwendung sowie der wachsenden Bedeutung textilverstärkter Verbundwerkstoffe für Massenmärkte steigen die Leistungsanforderungen an textile Halbzeuge für Strukturbauteile. Die anforderungsgerechte Materialauswahl und die formgerechte Herstellung textiler Halbzeuge bieten zahlreiche Vorteile gegenüber herkömmlichen Materialien, wie ein besseres Leistungs-Masse-Verhältnis durch die anisotrope Faseranordnung für einen höheren Leichtbaunutzen. Im Gegensatz zur aufwändigen Prepregtechnologie sind trockene Verstärkungsstrukturen und Preforms für die wirtschaftliche Fertigung von Leichtbauteilen in Großserienanwendungen besonders vorteilhaft.

Das Potenzial textiler Halbzeuge als innovativer Leichtbauwerkstoff führt durch die gezielte Auswahl und Kombination der textilen Werkstoffe und der textilen Prozesse sowie durch die maßgeschneiderte kraftschlussgerechte Anordnung der Rovings in den textilen Strukturen zu einer nahezu beliebigen Vielfalt an Eigenschaftsprofilen und der Designgestaltung bis hin zu funktionsintegrierenden *Near-Net-Shape* Komponenten. Die Konfektionstechnik bietet ein Höchstmaß an Flexibilität hinsichtlich der Verbindung textiler Flächengebilde zu anforderungsgerechten Preforms. Die Montage der einzelnen beanspruchungsgerechten Verstärkungstextilien zu integralen Preforms erfolgt mittels moderner Fügetechniken, z. B. Nähen, Schweißen und Kleben. Diese Vorgehensweise hat sich als effektiv erwiesen, da hierbei sowohl Montage- als auch Verstärkungsnähte variabel in die textile Preform eingebracht werden können. Durch den Einsatz der Konfektionstechnik ist die Herstellung von „Spacer Preforms" großer Dimensionen und komplexer Geometrie sowie mit integrierten Funktionen realisierbar.

Es ist insgesamt festzuhalten, dass die faserbasierten Halbzeuge und Preforms für Leichtbauanwendungen nicht nur in der Luft- und Raumfahrt von besonderer wirtschaftlicher Relevanz sind, sondern auch Massenmärkte in der Verkehrstechnik, im Maschinenbau, im Bauwesen und in der textilen Membrantechnik erschließen werden. Es wird ein Paradigmenwechsel stattfinden, mit welchem sich die Materialindustrie mehr und mehr von traditionellen monolithischen Werkstoffen, z. B. Aluminium und Titan, weg und hin zu den Faserverbundwerkstoffen entwickeln wird [31]. Dieser Entwicklungsprozess ist bereits weit fortgeschritten und wird die Materialforschung durch die extrem hohe Flexibilität der textilen Werkstoffe und deren Verarbeitung zu nahezu unbegrenzt komplexen Konstruktionen mit skalierbaren Eigenschaften revolutionieren. Im Allgemeinen bieten die textilen Werkstoffe und Halbzeuge ein sehr breites Variationsspektrum und eine enorme Vielfalt von Möglichkeiten, die das anforderungsgerechte Maßschneidern von lasttragenden

Strukturen im Hinblick auf Festigkeit, Steifigkeit, Impactverhalten und Energieabsorptionsvermögen beinhalten.

Literaturverzeichnis

[1]   MEYER-STOCK, L.: Forschungsaufgabe Technische Textilien. In: KNECHT, P. (Hrsg.): *Technische Textilien*. Frankfurt am Main : Deutscher Fachverlag GmbH, 2006

[2]   OERTEL, D. ; GRUNEWALD, A.:   *Potenziale und Anwendungsperspektiven der Bionik*. http://www.tab-beim-bundestag.de/de/pdf/publikationen/berichte/TAB-Arbeitsbericht-ab108.pdf (06.04.2011)

[3]   LING, Z. ; JIANFENG, M. ; TING, W. ; DENGHAI, X.: Lightweight Design of Mechanical Structures Based on Structural Bionic Methodology.   In: *Journal of Bionic Engineering* 7 (2010), S. 224–231. DOI 10.1016/S1672–6529(09)60239–0

[4]   HONGJIE, J. ; YIDU, Z. ; WUYI, C.: The Lightweight Design of Low RCS Pylon Based on Structural Bionics. In: *Journal of Bionic Engineering* 7 (2010), S. 182–190. DOI 10.1016/S1672–6529(09)60207–9

[5]   MILWICH, M. ; SPECK, T.: Solving engineering problems with the help of nature's wisdom. In: *American Journal of Botany* 93 (2006), S. 1455–1465. DOI 10.3732/ajb.93.10.1455

[6]   BOBETH, W.: *Textile Faserstoffe - Beschaffenheit und Eigenschaften*. Berlin : Springer Verlag, 1993

[7]   WULFHORST, B.: *Textile Fertigungsverfahren - Eine Einführung*. München, Wien : Carl Hanser Verlag, 1998

[8]   RENZ, R. ; FLECKEISEN, M.: *Bindungslehre der Ketten- und Nähwirkerei*. Leipzig : VEB Fachbuchverlag Leipzig, 1980

[9]   WEBER, K. P. ; WEBER, M.: *Wirkerei und Strickerei - Technologische und bindungstechnische Grundlagen*. Frankfurt am Main : Deutscher Fachverlag, 1997

[10] HAUSDING, J.: *Multiaxiale Gelege auf Basis der Kettenwirktechnik - Technologie für Mehrschichtverbunde mit variabler Lagenanordnung*. Dresden, Technische Universität Dresden, Fakultät Maschinenwesen, Diss., 2010

[11] FELTIN, D.: *Entwicklung von textilen Halbzeugen für Faserverbundwerkstoffe unter Verwendung von Stickautomaten*. Dresden, Technische Universität Dresden, Fakultät Maschinenwesen, Diss., 1997

[12] PUKANSZKY, B.:   Interfaces and interphases in multicomponent materials: past, present, future.   In: *European Polymer Journal* 41 (2005), Nr. 4, S. 645–662.   DOI 10.1016/j.eurpolymj.2004.10.035

[13] WAGNER, H.D. ; VAIA, R.A.: Nanocomposites: issues at the interface. In: *Materials Today* (2004), S. 38–42

[14] SANCHEZ, C. ; LEBEAU, B. ; CHAPUT, F. ; BOILOT, J. P.: Optical properties of functional hybrid organic-inorganic nanocomposites. In: *Advanced Materials Journal* 15 (2003), Nr. 23, S. 1969–1994. DOI 10.1002/adma200300389

[15] KING, W. P. ; SAXENA, S. ; NELSON, B. A. ; WEEKS, B. L. ; PITCHIMANI, R.: Nanoscale thermal analysis of an energetic material. In: *Nano Letters* 6 (2006), Nr. 9, S. 2145–2149. DOI 10.1021/nl061196p

[16] CHO, K. ; KIM, D. ; YOON, S.: Effect of substrate surface energy on transcrystalline growth and its effect on interfacial adhesion of semicrystalline polymers. In: *Macromolecules* 36 (2003), S. 7652–7660. DOI 10.1021/ma034597p

[17] MÄDER, E.: *Grenzflächen, Grenzschichten und mechanische Eigenschaften faserverstärkter Polymerwerkstoffe*. Dresden, Technische Universität Dresden, Fakultät Maschinenwesen, Habilitation, 2001

[18] GRUNDMANN, T. C.: *Automatisiertes Preforming für schalenförmige komplexe Faserverbundbauteile*. Aachen, RWTH Aachen, Fakultät Maschinenwesen, Diss., 2009

[19] NEITZEL, M. ; MITSCHANG, P.: *Handbuch Verbundwerkstoffe. Werkstoffe, Verarbeitung, Anwendung*. München, Wien : Carl Hanser Verlag, 2004

[20] HERZBERG, C. ; KRZYWINSKI, S. ; RÖDEL, H.: Konfektionstechnische Fertigung mehrschichtiger 3D-Preforms für Composites. In: *Verbundwerkstoffe und Werkstoffverbunde*. Weinheim, New York : WILEY-VCH Verlag GmbH, 2001, S. 49–55

[21] BRÜSSEL, R. ; ERNST, H. ; GEIGER, O. ; HENNING, F. ; KRAUSE, W.: LFT - mit Technologieinnovationen zu neuen Anwendungen. LFT - Equipment modifications enable the realisation of new applications. In: *Proceedings. 7. Internationale AVK-Tagung für verstärkte Kunststoffe und duroplastische Formmassen*. Baden-Baden, Deutschland, 2004, S. A8/1–A8/11

[22] MAISON, S. ; THIBOUT, C. ; GARCIN, J.-L. ; PAYEN, H. ; SIBOIS, H. ; COIFFER-COLAS, C. ; VAUTEY, P. ; BOULNOIS, P.: Technical Developments in Thermoplastic Composite Fuselages. In: *SAMPE Journal* 34 (1998), Nr. 5, S. 33–43

[23] BÜRKLE, E. ; SIEVERDING, M. ; MITZLER, J.: Spritzgießverarbeitung von langfaserverstärktem Polypropylen. In: *Kunststoffe* 93 (2003), S. 47–50

[24] SIGL, K. P.: Einarbeitung von Endlos-Glasfaserrovings in Thermoplaste im Zuge eines Einstufenprozesses. Incorperation of endless glassfiber-rovings in thermoplastic materials in the course of a single-stage process. In: *Proceedings. 15. Stuttgarter Kunststoff-Kolloquium*. Stuttgart, Deutschland, 1997, S. 1–10

[25] CHOI, B.-D. ; OFFERMANN, P. ; DIESTEL, O.: Development of Multidirectional Reinforced Weft-Knitted Fabrics Made from Comingling Hybrid Yarns for Complex Light Weight Constructions. In: *Proceedings. 13. Internationales Techtextil Symposium*. Frankfurt, Deutschland, 2005

[26] CHOI, B.-D.: *Entwicklung von Commingling-Hybridgarnen für langfaserverstärkte thermoplastische Verbundwerkstoffe*. Dresden, Technische Universität Dresden, Fakultät Maschinenwesen, Diss., 2005

[27] EHRLER, P.: FVW aus Trägerfaser-Filamentgarnen und Thermoplast. In: *Chemiefaser/Textilindustrie* 41/93 (1991), S. T121–T127

[28] RAMANI, K. ; HOYLE, C.: Processing of thermoplastic composites using a powder slurry technique, II. Coating and consolidation. In: *Materials and Manufacturing Processes* 10 (1995), Nr. 6, S. 1183–1200. DOI 10.1080/10426919508935101

[29] *DFG-Sonderforschungsbereich SFB 639 "Textilverstärkte Verbundkomponenten für funktionsintegrierende Mischbauweisen bei komplexen Leichtbauanwendungen"*. http://www.tu-dresden.de/mw/ilk/sfb639/ (06.04.2011)

[30] CHERIF, Ch. ; RÖDEL, H. ; HOFFMANN, G. ; DIESTEL, O. ; HERZBERG, C. ; PAUL, C. ; SCHULZ, C. ; GROSSMANN, K. ; MÜHL, A. ; MÄDER, E. ; BRÜNIG, H.: Textile Verarbeitungstechnologien für hybridgarnbasierte komplexe Preformstrukturen. In: *Zeitschrift Kunststofftechnik / Journal of Plastics Technology* 5 (2009), Nr. 2, S. 103–129

[31] FLEMMING, M. ; ZIEGMANN, G. ; ROTH, S.: *Faserverbundbauweisen - Fasern und Matrizes*. Berlin, Heidelberg, New York : Springer Verlag, 1995

Kapitel 3
Textile Faserstoffe

Christiane Freudenberg

Textile Faserstoffe bilden das grundlegende Element für textile Halbzeuge und die daraus hergestellten Produkte und bestimmen somit maßgeblich die Produkteigenschaften. Ausgehend von der molekularen und übermolekularen Struktur sowie mit der Gewährleistung optimaler Synthese- und Faserbildungsprozesse werden qualitativ hochwertige Faserstoffe mit maßgeschneiderten Eigenschaften, die zum einen als Verstärkungsfasern und zum anderen auch als thermoplastische Matrixfasern fungieren können, erzeugt. Im nachfolgenden Kapitel werden die allgemeinen komplexen Zusammenhänge zwischen Ausgangsmaterialien, Herstellung, Struktur und Eigenschaften erläutert. Detailliert wird dabei auf marktübliche Verstärkungsfaserstoffe, wie Glas-, Carbon-, Aramidfaserstoffe, und beispielhaft auf andere Verstärkungsfaserstoffe ebenso wie auf thermoplastische Faserstoffe, die als Matrixfasern fungieren, eingegangen. Möglichkeiten zur Eigenschaftsoptimierung durch Oberflächenmodifizierung und Materialkombination werden angedeutet.

3.1 Einleitung

Textile Faserstoffe gliedern sich entsprechend der Herkunft bzw. des Ursprungs in Natur- und Chemiefasern, wobei die Gruppe der organischen Chemiefasern aus synthetischen Polymeren sehr umfangreich ist. Weitere Ausführungen zur Einteilung textiler Faserstoffe sind in Kapitel 2.3.2 dargelegt.

Textile Faserstoffe stellen das grundlegende Element für textile Halbzeuge sowie den daraus hergestellten Produkten dar. Die spezifischen Faserstoffeigenschaften beeinflussen die Produkteigenschaften in hohem Maße. Ausgehend vom Aufbau und den Eigenschaften der Naturfaserstoffe werden unter Anwendung der Bionik Chemiefaserstoffe modifiziert und neue Faserstoffe entwickelt, die maßgeschneiderte Eigenschaften, z. B. für technische Zwecke, besitzen. Die ständig steigende Anzahl der Einsatzgebiete sowie die Forderung nach Verarbeitbarkeit auf Hochleistungsmaschinen entlang der textilen Wertschöpfungskette und nach optimalen Gebrauchseigenschaften, wie auch der wachsende Bedarf, stellen komplexe Anforderungen an die Entwicklung und Modifizierung von Chemiefaserstoffen. Ebenso sind auf Grund der Vielfältigkeit der Faserstoffe Kenntnisse zu deren Eigenschaften, die aus der Herstellung, der Fasergeometrie und -topografie, die z. B. durch Oberflächenmodifizierung beeinflussbar ist, sowie der übermolekularen und molekularen Struktur sowie deren Zusammenwirken unabdingbar, um eine gezielte und anforderungsgerechte Faserstoffauswahl zu treffen. Dieser komplexe Zusammenhang ist in Abbildung 3.1 verdeutlicht. Auf die einzelnen Aspekte wird in diesem Kapitel allgemein und anhand von ausgewählten Faserstoffen eingegangen.

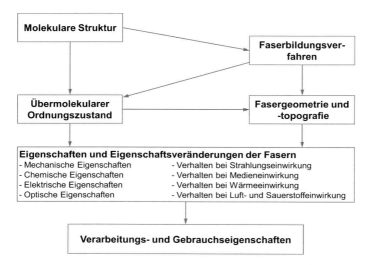

Abb. 3.1 Zusammenhang zwischen Struktur, Faserbildungsverfahren und Eigenschaften textiler Faserstoffe (nach [1])

Die Ausführungen zur Faserherstellung von Chemiefasern befassen sich mit den wesentlichen Verfahren: Schmelz- und Lösemittelspinnen. Im Ergebnis dieser Verfahren entstehen Filamente mit gestaltbaren Faserstoffparametern, die als Monofil- oder Multifilamentgarn direkt weiteren Stufen in der textilen Prozesskette bereitgestellt werden. So können die Filamentgarne in Abhängigkeit von den Produktanforderungen gekräuselt, oberflächenmodifiziert/funktionalisiert oder auch miteinander kombiniert werden. Durch Schneiden oder Konvertieren der Endlosfasern in anforderungsgerechte Längen entstehen Stapel- oder Spinnfasern, die ebenfalls gezielt nachbehandelt werden, bevor diese in weiteren Prozessstufen, z. B. der Fasergarnherstellung, verarbeitet werden. Detaillierte Ausführungen zur Garnherstellung sind Kapitel 4 zu entnehmen.

Die Darstellung der molekularen und übermolekularen Struktur soll dazu beitragen, ein chemisches Grundverständnis aufzubauen, welches es ermöglicht, die oben genannten Zusammenhänge zu verstehen und gezielt zu nutzen.

Nach der Darstellung der wesentlichen Grundlagen erfolgen Ausführungen zu Verstärkungsfasern. *Verstärkungsfasern* zeichnen sich vor allem durch hohe Zugfestigkeiten sowie einen hohen E-Modul bei geringer Dichte und geringer Bruchdehnung aus. Infolge gezielter Strukturbeeinflussung stehen je nach Faserstoff verschiedene Faserstoff-Typen mit speziellen Eigenschaften für unterschiedliche Anwendungen zur Verfügung.

Tabelle 3.1 Verstärkungs- und Matrixfaserstoffe

Verstärkungsfaserstoffe			
Glasfaserstoff	GF	Keramikfasern	
Carbonfaserstoff	CF	- Aluminiumoxid	Al_2O_3
Aramidfaserstoff	AR	- Siliziumcarbid	SiC
Hochmolekulares Polyethylen	UHMWPE	Basaltfasern	Basalt
Liquid Crystal Polymers	LCP	Metallfasern	MTF
Polyester, hochfest	PES, hf	- Stahl	(Stahl)
Polyamid, hochfest	PA, hf	- Aluminuim	(Al)
Polypropylen, hochfest	PP, hf	Flachs	LI
		Sisal	SI
Matrixfaserstoffe			
Polypropylen	PP	Polyetherimid	PEI
Polyamid	PA	Polyetheretherketon	PEEK
Polyester	PES	Polybenzimidazolen	PBI_M
Polyethersulfon	PSU	Polybenzoxazolen	PBO_M
Polyphenylensulfid	PPS	Polytetrafluorethylen	PTFE

Verstärkungsfasern fungieren im Verbundbauteil als kraftaufnehmende und damit lasttragende Komponente. Wohingegen der *Matrix* vor allem Aufgaben der Faserfixierung, der Krafteinleitung und -verteilung sowie der Aufnahme von Druckbeanspruchung zugeschrieben werden. Auf Grund der Typenvielfalt und der Möglichkeit gezielte Faserstoffeigenschaften zu generieren, können unter bestimmten Voraussetzungen und für spezielle Anwendungen thermoplastische Faserstoffe als Matrixsystem fungieren. Zu den in Tabelle 3.1 genannten Verstärkungs- und Matrixfasern aus thermoplastischen Polymeren wird ein Abriss gegeben.

3.2 Technologische Grundlagen zur Chemiefaserherstellung

3.2.1 Prinzipien der Chemiefaserherstellung

Die Herstellung von *Chemiefasern* basiert auf polymeren Ausgangsstoffen und beinhaltet die physikalische bzw. physikalische und chemische Umwandlung von linearen Polymeren mit hoher Molekülmasse in die Form dünner endloser Fasern/Filamente. Das Ausgangsmaterial wird beim Erspinnen, d. h. dem Primärspinnen, in eine fließfähige Form überführt und durch kleine Öffnungen in ein Medium ausgepresst, in dem die Verfestigung stattfindet. Die in den Filamenten willkürlich angeordneten Makromoleküle müssen anschließend in Richtung der Faserachse ausgerichtet (Orientieren, z. B. durch Verstrecken/Recken) werden. Anschließend ist eine thermische Nachbehandlung (*Thermofixieren*) zum Herabsetzen vorhandener innerer Spannung notwendig. Die drei wichtigsten Stufen der Chemiefaserherstellung sind Erspinnen, Verstrecken und die anschließende Nachbehandlung. Dazu werden in den folgenden Abschnitten Erläuterungen gegeben, die im Wesentlichen [1, 2] entnommen sind.

3.2.1.1 Erspinnen/Primärspinnen

Der zum *Erspinnen* erforderliche viskose Fließzustand des Ausgangsstoffes wird in Abhängigkeit der Polymereigenschaften in der Regel durch Schmelzen oder Lösen erzielt. Die hochpolymere Spinnsubstanz wird mit Hilfe von Spinnpumpen durch Rohrleitungen zu formgebenden Elementen, den Düsenbohrungen, gefördert. Durch diese wird sie gedrückt und nach dem Austritt im noch flüssigen Zustand durch den Abzug verjüngt. Hierbei kann bereits eine Vororientierung der Kettenmoleküle stattfinden. Die Ausbildung wesentlicher Faserparameter (z. B. Faserfeinheit) sowie der übermolekularen Struktur erfolgt während der Verfestigung des ersponnenen Filamentes entweder durch Abkühlen oder durch Entfernen des Lösemittels infolge chemischer Reaktion oder Koagulation. *Koagulation* stellt den Übergang vom flüssigen in einen gelförmigen Zustand dar. Für die Herstellung der meisten gängigen Chemiefaserstoffe aus hochmolekularen Linearpolymeren stehen folgende prinzipielle Verfahren zur Verfügung (Abb. 3.2):

* Erspinnen aus der Schmelze: *Schmelzspinnverfahren* oder
* Erspinnen aus der Lösung: *Lösemittelspinnverfahren* (Trocken- und Nassspinnverfahren).

Weitere spezielle Spinnverfahren betreffen das Gel-Spinnen, das Reaktivspinnen und Spinnvermittler-Verfahren sowie das Elektrospinnen.

Das Spinnen aus der Schmelze wird bei Polymeren angewendet, die sich in hochviskose Flüssigkeiten meist im Extruder aufschmelzen lassen und deren Eigenschaften eine homogene Schmelze für eine ausreichend lange Zeit gewährleisten. Das Schmelzspinnen hat gegenüber dem Lösemittelspinnen den Vorteil, dass kein Lösemittel hergestellt, eingesetzt und zurück gewonnen werden muss. Darüber hinaus entfallen reinigende Teilprozesse, wie Filtrieren und Entlüften. Filamente z. B. aus Polyester (PES), Polyamid (PA), Polypropylen (PP) und Polyethylen (PE) werden nach dem Schmelzspinnverfahren hergestellt.

Das Spinnen aus der Lösung (Lösemittelspinnen) wird für Polymere eingesetzt, deren Schmelzpunkt oberhalb ihres Zersetzungsbereiches liegt, und bedingt die Her-

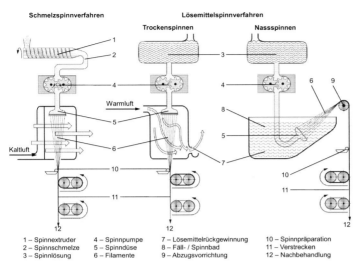

Abb. 3.2 Herstellungsprinzipien der Chemiefasererzeugung

stellung einer qualitativ hochwertigen Spinnlösung durch Bereitstellung geeigneter Lösemittel. An diese werden allgemeine Anforderungen, wie geringe Toxizität und Umweltfreundlichkeit aber auch Feuer- und Explosionsungefährlichkeit sowie geringe Kosten gestellt. Des Weiteren bestehen hohe ökologische und wirtschaftliche Forderungen an die Lösemittelrückgewinnung. Die Eigenschaft der Spinnlösung wird durch die Parameter Viskosität, Polymerkonzentration und Stabilität der Lösung charakterisiert. Nach der Formgebung mit vorangestellter Reinigung der Spinnlösung durch Filtrieren (Sicherung der Reinheit) bzw. Entlüften (Entfernung der Luft- und Gasbläschen) muss das Lösemittel zur Verfestigung des Polymers entfernt werden. Dazu durchlaufen beim Trockenspinnverfahren die ersponnenen Filamente einen Warmluftschacht. Die temperierte Luft bewirkt im Gleich- oder Gegenstromprinzip bezüglich der Filamentlaufrichtung und mit angepasster Strömungsgeschwindigkeit das gewünschte Diffundieren des Lösemittels aus dem sich verfestigenden Polymer. Infolge der Volumenabnahme entsteht innerhalb des Faserstoffgefüges ein Unterdruck, der zur Verformung des Querschnittes führt. Die Strömungsgeschwindigkeit der Warmluft richtet sich nach der Förderleistung sowie nach physikalischen Daten des Lösemittels, wie Explosionsgrenze und Verdampfungsverhältnis. Beim Nassspinnverfahren koagulieren die aus der Spinndüse gedrückten Filamente in einem Chemikalien- oder Fällbad. Charakteristisch ist die Diffusion des Lösemittels, begleitet von osmotischen Vorgängen. Einerseits führt das Diffundieren des Lösemittels in das Fällmittel zur Erhöhung der Polymerkonzentration und somit zur Koagulation und Verfestigung des Filamentes. Andererseits wird ein Teil des Lösemittels durch das Fällmittel verdrängt. Besonders an Randzonen bildet sich eine Mantelstruktur aus, die bestrebt ist, eine runde Querschnittsform anzunehmen. Die gezielte Variation der Zusammensetzung der Spinnlösung und des Fällbades gestattet die Gestaltung unterschiedlicher Faserquerschnitte. Mehrmaliges Waschen und Trocken sind notwendige Nachbehandlungen beim Nassspinnen, um die im Filament verbliebenen Lösemittelreste zu entfernen.

Nach dem Trockenspinnverfahren werden hauptsächlich Filamente aus Polyacrylnitril (PAN), Acetat (CA) sowie Polyvinylchlorid (CLF); nach dem Nassspinnverfahren vor allem Filamente aus Viskose (CV), Cupro (CUP) aber auch Polyacrylnitril (PAN) und Polyvinylchlorid (CLF) hergestellt.

3.2.1.2 Verstrecken/Recken

Die ersponnenen Filamente weisen im unverstreckten Zustand auf Grund der geringen Orientierung der Makromoleküle eine hohe Verformbarkeit und eine geringe Festigkeit auf. Das Orientieren der Kettenmoleküle in Faserlängsrichtung wird bereits beim Erspinnen während des Spinnverzugs infolge auftretender Spannungen eingeleitet. Eine gezielte Orientierung der Makromoleküle in Bezug zur Faserachsrichtung trägt zur Erreichung der geforderten Eigenschaften bei. Diese Strukturbeeinflussung wird durch den Prozess *Verstrecken/Recken* gezielt realisiert. Abbildung 3.3 zeigt den grundsätzlichen Verlauf der feinheitsbezogenen Kraft und Dehnung in Abhängigkeit vom Verstreckungsgrad am Beispiel von PA-Filamenten.

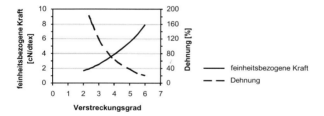

Abb. 3.3 Feinheitsbezogene Kraft und Dehnung in Abhängigkeit vom Verstreckungsgrad für PA 6.6-Filament (nach [2])

Der *Verstreckungsgrad*, auch Reckgrad genannt, wird durch das Geschwindigkeitsverhältnis von Abzugs- und Liefervorrichtung ermittelt. Im Unterschied dazu ist der vorangestellte Spinnverzug als Verhältnis der Abzugsgeschwindigkeit zur unmittelbar am Düsenaustritt herrschenden mittleren Filamentgeschwindigkeit definiert. Beim Verstrecken, ein Prozess, der im Allgemeinen oberhalb der Glastemperatur durchgeführt wird, laufen die folgenden Vorgänge ab:

• Zunahme der Faserlänge bei Abnahme des Faserquerschnittes,

• Ausrichtung der Faserbauelemente in Richtung Krafteinwirkung,

• Erhöhung des Anteils kristalliner Bereiche durch Nachkristallisation,

• Aufziehen von Kettenschlaufen und Verringerung des Abstandes der Faserbauelemente,

- Reduzierung der Inhomogenitäten und
- Zunahme der interfibrillären, amorphen Ketten (nach Modell von Prevorsek Abb. 3.7 in Abschn. 3.2.3.2).

Während dieser Vorgänge kann es zum sogenannten Flaschenhals-Effekt, ähnlich dem Zugversuch, kommen kann (Abb. 3.4):

Zugversuch

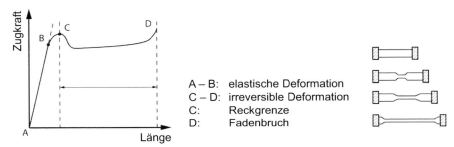

A – B: elastische Deformation
C – D: irreversible Deformation
C: Reckgrenze
D: Fadenbruch

Verstrecken (irreversible Deformation)

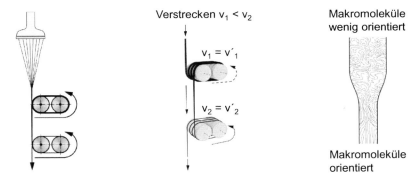

Abb. 3.4 Reckverlauf mit Einschnürungen

Die zunehmende Forderung nach höherer Produktivität und gleichzeitig höherer Qualität der Filamentgarne führt zur Prozessstufenintegration des Verstreckens in den Schmelzspinnprozess. Ausgehend vom Verstreckungsgrad weisen die Makromoleküle entsprechende Orientierungsgrade auf, woraus sich eine Einteilung der Filamentgarne entsprechend der Bezeichnung in Tabelle 3.2 ableitet. Bei wenig orientierten (LOY) bzw. teilweise orientierten (POY) Filamentgarnen erfolgt die gewünschte Restorientierung in nachfolgenden Prozessen. Bei LOY-Garnen schließt sich an das Verstrecken entweder Zwirnen oder Texturieren an, wohingegen bei POY-Garnen kombinierte Prozesse, wie Streckzwirnen, Streckspulen, Strecktexturieren und Kettstrecken, folgen. Darüber hinaus sind weitere materialspezifische Kombinationsmöglichkeiten realisierbar.

Tabelle 3.2 Bezeichnung von schmelzgesponnenen Filamentgarnen nach unterschiedlichen Orientierungsgraden [3, 4]

Bezeichnung		Abzugsgeschwindigkeiten [m/min]	Garndehnung [%]
LOY	low oriented yarn	bis 1800	200 bis 300
MOY	medium oriented yarn	1800 bis 2800	200 bis 300
POY	pre(partially) oriented yarn	2800 bis 4200	70 bis 220
HOY	high oriented yarn	4000 bis 6000	50 bis 70
FOY	full oriented yarn	> 6000	20 bis 50

3.2.1.3 Nachbehandlung

Für die Erzeugung anforderungsgerechter Eigenschaften können die ersponnenen Filamente unterschiedlichen Verfahren der Nachbehandlung unterzogen werden. Dabei wird eine gewünschte Faserlänge oder Kräuselung, deren Stabilisierung z. B. durch Thermofixieren erfolgt, erzeugt. Für diese Prozesse stehen unterschiedliche Verfahren zur Verfügung, die vor allem für die Herstellung von Spinnfasergarnen relevant sind. An dieser Stelle wird daher nur auf Methoden der Nachbehandlung eingegangen, die für die Herstellung von Halbzeugen für Faserverbundwerkstoffe von Bedeutung sind.

Zum Erreichen der optimalen Laufeigenschaften von Filamentgarnen aus Chemiefaserstoffen während der Herstellung und störungsfreien Verarbeitung auf Textilmaschinen werden bestimmte Hilfsmittel aus wässriger Lösung oder Emulsionen auf die Filamentgarne aufgetragen. Erfolgt dies auf die noch nicht verstreckten Filamente, handelt es sich um eine *Spinnpräparation*, wohingegen die *Avivage* (Nachpräparation) nach dem Verstrecken geschieht.

Die Filamente streifen eine mit Präparationsfilm beaufschlagte Walze oder einen mit Präparationsmittel versehenen Finger und nehmen dabei die Spinnpräparation auf. An diese werden vor allem Anforderungen, wie Realisierung des Fadenschlusses, nahezu temperaturunabhängiges und gleichbleibendes Reibverhalten während der Verstreckung und gegebenenfalls der Texturierung, keine Korrosion und Ablagerungen an den Fadenleitorganen, antistatische Wirkung, vollständige Auswaschbarkeit sowie chemische Neutralität, gestellt. Ein anderes Verfahren, das auf Grund des gleichmäßigen Präparationsauftrages für das Hochgeschwindigkeitsspinnen Anwendung findet, bietet die Möglichkeit mit einer Feinstdosierpume einzelne Filamentgarne zu präparieren. Zur Verbesserung der Gleichmäßigkeit wird für mehrfädige Systeme empfohlen, das Präparationsmittel zu schäumen.

Die Anforderungen an Avivagen sind denen der Spinnpräparationen ähnlich. Sie sollen u. a. die Faseroberfläche glätten, eine bestimmte Faser-Faser-Haftung realisieren, die elektrostatische Aufladung verhindern und im Falle der Faserverbundwerkstoffe eine einstellbare Haftung zur Matrix gewährleisten. Zum Avivieren stehen Verfahren wie Walzen- und Siebtrommelauftrag, Tauchavivierung oder Aufsprühen zur Verfügung.

Der Einsatz von Filamentgarnen mit mehr oder weniger gekräuselter Struktur ist für die Herstellung von Halbzeugen für Faserverbundwerkstoffe von untergeordneter Bedeutung. Einen Sonderfall stellt die Herstellung von Hybridgarnen nach dem Prinzip der Lufttexturierung dar. Hierbei besteht das Ziel in der gleichmäßigen Durchmischung von zwei oder mehreren Faserstoffkomponenten, von denen eine als thermoplastische Komponente die Matrixfunktion im späteren Verbundwerkstoff übernimmt. Demgegenüber dient die *Texturierung* im Allgemeinen der Erzeugung einer bleibenden Kräuselung sowie zur Verleihung eines voluminösen und wollähnlichen Charakters der ursprünglich geraden und glatten Filamente eines Filamentgarnes. Dazu werden meist mechanisch/thermische Verfahren (z. B. Falschdraht-, Torsions-, Stauchkammerverfahren) oder chemisch/thermische Verfahren (z. B. Bikomponentenverfahren) angewendet.

3.2.2 Faserparameter

Die Charakterisierung textiler Faserstoffe erfolgt einerseits durch geometrische Parameter und andererseits durch Eigenschaften, die im engen Zusammenhang mit der Fasergeometrie stehen und ebenfalls wesentlich hinsichtlich der Verarbeitungs- und Gebrauchseigenschaften dieser Werkstoffe sind. Die Verwendung der Parameter Faserlänge, Faserquerschnitt, Faserfeinheit (s. Kap. 2.2.2.3), Faserkräuselung bzw. Verwindung sowie Topografie bzw. Oberflächengestaltung gestatten eine umfassende Beschreibung der bei Naturfasern stochastisch gestalteten bzw. bei Chemiefasern gezielt gestaltbaren Fasergeometrie.

Für die Ermittlung der geometrischen Kenngrößen steht eine Vielzahl von Verfahren zur Verfügung, wobei nur auf wesentliche und für das Verständnis unbedingt notwendige Methoden in diesem Abschnitt und umfangreicher noch einmal in Kapitel 14.3 eingegangen wird.

3.2.2.1 Faserlänge

Die Ausdehnung einer textilen Einzelfaser in einer vollständig gestreckten Lage ohne Dehnungsbeanspruchung stellt die Faserlänge dar. Da bei einigen Faserstoffen (z. B. Wolle, PA) eine Veränderung der Luftfeuchtigkeit zur Veränderung der Faserlänge führt, ist diese experimentell unter klimatischen Bedingungen zu bestimmen. Weiterhin können vorangegangene mechanische Beanspruchungen (z. B. Reißen, Pressen) zeitabhängige und in Verbindung mit Feuchteeinflüssen latente Spannungen freisetzen und somit zu Längenänderungen führen. Für die weitere Verarbeitung, insbesondere in der Sekundärspinnerei, ist die Kenntnis der Faserlängenverteilung wesentlich, um einen qualitativ hochwertigen Faserschluss im Spinnfasergarn zu erzielen [5].

Naturfasern weisen wachstumsbedingt eine endliche Länge auf, wobei hier zwischen Kurzfasern (insbesondere Baumwolle) und Langfasern (Stengel-, Blatt-, Fruchtfasern, z. B. Flachs, Jute, Kokos, Sisal) unterschieden wird. Bei den meisten Langfasern handelt es sich um "technische Fasern", die sich durch insbesondere aus Pektinen bestehenden Zusammenschluss mehrerer Elementarfasern als Faserbündel auszeichnen.

Wie bereits in Kapitel 2.2 erwähnt, nimmt die Seide (z. B. des Seidenspinners Bombix Mori) eine Sonderstellung hinsichtlich der Faserlänge ein. Die gesamte Faserlänge je Seidenkokon kann bis zu 4000 m betragen, wobei ca. 1500 m als abhaspelbares Fasermaterial, also für die Haspelseidenspinnerei, zur Verfügung stehen. Bei Naturfasern sind die wesentlichen Einflussgrößen auf deren Faserlänge, z. B. Art (einschließlich Gattung, Typ, Sorte, Provinienz), klimatische Wachstumsbedingungen sowie Art der Gewinnung und Aufbereitung, auch Gründe für sehr große Inhomogenitäten und Qualitätsunterschiede.

Chemiefasern besitzen auf Grund der angewendeten Technologien in der Primärspinnerei theoretisch keine Längenbegrenzung. Die nach verschiedenen Spinnverfahren hergestellten Filamente werden unter Verwendung verschiedener Möglichkeiten des Schneidens bzw. Konvertierens hinsichtlich ihrer geforderten Länge und Längenverteilung begrenzt. Die herzustellende Faserlänge einschließlich der Faserlängenverteilung der Spinnfasern richtet sich nach geforderten Kombinationen mit Naturfasern bzw. anderen Chemiefasern, nach der jeweiligen Technologie zur Garnherstellung oder anderen Verarbeitungsverfahren bei der Verbundbauteilherstellung, z. B. Faserbeton, Faserspritzzement.

Die in Tabelle 3.3 aufgeführten grundsätzlichen Trennprinzipien bilden die Grundlage für verschiedene Techniken zur Herstellung von Fasern anforderungsgerechter Länge (Spinnfasern).

3.2.2.2 Faserquerschnitt

Das Schnittbild, das infolge eines senkrechten Schnittes der Faser in Querrichtung entsteht, stellt den Faserquerschnitt dar und verdeutlicht Strukturbesonderheiten des Faserinneren sowie der Faseroberfläche. Faserquerschnitte werden zweckmäßigerweise mit einem Mikrotom angefertigt und mikroskopisch gegebenenfalls mit polarisiertem Licht betrachtet. Die Querschnittsformen textiler Fasern sind außerordentlich vielfältig und üben Einfluss hinsichtlich des Verarbeitungsver-

Tabelle 3.3 Trennprinzipien zur Spinnfaserherstellung [5]

Trennprinzip	Verfahren	Technik	Faserlängen
Kraftwirkung in Faserquerschnitts-richtung (radial)	Schneidverfahren	Messer bzw. Spiralschneid-walze im Schneidkonverter	definiert
Kraftwirkung in Faserlängsrichtung (axial)	Reißverfahren	Differenz der Umfangs-geschwindigkeit zwischen Liefer- und Abzugswalzen-paar am Reißkonverter	breite stochastische Verteilung
radiale und axiale Krafteinwirkung	Düsenblasverfahren	zur Faserachse geneigtes strömendes Medium	stochastisch verteilt

haltens (vornehmlich in der Sekundärspinnerei) und der Gebrauchseigenschaften aus [2, 5].

Naturfasern mit ihren markanten Querschnitten, die charakteristisch für den jeweiligen Faserstoff sind und wie die Faserlänge von unterschiedlichen Bedingungen abhängen, lassen sich mit hoher Sicherheit am Faserquerschnitt und besonderer Merkmale identifizieren. So besitzt beispielsweise Baumwolle nach dem Trocknen nierenförmige und die Elementarfaser Flachs polygonale Querschnitte mit zentralen Lumen (Hohlräumen), Schafwolle einen ovalen bis rundlichen Querschnitt mit außenseitiger Schuppenstruktur, die in der Faserlängsansicht besonders deutlich sichtbar ist, und entbastete Seide, als Elementarstrang, unregelmäßige, abgerundete drei- oder mehreckige Querschnitte.

Die Querschnitte von Chemiefasern sind entsprechend den Anforderungen auf die Einsatzgebiete anpassbar. Üblicherweise besitzen schmelzgesponnene Fasern aus PA, PES, PE, PP und aus anderen Polymeren sowie Fasern aus Glas, Quarz und Metall runde Querschnitte. Die Realisierung besonderer Faserquerschnitte (z. B. Stern-, Band-, Eckprofil) als Voll- oder Hohlprofil erfolgt durch die Verwendung speziell geformter Düsenlöcher in den Spinndüsen. Eine besondere Aufmerksamkeit ist den Abnutzungserscheinungen der Düsenlöcher beizumessen, da diese zu Querschnittsdeformationen führen, die drastische Qualitätseinbußen hervorrufen können. Die nach dem Lösemittelspinnverfahren hergestellten Chemiefasern verändern ihre Form meist nach dem Austritt aus der runden Spinndüse. Fasern, die nach dem Trockenspinnverfahren erzeugt werden, bilden meist hantel-, nieren, x- oder y-förmige Querschnitte aus, wobei eine weniger stark ausgeprägte Zerfurchung bzw. Lappung im Vergleich zu den nass ersponnenen Fasern charakteristisch ist. Bei nass ersponnenen Fasern ermöglichen die gewählte Zusammensetzung des Spinnbades und die zeitliche Abstimmung der einzelnen Teilprozesse (Koagulation und Regenerierung) die gezielte Beeinflussung der Faserquerschnitte. Laufen die beiden Teilprozesse der Filamentbildung zeitlich parallel nebeneinander ab, entstehen Filamente mit einer Kern-Mantel-Struktur, da die Regenerierung im Mantelbereich bereits zu einem Zeitpunkt erfolgt, in dem die Koagulation im Kern des Filamentes noch nicht abgeschlossen ist. Dies trifft besonders bei der Viskoseherstellung mit stark gelappten

Faserquerschnitten zu. Wird die Regenerierung zeitlich hinter die Koagulation gesetzt, entstehen rundlichere und weniger stark gelappte Faserquerschnitte sowie Fasern (z. B. Modalfasern) mit einer über den Faserquerschnitt relativ gleichmäßigen
übermolekularen Struktur [5].

Bei einigen vereinzelten Herstellungsverfahren des Lösemittelspinnens bleibt der
runde Querschnitt auch nach der Koagulation erhalten. In seltenen Sonderfällen
werden auch Profildüsen eingesetzt [2].

Abgesehen von anforderungs- und prozessbedingt auftretenden Mikrohohlräumen
(vollständig von Fasersubstanz umschlossenes Gasvolumen) und Poren (gasgefüllte
Vertiefungen der Faseroberfläche) sowie von der gezielten Erzeugung von axial durch die Faser führenden, luftgefüllten Kanälen (ein- oder beidseitig von außen zugänglich) weisen Chemiefasern in der Regel einen kompakten Innenaufbau
auf [6].

Mehrkomponentenspinnverfahren gestatten die Herstellung von Chemiefasern, die
aus mehreren Komponenten aufgebaut sind. Die Polymere liegen in Seite-an-Seite-
(*Side-by-Side*), Kern-Mantel- (*Core/Cover*) oder Matrix-Fibrillen- (*Islands in a Sea
Type*, *Separation Type* oder *Multi Layer Type*) Anordnung vor und können spezielle Eigenschaften der Faserstoffe und somit Fasertypen generieren, z. B. Faserkräuselung und Werkstoffkombinationen für Verstärkungs- und Matrixfaser [2].
Mehrkomponentenfasern mit einer Matrix-Fibrillen-Anordnung nach dem *Separation Type* bieten die Möglichkeit, Mikrofasern mit Feinheiten kleiner ein Dezitex herzustellen. Dies entspricht Fasern, bei denen die Querschnittsabmessungen kleiner
als zehn Mikrometer sind. Dazu wird entweder eine Komponente in einem geeigneten Lösemittel gelöst oder es wird eine Aufsplittung nach einer gezielten Krafteinwirkung infolge von Abkühlung nach dem Spinnprozess oder einer zusätzlichen
Zugkrafteinleitung hervorgerufen, wobei die Haftstellen aufreißen.

3.2.2.3 Faserfeinheit

Neben der Querschnittsform erfolgt die Charakterisierung textiler Fasern mit rundem Querschnitt mit der Angabe des Durchmessers, z. B. für Glasfilamente. Zur
weiteren Charakterisierung textiler Faserstoffe wird die textilphysikalische Größe
Feinheit herangezogen. Die Feinheit nach dem geltenden Tex-System errechnet sich
aus dem Quotienten von Masse und Länge. Auf Grund der geringen Querschnittsabmessungen von Fasern oder Filamenten wird die Masse üblicherweise auf 10 000 m
Faserlänge bezogen. Daraus leitet sich die Angabe der Faserfeinheit in Dezitex
(1 dtex = 1 g/10 000 m) ab. In Kapitel 2.2.2 werden zum einen die Beweggründe für
die Einführung dieser textilspezifischen Größe, die von Länge und Masse abhängig
ist, aber von Querschnittsfläche und Dichte beeinflusst wird, und zum anderen die
unterschiedlichen Feinheitssysteme erläutert.

3.2.2.4 Faserkräuselung bzw. Verwindung

Die *Faserkräuselung* beschreibt den Verlauf der Faser in der Ebene oder im Raum [7]. Zur Beurteilung der Kräuselung werden einerseits quantitative Beschreibungen der Kräuselform (z. B. Kräuselbogenanzahl je Längeneinheit, Bogenlänge, Bogenhöhe, Kräuselungsgrad, Einkräuselung) und andererseits Aussagen zur Stabilität gegenüber mechanischen und thermischen Beanspruchungen (z. B. Kräuselungsbeständigkeit) getroffen. Verwindungen sind um die Faserachse auftretende Drehungen in Z- und S-Richtung, sie treten wachstumsbedingt bei Baumwollfasern auf. Die Kräuselung bzw. Verwindung ist für die Verarbeitung von Fasern zu Garnen und für Gebrauchseigenschaften, wie Festigkeit, Griff, Voluminosität, bedeutsam. Daher erfolgt die gezielte Texturierung der Fasern bzw. Filamente [6, 8].

Chemiefasern liegen ohne besondere Vorkehrungen während oder nach dem Primärspinnen in ungekräuseltem Zustand vor. Die Grundlage für das bewusste Einstellen gewünschter Kräuseleffekte (*Texturieren*) einer Faser bilden folgende prinzipielle Möglichkeiten zum Auslenken der Faserachse durch [9]:

1. Spannungsaufbau innerhalb der vorher im Gleichgewicht befindlichen Faser durch äußere Krafteinwirkung, in der Regel unter Einwirkung höherer Temperaturen und nachfolgende Lagestabilisierung

   • durch Spannungsabbau (Thermofixierung) oder

   • durch Aufrechterhaltung der Auslenkung durch zusätzliche Krafteinwirkung,

2. Spannungsabbau der vorhandenen inneren Spannungen

   • innerhalb einer Faser bzw. eines Filamentes mit unterschiedlichen Struktureigenschaften infolge molekularer Beweglichkeit und Lagestabilisierung durch Eintreten des Gleichgewichtes (z. B. Bikomponentenverfahren) oder

   • zwischen Fasern bzw. Filamenten mit unterschiedlichen Struktureigenschaften infolge äußerer Krafteinwirkung, verursacht durch den Schrumpf einer Komponente und anschließende Lagestabilisierung durch Krafteinwirkung (z. B. Differenzschrumpfverfahren).

Zu 1.) Das Grundprinzip mechanisch/thermischer Verfahren besteht in der Abfolge von Verformen, Fixieren und Rückformen, wobei gegebenenfalls ein vorheriges Erwärmen erforderlich ist. Je nach Art der mechanischen Verformung wird u. a. in Drehungs-, Stauch-, Klingen-, Zahnradverfahren, Strick-Fixier-Verfahren unterschieden. Das Falschdraht-Texturieren ist das in der Praxis am meisten eingesetzte Drehungsverfahren.

Zu 2.) Auf Grund ungleicher Spannungen, die auf Unterschiede der molekularen und übermolekularen Struktur im Querschnitt zurückzuführen sind, weisen beispielsweise Schafwolle und während der Primärspinnerei gezielt synthetisierte Formen der Bikomponenten-Fasern sowie Viskosefasern mit unterschiedlich stark ausgeprägter Kern-Mantel-Struktur eine strukturbedingte Kräuselung auf.

3.2.2.5 Topografie

Unter *Topografie* wird hier die Oberflächengestalt (mikromorphologische Struktur) der Faserstoffe verstanden, wobei diese beispielsweise durch die Art der Unebenheiten infolge vorhandener Poren, Spalten, Risse und Fibrillen charakterisiert wird. Die Analyse der Topografie beruht auf mikroskopischen und physikalisch-chemischen Untersuchungen, um qualitative bzw. quantitative Aussagen treffen zu können [10]. Die Topografie textiler Faserstoffe übt Einfluss auf die Eigenschaften des textilen Halbzeuges hinsichtlich Glanz, Griff und insbesondere der Wechselwirkung zu Präparationsmitteln sowie Matrixsystemen aus.

Die Topografie textiler Faserstoffe ist sehr vielgestaltig. Bei Naturfasern resultiert sie vor allem aus den vorhandenen Wachstumsbedingungen und den Aufbereitungsverfahren. Sie kann durch spezielle Veredlungsmaßnahmen gezielt modifiziert werden. Vor dem Trocknen besitzt Baumwolle einen runden Faserquerschnitt und eine nahezu glatte und strukturlose Oberfläche. Mit dem Trocknen ändern sich diese Faserparameter in einen nierenförmigen Querschnitt und eine Oberfläche, die ausgeprägte Rillen aufweist. Die Behandlung mit Natronlauge (Merzerisieren) führt zum Quellen der Faser und somit zur Gestaltung eines runden Querschnittes und einer glatten Oberfläche. Wolle besitzt eine ausgeprägte Schuppenstruktur, wobei die Schuppen dachziegelartig in Richtung Haarspitze verweisend angeordnet sind. Auch diese Oberfläche kann modifiziert werden, um das Verfilzen herabzusetzen.

Bei lösemittelersponnenen Faserstoffen zeigen elektronenmikroskopische Untersuchungen auffällige Rillen und Mikroporen an der Faseroberfläche. Darüber hinaus weist z. B. PAN eine Fibrillenstruktur, bestehend aus Grobfibrillen (Fibrillenbündel) mit Querschnittsabmessungen von ca. $1\,\mu$m und darin integrierten Feinfibrillen (Querschnittsabmessungen von ca. 10 nm) auf, was zu einer ausgeprägten Topografie führt. Ursachen bestehen in den Prozessen Koagulation, Lösemittelaustrag und Verstrecken [6].

Aus der Schmelze ersponnene Faserstoffe sind vorwiegend glatt und strukturarm, falls nicht faserfremde Substanzen, wie Mattierungsmittel, eingelagert wurden. Elektronenmikroskopisch sind feine fibrilläre Längsstreifen an der Oberfläche von PA erkennbar. Wie beim Lösemittelspinnen hat das Verstrecken Auswirkungen auf die Ausbildung derartiger fibrillärer Strukturen [6].

Eine Änderung der Topografie von organischen und anorganischen Chemiefasern ist nach unterschiedlichen Methoden möglich. Gerade für den Einsatz textiler Faserstoffe in Verbundwerkstoffen bieten Forschung und Entwicklung hier ein breites Betätigungsfeld, wobei die Vermeidung von Faserschädigungen, die einstellbare Faser-Matrix-Haftung (s. Kap. 13) und die Wirtschaftlichkeit Priorität besitzen sollen.

3.2.3 Molekulare und übermolekulare Struktur textiler Faserstoffe

Beschaffenheit und Eigenschaften textiler Fasern resultieren aus der chemischen Zusammensetzung und dem Entstehungs- bzw. Herstellungsprozess, dem sich gewollte oder ungewollte Modifizierungen sowie gezielte Veredlungsbehandlungen anschließen. Ausgangsstoffe für textile Fasern sind hauptsächlich natürliche oder synthetische organische Polymere, aber auch anorganische Substanzen, wie Glas, Gestein oder Metall. Natürliche organische Polymere (Biopolymere) bestehen aus den wesentlichen Grundbausteinen wie Polysaccharide, Polypeptide oder Polyisoprene und liegen „vorsynthetisiert" vor. Auf der Basis pflanzlicher Cellulose bzw. pflanzlicher oder tierischer Eiweiße entstehen durch Lösung und anschließende Regenerierung der Biopolymere Chemiefaserstoffe aus natürlichen organischen Polymeren. Die Erzeugung synthetischer organischer Polymere erfolgt nach Methoden der organischen Chemie durch Verknüpfung einzelner Grundbausteine. Faserbildende synthetische Polymere für die Herstellung textiler Faserstoffe zeichnen sich insbesondere durch folgende charakteristische Merkmale aus [1]:

- optimale (in der Regel hohe) Molmasse bei möglichst enger Molmassenverteilung,
- lineare Form der Makromoleküle, möglichst ohne Verzweigung oder Vernetzungen,
- Bindungsarten unterschiedlicher Energie:

  – homöopolare, kovalente Bindungen in Kettenrichtung der Makromoleküle,

  – inter- und intramolekulare Wechselwirkung,

  – „partiell-kristalline" Struktur: alle Zustände zwischen beiden Grenzzuständen „ungeordnet" (amorph) und „höchst möglich geordnet" (kristallin) sind möglich,

- Möglichkeit der Bildung konzentrierter Lösungen oder beständiger Schmelzen als Grundlage für den Faserspinnprozess sowie
- Färb- und Ausrüstbarkeit.

Der Entstehungsprozess der Naturfasern wird von den Wachstumsbedingungen, die in Wechselwirkung mit den Umweltbedingungen stehen, mehr oder weniger stark beeinflusst, was Auswirkungen auf die übermolekulare (physikalische) Struktur und die Fasergeometrie hat. Hingegen beruht in der Regel der Herstellungsprozess von Chemiefasern auf der gezielten Überführung einer Polymerlösung oder -schmelze in eine Faserform, wobei sich Prozesse wie Verstrecken und Fixieren anschließen. Die Gestaltung dieser Prozesse bietet die Möglichkeit, geforderte Eigenschaften hinsichtlich übermolekularer Struktur, Faserfeinheit und Topografie, ebenso einstellbare mechanische Faserparameter zu erreichen.

Aufbauend auf den Kenntnissen zur molekularen und übermolekularen Struktur lassen sich Faserstoffe mit maßgeschneiderten Eigenschaften, insbesondere für technische Zwecke, erzeugen. Um diese Eigenschaften richtig deuten und optimal nutzen zu können, sind hinreichende Kenntnisse zum strukturellen Aufbau unumgänglich.

3.2.3.1 Molekulare Struktur

Beim Aufbau faserbildender Polymere sind mehr als 1000 Atome beteiligt. Die in der Regel durch kovalente Verknüpfungen der Monomere als Ergebnis der drei Reaktionsmechanismen entstehenden Makromoleküle besitzen eine relative Molekülmasse von mindestens 10 000. Die Reaktionsmechanismen sind in Abbildung 3.5 vereinfacht skizziert und nachfolgend erläutert.

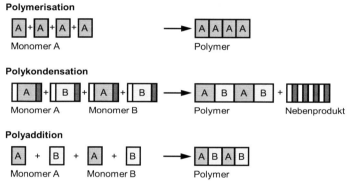

Abb. 3.5 Prinzipdarstellung der Reaktionsmechanismen

- Bei der Polymerisation entstehen aus Monomeren, die Doppelbindungen enthalten, in einer Kettenreaktion, die ohne erkennbare Stufen abläuft, lange Polymerketten. Es finden dabei keinerlei Umlagerungen oder Abspaltungen von Molekülbestandteilen statt. Faserstoffe aus PAN, CLF, Polytetrafluorethylen (PTFE), PE und PP werden beispielsweise mittels Polymerisation synthetisiert.
- Bei der Polykondensation verbinden sich stufenweise verschieden- oder gleichartige Moleküle unter Abspaltung von Nebenprodukten (z. B. Wasser, kurzkettige Alkohole) zu einem Polykondensat. Voraussetzung dafür ist das Vorhandensein von mindestens zwei reaktiven Gruppen pro Monomer. Polykondensate entstehen im Wesentlichen durch Esterbildung (z. B. PES) und Carbonsäureamidbildung (PA, Aramid (AR)).
- Bei der stufenweise und ohne Abspaltung von Nebenprodukten ablaufenden Polyaddition entstehen zunächst kurze Molekülketten aus wenigen Monomeren (Oligomere), die miteinander oder auch mit längeren Ketten reagieren können. Die Monomere besitzen jeweils mindestens zwei reaktive Gruppen und reagie-

ren, indem sich Atome und Elektronenpaare verschieben. Nach diesem Reaktionsmechanismus werden Faserstoffe aus Polyurethanelastomer (EL) erzeugt.

Die *molekulare Struktur* beschreibt die chemische Struktur der Makromoleküle und wird durch die Parameter Konstitution, Konfiguration und Konformation charakterisiert. Eine zusammenfassende Darstellung aus [1, 6] soll nachfolgend einen Einblick für ein chemisches Grundverständnis geben.

Die *Konstitution* beschreibt die Art und Anordnung der Kettenatome (der Monomereinheiten) sowie deren Verknüpfungsart, Art und Stellung der funktionalen Gruppen und ihre Polarität sowie die Molmasse bzw. den Polymerisationsgrad und die Molmassenverteilung.

Die Monomere bringen „Grundbausteine" oder Monomereinheiten in das Makromolekül ein. Die kleinste, sich immer wiederholende Einheit wird als „Strukturelement" bezeichnet. Das Strukturelement kann größer, kleiner oder genau so groß wie ein Grundbaustein sein. Findet die Polymerbildung aus einer Monomerart statt, entsteht ein Homopolymer. Werden mehrere Monomere zur Entstehung des Makromoleküls herangezogen, werden Heteropolymere (Copolymere) gebildet. Sind bei der Aufbaureaktion bifunktionelle Monomere beteiligt, erfolgt die Hauptvalenzverknüpfung zu einem linearen, kettenförmigen Makromolekül. Beim Einsatz von tri- oder polyfunktionellen Monomeren entstehen verzweigte oder vernetzte, meist für die Faserbildung nicht geeignete Polymere. In Abhängigkeit der Ausgangsmonomere und der Aufbaureaktion entstehen in den Makromolekülen spezifische Bindeglieder, die Einfluss auf die übermolekulare Struktur (intermolekulare Wechselwirkung) und Faserstoffeigenschaften, wie Hydrolysebeständigkeit und Festigkeit, ausüben. Von wesentlicher Bedeutung für die chemische Reaktionsfähigkeit sind die funktionellen Gruppen und deren Zugängigkeit in den Bindegliedern der Hauptkette, an den Seitengruppen der Hauptkette sowie den Endgruppen an Haupt- oder Seitengruppen. Hierbei handelt es sich vor allem um saure Carboxygruppen (-COOH), basische Aminogruppen ($-NH_2$) und chemisch relativ indifferente aber polare Hydroxy- (-OH) und Nitrilgruppen (-CN). Die Länge der Makromoleküle stellt einen sehr wichtigen Parameter der faserbildenden Polymere für die Verarbeitungs- und Gebrauchseigenschaften dar und wird mit der Molmasse oder dem Polymerisationsgrad (Gleichung 3.1) gekennzeichnet.

$$P = \frac{M}{M_0} \qquad\qquad (3.1)$$

P   [–]   Polymerisationsgrad
M [g/mol] Molmasse des Polymers
M_0 [g/mol] Molmasse des Monomers

Auf Grund unterschiedlicher Molmassen bzw. Längen der Makromoleküle, resultierend aus dem Entstehungsprozess, wird für detaillierte Untersuchungen zur Erspinnbarkeit neben dem meist genutzten Parameter des Durchschnittlichen Polymerisationsgrades die Molmassen- bzw. Polymerisationsgradverteilung herangezogen, wobei die verschiedenen praktischen Messmethoden unterschiedliche Mittelwerte (z. B. Zahlen- und Gewichtsmittel) herbeiführen. Das Zahlenmittel wird nach Gleichung 3.2 und das Gewichtsmittel nach Gleichung 3.3 ermittelt [11]:

$$M_n = \frac{\sum n_i \cdot M_i}{\sum n_i} \tag{3.2}$$

$$M_w = \frac{\sum m_i \cdot M_i}{\sum m_i} = \frac{\sum n_i \cdot M_i^2}{\sum n_i \cdot M_i} \tag{3.3}$$

$$m_i = n_i \cdot M_i$$

M_n [g/mol] Zahlenmittel der Molmassenmittelwerte
M_w [g/mol] Massenmittel der Molmassenmittelwerte
M_i [g/mol] relative Molmasse einer engen Molekülfraktion
n_i [mol]   Anzahl der Moleküle der Molekülfraktion
m_i [g]   Gesamtmasse aller Moleküle der Molekülfraktion

In der Praxis sind für Aussagen zur Länge der Kettenmoleküle und deren Längenverteilung die Molekulare Uneinheitlichkeit von wesentlicher Bedeutung (Gleichung 3.4) [11]:

$$U = \frac{M_w}{M_n} - 1 \tag{3.4}$$

U [–] Molekulare Uneinheitlichkeit

Unter *Konfiguration* (Taktizität oder Stereoregularität) wird die räumliche Anordnung von Substituenten um ein bestimmtes Atom verstanden. Durch die Verknüpfung der Monomere während der Synthesereaktion wird der räumliche Bau festgelegt, wobei Drehungen um Einfachbindungen nicht berücksichtigt sind. Eine Umwandlung unterschiedlicher Konfigurationen ist demnach nur unter Lösen und Neuverknüpfen chemischer Bindungen möglich. Liegen die Substituenten räumlich statistisch verteilt vor, werden die Polymere mit ataktisch, bei Vorhandensein einer geordneten Struktur mit taktisch oder auch stereoregulär bezeichnet. Liegen dabei die Substituenten regelmäßig auf der gleichen Seite der vom C-C-Gerüst definierten Ebene, entstehen isotaktische Polymere. Der regelmäßige Wechsel der Raumrichtung der Substituenten führt zu syndiotaktischen Polymeren (Abb. 3.6 a).

Die *Konformation* beschreibt die bevorzugte Raumlage von Atomgruppen, die als Folge der freien Drehbarkeit von -C-C-Bindungen möglich ist, z. B. bei Helix-Konformation (Abb. 3.6 b). Die Raumlage wird dabei durch den Rotationswinkel und dem vom Drehwinkel abhängigen Energieniveau ausgedrückt. Dabei können verschiedene Konformationen, die ein bestimmtes Engergiepotenzial besitzen, ohne Lösung chemischer Bindungen ineinander überführt werden. Ein leichter Übergang wird ermöglicht, wenn geringe Potenzialschwellen (Differenz zwischen höchstem

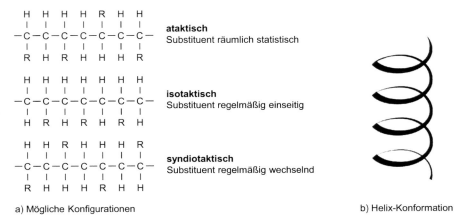

a) Mögliche Konfigurationen   b) Helix-Konformation

Abb. 3.6 Möglichkeiten der Konfiguration und Konformation bei Faserstoffen (nach [1])

Maximum und niedrigstem Minimum) vorliegen. Dies begünstigt, ebenso wie große Bindungsabstände zwischen den Kettenatomen, viele konkurrierende Lagen bei gleichen Substituenten sowie geringe bzw. kleine Substitutenten, bewegliche und flexible Makromoleküle. Die Flexibilität der Polymere und die Beweglichkeit der Kettensegmente beeinflussen Schmelztemperatur, Schmelzviskosität sowie Kristallisationsverhalten und damit indirekt alle Eigenschaften (z. B. Festigkeit, Steifigkeit), die mit den kristallinen Zuständen zusammenhängen.

3.2.3.2 Übermolekulare Struktur

Die *übermolekulare Struktur* von faserbildenden Polymeren ist ein Ausdruck für die Organisation und Raumlage der Einzelmoleküle zueinander, die durch die Bedingungen beim Faserbildungsprozesses und der Folgeverarbeitung (z. B. Verstrecken) beeinflusst werden. Erst das gemeinsame Wirken mehrerer Makromoleküle führt zu den spezifischen Polymereigenschaften textiler Faserstoffe.

Für die Bildung makromolekularer Festkörper ist zum einen die Entropie, die die Verknäulungstendenz der Makromoleküle hervorruft und die größtmögliche Unordnung anstrebt, und zum anderen die Energie, die durch die Wechselwirkung der Molekülketten verursacht wird, verantwortlich. Eine größere Energie führt zur Ausbildung starker intermolekularer Wechselwirkungen, was die Entstehung von Polymeren mit hohem Ordnungsgrad, die meist zur Faserbildung geeignet sind, zur Folge hat. Die übermolekulare Struktur wird unter dem Einfluss der intermolekularen Wechselwirkung, durch die Packung der Makromoleküle, durch den Orientierungsgrad kristalliner Bereiche sowie der Molekülsegmente, Einzelketten und Aggregate (lockerer schwach gebundener Zusammenhang aus Ionen, Molekülen oder anderen Teilchen) in den nichtkristallinen Bereichen geprägt.

Die übermolekularen Ordnungszustände faserbildender Polymere umfassen somit den kristallinen und den amorphen Anteil sowie die Kolloidstruktur. Der kristalline Anteil wird neben der Kettenpackung durch Kristallitgröße (abhängig von Kristallitabmessungen, Gitterstruktur sowie thermische Stabilität), der Kristallordnung und dem Kristallinitätsgrad bestimmt. Dichte sowie Orientierung bzw. Strecklage ebenso die damit verbundene Kettenrückfaltung und Konzentration der amorphen Moleküle charakterisieren neben der Glastemperatur den amorphen Anteil. Die Kolloidstruktur, deren Aufbau durch die räumliche Anordnung kristalliner und amorpher Bereiche entsteht, wird hinsichtlich entstehender Fibrillen bzw. parakristalliner Schichtgitter, der Grenzflächen zwischen amorphen und kristallinen Bereichen sowie sich bildender Mikrovakuolen und Hohlräume gekennzeichnet [1, 6].

Die nachfolgende Erklärung der Parameter soll zum besseren Verständnis der Struktur-Eigenschafts-Beziehungen von Faserstoffen beitragen [1, 6]:

Intermolekulare Wechselwirkungen sind wirksame Anziehungs- und Abstoßungskräfte, die infolge des gegenseitigen Annäherns von Makromolekülen entstehen. In Abhängigkeit von der Beweglichkeit und eventuell vorhandener Seitengruppen sowie von äußeren Bedingungen, wie Temperatur und Scherkräften, sind die Makromoleküle bestrebt, eine durch das Energieminimum (im besten Fall der kristalline Zustand) gekennzeichnete Lage einzunehmen. Für Struktur und Eigenschaften textiler Faserstoffe maßgebliche intermolekulare Wechselwirkungen sind Dispersionskräfte (PES, PE, PP), Richtkräfte (PES, PAN), π-Elektronenwechselwirkungen (PES) und Wasserstoffbrücken (CO, CV, SE, PA, EL). Die Intensität der Wechselwirkungskräfte zwischen den Molekülen ist verantwortlich für deren Zusammenhalt und somit für faserstoffabhängige mechanische Parameter, wie Festigkeit und Steifigkeit.

Die *Faserdichte* ist der Quotient von Masse in einem bestimmten Volumen und ist im Wesentlichen abhängig von der Konformation, dem Volumen vorhandener Seitengruppen sowie dem Grad der Ordnung. Sie wird darüber hinaus von den Prozessbedingungen, die sich auf die Abstände zwischen den Makromolekülen auswirken, beeinflusst. Makromoleküle ohne Seitengruppen und in all-trans-Konformation werden dichter gepackt als α-Helix und Makromoleküle mit großen Substituenten oder mit ataktischer Konfiguration. Die Faserdichte nimmt innerhalb eines chemisch einheitlichen Polymers mit zunehmenden Kristallinitätsgrad zu. In einschlägigen Tabellen sind auf Grund der Strukturunterschiede meist Durchschnittswerte und Extremwerte für kristalline und amorphe Bereiche angegeben. Die Faserdichte übt Einfluss auf Eigenschaften wie mechanische Parameter (z. B. Festigkeit), Quellbarkeit bzw. Feuchte- und Farbstoffaufnahme aber auch auf den Faservolumengehalt bei Faserverbundwerkstoffen für Leichtbauanwendungen aus.

Die kristalline Struktur, bedeutend für den *Kristallinitätsgrad* (Anteil der kristallinen Bereiche), ist die strenge räumliche Anordnung von Kettenatomen bzw. Kettengliedern mehrerer linear gestreckter oder parallel gefalteter Makromoleküle bei maximal wirksamen inter- und intramolekularen Wechselwirkungen sowie unter Ausbildung des höchst möglichen Ordnungsgrades. Dabei sind eine möglichst dicht gepackte dreidimensionale Anordnung der Ketten und eine Änderung der inneren

Energie auf ein Energieminimum Voraussetzungen für die Ausbildung stabiler kristalliner Bereiche. Die kleinste, sich periodisch wiederholende Kristalleinheit stellt die Elementarzelle, die durch ihre Begrenzungsflächen und deren Winkel zueinander definiert wird, dar.

Die bei der Herstellung herrschenden Temperatur- und Orientierungsbedingungen beeinflussen den meist unvollkommenen und in der Regel in zwei Phasen ablaufenden Vorgang der Kristallisation von faserbildenen Polymeren entscheidend. Im Allgemeinen wird während der Kristallisation das thermodynamische Gleichgewicht nicht erreicht, und es treten kinetische Hemmungen auf, die ebenso wie das Vorliegen unterschiedlicher Kettenlängen und Kettenverschlaufungen eine vollkommene Kristallisation verhindern. Die Kristallisation lässt sich deutlich in die Phase der Hauptkristallisation (Keimwachstum zu morphologischen Gebilden) und die Phase der Nachkristallisation (Erhöhung des Ordnungsgrades) einteilen.

Auf Grund der Komplexität des Vorgangs der Kristallisation und der entstehenden übermolekularen Strukturen haben verschiedene Autoren Strukturmodelle entwickelt, die zum besseren Verständnis der Struktur und der Erklärung abgeleiteter Eigenschaften beitragen. Das Dreiphasenmodell für synthetische Faserstoffe nach Prevorsek [12] (Abb. 3.7) basiert auf Elementen vorangegangener Modelle und beschreibt neben einer kristallinen und amorphen Phase, die überwiegend kristalline Bereiche verbindende Moleküle repräsentiert, eine zweite amorphe Phase. Diese besteht aus gestreckten ungeordneten Ketten im interfibrillären Raum.

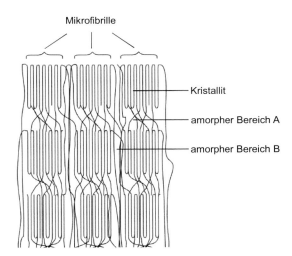

Abb. 3.7 Strukturmodell für Synthesefaserstoffe am Beispiel PA 6 nach Prevorsek (nach [12] zitiert in [1])

Zusammenfassend kann dargestellt werden, dass der kristalline Zustand von faserbildenden Polymeren in Abhängigkeit von der molekularen (chemischen) Struktur und den Kristallisationsbedingungen (z. B. Temperatur, Orientierung) in hohem Maße beeinflussbar und den Produktanforderungen anpassbar ist. Der Kristallinitätsgrad, der nach unterschiedlichen Methoden charakterisierbar ist und über 90 % aufweisen kann, bestimmt die mechanischen Eigenschaften, wie Festigkeit, Beständigkeit, Deformationsverhalten aber auch das Sorptionsverhalten, wesentlich.

Die Orientierung stellt das Ausrichten von Makromolekülen oder Makromolekülsegmenten in nichtkristallinen (amorphen) Bereichen, von Kristalliten bzw. kristallinen Bereichen sowie von Fibrillen in eine Vorzugsrichtung, d. h. in Richtung der einwirkenden Kräfte, hier in Faserachsrichtung, dar. Zur Bestimmung des *Orientierungsgrades* stehen Methoden zur Verfügung, die als Mittelwert den Grad der Ausrichtung der Faserbauelemente in Faserachsrichtung angeben. In der Praxis erfolgen oft Angaben zum Verstreckungsgrad bzw. zum Reckverhältnis.

Bei nicht kristallisierenden Polymeren läuft die Orientierung kontinuierlich und unvollkommen ab, wobei die Stabilisierung durch äußere Spannungen, Abkühlen bis unter die Glastemperatur, Vernetzen oder auch durch die Entfernung von Lösemittel realisiert wird. Bei kristallisierenden Polymeren wird der Orientierungseffekt durch die Kristallite weitgehend fixiert und die Orientierung verläuft auf Grund der Kristallisation sprungartig und außerdem vollständig. Da faserbildende Polymere amorphe und kristalline Bereiche aufweisen, wird von folgenden Effekten bei der Orientierung ausgegangen: Der Anteil an kristallinen und amorphen Bereichen in den Mikrofibrillen verringert sich zu Gunsten der den interfibrillären Raum ausfüllenden nichtkristallisierten Makromoleküle (amorphe Bereiche B in Abb. 3.7). Mit der Breitenzunahme des interfibrillären Raumes verbessern sich vor allem die Festigkeitseigenschaften.

Die Ursachen für einachsige Orientierung der Makromoleküle während der Faserherstellung sind:

- vorwiegend elastische Dehndeformation der Polymerschmelze oder -lösung im Einzugsbereich des Düsenkanals,
- Scherdeformationen während des Durchströmens des Düsenkanals beim Erspinnen, wobei eine teilweise Aufhebung infolge von Relaxationsprozessen erfolgt,
- Dehndeformation im Ergebnis des Verzugs während der Verfestigung und
- einachsiges Recken im bereits verfestigten Zustand in den dem Spinnprozess nachgeschalteten Vorgängen.

Mit dem gezielt einstellbaren Prozess des einachsigen Verstreckens können Faserparameter anforderungsgerecht modifiziert und damit bauteilabhängige Fasereigenschaften maßgeschneidert realisiert werden.

3.2.4 Oberflächenpräparation für die textile Verarbeitung

An der Oberfläche zwischen den textilen Faserstoffen und mit ihnen im Kontakt befindlichen Substanzen treten Wechselwirkungen auf, die von den jeweiligen Materialien und deren Abstand zueinander abhängen. Die auftretenden Wechselwirkungskräfte sind vielfältig, z. B. kovalente Bindungen, COULOMB´sche Wechselwirkung, Dispersionskräfte und Wasserstoffbrückenbindungen, und damit unterschiedlich stark. Die auf eine Flächeneinheit bezogenen Kräfte bzw. Wechselwirkungsenergien resultieren aus der Multiplikation der zwischen den einzelnen Molekülgruppen auftretenden Kräfte bzw. Energien mit der Zahl der je Flächeneinheit vorliegenden, in Wechselwirkung tretenden Molekülgruppen. Für deren Bestimmung werden verschiedene Methoden zur Charakterisierung der einzelnen Kräftekomponenten, z. B. durch Aussagen über Art und Oberflächendichte funktioneller Gruppen durch Fournier-Transform-Infrarot-Spektroskopie (FTIR), Photoelektronenspektroskopie (ESCA, XPS) aber auch mittels Zeta-Potential-Messungen, angewendet. Die freie Oberflächenenergie, die mittels Randwinkelmessung bestimmt wird, sowie das *Zeta-Potential* (Faserladung) werden maßgeblich durch Oberflächenmodifizierungen der Faserstoffe, z. B. durch die Einführung funktioneller Gruppen oder die Aufbringung von Präparations- und Textilhilfsmitteln, beeinflusst [10].

Die Applikation von Spinnpräparationen oder Avivagen während bzw. nach der Herstellung der Faserstoffe ist für die weitere textile Verarbeitung unumgänglich (s. Abschn. 3.2.1.3). Die Aufnahme dieser in Wasser gelösten oder dispergierten Textilhilfsmittel wird faserstoffseitig vom Zeta-Potential bestimmt. Die Kenntnis der Faserladung ermöglicht die optimale Auswahl und Zugabe von Textilhilfsmitteln. Die meist negativ geladenen Fasern adsorbieren die kationenaktiven Additive wesentlich stärker als anionenaktive Additive.

Der anforderungsgerechte Einsatz textiler Faserstoffe, in Form von Filamenten, Garnen oder Flächengebilden, als Verstärkungsfaser in Faserverbundwerkstoffen erfordert zum einen Kenntnisse zu den Eigenschaften und zum Verhalten der Matrixsysteme in Zusammenhang mit den Faserstoffen. Zum anderen sind Kenntnisse zur Grenzschicht, die zwischen der Faseroberfläche und der Matrix entsteht, wesentlich. Die mechanische Belastbarkeit eines Verbundwerkstoffes wird erheblich durch die Haftung zwischen Verstärkungsfaser und Matrix bestimmt. Bei einer Vielzahl von Anwendungen (z. B. bei hochbelastbaren Bauteilen) ist die feste Anbindung der Verstärkungsfasern an die Matrix eine unabdingbare Voraussetzung. Für andere Anwendungen (z. B. Crash- und Ballistikschutz) ist eine geringere Haftung von Vorteil, da bei einer sich lösenden Grenzschicht eine größere Energieumsetzung als bei einer „zu guten" Haftung erfolgen kann [13]. Die gezielte Modifizierung der Faseroberfläche trägt durch die Realisierung chemisch nutzbarer Verankerungspunkte zur Optimierung der Grenzschicht bei.

Folgende Ansätze zur Oberflächenmodifizierung für Hochleistungsfaserstoffe sind Stand der Technik und Forschung (s. Kap. 13):

- Funktionalisierung während des Spinnprozesses:

  – Ummantelung mit Spezialschlichte, bestehend aus Filmbildnern zum Schutz gegen mechanische Schädigung, Haftvermittlern zur gezielten Ausbildung der Faser-Matrix-Haftung und Verarbeitungshilfsmitteln (z. B. Netzmittel, Weichmacher, Antistatika) in wässriger Lösung oder auch seltener in organischen Lösemitteln [13–15] und

  – Oberflächenoxidation bei Carbonfaserstoffen (Nass-, Trocken- und aniodische Oxidation) und sofortiger Ummantelung mit Spezialschlichte [16]

- Funktionalisierung durch chemische Verfahren nach dem Spinnprozess:

  – Imprägnieren mit wässrigen Harzsystemen und

  – Tränken in bifunktionalen Haftmittellösungen

- chemisch/physikalische Verfahren nach dem Spinnprozess für überwiegend synthetische Faserstoffe:

  – Plasmabehandlung,

  – Fluorierung und Oxifluorierung (auch für Carbonfasern relevant) sowie

  – Elektronenstrahlbehandlung.

Neben den Hochleistungsfaserstoffen finden Naturfasern Anwendung im Faserverbundwerkstoffsektor. Auch hier spielt die Grenzschichtproblematik eine wesentliche Rolle, da die pflanzlichen Naturfasern sehr stark hygroskopisch sind. Möglichkeiten zur Gestaltung der Grenzschicht sind z. B. die Ausrüstung mit Silanen sowie die Umhüllung mit funktionalisiertem Polypropylen [15].

3.3 Verstärkungsfasern

3.3.1 Einführung

In Verbundwerkstoffen liegen mindestens zwei Komponenten mit unterschiedlichen Funktionen vor. Durch die Auswahl der Materialkombination werden die vorteilhaften Eigenschaften miteinander verknüpft. Die Faserstoffe, die im Vergleich zu den Matrixwerkstoffen höhere Zugfestigkeiten, höhere E-Moduln und geringere Dehnungen aufweisen, stellen die verstärkenden, damit die lasttragenden Komponenten im Verbundwerkstoff dar und bestimmen in hohem Maße die mechanischen Eigenschaften der Verbundwerkstoffe.

Eine Vielzahl von textilen Faserstoffen steht für die als Verstärkungsfasern fungierenden Materialien zur Auswahl. Verstärkungsfasern weisen neben den hohen mechanischen Eigenschaften bei niedriger Dichte (in der Regel $< 3\,\mathrm{g/cm^3}$) weitere funktionale Eigenschaften auf und können entsprechend ihres Leistungsspektrums in *Hochleistungsfasern* und hochfeste Fasern eingeteilt werden. Hochleistungsfasern sind Fasern, die ein extrem hohes Niveau an physikalischen und chemischen Eigenschaften aufweisen. Beispiele für Hochleistungsfasern sind Glasfaserstoffe (GF), Carbonfaserstoffe (CF) und Aramidfaserstoffe (AR). Für Anwendungen mit gemäßigt hohen mechanischen Anforderungen, wie bei Membranen, gelangen auch polymere hochfeste Faserstoffe, z. B. PES und PA, zum Einsatz. Diese dienen als Beschichtungsträger, beispielsweise für Teflonbeschichtungen. In Bereichen mit relativ geringen mechanischen Anforderungen können auch synthetische und natürliche Standardfasern zur Verstärkung eingesetzt werden. Hierfür wird exemplarisch auf die Naturfasern Flachs und Sisal eingegangen. An dieser Stelle ist es wichtig darauf hinzuweisen, dass die erwähnten Chemiefasern (z. B. PES, PA) in Faserverbundwerkstoffen, bei denen vorrangig Hochleistungsfasern die Verstärkungskomponente bilden, auch als thermoplastisches Matrixsystem eingesetzt werden können. Darauf wird in Abschnitt 3.4 eingegangen.

Die bedeutendsten Verstärkungsfasern im Verbundbereich sind Glas- (besonders E-Glas), Carbon- und Aramidfasern. Daher liegt der Fokus der folgenden Ausführungen auf der Herstellung, Struktur und auf besonderen funktionalen Eigenschaften dieser Faserstoffe. Die Ausführungen zu weiteren Verstärkungsfasern, die bislang nur in geringem Umfang zur Anwendung gelangen, runden diesen Abschnitt ab. Da die textile Weiterverarbeitung der sehr steifen und z. T. extrem spröden Faserstoffe eine besondere Herausforderung darstellt, werden exemplarisch technologische Eigenschaften hervorgehoben.

Die zusammengestellten Kennwerte stammen aus unterschiedlichen Quellen. Die Recherche zeigte, dass es keine scharfen Grenzen besonders hinsichtlich der Einteilung innerhalb der Carbon- und Aramidfaserstoffe gibt. Daher können, trotz gewissenhafter Auswahl, Abweichungen in den verwendeten und zu anderen Quellen auftreten.

3.3.2 Glasfaserstoffe

Glas ist der Gruppe der anorganisch-nichtmetallischen Werkstoffe zuzuordnen. Glas besteht im Wesentlichen aus fein vermahlenem, meist eisenfreiem und hochreinem Quarzsand sowie Soda (Natriumcarbonat) und/oder Pottasche (Kaliumcarbonat) als Flussmittel und weiteren, vom Typ und somit vom Einsatz abhängigen, Zusätzen. Faserglas ist eine Gruppe technischer Gläser, die aus den Rohstoffen Quarzmehl (Siliziumdioxid), Kalkstein (Calciumcarbonat), Colemantit (Borat-Mineral), Kaolin (Kaolinit) und weiteren genau dosierten Oxiden (z. B. Bor- und Aluminiumoxide, Calcium- und Magnesiumoxid) mit maßgeschneiderten chemischen und physikalischen Eigenschaften hergestellt wird. Es besitzt die Voraussetzung der Verarbeitung zu Glasfasern. Glasfasern, deren Schmelzezusammensetzung sich erheblich von den

Schmelzen der Massivgläser unterscheidet, bilden den Überbegriff für Textilglas-, Mikroglas-, Isolierglas-, Silica- und Glashohlfasern, wobei hier der Schwerpunkt auf Textilglasfasern, die als Filamente oder Stapelfasern herstellbar sind, liegt [17].

3.3.2.1 Herstellung von Glasfilamenten und -fasern

Eine Vielzahl von speziellen Schmelzspinnverfahren steht zur Herstellung von Textilglasfasern zur Verfügung. Zum einen erfolgt die Einteilung der Herstellung hinsichtlich der Ausgangsstoffe und zum anderen mit Blick auf die verwendete Technologie bzgl. der Faserherstellung.

Die Herstellung der Glasfilamente verläuft zu ca. 90 % (bei E-Glasfilamenten sogar bis zu 97 %) nach dem *Düsenziehverfahren* (Abb. 3.8), eine Technologie des Direktspinnverfahrens. Eine Ausnahme bildet die Herstellung von Glasfilamenten mit Durchmessern vom maximal 7 μm. Hier gelangt das Zweistufenverfahren, bei dem die Schmelze aus vorgefertigten Glaspellets hergestellt wird, zur Anwendung. Beim Direktspinnverfahren werden in Abhängigkeit vom jeweiligen Glasfaser-Typ die Ausgangsstoffe dosiert und vermischt. Das Gemenge wird in einem speziellen Schmelzsystem (z. B. Unit-Melter) bei ca. 1400 °C geschmolzen und für die weitere Verarbeitung auf einem Temperaturbereich von 1250 bis 1350 °C gehalten. Über ein Zuführsystem (Rinnen) fließt die Schmelze zu Ziehdüsen, die bei Temperaturen von 1200 °C arbeiten. Die Schmelze tritt schwerkraftbedingt aus den Bohrungen im Düsenboden, bestehend aus Platin-/Rhodiumlegierungen, aus. Je nach gefordertem Filamentdurchmesser und der realisierbaren Abzugsgeschwindigkeit variieren die Durchmesser der Düsenbohrungen von 1 bis 2 mm. Eingesetzt werden Ziehdüsen mit 400 bis 2400 Bohrungen, erprobt wurden bereits 4800 Bohrungen. Nach dem Austritt aus der Düse werden die Filamente mechanisch mit hohen Geschwindigkeiten, z. B. mittels schnell rotierender Spulköpfe, kontinuierlich abgezogen. Die Abzugsgeschwindigkeit für Filamentdurchmesser > 14 μm liegt im Bereich von 1200 bis 1500 m/min. Für die Realisierung kleinerer Durchmesser (< 10 μm) wird mit 3000 bis 3600 m/min gearbeitet. Mit der Einstellung der Abzugsgeschwindigkeit werden die Filamente auf die gewünschten Durchmesser (5 bis 24 μm) verjüngt. Um dabei ein Reißen der Filamente infolge der wirkenden Abzugskräfte zu verhindern, durchlaufen die Filamente zusätzlich eine Kühlvorrichtung (Kühlrippen aus Kupfer oder Silber). Zur Gewährleistung einer gesicherten Weiterverarbeitung werden die in einer kurzen Abkühlphase erstarrten Filamente mit einer Schlichte meist mittels eines Rollensystems (Schlichtewalzen) beaufschlagt. Dabei ist die Materialauswahl der Schlichte unter Beachtung der weiteren Verarbeitung bzw. des vorgesehenen Einsatzes des textilen Halbzeuges durchzuführen. Zur Verfügung stehen Textilhilfsmittel, die für die Verarbeitung der Glasfaserstoffe und den späteren textilen Einsatz, z. B. für Schutzanzüge gegen Hitze und Feuer, für Filter oder Heimtextilien, vorgesehen sind. Dazu gehören haftmittelfreie Textilschlichten, z. B. auf Basis von Stärke, Pflanzenölen oder kationischen Netzmitteln, die die Faser-Faser-Reibung durch einen guten Fadenschluss herabsetzen bzw. die Gleitwirkung zwischen Faser und Fadenleitorgan während der textilen Verarbeitung verbessern. Für den Einsatz textiler Halbzeuge auf Basis von Glasfasern im Faserverbundbereich ist die Entfernung einer vorhandenen Textilschlichte, meist durch Wärmebehandlung, notwendig, da diese die Faser-Matrix-Verbundbildung negativ beeinflusst. In der Regel werden für Verbundwerkstoffe haftmittelhaltige Schlichten eingesetzt, die neben den verarbeitungstechnischen Anforderungen auch die Forderung nach einer optimalen Faser-Matrix-Haftung erfüllen. Die Auswahl des Haftvermittlers (z. B. Organosilan-Verbindungen) beeinflusst die Faser-Matrix-Haftung maßgeblich und muss daher auf das verwendete Matrixsystem abgestimmt sein. Vor dem Aufwickeln auf geeignete Spulen werden die Filamente zusammengefasst und gegebenenfalls mit einer geringen Drehung versehen. Eine Ausnahme bildet dabei die Rovingherstellung direkt nach der Erspinnung [15, 17–19].

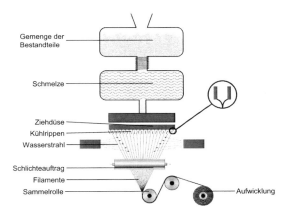

Abb. 3.8 Schematische Darstellung des Düsenziehverfahrens

Glasstapelfasern werden zu 95 % nach dem *Trommelziehverfahren* (Abb. 3.9), einem zweistufigen Verfahren, in dem in der ersten Phase das Gemenge der Ausgangsstoffe zu Pellets verarbeitet wird, hergestellt. Diese bilden das Basismaterial für die zweite Phase, der eigentlichen Glasstapelfaserproduktion. In den Spinndüsen werden die Pellets über eine elektrische Widerstandsheizung bei Temperaturen von 1000 °C bis 1200 °C aufgeschmolzen. Die Schmelze tritt aus den Öffnungen der Platindüsenleiste, die je nach Forderung 250 bis 1000 Bohrungen je Leiste aufweist, aus. Eine rotierende Trommel zieht die an den Öffnungen entstehenden Glastropfen zu Filamenten mit einem Durchmesser zwischen 8 und 11 μm bei einer variablen Abzugsgeschwindigkeit von bis zu 3500 m/min aus. Die auf den späteren Einsatz abgestimmten Schlichten können direkt nach der Düse oder mittels der Abzugstrommel aufgetragen werden. Zur kontinuierlichen Herstellung von Stapelfasern werden die abgekühlten Glasfilamente mechanisch, mittels Schaber oder Messer, von der Abzugstrommel abgehoben, wobei die hergestellten Fasern Längen von 2 cm bis 1 m aufweisen. Die Fasern werden durch eine Längsöffnung in dem feststehenden Spinntrichter gesammelt und darin mittels rotierenden Schließrohrs verwirbelt. Anschließend erfolgt in einem Garnherstellungsverfahren die Zusammenfassung zu einem Fasergarn. Der mechanischen oder pneumatischen Schutzdrallerteilung schließt sich die Aufwicklung des Glasstapelfaser-Vorgarnes auf zylindrischen Kreuzspulen an, das nachfolgenden textilen Verarbeitungsschritten zur Verfügung gestellt wird [17, 18, 20, 21].

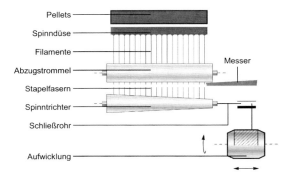

Pellets

Spinndüse

Filamente

Messer

Abzugstrommel

Stapelfasern

Spinntrichter

Schließrohr

Aufwicklung

Abb. 3.9 Schematische Darstellung des Trommelziehverfahren

Das Stabziehverfahren, bei dem genau kalibrierte Glasstäbe als Ausgangsmaterial dienen, ermöglicht die Herstellung von Glasfilamenten und Glasstapelfasern.

Bei der Herstellung von Glasfaserstoffen, insbesondere von Glasfilamentgarnen für den Einsatz im Verbundwerkstoffbereich, nimmt die verwendete Schlichte einen besonderen Stellenwert ein. Um die Eigenschaften der Grenzschicht zwischen Faser und Matrix entsprechend der Produktanforderungen zu beeinflussen, werden bekannte Schlichtesysteme modifiziert, maßgeschneiderte Systeme neuentwickelt sowie Möglichkeiten geschaffen, zusätzliche Funktionen in die Schlichte, z. B. mit Carbon-Nanotubes, zu integrieren [22–24].

3.3.2.2 Struktur von Glasfaserstoffen

Die bei der Herstellung von Glasfilamenten durch die rasche Abkühlung der Schmelze verhinderte Kristallisation ist Ursache dafür, dass die faserbildenden Bausteine keine regelmäßigen Kristallgitter ausbilden und im Ergebnis dessen eine Isotropie, d. h. eine Richtungsunabhängigkeit, hinsichtlich der Anordnung der Moleküle (Abb. 3.10 a) und der Eigenschaften, resultiert. Die Ausformung des amorphen Zustandes ist im Wesentlichen von der Abkühlgeschwindigkeit und vom Temperaturbereich der Schmelze abhängig und beeinflusst ebenso wie die chemische Zusammensetzung die Eigenschaften der Glasfaser-Typen.

In Hinblick auf Textilglasfasern für den Einsatz im Faserverbundbereich werden im Folgenden nur Silikatgläser näher betrachtet. Diese bestehen aus den zwei Komponenten Siliziumdioxid (SiO_2) als Netzwerkbildner und den das Netzwerk ausfüllenden Silikaten bzw. Boraten. Das grundlegende Bauelement des Netzwerkes, das SiO_4-Tetraeder, ist in Abbildung 3.10 c dargestellt. Auf Grund fehlender Sauerstoffatome führt die Bildung von Si-O-Si-Brücken zur Polymerisation und damit zur Bildung von hochmolekularen Silikaten, bei denen mehrere SiO_4-Tetraeder jeweils ein Sauerstoffatom nutzen. In Mehrkomponentengläsern, wie Textilglasfasern, liegt das Quarzglasnetzwerk modifiziert vor. Die entsprechend des Glasfaser-Typs einzubauenden Kationen müssen das Netzwerk durch Spaltung der Si-O-Si-Brücken verändern. Der daraus resultierende strukturelle Aufbau ist schematisch in Abbildung 3.10 b dargestellt und wird durch die eingesetzten Metalloxide als Netzwerkwandler bestimmt. Markant und ursächlich für die hohen Festigkeits- und Elastizitätsmodulwerte sind die dreidimensionalen kovalenten Bindungen zwischen Silizium und Sauerstoff. Die Netzwerkwandler (z. B. Na_2O, K_2O, CaO, BaO, PbO) sind keine glasbildenden, aber eigenschaftsbeeinflussende Oxide [15, 17].

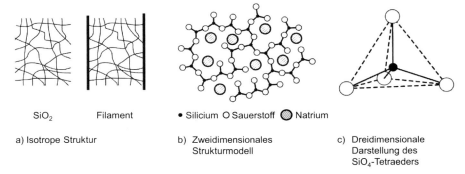

SiO$_2$ Filament   ● Silicium ○ Sauerstoff ◐ Natrium

a) Isotrope Struktur   b) Zweidimensionales Strukturmodell   c) Dreidimensionale Darstellung des SiO$_4$-Tetraeders

Abb. 3.10 Strukturmodelle von Glasfasern (nach [17])

Auf Grund der vielfältigen Anwendungsgebiete von Textilglasfasern sind in Anlehnung an DIN 1259 - Blatt 1 und ISR R 2078 in der Fachliteratur Übersichten hinsichtlich der chemischen Zusammensetzung abgeleitet und in Tabelle 3.4 für ausgewählte Verstärkungsfasern erfasst.

Die folgende Übersicht vermittelt wesentliche Hauptbestandteile, die neben SiO_2 in den einzelnen Glasfaser-Typen vorhanden sind und die daraus abgeleiteten herausragenden Anwendungen [13, 18, 27]:

Tabelle 3.4 Chemische Zusammensetzung ausgewählter Glasfaser-Typen [13, 17, 18, 25, 26]

Bestandteile [Masse-%]	Typ E	Typ AR	Typ R	Typ S	Silica	Typ M
SiO_2	50,0 … 56,0	60,9 … 62,0	60	62,0 … 65,0	99,9	53,5
Al_2O_3	12,0 … 16,0	–	24,0 … 25,0	20,0 … 26,0	–	–
CaO	16,0 … 25,0	4,8	6,0 … 9,0	–	–	13,0
MgO	$\leq 6,0$	0,1	6,0 … 9,0	10,0 … 15,0	–	9,0
B_2O_3	6,0 … 13,0	–	–	$\leq 1,2$	–	–
F	$\leq 0,7$	–	–	–	–	–
Na_2O	0,3 … 2,0	14,3	0,4	$\leq 1,1$	–	–
ZrO_2	–	10,2	–	–	–	2,0
K_2O	0,2 … 0,5	2,7	0,1	–	–	–
Fe_2O_3	0,3	–	0,3	–	–	0,5
TiO_2	–	6,5	0,2	–	–	8,0
ZnO	–	–	–	–	–	–
CaF_2	–	–	–	–	–	–
LiO_2	–	–	–	–	–	3,0
SO_3	–	0,2	–	–	–	–
BeO	–	–	–	–	–	8,0
CeO	–	–	–	–	–	3,0

E-Glas: Aluminiumborsilikat-Glas mit weniger als 2 % Alkalioxiden für die allgemeine Kunststoffverstärkung und für elektrische Anwendungen, gebräuchlichster Glasfaser-Typ

AR-Glas: alkalihaltiges Glas mit erhöhtem Zusatz von Zirkonoxid, Alkaliresistenz für Einsatz in der Betonbewehrung

R-Glas: Aluminosilikat-Glas mit Zusätzen von Calcium- und Magnesiumoxid, hohe mechanischen Anforderungen auch bei hohen Temperaturen

S-Glas: Aluminosilikat-Glas mit Zusätzen Magnesiumoxid, hohe mechanische Anforderungen auch bei hohen Temperaturen

Silica: sehr hoher Masseanteil an SiO_2 (>99,9 %), sehr hohe Temperaturbeständigkeit

M-Glas: berryliumhaltiges Glas, hoher E-Modul, Anwendung bei höchsten mechanischen Anforderungen

3.3.2.3 Funktionale Eigenschaften von Glasfilamenten

Textilglasfasern für Verbundanwendungen weisen sehr gute mechanische Eigenschaften auf, wie hohe Zugfestigkeiten bei geringer Dehnung und niedriger Dichte, die auf Grund der Isotropie in Faserlängs- und Querrichtung nahezu gleich sind. Hervorzuheben ist zum einen, dass die Festigkeit bei Textilglas höher ist als die des Monolith. Zum anderen nimmt die Festigkeit von Textilglas mit abnehmendem Faserquerschnitt zu. Die Ursache dafür wird unter anderem in der Art der Brucheinleitung vermutet. Auftretende mechanische Schäden (z. B. Risse, Kerben, Spalten,

Stufen) führen im Faserinneren und an der Faseroberfläche zu Fehlstellen. Mit reduziertem Faserquerschnitt wird das Auftreten der Kontinuitätsstörungen geringer, woraus die Erhöhung der Festigkeit folgt [15, 28, 29].

Wird die Zugfestigkeit von Glasfilamenten direkt nach deren Erstarrung ermittelt, ist festzustellen, dass diese ca. 20 % über der Zugfestigkeit von Filamenten, die einer Spinnspule entnommen sind, liegt. Die Dehnung ist vollelastisch und das Spannungs-Dehnungs-Verhalten bis zum Bruch linear. Im Vergleich zu anderen Hochleistungsverstärkungsfasern, insbesondere Carbonfasern, besitzen Glasfasern geringere E-Moduln (ca. 70 bis 90 GPa). Für den Einsatz in Verbundwerkstoffen, bei denen extrem hohe Steifigkeiten gefordert sind, können die herkömmlichen Glasfaser-Typen nicht eingesetzt werden. Für diesen speziellen Einsatz wurde eine Hochmodulfaser (M-Glas) insbesondere für den Militärbereich entwickelt [15].

Für die Anwendung von Glasfilamentgarnen ist zu beachten, dass sich aus der hohen Festigkeit der Einzelfilamente die Festigkeit von Garnen oder Rovings nicht direkt ableiten lässt. Die experimentell ermittelte Zugfestigkeit eines Garnes oder Rovings ist geringer als die errechnete Festigkeit aus der Summe der Einzelfilamente, da diese prüftechnisch bedingt nicht gleichzeitig und damit nicht gleichmäßig belastet werden und es infolge dessen zu einer frühzeitigen Zerstörung einzelner Filamente kommt. Diesem Verhalten wird mit dem gezielten Einsatz von Präparationsmitteln entgegengewirkt. Daher kann nach einer faserschädigungsarmen Verarbeitung allerdings die Festigkeit im Verbund der Summenfestigkeit der Einzelfilamente angenähert werden.

Tabelle 3.5 Bereiche der mechanischen Eigenschaften von Glasfilamenten ausgewählter Glas-Typen [17, 27, 30]

Parameter	Typ E	Typ AR	Typ R
Dichte [g/cm^3]	2,52 ... 2,60	2,70	2,50 ... 2,53
E-Modul [GPa]	72 ... 77	76	83 ... 87
Zugfestigkeit [MPa]	3400 ... 3700	2000	4400 ... 4750
Bruchdehnung [%]	3,3 ... 4,8	2,6	4,1 ... 5,4

Parameter	Typ S	Silica	Typ M
Dichte [g/cm^3]	2,45 ... 2,55	2,00	2,89
E-Modul [GPa]	75 ... 88	56 ... 66	87 ... 115
Zugfestigkeit [MPa]	4300 ... 4900	800	4750 ... 4900
Bruchdehnung [%]	4,2 ... 5,4	1,5	4,0

Neben den in Tabelle 3.5 aufgeführten Parametern sind für viele technische Anwendungen des Leichtbaus Kenntnisse über das Langzeitverhalten unter der Lebensdauer entsprechenden Belastungen erforderlich, um Relaxationseffekte und das Kriechverhalten über die mehrjährige Lebensdauer von Faserverbundwerkstoffen einschätzen zu können. In Untersuchungen an dauerbeanspruchten Glasfilamentgarnen mit Betrachtungszeiträumen im Stunden- bis Tagesbereich sind Relaxationserscheinungen unter konstanten Zugkräften sowie Retardationserscheinungen unter konstanten Dehnungen nachgewiesen worden [31].

Davon ausgehend beinhalten aktuelle Forschungsarbeiten sehr umfangreiche, mehrere Monate dauernde, experimentelle Grundlagenuntersuchungen zum Langzeitverhalten von AR-Glasfilamentgarnen für den Einsatz im Textilbeton. Während der Vorbelastungsphase tritt ein irreversibler Längenzuwachs des Filamentgarnes auf. Die Ursachen dazu sind zum einen in der Ausrichtung der einzelnen Filamente längs der Zugkraftrichtung zu sehen und zum anderen die dabei entstehenden lokalen Spannungsspitzen, die beim Überschreiten der Zugfestigkeit das lokale Versagen einzelner Filamente hervorrufen können. Das nachfolgende Kriechen der Filamentgarne führt zu Längenänderungen. Diese Dehnungszuwächse treten zusätzlich zu den generell auftretenden Dehnungen auf und liegen bei den betrachteten Untersuchungszeiträumen von mehreren Monaten unter Dauerlast von ca. 50 % der maximalen Zugfestigkeit bei etwa 0,3‰. In Relation zur sich einstellenden elastischen Kurzzeitdehnung aus der Belastung entspricht dies etwa einem zeitlichen Zuwachs (ε_{kriech}) in der Größenordnung von 3 % bis 5 %. Die Zeitabhängigkeit der Dehnung für AR-Glasfilamentgarn mit 640 tex ist exemplarisch in Abbildung 3.11 aufgezeigt [32].

Die mechanischen Eigenschaften von Glasfaserstoffen verändern sich unter Medieneinfluss. Eine Lagerung in Normalklima und in destilliertem Wasser führt beispielsweise bei R- und S-Glas zu einer Reduzierung der Zugfestigkeit um 10 % bis 25 %, bei E-Glas um 20 % bis 35 % [15, 17, 25]. Der Einfluss der Einwirkungszeit von Wasser bzw. feuchter Luft auf die Zugfestigkeit ist in Abbildung 3.12 dargestellt. Alkalifreie Glasfasern oder Glasfasern mit geringem Alkaligehalt, d. h. Glasfasern ohne oder mit geringem Anteil von Alkalioxiden, sind widerstandfähiger gegenüber Wasser. Das Einwirken von Wasser führt zu einer Schädigung der Faseroberfläche. Die vorhandenen Si-O- und Si-O-Si-Bindungen sind polar und infolge dessen zur Neben- und eventuell zur Hauptvalenzbindung befähigt, was sich aus der Bindung von Wasser und kationischen Verbindungen an der Glasoberfläche ableitet. Dabei können nicht nur molekulares Wasser sondern auch freie oder gebundene OH-Gruppen in die Glasstruktur eingebaut werden. Diese reaktiven Hydroxylgruppen können an der Faseroberfläche mit Wasser reagieren, was einen weiteren Festigkeitsverlust zur Folge hat. Sie können aber auch für die chemische Anbindung von Haftmittel zur Verbesserung der Verbundeigenschaften genutzt werden [15].

Der Einfluss von sauren (z. B. Schwefelsäure, Salzsäure) oder basischen Medien (z. B. Natronlauge) führt ebenfalls in Abhängigkeit vom Glasfaser-Typ zu drastischen Festigkeitsverlusten (ca. 30 %). Dies trifft vor allem auf alkalifreie und alkaliarme Typen zu. Bei langandauernder Einwirkung basischer Medien wird die Fasersubstanz bis zur Auflösung abgetragen [15, 17, 33–35].

Für den Einsatz von Textilglasfasern im Faserverbundbereich werden erhöhte Anforderungen an thermische Eigenschaften sowie die Brennbarkeit gestellt. Glasfaserstoffe besitzen hierfür folgende Parameter: linearer Wärmeausdehnungskoeffizient α ($\alpha = 5 \cdot 10^{-6}\,K^{-1}$), spezifische Wärmekapazität c (c $= 840\,J/(kg \cdot K)$) und Wärmeleitfähigkeit λ ($\lambda = 0{,}85$ bis $1{,}0\,W/(m/K)$) [17].

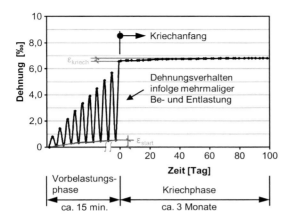

Abb. 3.11 Zeitliche Entwicklung der Garndehnung unter Langzeitbelastung von AR-Glasfilamentgarn 640 tex (nach [32])

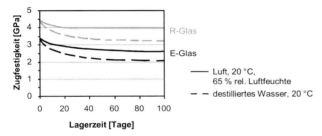

Abb. 3.12 Zugfestigkeit von Glasfilamenten bei Lagerung in feuchter Luft und Wasser (nach [25] zitiert in [15])

Wesentlich sind darüber hinaus die Veränderung der Festigkeit bei kurzzeitiger extremer Temperaturbelastung und die Dauerbelastungsgrenze. In Abhängigkeit vom Glastyp erfahren Glasfasern bis 200 °C (E-Glas) und darüber hinaus bis 250 °C (R-, und S-Glas) keine Festigkeitsverluste. Bei höheren Temperaturen nimmt die Festigkeit auch bei kurzen Belastungszeiten auf Grund von eintretenden Strukturveränderungen drastisch ab, was mit einer deutlichen Abnahme der Tragfähigkeit bei der Anwendung einhergeht [36–38]. Beispielhaft ist dies in Abbildung 3.13 links dargestellt. Ausnahmen bilden Silica-Faserstoffe, die bis zu 1000 °C ohne nennenswerten Festigkeitsverlust thermisch belastbar sind. Der Einfluss der Temperatur auf den E-Modul wird in Abbildung 3.13 rechts exemplarisch gezeigt.

Die Ursachen für den Festigkeitsverlust und die Verringerung des E-Moduls werden nach [15] darin gesehen, dass zum einen die hohe Temperaturbelastung zu einer thermischen Entschlichtung führt, was bei Glasfasern eine Wasseraufnahme und damit einen hydrolytischen Abbau bewirkt. Zum anderen verändert sich die „eingefrorene" (erstarrte) Struktur und nähert sich der von Kompaktglas an, woraus ebenfalls Festigkeitsverluste resultieren.

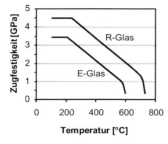 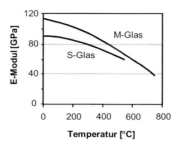

Abb. 3.13 Zugfestigkeit und E-Modul von Glasfilamenten bei Temperaturbelastung(nach [25] zitiert in [15])

Eine Beschichtung von Glasfilamentgarnen führt auf Grund des Zusammenschlusses der einzelnen Filamente im Garn zu einer nachweislichen Verbesserung der mechanischen Eigenschaften. Beschichtete Garne weisen deutlich höhere Festigkeiten als unbeschichtete Garne auf, wobei die E-Moduln nahezu gleich sind. Forschungsarbeiten [39] gehen der Zielsetzung nach, das aus der Beschichtung resultierende Werkstoffverhalten unter verschiedenen Randbedingungen näher zu spezifizieren. Unter anderem wird auch das Verhalten unter thermischer Beanspruchung analysiert, um die aus den eingesetzten Beschichtungssystemen resultierenden Effekte zu erforschen und geeignete Beschichtungsrezepturen gezielt weiterzuentwickeln. Die Auswirkungen auf die mechanischen und thermischen Eigenschaften wurden am Beispiel von AR-Glasfilamentgarnen mit einer organischen Beschichtung aus carboxylierten Styrol-Butadien-Copolymeren (SBR) umfangreich untersucht und dem unbeschichteten Referenzmaterial gegenübergestellt. Am unbeschichteten Material bleibt die Festigkeit bis ca. 500 °C nahezu konstant. Bei einer weiteren Temperaturerhöhung zeigt sich durch den beginnenden Phasenübergang des Glases in den Schmelzzustand ein kontinuierlicher Festigkeitsabfall. Bei den SBR-beschichteten Garnen liegen die Festigkeiten bis zu einer Temperatur von etwa 300 °C deutlich höher, danach beginnt die thermische Zersetzung der aufgebrachten Beschichtung. Infolge der daraus resultierenden zusätzlichen Wärmefreisetzung wird bei weiterer Temperaturexposition der Festigkeitsabbau beschleunigt, liegt jedoch noch immer auf einem höheren Niveau gegenüber unbeschichteten Garnen. Erst ab Temperaturen oberhalb 700 °C sind die Garne nahezu vollständig zerstört. In allen Fällen zeigt sich bis zu Temperaturen von ca. 500 °C ein nahezu gleich bleibender Elastizitätsmodul, erst bei weiterer Temperaturerhöhung nimmt dieser allmählich ab. Dies ist zum einen auf den Phasenübergang des Materials zurückzuführen, zum anderen ist das auch ein indirektes Maß für die Schädigung der Garnquerschnittsfläche [40]. Die elektrischen Eigenschaften von Glasfasern sind durch einen hohen spezifischen elektrischen Widerstand ρ in Abhängigkeit von der Temperatur ($\rho = 10^{15} \Omega \cdot cm$ (T = 20 °C), $\rho = 10^{13} \Omega \cdot cm$ (T = 250 °C), $\rho = 10^{11} \Omega \cdot cm$

$(T = 450\,^\circ C)$, $\rho = 10^7 \Omega \cdot cm$ $(T = 700\,^\circ C)$, niedrige Dielektrizitätskonstante ε ($\varepsilon = 5{,}8$ bis $6{,}7$ (bei 10^6 Hz)) und den Dielektrischen Verlustfaktor $\tan \delta$ bei 10^6 Hz mit $(20$ bis $35) \cdot 10^{-4}$ gekennzeichnet [17].

3.3.2.4 Textilglasprodukte und Einsatzbereiche

Der Glasfaserstoff in Form von Glasfilament- oder Glasstapelfasergarnen bietet eine Vielzahl von wirtschaftlichen Anwendungen. Weit über 80 % der Glasfilament- oder Glasstapelfasergarne kommen für die Verstärkung von Kunststoffen zum Einsatz. In Europa lag die Produktionsmenge von glasfaserverstärkten Kunststoffen im Jahr 2010 bei ca. einer Million Tonnen [41]. Aus Gründen des guten Preis-Leistungs-Verhältnisses werden als Verstärkungsmaterialien hauptsächlich Glasfilamentgarne aus E-Glas eingesetzt. Damit stellen diese Faserstoffe, die am meisten eingesetzten Hochleistungsverstärkungsfasern dar.

Im Folgenden werden nur einige Anwendungsbeispiele für Textilglas aufgeführt. So bieten unterschiedliche Glasfilamentgarne in Verbindung mit textilen Herstellungsverfahren, der Art und Geometrie der Faserverstärkung sowie der Auswahl und Modifizierung der Matrixsysteme viele Möglichkeiten den Gebrauchswert für glasfaserverstärkte Verbundwerkstoffe, wie glasfaserverstärkter Kunststoff, z. B. für kraftaufnehmende Bauteile im Maschinen- und Anlagenbau, und Textilbeton, zu optimieren.

Neben dem Einsatz im Bereich der Hochleistungsverbundwerkstoffe finden Textilglasfasern beispielsweise Anwendung als Verstärkung für industrielle Funktionsteile (z. B. Schleifscheiben, Zahnriemen, Kupplungsbeläge), als Filter in der Entstaubungstechnik, als Isolierungen für den thermischen und elektrischen Schutz, als textile Membranen, Dichtungsbahnen und Putzarmierung im Bauwesen sowie als Dekorationsstoffe und Tapeten.

3.3.3 Carbonfaserstoffe

Faserförmige Kohlenstoffwerkstoffe sind aus organischen Kohlenstoffverbindungen pyrolytisch erzeugte Materialien, die in Form von Whiskern (Einkristalle) oder Fasern auftreten. Ausgehend von der Faserstruktur und der Orientierung der Kristallite wird zwischen isotropen Fasern ohne erkennbare Vorzugsorientierung und anisotropen Fasern mit ausgeprägter parallel zur Faserachse orientierten Schichtebenen unterschieden. Die Festigkeit isotroper Carbonfaserstoffe ist verhältnismäßig gering, so dass deren Einsatzspektrum nicht der Bereich der Verbundwerkstoffe ist, sondern Anwendungen, wie Füllstoffe, Schnüre und Packungen für thermische Isolierungen, betrifft. Alle weiteren Betrachtungen gelten für anisotrope Fasern, die mindestens zu 90 % aus Kohlenstoff bestehen. Für Carbonfaserstoffe ist auch die Bezeichnung Kohlenstofffaserstoffe gebräuchlich.

3.3.3.1 Herstellung von Carbonfilamenten

Da für die Herstellung von Carbonfasern durch kontrollierte Pyrolyse an die Ausgangsmaterialien ausschlaggebende Bedingungen, wie Erspinnbarkeit, Unschmelzbarkeit, geringer Kohlenstoffverlust während des thermischen Abbaus und leichte Umstrukturierung des Kohlenstoffgerüstes zur Graphitstruktur sowie Beibehaltung der Faserform, gestellt werden, stehen vor allem PAN und Peche sowie in geringerem Umfang Viskose als Rohstoffe zur Verfügung [15, 18]. Die Herstellung von Carbonfaserstoffen beruht im Wesentlichen auf zwei Methoden, bei denen ähnliche Prozesse zum thermischen Abbau der Ausgangsmaterialien, der sogenannten Precursor, mit dem Ziel der Realisierung eines sehr hohen Kohlenstoffgehaltes ablaufen (Abb. 3.14).

Nach der Erspinnung des Precursors folgen die eigenschaftsbestimmenden Verfahrensstufen Verstreckung, Stabilisierung (Oxidation), Carbonisierung und Graphitierung mit dem Ziel der maximalen Ausrichtung der synthetisierten Graphitschichten in Faserlängsrichtung zur Erreichung von extrem hohen mechanischen Eigenschaften. Dabei üben die Qualität der Precursormaterialien und die ausgewählten Prozesstemperaturen wesentlichen Einfluss auf extrem hohe Festigkeit bzw. extrem hohen E-Modul aus. Für die weitere Verarbeitung und den erfolgreichen Einsatz ist eine Oberflächenbehandlung unabdingbar.

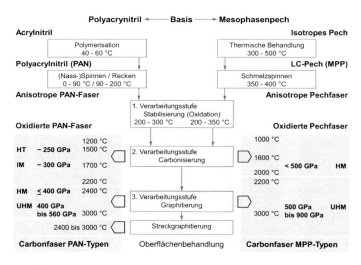

Abb. 3.14 Carbonfaserherstellung (nach [42] zitiert in [43])

Zur Herstellung von Carbonfaserstoffen auf Basis von Mesophasenpech (MPP) werden Rückstande der Erdölaufbereitung, die z. B. bei der Primärdestillation von Steinkohleteer anfallen, genutzt. Das nutzbare Pech muss vor der Umsetzung zu MPP sorgfältig raffiniert werden, um die extrem hohen Anforderungen an die Reinheit zu erfüllen. Bei der thermischen Behandlung von 300 bis 500 °C sinken die Mesophasensphärolite dichtebedingt nach unten und können von den isotropen Anteilen und anderen Feststoffpartikeln abgeschieden werden. Das Pech bildet Flüssigkristalle aus und beginnt zu polymerisieren. Dieser Zustand wird als Mesophasenpech benannt, das zur Faserherstellung mittels Spinnextruder aufgeschmolzen und durch die Spinndüsen gedrückt wird. Durch die Verstreckung erfolgt die notwendige Orientierung der Makromoleküle entlang der Faserachse und die Einstellung der geforderten Filamentdurchmesser bzw. der Feinheit. Zur Gewährleistung der Beibehaltung der Faserstruktur ist die anisotrope Pechfaser durch Luftoxidation bei Temperaturen von 200 bis 350 °C zu stabilisieren, d. h. unbrennbar zu machen. In Abhängigkeit von den konkreten Prozessparametern findet im Anschluss die Carbonisierung und Graphitierung unter Schutzgas (z. B. Stickstoff oder Argon) bei Temperaturen von 1000 bis 2000 °C bzw. bis 3000 °C statt. Die gezielte Auswahl der Prozesstemperaturen führt zur Realisierung maßgeschneiderter mechanischer Eigenschaften. Somit können bewusst Fasern mit hohen Festigkeiten bzw. extrem hohen E-Moduln hergestellt werden. Da bei Carbonfasern auf Basis von MPP nur ein vergleichsweise geringer Gewichtsverlust zu verzeichnen ist und ca. 80 % der Substanz erhalten bleiben, können die Prozessstufen im Vergleich zur Carbonfaserherstellung auf Basis von PAN kürzer verlaufen. Allerdings sind Carbonfaserstoffe auf Basis von MPP besonders empfindlich gegenüber Druckkräften [15, 18, 43].

Für die Herstellung von Carbonfaserstoffen auf Basis von PAN wird durch eine Polymerisationsreaktion der Ausgangsstoff Polyacrynitril (Abb. 3.15 links) aus Acrylnitril und bis zu 15 % Comonomer synthetisiert. Der Anteil an Comonomeren ist einerseits auf Grund der starken exothermen Reaktion derzeit verfahrenstechnisch notwendig, andererseits stellen diese Bestandteile Verunreinigungen dar, die sich negativ auf die Struktur auswirken. Daher wird der Einsatz von reinem PAN (Abb. 3.15 rechts) als Precursorfaser angestrebt. Dabei werden hauptsächlich nach dem Prinzip des Nassspinnens hergestellte PAN-Fasern verwendet, an die höchste Qualitätsanforderungen gestellt werden. Die Qualität dominant beeinflussende Faktoren sind: die Spinnlösung hinsichtlich ihrer Homogenität, ihrer Reinheit und des verwendeten Lösemittels, die Koagulationsbedingung wie auch der Verstreckungsgrad und die Verstreckungstemperatur der PAN-Precursorfasern. Deren Einstellungen prägen die molekulare Orientierung der Polymerketten und sind verantwortlich für eventuell auftretende Fehlstellen im Filament, die auf die zu erzeugende Carbonfaser übertragen werden. Besonders geeignet für die Carbonfaserherstellung ist hochverstrecktes und damit hochorientiertes PAN ohne Fehlstellen. Diese PAN-Precursorfaser bildet das Ausgangsmaterial für die weiteren Prozessschritte, deren Ablaufschema in Abbildung 3.16 dargestellt ist [15, 18, 43].

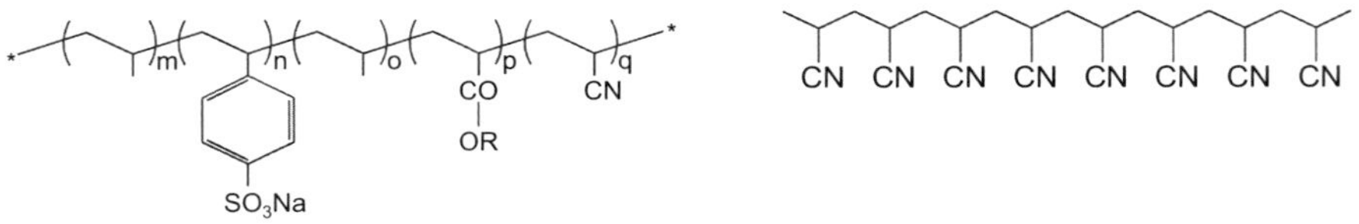

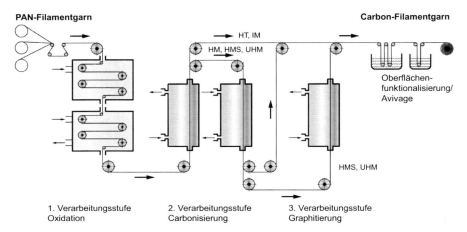

Abb. 3.15 Chemische Struktur von PAN (links: PAN mit Comonomeren, rechts: reines PAN als Precursorfasern)

Abb. 3.16 Produktionsschema für PAN-basierte Carbonfilamente (nach [15, 18])

Unter Spannung erfolgt in der 1. Verarbeitungsstufe die thermische Stabilisierung der PAN-Precursorfasern durch einen Oxidationsprozess, der in mehreren Mehretagenöfen bei Temperaturen von 200 bis 300 °C stattfinden kann. Farbveränderung von weiß nach schwarz, Dichtezunahme infolge der Bildung flüchtiger Abbauprodukte charakterisieren den stark exothermen Prozess. Dabei werden durch Cyclisierung der Nitrilgruppen und Dehydrierung der C/C-Kette durch Sauerstoff die linearen Polymerketten zu einer thermisch stabileren hexagonalen Ringstruktur umgewandelt (Abb. 3.17). Während der 2. Verarbeitungsstufe, der Carbonisierung, die ebenfalls in mehreren Carbonisierungsöfen realisiert wird, erhöht sich der Kohlenstoffanteil von ca. 60 % auf über 90 %, sogar auf über 95 %, wobei die genaue Zusammensetzung von der Vorbehandlung, der Reaktionszeit und der Carbonisierungstemperatur, die im Bereich von 1200 und 2200 °C liegt, abhängt. Der unter Inertgas (z. B. Stickstoff) durchgeführte thermische Abbau, der bei Temperaturen von ca. 1700 °C nahezu abgeschlossen ist, führt durch Abspaltung von HCN, NH_3, H_2O, CO_2 zu einem weiteren Masseverlust, zur Dichtezunahme und ebenso zur Verringerung des Faserquerschnitts. Für die Erzeugung von Hochmodulfasern werden die carbonisierten Fasern der 3. Verarbeitungsstufe, der Graphitierung, unterzogen. Die thermische Beaufschlagung der Fasern mit Temperaturen von 2400 bis 3000 °C unter Schutzgas (z. B. Argon) führt zur Erhöhung des Orientierungsgrades der bei der Carbonisierung entstandenen Graphitschichten (Abb. 3.17 und Abb. 3.19). Eine zusätzliche Verstreckung der Carbonfasern im plastischen Bereich des Kohlenstoffs über 2400 °C, der sogenannten Streckgraphitierung, trägt zur Steigerung der mechanischen Eigenschaften bei [18, 43–45].

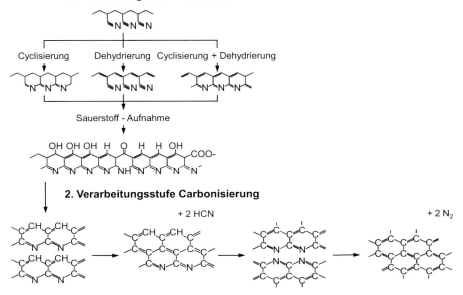

Abb. 3.17 Schematische Darstellung von Stabilisierung und Carbonisierung (nach [15, 18])

Für die Realisierung einer faserschonenden textilen Verarbeitung werden die sehr spröden und biegeempfindlichen Carbonfaserstoffe mit einer Oberflächenfunktionalisierung und Präparation (Avivage) versehen. Die spätere Ausnutzung der hervorragenden mechanischen Eigenschaften von Carbonfasern in Verbundwerkstoffen erfordert eine angepasste Faser-Matrix-Haftung. Da für Kohlenstoffkunststoffverbunde aktuell mehrheitlich Epoxidharz als Matrixsystem verwendet wird, finden häufig Textilhilfsmittel auf der Basis eines Epoxidharzgemisches Anwendung, die gleichzeitig als Schutz während der textilen Verarbeitung und als Haftvermittler zwischen Faser und Epoxidharz fungieren [13]. Weitere Methoden zur Realisierung von Anbindungsmöglichkeiten für eine Matrix sind z. B. die oxidative Oberflächenbehandlung nach der Nass-, „Dry-" und anodischen Oxidation [43].

Entsprechend den Eigenschaften der Precursormaterialien und Prozessparameter bei der Herstellung von Carbonfasern werden die Materialkennwerte von Carbonfasern definiert eingestellt, woraus sich die einzelnen Entwicklungen in mehreren Gruppen von Carbonfaser-Typen ableiten:

• Hochfeste Carbonfaser (High-Tensile – HT)

• Hochsteife Carbonfaser (High-Modulus – HM)

- Intermediate Modul-Carbonfaser (Intermediate Modulus – IM)
- Hochmodul/Hochfestigkeits-Carbonfaser (High-modulus/High strength – HMS)
- High Strain and Tenacity – HST
- Ultrahochmodulige Carbonfasern (Ultrahigh-Modulus – UHM)

Für die am Markt weit verbreiteten Carbonfaser-Typen sind die Gruppen mit den Parametern E-Modul und Festigkeit in Abbildung 3.18 wiedergegeben.

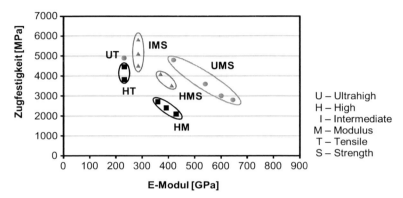

Abb. 3.18 Carbonfaserstoffe unterschiedlicher Typen (nach [13])

Die Herstellung von Carbonfasern erfolgt üblicherweise als Filament mit Durchmessern zwischen 5 und 10 μm, deren Anzahl entsprechend der endgültigen Aufmachungsform (Roving, Heavy Tow) gewählt wird. In seltenen Fällen werden Zwirne hergestellt (Kap. 4.3).

3.3.3.2 Struktur von Carbonfaserstoffen

Graphitschichten bilden die elementaren Strukturelemente von Carbonfasern und sind in Richtung der Faserachse orientiert. Die Kohlenstoffatome innerhalb dieser Schichten sind durch starke kovalente Bindungen verknüpft. Die senkrecht dazu verlaufenden schwachen van-der-Waals´schen Bindungkräfte realisieren den Zusammenhalt der einzelnen Graphitschichten. Diese chemischen Bindungen führen zu extrem hoher Zugfestigkeit und geringer Querfestigkeit, wohingegen die Orientierung der Schichten von entscheidender Bedeutung für die Größe des E-Moduls ist.

Die große Typenvielfalt von Carbonfasern ist vor allem auf den vorhandenen Kohlenstoffanteil sowie den Restgehalten an Stickstoff und Wasserstoff aber auch auf mehr oder weniger ausgeprägte Strukturabweichungen vom idealen Graphitgitter (Abb. 3.19 a) zurückzuführen. Die 100 %ige parakristalline Struktur der Carbonfaser ist infolge Verdrehung der parallelen Schichten um die kristalline C-Achse entstandenen vergrößerten Schichtebenenabstände, in denen sich Gitterdefekte (z. B. Stapelfehler oder Fehlstellen) ausbilden, gekennzeichnet (Abb. 3.19 b und c). Als Folge resultiert eine turbostratische Struktur, d. h. aufeinanderliegende Schichten sind zwar parallel, nehmen aber zueinander keine Vorzugsorientierung ein [43, 44].

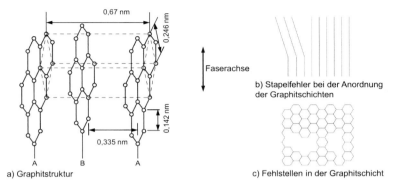

Abb. 3.19 (a) Struktur des hexagonalen Graphits (nach [43]),
(b und c) Gitterdefekte in der Graphitstruktur (nach [42] zitiert in [43])

3.3.3.3 Funktionale Eigenschaften von Carbonfilamenten

Carbonfaserstoffe sind auf Grund der hoch anisotropen Struktur durch herausragende mechanische Eigenschaften bei geringer Dichte ebenso durch eine sehr hohe Steifigkeit und Festigkeit in Faserachsrichtung gekennzeichnet. Eine Übersicht dazu ist in den Tabellen 3.6 und 3.7 gegeben. Die geringe Querfestigkeit und die damit verbundene Druckempfindlichkeit senkrecht zur Faserachse ist auf die geringen van-der-Waals'schen-Kräfte zwischen den Graphitschichten zurückzuführen.

Tabelle 3.6 Bereiche von mechanischen Filamenteigenschaften ausgewählter PAN-basierter Carbonfaser-Typen [15, 16, 19, 43, 46]

Parameter	HT	IM	HM	HST
Dichte [g/cm³]	1,74 … 1,80	1,73 … 1,80	1,76 … 1,96	1,78 … 1,83
E-Modul [GPa]	200 … 250	250 … 400	300 … 500	230 … 270
Zugfestigkeit [MPa]	2700 … 3750	3400 … 5900	1750 … 3200	3900 … 7000
Bruchdehnung [%]	1,20 … 1,60	1,10 … 1,93	0,35 … 1,00	1,70 … 2,40

Der Zusammenhang zwischen Prozesstemperatur bei der Carbonisierung bzw. Graphitierung und den mechanischen Eigenschaften Zugfestigkeit und E-Modul ist in Abbildung 3.20 skizziert. Höhere E-Moduln sind bei hohen Prozesstemperaturen erreichbar, wohingegen eine besonders hohe Zugfestigkeit bei Temperaturen von ca. 1300 °C erzielt wird. Dies bedeutet, dass die Entwicklung von neuen Carbonfaser-Typen anwendungsbezogen und zielorientiert zu Gunsten einer der beiden Parameter stattfindet. Weiterhin wird deutlich, dass bei MPP-basierten Carbonfasern bei niedrigeren Prozesstemperaturen höhere E-Moduln erzielbar sind als bei PAN-basierten Carbonfasern. Darüber hinaus existiert ein Zusammenhang zwischen Faser-Zugmodul und Faser-Druckfestigkeit, der in Abbildung 3.21 aufgezeigt wird.

Tabelle 3.7 Bereiche von mechanischen Filamenteigenschaften von extrem hochmoduligen Carbonfaser-Typen [15, 19, 43]

Parameter	PAN-HMS	PAN-UHM	MPP-HM
Dichte [g/cm^3]	1,85	2,0	2,15
E-Modul [GPa]	550	560	900
Zugfestigkeit [MPa]	3600	1850	3500
Bruchdehnung [%]	0,65	0,40	0,40

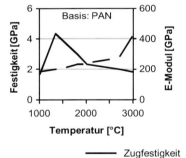 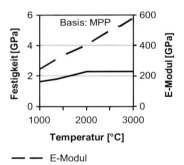

Abb. 3.20 Abhängigkeit der Zugfestigkeit und des E-Moduls von der Prozesstemperatur (nach [47] zitiert in [15])

Der Filamentdurchmesser stellt eine wichtige Größe für die Ausbildung mechanischer Eigenschaften dar. Ein größerer Filamentdurchmesser verbessert die Druckfestigkeit der kohlenstoffbasierten Verbundwerkstoffe. Demgegenüber stehen die Reduzierung der Oberflächenfehler und damit die Erhöhung der Festigkeit und Bruchdehnung bei Filamenten mit geringeren Durchmessern. Die Ausformung geringerer Biegeradien lässt sich mit Filamenten kleinerer Durchmesser besser umsetzen, was für die Realisierung komplex geformter Bauteile vorteilhaft ist [15].

Wie beim Einsatz von Glasfilamentgarnen sind Kenntnisse zum Langzeitverhalten unter praxisnahen Bedingungen von Carbonfasern für den Einsatz als Verbundwerkstoff zwingend notwendig. Untersuchungen zeigen, dass nach einer anfänglichen

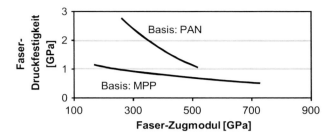

Abb. 3.21 Zusammenhang zwischen Faser-Druckfestigkeit und Zugmodul für unterschiedliche Carbonfasern (nach [48] zitiert in [15])

Dehnung von ca. 2‰ keine weitere Längenänderung bei einer Belastung mit 50 % der maximalen Zugfestigkeit eintritt (Abb. 3.22).

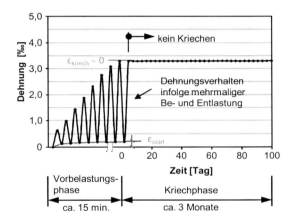

Abb. 3.22 Zeitliche Entwicklung der Garndehnung unter Langzeitbelastung eines Carbonfilamentgarnes 800 tex (nach [32])

Carbonfaserstoffe sind korrosionsbeständig und im Vergleich zu anderen Faserstoffen stabil gegenüber Medieneinfluss. Sie besitzen eine gute chemische Beständigkeit gegenüber den meisten Säuren, Alkalien und Lösemitteln.

Die thermischen Eigenschaften von Carbonfaserstoffen sind je nach Fasertyp ausgeprägt und auf Grund der hohen Anisotropie der Faserstruktur richtungsabhängig. Der lineare Wärmeausdehnungskoeffizient α ist sehr gering, liegt im negativen Bereich und nimmt bei Typen mit höherem E-Modul bis 700 GPa einen Werte von ca. $1{,}6 \cdot 10^{-6}$ K^{-1} an. Weitere Parameter sind die spezifische Wärmekapazität c ($c = 710$ J/(kg·K)) und eine hohe, ebenfalls vom Fasertyp abhängige Wärmeleitfähigkeit λ (Normaltyp: $\lambda = 5$ W/(m/K), Hochmodultyp: $\lambda = 115$ W/(m/K)) [43].

Für den Einsatz sind Kenntnisse zum Verhalten der Festigkeit und des E-Moduls bei Temperaturexposition wesentlich. Carbonfilamentgarne erfahren bis zu Temperaturen von ca. 400 °C unter Umgebungsbedingungen keine nennenswerten Festigkeitsverluste [49, 50]. Ab einer Temperatur von ca. 300 °C auftretende Oxidationseffekte führen zur Entstehung von Kohlendioxiden und -monoxiden, die die Garnstruktur verändern und eine Festigkeitsreduzierung hervorrufen. In inerter Atmosphäre hingegen nimmt die Festigkeit von Carbonfilamentgarnen erst ab Temperaturen von ca. 1000 °C allmählich ab [51, 52].

Wie bei Glasfilamentgarnen führt bei Carbonfilamentgarnen eine Beschichtung zur Verbesserung der mechanischen Garn- und Verbundeigenschaften (s. Abschn. 3.3.2.3). Unter Normklima weisen unbeschichtete Carbonfilamentgarne mit einer Feinheit von 800 tex Zugfestigkeiten von ca. 1500 MPa auf. Die aufgebrachte organische SBR-Beschichtung führt durch die stoffschlüssige Verbindung zu einer gleichmäßigen Lastabtragung und infolge dessen zur Erhöhung der Zugfestigkeit auf ca. 2500 MPa. Zum Einfluss der Beschichtung auf das Verhalten von Carbonfilamentgarnen unter Einwirkung hoher Temperaturen sind analog zu den Untersuchungen mit AR-Glasfilamentgarnen Experimente durchgeführt worden. Auf Grund der vorhandenen organisch basierten Beschichtung, die bei Temperaturen ab ca. 300 °C oxidiert und damit Energie freisetzt, beginnen im Carbonfaserstoff strukturumwandelnde und damit festigkeitsreduzierende Prozesse schon bei Temperaturen ab 300 bis 400 °C [53]. Es sind temperaturstabile Beschichtungsrezepturen notwendig, die die Oxidation der Glasfasern durch die Ausbildung eines Films um die Fasern verhindern.

Die elektrischen Eigenschaften von Carbonfasern sind durch einen geringen spezifischen elektrischen Widerstand in Abhängigkeit vom Fasertyp im Bereich von 10^{-3} bis $10^{-5} \Omega \cdot cm$ und die damit verbundene elektrische Leitfähigkeit gekennzeichnet [43, 46].

3.3.3.4 Produkte aus Carbonfaserstoff und Einsatzbereiche

Carbonfasern sind „junge" Fasern, die erst seit 1971 im industriellen Maßstab produziert werden. Wegen des Eigenschaftsspektrums und des vorhandenen Potenzials für verschiedene Wirtschaftszweige ist die Produktion stetig angestiegen, aber im Vergleich zu konventionellen Werkstoffen dennoch sehr gering. Die weltweite Produktionskapazität betrug im Jahr 2008 ca. 65 000 Tonnen. Auf Grund der Entwicklung neuer carbonfaserverstärkter Verbundwerkstoffe stieg der weltweite Einsatz der Carbonfasern von ca. 26 000 Tonnen im Jahr 2006 auf ca. 44 000 Tonnen im Jahr 2010. Wesentlichen Anteil haben dabei Anwendungen in industriellen Bereichen und der Luftfahrt. Hier hat sich der Einsatz von Carbonfasern um jeweils ca. 80 % in den Jahren von 2006 bis 2010 erhöht. Der Bedarf im Jahr 2012 wird mit ca. 50 000 Tonnen prognostiziert [54, 55].

Auf Grund der hervorragenden mechanischen Eigenschaften bei geringer Dichte finden Carbonfaserstoffe vor allem im Verbundwerkstoffsektor Anwendung. Wesentliche Beispiele sind Faserkunststoffverbunde für hochbeanspruchte Bauteile im Flugzeug-, Behälter-, Maschinenbau ebenso Elemente im Automobil- und Sportgerätebau. Aber auch im Textilbeton gewinnt der Einsatz von Carbonfaserstoffen zunehmend an Bedeutung. Auf Grund der elektrischen Leitfähigkeit werden Carbonfasern auch als leitende Elemente in Bauteilen oder Schutzkleidung mit überwachenden Funktionen eingesetzt.

Carbonfasern können auch in Form von Filzen als thermisches Isoliermaterial für hohe Betriebstemperaturen oder als Packungsschnüre für temperaturbeständige und korrosionsfeste Wellendichtungen, ebenso als Vliesstoffe für Brennstoffzellen Verwendung finden.

3.3.4 Aramidfaserstoffe

Mit dem Begriff Aramid werden alle aromatischen Polyamide erfasst. Aramidfasern sind Chemiefasern aus synthetischen Polymeren, aufgebaut aus aromatischem Langketten-Polyamid, bei dem mindestens 85 % des Masseanteils direkt mit zwei aromatischen Ringen verknüpft sind, wobei bis zu 60 % der Amidbindungen durch Imidbindungen ersetzt sein können. Zur Herstellung von Aramidfaserstoffen stehen derzeit drei Basispolymere, die grundsätzlich nach dem Polykondensationsverfahren synthetisiert werden, zur Verfügung:

• Poly-m-Phenylenisophthalamid (MPIA) zur Herstellung von Metatyp-Fasern (m-AR)
• Poly-p-Phenylenterephthalamid (PPTA) zur Herstellung von Paratyp-Fasern (p-AR)
• Poly-p-Phenylen/3.4-Diphenylenterephthalamid zur Herstellung der Copolymer-Fasern des p-Typs

Da im Bereich der Verbundwerkstoffe Para-Aramidfasern zur Anwendung gelangen, wird im Folgenden der Schwerpunkt auf diese Faserstoffart gelegt.

3.3.4.1 Herstellung von Aramidfilamenten

Aus den Monomeren p-Phenylendiamin (PPD) und Terephthaloyldichlorid (TDC) wird nach der Lösemittelkondensation das Polymer Poly-p-Phenylenterephthalamid (PPTA) synthetisiert (Abb. 3.23). Verwendet werden organische Lösemittel, wie N-Methylpyrolidon (NMP) und Hexamethylphosphoramid unter Zugabe von Calciumchlorid, das an der chemischen Reaktion nicht beteiligt ist. Das entstandene Polymer wird mit Natronlauge gewaschen und die sich bildende Salzsäure neutralisiert.

Da die Schmelztemperatur des PPTA oberhalb der Zersetzungstemperatur liegt, erfolgt die Filamentbildung nach dem Lösemittelspinnverfahren, wobei sich für Para-

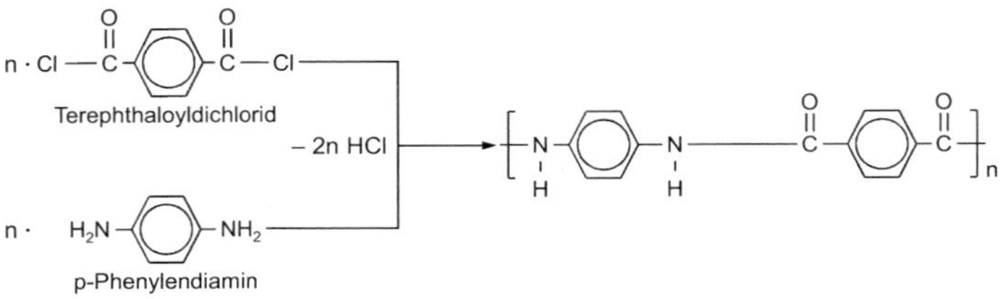

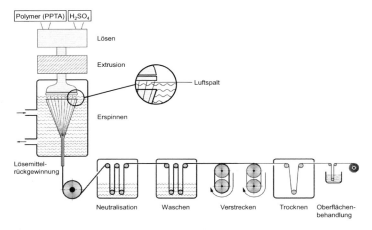

Abb. 3.23 Bildung von Poly-p-Phenylenterephthalamid (nach [56])

Aramidfasern das Nass-Spinnverfahren durchgesetzt hat. Der Prozessablauf ist in Abbildung 3.24 schematisiert.

Abb. 3.24 Herstellung von Para-Aramidfasern

PPTA wird in konzentrierter Schwefelsäure bei Temperaturen von 80 bis 100 °C gelöst, um geringe Viskositäten und einen anisotropen Charakter der Spinnlösung zu erzielen. Zur Realisierung hoher Faserfestigkeiten ist bei der Herstellung der Spinnlösung auf hohe Molekülmassen des Polymers sowie eine hohe Konzentration der Spinnlösung zu achten. Die flüssigkristalline Spinnlösung wird über den Schmelzpunkt von ca. 80 °C aufgeheizt, durch die Spinndüse gedrückt, durch einen Luftspalt (*Air Gap*) geleitet und in dem schwefelsauren wässrigen Spinnbad, das aus der Umgebung durch einen Trichter nach unten läuft, bei einer Temperatur zwischen 0 und 20 °C ersponnen. Bei diesem Lösungs-„*Dry-Jet-Wet*"-Spinnen werden die ersponnenen Filamente durch das Abwärtsströmen des Spinnbades nach unten gezogen, wobei übliche Abzugsgeschwindigkeiten bei 100 bis 200 m/min liegen, die aber durch Zugabe von Zusätzen auf 600 m/min gesteigert werden können. Die nichtorientierten kristallinen Bereiche der Spinnlösung erfahren in der Spinndüse auf Grund vorhandener Scherkräfte eine Vororientierung, die direkt unterhalb der Düsen aufgehoben wird, bevor sie im Luftspalt wegen der hohen Abzugsgeschwindigkeit durch den auftretenden Spinnverzug wieder orientiert werden. Diese Orientierung der Makromoleküle wird im Spinnbad während der Koagulation eingefroren [15, 56–58].

Die Nachbehandlungsprozesse Neutralisation, Waschen, Verstrecken und Trocknen schließen sich an die eigentliche Erspinnung an. Zur Modifizierung der Eigenschaften, insbesondere zur Erhöhung der Kristallinität und somit des E-Moduls, können Para-Aramidfasern einer ein- oder zweistufigen Heißverstreckung bei Temperaturen von 300 bis 600 °C unterzogen werden [56, 57]. Der Filamentdurchmesser verjüngt sich dabei von ca. 25 μm auf ca. 12,5 μm [15]. Eine nochmalige Modifizierung der Filamentstruktur und der Eigenschaften bietet der Prozess des Fixierens auf Walzen, die Temperaturen von 400 bis 420 °C aufweisen [57]. Für die weitere Verarbeitung der Filamentgarne ist die Beaufschlagung einer Avivage notwendig.

3.3.4.2 Struktur von Aramidfaserstoffen

Die Struktur der Para-Aramidfaserstoffe (Abb. 3.25) ist in Faserlängsrichtung durch steife, aus Amidbrücken und aromatischen Ringen aufgebauten, Makromolekülen, in denen starke eindimensionale kovalente Bindungskräfte wirken, gekennzeichnet. Diese gestreckten Molekülketten verbinden sich seitlich durch schwächere Wasserstoffbrückenbindungen und bilden Schichten aus, die in Faserlängsrichtung regelmäßig gefaltet sind. Diese axial angeordneten Schichten sind infolge der noch schwächeren van-der-Waals-Bindung miteinander verknüpft [15, 56].

Die anisotrope, fibrilläre, hochkristalline Struktur mit in Faserlängsrichtung hochorientierten und festen Makromolekülen kann gezielt durch die Spinnbedingungen beeinflusst werden, um gewünschte Eigenschaftsprofile der Fasertypen zu erzeugen. So wird z. B. durch das Verstrecken die Kristallinität weiter erhöht, woraus die Synthese von Hochmodulfasern resultiert.

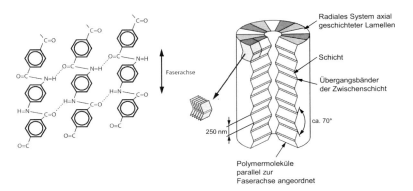

Abb. 3.25 Struktur von Para-Aramidfasern (nach [56, 59], zitiert in [15])

3.3.4.3 Funktionale Eigenschaften von Aramidfilamenten

Die stark ausgeprägte anisotrope Struktur von Para-Aramidfasern verursacht charakteristische mechanische Eigenschaften, wie eine hohe Festigkeit und Steifigkeit bei geringer Dichte (Tabelle 3.8), die entsprechend den Produktanforderungen optimiert werden. Aramidfaserstoffe sind im Vergleich zu den spröden Verstärkungsfasern aus Glas und Carbon zäh, d. h. infolge von Energieaufnahme kommt es zur plastischen Verformung bis zum Bruch. Die Drehbarkeit um die Längsachse ist auf Grund der fibrillären und geschichteten Struktur eingeschränkt. Hervorzuheben sind neben der hohen Duktilität bzw. Zähigkeit der Faser das hohe Energieaufnahmevermögen und die gute Schlagbeanspruchbarkeit. Aramidfasern sind strukturbedingt empfindlich gegenüber Druckbeanspruchung in axialer Richtung. Dies wird in Filamentknotentests deutlich, wo die Schädigung durch Beul- und Knickformen der auf Druck beanspruchten Faserseite im Knoteninneren deutlich wird. Die Ursache ist vor allem in der Fibrillierung der Faser zu sehen [15, 16, 56].

Tabelle 3.8 Bereiche von mechanischen Eigenschaften ausgewählter Para-Aramidfilamente [15, 16, 19, 46, 56]

Parameter	Normal-Typ (N)	Intermediate Modul-Typ	Hochmodul-Typ (HM)	Typ extremsteif	Typ hochzäh
Dichte [g/cm^3]	1,39 … 1,44	1,44	1,45 … 1,47	1,45	1,45
E-Modul [GPa]	58 … 80	100	120 … 135	186	80,3
Zugfestigkeit [MPa]	2760 … 3000	3150	2800 … 3620	3400	3600
Bruchdehnung [%]	3,3 … 4,4	2,0	1,9 … 2,9	2,0	4,0

Das Spannungs-Dehnungs-Verhalten und das Kriechverhalten sind für unterschiedliche Para-Armidfasern in Abbildung 3.26 dargestellt. Para-Aramidfasern sind in Abhängigkeit des Typs dimensionsstabil unter Zugbeanspruchung. Die zeitliche Längenänderung im betrachteten Zeitraum von einem Jahr beträgt bei einer Belastung von 50 % der Höchstzugkraft für die Hochmodulfaser ca. 0,13 %, bei Belastung von 10 % der Höchstzugkraft ca. 0,04 % [60].

Aramidfaserstoffe sind gegenüber Medieneinfluss stabil. Sie besitzen eine gute chemische Beständigkeit gegenüber den meisten Säuren, Alkalien und Lösemitteln, ausgenommen sind allerdings sehr starke Säuren und Alkalien (Tabelle 3.9).

Tabelle 3.9 Restzugfestigkeit in % von Para-Aramid bei Lagerung in aggressiven Medien [15]

Medien	Einwirkungsdauer		
	12 Tage	40 Tage	120 Tage
Salpetersäure 10 %ig	28,8	23,1	16,9
Salzsäure 10 %ig	33,6	25,3	16,8
Schwefelsäure 10 %ig	87,7	85,0	49,7
Natronlauge 10 %ig	59,6	38,4	27,8

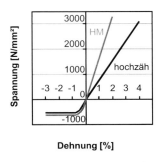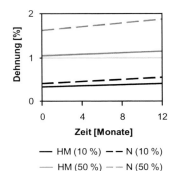

Abb. 3.26 links: Spannungs-Dehnungs-Kurven (nach [46]) und rechts: Kriechverhalten bei Belastung mit 10 % und 50 % der Höchstzugkraft von Para-Aramidfasern (nach [60])

Aramidfaserstoffe weisen im Vergleich zu Glas- und Carbonfaserstoffen ein hygroskopisches Verhalten auf. Unter Normklima (Temperatur: 20 °C, relative Luftfeuchtigkeit: 65 %) nehmen Aramidfasern in Abhängigkeit des Typs 5 % bis 7 % Feuchtigkeit auf [13, 58]. Da diese Feuchtaufnahme bei Para-Aramidfasern sich nicht wesentlich auf die Reduzierung der Höchstzugkraft auswirkt, wird von einer Anlagerung der Feuchte in Mikroporen im interfibrillären Bereich der Faser ausgegangen [15, 56].

Aramidfaserstoffe unterliegen wie andere organische Faserstoffe einem Abbau der Makromoleküle infolge von UV-Strahlung. Der daraus resultierende Verlust der Reißfestigkeit ist von der Expositionsdauer abhängig. Die Restfestigkeit beträgt nach 16 Wochen nur noch 65 % bis 80 %, nach 120 Wochen ca. 30 % der ursprünglichen Zugfestigkeit [56]. Die Festigkeitsverluste treten bei direkter Einwirkung des Sonnenlichtes oder bei Untersuchungen unter Normalglas auf [15]. Daher ist ein UV-Schutz bei der Verarbeitung vorzunehmen. Die Lichtbeständigkeit kann durch das Einbringen von Pigmenten oder UV-Absorptionmitteln, deren Applikation über Harze auf der Faseroberfläche erfolgt, erhöht werden [58].

Die thermischen Eigenschaften von Aramidfaserstoffen sind je nach Fasertyp ausgeprägt und auf Grund der hohen Anisotropie der Faserstruktur richtungsabhängig. Der lineare Wärmeausdehnungskoeffizient ist sehr gering und liegt im negativen Bereich von -2 bis $-6 \cdot 10^{-6} \mathrm{K}^{-1}$, wobei die Längenreduzierung bei höheren Temperaturen auf Grund des Schrumpfverhaltens ausgeprägter ist. Der radiale Wärmeausdehnungskoeffizient ist mit maximal $70 \cdot 10^{-6} \mathrm{K}^{-1}$ im Vergleich zu Glas- und Carbonfaserstoffen hoch (Tabelle 3.16). Weitere Parameter sind spezifische Wärmekapazität c (c = 1,4 J/(g·K)) und Wärmeleitfähigkeit λ ($\lambda = 0{,}05$ W/(m/K)) [46, 56].

Die mechanischen Eigenschaften Zugfestigkeit und E-Modul verringern sich bis zu einer Belastungstemperatur von 160 °C um weniger als 10 % gegenüber den unter Normalklima ermittelten Werten. Bei höheren Temperaturen verlieren die Fasern deutlich an Festigkeit (Abb. 3.27), ebenso sinkt der E-Modul. Bei Temperaturen von

200 °C reduziert sich der E-Modul um ca. 20 % und die Zugfestigkeit bis zu 40 %. Die Zersetzungstemperatur von Para-Aramid liegt bei 500 °C. Im Niedertemperaturbereich zeigen Aramidfasern keine Versprödung und behalten ihre Eigenschaften bis -70 °C bei [15, 56].

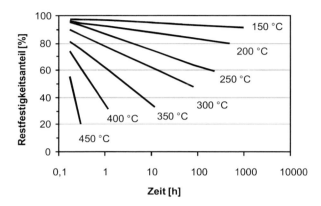

Abb. 3.27 Restfestigkeitsanteil von Para-Aramidfasern unter thermischer Belastung (nach [60])

Die elektrischen Eigenschaften von Para-Aramidfasern sind durch eine niedrige Dielektrizitätskonstante ε ($\varepsilon = 2,5$ bis $4,1$ bei 10^6 Hz) und einen hohen spezifischen elektrischen Widerstand in Höhe von $10^{15} \Omega \cdot cm$ gekennzeichnet [46, 56].

3.3.4.4 Produktbeispiele für die Anwendung von Aramidfaserstoffen

Der Einsatz von Para-Aramidfasern ist sehr weit gefächert. Im Bereich der Schutzkleidung gelangen Para-Aramidfasern, als Schutztextil oder in thermoplastische Elastomere eingebettet, vor allem gegen ballistische Verletzungen zur Anwendung. Darüber hinaus werden Faserverbundwerkstoffe mit Aramid als Verstärkungsfaser für Bauteile eingesetzt, die gegen Impactbeanspruchung ausgelegt sind. Dabei wird die hohe Energieabsorption auf Grund des Fibrillierens ausgenutzt. Weitere wesentliche Anwendungen ergeben sich für den Objekt- und Personenschutz vor allem hinsichtlich Schnitt- und Stichschutz. Beispielanwendungen sind schnitt- und weiterreißfeste Membranen, z. B. für LKW-Planen. Neben den thermisch stabileren Meta-Aramidfasern werden teilweise auch Para-Aramide als Asbestersatz für Hitzschutzkleidung verwendet. Andere Einsatzbereiche sind: Kupplungs- und Reibbeläge sowie Dichtungen, ebenso Seile, Kabel, Netze aber auch feuerblockierende Systeme für Flugzeugsitze.

Para-Aramidfasern besitzen sehr gute mechanischen Eigenschaften, die bei Einsatz als Verstärkungsfasern für Elastomere ausgenutzt werden, beispielsweise in der Reifen-, Riemen- und Transportbandverstärkung sowie analog des Meta-

Aramides als Beschichtungssubstrat für die Herstellung von Membranen (z. B. faltbare Behälter, Überdachungsplanen, Schlauchboote) [56, 61].

Auf Grund der geringen Dichte können aus Aramidfasern extrem leichte FKV hergestellt werden, die hinsichtlich ihrer Festigkeit mit den carbonfaserverstärkten FKV vergleichbar sind. Wegen der deutlich geringeren Druckfestigkeit in Faserrichtung im Vergleich zur Zugfestigkeit von Aramidfasern ist bei der Anwendung diese Druckempfindlichkeit in Faserrichtung besonders zu beachten. Daher eignen sich AR-verstärkte Bauteile hauptsächlich auf Zugbeanspruchung und nicht auf Biege- oder Druckbeanspruchung ausgesetzte Anwendungen [46]. Darüber hinaus sind Para-Aramidfasern auf Grund der Zähigkeit für Bauteile, die zum einen sehr leicht sein müssen und zum anderen dynamischen und stoßartigen Belastungen unterworfen sind, prädestiniert [16].

3.3.5 Weitere hochfeste Chemiefasern aus synthetischen Polymeren organischen Ursprungs

3.3.5.1 Polyethylenfaserstoff

Polyethylenfaserstoffe sind organische Chemiefasern, die aus Ethen (C_2H_4) polymerisiert werden und bei denen zwischen Standardfasern und hochverstreckten/hochmolekularen Faserstoffen unterschieden wird. Als Verstärkungsfasern gelangen die „Extended Chain Polyethylen-Fasern" (ECPE) bzw. die „*Ultra High Molekular Weight Polyethylen-Fasern*" (UHMWPE) zum Einsatz. Die Herstellung der ECPE- oder UHMWPE-Fasern erfolgt nach dem Gel-Spinn-Verfahren, einem abgewandelten Lösemittelspinnverfahren (Nasstechnologie), wobei die Lösung des Polymers bei erhöhter Temperatur erfolgt. Die erste Stufe der hohen Verstreckung wird bei Temperaturen von ca. 120 °C durchgeführt. Dabei lösen sich die im Spinnbad (Wasserbad) gebildeten Mikrokristallite auf und das Lösemittel kann entweichen. Zur weiteren Ausrichtung der Makromoleküle entlang der Faserachse werden die lösemittelfreien Filamente bei Temperaturen von ca. 140 °C nachverstreckt und dabei bis auf das Hundertfache ihrer Ausgangslänge verzogen.

Polyethylen besitzt eine eindimensionale hoch anisotrope Struktur, die sich durch einen hohen Polymerisationsgrad und eine sehr hohe Orientierung der Makromoleküle mit geringen Kettenfaltungen auszeichnet.

Charakteristische Eigenschaften der hochmolekularen Polyethylenfasern sind die für textile Faserstoffe sehr geringe Dichte ($\rho = 0,97$ g/cm^3) sowie die im Vergleich zu anderen thermoplastischen Faserstoffen sehr hohe Festigkeit und Steifigkeit (Tabelle 3.10). Nachteilig sind die niedrige Temperaturbeständigkeit und die geringe axiale Druckfestigkeit ähnlich den Aramidfaserstoffen. Polyethylenfaserstoffe sind unter normalen klimatischen Bedingungen gegenüber aggressiven Medien und bei Temperaturen bis zu 80 °C ebenfalls gegenüber Säuren und Alkalien beständig [15].

Auf Grund der hohen spezifischen Arbeitsaufnahme sind ballistische Schutzsysteme wesentliche Einsatzbereiche. Der Einsatz unterschiedlicher Verstärkungsfasern, z. B. Hybridgarne aus Carbon- und UHMWPE-Fasern, kann das Eigenschaftsprofil der Bauteile gezielt erweitern. Im Verbundbereich sind die hochmolekularen Polyethylenfasern hinsichtlich Faser-Matrix-Haftung an der inerten Faseroberfläche zu funktionalisieren.

3.3.5.2 Technische thermoplastische Faserstoffe

Wie in Abschnitt 3.2.3 dargestellt, kann die molekulare und übermolekulare Struktur der Chemiefaserstoffe aus synthetischen Polymeren entsprechend der Anforderungen modifiziert werden. Die Erhöhung des Polymerisations- und des Kristallinitätsgrades sowie der Orientierung der Makromoleküle führen zur Erhöhung des E-Moduls und der Festigkeit. Dies gestattet die Synthese von hochfesten Faserstoffen, die ebenfalls in technischen Bereichen, z. B. in Verbundwerkstoffen und als Membranen, zum Einsatz gelangen. Die Integration von duktilen technischen Filamenten (z. B. PA, PES, PP) in carbon- oder glasfaserverstärkte Verbundwerkstoffe führt zur Verbesserung der technischen Eigenschaften, wie Impacteigenschaften, Ermüdungsfestigkeit, Splitterverhalten, Gewicht, und auch zu geringeren Kosten.

Weitere Entwicklungen im Bereich der synthetischen Faserstoffe stellen z. B. schmelzbare Flüssigkristallpolymere dar. Wichtige Fasern sind hier z. B. aromatische Polyesterfasern. Diese flüssigkristallinen Polymere *LCP* (Liquid Crystal Polymers) zeigen Vorteile, wie sehr geringe Wasseraufnahme, sehr gutes Brandverhalten und hohe Wärmeformbeständigkeit.

Beispielhaft sind für hochfeste Filamente aus UHMWPE, PA, PES, PP und LCP wesentliche mechanische Eigenschaften in Tabelle 3.10 zusammengefasst.

Tabelle 3.10 Bereiche von mechanischen Eigenschaften ausgewählter Filamente hochfester synthetischer Faserstoffe [15, 27]

Parameter	UHMWPE	PA, hf	PES, hf	PP, hf	LCP
Dichte [g/cm^3]	0,97	1,13 … 1,16	1,10 … 1,39	0,90	1,41
E-Modul [GPa]	87 … 170	4,0 … 8,3	10 … 15	0,5 … 5,0	100
Zugfestigkeit [MPa]	2800 … 3100	780 … 930	820 … 1200	455 … 670	2700
Bruchdehnung [%]	2,7 … 3,5	14,0 … 22,0	8,0 … 22,0	8,0 … 10,0	3,0

3.3.6 Weitere hochfeste Chemiefasern aus natürlichen Polymeren anorganischen Ursprungs

3.3.6.1 Keramikfasern

Keramikfasern zählen, ebenso wie Glasfasern, zu den anorganisch-nichtmetallischen Werkstoffen, die aus keramischen Rohstoffen, wie Quarz, Zirkon, Kaolin, Tonerde, hergestellt werden. Neben den oxidischen (z. B. Aluminiumoxid) und nicht-oxidischen (z. B. Siliziumcarbid) Keramikfaserarten sind Siliziumcarbidfasern mit einem Kernfaden aus Wolfram oder Kohlenstoff verfügbar. Die einkomponentigen Keramikfasern erlauben auf Grund der kleineren Faserdurchmesser (3 bis 20 μm) ein breiteres Anwendungsspektrum als die mehrkomponentigen Keramikfasern. Daher wird im Folgenden nur auf diese Fasergruppen eingegangen.

Oxidische Keramikfasern – Aluminiumoxidfasern – können nach dem Dispersionsspinnverfahren und dem Lösemittelspinnverfahren hergestellt werden. Beim Dispersionsspinnverfahren wird eine wässrige Suspension aus den faserbildenden Bestandteilen (Hauptbestandteil Al_2O_3, geringerer Anteil SiO_2) und dem Spinnvermittler sowie gegebenenfalls anderen Zugaben, die zum Verdichten beim Sintern benötigt werden, hergestellt. Zur Faserbildung wird die Suspension nach unterschiedlichen Verfahren an der Luft verblasen, getrocknet und bei niedrigen Temperaturen gebrannt. Diese sogenannte Grünfaser wird im abschließenden Sinterprozess flammgebrannt. Beim Lösemittelspinnverfahren wird aus einer viskosen, konzentrierten Lösung aus Aluminuimverbindungen (z. B. basische Aluminiumverbindungen) unter Zugabe von Hilfsmitteln (z. B. wasserlösliche Polymere und SiO_2) ersponnen. Dabei wird die Spinnlösung durch die Spinndüse in trockene Luft extrudiert. Aus den ersponnenen Filamenten verflüchtigt sich unter Einfluss steigender Temperatur die entstandene Salzsäure. Im Anschluss daran findet der Sinterprozess statt. Durch das Sintern entsteht eine mikroskopisch raue Oberfläche, die eine gute mechanische Verbindung zur Matrix bewirkt [1, 15].

Aluminiumoxidfasern sind polykristallin und besitzen dreidimensionale kovalente Bindungen. Die extreme Sprödigkeit der Fasern kann durch die geringe Zugabe von Siliziumdioxid (SiO_2) hinsichtlich der Bruchdehnung verbessert werden. Allerdings geht dies mit der Reduzierung der Temperaturbeständigkeit einher. Die Schmelztemperatur liegt bei 2045 °C. Die Zugabe von SiO_2 führt bei Temperaturen oberhalb von 1000 °C zu einem Kriechen der Faser und bei Temperaturen von 1100 bis 1500 °C sind ein Verlust an Festigkeit und die Reduzierung des E-Moduls sichtbar [15].

Nichtoxidische Keramikfasern – Siliziumcarbidfasern (verschiedene Typen) – werden aus dem Ausgangspolymer Polycarbosilan, das über mehrere Prozessstufen gewonnen wird, nach dem Schmelzspinnverfahren hergestellt. Die an Luft ausgehärteten Filamente sind unbrennbar und werden durch eine Wärmebehandlung in inerter Atmosphäre bei Temperaturen von 1200 bis 1400 °C in die Siliziumcarbidfaser überführt. Da die Faser aus sehr kleinen, kohäsiv miteinander verbundenen Partikeln besteht, besitzt sie eine nahezu isotrope Struktur und eine glatte Oberfläche [15]. Siliziumcarbidfasern, die hohe Anteile von Stickstoff und auch Bor enthalten, werden als SiCN-Fasern bzw. SiBCN-Fasern bezeichnet [62].

Keramikfasern weisen eine hohe Zugfestigkeit bei hohem E-Modul, eine hohe Chemikalienbeständigkeit sowie eine sehr hohe Temperaturbeständigkeit auf. Der spezifische elektrische Widerstand variiert in Abhängigkeit von der Temperatur und dem Fasertyp zwischen 10^2 und $10^4 \Omega \cdot cm$ und liegt im Bereich der Halbleiter [15]. Ausgewählte Eigenschaften sind Tabelle 3.11 zu entnehmen.

3.3.6.2 Basaltfasern

Basalt ist ein Lavagestein mit glasigem Charakter, welches hauptsächlich aus Silizium-, Aluminum-, Eisen-, Calcium- und Magnesiumoxid besteht. Für die Herstellung von Filamenten sind nur Basaltsteine mit einem Siliziumdioxidanteil über 46 % geeignet [63]. Die Anforderungen an einen reproduzierbaren Schmelzspinnprozess sind zum einen besonders hinsichtlich Viskosität, Kristallisation, Oberflächenspannung sowie chemischer und thermischer Homogenität der Schmelze sehr hoch. Zum anderen sind konstante Prozessparameter (z. B. Temperatur) unabdingbar. Die Sicherstellung einer homogenen Schmelze wird dadurch erschwert, dass Basaltgestein naturbedingt Eigenschaftsschwankungen aufweist und damit die oben genannten Parameter nicht stabil sind [64–66].

Der Filamentdurchmesser ist zwischen 9 und 12 μm in Abhängigkeit von der Arbeitstemperatur der Düsen, von der Größe der Bohrung im Düsenboden und von der Geschwindigkeit des Spulprozesses realisierbar [67]. Die Basaltfilamente verfügen über sehr gute physikalische, chemische und mechanische Eigenschaften (Tabelle 3.11), die mit denen von Glasfilamenten vergleichbar sind. Weiterhin zeichnen sich Basaltfaserstoffe durch eine hohe thermische Beständigkeit aus [65].

Tabelle 3.11 Bereiche der mechanischen Eigenschaften ausgewählter Keramik-, Basalt- und Metallfasern [15, 18, 27, 46, 62, 68]

Parameter	Al_2O_3	SiC	Basalt	MTF (Stahl)	MTF (Al)
Dichte[g/cm³]	2,7 … 4,1	2,35 … 3,14	2,75	7,8 … 7,9	2,8
E-Modul [GPa]	150 … 380	170 … 420	89	210	72
Zugfestigkeit [MPa]	1700 … 2930	1500 … 3600	2000 … 4840	200 … 2500	460
Bruchdehnung [%]	0,4 … 1,1	0,4 … 1,1	3,15	1,0 … 2,0	k. A.

3.3.7 Metallfasern

Metallfasern umfassen Fasern, die aus reinen Metallen, Legierungen und Halbmetallen nach unterschiedlichen mechanischen oder thermischen Verfahren hergestellt sind. Darüber hinaus können zur Eigenschaftsverbesserung synthetische Faserstoffe und auch Metallfasern gezielt metallisiert werden. Auf die Gewinnung der Metalle, die Herstellung der Legierungen wird ebenso wie auf die Metallisierung hier nicht eingegangen.

Die mechanische Draht- bzw. Metallfaserfertigung basiert auf dem konventionellen Drahtzug- oder Düsenziehverfahren und dem sich anschließenden Bündel-Drahtzugverfahren. Beim Drahtzugverfahren durchläuft der Draht in der Ziehmaschine mehrere Ziehstufen, wobei der Durchmesser in Abhängigkeit vom Material von 8 auf 2 mm reduziert wird. Stahldraht wird anschließend bei Temperaturen von 600 bis 900 °C geglüht und abgeschreckt. Um geringere Filamentdurchmesser zu erzielen, werden die konventionell gezogenen dünnen Drähte in einer duktilen und chemisch instabileren Matrix (z. B. Kupfer) eingebettet. Dieser Verbund wird einem Ziehprozess unterworfen. Dabei verjüngt sich der Gesamtdurchmesser. Nach der chemischen Entfernung der Matrix liegen Metall-Multifilamente mit sehr geringem Durchmesser zwischen 4 bis 25 μm vor. Durch Brechen dieser Filamente zu Stapelfasern mit Längen von 50 bis 150 mm und anschließendem Verspinnen lassen sich Metall-Spinnfasergarne herstellen. Andere Varianten der mechanischen Metallfaserherstellung basieren auf der spanabhebenden Faserfertigung, z. B. durch sogenanntes Strehlen oder durch vibrierende Fräsköpfe, wobei Faserabmessungen von 10 bis 250 μm erzielt werden können. Allerdings lassen sich mit solchen mechanischen Methoden nur bestimmte Werkstoffe, z. B. einige wenige auf Eisen und Kupfer basierte Materialien, verarbeiten [69].

Thermische Verfahren (Rascherstarrungsverfahren) beruhen darauf, die Metallfasern bzw. -drähte durch direkte Extrusion aus der schmelzflüssigen Phase mit einem sich anschließenden Abschreckprozess zu fertigen. Mit dem Taylor-Verfahren können Durchmesser unter 50 μm, mit dem Schmelzspinnen in rotierenden Flüssigkeiten Faserdurchmesser von 50 bis 500 μm erreicht werden. Besonders spröde Fasern, wie Aluminium-, Kupfer-, Zinnfasern oder Fasern aus Aluminium- und Kupferlegierungen werden nach dem Verfahren der Schmelzextraktion gefertigt [18, 69, 70].

Je nach Herstellungsverfahren unterscheiden sich die Faserquerschnitte und die -oberflächen. Fasern, die mittels spanabhebenden Verfahren hergestellt sind, besitzen eine rauere Oberfläche und auf Grund der Kerbwirkung eine niedrigere feinheitsbezogene Höchstzugkraft. Wesentliche Eigenschaften von Metallfasern sind in Tabelle 3.11 zusammengefasst. Hervorzuheben ist der Schmelzpunkt, der bei Edelstahlfasern in Abhängigkeit vom Werkstoff bei ca. 1400 °C liegt [69].

Durch die Kombination bestimmter Metalle weisen deren Legierungen den Formgedächtniseffekt (*Shape Memory Effect* – SME) auf. Metalle, die dieses Verhalten besitzen, sind Formgedächtnislegierungen (*Shape Memory Alloys* – SMA). Diese sind z. B. Legierungen aus Nickel und Titan, Legierungen aus Kupfer, Zink, Aluminium oder Zinn sowie Legierungen aus Kupfer, Aluminium und Nickel. Hinsichtlich des Memory-Effektes wird zwischen thermischem und mechanischem Formgedächtnis unterschieden. Die Anwendung dieser Materialien im Verbundwerkstoffbereich ist vielversprechend [69, 71].

3.3.8 Naturfasern

Wie Kapitel 2 zu entnehmen ist, existiert eine Vielzahl von Naturfasern. Für den Verbundwerkstoffsektor sind besonders Pflanzenfasern aus Stängeln (z. B. Flachs) oder Blättern (z. B. Sisal) relevant. Der strukturelle Aufbau pflanzlicher Fasern ist hierarchisch und sehr komplex. Die geometrischen und somit auch die mechanischen Eigenschaften der Pflanzenfasern differieren wachstums- und sortenbedingt sehr stark. Wesentliche Merkmale sind in Tabelle 3.12 zusammengefasst.

Die technische Flachsfaser, ein Faserbündel, ist im Pflanzenstängel in der Rindenschicht zwischen Kambium und Epidermis eingelagert. Das Faserbündel bestehend aus mehreren Elementarfasern (Faserlänge: 20 bis 40 mm), die durch Pektine, einem Pflanzenleim, miteinander verbunden sind, besitzt eine Länge zwischen 200 und 1400 mm und eine Feinheit von 1 bis 4 tex. Diese technische Faser wird über mehrere Prozessstufen, bei denen Pflanzenleim, hölzerne Bestandteile, kurze Fasern und das Mark aus dem Stängel entfernt werden, gewonnen [1, 3, 5, 7, 57, 72].

Sisalfasern, deren Elementarfasern eine Länge von 3 mm aufweisen, bilden Faserstränge, die sich durch die 1 bis 2 m langen Blätter der Agave sisalana ziehen. Die Fasergewinnung erfolgt durch Ausquetschen und Abschaben des Blattgewebes [1, 3, 5, 7, 57].

Tabelle 3.12 Bereiche der mechanischen Eigenschaften von Faserbündeln (technischen Fasern) ausgewählter Pflanzenfasern [15]

Parameter	Flachs	Sisal
Dichte [g/cm^3]	1,50	1,30 ... 1,45
E-Modul [GPa]	80 ... 100	9,4 ... 38
Zugfestigkeit [MPa]	1100	568 ... 850
Bruchdehnung [%]	2,0 ... 3,0	2,2

Neben Flachs und Sisal werden auch weitere technische Fasern, wie Jute und Hanf, im Faserverbundwerkstoffbereich eingesetzt. Sie finden sowohl mit thermo- als auch duroplastischer Matrix bei geringer mechanischer Belastung der Bauteile Anwendung. Da pflanzliche Fasern Feuchtigkeit aufnehmen, sind Maßnahmen zu treffen, die eine Faser-Matrix-Haftung sichern und entstehende Spannungszustände im Verbund in Grenzen halten [15, 19, 73, 74].

3.3.9 Technologische Eigenschaften von Hochleistungsfasern

Auf Grund der hervorragenden mechanischen Eigenschaften der Hochleistungsfaserstoffe Glas-, Carbon- und Aramid, wie hohe Festigkeit, hoher E-Modul, sind Kenntnisse über wesentliche technologische Eigenschaften für den optimalen Einsatz erforderlich. Darüber hinaus ist der Sprödigkeit von Glas- und Carbonfaserstoffen sowie der Anfälligkeit von Aramidfaserstoff gegenüber UV-Strahlung ebenso wie der elektrischen Leitfähigkeit von Carbon bei der Verarbeitung besondere Aufmerksamkeit zu schenken. Hierfür sind Maßnahmen zum einen hinsichtlich UV-Strahlung zum Schutz des Aramid-Faserstoffs und zum anderen Einhausungen und Abdichtungen der Steuerungs- und Antriebseinheiten der Maschinentechnik zum Schutz gegen Kurzschlüsse bei der Verarbeitung von Carbonfasern zu realisieren. Weiterhin müssen Funktionseinheiten, die auf Basis des elektrischen Kontaktes arbeiten, durch Funktionseinheiten mit anderen Wirkmechanismen ersetzt werden (z. B. optische Kettfadenwächter an Webmaschinen).

Die Weiterverarbeitung der Hochleistungsfaserstoffe, vor allem in Form von Carbon- und Glasfilamentgarnen führt zu deren mehr oder weniger starken Schädigung, so dass die hervorragenden Festigkeitswerte z. T. auch nennenswert sinken können [16]. Umfangreiche wissenschaftliche Untersuchungen belegen die Anstrengungen zur Optimierung der faserschonenden Verarbeitung von derartigen Garnen auf Textilmaschinen. Zusammenfassende Ausführungen erfolgen beispielhaft hinsichtlich Reib- und Biegeverhalten zur Verarbeitung dieser spröden Faserstoffe, da sich diese durch besonders hohe Festigkeiten und Steifigkeiten auszeichnen.

Das Reibverhalten zwischen den Filamentgarnen und den Fadenführungselementen wird einerseits durch garnabhängige Einflussgrößen, wie Garnmaterial (Garnfeinheit, -drehung, -struktur), Verstreckungsgrad, dynamometrische Eigenschaften, Oberflächenstruktur und Präparation, und andererseits durch reibkörperabhängige Einflussgrößen, z. B. Material, Oberflächenbeschaffenheit und Reibkörperdurchmesser, aber auch durch prozessbedingte Parameter, wie Garngeschwindigkeit, Umschlingungswinkel und klimatische Bedingungen, bestimmt. Die Optimierung aller möglichen Parameter führt zur Minimierung der Reibung und fördert somit eine faserschonende Verarbeitung. Untersuchungen zeigen exemplarisch, dass die Rautiefe des Reibkörpers, d. h. im Verarbeitungsprozess die Fadenführungselemente, dominierenden Einfluss auf den Reibungskoeffizienten ausübt (Abb. 3.28). Die geschickte Materialauswahl und -kombination sowie die Oberflächenbehandlung der Filamentgarne tragen über die Minimierung der Reibung zur schädigungsarmen Verarbeitung von Hochleistungsfaserstoffen bei [28].

Das Biegeverhalten textiler Faserstoffe wird durch unterschiedliche textilphysikalische Prüfungen beschrieben und ist mitbestimmend für die Verarbeitungseigenschaften der Garne und der textilen Halbzeuge. Mit der Schlingenfestigkeitsprüfung und der Filamentknotenprüfung als komplexe Beanspruchungstests können qualitative Aussagen über die Sprödigkeit und somit über das Verarbeitungsverhal-

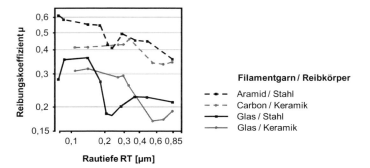

Abb. 3.28 Einfluss der Rautiefe der Reibkörperoberfläche auf den Reibungskoeffizienten bei unterschiedlichen Garn-Reibkörper-Paarungen (nach [28])

ten getroffen werden. Die prozentuale Schlingenfestigkeit von Glasfasern ist bezogen auf die Festigkeit mit 1,2 % wesentlich geringer als von herkömmlichen hochfesten Faserstoffen (z. B. hochfestes PA: 70 %). Die Filamentknotenprüfung von EC-Glasfilamenten zeigt für Filamentdurchmesser 9 μm einen spezifischen Krümmungsradius von ca. 23. Der spezifische Krümmungsradius gibt den kleinst möglichen Krümmungsradius im Moment des Knotenbruchs bezogen auf den Filamentdurchmesser an. Mit größer werdendem Filamentdurchmesser nimmt der spezifische Krümmungsradius ab (spezifischer Krümmungsradius von ca. 18 bei Filamentdurchmesser 13 μm) [17, 28]. Damit zeigt sich, dass die Schlingenfestigkeits- und die Filamentknotenprüfung generell durchführbar sind. Aus den Werten resultiert jedoch, dass Filament- und Fasergarne aus Textilglas in der Regel praktisch nicht verknotet werden können [18]. Die höhere Sprödigkeit der Carbonfilamente spiegelt sich in dem größeren spezifischen Krümmungsradius, der in Abhängigkeit vom Fasertyp eine Größe zwischen 25 und 60 einnimmt. Die Beurteilung des Bruchverhaltens mit Hilfe von rasterelektronenmikroskopischen Bruchuntersuchungen zeigen charakteristische Unterschiede von Axial- und Kombinationsbrüchen [28].

Die Minimierung der Fadenbeanspruchung während der Verarbeitung zielt auf die Vermeidung von Filamentbrüchen ab. Eine fadenschonende Führung und Umlenkung ist generell durch Reduzierung der geeigneten Führungs- und Umlenkstellen, Realisierung kleiner Umschlingungswinkel und großer Biegeradien sowie Verwendung geeigneter Garnpräparationen möglich. Wesentlich ist auch die Auswahl der optimalen Verarbeitungsgeschwindigkeit. Einer Reduzierung folgt die verminderte Zug- und Reibungsbeanspruchung, allerdings kann eine zu geringe Maschinendrehzahl zu einem unruhigen Fadenlauf und somit zu einem ungleichmäßigen Warenbild führen. Des Weiteren müssen die Textilmaschinen konstruktiv den technologischen Bedingungen, die teilweise aus den technologischen und funktionalen, vor allem mechanischen, Eigenschaften der Faserstoffe resultieren, angepasst werden. Ausführungen dazu sind Kapitel 5, 6, 7 und 10 zu entnehmen.

3.3.10 Übersicht zu den Verstärkungsfasern

Die Eigenschaften der Verstärkungsfasern werden neben der molekularen Struktur maßgeblich von der übermolekularen Struktur, die einerseits von der molekularen Struktur selbst und andererseits von den Herstellungsbedingungen (Wachstumsbedingungen bei Naturfasern) abhängt, bestimmt.

Strukturparameter, wie chemische Bindung und Orientierung der Faserbauelemente, sind wesentlich für die Ausbildung von Zugfestigkeit und E-Modul. So folgen 3-dimensionalen kovalenten Bindungen, wie sie bei Glasfaserstoffen auftreten, hohe richtungsunabhängige Zugfestigkeiten. Die bei Carbonfaserstoffen auftretende 2-dimensionale kovalente Bindung und die ausgeprägte Orientierung der Makromoleküle sowie ein Kristallinitätsgrad von nahezu 100 % sind Ursache für die extrem hohen Zugfestigkeiten und E-Moduln, aber auch für die Querkraftdruckempfindlichkeit. Anders als die spröden Faserstoffe Carbon und Glas besitzen zähe synthetische Faserstoffe, wie Para-Aramid und hochmolekulare Polyethylene, nur in Faserrichtung kovalente Bindungen und sind daher vor allem in Faserrichtung extrem belastbar. Sie weisen aber ebenfalls einen sehr hohen Kristallinitätsgrad sowie eine sehr strenge räumliche Anordnung der Makromoleküle auf, so dass hier ebenfalls eine nahezu 100 %ige kristalline Gitterstruktur vorliegt. Pflanzliche und hochfeste synthetische Faserstoffe sind wie Aramid durch eine 1d-Struktur allerdings auch einen geringeren Kristallinitätsgrad und geringerer Orientierung gekennzeichnet. Eine Übersicht zur Herstellung und Struktur von Hochleistungsfaserstoffen bietet Tabelle 3.13.

Keramik- und Basaltfasern sind hinsichtlich der Struktur mit den Glasfasern vergleichbar, wobei Keramik ein polykristalliner und kein amorpher Werkstoff ist.

Beim Vergleich der einzelnen Faserstoffe sollten nicht nur die mechanischen Kennwerte einzeln betrachtet werden, sondern es sollte auch die Anisotropie der Eigenschaften (ausgenommen Glasfaserstoffe und Keramik) Beachtung finden. Das Leichtbaupotenzial der textilen Verstärkungsfasern, insbesondere der Hochleistungsfasern wird besonders deutlich, wenn die mechanischen Parameter auf die Dichte oder auf die Feinheit bezogen werden und somit vergleichbare Parameter, wie spezifische Festigkeit oder spezifischer E-Modul, vorliegen.

In den Tabellen 3.14 bis 3.17 wird eine Übersicht zu ausgewählten Verstärkungsfasern und den wesentlichen, für den Verbundbereich relevanten, Kennwerten gegeben. Diese Übersicht besitzt orientierenden Charakter und soll Hilfe für die Vorauswahl der Faserstoffe geben.

Besondere Relevanz für Produkte mit sehr hohem Leistungsniveau besitzen Hochleistungsfilamentgarne aus Glas-, Carbon und Aramidfaserstoff. Diese Hochleistungsfaserstoffe zeichnen sich infolge ihrer charakteristischen molekularen und übermolekularen Struktur durch extrem hohe Zugfestigkeiten und Elastizitätsmoduln aus. So liegt der spezifische E-Modul für Glasfaserstoff im Bereich von 27 bis 36 GPa·cm^3/g und für Carbonfaserstoffe im Bereich von 110 bis 480 GPa·cm^3/g. Die spezifische Zugfestigkeit in axiale Richtung liegt im Be-

Tabelle 3.13 Übersicht zur Herstellung und Struktur von Hochleistungsfaserstoffen

Parameter	Glas	Carbon	Aramid
Rohstoffe	Quarzsand, Zusätze	Precursor: PAN oder Pech	Monomere: PPD und TDC, Lösemittel
Prozess	Schmelze aus Gemenge oder Pellets, Schmelzspinnen einschließlich Schlichteauftrag GF-Filament	Stabilisieren Carbonisieren Graphitieren Oberflächenbehandlung CF-Filament	Polymerisation Lösen Extrusion Lösemittelspinnen Verstrecken Avivage AR-Filament
Struktur	3-dimensional, isotrop amorph	2-dimensional, schichtförmig, anisotrop kristallin	1-dimensional, faserförmig/fibrillär, hoch anisotrop kristallin
Bindung	3d-kovalent	2d-kovalent van-der-Waals-Bindung	1d-kovalent van-der-Waals-Bindung Wasserstoffbrücken
Kristallinität	keine	~100 % (parakristallin)	~100 % (parakristallin)
Orientierung	keine	hoch	sehr hoch

reich von 1,1 bis 2,0 GPa·cm³/g für Glasfaserstoff und im Bereich von 1,5 bis 3,9 GPa·cm³/g für Carbonfaserstoffe. Im Vergleich weisen Stahlfasern spezifische E-Moduln von ca. 26 GPa·cm³/g und spezifische Zugfestigkeiten von 0,03 bis 0,2 GPa·cm³/g auf.

Tabelle 3.14 Kennwertübersicht von Hochleistungsfaserstoffen: Glasfaserstoffe

Parameter	Typ E	Typ AR	Typ R / S
Filamentdurchmesser [µm]	3 … 25	3 … 25	3 … 15
Dichte [g/cm³]	2,52 … 2,60	2,70	2,45 … 2,55
Zugfestigkeit, axial [MPa]	3400 … 3700	3000	4300 … 4900
spez. Zugfestigkeit, axial [MPa·cm³/g]	1300 … 1470	1110	1690 … 2000
E-Modul, axial [GPa]	72 … 77	73	75 … 88
spez. E-Modul, axial [GPa·cm³/g]	27,7 … 30,6	27,1	29,4 … 35,9
E-Modul, radial [GPa]	72 … 77	73	75 … 88
Bruchdehnung [%]	3,3 … 4,8	4,3	4,2 … 5,4
thermischer Ausdehnungskoeffizient			
axial [10^{-6}/K]	5,0	k. A.	4,0
radial [10^{-6}/K]	5,0	k. A.	4,0
Schmelztemperatur [°C]	840 … 1500	1300 … 1500	1000
Zersetzungstemperatur [°C]	k. A.	k. A.	k. A.
Dauertemperaturbereich [°C]	250 … 350	400	300
Feuchteaufnahme bei Normklima [%]	≤ 0,1	≤ 0,1	≤ 0,1

Das Leichtbaupotenzial wird besonders deutlich für Faserkunststoffverbundanwendungen, bei denen große Massen bewegt und schnell beschleunigt werden, z. B. in der Luft- und Raumfahrt sowie im Maschinen- und Anlagenbau. Andererseits finden textile Verstärkungen aus Carbon- und Glasfaserstoffen Anwendungen im Textilbeton. Der Einsatz von Hochleistungsfaserstoffen führt zur Einsparung von Ressourcen, wie Material während der Herstellung und Energie während des Gebrauchs. Neben den oben genannten Hochleistungsfaserstoffen kommen auch Faserstoffe aus synthetischen Werkstoffen oder Naturfasern als Verstärkungsfasern bei Leichtbauanwendungen, beispielsweise für naturfaserverstärkte Kunststoffe und als Armierung von Holzkonstruktionen, zum Einsatz.

Tabelle 3.15 Kennwertübersicht von Hochleistungsfaserstoffen: Carbonfaserstoffe

Parameter	HT[i]	HST[i]	IM[i]
Filamentdurchmesser [µm]	7 … 8	5 … 7	5 … 7
Dichte [g/cm^3]	1,74 … 1,80	1,78 … 1,83	1,73 … 1,80
Zugfestigkeit, axial [MPa]	2700 … 3750	3900 … 7000	3400 … 5900
spez. Zugfestigkeit, axial [MPa·cm^3/g]	1500 … 2160	2140 … 3930	1970 … 3410
E-Modul, axial [GPa]	200 … 250	230 … 270	250 … 400
spez. E-Modul, axial [GPa·cm^3/g]	111,1 … 144,0	126,0 … 152,0	138,9 … 231,2
E-Modul, radial [GPa]	15	k. A.	k. A.
Bruchdehnung [%]	1,2 … 1,6	1,7 … 2,4	1,1 … 1,93
thermischer Ausdehnungskoeffizient			
axial [10^{-6}/K]	-0,1 … -0,7	-1,0	-1,2
radial [10^{-6}/K]	10	10	12
Schmelztemperatur [°C]			
Zersetzungstemperatur [°C]	3650*	3650*	3650*
Dauertemperaturbereich [°C]	400 … 500		500
Feuchteaufnahme bei Normklima [%]	≤ 0,1	≤0,1	≤ 0,1
Parameter	HM[i]	HMS[i]	MPP-HM[ii]
Filamentdurchmesser [µm]	4 … 8	5 … 7	k. A.
Dichte [g/cm^3]	1,76 … 1,96	1,85	2,15
Zugfestigkeit, axial [MPa]	1750 … 3200	3600	3500
spez. Zugfestigkeit, axial [MPa·cm^3/g]	890 … 1820	1950	1630
E-Modul, axial [GPa]	300 … 500	550	900
spez. E-Modul, axial [GPa·cm^3/g]	153 … 284	297,30	481,60
E-Modul, radial [GPa]	5,7	k. A.	k. A.
Bruchdehnung [%]	0,35 … 1,0	0,65	0,4
thermischer Ausdehnungskoeffizient			
axial [10^{-6}/K]	-0,1	-1,3	k. A.
radial [10^{-6}/K]	bis 30	bis 30	k. A.
Schmelztemperatur [°C]			
Zersetzungstemperatur [°C]	3650*	3650*	3650*
Dauertemperaturbereich [°C]	500 … 600	500	600
Feuchteaufnahme bei Normklima [%]	≤ 0,1	≤0,1	≤ 0,1

* allgemeine Angaben für CF   [i] PAN-basiert   [ii] MPP-basiert

Tabelle 3.16 Kennwertübersicht von Hochleistungsfaserstoffen: Synthetische Hochleistungsfaserstoffe

Parameter	Para-Aramid N-Typ	HM-Typ	UHMWPE
Filamentdurchmesser [µm]	12	12	27 ... 38
Dichte [g/cm^3]	1,39 ... 1,44	1,45 ... 1,47	0,97
Zugfestigkeit, axial [MPa]	2760 ... 3000	2800 ... 3620	2800 ... 3100
spez. Zugfestigkeit, axial [MPa·cm^3/g]	1920 ... 2160	1900 ... 2500	2890 ... 3200
E-Modul, axial [GPa]	58 ... 80	120 ... 186	87 ... 170
spez. E-Modul, axial [GPa·cm^3/g]	40 ... 58	82 ... 128	80 ... 175
E-Modul, radial [GPa]	k. A.	k. A.	k. A.
Bruchdehnung [%]	3,3 ... 4,4	1,9 ... 2,9	2,7 ... 3,5
thermischer Ausdehnungskoeffizient			
axial [10^{-6}/K]	-2,0 ... -6,6	-2,0 ... -6,6	k. A.
radial [10^{-6}/K]	40	52	k. A.
Schmelztemperatur [°C]	>500	>500	140
Zersetzungstemperatur [°C]	~550	~550	k. A.
Dauertemperaturbereich [°C]	180	180 ... 250	60 ... 121
Feuchteaufnahme bei Normklima [%]	~7,0	~3,5	k. A.

Tabelle 3.17 Kennwertübersicht von Hochleistungsfaserstoffen: Keramik- und Metallfaserstoffe

Parameter	Keramik Al$_2$O$_3$	SiC	Metall Stahl
Filamentdurchmesser [µm]	15 ... 20	10 ... 15	1 ... 100
Dichte [g/cm^3]	2,7 ... 4,1	2,35 ... 3,14	7,8 ... 7,9
Zugfestigkeit, axial [MPa]	1700 ... 2930	1500 ... 3600	200 ... 1600
spez. Zugfestigkeit, axial [MPa·cm^3/g]	410 ... 1090	480 ... 1530	30 ... 210
E-Modul, axial [GPa]	150 ... 380	170 ... 420	210
spez. E-Modul, axial [GPa·cm^3/g]	14 ... 93	54 ... 179	25,5 ... 27
E-Modul, radial [GPa]	k. A.	k. A.	k. A.
Bruchdehnung [%]	0,4 ... 1,1	0,4 ... 1,1	1,0 ... 2,0
thermischer Ausdehnungskoeffizient			
axial [10^{-6}/K]	6,5 ... 8,9	3,1	11 ... 25
radial [10^{-6}/K]	6,5 ... 8,9	k. A.	k. A.
Schmelztemperatur [°C]	1815 (2045)	1815*	1400
Zersetzungstemperatur [°C]	k. A.	k. A.	k. A.
Dauertemperaturbereich [°C]	bis 1430	bis 1430	bis 1370
Feuchteaufnahme bei Normklima [%]	0	0	0

* allgemeine Angaben für Keramikfasern

Die Entwicklung neuer und verbesserter textiler Halbzeuge und deren breitere Anwendungen im Leichtbau erfordert die Bereitstellung von leistungsfähigen und qualitativ hochwertigen Verstärkungsfaserstoffen in ausreichendem Umfang. Daraus leiten sich künftige Entwicklungstrends ab:

• umweltfreundliche Technologie- und Anlagenentwicklung zur Optimierung der einzelnen Herstellungsverfahren mit dem Ziel der Energie-, Material- und Kosteneffizienz,

- Entwicklung anforderungsgerechter und kostengünstiger Carbonfaserstoff-Typen mit geringem Anteil von Fehlstellen (Erhöhung der Festigkeit und E-Modul) und

- Entwicklung/Optimierung von kostengünstigen Synthesefaserstoffen für den Einsatz als Verstärkungs- oder als Matrixfaser.

Künftig wird ein Systemleichtbau im Multi-Material-Design mit hoher Material- und Energieeffizienz angestrebt. Dazu leisten insbesondere Hochleistungsfaserstoffe, wie Glas-, Carbon- und synthetische Faserstoffe wie Para-Aramid und UHMWPE, einen wesentlichen Beitrag. Besonders durch die Anisotropie der textilen Verstärkungsmaterialien und deren günstiges Masse-Leistungs-Verhältnisses sowie die Möglichkeit zur Gestaltung von komplexen und hochbeanspruchten Bauteilen gelingt eine flexible Anpassbarkeit der Werkstoffstruktur und damit eine gezielte Einstellbarkeit maßgeschneiderter anisotroper Bauteileigenschaften.

3.4 Matrixfasern aus thermoplastischen Polymeren

3.4.1 Aufgaben und allgemeine Merkmale von Matrixfasern

Die Matrix stellt die zweite Komponente im Faserverbundwerkstoff dar. Die die Verstärkungsfasern umgebenden Werkstoffe sollen einen leistungsfähigen Verbund realisieren und dabei folgende Aufgaben übernehmen [13]:

- Fixierung der Verstärkungsfasern in der gewünschten geometrischen Anordnung und Sicherung der äußeren Gestalt,

- Einleitung der Kräfte in die Verstärkungsfasern und Kraftverteilung,

- Stützen der Verstärkungsfaser bei Druckbeanspruchung und

- Schutz der Verstärkungsfaser gegenüber äußeren Einflüssen.

Polymere Matrixwerkstoffe sind hochmolekulare organische Verbindungen, die nach unterschiedlichen Bindungsmechanismen entstehen (s. Abschn. 3.2.3.1). Grundsätzlich eignen sich alle bekannten Duro- und Thermoplaste als Matrixsysteme für faserverstärkte Kunststoffe. Gegenüber Duroplasten besitzen Thermoplaste z. B. auf Grund der höheren Zähigkeit, höheren Bruchdehnung, unbegrenzter Lagerzeit bei Raumtemperatur und der ökologischen Verarbeitbarkeit Vorteile, die die Verwendung dieser Werkstoffe attraktiv erscheinen lassen. Zur Verbesserung der Imprägnierung durch Reduzierung der Fließwege stehen thermoplastische Werkstoffe in Faser- bzw. Filamentform zur Verfügung, deren gezielter Einsatz neue Anwendungsmöglichkeiten offeriert.

3.4.2 Bedeutende Matrixfasern

Das Kraft-Dehnungs-Verhalten der Matrix sowie deren Haftung zur Verstärkungsfaser unter Beachtung der vorhandenen Faseroberflächenmodifizierung bestimmen wesentlich die Verbundeigenschaften. Thermoplastische Faserstoffe weisen amorphe und kristalline Bereiche innerhalb der übermolekularen Struktur auf. Ein hoher Kristallinitätsgrad führt zur Erhöhung der Eigenschaften, wie Schmelzbereich, Zugfestigkeit, E-Modul, Härte und Lösemittelbeständigkeit. Schlagzähigkeit und Widerstand gegen Rissbildung nehmen dagegen ab. Thermoplastische Werkstoffe besitzen ein viskoelastisches Verhalten, d. h., dass die Kenngrößen in Abhängigkeit von der Temperatur, der Belastungsgeschwindigkeit und -zeit zu betrachten sind. Charakteristisch für teilkristalline Polymere ist der bei Erwärmung auftretende zähelastische Bereich, dem sich bei weiterer Erwärmung der Schmelzbereich anschließt. Die Temperaturabhängigkeit der Viskosität unterschiedlicher Polymerschmelzen ist in Abbildung 3.29 aufgezeigt. Im Schmelzzustand sind Thermoplaste ur- oder umformbar und können im Fall der Matrixfasern aus der vorliegenden Faserform in eine raumausfüllende Form überführt werden, die den Verbund sichert [15].

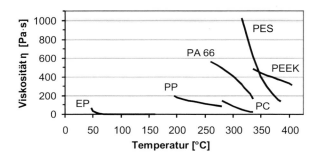

Abb. 3.29 Verhalten der Viskosität von thermoplastischen Polymeren im Vergleich ein Duroplast (nach [15])

Neben den oben genannten Aspekten ist bei der Auswahl der thermoplastischen Fasern zum Einsatz als Matrixfaser die Oberflächenenergie zu beachten [75]. Tabelle 3.18 gibt einen Überblick der als Matrixfasern verwendbaren synthetischen Faserstoffen mit wesentlichen Eigenschaften.

Polypropylen (PP) hat sich in den letzten Jahren als Matrixsystem für GMT etabliert und besitzt als Massenkunststoff auch europaweit in der Synthesefaserherstellung einen hohen Stellenwert. Der Faserstoff Polypropylen umfasst ca. 25 % der europäischen Chemiefaserproduktion, die Tendenz steigt stetig. Durch den verstärkten Einsatz von faserförmigem Polypropylen als Matrix kann das Anwendungspotenzial deutlich erhöht werden.

Polyamide (PA) zeichnen sich im Vergleich zu PP u. a. durch höhere Festigkeit, Steifigkeit und Härte sowie höhere Formbeständigkeit bei Wärmeeinfluss und hohem Verschleißwiderstand, allerdings auch durch eine höhere Viskosität bei höheren Temperaturen aus. Je nach Anforderungen können Matrixsysteme aus PA 6, PA 6.6, PA 11, PA 12 zur Anwendung gelangen. Die Modifizierung der molekularen Struktur, z. B. durch den Einbau aromatischer Gruppen, führt zu Eigenschaftsverbesserung und somit zur Erweiterung der Anwendung von PA-Fasern als Matrixsystem im FKV [15, 57].

Polyester (PES) weist auf Grund der höheren Dauertemperaturbeständigkeit gegenüber den Standard-Polyamiden und Polyproylenen ein interessantes Potenzial im Automobilbereich auf. Allerdings sind bisher keine nennenswerten Anwendungen aus der Praxis bekannt [15, 57].

Die Entwicklung neuer Polymere mit verbesserten Eigenschaften, die sich unter anderem durch den Einbau von Schwefel in der Hauptkette, als Sulfid oder Sulfon auszeichnen, bietet ebenfalls die Möglichkeit zur Anwendung als Matrixfaser im FKV. Materialien wie *Polyethersulfon (PSU)* und *Polyphenylensulfid (PPS)* zeichnen sich u. a. im Vergleich zu den oben genannten Polymeren durch hohe Wärmeformbeständigkeit, gekennzeichnet durch den Schubmodul in Abhängigkeit von der Temperatur, und hohe Flammwidrigkeit aus. Die UV-Beständigkeit ist allerdings gering [15, 57, 61].

Polyetherimid (PEI) ist auf Grund der Imid- und aromatischen Gruppen durch eine hohe Dauergebrauchstemperatur im Vergleich zu PA und PES, hohe Flammwidrigkeit und geringe Rauchgasentwicklung gekennzeichnet. Trotz einer hohen Chemikalienresistenz ist PEI in verschiedenen Lösemitteln (z. B. Methylethylketon) löslich [15, 57, 61].

Polyetheretherketon (PEEK) zeichnet sich neben hervorragenden mechanischen und guten elektrischen Eigenschaften durch eine hohe Dauergebrauchstemperatur, eine schwere Entflammbarkeit bei geringer Rauchgasentwicklung sowie ein günstiges Gleit- und Verschleißverhalten auch bei hohen Temperaturen aus. Diese Eigenschaften setzen den Maßstab für den Einsatz von thermoplastischen Polymeren im Faserverbundwerkstoff [15, 57, 61].

Weitere thermoplastische Faserstoffe können als Matrixsysteme im Verbundwerkstoff eingesetzt werden. An dieser Stelle sollen exemplarisch Faserstoffe auf Basis von *Polybenzimidazolen (PBI$_M$)* und *Polybenzoxazolen (PBO$_M$)* genannt sein.

Polytetrafluorethylen-Fasern (PTFE) werden entweder direkt ersponnen, wobei hier in der Regel das Suspensions- oder Matrixnass-Spinnverfahren angewendet wird, oder indirekt durch Fibrillierung einer PTFE-Folie hergestellt. Die hochwertigen PTFE-Fasern gehen bei einer Temperatur von 327 °C in einen gelartigen Zustand über und können somit als Matrixsystem mit leistungsstarken Eigenschaften fungieren [57, 61].

Tabelle 3.18 Richtwerte ausgewählter thermoplastischer Faserstoffe (nach [27, 36, 57, 61, 75])

Parameter	PP	PA 6.6	PES	PPS
Dichte [g/cm^3]	0,91	1,14	1,39	1,24
E-Modul [GPa]	0,5 … 5,0	1,1 … 3,0	3 … 15	2,48 … 6,2
Zugfestigkeit [MPa]	210 … 660	360 … 720	350 … 830	322 … 496
Bruchdehnung [%]	15 … 90	26 … 75	30 … 44	20 … 30
Schmelztemperatur [°C]	175	255 … 260	250 … 260	285
Erweichungsbereich [°C]	150 … 155	220 … 235	230 … 250	k. A.
Dauertemperaturbeständigkeit [°C]	k. A.	75 … 85	140 … 160	190
Einfriertemperatur [°C]	-12 … -20	45 … 65	70 … 80	k. A.
Zersetzungstemperatur [°C]	328 … 410	310 … 380	283 … 306	k. A.
Oberflächenenergie [10^{-3}J/m^2]	26	37	k. A.	

Parameter	PEI	PEEK	PTFE
Dichte [g/cm^3]	1,28	1,3	2,1 … 2,3
E-Modul [GPa]	k. A.	3,8	k. A.
Zugfestigkeit [MPa]	243 … 346	80 … 90	176 … 308
Bruchdehnung [%]	38 … 80	16 … 80	19
Schmelztemperatur [°C]	225	355	k. A.
Erweichungsbereich [°C]	k. A.	k. A.	327
Dauertemperaturbeständigkeit [°C]	170	220 … 260	280
Einfriertemperatur [°C]	k. A.	144	k. A.
Zersetzungstemperatur [°C]	k. A.	k. A.	k. A.
Oberflächenenergie [10^{-3}J/m^2]	k. A.	k. A.	22

3.5 Anforderungsgerechte Weiterverarbeitung in der textilen Prozesskette

3.5.1 Hybride Filamentgarne

In Abhängigkeit vom jeweiligen Anwendungsfall variiert die Aufmachungsform textiler Faserstoffe. Üblicherweise werden die Verstärkungsfasern als Endlosfasern/Filamente im Garn oder Roving bzw. Heavy Tow eingesetzt. Um beispielsweise eine Verbesserung hinsichtlich der mechanischen Eigenschaften des Halbzeuges bzw. Bauteils zu erzielen, besteht die Möglichkeit, Filamente unterschiedlicher Faserstoffe zu kombinieren. Daraus resultiert die Kombination der vorteilhaften Eigenschaften unterschiedlicher Verstärkungsfasern. So können z. B. die energieabsorbierenden Eigenschaften der Aramidfasern mit den hochmoduligen Eigenschaften von Carbonfasern gezielt kombiniert werden, um maßgeschneiderte Bauteileigenschaften zu erreichen. Außerdem können durch Faserstoffkombination auch Verstärkungsfasern und Matrixfasern bereits im Filamentgarn homogen mit einstellbaren Anteilen gemischt werden. Derartige Hybridgarne lassen sich textiltechnologisch zu 2D- oder 3D-Geometrien oder Strukturen verarbeiten. Durch lokales Anschmelzen der Matrixfasern besteht die Möglichkeit, die Struktur des textilen biegeschlaffen Halbzeuges zu fixieren. Darüber hinaus ist der Einsatz von Hybridfilamentgarnen bestehend aus Verstärkungs- und Matrixfasern für die Verbundeigenschaften vorteilhaft, da auf Grund der kurzen Fließwege für die Matrixschmelze eine gleichmäßige und nahezu vollständige Imprägnierung der Verstärkungsfilamente realisierbar ist. Detaillierte Ausführungen zu Hybridgarnen sind Kapitel 4.3 zu entnehmen.

3.5.2 Faserausrüstung

Um die Eigenschaften textiler Faserstoffe entsprechend den Anforderungen zu verbessern oder neue, zusätzliche Funktionalitäten auf den Faserstoffen zu generieren, werden die textilen Werkstoffe Ausrüstungsverfahren unterzogen. Diese Ausrüstungen haben unterschiedliche Ziele und können mechanischer, physikalischer oder chemischer Art sein. Für klassische textile Anwendungen sind häufige Verfahren das Rauen zum Erhalten einer voluminösen Oberfläche, das Merzerisieren zur Verbesserung der Eigenschaften von Baumwolle (z. B. Anfährverhalten), die Filzfrei- und Mottenecht-Ausrüstung von Wolle für ein besseres Gebrauchsverhalten, ebenso das Färben/Drucken, Imprägnieren und Kaschieren. Die Ausrüstung kann je nach Verfahren an der Faser bzw. dem Filament, am Garn, an der textilen Fläche und dem konfektionierten Produkt erfolgen.

Im technischen Anwendungsgebiet textiler Faserstoffe steht das Ziel der Schaffung von erweiterten Funktionalitäten durch die Faserausrüstung im Vordergrund. Dies geht deutlich über die Anforderung nach einer faserschonenden Verarbeitbarkeit, die mittels Spinnpräparation und Avivage realisiert wird, hinaus. Die zusätzliche Oberflächenmodifizierung (s. auch Abschn. 3.2.4) von Verstärkungsfasern in Faser-, Faden- oder Flächenform führt beispielsweise zu einer maßgeschneiderten Faser-Matrix-Haftung bei Faserverbundwerkstoffen ebenso wie zur Realisierung hochdichter Strukturen für Membranen. Zukunftsweisend stellt sich die Realisierung von Sensor- und Aktornetzwerken durch permanente oder zeitweise Funktionsintegration in die Faserstoffe oder auf deren Oberfläche (z. B. Einbindung von zusätzlichen Funktionen in die Schlichte mit Carbon-Nanotubes) aber auch die Erhöhung der Bruchenergie durch nanostrukturierte Oberflächen mittels Einsatz von Carbon-Nanotubes dar. Detaillierte Ausführungen zur Ausrüstung von textilen Faserstoffen und der daraus hergestellten Strukturen werden in Kapitel 13 gegeben.

Literaturverzeichnis

[1] BERGER, W. ; FISCHER, P. ; MALLY, A.: Struktur der textilen Faserstoffe. In: BOBETH, W. (Hrsg.): *Textile Faserstoffe: Beschaffenheit und Eigenschaften*. 1. Auflage. Berlin, Heidelberg : Springer Verlag, 1993
[2] FALKAI, v. B.: Fasern, Herstellungsverfahren. In: FALKAI, v. B. (Hrsg.): *Synthesefasern: Grundlagen, Technologie, Verarbeitung und Anwendung*. Weinheim : Verlag Chemie, 1981

[3] WULFHORST, B.: *Textile Fertigungsverfahren: Eine Einführung.* München, Wien : Carl Hanser Verlag, 1989

[4] KUMAR, S. ; AGRAWAL, A.K.: How to produce PET POY at higher speeds? In: *Chemical Fibers International* (2002), Nr. 6, S. 418

[5] BOBETH, W.: Fasergeometrie. In: BOBETH, W. (Hrsg.): *Textile Faserstoffe: Beschaffenheit und Eigenschaften.* 1. Auflage. Berlin, Heidelberg : Springer Verlag, 1993

[6] BONART, R. ; ORTH, H.: Struktur. In: FALKAI, v. B. (Hrsg.): *Synthesefasern: Grundlagen, Technologie, Verarbeitung und Anwendung.* 1. Auflage. Weinheim : Verlag Chemie, 1981

[7] HAUDEK, H. W. ; VITI, E.: *Textilfasern.* Wien-Perchtoldsdorf : Verlag Johann L. Bondi Sohn, 1980

[8] GALL, H.: Texturierung synthetischer Filamentgarne. In: FALKAI, v. B. (Hrsg.): *Synthesefasern: Grundlagen, Technologie, Verarbeitung und Anwendung.* 1. Auflage. Weinheim : Verlag Chemie, 1981

[9] MIKUT, I.: *Gestaltungsmerkmale textiler Faserstoffe-Kennzeichnung, Einflussgrößen, Wirkung.* Dresden, Technische Universität Dresden, Diss., 1940

[10] BOBETH, W. ; JACOBASCH, H.-J.: Topographie und Oberflächeneigenschaften. In: BOBETH, W. (Hrsg.): *Textile Faserstoffe: Beschaffenheit und Eigenschaften.* 1. Auflage. Berlin, Heidelberg : Springer Verlag, 1993

[11] BAUR, E. ; BRINKMANN, S. ; OSSWALD, T. A. ; SCHMACHTENBERG, E.: *Saechtling Kunststoff Taschenbuch.* 30. Auflage. München : Carl Hanser Verlag, 2007

[12] GEIL, P. H. ; BEAR, E. ; WADA, Y.: *The Solid State of Polymers.* New York : Marcel Dekker, 1974

[13] EHRENSTEIN, G. W.: *Faserverbund-Kunststoffe: Werkstoffe, Verarbeitung, Eigenschaften.* München, Wien : Carl Hanser Verlag, 2006

[14] LANGE, P. J. ; AKKER, P. G. ; MÄDER, E. ; GAO, S.-L. ; PRASITHPHOL, W. ; YOUNG, R. J.: Controlled interfacial adhesion of Twaron aramid fibres in composites by the finish formulation. In: *Composites Science and Technology* 67 (2007), S. 2027–2035

[15] FLEMMING, M. ; ZIEGMANN, G. ; ROTH, S.: *Faserverbundbauweisen: Fasern und Matrices.* Berlin, Heidelberg : Springer Verlag, 1995

[16] MICHAELI, W. ; WEGENER, M.: *Einführung in die Technologie der Faserverbundwerkstoffe.* München, Wien : Carl Hanser Verlag, 1989

[17] WULFHORST, B. ; KALDENHOF, R. ; HÖRSTING, K.: Faserstofftabelle nach P.-A. Koch: Glasfasern. In: *Technische Textilien* 36 (1993), S. T68–T86

[18] MANSMANN, M. ; KLINGHOLZ, R. ; WIEDEMANN, K. ; KURT, A. F. ; GÖLDEN, D. ; OVERHOFF, D.: Anorganische Fasern. In: FALKAI, v. B. (Hrsg.): *Synthesefasern: Grundlagen, Technologie, Verarbeitung und Anwendung.* 1. Auflage. Weinheim : Verlag Chemie, 1981

[19] NEITZEL, M. ; MITSCHANG, P.: *Handbuch der Verbundwerkstoffe.* München, Wien : Carl Hanser Verlag, 2004

[20] KIENER, R.: Glas-Stapelfaserprodukte: Verfahrenstechniken und Anwendungsgebiete. In: *Chemiefasern/Textilindustrie* 37/98 (1987), S. T11–T14

[21] KIENER, R.: Glas-Stapelfasergewebe - Herstellung der Garne und Verarbeitung auf Greiferwebmaschinen. In: LOY, W. (Hrsg.): *Taschenbuch für die Textil-Industrie.* 1. Auflage. Berlin : Fachverlag Schiele Schön GmbH, 1990

[22] CHERIF, Ch. ; RÖDEL, H. ; HOFFMANNN, G. ; DIESTEL, O. ; HERZBERG, C. ; PAUL, Ch. ; SCHULZ, Ch. ; GROSSMANN, K. ; MÜHL, A. ; MÄDER, E. ; BRÜNIG, H.: Textile Verarbeitungstechnologien für hybridgarnbasierte komplexe Preformstrukturen / Textile manufacturing technologies for hybrid based complex preform structures. In: *Kunststofftechnik / Journal of Plastics Technology* 5 (2009), Nr. 2, S. 103–129

[23] MÄDER, E.: *Grenzflächen, Grenzschichten und mechanische Eigenschaften faserverstärkter Polymerwerkstoffe.* Dresden, Technische Universität Dresden, Habilitation, 2001

[24] SCHEFFLER, C. ; GAO, S.-L. ; PLONKA, R. ; MÄDER, E. ; HEMPEL, S. ; BUTLER, M.: Interphase modification of alkali-resistant glass fibres and carbon fibres for textile reinforced concrete II: Water adsorption and composite interphases. In: *Composites Science and Technology* 69 (2009), S. 905–912

[25] KLEINHOLZ, R.: Neue Erkenntnisse bei Textilglasfasern zum Verstärken von Kunststoffen. In: *Proceedings. 22. Internationale Chemiefasertagung Dornbirn.* Dornbirn, Österreich, 1983

[26] SCHMIDT, K. A.: *Textilglas für die Kunststoffverstärkung.* 2. Auflage. Speyer : Zechner Hüthig Verlag GmbH, 1972

[27] BOBETH, W. ; FAULSTICH, H. ; MALLY, A.: Mechanische Eigenschaften. In: BOBETH, W. (Hrsg.): *Textile Faserstoffe: Beschaffenheit und Eigenschaften.* Berlin, Heidelberg : Springer Verlag, 1993

[28] BECKER, G.: *Struktur und mechanisch-technologische Eigenschaften von Filamentgarnen für Faserverbundwerkstoffe.* Aachen, RWTH Aachen, Diss., 1991

[29] KREVELEN, D. W.: Verbundwerkstoffe. In: *Proceedings. 22. Internationale Chemiefasertagung Dornbirn.* Dornbirn, Österreich, 1983

[30] BUTLER, M. ; HEMPEL, S. ; MECHTCHERINE, V.: Zeitliche Entwicklung des Verbundes von AR-Glas- und Kohlenstofffaser-Multifilamentgarnen in zementgebundenen Matrices. In: CURBACH, F. (Hrsg.): *Textilbeton - Theorie und Praxis: Tagungsband zum 4. Kolloquium zu Textilbewehrten Tragwerken (CTRS4) und zur 1. Anwendertagung, Dresden, 3.-5.6.2009.* Dresden : Technische Universität Dresden, 2009, S. 213–226

[31] ABDKADER, A.: *Mechanische Eigenschaften unter Berücksichtigung des Verbundverhaltens zwischen den Filamenten und Dauerhaftigkeit.* Dresden, Technische Universität Dresden, Fakultät Maschinenwesen, Diss., 2004

[32] SEIDEL, A. ; YOUNES, A. ; ENGLER, Th. ; CHERIF, Ch.: On the mechanical behavior of carbon and glass fiber filament yarns under long-term load. In: *Proceedings. ACI 2010 Spring Convention.* Chicago (Illinois), USA, 2010

[33] MEYER, O.: Glasfasern für das Verstärken von Kunststoffen. In: *Kunststoff-Rundschau* 2 (1955), Nr. 4

[34] SCHEFFLER, C.: *Zur Beurteilung von AR-Glasfasern in alkalischer Umgebung.* Dresden, Technische Universität Dresden, Fakultät Maschinenwesen, Diss., 2009

[35] BUTLER, M.: *Zur Dauerhaftigkeit von Verbundwerkstoffen aus zementgebundenen Matrices und alkaliresistenten Glasfaser-Multifilamentgarnen.* Dresden, Technische Universität Dresden, Diss., 2009

[36] BOBETH, W. ; MALLY, A.: Thermisches Verhalten. In: BOBETH, W. (Hrsg.): *Textile Faserstoffe: Beschaffenheit und Eigenschaften.* 1. Auflage. Berlin, Heidelberg : Springer Verlag, 1993

[37] *Basalt, Fasern und Gewebe.* http://www.basfiber.com/en/basfiber.shtml (10.02.2011)

[38] NOELLE, G.: *Technik der Glasherstellung.* 3. Auflage. Stuttgart : Deutscher Verlag für Grundstoffindustrie, 1997

[39] KÖCKRITZ, U.: *In-situ Polymerbeschichtung zur Strukturstabilisierung offener nähgewirkter Gelege.* Dresden, Technische Universität Dresden, Fakultät Maschinenwesen, Diss., 2007

[40] YOUNES, A. ; SEIDEL, A. ; ENGLER, Th. ; CHERIF, Ch.: Effects of high temperature and long term stress on the material behaviour of high performance fibres for composites. In: *World Journal of Engineering* 7 (2010), Nr. 4, S. 309–315

[41] WITTEN, E. ; SCHUSTER, A.: *Composites-Marktbericht: Marktentwicklungen, Herausforderungen und Chancen.* http://www.avk-tv.de/news.php?id=134 (12.05.2011). Version: 2010

[42] FITZER, E. ; HEINE, M. ; JACOBSEN, G.: Kohlenstofffasern. In: HESSLER, H. (Hrsg.): *Verstärkte Kunststoffe in der Luft- und Raumfahrt.* Stuttgart : Verlag W. Kohlhammer, 1986

[43] WULFHORST, B. ; BECKER, G.: Faserstofftabelle nach P.-A. Koch: Carbonfasern. In: *Chemiefasern/Textilindustrie* 39/91, S. 1277–1284

[44] GLAWION, E.: Behutsame Herstellung von Carbonfasern. In: *Technische Textilien* 53 (2010), Nr. 5, S. 182

[45] KIRK, R. E. ; OTHMER, D. F. ; GRAYSON, M.: *Encyclopedia of chemical technology - 5 : Carbon and graphite fibers to chlorocarbons and chlorohydrocarbons-C1.* 4. Auflage. John Wiley Sons, 1993

[46] EHRENSTEIN, G. W.: *Faserverbundkunststoffe: Werkstoffe-Verarbeitung-Eigenschaften.* München, Wien : Carl Hanser Verlag, 1992

[47] FITZER, E. ; WEISS, R.: *Oberflächenbehandlung von Kohlenstofffasern; Verarbeiten und Anwenden kohlenstofffaserverstärkter Kunststoffe.* Düsseldorf : VDI-Verlag GmbH, 1989

[48] EDIE, D. ; FITZER, E. ; RHEE, B.: *Present and Future Reinforcing Fibres - From Solid to Hollow*. Wiesbaden : Verbundwerk, 1991

[49] PAPAKONSTATINOU, C. ; BALAGURU, P. ; LYON, R.: Comparative study of high temperature composites. In: *Composites Part B* 32 (2001), S. 637–649

[50] LONG, G. T.: Influence of Boron Treatment on Oxidation of Carbon Fibre in Air. In: *Journal of Applied Polymer Science* 59 (1996), S. 915–921

[51] SAUDER, C. ; LAMON, J. ; PAILLER, R.: Thermomechanical properties of carbon fibres at high temperatures (up to 2000 °C). In: *Composites Science and Technology* 62 (2002), S. 499–504

[52] SUMIDA, A. ; FUJISAKI, T. ; WATANABE, K. ; KATO, T.: Heat resistance of Continuous Fibre Reinforced Plastic Rods. In: BURGONE, C. (Hrsg.): *5th Symposium on Fibrereinforced-Plastic Reinforcement of Concrete Structures (FRPRCS-5)*. London : Elsevier, 2001, S. 791–802

[53] YOUNES, A. ; SEIDEL, A. ; ENGLER, T. ; CHERIF, Ch.: Materialverhalten von AR-Glas- und Carbonfilamentgarnen unter Dauerlast- sowie unter Hochtemperatureinwirkung. In: CURBACH, M. (Hrsg.) ; JESSE, F. (Hrsg.): *Textilbeton - Theorie und Praxis: Tagungsband zum 4. Kolloquium zu Textilbewehrten Tragwerken (CTRS4) und zur 1. Anwendertagung, Dresden, 3.-5.6.2009*. Dresden : Technische Universität Dresden, 2009, S. 1–16

[54] SCHNEIDER, M.: Carbon fibre products for mechanical engineering applications - Kohlenstofffaser-Produkte für den Maschinenbau. In: *Proceedings. 2. Aachen-Dresden International Textile Conference*. Dresden, Deutschland, 2008

[55] WARNECKE, M. ; WILMS, Chr. ; SEIDE, G. ; GRIES, Th.: Der Carbonfasermarkt - ein aktueller Überblick. In: *Technische Textilien* 53 (2010), Nr. 6, S. 216

[56] WULFHORST, B. ; BÜSGEN, A.: Faserstofftabelle nach P.-A. Koch: Aramidfasern. In: *Chemiefasern/Textilindustrie* 39/91 (1989), S. 1263–1270

[57] FOURNÉ, F.: *Synthetische Fasern: Herstellung, Maschinen und Apparate, Eigenschaften; Handbuch für Anlagenplanung, Maschinenkonstruktion und Betrieb*. München, Wien : Carl Hanser Verlag, 1995

[58] ISTEL, E. ; PELOUSEK, H. ; OERTEL, H. ; MOORWESSEL, D. ; FALKAI, B. et al.: Organische Fasern. In: FALKAI, B. (Hrsg.): *Synthesefasern: Grundlagen, Technologie, Verarbeitung und Anwendung*. 1. Auflage. Weinheim : Verlag Chemie, 1981

[59] MORGAN, R. J. ; ALLRED, E. A.: Aramid Fiber Composites. In: LEE, S. M. (Hrsg.): *Handbook of Composites Reinforcements*. Weinheim : VCH-Verlagsgesellschaft mbH, 1993

[60] ANONYM: *Prospekt Aramid Products: Twaron® Spinnfasern und deren Anwendungen*. Wuppertal, 1997

[61] LOY, W.: *Chemiefasern für technische Textilprodukte*. Frankfurt am Main : Deutscher Fachverlag, 2001

[62] CLAUSS, B.: Fasern und Preformtechniken zur Herstellung keramischer Verbundwerkstoffe. In: *Proceedings. DGM-Fortbildungsseminar "Keramische Verbundwerkstoffe"*. Würzburg, Deutschland, 2004

[63] XIE, E. ; LI, Z.: Application Prospect of Basalt Fiber. In: *Fibercomposites* (2003), Nr. 3, S. 17–20

[64] LIU, J.: *Untersuchung von Verbundwerkstoffen mit Basalt- und PBO-Faser-Verstärkung*. Dresden, Technische Universität Dresden, Diss., 2007

[65] MILITKÝ, J. ; KOVACIC, V. ; RUNEROVÁ, J.: Influence of thermal treatment on tensile failure of basalt fibers. In: *Engineering Fracture Mechanics* (2002), S. 1025–1033

[66] MILITKÝ, J. ; KOVACIC, V.: Ultimate mechanical properties of basalt filaments. In: *Textile Research Journal* 66 (1996), S. 225–229

[67] SARAVANAN, D.: Spinning the rocks - basalt fibres. In: *IE (I) Journal-TX* 86 (2006), S. 39–45

[68] Suter Kunststoffe AG: *Fasern und Gewebe - Basalt*. http://www.swiss-composite.ch (01.06.2011)

[69] MAC, T. ; HOUIS, S. ; GRIES, T.: Faserstofftabelle nach P.-A. Koch: Metallfasern. In: *Technische Textilien* 47 (2004), Nr. 1, S. 17–32

[70] HOFF, H. G. ; MÄGEL, M. ; OFFERMANN, P.: Textile Verarbeitung von Stahlfasern und Stahlfäden. In: *Technische Textilien* 46 (2003), Nr. 3, S. 219–221

[71] PAUL, C.: *Funktionalisierung von duroplastischen Faserverbundwerkstoffen durch Hybridgarne.* Dresden, Technische Universität Dresden, Fakultät Maschinenwesen, Diss., 2010

[72] SATLOW, G. ; ZAREMBA, S. ; WULFHORST, B.: Faserstofftabelle nach P.-A. Koch: Flachs sowie andere Bast- und Hartfasern. In: *Chemiefasern/Textilindustie* 44/96 (1994), S. 765–785

[73] PHILIPP, K.: Naturfaserverbundwerkstoffe im automobilen Innenraum. In: *Technische Textilien* 47 (2004), Nr. 1

[74] KARUS, M. ; KAUP, M.: Naturfasereinsatz in der europäischen Automobilindustrie. In: *Technische Textilien* 44 (2001), Nr. 4

[75] HORNBOGEN, E.: *Werkstoffe: Aufbau und Eigenschaften von Keramik-, Metall-, Polymer- und Verbundwerkstoffen.* 6. Auflage. Berlin, Heidelberg : Springer Verlag, 1994

Kapitel 4
Garnkonstruktionen und Garnbildungstechniken

Beata Lehmann und Claudia Herzberg[*]

Garne sind ein wichtiges Basiselement sowohl für die Herstellung textiler Verstärkungsstrukturen als auch für deren Montage. Sie bestehen zu 100 % aus Verstärkungsfasern oder aus einer Mischung von Verstärkungs- und Matrixfasern. Sie werden aus Filamenten oder/und Spinnfasern nach unterschiedlichen Technologien hergestellt, so dass Struktur und Eigenschaften der Garne entsprechend ihrer funktionalen Anforderungen maßgeschneidert werden können. Dieses Kapitel gibt einen Überblick über die derzeit vorrangig im Leichtbau eingesetzten Garne und zeigt, dass ihre Konstruktion maßgeblich die Weiterverarbeitung sowie die Verbundwerkstoffeigenschaften beeinflusst. Während der textilen Verarbeitung müssen sich Garne problemlos bei hohen Geschwindigkeiten abziehen und schädigungsarm kraft- oder formschlüssig umformen lassen. Durch die Vorzugsorientierung der Fasern im Garn und die während der textilen Halbzeugherstellung gewählte Garnausrichtung im 2D- oder 3D-Raum werden definierte richtungsabhängige Eigenschaften erzielt. Im Verbundwerkstoff selbst bietet die Garnstruktur gegebenenfalls mechanische Verankerungspunkte.

4.1 Einleitung und Übersicht

4.1.1 Einleitung

Die Herstellung der textilen Halbzeuge (s. Kap. 5 bis 8) basiert auf der Verarbeitung von Einfach- und/oder Mehrfachgarnen (s. Abschn. 4.2 und 4.3) zu textilen Flächen sowie deren nachträgliche lokale Verstärkung und/oder Insert- sowie Funktionsintegration (s. Kap. 10) bzw. ihres Einsatzes zur Montage der textilen Flächen zu komplexen Preforms (s. Kap. 12). Letzteres schließt den Einsatz von speziellen

---

[*]*Autor des Kapitels 4.5*

111

Garnkonstruktionen als Nähgarne (s. Abschn. 4.5) ein. Des Weiteren ist eine Direkt-
verarbeitung von Garnen durch Wickeln, Pultrusion (s. Kap. 11) oder die Vliesstoff-
verstärkung durch Garne (s. Kap. 9) möglich.

Die mechanischen Eigenschaften (z. B. Festigkeit, Elastizität, Steifigkeit) der
möglichst biegeweichen, gut drapierbaren und gleichmäßigen Garne sind durch die
vorzugsweise gestreckte Lage der Fasern im Garn und die Faserorientierung bei
einem hohem Länge/Durchmesser-Verhältnis der Fasern stark richtungsabhängig,
d. h. anisotrop. Um ihr Eigenschaftspotenzial optimal zu nutzen, soll der Fadenlauf
im textilen Halbzeug möglichst beanspruchungsgerecht sein. Im Allgemeinen weisen aus Garnen hergestellte textile Halbzeuge gegenüber Halbzeugen auf Vliesstoffbasis deutlich bessere mechanische Eigenschaften auf (z. B. höhere Festigkeit und
Steifigkeit, höheres Energieabsorptionsvermögen).

Garne werden in Abhängigkeit von den Anforderungen (Web-, Strick-, Nähgarn,
technisches Garn) und den Ausgangsfaserstoffen nach unterschiedlichen Technologien hergestellt. Einfachgarne können entweder ein Filament oder mehrere Filamente enthalten oder nur aus Spinnfasern bestehen oder sich aus einer Mischung
von Filamenten und Spinnfasern zusammensetzen. Aus Einfachgarnen werden in
Abhängigkeit von den mechanischen Anforderungen bzw. den Verarbeitungsanfor-
derungen Mehrfachgarne hergestellt, was üblicherweise zusätzliche Prozessstufen
zur mechanischen Garnbearbeitung erfordert.

Folgende Anforderungen werden an die Technologien der Garnherstellung gestellt:

*   geringe Faserschädigung im Garnherstellungsprozess,
*   Einsatz geeigneter Garnträger (z. B. Papp-, Kunststoff- oder Metallhülsen) bzw.
    stützfreier Packungen (z. B. Bumps – Bezeichnung für zusammengepressten und
    gebundenen Inhalt einer Spinnkanne) zur Speicherung der Garne oder deren Zwi-
    schenprodukten, insbesondere Faserbänder (z. B. stützfreie Packungen, Spinn-
    kannen) und
*   Sicherung einer wirtschaftlichen Fertigung.

4.1.2 Garnparameter und Garnstruktur

Neben den allgemein üblichen makroskopischen Parametern (Garnprüfparameter
(s. Kap. 2.2.2.8), die mittels Prüfverfahren (s. Kap. 14) quantifiziert werden, ist es
notwendig die *Garnstruktur*, d. h. die Anordnung der Fasern im Garn selbst, zu beschreiben. Diese ist von der jeweiligen Garnkonstruktion abhängig. Die Kenntnis
der Garnstruktur ermöglicht es, die Garnparameter und deren Änderung während
der textilen Weiterverarbeitung und das Delaminationsverhalten im Verbundwerkstoff zu beurteilen.

Die Garnstruktur resultiert aus der Fasergeometrie (-länge, -feinheit, -querschnitt),
-ausstreckung (glatt, gewellt), -anordnung (Grad der Parallelität), -orientierung

(in Garnachsenrichtung bzw. Steigungswinkel zur Garnachse) und dem Homogenitätsgrad der Verteilung der Fasern über Garnquerschnitt und -länge. Dabei ist der Garnquerschnitt um so kreisähnlicher, je besser die Fasern miteinander verdreht bzw. umwunden sind. Andernfalls ist der Garnquerschnitt oval oder rechteckig.

Der Grad der Formstabilität bei mechanischer Beanspruchung ist von den aus der Garnkonstruktion resultierenden Kompressionskräften zwischen den Fasern und der auf die Fasern aufgebrachten, auf die Weiterverarbeitung abgestimmten Avivage bzw. Schlichte (s. Kap. 3.2.4) abhängig, die gegebenenfalls in chemische Wechselwirkung mit den Fasern tritt. Wirken in einem Garn zwischen den Fasern keine physikalischen (kein Verdrehen oder Umwinden von Fasern) und/oder chemischen Kräfte, ist der Garnquerschnitt bereits durch geringe Zug- und/oder Druckkräfte beliebig verformbar und damit die Porosität veränderlich. Bei Abwesenheit von Kompressionskräften zwischen den Fasern, die z. B. durch Zusammendrehen der Fasern erzeugt werden, ist oft das Tränken des Garns in Polymerlösung zur Verbesserung des Fadenschlusses erforderlich.

Bei mechanischer Beanspruchung kommt es zu Relativverschiebungen zwischen den Fasern, weil der Faserverbund bei steigender Belastung, z. B. bei zu hohen Fadenzugkräften während der textilen Halbzeugherstellung, von der Haft- zur Gleitreibung übergeht. Bei Überschreiten eines kritischen Grenzwertes der Zugkraft, können auf Grund verschiedener Faserdehnungen (durch unterschiedliche Faserorientierung bzw. unterschiedliche mechanische Eigenschaften) Einzelfasern stufenweise versagen und/oder es kommt zu Relativbewegungen zwischen den Fasern (Fasermigration). Dies kann durch innere Garnfehler (ungleichmäßige Porenverteilung) begünstigt werden.

Es ist zwischen innerer und äußerer Garnstruktur zu unterscheiden. Beide werden im unbelasteten Zustand beschrieben, in dem sie durch Haftung miteinander elastisch verbunden sind.

Innere Garnstruktur (Abb. 4.1, Tabelle 4.1): Sie wird durch die Porosität des Garnes bestimmt. Darunter ist der im Garnvolumen vorhandene Anteil an Hohlräumen (Poren) A_{Pore} zu verstehen, der durch die Packungsdichte der Fasern im Garn ρ_{Garn} festgelegt ist. Bei idealer hexagonaler Anordnung kreisrunder Fasern beträgt der minimale Hohlraumanteil im Garn unabhängig vom Einzelfaserdurchmesser 93 %:

$$A_{Pore} = 1 - \rho_{Garn} = 1 - \frac{\pi}{2\sqrt{3}} = 0,93 \qquad (4.1)$$

Der reale Hohlraumanteil ist gewöhnlich deutlich höher und von der Garnkonstruktion abhängig. Dabei kommen unterschiedliche Porengeometrien vor. Die Poren können geschlossen (keine Verbindung zu anderen Poren) oder offen (Verbindung zu anderen Poren, Porenlabyrinth) sein. Offene Poren können mit der äußeren Garnstruktur in Verbindung stehen. Durch diese Öffnung der inneren Garnstruktur nach außen wird die Grenzfläche des Garnes vergrößert, was für die Permeabilität des Garnes für die Matrix, z. B. beim Tränken mit einem duroplastischen Matrixsystem, von entscheidender Bedeutung ist. Die Porosität des Garnes insbesondere bei geringer Packungsdichte kann nach außen hin abnehmen, wodurch eine Kern-Mantel-Porenstruktur entsteht. Sie bestimmt in Verbindung mit der Rauigkeit der Faseroberfläche die Kontaktfläche zwischen den Fasern und damit die Faser-Faser-Reibung.

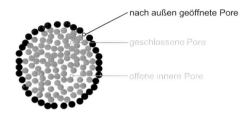

● äußere Garnstruktur
● innere Garnstruktur

Abb. 4.1 Schematische Darstellung der inneren und äußeren Garnstruktur

Tabelle 4.1 Wichtige Garnprüfparameter für die innere Garnstruktur und deren Bedeutung für die Prozesskette

Garnprüfparameter	Bedeutung für
Kraft-Dehnungs-Kurve mit Höchstzugkraft, Höchstzugkraftdehnung, Zug-E-Modul	textile Verarbeitung und Montage, z. B. beim Weben und Nähen
Biege-E-Modul	Umformen (Verhalten bei Zug- und Biegebeanspruchung), insbesondere bei Maschenbildungsprozessen und während des Drapierens
Druckfestigkeit Porenanteil und -größe mit Öffnung zur äußeren Garnstruktur	Imprägnierungstiefe während der Verbundherstellung und Verbundfestigkeit

Äußere Garnstruktur (Abb. 4.1): Sie wird durch die äußeren Fasern im Garnmantel bestimmt. Diese bestimmen den Garnquerschnitt und dessen Gleichmäßigkeit über die Garnlänge (Schwankungen des Garnquerschnitts bedingen optische Dick- und Dünnstellen, Nissen) sowie die mikroporöse Rauigkeit der Garnoberfläche. Die äußere Garnstruktur hat insbesondere Bedeutung für die in Tabelle 4.2 aufgeführten Garnprüfparameter. Die mikroporöse Rauigkeit bestimmt in Verbindung mit der Schlichte bzw. einer geeigneten Garnausrüstung das Benetzungsverhalten der Verstärkungsfasern durch die Matrix und die daraus resultierenden Adhäsionseigenschaften. Über eventuell zur Umgebung offene Poren wird die Verbindung zur inneren Garnstruktur hergestellt. Je größer das Verhältnis von Matrixkontakt- und Querschnittsfläche im Garn ist, desto günstiger ist das für die Matrixdurchlässigkeit unter Berücksichtigung der Tatsache, dass die aus den

Garnporenweiten resultierenden Kapillarkräfte das Eindringen der Matrixpartikel ermöglichen.

Tabelle 4.2 Wichtige Garnprüfparameter für die äußere Garnstruktur und deren Bedeutung für die Prozesskette

Garnprüfparameter	Bedeutung für
Reibungskoeffizient gegen andere Werkstoffe[1]	textile Verarbeitung und Montage (störungsfreier Lauf über bzw. durch Fadenführungselemente)
Kontaktwinkel zur Beurteilung des Benetzungsverhaltens[1], [2]	mechanisch/chemisches Grenzflächendesign Verstärkung/Matrix und mechanische Verbundeigenschaften

[1] in Verbindung mit Schlichte/Avivage (s. Kap. 13.5.1)
[2] notwendige, aber nicht hinreichende Bedingung für optimale Faser-Matrix-Haftung

Durch gezielte Anpassung der inneren und äußeren Garnstruktur kann das Garnverhalten über die Prozessparameter bei der Garnherstellung eingestellt werden.

4.1.3 Garn aus Faserstoffmischungen (Hybridgarn)

Garne können aus einem oder mehreren Faserstoffen bestehen. Enthält das Garn nur einen Faserstoff, handelt es sich um ein Verstärkungsfasergarn. Besteht das Garn aus zwei oder mehreren Faserstoffen, wird es als *Hybridgarn* bezeichnet. Hier werden zum Beispiel Verstärkungsfasern mit thermoplastischen Fasern kombiniert.

Außerdem können Garne auch in der Ausrüstung mit nichttextilen thermoplastischen Komponenten in Form von Lösungen, Schmelzen, Pulver oder Folienummantelung kombiniert werden. Die typischen textilen Eigenschaften (gutes Drapierverhalten, Biegeweichheit) gehen dabei weitgehend verloren.

Es können alle textilen Verstärkungsfasern und die meisten verspinnbaren Polymerfasern miteinander gemischt werden [1].

Folgende wesentliche Faserstoffkombinationen sind zur Optimierung der Garneigenschaften möglich:

1. unterschiedliche Verstärkungsfasern, um:

   - eine größere Breite physikalischer inklusive mechanischer Eigenschaften zu erzielen, z. B. ausgewogene Verhältnisse von Steifigkeit, Festigkeit und Bruchdehnung, höhere Schlagzähigkeit, verbesserte Dämpfungseigenschaften und
   - die Garnkosten zu senken,

2. Verstärkungsfasern und thermoplastische Fasern, um:

- trockene textile Halbzeuge für Thermoplastverbunde mit vorzugsweise gestreckt liegenden Verstärkungsfasern und einstellbarem Verstärkungsfaservolumenanteil zu erhalten, die einfach handhab- und lagerbar sind,

- die gute textile Weiterverarbeitbarkeit der Garne mit fast allen bekannten textilen Technologien zur Herstellung von textilen 2D- und 3D-Halbzeugen sicher zu stellen und

- textile Halbzeuge, insbesondere Vliesstoffe durch Anschmelzen der thermoplastischen Komponente zu verfestigen bzw. für die Weiterverarbeitung zu fixieren,

3. Kombination von 1. und 2.,

4. Kombination von 1. (und 2.) mit Funktionsfasern (s. Abschn. 4.6) oder

5. Kombination z. B. von 1. mit "Hilfsfasern wie PVA-Fasern, die z. B. zur Verbesserung der Porosität wieder aus dem Garn entfernt werden [2].

Das Mischen kann zur Verbesserung der Wirtschaftlichkeit in die Primärspinnerei integriert sein, es wird meistens als separate Prozessstufe durchgeführt. Da es kein Standardverfahren der Primärspinnerei ist, wird es zur zusammenhängenden Darstellung der Fasermischung in Garnen in dieses Kapitel integriert.

Die Zusammensetzung und Homogenität der *Mischung* (Abb. 4.2) kann technologisch entsprechend der Anforderungen durch die Auswahl der vorgelegten Garnfeinheiten und des geeigneten Garnbildungsverfahrens eingestellt werden:

a)   Die Anordnung der Komponenten kann über die Garnlänge alternierend, z. B. durch Verdrehen eines oder mehrerer Fäden, erfolgen.

b)   Der Garnmantel kann eine Komponente bzw. mehrere Komponenten homogen gemischt oder segmentiert enthalten.

c1/c2) Eine Komponente kann auch als Platzhalter dienen. Sie wird durch Zugabe einer geeigneten Matrix herausgelöst. Dadurch erhöht sich die Porosität.

Dabei können die Einzelkomponenten (Filamente oder/und Spinnfasern) und deren Anordnung (Faserorientierung in Garnachsenrichtung oder winklig dazu) unterschiedlich variiert werden. Das gestattet es, sehr unterschiedliche Hybridgarne hinsichtlich ihrer mechanischen und funktionalen Eigenschaften herzustellen.

Die Homogenität der Durchmischung in Längs- und Querrichtung ist sowohl von der Wahl des textilen Verfahrens als auch von den geometrischen Garnparametern (Faserquerschnitt, -feinheit, -anzahl) sowie von den mechanischen Fasereigenschaften abhängig. Des Weiteren ist die thermische Kompatibilität (z. B. thermischer Wärmeausdehnungskoeffizient) zu beachten.

Die Mischung von Verstärkungs- und thermoplastischen Fasern soll hauptsächlich im Zusammenhang mit dem Verbundherstellungsprozess betrachtet werden. Wegen

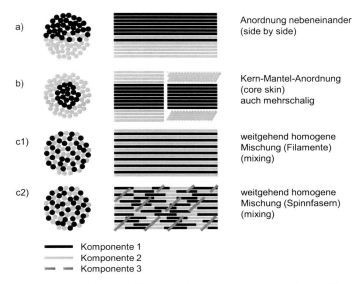

a)   Anordnung nebeneinander
                                          (side by side)

b)   Kern-Mantel-Anordnung
                                          (core skin)
                                          auch mehrschalig

c1)   weitgehend homogene
                                          Mischung (Filamente)
                                          (mixing)

c2)   weitgehend homogene
                                          Mischung (Spinnfasern)
                                          (mixing)

━━━━ Komponente 1
▬▬▬ Komponente 2
▬ ▬ Komponente 3

Abb. 4.2 Prinzipielle Möglichkeiten der Mischung von zwei Faserstoffen

der hohen Viskosität von Thermoplasten (100 – 5000 Pas) im Vergleich zu Duroplasten (üblicherweise < 1 Pas) ist es allgemein schwer möglich, die Verstärkungsfasern während des Herstellungsprozesses gut zu imprägnieren [3]. Das soll durch eine möglichst homogene Fasermischung im Garn und daraus resultierende kurze Fließwege der Matrix verbessert werden, was zusätzlich die notwendigen Prozesszeiten der Compositeherstellung verkürzt. Nach dem Erstarren der Schmelze haften die Komponenten aneinander. Bei Belastung des entstandenen Verbundes werden die Kräfte von der Matrix, die die Verstärkungsfasern in der vorgegebenen Lage fixiert, auf die Verstärkungsfasern über die Grenzfläche, die dritte Komponente jedes Verbundwerkstoffes übertragen.

Alternativ können Faserstoffmischungen auch im textilen Flächenhalbzeug erfolgen, z. B. durch Mischen der Garne in einem oder mehreren Fadensystemen, durch den Einsatz unterschiedlicher Fäden in den Fadensystemen oder das Stapeln von textilen Flächen aus verschiedenen Faserstoffen, allerdings mit jeweils abnehmender Homogenität der Durchmischung. Somit ist der Hybridisierung von Garnen die größte Bedeutung beizumessen.

Bei Mischungen von Verstärkungs- und thermoplastischen Fasern im Hybridgarn werden der *Fasermasseanteil* und der Faservolumenanteil angegeben. Der Fasermasseanteil Γ berechnet sich aus dem Verhältnis von Verstärkungsfasermasse m_{Faser} und Gesamtmasse $m_{Verbund}$ (mit Matrixfasermasse m_{Matrix}):

$$\Gamma = \frac{m_{Faser}}{m_{Verbund}} \cdot 100\% = \frac{m_{Faser}}{m_{Faser} + m_{Matrix}} \cdot 100\% \qquad (4.2)$$

$$\Gamma = \frac{n_{Faser} \cdot Tt_{Faser}}{n_{Faser} \cdot Tt_{Faser} + n_{Matrix} \cdot Tt_{Matrix}} \cdot 100\%$$

n_{Faser}, n_{Matrix} [–] Anzahl Filamente
Tt_{Faser}, Tt_{Matrix} [tex] Filamentfeinheit.

Sie ist für die Berechnung des Mischungspreises notwendig.

Im Verbund ergibt sich der *Faservolumenanteil* φ aus dem Verhältnis von Verstärkungsfaser- V_{Faser} und Gesamtvolumen $V_{Verbund}$ (mit V_{Matrix}: Matrixfaservolumen) bei Vernachlässigung der Poren:

$$\varphi = \frac{V_{Faser}}{V_{Verbund}} \cdot 100\% \qquad (4.3)$$

$$\varphi = \frac{V_{Faser}}{V_{Faser} + V_{Matrix}} \cdot 100\%$$

unter Berücksichtigung von

$$V = \frac{m}{\rho} \qquad (4.4)$$

V [m³]   Volumen
m [kg]   Masse
ρ [kg/m³] Dichte

gilt durch Einsetzen von 4.3 und 4.4 und Umformen unter Einbeziehung von 4.2:

$$\varphi = \frac{m_{Faser}}{\rho_{Faser}\left(\frac{m_{Faser}}{\rho_{Faser}} + \frac{m_{Matrix}}{\rho_{Matrix}}\right)} \cdot 100\% \qquad (4.5)$$

$$\varphi = \frac{n_{Faser} \cdot Tt_{Faser} \cdot \rho_{Matrix}}{n_{Faser} \cdot Tt_{Faser} \cdot \rho_{Matrix} + n_{Matrix} \cdot Tt_{Matrix} \cdot \rho_{Faser}} \qquad (4.6)$$

Der Faservolumenanteil ist eine wichtige Kenngröße für den Verbundwerkstoff und dessen mechanische Auslegung.

Für eine homogene Verteilung beider Komponenten sind sowohl das Hybridisierungsverfahren als auch die Einzelfilamentdurchmesser wichtig. Dabei sollen die Komponenten möglichst gleiche oder fast gleiche Einzelfilamentdurchmesser [4, 5] aufweisen. Es wird empfohlen, für eine homogenere Imprägnierung thermoplastische Filamente mit geringerem Durchmesser als die Verstärkungsfasern einzusetzen [6].

Diese Empfehlung gilt nicht für die Herstellung von Mischungen aus Spinnfasern. Es ist eine Herausforderung, eine homogene Mischung von Spinnfasern zu erhalten, z. B. befinden sich feine, lange und glatte Fasern bevorzugt im Garnkern, grobe, kurze und gekräuselte Fasern im Garnmantel. Noch komplizierter ist es, die Mischung über alle Prozessstufen bis zur Garnbildung aufrecht zu erhalten. Das resultiert aus den unterschiedlichen Fasereigenschaften, z. B. den verschiedenen Oberflächenstrukturen der Fasern oder ihrem unterschiedlichen Arbeitsvermögen, die verschiedene Haft- und Gleitreibungskoeffizienten bedingen. Dies verursacht z. B. bei Zugkrafteinwirkung unterschiedliche Faserbewegungen, was zu Faserumgruppierungen und schließlich zur Entmischung führt.

Darüber hinaus kann es in Abhängigkeit von der Garnstruktur (insbesondere bei Filamentgarnen) bei mechanischer Beanspruchung in der textilen Weiterverarbeitung durch Fasermigration zur Separierung von Verstärkungs- und Thermoplastfasern kommen. YE et al. führt das auf die unterschiedliche Fasersteifigkeit zurück [7]. LONG et al. untersetzt diese Feststellung am Beispiel des Webens, indem er feststellt, dass die auf die Garne wirkenden Druck- und Zugkräfte auf der Garnober- und -unterseite höher sind, was zur Migration der steiferen Verstärkungsfasern führt [1].

Ein Überblick zur Hybridgarnherstellung wird in [3, 8] gegeben.

4.2 Einfachgarn für Fadenhalbzeuge

4.2.1 Einteilung

Einfachgarne werden aus glatten Filamentgarnen/Direktrovings, die in der Primärspinnerei, wie in Kapitel 3 beschrieben, den daraus geschnittenen oder gerissenen Spinnfasern oder/und aus natürlichen Spinnfasern hergestellt (Abb. 4.3). Es werden in Abhängigkeit der Länge der im Garn enthaltenen Fasern unterschiedliche, nachfolgend beschriebene Garnbildungs- bzw. -bearbeitungsverfahren eingesetzt.

Darüber hinaus sind folgende Einfachgarne in textilen Halbzeugen einsetzbar:

- *Folieflachfäden*: glatter, aus einer Folie ohne Struktur der Oberfläche geschnittener Folienstreifen
- *fibrillierte Folieflachfäden*: aus einem glatten Folienstreifen durch mechanische Fibrillierung hergestelltes netzförmiges Gebilde.

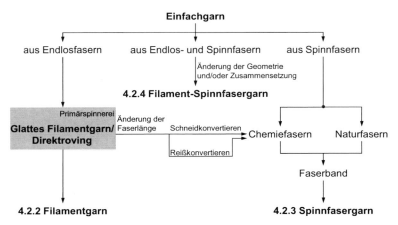

Abb. 4.3 Einteilung der Einfachgarne nach der Länge der im Garn enthaltenen Fasern

4.2.2 Filamentgarn

4.2.2.1 Einführung

Die in der Primärspinnerei hergestellten und theoretisch unendlich langen Chemiefasern bestehen entweder aus einem Filament (Monofildurchmesser: $> 0{,}1$ mm) oder aus vielen gestreckten, parallel nebeneinander liegenden Filamenten (glattes Multifilamentgarn: meist < 300 tex, Direktroving (Endlosfaserstrang): größtenteils ab 300 tex). Da die Einzelfilamente im Garn zunächst glatt, parallel und ungedreht sind und keinen Fadenschluss aufweisen, ist es das Ziel der ausschließlich mechanischen Garnbearbeitung, die Garngeometrie und/oder Faserstoffzusammensetzung zu verändern, um die textile Weiterverarbeitbarkeit zu verbessern (Abb. 4.4).

Die Filamente unterschiedlicher Faserstoffe können miteinander bereits während des Primärspinnens oder in einer zusätzlichen Prozessstufe gemischt werden. Dabei werden gleichzeitig die geometrischen Garnparameter verändert.

Zur spezifischen Charakterisierung der *Filamentgarne* dienen neben den allgemeingültigen Garnparametern (s. Kap. 2.2.2.8) folgende spezifische Angaben:

- Filamentfeinheit, Filamentquerschnitt,
- Filamentanzahl,
- Filamentverlauf (glatt, gewellt, Schlingen),
- Filamentorientierung (parallel, wirr) und
- eventuell Drehungsanzahl und Drehungsrichtung (kompakte Garne).

Die mechanisch bearbeiteten Filamentgarne werden nachbehandelt, wobei das Schlichten/Avivieren und die Wärmebehandlung (s. Kap. 3.2.4) fast immer in die Maschinen der Garnbearbeitung integriert sind.

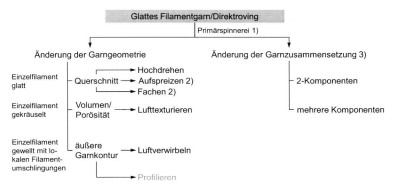

1) Festlegen von Querschnitt, Feinheit und Anzahl der Einzelfilamente im Garn
2) Online und Offline-Verarbeitung
3) durch Fachen, Aufspreizen, Lufttexturieren und Luftverwirbeln

Abb. 4.4 Einteilung der Filamentgarne nach der Art der Modifizierung

4.2.2.2 Glattes und hochgedrehtes Filamentgarn

Durch Hochdrehen wird die Garngeometrie verändert. Das Garn erhält einen runden Querschnitt bei Erhöhung der Packungsdichte und damit einhergehender Reduzierung der Garnquerschnittsfläche. Das Hochdrehen erleichtert durch den verbesserten Filamentschluss die textile Verarbeitung der spröden Verstärkungsfilamente (Verhinderung des Aufspreizens durch elektrostatische Aufladung, Reduzierung von Einzelfilamentbrüchen und Flusenbildung). Gleichzeitig können durch das mit dem Hochdrehen verbundene Spulen Garnfehler infolge von Filamentbrüchen beseitigt werden.

Glattes Filamentgarn (meist < 300 tex): Die Filamentanzahl im Garn wird der Feinheitsbezeichnung nachgestellt, z. B. 14 tex f 40.

Hochgedrehtes Filamentgarn (meist ab 300 tex): Ein einzelnes Filamentgarn wird um seine Achse in S- oder Z-Richtung gedreht, die Anzahl Drehungen im Garn wird wie folgt angegeben: 40 Z 250. Es können Zwirnmaschinen benutzt werden (s. Abschn. 4.3).

4.2.2.3 Roving und Heavy Tow

Aus 100 % Verstärkungsfasern

Direktroving oder einfacher Endlosfaserstrang (single-end roving): direkt in der Primärspinnerei in einer Prozessstufe hergestelltes Filamentgarn überwiegend mit einer Feinheit ab 300 tex, das glatte Verstärkungsfilamente ohne Drehung enthält, das direkt nach dem Auftrag einer auf die Weiterverarbeitung abgestimmten Schlichte gebildet wird. Deshalb wird der Direktroving auch als Parallelroving bezeichnet. Der Querschnitt ist bändchenförmig, d. h. elliptisch bis rechteckig und im Allgemeinen durch mechanische Kräfte deformierbar. Direktrovings werden als stützfreie Packungen (Innenabzug) oder als Spulen (Außenabzug) geliefert (Abb. 4.5).

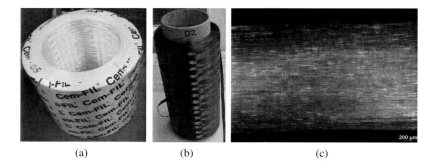

(a)   (b)   (c)

(a) Direktroving aus AR-GF (Cem-Fil®, 2400 tex, OCV™ Reinforcements)
(b) Direktroving aus CF (TENAX® STS40 F13 24 K 1600 tex 5S, TohoTenax Europe GmbH)
    F13: Type mit ca. 1,0 % Präparationsauftrag auf Basis Polyurethan 5S: 5S-Drehungen/m
(c) Direktroving aus AR-GF (Cem-Fil®, 640 tex, OCV™ Reinforcements)

Abb. 4.5 Direktroving als (a) stützfreie Packung und (b) Spule sowie (c) Detailansicht

Assemblierter Roving oder gefachter Endlosfaserstrang (multi-end roving): Assemblieren ist das Fachen von Verstärkungsfasern. Der assemblierte Roving wird aus einer definierten Anzahl spannungsgleich gewickelter Faserbündel (Vorlagespulen mit Multifilgarn oder Direktrovings), die mit einer auf die Weiterverarbeitung abgestimmten Schlichte versehen sind, auf Rovingspulen mit Außenabzug oder als stützfreie Packungen mit Innenabzug geliefert. Der assemblierte Roving weist in der Regel keine Schutzdrehungen auf, kann aber eine sehr geringe Anzahl Schutzdrehungen bis zu max. 15 Drehungen/m enthalten. Während der Herstellung sollen die unter Spannung stehenden Einzelfaserbündel stets die gleiche Länge haben, um ein Aufspreizen zwischen den einzelnen Faserbündeln im assemblierten Roving zu vermeiden.

Die Bezeichnung der Rovings erfolgt normalerweise durch Angabe der Anzahl Einzelfilamente und/oder der Angabe der Garnfeinheit. Sie ist aus historischen Gründen faserstoffabhängig. Meist gilt:

- CF: Anzahl Einzelfilamente (Zahl) in vollen 1000 Filamenten (K) (1 K ... 24 K),
- GF: Feinheit in tex ≥ 300 tex und
- AR: Feinheit in tex ≥ 300 tex oder denier ≥ 2700 denier
  (Die Nicht-SI-Einheit denier wird üblicherweise für AR-Fasern im Handel verwendet.)

Heavy Tow oder schweres Kabel: Ein sehr grober assemblierter Roving mit sehr hoher Filamentanzahl und daraus resultierender höherer Querschnittsfläche wird als Heavy Tow bezeichnet. Er wird aktuell nur aus CF hergestellt und es gilt:

- CF: > 24 K (handelsübliche Feinheiten z. B.: 48 K, 50 K, 100 K).

Heavy Tows sind deutlich preisgünstiger als Rovings [9]. Sie müssen vor der Weiterverarbeitung in einem textilen Prozess möglichst gleichmäßig aufgespreizt werden. Dadurch wird der Abstand der Einzelfilamente der inneren Garnstruktur erhöht. Das ermöglicht gleichmäßige Flächenmassen im textilen Halbzeug, eine gute Imprägnierung der Verstärkungsfasern mit der Matrix und gestattet homogene und gleichzeitig kostengünstige Verbunde herzustellen. Um diese wirtschaftlichen Vorteile vollständig zu nutzen, muss eine Kompaktierung während der textilen Weiterverarbeitung ausgeschlossen werden, z. B. durch Modifizierung der Einstellung der Wirkfadenspannung.

Aus mehreren Faserstoffkomponenten

Hybridroving/Hybrid-Heavy Tow: Er enthält Filamente bzw. Folieflachfäden aus unterschiedlichen Faserstoffen. Diese können wie folgt angeordnet sein:

- parallel nebeneinander liegend: Parallel-Hybrid-(SBS Side-by-Side) Roving oder Heavy Tow (s. Abb. 4.2 a) oder
- nahezu ideal miteinander vermischt: In-Situ-Hybrid-(COM in-Situ commingled) Roving oder Heavy Tow (s. Abb. 4.2 c1).

Rovings werden entweder durch Pultrusion bzw. Wickelverfahren direkt verarbeitet oder es werden textile Halbzeuge hergestellt. Außerdem gibt es Schneidrovings, z. B. für die GMT- (glasmattenverstärkte Thermoplaste) und SMC- (Sheet Moulded Compound) Herstellung.

Herstellung im separaten Prozess

Fachen/Assemblieren und Aufwinden: Es erfolgt mit handelsüblichen, an die jeweiligen Verstärkungsfasern (GF-, CF-, AR- oder Basaltfasern) angepassten Maschinen.

Während des Fachens muss die Zugspannung der Einzelstränge überwacht werden, da Abweichungen von der geradlinigen Ausrichtung und damit verbundene unterschiedliche Filamentlängen zu geringeren Höchstzugkräften des Rovings bei leicht erhöhter Höchstzugkraftdehnung führen.

Aufspreizen (eine Faserstoffkomponente): Dieses wird insbesondere für Heavy Tows eingesetzt und kann mit denselben Verfahren realisiert werden wie das Aufspreizen mit mehreren Faserstoffkomponenten.

Aufspreizen (zwei und mehr Faserstoffkomponenten): Die zu mischenden, meist ungeschlichteten Faserkomponenten werden auf eine definierte Breite nach verschiedenen Verfahren (elektrostatisch [10–12], mechanisch z. B. mittels Spreizstangen, Spreizrollen, Spreizkämmen oder Messern [13–16], pneumatisch mittels druckluftbetriebener Düsen, z. B. Fächer- oder Schlitzdüsen [17–19]; durch einen Flüssigkeitsstrahl [13, 20] oder akustisch [21]) gespreizt, über Rollen oder Stäbe zusammengeführt und in ihrer Struktur fixiert (durch Schlichten [20] oder durch Umwinden mit Matrixfilamenten [22]). Die Filamente liegen im Hybridroving weitestgehend parallel zur Garnachse.

Durch die Aufspreizbreite werden sowohl die Garnstruktur als auch die Garneigenschaften stark beeinflusst, wobei die Filamente gleichmäßig gemischt werden, was zu höheren Haft- und Reibungskräften führt [23]. Das Aufspreizen ist auch in Verbindung mit der Zuführung von Garnen in Flächenbildungsprozessen einsetzbar.

Spreiz-Misch-Hybridgarn: Bei diesem exemplarischen Anwendungsbeispiel [24, 25] erfolgt ein mechanisches Aufspreizen der Verstärkungsfilamente mittels Spreizrad, das aus stirnseitig mit Nadeln bestückten Scheiben besteht, die fächerartig auf einer Zentralachse lagern. Die Nadeln stechen zwischen den Filamenten des Verstärkungsgarns ein und verteilen die Filamente auf eine größere Breite, da sich der Nadelabstand in Abzugsrichtung vergrößert. Durch spezielle Baugruppen (Faltwalzen mit zugeordneter Stegwalze) kann eine weitere Spreizung der Verstärkungsfilamente erfolgen. Anschließend werden die Verstärkungsfilamente mit den von einem Kettbaum pneumatisch mit Voreilung zugeführten Matrixfilamenten gemischt und der Durchmischungszustand wird durch Beschichtung auf der Basis wässriger Polymerdispersionen vor dem Aufwinden fixiert.

CF/PA und CF/PEEK-Rovings werden von Cytec Industries Inc. [26] angeboten.

Herstellung während der Fadenbildung in der Primärspinnerei

Online-Hybridgarnspinnen: Das Verfahren wurde von Vetrotex entwickelt und von OCV™ Reinforcement [27] übernommen. Die Hybridrovings, die aus Mischungen von E-Glas- und Thermoplastfilamenten (z. B. PP oder Copolyester (co-PBT)) bestehen, werden unter dem Handelsnamen Twintex® vertrieben.

Das Leibniz-Institut für Polymerforschung e. V. Dresden integriert die Schmelzspinnanlage in den Glasziehprozess (Abb. 4.6) und fokussiert die Forschung darauf, auch Mischungen von Glasfasern mit anderen technischen Thermoplasten, wie PA oder PET, zu entwickeln und dabei Faservolumenanteile und Filamentfeinheiten anwendungsgerecht einzustellen. Das geschieht wie folgt: Aufwickelgeschwindigkeit und Durchsatz bestimmen die Filamentfeinheiten. Für die thermoplastische Komponente, z. B. PP, sind mehrere Düsenplatten mit unterschiedlicher Bohrungsanzahl und Geometrie vorhanden, so dass die Filamentanzahl von PP innerhalb des Hybridrovings sowie die Durchmesser-/Oberflächenverhältnisse von PP variiert werden können. Die Prozesskenngrößen werden optimiert [28–30]. Es sind jedoch mit den vorhandenen Anlagen nur Kleinmengen herstellbar und es besteht weiterer Forschungsbedarf, um das Leistungspotenzial der Hybridisierung voll auszuschöpfen.

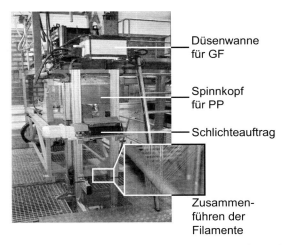

Düsenwanne
für GF

Spinnkopf
für PP

Schlichteauftrag

Zusammen-
führen der
Filamente

Abb. 4.6 Online-Hybridgarnspinnen (Quelle: Leibniz-Institut für Polymerforschung Dresden e. V.)

Im Vergleich zur Hybridisierung während des Lufttexturierens (Abschn. 4.2.2.4) ergeben sich bei geringerer Variabilität der möglichen Faserstoffe und Filamentanzahlen folgende Vorteile:

• Minimierung der Glasfilamentschädigung während der Verarbeitung und damit bessere mechanische Garneigenschaften,
• homogenere Mischung beider Filamentkomponenten,
• kein thermischer Schrumpf und
• Erhöhung der Wirtschaftlichkeit durch Reduzierung von Prozessstufen.

Ein Mischungsverhältnis von z. B. 52 % GF und 48 % PP ergibt die besten mechanischen Eigenschaften und ist für die textile Weiterverarbeitung am günstigsten [31].

4.2.2.4 Lufttexturiertes und -verwirbeltes Filamentgarn

Lufttexturierte und verwirbelte Filamentgarne werden durch Blasverfahren hergestellt. Das sind mechanische Verfahren, bei denen Filamentgarne dadurch Kräuselung erhalten, dass sie ein kaltes, gasförmiges, strömendes Medium (Luft) unter Voreilung durchlaufen [32]. Dadurch werden Gesamtvolumen, elastische Dehnung und Porosität der Filamentgarne/Rovings erhöht.

Als Eingangsgarne werden meist feine bis grobe POY-Garne (s. Kap. 3.2.1) aus der Primärspinnerei eingesetzt, deren Polymerketten durch Erwärmen und Verstrecken vollständig orientiert sind. Im Gegensatz zu anderen Texturierverfahren sind auch nicht thermoplastische Faserstoffe wie Verstärkungsfasern, z. B. Glasfilamentgarne, sehr gut verarbeitbar. Das Verfahren ist sehr flexibel in Bezug auf die einsetzbaren Faserstoffe und deren Mischungen.

Die Luft wird durch eine Lufttexturierdüse, deren Luftkanal in unterschiedlichem Winkel zum Garnkanal verlaufen kann, aufgebracht. Abbildung 4.7 zeigt die für den betrachteten Einsatzbereich zu unterscheidenden grundsätzlichen Düsenkonstruktionen und die daraus resultierenden Garnstrukturen.

Intermingeln

Das Garn wird mit sich selbst verwirbelt, was auch als Intermingeln bezeichnet wird.

Lufttexturiertes Filamentgarn: Der Verwirbelungsluftstrahl (Abb. 4.7 a) trifft in der Düse unter spitzem Winkel auf das Filamentgarn. Er verlangsamt sich durch die Erweiterung des Garnkanals, wodurch die Filamente des zugeführten Filamentgarns gespreizt werden. Da das Filamentgarn mit bis zu 80 % Überlieferung (= Verhältnis zwischen Zuführgeschwindigkeit des untexturierten Garns und Abzugsgeschwindigkeit des texturierten Garns) vorgelegt wird, können die einzelnen Filamente im Garn längs zur Garnachse verschoben werden. Es entstehen Schlaufen, die sich miteinander verbinden oder über die Garnoberfläche hinausgelangen und damit das Garn aufbauschen. Somit haben lufttexturierte Garne einen festen Kern und im Garnmantel nach außen liegende Schlingen verschiedener Größe. Die Eigenschaften können denen von Spinnfasergarnen ähnlich sein oder es können durch eine geeignete Wahl der Maschinenparameter kompakte Garne hergestellt werden.

Hinter dem Luftdüseausgang kann sich zur Strömungsumlenkung ein Prallkörper befinden. Zwischen Prallkörper und Düsenoberfläche entstehen starke Turbulenzen. Das führt zu einer höheren Stabilität der Garnstruktur. Jedoch werden zumeist bei

Verstärkungsfilamenten keine Prallkörper eingesetzt, weil diese durch turbulenzbedingte Stöße leicht mechanisch beschädigt werden können [33].

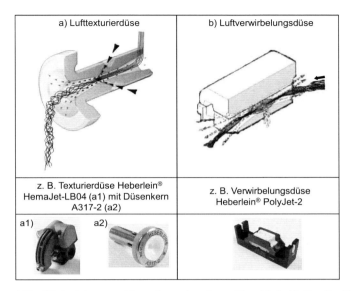

Abb. 4.7 Luftdüse zum Texturieren a) und zum Verwirbeln b) (Quelle: Oerlikon Heberlein Temco Wattwil AG)

Verwirbeltes Filamentgarn: Der Verwirbelungsluftstrahl (Abb. 4.7 b) trifft in der Düse senkrecht auf das Filamentgarn, das durch die aus dem Luftkanal einströmende Druckluft verwirbelt wird,

Die Garnstruktur (Abb. 4.8) bildet sich in zwei Phasen (Oerlikon Heberlein Temco Wattwil AG):

1. Bildung der Knoten (Abb. 4.8 a): Die Einzelfilamente werden beim Eintritt in die Verwirbelungsdüse durch den Luftstrom geteilt und in Rotation versetzt. Dadurch entsteht am Düsenein- und -austritt eine Ansammlung von Falschdraht. Dieser wird als Knoten bezeichnet.

2. Beenden der Knotenbildung (Abb. 4.8 b): Das Garn bewegt sich mit Liefergeschwindigkeit durch die Düse. Damit bewegt sich der in Phase 1 gebildete Knoten auf die Luftströmung zu und die Rotation der Einzelfilamente wird zwangsläufig gestoppt.

Bei der Verwirbelung entstehen in definierten Abständen punktuelle Verflechtungen der Filamente in Form einer relativ hohen Anzahl kleiner Schlingen, sogenannte *Interlaces*. Zwischen den Verwirbelungspunkten liegen Garnlängen, in denen sich im Wesentlichen unverwirbelte, d. h. offene Garnstellen, befinden. Das Garn wird durch folgende Kenngrößen charakterisiert:

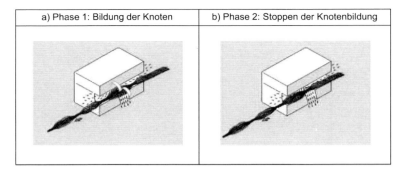

| a) Phase 1: Bildung der Knoten | b) Phase 2: Stoppen der Knotenbildung |

Abb. 4.8 Luftverwirbeln in zwei Phasen (Quelle: Oerlikon Heberlein Temco Wattwil AG)

1. Verwirbelungsstellenanzahl pro Meter oder Verwirbelungsdichte
2. mittlere Knotenlänge
3. Verwirbelungsgrad: Er gibt das Verhältnis der Knotenlänge zur Garnlänge in % an [34].

Darüber hinaus sind die Verwirbelungsgleichmäßigkeit (Variation der Öffnungslängen zwischen den Verwirbelungsstellen) und die Verwirbelungsstabilität (Verlust an Verwirbelungsstellen bei bestimmten Garnbelastungen) Kenngrößen zur Garncharakterisierung. Die Oerlikon Heberlein Temco Wattwil AG prüft die Verwirbelungsdichte, -gleichmäßigkeit und -stabilität.

Während der Verarbeitung ist die Gefahr relativ hoch, Filamente durch zu hohen Luftdruck zu schädigen [35].

Die Eigenschaften der Eingangsgarne (Filamentanzahl, -feinheit, -querschnitt, Garnfeinheit, Biegesteifigkeit) und wichtige Prozessgrößen wie Düsengeometrie (Luftanströmwinkel, Garn- und Luftkanaldurchmesser, Luftkanalprofile), Fadenanordnung vor der Düse, Luftdruck, Garnüberlieferung (Lufttexturieren) bzw. Fadenspannung (Luftverwirbeln), Fadenbefeuchtung, Vorheiztemperatur, Abzugsgeschwindigkeit, Fadenspannung beim Aufspulen bestimmen die Verarbeitungs- und Ausgangsgarneigenschaften (Garnstruktur) entscheidend mit.

Durch das Texturieren oder Verwirbeln wird der Fadenschluss ebenso wie beim Hochdrehen oder Zwirnen verbessert. Das mindert die Gefahr, dass sich bei der Weiterverarbeitung gebrochene Filamente verhängen oder Flusen bilden, was zu Produktionsstörungen führt.

Commingeln

Zwei oder mehr Garne werden miteinander texturiert oder verwirbelt, was auch als Commingeln (abgeleitet von to commingle, d. h. vermischen) bezeichnet wird. Die Hybridgarne heißen Commingling-Garne.

Lufttexturiertes Commingling-Garn: Die Herstellung erfolgt auf modifizierten Luft-texturiermaschinen bei Einsatz spezieller Düsen, z. B. Heberlein® HemaJet-LB04 (Oerlikon Heberlein Temco Wattwil AG). Die zu mischenden Komponenten, z. B. Verstärkungs- und Thermoplastfilamente, werden über getrennte, unabhängig von-einander einstellbare Lieferwerke (Abb. 4.9) der Düse mit unterschiedlicher Vor-eilung (Überlieferung) zugeführt. Anschließend werden die Komponenten intensiv mittels Kalt- oder Heißdruckluft geöffnet und im Luftstrom miteinander mit dem Ziel verwirbelt, ein möglichst geschlossenes, homogen gemischtes Garn zu erzie-len. Es wird im Steher-Effekt-Betrieb gearbeitet, d. h. die Thermoplastfilamente ha-ben eine größere Voreilung. Damit bleiben die Verstärkungsfilamente möglichst gestreckt und im Garnkern angeordnet (Steher) (Schutz vor Schädigungen). Die Schlingenbildung erfolgt überwiegend von den Matrixfilamenten (Effekte), durch die gleichzeitig eine mechanische Bindung zwischen beiden Faserkomponenten er-zielt wird. Für ein optimales Laufverhalten bei hohen Geschwindigkeiten gilt für die Garnüberlieferung: Steher und Effekt sollen in der Summe 45 % nicht überschreiten [36].

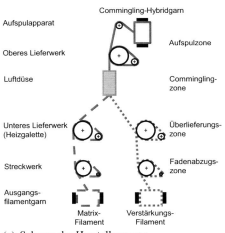

(a) Schema der Herstellung von Commingling-Garn (zwei Komponenten im Garn)

(b) Lufttexturiermaschine RMT-D der Fa. Stähle (drei Komponenten im Garn)

Abb. 4.9 Commingling-Garnherstellung

Durch Vorheizen des Matrixgarns auf den Heizgaletten ohne Verstreckung können die Matrixfilamente thermofixiert werden. Dadurch kann vermieden werden, dass die Matrixfilamente während der Konsolidierung schrumpfen, um Spannungsrisse im Verbund zu vermeiden [37].

Den Einfluss der Garn- und Prozessparameter auf die Garnstruktur und die da-raus resultierenden Garneigenschaften wurden umfangreich untersucht [38]. In [6] wird empfohlen bei Beibehaltung des Mischungsverhältnisses die Filamentdurchmesser der thermoplastischen Fasern kleiner als die der Verstärkungsfasern zu wählen, um die Homogenität der Durchmischung der Komponenten bei Sicherung einer geringen Filamentschädigung zu erhöhen. Dies trifft ebenso auf das Online-Hybridgarnspinnen zu.

Luftverwirbeltes Commingling-Garn : Die Herstellung erfolgt auf modifizierten Lufttexturiermaschinen bei Einsatz spezieller Düsen, z. B. SlideJet™-HFP15-2 (Oerlikon Heberlein Temco Wattwil AG), wobei mehrere Garne miteinander verwirbelt werden können. Darüber hinaus können diese Düsen auch zum Verwirbeln von Filamenten mit Elastan oder Spinnfasergarn oder von Filamenten mit Elastan und Spinnfasergarn eingesetzt werden, wenn die Filamentkomponente überwiegt.

Verschiedene verwirbelte Commingling-Garnstrukturen (GF/PP, GF/PA, GF/PET) werden von ALAGIRUSAMY et al. [39] charakterisiert. Es wird festgestellt, dass die GF/PP-Garne die geringste Knotenanzahl/m und den kleinsten Verwirbelungsgrad bei gleichen Prozessparametern aufweisen und damit für die Luftverwirbelung die größte Herausforderung darstellen, so dass sich spätere Untersuchungen darauf konzentrieren [40, 41].

Unter den Handelsnamen Comfil®-G und Comfil®-C (Comfil ApS) werden Hybridgarne aus GF oder CF in Kombination mit verschiedenen thermoplastischen Fasern angeboten [42].

4.2.3 Spinnfaserband und Spinnfasergarn

4.2.3.1 Einführung

Mitte bis Ende der 1980er Jahre wurden erstmals aus Carbonfaserrovings Spinnfasergarne hergestellt (u. a. Courtaulds' Heltra Division, ICI Fiberite (Tempe, Ariz.), DuPont (Wilmington, Del.). In den letzten Jahren haben diese Garne bzw. deren Vorprodukte in Form von Faserbändern aus orientierten endlichen Verstärkungsfasern ein Comeback erlebt. Dies ist auf Forderungen der Industrie zurückzuführen, die manuelle Laminierverfahren durch schnellere und automatische Technologien ersetzen, wie z. B. das automatische Vakuumtiefziehen oder das Diaphragma-Umformen. Dafür sind trockene textile Halbzeuge, die orientierte Spinnfasern in Garnen enthalten, sehr gut geeignet. Sie können im Gegensatz zu Endlosfasern besser drapiert und verformt werden, ohne dabei ihre guten mechanischen Eigenschaften zu verlieren, weil die Fasern im Garn relativ gut gegeneinander verschiebbar sind (sogenanntes intralaminares Gleiten, das bei örtlicher Überdehnung des Garnes während des Umformens auftritt), was die Erstellung von gekrümmten Bauteilkomponenten ermöglicht. Dadurch können aus einfachen Halbzeuggeometrien sehr komplexe Bauteile geformt werden, was sowohl die Fertigungskosten reduziert als auch das Sortiment herstellbarer Verbundbauteile erweitert. Des Weiteren können Spinnfaserbänder bzw. -garne im kontinuierlichen Direktextrusionsprozess verarbeitet werden.

Aus den in der Primärspinnerei hergestellten Direktrovings werden durch Reiß- oder Schneidkonvertieren Reiß- oder Schnittfaserbänder aus Fasern endlicher Länge erzeugt. Pflanzliche Naturfasern werden als Faserballen (gepresste Faserflocken) geliefert. Die Verarbeitung erfolgt in der Sekundärspinnerei in einem mehrstufigen Prozess. Abbildung 4.10 zeigt, dass sich bei Fasern begrenzter Länge neue Möglichkeiten der Änderung der Garnzusammensetzung durch Mischen von Faserflocken (Naturfasern) oder Faserbändern (Naturfasern, Chemiefasern) ergeben, wobei eine homogene Durchmischung insbesondere in Längsrichtung im Vergleich zur Filamentmischung erzielt werden kann. Die resultierende Garngeometrie der Spinnfasergarne entsteht durch mechanische Faserbandbearbeitung (insbesondere Verfeinern und Dublieren) und abschließende Verfestigung durch Drehen aller oder eines Teils der Fasern um die Garnlängsachse, wobei unter verschiedenen Endspinnverfahren gewählt werden kann. Dabei sind für die Verarbeitung von Verstärkungsfasern hauptsächlich das Ring- und Friktionsspinnen von Bedeutung, da mit diesen Verfahren auch längere Spinnfasern (> 65 mm) verarbeitet werden können. Somit werden für das Verspinnen von nicht natürlichen Verstärkungsfasern in der Regel Maschinenzüge der Langfaserspinnerei eingesetzt. Garne, die pflanzliche Naturfasern enthalten, können nach Verfahren der Lang- oder Kurzfaserspinnerei (bei letzterer insbesondere OE-Rotorspinnen) hergestellt werden.

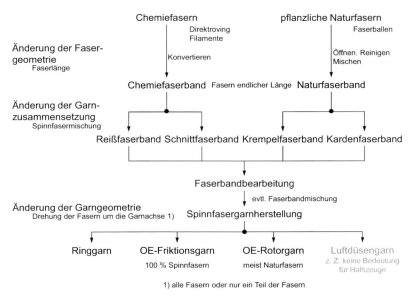

Abb. 4.10 Einteilung der wichtigsten Spinnfasergarne nach der Art der Modifizierung

Zur spezifischen Charakterisierung der Spinnfasergarne dienen neben den allgemeingültigen Garnparametern (s. Kap. 2.2.2.8) folgende spezifische Angaben:

* Drehungsanzahl T und Drehungsrichtung sowie
* Drehungsbeiwert α_{tex}.

α_{tex} ist ein tabellierter Wert [43] und gibt die Anzahl der Drehungen eines Garns mit einer Feinheit von 1000 tex an. Es gilt (mit T (Drehungsanzahl in Drehungen/m), Tt (Feinheit in tex)):

$$\alpha_{tex} = T \cdot \sqrt{Tt} \qquad (4.7)$$

Durch Einsetzen des tabellierten Wertes α_{tex} in 4.7 kann die erforderliche Anzahl von Drehungen für ein Garn definierter Feinheit ermittelt werden, das die gleiche Festigkeit wie das 1000 tex-Garn aufweisen soll.

Eine typische äußere Struktur von Spinnfasergarnen zeigt Abbildung 4.11. Die Fasern sind in einem mittleren Steigungswinkel γ zur Garnachse orientiert, ein Teil der Faserenden ist nicht eingebunden, so dass das Garn abstehende Faserenden und Faserschlingen aufweist, die sogenannte Garnhaarigkeit. Diese führt zu einer raueren und voluminöseren Oberfläche und verbessert die Einbindung der Verstärkungsfasern in die Matrix durch Formschluss und dient damit als Haftvermittler zur Matrix. Die Haarigkeit hängt insbesondere vom Verhältnis der Faserlänge zur Faserfeinheit, dem Spinnverfahren und den gewählten Prozessparametern ab.

Die Fasern müssen mit einer geeigneten Avivage versehen werden, um eine bessere Verarbeitung in den nachgelagerten Prozessstufen der Spinnerei zu ermöglichen.

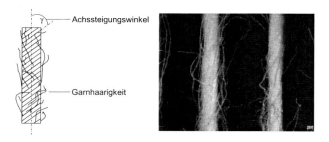

Abb. 4.11 Grundsätzliche Garnstruktur eines Spinnfasergarns

4.2.3.2 Spinnfaserband

Das *Spinnfaserband* ist ein linienförmiges, nahezu drehungsfreies grobes Gebilde, z. B. mit einer typischen Feinheit von 5 ktex mit einer großen Anzahl weitgehend paralleler, in Längsrichtung orientierter endlicher Fasern. Es hat nur eine geringe Festigkeit, da der Zusammenhalt der Fasern durch Haft- und bei Krafteinwirkung durch Gleitreibung zwischen den Fasern bestimmt wird. Es ist sehr gut verzugsfähig und ebenso geeignet, um homogene Fasermischungen aus Verstärkungs- (inklusive Naturfasern) mit thermoplastischen Chemiefasern herzustellen. Die Spinnfaserbänder werden in der Regel in Spinnkannen abgelegt (Abb. 4.12). Sie werden auch als kontinuierliche diskontinuierliche Tows (continuous discontinuous tow oder CD tow) bezeichnet und können direkt zu vorkonsolidierten Bändern verarbeitet werden [44], wobei der Strangabzug ohne oder mit Drehungserteilung erfolgen kann.

Es ergeben sich gegenüber Garnen und Rovings aus Endlosfasern folgende Vorteile:

- besseres Drapierverhalten und damit bessere Eignung zum Tiefziehen,
- geringere Prozesszeiten bei der Weiterverarbeitung und
- geringere Herstellungskosten ausgewählter Bauteilkomponenten.

Andererseits sind wegen der begrenzten Faserlänge geringere mechanische Eigenschaften zu erwarten.

(a)   (b)

Abb. 4.12 (a) Spinnkannen zur Faserbandablage, (b) Draufsicht auf ein in Zykloidenform abgelegtes Spinnfaserband

Herstellung durch Reißen (*Reißfaserband*)

Hexcel (Dublin, Calif.), Schappé Techniques (Charnoz, France) und Pharr Yarns verfügen über unterschiedliche Technologien zum Reißkonvertieren für die Herstellung von Faserbändern aus Verstärkungsfilamenten, die nachfolgend erläutert werden. Grundsätzlich werden die Filamente dabei zwischen Streckwalzenpaaren stufenweise an den Stellen mit der geringsten lokalen Höchstzugkraft zerrissen [45].

Hexcel: Carbon-Reißfaserband (Stretch Broken Carbon Fiber SBCF) in Form von 6 K- oder 12 K-CF-Rovings, bestehend aus ungeschlichteten AS4-Fasern (7 μm Faserdurchmesser) oder IM7-Fasern (5,4 μm Faserdurchmesser): Das Verfahren ist patentiert [46] und wird in [47] diskutiert. Es basiert auf dem Verstrecken eines Rovings, der Streckwalzenpaare durchläuft, die in Abzugsrichtung immer schneller rotieren, wodurch die Filamente bei etwa 10 % Dehnung zufällig an den schwächsten Stellen reißen. Die Hauptmerkmale des Reißfaserbandes sind (s. [48] unter Berücksichtigung von [49]):

- Die Filamentbrüche sind zufällig über die Länge des Faserbandes verteilt.
- Die mittlere Faserlänge (bei Normalverteilung) beträgt 10,2 cm (1. Generation) bzw. 7,1 cm (2. Generation), wobei die Faserlängenverteilung bei der 2. Generation enger ist.
- Das Faserband wird mit einer wasserlöslichen Epoxidschlichte, die als Haftvermittler dient, besprüht, getrocknet und aufgewunden.

Durch Wärmebehandlung kann die Schlichte solvatisiert werden, um die Reibung zwischen den Fasern zu minimieren.

Aus den Reißfaserbändern werden unidirektionale Prepregbänder oder textile Halbzeuge hergestellt. Für diese wird angegeben, dass sie bei 2 % Vordehnung 95 % der Festigkeit vergleichbarer Endlosfaser-Rovings errreichen [50].

Schappe Techniques-Reißfaserbänder aus 12 K- oder 24 K-CF oder AR sowie Hybrid-Reißfaserbänder (Mischungen mit PA, PPS, PEEK, LCP): Schappes Verfahren [51] wird auf einer firmenintern entwickelten Maschine durchgeführt und basiert ebenfalls auf dem Verziehen der Rovings, bis die Filamente an den Stellen mit der geringsten Zugfestigkeit reißen. Die mittlere Faserlänge beträgt 80 mm, wobei die Einzelfaserlängen zwischen 40 und 200 mm liegen.

Die Rovings werden zunächst gespreizt und anschließend in zwei Stufen gerissen [52]:

- 1. Stufe: Der Endlosfaserstrang wird um 11 % gedehnt, was zum zufälligen Reißen der Fasern führt, weil die Faserdehnung nur bei etwa 2 % liegt.
- 2. Stufe: Der Faserstrang wird um weitere 4 % gedehnt, wobei die verbliebenen Filamente zufällig reißen.

Das Reißfaserband wird mit einer wasserlöslichen Epoxidschlichte besprüht, getrocknet und auf eine Spule aufgewunden.

Aus CF- (oder AR-) Reißfaserbändern werden unidirektionale Prepregbänder hergestellt oder sie werden zu textilen Halbzeugen, z. B. zu Multiaxialgelegen, weiter verarbeitet. Während des Einstechens der Nadeln werden einige gerissene Faserenden in z-Richtung herausgezogen, wobei die Fasern miteinander verschlungen werden, so dass sich während der Flächenbildung eine 3D-Verstärkungsstruktur herausbildet [49].

Die Reißfaserbänder können auch mit Reißfaserbändern aus thermoplastischen Fasern gemischt werden. Daraus werden Hybrid-Umwindegarne (s. Abschn. 4.2.3) oder Prepregs hergestellt, bekannt unter der Handelsbezeichnung TPFL® [53].

Pharr Yarns LLC (Mills Inc of McAdenville, North Carolina, USA): CF-Reißfaserband aus 24 K-Roving bis zu 80 K-Heavy Tows oder AR- (DuPont's Kevlar)-Reißfaserband 2,78 – 55,56 ktex (25 000 – 500 000 denier): Die Rovings/Heavy Tows werden mittels mehrerer Walzenpaare gestreckt und dabei gerissen [54]. Der Verzug ist gering (meistens 2,0). Da vorzugsweise Heavy Tows verarbeitet werden, wird mit hohen Liefergeschwindigkeiten gearbeitet (0,51 bis 2,54 m/s). Die hergestellten Reißfaserbänder enthalten Spinnfasern, die wenige Millimeter bis 180 mm lang sind, wobei die mittlere Faserlänge zwischen 127,0 und 152,4 mm liegen kann. Die Faserbänder werden in Spinnkannen abgelegt und dienen direkt als Vorlage an der Spinnmaschine. Ziel der Firma ist es, künftig auch feinere Rovings herzustellen (6,0 K, 3,0 K, 1,0 K, 0,8 K und feiner) [49].

Zum Verspinnen kann z. B. das konventionelle Ringspinnen oder das Friktionsspinnen (s. Abschn. 4.2.3.3) genutzt werden.

Herstellung durch Schneiden (*Schnittfaserband*)

Schnittfaserbänder werden von der Firma Pepin Associates Inc. (Greenville, Maine) [55] angeboten. Bei der Herstellung schnittkonvertierter Faserbänder werden aus Endlosfastersträngen durch Schneid-, Quetsch- oder changierende Schnittwalzen mittels schrägen Trapezschnitts Spinnfasern definierter Länge hergestellt. Zur Sicherung des Faserbandzusammenhaltes werden bei den Schnittfaserbändern von Pepin unmittelbar nach dem Schneiden zusätzlich thermoplastische Filamentgarne zugeführt, z. B. als Kern zwischen zwei geschnittenen Rovings und zum Umwinden der geschnittenen Fasern, was nach dem gleichen Prinzip wie das Umwindespinnen (Abb. 4.23) erfolgt. Diese Garne (Handelsname: DiscoTex™) aus CF-, GF- oder Keramikfasern werden zu textilen Halbzeugen verarbeitet [56].

Krempelfaserband

Es wird auf *Krempeln* aus Fasern mit Längen > 65 mm vorzugsweise aus Naturfasern hergestellt (Abb. 4.13). Im Vergleich zur Deckelkarde erfolgt eine schonendere Faserbearbeitung.

Die Krempel, eine Maschine im Maschinenzug der Langfaserspinnerei, wird ebenfalls für die Vliesstoffherstellung eingesetzt (s. Kap. 9). Vor der Krempel müssen die im Faserballen zusammengepressten Faserflocken gut geöffnet und gereinigt werden und können bei Bedarf mit typähnlichen thermoplastischen Fasern gemischt werden (Faserflockenmischung). Die Auflösung der Faserflocken bis zur Einzelfaser erfolgt im linienförmigen Arbeitsbereich zwischen den rotierenden Tambour-, Arbeiter- und Wenderwalzen. Hier werden die Fasern auch in Längsrichtung gemischt, da sie nur teilweise auf den Tambour zurück übertragen werden und deshalb mehrfach umlaufen. Der entstandene Faserflor, der aus weitgehend parallelen Einzelfasern besteht, wird auf den Abnehmer übertragen und im Abzug zu einem Faserband zusammengefasst, welches in einer Spinnkanne abgelegt wird.

Das Krempelfaserband wird anschließend auf Nadelstabstrecken bearbeitet, wobei hier alternativ das Mischen mit den thermoplastischen Fasern (Faserbandmischung) durchgeführt werden kann. Der Verzug zwischen den Streckwerkswalzenpaaren wird durch mit dem Faserband mitlaufende Nadelstäbe kontrolliert, die die Führung der relativ langen Spinnfasern (> 65 mm) sichern.

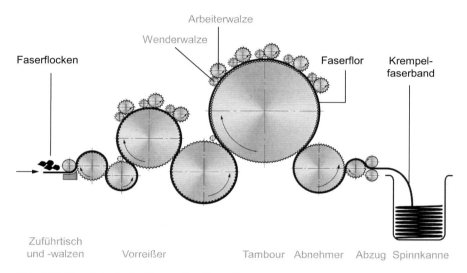

Abb. 4.13 Grundprinzip der Krempelbandherstellung

Kardenfaserband

Es wird auf einer Deckelkarde aus Fasern mit Längen < 65 mm vorzugsweise aus Naturfasern hergestellt (Abb. 4.14). Im Vergleich zur Krempel erfolgt auf der Deckelkarde, einer Maschine im Maschinenzug der Kurzfaserspinnerei, eine intensivere Bearbeitung der Fasern. Vor der Deckelkarde müssen die im Faserballen zusammengepressten Faserflocken wie bei der Krempel gut geöffnet und gereinigt werden und können bei Bedarf nach dem Reinigen mit typähnlichen thermoplastischen Fasern gemischt werden (Faserflockenmischung). Die Auflösung der Faserflocken bis zur Einzelfaser erfolgt hauptsächlich im flächigen Arbeitsbereich zwischen Wander-deckel und Tambour. Gleichzeitig werden die Fasern in Längsrichtung gemischt, da diese immer nur unvollständig auf den Abnehmer übertragen werden. Anschließend wird der entstandene Faserflor im Abzug zu einem Faserband zusammengefasst, das in einer Spinnkanne abgelegt wird.

Das *Kardenfaserband* wird auf Strecken weiter verarbeitet, wobei auch hier eine Faserbandmischung durchgeführt werden kann.

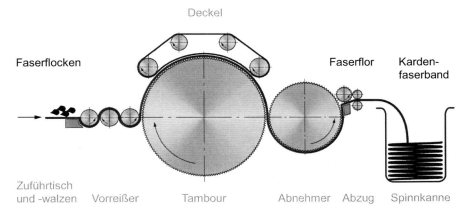

Abb. 4.14 Grundprinzip der Kardenbandherstellung

Vorbehandlung von Naturfasern für die Faserbandherstellung

Integrierter Dampfdruckaufschluss (Steam Explosion Technology) zur Aufberei-tung von Naturfasern für die Verarbeitung auf den Maschinen der Kurzfaserspin-nerei: Um Naturfasern kostengünstig und wirtschaftlich zu nutzen, kann die Faser-produktionskette der Landwirtschaft (Röste, Entholzung) mit der textilen Produk-tionskette vereint werden. Das kann über den integrierten Dampfdruckaufschluss als verbindende Prozessstufe erfolgen. Hier werden nach der Entholzung die Fa-serbündel in eine zum Verspinnen geeignete Form gebracht, indem diese bis zur Elementarfaser aufgespalten werden. Dabei werden die Fasern, z. B. Hanffasern 10 min bei 180 °C in gesättigtem Wasserdampf bei einem Druck von 1,0 MPa bis 1,2 MPa in einem Reaktionsgefäß behandelt und anschließend in einen Zyklon aus-geblasen, wobei die Faserbündel in Elementarfasern mit etwa 50 mm Länge auf-gespalten werden. Die aufbereiteten Fasern können nach eventueller Mischung mit typähnlichen Fasern auf Maschinen der Kurzfaserspinnerei (Deckelkarde) verarbei-tet werden [57].

Faserbänder aus mehreren Faserstoffkomponenten

Faserbandmischung zur Herstellung von *Hybrid-Spinnfaserbändern*: Das Mischen der Verstärkungs- und der thermoplastischen Fasern erfolgt meist in Bandform auf den der Krempel bzw. Karde folgenden Strecken. Das Mischungsverhältnis kann einfach eingestellt werden, indem unter Berücksichtigung der Bandfeinheit die Anzahl der jeweils zugeführten Bänder variiert wird. Die Faserbänder werden zusammengeführt, was als Dublieren bezeichnet wird. Beim nachfolgenden Verziehen durchlaufen die Faserbänder in Produktionsrichtung rotierende Walzenpaare mit immer größer werdender Umfangsgeschwindigkeit. Dabei wird das Faserband wieder verfeinert und die Fasern werden in Richtung der Faserbandachse orientiert. Da die Mischung über den Bandquerschnitt noch sehr heterogen ist, muss das Zusammenführen und Verziehen an weiteren Streckpassagen wiederholt werden. Durch die Relativbewegung der Fasern beim Verziehen werden die Fasern immer homogener durchmischt. Zum Mischen und zur Aufrechterhaltung der homogenen Durchmischung sollten die zu vermengenden Fasern hinsichtlich ihrer Faserlänge, Faserfeinheit, Faseroberfläche und Arbeitsvermögen ähnliche Eigenschaften aufweisen.

4.2.3.3 Spinnfasergarn

Ausgangsprodukt der Herstellung von *Spinnfasergarnen* sind die nach den oben beschriebenen Verfahren hergestellten Faserbänder, die durch weitere mechanische Bearbeitung auf den Strecken der Kurz- oder Langfaserspinnerei verfeinert, verstreckt und eventuell mit thermoplastischen Fasern gemischt werden.

Diese Faserbänder werden den Spinnmaschinen direkt vorgelegt (OE-Rotor- und OE-Friktionsspinnmaschine) oder es müssen in einer zusätzlichen Prozessstufe (Flyer oder Finisseur) Vorgarne hergestellt werden (Ringspinnmaschine). Diese zusätzliche Prozessstufe ist insbesondere deshalb erforderlich, weil das Ringspinnen ein top-down-Verfahren ist, was die Spinnkannenvorlage erschwert.

Da das Ringspinnen auch heute das am meisten eingesetzte Verfahren und für die Verarbeitung von Verstärkungsfasern wie Aramid geeignet ist, soll es am ausführlichsten behandelt werden.

Die Verfestigung der Spinnfasergarne erfolgt grundsätzlich durch Drehungserteilung. Die *echte Drehung* verbleibt nach der Garnherstellung im Garn, die *falsche Drehung* ist temporär und teilweise prozessbedingt. Diese ist gewissermaßen unterstützende Drehung, um dem dünnen Faserbändchen aus parallelen Fasern die mechanische Stabilität während des Herstellungprozesses zu verleihen. Abbildung 4.15 (Die Buchstaben A und C bezeichnen die Klemmpunkte, der Buchstabe B den Drallgeber, der gleichzeitig Klemmpunkt sein kann (Abb. 4.15 a) zeigt schematisch, wie echte oder falsche Drehungen entstehen. Bei der Erteilung falscher Drehungen erhält das Faserbändchen oberhalb des Drallgebers z. B. Z- und unterhalb des Drallgebers S-Drehungen, so dass jede vor dem Drallgeber erteilte Z-Drehung durch die nach dem Drallgeber erzeugte S-Drehung während des vertikalen Garnabzugs wieder aufgehoben wird. Durch Modifikation des Systems (Abb. 4.15 b), z. B. $l_1 \neq l_2$ oder breites Einlaufen der Fasern in l_1, das bewirkt, das ein Teil der Fasern der Drehungserteilung ausweichen kann, können falsche Drehungen auch zur Verfestigung dienen.

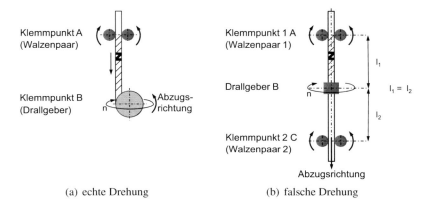

(a) echte Drehung   (b) falsche Drehung

Abb. 4.15 Prinzipielle Möglichkeiten der Drehungserteilung

Der Anteil der von der Drehungserteilung erfassten Fasern, die Anzahl der Drehungen und deren Verteilung über den Garnquerschnitt sind vom Spinnverfahren abhängig.

Je mehr Drehungen dem verzogenen Faserbändchen erteilt werden, desto höher ist zunächst die Höchstzugkraft. Die Fasern werden durch die zunehmende Haftreibung auf Grund des Zusammendrückens der Fasern zusammengehalten. Je höher die Anzahl der Drehungen im Garn jedoch wird, desto stärker werden die Fasern über den elastischen Dehnungsbereich hinaus gedehnt, bis sie schließlich zerreißen. Damit nimmt die Garnfestigkeit wieder ab. Deshalb sollte die Anzahl der Drehungen so gewählt werden, dass das Maximum der Garnfestigkeit nicht überschritten wird.

Ringgarn

Ringspinnen ist das älteste und bis heute das einzige universal einsetzbare Spinnverfahren. Feinste bis gröbste Garne können aus Kurz- oder Langfasern hergestellt werden. Darüber hinaus kann die Technologie durch Maschinenmodifizierungen zur Herstellung von Core-Ringgarnen (s. Abschn. 4.2.4) bzw. zur Herstellung von Ringzwirnen (s. Abschn. 4.3.2) genutzt werden.

Das Ringgarn wird in einem mehrstufigen Prozess produziert (Abb. 4.16). Aus dem Faserband wird auf dem Flyer das Vorgarn hergestellt, indem das Faserband durch

Verzug weiter in der Feinheit reduziert und zur Sicherung einer für die Weiterverarbeitung ausreichenden Festigkeit mit einer geringen Anzahl von Drehungen versehen wird.

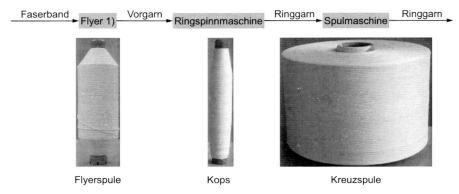

1) Alternativ zum Flyer kann ein Finisseur verwendet werden.

Abb. 4.16 Prozessfolge zur Herstellung von Ringgarn

Anschließend wird auf der Ringspinnmaschine (Abb. 4.17, vgl. Abb. 4.15 a) in einem Streckwerk das Vorgarn bis zur Endfeinheit verzogen. Dem Faserbändchen werden durch den auf dem Spinnring rotierenden Ringläufer (= Drallgeber B), der über das Fadenstück zwischen Kops und Ringläufer von der rotierenden Spindel angetrieben wird, Drehungen erteilt. Diese pflanzen sich in dem unter hoher Fadenspannung stehenden Faserbändchen (Ausbilden eines Fadenballons) bis zum Klemmpunkt A des Ausgangswalzenpaares des Streckwerkes fort. Die Anzahl Garndrehungen T ergibt sich aus dem Quotienten von Spindeldrehzahl n_{spi} und Liefergeschwindigkeit v_L:

$$T = \frac{n_{spi}}{v_L} \tag{4.8}$$

Das Aufwinden des Garns auf den Kops resultiert aus dem Nacheilen des Ringläufers gegenüber der Spindel. Das wird durch die zwischen Spinnring und Ringläufer wirkenden Reibungskräfte, die Fadenzugkraft, den Luftwiderstand usw. verursacht. Es erfolgt in konischen Schichten von unten nach oben, wobei die Ringbank nach jeder Auf- und Abwärtsbewegung um eine Fadenstärke weiter nach oben geschaltet wird.

Bei der Verarbeitung von pflanzlichen Naturfasern (insbesondere Langfasern aus Flachs, Ramie, Jute) wird das Vorgarn vor dem Streckwerk durch ein Wasserbad geführt, um die Pektine zu lösen. Damit wird erreicht, dass sich die Fasern leichter gegeneinander verziehen lassen.

Der schichtweise Aufbau der Drehungsstruktur des Ringgarns (Abb. 4.18) resultiert aus der Drehungserteilung, die von außen nach innen erfolgt. Dadurch weisen

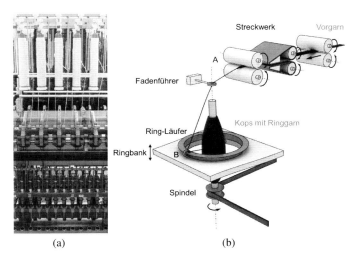

(a) (b)

Abb. 4.17 (a) Arbeitsstelle und (b) Funktionsprinzip der konventionellen Ringspinnmaschine

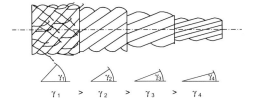

$\gamma_1 > \gamma_2 > \gamma_3 > \gamma_4$

Abb. 4.18 Drehungsstruktur des Ringgarns über den Garnquerschnitt (schematisch)

die Fasern der äußeren Garnstruktur den größten Steigungswinkel γ auf, während der Steigungswinkel der Faserschichten zum Garnzentrum hin abnimmt. Insbesondere in den äußeren Windungsschichten werden die Fasern stark gedehnt. Sie sind bestrebt, in den ursprünglichen Zustand zurückzukehren. Deshalb entsteht ein hoher gegen den Kern gerichteter Komprimierungsdruck. Werden Fasern der äußeren Garnstruktur beansprucht, z. B. durch Scheuerung, wird der Zusammenhalt des gesamten Faserverbandes beeinträchtigt. Die Fasern im Garnkern nehmen wegen ihrer besseren Ausrichtung in Achsrichtung bevorzugt Zugkräfte auf.

OE-Friktionsgarn aus 100 % Spinnfasern

Im Gegensatz zum Ringgarn sind OE-Friktionsgarne zentrische Kern-Mantel-Mehrkomponentenstrukturen, in denen für den Kern und den Mantel verschiedene Fasern eingesetzt werden können, wobei im Garnmantel zusätzlich unterschiedliche Fasern (einschließlich Kurzfasern > 10 mm) miteinander gemischt und gezielt und definiert angeordnet werden können. In der Regel werden Friktionsgarne als Hybridgarne hergestellt.

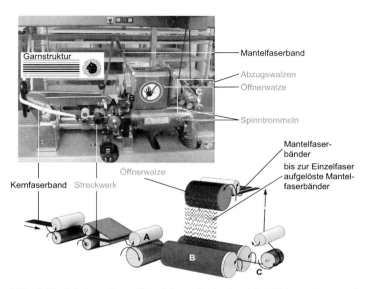

Abb. 4.19 Arbeitsstelle und Funktionsprinzip der OE-Friktionsspinnmaschine (DREF 3000) zur Herstellung von Kern-Mantel-Strukturen aus 100 % Spinnfasern und Garnstruktur (schematisch, s. Inset im oberen Bild)

Die Arbeitsstelle der DREF 3000 zeigt Abbildung 4.19 (vgl. auch Abb. 4.15 a und b). Optional kann im Kern ein Filamentkern zugeführt werden (vgl. Abschn. 4.2.3). Mehrere Mantelfaserbänder werden durch eine Öffnerwalze zu Einzelfasern aufgelöst, durch Unterdruck in den Walzenspalt der beiden gleichsinnig rotierenden perforierten Spinntrommeln transportiert, dabei abgebremst und an das offene Garnende durch einen mechanischen Abwälzvorgang (Friktion) angedreht. Der Garnmantel wird von innen nach außen schichtweise aufgebaut, d. h. durch eine gezielte Vorlage unterschiedlicher Faserbänder kann eine Fasermischung im Mantel erfolgen. Das seitliche Streckwerk ermöglicht es, ein Kernfaserband, vorzugsweise aus Verstärkungsfasern, bis zum gewünschten Fasermasseanteil im Garn zu verziehen und den Spinntrommeln axial zuzuführen. Die Kernfasern erhalten durch die Spinntrommeln B im Bereich zwischen der Klemmlinie des Ausgangswalzenpaares des Streckwerkes A und dem *Drallgeber* falsche Drehungen. Das heißt nach dem Passieren der Spinntrommeln liegen die Fasern im Garn wieder weitgehend parallel zur Garnachse. Die Garnfestigkeit resultiert damit aus den Garndrehungen der Mantelfasern, die die in Längsrichtung angeordneten Kernfasern kompaktieren. Die Übertragung der Drehungen auf die Mantelfasern erfolgt kraftschlüssig und ist wesentlich vom Anpressdruck der Spinntrommeln und den Reibungskoeffizienten zwischen Fasern und Metall (Spinntrommeloberflächen) bzw. zwischen den Fasern abhängig. Die Spinntrommeldrehzahl, die Absaugung der Spinntrommeln und die

Abzugsgeschwindigkeit bestimmen die Garnstruktur im Garnmantel entscheidend mit.

Das Garn hat im Vergleich zum Ringgarn eine rauere, voluminösere Oberfläche bei geringerer Haarigkeit. Es ist bei Bedarf auch zu Garnen mit relativ hoher Feinheit verspinnbar, die jedoch niedriger als bei Ringgarnen ist. Die Unterbrechung des Faserflusses und die damit in Verbindung stehende Trennung von Drehungserteilung und Aufwindung gestattet im Vergleich zum Ringspinnen eine deutlich höhere Spinngeschwindigkeit (bis etwa zehnfach).

OE-Rotorgarn

Die Arbeitsstelle der OE-Rotorspinnmaschine zeigt Abbildung 4.20 (vgl. auch Abb. 4.15 a und b). Aus den mittels Öffnerwalze aufgelösten und durch Luftstrom und Zentrifugalkraft ausgerichteten Spinnfasern wird kontinuierlich ein konisches Faserbändchen in der Rotorrille gebildet, das eine relativ konstante Faserspannung aufweist. An der dicksten Stelle dieses Faserbändchens werden Fasern an das im Rotor B rotierende offene Garnende angedreht, wobei sich die Drehungen bis zu den Abzugswalzen C ausbreiten.

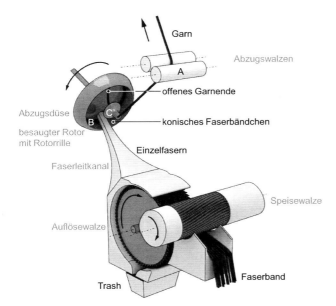

Abb. 4.20 Arbeitsstelle und Funktionsprinzip der OE-Rotorspinnmaschine

Die Drehungsstruktur des OE-Rotorgarns (Abb. 4.21) resultiert aus der Drehungserteilung, die von innen nach außen erfolgt. Die im Garnkern befindlichen Fasern können der Drehungserteilung nicht ausweichen, was zu einer höheren Garndrehung und damit größeren Packungsdichte im Garnkern führt. Zur äußeren Garnstruktur hin können die Fasern zunehmend der Drehungserteilung ausweichen, so dass das Garn voluminöser wird. Die äußersten Fasern, sogenannte Bauchbinden, sind ohne Vorzugsorientierung um das Garn gewunden, sie fliegen prinzipbedingt auf das bereits fertige, im Rotor rotierende Garn auf. Darunter befindet sich eine dünne Faserschicht, die wenige oder teilweise entgegengesetzt gerichtete Drehungen aufweist. Letztere resultieren aus der Überlagerung von echten und falschen Drehungen zwischen der Abzugsdüse C, die oft ein spezielles Kerbendesign zur Erteilung falscher Drehungen hat, und dem rotierendem Garnabzugspunkt in der Rotorrille des Rotors B. Wenn die Fasern, die auf das bereits gut gedrehte Garn auffliegen, weniger echte als falsche Drehungen erhalten, werden die Fasern nach der Abzugsdüse entgegen der Garndrehungsrichtung gedreht. Da die äußeren Fasern somit nicht zur Garnfestigkeit beitragen, hat das Garn eine geringere Höchstzugkraft als das Ringgarn, ist jedoch scheuerbeständiger, da die innere, die Last aufnehmende Garnstruktur geschützt wird.

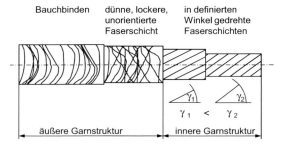

Abb. 4.21 Drehungsstruktur des OE-Rotorgarns über den Garnquerschnitt (schematisch)

4.2.4 Filament-Spinnfaser-Garn

In *Filament-Spinnfaser-Garnen* werden Monofil- oder Multifilamentgarne mit Spinnfasern kombiniert. Grundsätzlich sind zu unterscheiden:

- in Achsrichtung ausgerichtete, parallele Spinnfasern werden mit einem Mono- oder Multifilamentgarn umwunden: Umwindegarn,
- in Achsrichtung ausgerichtete, parallele Filamente werden mit Spinnfasern umsponnen – Umspinnungsgarne: Core-Ringgarn, OE-Friktionsgarn mit Filamentkern, Core-OE-Rotorgarn, Online-Hybridumspinnungsgarn,
- Filament-Spinnfasergarne ohne Kern-Mantel-Struktur und ohne Drehung sowie
- verwirbelte Filament-Spinnfasergarne ohne oder mit Elastan.

Insbesondere Core-Ringgarne werden oft als Nähgarn eingesetzt. Bei den meisten mit Spinnfasern umwundenen Garnen ist die Mantelaufschiebefestigkeit zwischen Filamentkern und Spinnfasermantel gering. Das kann zu Problemen bei der Weiterverarbeitung führen, wenn das Garn bei hohen Fadenlaufgeschwindigkeiten durch Fadenführer, Nadeln und Ähnliches geführt wird, die ebenfalls teilweise schnelle Bewegungen ausführen. Die Garnseele liegt teilweise unbedeckt, während sich die Fasern an einem Ende des frei liegenden Kerns zusammenschieben, was bei der Weiterverarabeitung zu Fadenbrüchen führen kann [58, 59].

Umwindegarn (Schappe Techniques, Charnoz, Fance)

Faserbänder oder Hybrid-Faserbänder aus parallelen, homogen miteinander gemischten Verstärkungs- und thermoplastischen Fasern werden verzogen und mit einem sehr feinen Filamentgarn, z. B. aus demselben thermoplastischen Polymer wie die thermoplastischen Fasern, z. B. mit 20 bis 300 Drehungen/m umwunden. Das Filamentgarn ist nur zu einem geringen Prozentsatz an der Materialzusammensetzung des Garns beteiligt, es hält die Fasern durch den aufgebrachten äußeren Druck zusammen und sichert damit die Garnfestigkeit. Diese ist im Allgemeinen geringer als die von Ringgarnen. Die Garne haben eine geringere Packungsdichte. Sie eignen sich besser als Ringgarne und ähnlich gedrehte Strukturen für den Einsatz in Verbundwerkstoffen, wie CARPENTER et al. für Naturfasern [60] und ZHANG et al. [61] für Naturfaser-Thermoplast-Hybridfaserbänder nachweisen.

Die Garnfeinheiten betragen heute üblicherweise z. B. für CF 6 K, 3 K oder 1 K. Abbildung 4.22 zeigt eine typische Umwindegarnstruktur.

Abb. 4.22 Typische Struktur eines Hybrid-Umwindegarns (schematisch)

Die Herstellung ist wirtschaftlicher als beim Ringspinnen und erfolgt auf Hohlspindel-Umwindemaschinen (Abb. 4.23, vgl. auch Abb. 4.15 a). Das mittels Streckwerk (Klemmpunkt A) verfeinerte Faserband wird durch eine Hohlspindel B geführt, auf der sich eine Spule mit dem Umwindefaden befindet. Die Spindel rotiert und das Filamentgarn wird um das Faserband herumgewunden, das nach dem Durchlaufen der Abzugswalzen (Klemmpunkt C) keine Eigendrehung aufweist.

THOMANNY et al. untersuchen den Einfluss der Garnstrukturparameter (Verstärkungsfaseranteil, Faserfeinheit, -längenverteilung, Garnfeinheit) auf die Eigenschaften der Faserkunststoffverbunde [62].

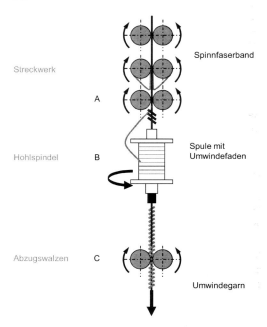

Abb. 4.23 Arbeitsstelle der Hohlspindel-Umwindemaschine

Core-Ringgarn

Im Bereich der Nähfadenindustrie ist ein modifiziertes Ringspinnverfahren für die Herstellung von Coregarnen üblich. Am letzten Walzenpaar des Streckwerkes wird der Kernfaden separat und zentrisch zugeführt, z. B. ein definiert verzogener EL-Faden oder ein CF-Filamentgarn, der jeweils die Garnseele bildet [63].

Es wird empfohlen, die Vorspannung für die Filamentfadenzuführung relativ hoch und die Drehung im Filamentgarn entgegengesetzt zur Spindeldrehungsrichtung zu wählen, um die Mantelaufschiebefestigkeit zu verbessern [58].

Geclustertes Core-Ringgarn

Die Grundidee dieser Technologie basiert auf der 1996 entwickelten Solospun Technology [64], bei der eine Modifizierung der Filamentzuführung erfolgt, indem die Lieferwalze für die Filamentzuführung mit feinen Nuten versehen wird. Diese teilt das ungedrehte Filamentgarn in zwei bis vier Filamentgruppen, sogenannte Cluster, auf. Nach dem Ausgangswalzenpaar des Streckwerkes werden diese Filamentgruppen mit einem unterschiedlichen Winkel zur Garnachse wieder zusammengeführt, so dass sich gleichzeitig mehrere Spinndreiecke ausbilden. Durch Migration von Spinnfasern aus dem Spinndreieck in eine Filamentgruppe oder zwischen den Filamentgruppen werden die Filamente gut in das Garn eingebunden. Das geclusterte Core-Ringgarn (Abb. 4.24) verbessert die mechanischen Garneigenschaften (Höchstzugkraft, -dehnung) [65].

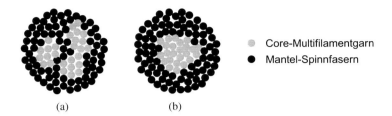

Core-Multifilamentgarn
Mantel-Spinnfasern

(a)   (b)

Abb. 4.24 Schematischer Garnquerschnitt: (a) geclustertes Core-Ringgarn, (b) konventionelles Core-Ringgarn (in Anlehnung an [65])

OE-Friktionsgarn mit Filamentkern

Bei der DREF 2000 entspricht die Arbeitsstelle der der DREF 3000 (Abb. 4.19), jedoch ist kein Streckwerk vorhanden. Es wird obligatorisch eine Kernkomponente zugeführt, während es bei der DREF 3000 (s. Abschn. 4.2.3.3) optional bleibt, ob der Garnkern eine oder mehrere Komponenten, wie z. B. Monofil-, Multifilament- oder Spinnfasergarne, enthält. Diese zusätzlichen Kernkomponenten gestatten:

- eine Erhöhung der Garnzugfestigkeit,
- einen mechanischen Schutz der Kernkomponente(n) durch die Spinnfaserummantelung (meist thermoplastische Fasern) und
- die Integration von Funktionskomponenten (s. Abschn. 4.6).

Auf die im Kern zugeführten Komponenten (Abb. 4.25) werden bei der Zuführung zwischen der Fadenbremse und dem Spinntrommeleinlauf falsche Drehungen aufgebracht. Diese müssen so eingestellt werden, dass sie einerseits hoch genug sind, um die Kernkomponente gleichmäßig und fest umwinden zu können, andererseits dürfen sie nur so hoch sein, dass in der Kernkomponente keine Filamentbrüche auftreten. Dabei beeinflusst die auf den Kernfaden aufgebrachte Vorspannung die im Kern verbleibende falsche Drehung in hohem Maße. Sie ist am höchsten, wenn der Kernfaden ohne Vorspannung zugeführt wird [66]. MIAO et al. [58] empfehlen Folgendes für eine gute Mantelaufschiebefestigkeit:

- eine leichte Vorspannung auf den Kernfaden aufzubringen,
- die gleiche Drehungsrichtung der Kernfadenvordrehungen und der Mantelfaserdrehungen zu wählen und

• den Mantelfasern möglichst viele Drehungen zu erteilen.

Handelsübliche OE-Friktionsgarne werden von der Schoeller Spinning Group
Schoeller GmbH Co. KG und der Fischer Tech Garn GmbH angeboten.

(a)   (b)

Abb. 4.25 Vorrichtung zur Zuführung einer Kernkomponente an der DREF-OE-Friktionsspinn-
maschine: (a) Detail der Zuführvorrichtung (b) Gesamtansicht der Spinnstelle

Core-OE-Rotorgarn

Kern-Mantel-Garn, bei dem ein Filamentgarn, z. B. ein EL-Faden, direkt beim Spinnen durch eine Hohlwelle von der Rückseite in den rotierenden Rotor zugeführt
wird, das sich schlingenförmig in die Rotorrille legt. Um diesen Garnkern werden
während des Spinnens die wie üblich zugeführten Spinnfasern gewunden. Grundlegende Untersuchungen sind in [67] dokumentiert.

YANG et al. stellen beim Vergleich von Core-Ring- und Core-OE- Rotorgarnen fest,
dass letztere eine glattere Oberfläche, eine geringere Haarigkeit und eine höhere
Scheuerbeständigkeit aufweisen, während die Höchstzugkraft bei einem kleineren
Variationskoeffizienten etwas geringer ist [68].

Online-Hybridumspinnungsgarn

Anstatt des thermoplastischen Filamentgarns wie beim Online-Hybridgarnspinnen
(s. Abschn. 4.2.2.3) wird die thermoplastische Komponente in Form von Spinnfasern über Spinntrichter zugeführt und mit den Glasfilamenten direkt in der Spinn-
anlage vereinigt [69].

4.3 Mehrfachgarn für Fadenhalbzeuge

4.3.1 Einteilung

Mehrfachgarne werden aus zwei oder mehr Einfachgarnen hergestellt, wobei die Garne zusammengedreht oder umeinander gedreht werden. Bei diesem Vorgang wird der Faserverband geometrisch modifiziert. Querschnitt, Dichte, Faserorientierung und Oberflächenrauhigkeit ändern sich, wobei aus dem jeweils gewählten Verfahren unterschiedliche Strukturen (Abb. 4.26) resultieren. Dadurch entstehen neue Garneigenschaften oder vorhandene Eigenschaften der Einfachgarne werden verbessert.

Die Fasermischung kann durch die Kombination von Ein- und/oder Mehrkomponentengarnen erfolgen. Die Mischungshomogenität im Querschnitt ist im Vergleich zu Einfachgarnen geringer, jedoch können linienförmige Funktionskomponenten sehr gut integriert werden, so dass einzigartige multifunktionale Garne in einer großen Variantenvielfalt realisierbar sind.

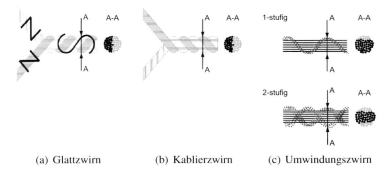

    (a) Glattzwirn   (b) Kablierzwirn   (c) Umwindungszwirn

Abb. 4.26 Schematische Darstellung prinzipieller Zwirnstrukturen

4.3.2 Glattzwirn

Glattzwirne haben gegenüber Einfachgarnen folgende Vorteile:

- höhere Massegleichmäßigkeit/geringere Anzahl Garnfehler,
- höhere Festigkeit und Elastizität,
- höheres Volumen oder höhere Dichte,
- Drehungsberuhigung (Beseitigung der Kringelneigung) und

- bessere Weiterverarbeitung, z. B. geringere Empfindlichkeit gegenüber Reibbeanspruchung durch gute Fasereinbindung, optimale Spulenformate, kein Warenverzug und kein Maschenkippen.

Zwirne werden z. B. als Kettgarne in der Weberei oder als Nähgarne eingesetzt, d. h. bei sehr hohen Beanspruchungen während der textilen Weiterverarbeitung und/oder hohen Gebrauchsanforderungen im Verbundwerkstoff.

Die Oberfläche des Zwirns ist vergleichsweise glatt. Die Garne sind symmetrisch miteinander verdreht (Abb. 4.26 a), wobei meist Garne gleicher Drehungsrichtung und gleicher Feinheit eingesetzt werden. Es erfolgt ein spiralförmiger Wechsel der Garne auf der jeweils betrachteten Zwirnseite. Die Häufigkeit des Wechsels ist vom Zwirnaufbau abhängig. Konstruktive Variablen sind:

- Aufbau der vorgelegten Garne (Typ, Faserstoff/-mischung, Feinheit),
- Fachung (Anzahl der zusammengeführten Garne),
- Drehungsanzahl und Drehungsrichtung der Garne und des Zwirns und
- Stufigkeit (einstufig: aus Einfachgarnen, mehrstufig: aus Zwirnen, gegebenenfalls unter Mitverwendung von Garnen).

Beispiele für Zwirnbezeichnungen enthält Tabelle 4.3.2. Exemplarisch soll die Bezeichnung des mehrstufigen Zwirns erläutert werden. Diese bedeutet, dass in der ersten Stufe drei Einfachgarne mit einer Feinheit von 20 tex, die 1055 Drehungen pro Meter in Z-Richtung aufweisen, miteinander in S-Richtung verdreht werden, wobei 420 Drehungen pro Meter aufgebracht werden. In der zweiten Stufe werden zwei dieser Einfachzwirne in Z-Richtung mit 280 Drehungen pro Meter verdreht.

Tabelle 4.3 Beispiele für typische Zwirnbezeichnungen (tex-System) [70]

Stufigkeit	Kurzbezeichnung	Langbezeichnung
einstufig	2 tex x 2	2 tex Z 600 x 2 S 400
mehrstufig, gleiche Garne		20 tex Z 1055 x 3 S 420 x 2 Z 280

Die am häufigsten eingesetzten Zwirne sind einstufige Zwei- und Dreifach-Zwirne. Bei der Nähfadenherstellung wird oft mindestens zweistufig gearbeitet:

- 1. Stufe: Herstellen des Vorzwirns im Allgemeinen aus Einfachgarnen aus gleichen oder unterschiedlichen Faserstoffen bei gleicher Garnkonstruktion
- 2. Stufe: Herstellen des Auszwirns aus den Vorzwirnen, gegebenenfalls auch unter Mitverwendung von Einfachgarnen.

Durch die Drehungserteilung während des Zwirnens erfolgt eine Längenänderung, die als Einzwirnung e bezeichnet wird. Sie ergibt sich aus:

$$e = \frac{l_o - l}{l_o} \cdot 100\,\%$$ (4.9)

l [m] Fadenlänge des Zwirns
l_o [m] Fadenlänge der vorgelegten Ausgangsgarne (Einfachgarn, Vorzwirn)

Die Kenntnis der Einzwirnung ist sowohl für das Zwirnen zur Sicherung einer kontrollierten Fadenspannung beim Aufwinden als auch für die Planung der benötigten Zwirnlänge in der Weiterverarbeitung erforderlich.

Die Einzwirnung ist insbesondere abhängig von der Drehungsrichtung sowohl im Garn als auch im Zwirn. Zu unterscheiden sind der Aufdraht- und der Zudrahtzwirn.

Aufdrahtzwirn oder Gegendrahtzwirn (am häufigsten) (Abb. 4.27 a): Die Drehungsrichtung beim Zwirnen ist entgegengesetzt der Garndrehungsrichtung. Zu Beginn des Zwirnprozesses verlängert sich das Garn (der Vorzwirn) im Zwirn, mit steigender Drehungsanzahl wird der Zwirn wieder kürzer. Entspricht die Zwirndrehung ungefähr der Einfachgarndrehung, liegen die Fasern nach dem Zwirnen parallel zur Zwirnachse. Die reduzierte Garndrehung der Einfachgarne im Zwirn bewirkt:

• eine Volumenzunahme des Zwirns,

• einen weicheren Griff im Vergleich zum Einfachgarn,

• eine Drehungsberuhigung und

• das Verhindern von Warenverzug und Maschenkippen während der Flächenbildung.

Aus den Pharr-Reißfaserbändern (s. Abschn. 4.2.3.2) werden Spinnfasergarne (insbesondere Ringgarne) hergestellt, die anschließend zu Zweifach-Aufdrahtzwirnen verarbeitet werden. Sie sind drehungsberuhigt, haben 30 % bessere In-Plane Schereigenschaften (damit bessere Schlagzähigkeit), während Reißfestigkeit und E-Modul etwa 10 % bis 15 % geringer als bei Filamentgarnen sind [49].

Zudrahtzwirn (Abb. 4.27 b): Die Drehungsrichtung bei der Garn- und Zwirnherstellung stimmen überein. Mit steigender Drehungsanzahl verkürzt sich der Zwirn, der Garnsteigungswinkel erhöht sich. Es entstehen feste und harte Zwirne. Die Fasern können nach dem Zwirnen fast senkrecht zur Garnachse liegen. Daraus resultiert eine hohe Spannung der Fasern im Zwirn, die bei Entlastung des Zwirns Gegenkraft bedingt zu einem Rückdrehmoment führt und als Kringelneigung bezeichnet wird. Diese Kringelneigung steigt mit zunehmender Zwirndrehung und erschwert die Weiterverarbeitung (z. B. im Webprozess Zusammenklammern zwischen parallel laufenden Garnen). Wegen dieser Kringelneigung ist eine so hohe Verdrehung wie bei Aufdrahtzwirnen nicht möglich.

Außer der Drehungsanzahl und Drehungsrichtung beeinflussen auch die Feinheit der Vorlage, die Fachung, die Fadenzugkraft während des Zwirnens, die Garnart und die Faserstoffeigenschaften (Kräuselung, Dehnung, Oberflächeneigenschaften) die Einzwirnung.

Glatt-Hybridzwirne: Zwirne, für deren Herstellung mindestens zwei Garne unterschiedlicher Faserstoffzusammensetzung eingesetzt werden, d. h.:

(a) Aufdrahtzwirn   (b) Zudrahtzwirn

Abb. 4.27 Schematische Darstellung von Aufdraht- und Zudrahtzwirn

- Verdrehen von zwei Garnen, wobei ein Garn vorzugsweise aus Verstärkungs-filamenten und ein Garn aus thermoplastischen Filamenten oder Spinnfa-sern besteht. Im Zwirnquerschnitt befinden sich alternierend entweder die Verstärkungsfasern oder die thermoplastischen Fasern auf der Außenseite des Zwirns.
- Verdrehen von zwei Hybrid-Einfachgarnen.

Glattzwirne werden durch Ring-, Doppeldraht(DD)-Zwirnen oder Dreifachdraht-Zwirnen hergestellt. Das sind mit Ausnahme des Ringzwirnens Aufwärtszwirnver-fahren, d. h. das Aufwinden des Zwirns erfolgt auf einer Kreuzspule. Meist wer-den die Garne vor dem Zwirnen in einem separaten Prozess gefacht. Bei Drei- und Mehrfachzwirnen und bei der Verarbeitung von Spinnfasergarnen wird Fachen im-mer als separater Prozess durchgeführt. Es werden beispielsweise zwei bis sechs Garne parallel als Strang auf eine Spule aufgewunden und mit einer geringen ech-ten Drehung (15 bis 20 m^{-1}) oder mit Falschdraht durch einen intermittierenden Luftstrom versehen. Dies hat folgende Vorteile:

- Sicherung der gleichen Fadenspannung der zu verzwirnenden Garne,
- zusätzliche Möglichkeit für die Eliminierung von Garnfehlern,
- Beseitigung von Zwirnfehlern durch ungewolltes Weiterzwirnen bei Fadenbruch eines Einzelfadens oder Leerlaufen einer Vorlagespule und
- höhere Produktionsleistung der Zwirnmaschine.

Ringzwirnen: Die Ringzwirnmaschine gleicht in Aufbau und Wirkprinzip der Ring-spinnmaschine (Abb. 4.17). An Stelle der Flyerspulen werden Kreuzspulen, die Ein-fachgarne, gefachte Garne oder Zwirne enthalten, aufgesteckt. Das Streckwerk wird durch ein Lieferwerk ersetzt. Das Aufwinden des Zwirns auf dem Zwirnkops erfolgt entweder wie bei der Ringspinnmaschine oder über die gesamte Kopslänge gleich-zeitig. Um eine glatte, glänzende und geschlossene Oberfläche zu erzielen, wird durch eine integrierte Befeuchtungseinrichtung auf die Garne vor dem Lieferwerk ein Netzmittel aufgetragen.

Doppeldrahtzwirnen (Abb. 4.28, vgl. auch Abb. 4.15 a): Das gefachte Garn wird von einer stationären Kreuzspule (bis zu sechs Einfachgarne auf einer Spule), die mittels

Magneten auf der rotierenden Spindel gehalten wird, über Kopf abgezogen. Alternativ können als Vorlage auch Einfachgarne, die sich auf Spezialspulen befinden, eingesetzt werden. Die Fäden durchlaufen eine Fadenbremse und eine Hohlachse, bevor sie durch die Öffnung in der Speicherscheibe über den Rotor in den Spulentopf gelangen. Das Garn wird dabei um 180° umgelenkt und rotiert als Fadenballon um den Spulentopf. Im Zwirn entstehen zwei Drehungen bei einer Spindelumdrehung: die erste Drehung zwischen Fadenbremse A1 und Spindelrotor B, die zweite Drehung zwischen Spindelrotor und Ballonfadenführer A2. Die Höhe des Fadenballons wird durch den Ballonfadenführer begrenzt.

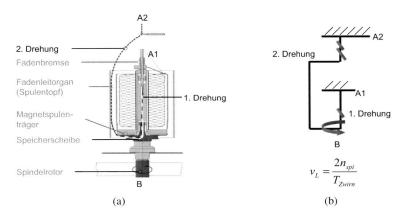

(a) (b)

A1 Klemmpunkt Fadenbremse
A2 Klemmpunkt Fadenballonführer
B Klemmpunkt und Drallgeber (Spindelrotor)

Abb. 4.28 (a) Arbeitsstelle und Funktionsprinzip der Doppeldrahtzwirnmaschine (Quelle: Oerlikon Saurer Allma und Volkmann Product Lines), (b) Grundprinzip der Drehungserteilung

Dreifachdrahtzwirnen (Trictec Verfahren, Abb. 4.29, vgl. auch Abb.4.15 a): Im Gegensatz zum Doppeldrahtzwirnen werden zwei drehbar gelagerte Spindelsysteme mit zylindrischem Fadenleitorgan eingesetzt. Das äußere und das innere System rotieren mit gleicher Drehzahl gegenläufig. Das gefachte Garn wird durch die Rotation des inneren Systems von der Spule abgeworfen und bildet auf dem inneren Fadenleitorgan eine selbstregulierende Speicherung. Es gelangt in die Spindelhohlachse und erhält durch die gegenläufig rotierenden Spindeln B1 und B2 zwei Drehungen. Das äußere Fadenleitorgan bildet für den Zwirn eine weitere Speicherung, wobei die dritte Zwirndrehung zwischen dem äußeren Spindelsystem B2 und den Abzugswalzen A entsteht.

Zwirnverfahren zur Prozessverkürzung: *Sirospun*-Zwirnen (für Spinnfasergarne): Spinnen und Zwirnen werden in einem Arbeitsgang durchgeführt. Die Vorgarne werden getrennt und parallel durch das Streckwerk auf der Ringspinnmaschine (vgl.

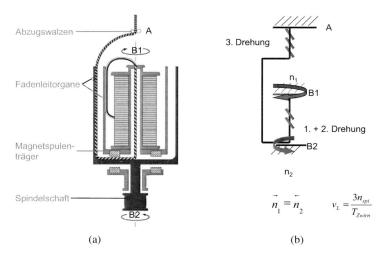

A1 Klemmpunkt Abzugswalzen
B1 Klemmpunkt und Drallgeber (Spindelinnenteil)
B2 Klemmpunkt und Drallgeber (Spindelaußenteil)

Abb. 4.29 (a) Arbeitsstelle und Funktionsprinzip der Dreifachzwirnmaschine (Quelle: Oerlikon Saurer Allma und Volkmann Product Lines), (b) Grundprinzip der Drehungserteilung

Abb. 4.17) geführt und damit getrennt verzogen. Die durch die Ringspindel erteilten Drehungen breiten sich in beiden Faserbändchen bis zum Klemmpunkt des Ausgangswalzenpaares aus, gleichzeitig werden beide Faserbändchen miteinander in der Garndrehungsrichtung verdreht. Es entsteht der Sirozwirn.

4.3.3 Kablierzwirn

Der *Kablierzwirn* wird auch als Cordzwirn oder *Reifencord* bezeichnet. Die Garne, in der Regel Filamentgarne gleicher Feinheit, sind umeinander gedreht, ohne dass die einzelnen Garne eine Drehung erhalten (vgl. Abb. 4.26 b). Es entsteht ein spannungsausgeglichener Zwirn, in dem die Fasern im Garn in Zwirnachsenrichtung orientiert liegen. Daraus ergeben sich gegenüber dem konventionellen Zwirnen folgende Vorteile:

- Gewährleisten einer parallelen Faserlage in Garnachsenrichtung und damit sehr gute Ausnutzung der Substanzfestigkeit,
- Beibehalten des Volumens,
- Verringern der Gefahr von Faserschädigungen während der Garnverarbeitung und

- wirtschaftlichere Prozessführung.

Direktkablieren (Abb. 4.30, vgl. auch Abb. 4.15): Das Kablieren ist ein spezieller Umwindeprozess. Das erste Garn (Außenfadenvorlage und Klemmpunkt A) wird von einem externen Gatter abgezogen. Es rotiert mittels Antrieb über dem Spindelmotor B um das zweite Garn (Innenfadenvorlage und Klemmpunkt C), das sich stationär auf einer Spule befindet und über Kopf abgezogen wird. Der Außenfaden bildet nach Verlassen des Umlenkteils der Motorspindel einen Fadenballon. Im Codierpunkt werden beide Garne kabliert, d. h. mit gleicher Fadenspannung umeinander gewunden, ohne dass sich die Drehungsanzahl im Einfachgarn verändert.

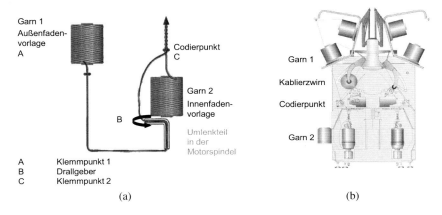

Abb. 4.30 (a) Grundprinzip des Kablierens, (b) Maschinenquerschnitt der Allma CC3 (Quelle: Oerlikon Saurer Allma und Volkmann Product Lines)

Für ein symmetrisches Umwinden müssen die Fadenspannung von Innen- und Außenfaden identisch sein. Ist das nicht der Fall, können durch Kablieren auch Umwindungszwirne (s. Abschn. 4.3.4) hergestellt werden.

Bei der CC3 (Abb. 4.30 b) können sowohl das Kablieren als auch die bereits beschriebenen Prozesse des Hochdrehens und Doppeldrahtzwirnens ohne Umrüstung der Maschine durchgeführt werden.

4.3.4 Umwindungszwirn

Die Bezeichnung *Umwindungszwirn* (co wrapping ply yarn) wird auf Grund der systematischen Darstellung der Zwirne bewusst abweichend zur DIN 60900-1 (Juli 1988) gewählt, die derartige Garne als Umwindungsgarne bezeichnet. Die Garne sind nicht symmetrisch miteinander verdreht. Ein nichtelastisches oder elastisches Garn – der sogenannte Stehfaden – liegt gestreckt in der Zwirnmitte, wird von einem oder mehreren Garn- oder Zwirnwindungslagen spiralförmig umschlungen und dabei mehr oder weniger gut abgedeckt. Es entstehen Zwirne mit stark gerippten Oberflächenstrukturen und damit größerer Oberfläche (äußere Garnstruktur). Bei geeigneter Auswahl der Prozessparameter erfolgt eine zusätzliche Komprimierung der inneren Garnstruktur.

Bei einem einstufigen Umwindungszwirn erfolgt die Umhüllung des Stehfadens mit einer Windungslage in Z- oder S-Richtung (spiralförmige Rippenstruktur), beim zweistufigen Umwindungszwirn mit zwei aufeinander liegenden Windungslagen mit entgegen gesetzter Windungsrichtung (vgl. Abb. 4.26 c).

Konstruktive Variablen sind dabei:

- der Garn- bzw. Zwirnaufbau von Kern- und Mantelgarn(en) (Typ, Faserstoff/- mischung, Feinheit),
- die Anzahl der Mantelgarne /Anzahl der Kerngarne,
- die Windungsanzahl und Drehungsrichtung des/(der) Mantelgarn(e) sowie
- die Stufigkeit (einstufig, zwei- oder mehrstufig).

Bezeichnung: Die Anzahl der Windungen wird mit dem Buchstaben W, der Drehungsrichtung (S oder Z) und der darauf folgenden Windungszahl pro Meter (Nennwindung) angegeben, z. B. W Z 400.

Ein *Compositezwirn* hat als Kern ein Filamentgarn (z. B. aus 100 % Verstärkungsfasern), das durch ein Spinnfasergarn aus 100 % Naturfasern ummantelt wird.

Umwindungszwirne werden in der Regel auf Hohlspindel-Effektzwirnmaschinen (vgl. Abb. 4.23) hergestellt, wobei anstelle des Streckwerkes ein Lieferwerk eingesetzt wird. Der Stehfaden wird durch eine Hohlspindel geführt und mit dem sich auf einer Scheibenspule befindenden Mantelgarn mit einer definierten Anzahl Windungszahl pro Meter umwunden.

Alternativ sind auch Ring-, Doppeldraht- und Tritec-Verfahren sowie Kablieren möglich.

Um beim Ring-, Doppeldraht- und Tritec-Verfahren eine asymmetrische Struktur zu erzielen, müssen folgende Voraussetzungen geschaffen werden:

1. Von den vorgelegten Garnen gleicher Länge hat ein Garn S- und ein Garn Z-Drehung. Das Garn, das die gleiche Drehungsrichtung wie der Zwirn aufweist, wird kürzer und bildet den Stehfaden, während sich das andere Garn längt und spiralförmig um den Stehfaden windet.

2. Die Garne werden mit unterschiedlichen Geschwindigkeiten dem drehungserteilenden Organ zugeführt. Das langsamere Garn bildet den Stehfaden und wird somit vom schnelleren Garn umwunden.

3. Von den vorgelegten Garnen gleicher Länge ist ein Garn gröber. Dieses Garn windet sich spiralförmig um das feinere Garn.

Beim Kablieren [71] werden die Fadenspannungen der beiden Garne so eingestellt, dass das im Kern gestreckt liegende Garn vom Mantelgarn spiralförmig umwunden wird. Die Steigung des Mantelgarns ist durch die Maschinenparameter Spindeldrehzahl und Abzugsgeschwindigkeit variierbar.

Kombination aller Zwirnverfahren in einer Maschine (Labormaschine): Auf dem von AGTEKS [72] entwickelten DirecTwister 2B können an zwei unabhängig voneinander arbeitenden Arbeitsstellen fünf verschiedene Verfahren durchgeführt werden: Hochdrehen, Ringzwirnen, Doppeldrahtzwirnen, Hohlspindelverfahren und Kablieren. Es können gleichzeitig bis zu acht Garne einschließlich elastischer Materialien verarbeitet werden.

4.4 Empfehlungen für die Weiterverarbeitung zu Fadenhalbzeugen

Die Garne haben ihre bisherige „Lebensgeschichte" gespeichert. Sie werden bei allen Prozessen mechanisch beaufschlagt (z. B. durch Fadenzugkraft, Reibung, Luftwiderstands-, Biege- und Druckkräfte im Spulenkörper), was zu Änderungen der Garnstruktur durch Fasermigration führt. Dadurch können die Garneigenschaften irreversibel verändert werden (z. B. Änderung der molekularen Struktur bis zum makroskopischen Bruch von einzelnen Fasern durch lokale Überdehnung von Einzelfasern und/oder Garnabschnitten). Die Auswirkungen werden teilweise erst bei der Weiterverarbeitung sichtbar. Bei Bedarf (insbesondere bei Kringelneigung) sollten die Garne vor der Weiterverarbeitung zur Relaxation thermisch behandelt werden. Umspulen verbessert das Ablaufverhalten und die Wirtschaftlichkeit der nachgelagerten Prozessstufen, weil das Garn:

- entstaubt,
- gereinigt (Beseitigen von Dünn-, Dickstellen, Nissen) und
- paraffiniert (antistatisches Ausrüsten und Verringern der Reibung, z. B. für die Weiterverarbeitung in der Strickerei) wird sowie
- die geforderte Aufmachungsform erhält.

Um die Verstärkungsfasern wegen der geringen Garndehnung, des hohen Reibungskoeffizienten, der hohen Sprödigkeit und Biegesteifigkeit sowie der hohen Querdruckempfindlichkeit schonend zu verarbeiten, werden folgende Empfehlungen gegeben:

- Um Entmischung oder Garnaufspaltung bei mechanischer Belastung zu verhindern, ist ein hoher Fadenschluss im Garn (z. B. durch Drehen oder Verwirbeln) zu gewährleisten. Des Weiteren dürfen keine Fadenzugkraftspitzen während des Fadentransportes bzw. der Fadenformgebung auftreten.

- Um irreversible Garnschädigungen zu vermeiden, sind folgende Maßnahmen möglich:

  - Minimierung der Anzahl der Prozessstufen,
  - Reduzierung der Fadenzugkraft, z. B. durch den Einsatz positiv arbeitender Speicherfournisseure in der Strickerei und in der Weberei für die Schussgarne, und Konstanthalten der Fadenzugkraft im Prozess,
  - Reduzierung der Garnreibung, z. B. durch Modifizieren der Fadenführungs- und -leitelemente (Anzahl, Geometrie, Oberfläche) und/oder durch Ausrüstung der Garne mit verarbeitungsangepassten Schlichten (s. Kap. 3.2.4),
  - Anpassung der Maschinengeschwindigkeit und
  - Optimierung der Umgebungsbedingungen (Temperatur, Luftfeuchte, Licht) inkl. des vollständigen Abdeckens UV-empfindlicher Fasern (AR) auf der Maschine mit z. B. schwarzer Folie.

Wenn elektrisch leitfähige Faserbruchstücke (z. B. bei CF- und Funktionsgarn) auftreten, ist die Steuertechnik an den Maschinen zu kapseln.

4.5 Nähgarn für die Montage textiler Halbzeuge

4.5.1 Einführung

Die Delaminationsneigung ist ein übergreifendes Problem der Composites im Duromer- und Thermoplastbereich. Eine interessante Möglichkeit, diese zu minimieren, ist das Vernähen des Verstärkungstextilstapels, so dass neben den in der Flächenstruktur vorhandenen Verstärkungsfäden auch Verstärkungsfäden in z-Richtung vorhanden sind. Diese Verstärkungsfäden wirken dem Fortschreiten der Delamination entgegen.

Nähen (s. Kap. 12.6) und Sticken (s. Kap. 10) sind bewährte textile Verbindungsverfahren, um mehrlagige Verstärkungstextilflächen zu positionieren und zu montieren.

Das Nähen zum Einbringen von Verstärkungsfäden in z-Richtung bildet damit eine universelle Alternative zu textilen Flächenbildungsverfahren, die räumliche Strukturen durch Flechten, mehrschichtiges Weben, 3D-Weben oder biaxiales Stricken erzeugen [73].

Außerdem können durch Nähen beliebige dreidimensionale Gebilde aus textilen Flächen ein- und mehrschichtig geformt und aus Einzelteilen montiert werden.

Zum Einsatz kommen spezielle *Nähgarne*, da die Belastungen des Nähfadens an der Nähmaschine extrem sind. Für die Stichbildung (s. Kap. 12.6.2) muss eine relativ große Fadenlänge bei nur minimalem Fadenverbrauch aktiv zyklisch bewegt werden. Scheuerbelastung, Fadenbiegung an den Fadenleitelementen mit minimalen Übergangsradien sowie zyklische Zugbelastung in Verbindung mit Bewegungsrichtungsumkehr wirken auf den Nähfaden, bevor dieser in der Naht seine verbindende und tragende Funktion übernimmt. Kritisch sind die Verarbeitungsbedingungen bei der Bildung des Doppelsteppstiches, der bei der Näh- und Sticktechnik angewendet wird. Deshalb ist die Eignung der entwickelten Nähfäden für den Doppelsteppstich wichtig. Dieser wird durch eine große aktive Garnlänge des Oberfadens bei der Stichbildung gekennzeichnet. Um die Unterfadenspule muss eine entsprechend große Nadelfadenschlinge gelegt werden, die danach durch den Gelenkfadenhebel wieder in die Ausgangslage zurückgenommen wird. Die Belastungen beim Nähprozess können einen bedeutenden Abbau der Festigkeit des Nähfadens gegenüber der Festigkeit nach der Fadenherstellung hervorrufen.

Das Verwenden geeigneter Nähfaden aus CF und GF ohne und mit thermoplastischer Komponente (Hybridgarn) ist eine dringende Aufgabe. Nur durch störungs- und fadenschädigungsarme Näh- und Stickprozesse können die Verstärkungstextilien für das Composite-Bauteil reproduzierbar z-verstärkend und positiv auf das Delaminationsverhalten wirken.

4.5.2 Nähgarnkonstruktion

4.5.2.1 Nähprozess

Durch vielfältige Parametervariation von Stichtyp, Nähnadelgeometrie, Nähfadenart, Nähfadenfeinheit, Stichlänge, Nahtabstand und Nahtrichtung können belastungskonforme Eigenschaftscharakteristiken textiler Nähte im Nähprozess eingestellt werden.

Mit Verstärkungsfäden und -flächengebilden werden aus konfektionstechnischen Versuchen Erfahrungen und Kenntnisse gewonnen, um für die komplexen Werkstoffversuche der konsolidierten Faserkunststoffverbunde sowohl z-Verstärkungen als auch vorgefertigte Textilstrukturen mit optimalen Prozessparametern ausführen zu können. Dabei werden mehrlagige textile Verstärkungshalbzeugpakete mit einer Gesamtdicke von bis zu 20 mm bearbeitet [74–77].

Stichtypauswahl: Zum Nähen textiler Verstärkungshalbzeuge ist aus der Vielfalt der Stichtypen insbesondere der Doppelsteppstich geeignet. Der Doppelsteppstich weist Prinzip bedingt eine Fadenverschlingung auf, die normalerweise in der Nähgutmitte liegt und bei spröden Nähfäden wie Glas und Kohlenstoff stark festigkeitsreduzierend wirkt. Bei biegebeanspruchten Faserkunststoffverbunden treten die maximalen interlaminaren Schubspannungen und bei zusammengesetzten textilverstärkten Strukturkomponenten, z. B. überlappende Verbindungen, die maximalen z-Normalspannungen ebenfalls in der Compositemitte auf. Durch Variation der Spannungen von Ober- und Unterfaden kann jedoch eine Verlegung des Verschlingungspunktes in Richtung der Nähgutober- oder -unterseite erfolgen, so dass im versagenskritischen Bereich der Nähfaden gestreckt vorliegt und diese Schwachstelle vermieden werden kann.

Fadenspannung/Fadenbremseinstellung: Neben der Lage des Verschlingungspunktes beeinflusst die Fadenspannung auch die Ausrichtung der Naht im konsolidierten Faserkunststoffverbund. Die mehrfach geschichteten und vernähten textilen Verstärkungen werden im Prozess der Verbundwerkstoffkonsolidierung auf einen Bruchteil der Dicke zusammengepresst, so dass aus dem ursprünglich lockeren textilen Stofflagenpaket eine kompakte Verbundstruktur entsteht. Bei geringer Fadenspannung besteht für den Nähfaden im Stichloch keine Möglichkeit, die durch den Nähprozess erzeugte gestreckte Lage beizubehalten, so dass nach Reduzierung der Verbundstärke beim Konsolidieren der Nähfaden in eine gestauchte Zufallsanordnung übergeht. Damit entstehen für den Nähprozess und die Auswahl der Nahtparameter besondere Anforderungen.

Durch die Erhöhung der Ober- und Unterfadenspannung und das Wirken eines hohen Nähfußdruckes kann erreicht werden, dass das mehrlagige Verstärkungstextil tendenziell auf die durch das Konsolidieren entstehende Dicke zusammengepresst wird.

Perforationseffekte an den Verstärkungstextilflächen: Das Einstechen der Nähnadel in den geschichteten Verstärkungstextilstapel ist zwangsläufig mit einem gewissen Perforationseffekt verbunden. Wesentliche Einflussgröße ist neben der Nähnadelgeometrie die Stichlänge bzw. Stichdichte. Durch Zugprüfung der quer zur Belastungsrichtung durch Nähen partiell perforierten Verstärkungstextilschichten ist der Grad der Festigkeitsreduzierung durch den Perforationseffekt zu minimieren.

Nähfadenfestigkeitsreduzierungen durch Nähprozessbelastungen: Der Nähprozess ist insbesondere für den Nadelfaden mit größeren dynamischen Wechselbelastungen, mit Scheuer- und mit Reibungsbeanspruchungen an den Wirkpaarungselementen verbunden. Festere und damit dickere Nähfäden können zwar die Nahtfestigkeit und die Sicherheit des Nähprozesses erhöhen, bedingen aber auch stärkere Nähnadeln, die eine größere Perforation der textilen Flächengebilde nach sich ziehen und damit die Festigkeit des Textilverbundes verringern. Die Beurteilung des Festigkeitsverlustes infolge der Verarbeitungsbeanspruchungen ist eine sehr schwierige Aufgabe, denn der vernähte Faden muss sehr sorgfältig aus der Naht herausgelöst werden. Dazu wird beispielsweise der Unterfaden durch Trennen jedes einzelnen Stiches in Einzelstücke zerlegt, damit der Nadelfaden ohne wesentliche weitere Belastungen wieder aus der Naht herausgehoben werden kann. Der Vergleich der Höchstzugkraftmessungen (s. Kap. 14.4) des vernähten und des unvernähten Fadens mit einer Zugprüfmaschine gibt bei ausreichendem Probenumfang die gewünschte Aussage.

Bei Belastung der Naht wird der Nähfaden in der Stichverschlingung in der Art beansprucht, dass zusätzlich eine Bewertung der Schlingenfestigkeit des Nähfadens notwendig ist.

4.5.2.2 Nähgarnkonstruktion

Für Nähfäden eignen sich hinsichtlich der Wärmebeständigkeit CF- und GF-Filamente. Beide Materialien genügen den Anforderungen des maschinellen Nähprozesses auf Grund ihrer Sprödigkeit nur bedingt. Sie müssen jedoch als Festigkeitsträger herzustellender Nahtverbindungen bei entsprechendem Wärmeeinfluss fungieren.

Gegen die mechanische Beanspruchung beim Nähen und Sticken werden die Verstärkungsfäden mit thermoplastischem Matrixmaterial in Form von PEEK komplettiert.

Unter Beachtung der in den Abschnitten 4.2 und 4.3 dargestellten Verfahren eignen sich für die konfektionstechnische Verarbeitung von textilen Halbzeugen folgende Nähgarnkonstruktionen:

Core-Ringgarn: Die Herstellung des Kern-Mantel-Garnes erfolgt nach der Technologie der Core-Ringgarn-Herstellung. Ziel ist, eine optimale Ummantelung des CF-Filamentgarns mit PEEK-Fasern zu erreichen (Abb. 4.31). Durch die Ummantelung des Filamentgarns mit den PEEK-Fasern erhält der Faden eine gewisse Geschmeidigkeit, die den Nähprozess verbessert.

Abb. 4.31 Core-Ringgarn, Feinheit 152 tex, Kern aus CF-Filamentgarn (T300, 67 tex), umsponnen mit PEEK-Fasern (85 tex)

OE-Friktionsgarn: Das Prinzip des OE-Friktionsspinnverfahrens besteht in der Ummantelung von Filamentgarnen mit Spinnfasern (Abb. 4.32). Als Produkt entsteht ein Hybridgarn in Kern-Mantel-Struktur. Die Vorteile dieses Ummantelungsverfahrens liegen hauptsächlich in der zentrischen und drehungslosen Lage des Filamentkernes. Zusätzlich bietet die vollständige Umhüllung des Kerns Schutz für die empfindlichen Verstärkungsfilamente.

Abb. 4.32 OE-Friktionsgarn mit Filamentkern, Feinheit 150 tex, Kern aus CF-Filamentgarn (T300, 67 tex), umsponnen mit PEEK-Fasern (83 tex)

Umwindungszwirn: Die Umwindungszwirne (Abb. 4.33) werden hergestellt, indem ein Grundfaden (CF-Filamentgarn) und ein Effektfaden (PEEK-Filamentgarn) der Hohlspindel der Zwirnmaschine zugeführt werden. Dabei wird der Drallgeber zur schonenden Umwindung des CF-Filamentgarns mit dem PEEK-Filamentgarn entfernt. Entsprechend den gewählten Maschinenparametern, der Spindeldrehzahl und der Lieferung, kann die Umwindung in ihrer Anzahl pro Meter variiert werden.

Abb. 4.33 Umwindungszwirn, Feinheit 116 tex, Kern aus CF-Filamentgarn (T300, 67 tex), umwunden mit PEEK-Filamentgarn (49 tex)

Mehrfachzwirn: Die Zwirnherstellung erfolgt direkt von der Originalspule, da beim Fachprozess das Material einer hohen mechanischen Beanspruchung ausgesetzt wird. Beim Zwirnen werden CF- und PEEK-Filamentgarne zu einem zweistufigen Zwirn verarbeitet (Abb. 4.34). Der Vorzwirn besteht aus verschiedenen Kombinationen von CF- und PEEK-Filamentgarnen. Der Steigungswinkel mit $\alpha < 80°$ wird bewusst niedrig gehalten, um Schädigungen der Filamente weitestgehend zu vermeiden. Trotz schonender Verarbeitung sind Schädigungen der CF-Filamente zu verzeichnen.

Abb. 4.34 Mehrfachzwirn, Feinheit 232 tex, Vorzwirn aus CF-Filamentgarn (T300, 67 tex) und PEEK-Filamentgarn (49 tex), Auszwirn aus zwei Vorzwirnen

4.5.3 Nähgarnfunktion

Für das Nähen von mehreren Textillagen für Composite-Anwendungen werden die notwendigen Nahtfunktionen neu definiert:

Schnittkantensicherungsnaht: In der Folge des Zuschnittprozesses ist eine Schnittkantensicherung erforderlich, um partielle Fadenverluste an den Schnittkanten zu vermeiden. Hierzu sind Überwendlichnähte der Stichtypen 501 bis 504 nach DIN 61400 besonders geeignet, ebenso die Fertigung einer Doppelkettenstichnaht Stichtyp 401 (Safety-Stich). Die Überwendlichnähte können an der Schnittkontur umlaufend an jedem Zuschnittteil einzeln oder auch gleich an einem bauteilgerecht geordneten Stapel angebracht werden. Mit dem Abschluss des Kunststoffimprägnierprozesses ist die Fadenlage durch das Matrixmaterial fixiert, so dass die Funktion der Schnittkantensicherungsnaht nur zeitlich begrenzt erforderlich ist.

Positionierungsnaht: Um Verschiebungen der einzelnen Lagen zu vermeiden, ist die Positionierung der Lagen erforderlich. Die Funktion der Positionierungsnaht erübrigt sich mit dem abgeschlossenen Konsolidierungsprozess.

Formgebungsnaht: Durch faltende oder andere räumliche Verformungen textiler Flächen entstehen geometrische Verstärkungstextilanordnungen, die durch formende Nähte fixiert werden. Die Funktion der Formgebungsnaht entfällt nach dem Kunststoffprozess.

Verstärkungsnaht: Der Delaminationsneigung wird durch Verstärkungsnähte entgegengewirkt. Die Verstärkungsnähte können in den Verstärkungstextilstapel über die ganze Fläche verteilt oder auf kritische Stellen beschränkt eingebracht werden. Die Verstärkungsnaht übt ihre Funktion erst im konsolidierten Composite aus, sie wirkt in der Phase der textilen Konfektion allerdings positionierend. Formgebungsnähte wirken zugleich auch als Verstärkungsnähte im konsolidierten Composite.

Montagenaht: Kompliziertere Bauteilgeometrien sind häufig nicht in einem Arbeitsgang herstellbar. Erst durch die Montage einzelner textiler Teile, die bereits andere Nahtarten enthalten können, entsteht über einen oder mehrere Teilschritte die textile Preform. Die dabei genutzten Nähte sind Montagenähte, die ihre Funktion vorrangig in der textilen Preform erfüllen. Je nach Bauteilgeometrie ist im konsolidierten Bauteil zusätzlich eine Verstärkungsfunktion möglich. Montagenähte sind nicht nur in der Flächennormalen denkbar, sondern unter Anwendung spezieller Nähtechnik auch unter variabel einstellbaren Winkeln zur Flächennormalen aus Formgebungs- und Verstärkungsgründen sinnvoll.

4.6 Funktionsintegration

Die Funktionsintegration erfolgt durch Faser- und/oder Garnmischung. Stellvertretend für die vielen Möglichkeiten sollen exemplarisch drei Beispiele genannt werden:

- Die Funktionskomponenten, z. B. elektrisch leitfähige Fasern, werden als Monofil oder Filamentgarn während des Lufttexturierens oder als Kernkomponenten während des Friktions-, Ring- oder Rotorspinnens zugeführt.
- Garne enthalten hohle Glasfilamente, die sowohl zur Verstärkung dienen als auch die Agenzien zur Selbstreparatur speichern, wobei die prinzipiellen Möglichkeiten in [78] aufgezeigt sind.
- Es werden Spezialfasern aus Formgedächtnislegierungen für die Schwingungsdämpfung von FKV-Bauteilen eingesetzt [79].

4.7 Garnausrüstung

Die Nachbehandlung und Oberflächenpräparation von Filamenten zur Verbesserung der Verarbeitung durch den Auftrag von textilen Hilfsmitteln, z. B. Avivage, werden in Kapitel 3.2.4 und 13.5 beschrieben. Es ist möglich, Ausrüstungsverfahren in die Garnbildungsmaschinen zu integrieren.

4.8 Bedeutung der Garne für Faserverbundwerkstoffe

Dieser Abschnitt gibt einen Überblick über die derzeit vorrangig im Leichtbau eingesetzten Garne, die als Basiselemente sowohl für die Herstellung der textilen Halbzeuge als auch für deren Montage dienen.

Die Garne bestehen zu 100 % aus Verstärkungsfasern oder aus einer Mischung von Verstärkungs- und Matrixfasern (thermoplastische FKV) und können weitere Funktionsfasern enthalten. Sie werden aus Filamenten oder/und Spinnfasern nach unterschiedlichen Technologien hergestellt, so dass Garnstruktur und -eigenschaften entsprechend ihrer funktionalen Anforderungen maßgeschneidert werden können. Die Garnbildungs- und Hybridisierungsverfahren können unter Berücksichtigung der in Abbildung 4.35 dargestellten Kriterien vorausgewählt werden. Anschließend müssen dafür die geeigneten Prozessparameter bestimmt werden. Aus Einfachgarnen können durch weitere Prozessstufen der mechanischen Garnbearbeitung Mehrfachgarne hergestellt werden, um die mechanischen Eigenschaften zu verbessern.

Das Garn muss während der textilen Verarbeitung, der Verbundwerkstoffherstellung und im Verbundwerkstoff teilweise widersprüchliche Eigenschaften erfüllen, was entscheidend von der Garnstruktur bestimmt wird, wie die folgenden Beispiele zeigen:

- Besteht das Garn aus Filamenten mit Drehung und damit gutem Fadenschluss, lässt es sich gut textil verarbeiten. Während der Verbundwerkstoffherstellung erschwert die Garndrehung die Imprägnierung mit der Matrix. Im Verbundwerkstoff ist nur eine reduzierte Steifigkeit vorhanden, da das Garn eine Strukturdehnung aufweist. Diese verbessert jedoch die Drapierbarkeit, so dass einfache und auch zum Teil komplexe 3D-Geometrien erzeugt werden können.

- Besteht das Garn aus Filamenten ohne Drehung oder chemischem Haftverbund lassen sich diese schwer textil verarbeiten, aber bei der Verbundwerkstoffherstellung gut imprägnieren. Im FKV resultiert aus der gestreckten Filamentlage der Verstärkungsfasern eine hohe Steifigkeit. Jedoch gibt es keine Strukturdehnung für das Drapieren. Somit sind diese Strukturen vorrangig für 2D-Geometrien geeignet.

Bereits diese zwei Beispiele verdeutlichen, dass Textiltechniker, FKV-Hersteller und Anwender gemeinsam an der Bauteilentwicklung arbeiten müssen. Sie benötigen dazu grundlegende Kenntnisse für die Garnkonstruktionsparameter und deren Änderungsmöglichkeiten durch die Garnbildung.

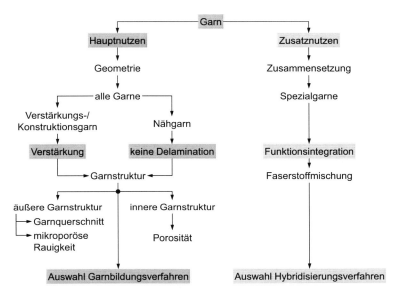

Abb. 4.35 Kriterien zur Auswahl der Garnbildungs- und Hybridisierungsverfahren nach der Art der Modifizierung (Garngeometrie, Faserstoffzusammensetzung)

Die ideale Garnstruktur für die Halbzeugherstellung wird es wahrscheinlich nicht geben. Die vorhandenen Garnbildungstechnologien bieten aber durch Modifizierungen noch zahlreiche innovative Möglichkeiten, die Garne immer besser an die matrixspezifischen und funktionellen Anforderungen im Verbundwerkstoff unter Berücksichtigung einer guten textilen Verarbeitbarkeit anzupassen. Dadurch wird das handelsübliche Garnsortiment erweitert. Der Maschinenbau wird flexiblere Garnbildungsmaschinen anbieten, mit denen nach verschiedenen Technologien gearbeitet werden kann. Tendenziell werden immer feinere Fasern eingesetzt, die sowohl bessere Eigenschaften im Verbund bei geringerem Materialeinsatz als auch eine homogenere Mischung der unterschiedlichen Faserstoffe in den Hybridgarnen ermöglichen.

Literaturverzeichnis

[1] LONG, A. C. ; WILKS, C. E. ; RUDD, C. D.: Experimental characterisation of the consolidation of a commingled glass and polypropylene composite. In: *Composites Science and Technology* 61 (2001), Nr. 11, S. 1591–1603. DOI 10.1016/S0266–3538(01)00059–8

[2]   FELEKOGLU, B. ; TOSUN, K. ; BARADAN, B.: Effects of fibre type and matrix structure on the mechanical performance of self-compacting micro-concrete composites. In: *Cement and Concrete Research* 39 (2009), Nr. 11, S. 1023–1032. DOI 10.1016/j.cemconres.2009.07.007

[3]   SVENSSON, N. ; SHISHOO, R. ; GILCHRIST, M.: Manufacturing of thermoplastic composites from commingled yarns - a review. In: *Journal of Thermoplastic Composite Materials* 11 (1998), Nr. 1, S. 22–56. DOI 10.1177/089270579801100102

[4]   BEYREUTHER, R. ; BRÜNIG, H. ; VOGEL, B.: Preferable filament diameter ratios of hybrid yarn components for optimized long fibre reinforced thermoplastic. In: *Proceedings. 17th Annual Meeting of the PPS*. Montreál, Canada, 2001

[5]   BRÜNIG, H. ; BEYREUTHER, R. ; VOGEL, R. ; TÄNDLER, B.: Melt spinning of the fine and ultra fine PEEK-filaments. In: *Journal of Materials Science* 38 (2003), Nr. 10, S. 2149–2153. DOI 10.1023/A:1023719912726

[6]   GOLZAR, M. ; BRÜNIG, H. ; MÄDER, E.: Commingled hybrid yarn diameter ratio in continuous fiber-reinforced thermoplastic composites. In: *Journal of Thermoplastic Composite Materials* 20 (2007), Nr. 1, S. 17–26. DOI 10.1177/0892705707068069

[7]   YE, L. ; FRIEDRICH, K. ; KASTEL, J. ; MAI, Y. M.: Consolidation of unidirectional CF/PEEK composites from commingled yarn prepreg. In: *Composites Science and Technology* 54 (1995), Nr. 4, S. 349–358. DOI 10.1016/0266–3538(95)00061–5

[8]   ALAGIRUSAMY, R. ; FANGUEIRO, R. ; OGALE, V. ; PADAKI, N.: Hybrid yarns and textile preforming for thermoplastic composites. In: *Textile Progress*. Cambridge : Woodhead Publishing Limited, 2006

[9]   CURBACH, M. ; JESSE, F.: Eigenschaften und Anwendung von Textilbeton. In: *Beton- und Stahlbetonbau* 104 (2009), Nr. 1, S. 9–16. DOI 10.1002/best.200800653

[10] Schutzrecht US 005182839 (2. Februar 1993).

[11] Schutzrecht US 5200620 (6. April 1993).

[12] JOU, G. T. ; EAST, G. C. ; LAWRENCE, C. A. ; OXENHAM, W.: The physical properties of composite yarns production by an electrostatic filament-charging method. In: *Journal of the Textile Institute* 87 (1996), Nr. 1, S. 78–96. DOI 10.1080/00405009608659058

[13] Schutzrecht US 4874563 (17. Oktober 1989).

[14] Schutzrecht EP 0486884 A1 (7. November 1991).

[15] Schutzrecht EP 0364874 (25. April 1990).

[16] BALASUBRAMANIAN, N. ; BHATNAGAR, V. K.: The effect of spinning conditions on the tensile properties of core-spun yarns. In: *Journal of the Textile Institute* 61 (1970), Nr. 11, S. 534–554. DOI 10.1080/00405007008630021

[17] Schutzrecht US 5094883 (10. März 1992).

[18] KLETT, J. W. ; EDIE, D. D.: Flexible towpreg for the fabrication of high thermal conductivity carbon/carbon composites. In: *Carbon* 33 (1995), Nr. 10, S. 1485–1503. DOI 10.1016/0008–6223(95)00103–K

[19] FITZER, E. ; MANOCHA, L. M.: *Carbon Reinforcements and Carbon/Carbon Composites*. 1. Auflage. Berlin, Heidelberg, New-York : Springer Verlag, 1998

[20] Schutzrecht US 005241731 (7. September 1993).

[21] Schutzrecht US 3704485A (5. Dezember 1972).

[22] Schutzrecht US 4539249 (3. September 1985).

[23] WU, W. Y. ; LEE, J. Y.: Effect of spread width on the structure, properties, and production of a composite yarn. In: *Textile Research Journal* 65 (1995), Nr. 4, S. 225–229. DOI 10.1177/004051759506500406

[24] Schutzrecht DE 102009029437 A1 (25. März 2010).

[25] CHERIF, Ch.: Entwicklung eines Verfahrens zur schädigungsarmen Durchmischung von Multifilamentgarnen (IGF-Nr. 14686 BR) / TU Dresden, Institut für Textil- und Bekleidungstechnik. Dresden, 2008. – Schlussbericht

[26] Cytec Industries Inc.: *Cytec Engineered Materials.* http://www.cytec.com/engineered-materials/prepreg.htm (24.04. 2010)

[27] OCV Reinforcemcents: *Twintex®.* http://www.twintex.com/ (16.04.2010)

[28] MÄDER, E. ; ROTHE, Chr. ; BRÜNIG, H. ; LEOPOLD, Th.: Online spinning of commingled yarns - equipment and yarn modification by tailored fibre surfaces. In: *Key Engineering Materials* 334-335 (2007), S. 229–232. DOI 10.4028/www.scientific.net/ KEM.334–335.229

[29] MÄDER, E. ; RAUSCH, J. ; SCHMID, N.: Commingled yarns - Processing aspects and tailored surfaces of polypropylene/glass composites. In: *Composites Part A: Applied Science and Manufacturing* 39 (2008), Nr. 4, S. 612–623. DOI 10.1016/j.compositesa.2007.07.011

[30] CHERIF, Ch. ; RÖDEL, H. ; HOFFMANNN, G. ; DIESTEL, O. ; HERZBERG, C. ; PAUL, C. ; SCHULZ, Ch. ; GROSSMANN, K. ; MÜHL, A. ; MÄDER, E. ; BRÜNIG, H.: *Textile Verarbeitungstechnologien für hybridgarnbasierte komplexe Preformstrukturen/Textile manufacturing technologies for hybrid based complex preform structures.* http://www.kunststoffe.de/directlink.asp?WAK090202 (20.04.2010)

[31] ABOUNAIM, Md. ; HOFFMANN, G. ; DIESTEL, O. ; CHERIF, Ch.: Development of flat knitted spacer fabrics for composites using hybrid yarns and investigation of two-dimensional mechanical properties. In: *Textile Research Journal* 79 (2009), Nr. 7, S. 596–610. DOI 10.1177/0040517508101462

[32] Norm DIN 60900 Teil 5 Juli 1988. *Garne: Texturierte Filamentgarne, Herstellungsverfahren und Begriffe*

[33] ACAR, M. ; TURTON, R. ; WRAY, G. R.: Analysis of the air-jet texturing process. II. Experimental investigation of the air flow. In: *Journal of the Textile Institute* 77 (1986), Nr. 1, S. 28–43. DOI 10.1080/00405008608658519

[34] MIAO, M. ; SOONG, M.-C. C.: Air interlaced yarn structure and properties. In: *Textile Research Journal* 65 (1995), Nr. 8, S. 433–440. DOI 10.1177/004051759506500801

[35] MÄDER, E. ; ROTHE, Ch. ; GAO, S.-L.: Commingled yarns of surface nanostructured glass and polypropylene filaments for effective composite properties. In: *Journal of Materials Science* 42 (2007), Nr. 19, S. 8062–8070. DOI 10.1007/s10853–006–1481–x

[36] Oerlikon Heberlein Temco Wattwil AG: *Taslan-Luftblastexturieren Heberlein® HemaJet-Düsenkerne patentiert.* 2010. – Firmenschrift

[37] Schutzrecht EP 0801159 A2 (15. Oktober 1997).

[38] CHOI, B. D.: *Entwicklung von Commingling-Hybridgarnen für langfaserverstärkte thermoplastische Verbundwerkstoffe.* Dresden, Technische Universität Dresden, Fakultät Maschinenwesen, Diss., 2005

[39] ALAGIRUSAMY, R. ; OGALE, V.: Development and characterization of GF/ PET, GF/Nylon, and GF/PP commigled yarns for thermoplastic composites. In: *Journal of Thermoplastic Composite Materials* 18 (2005), Nr. 3, S. 269–285. DOI 10.1177/0892705705049557

[40] OGALE, V. ; ALAGIRUSAMY, R.: Properties of GF/PP Commingled Yarn Composites. In: *Journal of Thermoplastic Composite Materials* 21 (2008), Nr. 6, S. 511–523. DOI 10.1177/0892705708091281

[41] MANKODI, H. ; PATEL, P.: *Study the effect of commingling parameters on glass/ polypropylene hybrid yarn properties.* http//www.autexrj.org/No3-2009/0316.pdf (28.04.2010). Version: 2009

[42] COMFIL: *Yarns/Rovings.* http://www.comfil.biz/products/yarnsroving.php (22.04.2010)

[43] Rieter Machine Works Ltd.: *Spinning documentation.* 2008

[44] SEDLACIK, G.: *Beitrag zum Einsatz von unidirektional naturfaserverstärkten thermoplastischen Kunststoffen als Werkstoff für großflächige Strukturbauteile.* Chemnitz, Technische Universität Chemnitz, Diss., 2003

[45] LEE, D. H. ; CHOWDHARY, U. ; SEO, M. H. ; JEON, B. S.: Effect of the stretch breaking process on fiber length distribution. In: *Textile Research Journal* 79 (2009), Nr. 7, S. 626–631. DOI 10.1177/0040517508099391

[46] Schutzrecht EP 1319740 A1 (18. Juni 2003).

[47] NG, S. ; MEILUNAS, R. ; ABDALLAH, M.G.: Stretched broken carbon fiber (SBCF) for forming complex curved composite structures. In: *Proceedings. 51st International SAMPE Technical Conference.* Long Beach, USA, 2006

[48] LEE, K. ; LEE, S. W. ; NG, S. J.: Micromechanical modelling of stretch broken carbon fiber materials. In: *Journal of Composite Materials* 42 (2008), Nr. 11, S. 1063–1073. DOI 10.1177/0021998308090449

[49] BLACK, S.: *Aligned discontinuous fibers come of age.* http://www.compositesworld.com/articles/aligned-discontinuous-fibers-come-of-age (20.04.2010)

[50] http://www.google.de/search?hl=deei=8l7NS63lDIKAOJDd7KwPsa=X oi=spellresnum =0ct =resultcd=1ved=0CBAQBSgAq=Hexcel+S tretched+Broken+fiberspell=1 (20.04.2010)

[51] Schutzrecht US 5910361 (8. Juni 1999).

[52] ROSS, A.: *Will Stretch-broken Carbon Fiber Become The New Material Of Choice?* http://www.compositesworld.com/articles/will-stretch-broken-carbon-fiberbecomethe-newmaterial-of-choice (20.04.2010)

[53] http://www.schappe.com/rubrique.php3?id_rubrique=25lang=en (27.04.2010)

[54] Schutzrecht WO2006020404 A1 (23. Februar 2006).

[55] Schutzrecht US 5487941 (30. Januar 1996).

[56] Pepin Associates, Inc.: *Disco Tex.* http://www.pepinassociates.com/discotex.html (27.04.2010)

[57] TOONEN, M.: *Ökologischer Hanfanbau und Anwendungsmöglichkeiten im Textilbereich.* In: *Proceedings. Tagungsband zur Fachtagung am 19. Juni 2007 in Kassel-Wilhelmshöhe / Schriftenreihe IBDF, Band 20.* Darmstadt : Verlag Lebendige Erde, 2007

[58] MIAO, M. ; HOW, Y.-L. ; HO, S.-Y.: Influence of spinning parameters on core yarn sheath slippage and other properties. In: *Textile Research Journal* 66 (1996), Nr. 11, S. 676–684. DOI 10.1177/004051759606601102

[59] JOU, G. T. ; EAST, G. C. ; LAWRENCE, C. A. ; OXENHAM, W.: The physical properties of composite yarns production by an electrostatic filament-charging method. In: *Journal of the Textile Institute* 87 (1996), Nr. 1, S. 78–96. DOI 10.1080/00405009608659058

[60] CARPENTER, J. E. P. ; MIAO, M. ; BRORENS, P.: Deformation behaviour of composites reinforced with four different linen flax yarn structures. In: *Advanced Materials Research* 29-30 (2007), S. 263–266. DOI 10.4028/www.scientific.net/AMR.29–30.263

[61] ZHANG, L. ; MIAO, M.: Commingled natural fibre/polypropylene wrap spun yarns for structured thermoplastic composites. In: *Composites Science and Technology* 70 (2010), Nr. 1, S. 130–135. DOI 10.1016/j.compscitech.2009.09.016

[62] THOMANNY, U. I. ; ERMANNI, P.: The influence of yarn structure and processing conditions on the laminate quality of stampformed carbon and thermoplastic polymer fiber commingled yarns. In: *Journal of Thermoplastic Composite Materials* 17 (2004), Nr. 3, S. 259–283. DOI 10.1177/0892705704041988

[63] BABAARSLAN, O.: Method of producing a polyester/viscose core-spun yarn containing spandex using a modified ring spinning frame. In: *Textile Research Journal* 71 (2001), Nr. 4, S. 367–371. DOI 10.1177/004051750107100415

[64] NAJAR, S. S. ; KHAN, Z. A. ; WANG, X. G.: The new solo-siro spun process for worsted Yarns. In: *Journal of the Textile Institute* 97 (2006), Nr. 3, S. 205–210. DOI 10.1533/joti.2005.0182

[65] GHARAHAGHAJI, A. A. ; ZARGAR, E. N. ; GHANE, M. ; HOSSAINI, A.: Cluster-spun yarn - a new concept in composite yarn spinning. In: *Textile Research Journal* 80 (2010), Nr. 1, S. 19–24. DOI 10.1177/0040517508099916

[66] MERATI, A.A. ; KONDA, F. ; OKAMURA, M. ; MARUI, E.: False twist in core yarn friction spinning. In: *Textile Research Journal* 68 (1998), Nr. 6, S. 441–448. DOI 10.1177/ 004051759806800609

[67] MATSUMOTO, Y.-I. ; FUSHIMI, S. ; SAITO, H. ; SAKAGUCHI, A. ; TORIUMI, K. ; NISHIMATSU, T. ; SHIMIZU, Y. ; SHIRAI, H. ; MOROOKA, H. ; GONG, H.: Twisting mechanisms of open-end rotor spun hybrid yarns. In: *Textile Research Journal* 72 (2002), Nr. 8, S. 735–740. DOI 10.1177/004051750207200814

[68] YANG, R.-H. ; XUE, Y. ; WANG, S.-Y.: Comparison and analysis of rotor-spun composite yarn and sirofil yarn. In: *FIBRES TEXTILES in Eastern Europe* 18 (2010), Nr. 1 (78), S. 28–30

[69] Schutzrecht DE19915955 C2 (13. September 2001).

[70] Norm DIN 60900 Teil 2 Juli 1988. *Garne: Beschreibung im Tex-System*

[71] KOLKMANN, A.: *Methoden zur Verbesserung des inneren und äußeren Verbundes technischer Garne zur Bewehrung zementgebundener Matrices.* Aachen, RWTH Aachen, Fakultät Maschinenwesen, Diss., 2008

[72] http://www.agteks.com (04.05.2010)
[73] OFFERMANN, P. ; DIESTEL, O. ; CHOI, B.-D.: Commingled CF/PEEK hybrid yarns for use in textile reinforced high performance rotors. In: *Proceedings. 12th International Conference on Composite Materials.* Paris, France, 1999
[74] HERZBERG, C. ; RÖDEL, H.: *Beanspruchungsgerechte 3D-Verstärkungen durch funktionsgerechte Nähtechnik (Informationsblatt).* 2000
[75] ZHAO, N. ; HERZBERG, C. ; RÖDEL, H.: Assembly of textile preform for the composite material with sewing technology. In: *Proceedings. 5th Pacific Rim International Conference on Advanced Materials und Processing.* Beijing, China, 2004
[76] HERZBERG, C. ; RÖDEL, H.: New sewing threads for composite applications. In: *Proceedings. 4th International Conference IMCEP 2003.* Maribor, Slowenien, 2003, S. 139–143
[77] HERZBERG, C. ; KRZYWINSKI, S. ; RÖDEL, H.: Load-adapted 3D-reinforcement through function-adjusted stitching technique. In: *Proceedings. 13th International Conference on Composite Materials.* Beijing, China, 2001
[78] BLEAY, S. M. ; LOADER, C. B. ; HAWYES, V. J. ; HUMBERSTONE, L. ; CURTIS, P. T.: A smart repair system for polymer matrix composites. In: *Composites Part A: Applied Science and Manufacturing* 32 (2001), Nr. 12, S. 1767–1776. DOI 10.1016/S1359–835X(01)00020–3
[79] PAUL, C.: *Funktionalisierung von duroplastischen Faserverbundwerkstoffen durch Hybridgarne.* Dresden, Technische Universität Dresden, Fakultät Maschinenwesen, Diss., 2010

Kapitel 5
Gewebte Halbzeuge und Webtechniken

Cornelia Kowtsch, Gerald Hoffmann und Roland Kleicke

Das Kapitel stellt die strukturelle Beschreibung, die webtechnische Fertigung und die Möglichkeiten zur Modifikation von Gewebestrukturen für die Entwicklung anforderungsgerechter Gewebe für den Leichtbau vor. Der strukturelle Grundaufbau, die Methoden zu dessen Beschreibung und die aus dem strukturellen Aufbau der Gewebe resultierenden Eigenschaften werden erläutert. Ein Überblick von grundlegenden Möglichkeiten der Gewebefertigung und zu entsprechenden Webmaschinen demonstriert die Vielfalt technischer Lösungen für die schonende Verarbeitung von Spezialfaserstoffen zu unterschiedlichen Gewebestrukturen. Den Schwerpunkt des Kapitels bildet die umfassende Übersicht zu Gewebestrukturen und zu entsprechenden Strukturmodifikationen. Dazu gehören 2D-Strukturen als Flach-, Gitter-, Multiaxial- und Polargewebe, 3D-Strukturen als Mehrlagengewebe und Spacer Fabrics sowie auch schalenförmige 3D-Geometrien. Bereits in der Stufe der Gewebeherstellung, bzw. Preformfertigung lassen sich durch das Einweben von Spezialfäden oder textilfremden Materialien, wie elekronische Bauelemente und Inserts für mechanische Verbindungen, zusätzliche Funktionalitäten integrieren.

5.1 Einleitung und Übersicht

Textile Flächengebilde, zu denen neben den Geweben auch Gestricke (s. Kap. 6), Gewirke (s. Kap. 7), Geflechte (s. Kap. 8), und Vliesstoffe (s. Kap. 9) gehören, werden durch Verkreuzung (Gewebe, Geflechte) von mehreren Fäden, durch das Ausbilden von ineinander verschlungenen Fadenschlaufen (Gestricke, Gewirke) oder durch die mechanische, chemische bzw. thermische Verbindung von Fasern (Vliesstoffe) erzeugt. Als Gewebe wird ein textiles Flächengebilde bezeichnet, das aus zwei meist rechtwinklig miteinander verkreuzten Fadenscharen (Kett- und Schussfäden) gebildet wird. Der Begriff Gewebe sollte auf keinen Fall, wie zum Teil üblich, als Oberbegriff für textile Flächengebilde genutzt werden. Für die Entwicklung von technischen Produkten mit anforderungsgerecht eingesetzten textilen Halbzeugen ist eine strikte Unterscheidung zwischen Geweben und anderen textilen Flächengebilden zwingend erforderlich.

Die Fertigung von Geweben ist seit mehr als 7000 Jahren bekannt. Damit ist das Weben das älteste textile Flächenbildungsverfahren. Die Gewebeherstellung wurde durch den Einsatz neuer technischer Lösungen aus den Bereichen Maschinenbau, Werkstoffe und Steuerungstechnik/Elektronik insbesondere in den letzten 200 Jahren vom Handwebstuhl zu flexiblen Hochleistungswebmaschinen kontinuierlich weiterentwickelt. Allein in den letzten 50 Jahren wurde die Leistung auf das Siebenfache gesteigert. Ein Weber bedient gegenwärtig bis zu 20 Maschinen. Mit elektronischen Steuerungen und Regelungen sowie mechatronischen Lösungen wurde die Flexibilität der Webmaschinen signifikant gesteigert und gleichsam die Rüstzeiten reduziert. Durch den Einsatz von Vorbereitungsanlagen kann ein Maschineneinrichter bei Standardartikeln an einer Webmaschine innerhalb von 25 Minuten einen Artikelwechsel vornehmen. Damit können anforderungsgerechte Gewebe sowohl in geringen Mengen (einige 100 m) als auch in großen Losgrößen kostengünstig angeboten werden. Die Arbeitsbreiten der Webmaschinen reichen im Standardbereich von einigen Millimetern (für sogenannte Bandgewebe) über 5,4 m (für sogenannte Breitgewebe) und bis über 30 m im Sondermaschinenbau.

Die Struktur und die Eigenschaften der Gewebe hängen von den eingesetzten Fäden und der Art ihrer Verkreuzung ab. Als Kett- und Schussfäden können alle fadenförmigen Materialien, die eine ausreichende Zugfestigkeit und keine zu hohe Biegesteifigkeit aufweisen, z. B. von feinster Seide bis zu Stahldraht mit zwei Millimeter Durchmesser, verarbeitet werden. Farbige Kett- und/oder Schussfäden ermöglichen das Weben farblich gemusterter Stoffe. Der Größe der Farbmuster bzw. der bildlichen Darstellungen sind webtechnisch keine Grenzen gesetzt. Die maximale Strukturdichte und die Ebenflächigkeit der Gewebe sind im Vergleich zu den anderen textilen Flächengebilden sehr hoch. Dichteste leinwandbindige Gewebe, z. B. für Tintenstrahl-Druckerköpfe, besitzen eine Kett- und Schussdichte von bis zu 1200 Fäden/cm. Die Webtechnik ermöglicht es, einerseits leichte und feste Stoffe, die sich auch durch eine geringe Luftdurchlässigkeit auszeichnen und andererseits offene Gitterstrukturen herzustellen. Siebe aus fadenförmigen Materialien, die eine definierte Maschenweite aufweisen, werden vorzugsweise webtechnisch gefertigt. Mit der Anordnung zusätzlicher Fäden und durch technische Modifikationen können auch Gewebe mit dreidimensionaler Struktur und dreidimensionaler Geometrie gefertigt werden. Ein allgemein bekanntes Beispiel für dreidimensionale Strukturen sind Gewebe mit Schlingen für Frottierwaren (Handtücher). Durch den Einsatz mehrerer Kett- und Schussfadensysteme sind kompakte Gewebe realisierbar. Abstandsgewebe, die aus zwei durch Fäden (Polfäden) miteinander verbundenen Gewebelagen bestehen, können mit einem Abstand von bis zu zehn Zentimeter gefertigt werden. Mit Hilfsschussfäden ist zwischen den zwei Gewebeflächen ein Abstand von mehreren Metern und mehr realisierbar. Auf den dazu benötigten Doppelgreifersystem-Webmaschinen werden mit Aufschneiden des innen liegenden Pols vor allem Teppiche hergestellt. Durch die Flexibilität hinsichtlich Materialeinsatz, Strukturvielfalt und Artikelwechsel ist das Weben das am häufigsten genutzte textile Flächenbildungsverfahren. Gewebe werden in großem Umfang für Technische Textilien eingesetzt und haben in den Bereichen der Textilien für den Leichtbau, der Halbzeuge für Faserwerkstoffverbunde und der textilen Membranen einen hohen Anteil.

5.2 Gewebeaufbau

5.2.1 Definition

Konventionelle 2D-Gewebe bestehen aus mindestens zwei Fadensystemen, die rechtwinklig miteinander verkreuzt sind. Die in Fertigungsrichtung verlaufenden Fäden werden als Kettfäden und die quer dazu verlaufenden Fäden als Schussfäden bezeichnet. Durch die Verkreuzung der Kettfäden mit den Schussfäden werden die beiden Fadensysteme miteinander verbunden, es entsteht der Zusammenhalt des textilen Flächengebildes.

Die Art und Weise der Verkreuzung wird als *Bindung* bezeichnet. Diese beeinflusst maßgeblich das Warenbild und die Eigenschaften des Gewebes, wie z. B. Festigkeit und Drapierbarkeit.

5.2.2 Schematische Darstellung

Die Bindung eines Gewebes wird in der Regel nicht durch die zeichnerische Darstellung des Warenbildes (Abb. 5.1 a), sondern in vereinfachter Form durch Farbfelder in einem Karo-Raster dargestellt (Abb. 5.1 b). Die einzelnen Karos stellen die Kreuzungspunkte (Bindungspunkte) von Kett- und Schussfäden dar. Ein ausgefülltes Feld bedeutet, dass der Kettfaden an dieser Stelle über dem Schussfaden liegt (als Kettfadenüberführung, -hebung oder -hochgang bezeichnet). Leere Felder bedeuten, dass sich der Kettfaden an dieser Stelle unter dem Schussfaden befindet (als Kettfadenunterführung, -senkung oder -tiefgang bezeichnet). Mit der Bindungsdarstellung wird in der linken unteren Ecke des Karo-Rasters begonnen. Diese entspricht dem ersten Schuss und dem ersten Kettfaden. Die Kettfäden werden folglich von links nach rechts, die Schussfäden von unten nach oben nummeriert. Die schematische Darstellung einer Bindung wird als *Patrone* bezeichnet (Abb. 5.1 b). Da sich ein Großteil der Bindungen systematisch sowohl in Kett- als auch in Schussrichtung wiederholen, ist zur eindeutigen Darstellung einer Bindung der Bindungsrapport (Abb. 5.1 b schwarze Markierung) ausreichend. Der *Bindungsrapport* stellt die kleinste Einheit von unterschiedlich bindenden Kett- und Schussfäden bis zur

Wiederholung einer Bindung dar. Die Bindungsdarstellung kann noch durch eine Schnittdarstellung in Kett- und Schussrichtung ergänzt werden (Abb. 5.1 a).

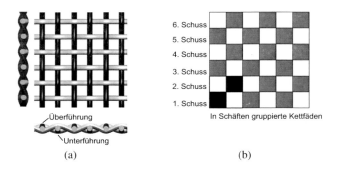

6. Schuss
5. Schuss
4. Schuss
3. Schuss
2. Schuss
1. Schuss

In Schäften gruppierte Kettfäden

Überführung
Unterführung

(a)   (b)

Abb. 5.1 Schematische Darstellung eines Gewebes mit (a) Schnitt in Kett- und Schussrichtung sowie (b) Bindungspatrone (9 Rapporte)

Die schematische Darstellung der Bindung ist sehr anschaulich und umfassend einsetzbar. Sie kann durch Darstellungen wie die Matrixform oder die Darstellung nach DIN ISO 9354 ergänzt werden, welche elektronisch verarbeitbar sind [1]. Prinzipiell ist zu beachten, dass gleichbindende Kettfäden gemeinsam in einer Kettfadengruppe gehoben bzw. gesenkt werden können, verschieden bindende Kettfäden in verschiedenen Kettfadengruppen getrennt gehoben und gesenkt werden müssen. Die maximale Anzahl der getrennt ansteuerbaren Kettfadengruppen bestimmt die maximale Rapportgröße und hängt von der Ausstattung der verwendeten Webmaschine ab. Durch spezielle Einzüge der Kettfäden in die Webschäfte kann der Rapport erweitert werden. Mit Hilfe der Jacquardtechnik lässt sich jeder Kettfaden einzeln heben oder senken, wodurch es hinsichtlich der Rapportgröße keine Beschränkungen gibt.

5.2.3 Grundbindungen

5.2.3.1 Einführung

Die drei *Grundbindungen* sind die Leinwandbindung, die Köperbindung (Kett- und Schussköper) sowie die Atlasbindung (Kett- und Schussatlas). Für alle Grundbindungen gilt, dass der Rapport in Kett- und Schussrichtung gleich groß ist und jeder Kettfaden nach einem exakt einzuhaltenden seitlichen Versatz (in der Regel beim darauffolgenden Schuss der darauffolgende Kettfaden) innerhalb der zeichnerischen Darstellung mit einem anderen Schuss beginnend, gleich bindet. Für die meisten Anwendungen von gewebten Halbzeugen im Leichtbau sind diese Grundbindungen ausreichend. Für spezielle Einsatzgebiete lassen sich jedoch komplexere Bindungen aus den Grundbindungen durch Erweitern oder Ableiten erzeugen.

5.2.3.2 Leinwandbindung

Die einfachste und am häufigsten eingesetzte Grundbindung ist die *Leinwandbindung* (Abb. 5.2). Sie besitzt einen Bindungsrapport von zwei Kettfäden und zwei Schussfäden. Jeder Kettfaden liegt abwechselnd über und unter einem Schussfaden, jeder Schussfaden abwechselnd unter und über einem Kettfaden. Die Leinwandbindung ist einerseits die Bindung mit der höchsten Verkreuzungsdichte und andererseits mit der stärksten Fadenondulation. Daraus resultiert zum einen eine hohe Verschiebestabilität und zum anderen ein Festigkeits- und Steifigkeitsverlust von Strukturen aus Leinwandgewebe. Die Fasersubstanzfestigkeit der eingesetzten Fäden kann infolge der nicht gestreckten Lage nicht voll ausgeschöpft werden.

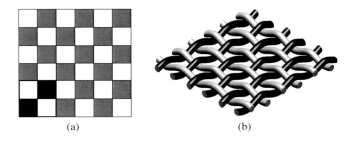

(a)   (b)

Abb. 5.2 Leinwandbindung, (a) Bindungspatrone mit 4 Rapporten, (b) Prinzipdarstellung

5.2.3.3 Köperbindung

Die *Köperbindung* (Abb. 5.3, Abb. 5.4) zeichnet sich durch einen erkennbaren Grat (diagonale Streifigkeit des Gewebeerscheinungsbildes) aus. Diese Grundbindung besteht aus einen Rapport von mindestens drei Kettfäden und mindestens drei Schussfäden. Als einfachste Köperbindung gilt der in Abbildung 5.3 a dargestellte Schussköper mit Z-Grat. Er besteht aus einem Kettfadenhochgang und zwei Kettfadentiefgängen pro Kett- bzw. Schussrapport und einem von links unten nach rechts oben verlaufenden Grat. Durch Spiegeln und Negieren dieser Bindung ergeben sich weitere drei Köper-Grundbindungen:

- Schussköper mit S-Grat,
- Kettköper mit Z-Grat und
- Kettköper mit S-Grat.

Je nachdem ob an der Oberseite des Gewebes mehr Kett- oder mehr Schussmaterial zu sehen ist, wird zwischen Schussköper (Abb. 5.3) und Kettköper (Abb. 5.4) unterschieden, wobei die Warenrückseite eines Kettköpers (Z-Grat) wie ein Schussköper (S-Grat) aussieht und anders herum.

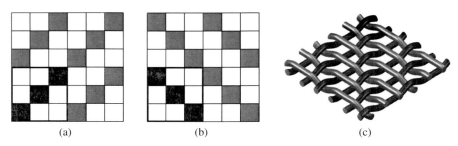

(a)   (b)   (c)

Abb. 5.3 (a) Schussköper mit Z-Grat, (b) Schussköper mit S-Grat (4 Rapporte) und (c) Prinzip-darstellung

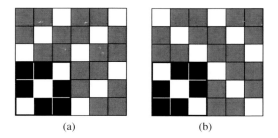

(a)   (b)

Abb. 5.4 (a) Kettköper mit Z-Grat, (b) Kettköper mit S-Grat (4 Rapporte)

5.2.3.4 Atlasbindung

Die dritte Grundbindung ist die *Atlasbindung* (Abb. 5.5). Atlasgrundbindungen weisen eine weitgehend gleichmäßige Oberfläche und wenige Fadenverkreuzungen auf. Dadurch können im Vergleich zu Leinwand- und Köperbindungen Gewebe mit höheren Kett- und Schussdichten gewebt werden (s. Abschn. 5.3.1). Atlasgrundbindungen besitzen einen minimalen Rapport von fünf Kettfäden und fünf Schussfäden. Wie bei den Köpergrundbindungen gibt es in jedem Rapport nur einen Kettfadenhochgang bzw. -tiefgang pro Kettfaden. Die Kettfadenhochgänge bzw. -tiefgänge dürfen sich weder diagonal noch horizontal oder vertikal berühren. Daraus ergibt sich eine gleichmäßige Verteilung der Bindungspunkte. Je nachdem, ob an der Oberseite des Gewebes mehr Kett- oder mehr Schussmaterial zu sehen ist, wird zwischen Kettatlas und Schussatlas unterschieden. Durch die verhältnismäßig geringe Anzahl an Verkreuzungspunkten weist die Atlasbindung im Vergleich zur Leinwandbindung bei gleichem Materialeinsatz durch die gestreckteren Fadenlagen eine wesentlich geringere Verschiebefestigkeit auf. Infolge dessen besitzen Atlasgewebe sehr gute Drapiereigenschaften, weisen jedoch beim Preformaufbau eine erschwerte Handhabbarkeit auf.

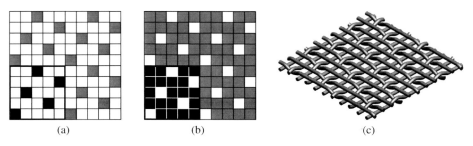

Abb. 5.5 (a) Schussatlas, (b) Kettatlas (4 Rapporte) und (c) Prinzipdarstellung

5.2.4 Erweiterte und abgeleitete Grundbindungen

5.2.4.1 Erweiterte Grundbindungen

Die drei Grundbindungen lassen sich bedarfsgerecht zu vielzähligen weiteren Bindungen erweitern. Dabei gilt, dass *erweiterte Grundbindungen* durch Einfügen oder Entfernen von Kettfadenhochgängen entstehen. Kettfadenhochgänge können in jede Richtung hinzugefügt oder entfernt werden. Innerhalb einer Bindung darf jedoch nur eine Variante zur Anwendung kommen. Für die Leinwandbindung gibt es keine Erweiterung. Im Gegensatz zu Atlasgrundbindungen ist bei erweiterten Atlasbindungen eine Berührung der Bindungspunkte möglich. Beispiele für erweiterte Köper- und Atlasbindungen sind in Abbildung 5.6 und Abbildung 5.7 zu sehen.

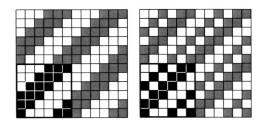

Abb. 5.6 Erweiterte Köperbindungen – Breitgratköper und gleichseitiger Mehrgratköper (4 Rapporte)

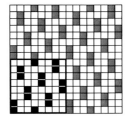

Abb. 5.7 Erweiterte Atlasbindung (4 Rapporte)

5.2.4.2 Abgeleitete Grundbindungen

Abgeleitete Grundbindungen entstehen durch die Weiterentwickelung von Grundbindungen oder erweiterten Grundbindungen. Dies kann durch die Anordnung zusätzlicher Kettfadenhebungen und/oder -senkungen sowie durch die Anwendung von Versatzzahlen, wie sie bei Grundbindungen oder erweiterten Grundbindungen nicht zulässig sind, erfolgen. Abgeleitete Grundbindungen entstehen ebenfalls durch das Zusammensetzen, Verdoppeln, Weglassen, Spiegeln oder Drehen von Bindungen und Bindungsteilen. Bei abgeleiteten Grundbindungen kann sich die Rapportgröße verändern und der Bindungscharakter der Ausgangsbindung verloren gehen.

- Abgeleitete Leinwandbindungen
  Abgeleitete Leinwandbindungen entstehen durch das Einfügen zusätzlicher Ketthebungen. Der prinzipielle Aufbau der Bindung bleibt erhalten, wobei sich der Rapport der Bindung vergrößert. Werden die vorhandenen Bindungspunkte durch eine Kettfadenhebung in Kettrichtung erweitert, ergibt dies die Querripsbindung (Abb. 5.8 a). Werden die vorhandenen Bindungspunkte durch eine Kettfadenhebung in Schussrichtung erweitert, ergibt dies die Längsripsbindung (Abb. 5.8 b). Ein Hinzufügen von Kettfadenhebungen an bereits vorhandenen Bindungspunkten in Kett- und Schussrichtung erzeugt die Panamabindung (Abb. 5.8 c).

- Abgeleitete Köperbindungen
  Abgeleitete Köperbindungen entstehen durch das Einfügen zusätzlicher Kettfadenhebungen, Änderungen des Versatzes, Änderung der Gratrichtung, durch Drehen oder Spiegeln der Bindung. Beispiele für Änderungen des Versatzes sind Steil- und Flachgratköper (Abb. 5.9 a), wobei sich der für Grundbindungen typische Neigungswinkel des Köpergrates verändert. Spitz- und Zickzackköperbindungen (Abb. 5.9 b) entstehen durch die abwechselnde Verwendung von Z-Grat und S-Grat. Dabei laufen die Köpergrate an den Umkehrstellen spitz zusammen. Ein Beispiel für die Spiegelung einer Rapporthälfte ist die Kreuzköperbindung (Abb. 5.9 c).

- Abgeleitete Atlasbindungen
  Abgeleitete Atlasbindungen entstehen durch die Anwendung eines ständig wechselnden Versatzes. Damit sollen unerwünschte Scheingrate vermieden werden. Die Anzahl an möglichen Ableitungen der Atlasbindung ist dabei deutlich geringer als bei Köperbindungen. Detaillierte Beschreibungen sind in [2] zu finden.

- Sonderformen
  Zusätzlich zu den abgeleiteten Grundbindungen können Bindungen entwickelt werden, welche sich nicht in die genannte Klassifikation einteilen lassen. Diese als Sonderformen bezeichneten Bindungen erlauben es, gestalterische oder funktionelle Effekte zu erzielen.

Durch diese Vielzahl an Bindungsmöglichkeiten kann eine anforderungsgerechte Gewebekonstruktion mit lokal einstellbaren mechanischen Eigenschaften und Drapiereigenschaften erfolgen. Da diese Bindungen üblicherweise durch Schaftmaschinen (mit maximal 28 Schäften) realisiert werden, sind die Musterungsmöglichkeiten auf einen Kettrapport entsprechend der maximalen Schaftanzahl begrenzt.

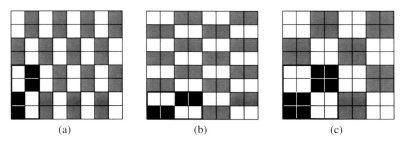

Abb. 5.8 Ableitungen der Leinwandbindung – (a) Querripsbindung, (b) Längsripsbindung (jeweils 8 Rapporte) und (c) Panamabindung (4 Rapporte)

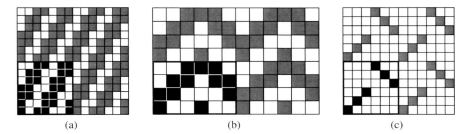

Abb. 5.9 Ableitungen der Köperbindung – (a) Steilgratköper, (b) Querspitzgratköper und (c) Kreuzköper (4 Rapporte)

5.2.5 Jacquardbindungen

Im Gegensatz zu den Gundbindungen, wo mehrere Kettfäden in Gruppen gleichzeitig gehoben oder gesenkt werden, kann bei jacquardgemusterten Geweben jeder Kettfaden einzeln und unabhängig von den anderen Kettfäden gehoben oder gesenkt werden. Daraus resultiert eine unbegrenzte Mustervielfalt mit unbegrenzter Rapportgröße. Ein Rapport kann sich folglich über die gesamte Gewebebreite erschließen. Durch den Einsatz verschiedener Bindungsvarianten innerhalb einer Fläche und/oder den mustermäßigen Wechsel von Einlagen- zu Mehrlagengewebe lassen sich Halbzeuge für stringerverstärkte Schalen, verzweigte Hohlprofile sowie Preforms mit unterschiedlichen Eigenschaften innerhalb des Gewebes realisieren.

5.3 Gewebeparameter und -eigenschaften

5.3.1 Gewebeparameter

Die folgenden Parameter haben einen entscheidenden Einfluss auf die Gewebeeigenschaften:

Fadenmaterial

Die Eigenschaften des im Gewebe verwendeten Garnes beeinflussen je nach Werkstoffart, Feinheit, innerer sowie äußerer Fadenstruktur und zusätzlicher Ausrüstung die Gewebeeigenschaften. Eine umfangreiche Erklärung der einzelnen Garnparameter ist in Kapitel 4 zu finden.

Einarbeitung (Crimp)

Unter der *Einarbeitung* ist das Verhältnis zwischen der Länge eines repräsentativen Gewebestreifens und der Länge des in diesem Streifen verwebten Fadens zu verstehen. Es gibt sowohl eine Einarbeitung in Kett- als auch eine Einarbeitung in Schussrichtung, wobei sich diese beiden einander beeinflussen (Abb. 5.10). Im Allgemeinen wird die Einarbeitung als *Crimp* bezeichnet und ist somit ein Maß für die Abweichung des Fadens von der Strecklage im Gewebe. Je kleiner die Einarbeitung ist, desto gestreckter liegen die Fäden vor. Durch die Einstellungsmöglichkeiten (Kett- und Schussfadenzugkraft), welche die Webmaschine bietet, kann die Einarbeitung richtungsabhängig variiert werden. Im Allgemeinen ist das Verhältnis zwischen Kett- und Schussfadeneinarbeitung ausgewogen (Abb. 5.10 b).

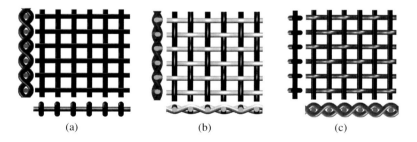

(a)   (b)   (c)

Abb. 5.10 Schnittdarstellungen von Leinwandgeweben mit (a) geringer Schusseinarbeitung, (b) ausgewogenem Einarbeitungsverhältnis und (c) hoher Schusseinarbeitung

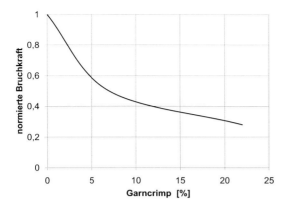

Abb. 5.11 Qualitativer Zusammenhang zwischen erzielbarer Höchstbruchkraft und Einarbeitung

Bindung

Die realisierte Bindung des Gewebes hat einen wesentlichen Einfluss auf die Einarbeitung und damit auf die Orientierung der einzelnen Garne im Gewebe. Je höher die Bindepunktdichte ist, desto höher ist im Allgemeinen die Einarbeitung der einzelnen Fadensysteme. Gewebe mit hoher Einarbeitung (z. B. Leinwandgewebe) weisen eine wesentlich höhere Strukturdehnung auf als Gewebe mit geringerer Bindungspunktdichte (z. B. Atlasgewebe) (Abb. 5.11) [3]. Gewebe mit einer hohen Bindungspunktdichte (z. B. Leinwandgewebe) weisen eine hohe Verschiebefestigkeit, jedoch im Verbund infolge der hohen Einarbeitung, reduzierte mechanische Kennwerte auf.

Gewebedichte

Im Allgemeinen wird sowohl die Kett- als auch die Schussfadendichte in Fäden pro Zentimeter angegeben. Je höher diese Werte sind, desto höher ist die Schiebefestigkeit des Gewebes. Die relative Gewebedichte lässt sich mit der von WALZ und LUIBRAND formulierten Gleichung 5.1 berechnen [4, 5].

$$DG \approx \frac{1}{n_k n_s}(d_s + d_k)^2 p \cdot 100\,\% \qquad (5.1)$$

mit: DG [%]   Gewebedichte
     n   [mm]   Garnabstand (k ... Kette, s ... Schuss)
     d   [mm]   Durchmesser (k ... Kette, s ... Schuss)
     p   [–]   Besetzungsfaktor (bindungsabhängig, tabelliert [4])

Der Besetzungsfaktor p gibt die Anzahl der Kett- und Schusswechsel im Verhältnis zur Leinwandbindung an. Für die Leinwandbindung ist der Besetzungsfaktor $p = 1$. Für Köpergrundbindungen ist der Besetzungsfaktor 0,67 und für Atlasgrundbindungen 0,33.

5.3.2 Gewebeeigenschaften

Die Bestimmung der Eigenschaften textiler Werkstoffe wird in Kapitel 14 erläutert. Folgend werden für Verbundwerkstoffe und Technische Textilien besonders relevante Gewebeeigenschaften beschrieben.

In Tabelle 5.1 sind die Zusammenhänge zwischen Gewebebindungen und -eigenschaften bei gleicher Kett- und Schussdichte und identischem Fadenmaterial gegenübergestellt. In Abhängigkeit von der realisierten Bindung steigt die maximal erzielbare flächenbezogene Masse von Leinwand- über Köper- zu Atlasgeweben an.

Tabelle 5.1 Überblick Struktureigenschaften (0 = gering; ++ = hoch)

	Leinwand	Köper	Atlas
Strukturdeformation	++	+	0
Schiebefestigkeit	++	+	0
Einzelfadenauszugskraft	++	+	0
Biegefestigkeit	++	+	0
Permeabilität	0	+	++
Drapierbarkeit	0	+	++
Handhabung	++	+	0
Mechanische Eigenschaften im Verbund	0	+	++

5.3.2.1 Verlauf der Kraft-Dehnungs-Kennlinie

Die Kraft-Dehnungs-Kennlinie (Abb. 5.12) von Geweben ist durch zwei charakteristische Bereiche gekennzeichnet: den Bereich der Strukturdeformation und den Bereich der Fadendeformation. Die Strukturdeformation ist in der Kraft-Dehnungs-Kennlinie im Anfangsbereich durch eine hohe Dehnung bei vergleichsweise geringer Kraft gekennzeichnet. Dabei werden die Fäden in Lastrichtung ausgerichtet, ohne dass deren Materialeigenschaften zum Tragen kommen. Die Dehnung erfolgt ausschließlich durch Strukturdehnreserven des Gewebes. Die Strukturdehnung ist bindungsabhängig. Beispielsweise beträgt sie für Leinwandgewebe aus Glasfasern ca. zwei bis drei Prozent und die von materialidentischem Atlasgewebe lediglich ca.

ein Prozent. Die Strukturdeformation geht fließend in die Fadendeformation über. Erst wenn die Fäden gestreckt vorliegen, endet die Strukturdeformation und die Materialeigenschaften des eingesetzten Fadens kommen zum Tragen.

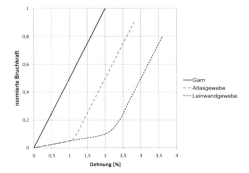

Abb. 5.12 Prinzipielle Kraft-Dehnungs-Kennlinien von Garn und Geweben verschiedener Bindungen

5.3.2.2 Schiebefestigkeit/Einzelfadenauszugskraft

Für die Bestimmung der Drapierbarkeit von Geweben eignen sich neben der Scherung (s. Kap. 15.2.4) auch die Kenngrößen Schiebefestigkeit oder Einzelfadenauszugskraft. Die Kraft, welche aufgewendet werden muss, um einen Faden senkrecht zu seiner Längsachse innerhalb der Gewebeebene zu verschieben, ist ein Maß für die Schiebefestigkeit eines Gewebes (Abb. 5.13 a). Die Einzelfadenauszugskraft gibt an, wie hoch die aufzuwendende Kraft sein muss, um einen Faden parallel zu seiner Längsachse aus dem Gewebe zu ziehen (Abb. 5.13 b). Diese beiden Kenngrößen bedingen sich gegenseitig. Ein direkter Vergleich ist jedoch nicht ohne Weiteres möglich, da hierfür weitere Gewebeparameter (z. B. Einarbeitung, Bindung) berücksichtigt werden müssen.

Aufbauend auf grundlegenden Untersuchungen zur Charakterisierung der Handhabbarkeit textiler Verstärkungsstrukturen für Verbundwerkstoffe durch die Bestimmung der Verschiebearbeit einzelner Fäden wurde ein neues Prüfverfahren entwickelt und patentrechtlich geschützt [6, 7]. Das patentierte Prüfverfahren beruht auf einer definierten Verdrehung eines Krafteinleitungsbereiches gegenüber einer lagefixierten textilen Struktur (Abb. 5.14). Dieses Prüfverfahren bietet die Möglichkeit, einen charakteristischen Strukturkennwert für die Handhabbarkeit textiler Strukturen zu ermitteln.

Im Allgemeinen gilt: Je mehr Wechsel zwischen Unter- und Überführung der Kett- und Schussfadensysteme vorhanden sind, desto höher sind die Schiebefestigkeit und

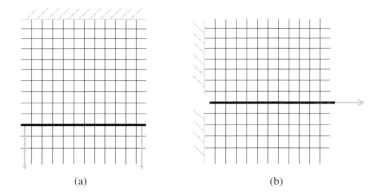

(a)   (b)

Abb. 5.13 Schematisches Prinzip zur Ermittlung der (a) Schiebefestigkeit und (b) Einzelfadenaus-zugskraft

Abb. 5.14 Verschiebeprüfung: vor (oben) und nach (unten) der Prüfung

die Einzelfadenauszugskraft. Die beiden Gewebeeigenschaften sind insbesondere ein Maß für die Handhabbarkeit. Sie sind auch für die Drapierbarkeit von Bedeutung: Je höher diese beiden Kenngrößen sind, desto schwerer lässt sich ein Gewebe drapieren.

5.3.2.3 Biegesteifigkeit

Die Biegesteifigkeit der textilen Flächen liefert ebenfalls Anhaltspunkte für deren Drapierbarkeit. Somit kann sie für die Beurteilung der Nutzbarkeit der Gewebe zur Formung von 3D-Geometrien herangezogen werden. Das Biegeverhalten von Geweben wird weitgehend vom eingesetzten textilen Faserstoff (Fadenmaterial, -konstruktion und Feinheit), von der Konstruktion (Bindung und Fadendichte) und den daraus resultierenden Haftungs- und Reibungseinflüsse zwischen den einzelnen Filamenten bzw. Fäden bestimmt. Es wird im Allgemeinen aus dem Zusammenhang zwischen Biegewinkel, Biegelänge und aufgewendeter Kraft beschrieben. Es haben sich zwei Prüfmethoden etabliert. Das Cantilever-Verfahren (s. Kap. 14.5.4) und das patentrechtlich geschützte Verfahren [7] unterscheiden sich hinsichtlich der Probenanordnung (horizontal bei Cantilever; vertikal nach Patent), der damit verbundenen äußeren Einflüsse (z. B. Schwerkraft) sowie der prüfbaren Textilien (biegeschlaff bei Cantilever; biegesteif nach Patent). Im Allgemeinen gilt: Je biegesteifer der eingesetzte Faden, je dichter das Gewebe ist, und je mehr Wechsel zwischen Unter- und Überführung der Kett- und Schussfadensysteme vorhanden sind, desto höher ist die Biegesteifigkeit.

Je höher die Biegesteifigkeit eines Gewebes ist, desto höher ist der Kraftaufwand für das Drapieren. Die in der Preformfertigung beim Drapieren auftretenden Rückstellkräfte wirken sich auf den Fertigungsprozess, die Reproduzierbarkeit und die Bauteilqualität negativ aus. Diese Kräfte verursachen ein Relaxieren der textilen Struktur, so dass sich insbesondere komplexe Geometrien nur erschwert dauerhaft abbilden lassen.

5.3.2.4 Permeabilität

Die Permeabilität ist ein Maß für die Durchlässigkeit von Fluiden durch textile Flächengebilde. Besonders für Infusions- oder Barrierevorgänge ist diese Kenngröße wichtig. Im Allgemeinen gilt: Je geringer die Gewebedichte, desto höher ist die Permeabilität und desto besser lassen sich diese Gewebe beispielsweise bei der Verbundbildung durchtränken.

5.3.2.5 Flächenbezogene Masse

Die flächenbezogene Masse (üblicherweise als „Flächenmasse" bezeichnet) eines textilen Flächengebildes wird in Gramm pro Quadratmeter angegeben (s. Kap. 14.5.2). Die flächenbezogene Masse der Gewebe kann durch den Einsatz gröberer Garne, die Auswahl einer Bindung mit einem kleineren Besetzungsfaktor, Steigerung der Kett- und Schussdichte sowie durch die Fertigung mehrlagiger Gewebe erhöht werden. Mit steigender flächenbezogener Masse nimmt meist auch die Di-

cke der Gewebe zu, da die Fäden bei der Flächenbildung im Allgemeinen in Dickenrichtung ausweichen. Dies kann bindungstechnisch unterbunden werden, führt
dann jedoch zu einer stärkeren Begrenzung der Gewebedichte.

5.3.2.6 Gewebedicke

Die Dicke ist der senkrechte Abstand zwischen Ober- und Unterseite einer textilen Flächengebildes. Eine textile Fläche besitzt in der Regel ein ausgeprägtes Oberflächenprofil, was normative Festlegungen zur präzisen Bestimmung der Gewebedicke erforderlich macht (s. Kap. 14.5.1). Die Gewebedicke wird stark durch den eingesetzten Faserstoff und die Gewebekonstruktion beeinflusst und hängt eng mit der
flächenbezogenen Masse zusammen. Mit Spezialgeweben wie Pol- und Abstands-
geweben kann die Dicke der Gewebestrukturen bei sinkender Dichte gesteigert werden.

5.3.2.7 Weiterreiß- und Schnittfestigkeit

Die Weiterreiß- und Schnittfestigkeit quantifiziert den Widerstand und die Schadenstoleranz von Geweben gegenüber zufälligen und gezielten Beschädigungen von
Membranwerkstoffen. Insbesondere bei Geweben pflanzen sich anfängliche Risse
sehr schnell fort. Durch gezielten Materialeinsatz, modifizierte Gewebebindungen
und spezielle Beschichtungen kann die Weiterreißfestigkeit von Geweben signifikant gesteigert werden. Für die Erhöhung der Schnittfestigkeit, die den Widerstand
des Gewebes gegen die Beschädigung durch scharfkantige Gegenstände beschreibt,
müssen hochfeste Spezialfaserstoffe anforderungsgerecht in Gewebestrukturen integriert werden.

5.4 Gewebefertigung

5.4.1 Webverfahren

Für die Herstellung von Geweben müssen rechtwinklig zueinander angeordnete
Kett- und Schussfäden miteinander verkreuzt werden. Die Kettfäden, die parallel
zur Fertigungsrichtung angeordnet sind, werden dazu in mindestens zwei Gruppen
geteilt. Diese Einteilung ist verfahrensbedingt notwendig, um den einen Teil der
Kettfäden nach oben und den anderen Teil der Kettfäden nach unten bewegen zu
können und trägt zur bindungstechnischen Ausbildung der Gewebestruktur bei. Der
in der Folge zwischen den Kettfäden entstehende Freiraum ist das Webfach. Das
Webfach bildet den notwendigen Freiraum für den folgenden Schusseintrag und

sollte zur Reduzierung der Kettfadenzugkräfte möglichst klein sein. Nach dem Eintrag des Schussfadens (Schusseintrag) im rechten Winkel zu den Kettfäden wird der Schussfaden parallel zum letzten Schussfaden an die Gewebekante angeschlagen (Schussanschlag). Für die Fertigung hochdichter Gewebe ist eine hohe Schussanschlagskraft erforderlich, was bei der Verarbeitung von spröden Hochleistungsfaserstoffen zur Faserschädigung führt und deshalb zu vermeiden ist. Zur Ausbildung der bindungsgemäßen Fadenverkreuzungen zwischen den Kett- und Schussfäden (s. Abschn. 5.2) wechseln die entsprechenden Kettfäden die Position im Webfach (Fachwechsel) und öffnen das Webfach für den folgenden Schusseintrag. Schussanschlag und Fachwechsel finden in etwa gleichzeitig statt, wobei im Moment des Schussanschlages das Webfach meist bereits wieder leicht geöffnet ist. Damit wird das Zurückspringen des Schussfadens verhindert. Über den Abzug wird das fertiggestellte Gewebestück um den voreingestellten Schussfadenabstand abgezogen.

5.4.2 Grundaufbau der Webmaschine

Abbildung 5.15 zeigt die Führung des Kettfadensystems von einem Kettbaum über den Streichbaum, die Webschäfte mit den Weblitzen, durch das Webblatt und den Gewebeabzug zum Warenspeicher. Der Kettbaum (1) dient der Kettfadenspeicherung und der bedarfsgerechten Kettfadenlieferung. Die Kettfäden können, vorzugsweise bei Carbon- oder Glasfäden auch direkt aus einem Spulengatter zur Webmaschine geführt werden (Abb. 5.16). Der Streichbaum (2) lenkt gemeinsam mit dem Gewebeabzug (8) die Kettfäden in die Webebene um. Der Streichbaum (2) ist in der Regel federnd gelagert und gleicht Schwankungen des Kettfadenbedarfs durch das Fachöffnen und -schließen aus. Dies ist besonders bei der Verarbeitung steifer Fäden bzw. von Fäden mit geringer Zugfestigkeit notwendig. Die Kettfäden werden meist einzeln in je einer Weblitze (3) geführt. Die Weblitzen können gruppenweise den Webschäften (4) bzw. einzeln den Harnischschnüren einer Jacquardmaschine zugeordnet sein (s. Abschn. 5.4.4.4). Über die Bewegung der Webschäfte bzw. Jacquardlitzen erfolgen die Fachöffnung und der Fachwechsel. Das Schusseintragssystem (5), für das unterschiedliche Lösungen bekannt sind, transportiert den Schussfaden durch das Webfach. Das Webblatt (6), das in die Weblade integriert ist, ordnet die Kettfäden und stellt die theoretische Kettfadendichte des Gewebes ein. Durch die Bewegung des Webblattes (6) mit der Weblade (7) wird der letzte eingetragene Schussfaden an die Gewebekante angeschlagen. Über den Gewebeabzug (8) erfolgen der Abzug des Gewebes mit einer vorgegebenen Geschwindigkeit und die Einstellung der Schussdichte des Gewebes. Im Gewebespeicher (9) wird das Gewebe für die nächsten Prozessstufen zwischengespeichert. Bei der Verarbeitung von Hochleistungsfaserstoffen wird auf den Einsatz von Kettfadenwächtern im Allgemeinen verzichtet.

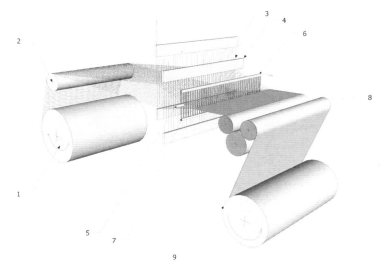

(1) Kettbaum, (2) Streichbaum, (3) Weblitze, (4) Webschäfte, (5) Schusseintragssystem, (6) Web-blatt, (7) Weblade, (8) Gewebeabzug, (9) Gewebespeicher

Abb. 5.15 Grundaufbau Webmaschine

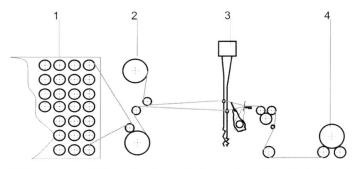

(1) Spulengatter, (2) Doppelkettbaum, (3) Jacquardmaschine, (4) Steigdockenwickler

Abb. 5.16 Querschnitt einer Webmaschine mit optionalen Komponenten

5.4.3 Kettfadenzuführung

Die Speicherung des Kettfadensystems, das aus einigen hundert bis zu mehreren tausend parallel nebeneinander angeordneten Fäden bestehen kann, erfolgt konventionell auf einem Kettbaum. Daher ist bei der Verarbeitung der Kettfäden von einem Kettbaum darauf zu achten, dass alle Kettfäden in der gleichen Länge im Gewebe verarbeitet werden, d. h., dass die Anzahl der Kettfadenwechsel (bindungsabhängig) im Durchschnitt für alle Kettfäden gleich sein muss. Lediglich bei dehnbaren Fäden sind geringe Unterschiede im Kettfadenbedarf zulässig. Kann die Forderung nicht erfüllt werden, so ist der Einsatz von mehreren Kettbäumen (bis zu sechs) oder die Zuführung der Fäden vom Spulengatter notwendig.

Mit dem Einsatz von Kettbäumen ist der Platzbedarf für die Webanlage reduziert. Die Herstellung der Kettbäume erfordert zusätzliche technologische Prozessstufen, die hier nicht näher betrachtet werden. Die Kettfäden werden über einen geregelten Kettablassantrieb mit einer gleichmäßigen Zugkraft der Webmaschine zugeführt. Die zur Regelung notwendige Zugkraftmessung kann indirekt über die Position eines federnd gelagerten Streichbaumes, über Drucksensoren im Streichbaum oder Gewebeabzugsbereich bzw. über Fadenzugkraftmessköpfe in der Kettfadenschar erfolgen.

Bei geringer Kettfadenanzahl, bei empfindlichen Fäden und bei unterschiedlichem Kettfadenbedarf ist der Einsatz eines Spulengatters vorteilhaft. Carbonfilamentgarne, Carbon- und Glasrovings werden grundsätzlich vom Gatter zugeführt, da der zusätzliche Prozessschritt der Kettbaumherstellung bei diesen querkraftempfindlichen Garnen zu nicht tolerierbaren Garnschädigungen führen würde. Die Spulengatter werden in der Bauform und Konstruktion den räumlichen Gegebenheiten und der Spulenform angepasst. Die Fäden werden bei ruhender Spule in Richtung der Spulenachse ("Überkopfabzug") oder bei rotierender Spule tangential abgezogen. Da durch einen Überkopfabzug Drehungen in den Faden eingetragen werden, welche die Festigkeit von Faserkunststoffverbunden reduzieren, ist für die Herstellung von gewebten Halbzeugen für Verbundwerkstoffe die drehungsfreie Verarbeitung der Fäden unter Verwendung von Spezialgattern mit Tangentialabzug notwendig. Vom Gatter werden die Fäden über Fadenleiteinrichtungen der Webmaschine zugeführt. An Stelle des Kettbaumes kann bei Zuführung der Fäden aus dem Gatter für die bedarfsgerechte zugkraftgeregelte Kettfadenlieferung eine Lieferwalze mit Reibbelag eingesetzt werden. Die in den Kettfadenlauf integrierte Kettfadenüberwachung stellt bei Kettfadenbruch die Webmaschine ab. Bei klassischen Webmaschinen und der Verarbeitung von Spinnfasergarnen kommen Kettfadenwächterlamellen zum Einsatz, die zwischen Streichbaum und Webschäften installiert werden und nach dem Kurzschlussprinzip arbeiten. Bei Webmaschinen für Technische Textilien und der Verarbeitung von Filamentgarnen wird mittels optischer Systeme der hintere und vordere Bereich des Webfaches überwacht. Bei klammernden Fäden oder bei Fadenbruch wird die Webmaschine gestoppt.

5.4.4 Fachbildeeinrichtungen

5.4.4.1 Übersicht über die Fachbildeeinrichtungen

Die Kettfäden werden in den Weblitzen geführt, die in den Webschäften angeordnet bzw. an die Harnischschnüre der Jacquardmaschine gekoppelt sind. Die Weblitzen werden meist aus Flachstahl gefertigt. Zur Reduktion der Kettfadenbelastung in den Litzenaugen (Öffnung zur Kettfadenführung) gibt es auch Runddrahtlitzen, die mit einem keramischen Litzenauge ausgestattet sein können. Für bändchenförmige Fäden, insbesondere für die drehungsfreie Verarbeitung von Carbonrovings oder von gespreizten Fäden werden Speziallitzen mit rechteckigem Fadenauge eingesetzt. Die Litzen werden entsprechend der Kettdichte und der Anzahl der Kettfadengruppen auf den Webschäften aufgereiht bzw. mit den Harnischschnüren der Jacquardmaschine verbunden. Dadurch, dass die maximale Reihdichte der Weblitzen (Litzen je cm) auf den Webschäften begrenzt ist, werden Leinwandgewebe, für deren Herstellung mindestens zwei Schäfte notwendig sind, meist mit vier oder sechs Schäften gewebt.

Als Fachbildeeinrichtungen kommen Exzentermaschinen, Schaftmaschinen und Jacquardmaschinen zum Einsatz (Abb. 5.17). Je nach eingesetzter Fachbildeeinrichtung sind unterschiedlich große Bindungsrapporte realisierbar. Exzenter- und Schaftmaschinen sind über eine Koppel mit den Webschäften verbunden. Bei Jacquardmaschinen werden die Weblitzen einzeln über Harnischschnüre an die Jacquardmaschine gekoppelt. Für die Fertigung von Geweben für Verbundwerkstoffe kommen überwiegend Schaftmaschinen zur Anwendung. Der Anteil der Jacquardmaschinen nimmt im industriellen Einsatz stetig zu.

Exzentermaschine	**Schaftmaschine**	**Jacquardmaschine**
Schussrapport: 6	Schussrapport: ∞	Schussrapport: ∞
Kettrapport: 10	Kettrapport: 28	Kettrapport: > 20.000

Abb. 5.17 Einteilung der Fachbildeeinrichtungen

Bei der Fachbildung unterliegen die Kettfäden einer starken Zugkraftwechselbeanspruchung und in den Litzen einer Biege-Scheuer-Beanspruchung. Zur Reduktion der Schädigung der Garne und zur Stabilisierung des Webprozesses können Kettgarne geschlichtet werden. Die Schlichte erhöht durch Verkleben der Fasern bzw. Filamente im Faden den Fadenschluss, steigert die Festigkeit, die Elastizität und die Scheuerbeständigkeit. Für Webgarne aus Glas- und Carbonfilamenten wurden Spezialschlichten entwickelt, die sowohl die webtechnischen Anforderungen erfüllen, als auch die Haftung zwischen Faser und Matrix im Verbund sicherstellen. Auf Grund der hohen Sprödigkeit und geringen Querfestigkeit der Glas- und Carbongarne werden zur Reduktion der Fadenschädigung die Webmaschinendrehzahlen bei Verarbeitung dieser Materialien um bis zu 75 % reduziert.

5.4.4.2 Exzentermaschine

Für den Antrieb der Webschäfte steht als kostengünstige Lösung die Exzentermaschine mit Kurvenscheiben zur Verfügung (Abb. 5.18 a). Die Länge des Schussrapportes ist durch die Anzahl der Schafthebungen und -senkungen auf der Kurvenscheibe auf maximal sechs unterschiedlich bindende Schussfäden begrenzt. Bei einem Schussrapport von sechs Fäden wird der siebente Schussfaden mit den Kettfäden genau so verkreuzt, wie der erste Schussfaden. Durch den geringen Schussrapport ist technologisch die Ansteuerung von maximal acht Schäften sinnvoll. Das heißt, dass maximal acht Kettfäden im Gewebe unterschiedlich binden und bei regelmäßigem Fadeneinzug der Kettrapport maximal acht Kettfäden beträgt. Beim Bindungswechsel müssen die Kurvenscheiben und bei der Veränderung der Schussrapportlänge auch die Übersetzung zwischen Webmaschine und Exzentermaschine gewechselt werden.

5.4.4.3 Schaftmaschine

Mit Schaftmaschinen (Abb. 5.18 b), meist Rotationsschaftmaschinen, werden die Webschäfte elektronisch gesteuert und entsprechend der gewählten Bindung gehoben und gesenkt. Der Antrieb jedes Webschaftes ist entweder elektromechanisch mit dem Antrieb der Webmaschine gekoppelt oder erfolgt mit einem eigenen Motor. Durch den Antrieb jedes einzelnen Webschaftes mit einem Servomotor kann die Fachbildung für jeden einzelnen Webschaft für jeden Schusseintrag individuell gesteuert werden. Durch die variable Fachgeometrie sind komplexe Bindungen bzw. Gewebestrukturen besser herstellbar und Garne mit geringer Zugfestigkeit bzw. geringer Dehnbarkeit effizienter verarbeitbar. Die Mustervorbereitung und der Musterwechsel erfolgen elektronisch. Der maximale Schussrapport hängt nur von der Größe des elektronischen Musterspeichers ab. Mit den maximal einsetzbaren 28 Webschäften ist der Kettrapport auf maximal 28 Kettfäden begrenzt.

(a)   (b)

Abb. 5.18 Fachbildeeinrichtungen: (a) Exzentermaschine, (b) Schaftmaschine (Quelle: Stäubli GmbH)

5.4.4.4 Jacquardmaschine

Unbegrenzte Möglichkeiten zur Musterung und Strukturierung bieten Jacquard-maschinen. Diese werden im Allgemeinen über den Webmaschinen angeordnet (Abb. 5.19). Auf den Einsatz von Webschäften wird damit verzichtet. Jede einzelne Weblitze ist über eine Harnischschnur nach oben mit der Jacquardmaschine verbunden und nach unten mit einer Feder zum Boden gespannt. Durch die Anordnung der Jacquardmaschine unter den Kettfäden in der Webmaschine kann auf Harnischschnüre und Federn verzichtet werden. Infolge der mechanischen Komplexität und des hohen Bedienaufwandes hat sich dieses Prinzip jedoch nicht etabliert. Der Antrieb der Steuerplatinen der Jacquardmaschine erfolgt über elektromechanische Kupplungen vom Hauptantrieb der Webmaschine, über den Einzelantrieb der Jacquardmaschine oder über Einzelantriebe für jede Steuerplatine. Konventionell erfolgt der Antrieb über den Hauptantrieb der Webmaschine. Mit einem Einzelantrieb der Steuerplatinen kann bei jedem Schusseintrag für jeden Kettfaden einzeln die Litzenbewegung gezielt den Anforderungen des Webprozesses und des Fadenmaterials angepasst werden.

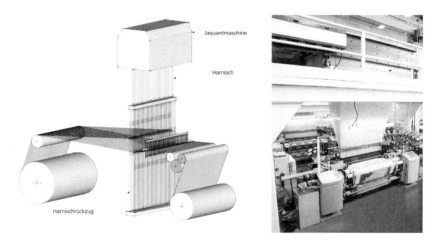

Abb. 5.19 Jacquard-Webmaschine, Prinzip und Ansicht (Quelle: Lindauer Dornier GmbH)

Durch den modularen Aufbau der Jacquardmaschinen kann die Anzahl der einzeln anzusteuernden Kettfäden nahezu beliebig gesteigert werden. Mit Jacquardmaschinen ausgestattete Webmaschinen ermöglichen die größte Muster-, Bindungs- und Strukturvielfalt. Wird ein bildliches Motiv über die Gewebebreite mehrmals gewebt, so können die Harnischschüre gleich bindender Kettfäden mit einem Ansteuerelement der Jacquardmaschine angetrieben werden. Damit lässt sich die Baugröße der Jacquardmaschine reduzieren. Bei Webmaschinen, die mit einer Jacquardmaschine ausgestattet sind, kann die Kettdichte ohne Austausch des Harnischsystems oder der Jacquardmaschine nur begrenzt verändert werden.

5.4.5 Schusseintragsprinzipien

5.4.5.1 Übersicht über die Schusseintragsprinzipien

Webmaschinen werden entsprechend dem Schusseintragsprinzip in folgende Maschinentypen unterteilt:

1. Spulenschützen-Webmaschine,
2. Projektil-Webmaschine,
3. Düsen-Webmaschine,
4. Greifer-Webmaschine,
5. Nadel-Bandwebmaschine,
6. Rund-Webmaschine,
7. Wellenfach-Webmaschine und
8. Reihenfach-Webmaschine.

Rund-Webmaschinen werden in geringem Umfang für die Fertigung von Schlauchgeweben für Technische Textilien eingesetzt. Die Produktion und Entwicklung von Wellenfach- und Reihenfach-Webmaschinen wurde auf Grund unzureichender Flexibilität eingestellt. Auf die Erläuterung dieser drei Webmaschinentypen wird daher verzichtet. Die entsprechenden Ausführungen zu diesen Webmaschinen sind Fachbüchern zu entnehmen [8, 9]. Im Folgenden werden die Maschinetypen eins bis fünf näher betrachtet.

5.4.5.2 Schusseintrag mittels Spulenschützen

Bis in die 60er Jahre des 20. Jahrhunderts waren fast ausschließlich Spulenschützen-Webmaschinen im Einsatz. Der Spulenschützen, auch Weberschiffchen genannt, nimmt die Schussspule auf. Der Schützen wird von einer Seite der Maschine mit einer Schlageinrichtung durch das offene Webfach geschossen und auf der anderen Seite wieder aufgefangen (Abb. 5.20). Nach Fachwechsel und Blattanschlag wird der Schützen wieder zurück geschossen. Durch die Umkehr der ungeschnittenen Schussfäden an der Gewebekante entsteht ein Gewebe mit fester Kante. Darüber hinaus können mit Spulenschützen-Webmaschinen durch die Schussumkehr am Rand und unter Verwendung entsprechender Bindungen Schlauchgewebe gefertigt werden. Die Webbreite entspricht dabei dem halben oder einem Viertel des Schlauchumfangs. Spulenschützen-Bandwebmaschinen sind sehr gut für das Weben von Faserkunststoffprofilen geeignet (s. Abschn. 5.6.1). Für diese spezielle Anwendung werden noch Sondermaschinen als Spulenschützen-Webmaschinen gebaut, die je Minute maximal 360 m Schussfaden verarbeiten können. Die Kettfadenbelastung ist durch das notwendige große Webfach sehr hoch, die Schussfadenbelastung jedoch sehr gering.

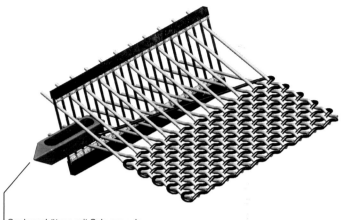

Spulenschützen mit Schussspule

Abb. 5.20 Schusseintrag mittels Spulenschützen

5.4.5.3 Schusseintrag mittels Projektil

Bei der Projektil-Webmaschine befindet sich der Schussfaden außerhalb des Webfaches auf einer Spule. Der Schussfaden wird in die Klemme eines Metallprojektils geklemmt und dieses mittels einer Beschleunigungsvorrichtung durch das offene Webfach durch Führungslamellen hindurch geschossen und auf der anderen Seite aufgefangen und der Schussfaden freigegeben (Abb. 5.21). Die Projektile werden unterhalb des Webfaches zur Abschussseite zurücktransportiert. Infolge dessen befinden sich immer mehrere Projektile im Kreislauf. Der Schussfaden erfährt beim Abschuss des Projektils eine hohe Beschleunigung und eine daraus resultierende Schussfadenzugkraft. Für die Vorlage des nächsten Schussfadens muss der Schussfaden an der Schusseintragsseite abgeschnitten werden. Mittels verschiedener Lösungen zur Leistenbildung werden feste Gewebekanten gebildet (s. Abschn. 5.4.6). Projektil-Webmaschinen sind vor allem für die Herstellung von Geweben mit über 6 m Gewebebreite, z. B. für Membranwerkstoffe, sehr effektiv einsetzbar. Sie verarbeiten bis zu 1500 m Schussfaden je Minute.

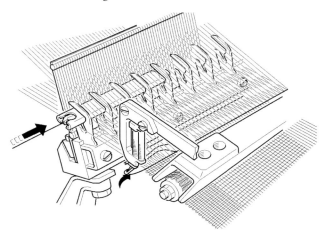

Abb. 5.21 Schusseintrag mittels Projektil (Quelle: ITEMA)

5.4.5.4 Schusseintrag mittels Düse

An Düsen-Webmaschinen wird der Schussfaden meist mittels Luft aber auch mittels Wasser durch das Webfach transportiert. Beschleunigt wird der Schussfaden in einem oder mehreren hintereinander geschalteten Hauptdüsenrohren. Zur Bündelung des Luftstrahles im Webfach bilden die Lamellen des Webblattes auf drei Seiten einen Führungskanal. In das Webfach ragen mehrere über die Webmaschinenbreite angeordnete Stafettendüsen ein, die so angesteuert werden, dass der Luftstrahl immer an der Fadenspitze die höchste Geschwindigkeit hat (Abb. 5.22).

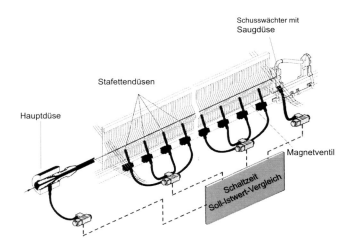

Abb. 5.22 Schusseintrag mittels Luftdüsen (Quelle: Lindauer Dornier GmbH)

Dadurch wird der Schussfaden durch das Webfach gezogen. Ist die vorgesehene Schusseintragslänge erreicht, wird der Schussfaden auf der Schusseintragsseite gestoppt. Hierbei entstehen sehr hohe Schussfadenbelastungen. Auch bei diesem Verfahren wird der Schussfaden nach dem Eintragen abgeschnitten. Dadurch sind zusätzliche Lösungen für die Leistenbildung nötig. Monofilamente und schwere offene Schussfäden, wie z. B. Rovings, sind nicht verarbeitbar. Dagegen lassen sich leichte Glas- und Carbonfilamentgarne problemlos verweben. Da auch bei über fünf Meter Gewebebreite bis zu 2500 m Schussfaden pro Minute verarbeitet werden können, gehören Düsen-Webmaschinen trotz des hohen Energieverbrauchs zu den am häufigsten eingesetzten Webmaschinen.

5.4.5.5 Schusseintrag mittels Greifer

Der Schusseintrag mittels Greifer hat gegenüber den anderen Schusseintragsverfahren den großen Vorteil, dass der Schussfaden immer kraftschlüssig mit den Schusseintragselementen der Webmaschine und darüber mit dem Webmaschinenantrieb verbunden ist. Dadurch werden die größte Prozesssicherheit, die größte Flexibilität hinsichtlich der verarbeitbaren Schussmaterialien und eine geringe Schussfadenbelastung erreicht. Je nach Anzahl und Anordnung werden unterschiedliche Maschinenkonfigurationen unterschieden:

- Einzelgreifersystem-Webmaschinen,
- Doppelgreifersystem-Webmaschinen und
- Mehrfachgreifersystem-Webmaschinen.

Je nach Anzahl der Greifersysteme können entsprechend viele Schussfäden simultan eingetragen werden. Am gebräuchlichsten sind Einzelgreifersystem-Webmaschinen, wobei diese vor allem in der Doppelgreiferkonfiguration (d. h. ein Geber- und ein Nehmergreifer) verbreitet sind. Der Schussfaden wird auf der einen Webmaschinenseite durch den Gebergreifer erfasst und vom vorher eingetragenen Schussfaden mit einer Schere getrennt. Der Greifer transportiert den Schussfaden bis zur Gewebemitte. Gleichzeitig wird der Nehmergreifer von der anderen Seite in das Webfach geschoben. In der Gewebemitte übernimmt der Nehmergreifer den Schussfaden. Beide Greifer verlassen das Webfach, die Klemme des Nehmergreifers wird geöffnet und gibt den eingetragenen Schussfaden frei. Abbildung 5.23 zeigt das beschriebene Grundprinzip.

Der in Abbildung 5.23 gezeigte Einsatz von Stangengreifern hat den Vorteil, dass sowohl sehr feine als auch sehr grobe Schussmaterialien, wie z. B. Monofile, Rovings, Heavy Tows und Drähte, sicher verarbeitet werden können. Da die Greiferstangen geradlinig aus dem Fach heraus bewegt werden müssen, entspricht die Breite der Stangengreifer-Webmaschinen der doppelten Arbeitsbreite. Bei Bandgreifer-Webmaschinen wird das den Greiferkopf tragende flexible Greiferband außerhalb des Webfaches unter die Webebene umgelenkt.

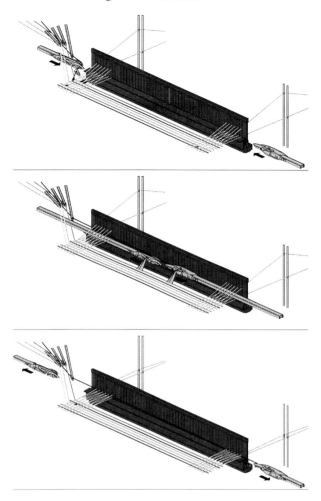

Abb. 5.23 Schusseintrag mit Einzelgreifersystem und aktiver Schussübergabe (Quelle: Lindauer Dornier GmbH)

Dadurch haben Bandgreifer-Webmaschinen im Vergleich zu Stangengreifer-Webmaschine eine geringere Maschinenbreite. Durch das flexible Greiferband werden jedoch im Webfach zusätzliche Bandführungselemente benötigt. Während die Klemmen der Greifer am Geweberand immer aktiv betätigt werden, kann die Mittenübergabe sowohl mit aktiven als auch mit passiven Klemmen erfolgen. Aktive Klemmen werden über zusätzliche in das Webfach greifende Öffnerhebel betätigt. Greifer mit aktiver Übergabe erreichen eine wesentlich höhere Sicherheit bei der Schussfadenübergabe und können auch offene Schussfäden, ungedrehte Filamentgarne und vor allem Glas- und Carbonrovings sicher verarbeiten und sind für Hochleistungsgarne mit grober Feinheit zwingend erforderlich. Bei passiven Greifern wird der Schussfaden durch die hakenförmige Fadenklemme des Nehmergreifers im Gebergreifer erfasst und aus der Gebergreiferklemme gezogen. Greifer mit passiver Übergabe sind kleiner, ermöglichen ein kleineres Webfach sowie eine sehr schonende Kettfadenverarbeitung und erlauben meist eine höhere Webleistung. Die Verarbeitung von offenen Garnen, insbesondere Rovings und Heavy Tows, ist durch die passive Mittenübergabe sehr schwierig. Greiferwebmaschinen verarbeiten bis zu 1400 m Schussfaden je Minute.

5.4.5.6 Schusseintrag mittels Schussnadel

Bei Nadel-Bandwebmaschinen für gewebte Bänder, Gurte und auch Profile wird der Schussfaden mittels einer Schussnadel als Schussschlaufe eingetragen (Abb. 5.24). Daher erfolgt jeweils ein Doppelschusseintrag. Der Schussfaden wird nicht geschnitten, wodurch sich auf der Eintragsseite eine feste Gewebekante ausbildet. Auf der anderen Seite werden die Schussfadenschlaufen durch eine Stricknadel zu einem Maschenstäbchen umgeformt und so die Kante verfestigt (s. Kap. 6.2.2). Bei groben Schussfäden wird ein Hilfsfaden zu Maschen umgeformt und die Schussfadenschlaufe in das Maschenstäbchen eingebunden. Nadel-Bandwebmaschinen erreichen in Abhängigkeit von der Bandbreite und dem Fadenmaterial bis zu 4000 Schusseinträge pro Minute.

Abb. 5.24 Schusseintrag mittels Schussnadel

5.4.5.7 Schusswechsler und Schussfadenvorspulgeräte

Alle Schusseintragsvorrichtungen können mit Schussfadenwechseleinrichtungen kombiniert werden, die den mustergemäßen Einsatz von Schussfäden unterschiedlicher Farbe oder auch unterschiedlicher Fadenarten erlauben. Auf Greifer-Webmaschinen können bis zu 16 unterschiedliche Schussfäden strukturgerecht verarbeitet werden. Mit Hilfe der Schusswechseleinrichtungen können Membranwerkstoffe mit gitterartig angeordneten Hochleistungsfaserstoffen, z. B. zur Steigerung der Weiterreißfestigkeit, verstärkt werden. Mit den Schusswechseleinrichtungen können ebenfalls Funktionsfäden beanspruchungsgerecht, z. B. für Sensornetzwerke, in gewebte Halbzeuge für Faserwerkstoffverbunde integriert werden. Überwachungseinrichtungen kontrollieren den Schusseintrag. Schussfadenbrüche werden manuell behoben und führen nicht zu Fehlern im Gewebe. Für den sicheren und schonenden Schusseintrag ist der Einsatz von Vorspulgeräten nötig, die den Schussfaden zwischenspeichern und die aus hohen Beschleunigungen beim Schusseintrag resultierenden Fadenzugkraftspitzen reduzieren. Für die schädigungsarme und auch drehungsfreie Verarbeitung von Glas- und Carbonfäden sind Spezialvorspulgeräte erforderlich, die den Schussfaden aktiv und tangential von der Fadenspule abrollen. Zur Erzielung einer gleichmäßigen Fadenzugkraft wird zwischen der Abrolleinheit, die den Schussfaden mit konstanter Geschwindigkeit zur Webmaschine liefert, und der Schusseintragsvorrichtung ein hochdynamischer Zwischenspeicher angeordnet.

5.4.6 Schussfadenanschlag

Nach dem vollständigen Eintrag des Schussfadens durch das Schusseintragssystem in das Webfach wird der Schussfaden mittels Webblatt an die Gewebekante angeschlagen. Die Teilung des Webblattes und der Einzug der Kettfäden in das Webblatt bestimmen den Abstand zwischen den einzelnen Kettfäden bzw. die Kettfadendichte im Gewebe. Während das Webblatt den Schussfaden an die Gewebekante anschlägt, wechseln die Webschäfte bzw. die Litzen der Jacquardmaschine bindungsgemäß ihre Position. In dem Moment, in dem die Weblade mit dem Webblatt den Schussanschlagspunkt erreicht hat, beginnen die Webschäfte bereits das nächste Fach zu öffnen. Dadurch entsteht hinter dem Schussfaden eine Kettfadenverkreuzung, die das Zurückspringen des Schussfadens in das Webfach verhindert. Die Phasenzuordnung der Webschäfte zur Webmaschine kann entsprechend des Fadenmaterials und der Produktanforderungen eingestellt werden. Für hochdichte Gewebe muss der Schussfaden mit hoher Kraft in das Gewebe, bzw. in die Fadenverkreuzung hineingepresst werden. Für die notwendige hohe Schussanschlagskraft ist als Gegenkraft eine entsprechend hohe Kettfadenzugkraft notwendig. Für eine schonende Verarbeitung von Glas- und Carbongarnen müssen hohe Schussanschlagskräfte (Querbelastung) vermieden werden. Daher können nur Gewebe mit geringen bis mittleren Gewebedichten gefertigt werden (s. Abschn. 5.3.2).

Der Schussfaden wird immer gestreckt in das Webfach eingetragen. Beim Schussanschlag wird der gestreckte Schussfaden in die Bindung gepresst. Das Verhältnis zwischen Kettfaden- und Schussfadenzugkraft bestimmt die Einarbeitung des Schussfadens in das Gewebe (s. Abschn. 5.3.1). Die aus der Längendifferenz zwischen gestreckter Vorlage und Schussfadeneinarbeitung resultierende Fadenspannung führt zu einem Einsprung des Gewebes in der Breite. Dieser Einsprung muss für einen sicheren Webprozess unmittelbar in der Gewebebildungszone durch Breithaltersysteme verhindert werden, die das Gewebe am Rand oder auch über die gesamte Gewebebreite in Schussrichtung spannen. Die Breithalter dürfen das Gewebe nicht beschädigen. Der Einsprung des Gewebes erfolgt somit erst nach dem Verlassen der Breithalter. Die Höhe des Einsprunges hängt von den Garneigenschaften, der Gewebebindung, der Gewebedichte und der Kettfadenzugkraft ab.

Bei allen modernen Schusseintragsverfahren wird der Schussfaden am Rand geschnitten, wodurch eine offene Gewebekante entsteht, die zum Ausfransen der Randkettfäden führt. Durch spezielle Leistenapparate werden die Randkettfäden fixiert. Bei Geweben für Bekleidung, Heim- und Haushalttextilien wird daher das Schussfadenende des letzten Schussfadens (ca. 1 bis 2 cm) in das folgende Webfach eingelegt und mit eingewebt (Einlegeleiste). Auf diese Weise wird eine feste Gewebekante realisiert. Bei Technischen Textilien wird dagegen meist die Dreherleiste eingesetzt, bei der zwei oder mehrere Kettfäden am Geweberand bei jedem Schusseintrag ihre seitliche Position wechseln und so den Schussfaden klemmen. Das Prinzip der Dreherbindung wird in Abschnitt 5.5.4 detailliert erläutert. Für die Kantenbildung werden verschiedene Dreherausführungen und unterschiedliche technische Lösungen eingesetzt [9].

5.4.7 Gewebeabzug und -speicherung

Gewebe werden meist mittels eines Drei-Walzen-Abzugs (Abzugswalze mit zwei Umlenk- und Klemmwalzen) abgezogen. Über die Steuerung der Abzugswalzen wird die Schussdichte des Gewebes eingestellt. Aus den eingesetzten Garnen, der Kettdichte und der Gewebebindung kann die maximale theoretische Schussdichte ermittelt werden (s. Abschn. 5.3.1). Mit der Annäherung der am Gewebeabzug eingestellten Schussdichte an die theoretische maximale Schussdichte steigt die Kettfadenbelastung stark an. Hochdichte Gewebe mit Barrierewirkung stellen höchste Anforderungen an das Kettfadenmaterial und verlangen die optimale Einstellung aller Webmaschinenparameter. Bei Glas- und Carbongeweben wird durch die Einstellung geringer bis mittlerer Gewebedichten eine schonende Fadenverarbeitung erzielt.

Für den sicheren Abzug der Gewebe werden die Abzugswalzen mit unterschiedlichen Reibbelägen (Silikon, Sandpapier, Metallkratzen, Nadeln) ausgestattet. Die

Speicherung des Gewebes erfolgt bei kleinen Losgrößen auf einem Wickel in der Webmaschine. Bei großen Losgrößen werden separate Steigdockenwickler eingesetzt. Diese Wickler verfügen entweder über einen Innen- oder einen Außenantrieb. Letzterer besteht aus zwei angetriebene Walzen, auf denen der Wickelkern bzw. das aufgewickelte Gewebe liegt. Mit Spezialwicklern, die durch eine geregelte Anpresswalze einen konstanten Wickeldruck sicherstellen, können Glas- und Carbongewebe schädigungsfrei bzw. -arm gespeichert werden.

5.5 2D-Gewebe-Strukturen

5.5.1 Konventionelle 2D-Gewebe

Konventionelle 2D-Gewebe bestehen aus zwei orthogonalen Fadensystemen, die sich miteinander verkreuzen (s. Abschn. 5.2). Typische 2D-Gewebe für Leichtbauanwendungen sind:

a) Leinwandgewebe,

b) Köpergewebe,

c) Atlasgewebe,

d) Gewebe in erweiterten und abgeleiteten Grundbindungen sowie

e) Jacquardgewebe.

Für Leichtbauanwendungen eingesetzte Gewebetypen sind hinsichtlich der Gewebeparameter (s. Abschn. 5.3.1) beschrieben. Vor allem in der Luft- und Raumfahrt sind die Gewebe hinsichtlich Material, Aufmachung, Bindung sowie Lieferbedingung normativ definiert.

5.5.2 Zweilagen- und profilierte Gewebe

Durch den Einsatz von mindestens zwei Kett- und zwei Schussfadensystemen können in einer Webmaschine mindestens zwei Gewebe übereinander gewebt werden (Abb. 5.25). Durch das gezielte Verkreuzen von ausgewählten Kett- und/oder Schussfäden des einen Gewebes mit Schuss- und/oder Kettfäden des anderen Gewebes (Anbindung, Abb. 5.25 a) können diese beiden Gewebe partiell oder auch vollflächig miteinander verbunden werden. Es ist auch möglich, durch das Wechseln aller Kett- und Schussfäden des Obergewebes mit denen des Untergewebes (Gewebewechsel, Abb. 5.25 b) eine Verbindung zwischen beiden Geweben herzustellen.

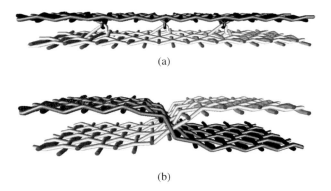

(a)

(b)

Abb. 5.25 Zwei Gewebelagen mit verbindendem Bereich: (a) Anbindung, (b) Gewebewechsel

Mit dem Einsatz der Jacquardtechnik können die Bereiche mit zwei Gewebelagen, angebundenen Gewebelagen oder auch Gewebewechseln in der Gewebefläche frei gewählt werden. Durch nachfolgende Prozessschritte, wie Zuschneiden und Ausformen, können gewebte Halbzeuge mit 3D-Geometrie gefertigt werden. Abbildung 5.26 zeigt nach dieser Technologie herstellbare Hohlprofile [10]. Beispielsweise werden auch Seitenairbags von Kraftfahrzeugen nach dem gleichen Prinzip nahtlos hergestellt [11]. Durch die konfektionstechnische Verarbeitung der Zweilagengewebe sind auch 2 1/2 D-Geometrien für Profile realisierbar.

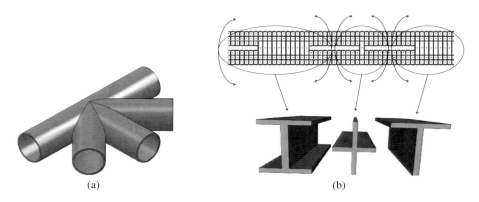

(a)   (b)

Abb. 5.26 Webtechnisch herstellbare Profile: (a) Rohrknotenprofil, (b) Trägerprofile

5.5.3 Zweidimensionale Mehrlagengewebe-Strukturen

Mehrlagengewebe bestehen aus mehreren in Dickenrichtung übereinander angeordneten Kett- und Schussfadensystemen. Die Zuordnung der Mehrlagengewebe zu den 2D- und 3D-Strukturen erfolgt in der Literatur unterschiedlich. Ebenflächige Mehrlagengewebe beziehungsweise Gewebe mit 3D-Geometrie ohne Verstärkungsfäden in z-Richtung werden gemäß der Definition in Kapitel 2.3.1 den 2D-Gewebestrukturen und mit Verstärkungsfäden in z-Richtung den 3D-Gewebestrukturen (s. Abschn. 5.6.1) zugeordnet.

In der Textiltechnik werden Mehrlagengewebe nach der Anzahl der Gewebelagen klassifiziert, wobei jede Gewebelage aus mindestens einer Kett- und einer Schusslage besteht. Daraus resultiert, dass ein Zweilagengewebe aus mindestens zwei Kett- und zwei Schusslagen besteht. Aus der Sicht der Verbundwerkstoffe weist ein Verbund aus einem Zweilagengewebe somit mindestens einen vierlagigen Aufbau auf (zwei Verstärkungslagen in x- und zwei Verstärkungslagen in y-Richtung).

Die Kett- und Schusssysteme der Mehrlagengewebe werden bindungstechnisch zu einer 2D-Gewebestruktur verbunden. Während bei einlagigen Standardgeweben die Kett- und Schussfäden im Gewebe immer nebeneinander angeordnet sind, liegen bei Mehrlagengeweben die Kett- und Schussfäden unterschiedlicher Lagen auch übereinander. Mehrlagengewebe werden nach der Anzahl der Lagen und der Art der Verbindung der Lagen unterschieden. Abbildung 5.27 zeigt zwei typische unterschiedliche Strukturen.

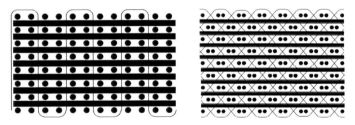

Abb. 5.27 Strukturbeispiele für Mehrlagengewebe (Kettschnitt)

Die Anzahl der auf Webmaschinen verarbeitbaren Kett- und Schusslagen ist in Abhängigkeit von der Maschinenausstattung und den Fadeneigenschaften begrenzt. Webtechnisch lassen sich Mehrlagengewebe aus Glasfaser-Garnen mit bis zu 18 mm Dicke fertigen [12]. Sollen dickere Gewebe erzielt werden, sind technologische Sondermaßnahmen erforderlich, die die Breite der Gewebe begrenzen. Die Beschreibung der Maßnahmen erfolgt in Abschnitt 5.6.4 (3D-Orthogonalgewebe).

Mehrlagengewebe bieten die Möglichkeit, Kett- und Schussfäden in der Struktur vollständig gestreckt anzuordnen. Diese Strukturen sind daher im Aufbau und den Eigenschaften den Gelegen sehr ähnlich und werden auch als *NonCrimpWeaves* bezeichnet. Da die Kett- und Schussfäden der einzelnen Lagen sich bei diesen 2D-

Gewebe-Strukturen nicht verkreuzen dürfen, ist der Einsatz eines Hilfsfadensystems, in der Regel einer Bindekette (Abb. 5.27), erforderlich. Durch die gestreckte Anordnung der Kett- und Schussfäden weisen die aus diesen Geweben gefertigten Faserkunststoffverbunde eine höhere Steifigkeit und Festigkeit auf, die mit den Kennwerten von Faserkunststoffverbunden aus biaxialen Gelegen vergleichbar sind. Die Verwendung von Mehrlagengeweben als Verstärkungshalbzeug reduziert den kostenintensiven Handlingaufwand des Lagenlegens und die Kosten der Verbundbildung erheblich. Mit zunehmender Anzahl von Kett- und Schusslagen sinkt jedoch die Drapierbarkeit der 2D-Mehrlagengewebe-Strukturen.

5.5.4 Drehergewebe

Drehergewebe bestehen im Vergleich zu den bereits in Abschnitt 5.2 beschriebenen konventionellen Geweben aus mindestens zwei Kettfadensystemen und einem Schussfadensystem. Die beiden Kettfadensysteme (Steherfadensystem und Bindefadensystem) umschlingen sich nach jedem Schusseintrag. Diese Umschlingungen sind verfahrensbedingt lediglich im Kett-, nicht aber im Schussfadensystem, realisierbar. Je nach Art der Umschlingung, der Anzahl der beteiligten Kettfäden und der eingebundenen Schussfäden werden Drehergewebe unterschiedlich definiert. Die im technischen Bereich am häufigsten anzutreffende Bindung ist der sogenannte Einschüssige-Zweifaden-Halbdreher (kurz: Halbdreher) [13]. Er besteht aus zwei miteinander alternierend verdrehten Kettfäden und jeweils einem eingebundenen Schussfaden (Abb. 5.28 a) [8].

Drehergewebe werden üblicherweise als Litzen- oder Nadelstabdreher hergestellt. Strukturell gibt es zwischen diesen beiden Varianten keinerlei Unterschiede. Litzendreher lassen sich mit jeder beliebigen Webmaschine realisieren, wohingegen für Nadelstabdreher Sonderwebmaschinen erforderlich sind. Litzendreher sind im Allgemeinen nicht für technische Garne und produktive Fertigungstechnologien geeignet, da die Fäden zwischen den Litzen sehr stark beansprucht werden, was eine starke Schädigung der Filamente und eine geringe Produktivität zur Folge hat. Nadelstabdreher sind für die produktive Fertigung von Massenware geeignet. Die Fäden werden nicht durch Litzen sondern durch Lochnadeln geführt, wodurch die mechanische Belastung während des Webprozesses stark minimiert wird.

Im Gegensatz zu konventionellen Geweben, lässt sich die Gewebedichte von Drehergeweben nicht nach der in Abschnitt 5.3.1 vorgestellten Formel von WALZ und LUIBRANDT ermitteln. Es ist erforderlich, die Gewebedichte als Verhältnis von Gesamtfläche zu überdeckter Fläche für ein repräsentatives Flächenelement zu berechnen (Gleichung 5.2).

$$DG \approx n_k n_s \left(\frac{d_s}{n_k} + \frac{d_k}{n_s} + \frac{\pi \cdot d_d^2}{2} - d_k d_s \right) p \cdot 100\,\% \qquad (5.2)$$

mit: DG [%]   Gewebedichte
    n   [mm] Fadenabstand (k: Kette, s: Schuss)
    d   [mm] Durchmesser (k: Kette, s: Schuss, d: Dreher)

Da das Bindefadensystem durch die Lagen von Steher- und Schussfadensystem hindurch geführt werden muss, ist die maximale Gewebedichte niedriger als bei Standardgeweben. Konventionelle Drehergewebe weisen auf Grund der zusätzlichen Umschlingung in Kettrichtung eine wesentlich höhere Schiebefestigkeit im Vergleich zu konventionellen 2D-Geweben auf. Durch die Verwendung von separaten Kettbäumen wird eine unterschiedliche Einarbeitung von Steher- und Bindefadensystem und somit eine Variation der Lage des Dreherbindepunktes in der textilen Verstärkungsstruktur erreicht (Abb. 5.28). Dadurch ist es möglich, Gewebe mit sehr hoher, aber auch mit sehr geringer Strukturdehnung in Kettrichtung zu fertigen. Besonders Gewebe mit nahezu gestreckt liegenden Steherfäden sind für den Einsatz als Halbzeuge in Faserverbundwerkstoffen sehr gut geeignet, da sie ähnliche Eigenschaften wie sogenannte NonCrimpFabrics aufweisen (Abb. 5.28 b, 5.29). NonCrimpFabrics sind Strukturen mit gestreckten Fadenlagen, die meist als UD-Tape (1D-Struktur) oder biaxiale Nähgewirke (2D-Struktur) gefertigt werden.

Nach [14] eignen sich Gewebe in Dreherbindung besonders für eine gleichmäßige Tränkung und Entlüftung bei Injektions- und Infusionsverfahren. Bei einlagigen Laminaten aus Drehergeweben mit geringer Strukturdehnung kommt es auf Grund des asymmetrischen Aufbaus zur Ausbildung von seitenabhängigen Vorzugsfließrichtungen entlang der durch die Fäden gebildeten Kanäle. Anders als bei konventionellen NonCrimpFabrics werden bei Drehergeweben die Verstärkungsfäden nicht durch das Bindefadensystem angestochen. Damit ist die Fadenschädigung wesentlich reduziert. Darüber hinaus sind die Drapierbarkeit des Gewebes einerseits und das Fadenauszugsvermögen im Verbund andererseits wesentlich verbessert. Heute finden Drehergewebe vor allem in ausgewählten technischen Bereichen Anwendung. Technische Drehergewebe mit hoher Strukturdehnung werden beispielsweise als Festigkeitsträger, zur Rissüberbrückung von Putzmörtel oder als textile Membrane eingesetzt, wohingegen Gewebe mit geringer Strukturdehnung als beschichtete und somit stabilisierte Gitterstrukturen für die Verstärkung von mineralischen Matrices [15] und für die Spritzgussverstärkung eingesetzt werden.

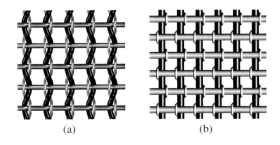

(a)   (b)

Abb. 5.28 (a) Konventionelles Drehergewebe, (b) NCF Drehergewebe

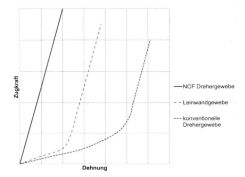

Abb. 5.29 Prinzipielle Kraft-Dehnungs-Kennlinie in Abhängigkeit von der Struktur

5.5.5 Multiaxialgewebe

Multiaxialgewebe als 2D-Struktur mit mindestens drei Fadensystemen, welche zueinander in Winkeln ungleich 90° angeordnet sind, wurden im Jahre 1974 patentrechtlich beschrieben (Abb. 5.30) [16]. Sie weisen, anders als orthogonale Gewebe, Fadensysteme in mindestens drei Richtungen innerhalb der Ebene auf. Durch die Erhöhung der Achsanzahl innerhalb der Ebene erhöht sich die Schiebefestigkeit signifikant, da die einzelne Bindungseinheit nicht mehr als Viergelenkbogen, sondern als voll definierter Dreigelenkbogen wirkt. Typisch sind Triaxialgewebe mit einem Schussfadensystem und zwei Kettfadensystemen, welche jeweils einen Winkel von beispielsweise 60° zwischen zwei Fadenachsen einschließen. Dieser Winkel hängt unter anderem von der Schussdichte sowie der Rotationsgeschwindigkeit der Kettbäume ab. Des Weiteren sind auch Multiaxialgewebe mit mehr als drei Achsen (Tetraxial, Pentaxial) herstellbar. Mit steigender Achsanzahl nimmt die Isotropie der Multiaxialgewebe zu.

Multiaxialgewebe werden auf speziellen Webmaschinen hergestellt, bei welchen die Kettfäden von segmentierten, rotierend angeordneten Kettbäumen oder Einzelspulen zugeführt werden. Die Wendepunkte der Diagonalkettfäden befinden sich jeweils am Geweberand. Die zugrunde liegende Maschinentechnik ist sehr komplex, in der Bedienung aufwändig und in der Produktivität stark begrenzt. Die Fachbildung der Diagonalfäden erfolgt hierbei nicht durch Weblitzen, sondern durch senkrecht zur Kettfadenebene angeordnete offene Fadenleger [17].

Die Einteilung der Bindungen erfolgt analog zu den orthogonalen Geweben. Als Basisbindung wird die Leinwandbindung definiert, d. h. die Fäden von je zwei Achsrichtungen kreuzen sich immer im Wechsel über- beziehungsweise untereinander (Abb. 5.31 a). Triaxiale Leinwandgewebe zeichnen sich durch eine hohe Dimensionsstabilität und Permeabilität aus. Die sich ausbildenden hexagonalen Öffnungen sind annähernd doppelt so groß wie der effektive Durchmesser der verwendeten Fäden [18]. Ursächlich dafür ist, dass der Bindungspunkt zwischen zwei Syste-

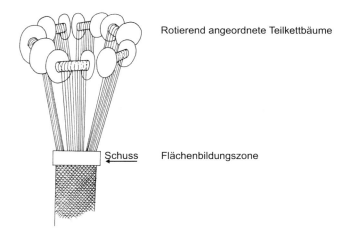

Abb. 5.30 Fertigungsverfahren zur Herstellung von Multiaxialgewebe nach Norris

men ein Zusammenschieben der Fäden des dritten Systems verhindert. Die Gewebedichte von Triaxialgeweben in Leinwandbindung beträgt etwa 67 % und nimmt mit steigender Anzahl der Achsen sukzessive ab (Tetraxial: ca. 55 %; Pentaxial: ca. 20 %) [19]. Komplexere Bindungen wie zum Beispiel das in Abbildung 5.31 b dargestellte Triaxialgewebe in Köpergrundbindung lassen sich analog fertigen und können eine geschlossene Oberfläche aufweisen. Die Gewebedichte der abgebildeten Struktur beträgt 100 %. Mit zunehmender Achsanzahl sinkt die Fadendichte in Achsrichtung, dennoch lassen sich dichte Strukturen fertigen.

(a)   (b)

Abb. 5.31 (a) Triaxiales Leinwandgewebe, (b) Triaxiales Köpergewebe

Triaxialgewebe lassen sich nach [20] wesentlich leichter drapieren, als orthogonale Gewebe. Zudem ist durch ihren Einsatz ein einfacherer Lagenaufbau von multidirektional verstärkten Verbunden möglich. Besonders bei Lagen mit einer Achsausrichtung ungleich 0° bzw. 90° reduziert sich der Verschnitt signifikant, weshalb sie besonders für kostenintensive Hochleistungsfaserstoffe interessant sind. Beispielsweise werden ultraleichte, offenzellige, faltbare Parabolantennen aus beschichtetem Triaxialgewebe in Leinwandbindung (0°, 60°, 120°) gefertigt.

Die Herstellungskosten und der Herstellungsaufwand von Multiaxialgeweben steigen mit zunehmender Achsenzahl. Da Triaxialgewebe aufwändig und kostenintensiv herzustellen sind, beschränken sich die Einsatzgebiete auf Nischen- und Dekoranwendungen.

5.5.6 Open Reed Gewebe

Um zusätzliche über die Breite variabel eingebundene Kettfadensysteme in den Webprozess zu integrieren, ist es erforderlich, das Webblatt nach oben zu öffnen. Dadurch lassen sich Zusatzfäden mit Hilfe von speziellen Fadenführungselementen zwischen dem zu Standardwebblättern vergleichsweise stabileren offenen Webblatt und den Webschäften einbringen. Die Zusatzfäden werden über einen Bypass (Zusatzkettwächter, Umlenksystem, Fadenführungselemente) der Webmaschine zugeführt (Abb. 5.32). Die Fadenführungselemente sind innerhalb eines herkömmlichen Schaftes auf einer Schiene, senkrecht zur Produktionsrichtung, verschiebbar montiert. Somit ermöglichen die Schaftantriebe der Webmaschine den vertikalen Hub und zusätzliche Linearantriebe den seitlichen Versatz [21]. Für das Eintauchen der Zusatzfäden in die Grundkettfäden existieren folgende Verfahren.

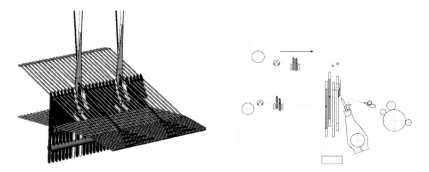

Abb. 5.32 Funktionsprinzip Open-Reed Stickweben (Quelle: Lindauer Dornier GmbH)

5.5.6.1 Open Reed Stickweben

Beim Open Reed Stickweben erzeugt die Gestalt der Fadenführungselemente durch Formschlusseffekte breitere Gassen zwischen den Kettfäden im Oberfach. Durch die Kettfadenzugkraft werden im Webblatt dazugehörige Gassen geöffnet, durch welche die Zusatzfäden durch das Oberfach zum Unterfach wechseln können, ohne sich mit der Grundkette zu verkreuzen. Die Breite der Fadenführungselemente ist so dimensioniert, dass eine ausreichend breite Gasse im Webblatt erzeugt wird, welche es den Zusatzfäden erlaubt, trotz schrägem Einlauf zwischen Gewebekante und Webblatt sicher zu positionieren. Nach dem Eintauchen findet der Schusseintrag statt, wodurch die Zusatzfäden abgebunden werden. Im darauf folgenden Webzyklus werden die Fadenführungselemente wieder aus dem Webfach herausgehoben und können bis zum nächsten Absenken seitlich versetzt werden. Somit lassen sich auf der Gewebeoberseite nahezu beliebige Musterungseffekte erzielen (Abb. 5.33).

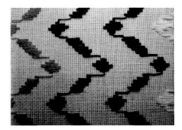

Abb. 5.33 Beispiele für Open-Reed Stickgewebe im Gardinenbereich (Quelle: Lindauer Dornier GmbH)

Die Open-Reed Stickeinrichtung lässt sich modular in der Webmaschine integrieren und schränkt das Leistungspotenzial und das Einsatzspektrum nicht ein. Es lassen sich unter anderem jacquardähnliche Bindungen realisieren (Abb. 5.33). Somit können nachfolgende Stickprozesse von musterungsgerechten Fäden entfallen.

5.5.6.2 Open-Reed Multiaxialweben

Beim Open-Reed Multiaxialweben tauchen die Fadenführungselemente formschlüssig in die Grundkette ein (Abb. 5.34). Durch ein speziell ausgebildetes, offenes Webblatt mit abgewinkelten Spitzen werden segmentweise die verbleibenden Rietlücken abgedeckt und ein Trichter zur Aufnahme der Zusatzfäden in die vorgesehene Lücke gebildet. Analog zum Stickweben werden die Zusatzfäden durch die Schussfäden abgebunden und das Trennen der Fadensysteme sowie der seitliche Versatz erfolgen durch Linearantriebe.

Die Zusatzeinrichtung lässt sich ebenfalls modular in der Webmaschine integrieren und schränkt das Leistungspotenzial und Einsatzspektrum nicht ein. Die Möglichkeit, Zusatzfäden seitlich zu versetzen, erlaubt einerseits die Herstellung von Drehergeweben in unterschiedlichen Bindungsarten (Halbdreher-, Kreuzdreher-, kombinierte Dreherbindungen). Dieses Verfahren ermöglicht es, komplexe Bindungen zu realisieren. Damit erhöht sich die Bindungsvariabilität von

Breitgeweben signifikant. Besonders die wirtschaftliche Fertigung von sogenannten Kreuzdrehern ist von Interesse, da sich auf diese Weise wesentlich verschiebefestere Gewebe für Agrar-, Geo- oder Filtrationstextilien realisieren lassen.

Andererseits lassen sich Multiaxialgewebe mit zwei orthogonalen Fadensystemen sowie lokal verstärkte Gewebe realisieren, welche aus einem orthogonalen Grundgewebe in beliebiger Bindung (Leinwand-, Köper-, Atlas-, Dreherbindung; Abb. 5.35) und einer oder zwei dazu in einem einstellbaren Winkel angeordneten Diagonalketten, welche bindungstechnisch an der Grundkette fixiert werden, bestehen. Die Steigung der Diagonalfäden ist dabei variabel in einem Bereich von 10° bis 170° gegen die Schussachse einstellbar.

Die Open Reed Webtechnologie bietet die Möglichkeit, die Musterungsvielfalt für Gewebe erheblich zu erweitern und nachfolgende, meist kostenintensive Prozesse (z. B. Stickprozesse, Lagenaufbau) einzusparen. Die Technologie ermöglicht die Entwicklung von Drehergeweben mit komplexer Bindung, Tri- und Tetraxialgeweben sowie lokal verstärkten Geweben.

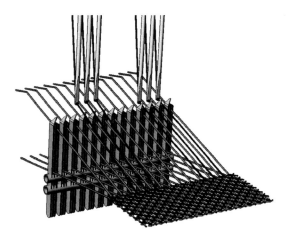

Abb. 5.34 Funktionsprinzip Open-Reed Multiaxialweben (Quelle: Lindauer Dornier GmbH)

5.5.7 2D-Polargewebe

Polargewebe bestehen aus spiralförmig angeordneten Kett- und radial verlaufenden Schussfäden (Abb. 5.36) [22]. Diese 2D-Strukturen werden im Folgenden als 2D-Polargewebe bezeichnet. Sie gehören auf Grund ihrer begrenzten Warenbreite zu den Schmaltextilien. Die einzelnen Kettfäden werden bedarfsgerecht, d. h. von Einzelspulen (Gatter), zugeführt. Durch einen speziell angepassten Gewebeabzug mit

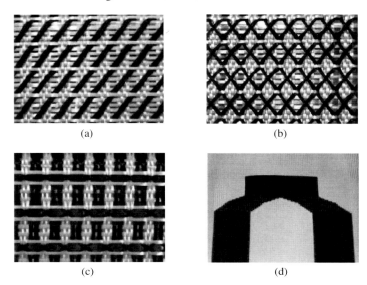

(a)   (b)

(c)   (d)

Abb. 5.35 Beispiele für Open-Reed Gewebe: (a) Triaxial-, (b) Tetraxial-, (c) kombinierte Kreuz-dreherbindung, (d) lokale Verstärkung (Quelle: Lindauer Dornier GmbH)

konischen Walzen wird die Spirale ausgebildet, indem das Gewebe am Außenradius mehr als am Innenradius abgezogen wird. Fertigungsbedingt weisen diese Gewebe in Kettrichtung einen homogenen Aufbau auf, wohingegen in Schussrichtung die Fadendichte im Allgemeinen mit steigendem Abstand von der Mittelachse stetig abnimmt.

Prinzipiell lassen sich alle Gewebegrundbindungen realisieren. Am Markt haben sich allerdings 2D-Polargewebe in Leinwandbindung etabliert. Die variierende Verteilung der Schussfäden beeinflusst die mechanischen Eigenschaften. Nach [23] haben 2D-Polargewebe in Kettrichtung einen konstanten und im Allgemeinen höheren spezifischen Modul als in Schussrichtung. Ursache ist die gleichbleibende Kettfadendichte und die verfahrensbedingt über die Gesamtbreite variierende Schussfadendichte.

Da die Kettfäden auf konzentrischen Kreisen verlaufen, eignen sich 2D-Polargewebe für die belastungsgerechte Verstärkung von rotationssymmetrischen Strukturen. Im Gegensatz zu orthogonalen Geweben verlaufen alle Fasern entlang der Hauptbelastungsrichtungen (radial, tangential) und müssen nicht durch kosten- und arbeitsintensive Drapier- und Zuschnittprozesse in Form gebracht werden.

Üblicherweise werden 2D-Polargewebe für die Kantenverstärkung von Kreisscheiben oder (teil-)kreisförmigen Ausbrüchen eingesetzt. Ein weiteres Anwendungsgebiet sind gewebte Kabelbäume [24].

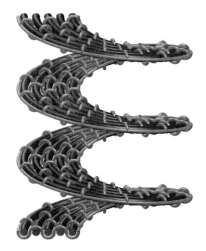

Abb. 5.36 Schematische Darstellung eines 2D-Polargewebes

5.5.8 Schalenförmig gewebte 3D-Geometrien

Die Grundlagen des endkonturnahen Webens von schalenförmig gewebten 3D-Geometrien (mit 2D-Struktur) gehen auf eine Entwicklung aus dem Jahr 1993 zurück [25]. Es konnte anhand eines Technologiedemonstrators gezeigt werden, dass es möglich ist, Halbkugelschalen webtechnisch ohne nachfolgenden Drapierprozess herzustellen. Für die Fertigung von schalenförmig gewebten 3D-Geometrien ist es erforderlich, die Kettfäden einzeln bis zum Webfach zu führen. Das setzt eine Einzelfadenzuführung und -kompensation voraus. Zur Erzeugung der dreidimensionalen Form werden im Wesentlichen drei unterschiedliche Verfahren kombiniert:

- Variation der relativen Gewebedichte: Die bindungsbedingte Änderung des Gewebedichtefaktors beeinflusst die innere Struktur des Gewebes insoweit, dass lokale Strukturspannungserhöhungen infolge unterschiedlicher Einarbeitungslängen auftreten, welche zum Aufwölben des unfixierten Gewebes führen. Hierfür ist es erforderlich, die Kettgarne einzeln durch eine Jacquardmaschine anzusteuern.

- Variation der Kettgarndichte: Bei der Verwendung eines Webblattes mit fächerförmig angeordneten Stäben (sog. V-Blatt, Abb. 5.37), welches in der Höhe variabel ist, lässt sich die Kettfadendichte lokal variieren.

- Variation der Abzugsgeschwindigkeit des einzelnen Kettgarnes: Durch die Variation der Abzugsgeschwindigkeit einzelner Kettgarne oder zumindest einzelner Bereiche wird die lokale Schussdichte verändert. Die Fixierung erfolgt durch nachfolgende Schusseinträge. Dies führt zu einer gezielten dreidimensionalen Ausbildung des gefertigten Gewebes. Üblicherweise werden hierfür

Formkörper-Hilfsabzüge verwendet [25, 26]. Verfahrensbedingt sind damit keine geschlossenen Geometrien sowie Hinterschnitte umsetzbar, da die Elemente des Formkörper-Hilfsabzuges aus dem Gewebe wieder entnommen werden müssen.

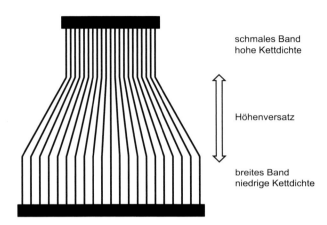

schmales Band
hohe Kettdichte

Höhenversatz

breites Band
niedrige Kettdichte

Abb. 5.37 V-förmiges Webblatt

Wenngleich dieses Verfahren einen hohen maschinellen Aufwand voraussetzt (z. B. für jede Geometrie ein angepasstes Abzugssystem), lassen sich damit endkonturnahe schalenförmige Geometrien für hochbelastete Baugruppen erstellen. Die wesentlichen Vorteile, die schalenförmig gewebte 3D-Geometrien gegenüber drapierten 2D-Halbzeugen besitzen, bestehen in zuschnitt- und faltenfreien Halbzeugen mit belastungsgerechter und reproduzierbarer Anordnung, die folglich wesentlich bessere mechanische Kennwerte mit sich bringt.

Schalenförmig gewebte 3D-Geometrien werden vor allem für die Fertigung von nahtlosen Schalen (zum Beispiel Helme, Halbkugelschalen oder offene Quader) oder von Bändern mit Verjüngungen, Verzweigungen oder Krümmungen eingesetzt. Durch die Variation der Bindungspatrone lassen sich diese Bänder auch als geschlossener Schlauch fertigen, so dass Rohre mit variablem Querschnitt realisiert werden können.

5.6 3D-Gewebestrukturen

5.6.1 Dreidimensionale Mehrlagengewebe und integral gewebte Profile

Mehrlagengewebe als 3D-Strukturen bestehen aus mehreren übereinander angeordneten Kett- und Schussfadensystemen. Ebenflächige Mehrlagengewebe ohne Verstärkungsfäden in z-Richtung werden den 2D-Gewebestrukturen (s. Abschn. 5.5.3) und mit Verstärkungsfäden in z-Richtung den 3D-Gewebestrukturen zugeordnet. Die Geometrien der 2D- und 3D-Mehrlagengewebe-Verstärkungsstrukturen können identisch sein. Entscheidend für die Zuordnung zu den 3D-Gewebestrukturen ist der Einsatz von Hochleistungsgarnen im Bindefadensystem (in z-Richtung). Auch 3D-Mehrlagenstrukturen können als sogenannte NonCrimpWeaves gefertigt werden (Abb. 5.38).

Als Bindefäden in z-Richtung können Aramid-, Glas- und Carbon-Garne oder auch hochfeste Garne eingesetzt werden. Damit wird eine gleichzeitige Verstärkung der Strukturen in z-Richtung erreicht. Die aus diesen Geweben hergestellten Verbundwerkstoffe weisen bessere Out-of-Plane-Eigenschaften auf, die sich durch eine wesentlich höhere Delaminationsfestigkeit und Energieabsorption bei Impact- und Crash-Beanspruchungen auszeichnen. Durch den Anteil der Hochleistungsgarne in der z-Verstärkung, der sich bindungstechnisch und/oder durch Mischung mit thermoplastischen Garnen einstellen lässt, und die Art der Anordnung der Hochleistungsgarne in z-Richtung können diese Eigenschaften anforderungsgerecht eingestellt werden [27].

Unter Verwendung des Grundprinzips der 3D-Mehrlagenwebtechnik können zahlreiche Profile unterschiedlichster Geometrie entwickelt werden. Mit dem in Abschnitt 5.5.2 vorgestellten Zweilagengewebe-Verstärkungsstrukturen kann auch die Komplexität der Profile erweitert werden. Mit der Umsetzung der 3D-Mehrlagenwebtechnik auf Bandwebmaschinen entfällt der beim Breitweben notwendige nachfolgende Zuschnitt der Profile. Schmalgewebte Profile weisen zudem feste Kanten auf. Da die maximale Kettdichte auf Bandwebmaschinen höher ist als auf Breitwebmaschinen, können Halbzeuge für Profile gefertigt werden, die größere Wandstärken besitzen. Zur Fertigung von Profilen mit in Fertigungsrichtung variabler Breite ist der Einsatz eines V-Blattes (Abb. 5.37) erforderlich. Weitere strukturelle Veränderungen der Geometrie der Profile werden durch die Umkehr einzelner Schussfäden innerhalb des Gewebes möglich. Dadurch, dass eine ausgewählte Kettbreite am Geweberand beim Schusseintrag durch den gemeinsamen Hoch- oder Tiefgang aller Kettfäden kein Webfach bildet und nach dem Schusseintrag auch kein Fachwechsel erfolgt, entsteht in diesem Bereich keine Fadenverkreuzung und der Schussfaden kehrt am inneren Rand dieses Bereiches um. Während auf Nadel-Bandwebmaschinen diese Lösung nur auf der Schusseintragsseite umgesetzt werden kann, ist dies bei Spulenschützen-Bandwebmaschinen an beiden Geweberändern realisierbar.

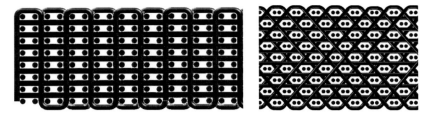

Abb. 5.38 Strukturbeispiele 3D-Mehrlagengewebe (Kettschnitt)

Durch die Nutzung der genannten technologischen Möglichkeiten können auf Spulenschützen-Bandwebmaschinen auch Schläuche gefertigt werden, die im Durchmesser variabel und asymmetrisch geformt sein können. Es lassen sich weiterhin unterschiedlichste Profile, z. B. L, T und Doppel-T-Profile, fertigen (Abb. 5.39) [28]. Bindungstechnisch ist es möglich, die Profilform innerhalb des Bandes zu variieren. Durch weitere webtechnische Modifikationen lassen sich auch spiralförmig verlaufende Bänder fertigen.

Im Bereich der Technischen Textilien werden eine Vielzahl derartig gefertigter Bänder für Gurte, Hebezeuge, Lastaufnahme- und Übertragungselemente, Sicherheitsgurte, Fanggurte usw. eingesetzt. Im Verbundwerkstoffsektor werden Bänder aus Glas- und Carbongarnen zur partiellen Verstärkung von Verbundbauteilen und für Sonderbauteile genutzt.

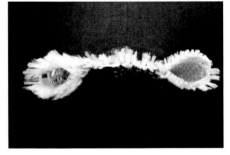

Abb. 5.39 Gewebte Profile

5.6.2 Abstandsgewebe

Konventionelle *Abstandsgewebe* bestehen aus zwei Gewebelagen, die durch Polfäden miteinander verbunden sind (Abb. 5.40).

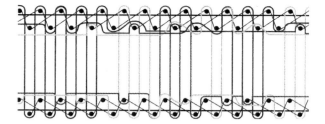

Abb. 5.40 Schnittdarstellung eines Abstandsgewebes (Quelle: Stäubli GmbH)

Für die Struktur des Ober- und Untergewebes können alle Bindungen und Materialien eingesetzt werden, welche bei Flachgeweben möglich sind. Die die beiden Gewebelagen verbindenden Polfäden werden grundsätzlich aus Kettfäden gebildet. Da die Kettfäden ihre seitliche Position nicht wechseln können, sind die Polfäden in einer Schnittdarstellung in Schussrichtung immer senkrecht angeordnet. In einem Schnitt in Kettrichtung können diese auch schräg angeordnet sein (Abb. 5.41). Bei Abstandsgewirken (s. Kap. 7.5) stehen dagegen die Polfäden in Kettrichtung immer senkrecht und in Querrichtung beliebig.

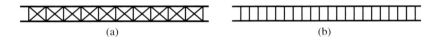

(a)   (b)

Abb. 5.41 Schnitt durch ein konventionelles Abstandsgewebe: (a) Kettrichtung, (b) Schussrichtung

Abstandsgewebe lassen sich vorzugsweise auf Doppelgreifersystem-Webmaschinen fertigen (Abb. 5.42). Es werden zwei Webfächer übereinander angeordnet und durch zwei Stangengreiferpaare zwei Schussfäden gleichzeitig eingetragen. Die Kettfäden der Grundkette wechseln im Webfach von der obersten Position in die Fachmitte (Obergewebe) oder von der Fachmitte zur untersten Position (Untergewebe). Die Pol-Kettfäden werden durch Schaftmaschinen oder durch Jacquardmaschinen so angesteuert, dass diese frei wählbar im Fach in der Ober-, Mittel- oder Unterposition angeordnet werden können.

Der Abstand zwischen den beiden Gewebelagen ist einstellbar und kann bis 100 mm betragen. Mit dem Einsatz von sogenannten Ziehschussfäden können Abstände von mehreren Metern im Produkt realisiert werden. Dadurch, dass der Polfaden mit je einem Ziehschuss im Ober- und Untergewebe eingebunden wird und der Ziehschuss nachträglich aus dem Gewebe gezogen wird, löst sich der Polfaden an diesen Stellen aus dem Gewebe. Die freie Polfadenlänge zwischen den Flächen wird größer (verfahrensbedingt immer ungeradezahlige Vervielfachung des gewebten Abstandes) und der Abstand der Gewebeflächen steigt entsprechend.

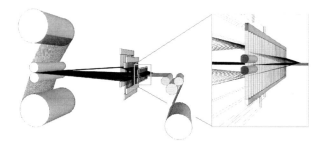

Abb. 5.42 Abstandsgewebefertigung

Der Einsatz von biegesteifen Garnen (z. B. Monofile) im Pol, die für druckelastische Flächen notwendig sind, erfordert zum Ausformen der Fadenverkreuzung und der Richtungsumkehr der Polfäden in den Decklagen sehr biegesteife Schussfäden und sehr hohe Kettfadenzugkräfte.

Klassisch werden auf Doppelgreifersystem-Webmaschinen Velours und Teppiche gefertigt. Für diese Produkte werden die Polfäden in der Webmaschine geschnitten und es entstehen zwei Gewebe mit Velours-Oberfläche. Für den Bereich der Technischen Textilien werden z. B. Bezüge für Malerrollen und Abstandsgewebe für Luftkissen, Luftmatratzen und Schlauchbote gefertigt. Derartige Abstandsgewebe gelten durch den Einsatz von thermoplastischen Fäden im Pol als 3D-Geometrie mit einer 2D-Verstärkung. Für Spezialanwendungen, wie für die Herstellung doppelwandiger Tanks [29], werden ebenfalls Abstandsgewebe mit Hochleistungsfaserstoffen in allen Fadensystemen eingesetzt (Abb. 5.43 a). Derartige mit Harzen laminierte Abstandsgewebe werden als 3D-Struktur bezeichnet. Sie werden beispielsweise als Leichtbauplatten (z. B. im Bootsbau) eingesetzt (Abb. 5.43 b).

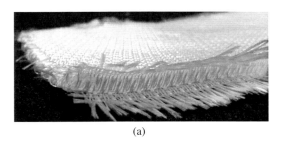
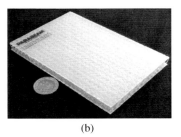

(a)   (b)

Abb. 5.43 (a) Abstandsgewebe, (b) konsolidierte Leichtbauplatte

5.6.3 Faltengewebe

Für die Herstellung von 3D-Gewebe-Verstärkungsstrukturen können mittels einer speziellen Webtechnik, der sogenannten Faltenwebtechnik bzw. Plissee-Technik, ausgewählte Kettfäden oder Gewebeabschnitte aus der Gewebeebene herausgeschoben werden. Abbildung 5.44 zeigt das Grundprinzip, das für die Herstellung von Schubnoppengeweben für Frottierwaren genutzt wird. Die Bildung des Faltengewebes erfolgt in drei Schritten. Im ersten Schritt wird der Abstand zwischen zwei Schussfäden gesteigert. Mit diesem Abstand wird die Höhe der Noppe eingestellt. Danach werden die Grundkettfäden und die die Noppe bildenden Polfäden im Allgemeinen durch drei Schüsse miteinander verbunden. Im dritten Schritt wird die im ersten Schritt gebildete Lücke zwischen den Schussfäden mit dem Webblatt zusammengeschoben. Die Grundkette wird dabei straff gehalten und die Polkette locker gelassen. Dadurch springen die Polfäden je nach Bindung nach oben und/oder unten als Polschlinge aus der Gewebefläche heraus. Die Bildung der größeren Schussabstände und das folgende Zusammenschieben der Schussfäden kann technisch durch einen Versatz des gesamten Gewebes mit den Kettfäden in Kettrichtung oder durch einen variablen Hub des Webblattes realisiert werden.

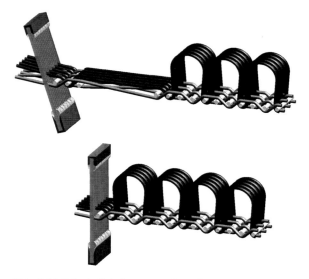

Abb. 5.44 Prinzip Schubnoppenpolgewebe

Zur Herstellung von Gewebefalten wird im ersten Schritt ein Teil der Kettfäden auf der gewünschten Faltenlänge nicht mit eingewebt. Nach dem Weben der Faltenlänge werden die nicht mit eingewebten flottierenden Kettfäden durch ein bis drei Schussfäden wieder im Gewebe eingebunden. Im letzten Schritt wird mit Hilfe einer Faltenwebeinrichtung das gesamte Gewebe in der Länge der zu bildenden Falte entgegen der Verarbeitungsrichtung verschoben. Mit Hilfe des Webblattes werden die Schussfäden bei straff gespannten flottierenden Fäden so zusammen geschoben, dass keine Flottierung mehr vorhanden ist. Das parallel zur Flottierung gebildete Gewebe springt als Falte aus der Gewebefläche heraus. Diese Grundtechnologie kann auch auf Doppelgreifersystem-Webmaschinen mit zwei Gewebelagen und innen angeordneter, die beiden Gewebelagen verbindender Falte, umgesetzt werden. Abbildung 5.45 zeigt das Prinzip [30].

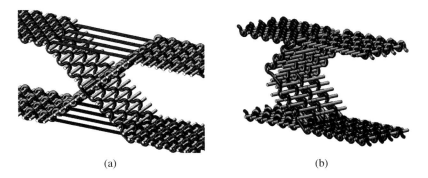

(a)   (b)

Abb. 5.45 Prinzipdarstellung Faltenweben für Abstandsstrukturen mit (a) flottierenden Kettfäden und (b) geschlossener Falte

In einem ersten Schritt werden die beiden Deckflächen gewebt. Anschließend wird der Steg gewebt, wobei ein Teil der Kettfäden oben und unten flottierend angeordnet wird. In der Mitte des Steges wechseln die Steggewebe ihre Position und werden nach Erreichen der vordefinierten Steglänge am Ende mit ein bis drei Schuss mit den flottierenden Fäden verbunden. Danach erfolgt der Prozess der Faltenbildung, bei dem sich die Gewebefalte als Steg zwischen den beiden Gewebelagen aufstellt. Abbildung 5.46 zeigt ein entsprechendes Steggewebe, das nach dem Konsolidieren als Leichtbauplatte eingesetzt werden kann. Der Abzug derartiger Spacer Fabrics erfordert den Einsatz von speziellen Systemen, in denen die 3D-Geometrie der Gewebe durch ein Stützstabsystem geschützt wird und das Spacer Fabric mit integrierten Stützstäben linear durch Walzenpaare abgezogen wird. Die Abzugseinrichtung kann durch ein automatisiertes Schneid- und Magazinsystem zur Aufnahme und Speicherung der Spacer Fabric Preformen ergänzt werden. Mit dieser Technik lassen sich die unterschiedlichsten Geometrien (z. B. u-, v-förmig, gekrümmt) umsetzen [31, 32].

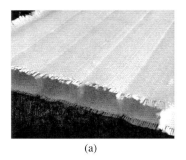
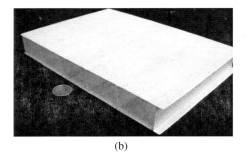

(a)   (b)

Abb. 5.46 Abstandsstruktur als (a) Steggewebe und (b) konsolidierte Verbundplatte

5.6.4 3D-Orthogonalgewebe

3D-Orthogonalgewebe bestehen aus in den drei Raumrichtungen senkrecht aufeinander stehenden Fadensystemen. Sie werden auch als *„trough-the-thickness fabrics"* bezeichnet, da gestreckt liegende Verstärkungsfadenlagen in jeder Raumrichtung realisierbar sind. Die Herstellung erfolgt, indem Kettfäden in Fertigungsrichtung mit Hilfe einer Lochmaske vorgelegt werden. Die Fadenvorlage kann nahezu in jeder beliebigen Querschnittsgeometrie erfolgen und orientiert sich im Wesentlichen an der Form des späteren Bauteilquerschnittes. Es werden im Allgemeinen zwei Fertigungsmethoden unterschieden:

a) Zwei Kettfadensysteme und ein Schussfadensystem

Am Markt hat sich das 3Weave^{TM} Verfahren etabliert. Dabei werden je ein ondulationsfreies Schuss- und Kettfadensystem mit einer zusätzlichen Bindekette webtechnisch verkreuzt (Abb. 5.47 a) [33]. Dieses erfährt in den Weblitzen während der Fachbildung eine erhebliche Umlenkung, wodurch die Verarbeitung von querkraftempfindlichen Faserstoffen (z. B. Carbon) und die Bindungsvielfalt stark eingeschränkt sind.

b) Ein Kettfadensystem und zwei Schussfadensysteme

Senkrecht zu den vorgelegten Kettfäden werden mehrere Schussfäden zunächst in y- und anschließend in z-Richtung simultan eingetragen und anschließend durch die Kettfäden abgebunden (Abb. 5.47 b). Dazu muss die Fachbildung jeweils in z- beziehungsweise y-Richtung erfolgen, was eine aufwändige Webmaschinentechnik voraussetzt. Infolge dessen lassen sich 3D-Orthogonalgewebe nur mit begrenzter Breite und Höhe sowie Produktivität fertigen. Mit dem in [34] beschriebenen, patentierten

Verfahren ist es möglich, direkt verwebte Halbzeuge aus bis zu 60 x 60 Kettfäden herzustellen.

3D-Orthogonalgewebe besitzen eine regelmäßige Verstärkung in drei Raumrichtungen. Zusätzlich lassen sich gestreckte Fäden einarbeiten, welche für die Gewebebildung nicht relevant sind, sondern nur volumen- und steifigkeitssteigernd wirken. Durch die räumliche Anordnung der einzelnen Fäden und die damit verbundene Verdrängung orthogonaler Fadensysteme lassen sich 3D-Orthogonalgewebe nicht beliebig dicht herstellen. Bei gleichem Fadenanteil und gleicher Fadenart in allen drei Raumrichtungen lässt sich bei der Verwendung eines Multifilamentfadens ein maximaler Faservolumengehalt von 68 % (gegenüber 80 % UD-Gelege) erzielen. Demgegenüber weisen Verbunde aus 3D-Orthogonalgeweben über den gesamten Querschnitt ein sehr gutes Delaminationsverhalten auf. Auf Grund der begrenzten Dimension eignet sich dieses Verfahren vor allem für die Fertigung von Profilen mit komplexer Geometrie und begrenztem Querschnitt für quasiisotrope Verbundbauteile. Eine besondere Herausforderung besteht in der vollständigen Imprägnierung während der Verbundbildung, da ein Fließen des Matrixsystems sowohl durch quer stehende Fadensysteme als auch durch die hohe Kompaktierung der voluminösen Strukturen erschwert wird.

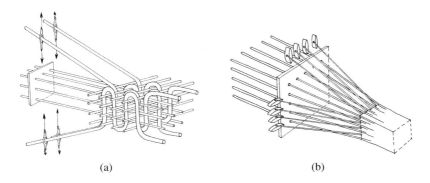

(a)   (b)

Abb. 5.47 3D-Orthogonalweben, (a) Fertigungsverfahren nach 3Tex, (b) Fertigungsverfahren nach Biteam – Tape Weaving Sweden AB

5.6.5 3D-Polargewebe

3D-Polargewebe bestehen aus drei Fadensystemen, welche in Achs-, Umfangs- und Radialrichtung eines Zylinders verlaufen.

In den 90ern des 20ten Jahrhunderts wurden 3D-Polargewebe auf Fachkongressen und in Fachbüchern vorgestellt [33, 35, 36]. Allerdings hat sich dieses Verfahren nach aktuellem Kenntnisstand nicht am Markt etabliert und ist kaum im Einsatz. Lediglich in einigen Forschungseinrichtungen in Japan gibt es noch Grundlagenuntersuchungen an 3D-Polargeweben. Aktuelle Veröffentlichungen zu diesem Verfahren sind nicht bekannt.

Typische Eigenschaften von 3D-Polargeweben sind in [35] tabelliert. Sie eignen sich prinzipiell für die Fertigung zylindrischer Hohlstrukturen (Abb. 5.48). Ähnlich wie bei den 2D-Polargeweben (s. Abschn. 5.5.7) nimmt die Fadendichte strukturbedingt in Radialrichtung mit zunehmendem Abstand von der Mittelachse ab. Durch Anpassung der verwendeten Faserstoffe, Fadenabstände und Fadenanzahl ist es prinzipiell möglich, anforderungsgerechte textile Halbzeuge herzustellen. Eine automatisierte Fertigung ist sehr aufwändig und nicht Stand der Technik.

Abb. 5.48 3D-Polargewebe

5.7 Funktionsintegration

Unter Funktionsintegration ist die Erzeugung einer zusätzlichen Funktionalität, welche über die eigentliche Funktion des Gewebes hinausgeht, zu verstehen. Diese zusätzliche Funktionalität wird durch das Einbringen zusätzlicher Materialien mit speziellen Eigenschaften in das Gewebe erzielt. Prinzipiell kann jedes Material, welches vom Grundmaterial des Gewebes abweichen kann und dessen spezifische Eigenschaften eine zusätzliche Funktionalität im Gewebe erzeugen kann, als Funktionsmaterial zum Einsatz kommen. Zusätzliche Materialien können in Form von Fäden oder Bauelementen vorliegen. Grundlegende Voraussetzung für die Integration fadenförmiger Materialien ist deren textile Verarbeitbarkeit. Beispiele für solche webtechnisch verarbeitbaren Funktionsmaterialien sind thermoplastische Fäden, elektrisch leitfähige Fäden metallischen Ursprungs und elektrisch leitfähige Carbonrovings. Sie können lokal als Kett- sowie Schussmaterial eingesetzt werden, wodurch sich Sensornetzwerke realisieren lassen. Neben dem Einbringen fadenförmiger Materialien zur Erzeugung einer Zusatzfunktion lassen sich Bauteile in ein Gewebe integrieren. Grundlage hierfür ist die voranschreitende Miniaturisierung sowohl von elektrischen als auch mechanischen Bauelementen. Beispiele für solche Funktionselemente sind RFID-Tags, Sensorknoten oder Inserts für mechanische Verbindungen. Eine Möglichkeit der Integration der Funktionselemente besteht in der Ausbildung von Taschen innerhalb der Gewebestruktur. Dies kann bindungstechnisch durch den mustermäßigen Wechsel von Einlagengewebe zu Mehrlagengewebe erfolgen, wodurch sich die Mehrlagigkeit auf den Bereich des Funktionselementes beschränkt.

Literaturverzeichnis

[1] Norm DIN ISO 9354 Oktober 1993. *Gewebe - Bindungskurzzeichen und Beispiele*
[2] KIENBAUM, M.: *Bindungstechnik der Gewebe - Konstruktion und Gestaltung mit warenkundlichen Beispielen (Bd. 1-3)*. Berlin : Schiele Schön GmbH, 1990-1999
[3] BÖHM, R. ; GUDE, M. ; HUFENBACH, W.: A phenomenologically based damage model for textile composites with crimped reinforcement. In: *Composites Science and Technology* 70 (2009), Nr. 1, S. 81–87. DOI 10.1016/j.compscitech.2009.09.008
[4] WALZ, F.: *Die Gewebedichte. "Textilpraxis 2"*. Stuttgart : Robert Kohlhammer-Verlag, 1947
[5] AIBIBU, D.: *Charakterisierung, Modellierung und Optimierung der Barriereeigenschaften von OP-Textilien*, Technische Universität Dresden, Fakultät Maschinenwesen, Diss., 2005
[6] SCHIERZ, M. ; FRANZKE, G. ; WALDMANN, M. ; OFFERMANN, P. ; HES, L.: Charakterisierung der Handhabbarkeit textiler Bewehrungsstrukturen. In: *Technische Textilien* 46 (2003), Nr. 2, S. 141–144
[7] Schutzrecht CZ 3383U1 (12. Juli 1995).
[8] AUTORENKOLLEKTIV: *Gewebetechnik*. Leipzig : VEB Fachbuchverlag Leipzig, 1978
[9] ANONYM: *Webereitechnik- Herstellen von Geweben*. Eschborn : Arbeitgeberkreis Gesamttextil, 1997
[10] TAYLOR, L. ; CHEN, X.: 3D Woven Nodal Hollow Truss Structures. In: *Proceedings. 13. Internationales Techtextil-Symposium 2005*. Frankfurt/M., Deutschland, 2005
[11] Schutzrecht US7770607B2 (10. August 2010).
[12] HÖRSCH, F.: Dreidimensionale Verstärkungsmaterialien für Faserverbundwerkstoffe. In: *Kunststoffe* 80 (1990), Nr. 9, S. 1003–1007
[13] KLEICKE, R. ; LOTZMANN, H. ; METZKES, K. ; HOFFMANN, G. ; CHERIF, Ch.: Dreherweben-Anknüpfen an alte Wurzeln mit neuer Technologie. In: *Melliand Textilberichte* 88 (2007), Nr. 6, S. 423–425
[14] BECHTHOLD, G. ; YE, L.: Influence of fibre distribution on the transverse flow permeability in fibre bundles. In: *Composites Science and Technology* 63 (2003), S. 2069–2079
[15] OFFERMANN, P. ; KÖCKRITZ, U. ; ABKADER, A. ; ENGLER, T. ; WALDMANN, M.: Anforderungsgerechte Bewehrungsstrukturen für den Einsatz im Betonbau. In: CURBACH, M. (Hrsg.): *Proceedings. Textile Reinforced Structures. Proceedings of the 2nd Colloqium on Textile Reinforced Structures (CTRS2)*. Dresden, Deutschland : Technische Universität Dresden (Sonderforschungsbereich 528), 2003, S. 15–28
[16] Schutzrecht DE2548129A1 (20. Mai 1976).
[17] Schutzrecht US3799209 (26. März 1974).
[18] SCHWARTZ, P. ; FORNES, R. E. ; MOHAMED, M. H.: Tensile Properties of Tri-axially Woven Fabrics Under Biaxial Loading. In: *Journal of Engineering for Industry* 102 (1980), S. 327–332
[19] FRONTCZAK-WASIAK, M.: Characteristics of Multi-axial Woven Structure. In: *Fibers and Textiles in Eastern Europe* 13 (2005), Nr. 4, S. 27 ff.

[20] FLEMMING, M. et al.: *Faserverbundbauweisen, Halbzeuge und Bauweisen.* Berlin : Springer Verlag, 1996

[21] WAHHOUD, A.: Innovative production of textile fabrics through process integration in weaving operation. In: *Melliand International* (2001), Nr. 1, S. 28–29

[22] RHYNE, M.: Trends in dryer fabric design. In: *Proceedings. Hi-Tech Textiles Exhibition Conference.* Greenville, USA, 1993, S. 163–174

[23] NEITZEL, M. ; MITSCHANG, P.: *Handbuch Verbundwerkstoffe.* München, Wien : Carl Hanser Verlag, 2004

[24] PD Group: *Verbindungen schaffen mit Gewebebandleitungen.* http://www.pdlappsystems.de/ (06.04.2011)

[25] Schutzrecht DE3915085A1 (November 1990).

[26] BÜSGEN, W.-A.: *Neue Verfahren zur Herstellung von dreidimensionalen Textilien für den Einsatz in Faserverbundwerkstoffen.* Aachen, Rheinisch-Westfälische Technische Hochschule Aachen, Fakultät für Maschinenwesen, Diss., 1993

[27] CHEN, X.. ; POTIYARJ, P. ; MATHER, R. R. ; MCKENNA, D. F. ; MNOX, R. T.: Modeling and simulation for 3D complicated woven structures. In: *Proceedings. World Textile Congress, Industrial, Technical High Performance Textiles.* Huddersfield, Great Britain, 1998, S. 227–235

[28] ISLAM, M. A.: 3-D woven near net shape and multi axial structures. In: *Proceedings. 80th World Conference of The Textile Institute.* Manchester, Great Britain, 2000, S. 1–12

[29] SWINKELS, K.: Die kostengünstige Produktion von doppelwandigen, faserverstärkten Kunststofftanks im Wickelverfahren mit einem Abstandsgewebe. In: *Proceedings. 35. Internatinale Chemiefasertagung Dornbirn.* Dornbirn, Österreich, 1996

[30] TORUN, A. R. ; HOFFMANN, G. ; ÜNAL, A. ; KLUG, P. ; CHERIF, Ch. ; BADAWI, S.: Technologische Lösungen zur Entwicklung von spacer fabrics mit Flächenstrukturen als Abstandshalter / Technological solutions to the development of spacer fabrics including fabric structures as the spacer. In: *Proceedings. 8. Dresdner Textiltagung.* Dresden, Deutschland, 2006

[31] MOUNTASIR, A. ; HOFFMANN, G. ; CHERIF, Ch.: Development of Weaving Technology for Manufacturing three-dimensional Spacer Fabrics with High-Performance Yarns for Thermoplastic Composite Applications: An Analysis of two-dimensional Mechanical Properties. In: *Textile Research Journal* (2011). DOI 10.1177/0040517511402125

[32] GROSSMANN, K. ; MÜHL, A. ; LÖSER, M. ; CHERIF, Ch. ; HOFFMANN, G. ; TORUN, A. R.: New solutions for the manufacturing of spacer preforms for thermoplastic textile-reinforced lightweight structures. In: *Production Engineering Research and Development* 4 (2010), Nr. 6, S. 589–597. http://dx.doi.org/10.1007/s11740-010-0267-9. – DOI 10.1007/s11740–010–0267–9

[33] Schutzrecht DE69122967 (07. Mai 1997).

[34] Schutzrecht US6889720B2 (10. Mai 2005).

[35] LEE, S. M.: *Handbook of Composite Reinforcement.* New York : Villey-VCH, 1992

[36] Schutzrecht US4052913A (11. Oktober 1977).

Kapitel 6
Gestrickte Halbzeuge und Stricktechniken

Wolfgang Trümper

Das Kapitel behandelt die wichtigsten Entwicklungsschritte, die Bindungselemente und die Grundbindungen der Strickerei sowie die grundlegenden Gestrickeigenschaften. Dabei wird auf die verschiedenen Optionen zur Beeinflussung der Eigenschaften und zur maschinentechnischen Herstellung von Gestricken eingegangen. Einen Schwerpunkt des Kapitels bildet die Darstellung der umfangreichen Möglichkeiten zur Realisierung von anforderungsgerechten, endkonturnahen Gestrickhalbzeugen insbesondere für den Einsatz in Faserverbundbauteilen. Eine wesentliche Voraussetzungen hierfür ist die belastungsgerechte Integration von gestreckten Verstärkungsfäden in die Maschenstruktur. In Verbindung mit den umfangreichen technologischen Möglichkeiten zur Formgebung während der Fertigung und die über die Maschenlänge einstellbare Nachdrapierbarkeit ergeben sich somit ideale Voraussetzung zur faltenfreien Abbildung von komplexen Bauteilgeometrien. Auf Grund der Maschenstruktur der Halbzeuge weisen derartige Bauteile hervorragende Eigenschaften insbesondere bei Impactbeanspruchung auf.

6.1 Einleitung und Übersicht

Das Stricken als Verfahren zur Herstellung von Bekleidung hat bereits eine lange Tradition und ist vermutlich in Vorderasien entstanden. Hier gefundene gestrickte Strumpferzeugnisse können in die Zeit des 2. bis 3. Jahrhunderts nach Christus datiert werden. Im heutigen deutschen Sprachraum sind Stricknadeln und damit handgestrickte Erzeugnisse vermutlich seit dem 4. Jahrhundert nach Christus bekannt. Für die Herstellung von Strickwaren per Hand ist neben der Zwei- auch eine Viernadeltechnik bekannt [1].

Mit der Erfindung des Handkulierstuhls durch William Lee im Jahr 1589 begann die Mechanisierung der Maschenbildung. Der Kulierstuhl nach Lee verfügte über einen Nadelträger und konnte ca. 600 Maschen je Minute herstellen. Das entsprach etwa der sechsfachen Produktivität eines geübten Handstrickers. Ein von Lee weiterentwickelter Handkulierstuhl aus dem Jahr 1609 konnte bereits 1500 Maschen je Minute fertigen. Im Jahr 1758 ließ Jedediah Strutt einen Kulierstuhl patentieren, der ergänzend zum Grundaufbau nach Lee über einen zweiten Nadelträger verfügte, der in einem Winkel von 90° zum ersten angeordnet war [2].

Eine deutliche Vereinfachung der Maschenbildung wurde durch die Erfindung der Zungennadel im Jahr 1847 durch Matthew Thownsend erreicht. Bis dahin musste die Spitze der Nadel gegen den Nadelschaft gepresst werden, um den Nadelkopf zu schließen und eine Maschenbildung zu ermöglichen. Die Erfindung der Zungennadel war auch die Voraussetzung für die Entwicklung der ersten Flachstrickmaschine durch William Lamb im Jahr 1863 [3].

Die Automatisierung der Strickerei begann in den 1950iger Jahren mit der Herstellung von Strumpferzeugnissen als Komplettartikel. Etwa zur gleichen Zeit wurden die ersten halbautomatischen Handschuhstrickmaschinen entwickelt [4]. Aktuelle Strickmaschinengenerationen erlauben u. a. durch die Möglichkeit der Einzelnadelauswahl und den Einsatz spezieller Fadenführer eine große Vielfalt umsetzbarer Strickmuster. Neben komplexen Struktur- und Farbmustern ist auf den Maschinen auch die Herstellung von Komplettartikeln wie Pullovern oder Badebekleidung in einem Fertigungsschritt möglich. Darüber hinaus bietet die Stricktechnik ideale Voraussetzungen für die Fertigung endkonturnaher Technischer Textilien u. a. für den Einsatz als Verstärkungsstrukturen in Leichtbauanwendungen [5, 6].

Zur Erleichterung des Verständnisses soll an dieser Stelle eine generelle Einteilung von Wirk- und Strickmaschinen erfolgen, die nach verschiedenen Kriterien möglich ist. Eine Einteilung der Maschinen nach der prinzipbedingten Nadelbewegung (einzeln bzw. gemeinsam) und der Fadenvorlage an den Nadeln (quer und längs) zeigt Abbildung 6.1. Daneben kann eine Unterscheidung der Verfahren Stricken und Wirken nach der Technologie der Maschenbildung und der dafür erforderlichen Arbeitstakte erfolgen (Abb. 6.2).

Generell sind für alle Maschinentypen, mit Ausnahme von Längsfadenstrickmaschinen, immer Nadelträger mit einer flachen (Nadelbett) und einer runden Geometrie (Zylinder oder Kreisringscheibe) bekannt. Für die in Abbildung 6.1 in Klammern angegebenen Bindungsgruppen sind entsprechende Maschinen verfügbar, werden aber aktuell nicht mehr produziert bzw. spielen für die Herstellung von Produkten nur eine untergeordnete Rolle.

Die verschiedenen Stricktechniken für konventionelle Gestrickstrukturen, wie Pullover, bilden die Basis für die Entwicklung neuer Maschinenkonzepte zur Umsetzung von gestrickten Halbzeugen für anspruchsvolle technische Anwendungen, wie Faserverbundbauteile für den Leichtbau.

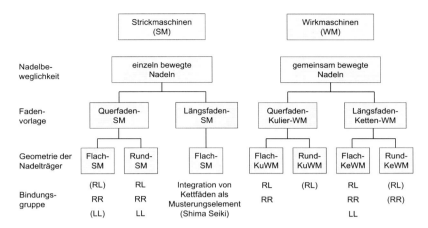

Abb. 6.1 Systematik zur Einteilung von Strick- und Wirkmaschinen nach der Nadelbewegung (Abkürzungen der Bindungsgruppen RL – Rechts-Links, RR – Rechts-Rechts, LL – Links-links, s. auch Abschn. 6.2.3)

6.2 Grundlagen

6.2.1 Allgemeines

Das *Stricken* ist ein Flächenbildungsverfahren, bei dem das Fadenmaterial quer an den Nadeln vorgelegt und durch diese zu Schleifen verformt wird. Üblich ist daher auch die synonyme Bezeichnung für Gestricke als Querfadenware (*weft knitted fabric*). Die textile Fläche entsteht beim Stricken durch die Verbindung der Fadenschleifen miteinander. Generell wird derselbe Arbeitstakt an den Nadeln über der Arbeitsbreite zeitlich nacheinander ausgeführt.

Der Unterschied zwischen dem *Stricken*, dem *Kulierwirken* und dem *Kettenwirken* besteht im Arbeitstakt *Schleifenbilden*. Beim Stricken ist das Schleifenbilden Bestandteil der Arbeitstakte *Brückenbilden* und *Verbinden*. Beim Kulierwirken erfolgt das Schleifenbilden in einem separaten Arbeitstakt. Beim Kettenwirken fallen die Arbeitstakte Schleifenbilden und *Fadenlegen* zusammen (Abb. 6.2). Zusätzlich wird beim Kettenwirken jeweils derselbe Arbeitstakt auf allen Nadeln über der Arbeitsbreite zeitgleich ausgeführt (vgl. auch Kap. 7).

In den folgenden Abschnitten des Kapitels werden die Bindungselemente der Strickerei vorgestellt, darauf aufbauend die stricktechnischen Grundbindungen gezeigt und die wesentlichen Punkte zur Beeinflussung der Gestrickeigenschaften während der Herstellung sowie zur Beschreibung der Gestricke abgeleitet. Schwerpunktmäßig sollen insbesondere Eigenschaften betrachtet werden, die für die Herstellung von textilen Verstärkungshalbzeugen mittels Stricktechnik von besonderer Bedeutung sind.

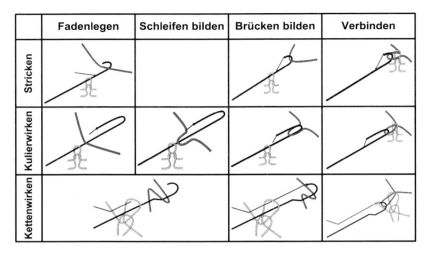

	Fadenlegen	Schleifen bilden	Brücken bilden	Verbinden
Stricken				
Kulierwirken				
Kettenwirken				

Abb. 6.2 Arbeitstakte der Maschenbildung beim Stricken, Kulier- und Kettenwirken (nach [7])

Die verwendeten Begriffe zur Bezeichnung der Bindungselemente orientieren sich an den Vorgaben durch die Normen EN ISO 4921 und EN ISO 8388.

6.2.2 Bindungselemente

6.2.2.1 Masche

Das Grundbindungselement der Strickerei ist die *Masche* (Abb. 6.3). Diese besteht aus dem Kopfbogen bzw. Maschenkopf, zwei Maschenschenkeln sowie zwei Fußbögen bzw. Maschenfüßen. *Maschen* verfügen somit immer über eine Kopf- und eine Fußbindung. Die Maschengeometrie kann über die Breite (b_M) und Höhe (h_M) beschrieben werden. Die Länge des Fadenmaterials, das in einer Masche enthalten ist, wird als Maschenlänge (l_M) bezeichnet. Verformungen der Gestricke, z. B. durch eine Krafteinwirkung, haben eine Veränderung der Maschenbreite und -höhe zur Folge, aber keinen Einfluss auf die Maschenlänge.

Je nach Hersteller werden in Strickmaschinen Zungen- oder Schiebernadeln eingesetzt (Abb. 6.4), wobei derzeit Zungennadeln am weitesten verbreitet sind.

Für die Maschenbildung ist die Fadeneinlage in den geöffneten Nadelkopf erforderlich. Bei Zungennadeln erfolgt das Öffnen und Schließen des Nadelkopfs durch eine entsprechende Bewegung der Nadelzunge, die während der Maschenbildung meist durch das auf der Nadel befindliche Fadenstück initiiert wird. Bei einer erstmaligen Fadeneinlage in leere Nadeln oder in kritischen Stricksituationen unterstützen z. B. Bürsten am Strickschlitten im Bereich der Maschenbildungsorgane das Öffnen und

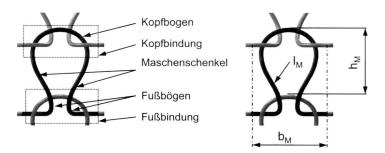

Abb. 6.3 Bestandteile einer Masche und Maschengeometrie

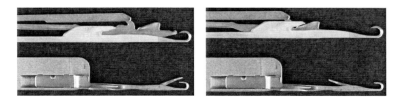

Abb. 6.4 Zungen- und Schiebernadel in der Grundstellung (links) und mit offener Zunge bzw. Schieber (rechts)

Schließen des Nadelkopfs. Für die Maschenbildung muss ausschließlich die Bewegung der Nadel gesteuert werden.

Bei Schiebernadeln wird für das Öffnen und Schließen des Nadelkopfs ein unabhängig von der Nadel steuerbarer Nadelschieber eingesetzt. Für die Maschenbildung müssen sowohl die Nadel als auch darauf abgestimmt der Schieber bewegt werden. Bei der Maschenbildung ist gegenüber Zungennadeln einen geringerer maximaler Austriebsweg der Nadeln erforderlich. Die dadurch geringere Relativbewegung zwischen Nadel und Fadenmaterial kann sich positiv auf die Reibungsbelastung des Fadenmaterials auswirken. Dementsprechend besteht ein hohes Potenzial zur Verarbeitung von empfindlicheren Fadenmaterialien bzw. zur Erhöhung der Geschwindigkeiten während des Strickens.

Abbildung 6.5 zeigt schematisch ein *Strickschloss* zum Antrieb von Zungennadeln an einer Flachstrickmaschine mit einem *Nadelbett*. Die Ziffern bezeichnen die einzelnen Nadelstellungen (vgl. Abb. 6.6).

Die Nadelstellungen, die von den Nadeln während der Maschenbildung durchlaufen werden, und ihre Bezeichnungen sind in der Abbildung 6.6 dargestellt.

Die Nadel ist zu Beginn der Maschenbildung in der Grundstellung (1). Im Nadelkopf befindet sich eine Fadenschleife mit Fuß- aber ohne Kopfbindung (*Halbmasche*). In einem ersten Schritt erfolgt der Nadelaustrieb bis in die Fangstellung (2). Die Halbmasche rutscht dabei über den Nadelschaft auf die Nadelzunge, dadurch geöffnet wird. Danach erfolgt die Bewegung der Nadel bis in die Austriebs-

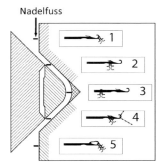

Nadelfuss

Abb. 6.5 Schematische Darstellung eines Strickschlosses mit Nadeldurchlauf

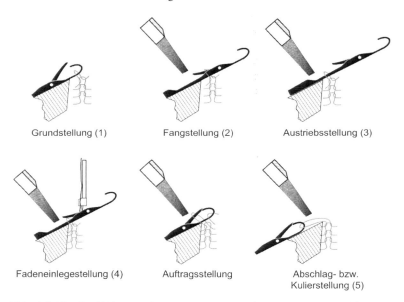

Grundstellung (1)   Fangstellung (2)   Austriebsstellung (3)

Fadeneinlegestellung (4)   Auftragsstellung   Abschlag- bzw.
                                                 Kulierstellung (5)

Abb. 6.6 Maschenbildung und Nadelstellungen an einer Flachstrickmaschine unter Verwendung von Zungennadeln

stellung (3), der höchsten Position während der Maschenbildung. Die Halbmasche befindet sich in dieser Stellung auf dem Nadelschaft hinter der Nadelzunge. Im weiteren Verlauf wird die Nadel wieder in das Nadelbett bis in die Fadeneinlegestellung (4) zurückgezogen. Hier erfolgt die Einlage eines über einen Fadenführer an den Nadeln vorgelegten Fadenstücks in den Nadelkopf. Die Halbmasche befindet sich unmittelbar hinter der Nadelzunge. Durch die anschließende weitere Rückwärtsbewegung der Nadel schließt die Halbmasche die Nadelzunge. Die Halbmasche wird in der Folge auf die Nadelzunge aufgetragen (Auftragsstellung). In einem letzten Schritt erfolgt die Maschenbildung durch das Abschlagen der Halbmasche von der Nadel. Dabei wird das im Nadelkopf befindliche Fadenstück durch die alte Halbmasche gezogen. Bei der Bewegung der Nadel in die Abschlagstellung (5) wird die neue Halbmasche ausgeformt (*kuliert*). Über die Einstellung der Kuliertiefe an den Strickmaschinen kann der Grad der Ausformung der Halbmasche und damit die Maschenlänge gezielt eingestellt werden.

Verfahrensbedingt weist eine Masche zwei unterschiedliche Seiten auf. Die *rechte Maschenseite* zeigt die Maschenschenkel und die *linke Maschenseite* die Kopf- und die Fußbögen. In Abbildung 6.7 sind die entsprechenden Teile der Masche dunkel gekennzeichnet.

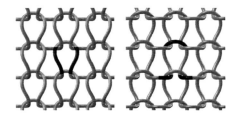

Abb. 6.7 Rechte und linke Maschenseite eines Rechts-Links Gestricks

Innerhalb eines Gestricks werden die in horizontaler Richtung angeordneten Maschen als *Maschenreihen* (MR) und die in vertikaler Richtung angeordneten Maschen als *Maschenstäbchen* (MS) bezeichnet (Abb. 6.8).

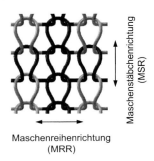

Maschenstäbchenrichtung (MSR)

Maschenreihenrichtung (MRR)

Abb. 6.8 Bezeichnung der Gestrickrichtungen: horizontal – Maschenreihenrichtung (MRR), vertikal – Maschenstäbchenrichtung (MSR)

6.2.2.2 Henkel

Neben dem Begriff *Henkel* wird dieses Bindungselement auch als *Fang* oder *Fanghenkel* bezeichnet. Ein Henkel verfügt nur über eine Kopfbindung. Eine Fußbindung ist hier nicht vorhanden (Abb. 6.9, links). Stricktechnisch entsteht ein Henkel durch das Nichtabschlagen einer im Nadelkopf befindlichen Fadenschleife bzw. Halbmasche und das Einlegen einer zusätzlichen Fadenschleife in den Nadelkopf, wenn sich die Nadeln in der Fangstellung befinden. Bei der stricktechnischen Herstellung des Bindungselements Henkel erreichen die Nadeln die Austriebsstellung nicht, sondern werden unmittelbar nach der Fadeneinlage in die Abschlagstellung bewegt (Abb. 6.6). In Abhängigkeit von der Nadelgeometrie und dem verwendeten Fadenmaterial ist die Anzahl von Henkeln begrenzt, die nacheinander auf einer Nadel gebildet werden können.

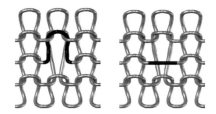

Abb. 6.9 Bindungselemente Henkel (links) und Flottung (rechts)

6.2.2.3 Flottung

Eine *Flottung* ist ein über mindestens ein Maschenstäbchen gestreckt liegendes Fadenstück, das weder über eine Kopf- noch eine Fußbindung verfügt (Abb. 6.9, rechts). Eine Flottung wird jeweils an den Enden durch das Bindungselement Henkel oder Masche begrenzt.

6.2.2.4 Schussfaden

Ein *Schussfaden* ist ein in Maschenreihenrichtung eingebrachtes gestreckt liegendes Fadenstück, das an den Enden nicht durch ein anderes Bindungselement, wie Henkel oder Masche, begrenzt ist. Ein Schussfaden kann dabei über die gesamte Gestrickbreite aber auch nur über Teilbereiche (*Teilschuss*) eingebracht werden (Abb. 6.10).

6.2.2.5 Steh-/Kettfaden

Ein *Steh-* bzw. *Kettfaden* ist in der Regel ein in Maschenstäbchenrichtung gestreckt eingebrachtes Fadenstück, das an den Enden nicht durch Bindungselemente wie Henkel oder Masche begrenzt wird (Abb. 6.10, rechts). Im Folgenden wird für dieses Bindungselement die Bezeichnung Kettfaden verwendet. Eingebracht werden Kettfäden in der Regel zwischen zwei Maschenstäbchen. Durch einen Kettfadenversatz kann auch eine von der Maschenstäbchenrichtung abweichende, diagonale Anordnung der Kettfäden in den Gestricken erreicht werden.

Abb. 6.10 Bindungselemente Schuss- (links) bzw. Teilschuss (Mitte) allein und in Kombination mit Kettfäden (rechts)

Die Bildung einer textilen Fläche beim Stricken basiert immer auf dem Bindungselement Masche. Die übrigen Bindungselemente dienen der Musterung sowie zur lokalen Veränderung der Gestrickeigenschaften.

6.2.3 Grundbindungen

6.2.3.1 Allgemeines

Unter einer *Bindung* wird die Art und Weise von Fadenverschlingungen bzw. die Anordnung von Bindungselementen in einem Gestrick verstanden. Für die Grundbindungen wird dabei nur das Bindungselement Masche verwendet. Je nach Anordnung von rechten und linken Maschenseiten im Gestrick werden vier Grundbindungen unterschieden.

Ergänzend zu den Grundbindungen wird in der Literatur eine Vielzahl abgeleiteter Grundbindungen, z. B. unter Verwendung der Bindungselemente Fang und/oder Flottung, namentlich benannt. Darüber hinaus können durch die freie Anordnung von Bindungselementen sogenannte „Fantasiebindungen" entwickelt werden. Bei der Umsetzung von Bindungen ist auf eine logische, stricktechnisch realisierbare Abfolge der Bindungselemente auf jeder Nadel zu achten.

6.2.3.2 Rechts-Links (RL) - *single jersey*

Gestricke in der Grundbindung *Rechts-Links (RL)* sind einflächige Gestricke, die durch eine generell gleiche Abschlagsrichtung aller Maschen von den Nadeln entstehen. Sie zeigen auf der rechten Gestrickseite die Maschenschenkel und auf der linken Gestrickseite die Kopf- und die Fußbögen der Maschen (Abb. 6.11). Die Herstellung von Gestricken in der Grundbindung RL erfordert Strickmaschinen mit mindestens einem Nadelträger.

Auf Grund der bindungsgemäßen Anordnung der Maschen in den Gestricken der Grundbindung RL weisen diese Gestricke eine hohe Einrollneigung von der linken zur rechten Seitenkante und von der unteren zur oberen Kante auf. Ursache dafür sind die durch die Verformung des Fadenmaterials zu Raumkurven verursachten inneren Spannungszustände und das Bestreben des Fadenmaterials, einen möglichst spannungsarmen Zustand einzunehmen.

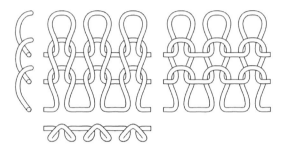

Abb. 6.11 Grundbindung Rechts-Links: rechte und linke Gestrickseite

6.2.3.3 Rechts-Rechts (RR) – *double jersey*

Gestricke in der Grundbindung *Rechts-Rechts (RR)* sind zweiflächige Gestricke und entstehen durch den maschenstäbchenweisen Wechsel der Abschlagrichtung der Maschen von den Nadeln. Die beiden Nadelträger an den Strickmaschinen sind so angeordnet, dass sich mittig zwischen zwei Nadeln eines ersten Nadelträgers eine Nadel eines zweiten Nadelträgers befindet. Im spannungsfreien Zustand zeigen beide Gestrickseiten die Schenkel der rechten Maschenseite (Abb. 6.12). Im quergedehnten Zustand sind neben den Maschenschenkeln die Maschenköpfe der jeweils gegenüberliegenden Gestrickseite erkennbar.

Durch die gegenüberliegende Anordnung von zwei Gestrickflächen in einem Gestrick heben sich die durch die Fadenverformung eingebrachten Kräfte bei exakter Symmetrie der beiden Flächen auf. Die Gestricke neigen daher selten zum Einrollen.

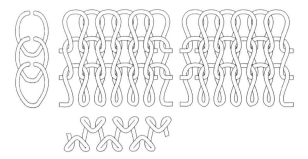

Abb. 6.12 Grundbindung Rechts-Rechts: rechte und linke Gestrickseite

6.2.3.4 Rechts-Rechts-gekreuzt (RRG) - *interlock*

Die englische Bezeichnung Interlock-Bindung ist ebenfalls gebräuchlich. Die Bindung *Rechts-Rechts-gekreuzt* (RRG) kann als Kombination zweier RR-Bindungen aufgefasst werden, wobei diese sich so überlagern, dass auch im quergedehnten Zustand keine Kopf- und Fußbögen der Maschen erkennbar sind. Auf beiden Außenseiten sind jeweils die Maschenschenkel der rechten Gestrickseite zu sehen (Abb. 6.13). Die Anordnung der Nadelträger der Strickmaschinen erfolgt derart, dass sich die Nadeln jeweils genau gegenüberstehen.

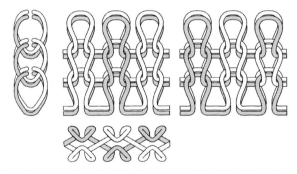

Abb. 6.13 Grundbindung Rechts-Rechts-gekreuzt: rechte und linke Gestrickseite

6.2.3.5 Links-Links (LL) - *purl stitch*

Bei den Gestricken in der Links-Links (LL)-Grundbindung liegen die Maschenköpfe jeweils abwechselnd auf den Gestrickaußenseiten (Abb. 6.14). Erreicht wird dies durch den Wechsel der Abschlagrichtung der Maschen von den Nadeln in jeder Maschenreihe.

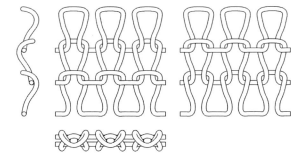

Abb. 6.14 Grundbindung Links-Links: rechte und linke Gestrickseite

6.2.3.6 MLG-Bindungen

Im Hinblick auf den Einsatz von Gestricken als Verstärkungshalbzeuge in Faserkunststoffverbunden soll an dieser Stelle die abgeleitete Bindung zur Herstellung
von Mehrlagengestricken (MLG), die RL-MLG- bzw. RRG-MLG-Bindung, eingeführt werden. Basis der Bindungen ist die RL- bzw. RRG-Grundbindung, jeweils
erweitert durch in die Maschenstruktur integrierte gestreckte Schuss- und Kettfäden
(Abb. 6.10). Je nach Maschinenkonfiguration kann eine unterschiedliche Anzahl
von Kett- und/oder Schussfadenlagen in die Maschenstruktur integriert werden [8].

6.2.4 Gestrickeigenschaften und Strickparameter

Die Bindung beschreibt die Anordnung der Bindungselemente zur Bildung einer
textilen Gestrickfläche. Über die Auswahl der stricktechnischen Bindung wird somit
grundlegend die Gestrickstruktur definiert. Daneben beeinflussen auch das eingesetzte Fadenmaterial und die verwendeten Strickparameter, wie Maschinenfeinheit,
Kuliertiefe, Abzugseinstellung oder Fadenspannung, erheblich die Gestrickstruktur
und somit die Gestrickeigenschaften.

Die *Maschinenfeinheit* beschreibt die Anzahl der Nadeln je Bezugslänge, die
gewöhnlich englisch Zoll bzw. Inch ist. Je höher die Maschinenfeinheit, umso höher
ist in der Regel auch die *Maschendichte* der Gestricke. Die Abzugseinstellungen
müssen so gewählt werden, dass das Abschlagen der Maschen von den Nadeln sichergestellt ist und gleichzeitig das Gestrick aus dem Maschenbildungsbereich abgezogen werden kann. Eine geeignete an allen Nadeln gleich hohe Fadenspannung
bei der Fadenzuführung zum Strickbereich ist eine wichtige Voraussetzung für die
Realisierung einer gleichen *Maschenlänge* in allen Gestrickbereichen.

Die Charakterisierung und Beschreibung von Gestricken erfolgt außerdem anhand
textilpysikalischer Eigenschaften wie Maschendichte in MRR und MSR, Maschen-

länge, Gestrickdicke oder Flächengewicht. Je nach Einsatzgebiet der Gestricke kann darüber hinaus die Angabe weiterer Gestrickeigenschaften gefordert sein. Insbesondere für die Verwendung der Gestricke als textile Verstärkungshalbzeuge sind folgende Eigenschaften von besonderer Bedeutung:

- das Einroll-,
- das Kraft-Dehnungs- und
- das Scherverhalten.

Die Kenntnis des Kraft-Dehnungs- und des Scherverhaltens erlaubt eine weitgehende Beschreibung des Drapierverhaltens von Gestricken. Die *Drapierbarkeit* wird als sphärische Verformbarkeit textiler Strukturen ohne Faltenbildung verstanden. Die Kenntnis des Drapierverhaltens erlaubt eine erste Einschätzung des erforderlichen Aufwands zur Anpassung der Gestricke z. B. an eine vorgegebene dreidimensionale Halbzeuggeometrie.

Das Einrollverhalten ist im Wesentlichen von der gewählten Bindung abhängig und beeinflusst u. a. die Handhabbarkeit der Gestricke bei der Weiterverarbeitung (s. a. Grundbindungen in Abschn. 6.2.3).

Das Kraft-Dehnungs-Verhalten einer textilen Struktur beschreibt deren Deformation durch die Mechanismen Fadenstreckung, Fadendehnung, Fadengleiten und Scherung. Dabei sind die Fadenstreckung und die Fadenverschiebung im Wesentlichen durch die Wahl der Bindung und der Strickparameter beeinflussbar [9]. Die daraus resultierende Dehnung wird auch als *Strukturdehnung* ($\varepsilon_{Struktur}$) bezeichnet. Die Fadendehnung ist abhängig vom eingesetzten Fadenmaterial und wird als *Materialdehnung* ($\varepsilon_{Material}$) bezeichnet. Die Materialdehnung resultiert aus der Differenz der Bruch- und der Strukturdehnung. Abbildung 6.15 zeigt schematisch das Kraft-Dehnungs-Verhalten eines bis zum Bruch belasteten Gestricks. Ebenfalls gekennzeichnet sind die unterschiedlichen Dehnungsanteile.

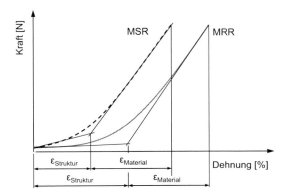

Abb. 6.15 Prinzipielles Kraft-Dehnungs-Verhalten unverstärkter Gestricke

Generell ist das Kraft-Dehnungs-Verhalten in den beiden Gestrickrichtungen auf Grund der Maschenstruktur stark unterschiedlich. Mit Ausnahme der LL-Grundbindung treten bei unverstärkten Gestricken in MRR höhere und in MSR geringere Dehnungen bei gleichen Kräften auf. Bei einem Vergleich der Grundbindungen untereinander weisen Gestricke in der RL-Grundbindung die geringsten Dehnungen in MRR und MSR auf. Dagegen zeigen z. B. Gestricke in der RR-Grundbindung in MRR und in der LL-Grundbindung in MSR jeweils hohe Dehnungen. Durch die Kombination von zwei RR-Bindungen zur RRG-Grundbindung können Gestricke mit geringen Dehnungen in beiden Gestrickrichtungen realisiert werden.

Ausgehend von einer Grundbindung können durch die gezielte Anordnung von weiteren Bindungselementen, wie Henkel, Flottung oder Schussfäden, die Gestrickeigenschaften gezielt eingestellt werden [10]. Den prinzipiellen Einfluss der Anordnung unterschiedlicher Bindungselemente in den Gestricken auf das Kraft-Dehnungs-Verhalten zeigt Abbildung 6.16 am Beispiel einer RL-Grundbindung. Symbolisch ist jeweils nur ein entsprechendes Bindungselement dargestellt.

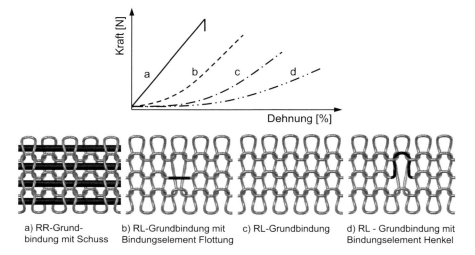

a) RR-Grund-   b) RL-Grundbindung mit   c) RL-Grundbindung   d) RL - Grundbindung mit
bindung mit Schuss   Bindungselement Flottung   Bindungselement Henkel

Abb. 6.16 Kraft-Dehnungs-Verhalten von Gestricken in MRR in Abhängigkeit der eingesetzten Bindungslemente

Die verschiedenen Kurven des Diagramms zeigen, dass die Anfangszugsteifigkeit der Grundstruktur durch das Einbinden von Fanghenkeln reduziert und durch die Einbindung von Flottungen erhöht werden kann. Die Integration eines gestreckten Schussfadens in die Gestricke führt idealerweise zu einem Kraft-Dehnungs-Verhalten, das dem des eingesetzten Schussfadenmaterials entspricht.

Bei unverstärkten Gestricken kann häufig aus den Untersuchungen zum Kraft-Dehnungs-Verhalten auch eine Aussage zur Drapierbarkeit abgeleitet werden. Dabei kann davon ausgegangen werden, dass eine hohe Dehnung bei geringen Kräften bzw. eine hohe Strukturdehngrenze mit einer guten Drapierbarkeit einhergehen. Durch die Bestimmung des Zusammenhangs zwischen Scherwinkel und der dafür erforderlichen Kraft kann die Beschreibung des Drapierverhaltens weiter präzisiert werden.

Die Beschreibung der Drapiereigenschaften von MLG erfordert auf Grund der in die Maschenstruktur integrierten Schuss- und/oder Kettfäden und die in der Folge eingeschränkten Verformungsmöglichkeiten der Maschen die Ermittlung der Schereigenschaften. In grundlegenden Untersuchungen konnte als wesentlicher Parameter zur Einstellung des Scherverhaltens von MLG die Maschenlänge abgeleitet werden [11]. Verdeutlicht wird dies in Abbildung 6.17 am Beispiel von drei MLG-Strukturen mit jeweils gleicher Anordnung der in die Maschenstruktur integrierten Schuss- und Kettfäden, aber von ML1 zu ML3 ansteigenden Maschenlängen (ML). Ab dem im Diagramm angegebenen Scherwinkel (φ_{MLx}) ist mit einer Faltenbildung beim Drapieren der jeweiligen MLG-Varianten zu rechnen.

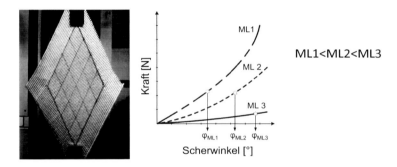

Abb. 6.17 Scherverhalten von MLG in Abhängigkeit von der Maschenlänge

Über die Strickparameter, wie Kuliertiefe, Abzugseinstellung oder Fadenspannung, können die Gestrickeigenschaften insbesondere die Maschenlänge und damit Abmaße, Flächengewicht oder Maschendichten in weiten Grenzen eingestellt werden. In Verbindung mit einer geeigneten Strickmaschinen- und Materialauswahl lassen sich so Gestricke mit verschiedensten Eigenschaften generieren, z. B. unterschiedlicher Drapierbarkeit oder einstellbaren mechanischen Eigenschaften bzw. Energieaufnahmevermögen.

6.2.5 Strickverfahren

Für die Einteilung von Strickverfahren können verschiedene Kriterien verwendet werden. An dieser Stelle soll eine Unterteilung anhand der Geometrie der Nadelträger und der zur Herstellung von Gestricken notwendigen Anzahl und Anordnung von Nadelträgern erfolgen.

6.2.5.1 Geometrie der Nadelträger

Bezogen auf die Geometrie der Nadelträger können die Strickverfahren in Rund- und Flachstrickverfahren unterteilt werden.

Rundstrickverfahren

Kennzeichen der *Rundstrickverfahren* ist die Ausbildung eines ersten Nadelträgers in Form eines Zylinders und die Anordnung der Nadeln am Umfang dieses Zylinders. Zusätzlich kann ein zweiter Nadelträger entweder in Form eines Zylinders oder in Form eines Nadeltellers oberhalb des ersten Zylinders angeordnet sein. Werden Gestricke nach diesem Verfahren hergestellt, so liegen sie zunächst meist als Schlauchware vor.

Flachstrickverfahren

Charakteristisch für die *Flachstrickverfahren* ist die Nadelanordnung nebeneinander in ebenen Nadelträgern, die auch als Nadelbetten bezeichnet werden. Je nach Maschinenausführung und -hersteller werden bis zu vier Nadelträger horizontal bzw. winklig zueinander angeordnet. Die in den Grundbindungen hergestellten Gestricke werden als Bahnware hergestellt.

6.2.5.2 Anzahl und Anordnung der Nadelträger

Eine Bezeichnung der Maschinen bei der Unterteilung nach Anzahl und Anordnung der Nadelträger erfolgt entsprechend den auf diesen Maschinen umsetzbaren Grundbindungen. In den folgenden Schemata zu den jeweiligen Strickverfahren ist beispielhaft die Geometrie und die Anordnung der Nadelträger für die Flach- und die Rundstricktechnik dargestellt.

Rechts-Links-Verfahren

Für die Maschenbildung ist ein Nadelträger erforderlich. Die eingesetzten Nadeln verfügen an einem Ende über einen Nadelkopf (Abb. 6.18). Umsetzbar sind die Grundbindung Rechts-Links und Ableitungen davon.

Abb. 6.18 Anordnung der Nadelträger an Rechts-Links-Flach- (links) und Rundstrickmaschinen (rechts)

Links-Links-Verfahren

Die Umsetzung der Grundbindung Links-Links und Ableitungen davon erfordert Strickmaschinen mit mindestens zwei Nadelträgern. Für die Gestrickherstellung werden spezielle Stricknadeln mit jeweils einem Nadelkopf an jedem Ende der Nadel eingesetzt. Die Anordnung der Nadelträger muss die Übergabe der Nadeln von einem in den anderen Nadelträger erlauben (Abb. 6.19). Auf Strickmaschinen, die nach dem Links-Links-Verfahren arbeiten, sind theoretisch auch Gestricke in den Grundbindungen RL und RR umsetzbar. Insbesondere Links-Links-Flachstrickmaschinen finden in der industriellen Praxis heute nur noch vereinzelt Verwendung.

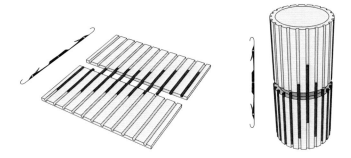

Abb. 6.19 Anordnung der Nadelträger an Links-Links-Flach- (links) und Rundstrickmaschinen (rechts)

Rechts-Rechts-Verfahren

Für die Herstellung von Gestricken nach dem RR-Verfahren sind mindestens zwei Nadelträger erforderlich (Abb. 6.20). Die Nadeln verbleiben während des Strickvorgangs in den jeweiligen Nadelträgern. Auf Grund der hohen Flexibilität bei der Umsetzung von unterschiedlichen Gestrickstrukturen arbeiten moderne Strickmaschinen heute überwiegend nach dem Rechts-Rechts-Strickverfahren. Auf diesen Maschinen lassen sich Gestricke in den Grundbindungen RL, RR und RRG fertigen. Verfügen die Maschinen über die Möglichkeit des Halbmaschentransfers zwischen den Nadelträgern können auch Gestricke in der Grundbindung LL umgesetzt werden.

Abb. 6.20 Rechts-Rechts-Strickverfahren: Flach- (links) und Rundstricken (rechts)

Darüber hinaus sind insbesondere im Flachstrickbereich auch Maschinen nach dem RR-Verfahren mit mehr als zwei Nadelträgern verfügbar (Abb. 6.21). Die zusätzlichen Nadelträger ermöglichen eine deutliche Erweiterung der realisierbaren Gestrickstrukturen. Unter anderem dienen sie bei der Umsetzung von stricktechnisch formgerecht hergestellten „klassischen" Gestricken wie Pullovern als Komplettartikel zur temporären Aufnahme von Halbmaschen beim Maschentransfer.

Abb. 6.21 Anordnung von Nadelträgern an Flachstrickmaschinen zur Herstellung von Komplettartikeln, Grundprinzip der Firmen Stoll (links) und Shima Seiki (rechts)

6.3 Flach- und Rundgestricke

6.3.1 Möglichkeiten der Formgebung

Die Formgebung von Gestricken entsprechend den Anforderungen kann zum einen in separaten Konfektionsprozessen und zum anderen direkt während der stricktechnischen Fertigung erfolgen.

Die Formgebung in einem separaten Konfektionsprozess erfolgt meist durch Zuschneiden der Einzelteile aus einer gestrickten Bahnware und anschließendem Fügen zum Endprodukt, z. B. durch Nähen (s. Kap. 12.6). Während an Flachstrickmaschinen bei der Fertigung häufig bereits eine Bahnware entsteht, sind dazu an Rundstrickmaschinen teilweise Vorrichtungen zum Aufschneiden der Schlauchgestricke und Aufwinden der Gestrickbahn nötig. Der Vorteil der Formgebung in einem separaten Konfektionsprozess liegt in der meist höheren Flexibilität gegenüber einer stricktechnischen Formgebung. Allerdings stellen die Konfektionsprozesse zusätzliche Prozessstufen bei der Fertigung von Gestrickerzeugnissen dar. Durch den beim Zuschneiden der Einzelteile auftretenden Zuschnittverlust ergibt sich gegenüber der formgerechten Fertigung ein größerer Materialverlust.

Je nach Grad der stricktechnischen Formgebung sind dafür verschiedene Bezeichnungen gebräuchlich, die im Folgenden eingeführt werden:

- *Abgepasste Länge:*
  Die Gestricke werden in Maschenstäbchenrichtung in der geforderten Länge hergestellt. Ein Längenzuschnitt ist dem entsprechend nicht mehr erforderlich. Bei der aufeinanderfolgenden Fertigung mehrerer Gestrickteile wird oft zwischen jedem Teil stricktechnisch ein Trennfaden eingebracht, der sich zur Trennung der Gestricke leicht seitlich herausziehen lässt. Sofern erforderlich erfolgt die vollständige Ausbildung der Gestrickkontur durch einen zusätzlichen Zuschnittprozess. Alle Gestrickteile verfügen prinzipbedingt bereits über einen festen Anfang, weisen allerdings ein offenes Ende auf. Zur Vermeidung der Zerstörung des Gestricks muss in den weiteren Verarbeitungsschritten eine Sicherung der offenen Kanten erfolgen.

- *Formgerecht:*
  Der Begriff ist relativ weitgefasst und kann z. B. die stricktechnische Herstellung der äußeren Kontur eines ebenen Gestricks, aber auch die dreidimensionale Ausbildung z. B. einer schalen- oder schlauchförmigen Gestrickstruktur bezeichnen. Formgerechte Gestricke müssen nicht zwingend feste Gestrickkanten aufweisen.

- *Regulär:*
  Die Bezeichnung Regulär ist dagegen enger gefasst. Die Gestrickkontur ist hier entsprechend eines Schnittbildes stricktechnisch gefertigt. Die Gestricke weisen z. B. durch die Verwendung des Halbmaschentransfers feste Gestrickkanten auf. Ein Längen- und Breitenzuschnitt ist nicht mehr nötig.

Für die Formgebung während des Flächenbildungsprozesses können die folgenden Verfahren eingesetzt werden:

- strukturelle Variation und
- Variation der Anzahl der Maschen in Maschenreihen- und/oder Maschenstäbchenrichtung.

Die strukturelle Variation umfasst die Formgebung durch die Anpassung der Maschenlänge, den Einsatz unterschiedlicher Grundbindungen in benachbarten Gestrickbereichen und die Variation der Bindungselemente in der Gestrickfläche [12]. Abbildung 6.22 zeigt Gestrickstrukturen, die durch den Einsatz dieser Verfahren umsetzbar sind.

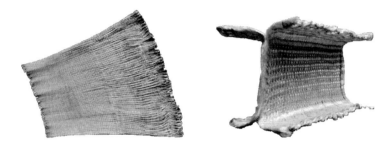

Abb. 6.22 Formgebung durch strukturelle Variation durch Anpassung der Maschenlänge (links) und der Bindung (rechts)

Für die Variation der Anzahl der Maschen in Maschenreihen- und/oder Maschenstäbchenrichtung sind folgende Verfahren bekannt:

- Zunehmen,
- Mindern,
- Abketteln und
- Nadelparken bzw. Spickeln.

Beim *Zunehmen* werden am Rand des Gestricks zusätzliche Nadeln aktiviert und in den Strickprozess mit einbezogen. Durch das *Mindern* wird die Gestrickbreite reduziert. Dazu werden am Rand des Gestricks auf den Nadeln befindliche Halbmaschen auf benachbarte Nadeln umgehängt und die leeren Nadeln deaktiviert (Abb. 6.23).

Das *Abketteln* erlaubt die Herstellung einer festen Abschlusskante des Gestricks in Maschenreihenrichtung. Dabei werden wie beim Mindern Halbmaschen, beginnend am rechten oder linken Gestrickrand, auf die jeweils benachbarten Nadeln transferiert und die leeren Nadeln deaktiviert. Im Weiteren erfolgt eine Maschenbildung auf diesen Nadeln und zusätzlich auf wenigen benachbarten Nadeln. Dadurch kann

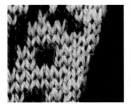

Abb. 6.23 Bildliche Darstellung Zunehmen, Mindern, Spickeln

das Zerstören der Gestrickstruktur nach der Entnahme aus der Strickmaschine vermieden werden.

Die beschriebenen Möglichkeiten zur Formgebung erlauben die Umsetzung von Gestricken entsprechend einer vorgegebenen äußeren Kontur bei gleichzeitiger Ausbildung von festen Kanten an allen Gestrickrändern und einer Minimierung des Zuschnittverlusts. Diese Technik der endkonturnahen Gestrickherstellung ist auch unter dem Begriff „*fully fashion*" bekannt [13].

Das *Nadelparken*, auch *Spickeln* genannt, wird zur Veränderung der Anzahl der Maschen in Maschenstäbchenrichtung eingesetzt. Dabei werden in einem Bereich auf einer Anzahl benachbarter Nadeln keine Maschen gebildet und die Halbmaschen bis zur Wiedereinbeziehung in den Strickprozess auf den Nadeln geparkt. Auf den übrigen Nadeln im Arbeitsbereich erfolgt weiterhin eine Maschenbildung. Dadurch werden auf den strickenden Nadeln lokal mehr Maschen in Maschenstäbchenrichtung gebildet, was zur Ausbildung einer räumlichen Kontur der Gestricke führt.

6.3.2 Herstellung auf Flachstrickmaschinen

Aktuell verfügbare Flachstrickmaschinen zeigen einen prinzipiell gleichen Grundaufbau, der schematisch in Abbildung 6.24 dargestellt ist.

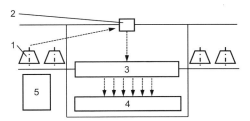

1 Fadenspeicher
2 Fadenführung und -kontrolle
3 Maschenbildungsbereich (Arbeitsorgane)
4 Maschenwarenabzug und -speicherung
5 Steuerungseinheit

Abb. 6.24 Grundaufbau einer Flachstrickmaschine (nach [7])

Das Fadenmaterial wird vom Fadenspeicher (1) über entsprechende Elemente zur Erteilung der notwendigen Fadenspannung (2) dem Maschenbildungsbereich (3) zugeführt. In der Regel erfolgt dabei eine Kontrolle des Fadens hinsichtlich Fadenbruch, Knoten bzw. Dickstellen, um eine Beschädigung bzw. eine Zerstörung der Ware oder der Strickmaschine zu verhindern.

Im Maschenbildungsbereich wird das Fadenmaterial über Fadenführer an den in ebenen Nadelträgern angeordneten Nadeln vorgelegt. Der Antrieb der Fadenführer erfolgt je nach Maschinenkonzept z. B. einzelmotorisch bzw. über am Strickschlitten angeordnete Mitnahmevorrichtungen.

Die Gestaltung der Fadenführer ist je nach Funktion verschieden. Für eine nadelgenaue Einbringung von verschiedenen Fadenmaterialien auf benachbarte Nadeln werden z. B. sogenannte *Intarsia-Fadenführer* genutzt. Diese können über geeignete Mechanismen aktiviert werden, wie einzelmotorische Antriebe oder Schwenkvorrichtungen. Auch für die Abdeckung eines ersten Fadens durch einen zweiten (Plattieren von Fadenmaterialien) sind verschiedene Ausführungen bekannt, u. a. die Verwendung von in kurzen Abständen hintereinander angeordneten Fadenführern (Abb. 6.25).

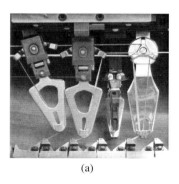
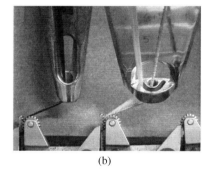

(a)   (b)

Abb. 6.25 (a) Intarsia- (geschwenkt-links, Strickposition-2. v. l.) Normal- (3. v. l.), und Platierfadenführer an FSM; (b) Detail Fadenführernüsschen Normal- und Platierfadenführer

Über das am Strickschlitten befestigte Strickschloss, bestehend aus Schub- und Kurvenmechanismen, erfolgen die Auswahl und der Antrieb der Nadeln zur Ausführung des Strickprozesses. Bei Flachstrickmaschinen changiert der Strickschlitten während des Strickvorgangs. Je nach Typ der Flachstrickmaschine kann diese über mehrere Strickschlösser in einem Schlitten bzw. mehrere Strickschlitten verfügen. Dadurch lässt sich im Wesentlichen eine höhere Produktivität bei der Gestrickfertigung erreichen.

Die Auswahl der in den Nadelträgern angeordneten Nadeln kann gemeinsam, in Gruppen oder einzeln erfolgen. Die gruppenweise Auswahl der Nadeln kann z. B. über unterschiedlich hohe Nadelfüße oder die Anordnung der Nadelfüße in unterschiedlichen Spuren erfolgen. Dazu werden die Nadeln, z. B. beim Bestücken der Nadelträger, häufig manuell den verschiedenen Gruppen zugeordnet.

Die höchste Flexibilität hinsichtlich erreichbarer Strukturparameter und Musterungsmöglichkeiten wird durch eine Einzelnadelauswahl erreicht. Dabei ist die Strickoperation jeder Stricknadel frei programmierbar. Je nach Maschinenhersteller kommen unterschiedliche Systeme zum Einsatz. In Abbildung 6.26 ist exemplarisch ein Strickschlitten und ein Strickschloss mit einer Einzelnadelauswahl als Kombination aus Dauer- und Elektromagneten (H. Stoll GmbH & Co. KG, Reutlingen) gezeigt.

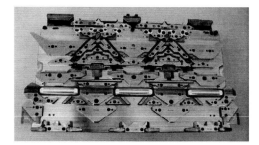

Abb. 6.26 Strickschlitten und Strickschloss mit elektromagnetischer Einzelnadelauswahl

Durch den Abzug an Strickmaschinen wird die für die Maschenbildung essentielle Warenspannung erzeugt und dadurch das Abschlagen der Maschen von den Nadeln sichergestellt. Je nach Maschinenhersteller ist die konkrete Ausgestaltung des Abzugssystems sehr unterschiedlich. Konventionelle Abzugssysteme bestehen z. B. aus zwei gegenüberliegenden Wellen, auf denen Walzen oder Bänder angeordnet sind. Das Gestrick wird zwischen den Walzen oder Bändern geklemmt. Mindestens eine der Wellen ist motorisch angetrieben, so dass über eine entsprechende Steuerung der Drehwinkel bzw. die auf die Gestrickstruktur wirkende Kraft eingestellt wird. Häufig verfügen die Abzüge auch über Möglichkeiten zur lokalen Anpassung des Klemmdrucks und damit der Abzugswirkung über der Gestrickbreite.

Eine wesentliche Erweiterung der konventionellen Abzugssysteme stellt der Einsatz von *Niederhalteplatinen* dar. Diese sind in den Nadelträgern im Bereich des Nadelkopfes angeordnet und sollen beim Austreiben der Nadeln das Gestrick im Bereich der Abschlagkante fixieren sowie das Abschlagen der Masche unterstützen. Durch eine entsprechende Gestaltung und die Steuerung der Bewegung der Niederhalteplatinen können sie darüber hinaus auch zur gezielten lokalen Einstellung der Maschenlänge eingesetzt werden. Auf Grund der räumlichen Nähe der Niederhalteplatinen zum Maschenbildungsbereich kann die Maschenlänge in einem frühen Stadium der Gestrickherstellung sehr effektiv beeinflusst werden. Vorteilhaft ist das insbesondere für eine stricktechnische Formgebung. Teilweise kann durch den Einsatz von gesteuerten Niederhalteplatinen bei der Realisierung reiner Maschenstrukturen sogar auf den Einsatz von weiteren Abzugselementen wie Walzen verzichtet werden.

6.3.3 Herstellung auf Rundstrickmaschinen

6.3.3.1 Allgemeines

Rundstrickmaschinen zeichnen sich generell durch ihre hohe Produktivität aus. Diese resultiert aus der hohen Anzahl von Stricksystemen, die am Umfang der als Zylinder ausgebildeten Nadelträger angeordnet sein können. An jedem Stricksystem kann bei einer Maschinenumdrehung eine Maschenreihe gebildet werden. Als Kenngrößen für die Produktivität dienen häufig die Zylinderumfangsgeschwindigkeit und die Systemdichte, die sich aus der Anzahl der Stricksysteme am Zylinderumfang bezogen auf den Nenndurchmesser in Englisch Zoll ergibt [3]. Den Grundaufbau einer Großrundstrickmaschine zeigt Abbildung 6.27.

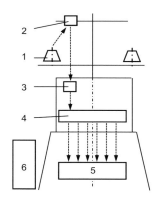

1   Fadenspeicher

2   Fadenführung und -kontrolle

3   Fadenzuführvorrichtung

4   Maschenbildungsbereich (Arbeitsorgane)

5   Maschenwarenabzug und -speicherung

6   Steuerungseinheit

Abb. 6.27 Grundaufbau einer Rundstrickmaschine (nach [7])

Wie auch bei den Flachstrickmaschinen wird die Mehrzahl der Rundstrickmaschinen mit Zungennadeln bestückt. Daneben sind ebenfalls Maschinen mit Schiebernadeln verfügbar. Eine Entwicklung speziell für RL-Rundstrickmaschinen ist die sogenannte Relativtechnik zur Verringerung der Fadenumlenkstellen im Fadenlauf von der Spule zum Maschenbildungsbereich (Abb. 6.28). Weiterhin kann durch den Einsatz der Relativtechnik die Belastung sowohl des eingesetzten Fadenmaterials als auch der für die Maschenbildung wichtigen Teile am Strickschloss erreicht werden. Die Einschließ- und Abschlagplatinen führen während der Schleifenbildung eine zu den Nadeln entgegengesetzte Bewegung aus. Aus der Überlagerung der Bewegung der Nadeln und der Platinen ergibt sich die Kulierbewegung zur Realisierung der Maschenlänge. Der Einsatz der Relativtechnik führt somit u. a. zu einer Steigerung der Produktionsgeschwindigkeit bzw. erlaubt die Verarbeitung von empfindlichen Fadenmaterialien.

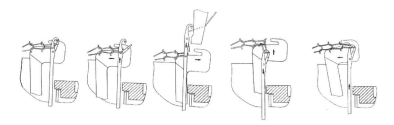

Abb. 6.28 Relativtechnik an RL-Rundstrickmaschinen [14]

6.3.3.2 Kleinrundstrickmaschinen

Kleinrundstrickmaschinen weisen einen Zylinderdurchmesser im Bereich von 1/12" bis etwa 7" (2 – 177,8 mm) auf. In der Regel arbeiten diese Maschinen nach dem RL- oder LL-Strickverfahren, auf Grund des begrenzten Bauraums eher selten nach dem RR-Strickverfahren. Die Maschinen sind meist erzeugnisbezogen ausgelegt und mit den entsprechenden Steuerungs- und Musterungsmöglichkeiten versehen. Für die Maschenbildung wird standardmäßig der Zylinder bewegt, während die Strickschlösser fest am Umfang des Zylinders positioniert sind.

Das Haupteinsatzgebiet von Kleinrundstrickmaschinen ist die Herstellung von Strümpfen und Strumpfhosen für den Bekleidungs- und Medizinbereich. Darüber hinaus können die Maschinen auch speziell für die Verarbeitung von Hochleistungs-faserstoffen oder Metalldrähten angepasst werden. Dadurch lassen sich z. B. Rund-gestricke für den Einsatz als technische Schläuche, Luftfilter, Katalysatoren oder Dämpfungselemente realisieren. Kleinrundstrickmaschinen mit sehr kleinen Zylin-derdurchmessern werden u. a. für die Herstellung von künstlichen Blutgefäßen wie Stents eingesetzt [15].

Speziell für die Strumpfherstellung sind verschiedene Musterungs- und Formge-bungsmöglichkeiten verfügbar, die je nach Maschinenausstattung die Herstellung von Strümpfen und auch Strumpfhosen in einem Arbeitsgang erlauben. Durch die Verwendung von Zusatzeinrichtungen sind dabei stricktechnisch die Ausbildung der Ferse und das Schließen der Strumpfspitze möglich.

Die stricktechnische Herstellung der Strumpfferse kann z. B. als Pendel- oder als Beutelferse erfolgen. Bei der *Pendelferse* werden die zusätzlich erforderlichen Teil-maschenreihen im Bereich der Ferse durch eine mehrfache Änderung der Drehrich-tung des Strickzylinders während des Strickvorgangs gebildet. Dafür sind symme-trisch aufgebaute Strickschlösser erforderlich. Die Pendelferse wird vorwiegend bei der Herstellung hochwertiger Produkte eingesetzt. Eine höhere Produktivität kann durch die Herstellung der Ferse als sogenannte *Beutelferse* erreicht werden. Dabei werden die erforderlichen zusätzlichen Teilmaschenreihen im Fersenbereich durch die Aktivierung zusätzlicher Stricksysteme gebildet. Die nach diesem Prinzip arbeitenden Maschinen können somit als Rundlaufmaschine ohne Änderung der Drehrichtung konzipiert werden. Änderungen der Maschenanzahl am Umfang von Rundgestricken sind während der Herstellung meist nicht möglich. Die weitergehende Anpassung der Passform von Strümpfen erfolgt daher über die gezielte Einstellung der Kuliertiefe.

Unterstützt wird die Formgebung an Kleinrundstrickmaschinen auch über den zusätzlichen Einsatz von im Bereich des Nadelkopfs angeordneten kombinierten Einschließ- und Abschlagplatinen. Die Verwendung derartiger Platinen erlaubt z. B. die Herstellung eines Gestrickanfangs auf leeren Nadeln ohne den Einsatz eines Abzugs. Die Musterungsvielfalt bei der Herstellung von Strukturmustern wird durch den Einsatz spezieller Umhängevorrichtungen zur Realisierung von mustergemäßen Durchbrüchen oder die Verwendung von Plüscheinrichtungen bei der Herstellung von Sportsocken erweitert.

An Kleinrundstrickmaschinen werden häufig pneumatische Abzüge eingesetzt. Neben dem Erzeugen der für das Stricken notwendigen Warenspannung ist der Transport der fertigen Strickteile in den Warenspeicher eine weitere Aufgabe des Abzugs.

Die vielfältigen technischen und technologischen Möglichkeiten im Bereich der Rundstricktechnik bieten somit ein hohes Potenzial zur Fertigung formgerechter, endkonturnaher Gestricke in einem Arbeitsgang.

6.3.3.3 Großrundstrickmaschinen

Der Zylinderdurchmesser von Großrundstrickmaschinen liegt im Bereich von etwa 7" bis etwa 55" (177,8 – 1398 mm). Üblicherweise werden Maschinen mit Durchmessern von 10" bis 20" für die Herstellung von Artikeln wie T-Shirts oder Badebekleidung in Leibweiten eingesetzt. Dabei wird der Gestrickschlauch mit dem entsprechenden Produktumfang gefertigt. Auf Maschinen mit mehr als 20" Zylinderdurchmesser werden in der Regel Gestrickschläuche für eine weitere Verarbeitung als Bahnware gefertigt. Aus der Bahnware werden in anschließenden Konfektionsprozessen die Einzelteile zugeschnitten und zum Endprodukt gefügt.

Wie die Kleinrundstrickmaschinen sind auch die Großrundstrickmaschinen vorzugsweise produkt- bzw. bindungsbezogen ausgelegt. Darauf abgestimmt ist z. B. auch der Mechanismus der Nadelauswahl. Während Jacquardmaschinen über eine Einzelnadelauswahl verfügen und so ein breites Spektrum an Bindungen umsetzbar ist, werden sogenannte *Ripp-* oder *Piquémaschinen* mit gruppenweiser Nadelauswahl für die Umsetzung spezieller stricktechnischer Bindungen, wie der Ripp-Bindung, z. B. für Unterbekleidung, angeboten. Die gruppenweise Nadelauswahl erlaubt im Allgemeinen höhere Strickgeschwindigkeiten und bietet somit Vorteile hinsichtlich der Produktivität.

Eine neuere Entwicklung im Bereich der Rundstricktechnik stellen die sogenannten *Seamlessmaschinen* dar. Auf diesen Maschinen können komplette, vorwiegend elastische Artikel, z. B. für Bade- oder Unterbekleidung stricktechnisch gefertigt werden. Die Maschinen verfügen dazu über die Möglichkeit der Einzelnadelauswahl und des Halbmaschentransfers zwischen den Nadelträgern. Auf Rundstrickmaschinen, die über eine Einzelnadelauswahl verfügen, sind auch Gestricke mit abgepasster Länge wie Pulloverteile herstellbar. Die Musterungsmöglichkeiten sind dabei weitgehend mit denen der Flachstricktechnik identisch, allerdings ist verfahrensbedingt die Umsetzung von Versatzmustern nur eingeschränkt möglich.

Die Mehrzahl der Rundstrickmaschinen ist mit einem drehenden Nadelzylinder und stehenden Stricksystemen ausgestattet. Im Unterschied dazu verfügen Rundstrickmaschinen, auf denen eine Formgebung möglich ist, wie Seamlessmaschinen, analog der Bewegungsrelationen an Flachstrickmaschinen häufig über ortsfeste Nadelzylinder und bewegte Stricksysteme.

An Rundstrickmaschinen zur Herstellung von Komplettartikeln verwendete Abzugssysteme sind meist pneumatische Systeme, die gleichzeitig den Transport der Artikel in den Warenspeicher übernehmen. An Maschinen zur Herstellung von Bahnware werden üblicherweise Walzenabzüge eingesetzt. Die Ware wird über entsprechende Wickeleinheiten aufgewunden.

Innovative Entwicklungen im Bereich der Rundstricktechnik erlauben die Umsetzung einer Vielzahl unterschiedlicher Strickmuster auch ohne die Möglichkeiten der Einzelnadelauswahl. Durch den Einsatz spezieller Fadenführer können z. B. Schussfäden in das Gestrick eingebracht werden. Die Abdeckung (*Plattierung*) eines Grundfadens durch einen zweiten Faden kann durch den Einsatz von Plattierfadenführern erreicht werden. Plüschgestricke für verschiedenste Anwendungen können unter Nutzung spezieller Einschließ- und Abschlagplatinen hergestellt werden. Der Einsatz von sogenannten Kardiereinheiten erlaubt die Vorlage von aus Faserbändern vereinzelten Fasern an den Nadeln und deren Integration in die Maschenstruktur. Auf diese Weise lassen sich Pelzstrickwaren herstellen.

Durch die Vielzahl der Stricksysteme lassen sich bei Verarbeitung von jeweils unterschiedlich gefärbtem Fadenmaterial Farbringel in MSR in die Gestricke einbringen. Die Anzahl der MR in einer bestimmten Farbe bzw. zwischen zwei Farben wird durch den Fadeneinzug an den strickenden Systemen festgelegt. Durch den Einsatz von Zusatzeinrichtungen, wie Ringelapparaten, kann ein Farbwechsel in MSR weitgehend frei programmiert werden. Dazu sind an den Stricksystemen mehrere Fadenführer angebracht. Der Farbwechsel erfolgt durch Einarbeiten des Fadens der neuen Farbe sowie gleichzeitiges Klemmen und Schneiden des bisher eingesetzten Fadens. Durch den Einsatz der Wickelfingertechnik können Längsstreifen in Rundgestricke eingebracht werden. Je nach eingesetzter Maschinenfeinheit und Muster kann sich der Längsstreifen über ein oder mehrere Maschenstäbchen erstrecken.

6.3.4 Entwicklungstendenzen in der Stricktechnik

Im Bereich der Stricktechnik sind immer wieder neue Entwicklungsansätze zur Vereinfachung des Maschenbildungsvorgangs zu finden. Viele dieser Ansätze verfolgen dabei das Ziel, die Maschenbildungsorgane unabhängig von einem einzigen Antriebsorgan, wie einem Schlitten, zu bewegen. Dadurch wird eine höhere Produktivität und gleichzeitig eine Erweiterung der Musterungsmöglichkeiten angestrebt. Beispielhaft sollen an dieser Stelle für den Bereich des Rundstrickens der Einsatz von Maschenbildungselementen (Abb. 6.29 links) und für den Bereich der Flachstricktechnik der Einzelnadelantrieb (Abb. 6.29 rechts) genannt werden.

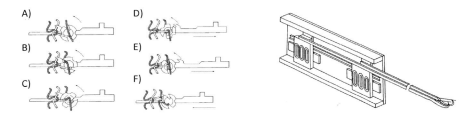

Abb. 6.29 Maschenbildung unter Einsatz rotierender Maschenbildungsorgane [16] Einzelnadelantrieb über Linearmotoren [17]

Solche neuartigen Lösungen sind z. B. für eine lokale anforderungsgerechte Anpassung der Gestrickeigenschaften durch die Möglichkeit einer nadelgenauen Einstellbarkeit der Maschenlänge interessant. Allerdings weisen die Lösungen noch einen hohen Entwicklungsbedarf auf, um eine reproduzierbare Gestrickfertigung zu ermöglichen. So ist es z. B. eine großer Herausforderung, die wechselnden Reibungsverhältnisse zwischen den Elementen im Maschenbildungsbereich und dem Fadenmaterial zu erfassen und zu quantifizieren. Für die Umsetzung eines Einzelnadelantriebs ist die Kenntnis dieser Reibungsverhältnisse ein wichtiger Steuerungsparameter, um die Realisierung einer gleichmäßigen Maschenstruktur mit jeweils gleichen Maschenlängen aller Maschen zu ermöglichen. Für eine hohe Akzeptanz derartiger Lösungen in der industriellen Praxis ist der erforderliche Steuerungsaufwand auf ein Minimum zu begrenzen.

Im Übrigen zielen die Maschinenentwicklungen auf eine weitgehende Automatisierung der Gestrickherstellung. Schwerpunkte sind z. B. die Erweiterung der Musterungsmöglichkeiten bei der Fertigung von Komplettartikeln oder die Möglichkeiten zur bereichsweisen Anpassung der Abzugsbedingungen an unterschiedliche Fertigungsbedingungen über der Gestrickbreite. Für die Herstellung von textilen Halbzeugen für Leichtbauanwendungen ist, neben der stricktechnischen Fertigung der Halbzeuge entsprechend der Bauteilgeometrie, die anforderungsgerechte Einbringung von Verstärkungsfäden in frei wählbaren Gestrickrichtungen ein weiterer Schwerpunkt der zukünftigen Entwicklungen.

6.3.5 2D- und 3D-Gestricke mit integrierten Verstärkungsfäden

6.3.5.1 Allgemeines

Generell werden Gestricke mit in die Maschenstruktur integrierten Verstärkungsfäden als *Mehrlagengestricke* (MLG) bezeichnet. MLG verbinden die Vorteile von Gestricken, wie über die Maschenlänge einstellbare Drapierbarkeit, mit denen der Gelegetechnik, wie etwa eine gestreckte Verstärkungsfadenanordnung. Dadurch lassen sich auch sehr komplexe Bauteilgeometrien mit gestrickten Verstärkungshalbzeugen faltenfrei abbilden. Die mechanischen Eigenschaften in den jeweiligen Gestrickrichtungen, z. B. bei einer Zugbeanspruchung, werden in der Regel von den eingesetzten Fadenmaterialien dominiert. Auf Grund der Maschenstruktur und den daraus resultierenden Eigenschaften, wie Verstärkungsfadenanteil in Dickenrichtung und gestricktypische Strukturdehnungen, weisen MLG-Halbzeuge ein hohes Potenzial u. a. für den Einsatz in crash- und impactbelasteten Leichtbauteilen auf.

6.3.5.2 Monoaxial verstärkte Mehrlagengestricke (MLG)

Monoaxial verstärkte MLG verfügen über Verstärkungsfäden, die in einer Richtung in die Gestricke integriert sind. Neben der Verstärkung in MRR (Schussfäden) oder in MSR (Kettfäden) ist auch die Integration von dazu winklig angeordneten Verstärkungsfäden möglich.

Die Integration von Schussfäden in Gestricke ist lange bekannt und wird bereits in Patentschriften aus dem Jahr 1934 als Stand der Technik beschrieben [18]. Über das eingesetzte Schussfadenmaterial wird z. B. in gestrickten Bandagen oder Orthesen die Kompressionswirkung gezielt eingestellt. In Gestricken für Sitzmöbel dienen Schussfäden zur Begrenzung der maximalen Gestrickdehnung.

Die Integration von Kettfäden als Verstärkungsfäden in Gestricken findet in der industriellen Praxis bisher keine Anwendung. Allerdings werden bereits in der Patentschrift DE700291 (1937) Möglichkeiten zur Integration von gestreckten, zwischen zwei Maschenstäbchen verlaufenden, Kettfäden mit dem Ziel der Reduzierung der Gestrickdehnung in MSR beschrieben [19]. Durch die Patentschrift DE31117362A1 (1981) wird das Einbringen von Kettfäden um den Fadenversatz erweitert. Der Fadenversatz dient hier gleichzeitig zur festen Einbindung des Kettfadens u. a. in eine RL-Maschenstruktur [20].

Durch die Verwendung von Fäden aus Hochleistungsfaserstoffen wie Glas, Kohlenstoff oder Aramid können gestrickte Verstärkungsstrukturen für den Leichtbau umgesetzt werden. Die in der Regel unter verschiedenen Richtungen an einem Bauteil angreifenden Kräfte können durch die gezielte Schichtung mehrerer MLG mit jeweils unterschiedlicher Ausrichtung der Verstärkungsfasern abgetragen werden.

Die stricktechnische Integration von Schussfäden erfordert eine Strickmaschine mit mindestens zwei Nadelträgern und je nach eingesetzter Grundbindung der Möglichkeit des Halbmaschentransfers. Ein Schussfaden kann unter Verwendung der RL-, RR bzw. RRG-Grundbindung in die Maschenstruktur eingebunden werden (Abb. 6.30). Der stricktechnologische Ablauf der Schussfadeneinbindung für die verschiedenen Grundbindungen ist in der folgenden Abbildung dargestellt.

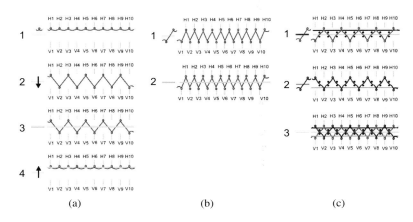

Abb. 6.30 Stricktechnologischer Ablauf der Einbindung eines Schussfadens (hellgrau) in die Maschenstruktur bei Verwendung der (a) RL- (b) RR- (c) RRG-Grundbindung

Die Einlage des Schussfadens (hellgrau) erfolgt unabhängig von der gewählten Grundbindung in eine Netzreihe. Während die Netzreihe bei Verwendung der RR- (Abb. 6.30 b-1) bzw. RRG-Grundbindung (Abb. 6.30 c-1 und c-2) standardmäßig entsteht, muss diese bei Einsatz der RL-Grundbindung durch den Transfer (Abb. 6.30 a-1 und a-2), z. B. jeder zweiten Halbmasche auf den gegenüberliegenden Nadelträger, bereitgestellt werden. Zur Fixierung des Schussfadens nach dessen Einlage erfolgt der Rücktransfer der Halbmaschen auf den ersten Nadelträger (RL) bzw. eine weitere mustergemäße Maschenbildung (RR, RRG).

Der Einsatz der RR- und RRG-Grundbindung ist auf Grund der nicht erforderlichen Transferprozesse meist produktiver, allerdings weisen die Gestricke technologiebedingt einen höheren Maschenfadenanteil auf. Die Verwendung der RL-Grundbindung erfordert auf Grund der hohen Fadenbelastung durch das mehrfache Abschlagen der Halbmaschen von den Nadeln während der Transferprozesse häufig den Einsatz von robusteren Fadenmaterialien und die Reduzierung der Produktionsgeschwindigkeit.

6.3.5.3 Biaxial verstärkte Mehrlagengestricke

Biaxial verstärkte MLG weisen Verstärkungsfadensysteme in zwei Raumrichtungen auf, in der Regel in Fertigungsrichtung (0°) und quer dazu (90°). Erste Entwicklungen der Maschinentechnik zur Herstellung von biaxial verstärkten MLG auf Basis der Rundstricktechnik sind in den Patenten US3859824 und DE2933851 aus den Jahren 1973 und 1984 dokumentiert. In den USA werden biaxial verstärkte MLG mit zwei Verstärkungslagen kommerziell vertrieben. Die Entwicklung von MLG-Strukturen mit unterschiedlicher Verstärkungslagenanzahl auf Basis der Flachstricktechnik und unter Ausnutzung der entsprechenden Formgebungsmöglichkeiten wird intensiv am Institut für Textilmaschinen und Textile Hochleistungswerkstofftechnik (ITM) der TU Dresden vorangetrieben. Aktuell können dabei bis zu elf Verstärkungslagen in die MLG integriert werden (Abb. 6.31).

Die stricktechnische Fixierung der Verstärkungsfäden erfolgt, in Abhängigkeit von der Verstärkungslagenanzahl, unter Verwendung der MLG-RL- oder MLG-RRG-Bindung. Die folgende Abbildung zeigt biaxial verstärkte MLG-Grundstrukturen mit einer unterschiedlichen Anzahl von Verstärkungslagen.

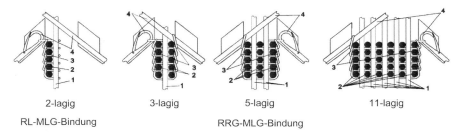

2-lagig   3-lagig   5-lagig   11-lagig

RL-MLG-Bindung   RRG-MLG-Bindung

Abb. 6.31 Biaxiale MLG-Grundstrukturen mir unterschiedlicher Verstärkungslagenanzahl (1-Kettfäden, 2-Schussfäden, 3-Maschenfäden, 4-Nadeln)

Für eine sichere Fixierung aller Verstärkungsfäden in der Maschenstruktur ist, bezogen auf mindestens einen der aktiven Nadelträger, folgende technologisch bedingte Anordnung der Maschenbildungsorgane bzw. Fadensysteme einzuhalten: Nadeln eines aktiven Nadelträgers, Schuss-, Kett- und Maschenfadensystems (vgl. Abb. 6.31). Beispielhaft ist in Abbildung 6.32 der technologische Ablauf bei der Herstellung von biaxial verstärkten MLG-Strukturen für verschiedene Grundbindungen und Lagenanzahlen gezeigt.

Bei Einsatz der RL-MLG-Bindung erfolgt in einer Maschenreihe die Einlage des Schussfadens und unmittelbar darauffolgend die Fixierung der Anordnung der Verstärkungsfäden durch die Maschenbildung. In die Strukturen kann jeweils nur eine gerade Anzahl von Verstärkungslagen eingebunden werden. Ausgehend vom aktiven Nadelträger muss die letzte Verstärkungslage eine Kettfadenlage sein. Daraus ergibt sich ein unsymmetrischer Aufbau der MLG-Strukturen.

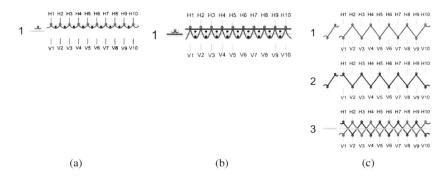

(a)   (b)   (c)

Abb. 6.32 Stricktechnologischer Ablauf der Einbindung der Verstärkungsfäden in biaxial verstärkte MLG bei Verwendung von (a) RL-MLG-Bindung (2-lagig), (b) RL-MLG-Bindung (4-lagig) und (c) RRG-MLG-Bindung (5-lagig)

Die Umsetzung symmetrischer MLG-Strukturen erfordert zwingend die Verwendung von zwei aktiven Nadelträgern und den Einsatz der RR- bzw. RRG-MLG-Bindung. Die jeweils äußeren Verstärkungslagen symmetrischer MLG sind Schussfadenlagen.

Unabhängig von der gewählten Bindung und vom eingesetzten Strickverfahren erfolgt die Zuführung der Kettfäden in den Maschenbildungsbereich von oben zwischen den Nadelträgern einer Strickmaschine. Das erfordert Strickmaschinen, die über einen geteilten Strickschlitten verfügen. Eine entsprechend modifizierte Flachstrickmaschine und der zugehörige Maschenbildungsbereich sind im Detail in der Abbildung 6.33 dargestellt.

Abb. 6.33 Für die Integration von Kettfäden modifizierte Flachstrickmaschine und Detaildarstellung des Maschenbildungsbereichs

6.3.5.4 Multiaxial verstärkte MLG

Die konsequente Weiterentwicklung der Möglichkeiten zur Einbringung von Verstärkungsfäden in mehr als zwei Raumrichtungen erlaubt die Realisierung von multiaxial verstärkten Gestricken. Die Umsetzung eines Fertigungsprinzips ist auf einer Laborflachstrickmaschine am ITM erfolgt (Abb. 6.34). Ein Versatzmechanismus erlaubt die nadelgenaue Positionierung und die Einstellung des Winkels, unter dem diagonale Kettfäden in die Gestricke eingebracht werden. Neben den Kettfäden in 0°-Richtung können auch Schussfäden in 90°-Richtung eingebracht werden. Die Fixierung der Verstärkungslagen gegeneinander erfolgt durch die Maschenfäden.

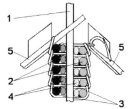

Abb. 6.34 Multiaxial verstärktes MLG und Laborflachstrickmaschine zur Herstellung (1: Kettfaden, 2: Schussfäden, 3: diagonale Kettfäden, 4: Maschenfaden, 5: Nadeln)

Abbildung 6.34 zeigt die Fixierung der Verstärkungsfadenanordnung durch die RRG-MLG-Bindung. Die Einbringung je einer Schussfadenlage als Verstärkungslage auf den Außenseiten erlaubt die Realisierung symmetrisch aufgebauter MLG.

6.3.5.5 Endkonturennahe Gestricke

Endkonturnahe MLG können in ebene Gestricke mit einer zweidimensionalen Kontur und in räumliche Gestricke mit einer dreidimensionalen Gestalt bzw. Geometrie unterschieden werden. Ziel der stricktechnischen Fertigung endkonturnaher MLG für den Einsatz als Verstärkungshalbzeuge ist die Reduzierung des Fertigungsaufwands für Verbundbauteile bei gleichzeitiger anforderungsgerechter Anordnung der

Verstärkungsfäden in diesen Bauteilen. Darüber hinaus kann durch die stricktechnische Ausbildung der Endkontur der MLG eine deutlich höhere Materialeffizienz erreicht werden.

Für die stricktechnische Ausbildung der zweidimensionalen Endkontur können die Formgebungsverfahren Mindern und Zunehmen eingesetzt werden. (vgl. Abschn. 6.3.1). Beispiele für die Umsetzung von endkonturgerechten Gestricken zeigt die Abbildung 6.35.

	Konturvorgabe	Halbzeug nach Stricken	Halbzeug nach Beschnitt	Details
Außenkontur ohne Kettfadenversatz	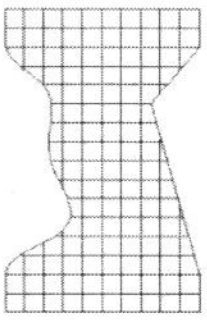	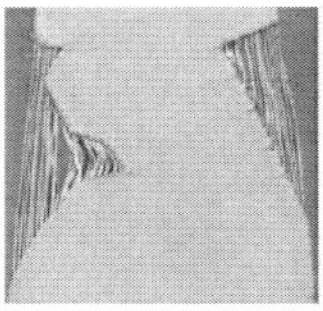	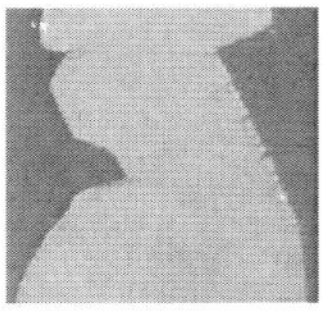	
Innenkontur ohne Kettfadenversatz	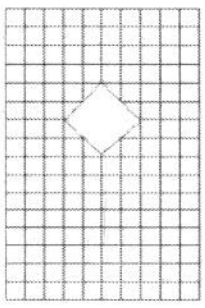			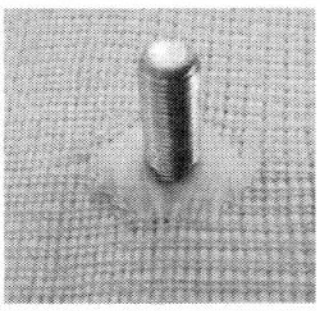
Außenkontur mit Kettfadenversatz		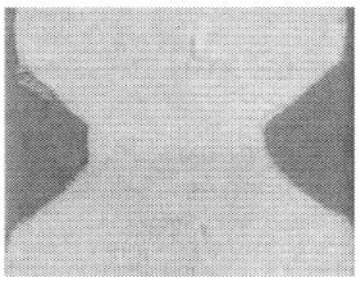		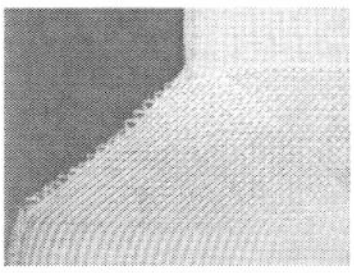

Abb. 6.35 Stricktechnische Umsetzung von endkonturnahen MLG

Über eine geeignete Fadenführersteuerung können die Schussfäden entsprechend der Endkontur nadelgenau in die Maschenstruktur eingebracht werden. Die Anpassung der Maschenstruktur an die geforderte Endkontur erfolgt über das Mindern und Zunehmen. Dadurch können gleichzeitig die Kanten der Maschenstruktur gegen ein Auftrennen gesichert werden. Schuss- und/oder Kettfäden, die auf Grund der Formgebung in Teilbereichen des MLG nicht in die Maschenstruktur eingebunden sind, müssen nach der Fertigung manuell entfernt werden [12].

Die Ausbildung einer dreidimensionalen Geometrie der MLG erfolgt über das Spickeln bzw. Nadelparken. Dabei wird in Bereichen der MLG mustergemäß nur lokal ein Schussfaden (Teilschuss) eingebracht. Halbmaschen in benachbarten Bereichen werden auf den Nadeln geparkt, bis sie wieder in den aktiven Strickprozess einbezogen werden. Abbildung 6.36 zeigt einige Beispiele für stricktechnisch endkonturgerecht umgesetzte MLG-Halbzeuge.

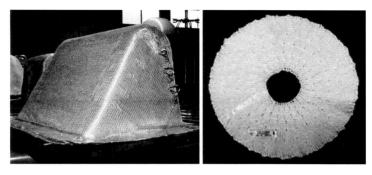

Abb. 6.36 Beispiele für stricktechnisch endkonturgerechte gefertigte biaxial verstärkte MLG, Schüttgutbecher (links) und ringförmiges Gestrick zur Verstärkung von Verbindungsstellen (rechts)

Durch die Kombination des Teilschusseintrags mit dem Kettfadenversatz kann der notwendige Beschnitt der Halbzeuge fast vollständig vermieden werden. Weiterhin können so insbesondere Bereiche der MLG, in denen eine Integration von Inserts z. B. als Befestigungsmittel vorgesehen ist, durch eine kraftflussgerechte Anordnung der Kettfäden anforderungsgerecht verstärkt werden [12].

Neben der Ausbildung der Endkontur textiler Halbzeuge über das Spickeln als Formgebungstechnik bietet die Stricktechnik weiterhin die Möglichkeit, schlauchartige Halbzeuge mit in verschiedenen Richtungen integrierten Verstärkungsfäden endkonturgerecht herzustellen (Abb. 6.37). Generell können derartige Gestricke mittels Rund- und Flachstricktechnik realisiert werden. Während bei der Verwendung der Rundstricktechnik meist eine höhere Produktivität erreicht werden kann, erlaubt die Flachstricktechnik eine Veränderung des Halbzeugdurchmessers während der Fertigung [21, 22].

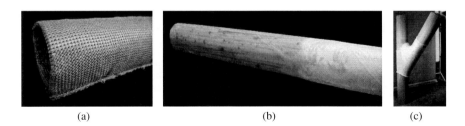

(a)   (b)   (c)

Abb. 6.37 Biaxial verstärkte MLG als Schlauchstrukturen – (a) Textiles Halbzeug, (b) während der Applikation auf der Oberfläche eines Formholzprofils, (c) Y-Struktur als Astgabelverstärkung

6.3.5.6 Abstandsgestricke

Konventionelle Abstandsgestricke sind 3D-Konstruktionen, bestehend aus zwei Deckflächen und einer dazwischenliegenden Polfadenschicht (Abb. 6.38). In der Mehrzahl werden derartige Gestricke z. B. als Polstermaterialien in Protektoren, Bekleidung oder Matratzenauflagen eingesetzt. Die Gestrickeigenschaften, wie Druckstabilität oder Luftdurchlässigkeit, können u. a. über die stricktechnische Bindung, die Polfadendichte oder das Fadenmaterial der Deckflächen und der Polfadenschicht in weiten Grenzen eingestellt werden. Der Polfaden wird im Allgemeinen über das Bindungselement Henkel in die Deckflächen eingebunden.

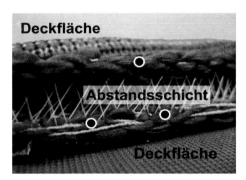

Abb. 6.38 Aufbau eines konventionellen Abstandsgestricks

Die vielfältigen stricktechnischen Möglichkeiten erlauben insbesondere bei Verwendung der Flachstricktechnik eine hohe Mustervielfalt hinsichtlich Kontur und Dicke bei der Umsetzung von anforderungsgerechten Abstandsflächen. Allerdings begrenzt die Art der Polfadeneinbindung den maximal möglichen Abstand zwischen den beiden Deckflächen. Weiterhin ist mit zunehmendem Abstand der Deckflächen voneinander auch eine Verringerung der Druckstabilität der Abstandsgestricke zu verzeichnen.

Die Überwindung der genannten Nachteile und die Nutzbarmachung von Abstandsstrukturen für Leichtbauanwendungen gelingt durch die Entwicklung von Abstandsgestricken – Spacer Fabrics, bei denen die Verbindung der Deckflächen über stricktechnisch gefertigte Stege erfolgt [23]. Der Einsatz der Flachstricktechnik für die Umsetzung der Strukturen erlaubt die Realisierung einer Vielzahl von Querschnitten und Konturen der zwischen den Stegen entstehenden Kammern (Abb. 6.39).

Insbesondere für die Anwendung in Leichtbaustrukturen werden Spacer Fabrics unter Verwendung von Hochleistungsfaserstoffen aus Glas, Kohlenstoff oder Aramid gefertigt. Durch die Integration von gestreckten Verstärkungsfäden über die Bindungselemente Kett- und Schussfäden in die Stege und Deckflächen können sehr

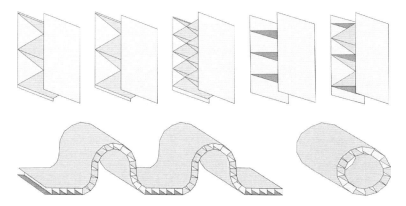

Abb. 6.39 Beispiele für mögliche Querschnitte und Geometrien von Spacer Fabrics mit strick-technisch umgesetzten Verbindungsstegen zwischen den Deckflächen [24]

gute mechanische Eigenschaften bei einem geringen Bauteilgewicht erreicht werden [24].

Derartige Spacer Fabrics können sowohl unter Verwendung thermoplastischer als auch duroplastischer Matrices zu Bauteilen konsolidiert werden. Die Kammern der Spacer Fabrics können z. B. für die Durchführung von Kabeln oder die Anpassung der thermischen oder akustischen Eigenschaften der Bauteile durch die Befüllung mit geeigneten Dämmmaterialien genutzt werden. Wie alle Verstärkungsstrukturen auf Basis von Gestricken verfügen auch Spacer Fabrics über hervorragende, einstellbare Impacteigenschaften.

6.4 Funktionsintegration

Die Herstellung von Gestricken erfolgt maschenreihenweise durch die Verformung von quer zur Fertigungsrichtung vorgelegtem Fadenmaterial zu Fadenschlaufen und deren Verbindung untereinander. Verfahrensbedingt kann das zugeführte Fadenmaterial in jeder Maschenreihe variiert werden. Ist die verwendete Strickmaschine für die Herstellung von Intarsiamustern geeignet, besteht darüber hinaus sogar die Möglichkeit das Fadenmaterial nadelgenau innerhalb einer Maschenreihe einzubringen. Die Stricktechnik bietet somit ideale Voraussetzungen für die Funktionsintegration während der Herstellung der Gestricke. Im Folgenden wird dies an einigen Beispielen demonstriert.

Je nach Produkt und dessen Einsatzgebiet kann dabei die Umsetzung verschiedenster Funktionen gefordert sein. So ist z. B. die medizinische Wirksamkeit von Bandagen oder Orthesen u. a. von der erreichbaren Kompressionswirkung abhängig. Diese kann durch das Einbringen von elastischen Schussfäden mit einer definierten Vorspannung in die Gestricke gezielt eingestellt werden (Abb. 6.40 a). Die Umsetzung von Gestricken z. B. mit integrierter Heizfunktion erfordert das lokale Einbringen von thermisch leitfähigem Fadenmaterial und dessen Kontaktierung (Abb. 6.40 b). Die Verwendung z. B. von elektrisch leitfähigem Fadenmaterial erlaubt die Umsetzung von Leitungsstrukturen bis hin zum Aufbau von Sensornetzwerken. Daneben lassen sich aber durch einen lokal unterschiedlichen Einsatz von Fadenmaterialien auch belastungsangepasste textile Gestrickhalbzeuge für Verbundwerkstoffe mit bereichsweise unterschiedlicher Verstärkungswirkung umsetzen (Abb. 6.40 c).

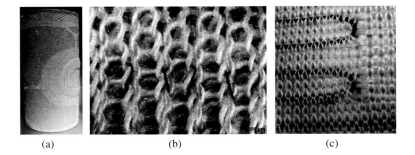

(a)   (b)   (c)

Abb. 6.40 Gestricke mit über das Fadenmaterial integrierter Funktionen (a) Kniebandage, (b) elektrischer Leiter, (c) angepasste Verstärkungswirkung bzw. integrierte Sensoren

Vor dem Hintergrund des meist spröden Versagensverhaltens von Verbundwerkstoffen wird derzeit intensiv an Möglichkeiten zur Überwachung des Belastungszustandes derartiger Bauteile geforscht. Ziel ist die Integration von Sensormaterialien idealerweise in die textilen Halbzeuge während der textilen Fertigung. Ein Ansatzpunkt dafür ist die stricktechnische Verarbeitung von Fadenmaterialien, die bei bestimmten Belastungssituationen, z. B. einer Zugbeanspruchung, eine charakteristische Änderung von Kennwerten aufweisen, wie Änderung des elektrischen Widerstands. Nach einer entsprechenden Kontaktierung der Sensoren können dann die Überwachungsfunktionen realisiert werden.

Literaturverzeichnis

[1] *Zur Geschichte des handgestrickten Strumpfes.*   http://www.deutsches-strumpfmuseum.de/technik/01handgestrickt/handstrick.htm (03.12.2010)
[2] SPENCER, D.: *Kitting technology a comprohensive handbook and practical guide.* 3. Auflage. Cambridge : Woodhead Publishing Limited, 2001
[3] IYER, C. ; MAMMEL, B. ; SCHÄCH, W.: *Rundstricken: Theorie und Praxis der Maschentechnik.* 2. Auflage. Bamberg : Meisenbach, 2000
[4] SHIMA SEIKI: *Company History.* http://www.shimaseiki.com/company/history/ (12.01.2011)

[5]   BENDER, W.: Stoll CMS-Flachstrickmaschinen stricken technische Textilien. In: *Mittex* 107 (2000), Nr. 2, S. 24–26

[6]   *Abstandsgestricke*. http://www.faiss.de/downloads/FaiFlyer3DFlex03.pdf (03.12.2010)

[7]   OFFERMANN, P. ; TAUSCH-MARTON, H.: *Grundlagen der Maschenwarentechnologie*. Leipzig : Fachbuchverlag Leipzig, 1977

[8]   Schutzrecht DE 4419985C2 (08. August 1994).

[9]   ERMANNI, P.: *Composite Technologien Version 4.0, Vorlesungsunterlagen*. Zürich, 2007

[10] ÜNAL, A. ; OFFERMANN, P.: Einfluss der Bindung auf die Verformungsverhältnisse von Verstärkungsgestricken. In: *Melliand Textilberichte* 86 (2005), Nr. 4, S. 258–260

[11] ORAWATTANASRIKUL, S.: *Experimentelle Analyse der Scherdeformationen biaxial verstärkter Mehrlagengestricke*, Technische Universität Dresden, Fakultät Maschinenwesen, Diss., 2006

[12] CEBULLA, H.: *Formgerechte zwei- und dreidimensionale Mehrlagengestricke mit biaxialer Verstärkung - Entwicklung von Maschine, Technologie und Produkten*, Technische Universität Dresden, Fakultät Maschinenwesen, Diss., 2004

[13] RAZ, S.: *Flat Knitting Technology*. Westhausen : C. F. Rees, 1993

[14] Groz-Beckert: *Nadeltechnik Maschenbildung*. Albstadt, 1993

[15] ABIZAID, A.: Innovative Stenting Approach for the Treatment of Thrombus-containing Lesions in Acute Myocardial Infarction, Saphenous Vein Grafts and Acute Coronary Syndromes. In: *Interventional Cardiology* 3 (2008), Nr. 1

[16] Schutzrecht EP2192219A1 (26. November 2008).

[17] Schutzrecht EP717136A1 (14. Dezember 1994).

[18] Schutzrecht DE614839 (06. März 1934).

[19] Schutzrecht DE700291 (15. März 1937).

[20] Schutzrecht DE3117362A1 (02. Mai 1981).

[21] TRÜMPER, W. ; DIESTEL, O. ; CHERIF, Ch.: Stricktechnische Lösungen für die Herstellung endkonturnaher Preformen / Solutions for flat knitting of near net shape textile preforms. In: *Melliand Textilberichte* 88 (2007), Nr. 7/8, S. 537–538, E103–E104

[22] HALLER, P. et al.: *Hochleistungsholztragwerke - HHT - Entwicklung von hochbelastbaren Verbundbauweisen im Holzbau mit faserverstärkten Kunststoffen, technischen Textilien und Formpressholz (BMBF 0330722A-C)* / TU Dresden. Dresden, 2011. – Forschungsbericht

[23] ABOUNAIM, M. ; DIESTEL, O. ; HOFFMANN, G. ; CHERIF, Ch.: Thermoplastic composites from curvilinear 3D mulit-layer spacer fabrics. In: *Journal of Reinforced Plastics and Composites* 29 (2010), Nr. 24, S. 3554–3565. DOI 10.1177/0731684410378541

[24] ABOUNAIM, Md.: *Process development for the manufacturing of flat knitted innovative 3D spacer fabrics for high performance composite applications*, Technische Universität Dresden, Fakultät Maschinenwesen, Diss., 2011

Kapitel 7
Gewirkte Halbzeuge und Wirktechniken

Jan Hausding und Jan Märtin

Gewirkte Halbzeuge für Leichtbauanwendungen basieren in ihrer Herstellung auf dem klassischen Kettenwirkverfahren, bei dem die Fäden eines oder mehrerer Wirkfadensysteme gleichzeitig und parallel zu Maschen umgeformt werden. Diese Grundlage wird genutzt, um Fadenlagen und/oder andere Flächengebilde wie beispielsweise Vliesstoffe oder vorimprägnierte Faserlagen mittels Maschen zu verbinden. Die wesentlichen Vorteile der gewirkten Halbzeuge liegen in ihrer hochproduktiven Herstellung, der Einstellbarkeit der Winkel, unter denen die einzelnen Fadenlagen zueinander angeordnet werden können, und den vielfältigen Kombinationsmöglichkeiten beim Lagenaufbau und der Lagenanordnung. Typische Produkte bestehen aus Glas- oder Carbonfilamentgarn und kommen beispielsweise in den Rotoren von Windenergieanlagen, im Schiff- und Automobilbau, bei Sportartikeln sowie im Bauwesen zum Einsatz.

7.1 Einleitung und Übersicht

Gewirkte Halbzeuge für den Leichtbau stellen einen wichtigen Ausschnitt aus dem Produktspektrum gewirkter Textilien dar, welches von traditioneller Bekleidung über Haus- und Heimtextilien bis hin zu vielfältigen technischen Anwendungen reicht. Gewirkte Textilien zählen zu den Maschenwaren (s. Kap. 2.2.2.5), wobei im Bereich der Leichtbauanwendungen die Maschen vorrangig zur Verbindung von Fadenlagen untereinander oder mit anderen textilen Flächengebilden dienen. Im Unterschied zum Stricken werden beim Wirken alle Maschen gleichzeitig und aus parallel und längs zu den Nadeln verlaufenden Fäden gebildet (Längsfadenwaren). Auf dieser Grundlage besteht ein großer Spielraum für die Gestaltung der gewirkten Halbzeuge, der in dieser Form mit keinem anderen Flächenbildungsverfahren erreicht wird. Besonders hervorzuheben sind in diesem Zusammenhang die Möglichkeit, unterschiedlichste Fadenmaterialien in multiaxialer Orientierung anzuordnen, die belastungsgerecht gestreckte Ausrichtung der Fäden sowie die Möglichkeit beispielsweise Vliesstoffe als Decklage in das gewirkte Halbzeug zu integrieren. Die für die Herstellung der gewirkten Halbzeuge genutzte Kettenwirktechnik zählt zu den produktivsten textilen Fertigungsverfahren. Abbildung 7.1 zeigt eine Übersicht der heute gebräuchlichen Arten von Kettenwirkmaschinen. Die übliche Einteilung dieser Maschinen folgt der Anzahl der Nadelbarren. Weist die Maschine eine Nadelbarre auf, so wird sie als Rechts-Links-Maschine (RL) bezeichnet, bei zwei Nadelbarren als Rechts-Rechts-Maschine (RR). Nicht alle der in Abbildung 7.1 aufgeführten Maschinentypen sind vorrangig für die Herstellung Technischer Textilien mit dem Anwendungsgebiet Leichtbau im Einsatz. Im Folgenden soll deshalb der Schwerpunkt auf RL-Schusseintrags- und RL-Nähwirkmaschinen wie auch auf RR-Abstandsraschelmaschinen gelegt werden. Das Vlieswirken wird in Kapitel 9 behandelt.

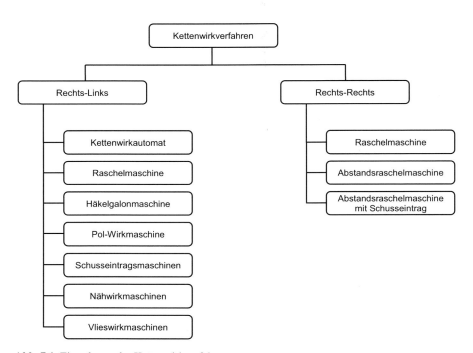

Abb. 7.1 Einordnung der Kettenwirkverfahren

Der erste Schwerpunkt dieses Kapitels behandelt die gewirkten Halbzeuge selbst, bevor die Maschinentechnik zu ihrer Herstellung vorgestellt wird. Grundsätzlich bestehen die gewirkten Halbzeuge aus Fadenlagen und weiteren Flächengebilden und dem zu deren Verbindung dienenden Maschenfadensystem. Die Art, Form und Anordnung der Maschen wird als Bindung bezeichnet (s. DIN 62050). Die Variationsmöglichkeiten, welche die Kettenwirktechnik bezüglich der Bindung bietet, sind immens. Da über die Einstellung der Bindung auch Einfluss auf die Eigenschaften des Halbzeuges und des Endprodukts genommen wird, sind grundlegende Kenntnisse über die bestehenden Gestaltungsmöglichkeiten unabdingbar. Diese werden im folgenden Kapitel dargestellt. Daran schließen sich die Beschreibungen typischer gewirkter Halbzeuge für Leichtbauanwendungen und der Maschinentechnik an.

7.2 Bindungskonstruktion beim Kettenwirken

7.2.1 Darstellung der Bindungen

Die Darstellung von Kettengewirken soll eindeutig und korrekt die jeweilige Bindung wiedergeben, um sowohl die Konstruktion der Bindung zu ermöglichen, als auch die Speicherung und Weitergabe der Informationen zu gewährleisten. Diese Informationen umfassen Angaben zum Warenbild, der Maschinenfeinheit, dem eingesetzten Material sowie der Art und Form der Musterung. Folgende Darstellungsformen werden üblicherweise verwendet:

- Maschenbild,
- Bildpatrone,
- Legungspatrone,
- Legungsbild,
- Legungsplan und
- Fadeneinzug.

Diese basieren auf einheitlichen und verbindlichen Grundsätzen. Zum Teil kommen aber auch firmenspezifische Darstellungen und Schreibweisen zum Einsatz. Das Maschenbild ist eine vergrößerte, zweidimensionale Liniendarstellung des Fadenverlaufs in der Bindung (Abb. 7.2) und entspricht damit insbesondere bei einfachen Bindungen einer anschaulichen Zeichnung des Gewirkes. Die Anfertigung eines Maschenbildes ist jedoch sehr aufwändig und die Anschaulichkeit geht bei mehreren Fadensystemen schnell verloren.

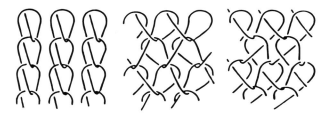

Abb. 7.2 Beispiele für Maschenbilder (RL-Franse, RL-Trikot, RL-Tuch)

Bildpatronen und Legungspatronen sind abstrahierte Darstellungen der Musterung eines Kettengewirkes auf Karo- oder Wabenpapier und werden insbesondere für Jacquardmusterungen, Gardinen- und Tüllstoffe verwendet. Weitere detaillierte Informationen sind der DIN 62050 zu entnehmen.

Für einfachere Musterungen auf Kettenwirkmaschinen mit einer oder mehreren Legebarren (s. Abschn. 7.3.3) wird das Legungsbild verwendet. Dieses beruht auf der Darstellung der Bewegung der Fadenführer um die Nadeln. Die Fadenführer eines Fadensystems sind auf derselben Legebarre montiert und führen gemeinsam die gleiche Bewegung aus. Deshalb steht die Bewegung eines Fadenführers und des in ihm geführten Fadens stellvertretend für die Bewegung aller Fadenführer dieser Legebarre. Grundlage des Legungsbildes ist ein Punktraster, das die Köpfe der Nadeln in der Draufsicht repräsentiert (Abb. 7.3). Eine waagerechte Reihe des Punktpapierrasters stellt die Nadelbarre und damit einen Schwingzyklus der Legebarren um diese Nadeln und die daraus resultierende Maschenreihe dar. Die Punkte übereinander bilden immer dieselbe Nadel ab und ergeben die nachfolgenden Maschenreihen. Das Legungsbild wird immer von unten nach oben gezeichnet und gelesen. Unter Beachtung der Maschinenfeinheit (Punktabstand in horizontaler Richtung) und der Maschenreihenzahl pro Längeneinheit (Punktabstand in vertikaler Richtung) entsteht ein maßstäbliches Legungsbild mit realistischer Wiedergabe des Gewirkes.

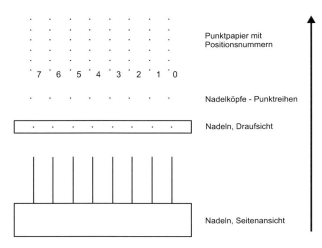

Abb. 7.3 Darstellung der Nadeln im Punktpapier

Die Zwischenräume zwischen den Punkten (Nadelgassen) werden von null aufsteigend nummeriert ($0, 1, 2, \ldots$). Die Nummerierung beginnt rechts von der äußerst rechten Punktreihe, da die Mustereinrichtung der Maschine üblicherweise auf der rechten Seite angeordnet ist. Liegt die Mustereinrichtung links, so beginnt die Nummerierung entsprechend auf der linken Seite. Die Nummerierung dient zur Steuerung des seitlichen Versatzes der Legebarre. Die Legebarre führt die in Abbildung 7.4 dargestellten Bewegungen aus. Diese werden in das Legungsbild eingetragen.

Nur zur Darstellung der Lochnadelbewegung werden Striche verwendet, sonst wird der Bewegungsverlauf gerundet dargestellt (Abb. 7.5).

Abb. 7.4 Lochnadelbewegung

Die Darstellung der Fadenführerbewegung erfolgt, bis sich das Muster wiederholt. Dieser sogenannte *Rapport* ist die sich ständig in Höhe (Höhenrapport) und Breite (Seitenrapport) wiederholende Basiseinheit der Bindung. Bei der Verwendung mehrerer Legebarren für ein Muster werden diese mit unterschiedlichen Farben übereinander gelegt gezeichnet.

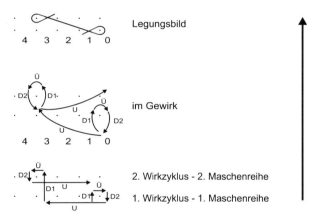

Abb. 7.5 Lochnadelbewegung und Legungsbild (Ü: Überlegung, U: Unterlegung, D: Durchschwingen, D1: Einschwingen, D2: Ausschwingen)

Durch die Nummerierung der Nadelgassen (Positionsnummern) ist eine zeichnerische Darstellung zur Musterung an der Maschine nicht zwingend nötig. Dafür genügt die aus dem Legungsbild abgeleitete numerische Darstellung der Legebarrenbewegung, der Legungsplan (oft auch noch mit dem veralteten Begriff Kettensetzplan bezeichnet). Er bildet die Grundlage für die Erstellung von Kettengliederfolgen oder Spiegelscheiben sowie für die Programmierung der Servo- bzw. Linearantriebe zur Steuerung der Legebarrenversatzbewegung. Zwei Positionsnummern geben die Richtung und Weite der Überlegung an (z. B. 1-0: Überlegung von Nadelgasse 1 in Nadelgasse 0). Die Nummern werden untereinander oder nebeneinander geschrieben. Ein Querstrich bei der vertikalen Schreibweise oder ein

Schrägstrich bei der horizontalen Schreibweise kennzeichnet die Unterlegung. Sind die Überlegungen korrekt dargestellt, ergeben sich die Unterlegungen automatisch, da eine Unterlegung immer vom Ende der ersten Überlegung zum Anfang der zweiten Überlegung führt. Das Ende des Rapports wird durch einen Doppelstrich angezeigt. Der Legungsplan ist von oben nach unten bzw. von links nach rechts zu lesen. Bei der Angabe in mehreren Spalten nebeneinander sind diese ebenfalls von links nach rechts zu lesen (Abb. 7.6). Für jede Legebarre muss ein Legungsplan erstellt werden. Dieser wird mit der Nummer der Legebarre gekennzeichnet (GB1, GB2 etc.). Die Nummerierung der Legebarren erfolgt von der Bedienerseite aus bei eins beginnend.

Abb. 7.6 Legungsplan für die Bindung RL-Doppeltrikot, gegenlegig

Der Fadeneinzug beschreibt die Darstellung der Belegung der Fadenführer von Fadensystemen (DIN 62050). Ein Fadenführer ist entweder voll (v) und gekennzeichnet mit einem senkrechten Strich oder leer (l) und gekennzeichnet mit einem Punkt (Abb. 7.7). Der Einzugsrapport ist der Breitenrapport des Musters und muss für jede Legebarre einzeln angegeben werden. Bei komplizierten Mustern mit unterschiedlichen Fäden (Farbe, Feinheit etc.) werden Buchstaben zur Kennzeichnung benutzt.

Beschreibung	Symbol
GB1: voll	|||||||||||||
GB2: 4l/4v/2l/2v	||..|||....

Abb. 7.7 Darstellung des Fadeneinzugs

Häufig werden die Bindungen auch allein stehend oder als Ergänzung zur numerischen und grafischen Darstellung namentlich bezeichnet. Die dafür üblichen Begriffe werden im nächsten Kapitel erläutert. Grundsätzlich erfolgt jedoch zunächst die Angabe der Bindungsgruppe (RL, RR) vor der Bindungsbezeichnung. Bei kombinierten Bindungen erfolgt die Angabe in der Reihenfolge der Legebarrennummerierung (z. B. RL-Tuch-Trikot). Die Bezeichnung kann mit zusätzlichen Angaben präzisiert werden, beispielsweise über die relative Richtung der Unterlegung (gleichlegig, gegenlegig) oder die Art der Maschen (offen, geschlossen).

7.2.2 Bindungselemente

Bindungen in Kettengewirken sind aus einzelnen Bindungselementen zusammengesetzt. Wichtigstes Bindungselement ist die Masche. Je nachdem, ob die Schenkel der Masche (also der zulaufende und der ablaufende Faden) verkreuzt sind oder nicht, wird sie als geschlossene oder offene Masche bezeichnet (Abb. 7.8). Kopf und Schenkel der Masche können unter dem Begriff Nadelmasche, und die Verbindung der Schenkel zweier Maschen unter dem Begriff Platinenmasche zusammengefasst werden. Nebeneinander angeordnete Maschen bilden eine Maschenreihe, übereinander angeordnete Maschen bilden ein Maschenstäbchen.

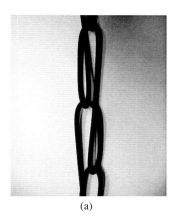 

(a)   (b)

Abb. 7.8 Maschen: (a) offen, (b) geschlossen

Weitere Bindungselemente sind Henkel, Flottung, Schuss (quer zur Arbeitsrichtung) und Stehschuss (in Arbeitsrichtung). Schusslegungen können über einige Nadelteilungen hinweg (Teilschuss) oder über die gesamte Breite des Textils (Vollschuss) ausgeführt werden. Bis auf das Bindungselement Henkel, für dessen Ausführung Zusatzeinrichtungen notwendig sind, werden alle Bindungselemente durch die Bewegung der Fadenführer in Relation zu den Nadeln gebildet.

7.2.3 Bindungen für die Herstellung Technischer Textilien

7.2.3.1 Einordnung

Grundsätzlich können die folgenden Parameter variiert werden, um eine Wirkbindung zu entwickeln:

- Legung (die Abfolge von Unter- und Überlegung) mit den Varianten

  - Überlegung gefolgt von Unterlegung in entgegen gesetzter Richtung (geschlossene Masche),
  - Überlegung gefolgt von Unterlegung in gleicher Richtung (offene Masche),
  - nur Überlegungen (offene Maschen),
  - nur Unterlegungen (als Teilschuss oder als Querschuss),
  - weder Unter- noch Überlegung (Stehschuss).

- Versatzweite (die Anzahl der Nadelgassen, um die der Fadenführer seitlich versetzt wird), beginnend bei Null in ganzen Schritten veränderbar,
- Richtungswechsel (die Anzahl der Maschenreihen, nach denen die Versatzrichtung wechselt), beginnend bei Null (kein Richtungswechsel) über Eins (Wechsel in jeder Reihe) in ganzen Schritten veränderbar,
- Nadellegung (Legung über eine oder zwei Nadeln gleichzeitig), die Legung über zwei Nadeln gleichzeitig (Köper) ist selten,
- Fadeneinzug.

Die genannten Parameter können über alle Kategorien miteinander kombiniert werden. Außerdem besteht die Möglichkeit, auch die Merkmale innerhalb einer Kategorie in jeder neuen Maschenreihe zu verändern. Daraus ergibt sich eine enorme Vielzahl an Kombinationen und resultierender Bindungen.

Die sogenannten Grundbindungen bilden die Basis für die Bindungskonstruktion der Kettengewirke. Sie sind reine Maschenbindungen, welche mit einem Fadensystem hergestellt werden. Der Fadeneinzug erfolgt voll und der Faden wird immer nur in eine Nadel gelegt. Variiert werden demzufolge nur die Legung, die Versatzweite und der Richtungswechsel des Versatzes.

7.2.3.2 Grundbindung Franse

Die *Fransenbindung* ist die einfachste aller Bindungsvarianten. Hierbei bedient eine Lochnadel immer dieselbe Schiebernadel. Dies bedeutet, dass keine Querverbindung zwischen den einzelnen Maschenstäbchen und deshalb ohne Hilfsfäden in Querrichtung auch keine Flächengebilde entstehen können. Die Franse wird aus diesem Grund gemeinsam mit anderen Bindungselementen von einer zweiten Legebarre oder zur Verbindung von Fadenlagen eingesetzt. Erfolgt die Legung nur in Form von Überlegungen, so entsteht die Bindung Franse (offen), bei einer Überlegung gefolgt von einer Unterlegung in entgegen gesetzter Richtung die Bindung Franse (geschlossen), siehe Tabelle 7.1.

Tabelle 7.1 Fransenbildung

Bezeichnung und Legungsplan	Legungsbild offen	Legungsbild geschlossen
RL–Franse, offen GB1 1 – 0 / 0 – 1 //		
RL–Franse, geschlossen GB1 0 – 1 //		
	1 0	1 0

7.2.3.3 Grundbindungen Trikot, Tuch, Satin und Samt

Bei der zweiten Gruppe innerhalb der Grundbindungen wechselt die Versatzrichtung regelmäßig in jeder Reihe. Hierbei liegt die Länge der Unterlegungen zwischen einer und vier Nadelgassen. Größere Versatzweiten der Legebarren sind möglich, aber unüblich. Die benachbarten Maschen sind miteinander verbunden und es entstehen Flächengebilde. In Abhängigkeit von der Länge der Unterlegung werden die Bindungen als *Trikot* (um eins), *Tuch* (um zwei), *Satin* (um drei) und *Samt* (um vier) bezeichnet. Auch hierbei können die Maschen offen oder geschlossen ausgeführt sein. Die entsprechenden Darstellungen sind in Tabelle 7.2 aufgeführt.

7.2.3.4 Kombinierte Bindungen

Kombinierte Bindungen entstehen bei der Verwendung von zwei oder mehr Legebarren. Auf jeder Legebarre kann eine andere Bindung gearbeitet werden. Bei der Herstellung gewirkter Halbzeuge für den Leichtbau werden zumeist kombinierte Bindungen mit zwei Fadensystemen auf zwei Legebarren hergestellt. In anderen Bereichen werden auch Kettenwirkmaschinen mit mehreren Dutzend Legebarren verwendet. Die Legebarren können im gleichen Richtungssinn (gleichlegig) oder gegeneinander (gegenlegig) versetzt werden. An dieser Stelle soll nur auf die Kombination mehrerer Grundbindungen untereinander und mit dem Bindungselement Schuss eingegangen werden. Tabelle 7.3 zeigt Beispiele für die möglichen Kombinationen von Grundbindungen.

Um Querschüsse oder Stehschüsse in eine Fläche einzubinden, sind Überlegungen eines zweiten Fadensystems nötig. Ein *Querschuss* ist ein gestreckt liegender Fadenabschnitt quer zur Arbeitsrichtung der Maschine, ein *Stehschuss* (auch als *Längsschuss* bezeichnet) verläuft in Arbeitsrichtung. Die maschenbildende Grundbindung wird immer von Legebarre 1 ausgebildet, die Schusslegung erfolgt mit Legebarre 2. Die Ausführung der Schusslegung kann hinsichtlich der Versatzweite und deren Wechsel im Rapport variiert werden. Je nachdem, um wie viele Nadeltei-

Tabelle 7.2 Grundbindungen mit regelmäßigem Richtungswechsel der Legebarre

Bezeichnung und Legungsplan	Legungsbild offen	Legungsbild geschlossen
RL–Trikot, offen GB1 0 – 1 / 2 – 1 // RL–Trikot, geschlossen GB1 1 – 0 / 1 – 2 //		
RL–Tuch, offen GB1 0 – 1 / 3 – 2 // RL–Tuch, geschlossen GB1 1 – 0 / 2 – 3 //		
RL–Satin, offen GB1 0 – 1 / 4 – 3 // RL–Satin, geschlossen GB1 1 – 0 / 3 – 4 //		
RL–Samt, offen GB1 0 – 1 / 5 – 4 // RL–Samt, geschlossen GB1 1 – 0 / 4 – 5 //		

lungen die Lochnadel bei der Schusslegung versetzt wird, heißt die entsprechende Bindung Schuss unter 3, Schuss unter 4 und so weiter. Das Bindungselement Schuss wird häufig in Kombination mit den Grundbindungen RL-Franse und RL-Trikot gearbeitet (Tabelle 7.4) und verleiht dem textilen Halbzeug durch die größere Anzahl an Unterlegungen eine größere Querstabilität.

Tabelle 7.3 Beispiele für Kombinationen von Grundbindungen

Bezeichnung und Legungsplan	Legungsbild
Doppel–Trikot (RL), geschlossen, gegenlegig GB1 1 – 2 / 1 – 0 // GB2 1 – 0 / 1 – 2 //	
Doppel–Trikot (RL), geschlossen, gleichlegig GB1 1 – 0 / 1 – 2 // GB2 1 – 0 / 1 – 2 //	
Tuch–Trikot (RL), geschlossen, gegenlegig (Charmeuse) GB1 1 – 0 / 2 – 3 // GB2 1 – 2 / 1 – 0 //	

7.3 Grundlagen der Herstellung gewirkter Halbzeuge

7.3.1 Einführung

Als Kettenwirkmaschinen werden Textilmaschinen bezeichnet, bei denen die Herstellung textiler Flächengebilde nach dem Prinzip der Bildung von Maschen aus einer oder mehreren in Herstellungsrichtung der Maschine verlaufenden Fadenscharen erfolgt. Die Funktionsstruktur für allgemeine Kettenwirkmaschinen kann die folgenden Teilfunktionen umfassen: Speichern der Ausgangsmaterialien (zumeist Fäden), Zuführung und Transport der Ausgangsmaterialien sowie deren Fügen zu einer Warenbahn, falls notwendig das Trennen der Warenbahn vom Maschinenrahmen und schließlich Abzug, Aufwicklung und Speichern der Warenbahn. Diese Teilfunktionen werden in den folgenden Kapiteln näher erläutert.

Gewirkte Flächengebilde bestehen grundsätzlich aus mindestens einem Wirkfadensystem mit einer üblicherweise hohen Anzahl an Einzelfäden als Grundstruktur. Für den Einsatz im Bereich der Leichtbauanwendungen dient der Wirkfaden vorrangig zum Fügen von Fadenlagen, Glasschnitzelmatten oder Flächengebilden wie Vliesstoffen und Folien. Als Wirkfäden werden diejenigen Fäden bezeichnet, die von

Tabelle 7.4 Versatzweiten und Wechsel des Versatzes bei Schusslegungen (Beispiele)

Bezeichnung	Legungsbild
Teilschuss unter 3	
Teilschuss unter 5	
Teilschuss unter 5, Wechsel nach 3 Maschenreihen	
RL–Franse, offen und Schuss unter 3 (Schusswechsel nach jeder Maschenreihe) GB1 1 – 0 / 0 – 1 // GB2 0 – 0 / 3 – 3 //	

den Nadeln der Kettenwirkmaschine verarbeitet, das heißt in der Regel zu Maschen umgeformt werden. Die gewirkten Flächengebilde können aber auch gestreckt und gerade verlaufende Fadenscharen als sogenannte Grundbahn enthalten, die je nach Ausrichtung als Kettfäden (in Herstellungsrichtung) oder Schussfäden (quer oder diagonal zur Herstellungsrichtung) bezeichnet werden (Abb. 7.9).

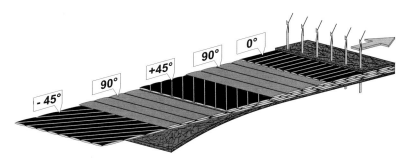

Abb. 7.9 Schematische Darstellung von gewirkten Halbzeugen aus Fadenlagen und einem Maschensystem (Quelle: LIBA Maschinenfabrik GmbH)

7.3.2 Speichern, Zuführen und Transport der Ausgangsmaterialien

7.3.2.1 Wirkfäden

Die Wirkfäden zur Maschenbildung werden an Kettenwirkmaschinen als Fadenschar mittels Fadenzuführeinrichtungen von Kettbäumen (1) über Fadenumlenkeinrichtungen (2), den Fadenkamm (3) und die Fadenspannelemente (4) zu der entsprechenden Legebarre (5) und somit zur Arbeitsstelle (6) transportiert und mit dem Warenabzug (7) abgezogen (Abb. 7.10).

Die Aufgabe der Fadenzuführeinrichtungen ist die angepasste Lieferung der benötigten Fadenmenge für den Maschenbildungsprozess. Die Fadenzuführeinrichtungen können in aktive und passive Systeme unterschieden werden. Bei passiven Systemen ziehen die Nadeln die notwendige Fadenlänge von Ablaufkörpern (zumeist Kettbäume) ab. Die Bewegung der Ablaufkörper wird durch das Ansteigen der Fadenzugkraft bis zum Überwinden der Brems- und Trägheitskräfte ausgelöst. Seilbremsen und Keilriemenbremsen unterstützen die Regulierung der Fadenzugkraft. Auf Grund hoher Fadenzugkraftschwankungen während des Arbeitsprozesses sowie der Massenträgheit der Kettbäume werden diese Systeme nur noch sehr selten eingesetzt.

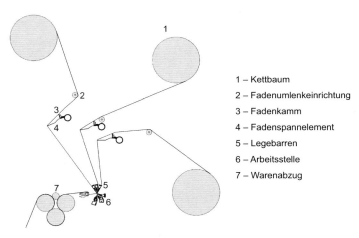

1 – Kettbaum
2 – Fadenumlenkeinrichtung
3 – Fadenkamm
4 – Fadenspannelement
5 – Legebarren
6 – Arbeitsstelle
7 – Warenabzug

Abb. 7.10 Zuführung der Wirkfäden zur Arbeitsstelle

Bei den aktiven Systemen erfolgt die Zuführung der notwendigen Fadenmenge zur Arbeitsstelle durch technische Antriebsmittel. Die Bewegung der Kettbäume erfolgt durch einen eigenen Antrieb. Die kontinuierliche Fadenzuführung wird durch regelungstechnische Maßnahmen auf den jeweils durch den Maschenbildungsprozess geforderten Sollfadenbedarf korrigiert. Die Realisierung des Sollwertes erfolgt entweder mechanisch (z. B. durch ein stufenloses Getriebe) oder elektronisch (z. B.

durch einen Servomotor). Nach der Art des Fadeneinlaufs werden die elektronisch geregelten Fadenzuführsysteme in drei Gruppen unterteilt [1, 2]:

- konstanter Fadeneinlauf (Typ Singlespeed),
- 2-Stufen Fadeneinlauf (Typ vereinfachter Multispeed) und
- sequentieller Fadeneinlauf (Typ Multispeed).

Beim Typ *Singlespeed* wird ein eingegebener Soll-Wert ständig mit dem Ist-Wert verglichen und nachgeregelt. Die Arbeitsweise der Regelung des Typs *vereinfachter Multispeed* ist analog der des Typs Singlespeed, es stehen jedoch zwei unterschiedliche Fadenlieferwerte zur Verfügung, die über ein Zwei-Stufen-Getriebe geregelt werden. Beim Typ *Multispeed* können beliebige Fadenliefermengen für jede einzelne Maschenreihe mittels servomotorischer Ansteuerung vorgegeben werden.

Gegenwärtig werden an Kettenwirkmaschinen die Wirkfäden zumeist kontinuierlich mit konstanter Liefergeschwindigkeit (Typ Singlespeed) der Wirkstelle zugeführt.

Die Fadenumlenkeinrichtung (Abb. 7.11) dient zur Umlenkung und Führung der Wirkfäden vom Kettbaum bis zur Arbeitsstelle. Um die Prozessfadenzugkräfte gering zu halten, sind die Anzahl und Anordnung der Fadenleitelemente auf den jeweiligen Maschinentyp angepasst und die Oberflächen zugunsten geringer Reibwerte modifiziert. Der an Wirkmaschinen eingesetzte Fadenkamm dient zur Vereinzelung der Kettfäden und ist entweder zwischen Fadenspannelement und Legebarre oder oberhalb des Fadenspannelementes angebracht.

Die Erteilung einer optimalen Wirkfadenzugkraft ist ein prozess- und qualitätsbestimmender Faktor. Für einen ordnungsgemäß ablaufenden Wirkprozess sollen die Wirkfäden mit einer gleichmäßigen Fadenzugkraft vom Kettbaum der Arbeitsstelle zugeführt werden. Zu hohe Fadenzugkräfte verursachen Fadenbrüche und zu niedrige Zugkräfte bewirken Schlingenbildungen und Fehllegungen. Da bei der Maschenbildung die von der Fadenzuführeinrichtung mit konstanter Geschwindigkeit gelieferte Fadenmenge diskontinuierlich verarbeitet wird, müssen die schwankenden Fadenlängen zwischen Kettbaum und Wirkelementen durch ein Fadenspannelement ausgeglichen werden. Dieses federbasierte Fadenspannelement sorgt für eine Zwischenspeicherung der überschüssigen Fadenlängen. Die Faktoren, die einen maßgeblichen Einfluss auf die Effektivität des Fadenspannelements ausüben, sind

- Feder (Trapez- oder Spiralfeder),
  - Federsteifigkeit,
  - Federanzahl,
  - Eigenfrequenz,
  - Winkelposition,
- Fadenzuführung,
- Dehnungsverhalten des Fadens,

Abb. 7.11 Fadenumlenkung (oben) und Fadenkamm (unten)

- Warenabzug,
- Bewegung der Wirkelemente (s. Fügen der Ausgangsmaterialien),
    - Nadelbewegung,
    - Lochnadelschwingbewegung,
    - Lochnadelversatzbewegung,
    - Platinenbewegung.

Die üblicherweise an Kettenwirkmaschinen eingesetzten Fadenspannelemente bestehen aus einem Hohlprofilspannrohr (Spannwelle), welches an Trapezfedern bzw. Spiralfedern (Abb. 7.12) definierter Anzahl, Dicke und Länge befestigt ist. Die Aufnahme und Übertragung der Kräfte hängt von den Materialeigenschaften (Federsteifigkeit, Masse) und der geometrischen Form der Federn ab. Die Trapez- bzw. Spiralfedern sind in der Lage, mechanische Arbeit als potentielle Energie zu speichern und wieder freizugeben. Die Auswahl der Art der Feder sowie die Anzahl und die

Anordnung der Federn erfolgen in Abhängigkeit von den textilphysikalischen Eigenschaften des zu verarbeitenden Fadenmaterials.

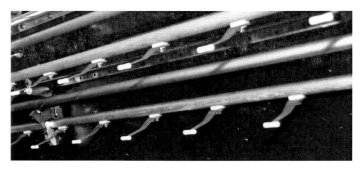

Abb. 7.12 Fadenspannelemente (oben: Trapezfedern; unten: Spiralfedern
Quelle: LIBA Maschinenfabrik GmbH)

7.3.2.2 Kett- und Schussfäden

Die Speicherung der Kett- und Schussfäden erfolgt üblicherweise auf Spulen in Spulengattern. Diese Gatter sind mit Fadenbremsen zur Sicherstellung einer gleichmäßigen Fadenspannung beim Abzug und zumeist auch mit Fadenwächtern zur automatischen Abstellung der Maschine bei Fadenbruch ausgestattet. Von den Spulen können die Fäden entweder über den Umfang (von außen, Tangentialabzug) oder über Kopf (von außen oder von innen) abgezogen werden. Für den Abzug über Kopf sind keine weiteren Installationen notwendig. Allerdings werden hierbei prinzipbedingt Drehungen auf die Fäden aufgebracht, die über die Lauflänge des Fadens unterschiedlich sind und bis in die textile Struktur erhalten bleiben. Für den Abzug über den Umfang von Fadenspulen mit zylindrischen Hülsen sind Ablaufvorrichtungen notwendig, die mehr Aufstellfläche erfordern. Bei hohen Qualitätsanforderungen, insbesondere bei der Verarbeitung von Carbonfäden, können auf diese Weise Drehungen im Faden vermieden werden. Der Abzug über den Umfang ist ebenso eine Voraussetzung für den Einsatz von sogenannten Spreizvorrichtungen, welche die Fäden bei der Zuführung auffächern. Auf diese Weise können aus Fäden mit einer hohen Filamentanzahl sehr dünne und leichte Faserlagen hergestellt werden.

Die Aufstellung der Gatter ist immer an die Gegebenheiten im Produktionsbetrieb anzupassen. Generell gilt, dass lange Zuführwege mit häufigen Umlenkungen zu vermeiden sind, da durch die dort auftretende Reibung Schädigungen an den oft empfindlichen Fadenmaterialien hervorgerufen werden. Deshalb sind die Schussfadengatter üblicherweise seitlich neben der Maschine direkt an den Schussfadenlegern platziert. Bei der Verarbeitung von Kettfäden können die Gatter hinter, vor sowie neben der Maschine aufgestellt werden, wobei zumindest bei größeren Maschinen mit mehreren Schussfadenlegern eine Aufstellung auf einem Podest beziehungsweise in einem Stockwerk direkt über der Maschine sinnvoll ist. Die Kettfäden können über entsprechende Führungen der Wirkstelle direkt zugeleitet oder über spezielle Lieferwerke, dies sind über der Wirkstelle angeordnete elektromotorisch angetriebene Walzen, geführt werden. Diese Art der Zuführung resultiert in einer Vergleichmäßigung der Fadenspannung über die gesamte Kettfadenschar und damit einer verbesserten Qualität im Flächengebilde.

Typisch für die Schussfadenzuführung bei der Herstellung gewirkter Halbzeuge für den Leichtbau ist die Verwendung des sogenannten Magazinschusseintrags. Hierbei werden die Schussfäden nach dem Abzug aus dem Spulengatter nicht direkt zur Wirkstelle geführt, sondern zunächst in einem Transportsystem abgelegt und von diesem an die Wirkstelle geliefert (Abb. 7.13). Das Transportsystem besteht im Wesentlichen aus zwei zu beiden Seiten des Maschinenrahmens umlaufenden Haltevorrichtungen, welche die Schussfäden unter Spannung in ihrer Position fixieren. Diese Haltevorrichtungen können als Haken, Stifte, Nadeln oder Klemmen ausgebildet sein (Abb. 7.14). Der Schussleger legt die Schussfäden zumeist endlos im Transportsystem ab. Das heißt, der Legewagen fährt kontinuierlich von einer Seite des Transportsystems zur anderen, wobei er jeweils mehrere Schussfäden in die Haltevorrichtung einbringt, ohne dass diese geschnitten werden. Für die Verarbeitung von gespreizten Carbonfilamentgarnen existieren auch Lösungen, bei denen die Schussfäden einzeln zugeführt, exakt zugemessen, dann geschnitten und von einer Eintragsvorrichtung im Haltesystem positioniert werden.

Beim Magazinschusseintrag können die Schussfäden entweder parallel nebeneinander (Parallelschuss) oder leicht verkreuzt mit Überlappungen (Kreuzschuss) abgelegt werden. Eine parallele Legung wird erreicht, wenn der Schussfadenleger während der Bewegung von einer Maschinenseite zur anderen die Vorschubbewegung des Transportsystems ausgleicht. Andernfalls entsteht eine Kreuzschusslegung. Eine weitere Unterscheidung der Schusslegung erfolgt hinsichtlich des Anstechens der Fäden in der Grundbahn. Werden diese Fäden so zwischen den Wirkwerkzeugen positioniert, dass sie bei der Maschenbildung nicht angestochen werden, dann ist der Fadeneintrag maschengerecht, andernfalls nicht maschengerecht. Die Schusslegung mit Legewagen führt dazu, dass der Fadenabzug pro Zeit im Umkehrpunkt des Legewagens sehr gering, während der Bewegung zwischen den bei-

Abb. 7.13 Magazinschusseintrag der Nähwirkmaschine Karl Mayer Malitronic® Multiaxial

Abb. 7.14 Beispiel einer Haltevorrichtung im Schusstransportsystem der Nähwirkmaschine Karl Mayer Malitronic® Multiaxial

den Seiten des Transportsystems hingegen sehr hoch ist. Daraus resultiert ein ungleichmäßiger Fadenabzug mit deutlichen Fadenzugkraftspitzen. Durch den Einsatz von Kompensationsvorrichtungen (Abb. 7.15), die während der Umkehrbewegung eine Fadenreserve aufbauen, kann der Schussfadenabzug vergleichmäßigt werden.

Die Schusslegung kann sowohl rechtwinklig als auch diagonal zur Arbeitsrichtung der Maschine erfolgen. Durch die Anordnung von mehreren Schusslegersystemen hintereinander ist es möglich, Flächengebilde bestehend aus mehreren Fadenlagen mit unterschiedlicher Ausrichtung herzustellen. Die Schusslegersysteme können in ihrer Position und Ausrichtung festgelegt, ebenso auch manuell oder elektronisch gesteuert verstellbar sein.

Abb. 7.15 Kompensationsvorrichtung für den Schussfaden (hier Fadenspanner einer Nähwirk-maschine Karl Mayer Malitronic® Multiaxial)

7.3.2.3 Zusätzliche Flächengebilde

Beim Einsatz geeigneter Arbeitsorgane (s. Abschn. 7.3.3) können auf Kettenwirk-maschinen auch Flächengebilde, wie zum Beispiel Vliesstoffe, Folien oder Gewe-be, mit den Kett- und Schussfadenlagen verbunden werden. Die Zuführung dieser Flächengebilde erfolgt von Warenwickeln, wobei die Lieferwerke so angeordnet sind, dass die Fixierung sowohl oberhalb als auch unterhalb der Kett- und Schussfa-denlagen möglich ist. Auch die Herstellung sogenannter Glasschnitzelmatten kann auf Kettenwirkmaschinen erfolgen. Diese Matten bestehen aus zerkleinerten Glas-filamentgarnen, wobei die Zerkleinerung über Schneidwalzen unmittelbar an der Maschine erfolgt. Die geschnittenen Faserstücke werden dann als homogene Matte auf einem Transportband, das in den Rahmen des Transportsystems gespannt ist, abgelegt, wenn das Erzeugen der Schnitzelmatte die erste Stufe des Produktions-prozesses darstellt. Sie können jedoch auch unmittelbar auf die noch unverfestigten Schussfadenlagen gestreut werden, wenn die Schneidwalzen direkt vor der Wirk-stelle positioniert sind. So wird die Glasmatte je nach Anforderung entweder auf der Ober- oder der Unterseite des Flächengebildes eingebunden. Das Transportband dient neben der Förderung von Glasschnitzeln auch zur Unterstützung der Schuss-fadenlagen insbesondere bei größeren Arbeitsbreiten. Hierfür können auch neben-einander angeordnete Riemen zum Einsatz kommen.

7.3.3 Fügen der Ausgangsmaterialien – Maschenbildungsvorgang

7.3.3.1 Übersicht über die Arbeitsorgane (Wirkwerkzeuge)

Das Fügen der Ausgangsmaterialien im Wirkprozess, also die Verbindung einzelner Fadenlagen miteinander oder mit anderen Flächengebilden, erfolgt während des Maschenbildungsvorgangs. Dieser besteht aus koordinierten Bewegungsabläufen der einzelnen Arbeitsorgane. Eine entscheidende Rolle spielt zudem der Einfluss des Wirkfadens mit seinen mechanischen Eigenschaften und dem Reibverhalten gegenüber den Wirkwerkzeugen und anderen Maschinenteilen. Während des Maschenbildungsvorgangs werden die Wirkfäden durch das Zusammenspiel aller Wirkwerkzeuge zu Maschen umgeformt. Die Art der Wirkwerkzeuge ist abhängig vom jeweiligen Wirkmaschinentyp, wobei üblicherweise die folgenden Arbeitsorgane an Wirkmaschinen zum Einsatz kommen (Abb. 7.16):

- Nadeln (angeordnet auf der Nadelbarre),
- Schließdrähte (angeordnet auf der Schieberbarre),
- Lochnadeln (angeordnet auf den Legebarren),
- je nach Maschinentyp unterschiedliche Platinen,

    - kombinierte Einschließ- und Abschlagplatine (Kettenwirkautomat),
    - Fräsblech und Stechkamm (Raschelmaschine),
    - Abschlagplatine und Gegenhalter (Multiaxial-Kettenwirkmaschine),

- Stehfadenbarre für die Kettfäden (teilweise kombiniert mit Niederhaltern),
- Schussfadenvorbringer.

7.3.3.2 Arbeitsorgan: Legebarre

Legebarren sind Metall- oder faserverstärkte Kunststoffschienen, auf denen die Fadenführungselemente befestigt sind, die bei Wirkmaschinen als *Lochnadeln* bezeichnet werden. Sie bewegen sich auf räumlich elliptischen Bahnen, die aus Schwing- und Versatzbewegung zusammengesetzt sind, wobei die einzelnen Bewegungsabschnitte als Unterlegung, Einschwingen, Überlegung und Ausschwingen bezeichnet werden (s. Abschn. 7.2). Der genaue Ablauf der Schwingbewegungen ist vom Maschinentyp und der Anzahl der Legebarren sowie der Bindung und der Maschinenfeinheit abhängig. Die Schwingbewegung der Legebarren wird durch das mit der Hauptwelle verbundene Getriebe in Abhängigkeit vom Maschinendrehwinkel realisiert. Für den Antrieb des Legebarrenversatzes werden prinzipiell die folgenden Systeme eingesetzt:

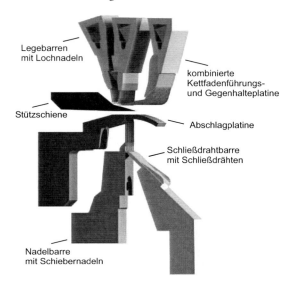

Legebarren
mit Lochnadeln

kombinierte
Kettfadenführungs-
und Gegenhalteplatine

Stützschiene

Abschlagplatine

Schließdrahtbarre
mit Schließdrähten

Nadelbarre
mit Schiebernadeln

Abb. 7.16 Wirkwerkzeuge am Beispiel einer Multiaxial-Kettenwirkmaschine

• Spiegelscheiben,

• Musterketten,

• Linearmotoren oder

• Servomotoren mit zusätzlichen Getrieben.

Die *Spiegelscheibe* ist eine Art *Kurvenscheibe*, die von einem Stößel abgetastet wird. Der Vorteil der Spiegelscheibe liegt in den hohen Geschwindigkeiten, die mit ihr erreicht werden können und in der hohen Genauigkeit, mit der sie arbeitet. Nachteilig ist allerdings ihre sehr geringe Flexibilität. Für jede Bindung und Maschinenfeinheit muss eine andere Spiegelscheibe eingesetzt werden, außerdem ist der Rapport auf den Umfang der Spiegelscheibe begrenzt. In dieser Hinsicht sind die Musterketten deutlich flexibler. Die einzelnen Ketten können je nach Bindung und Rapport individuell zusammengestellt werden. Es sind somit Musterungen mit großen Rapportlängen realisierbar. Nachteilig ist die geringe Geschwindigkeit, die mit Musterketten auf Grund der Spielpassung der einzelnen Glieder und der mit steigender Geschwindigkeit abnehmenden Präzision erreicht werden kann. Als Ersatz für Kettensetzglieder werden Linearmotoren bzw. Servomotoren mit zusätzlichen Getrieben mit deutlich verbesserter Flexibilität und Effizienz (große Bindungsvielfalt und unendliche Rapportlängen) eingesetzt. Allerdings sind sie auf Grund der begrenzten Dynamik in Kombination mit der prozessbedingten Präzision im Mikrometerbereich aktuell nur für geringere Maschinendrehzahlen geeignet und bedingen höhere Investitionskosten.

7.3.3.3 Arbeitsorgane: Nadeln und Platinen

Die Aufgabe der auf der Nadelbarre angeordneten Nadeln ist die Maschenbildung und -ausformung. In Abhängigkeit vom Typ der Kettenwirkmaschine und dem Einsatzzweck finden vor allem Schiebernadeln bzw. Durchstech-Schiebernadeln (Abb. 7.17) und Zungennadeln (s. Kap. 6.2.2) im Bereich der Kettenwirkerei ihren Einsatz. Der zum Verschluss des Nadelhakens dienende Schließdraht, beziehungsweise je nach Ausführung auch die Zunge oder die Spitze der Nadel, sorgen für eine sichere Führung des Fadenmaterials bis zum Abschlagen der Halbmasche. Das Schiebernadel-Schließdrahtsystem findet an Wirkmaschinen mit dem Produktspektrum Leichtbauanwendungen am häufigsten Verwendung. Diese Lösung ermöglicht hohe Geschwindigkeiten, weiche Bewegungsabläufe und eine garnschonende Verarbeitung. In der Ausführung als Durchstech-Schiebernadel mit einer scharfen Spitze können diese Nadeln mehrere Fadenlagen und Flächengebilde durchdringen und verbinden.

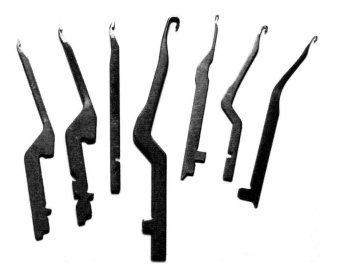

Abb. 7.17 Durchstech- und Schiebernadelarten (Quelle: LIBA Maschinenfabrik GmbH)

Je nach Maschinentyp (s. Abschn. 7.4) kommen bei Kettenwirkmaschinen unterschiedliche Platinen als Arbeitsorgane zum Einsatz. Sie unterstützen während des Wirkprozesses die Bildung der Maschen durch die Nadeln und die Fadenführer, halten die schon gebildeten Maschen zurück und verhindern, dass bei der Verbindung von Fadenlagen diese durch die Nadelbewegung verschoben werden. Die Maschen und die Art und Weise ihrer Anordnung im Gewirk entstehen durch das Zusammenspiel der genannten Arbeitsorgane anhand von vorgegebenen Bahnen durch das Getriebe an der Hauptwelle. Bei jeder Umdrehung der Hauptwelle wird eine Masche gebildet. Der Vorgang der Maschenbildung soll hier am Beispiel eines

RL-Kettenwirkautomaten mit Schiebernadel-Schließdrahtsystem beschrieben werden (Abb. 7.18) [1]:

- Position 1 (0° – Abschlagstellung): Die Schiebernadeln und die Schließdrähte stehen in der untersten Abschlagstellung. Die Legebarren führen die Unterlegung aus und die Platine schwingt nach vorn in die Einschließstellung.
- Position 2 (60° bis 120° – Einschließen der Ware): Die Schiebernadeln bewegen sich nach oben, die Ware wird von der Platine festgehalten. Dabei verharren die Schließdrähte noch in der unteren Stellung. Die Legebarren beenden die Unterlegung.
- Position 3 (120° bis 195° – Durchschwingen der Legebarren): Die Schiebernadeln stehen jetzt in der oberen Stellung. Die Schließdrähte beginnen in der Nut der Schiebernadeln zu steigen. Die Legebarren haben die Unterlegung beendet und beginnen mit der Durchschwingbewegung.
- Position 4 (195° bis 255° – Überlegung der Wirkfäden): Die Schiebernadeln und die Schließdrähte verharren in der oberen Stellung. Die Schließdrähte treten noch nicht aus der Schiebernut hervor. Nun schwingen die Legebarren bis zur hinteren Umkehrstellung durch und die Überlegungen werden ausgeführt.
- Position 5 (255° bis 315° – Fangen der Wirkfäden): Die Schiebernadel und die Schließdrähte stehen noch in der oberen Stellung. Die Legebarren sind nach vorn geschwungen und haben die Wirkfäden in den Nadelhaken gelegt.
- Position 6 (315° bis 345° – Schließen der Nadeln): Die Schiebernadeln haben sich halb nach unten bewegt. Dabei sind die Schließdrähte aus der Schiebernut der Schiebernadeln herausgetreten und beginnen die Schiebernadeln zu schließen. Die Halbmaschen gleiten vom Nadelschaft über die Nadelbrust auf den Schließdraht, während die Platinenbarre in die hinterste Stellung schwingt.
- Position 7 (345° bis 360° – Abschlagen der Halbmasche): Die Schiebernadeln und die Schließdrähte tauchen gemeinsam in die Platinenbarre ein. Die Halbmaschen werden über die Platinen von den geschlossenen Nadelköpfen abgeschlagen. Aus den Halbmaschen entstehen Maschen und die gelegten Fäden werden zu Halbmaschen umgeformt. Die Legebarren beginnen mit den Unterlegungen.

7.3.4 Trennen, Abziehen und Aufwickeln der Warenbahn

Bei der Herstellung gewirkter Halbzeuge, die mittels Magazinschusseintrag gefertigt werden (s. Abschn. 7.3.2.2), ist es notwendig, jene nach der Wirkstelle vom Transportsystem zu trennen. Dies erfolgt durch Abschneiden des im Haltesystem befindlichen Randstreifens entweder unmittelbar nach der Wirkstelle oder vor Erreichen des Warenabzugs.

Mit dem Warenabzug wird die Kettenwirkware aus der Arbeitsstelle heraus transportiert, auch die zur Verarbeitung notwendige Zugkrafterteilung auf die Wirk- so-

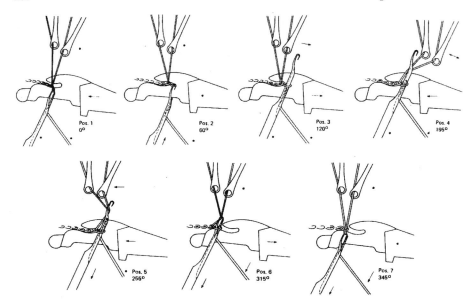

Abb. 7.18 Maschenbildungsvorgang am Beispiel eines RL-Kettenwirkautomaten (Quelle: LIBA Maschinenfabrik GmbH)

wie Kett- und Schussfäden kann über den Warenabzug erfolgen. Die Krafteinleitung erfolgt durch Reibung zwischen dem textilen Flächengebilde und einer Zwei- oder Drei-Walzengruppen. Durch die Umschlingung um die Walzen wird ein sicherer und schlupffreier Warenabzug gewährleistet. Die Oberflächen der Walzen sind hinsichtlich des Belages und der Strukturierung variabel und können dem zu fertigenden Produkt anforderungsgerecht angepasst werden. Der Antrieb der Abzugswalzen erfolgt:

- durch die Hauptwelle (die Vorgabe der gewünschten Warenabzugsgeschwindigkeit erfolgt mechanisch durch Zahnräderwechsel) oder
- durch einen eigenen Servomotor (die Eingabe der gewünschten Warenabzugsgeschwindigkeit erfolgt elektronisch über Computereingabe (EAC-System)).

Zusätzlich zum Randbeschnitt kann auch eine Längsteilung der Kettenwirkware erfolgen, so dass mehrere parallele Warenbahnen gleichzeitig hergestellt werden können. Die vom Warenabzug geförderte Warenbahn wird im letzten Arbeitsschritt mittels einer Aufwickelvorrichtung auf eine Hülse oder eine Walze aufgewickelt.

7.3.5 *Prozessintegrierte Fertigung*

Zur Einsparung nachfolgender Prozessschritte und zur Erreichung verbesserter Textileigenschaften ist es möglich, Zusatzfunktionen in den Wirkprozess zu integrieren. Diese dienen zumeist der Textilveredlung wie etwa Beschichten, (Teil-)Imprägnieren, Trocknen oder Wärmebehandlung. Grundsätzlich können die unterschiedlichsten Zusatzfunktionen mit Wirkmaschinen kombiniert werden, wenn sie zwischen der Wirkmaschine und einer räumlich getrennten Aufwickelvorrichtung angeordnet werden (Abb. 7.19). Hierbei wird die Warenbahn durch das zusätzliche Maschinenmodul geführt.

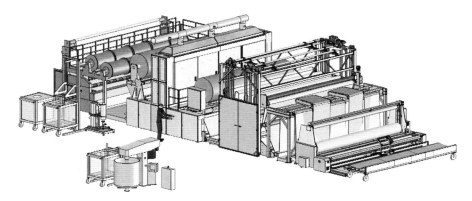

Abb. 7.19 Beispiel für die Integration von Beschichtung und Trocknung in den Wirkprozess am Beispiel der Herstellung Technischer Textilien für den Straßenbau und Geotextilien (Quelle: LIBA Maschinenfabrik GmbH)

Bestehen bei Kettenwirkwaren mit Schussfäden besonders hohe Anforderungen an die Exaktheit der Geometrie des Flächengebildes, ist es angebracht, die Veredlungsstufen vor dem Trennen der Warenbahn vom Schussfadentransportsystem anzuordnen. So kann sichergestellt werden, dass die Geometrie der Schuss- und Kettfadenlagen im geforderten Zustand durch die Beschichtung oder Wärmebehandlung fixiert wird. Erst danach wird die Warenbahn vom Transportsystem getrennt und aufgewickelt. Dazu ist es nötig, den Maschinenrahmen zwischen Wirkeinheit und Warenabzug zu verlängern. Durch einen modularen Maschinenaufbau besteht hierbei für die Anwender eine sehr große Gestaltungsfreiheit.

7.4 Maschinentechnik für zweidimensionale gewirkte Halbzeuge

7.4.1 Konventionelle RL-Kettenwirkmaschinen zur Herstellung gewirkter Halbzeuge

Klassische RL-Kettenwirkmaschinen, die auch für die Herstellung Technischer Textilien zum Einsatz kommen, sind *Kettenwirkautomaten* und *Raschelmaschinen*. Im Gegensatz zu den nachfolgend beschriebenen Multiaxial-Kettenwirkmaschinen können hier Flächengebilde rein aus Maschen hergestellt werden, wobei auch die Möglichkeit besteht, Kettfaden- und Schussfadenlagen zu integrieren und bei Raschelmaschinen andere Flächengebilde wie Vliesstoffe mit den Fadenlagen zu verbinden. Die wesentlichen Unterschiede der beiden Maschinentypen sind:

- die Arbeitsorgane,

  - bei Kettenwirkautomaten mit kombinierter Einschließ- und Abschlagplatine,
  - bei Raschelmaschinen mit Stechkammbarre und Fräsblech,

- die Anzahl der Legebarren,

  - bei Kettenwirkautomaten bis zu fünf,
  - bei Raschelmaschinen bis zu 64,

- und der Winkel zwischen Kettfadenschar und Warenbahn,

  - bei Kettenwirkautomaten ca. $45° - 90°$,
  - bei Raschelmaschinen ca. $170°$.

Abbildung 7.20 zeigt die Arbeitsstellen eines Kettenwirkautomaten und einer Raschelmaschine. Bei Kettenwirkautomaten unterstützt die kombinierte Einschließ- und Abschlagplatine das Einstreichen und Abschlagen (s. Abschn. 7.3.3). Die Abmessungen der kombinierten Einschließ- und Abschlagplatine im Bezug zum Nadelhub definieren die Abschlagtiefe und legen maßgeblich die Maschengröße fest. An einer Raschelmaschine übernehmen der Stechkamm und das Fräsblech die Aufgaben des Niederhaltens der vorher gebildeten Halbmaschen und die Festlegung der Maschengröße. Neben den Standardarbeitsorganen werden Zusatzeinrichtungen wie Magazinschusseintragssystem, Jacquardsysteme, Polplatinen und Fallbleche je nach zu fertigendem Produkt montiert. Die durch diese Zusatzeinrichtungen resultierenden Bauformen können wie folgt zusammengefasst werden [2]:

Kettenwirkautomaten

- Standardmaschine mit bis zu fünf Legebarren
- Kettenwirkautomat mit Schusseintrag
- Kettenwirkautomat für Polwaren

- Kettenwirkautomaten mit Cut-Presstechnik
- Standardmaschine mit zwei Arbeitsstellen

Raschelmaschinen

- Standardraschelmaschinen
- Raschelmaschinen mit Jacquardeinrichtung
- Raschelmaschinen mit Multi-Bar und Jacquardeinrichtung
- doppelbarrige Raschelmaschinen
- Raschelmaschinen mit Schusseintrag

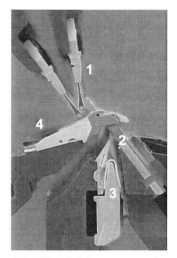 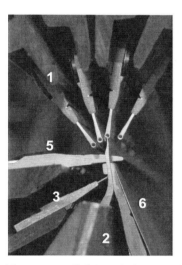

Abb. 7.20 Arbeitsorgane an einem Kettenwirkautomaten (links) und einer Raschelmaschine (rechts) (Quelle: LIBA Maschinenfabrik GmbH)
(1: Legebarre mit Lochnadeln, 2: Schiebernadelbarre, 3: Schieberbarre, 4: kombinierte Einschließ- und Abschlagplatinenbarre, 5: Stechkammbarre, 6: Fräsblech)

Technologie- und konstruktionsbedingt zeichnen sich Kettenwirkautomaten, auf Grund der geringeren Anzahl an Legebarren und der kürzeren auszuführenden Wege der Maschenbildungsorgane, gegenüber Raschelmaschinen durch eine höhere Maschinendrehzahl aus. Die Musterungsmöglichkeiten sind jedoch wegen des geringeren Nadelhubs und der niedrigeren Anzahl an Legebarren begrenzt. Hier bieten Raschelmaschinen einen wesentlich größeren Gestaltungsspielraum. Auf beiden Maschinentypen können durch einen zusätzlichen Schusseintrag in Längs- oder Querrichtung ein- oder biaxial verstärkte Wirkstrukturen hergestellt werden, die denen von Multiaxial-Kettenwirkmaschinen ähneln. So ist es möglich, Textileigenschaften wie Festigkeit, Dehnung und Biegesteifigkeit gezielt zu beeinflussen.

Für den effizienten Eintrag einer hohen Anzahl von Schussfäden in Schmaltextilien wurde die *Häkelgalontechnik* entwickelt. Bei Häkelgalonmaschinen sind im Gegensatz zu herkömmlichen Kettenwirkmaschinen die Bewegungen der um 90° geschwenkt angeordneten Schusslegebarren von denen der maschenbildenden Legebarren (meist nur eine oder zwei) getrennt. Beim Austreiben der Wirknadel tritt diese zwischen den Fadenführungselementen der Schussleger hindurch. Unmittelbar darauf schwenken die Schusslegeschienen aus und beginnen mit der Versatzbewegung, die vor dem erneuten Austreiben der Nadel beendet sein muss. Vor dem Austreiben der Wirknadel werden die Schussleger wieder in den Bereich der Wirknadel geschwenkt und der quer gelegte Schussfaden ist unter der Nadel angeordnet und wird beim nachfolgenden Maschenbildungsvorgang in die Maschen eingeschlossen. Die Schusslegung erfolgt elektronisch gesteuert über Teilbreiten oder über die gesamte Warenbreite, wobei im Vergleich zum herkömmlichen Kettenwirken wesentlich geringere Breiten von bis zu 600 mm üblich sind. Der wesentliche Vorteil der Häkelgalonmaschinen besteht darin, dass auch sehr grobe Fäden, wie Glas- und Carbonrovings, als Quer-, Diagonal- oder Längsschuss maschengerecht (ohne Anstechen der Fäden) eingetragen werden können. Häkelgalonmaschinen eignen sich deshalb vor allem für die Fertigung von anforderungsgerechten, gelegeähnlichen schmalen Preformstrukturen.

7.4.2 Multiaxial-Kettenwirkmaschinen für die Fertigung gewirkter Verstärkungsstrukturen

Die Multiaxial-Kettenwirkmaschine, häufig auch als Nähwirkmaschine bezeichnet, ist die typische Plattform für die Herstellung multiaxialer Strukturen für den Leichtbau, da die gestreckt und in unterschiedlichen Ausrichtungen verlaufenden Fäden zu einer hohen Steifigkeit des Textils und somit des Verbundbauteils führen. Multiaxial-Kettenwirkmaschinen sind Kettenwirkmaschinen mit einer Nadelbarre (Rechts-Links) und üblicherweise zwei Legebarren zur Verbindung von vorgelegten Fadenscharen und/oder Flächen durch die Wirkfäden, indem die Nadeln die vorgelegte Fadenschar und/oder Fläche durchdringen und mittels Maschen verbindet. Diese Arbeitsweise führt zu einer sehr hohen Produktivität dieses Flächenbildungsprozesses. Die Funktionsstruktur einer Multiaxial-Kettenwirkmaschine ist in Abbildung 7.21 dargestellt. Typisch für den Aufbau von Multiaxial-Kettenwirkmaschinen ist das Schusstransportsystem, das die Fadenlagen der Wirkstelle zuführt. Die Maschinen weisen mehrere Schussleger auf (s. Abschn. 7.3.2.2), von denen mindestens einer, zumeist jedoch zwei, auch Diagonalschüsse eintragen kann. Das heißt, dass die Fadenlagen anforderungsgerecht übereinander abgelegt und anschließend durch die Wirkeinheit miteinander verbunden werden können (Abb. 7.22). Maschinen mit nur einem fest installierten Schussleger für die Schusslegung quer zur Arbeitsrichtung der Maschine werden zur begrifflichen Abgrenzung meist als Biaxial-Kettenwirkmaschinen bezeichnet. Mit diesen technischen Gegebenheiten sind die Voraussetzungen geschaffen, angepasste textile Halbzeuge mit geeigneten Faserausrichtungen für Verbundwerkstoff-Bauteile bereit zu stellen, die mehrachsigen Belastungszuständen mit Normal-, Schub-, Biege- und Torsionsspannungen ausgesetzt sind. Nachdem die Schussfäden in die Transportkette eingelegt sind, werden die Kettfäden als oberste Lage zugeführt und der Lagenstapel anschließend in der Wirkeinheit mit Maschen verbunden. Die Verbindung der Fadenlagen durch die Maschen eröffnet vielfältige Möglichkeiten zur anforderungsgerechten Gestaltung der textilen Halbzeuge bezüglich ihrer Anpassung an die Bauteilform und bei Verwendung geeigneter Wirkfäden auch gegenüber Impactbelastungen und damit verbundener Delamination. Die Arbeitsbreite der Maschinen liegt häufig zwischen 1,25 m und 2,5 m, wobei handelsübliche Maschinen zumeist keine Änderung der Arbeitsbreite ermöglichen. Maschinen für größere Arbeitsbreiten werden gesondert angeboten.

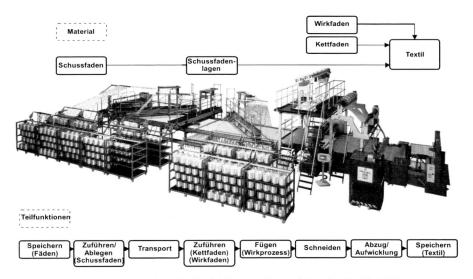

Abb. 7.21 Funktionsstruktur einer Multiaxial-Kettenwirkmaschine (Quelle: Karl Mayer MALIMO Textilmaschinenfabrik GmbH)

Die auf Multiaxial-Kettenwirkmaschinen hergestellten Flächengebilde werden nach DIN 61211 als *Nähwirkstoffe* bezeichnet. In der Praxis ist außerdem eine Vielzahl anderer Bezeichnungen wie Multiaxialgelege oder verwirktes Gelege üblich, die darauf hinweisen, dass Nähwirkstoffe eine Unterart der Gelege sind. Der Oberbegriff Gelege wird verwendet für ein durch Stoffschluss oder mechanisch durch Reibund/oder Formschluss fixiertes Flächengebilde, das aus einer oder mehreren Lagen paralleler und gestreckter Fäden und/oder anderer Flächengebilde besteht. Dabei können die Fadenlagen verschieden orientiert sein und unterschiedliche Fadendichten aufweisen. Ein *Nähwirkstoff* ist demzufolge ein durch maschenförmiges Einbinden von Wirkfäden fixiertes Gelege. Die Ausrichtung der Fadenlagen im Multiaxialgelege muss nicht notwendigerweise gerade sein. Mit Einrichtungen zur Manipulation von Kett- und Schussfäden kann der Fadenverlauf in weiten Grenzen eingestellt werden [3, 4].

Eine Einteilung der Multiaxialgelege in Hinblick auf das textile Produkt kann in Anlehnung an DIN 61211 hinsichtlich der zu verbindenden Flächen in Fadenlagen-Multiaxialgelege und Kombinations-Multiaxialgelege erfolgen. Fadenlagen-Multiaxialgelege bestehen nur aus Kett- oder Schussfadenlagen. Kombinations-Multiaxialgelege können hingegen Fadenlagen und Flächengebilde enthalten. Dies stellt neben dem geraden, gestreckten und in der Winkelausrichtung weitestgehend frei wählbaren Fadenverlauf einen der wesentlichen Vorteile der Multiaxialgelege bei der Anwendung in Verbundwerkstoffen dar. Eine derartige Eigenschaftskombination ist mit keinem anderen textilen Flächenbildungsverfahren erreichbar.

Die Bezeichnung der Multiaxialgelege kann je nach der vorhandenen Fadenlagenausrichtung präzisiert werden, nämlich als:

- einaxiales Gelege mit einer oder mehreren Fadenlagen in einer Richtung (1D-Struktur),
- biaxiales Gelege mit zwei oder mehr Fadenlagen in zwei Richtungen in einer Ebene (2D-Struktur),
- multiaxiale Gelege mit mehr als zwei Fadenlagen in mehr als zwei Richtungen in einer Ebene (2D-Struktur) und
- multiaxiale Gelege mit mehr als zwei Fadenlagen in mehr als zwei Richtungen mit Wirkfäden als Verstärkungsfäden (3D-Struktur).

Die Angabe der Orientierungen der einzelnen Lagen erfolgt üblicherweise in der Form $[\alpha/\beta/\gamma]$, wobei α, β und γ den Ablagewinkeln der Fadenlagen entsprechen. Die Orientierungen der einzelnen Fadenlagen werden in Abhängigkeit der Produktionsrichtung angegeben. Die Produktionsrichtung wird als x-Richtung beziehungsweise als 0°-Richtung definiert, die Querrichtung als y- beziehungsweise als 90°-Richtung und die Stapelfolge als z-Richtung. Die Bezeichnung der Fadenorientierungen erfolgt für Fadenlagen, die vom Koordinatenursprung in Richtung der positiven x-Achse und der positiven y-Achse verlaufen mit „+" und für Fadenlagen, die in Richtung der positiven x-Achse und der negativen y-Achse verlaufen mit „–" in Relation zur 0°-Richtung (Abb. 7.22). Ein vierlagiges Multiaxialgelege mit den Ausrichtungen der einzelnen Lagen von 0°, +45°, -45° und 90° wird somit in der Form [0 / +45 / -45 / 90] gekennzeichnet.

Durch den zusätzlichen Einsatz von Verstärkungsfäden als Wirkfaden werden beim Einsatz der Verbundbauteile die interlaminare Delamination, also das Versagen des Verbundes zwischen den Fadenlagen, reduziert, ein schadenstolerantes Bauteilversagen ermöglicht und das Crash- und Impactverhalten der Verbunde verbessert.

Die Einstellung der Fadenlagenorientierung erfolgt über die Schussfadenleger. Dafür sind drei unterschiedliche Systeme verfügbar:

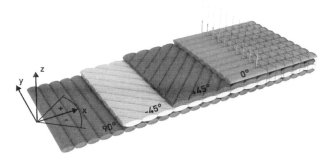

Abb. 7.22 Angabe der Fadenlagenorientierung in Nähwirkstoffen

- Multiaxial-Kettenwirkmaschinen mit fester Anordnung der Schussfadenleger (zum Beispiel [+45 / 90 / –45]),
- Multiaxial-Kettenwirkmaschinen mit manuell verstellbarer Anordnung der Schussfadenleger, das heißt die Orientierung wird vor Produktionsbeginn durch Verschiebung der Legerposition relativ zum Transportrahmen eingestellt, die Leger stehen während der Produktion fest und
- Multiaxial-Kettenwirkmaschinen mit elektronisch gesteuerten Schussfadenlegern, das heißt der Legewinkel wird über die Maschinensteuerung eingestellt, die Leger werden in Arbeitsrichtung der Maschine bewegt und die Orientierung der Schussfäden ergibt sich aus dem angepassten Verfahrweg (Abb. 7.23).

Die mögliche Anzahl an Fadenlagen und Fadenlagenorientierungen entspricht der Anzahl an Schusslegern und Kettfadenzuführvorrichtungen in der Maschine. Übliche Multiaxial-Kettenwirkmaschinen verfügen über drei Schussleger, je nach Hersteller sind auch Konfigurationen mit fünf bis sieben Schusslegern verfügbar, zu denen meist noch eine Kettfadenlage zugeführt werden kann. Damit ist es möglich, die Festigkeitseigenschaften des textilen Halbzeugs gezielt von anisotrop über orthotrop bis hin zu quasi-isotrop einzustellen. Dies wird in Abbildung 7.24 schematisch als Polardiagramm dargestellt, das die qualitative Verteilung der mechanischen Verbundeigenschaften in Abhängigkeit vom Beanspruchungswinkel für ein einaxiales, ein biaxiales sowie ein multiaxiales Gelege zeigt.

Grundsätzlich entsprechen die Wirkelemente einer Multiaxial-Kettenwirkmaschine denen aller Wirkmaschinen. Abweichungen ergeben sich aus der Arbeitsweise, vorgelegte Fadenlagen und/oder Flächengebilde zu verbinden. Da diese von den Nadeln durchdrungen werden müssen, sind die Schiebernadeln mit einer Spitze versehen und werden als Durchstech-Schiebernadeln bezeichnet. Weiterhin typisch ist die auf der Nadelseite angeordnete Abschlagplatine, die bei der Rückwärtsbewegung der Nadeln die Fadenlagen zurückhält. Aus dem gleichem Grund befinden sich auf der Legebarrenseite Gegenhaltestifte, die die Fadenlagen beim Einstechen der Nadeln zurückhalten. Die Ausgestaltung der Wirkstelle variiert von Hersteller zu Hersteller. Zwei Beispiele dazu sind in Abbildung 7.25 dargestellt. Alle aktu-

Abb. 7.23 Elektronisch gesteuerte Anpassung der Legerorientierung bei Multiaxial-Kettenwirk-maschinen (Quelle: LIBA Maschinenfabrik GmbH)

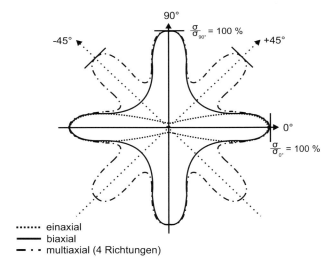

.... einaxial
—— biaxial
— · · multiaxial (4 Richtungen)

Abb. 7.24 Zusammenhang zwischen Ausrichtung der Fadenlagen und der strukturbedingten Verbundfestigkeit von Multiaxialgelegen bezogen auf ihre jeweilige Festigkeit in Verstärkungsrichtung

ellen Multiaxial- und Biaxial-Kettenwirkmaschinen verwenden eine waagerechte Zuführung der Fadenlagen, wobei ältere Maschinen auch über eine senkrechte Zuführung der Fadenlagen verfügen können. Bei Biaxial-Kettenwirkmaschinen besteht zudem die Möglichkeit, die Schussfäden in Querrichtung so zuzuführen, dass sie von den Nadeln nicht angestochen werden und die Maschen exakt um die Fäden gelegt werden (maschengerechte Schussfadenzuführung). Vergleichbare Systeme für Multiaxial-Kettenwirkmaschinen mit Diagonal-Schussfadenlegern sind momentan nicht verfügbar, einzelne ältere Maschinen mit einer maschengerechten Schussfadenzuführung aller Lagen sind noch im industriellen Einsatz.

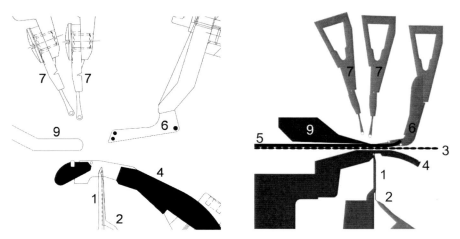

Abb. 7.25 Schematische Darstellung der Wirkelemente bei aktuellen Multiaxial-Kettenwirkmaschinen (links: LIBA Copcentra MAX 3, rechts: Karl Mayer Malitronic® Multiaxial) (1: Durchstech-Schiebernadel, 2: Schließdraht, 3: Schussfaden, 4: Abschlagplatine, 5: Kettfaden, 6: Kettfadenführer mit Gegenhaltenadel, 7: Legebarre (Wirkfadenführer), 8: Wirkfaden, 9: Stützschiene)

Der Kettfaden wird mit speziellen Kettfadenführern direkt an die Arbeitsstelle herangeführt. Die Gestaltung der Kettfadenführer wird auf das zu verarbeitende Fadenmaterial abgestimmt. Die Kettfadenführer können auch versetzbar gestaltet werden, dann ist es möglich, mit der Bindung Franse Kettfadenlagen abzubinden. Ein spezielles Kettfadenversatzsystem wird für die Herstellung von Multiaxialgelegen mit kraftflussgerecht angeordneten Kettfäden eingesetzt. Auf diesem Wege ist es möglich, einzelne Kettfäden oder Gruppen von Kettfäden auf der Oberseite des Multiaxialgeleges so anzuordnen, dass sie dem vorausberechneten Kraftverlauf im Bauteil entsprechen [3, 4].

Durch die gezielte Anpassung der Bewegung der Durchstech-Schiebernadeln kann ebenfalls Einfluss auf die Eigenschaften des Multiaxialgeleges genommen werden. Eine Option besteht darin, die Nadel während des Einstechens in die Fadenlagen in Arbeitsrichtung der Maschine mit zu bewegen. Dadurch verringern sich die Größe der beim Durchstechen entstehenden Öffnungen und die Schädigung der Kett- und Schussfäden. Zur gezielten Beeinflussung der Fadenlagenanordnung im Multiaxialgelege kann die Schiebernadelbarre im erweiterten Wirkprozess auch seitwärts versetzt werden. Dadurch ist es möglich, die Bindung des Wirkfadens auf der Seite der Schiebernadeln ebenso umfassend zu beeinflussen wie auf der Seite der Legebarren. Auf diesem Wege lassen sich zum Beispiel symmetrische Multiaxialgelege mit Kettfadenlagen auf den Außenseiten herstellen, die auf konventionellen Multiaxial-Kettenwirkmaschinen nicht realisierbar sind [5].

Aktuelle Entwicklungen im Bereich der glasfaserverarbeitenden Multiaxial-Kettenwirkmaschinen, die derzeit noch den Markt dominieren, konzentrieren sich insbesondere auf die Steigerung der Produktivität, die derzeit bei etwa 6 m/min Produktionsgeschwindigkeit liegt, und auf die Verbesserung der erzielbaren Qualität der gewirkten Halbzeuge, unter anderem durch die schädigungsarme Verarbeitung des Fasermaterials. Parallel dazu wird die Entwicklung spezialisierter Maschinen für die Carbonfaserverarbeitung vorangetrieben. Hierbei steht zum einen das sichere, qualitativ hochwertige Aufspreizen der Filamentgarne zu Faserbändern im Mittelpunkt, zum anderen die sichere, drehungsfreie und gestreckte Verlegung der Schussfäden in Transportmechanismus. Dabei kommen verstärkt Filamentgarne mit sehr hoher Faseranzahl (sogenannte Heavy Tows) zum Einsatz. Die Integration zusätzlicher Arbeitsschritte in den Wirkprozess, etwa zur Textilausrüstung, führt zur zunehmenden Modularisierung und Flexibilisierung des Fertigungsprozesses. Damit kann bei gesteigerter Wertschöpfung bei der Herstellung gewirkter Halbzeuge flexibler auf neue Produktanforderungen reagiert werden. Durch die Nutzung spezieller Fadenlegesysteme können versteifende Elemente und zusätzlich verstärkte Krafteinleitungszonen realisiert werden. Gleichzeitig bestehen Bestrebungen, den Wirkprozess aus der Fertigung von Multiaxialgelegen herauszunehmen, um textile Halbzeuge mit ähnlichen Eigenschaften wie denen von chemisch verfestigten Gelegen zu erzeugen. Die große Herausforderung hierbei besteht in der Einstellung einer den gewirkten Multiaxialgelegen vergleichbaren Drapierbarkeit.

Neben der Online-Textilveredlung im Wirkprozess kann auch die Integration zusätzlicher funktioneller Elemente, wie etwa elektrischer Leiter für die Realisierung von Sensornetzwerken, zur Verkürzung des Gesamtfertigungsprozesses bei vielen Leichtbauanwendungen führen. Hier ist auch der Trend zu beobachten, der endgültigen Bauteilgeometrie nahe textile 3D-Halbzeuge zu fertigen, um die Anzahl nachfolgender Prozessschritte zu reduzieren.

Mit der Erschließung von Anwendungsfeldern mit sehr hohen Qualitätsanforderungen in hochproduktiven Prozessen, wie etwa der Fertigung von Automobilkomponenten, gewinnt die Qualitätsüberwachung zunehmend an Bedeutung. Hier werden derzeit praxistaugliche Konzepte zur Online-Kontrolle auf der Grundlage von Verfahren zur zerstörungsfreien Werkstoffprüfung über alle Fertigungsstufen hinweg entwickelt. Somit kann davon ausgegangen werden, dass der Einsatz gewirkter Halbzeuge für Leichtbauanwendungen zukünftig weiter zunehmen wird.

7.5 Maschinentechnik für dreidimensionale gewirkte Halbzeuge

Die Herstellung von dreidimensionalen gewirkten Halbzeugen gewinnt für den Bereich der Technischen Textilien zunehmend an Bedeutung. Der Grund dafür ist die Möglichkeit unterschiedliche, teilweise sogar gegensätzliche Eigenschaften, wie zum Beispiel dicht oder offen, glatt oder stark strukturiert sowie einseitig dimensionsstabil und gleichzeitig abseitig hochelastisch in einem dreidimensionalen Halbzeug zu kombinieren. Auf Grund einer Vielzahl an Einstellparametern können die Eigenschaften der gewirkten Halbzeuge auf vielfältige Art und Weise beeinflusst werden und lassen die Konstruktion anforderungsgerechter dreidimensionaler textiler Strukturen für die unterschiedlichsten Einsatzgebiete zu.

Dreidimensionale gewirkte Halbzeuge werden auf doppelbarrigen Raschelmaschinen (RR-Abstandsraschelmaschinen) gefertigt. Auf Basis der RR-Wirktechnologie werden zwei voneinander unabhängige textile Flächen mittels gleichzeitiger Einarbeitung eines 3D-Fadensystems (Polfadensystem) zu einer räumlichen textilen Konstruktion verbunden. Das 3D-Fadensystem besteht zumeist aus Monofilamenten, um eine druckelastische Verbindung zwischen den beiden Gewirkeflächen zu realisieren (Abb. 7.26).

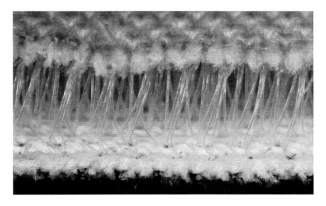

Abb. 7.26 Querschnitt eines dreidimensional gewirkten Halbzeugs

Die Arbeitsorgane und deren konstruktive Ausführung sind bei einer doppelbarrigen Raschelmaschine analog zu den RL-Raschelmaschinen gestaltet. Erstere jedoch weisen eine zusätzliche spiegelbildlich angeordnete Arbeitsstelle auf. Der Abstand der Nadelbarren ist je nach Maschinentyp und Hersteller bis höchstens 65 mm variabel einstellbar. Durch Verstellung des Nadelbarrenabstands während der Herstellung entstehen dreidimensionale gewirkte Halbzeuge mit über die Produktionsrichtung veränderlichem Querschnitt.

Während des Maschenbildungsvorgangs sind die beiden Nadelbarren asynchron um 180° Hauptwellendrehwinkel versetzt im Eingriff. Die Maschenbildung erfolgt analog zu den im vorangegangenen Kapitel beschriebenen RL-Kettenwirkmaschinen, mit dem Unterschied, dass auch Fäden zwischen den beiden Nadelbarren verlaufen. Typische doppelbarrige Raschelmaschinen sind mit fünf bis sieben Legebarren ausgestattet. Mindestens die erste und die letzte Legebarre dienen zur Fertigung der jeweiligen Oberfläche des Abstandgewirkes. Die verbleibenden Legebarren bilden das Polfadensystem und verbinden die Oberflächen miteinander zu einem dreidimensionalen Gewirke. Die Arbeitsstelle einer doppelbarrigen Raschelmaschine mit Zungennadeln ist in Abbildung 7.27 beispielhaft dargestellt.

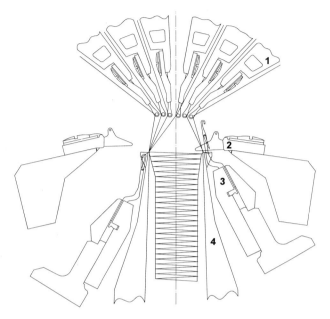

Abb. 7.27 Wirkwerkzeuge einer doppelbarrigen Raschelmaschine (Quelle: LIBA Maschinenfabrik GmbH)
(1: Legebarre mit Lochnadeln, 2: Stechkammbarre, 3: Nadelbarre mit Zugnadeln, 4: Fräsblech)

Durch einen zusätzlichen Eintrag von Kett- und Schussfäden, je nach Maschinentyp auf einer oder beiden Maschinenseiten, können die Vorteile von Multiaxial-Kettengewirken mit den Möglichkeiten von dreidimensionalen gewirkten Halbzeugen kombiniert werden. Diese axial verstärkten 3D-Kettengewirke eignen sich hervorragend für Anwendungen, die neben einer definierten Festigkeit und Steifigkeit in Längs- und Querrichtung zusätzlich eine definiert druckelastische Abstandsschicht erfordern. Ein aktuelles Anwendungsgebiet für derartige Halbzeuge sind textile Bewehrungen für Beton (s. Kap. 16.4).

7.6 Parameter und Eigenschaften der gewirkten Halbzeuge

Der Kettenwirkprozess für die Herstellung zwei- und dreidimensionaler Halbzeuge bietet zahlreiche Parameter, durch deren Variationen die Eigenschaften der herzustellenden Endprodukte weitreichend beeinflussbar und anforderungsgerecht einstellbar sind. So können beispielsweise im Multiaxial-Kettenwirkprozess die folgenden Faktoren bei der Fertigung der gewirkten Halbzeuge variiert werden:

Fadenmaterial

- Aufmachung

    - Faserlänge im Garn (Stapelfasergarne, Filamentgarne)
    - Fadenquerschnitt (rund, oval, bandförmig)
    - spezielle Aufmachungen (glatte Garne, texturierte Garne, Effektgarne, Hybridgarne, Drähte)

- Werkstoff

    - Naturfasern
    - klassische Chemiefasern (PAN, PES, PP)
    - Hochleistungsfaserstoffe (Glas, Carbon, Aramid)

Zuführung der Ausgangsmaterialien

- Speichermedium der Fäden (Kettbaum, Spule, Spulenart)
- Abzug vom Speichermedium (über den Umfang oder über Kopf, von außen oder von innen, aktiv oder passiv)
- Wirkfadenliefermenge (angegeben in mm/Rack, 1 Rack = 480 min^{-1} bezogen auf die Umdrehungen der Hauptwelle)
- Wirkfadenspannung (ist u. a. abhängig von der Wirkfadenliefermenge, den Fadenbremsen, den vorhandenen Reibstellen, der Bindung)
- Schussfadenabzug vom Gatter (kontinuierlich, intermittierend)
- Schussfadeneintrag in das Transportsystem (endlos, sequentiell, gespreizt)
- Kettfaden- und Schussfadenspannung
- Anzahl von Kett- und Schussfäden pro Fadenführer (einzeln oder mehrere Fäden gefacht)

Anordnung der Ausgangsmaterialien

- Anordnung des Wirkfadens (Maschendichte)

– Die Maschenstäbchenanzahl quer zur Produktionsrichtung wird über die Lochnadel- sowie die Nadelteilung und über den Einzug eingestellt. Beispielsweise beträgt die Lochnadelteilung bei Maschinenfeinheit E7 (sieben pro Zoll) ca. 3,6 mm, mit dem Einzug 1 voll, 1 leer führt dies zu einer theoretischen Maschenstäbchenanzahl von ca. 3,5 pro Zoll mit einem Abstand von ca. 7,2 mm).

– Die Maschenreihenanzahl in Produktionsrichtung wird beispielsweise bei Multiaxial-Kettenwirkmaschinen über die Stichlänge als Verhältnis von Maschinendrehzahl zu Abzugsgeschwindigkeit eingestellt und kann sehr fein abgestuft eingestellt werden (z. B. 2 mm).

• Anordnung der Fadenlagen

– Anzahl (z. B. zwei)

– Ausrichtung der einzelnen Fadenlagen (z. B. [0 / 90])

– Fadendichte innerhalb der einzelnen Fadenlagen (z. B. fünf pro Zoll)

• Anordnung von zusätzlichen Materialien

– Glasschnitzel

– Vliesstoffe

– Folien

– UD-Prepreg

– Multiaxialgelege (zur Realisierung hoher Lagenanzahl oder symmetrischer Aufbauten)

Bindung

• Bindung (Franse, Trikot etc.)

• Art der Abbindung (bei Zuführung von Fadenlagen)

– maschengerecht (selten), das heißt die Kett- und Schussfäden werden nicht von den Durchstech-Schiebernadeln angestochen, sondern diese durchdringen die Fadenlagen in den Fadenzwischenräumen und die Kett- und Schussfäden werden in die Maschen eingebunden

– nicht-maschengerecht (häufig), das heißt die Kett- und Schussfäden werden prinzipbedingt von den Durchstech-Schiebernadeln angestochen

Abzug, Nachbehandlung, Speicherung

• Warenabzugsgeschwindigkeit

- prozessintegrierte Veredlungsstufen (Wärmebehandlung, Beschichtung)
- Wicklertyp (Umfangswickler, Zentrumswickler)

Der Einfluss der aufgezählten Parameter auf die Eigenschaften der Endprodukte des Multiaxial-Kettenwirkverfahrens, zumeist Verbundbauteile auf duroplastischer, thermoplastischer oder mineralischer Basis, kann nach dem derzeitigen Stand der Technik nicht allgemeingültig formuliert werden. Die Bandbreite an Anforderungen der unterschiedlichen Zielanwendungen, die Vielzahl an Einflussfaktoren und deren gegenseitige Beeinflussung haben bisher dazu geführt, dass für eine sehr große Anzahl an Einzelfällen und bestimmten Parameterkombinationen Erkenntnisse vorliegen, die jedoch nur teilweise verallgemeinert werden können. Deshalb soll an dieser Stelle eine kurze Übersicht darüber gegeben werden, wie sich wichtige Prozessparameter beim Multiaxial-Kettenwirken auf die Produkteigenschaften auswirken. Entscheidende Zielgrößen für Faserkunststoffverbunde sind hohe Kennwerte für die Zugfestigkeit, den E-Modul, die Biegefestigkeit, den Widerstand gegenüber Delamination und Impact sowie ein gutes Tränkungsverhalten. Als Vergleichsgröße werden in diesem Zusammenhang oft die entsprechenden Kennwerte für UD-Prepregs (s. Kap. 11) herangezogen. Verallgemeinernd kann gesagt werden, dass diese eine sehr gute Zugfestigkeit, einen hohen E-Modul, aber einen schlechten Widerstand gegenüber Delamination aufweisen.

Versuche mit Multiaxialgelegen zeigen, dass durch die Verwendung hochfester Wirkfäden (z. B. Glas- oder Aramidfilamentgarn) eine deutliche Verbesserung der Delaminationsfestigkeit gegenüber UD-Prepregs erreicht werden kann. Eine Reihe weiterer Kennwerte wird durch eine solche maschenförmige Verbindung auf Grund der in Dickenrichtung liegenden hochfesten Fäden positiv beeinflusst. So verbessern geeignete Wirkfäden die Schadenstoleranz, die Bruchzähigkeit und darüber hinaus die Druck- und Zugfestigkeit nach einer Schlagbeanspruchung [6–9].

Die Lagenverbindung durch Wirkfäden führt im Gegenzug zur Beeinträchtigung relevanter mechanischer Kennwerte der entsprechenden Verbundwerkstoffe in Faserrichtung (In-Plane-Eigenschaften). Bekannt ist, dass die Wirkfäden an den Stellen, an denen sie die Textillagen durchdringen, zu Fasereinschnürungen an den Außenseiten des Multiaxialgeleges und zu Verschiebungen der Verstärkungsfasern (Ondulationen) führen [9, 10]. Dadurch werden Öffnungen in der Textiloberfläche hervorgerufen, die sich zumeist auch während der Weiterverarbeitung nicht schließen. Diese Fehlstellen führen beispielsweise in Faserkunststoffverbunden zu Harzanreicherungen und Lufteinschlüssen, welche wiederum Spannungskonzentrationen zur Folge haben. Insgesamt steigt so das Risiko, dass im Verbundwerkstoff Defekte auftreten. Als Folge dessen zeigen sich häufig Verschlechterungen der Eigenschaften in Faserrichtung der untersuchten Mehrschichtverbunde gegenüber solchen aus UD-Prepregs, insbesondere hinsichtlich der Steifigkeit, der Zugfestigkeit, der Druckfestigkeit, der Schubfestigkeit und der Biegefestigkeit [9–14]. Neuere Untersuchungen zeigen aber auch, dass bei gezielter und auf die Anwendung abgestimmter Auswahl der Maschinenparameter unerwünschte Einflüsse des Wirkfadens auf die Eigenschaften in Faserrichtung stark reduziert werden können

[15]. Eine Möglichkeit dazu besteht im Einsatz mitbewegter Nadeln, welche die Vorwärtsbewegung der Fadenlagenbahn ausgleichen und damit die Größe der Einstichöffnung auf die Abmessungen der Nadel reduzieren.

Kaum betrachtet wurde bisher der Einfluss der Bindung. So kann zwar im Vergleich der Bindungen RL-Franse und RL-Trikot bestimmt werden, dass die Bindung RL-Trikot höhere Winkelabweichungen der Fasern in den Fadenlagen verursacht als die Bindung RL-Franse. Einflüsse der Bindungsart auf die Zugfestigkeit und die interlaminare Scherfestigkeit von Mehrschichtverbunden aus Multiaxialgelegen können jedoch bisher nicht sicher nachgewiesen werden. Bezüglich der Tränkungseigenschaften des Multiaxialgeleges besteht ein Einfluss der Bindung auf die Permeabilität. So führen ungleichmäßige Fadenabschnitte, wie beispielsweise bei RL-Franse-Trikot-Bindungen zu Dickenschwankungen und zur Verschließung der Kanäle für den Harzfluss. Dies resultiert in zufällig verteilten Permeabilitätseigenschaften im Multiaxialgelege. Bei Verwendung von Bindungen mit einem gleichmäßigen Fadenverlauf (z. B. RL-Trikot) können keine Verschiebungen festgestellt werden, so dass sich ein besseres Tränkungsverhalten ergibt [16]. Die Bindung wirkt sich weiterhin auf das Schervermögen aus. So weist ein Multiaxialgelege mit RL-Trikotbindung ein besseres Deformationsvermögen und damit auch eine bessere Drapierbarkeit auf als ein solches mit RL-Franse oder mit einer kombinierten RL-Franse-Trikot-Bindung [17].

Die Länge der Maschen im Multiaxialgelege hat Einfluss auf das Ausmaß der Faserabweichungen in den Kett- und Schussfadenlagen. Die verursachten Abweichungen fallen bei kleineren Stichlängen geringer aus. Zugfestigkeit, E-Modul und Scherfestigkeit in Längs- und Querrichtung steigen mit sinkender Stichlänge an [12]. Das Delaminationsverhalten wird ebenfalls durch eine kleinere Stichlänge positiv beeinflusst [8, 18].

Literaturverzeichnis

[1] ANONYM: *Ausbildungsunterlagen Firma LIBA Maschinenfabrik GmbH (Stand 30.11.2010)*
[2] ÜNAL, A.: *Analyse und Simulation des Fadenlängenausgleichs an Kettenwirkmaschinen für die optimale Konstruktion von Fadenspanneinrichtungen.* Dresden, Technische Universität Dresden, Fakultät Maschinenwesen, Diss., 2003
[3] HEINRICH, H. ; VETTERMANN, F.: Gestaltungsmöglichkeiten für bionische Verstärkungsstrukturen durch variable Filamentablage auf Multiaxialgelegen. In: *Kettenwirk-Praxis* 43 (2009), Nr. 4, S. 27–29
[4] HUFNAGL, E. ; BÖHM, R. ; KUPFER, R. ; ENGLER, T. ; CHERIF, Ch. ; HUFENBACH, W.: Mehraxiale Gitterstrukturen als Funktionselemente für Kunststoffbauteile. In: *Kunststoffe* (2011), Nr. 4, S. 85–88
[5] HAUSDING, J.: *Multiaxiale Gelege auf Basis der Kettenwirktechnik - Technologie für Mehrschichtverbunde mit variabler Lagenanordnung.* Dresden, Technische Universität Dresden, Fakultät Maschinenwesen, Diss., 2010. http://nbn-resolving.de/urn:nbn:de:bsz:14-qucosa-27716
[6] AYMERICH, F. ; PANI, C. ; PRIOLO, P.: Effect of stitching on the low-velocity impact response of [03/903]s graphite/epoxy laminates. In: *Composites: Part A* 68 (2007), S. 1174–1182

[7]   CHEN, L. ; SANKAR, B. ; IFJU, P.: A new mode I fracture test for composites with translaminar reinforcements. In: *Composite Science and Technology* 62 (2002), S. 1407–1414

[8]   DRANSFIELD, K. ; JAIN, L. ; MAI, Y.: On the effects of stitching in CFRPs - I. Mode I delamination toughness. In: *Composites Science and Technology* 58 (1998), S. 815–827

[9]   MOURITZ, A. ; LEONG, K. ; HERSZBERG, I.: A review of stitching on the in-plane mechanical properties of fibre-reinforced polymer composites. In: *Composites: Part A* 28 (1997), S. 979–991

[10] LEONG, K. et al.: The potential of knitting for engineering composites - a review. In: *Composites: Part A* 31 (2000), S. 197–220

[11] LOENDERSLOOT, R. et al.: Carbon composites based on multiaxial multiply stitched preforms - Part 5: Geometry of sheared biaxial fabrics. In: *Composites: Part A* 37 (2006), S. 103–113

[12] CHUN, H. ; KIM, H. ; BYUN, J.: Effects of through-the-thickness stitches on the elastic behaviour of multi-axial warp knit fabric composites. In: *Composite Structures* 74 (2006), S. 484–494

[13] LOMOV, S. et al.: Carbon composites based on multiaxial multiply stitched preforms - Part 1: Geometry of the preform. In: *Composites: Part A* 33 (2000), S. 1171–1183

[14] TRUONG, T. et al.: Carbon composites based on multi-axial multi-ply stitched preforms. Part 4: Mechanical properties of composites and damage observation. In: *Composites: Part A* 36 (2005), S. 1207–1221

[15] MEYER, O. ; GESSLER, A. ; WEGNER, A. ; VETTERMANN, F.: Influence of sewing of multiaxial textile structures in regard of mechanical properties. In: *Proceedings. SEICO 08 - Sampe Europe International Conference and Forum.* Paris, France, 2008

[16] LOMOV, S. ; VERPOEST, I. ; PEETERS, T. ; ROOSE, D. ; ZAKO, M.: Nesting in textile laminates: geometrical modelling of the laminate. In: *Composite Science and Technology* 63 (2003), S. 993–1007

[17] KONG, H. ; MOURITZ, A. ; PATON, R.: Tensile extension properties and deformation mechanisms of multiaxial non-crimp fabrics. In: *Composite Structures* 66 (2004), S. 249–259

[18] JAIN, L. ; MAI, Y.: Determination of mode II delamination toughness of stitched laminated composites. In: *Composites Science and Technology* 55 (1995), S. 241–253

Kapitel 8
Geflochtene Halbzeuge und Flechttechniken

Ezzeddine Laourine

Traditionell gilt das Flechten als Fertigungsverfahren für Schmaltextilien wie Schnüre und Seile. Neue Flechtverfahren ermöglichen die Herstellung von Strukturen mit komplexer Geometrie, die für Leichtbaulösungen, etwa im Fahrzeugbau, Anwendung finden. Dank der Möglichkeit, die Winkelausrichtung im Geflecht einzustellen und die Fäden bei kontinuierlicher Faserausrichtung in nahezu allen drei Raumrichtungen miteinander zu verflechten, nimmt das Flechten eine besondere Stellung bei der Fertigung von Verstärkungsstrukturen ein. 3D-Flechtverfahren erlauben die einfache Beeinflussung der Faserausrichtung und gewährleisten somit hohe Festigkeiten und Steifigkeiten bei reduzierter Masse. Dieses Kapitel beschreibt die verschiedenen Technologien des Flechtens zur Herstellung von 2D- und 3D-Strukturen. Das Prinzip und die Funktionsweise sowie die wichtigsten Komponenten von Flechtmaschinen werden detailliert erklärt. Die potenziellen Einsatzgebiete der Verfahren werden anhand von Beispielen dargestellt und die Möglichkeiten zur Funktionsintegration diskutiert.

8.1 Einleitung und Übersicht

Geflechte entstehen durch das regelmäßige Verkreuzen von mindestens drei Garnen, die diagonal zur Produktionsrichtung verlaufen. In der DIN 60000 werden sie als Erzeugnisse aus Flechtfäden mit regelmäßiger Fadendichte und geschlossenem Warenbild definiert [1]. In ein Geflecht lassen sich zusätzlich Verstärkungsfäden in axiale Richtung (sogenannte 0°- bzw. Stehfäden) einarbeiten. Geflechte können als flächen- aber auch als volumenbildende Strukturen ausgeführt sein [2]. Im Unterschied zu anderen textilen Prozessen werden beim Flechten offene Garnenden miteinander verarbeitet [3].

Das besondere Merkmal der Geflechte sind die schräg zur Strukturhauptachse verkreuzten Fäden, welche den Strukturen die hohe Flexibilität und dementsprechend eine gute Umformbarkeit verleihen.

Zur Bildung eines Geflechtes sind mindestens drei Rovings nötig, die abwechselnd in regelmäßig wiederholten Schritten miteinander verflochten werden. Abbildung 8.1 zeigt Schritte, die z. B. zur Erzeugung eines einfachen Geflechtes notwendig sind.

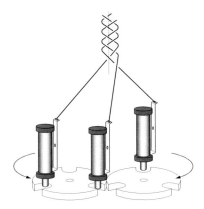

Abb. 8.1 Prinzip des maschinellen Flechtens

Als Rapport wird ein sich wiederholendes Muster verstanden, welches durch das Verfahren nach einer bestimmten Anzahl von Verarbeitungsschritten erzeugt wird. Bei dem in Abbildung 8.1 dargestellten einfachen Geflecht wird ein Rapport bereits nach zwei Schritten erreicht. Beim industriellen Flechten erfolgt meist der Einsatz von mehr als drei Fäden (bis zu mehreren hundert Fäden), die auch als *Flechtfaden* oder *Klöppelfaden* bezeichnet werden. Für komplexe dreidimensional geflochtene Strukturen mit in Längsrichtung veränderlichem Querschnitt kann ein *Rapport* viele Schritte benötigen. Er wird erreicht, nachdem alle zur Strukturbildung beteiligten Klöppel wieder die gleiche Aufstellung auf dem Flechtbett besetzen. Einige Flechtverfahren können je nach Bauteilgröße und Komplexität fast uneingeschränkte Musterrapporte ermöglichen.

8.2 Klassifizierung der Flechtverfahren

Geflechtstrukturen können in zwei- und dreidimensionale Gebilde unterschieden werden. Die Dimension der textilen Struktur wird nicht nach der äußeren Gestaltungsform definiert, sondern nach der Fadenablage. Wenn die Fäden nur in einer Ebene abgelegt werden, kennzeichnet man die Strukturen als 2D-Geflechte.

Verkreuzen sich die Fäden in allen drei Raumrichtungen, wird von einer 3D-Geflechtstruktur gesprochen.

Zu den 2D-Flechtverfahren gehören das klassische Rundflechten und das Umflechten. Diese Verfahren werden überwiegend für rein textile Anwendungen, wie die Fertigung von Litzen, Schnüren und Seilen, genutzt. Es können aber auch Verstärkungsstrukturen für spezielle Einsatzzwecke mit Hilfe dieser Verfahren realisiert werden, wie in den nachfolgenden Abschnitten gezeigt wird. Anzumerken ist, dass durch das Umflechten auch dreidimensionale Geometrien herstellbar sind.

Mit den 3D-Flechtverfahren lassen sich komplexere Strukturen umsetzen. Hauptsächlich werden diese Verfahren zur Herstellung von dreidimensionalen Verstärkungsstrukturen für den Leichtbau eingesetzt. Eine Übersicht zu den vorhandenen Flechtverfahren ist in Abbildung 8.2 dargestellt.

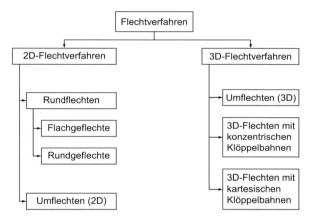

Abb. 8.2 Flechtverfahren – Klassifizierung

8.3 Funktionsweise einer Flechtmaschine

Die Produktionsabläufe einer Flechtmaschine bauen grundlegend auf dem Prinzip der Handtechnik auf. Das erste Patent für eine solche Maschine wurde im 18. Jahrhundert angemeldet [4]. Die ersten Flechtmaschinen bestanden aus Holz. Auch die heutigen, aus Stahl gebauten Maschinen basieren immer noch auf dem gleichen Prinzip. Auf einem Flechtbett wird jeder Flechtfaden kontrolliert entlang einer vordefinierten Bahn bewegt. Der Flechtfaden ist auf einer Spule gespeichert, die von einem Klöppel transportiert wird. Um ein geschlossenes homogenes Warenbild zu erhalten, sorgt der Klöppel während der Bewegung über dem Flechtbett auch für eine konstante Fadenzugkraft.

Damit sich die Fäden verkreuzen, wird beim Rundflechten die eine Hälfte der Klöppel in eine Richtung und die andere Hälfte in die entgegengesetzte Richtung der Flügelräder transportiert. Die Klöppel führen dabei eine sinusförmige Bewegung aus und ermöglichen damit das Verkreuzen der Fäden.

Abbildung 8.3 zeigt den schematischen Aufbau einer Rundflechtmaschine sowie die Anordnung der *Flügelräder* für die Herstellung einer *Litze* (Flachgeflecht) und eines Rundgeflechtes. Während beim Rundflechten die jeweilige Hälfte der Klöppel auf einem durchgehenden Pfad in einer Richtung drehen, wird bei der Erzeugung einer Litze eine Umkehrstelle auf dem Flechtbett integriert, so dass eine Richtungsumkehr an beiden Enden stattfindet. In der Praxis werden bei den üblichen Maschinen an der Umkehrstelle zwei größere Flügelräder eingesetzt, um Platz für den Umkehrklöppel zu schaffen.

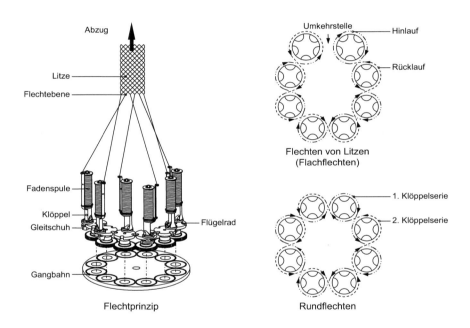

Abb. 8.3 Flechtprinzip

Das Geflecht entsteht in der sogenannten Flechtebene, auch als Flechtpunkt bezeichnet, und wird von dort abgezogen. Abhängig von der Abzugsrichtung werden Flechtmaschinen als horizontal- und vertikalarbeitende Maschinen klassifiziert. Das Verhältnis von Abzugsgeschwindigkeit und Umlaufgeschwindigkeit der Klöppel auf dem Flechtbett bestimmt den Verkreuzungswinkel der Flechtfäden.

Es gibt zahlreiche unterschiedliche Klöppelkonstruktionen, die an die Maschinenbauarten und die herzustellenden Geflechte angepasst sind. Die Funktionsweise eines Klöppels wird in Abschnitt 8.6 detailliert beschrieben.

8.4 2D-Flechtverfahren

Zu den 2D-Flechtverfahren gehören das *Rundflechten* und das *Umflechten*. In der Regel werden Schläuche und Litzen durch diese Technik gefertigt. Zum Umflechten wird ein Kern benötigt, um den die Fäden geflochten werden. Die äußere Geometrie des Geflechtes wird durch die Form des Kerns bestimmt.

8.4.1 Rundflechten

Beim *Rundflechten* sind zwei wesentliche Grundflechtstrukturen zu unterscheiden, die als Produkt entstehen können. Dieses ist zum einen das Flachgeflecht (Litze) und zum anderen das Rundgeflecht.

Das *Flachgeflecht* besteht aus einem Fadensystem. Dabei verkreuzen sich alle Fäden diagonal untereinander und kehren am Rand um. Bei der Beanspruchung von Flachgeflechten mit Zug- und Druckkräften in Längs- und Querrichtung ändern sich die Breite bzw. der Querschnitt und die Länge. Zur Verhinderung der Änderung der Abmessungen durch Zugkräfte können Längsfäden (auch unter dem Begriff Stehfäden bekannt) eingeflochten werden.

Bei *Rundgeflechten* ändert sich der Durchmesser des Gebildes unter dem Einfluss von Zugkräften. Die Reduzierung des Durchmessers unter der Einwirkung von Zugkräften setzt sich fort, bis sich die Fäden gegenseitig abstützen oder mit der gegebenenfalls vorhandenen inneren Struktur (z. B. an den Seelenfäden) in Kontakt kommen. In Abbildung 8.4 ist beispielhaft eine schematische Gegenüberstellung eines Rund-, eines Flach- und eines 3D-Geflechtes dargestellt.

Abb. 8.4 Rund-, Flach- und 3D-Geflechte

8.4.2 Umflechten

Beim *Umflechten* werden die Fäden um einen Kern abgelegt. Die Geometrie des Kerns bestimmt die Endform des Geflechtes. Es können mit diesem Verfahren sowohl rotationssymmetrische (mit konstanten bzw. veränderlichen Querschnitten) als auch gekrümmte Profile hergestellt werden. Für den Leichtbau werden vorzugsweise Kerne aus Schaumstoffen verwendet. Diese können nach der Imprägnierung der geflochtenen Struktur im Bauteil verbleiben. Ist die Geometrie mit Hinterschneidungen oder Verdickungen versehen und dürfen die Kerne nicht im Bauteil verbleiben, werden sie zerstört und entfernt.

Der Durchmesser der geflochtenen Halbzeuge ist u. a. von der Anzahl der Flechtfäden und des Flechtwinkels abhängig. Es existieren Rundflechtmaschinen, die bis zu mehrere hundert Klöppel steuern können. Eine Umflechtmaschine mit roboterunterstützter Kernzuführung ist in Abbildung 8.5 dargestellt. Bei der abgebildeten Flechtmaschine können maximal 144 Klöppel aufgenommen werden. Der Roboterarm ersetzt die Abzugseinheit [5]. Der Roboter führt einen am Werkzeugarbeitspunkt *(Toolcenterpoint)* angebrachten Kern während des Flechtens durch die Flechtebene, so dass die Fäden auf dem Kern abgelegt werden. Als Flechtfäden werden bei dem dargestellten Beispiel Carbonfaserrovings verwendet. Durch mehrfaches Umflechten wird die gewünschte Bauteilwandstärke erreicht. Die Kernform ist bei diesem Bauteil so abgestimmt, dass nach Mehrfachumflechten und Entfernung des Kernes ein gekrümmtes LZ-Profil durch nach innen Klappen der Profilkanten des 2D-Geflechtes entsteht (s. Abb. 8.5). Diese Profile werden als Stringer-Versteifung für Flugzeugspanten entwickelt. Die gekrümmte Form des Kerns stimmt mit der Krümmung des Spantes überein.

Der Vorteil des Umflechtens der LZ-Profile nach diesem Verfahren besteht darin, dass die Rovings durch den Ablegeprozess trotz der Krümmung im Geflecht gestreckt und den Belastungsrichtungen entsprechend ausgerichtet sind. Somit werden die auf das Profil einwirkenden Kräfte hauptsächlich von den gestreckt abgelegten Fasern aufgenommen. Obwohl das Bauteil eine dreidimensionale Geometrie hat, handelt es sich hier nach der Klassifizierung in Kapitel 2.3.1.1 um eine gekrümmte 2D-Geflechtstruktur mit mehreren, übereinander angeordneten Verstärkungslagen, da die verstärkende Wirkung in Dickenrichtung fehlt.

8.5 3D-Flechtverfahren

Wie die Definition in Kapitel 2.3.1.1 festlegt, werden als 3D-geflochtene Strukturen nur solche bezeichnet, deren Fäden sich in allen drei Raumrichtungen verkreuzen. Die 3D-Geometrie besitzt einen voluminösen Aufbau. Dieser entsteht ohne umformende Maßnahmen und ist unabhängig von der Anzahl der Fadensysteme und der

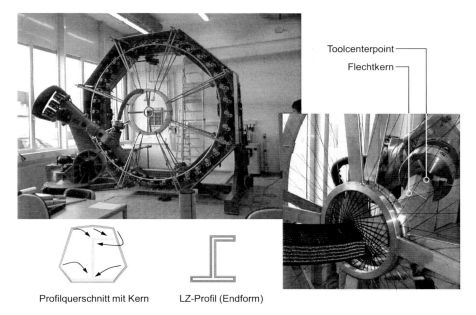

Profilquerschnitt mit Kern   LZ-Profil (Endform)

Abb. 8.5 Umflechtmaschine mit Kernzuführung
(Fotos: August Herzog Maschinenfabrik GmbH Co. KG)

damit hergestellten Struktur. Zu den 3D-geflochtenen Strukturen zählen alle kompakten Profile mit oder ohne Querschnittsveränderung.

8.5.1 Umflechten von 3D-Strukturen

Mehrschicht-Rundgeflechte werden den 3D-geflochtenen Strukturen zugeordnet, wenn die einzelnen Schichten in Dickenrichtung miteinander verbunden sind. Zur Verdeutlichung dieses Sachverhaltes wird in Abbildung 8.6 der Unterschied zwischen 2D- und 3D-Rundgeflecht-Strukturen schematisch dargestellt.

Basierend auf dem Prinzip des Rundflechtens werden weitere Verfahren für die Herstellung von 3D-Geflechten entwickelt. Ziel dieser Verfahren ist es, dickwandige Strukturen zu produzieren, wobei die einzelnen Schichten miteinander verbunden sind. Dafür werden erweiterte Rundflechter mit mehreren konzentrischen Ringen und umlaufenden Führungsnuten sowie radialen Nuten zum Klöppeltransport zwischen den einzelnen Schichten eingesetzt.

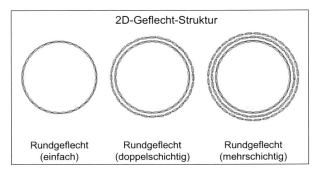

Abb. 8.6 Schematische Darstellung des Unterschiedes zwischen zweidimensional und dreidimensional umflochtenen Strukturen

8.5.2 3D-Flechten mit konzentrischen Klöppelbahnen

Dem 3D-Flechten mit konzentrischen Klöppelbahnen wird das *Radialumflechten* zugeordnet. Es stellt eine Weiterentwicklung des Umflechtens dar. Die Klöppel werden bei einer Radialumflechtmaschine auf dem inneren Umfang des ringförmigen Maschinengerüstes angebracht. Im Vergleich dazu sind beim konventionellen Umflechten die Klöppel auf der ebenen Stirnseite der Maschine angeordnet. Abbildung 8.7 verdeutlicht die Positionen der Klöppel auf dem ringförmigen Gehäuse des Radialumflechters für 2D-Geflechtstrukturen.

Ein Vorteil dieser Anordnung besteht darin, dass eine Erweiterung der Ringanzahl möglich ist. Mehrere Ringe mit Flügelrädern können modular zu einem erweiterten Radialumflechter *(Multilayer Interlockbraider)* mit konzentrischen Klöppelbahnen zusammengebaut werden. Für eine Bewegung der Klöppel zwischen den einzelnen Ringen sind Übergänge vorgesehen. Damit wird die Ablage von Verbindungsfäden zwischen den Schichten ermöglicht. Auf der Außenseite des Radialumflechters können weitere Spulen auf dem Umfang angebracht werden. Diese Fäden werden über Fadenführungshülsen durch die Achsen der einzelnen Flügelräder geführt und als Stehfäden durch die Flechtfäden in die Struktur eingebunden.

8.5.3 3D-Flechten mit kartesischen Klöppelbahnen

8.5.3.1 Packungsflechter

Bei einem *Packungsflechter* werden die Flügelräder auf einer definierten Fläche angebracht. Die Anordnung der Klöppel entspricht der Querschnittsform des zu erzielenden Bauteils. Zur Weitergabe der Klöppel drehen sich die benachbarten Flügelräder gegenläufig. Alle beteiligten Fäden werden miteinander zu einem Ge-

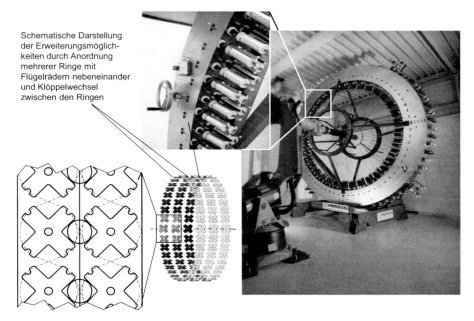

Schematische Darstellung
der Erweiterungsmöglich-
keiten durch Anordnung
mehrerer Ringe mit
Flügelrädern nebeneinander
und Klöppelwechsel
zwischen den Ringen

Abb. 8.7 Radialumflechten (Fotos: August Herzog Maschinenfabrik GmbH Co. KG)

flecht verarbeitet. Profile lassen sich mit Hilfe eines *Packungsflechters* realisieren. Es entsteht ein 3D-Geflecht mit konstantem, in der Regel quadratischem oder rundem Querschnitt über die gesamte Profillänge.

8.5.3.2 2-Step-Flechter

Zur Fertigung von komplexeren, profilartigen Strukturen mit in Bauteilachsrichtung konstantem Querschnitt, z. B. für I-Träger, wird das sogenannte *Two-Step-Verfahren* entwickelt. Dieses Verfahren ist automatisierungsfähig und kann profilartige Strukturen schneller als das Packungsflechten realisieren [6].

Bei dem Verfahren sind Stehfäden für die Bindung mit den Flechtfäden notwendig, weil, anders als beim klassischen Flechten, die Verflechtung der Fäden nicht durch die sinusförmige Bewegung der Klöppel erreicht wird. Bei dem 2-Step-Verfahren durchfährt die eine Hälfte der Flechtfäden diagonal das gesamte Flechtbett in einem einzigen Schritt (erste Richtung). Im nächsten Schritt erfolgt die Bewegung der anderen Hälfte der Flechtfäden quer zur ersten Klöppel-Richtung auch diagonal über das gesamte Flechtbett. Nach diesem zweiten Schritt belegen die Klöppel die gleiche Aufstellung auf dem Flechtbett.

Das Geflecht entsteht durch die Wiederholungen dieser beiden Schritte, daher auch der Name „2-Step-Verfahren" [7]. In Abbildung 8.8 ist das entsprechende Prinzip abgebildet. Für die Realisierung eines Doppel-T-Profils werden die Aufstellung der Stehfäden und die Bewegungen der Klöppelfäden schematisch dargestellt. Für eine enge Verbindung der Flecht- und Stehfäden sind hohe Fadenzugkräfte notwendig. Bei komplexen Querschnitten wird die Handhabung allerdings schwierig. Die Profile (ihre Querschnitte) werden daher nicht sehr ausgeprägt sein [8].

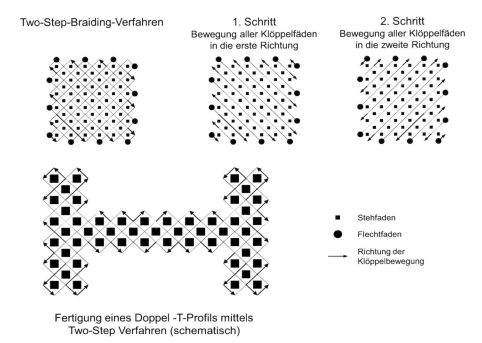

Abb. 8.8 Prinzip des Two-Step-Flechtverfahrens

8.5.4 3D-Flechten mit modularen Klöppelantrieben

Die erste zum Patent angemeldete Idee zu einem *3D-Rotationsflechter* [9] basiert auf dem Prinzip des Packungsflechters mit dem Zusatz der Flexibilität bezüglich der Geometrie des Geflechtes und der im Geflecht vorliegenden, in Bauteilachsrichtung veränderlichen Garnwinkel. Dies wird dadurch realisiert, dass die Flügelräder einzeln angetrieben werden und dass die Klöppelübergabe mit Hubweichen gesteuert wird [10].

Bei der *3D-Rotationsflechtmaschine* entsteht das Flechtfeld durch die Anordnung mehrerer Flügelräder. Diese Flügelräder können je nach gewünschtem Flechtbild einzeln betrieben werden. Zur Übergabe des Klöppels an das nächste stehende

Abb. 8.9 3D-Rotationsflechten (Fotos: August Herzog Maschinenfabrik GmbH Co. KG)

Flügelrad werden sogenannte Weichen angesteuert [11, 12]. Die Flügelräder können auch in eine Parkposition gebracht werden. Auf den Achsen der Flügelräder sind Führungen für Stehfäden angebracht. Rastermäßig werden in den Ecken zwischen den Flügelrädern weitere Führungshülsen für Stehfäden angebaut. Im Flechtpunkt entsteht das profilartige komplexe Produkt und wird dort abgezogen.

Abbildung 8.9 zeigt eine horizontale und eine vertikale 3D-Flechtmaschine für die Herstellung von komplexen Verstärkungsstrukturen aus Glas- und Carbonfilamentgarnen. Links ist der Prototyp der 3D-Rotationsflechttechnik mit senkrechtem Abzug gezeigt. Diese Maschine besteht aus vier, im Quadrat angeordneten Modulen mit jeweils 5x5-Flügelrädern. Die einzelnen Module können beliebig angeordnet werden. So ist es beispielsweise möglich, die einzelnen Segmente für die Herstellung großer L- oder T-Profile entsprechend aufzustellen [12]. Rechts ist eine andere Maschinenausführung dargestellt. Die Maschine ist senkrecht angeordnet. Der Abzug bei dieser Ausführung erfolgt waagerecht. Diese Flechtmaschine ist ebenfalls modular aufgebaut und besteht aus einer Gruppe von neun neben- und übereinander angeordneten Modulen mit jeweils 4x4-Flügelrädern. Dieses Verfahren zeichnet sich durch seine hohe Flexibilität zur Herstellung von 3D-Geflechten mit definierten Fadenwinkeln und veränderlichen Querschnitten aus. Es lassen sich durch entsprechende Maschinensteuerungen komplexe Geometrien realisieren.

8.6 Klöppelkonstruktionen

Ein Geflecht entsteht an der Flechtebene durch die Bewegung der Flechtfäden und durch den Abzug des Geflechtes. Die wesentlichen Teile einer Flechtmaschine sind demnach die Klöppel, die Flügelräder, der Antrieb sowie die Abzugsvorrichtung und die Warenaufwicklung (s. Abb. 8.3). Diese stellen die Hauptfunktionselemente dar, die notwendig sind, um ein Geflecht reproduzierbar zu fertigen.

Die Ausführungen dieser Teile sind vielfältig und können weitere Elemente beinhalten, die zur Erzielung von Sondereffekten und zur Realisierung von speziellen Produkten benötigt werden.

Im *Klöppel* wird das Fadenmaterial zur Bildung eines Geflechtes auf Spulen gespeichert. Der Klöppel sorgt durch ein Federsystem für eine definierte Spannung der Flechtfäden während des Flechtens. Die Bewegungen der einzelnen Klöppel, die zur Verflechtung der Fäden führen, ermöglichen im Zusammenhang mit dem Abzug die Entstehung eines geschlossenen, reproduzierbaren Warenbildes.

Der Klöppel besteht aus zwei Teilen, dem Klöppelunterteil und dem Klöppeloberteil. Das Klöppelunterteil steht in direktem Kontakt mit den Flügelrädern und bildet so die Schnittstelle zwischen den Spulen und den klöppelführenden Elementen. Das Klöppeloberteil ist für die Fadenmaterialspeicherung und für die Regulierung der Fadenzugkraft verantwortlich.

Zur Sicherung eines störungsfreien Flechtablaufes ermöglichen moderne Klöppelkonstruktionen einen Abbruch des Flechtprozesses bei Fadenbruch oder beim kompletten Verbrauch des auf der Spule gespeicherten Fadenmaterials. Ein am Klöppel mitbewegter Spannschieber fällt bei Fadenbruch auf eine tiefere Position, trifft beim Klöppelrundlauf den Hebel des elektrischen Aussetzerschalters und löst damit den Abbruch des Flechtvorgangs aus.

Ein entscheidendes Kriterium für die Geflechtherstellung ist die Fadenzugkraft, denn diese beeinflusst das Zustandekommen und das Erscheinungsbild des Geflechtes, indem sie die Intensität der Fadenverdichtung im Flechtpunkt bestimmt. Dabei ergibt sich die Fadenzugkraft aus dem Kraftanteil des Fadenkompensationsmechanismus und den wirkenden Reibkräften. Die Reibkräfte wirken entgegen der Abzugsrichtung und werden durch den direkten Kontakt des Fadenmaterials mit den Leitelementen und Umlenkstellen verursacht. Die maximale Fadenzugkraft wird durch die Steifigkeit der austauschbaren Fadenspannfeder im Kompensationsmechanismus festgelegt. Abhängig von der Höchstzugkraft des zu verarbeitenden Fadenmaterials stehen verschiedene Fadenspannfedern zur Auswahl.

Es existieren mehrere Ausführungen von Klöppeln. Die bekanntesten sind der Hebelklöppel und der Schieberklöppel [8]. Weitere spezielle Flechtverfahren, wie das 3D-Rotationsflechten, erfordern eine höhere Fadenkompensationslänge und somit spezielle Klöppelkonstruktionen. In Abbildung 8.10 sind der Hebelklöppel, der Schieberklöppel und der TDF-Klöppel, der beim 3D-Flechten verwendet wird, dargestellt.

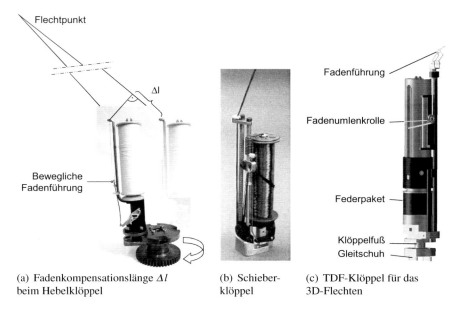

(a) Fadenkompensationslänge Δl beim Hebelklöppel

(b) Schieber-klöppel

(c) TDF-Klöppel für das 3D-Flechten

Abb. 8.10 Klöppelkonstruktionen (Foto TDF-Klöppel: August Herzog Maschinenfabrik GmbH Co. KG)

Für den Flechtvorgang wird die Fadenmenge auf Parallelspulen oder zylindrische Kreuzspulen gewickelt. Durch die sinusförmige Bewegung der Klöppel auf dem Flechtbett verändert sich der Abstand zwischen Klöppel und Flechtpunkt, wie in Abbildung 8.10 beim Hebelklöppel illustriert. Bei Schieber- oder Hebelklöppeln entsteht die Kompensation der Fadenlänge durch einen flaschenzugähnlichen Mechanismus. Von der Spule gelangt der Faden zunächst in die mittlere feststehende Fadenführung, wird über eine bewegliche Fadenführung umgeleitet und schließlich durch die obere feste Fadenführung geführt. Die bewegliche Fadenführung wird mechanisch umgesetzt und von einer Feder gespannt. Durch ihre Bewegung wird der Flechtfaden unter Spannung gehalten. Erreicht die bewegliche Fadenführung die obere Position, wird ein Mechanismus betätigt und die Spulenarretierung deaktiviert, so dass Fadenmaterial von der Spule abgegeben wird (Abb. 8.11).

8.7 Flügelrad

Das Flügelrad übernimmt die Funktion des Führens der Klöppel über das Flechtbett. Die Anordnung der Flügelräder auf dem Flechtbett erfolgt prinzipiell nach zwei Kriterien: Äußere Form des Geflechtes und gewünschtes Flechtbild. Hierzu müssen sich die Flügelradeinschnitte von benachbarten Flügelrädern nach jedem

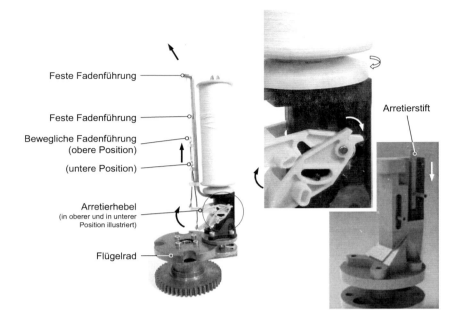

Feste Fadenführung

Feste Fadenführung

Bewegliche Fadenführung
(obere Position)

(untere Position)

Arretierhebel
(in oberer und in unterer
Position illustriert)

Flügelrad

Arretierstift

Abb. 8.11 Funktionsweise der Fadenkompensation und Deaktivierung der Spulenarretierung

Taktintervall gegenüberstehen. Die Bahn des Klöppels wird durch die im Flecht-
bett eingefräste Nut bestimmt. Über die Flügelräder wird Bewegungsenergie auf
die Klöppel übertragen. Die Antriebsbewegung wird durch das im unteren Teil der
Flügelradeinheit eingebaute Zahnrad eingeleitet, das mit dem benachbarten Rad in
Eingriff steht. Dadurch entsteht ein gegenläufiger Drehsinn von einem Rad zum
Nächsten, der für die Verflechtung der Fäden nötig ist.

Weil die Anordnung der Flügelräder auf dem Flechtbett für die Endform der Struktur bestimmend ist, gibt es zahlreiche Anordnungsvarianten. Hier ist darauf zu achten, dass die Anordnung der Flügel und die Verteilung der Flügelräder auf dem
Flechtbett stets eine störungsfreie Übergabe der Klöppel gewährleisten. So ist es
manchmal sinnvoll und notwendig, Flügelräder mit einer unterschiedlichen Anzahl
von Flügeln auf einer Maschine zu kombinieren, wie es beim Packungsflechter der
Fall ist (Abb. 8.12). Flechtmaschinenhersteller streben zunehmend an, ihre Maschinen modular aufzubauen, so dass durch das Zusammenlegen mehrerer Module
unterschiedliche Maschinengrößen realisiert werden können, wie im Fall des 3D-
Kartesischen Flechters.

Darüber hinaus wird durch die Auswahl der Klöppelbesetzung die Geflechtbindung
bestimmt. Als Beispiel werden in Abbildung 8.13 die normale, die halbe sowie die
Tandem-Besetzung und ihre Auswirkungen auf das Erscheinungsbild des Rundge-
flechts dargestellt. Weitere Grundbindungen und die Grundlagen der Geflechtdar-
stellung sind in [13] ausführlich beschrieben.

Klöppelbesetzung   Packungsflechter

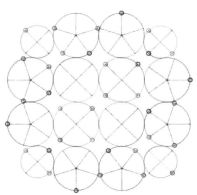

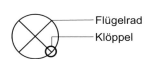

Abb. 8.12 Flügelradformen und Klöppelbesetzung für Packungsflechter (Foto: August Herzog Maschinenfabrik GmbH Co. KG)

Für die Einführung der Klöppel in die Gangbahn ist eine Einführungsnut bei Flachflechtmaschinen nötig, da alle Klöppel in eine Richtung bewegt werden. Rundflechtmaschinen weisen dagegen zwei Einführungsnuten auf, welche den Klöppeln die zwei entgegengesetzten Bewegungsrichtungen zuordnen. Der Verschluss der Einführungsnuten erfolgt durch einen Keil.

8.8 Antrieb

Historisch wurden die ersten Flechtmaschinen per Hand angetrieben. Hierzu diente ein großes Handrad, das die menschliche Kraft auf das zentrale Antriebsrad überträgt. Geflochten wurden hauptsächlich traditionelle schmale Geflechte für den Oberbekleidungsbereich sowie Schnürsenkel.

Mit Beginn des Maschinenzeitalters wurden Dampfmaschinen und Elektromotoren zum Antrieb von Flechtmaschinen eingeführt. Durch die vergrößerte Leistungsfähigkeit der Antriebe konnte die Anzahl der Spulen gesteigert werden, wodurch weitere Musterungstechniken möglich wurden. Heute sorgen moderne Elektromotoren für einen geregelten Antrieb von Flechtmaschinen. In der Regel wird ein Antriebsmotor für eine Flechtmaschine eingesetzt. Kleine zweiköpfige Rund-

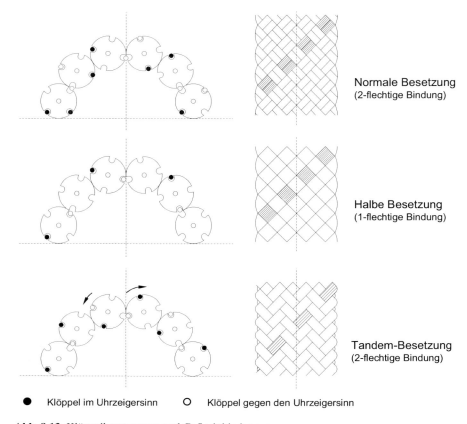

Normale Besetzung
(2-flechtige Bindung)

Halbe Besetzung
(1-flechtige Bindung)

Tandem-Besetzung
(2-flechtige Bindung)

● Klöppel im Uhrzeigersinn   ○ Klöppel gegen den Uhrzeigersinn

Abb. 8.13 Klöppelbesetzungen und Geflechtbindungen

flechter werden mit nur einem Motor angetrieben. Mechanisch wird ein Teil der Antriebsenergie für den Warenabzug abgezweigt.

Für mittlere und schwere Maschinenvarianten wird für den Abzug und zum Antrieb der Flügelräder jeweils ein eigener Motor verwendet. Die beiden Motoren werden steuerungstechnisch synchron angetrieben. Die Weiterleitung der Antriebsbewegung zu den benachbarten Flügelrädern erfolgt durch die mit den Flügelrädern verbundenen Antriebszahnräder.

Es existieren auch Flechtmaschinen mit mehreren Antrieben, diese werden auf dem Flechtbett gleich verteilt angeordnet. Die Verwendung von mehreren synchron laufenden Antrieben dient nicht nur zur Erbringung der notwendigen Leistung, sondern ermöglicht eine genauere Flügelradpositionierung. Dadurch wird eine mögliche Summierung des notwendigen funktionellen Spiels zwischen den Zahnrädern reduziert und eine Kollision bei der Übergabe der Flechtklöppel von einem Flügelrad zum nächsten vermieden.

8.9 Einsatzgebiete für geflochtene Strukturen

Die Flechttechnologie ist ein bewährtes Verfahren, das zunächst für die Herstellung von Schläuchen und Seilen genutzt wurde. Weitere Einsatzgebiete für Geflechte sind zum Beispiel Antennen (Funkverkehr), elektrische Leitungen (Telefon-, Unterseekabel), Kordeln (Bekleidung, Raumgestaltung), medizinische Produkte (Netzverbände, Prothesen, Nähfäden, Katheter), Netze (Automobil, Sport), Armierungsschläuche (Maschinenbau, Automobil) sowie Seile (Schifffahrt, Klettern, Zeltleinen, Angelschnüre, Kerzendochte, Schnürsenkel). Durch den Einsatz von elektrisch leitenden Flechtfäden sind weitere Produkte, z. B. Smart Textiles, realisierbar [8, 11].

In den letzten Jahren wurden intensive Forschungsarbeiten auf dem Gebiet des 3D-Flechtens durchgeführt. Dabei war und ist die Verarbeitung von Carbon- und Glasfilamentgarnen zu geflochtenen Strukturen für Leichtbauteile ein zentrales Forschungs- und Entwicklungsthema [11, 14].

Das Flechten ist vorteilhaft, weil der Flechtwinkel sowie die Oberflächendichte einstellbar sind und Stehfäden zugeführt werden können. Dadurch entstehen Flächengebilde und räumliche Strukturen, die in der Lage sind, Kräfte in zwei bzw. drei Richtungen aufzunehmen. Somit sind die Geflechte für Strukturbauteile besonders prädestiniert. Das besondere Strukturmerkmal der Geflechte sind die sich diagonal verkreuzenden Fäden, die sich auch gut für die Übertragung von Torsionsmomenten eignen [15]. Rundgeflechte können die einwirkenden Kräfte diagonal innerhalb der Struktur entlang der Fadenrichtungen weiterleiten. Mit Hilfe der flexiblen 3D-Rotationstechnik können individuelle belastungsgerechte 3D-Strukturen realisiert werden.

Crashelemente mit einem hohen Energieabsorptionsvermögen lassen sich ebenfalls hervorragend durch das Flechten realisieren. Mit Hilfe des Flecht-Pultrusionsverfahrens können Preforms als endlosverstärkte Profile in einem Online-Prozess geflochten und mit thermoplastischen bzw. duroplastischen Matrixmaterialien imprägniert werden [16, 17]. Das Verfahren bietet eine kostengünstige Produktionsmethode für endlosfaserverstärkte Kunststoffprofile mit konstantem Querschnitt. Bei thermoplastischen Matrixsystemen kann die Pultrusion für die Herstellung von komplexeren Bauteilquerschnitten, beispielsweise gekrümmten Profilen mit nachgeformtem, lokal veränderlichem Querschnitt eingesetzt werden [18].

8.10 Funktionsintegration

Unter Funktionsintegration ist eine zusätzlich zur Hauptfunktion in die Struktur integrierte Zusatzfunktion zu verstehen. Eine zusätzliche Funktion kann z. B. durch die Anordnung von Verschraubungselementen, metallischen Krafteinleitungselementen oder Inserts, zwischen den umlaufenden, nicht unterbrochenen Endlosfasern der Geflechtstrukturen integriert werden. Diese Befestigungselemente dienen als Montageschnittstellen bei der Anwendung von Verbundbauteilen aus Geflechterzeugnissen.

Weitere Möglichkeiten zur Erzielung von Nebenfunktionen ergeben sich durch die Integration von leitfähigen Fäden, die mitgeflochten werden. Diese können beispielsweise als Kraftsensoren fungieren, um Belastungen im Geflecht online zu überwachen. Zielsetzung ist dabei die Funktionssicherheit von geflochtenen Seilen und Leinen aus synthetischen Fasern zu verbessern sowie eine objektive Beurteilung des Belastungs- und Verschleißzustandes zu ermöglichen [19].

Literaturverzeichnis

[1]   Norm DIN 60000 Januar 1969. *Textilien. Grundbegriffe*
[2]   MIRAVETE, A.: *3-D textile reinforcements in composite materials*. Cambridge : Woodhead Publishing, 1999
[3]   HUFENBACH, W. (Hrsg.): *Textile Verbundbauweisen und Fertigungstechnologien für Leichtbaustrukturen des Maschinen- und Fahrzeugbaus*. Dresden : SDV - Die Medien AG, 2007
[4]   BRUNNSCHWEILER, D.: Braiding Technology. In: *Skinner's Silk and Rayon Record*. Cambridge : Journal of the Textile Institute, 1954, S. 666–686
[5]   LAOURINE, E. ; SCHNEIDER, M. ; WULFHORST, B. ; PICKETT, A. K.: Computerunterstützte Berechnung und Herstellung von 3D-Geflechten. In: *Band- und Flechttechnologie* (2001)
[6]   Schutzrecht US4719837 (19. Januar 1988).
[7]   BUCKLEY, J. D. (Hrsg.): *Fiber-Tex 1991 - The Fifth Conference on Advanced Engineering Fibers and Textile Structures for Composites : proceedings of a conference sponsored by the National Aeronautics and Space Administration, Office of Management, Scientific and Technical Information Program*. Hampton, USA : Langley Research Center, 1992
[8]   ENGELS, H.: *Handbuch der Schmaltextilien. Die Flechttechnologie. Teil 2: Maschinen und Verfahren zur Erzeugung von Flechtprodukten mit speziellen physikalischen und chemischen Anforderungen*. Mönchengladbach : Institut für Textil- und Bekleidungswesen Mönchengladbach, 1994
[9]   Schutzrecht DE4201413A1 (22. Juli 1993).
[10] BÜSGEN, W. A.: *Neue Verfahren zur Herstellung von dreidimensionalen Textilien für den Einsatz in Faserverbundwerkstoffen*. Aachen, RWTH Aachen, Diss., 1993
[11] SCHNEIDER, M.: *Konstruktion von dreidimensional geflochtenen Verstärkungstextilien für Faserverbundwerkstoffe*. Aachen, RWTH Aachen, Fakultät Maschinenwesen, Diss., 2000
[12] LAOURINE, E. ; SCHNEIDER, M. ; WULFHORST, B.: Production and Analysis of 3D Braided Textile Preforms for Composites. In: *Proceedings. Texcomp 5*. Leuven, Belgien, 2000
[13] ENGELS, H.: *Handbuch der Schmaltextilien. Die Flechttechnologie. Teil 1: Maschinen und Verfahren zur Erzeugung konventioneller Geflechte*. Mönchengladbach : Institut für Textil- und Bekleidungswesen Mönchengladbach, 1994
[14] LAOURINE, E. ; SCHNEIDER, M. ; PICKETT, A. K. ; WULFHORST, B.: Numerische Auslegung und Herstellung von 3D-Geflechten für Faserverbundbauteile. In: *DWI Reports*. Aachen : DWI, 2001
[15] AYRANCI, C. ; CAREY, J.: 2D braided composites: a review for stiffness critical applications. In: *Composite Structures* 85 (2008), Nr. 1, S. 43–58
[16] MILWICH, M. ; LINTI, C. ; PLANCK, H.: Thermoplast-Braid-Pultrusion of thin walled hollow profiles. In: *Proceedings. SAMPE EUROPE CONFERENCE EXHIBITION*. Paris, France, 2005

[17] MILWICH, M. ; LINTI, C. ; PLANCK, H. ; SPECK, T. ; SPATZ, H.-C. ; SPECK, O.: Thin Walled
      Hollow profiles. In: *Proceedings. 8th World Pultrusion Conference.* Budapest, Ungarn, 2006
[18] ILLING-GÜNTHER, H. ; HELBIG, R. ; ARNOLD, R. ; ERTH, H. ; MILWICH, M. ; FINCK,
      H. ; PLANCK, H.: Pultrusion Processing of New Textile Structures Getting Functionally Gra-
      ded Materials. In: *Proceedings. Aachen-Dresden International Textile Conference.* Aachen,
      Deutschland, 2007
[19] STÜVE, J. ; GRIES, T.: Threadlike Sensors-or How to Realize an Intelligent Rope. In: *MST
      NEWS* 1 (2007), S. 42

Kapitel 9
Vliesstoffhalbzeuge und Vliesbildungstechniken

Kathrin Pietsch und Hilmar Fuchs

Die Eigenschaften vliesstoffbasierter Halbzeuge werden durch deren Herstellungs-verfahren in weitaus stärkerem Maße beeinflusst, als dies bei fadenstoffbasier-ten Halbzeugen der Fall ist. Auf Grund der Vielfalt der verfügbaren Herstel-lungsverfahren weisen Vliesstoff-Halbzeuge ein vergleichsweise spezifisches und breit gefächertes Eigenschaftsprofil auf. Um das Eigenschaftspotenzial der vlies-stoffbasierten Halbzeuge optimal für die Eigenschaften des Verbundwerkstoffes ausnutzen zu können, sind grundlegende Kenntnisse über die Zusammenhänge zwi-schen der Struktur und den Eigenschaften der Vliesstoffe in Abhängigkeit der ver-schiedenen Herstellungsverfahren erforderlich. Das vorliegende Kapitel beinhal-tet, ausgehend von den technologischen Grundprinzipien der Vliesstoffherstellung, die Zusammenhänge zwischen der Konstruktion sowie den Struktur- und Verar-beitungseigenschaften der späteren Vliesstoff-Halbzeuge in Wechselwirkung mit dem Herstellungsprozess. Abschließend werden exemplarisch ausgewählte vlies-stoffbasierte Leichtbaulösungen dargestellt.

9.1 Einleitung und Übersicht

9.1.1 Begriff

Vliesstoffe und *Matten* sind im weitesten Sinne flächige Halbzeuge aus Fasern und/oder Filamenten, deren Zusammenhalt auf form-, reib- oder stoffschlüssigen Verbindungen der Fasern untereinander beruht. Sie unterscheiden sich von den an-deren textilen Flächenhalbzeugen, wie Geweben, Geflechten und Maschenwaren dadurch, dass Fäden im Allgemeinen nicht zwingend vorhanden sein müssen. Prak-tisch sind alle Fasern beliebiger Rohstoffbasis und Länge verarbeitbar.

Der Gebrauch der Begriffe „Vliesstoffe" und „Matten" ist in der Praxis fachspezifisch geprägt. So wird in der Textiltechnik gemäß ISO 9092 [1] unter „Vliesstoff" *(nonwoven)* eine „bearbeitete Schicht, ein Vlies oder ein Faserflor aus gerichtet angeordneten oder wahllos zueinander befindlichen Fasern, verfestigt durch Reibung und/oder Kohäsion und/oder Adhäsion" verstanden. Es wird eine definierte Abgrenzung zu Papier vorgenommen. Im Unterschied zu Papieren weisen Nassvliesstoffe keine bzw. nur wenige Wasserstoffbrücken (Nassvliesverfahren) zwischen den Vliesfasern auf. In der Kunststofftechnik hingegen wird als „Matte" *(mat)* ein Flächengebilde zur Verstärkung von duro- und thermoplastischen Werkstoffen bezeichnet, wobei dieser Begriff definitionsgemäß zwar auf Glasfasern beschränkt ist [2], in der Praxis aber auch auf andere Faserstoffe, insbesondere Pflanzenfasern, erweitert wird.

Halbzeuge mit der Bezeichnung „Vliesstoffe" und „Matten" sind somit aus textiltechnologischer Sicht von äquivalentem Aufbau. Im Folgenden soll daher einheitlich der Begriff „Vliesstoff" verwendet werden.

9.1.2 Übersicht

Die Herstellung von Vliesstoff-Halbzeugen umfasst die Teilprozesse:

*   Rohstoffaufbereitung,
*   Vliesbildung,
*   Vliesverfestigung und
*   Vliesveredlung.

Im Unterschied zu textilen Flächengebilden aus Fäden werden Vliesstoffe unter Umgehung der Prozessstufe der Fadenherstellung vorwiegend in einem kontinuierlichen Prozess nach dem Trocken-, Nass- oder Extrusionsverfahren hergestellt (Abb. 9.1).

Die Veredlung der in Rollenform zwischengespeicherten Vliesstoffbahn erfolgt zumeist diskontinuierlich. Die Herstellungsverfahren unterscheiden sich im Wesentlichen in der Aufmachungsform des Faserrohstoffes und den Verfahren zur Vliesbildung. Es können sowohl Fasern (Faservliesstoffe) als auch Filamente (Filamentspinnvliesstoffe) zu Vliesstoff-Halbzeugen verarbeitet werden. Die Formierung der Fasern zu einem flächigen Vlies kann sowohl auf trockenem als auch auf nassem Wege über eine Faseraufschwemmung erfolgen. Beim Extrusionsverfahren ist die Erspinnung der Fasern und Filamente in den Vliesbildungsprozess integriert. Die Verfestigung der Vliesfasern zum Vliesstoff kann nach mechanischen, chemischen und thermischen Verfahren erfolgen.

Die Vielfalt der zur Verfügung stehenden Herstellungsverfahren, Faserstoffe und Verbundtechnologien ermöglicht es, Eigenschaften von Vliesstoffen in einem breiteren Spektrum zu realisieren, als dies vergleichsweise bei Fadenstoffen möglich

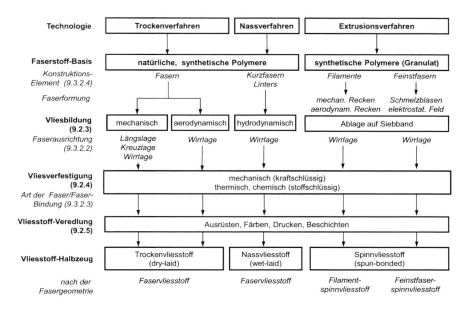

Abb. 9.1 Übersicht zu Herstellungsverfahren und Bezeichnungen für Vliesstoff-Halbzeuge

ist (Abb. 9.2). Insbesondere können ganz *spezielle Struktureigenschaften* wie z. B. Porosität, Voluminösität und Verformbarkeit realisiert werden, die sowohl für die Halbzeug-Eigenschaften als auch innerhalb der Verarbeitungskette von Bedeutung sind.

Bedingt durch die vergleichsweise hohen Produktionsgeschwindigkeiten bei der Vliesstoffherstellung, die ein Mehrfaches derer für Fadenstoffe betragen, erfordern Vliesstoffe Produktbereiche mit großen Abnahmemengen (Massenmärkte).

Die *Anwendungsgebiete für Vliesstoffe* sind breit gefächert (Tabelle 9.1). Wichtige Teilmärkte sind Hygiene/Medizin, Reinigungstücher, Konstruktion (Bauwesen, Automobil) und Filtration. Traditionell stellen die Bereiche Medizin und Hygiene die Hauptanwendungsfelder dar. Hier werden insbesondere sehr leichte Vliesstoffe zumeist als Wegwerfprodukte (disposables) u. a. für Babywindeln, Inkontinenzprodukte, Wundauflagen und Operationsschutztextilien verwendet. Vliesstoffprodukte mit längerer Einsatzdauer bzw. größeren Standzeiten (durables) werden z. B. in der Filtertechnik, im Automobilbau (Innenverkleidung) sowie im Tief- und Hochbau (z. B. Dämmstoffe) eingesetzt. Die Faserstoffbasis bilden im Wesentlichen Chemiefasern mit diversen Spezifikationen auf Rohölbasis, wobei preiswerte Polyolefinfasern, wie z. B. Polyethylen-, Polypropylen und Viskosefasern (Hygiene, Medizin) neben Polyester- und Polyamidfasern (technische Anwendungen) dominieren [3].

Im Vergleich zu den vorgenannten klassischen Applikationsfeldern ist der Marktanteil von Vliesstoffen für Leichtbau-Halbzeuge bezogen auf das Gesamtvliesstoffaufkommen sowohl massebezogen (ca. 30 %) – als auch flächenbezogen (16 %)

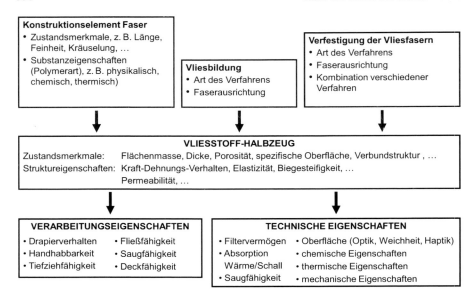

Abb. 9.2 Einflussgrößen auf die Konstruktion und die Eigenschaften von Vliesstoff-Halbzeugen

Tabelle 9.1 Anwendungsgebiete für Vliesstoffe in Europa
(Verbrauch 2009: 1.615 Mio t bzw. 48,6 Mio m^2) (Zahlenangaben nach [3])

Leichtbaurelevante Bereiche	%-Anteil bzgl. Masse	Fläche	Weitere Bereiche	%-Anteil bzgl. Masse	Fläche
Bauwesen	16,8	5,3	Hygiene/Medizin	37,2	61,6
Filtration	6,4	6,4	Reinigungstücher	15,9	11,5
Polsterwaren/Haushalt	4,7	3,0	Fußbodenbeläge	1,9	0,5
			Beschichtungsträger	2,3	1,0
Automobil	3,5	1,3	Bekleidung/Schuhe	3,7	2,1
			Landwirtschaft	1,9	3,1
			sonstige	5,6	4,2
gesamt:	31,4	16,0	gesamt:	68,6	84,0

weitaus geringer (vgl. Tabelle 9.1). Wegen ihrer speziellen Struktureigenschaften (Abb. 9.2) sind sie deshalb nicht nur allein, sondern in erster Linie im Verbund mit anderen textilen oder auch nichttextilen Flächenhalbzeugen für den Leichtbau von Bedeutung. Oftmals kann mit den dabei erzielten Synergieeffekten eine Funktionsintegration im Bauteil realisiert werden.

Vliesstoffe sind deshalb insbesondere für die Automobilindustrie von Bedeutung. Vliesstoff-Verbunde werden in verschiedenen Fahrzeugbereichen (Motor-, Fahrgast- und Gepäckraum) eingesetzt und übernehmen vielfältige Aufgaben wie Filterfunktion, Wärme- und Schallisolation. Darüber hinaus stellen spezielle Vliesstoff-Verbunde als Substitut von PU-Schaumstoff eine ökologisch besonders günstige Alternative zur Verbesserung der Emissionswerte im Fahrzeuginnenraum dar.

Im Zusammenhang mit der begrenzten Verfügbarkeit an Ressourcen und den daraus resultierenden wachsenden Anforderungen an die Produktnachhaltigkeit gewinnen Leichtbaulösungen mit Werkstoffen auf Basis nachwachsender Rohstoffe zunehmend an Bedeutung. So sind naturfaserverstärkte Kunststoffe (NFK) beispielsweise für den Automobilsektor von Interesse, wobei hier insbesondere vliesstoffbasierte Halbzeuge wegen ihres günstigen Emissions- sowie Energieabsorptionsverhaltens ein hohes Innovationspotenzial in sich bergen [4].

Die Applikation von Vliesstoffen zur Realisierung textilbasierter Leichtbaukonstruktionen umfasst im Wesentlichen fünf Hauptfelder, wobei die Vliesstoffe unterschiedliche Funktionen sowohl im Halbzeug-Verbund als auch innerhalb des Verarbeitungsprozesses übernehmen (Tabelle 9.2). Ausgewählte Einsatzbeispiele werden in Abschnitt 9.4 dargestellt.

Tabelle 9.2 Applikationsfelder für Vliesstoff-Halbzeuge im Leichtbau

Applikationsfelder	Funktion
Verbundstoffe im Automobil- und Maschinenwesen	Luftfilterung Isolation (Schall, Hitze) Tragfähigkeit (Formteile) Substitution von PU-Schaumstoff
Oberflächenvliesstoffe (hochleistungsfaserverstärkte Kunststoffe)	Fließhilfe für Kunststoffmatrix Oberflächenversiegelung (Bauteil)
Duroplastische Prepregs (SMC) Thermoplastische Prepregs (GMT)	Verstärkungskomponente für Standardanforderungen
Adhäsive Vliesstoffe („Klebevliese")	Fixierung von belastungsgerechten Fadenstrukturen Verbindung verschiedener Flächen zu einem Laminat (Verbundstoff)
Naturfaserverstärkte Kunststoffe (NFK)	Interieur Automobil (Schall-, Wärmeisolation, Formteile)
Dämmstoffe	Hochbau (Schallisolation)

9.2 Herstellungsverfahren für Vliesstoffe

9.2.1 Übersicht

Die in Abbildung 9.1 dargestellte Systematik der Herstellungsverfahren ist am weitesten verbreitet und basiert auf den technologischen Grundprinzipien der Vliesbildung unter Berücksichtigung der charakteristischen Konstruktionsmerkmale (s. Abschn. 9.3).

Neben diesen klassischen Verfahrenswegen wurde auf Grund des zunehmenden Bedarfes an Leichtbauwerkstoffen, insbesondere im Automobilsektor, eine Reihe von Spezialverfahren entwickelt. Beim Airlaid-Formblasverfahren werden Fasern auf einen untersaugten Formkörper aufgeblasen. Bei dieser rohstoffsparenden Technologie entsteht kein Abfall. Es ist ein Gradientenaufbau mit unterschiedlicher Dichte und Dicke des Vliesstoffes möglich [5]. Mit diesen Technologien, wie z. B. NET-Forming [6] oder der Faser-Einblastechnik [7] werden Fasern, insbesondere Natur- und Recyclingfasern, im Vergleich zu den klassischen Vliesbildungsverfahren auf direktem Wege unter Umgehung der Prozessstufe der Vliesbildung zu Formteilen verarbeitet.

Der vorliegende Abschnitt 9.2 gibt eine Gesamtübersicht zu den klassischen Verfahrensprinzipien (Abb. 9.1), nach denen Vliesstoffe als Ausgangskomponente für die weitere Halbzeugfertigung hergestellt werden können.

9.2.2 Faservorbereitung

Die Verarbeitung von längenbegrenzten Fasern (vgl. Abb. 9.1 Trockenverfahren) zu vliesstoffbasierten Halbzeugen erfordert zunächst eine definierte Aufbereitung der Fasern. Aufgabe dieser Prozessstufe ist es, die Spinn- bzw. Recyclingfasern in eine für die nachfolgende Vliesbildung geeignete Vorlage zu bringen. Zur Realisierung der dafür notwendigen Teilprozesse stehen verschiedene Maschinen zur Verfügung, die modular zu kontinuierlich arbeitenden Produktionslinien zusammengefügt sind. Deren Konfiguration wird durch die späteren Halbzeuganforderungen und die zu verarbeitenden Faserqualitäten bestimmt. Die einzelnen technologischen Teilprozesse können zeitlich nacheinander, parallel oder wiederholt ablaufen. Diese sowie die zu deren Realisierung erforderlichen Maschinen sind aus der Spinnfasergarnherstellung (s. Kap. 4) bekannt. Technologische und anlagentechnische Details sind [8] zu entnehmen.

9.2.3 Grundprinzipien der Vliesbildung

9.2.3.1 Vorbemerkung

Aufgabe der Prozessstufe der *Vliesbildung* ist es, ein homogenes, gleichmäßiges flächiges Vlies zu formieren, dessen Zusammenhalt zunächst allein auf der Reibungswirkung zwischen den längenbegrenzten bzw. endlosen Vliesfasern beruht. Die technologischen Teilaufgaben des Vliesbildungsprozesses umfassen:

- Faserauflösung der Faserflocken bis zur Einzelfaser (Spinnfaservliesstoff),
- Bildung einer Vliesbahn mit:
  - definierter Faserausrichtung,
  - definiertem flächenbezogenem Gewicht und
  - definierten Abmessungen (Breite, Dicke).

Die Qualität der Vliesstoff-Halbzeuge sowie des späteren Leichtbauteils wird wesentlich durch die Gleichmäßigkeit der Faserverteilung über die Breite und Länge der Vliesbahn bestimmt. Die Struktureigenschaften der Vliesstoff-Halbzeuge werden durch das Vliesbildungsprinzip und die Prozessparameter beeinflusst. Die Formierung der Fasern zu einer Vliesbahn kann nach verschiedenen Grundprinzipien erfolgen.

9.2.3.2 Mechanische Vliesbildung

Die *mechanische Vliesbildung* besteht aus zwei Teilprozessen, der Florbildung und der Doublierung.

Die *Florbildung* erfolgt zumeist auf der Krempel nach dem Kardierprinzip. Dabei werden die voraufgelösten Faserflocken durch die Reibungswirkung zwischen rotierenden Walzen mit Sägezahnbeschlägen (Kardierelemente) bis zur Einzelfaser aufgelöst. Die Auflösung findet zwischen der Haupttrommel (Tambour), der Arbeiterwalze und der Wenderwalze statt (Abb. 9.3 a). Der Kardierprozess ist mehrstufig und wird durch mehrere Arbeiter-/Wenderwalzenpaare, die am oberen Umfang der Haupttrommel angeordnet sind, erreicht. Am Ende des Kardierprozesses liegen die Einzelfasern parallelisiert in Produktionsrichtung (Längsausrichtung) und verteilt über die gesamte Oberfläche der Arbeitstrommel vor und werden in Form eines zusammenhängenden Faserflors von der Abnehmerwalze übernommen.

Die Teilprozesse Kardieren und Abnahme des Faserflores werden durch Unterschiede in der Umfangsgeschwindigkeit der Walzen und der Stellung der Sägezahngarnitur erreicht. Mit Hilfe der Anordnung einer Wirrwalze zwischen Tambour und nachfolgender Abnehmerwalze (Abb. 9.3 b) kann die Lage der parallelisierten und in Produktionsrichtung ausgerichteten Fasern beeinflusst werden. Durch Unterschiede in den Umfangsgeschwindigkeiten und die gegenläufige Drehrichtung der Walzen gelingt es die Fasern wirr, d. h. ohne Vorzugsorientierung, auf der Abnehmerwalze abzulegen. Die physikalischen Grundlagen zur Florbildung beinhaltet die Krempeltheorie [8].

Für die Florbildung werden zumeist modular aufgebaute Krempeln, deren Arbeitsstellen in Anpassung an den zu verarbeitenden Faserstoff konfiguriert sind, verwendet. Grundsätzlich können alle Fasern mit einer Länge von ca. 20 bis 150 mm nach dem Kardierverfahren zu einem Flor verarbeitet werden. Bei spröden Fasern, wie z. B. Mineralfasern, ist dies nur mit Einschränkung möglich. Auch die Verarbeitung von Kohlenstofffasern ist auf Grund ihrer elektrischen Leitfähigkeit problematisch und nur durch spezielle maschinentechnische Schutzvorkehrungen möglich.

Für den kohäsiven Zusammenhalt der Fasern ist eine Mindestfaseranzahl im Flor erforderlich. Diese ist feinheitsspezifisch und bestimmt das minimal realisierbare Florgewicht. Heute werden auch Karden für die Vliesbildung eingesetzt.

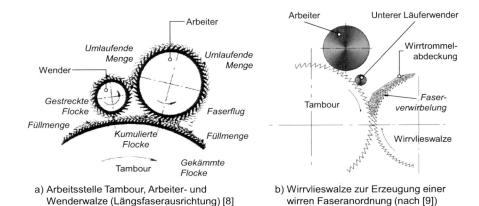

a) Arbeitsstelle Tambour, Arbeiter- und   b) Wirrvlieswalze zur Erzeugung einer
   Wenderwalze (Längsfaserausrichtung) [8]   wirren Faseranordnung (nach [9])

Abb. 9.3 Arbeitsstellen und Teilprozesse im Krempelprozess (nach [8, 9])

Dem Krempelvorgang schließt sich der *Doublierprozess* an, dessen wesentliche technologische Aufgabe darin besteht, aus dem Faserflor ein Vlies mit höherer Flächenmasse und Vliesbreite sowie definierter Faserausrichtung, entsprechend den Anforderungen der Halbzeug-Verarbeitung, zu bilden. Der Vliesaufbau erfolgt durch das Übereinanderlegen einzelner Florlagen, wodurch gleichzeitig eine Vergleichmäßigung der Flächenmasse über der Vliesbahn erzielt wird. Zur Realisierung des in der Praxis auch als Vlieslegen bezeichneten Prozesses werden heute zumeist Maschinen in Kreuzleger-Bauweise eingesetzt.

Beim *Kreuzlegen* wird die Florbahn über oszillierende Zuführbänder zick-zackförmig auf ein rechtwinklig darunter angeordnetes Abführband abgelegt (Abb. 9.4). Flächenmasse, Faserorientierung und Breite des Vlieses können über die Geschwindigkeitsverhältnisse der Transportbänder von zugeführtem Flor und gebildetem Vlies sowie über den Hub des oszillierenden Vliesbandes eingestellt werden [8].

Kreuzgelegte Vliese besitzen zumeist eine Querfaserorientierung. Die Faserorientierung kann zusätzlich durch eine nachgeschaltete Vliesstrecke, entsprechend den gewünschten isotropen bzw. anisotropen Halbzeug-Eigenschaften beeinflusst werden.

In der Praxis sind die zur mechanischen Vliesbildung erforderlichen Maschinen Krempel, Kreuzleger und gegebenenfalls Vliesstrecke zu kontinuierlich arbeitenden Anlagenlinien verknüpft. Die Bahngeschwindigkeit eines gebildeten Vlieses mit einer Breite von max. 6 m beträgt bis zu 100 m/min.

Mit dem Kreuzlegeprinzip (Abb. 9.4) wird eine zweidimensionale (2D-) Faserausrichtung erzielt. Mittels spezieller Legeverfahren, wie z. B. dem Rotationslegen, ist es möglich, die Vliesfasern in z-Richtung auszurichten [8], so dass dreidimensionale (3D-) Vliesstoffstrukturen realisierbar sind.

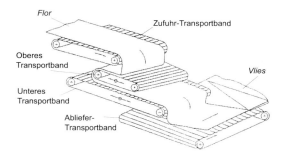

Abb. 9.4 Prinzip des Kreuzlegens [8]

9.2.3.3 Aerodynamische Vliesbildung

Das *aerodynamische Grundprinzip* ist dadurch gekennzeichnet, dass die Teilprozesse Auflösen, Ablösen und insbesondere das Ablegen der Einzelfasern mittels Luftströmen realisiert werden (Abb. 9.5). Dabei werden die voraufgelösten Fasern (z. B. vorgeschaltete Krempel) von der Oberfläche einer Öffnerwalze durch Fliehkräfte und einen tangential gerichteten Luftstrom abgelöst und zur Siebbandoberfläche (Vliesbildungsort) transportiert. Mittels eines Unterdruckes wird die Transportluft abgeschieden. Dadurch werden die Fasern unmittelbar im Moment ihres Auftreffens auf der Siebbandoberfläche verdichtet und in ihrer Lage fixiert. Im Unterschied zum Krempelverfahren wird auf diese Weise eine intensivere isotrope Faserausrichtung erzielt. Mittels einer oberhalb des Faserablagepunktes angeordneten Saugtrommel können die Fasern zusätzlich in z-Richtung ausgerichtet werden. Da das abgelegte Vlies bereits die für das Halbzeug gewünschte Flächenmasse besitzt, ist keine Doublierung notwendig. Auf aerodynamischem Weg gebildete Vliese besitzen deshalb eine kompakte 3D-Faserstruktur, eine wie bei mechanisch gebildeten Vliesen ausgeprägte Delaminationsneigung ist praktisch nicht vorhanden. Dies ist sowohl für die Weiterverarbeitung zum Halbzeug als auch für die späteren Verbundeigenschaften von Bedeutung.

Die Qualität des späteren Vliesstoff-Halbzeuges wird entscheidend durch den Öffnungsgrad der voraufgelösten Faserflocken sowie die Gleichmäßigkeit des auf der Siebbandoberfläche abgelegten Luft-Faser-Volumenstromes bestimmt. Für die Eigenschaften des späteren Halbzeuges ist insbesondere die kompakte 3D-Faserausrichtung von Vorteil. Hieraus resultieren isotrope Festigkeitseigenschaften kombiniert mit Voluminösität und Druckelastizität.

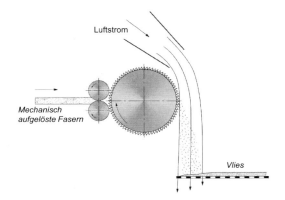

Abb. 9.5 Aerodynamisches Vliesbildungsprinzip (nach [9])

Die auf dem Markt verfügbaren Verfahren unterscheiden sich in Hinblick auf die Art und Weise der Vorauflösung der Faserflocken und die Führung der Luftströme [8]. Auf Grund der vorgenannten charakteristischen Vlieseigenschaften sowie technologischen Aspekte bietet das aerodynamische Verfahren wirtschaftliche Vorteile. Grundsätzlich können Kurz- und Langfasern auf natürlicher und chemischer Basis oder aus Recyclingfasern kostengünstig und mit hoher Produktivität zu Vlies-Halbzeugen verarbeitet werden.

9.2.3.4 Hydrodynamische Vliesbildung

Die Vliesbildung auf nassem Weg ist dem Papierherstellungsverfahren ähnlich. Sie umfasst die Teilprozesse Dispergieren und Ablegen der Fasern auf dem Siebband sowie Trocknen.

Die Vliesfasern werden als Fasersuspension bereitgestellt. Für die Gleichmäßigkeit der Vlies-Halbzeuge ist eine homogene Verteilung der Fasern bzw. eine gute Dispergierfähigkeit der Fasern im wässrigen Medium von grundlegender Bedeutung. Diese wird durch die Faserparameter

- Schlankheitsgrad (Faserlänge, Faserfeinheit),
- Nasssteifigkeit,
- Kräuselung,
- Benetzbarkeit der Oberfläche sowie die
- Schnittqualität

wesentlich beeinflusst.

Die Ablage der Vliesfasern (Vliesbildung) erfolgt an einem schrägen Siebband. Dabei wird das Wasser unterhalb des Siebbandes mittels Unterdruck (Entwässerungskästen) abgetrennt (Abb. 9.6 a). Nach dem *hydrodynamischen Verfahren* können insbesondere sehr kurze Fasern (ca. 5 bis ca. 25 mm) sowohl auf natürlicher als auch chemischer Basis sowie auch Hochleistungsfasern wie GF, AR und CF, z. B. aus Produktionsabfällen oder auch Recyclingfasern zum Vlies abgelegt werden. Zur Verbindung der Vliesfasern werden Bindemittel in Form von Fasern oder als Kunststoffdispersionen (Acrylate, Butadien-Styrol-Acrylnitril) verwendet, die der Fasersuspension zugemischt werden. Als Bindefasern werden Pulps, Zellstofffasern sowie spezielle Bindefasern eingesetzt, die über verschiedene Bindungsmechanismen (Wasserstoffbrücken, Thermoplastizität, Löslichkeit) die Vliesfasern adhäsiv verbinden. Durch die Anordnung weiterer Stoffaufläufe über dem Siebband (Abb. 9.6 b) gelingt es, mehrlagige Vliesstrukturen aus verschiedenen Faserstoffen in einem Prozess herzustellen.

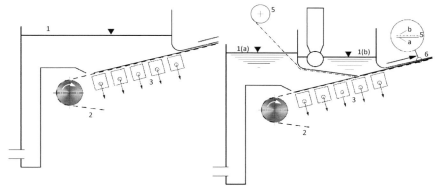

1 Stoffauflauf mit Fasern (a) bzw. (b); 2 Siebband; 3 Entwässerungskästen; 4 Nassvliesstoff (einlagig);
5 Fadengelage; 6 Nassvliesstoff (Sandwichstruktur)

a) Grundprinzip   b) Anordnung mit zwei Stoffaufläufen

Abb. 9.6 Hydrodynamisches Vliesbildungsprinzip (nach [9, 10])

Das restliche Wasser im gebildeten Vlies wird in einem anschließenden Trocknungsprozess entfernt. Die Wärme kann nach verschiedenen Verfahren (Strahlung, Konvektion, Kontakt) in die Vliesfasern appliziert werden, wobei gleichzeitig die Bindemittel aktiviert werden. Dafür stehen verschiedene Trocknersysteme zur Verfügung [8].

Nassvliese besitzen bereits ausreichende Festigkeiten, so dass eine nachfolgende Vliesverfestigung (s. Abschn. 9.2.4) in der Regel nicht notwendig ist. Für die Eigenschaften der nassgelegten Vlies-Halbzeuge ist die gleichmäßige Konzentration der Faser-Wasser-Suspension von essenzieller Bedeutung. Es wird eine 2D-Faserausrichtung erzielt, wobei ein Großteil der Fasern technologisch bedingt in Produktionsrichtung ausgerichtet ist. Die Faserorientierung ist über die Abstufung des Unterdruckes in den Entwässerungskästen steuerbar. Weitere besondere Merkmale der Nassvliesstoffe sind eine hohe Konstanz des Flächengewichts bei gleichzeitig niedrigem Flächengewicht (20 – 400 g/m^2) sowie einstellbar hohe Porositäten.

Das Nassverfahren bietet auch Potenziale für Hochleistungsfasern wie AR und CF. Entsprechend der steigenden Nachfrage hat sich auch die Produktionsabfallmenge dieser hochpreisigen Fasern erhöht. Mittels der Nasstechnologie können Hochleistungsfaserabfälle einer anspruchsvollen Verwertung, z. B. in Form von Halbzeugen für das LFT-D-Verfahren, zugeführt werden. Machbarkeitsstudien mit recycelten Glasfasern zeigen, dass die Eigenschaftskennwerte daraus hergestellter Verbundwerkstoffe mit denen von Primärfasern vergleichbar sind [11]. Nassvlies-Halbzeuge aus recycelten CF können nach dem Spritzgussverfahren, dem LFT-D-Verfahren, in einem Laminier- oder RTM-Prozess weiterverarbeitet werden [12]. Ferner können Nassvliese mit hochfibrillierten AR-Pulps (0,2 – 1,6 mm) verschieden funktionalisiert werden, z. B. zur Erzielung spezieller Filtrationseigenschaften oder auch elektromagnetischer Abschirmwirkung [13].

Anlagen zur Herstellung von Nassvliesen, die auch als Schrägsiebformer oder Hydroformer bezeichnet werden, bestehen aus einer Stoffaufbereitungs-, einer Vliesbildungs- und Trocknungs-/Imprägnierungszone. Die Produktionsgeschwindigkeiten für Glasfaservliesstoffe erreichen je nach Produktlinie 100 bis 400 m/min.

9.2.3.5 Extrusionsverfahren

Beim *Extrusionsverfahren* werden extrudierte Polymerschmelzeströme unmittelbar zu endlosfaserbasierten Flächengebilden umgeformt. Im Gegensatz zu den Vliesbildungstechnologien auf trockenem und nassem Weg, bei denen längenbegrenzte Fasern zu einer Vliesbahn verarbeitet werden, bilden bei den Extrusionsverfahren polymere Rohstoffe in Granulatform die Ausgangsvorlage (vgl. Abb. 9.1). Da die Prozessstufe der Filamentbildung in den Vliesbildungsprozess integriert ist, wird häufig auch der Begriff „*Direktverfahren*" verwendet.

Der Gesamtprozess kann in die Teilprozesse Erspinnung, Verstreckung und Vliesbildung unterteilt werden, welche simultan ablaufen (Abb. 9.7). Grundsätzlich können alle polymeren Rohstoffe auf synthetischer und mineralischer Basis (Glas, Keramik, Gestein), aus deren Schmelze ein Faden gezogen werden kann, nach dem Extrusionsverfahren zu einem Spinnvlies verarbeitet werden.

Die Filamentbildung erfolgt nach den für Chemiefasern bekannten Erspinnverfahren, Schmelzspinnen und Lösungsspinnen (s. Kap. 3). Größte Bedeutung besitzt das Schmelzspinnverfahren auf Grund seiner einfachen Verfahrensführung. PP-, PESund PA-Fasern werden nach diesen Verfahren ersponnen, wobei PP als Rohstoff auf Grund des niedrigen Preises sowie vorteilhafter Eigenschaften die größte industrielle Bedeutung (vgl. Abschn. 9.1.2) besitzt.

Der granulierte Rohstoff wird mittels eines Extruders plastifiziert und durch eine Vielzahl von Spinndüsen über die gesamte Arbeitsbreite extrudiert. Nach Austritt des schmelzflüssig Fadens aus der Spinndüse erfolgt eine kraftschlüssige Verstreckung mittels Luft. Dadurch werden die Molekülketten ausgerichtet, was insbesondere für die mechanischen Eigenschaften des späteren Halbzeuges von grundle-

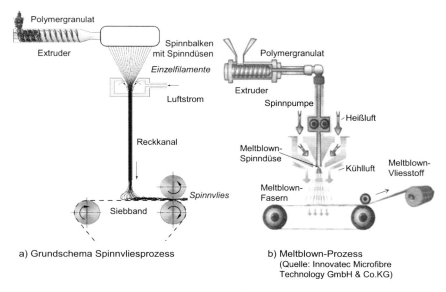

a) Grundschema Spinnvliesprozess

b) Meltblown-Prozess
(Quelle: Innovatec Microfibre
Technology GmbH & Co.KG)

Abb. 9.7 Verfahrensschemata zur Herstellung von Filamentvliesen und Feinstfaservliesen

gender Bedeutung ist. Die verstreckten und nahezu erstarrten Filamente legen sich schlaufenförmig auf ein perforiertes Band ab und werden mittels Saugluftstrom in dieser Lage fixiert (Vliesbildung).

Abbildung 9.7 a ist als Grundschema für den Gesamtprozess zu verstehen. Die kommerziellen Verfahren unterscheiden sich in der verfahrenstechnischen Gestaltung der einzelnen Prozessstufen sowie konstruktiven Auslegung der einzelnen Baugruppen, die in [8] detaillierter ausgeführt sind. Die Konfigurierung der einzelnen Baugruppen sowie die Gestaltung der einzelnen Teilprozesse ist auf das jeweilige Spinnvlies-Halbzeug abzustimmen.

Filamentvliesstoffe besitzen eine 2D-Endlosfaserausrichtung, die über die Geschwindigkeitsverhältnisse (Faden, Vliesbahn) zum Zeitpunkt der Filamentablage steuerbar ist. Verschiedene Verfahrensmodifikationen ermöglichen zudem die Erspinnung von Feinstfasern. Mittels einer speziellen Düse und Heißluftströmen kann die Polymerschmelze zu mikrofeinen Fasern zerblasen (Meltblown-Prozess) werden (Abb. 9.7 b). Die Ablage der Mikrofasern erfolgt auf einer Sieboberfläche. Mittels des Elektrospinnverfahrens können nanoskalige Faserschichten erzeugt werden [8]. Häufig sind diese Prozesse in andere Vliesbildungsprozesse, wie z. B. in den Krempelprozess oder in den Spinnvliesprozess, integriert. Auf diese Weise können Vliesstoff-Verbunde mit Gradientenstruktur, beispielsweise bezüglich der Porosität, realisiert werden. Wichtige technische Eigenschaften, wie z. B. das Abscheideverhalten oder die akustische Isolationswirkung können damit anforderungsgerecht eingestellt werden.

9.2.4 Grundprinzipien zur Vliesverfestigung

9.2.4.1 Übersicht

Der Vlieszusammenhalt beruht allein auf den wirkenden Reibungskräften zwischen den Fasern bzw. Filamenten. Die daraus resultierenden mechanischen Eigenschaften erfüllen keinesfalls die Anforderungen des späteren Vliesstoff-Halbzeuges. Zur Verbesserung der mechanischen Eigenschaften ist es deshalb notwendig, die Festigkeit der Faserbindungspunkte zu erhöhen. Hierfür stehen verschiedene physikalische und chemische Technologien zur Verfestigung der Vliese zum Vliesstoff zur Verfügung. Die Eigenschaften des Vliesstoff-Halbzeuges werden wesentlich durch die *Verfestigungstechnologie* beeinflusst. Abbildung 9.8 veranschaulicht, dass allein mit mechanischen Verfestigungsverfahren (vgl. a bis c), mit denen die Vliesfasern reib- und formschlüssig verbunden werden, recht unterschiedliche Vliesstoffstrukturen erzielt werden, die entsprechend unterschiedliche Halbzeug-Eigenschaften erwarten lassen.

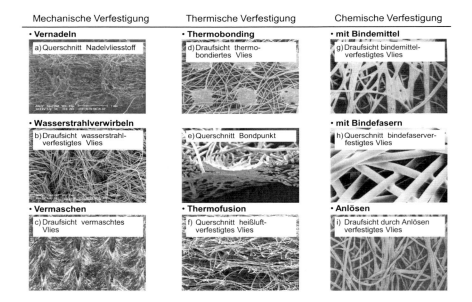

Abb. 9.8 Übersicht der Verfestigungsverfahren und der damit erzielten Vliesstoffstrukturen (Fotos: Sächsisches Textilforschungsinstitut e.V.)

Die Kombination verschiedener Verfestigungsverfahren ermöglicht die Einstellung spezifischer Vliesstoffeigenschaften. Außerdem werden Verfestigungsverfahren verwendet, um verschiedenartige Vliese miteinander oder auch mit anderen Flächengebilden zu verbinden (s. Abschn. 9.4.2). Durch Ausnutzung von Synergieeffekten können dadurch anforderungsgerechte vliesstoffbasierte Halbzeuge hergestellt werden.

9.2.4.2 Mechanische Verfestigung

Mechanische Verfestigungsverfahren besitzen die vergleichsweise größte Bedeutung in der Praxis. Diese kann durch die Grundprinzipien Vernadeln, Vermaschen und Verwirbeln realisiert werden.

Vernadeln

Beim Vernadeln werden die Vliesfasern mittels Nadeln spezieller Geometrie verschlungen (Abb. 9.9). Dabei durchstechen die mit Widerhaken ausgeführten Nadeln das Vlies und verdichten es. Die von den Widerhaken erfassten Vliesfasern werden bei der Nadelabwärtsbewegung im Nadeleinstichkanal (orthogonal zur Vliesebene) ausgerichtet. Eine spezielle Widerhakengeometrie sorgt für den Erhalt der erzielten orthogonalen Ausrichtung eines Teils der Vliesfasern im Nadeleinstichkanal während der Nadelaufwärtsbewegung. Es wird somit eine 3D-Faserausrichtung erzielt (vgl. Abb. 9.8 a).

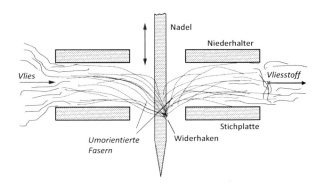

Abb. 9.9 Grundprinzip des Vernadelns

Für Leichtbauanwendungen werden Vliese aus Glasfasern und -filamenten häufig vernadelt. Derartige „Matten" (vgl. Abschn. 9.1.1) werden zur Herstellung thermoplastischer Prepregs, sogenannte „glasmattenverstärkte Thermoplaste" (GMT, Kap. 11), verwendet.

Die Struktur und die Eigenschaften der Nadelvliesstoffe können durch diverse Vernadelungsparameter, z. B. die Geometrie, die Einstichtiefe und die Dichte der Nadeln sowie die Geschwindigkeit des Vlieses, anforderungsgerecht eingestellt werden. Weiterhin ermöglichen verschiedene Modifikationen der Arbeitsstelle die Herstellung von Vliesstoffen mit spezifischen Struktureffekten [8].

Nähwirken

Vliese können im Wesentlichen nach den Maschenbildungsverfahren Nähwirken und Kettenwirken sowohl im Sinne der Vliesverfestigung als auch im Sinne der Verbundstoff-Herstellung verarbeitet werden.

Speziell zur Verfestigung von Faservliesen hat das auf Basis des Kettenwirkens arbeitende MALIMO-Nähwirkverfahren die größte Bedeutung erlangt. Hierfür sind verschiedene Verfahrensmodifikationen entwickelt worden, die in Abbildung 9.10 als Überblick dargestellt sind.

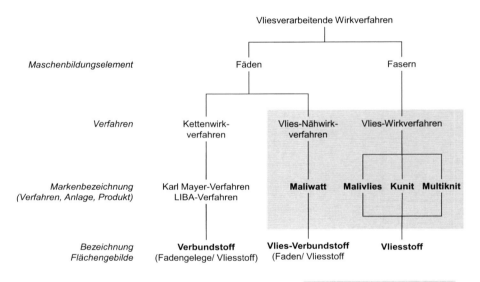

Abb. 9.10 Übersicht der MALIMO-Nähwirkverfahren zur Vliesverfestigung [8]

Das festigkeitsbildende Strukturelement sind Maschen, wobei zwischen Maschen aus Wirkfäden einerseits und aus Vliesfasern andererseits zu unterscheiden ist (Abb. 9.10). Ungeachtet der verschiedenen Verfahrensmodifikationen umfasst der Maschenbildungszyklus grundsätzlich die bei der Maschenwarenherstellung bekannten Teilphasen: Einschließen, Fadenlegen, Kulieren und Abschlagen. Die Wirkprinzipien der primär für die Verfestigung von Faservliesen eingesetzten Verfahren werden im Folgenden kurz dargestellt. Eine vollständige Übersicht der vliesverarbeitenden Wirkverfahren sowie verfahrenstechnische Details sind [8] zu entnehmen.

Mittels der Verfahren des *Vlies-Nähwirkens* werden die vorzugsweise querorientierten Vliesfasern in ein Maschennetz aus Wirkfäden eingebunden, ohne selbst an der Maschenbildung beteiligt zu sein. Abbildung 9.11 a zeigt die Arbeitsstelle des MALIMO-Nähwirkverfahrens vom *Typ Maliwatt*, mit der die Wirkfäden in Franse- oder Trikotlegung eingebunden werden können. Der auf diese Weise verfestigte Vliesstoff stellt einen Verbund aus Wirkfäden und Faservlies („Vlies-Verbundstoff") dar (Abb. 9.11 b). Durch den Einsatz weiterer Wirkfadensysteme sind weitere Grundbindungen wie Tuch, Samt, Atlas sowie Parallelschusseintrag und somit die anforderungsgerechte Einstellung des Kraft-Dehnungs-Verhaltens der Vliesstoff-Halbzeuge möglich. Verschiedene angepasste anlagentechnische Lösungen ermöglichen die Verfestigung bzw. Verarbeitung von kurzstapeligen Primärfasern (Produktionsabfälle), Sekundärfasern sowie Glasfasern ("Glasmatten").

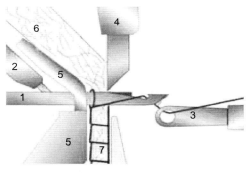

a) Arbeitsstelle

1 Schiebernadel, 2 Schließdraht , 3 Lochnadel,
4 Gegenhalteplatine, 5 Abschlagplatine,
6 querorientiertes Faservlies,
7 Vlies-Nähwirkstoff Typ Maliwatt

b) Struktur Maliwatt-Vliesstoff
(Beispiel Trikotbindung)

Abb. 9.11 Vlies-Nähwirkverfahren, Typ Maliwatt (Quelle: Karl Mayer MALIMO Textilmaschinenfabrik GmbH)

Im Unterschied dazu werden beim *Faser-Vlieswirken* die Vliesfasern selbst zu Maschen (Strukturelement) umgeformt. Dies kann durch weitere Verfahrensmodifikationen mit den Markennamen Malivlies, Kunit und Multiknit (vgl. Abb. 9.10) erreicht werden, die sich im Aufbau der Arbeitsstelle und den realisierten Maschenstrukturen unterscheiden.

Beim *Malivlies-Verfahren* (Abb. 9.12 a) wird das zugeführte Querfaservlies von Schiebernadeln durchstochen. Im weiteren Verlauf eines Maschenbildungszyklus wird ein Teil der Vliesfasern auf der den Einlegeplatinen zugewandten Seite erfasst und zu Maschen kuliert, während der andere Teil lediglich in die Fasermaschen eingebunden wird. Charakteristisch für einen Malivlies-Vliesstoff sind sichtbare Maschenschenkel auf der Vorderseite.

Die Arbeitsstelle des *Kunit-Verfahrens* (Abb. 9.12 b) besitzt zusätzlich eine schwingende Stopfeinrichtung, mit der die Vliesfasern vor dem Kulieren zu Polfalten gelegt und somit in z-Richtung ausgerichtet werden. Die Länge der Polfalten und somit die Dicke des Kunit-Vliesstoffes sind variabel einstellbar. Entsprechend der Länge der Polfalten sind 3D-Vliesstoffgeometrien realisierbar. Das *Multiknit-Verfahren* (Abb. 9.12 c) ermöglicht die Weiterverarbeitung von Flächengebilden mit Polfaserstrukturen, wobei die Polfasern zu Maschen umgeformt werden. Auf diese Weise können ein- oder auch mehrlagige Vliesstoffstrukturen, ebenso im Verbund mit anderen textilen Flächengebilden gefertigt werden. Die Ausrichtung der Polfasern in z-Richtung und die Maschenstruktur ergeben eine voluminöse kompakte 3D-Faserstruktur. Die daraus resultierende Druckelastizität wird für alternative Unterpolstermaterialien ausgenutzt. Insbesondere für den Automobilbau stellen sie eine ökologische Alternative zum PU-Schaumstoff dar. Es ist eine auf dem Multiknit-Verfahren basierende angepasste Verfahrenslösung mit der Bezeichnung Caliweb (s. Abschn. 9.4.2) entwickelt worden, um Sitzkomponenten sowie weitere für das Autointerieur benötigte textile Formteile wirtschaftlich zu fertigen.

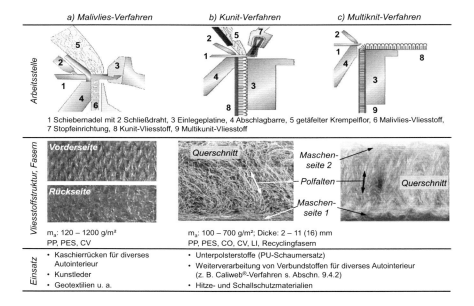

Abb. 9.12 Grundprinzipien des Vlies-Wirkens und Strukturen von Faser-Vlies-Wirkstoffen (Quelle: Karl Mayer MALIMO Textilmaschinenfabrik GmbH)

Wasserstrahlverwirbeln

Beim Verwirbeln werden die Vliesfasern mittels Wasserstrahlen verfestigt. Dabei werden die Vliesfasern durch die senkrecht auf die Vliesoberfläche auftreffenden Hochdruck-Wasserstahlen erfasst, umorientiert und mit anderen Faserelementen verwirbelt bzw. verschlungen (Abb. 9.13). Wasserstrahlverfestigte Vliese (vgl. Abb. 9.8 b) zeichnen sich durch besondere Weichheit, spezifische Festigkeit sowie Haptik aus. Sie werden deshalb in erster Linie in den Bereichen Hygiene, Medizin und Haushalt eingesetzt.

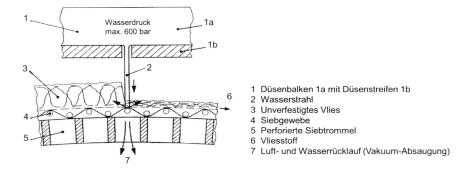

Abb. 9.13 Grundprinzip des Verwirbelns mittels Wasserstrahlen [8]

Die Technologie der Wasserstrahlverwirbelung, die in den letzten 20 Jahren eine besonders dynamische Entwicklung erfahren hat, kann gleichfalls wie die Vernadelungstechnologie zur Verbindung verschiedener textiler Flächengebilde im Sinne der Verbundherstellung (Abschn. 9.4.2) genutzt werden. Das Verfahren eignet sich auch zur Oberflächenstrukturierung im Sinne einer Funktionalisierung, beispielsweise zur Erhöhung der Isolationswirkung oder zur Realisierung von Distanzhaltern.

9.2.4.3 Chemische Verfestigung

Mittels eines Bindemittels können Vliesfasern auf chemischem Wege stoffschlüssig verbunden werden. Das Bindemittel kann in flüssiger Form als Kunststoffdispersion oder auch in fester Form als Bindefaser oder Pulver auf thermoplastischer Basis vorliegen.

Zur Applizierung des Bindemittels stehen verschiedene Verfahren zur Verfügung. Ein klassisches, in der Praxis weit verbreitetes Verfahren zur Applizierung flüssiger Bindemittel ist das *Foulard-Verfahren* (Abb. 9.14), bei dem das Vlies in einem Trog mit der Bindemittelflotte vollständig durchtränkt wird. Nach Verlassen des Bades wird die überschüssige Bindemittelflotte durch ein Quetschwalzenpaar mechanisch entfernt. Der Bindemittelgehalt kann über die technologischen Parameter Vliesgeschwindigkeit und Walzenabstand eingestellt werden, wobei auch die Benetzungseigenschaften (s. Abschn. 9.3.3.4) des Vlieses zu berücksichtigen sind.

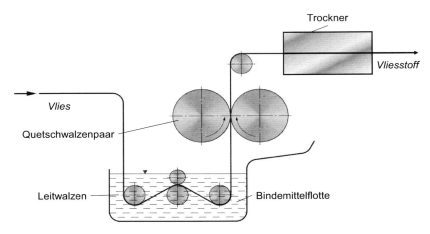

Abb. 9.14 Grundprinzip für die Applizierung flüssiger Bindemittel (nach [8])

Bindemittel nichtflüssiger Konsistenz werden durch andere Verfahren, z. B. Rakeln (Pasten), Sprühen, Pflatschen, Imprägnieren (Flotte, Schaum), Drucken oder Streuen (Pulver), appliziert. An die Applizierung der Bindemittel schließt sich eine Wärmebehandlungsphase zur Aktivierung der flüssigen (Koagulation, Vernetzung) bzw. der festen Bindemittel (Aufschmelzen) an. Im Falle flüssiger Bindemittel wird gleichzeitig die restliche Feuchte entfernt. In der Regel werden aus der Textilveredlung bekannte Trocknersysteme (Sieb- oder Bandkonstruktion) eingesetzt.

Vliesstoffe aus geschnittenen oder endlosen Glasfasern („Matten" s. Abschn. 9.4.3) werden häufig mit flüssigen Bindemitteln verfestigt. Erfolgt die Vliesbildung nach dem Nassverfahren (s. Abschn. 9.2.3.4), wird das Bindemittel bereits der Fasersuspension zugegeben. Die Festigkeitseigenschaften der verfestigten Vliese werden u. a. durch die Kohäsions- und Adhäsionseigenschaften des Bindemittels und den Bindemittelanteil bestimmt. Über das Benetzungsverhalten kann die Anordnung des Bindemittels an den Faserkreuzungspunkten von „vollflächig" über „spannsegelartig" (vgl. Abb. 9.8 g) bis „punktförmig" (vgl. Abb. 9.8 h) beeinflusst und damit insbesondere die mechanischen Eigenschaften, z. B. Biegeeigenschaften der Vliesstoff-Halbzeuge, eingestellt werden.

9.2.4.4 Thermische Verfestigung

Die Wärmebehandlung stellt eine weitere Möglichkeit dar, Vliese auf physikalischem Wege zu verfestigen. Jene Verbindung der Vliesfasern beruht auf Thermoplastizität. Dies setzt grundsätzlich die Verwendung synthetischer Fasern mit thermoplastischen Eigenschaften voraus. Nicht thermoplastische Vliesfasern können durch den Zusatz sogenannter Bindefasern thermisch verfestigt werden. Im Gegensatz zu herkömmlichen thermoplastischen Faserpolymeren sind deren Erweichungs- und Schmelzcharakteristik zur Erzielung eines optimalen thermischen Bindeverhaltens speziell angepasst. Je nach Art der Vliesfasern sowie der gewünschten Eigenschaften der späteren Vliesstoff-Halbzeuge sind verschiedene Arten von thermoplastischen Bindefasern verfügbar (Tabelle 9.3). Bikomponentenfasern mit Kern-Mantel-Struktur (s. Kap. 3) ergeben einen besonders voluminösen, weichen und sprungelastischen Vliesstoffcharakter, da die Vlies- und Kernfasern durch das niedrig schmelzende Mantelpolymer nur punktförmig verbunden sind (vgl. Abb. 9.8 h).

Tabelle 9.3 Thermoplastische Bindefasern

Art der Bindefaser	Verarbeitungstemperatur [°C]
Homopolymerisatfasern (PP)	> 120
Co-Polymerisatfasern (Co-PA, Co-PES)	150…210
unverstreckte amorphe PES-Fasern	> 80
Bikomponenten („Biko")-Fasern, z. B. mit Kern-/Mantelpolymer	
PP/PE	80…115
PES/Co-PES	150…210
PA6/PA6.6	220…250

Die Wärmeübertragung in das zu verfestigende Vlies erfolgt nach den Prinzipien der Wärmeleitung, Konvektion oder Strahlung. Von großer praktischer Bedeutung sind das Kalander- und das Heißluftverfahren. Bei der *Kalanderverfestigung* (Abb. 9.15 a) werden die Vliesfasern im Walzenspalt unter Einwirkung von Druck und Temperatur plastifiziert und auf diese Weise verfestigt. Die Verwendung einer Stahlwalze mit Oberflächengravur ermöglicht die Herstellung von Vliesstoffen mit höherer Flexibilität. Dabei werden die Fasern nur unter den erhabenen Gravurpunkten komprimiert und verbunden, die Vliesfasern zwischen den Gravurpunkten hingegen behalten ihre Faserstruktur und damit ihre textilen Eigenschaften (Abb. 9.8 d und Abb. 9.8 e). Über die Geometrie der Gravurfläche kann die Biegesteifigkeit gezielt eingestellt werden. Dieses Verfahren ist besonders zur Verfestigung leichter PP-Vliese geeignet.

Die *Heißluftverfestigung* wird mittels Trocknern, zumeist Konvektionstrocknern, realisiert. Das zu verfestigende Vlies wird orthogonal zur Oberfläche von heißer Luft durchströmt und dabei nur geringfügig komprimiert (Abb. 9.15 b). Durch Verwendung von Biko-Fasern (vgl. Tabelle 9.2) werden besonders voluminöse und druckelastische Vliesstoffstrukturen erzielt.

Auf Grund der Einfachheit und Umweltfreundlichkeit sind die thermischen Verfahren im Vergleich zur Bindemittelverfestigung allgemein von wachsender Bedeutung.

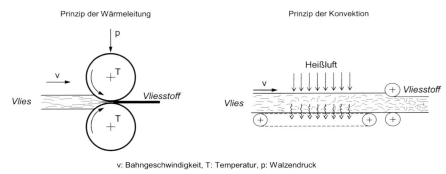

Abb. 9.15 Verfahren der thermischen Verfestigung

9.2.5 Veredlung

Vliesstoffe können nach allen bekannten mechanischen, thermischen und chemischen Verfahren ausgerüstet werden. Die technologischen Grundprinzipien zum Ausrüsten, Bedrucken, Färben und Beschichten sind Kapitel 13 zu entnehmen. Auf diese Weise können spezifische Funktionalitäten, wie z. B. Hydrophobie, Hydrophilie auf die Vliesstoffoberfläche appliziert werden.

9.3 Struktur und Eigenschaften

9.3.1 Übersicht

Die Konstruktion und die *Struktureigenschaften* von Vliesstoffen werden in weitaus stärkerem Maße durch die Herstellungstechnologien bestimmt, als dies bei Fadenstoffen der Fall ist. Auf Grund des unmittelbaren Aufbaus aus Fasern einerseits

und der nicht vorhandenen Strukturebene „Faden" andererseits sind vergleichsweise sehr spezielle Struktureigenschaften, wie z. B. definierte Porosität, realisierbar. Gleichwohl das mechanische Eigenschaftsniveau der Fadenstoffe nicht erreicht
wird, können durch die Verwendung von Vliesstoffen spezifische technische Eigenschaftskennwerte, wie z. B. Saugfähigkeit und Absorptionseigenschaften im Halbzeug implementiert werden, die sowohl für die Weiterverarbeitung als auch für
die Eigenschaften der Halbzeuge bzw. späteren Bauteile von Bedeutung sind. In
Abbildung 9.16 sind die grundlegenden Konstruktionsparameter und die charakteristischen Struktureigenschaften sowie ausgewählte technische Eigenschaftsmerk-
male zusammengefasst.

Abb. 9.16 Konstruktionsparameter und charakteristische Eigenschaften von Vliesstoffen bzw.
Vliesstoff-Halbzeugen

Simulationsmethoden und Softwaretools, die die Vorhersage und die Visuali-
sierung von Struktur-Eigenschafts-Beziehungen auf der Basis virtueller Vlies-
stoffgeometriemodelle ermöglichen, wurden entwickelt. So können mittels spezieller Software-Module technische Eigenschaften, wie z. B. An- und Durchströmungs-
verhalten, Partikeltransport, Isolationsvermögen (Wärme, Schall), in Abhängigkeit
von den Makro- und Mikrostrukturparametern der Vliesstoffkonstruktion voraus berechnet werden [14].

Trotz der Verfügbarkeit moderner Simulationstechniken, die ein wichtiges
Werkzeug für eine am Lebenszyklus orientierte Produktentwicklung darstellen,
sind grundlegende textiltechnologische und werkstofftechnische Grundkenntnis-
se über die Zusammenhänge zwischen der Struktur und den Eigenschaften
von Vliesstoffkonstruktionen (Struktur-Eigenschafts-Beziehungen) nötig, um das
Eigenschaftspotenzial von Vliesstoffen in effizienter Weise für die Halbzeug-
Eigenschaften bzw. Bauteileigenschaften ausnutzen zu können.

9.3.2 Konstruktionsparameter

9.3.2.1 Flächenmasse und Dicke

Die Makrostruktur eines Vliesstoffes ist allgemein durch die Kennwerte Flächenmasse [15] und Dicke [16] charakterisiert, die nach der Normenreihe ISO 9073 zu ermitteln sind. Nach der Flächenmasse werden Vliesstoffe in die Klassen „leicht" (bis 60 g/m^2), „mittelschwer" (bis 150 g/m^2) und „schwer" ($>$ 150 g/m^2) unterteilt.

9.3.2.2 Faserausrichtung

Die Ausrichtung der Vliesfasern bezüglich der Herstellungsrichtung („MD" machine direction) ist ein weiterer grundlegender Strukturparameter. Diese bestimmt maßgeblich die mechanischen Struktureigenschaften eines Vliesstoff-Halbzeuges wie Festigkeit, Kraft-Dehnungs-Verhalten, Elastizität und Biegesteifigkeit. Dabei können die Fasern ungerichtet oder auch definiert längs und/oder quer ausgerichtet sein (Abb. 9.17). Die mechanischen Eigenschaften der Vliesstoff-Halbzeuge sind deshalb von isotrop bis anisotrop in einem großen Bereich einstellbar.

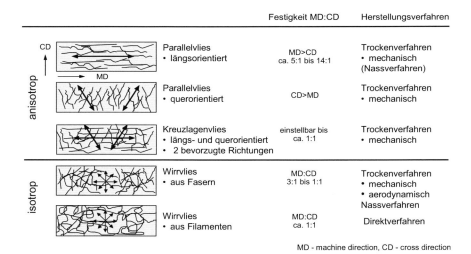

Abb. 9.17 2D-Faserausrichtung in Vliesstoffen

Da die Faserorientierung auf direktem Wege mittels Bildanalysetechniken relativ aufwändig zu bestimmen ist, wird in der Praxis das Verhältnis von Längs- zu Querfestigkeit, zu bestimmen nach ISO 9073-3 [17], als Kennwert zur Beschreibung der 2D-Faserorientierung in Vliesstoffen verwendet. Die Gleichmäßigkeit der Verteilung und Ausrichtung der Fasern im Vliesstoff-Halbzeug sind wichtige Qualitätsparameter für Vliesstoffe.

Spezielle Verfahren, wie z. B. das aerodynamische Verfahren (vgl. Abb. 9.5), spezielle Legetechniken (vgl. Abb. 9.4) oder auch Wirkverfahren (Kunit, Multiknit (vgl. Abb. 9.12), ermöglichen zusätzlich eine Ausrichtung der Fasern in z-Richtung bzw. eine 3D-isotrope Anordnung der Vliesfasern. Dadurch sind z. B. druckelastische Eigenschaften senkrecht zur Vliesstoffebene erreichbar, die potenziell den Ersatz von PU-Schaumstoff ermöglichen.

9.3.2.3 Art der Faser/Faser-Bindung

Die mit den vielfältigen Verfestigungsverfahren realisierbaren Bindungsstrukturen zwischen den Vliesfasern beruhen auf den Wirkprinzipen Reib-, Form- und Stoffschluss. Abbildung 9.18 enthält eine Übersicht zu den Morphologien der Bindungspunkte und deren charakteristischen Eigenschaften. Die Flexibilität der Bindungspunkte bestimmt maßgeblich die strukturmechanischen Vliesstoffeigenschaften, die insbesondere für die Halbzeug-Verarbeitung von Bedeutung sind.

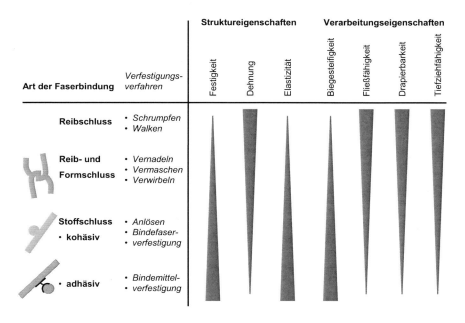

Abb. 9.18 Art der Bindung zwischen den Vliesfasern und deren qualitativer Einfluss auf die Eigenschaften von Vliesstoff-Halbzeugen

So besitzen Vliesstoffe mit reib- und formschlüssigen Faserverbindungen vergleichsweise eine geringere Festigkeit und Elastizität. Die flexiblen Bindungspunkte ermöglichen jedoch eine gute Drapierbarkeit und damit Verformbarkeit sowie eine ausreichende Fließfähigkeit der Vliesfasern während des Formpressens. Starre Bindungspunkte, wie sie in bindefaser- oder bindemittelverfestigten Vliesen vorliegen, ergeben qualitativ höhere mechanische Eigenschaftskennwerte. Derartige, vergleichsweise dimensionsstabilere Vliesstoff-Halbzeuge werden u. a. zur temporären Fixierung von Verstärkungsstrukturen (s. Abschn. 9.4.3.3) verwendet.

9.3.2.4 Konstruktionselement Faser

Die Parameter der Vliesfasern, die das eigentliche Konstruktionselement darstellen, beeinflussen die vliesstoffspezifischen Strukturmerkmale (s. Abschn. 9.3.3), wie z. B. Voluminösität und Porosität, in vielfältiger Weise. Über die Auswahl der entsprechenden Faserparameter können deshalb differenzierte Absorptions- und Permeabilitätseigenschaften, wie z. B. Schallisolation und Saugfähigkeit, in die Vliesstoff-Halbzeuge implementiert werden. Abbildung 9.19 gibt einen Überblick zu den für die Struktur- und Vliesstoffeigenschaften relevanten Faserparametern.

Die *Faserlänge* beeinflusst insbesondere die Kohäsionswirkung zwischen den Vliesfasern. Die Zunahme der Faserlänge verbessert die Zugfestigkeit, die Elastizität und andere mechanische Eigenschaften. Die Fließfähigkeit im Formwerkzeug wird durch längere Fasern jedoch beeinträchtigt.

Die *Faserfeinheit* ist u. a. für die spezifische Faseroberfläche und die Porosität relevant. Mit feineren Fasern können eine vergleichsweise größere aktive spezifische Faseroberfläche sowie kleinere Porengrößen im Vliesstoff realisiert werden. Vliesstoffeigenschaften, wie z. B. die Filterwirksamkeit und die Saugfähigkeit, können dadurch verbessert werden. Speziell bei Oberflächenvliesstoffen können mit feineren Fasern eine definierte Harzaufnahme und eine höhere Deckkraft eingestellt werden. Außerdem ermöglichen feinere Fasern die Realisierung kleinerer Biegeradien im Formwerkzeug sowie eine sehr hohe Filterwirkung.

Die *Faserkräuselung*, charakterisiert durch die Anzahl und Größe der Kräuselbogen, ist für die Haftung der Vliesfasern untereinander von Bedeutung. Mit steigender Kräuselung erhöhen sich z. B. Festigkeit und Elastizität sowie die Voluminösität. Bei Chemiefasern können definierte Kräuseleffekte mit Hilfe von Texturierverfahren erzeugt werden. Pflanzenfasern weisen kaum eine Kräuselung auf, der Faserzusammenhalt wird hierbei durch partielle Abspaltungen von Faserbündeln und Elementarfasern begünstigt.

Mit dem *Faserquerschnitt*, insbesondere mit Profilquerschnitten, können u. a. die spezifische Faseroberfläche und der Deckungsgrad erhöht werden. Stark profilierte Fasern sowie Hohlfasern verbessern das Wärmedämmvermögen. Die Fähigkeit der Hohlfasern zum kapillaren Feuchtetransport verleiht der Vliesstoffkonstruktion ein gutes Sorptionsvermögen.

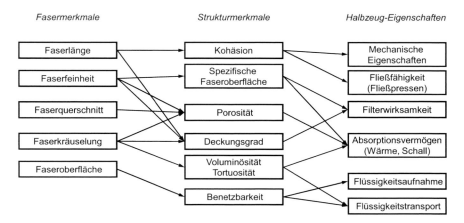

Fasermerkmale   *Strukturmerkmale*   *Halbzeug-Eigenschaften*

Abb. 9.19 Qualitativer Zusammenhang zwischen Fasermerkmalen, Struktur und Eigenschaften von Vliesstoffen

Die Art des Faserpolymers ist für die substanzgebundenen Vliesstoffeigenschaften, z. B. die Beständigkeit gegenüber Chemikalien und Temperatur, bestimmend. Durch die Beschaffenheit der Faseroberfläche werden Haftungs- und Gleitvorgänge zwischen den Vliesfasern (Fließfähigkeit) und gegenüber anderen Materialien sowie die Adhäsions- und Benetzungseigenschaften wesentlich beeinflusst.

9.3.3 Ausgewählte Struktureigenschaften

9.3.3.1 Voluminösität

Die *Voluminösität* ist für verschiedene technische Eigenschaften, insbesondere das Absorptionsverhalten für Wärme und Schall von Bedeutung. Allgemein können solche Vliesstoffe als voluminös bezeichnet werden, die mehr Luft als Fasern enthalten [18]. Die Voluminösität eines Vliesstoffes mit den geometrischen Abmessungen Breite, Länge und Dicke kann anhand verschiedener Kennwerte (Gleichungen 9.1-9.4) quantifiziert werden:

Loft-Faktor (nach Jordan) [18]

$$L_F = \frac{V_V}{V_F} = \frac{d}{m_A} \cdot \rho_F \qquad (9.1)$$

Rohdichte [18]

$$\rho_V = \frac{m_A}{d} \qquad (9.2)$$

Luftvolumen [18]

$$V_L = \left(1 - \frac{\rho_V}{\rho_F}\right) \cdot 100\,\% \qquad (9.3)$$

Anteil eingeschlossener Luft [18, 19]

$$v_L \approx \left[1 - \frac{1}{L_F}\right] \cdot 100\,\% \qquad (9.4)$$

$$v_L = P$$

d [m]   Dicke Vliesstoff
V_V [m³]   Gesamtvolumen Vliesstoff
V_F [m³]   Volumen Fasern
V_L [m³]   Volumen eingeschlossener Luft
L_F [-]   Loft-Faktor nach Jordan
ρ_F [kg/m³] Dichte Faserstoff
m_A [kg/m²] Flächengewicht Vliesstoff
ρ_V [kg/m³] Rohdichte Vliesstoff
v_L [%]   Anteil eingeschlossener Luft
P [%]   Porosität.

Allgemein werden Vliesstoffkonstruktionen als voluminös bzw. *„highloft"* bezeichnet, die nicht mehr als 10 % Feststoffanteil im Volumen bzw. einen Loft-Faktor > 40 besitzen und dicker als 3 mm sind. Highloft-Vliesstoffe weisen ein gutes Isolationsvermögen für Wärme auf, das über Herstellungsverfahren (z. B. aerodynamische Vliesbildung, Senkrechtlegen) und gezielte Faserauswahl in vielfältiger Weise anforderungsgerecht eingestellt werden kann.

9.3.3.2 Porosität

Die *Porosität* ist ein weiteres wichtiges Strukturmerkmal und für verschiedene Transportvorgänge bzw. Abscheidungsvorgänge von Festpartikeln sowie von Flüssigkeiten und Gasen von Bedeutung. Die Porosität von Vliesstoffen kann anhand der Rohdichte (Gleichung 9.2) und indirekt anhand der Messung der Luftdurchlässigkeit (bzw. des Luftströmungswiderstandes) [20] charakterisiert werden. Mittels porometrischer Messverfahren kann die Porenstruktur von Vliesstoffen anhand der Porengröße und Porengrößenverteilung quantifiziert werden [21, 22]. Die Porengröße ist insbesondere für Filterprozesse ein wichtiger Parameter. Vliesstoffe werden zur Abtrennung von Gasen, Flüssigkeiten und Feststoffen im Bereich der Oberflächen- und Tiefenfiltration eingesetzt. Weiterhin ist die Porengeometrie für Benetzungsvorgänge (s. Abschn. 9.3.3.4) von Bedeutung.

Neben der *Porengröße* ist auch die Verbindung der Poren untereinander (Interkonnektierung) für die Barrierewirkung der Vliesstoffstruktur von Bedeutung. Im Gegensatz zu Fadenstoffen weisen Vliesstoffe ein hochkomplexes System aus gewundenen Porenkanälen mit veränderlichen Querschnitten (Porenlabyrinth) auf. Einen Näherungswert für die Komplexität eines Porenlabyrinths liefert die *Tortuosität* (tortuosity factor). Der von Batchu [23] für Vliesstoffe beschriebene tortuosity factor τ stellt den reziproken Wert der Porosität P (Gleichung 9.5) bzw. die Abweichung von einem idealen zylinderförmigen Kanal dar:

$$\tau = \frac{1}{P} \tag{9.5}$$

τ [-] tortuosity factor
P [%] Porosität.

Die Länge des Porenkanals ist das Produkt aus der Vliesstoffdicke und dem tortuosity factor [19, 23]:

$$l_P = d \cdot \tau \tag{9.6}$$

l_P [µm] Länge eines Porenkanals
τ [-] tortuosity factor
d [µm] Vliesstoffdicke.

Vliesstoffkonstruktionen mit einer 3D-isotropen Faseranordnung und highloft-Charakter, wie z. B. nach dem aerodynamischen Verfahren hergestellte Vliesstoffe, weisen eine besonders ausgeprägte Tortuosität auf. Diese Labyrinthstruktur ist für verschiedene technische Vorgänge, wie z. B. die Durchströmung mit Harz oder Luft, sowie auch die Schallabsorptionswirkung (vgl. Abschn. 9.3.3.3), von Bedeutung.

9.3.3.3 Schallisolation

Lärm- und Schalldämmung sind in der Industrie im Sinne des Gesundheitsschutzes sowie in praktisch allen Lebenssphären, z. B. im Bauwesen und Straßenverkehr, von Bedeutung. Im Fahrzeugbau besitzt der Geräuschkomfort einen hohen Stellenwert. Vliesstoffe leisten hier einen wichtigen Beitrag, weshalb in der Normungsarbeit bei technischen Vliesstoffen zunehmend auch der Schallschutz Berücksichtigung findet [8].

Die Isolationswirkung für Schall und Lärm beruht auf Vorgängen der Schallabsorption und der Schalldämmung. Schall wird durch die Umwandlung von Schallenergie in Wärme absorbiert, wobei die Energie durch Reibungsvorgänge vom Absorbermaterial aufgenommen wird. Poröse, offenzellige Materialien sind dafür besonders gut geeignet. Da oftmals die Schallenergie jedoch nicht unmittelbar an der Schallquelle vollständig absorbiert werden kann, sind schalldämmende Maßnahmen notwendig.

Durch schallreflektierende Hindernisse oder schalldämmende Maßnahmen sollen Ausbreitung und Übertragung der Schallwellen, z. B. zwischen zwei Räumen, behindert werden [8, 24].

Das Wirkprinzip der Trittschalldämmung besteht darin, dass die Störquelle bei ihrer Lagerung bzw. Verbindung über ein Feder-Masse-System elastisch entkoppelt wird. Insbesondere Dämmstoffe mit niedrigen dynamischen Steifigkeiten sind für den Trittschallschutz geeignet. Vliesstoffe aus Feinstfasern, hergestellt nach dem Meltblown-Verfahren (Abb. 9.7 b) bzw. dem Elektrospinnverfahren [25], ermöglichen eine gute Absorptionswirkung. Derartige hocheffiziente Absorbersysteme werden als „Matten" und Formteile eingesetzt. Im Verbund mit schweren Schichten sind sehr leistungsfähige Feder-Masse-Systeme bei deutlich reduzierten Halbzeug-Gewichten realisierbar. Insbesondere lassen sich durch die Kombination von mehreren Vliesstoffschichten verschiedene Absorptionsgrade in einer Verbundstruktur realisieren, die den Schall in einem sehr breiten Frequenzspektrum absorbieren können. Hohe Werte für Dicke und Flächenmasse begünstigen die Schalldämmung. Auch Mikrostrukturparameter, wie z. B. Faserrichtung, Tortuosität, Porenstruktur, beeinflussen die Schallabsorptionswirkung [24].

Zur akustischen Optimierung von viskoelastischen Dämmstrukturen wurde ein spezieller Simulationsmodul für Vliesstoffe entwickelt. Dieser basiert auf der Mikrostruktursimulationssoftware „GeoDict" [14] und ermöglicht die Vorausberechnung der akustischen Materialeigenschaften in Abhängigkeit der Mikrostrukturparameter des Vliesstoffes [26]. Zur Geräuschdämmung im Fahrzeuginnenraum werden mehrlagige Formpressteile aus verschiedenen Materialien eingesetzt. Mit Hilfe des Simulationsmoduls „AcoustoDict" sowie anderer Software-Werkzeuge konnte eine vliesstoffbasierte Verbundstruktur aus reinem PES entsprechend den Anforderungswerten der Automobilindustrie generiert und kommerziell in verschiedenen renommierten Fahrzeugtypen für Autohimmel umgesetzt werden. Diese, im Vergleich zu konventionellen Absorbersystemen recyclingfreundliche Verbundlösung weist ähnliche schallschluckende, mechanische und optische Eigenschaften auf [27]. Die Vorgehensweise, die die zeit- und kostensparende Entwicklung und Auslegung hocheffizienter Absorbersysteme unter Umgehung der Prototyp-Fertigung und aufwändiger Messreihen ermöglicht, ist auch auf andere Einsatzbereiche, wie z. B. Bauwesen, Maschinenbau, übertragbar.

9.3.3.4 Saugfähigkeit

Das Vermögen zur Aufnahme und zum Transport von Flüssigkeiten ist eine weitere charakteristische Struktureigenschaft von Vliesstoffen, die von den chemischen Eigenschaften der Faseroberfläche sowie der Vliesstoffstruktur bestimmt wird.

Voraussetzung für die Flüssigkeitsaufnahme ist die Benetzung der Faseroberfläche. Der Vorgang der Benetzung eines porösen Systems, wie z. B. eines Vliesstoffes, mit einer Flüssigkeit kann mit Hilfe der LAPLACE-Gleichung (9.7) beschrieben werden:

$$p_B = \frac{4 \cdot \sigma_l \cdot \cos \Theta}{d_{p,max}} \qquad (9.7)$$

p_B	[Pa]	Benetzungsdruck
K	[-]	dimensionsloser Korrekturfaktor,
		abhängig von der Kapillarform im Flächengebilde; ($K \approx 1$)
σ_l	[N/m]	Oberflächenspannung der benetzenden Flüssigkeit
Θ	[°]	Kontaktwinkel
$d_{p,max}$	[m]	maximaler Porendurchmesser.

Der *Benetzungsdruck* kennzeichnet den Widerstand der Vliesstoffoberfläche gegen die Benetzung mit einer gegebenen Flüssigkeit, z. B. Harz. Er ist morphologisch von dem maximalen Porendurchmesser $d_{p,max}$, sowie von den physikalisch-chemischen Kenngrößen Kontaktwinkel Θ und Oberflächenspannung δ_l der benetzenden Flüssigkeit abhängig. Demnach steigt der Benetzungsdruck p_B für eine gegebene Flüssigkeit mit großen Kontaktwinkeln sowie kleineren Werten für den maximalen Porendurchmesser an.

Das Benetzungsverhalten der Vliesstoffoberfläche kann anhand des Kontaktwinkels mittels statischer und dynamischer Methoden charakterisiert werden [28, 29].

Die *Penetration* einer Flüssigkeit durch die Vliesstoffkonstruktion kann mit Hilfe der Gesetzmäßigkeiten der laminaren Kapillarströmung in porösen Festkörpern nach HAGEN-POISEUILLE und WASHBURN näherungsweise beschrieben werden. Für den Imprägnierungsvorgang ist insbesondere die Kinetik der Benetzung der inneren Vliesstoffporen mit der flüssigen Harzmatrix relevant. Für diesen Vorgang kann in erster Näherung die modifizierte Gleichung nach WASHBURN (Gleichung 9.8) zugrunde gelegt werden [30]:

$$v = \frac{r \cdot \sigma_l \cdot \cos \Theta}{4 \cdot l \cdot \delta} + \frac{p \cdot r^2}{8 \cdot l \cdot \eta} \qquad (9.8)$$

v	[m/s]	Geschwindigkeit des Kapillarstromes
r	[m]	Porendurchmesser
Θ	[°]	Kontaktwinkel
p	[Pa]	hydrostatischer Druck
l	[m]	Länge einer Kapillare
η	[Pa· s]	dynamische Viskosität der Flüssigkeit
σ_l	[N/m]	Oberflächenspannung der benetzenden Flüssigkeit.

Es wird deutlich, dass die Ausbreitungsgeschwindigkeit des Kapillarstromes durch den Vliesstoffquerschnitt von dem Durchmesser und der Länge der Porenkanäle im Vliesstoff, dem Kontaktwinkel sowie dem hydrostatischen Druck als treibende Kraft bestimmt wird.

Für die Realisierung gleichmäßiger Faservolumengehalte im Bauteil ist eine gleichmäßige Harzverteilung (konstanter Faservolumengehalt) essenziell. Spezielle

Schlichten und Avivagen (s. Kap. 13) werden verwendet, um die Benetzbarkeit der Faseroberfläche für die flüssigen Harzmassen zu begünstigen.

Die Flüssigkeitsverteilung wird neben der Porenstruktur auch vom Strömungswiderstand, den die Vliesfasern dem durchströmenden Medium (z. B. Harz) entgegensetzen, bestimmt. Dieser ist u. a. auch von der Ausrichtung der Vliesfasern abhängig und steigt mit zunehmendem Anisoptropiegrad an. Durch gleichmäßig verteilte und isotrop ausgerichtete Vliesfasern (homogene Porenstruktur) kann eine allseitige Harzausbreitung in der Vliesstoffstruktur unterstützt werden. Andererseits kann über den Grad der Anisotropie der Strömungswiderstand, im Sinne einer gerichteten Harzausbreitung, sofern dies wünschenswert ist, gesteuert werden [14].

9.4 Ausgewählte Anwendungsbeispiele für vliesstoffbasierte Halbzeuge

9.4.1 Übersicht

Die Vielzahl der vliesstoffbasierten Konstruktionen kann im Wesentlichen den Applikationsfeldern:

- Faserverbundwerkstoffe,
- spezielle Funktionsschichten für Filtertechnik und Energietechnik,
- diverse Dämmstoffe zur Isolation von Schall sowie Wärme und Kälte (Automobil, Bauwesen),
- Substitution von PU-Schaumstoffen

zugeordnet werden. Spezielle Verbundtechniken auf Basis der Verfestigungstechnologien ermöglichen die Funktionsintegration und die Verringerung der Anzahl der Halbzeug-Einzelkomponenten.

Auf Grund der Vielfalt der Applikationen ist nachfolgend nur eine Übersicht anhand exemplarischer Anwendungsbeispiele möglich. Diese sind keinesfalls vollständig, sondern sollen vielmehr zum einen die Bandbreite der Anwendungen aufzeigen und zum anderen, basierend auf den vorangegangenen Kapitelinhalten, innovative vliesstoffbasierte Verbundlösungen anregen.

9.4.2 Technologien zur Herstellung von Vliesstoff-Verbunden

Um einsatzspezifischen Bauteilanforderungen in besonderer Weise entsprechen zu können, werden zur Herstellung textiler Halbzeuge zunehmend *Verbundtechniken* eingesetzt. Insbesondere ermöglichen Vliesstoffe als Verbundkomponente, die

Implementierung spezieller Zusatzfunktionen in das Halbzeug, wie z. B. Schall-absorbierung, angepasste Filter- und Saugeigenschaften, Partikelrückhaltung und -speicherung in Verbindung mit fasersubstanzspezifischen Eigenschaften wie Temperaturbeständigkeit, elektrische Leitfähigkeit, Chemikalienresistenz. Im Verbund mit Fadenstoffen, Gelegen sowie anderen Vliesstoffkomponenten kann dadurch ein hoher Grad an Funktionsintegration bei gleichzeitiger Reduzierung des Bauteilgewichts erzielt werden. Verbundstoffe besitzen deshalb ein hohes Innovationspotenzial, insbesondere für den Fahrzeugbau.

Prinzipiell sind alle Verfestigungsverfahren geeignet um Vliesstoffe mit anderen Vliesstoffen bzw. Textilien oder auch nichttextilen Werkstoffen zu verbinden. Angesichts der Vielfalt der Verfestigungs- bzw. Verbindungstechnologien [8] und deren Kombinationsmöglichkeiten erscheinen die realisierbaren Verbundeffekte kaum übersehbar.

Als mechanische Verbindungsmöglichkeiten werden insbesondere die Verfahren des Vernadelns, des Verwirkens und des Verwirbelns genutzt. Dabei können auch Fadenstoffe als Armierungskomponente integriert werden. Abbildung 9.20 zeigt die Querschnitte von Vliesstoffverbunden, bei denen die jeweils innenliegende Gewebestruktur zwischen den Vliesstoffschichten mittels Vernadelung (Abb. 9.20 a) bzw. Wasserstrahlverwirbelung (Abb. 9.20 b) zu einem kompakten Verbundstoff vereinigt worden sind.

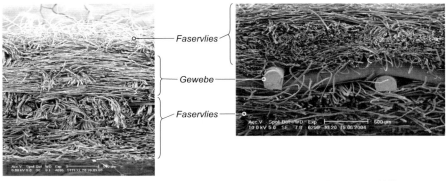

a) Filamentgarngewebe zwischen zwei Vliesen, verbunden durch Vernadeln

b) Metallgewebe zwischen zwei Vliesen, verbunden durch Wasserstrahlen

Abb. 9.20 Querschnitte von Vliesstoffverbunden für die Oberflächenfiltration (Quelle: Sächsisches Textilforschungsinstitut e.V.)

Weiterhin können mittels Bindemitteln in Form von Pulver, Pasten und Folien unter Einwirkung von Temperatur und Druck textile und nichttextile Flächenkomponenten verbunden werden. Auch mit Hilfe spezieller Klebevliesstoffe, die bei bestimmten Temperaturen in den klebrigen Zustand übergehen, kann ein Flächenverbund erzeugt werden. Häufig kann der Kaschierprozess in den Formgebungsprozess integriert werden. Für einige Verbundlösungen wurden bereits komplette Anlagenkonzepte entwickelt und z. T. realisiert, um vliesstoffbasierte Kaschierverbunde für den Automobilinnenbereich wirtschaftlich zu fertigen. Der Einsatz vliesstoffbasierter Kaschierverbunde, auch in Kombination mit der Hinterspritztechnik im Autointerieur, wird deshalb tendenziell weiter zunehmen.

Die Substitution von PU-Schaumstoffen ist im Automobilbereich von großer Bedeutung, um den Anforderungen an die Recyclebarkeit und die Emissionsverminderung im Fahrzeuginnenraum zu entsprechen. Es wurde ein vliesstoffbasierter Materialverbund aus PES (polymergleicher Einstoffverbund) für Unterpolstermaterialien im Autositz entwickelt. Er basiert auf einem Multiknit-PES-Vliesstoff (s. Abschn. 9.2.4.2). Nach dem patentierten Caliweb-Verfahren [31] wird dieser in einer Flachbettkaschieranlage mit Hilfe eines Klebersystems mit einem PES-Dekorstoff verbunden. Die Thermobehandlung während des Kaschierprozesses dient gleichzeitig der Einstellung einer definierten Dicke sowie guter druckelastischer Eigenschaften der Verbundstruktur [32]. Auch Innenverkleidungteile (z. B. Tür, Autohimmel) können nach diesem Einschrittverfahren anforderungsgerecht gefertigt werden, wobei auch andere nach dem Vlies-Wirkverfahren verfestigte Vliesstoffe, wie z. B. Malivlies-Vliesstoffe [33] und Optiknit [34] als optische Komponente (Dekorseite) mit einem Multiknit-Vliesstoff als schallabsorbierende Komponente verbunden werden können.

9.4.3 Vliesstoff-Halbzeuge für Faserverbundwerkstoffe

Der Einsatz von Vliesstoff-Halbzeugen im Bereich der faserverstärkten Verbundwerkstoffe umfasst im Wesentlichen die Applikationsfelder

- Komponenten zur Optimierung der Leistungsfähigkeit des Verbundes,
- Verstärkungskomponenten und
- Hilfsmittel zur temporären Fixierung der Verstärkungsstruktur.

9.4.3.1 Komponenten zur Optimierung der Leistungsfähigkeit des Verbundes

Sogenannte „Oberflächenvliesstoffe" und „Kernvliesstoffe" werden als Verbundkomponente, in erster Linie im GFK-Bereich, eingesetzt, wobei ihre primäre Funktion darin besteht, insbesondere die Verbundwirkung zu unterstützen.

Oberflächenvliesstoffe (*surfacing mats, surfacing nonwovens, surfacing veils*) besitzen verschiedene Funktionen. Als Grenzschicht übernehmen sie die Aufgabe des Korrosionsschutzes, indem sie die armierenden Fadenstrukturen vor verschiedenen mechanischen (z. B. Steinschlag) und chemischen Umgebungseinflüssen (Witterung, Chemikalien, Strahlung) schützen. Zudem können mittels der Vliesstoffabdeckung glatte und lackierfähige Bauteiloberflächen erzeugt werden, die

auch den hohen Anforderungen an die Oberflächenqualität des späteren Leichtbauteils gerecht werden können. Eine dritte Aufgabe ist die Aufnahme der flüssigen
Harzmatrix sowie deren gleichmäßige Weiterleitung an die Armierungsstruktur
während des Imprägniervorganges (s. Abschn. 9.3.3.4). Dies ist in Hinblick auf
die Gewährleistung homogener Faservolumengehalte im Bauteil und deren Zuverlässigkeit von grundlegender Bedeutung. Zur Sicherstellung der Korrosions-
schutzwirkung werden hydrophobe Textilglasfasern (C-, E- und ECR-GF) sowie
Synthesefasern aus PAN und PES verwendet. Um eine gute Imprägnierfähigkeit zu
erreichen, müssen die Fasern mit speziellen Schlichten und Avivagen (s. Kap. 13)
ausgerüstet sein. Dadurch kann die Benetzbarkeit der äußeren und inneren Faseroberflächen des Vliesstoffes für die flüssigen Harzmassen verbessert werden.

Neben dem Oberflächeneinsatz werden Vliesstoffe auch als Kernmaterial für Sandwichstrukturen eingesetzt. Kernvliesstoffe bestehen aus Glasfasern oder Synthe-
tikfasern mit homogen verteilten Mikrokugeln und werden zur stabilisierenden
Ausfüllung von Sandwichkernen verwendet. Dadurch können die benötigte Harz-
menge und das Halbzeug-Gewicht bei Erhalt der Eigenschaften reduziert werden.

9.4.3.2 Verstärkungskomponenten

Ausgangspunkt der Entwicklung der Verbundwerkstoffe waren mit Glasfaservlies-
stoff verstärkte Harze. Wenn auch heute Fadenstrukturen aus hochfesten Fasern zur
Herstellung hoch belastbarer Leichtbauteile verwendet werden, besitzen Vliesstoffe
als Verstärkungskomponente für Bauteile mit Standardanforderungen nach wie vor
Bedeutung.

Im GFK-Bereich werden sogenannte „Glasmatten" als Verstärkungskomponente
eingesetzt. Hier wird nach der Faserlänge und der Verfestigungsart unterschieden. Entsprechend sind die Bezeichnungen „*Schnittmatte*" bzw. „*Endlosmatte*" in
vernadelter Form („*Nadelmatten*", d. h. bindemittelfrei) oder mit Bindemitteln gebräuchlich. Die Verarbeitung der Glasfasern zu Matten kann auf verschiedenen Wegen erfolgen (Abb. 9.21). „Endlosmatten" werden analog dem Direktverfahren (s.
Abschn. 9.2.3.5) hergestellt. Dabei wird ein Rohstoffgemenge (Quarzmehl, Kalk
u. a.) aufgeschmolzen. Die Glasschmelze wird durch Düsen zu feinen Glasfilamenten ausgezogen und zu Fäden zusammengefasst. Diese Endlosfäden werden in wirrer Anordnung auf einem Transportband zur „Matte" abgelegt und anschließend
vernadelt oder alternativ mittels eines flüssigen oder pulverförmigen Bindemittels
verfestigt. Produktionslinien umfassen entsprechend Nadelmaschinen oder Aggregate zur Applizierung und Aktivierung der pulverförmigen oder flüssigen Bindemittel. Ausgangsvorlage zur Herstellung von „Schnittmatten" bilden Rovingspulen
(s. Abb. 9.21), die zumeist in einem zeitlich und örtlich getrennten Prozess hergestellt werden. Die endlosen Fäden bzw. Rovings werden mittels eines speziellen
Schneidaggregates auf eine definierte Faserlänge (25–50 mm) zugeschnitten und
gleichmäßig über die Breite eines Transportbandes in wirrer Anordnung abgelegt
und mechanisch oder chemisch verfestigt.

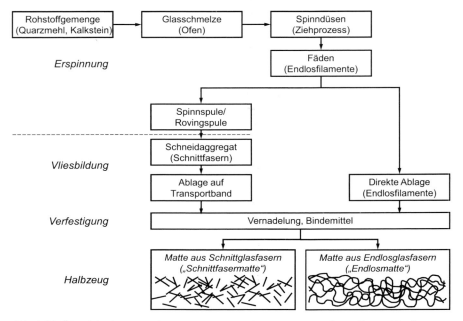

Abb. 9.21 Übersicht der Herstellungsmöglichkeiten für Matten und Vliesstoffe aus Glasfasern

Die Vliesstoffe („Matten"), wie vorangehend beschrieben (Abb. 9.21), werden nach verschiedenen Verfahren mit thermoplastischen (GMT) oder duroplastischen (SMC) Matrices imprägniert und durch Fließpressen oder Formpressen zu Prepregs weiterverarbeitet (s. Kap. 11).

Da in den Matten die Glasfilamente nicht einzeln sondern in gebündelter Form vorliegen, ist deren Imprägnierung mit der flüssigen Matrix nicht ganz vollständig und gleichmäßig. Dies führt zu inhomogenen Bereichen und hohen Standardabweichungen der mechanischen Bauteileigenschaften. Problematisch ist dies auch bei GMT-Platten, die auf Grund der Rückstellkräfte vernadelter Glasmatten Luftblasen enthalten, die ungleichmäßig in der Matrix verteilt sind [35].

Neue Möglichkeiten zur Herstellung von vliesstoffbasierten Thermoplast-Halbzeugen stellen sogenannte *Mischvliesstoffe* aus Verstärkungsfasern (Vliesfasern) und Matrixfasern dar. Mit dieser, den fadenstoffbasierten Hybridisierungstechniken analogen Vorgehensweise soll eine verbesserte Mikrostruktur erzielt werden, die hilft, die Fließwege für die thermoplastische Matrix zu optimieren und die Luftporen gleichmäßig zu verteilen, um verzugsfreie Formteile mit reproduzierbaren Eigenschaften zu erhalten. Es wurden Verfahren zur effizienten Fertigung von textilbasierten Thermoplast-Halbzeugen entwickelt [35, 36]. Die Herstellung der Vlies-Halbzeuge erfolgt nach dem Krempelverfahren, dem Airlaid-Verfahren oder auch nach dem hydrodynamischen Verfahren, wobei die Durchmischung der Verstärkungsfasern (z. B. GF, AR, CF) mit Matrixfasern (z. B. PP, PEI) unmittelbar im Vliesbildungsprozess realisiert wird. Die Hybridvliese werden durch Vernadeln oder mittels eines Bindemittels verfestigt [35, 36]. Diese Hybridisierungstechniken ermöglichen auch die Herstellung recyclingfreundlicher Materialverbunde, bei denen Verstärkungsfasern und Matrixfasern aus einer Polymerart, z. B. PP ("Einstoffverbund") bestehen. Zur kostengünstigen Serienfertigung von PP/PP-Verbunden wurden Konzepte zur Herstellung von Halbzeugen auf Basis von Hybridvliesstoffen entwickelt [37].

9.4.3.3 Strukturfixierung

Infolge der Handhabungs- und Transportprozesse während der Weiterverarbeitung zu 3D-Preforms und zu Faserverbundbauteilen kann die im Flächenbildungsprozess erzielte anforderungsgerechte Anordnung der Verstärkungsfäden gestört und somit die Reproduzierbarkeit der Eigenschaften der Halbzeuge beeinträchtigt werden. Zur temporären Fixierung der Fadenordnung sowie zur Stabilisierung der fadenstoffbasierten Halbzeuge werden *Klebevliesstoffe* (*"webs"*, *"Klebewebs"*) verwendet. Diese werden nach dem Extrusionsverfahren (s. Abschn. 9.2.3.5) aus Co-PA, Co-PES, PU etc. hergestellt. Die Polymersubstanz sowie der Spinnvliesprozess sind zur Erzielung einer optimalen Bindefähigkeit entsprechend angepasst. Zumeist wird eine offenporige Struktur realisiert, die eine punktuelle Fixierung der Verstärkungsfäden ermöglicht. Die Aktivierung der Klebewirkung wird durch Temperatur und/oder Feuchte initiiert.

9.4.4 Vliesstoffbasierte Funktionsschichten für die Filter- und Energietechnik

Infolge verschärfter Maßnahmen zur Verminderung der Emissionswerte gewinnen Filtermedien zunehmend an Bedeutung. Etwa 90 % aller Filterprodukte sind vliesstoffbasierte Konstruktionen, die als Tiefen- und Oberflächenfilterschichten in der Trocken- und Flüssigkeitsfiltration eingesetzt werden [8]. Das Spektrum der eingesetzten Fasern (z. B. PA, PES, PEI, PPS, AR, GF, CF, MTF), der Herstellungstechnologien und der damit realisierten Vliesstoffkonstruktionen ist außerordentlich breit gefächert (Tabelle 9.4). Zur Anpassung an die spezifischen Filtrationsaufgaben werden zunehmend Verbundkonstruktionen eingesetzt. Durch die Integration von Vliesen aus nano- oder mikroskaligen Fasern können definierte Strukturgradienten generiert werden, die abgestufte Abscheidegrade über dem Filtermedium ermöglichen.

Bei der Realisierung alternativer Konzepte für die zukünftige Energieversorgung und Sicherstellung der Mobilität nehmen *Brennstoffzellen* (fuel cells) eine zentrale Rolle ein. Diese können Wasserstoff emissionsfrei und effizient in Strom und

Tabelle 9.4 Übersicht vliesstoffbasierter Filtermedien

Trockenfiltration		Flüssigkeitsfiltration	
Oberflächenfilter	Tiefenfilter	Oberflächenfilter	Tiefenfilter
Nadelvliesstoff Spunlaced-Vliesstoff	Thermisch verfestigter Vliesstoff Nähwirkvliesstoff Filament- und Feinfaserspinnvliesstoff	Nadelvliesstoff Nassvliesstoff	Nadelvliesstoff
beide Arten mit Trägergewebe; auch mit Mikro- und Nanofaserbeschichtung (Meltblown-, Elektrospinnverfahren)	*meist in Verbundstrukturen*	*beide Arten mit Feinstfaserbeschichtung (Meltblownverfahren)*	

Wärme umwandeln. Der Wirkungsgrad einer Brennstoffzelle wird u. a. durch eine Gasdiffusionsschicht, die spezielle Transportfunktionen zwischen Reaktionsschichten und der Bipolarplatte (Stromleiter) im Inneren sichergestellt, bestimmt. Die Gasdiffusionsschicht besteht aus einem Vliesstoff aus Carbonfasern. Für dessen Herstellung wurde eine neuartige Technologie [38] entwickelt, bei der Precursorfasern (z. B. oxidierte PAN-Fasern) nach dem Krempelverfahren zu einem Vlies verarbeitet und mit Wasserstrahlen verfestigt werden. Das Vlies wird anschließend einem Carbonisierungsprozess unterzogen, in dem PAN-Fasern zu Kohlenstofffasern umgewandelt werden. Mittels verschiedener Beschichtungstechnologien können spezielle Funktionsschichten, z. B. Bindemittel oder ein nassgelegtes Vlies [39] appliziert werden. Durch diese spezielle Verfahrensweise wird eine Vliesstoffstruktur erzielt, die die spezifischen Anforderungen an das Wassermanagement und die Diffusion von Gasen innerhalb der Brennstoffzelle erfüllt. Für die Strukturoptimierung der Gasdiffusionsschicht wurde ein spezieller Software-Modul entwickelt [40].

9.5 Entwicklungstendenzen

Der zunehmende Einsatz von Vliesstoffen kann z. T. auf die steigenden Anforderungswerte für das Isolations- und Emissionsverhalten zurückgeführt werden. Auch die verstärkte lebenszyklusorientierte Ausrichtung der Wertschöpfungsketten wird vliesstoffbasierte Innovationen weiter vorantreiben. Vliesstoffverbunde besitzen das Potenzial, den Anforderungen an Umweltfreundlichkeit und Recyclingfähigkeit in der Automobilbranche und im Bauwesen in besonderem Maße gerecht zu werden.

In der Automobilindustrie erlangen gegenwärtig und zukünftig dreidimensionale Vliesstoffe (auch Abstandsvliesstoffe) als Halbzeug für den aktiven und passiven

Personenschutz im Innenraum und in Verbindung mit der Außenfläche des Automobils eine wachsende Bedeutung.

Literaturverzeichnis

[1] Norm ISO 9092 Mai 1988. *Textiles. Nonwovens. Definition*
[2] Norm ISO 472 November 1999. *Plastics. Vocabulary*
[3] European Disposal Association Nonwoven: *Edana 2009 nonwoven production statistics released*. http://www.edana.org/content/default.asp?PageID=75DocID=4221 (01.02.2011)
[4] ANONYM: Naturfasern in Vliesstoffen und technischen Textilien. In: *avr - Allgemeiner Vliesstoff-Report Nonwovens Technical Textiles* (2009), Nr. 3, S. 58–60
[5] ANONYM: Spezialverfahren für Vliesstoffe. In: *avr - Allgemeiner Vliesstoff-Report Nonwovens Technical Textiles* (2009), Nr. 3, S. 67
[6] ANONYM: News Views. In: *avr - Allgemeiner Vliesstoff-Report Nonwovens Technical Textiles* (2009), Nr. 6, S. 7–8
[7] ANONYM: Faser-Einblastechnik: Von der Faser zum Akustikdämmteil für die Fahrzeugindustrie / Fibre blowing technology: from fibres to acoustic insulation parts for the vehicle industry. In: *avr - Allgemeiner Vliesstoff-Report Nonwovens Technical Textiles* (2007), Nr. 5, S. 15–18
[8] ALBRECHT, W. ; FUCHS, H. ; KITTELMANN, W.: *Vliesstoffe*. Weinheim : WILEY-VCH, 2000
[9] LÜNENSCHLOSS, J. ; ALBRECHT, W.: *Vliesstoffe*. Stuttgart : Georg Thieme, 1982
[10] BÖTTCHER, P. ; SCHRÖDER, G. ; MÖSCHLER, W.: *Vliesstoffe*. Leipzig : VEB Fachbuchverlag Leipzig, 1976
[11] RÖSKE, M. ; REUSSMANN, T. ; LÜTZKENDORF, R.: Nassvliese aus Hochleistungsfasern und ihr Potenzial für Verbundwerkstoffe. In: *Technische Textilien* 52 (2009), Nr. 5, S. 249–250
[12] KNOBELSDORF, C. ; LÜTZKENDORF, R.: Chancen und Möglichkeiten für neue Produkte nach dem Nassvliesverfahren. Teil 2: Carbonfaservliese. In: *Technische Textilien* 52 (2009), Nr. 2, S. 72–73
[13] KNOBELSDORF, C. ; LÜTZKENDORF, R. ; SCHMITT, M.: Chancen und Möglichkeiten für neue Produkte nach dem Nassvliesverfahren. Teil 3: Pulpe in Nassvliesanwendungen. In: *Technische Textilien* 52 (2009), Nr. 3, S. 152–153
[14] Fraunhofer-Institut für Techno- und Wirtschaftsmathematik ITWM: *GeoDict. Geometric Material Models and Computational PreDictions of Material Properties*. http://www.geodict.com (24.03.2011)
[15] Norm ISO 9073-1 Juli 1989. *Textiles. Test methods for nonwovens - Part 1: Determination of mass per unit area*
[16] Norm ISO 9073-2 März 1995. *Textiles. Test methods for nonwovens - Part 2: Determination of thickness*
[17] Norm ISO 9073-3 Juli 1989. *Textiles. Test methods for nonwovens - Part 3: Determination of tensile strength and elongation*
[18] WATZL, A.: *Thermofusion, Thermobonding und Thermofixierung für Nonwovens-Theoretische Grundlagen, Praktische Erfahrungen, Marktentwicklung (Firmenschrift Fa. Fleissner GmbH & Co., Egelsbach)*. 1995
[19] EPPS, H. ; LEONAS, K.: Pore Size and Air Permeability Of Four Nonwoven Fabrics. In: *International Nonwovens Journal* 9 (2000), Nr. 2, S. 55–62
[20] Norm ISO 9073-15 Juli 2007. *Textiles. Test methods for nonwovens - Part 15: Determination of air permeability*
[21] GROSSE, S. ; RUDOLPH, A. ; PETERS, C.: Messung von Porengrößenverteilungen als Mittel zur Produktcharakterisierung, Produktoptimierung und Qualitätssicherung. In: *Filtern und Separieren* 21 (2007), Nr. 3, S. 152–155

[22] GROSSE, S. ; RUDOLPH, A.: Bubble Point and Pore Size Distribution Measurements of Filter Papers, Wovens and Nonwovens using a Pore Size Meter PSM. In: *Proceedings. 10th World Filtration Congress*. Leipzig, Deutschland, 2008

[23] BATCHU, H.: Characterization of Non-Wovens for Pore Size Distributions Using Automated Liquid Porosimeter. In: *Proceedings. Nonwovens Conference*. Atlanta, USA, 1990, S. 367–381

[24] KUMAR, R. S. ; SUNDARESAN, S.: *Acoustic Textiles – sound absorption*. http://textination.de/de/document/1130003803282734/1.0/Acoustic20/Textiles20/sound20/absorption.pdf (16.03.2011)

[25] KALINOVA, K.: Influence of nanofibrous membrane configuration on sound absorption coefficient and resonant frequency. In: *Proceedings. 6th AUTEX Conference*. Raleigh (NC), USA, 2006

[26] SCHLADITZ, K. ; PETERS, S. ; REINEL-BITZER, D. ; WIEGMANN, A. ; OHSER, J.: Design of acoustic trim based on geometric modeling and flow simulation for non-woven. In: *Computational Materials Science* 38 (2006), S. 56–66

[27] ANONYM: *Innovationsreport: Forum für Wissenschaft, Industrie und Wirtschaft*. http://www.innovations-report.de/html/berichte/informationstechnologie/bericht-17496.html (24.03.2010). Version: 2003

[28] ZILLES, J.: *Charakterisierung der Benetzbarkeit und Oberflächeneigenschaften von Textilien und Fasern (Firmenschrift Fa. Krüss GmbH, Hamburg)*. 2005

[29] CASSIE, A. ; BAXTER, S.: Wettability of Porous Surfaces. In: *Transactions of the Faraday Society* 40 (1944), S. 546–551

[30] WASHBURN, E.: The Dynamics of Capillary Flow. In: *The Physical Review* 17 (1921), Nr. 3, S. 273–283

[31] SCHMIDT, H. ; RIEDEL, B. ; SCHMIDT, G.: Requirements for and evaluation of CALIWEB non-woven fabric padding in cars. In: *Proceedings. 40th Dornbirn Man-Made Fibers Congress*. Dornbirn, Austria, 2001

[32] FUCHS, H.: 3-D automotive textiles - a comparative evaluation. In: *Proceedings. 42nd Dornbirn Man-Made Fibers Congress*. Dornbirn, Austria, 2003

[33] SCHUMANN, A.: Strukturierte Kaschierverbunde für Automobilinnenraumauskleidungen. In: *Proceedings. 24. Hofer Vliesstofftage*. Hof, Deutschland, 2009

[34] ERTH, H. ; SCHMIDT, G.F.: OptiKnit - Maschenvliesstoff mit neuen Möglichkeiten. In: *Melliand Textilberichte* 87 (2006), Nr. 5, S. 333–335

[35] Schutzrecht EP1373375 (16. Februar 2004).

[36] Schutzrecht EP1719611 (08. November 2006).

[37] BECKMANN, E. ; REUSSMANN, T. ; LÜTZKENDORF, R.: PP needle-punched nonwovens - new application fields for reinforced materials. In: *Technical Textiles* 48 (2005), Nr. 4, S. E193–E196

[38] WAGENER, S. ; QUICK, C. ; BUTSCH, H.: Fuel cells - a challenge for technical nonwovens. In: *Technical Textiles* 53 (2010), Nr. 6, S. E193–E195

[39] Schutzrecht DE 102005022484 A1 (16. November 2006).

[40] ZAMEL, N. ; XIANGUO, L. ; SHEN, J. ; BECKER, J. ; WIEGMANN, A.: Estimating effective thermal conductivity in carbon paper diffusion media. In: *Chemical Engineering Science* 65 (2010), S. 3994–4006

Kapitel 10

Gestickte Halbzeuge und Sticktechniken

Mirko Schade

Das Sticken ist ein schon seit der Antike bekanntes textiles Verfahren, um Fäden, meist zur Verzierung, auf textile Flächen aufzubringen. Die Art und die Menge sowie die Ablagerichtung des Fadenmaterials lassen sich dabei vielfältig variieren. Dank moderner Antriebs- und Rechentechnik erzeugen Stickmaschinen mittlerweile hochproduktiv und mit einer sehr guten Reproduzierbarkeit eine nahezu unbegrenzte Mustervielfalt für Textilien. Eine Weiterentwicklung der Sticktechnik ist das sogenannte Tailored Fibre Placement (TFP). Mit dieser inzwischen ausgereiften Technologie lassen sich textile Halbzeuge gezielt lokal verstärken bzw. funktionalisieren und textile Preforms für Faserverbundbauteile mit einer beliebigen Verstärkungsfadenanordnung herstellen. Dieses Kapitel gibt einen Einblick in die Technologie des Stickens von Technischen Textilien für Faserverbundanwendungen. Es befasst sich mit prozessrelevanten Parametern im Hinblick auf die mechanischen Eigenschaften und vermittelt einen Überblick über zwei- und dreidimensional gestickte Halbzeuge. Anhand von Beispielen wird das Potenzial von sticktechnisch funktionalisierten Halbzeugen sowie von gestickten Preforms dargestellt.

10.1 Einleitung

Ein besonderes Merkmal von Faserkunststoffverbunden (FKV) ist ihr anisotropes Materialverhalten. Nur in Faserlängsrichtung können die mechanischen Eigenschaften der Verstärkungsfäden vollständig ausgenutzt werden. Bei Differenzen zwischen der Beanspruchungsrichtung und der Faserlängsrichtung reduziert sich der Grad der Ausnutzung der Eigenschaften der Fasern. Deshalb ist die Textil- und die Kunststoffbranche bestrebt, die Verstärkungsfasern möglichst beanspruchungsgerecht ausgerichtet im Faserverbundbauteil zu positionieren.

In Abhängigkeit vom Anwendungsfall ergeben sich für Faserverbundbauteile, auf Grund verschiedener Lastfälle und/oder mehrerer Krafteinleitungsstellen, komplexe

Beanspruchungsrichtungen. Mit analytischen und numerischen Berechnungsmethoden sind diese Beanspruchungen im Bauteil qualitativ und quantitativ ermittelbar [1, 2]. Die daraus abgleitenden idealen Faserrichtungen und lokal differenzierten Fasermengen erfordern oft textile Strukturen, die mit den üblichen textilen Halbzeugen, z. B. Geweben, Gestricken, Geflechten, Gewirken usw., nur unzureichend nachvollzogen werden können [3].

Infolge der geforderten Ansprüche zur beanspruchungsgerechten Verstärkung von FKV wurde die *Tailored Fibre Placement (TFP)*-Technologie entwickelt [2]. Diese Weiterentwicklung der Sticktechnik ermöglicht die textiltechnische Herstellung kompletter Preforms für Faserverbundbauteile sowie die gezielte lokale Verstärkung bzw. Funktionalisierung textiler Halbzeuge mit einer beliebigen Funktionsmaterialanordnung und -ausrichtung.

10.2 Grundprinzip des Stickens

Das klassische Sticken unterscheidet sich verfahrenstechnisch kaum vom Nähprozess (s. Kap. 12). Während das Nähen meist zum Fügen mehrerer textiler Lagen genutzt wird und die Stiche in der Regel von gleicher Größe und Richtung sind, werden mittels der Sticktechnik Verzierungen auf eine textile Fläche (Stickgrund bzw. Substrat) mit frei variierbarerer Größe und Richtung der Stiche aufgebracht. Der Hauptunterschied besteht darin, dass der Stickgrund in einem Spannrahmen geklemmt wird. Durch den Spannrahmen wird der Stickgrund definiert entsprechend des Stickmusters in x- und y-Richtung relativ zum Stichbildungsorgan bewegt. Über diese gesteuerte Bewegung wird auch die Stichbildungsart festgelegt. Das Stickmuster wird vor dem Sticken mittels firmenspezifischer CAD/CAM-Programme erstellt (*gepuncht*). Als Grundlage zur Erstellung des Stickmusters können alle gängigen Bildformate und Vektordateien verwendet werden. Die firmenspezifischen Programme sind zwischenzeitlich fast alle untereinander konfigurierbar [4].

Die meisten Stickmaschinen arbeiten mit einem Zweifadensystem (Ober- und Unterfaden) und bilden eine auf dem *Doppelsteppstich* (DSS) basierende Naht. Mittels der Sticktechnik kann, analog zur Nähtechnik, ein sehr breites Spektrum an Materialien als Ober- und Unterfadenmaterial verarbeitet werden. Als Stickgrund können leichte Gazen, Vliesstoffe, Folien, Schaum, textile Verstärkungshalbzeuge aber auch Kunstleder oder Autoteppiche bis zu 10 mm Dicke verwendet werden [4, 5]. In Abhängigkeit vom Oberfaden (z. B. Material, Aufmachung, Feinheit) sowie dem zu bestickenden Material muss die Nadel ausgewählt werden. Die Nadeln für Stickmaschinen werden heute in einer Vielzahl von Spezialausführungen hinsichtlich Form und Ausbildung des Öhrs, der Spitze der Oberfläche sowie des Materials angeboten [4].

10.3 Tailored Fibre Placement (TFP)

10.3.1 Prinzip

Zur optimalen Verstärkung von hochbeanspruchten Faserverbundbauteilen sind die Verstärkungsfäden im Bauteil wie folgt eingebracht [1, 2]:

- möglichst gestreckt (ohne Welligkeit und Rovingdrehung),
- in Beanspruchungsrichtung angeordnet und
- für gleichmäßige Beanspruchung (Bauteilquerschnitt und Kräfte sind äquivalent).

Die oben genannten Anforderungen an die Verstärkungsfäden werden von konventionellen textilen Halbzeugen nur teilweise erfüllt, da prinzipbedingt die Fadenanordnung nicht absolut flexibel erfolgen kann. Beim TFP wird das Grundprinzip des Stickens ausgenutzt, um ein zusätzliches Funktionsmaterial auf dem Stickgrund zu fixieren [6, 7]. Dadurch werden die effektive Umsetzung von qualitativ und quantitativ ermittelten Beanspruchungen im Bauteil in eine textile Struktur sowie eine gezielte anwendungsspezifische Funktionalisierung textiler Halbzeuge möglich. Diese, mittels der TFP-Technologie hergestellten, Halbzeuge können lokal unterschiedliche Faserorientierungen und Fasermengen aufweisen. Das Prinzip dieser Technologie ist in Abbildung 10.1 dargestellt.

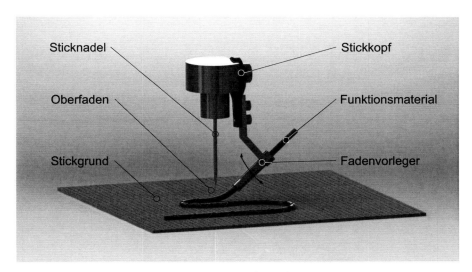

Abb. 10.1 Prinzip der Tailored Fibre Placement-Technologie

Durch das TFP können folgende Vorteile der Sticktechnik für die Herstellung bzw. Funktionalisierung textiler Halbzeuge zur Faserverbundherstellung genutzt werden [4, 8]:

- geometrische Applikation des Oberfadens auf dem Stickgrund nahezu unbegrenzt,
- freie reproduzierbare Steuerung des Stickrahmens,
- anwendungsspezifische Aufbringung von Fadenmaterial,
- Erzeugen von in sich geschlossenen Formen und Flächen,
- einfache Integration textilfremder Elemente,
- relative Unabhängigkeit vom Stickgrundmaterial sowie
- sehr geringer Entwicklungsaufwand zur Umsetzung des Faserverlaufes in einem firmenspezifischen CAD/CAM-Programm.

Daraus ergeben sich für die TFP-Technologie folgende Vorteile gegenüber anderen textilen Fertigungsverfahren [3, 9]:

- winkelunabhängige Funktionsmaterialablage,
- hohe Positioniergenauigkeit (Funktionsmaterialablage bei modernen CNC-Stickautomaten bei ±0,3 mm
- mögliche Fertigung von zwei- und dreidimensionalen textilen Halbzeugen mit beanspruchungsgerechter und lokal variabler Verstärkungsfadenanordnung in x-, y- und z-Richtung,
- Vermeidung von Fasermaterial- und Matrixanhäufungen im späteren Bauteil durch eine bauteilgerechte Ablage der Verstärkungsfäden,
- endkonturnahe Fertigung zur Einsparung von Material bzw. Reduzierung von Abfall und
- problemlose Verarbeitung von Natur-, Glas-, Aramid-, Kohlenstoff- und Keramikfasern sowie textilfremden Elementen (z. B. Lichtwellenleiter, Metalldraht) als Funktionsmaterial ist möglich.

Auf Grund der geringen Produktivität im Vergleich zu anderen textilen Fertigungsverfahren wird die TFP-Technologie aktuell hauptsächlich für die gezielte lokale Verstärkung von z. B. Lochstrukturen sowie zur Fertigung komplexer Preforms für kleine Strukturbauteile mit geringen Stückzahlen eingesetzt [10, 11].

10.3.2 Maschinentechnik und Stickparameter

Für das TFP wurde an eine konventionelle Flachbettstickmaschine mit Sonderstickkopf ein zusätzlicher Fadenleger integriert, über den das Funktionsmaterial zum Stickkopf geführt wird (Abb. 10.2). Durch die einstellbare Pendelbewegung des Fadenlegers wird das Funktionsmaterial neben die Nadel bewegt, konstante Nähbedingungen geschaffen und ein Anstechen des Funktionsmaterials verhindert.

Um eine funktions- oder beanspruchungsgerechte Faserablage in der x-y-Ebene zu gewährleisten, ist der Fadenleger frei drehbar, vor der ortsfesten Sticknadel, angeordnet. Über die Implementierung einer Zickzackfunktion für den Stickrahmen wird das Funktionsmaterial gestreckt auf dem Stickgrund appliziert und die Stichbreite realisiert. In Abhängigkeit von der Aufmachung des Funktionsmaterials, der Geometrie des Fadenlegers, der Art des Doppelsteppstiches und des Zickzackhubes des Stickrahmens kann das Funktionsmaterial als z. B. flacher oder gebündelter Roving auf dem Stickgrund fixiert werden. Die Speicherung des Funktionsmaterials und seine Führung zum Fadenleger erfolgen über eine am Stickkopf integrierte Spule oder mit Hilfe eines Schlauches als Fadenführungselement von einer externen handelsüblichen Spule bzw. eines Gatters. Die Führung über die am Stickkopf integrierte Spule bedingt auf Grund der Platzverhältnisse eine spezielle Spulengeometrie, wodurch ein zusätzlicher Umspulprozess notwendig ist und die kontinuierlich verstickbare Fadenmenge begrenzt ist. Der Vorteil gegenüber der Schlauchführung liegt in der freien Drehbarkeit des Fadenlegersystems um die Sticknadel, so dass bei der Erstellung des Stickmusters nicht auf die Drehungen des Systems geachtet werden muss. Bei der Schlauchführung ist zu beachten, dass sich der Schlauch beim Sticken von beispielsweise Spiralen nicht um den Stickkopf wickelt [7, 12].

Abb. 10.2 Stickmaschine (Quelle: ZSK Stickmaschinen GmbH)

Die maximale Geschwindigkeit dieser Spezialstickmaschinen liegt aktuell bei bis zu 1000 Stichen pro Minute. Zur Erhöhung der Produktivität wurde diese Technologie auf Mehrkopfstickmaschinen übertragen, so dass mehrere Stickköpfe, die in einem konstanten Abstand nebeneinander angeordnet sind, das gleiche textile Halbzeug fertigen. Aktuell sind Stickmaschinen für Technische Textilien bei den Firmen ZSK Stickmaschinen GmbH und Tajima GmbH mit bis zu 30 Stickköpfen erhältlich [13, 14]. Die Stickfeldgröße ist durch den Stickrahmen begrenzt. Es besteht allerdings die Möglichkeit durch Überlappung eine Preform über mehrere Stickköpfe zu fertigen. Eine automatische Weiterführeinrichtung für den Stickgrund, mit einem speziellen Hydraulikklemmsystem, zum Besticken von Rollenware ist optional erhältlich. Zu beachten ist dabei die schonende Klemmung des bereits gestickten Halbzeuges, um eine Beschädigung zu vermeiden. In Abhängigkeit vom Stickgrund hinsichtlich des Materials, der Flächenmasse bzw. der Materialdicke werden verschiedene Klemmvorrichtungen z. B. Bordürenspanner oder Magnetspanner verwendet. Eine an den Stickgrund angepasste Klemmung ist notwendig, um eine Verschiebung des Stickgrundes während des Stickens und eine damit einhergehende Stickmusterverschiebung zu verhindern.

Unter Berücksichtigung des Funktionsmaterials, vor allem im Hinblick auf die Feinheit, die Zugfestigkeit und die Biegesteifigkeit, müssen die Radien von Umkehrstellen im Stickmuster beachtet werden, da das Funktionsmaterial praktisch endlos aufgestickt wird. Bei breiten Rovings kann es auf Grund der Steifigkeit des Materials im Kurvenradius zum Aufstellen des Rovings sowie zu einer Verengung des Radius und damit zu einer Abweichung des Stickmusters von der anwendungsspezifischen Soll-Struktur kommen [11]. Dies kann durch eine Reduzierung der Maschinengeschwindigkeit an kritischen Umkehrstellen bzw. durch eine Anpassung des Stickmusters kompensiert werden. Heutige CNC-Stickautomaten regeln ihre Maschinengeschwindigkeit automatisch in kritischen Umkehrbereichen. Unbedingt zu beachten ist, dass eine Änderung des Stickmusters in diesen Bereichen, beispielsweise durch eine Vergrößerung des Radius, zu einer Verschiebung des idealen anwendungsspezifischen Faserverlaufes führen kann. Eine weitere maschinentechnische Lösung stellt die Implementierung einer automatischen Trenn- und Positioniereinrichtung dar. Diese am Stickkopf integrierte Zusatzeinrichtung ermöglicht die automatische Sicherung, Trennung und Neupositionierung des Funktionsmaterials an geeigneten Stellen [15].

Einen weiteren großen Einfluss auf das optische Erscheinungsbild des Stickmusters haben das Ober-/Unterfadenmaterial (Art, Feinheit, Schlichte) und vor allem deren Fadenspannung. Bei zu hohen Fadenspannungen kommt es zur Einschnürung und Auslenkung des Funktionsmaterials [11, 16]. Dies wirkt sich negativ auf die Permeabilität der Preform und auf die mechanischen Eigenschaften des Verbundes aus. Eine gleichmäßigere Funktionsmaterialablage im späteren Faserverbundbauteil kann durch die Verwendung auflösender Stickfäden erreicht werden [11, 16]. Der typische Stickfadenanteil im FKV liegt zwischen ein und vier Volumenprozent [9].

10.4 Gestickte Halbzeuge

10.4.1 Zweidimensionale gestickte Halbzeuge

Unter Verwendung der TFP-Technologie können komplette Preforms für Faserverbundbauteile mit hohen Masse-Festigkeits-Verhältnissen gefertigt werden. Die mechanischen Eigenschaften der TFP-Preforms sind, bei einer freien beanspruchungsunabhängigen Faserablage, vergleichbar mit handelsüblichen Multiaxialgelegen und minimal geringer als Prepreg-Materialien [17, 18]. Über eine Analyse der zu erwartenden Lastfälle für das zu fertigende Faserverbundbauteil mittels der Finite-Elemente-Methode (FE-Methode) können die globalen und lokalen Belastungszustände ermittelt und die optimalen Faserverläufe berechnet werden. Dafür kommen verschiedene Ansätze (generische Algorithmen, Topologieoptimierung, Hauptspannungsmethode) zum Einsatz. Das TFP erlaubt anschließend eine exakte Umsetzung der, aus den lokal berechneten Hauptspannungen abgeleiteten, Fadenverläufe zur Herstellung einer Preform (Beispielstruktur Abb. 10.3) [19, 20]. Aktuelle Forschungsarbeiten dienen der Integration von sticktechnischen Rahmenbedingungen, wie das Ablegeverhalten des Funktionsmaterials in engen Radien, und von spezifischen Faserverbundeigenschaften, wie der lokale Faservolumengehalt, in die Berechnungsprogramme [21]. Bisher findet dafür häufig eine manuelle Rückführung der optischen und mechanischen Ergebnisse der gestickten Halbzeuge bzw. Bauteile in das Berechnungsprogramm und eine iterative Simulation statt. Die erreichbare Leistungsfähigkeit der TFP-Technologie wird bei der Preformherstellung für Faserverbundbauteile mit gezielter Auslegung von Krafteinleitungsbereichen und Anbindungspunkten, hinsichtlich der auftretenden Lastfälle, deutlich. Durch die Ermittlung der Belastungszustände mittels der FE-Methode und durch die Applikation des Verstärkungsfadens entlang der Hauptspannungsrichtungen, können die lokalen Spannungsspitzen im Bauteil reduziert und die spezifischen Festigkeiten signifikant verbessert werden [6, 9, 20]. Beispielsweise wird beim Verbindungsträger des Höhenleitwerkes des Airbus A340 durch die beanspruchungsgerechte Herstellung zweidimensionaler, gestickter Halbzeuge, bei einer Auslegung auf den Lastfall Zug, eine Verbesserung der Eigenschaften für die Lastfälle Zug und Zug/Druck im Vergleich zu den konventionell hergestellten Bauteilen von mindestens 60 % erreicht [20].

Des Weiteren wird im Rahmen von Forschungsarbeiten die Möglichkeit zur Herstellung von endlosfaserverstärkten Thermoplastbauteilen mittels TFP untersucht. Die Besonderheit ist hier, dass das TFP nicht nur zur Herstellung der zweidimensional gestickten Halbzeuge genutzt wird, sondern gleichzeitig der Hybridisierung, durch eine Art *Film-Stacking-Verfahren* bzw. Hybridgarnbildung, dient. Dafür werden Verstärkungs- und Matrixfäden parallel zum Fadenleger geführt und anschließend zusammen verstickt. Dadurch entsteht eine *Side-by-Side* Hybridstruktur [22].

Ein weiteres großes Einsatzfeld der TFP-Technologie ist die gezielte lokale Verstärkung bzw. die Funktionalisierung textiler Halbzeuge. Durch die Kombination der hohen Designfreiheit des TFP mit der hohen Produktivität der textilen Flächenbildung (z. B. Weben, Stricken, Wirken) zur Stickgrundherstellung besitzt die nachträgliche Applikation von Funktionsmaterial auf textile Halbzeuge ein sehr hohes Potenzial [6, 9, 11, 19, 23]. Durch die Anpassung der Faserverläufe an die Hauptspannungsrichtungen kann auch durch das nachträgliche lokale Aufbringen von Verstärkungsfäden eine signifikante Verbesserung der mechanischen Eigenschaften erreicht werden (Beispielstruktur Abb. 10.4). In [9] wird dies an einer aufgestickten Lochverstärkung für eine Zugplatte nachgewiesen. Die Zugfestigkeit konnte im Vergleich zum nicht verstärkten Multiaxialgelege um 45 % und die Lochleibungsfestigkeit um 68 % verbessert werden. Die zweidimensionale Verstärkung textiler Halbzeuge mittels TFP verbessert das Versagensverhalten der Struktur in der x- und y-Ebene in Hinblick auf radiale und tangentiale Belastungen durch Fliehkräfte und Momente. Für orthogonal oder schräg zu dieser Ebene angreifende Kräfte, ebenso zur Verbesserung der Schadenstoleranz hinsichtlich Scher- und Schälkräften sowie thermischen Spannungen müssen TFP-Preforms auch in z-Richtung verstärkt werden [3].

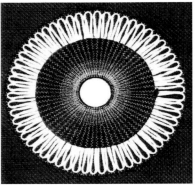

Abb. 10.3 Gestickter Brakebooster (Quelle: Hightex Verstärkungsstrukturen GmbH)

Abb. 10.4 Gestickte Lochverstärkung (Quelle: Hightex Verstärkungsstrukturen GmbH)

Kohlenstofffasern (CF) werden für FKV vorwiegend auf Grund der hohen spezifischen Steifigkeiten und Festigkeiten favorisiert. Zu einem geringen prozentualen Anteil wird die elektrische Leitfähigkeit der CF in Faserverbundbauteilen zur Strukturüberwachung und für Heizstrukturen genutzt [24–29]. Dafür werden Widerstandsfelder über die Wahl des CF-Fadens, die Abstände der aufgestickten Rovings sowie die Länge des eingebrachten Leiters anwendungsspezifisch ausgelegt und die CF-Fäden, z. B. mittels des TFP, auf textile Halbzeuge appliziert (Abb. 10.5 und Abb. 10.6) [27–29].

Durch das Übereinandersticken mehrerer CF-Fäden kann eine Parallelschaltung realisiert und der elektrische Widerstand an dieser Stelle des Widerstandsfeldes reduziert werden. Diese Möglichkeit der Einstellung des Widerstandes wird anwen-

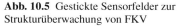
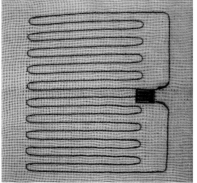

Abb. 10.5 Gestickte Sensorfelder zur Strukturüberwachung von FKV

Abb. 10.6 Mäanderförmiges Sensorfeld zur Strukturüberwachung

dungsspezifisch genutzt, um z. B. lokal unterschiedliche Heizleistungen für Faserverbundwerkzeuge zur Faserverbundherstellung und für Umformvorrichtungen zur Preformherstellung zu realisieren. Dadurch kann das Werkzeug homogen geheizt und Eigenspannungen im späteren FKV-Bauteil reduziert werden. Des Weiteren führt der Einsatz solcher Werkzeuge zu einer Energie- und Kosteneinsparung im Vergleich zu klassischen Metallwerkzeugen. Mit den bereits umgesetzten Werkzeugkonzepten konnte eine maximale Flächenheizleistung von 22 kW/m^2 und Temperaturen von 230 °C nachgewiesen werden [25, 26]. Für die Preformherstellung kann ebenfalls eine Energie- und Kosteneinsparung durch die Verwendung dünner laminierter beheizter Werkzeugschalen erreicht werden. Diese Vorteile werden bereits für die Serienfertigung des Anbindungsbeschlages für die A330/340 Tragflächenspoiler sowie zur Herstellung der dafür erforderlichen Preforms genutzt [26]. Weitere Einsatzgebiete für gestickte Heizstrukturen sind vor allem in der Luftfahrtindustrie und im Windkraftanlagenbau, zur Enteisung bzw. als Vereisungsschutz für z. B. Tragflächenvorflügel, zu finden.

Für die Funktionsintegration in Faserverbundbauteile mit Hilfe der Sticktechnik werden neben dem über den Fadenleger geführten Material auch die Stickfäden genutzt. Dafür werden in Abhängigkeit von der Biegeempfindlichkeit des zu verarbeitenden Materials spezielle leitfähige Drähte bis zu einem Durchmesser von 0,03 mm als Ober- bzw. Unterfadenmaterial auf das textile Halbzeug appliziert. Damit können sowohl die Sensorstrukturen, beispielsweise zum Detektieren von Formänderungen, der Feuchtigkeit und der Temperatur, als auch Funktionsstrukturen, z. B. Funkantennen, Schalter, in einem Prozessschritt gemeinsam hergestellt werden [30].

10.4.2 Dreidimensional gestickte Halbzeuge

Bei dreidimensional gestickten Halbzeugen muss zwischen Halbzeugen mit drei-dimensionaler Geometrie und dreidimensionaler Struktur unterschieden werden (s. Kap. 2.3.1.1).

Im Rahmen eines Forschungsprojektes wurde ein Verfahren zum Sticken einer ein-achsig gekrümmten Schalengeometrie entwickelt [31]. Damit sind Preforms direkt dreidimensional herstellbar und müssen nicht aus zweidimensionalen gestickten Halbzeugen umgeformt werden. Dies hat den Vorteil der exakten und gestreck-ten Fadenorientierung für geometrisch komplexe Bauteile. Für die Umsetzung wur-de eine Kappenstickeinrichtung so modifiziert, dass der Stickgrund zylinderscha-lenförmig aufgespannt werden kann. Das Potenzial wurde an ausgewählten De-monstratoren nachgewiesen. Das dreidimensionale Sticken bewirkt im Vergleich zu umgeformten zweidimensionalen Preforms eine Verbesserung der Bauteilqua-lität durch die Minimierung von matrixreichen Zonen und die anwendungsspezifi-sche Fadenorientierung. Dadurch wird eine Erhöhung der möglichen Kraftaufnah-me beim Fallturmversuch erreicht. Die größten Restriktionen bestehen aktuell in Bezug auf die Flexibilität der herstellbaren Preformgeometrien.

Eine weitere Art der Herstellung einer dreidimensionalen Geometrie mittels der Sticktechnik wird für die Sanierung von Kanälen im *Schlauchliningverfahren* einge-setzt. Dafür wird eine gezielte Strukturierung der Innenseite der Kanäle vorgenom-men, um eine Verwirbelung des Fließmediums für einen besseren Feststoffabtrag zu erreichen und eine Sedimentation zu verhindern. Die dreidimensionale Geometrie wird durch die sticktechnische Herstellung von Strukturkörpern auf einem glasfa-serverstärkten textilen Halbzeug unter Verwendung eines Glasfaserstickgarnes und spezieller Schäume erreicht. Der Medientransport ist abhängig von der Form und der Ausrichtung der Strukturkörper. Diese können über das Sticken gezielt variiert werden [8].

Die Forderung nach textilen Halbzeugen, die mehraxiale Spannungen im FKV auf-nehmen können, um die niedrigen mechanischen Eigenschaften konventioneller zweidimensional verstärkter FKV senkrecht zur Verstärkungsebene zu kompensie-ren, kann durch die Herstellung dreidimensionaler Strukturen, unter anderem mittels des TFP, erfüllt werden [3]. Ein Lösungsweg wird darin gesehen, Verstärkungsfäden in z-Richtung in das zweidimensionale Halbzeug einzubringen. Die Art und Höhe der Verbesserungen der *Out-of-Plane*-Eigenschaften ist primär von dem Materi-al und dem Anteil der Verstärkungsfäden sowie dem Winkel zur x-y-Ebene, un-ter dem sie eingebracht werden, abhängig [32]. Für mehrlagige TFP-Halbzeuge ist eine Verstärkung in z-Richtung, durch die Einarbeitung von Verstärkungsfäden als Ober- und Unterfaden möglich. Auf Grund des veränderten Faseranteils und durch das Anstechen der bereits aufgestickten Verstärkungsfäden werden jedoch die In-Plane Eigenschaften reduziert. Deswegen ist es sinnvoll, die Verstärkungsfäden in z-Richtung nur lokal und beanspruchungsgerecht einzubringen. Damit werden die mechanischen Eigenschaften in der x-y-Ebene des Bauteils nur partiell beein-flusst [11, 18, 32].

Die Orientierung des Stickfadens in z-Richtung kann auch zur Fertigung von funktionalisierten Halbzeugen eingesetzt werden. In [5] wird eine dreidimensionale Sensorstruktur aus einem Präzisionswiderstandsdraht gestickt und für eine richtungsabhängige Deformationsmessung (Schub-, Druck-, Dehnungsmessung) im Bauteil verwendet.

10.4.3 Gestickte Halbzeuge mit Fadenreserven

Mittels der Sticktechnik ist die Herstellung tiefziehfähiger Preforms mit beanspruchungsgerechter Fadenablage für komplex geformte Bauteile möglich [32, 33]. Dafür werden Fadenreserven für kritische Umformbereiche im Stickmuster bzw. durch die Ausbildung von nicht aufgestickten Fadenschlaufen im Gestick integriert. Die 3D-Bauteilgeometrie wird rechnerisch auf 2D abgewickelt, das Stickprogramm unter Beachtung der materialspezifischen Restriktionen (z. B. Funktionsmaterialeigenschaften, Einsprungverhalten des Stickgrundes) erstellt und flächig gestickt. Die Besonderheit ist die Applikation des Stickmusters auf ein z. B. in kaltem Wasser löslichem Stickvlies. Nach dem Auflösen des Stickgrundes wird die 3D-Struktur ausgebildet (Abb. 10.7).

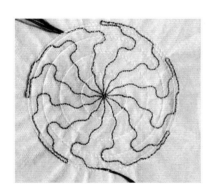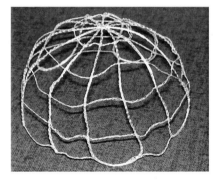

Abb. 10.7 Gestickte Halbkugel und ausgebildete dreidimensionale Halbkugel (Quelle: Gerber Spitzen und Stickereien GmbH)

Das Potenzial gestickter Halbzeuge mit Fadenreserven wird bei der Verstärkung von hohlgegossenen Bauteilen, den sogenannten Metall-Matrix-Composites, deutlich. Im Vergleich zu massiven Bauteilen wird eine Massereduzierung von bis zu 30 % bei hohlgegossenen Bauteilen erreicht, ohne dass die mechanischen Eigenschaften abnehmen. Beispielsweise entstehen im Rahmen eines Forschungsprojektes für Metall-Matrix-Composites geometrische 3D-Gesticke, wie Halbkugeln und Kegelstrukturen aus Glas-, Basalt- oder Kohlenstofffasern, die anschließend als Verstärkungsstruktur in die Schmelze eingebettet werden (Abb. 10.7) [33].

Literaturverzeichnis

[1] EHRENSTEIN, G. W.: *Faserverbund-Kunststoffe: Werkstoffe, Verarbeitung, Eigenschaften.*
     München, Wien : Carl Hanser Verlag, 2006
[2] GLIESCHE, K. ; ROTHE, H. ; FELTIN, D.: Technische Gesticke als kraftflußgerechte Textil-
     konstruktionen für Faserverbund-Bauteile. In: *Konstruktion* 48 (1996), S. 114–118
[3] WITT, G.: *Taschenbuch der Fertigungstechnik.* München, Wien : Carl Hanser Verlag, 2006
[4] BÜHRING, L. ; GRAWITTER, N.: *Fachlexikon Stickerei und Spitze, CD, Deutsch/Englisch.*
     Greiz : Textilforschungsinstitut Thüringen-Vogtland e. V., 2007
[5] ELSNER, H. ; REINHARDT, A.: Sensorintegration in Leichtbauverbundstrukturen mit-
     tels Sticktechnologie. In: *Proceedings. Symposium Technische Textilien „Innovative
     Fügetechniken".* Reichenbach, Deutschland, 2008
[6] CROTHERS, P. J. ; DRECHSLER, K. ; FELTIN, D. ; HERSZBERG, I. ; KRUCKENBERG,
     T.: Tailored fibre placement to minimise stress concentrations. In: *Composites Part A:
     Applied Science and Manufacturing* 28 (1997), Nr. 7, S. 619–625. DOI 10.1016/S1359–
     835X(97)00022–5
[7] FELTIN, D.: *Entwicklung von textilen Halbzeugen für Faserverbunde unter Verwendung von
     Stickautomaten.* Dresden, Technische Universität Dresden, Fakultät Maschinenwesen, Diss.,
     1998
[8] GRAWITTER, N. ; MÖHRING, U. ; LABAHN, J. ; MÜLLER, M. ; BERGER, W.: Ein neuer,
     strukturierter Rohrliner sorgt für Turbulenzen. In: *Kettenwirk-Praxis* 43 (2009), Nr. 2, S. 20–
     21
[9] MATTHEIJ, P. ; GLIESCHE, K. ; FELTIN, D.: Tailored Fibre Placement-Mechanical Properties
     and Applications. In: *Journal of Reinforced Plastics and Composites* 17 (1998), Nr. 9, S.
     774–786. DOI 10.1177/073168449801700901
[10] HERSZBERG, I. ; BANNISTER, M. K. ; LEONG, K. H. ; FALZON, P. J.: Research in Textile
     Composites at the Cooperative Research Centre for Advanced Composite Structures. In: *The
     Journal of The Textile Institute* 88 (1997), Nr. 3, S. 52–73. DOI 10.1080/00405009708658587
[11] MEYER, O.: *Kurzfaser-Preform-Technologie zur kraftflussgerechten Herstellung von Faser-
     verbundbauteilen.* Stuttgart, Universität Stuttgart, Fakultät Luft- und Raumfahrttechnik und
     Geodäsie, Diss., 2008
[12] FELTIN, D. ; GLIESCHE, K.: Preforms for Composite Parts made by Tailored Fibre Place-
     ments. In: *Proceedings. 11. International Conference on Composite Material.* Cold Coast,
     Australia, 1997
[13] http://www.zsk.de (06.08.2010)
[14] http://www.tajima.de (06.08.2010)
[15] Schutzrecht DE 102006021425 A1 (08. November 2007).
[16] HAZRA, K. ; POTTER, K.: Design of Carbon Fibre Composites Aircraft Parts Using Tow Stee-
     ring Technique. In: *Proceedings. SAMPE Europe 29th International Conference and Forum
     SEICO 08.* Paris, France, 2008
[17] UHLIG, K. ; SPICKENHEUER, A. ; GLIESCHE, K. ; KARB, I.: Strength of CFRP
     open hole laminates made from NCF, TFP and braided preforms under cyclic tensi-
     le loading. In: *Plastics, Rubber and Composites* 39 (2010), Nr. 6, S. 247–255. DOI
     10.1179/174328910X12647080902772
[18] MATTHEIJ, P. ; GLIESCHE, K. ; FELTIN, D.: 3D reinforced stitched carbon/epoxy laminates
     made by tailored fibre placement. In: *Composites Part A: Applied Science and Manufacturing*
     31 (2000), Nr. 6, S. 571–581. DOI 10.1016/S1359–835X(99)00096–2
[19] GLIESCHE, K. ; ORAWETZ, H. ; HÜBNER, T.: Application of the tailored fibre placements
     process for a local reinforcement on an open-hole tension plate from carbon/epoxy laminates.
     In: *Composite Science and Technology* 63 (2003), Nr. 1, S. 81–88. DOI 10.1016/S0266–
     3538(02)00178–1
[20] ASCHENBERGER, L. ; TEMMEN, H. ; DEGENHARDT, R.: Tailored Fibre Placements Tech-
     nology - Optimisation and computation of CFRP structures. In: *Proceedings. Advances in*

Design and Analysis of Composite Structures - ESAComp Users' Meeting. Braunschweig, Deutschland, 2007

[21] KRÄGER, L. ; KLING, A.: Feedback Method transferring manufacturing data of TFP structures to as-build FE models. In: *Proceedings. IV European Congress on Computational Mechanics*. Paris, France, 2010

[22] SCHIEBEL, P.: Ressourceneffiziente Fertigung hochbeanspruchter CFK Bauteile für den Fahrzeugbau. In: *Proceedings. 3. Internationale Messe und Symposium für Technische Textilien im Fahrzeugbau*. Chemnitz, Deutschland, 2010

[23] GLIESCHE, K. ; FELTIN, D.: Die Leichtigkeit des Seins. In: *MM MaschinenMarkt, Das Industriemagazin* (2002), Nr. 9, S. 48–51

[24] PRASSE, T. ; MICHEL, F. ; MOOK, G. ; SCHULTE, K. ; BAUHOFER, W.: A comparative investigation of electrical resistance and acoustic emission during cyclic loading of CFRP laminates. In: *Composites Science and Technology* 61 (2001), Nr. 6, S. 831–835. DOI 10.1016/S0266–3538(00)00179–2

[25] GLIESCHE, K. ; ORAWETZ, H. ; KUPKE, M. ; WENTZEL, H. P.: Entwicklung eines Werkzeuges aus Faserverbunden mit gleichmäßiger Temperaturverteilung auf der Werkzeugoberfläche. In: *GAK Gummi Fasern Kunststoffe* 58 (2005), Nr. 3, S. 167–173

[26] KOHSER, C.: Innovative Heatable Composites Based on Carbon Fibre Structures. In: *Railway Technology International* (2010), Nr. 1, S. 67–68

[27] KUNADT, A. ; STARKE, E. ; PFEIFER, G. ; CHERIF, Ch.: Messtechnische Eigenschaften von Dehnungssensoren aus Kohlenstoff-Filamentgarn in einem Verbundwerkstoff. In: *tm-Technisches Messen* 77 (2010), Nr. 6, S. 113–120. DOI 10.1524/teme.2010.0014

[28] KUNADT, A. ; HEINIG, A. ; STARKE, E. ; PFEIFER, G. ; CHERIF, Ch. ; FISCHER, W. J.: Design and Properties of a Sensor Network embedded in thin fibre-reinforced Composites. In: *Proceedings. IEEE Sensors 2010 Conference*. Waikoloa, USA, 2010

[29] CHERIF, Ch. ; SCHADE, M. ; HOFMANN, G. ; FISCHER, W. J. ; KUNADT, A.: Sustainability of the European Textile Industry Through Textile Based Lightweight Construction in Multimaterial Design with Function Integration: Visions and Chances. In: *Proceedings. 9th World Textile Conference AUTEX 2010*. Vilnius, Lithuania, 2010

[30] ELSNER, H.: Sticktechnologie - Zukunftsbilder zu Möglichkeiten und Grenzen für technische Anwendungen in Kunststoffen. In: *Proceedings. Fachtagung Technisches Sticken - zwischen Forschung und Markt*. Plauen, Deutschland, 2010

[31] GRIES, Th.: Grundlegende textilphysikalische Untersuchungen zur Konstruktion von dreidimensionalen gestickten Verbundwerkstoffen - 3D-Sticken (AiF-Nr. 15475N) / Institut für Textiltechnik der RWTH Aachen. Aachen, 2010. – Forschungsbericht

[32] ORAWETZ, H.: Grundlagen und Anwendungen zur Tailored Fibre Placement Technologie. In: *Luftfahrttechnisches Handbuch*. LTH Koordinierungsstelle, 2007

[33] HESSBERG, S.: Sticken mit Hochleistungsfaserwerkstoffen: Herstellung von 3-D-Gesticken randverstärkter Metallhohlkörper. In: *Proceedings. Symposium Technische Textilien „Innovative Fügetechniken"*. Reichenbach, Deutschland, 2008

Kapitel 11
Vorimprägnierte textile Halbzeuge (Prepregs)

Olaf Diestel und Jan Hausding

Vorimprägnierte textile Halbzeuge, sogenannte Prepregs, sind ein wichtiges Ausgangsmaterial für die Herstellung von duroplastischen und thermoplastischen Verbundwerkstoffen. Es handelt sich hierbei um vorgefertigte, meist ebene, flächige Halbzeuge, die eine Verstärkungsstruktur aus endlichen bzw. endlosen Fasern aufweisen, die bereits mit der für die Bauteilfertigung benötigten duro- bzw. thermoplastischen Matrix kombiniert ist. Als Ausgangsprodukt können sowohl Kurzfasern oder Endlosfilamentgarne als auch textile Flächengebilde wie Gewebe und Multiaxial-Kettengewirke zum Einsatz kommen. Grundprinzip der Verwendung dieser speziellen Form der textilen Halbzeuge ist die Trennung des Tränkungsvorgangs bei der Verbundwerkstoffherstellung vom eigentlichen Herstellen der Bauteilform.

11.1 Einleitung

Vorimprägnierte textile Halbzeuge dienen der Weiterverarbeitung zu duro- oder thermoplastischen Faserkunststoffverbundbauteilen. Sie werden häufig nach der Abkürzung ihrer englischen Bezeichnungen *preimpregnated fibers* bzw. *preimpregnated materials* als Prepregs bezeichnet. Es handelt sich hierbei um vorgefertigte, meist ebene flächige Halbzeuge, die eine Verstärkungsstruktur aus endlichen bzw. endlosen Fasern aufweisen, die bereits mit der für die Bauteilfertigung benötigten duro- bzw. thermoplastischen Matrix kombiniert ist. Die Weiterverarbeitung zu Bauteilen erfolgt unter Temperatur- und Druckeinwirkung in der Regel durch Fließpressen, Formpressen oder nach dem Autoklavverfahren. Bei duroplastischen Prepregs erfolgt die Tränkung der textilen Strukturen mit duromeren Harzsystemen, deren Vernetzungsreaktion unter tiefen Temperaturen stark verzögert abläuft. Bei geeigneter Lagerung sind sie auch nach längerer Zeit, z. B. mehreren Monaten bis über ein Jahr, zur Bauteilherstellung geeignet. Sie werden auch als halbtrockene Prepregs für den Hochleistungsbereich eingesetzt, in dem die Festigkeit und Steifigkeit der Verstärkungsfasern möglichst vollständig ausgenutzt werden sollen.

Das Grundprinzip der Verwendung dieser speziellen Form der textilen Halbzeuge ist die Trennung des Tränkungsvorgangs bei der Verbundwerkstoffherstellung vom eigentlichen Herstellen der Bauteilform. Es können sowohl textile Halbzeuge, wie Gewebe oder Multiaxialgelege, als auch unidirektionale Faserlagen (*UD-Prepregs*) zu vorimprägnierten Verstärkungsmaterialien weiterverarbeitet werden [1, 2]. Letztere zeichnen sich wegen der völlig gestreckten Fadenanordnung durch die höchsten Festigkeiten und Steifigkeiten aus und stellen damit den Vergleichsmaßstab für alle textilen Halbzeuge dar. Die Tränkung der Faserlagen erfolgt auf speziellen Prepreganlagen und kann mit diesen auch auf Grund der sehr geringen Gelegedicke mit hoher Präzision und Reproduzierbarkeit durchgeführt werden. Das chemische Bindemittel entspricht der Matrix des späteren Verbundbauteils. Die Aufgabe dieser Matrix ist es, die Fasern im Verbundwerkstoff zu binden und zu stützen. Sie überträgt auftretende Lasten auf die Fasern und hält diese dabei in ihrer voreingestellten Lage und Orientierung. Durch die Matrix wird auch der Widerstand gegenüber den während des Einsatzes auftretenden Umgebungsbedingungen, insbesondere der Temperaturbelastung, festgelegt.

Für die unterschiedlichen Anwendungsbereiche, wie Automobilbau, Luft- und Raumfahrt, Sportartikel sowie Schiffbau, steht eine große Auswahl an Harzsystemen zur Verfügung. Die Vorteile des Einsatzes duroplastischer UD-Prepregs bestehen neben den bereits erwähnten hohen Festigkeiten und Steifigkeiten der Verbunde, die aus der parallelen Faseranordnung und dem damit erreichbaren hohen Faservolumengehalt (üblicherweise 60 %) resultieren, sowie aus den sehr geringen Toleranzen bei der Schichtung zum Mehrschichtverbund beziehungsweise Laminat. Letzteres ist für die Ausnutzung des Leichtbaupotenzials faserbasierter Halbzeuge von großer Bedeutung, da nur mit einer fein abgestuften Auswahl verfügbarer Schichtdicken die genaue Realisierung der vorausberechneten Bauteilabmessungen umgesetzt werden kann. Übliche Schichtdicken für UD-Prepregs liegen bei 0,125 mm und 0,250 mm [2, 3].

Bei *thermoplastischen Prepregs* wird die textile Verstärkungsstruktur so mit der thermplastischen Matrix kombiniert, dass beide Komponenten möglichst gut vermischt im Halbzeug vorliegen. Dies ist notwendig, um bei der Bauteilfertigung kurze Fließwege für die in der Regel hochviskosen Thermoplastschmelzen und damit eine möglichst gute Imprägnierung und Benetzung der Verstärkungsstruktur zu erreichen. Dies stellt eine notwendige Voraussetzung zur Ausschöpfung des Leistungspotenzials der Hochleistungsfasern dar. Zu den thermoplastischen Prepregs zählen einerseits textile, mehr oder weniger biegeschlaffe Verstärkungsstrukturen in Form von beispielsweise hybridgarnbasierten (s. Kap. 4) oder pulverimprägnierten textilen Halbzeugen, in denen die Matrixkomponente z. B. in Faserform oder als Pulver vorliegt. Andererseits gehören auch nach unterschiedlichen Verfahren vollständig imprägnierte und konsolidierte plattenförmige Halbzeuge dazu, die als *Organobleche* bezeichnet werden.

Sowohl duro- als auch thermoplastische Prepregs werden in *fließfähige* und nicht-fließfähige vorimprägnierte textile Halbzeuge eingeteilt. Fließfähige Prepregs basieren auf einer Verstärkungsstruktur aus Kurzfasern bzw. endlichen Fasern. Dies ermöglicht, dass die Fasern während der Bauteilherstellung durch Pressen aneinander abgleiten können. Dadurch kann das Faser/Matrix/Füllstoff-Gemisch während der Bauteilherstellung in der Kavität der Pressform fließen und sich dieser sehr gut anpassen. Zu beachten ist dabei allerdings, dass sich die Fasern in kritischen Zonen in Fließrichtung orientieren können, was meist unerwünscht ist. Generell nimmt die Fließfähigkeit mit steigender Faserlänge ab.

Nicht fließfähige Prepregs verfügen über eine Verstärkungsstruktur aus gerichteten, praktisch endlosen Verstärkungsfasern, Verstärkungsfäden bzw. flächigen textilen Verstärkungshalbzeugen, die während des Pressvorgangs keine nennenswerten Fließvorgänge zulassen und deshalb eine exakt auf die Kavität der Pressform zugeschnittene Belegung des Presswerkzeuges erfordern. Bei nicht fließfähigen thermoplastischen Prepregs sind Halbzeuge, die einerseits als vollständig imprägnierte und konsolidierte plattenförmige Halbzeuge (Organobleche) oder andererseits als nicht vollständig imprägnierte und konsolidierte textile Prepregs ausgebildet sind, zu unterscheiden.

Abbildung 11.1 gibt einen schematischen Überblick über die zahlreichen Wege vom Ausgangsmaterial über duro- bzw. thermoplastische Prepregs bis zum faserverstärkten Bauteil.

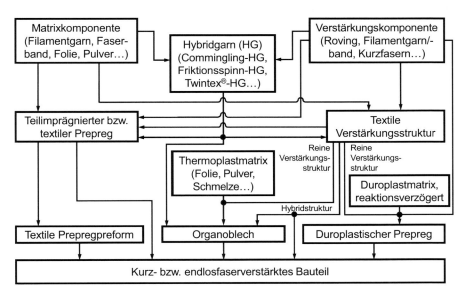

Abb. 11.1 Verknüpfungsschema zwischen Ausgangsmaterial, duro- bzw. thermoplastischem Halbzeug und faserverstärktem FKV-Bauteil

Nachfolgend werden die wichtigsten Halbzeuge und deren Weiterverarbeitung durch meist Pressprozesse vorgestellt. Ergänzend werden fließfähige Form- bzw. Pressmassen auf Basis endlicher Fasern erwähnt. Auf spezielle Verfahren, wie das Hinterschäumen oder das Hinterspritzen von Folien, wird an dieser Stelle nicht eingegangen.

11.2 Duroplastische Prepregs

11.2.1 Fließfähige duroplastische Prepregs und Formmassen (SMC/BMC)

Industriell weit verbreitet ist die Herstellung und Verarbeitung fließfähiger Prepregs nach dem *SMC-Verfahren (Sheet Moulding Compound-Verfahren)*. Der größte Teil der SMC-Produktion wird im Automobil- und im Elektrobereich verarbeitet [4]. SMC-Prepregs stellen verarbeitungsfähige flächige Halbzeuge aus Glasfaservliesen bzw. Glasfasermatten dar, die mit einem vernetzungsfähigen duromeren Harzsystem und Füllstoffen getränkt sind. In Abhängigkeit von der Anwendung werden dafür unterschiedliche Rezepturen genutzt, auf die hier nicht näher eingegangen wird.

Als Matrix kommen meist ungesättigte Polyesterharzsysteme zur Anwendung, die in Abhängigkeit von der Weiterverarbeitung und der Anwendung mit mineralischen Füllstoffen und weiteren Zuschlagstoffen gemischt werden. Die Schnittlänge der Glasfasern beträgt 25 bis 50 mm. Ihr Masseanteil kann bis zu 30 % betragen. Werden längere Glasfasern bis 200 mm eingesetzt, entstehen sogenannte gerichtete SMC-Halbzeuge (SMC-D) mit reduzierter Fließfähigkeit.

Die Prepreg-Produktion erfolgt auf kontinuierlich arbeitenden SMC-Imprägnieranlagen (Abb. 11.2). Das Harz/Härter/Füllstoff-Gemisch wird auf eine beschichtete Trägerfolie gerakelt. Über die gesamte Fertigungsbreite werden darauf die in einem Breitschneidwerk aus Glasrovings erzeugten endlichen Fasern abgelegt und durch eine weitere Folie abgedeckt. Anschließend durchläuft dieser Aufbau die Imprägnierstrecke, wobei die Komponenten vermischt und der Prepreg verdichtet werden. Nach dem Aufrollen und einer Reifezeit von zwei bis vier Wochen unter definierten Lagerbedingungen zur chemischen Eindickung können die Halbzeuge verarbeitet werden. Ihre Lagerzeit kann in Abhängigkeit von der konkreten Zusammensetzung und den Lagerbedingungen von wenigen Wochen bis zu mehreren Monaten betragen [5, 6].

Durch das zusätzliche Einbringen von in Herstellungsrichtung angeordneten endlosen Verstärkungsfäden bzw. -rovings in die SMC-Halbzeuge entstehen C-SMC-Halbzeuge für Bauteile mit erhöhten mechanischen Anforderungen. Allerdings reduziert sich dadurch die Fließfähigkeit deutlich [3, 7]. Das Herstellen und Verarbeiten von SMC-Halbzeugen mit einer ausschließlich aus endlichen Carbonfasern bestehenden Verstärkung (CF-SMC) ist ebenfalls bekannt und führt im Vergleich zu

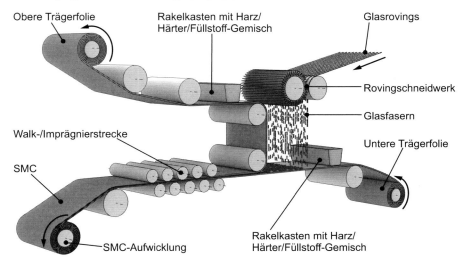

Abb. 11.2 Prinzip der SMC-Herstellung

SMC auf Glasfaserbasis bei höheren Bauteilkosten zu verbesserten mechanischen Kennwerten [8].

Wird das Gemisch aus Fasern, Harz, Härter und Füllstoffen am Ende der SMC-Anlage lediglich abgestreift, entsteht das sogenannte BMC (*Bulk Moulding Compound*). Diese Formmassen werden nach dem Plastifizieren ebenfalls durch Fließpressen weiterverarbeitet. Die maximale Länge der Glasfasern beträgt hier allerdings nur 12 mm, woraus gegenüber SMC deutlich geringere mechanische Verbundeigenschaften resultieren [7]. Darüber hinaus finden für die Herstellung von kurzfaserverstärkten Duroplastbauteilen mit DMC (Dough Moulding Compound) bzw. GMC (Granulated Moulding Compound) auch spritzgussfähige Formmassen ohne chemische Eindickung bzw. trockene, granulatförmige Formmassen Anwendung [3].

Die Weiterverarbeitung sowohl der SMC-Halbzeuge als auch der BMC-Formmassen zu Bauteilen erfolgt durch Fließpressen bei Pressdrücken zwischen 25 und 250 bar auf parallelgeregelten servohydraulischen Pressen mit auf Verarbeitungstemperatur von ca. 140 bis 160 °C beheizten zweiteiligen Stahlwerkzeugen (Abb. 11.3). Bei der SMC-Verarbeitung werden festgelegte, meist rechteckige oder trapezförmige SMC-Zuschnitte in ausreichender Menge gestapelt und an definierten Positionen in das Werkzeug eingelegt [1].

Während des *Fließpressprozesses* verringert sich unter Druck- und Temperatureinwirkung zunächst die Viskosität des Matrixsystems und das Halbzeug wird von der Werkzeugunter- und der Werkzeugoberseite her fließfähig. Anschließend füllt sich auf Grund der Werkzeugschließbewegung die Kavität mit dem Faser/Harz/Härter/Füllstoff-Gemisch vollständig und die Matrix härtet unter Nachdruck durch chemische Vernetzung aus (Abb. 11.4).

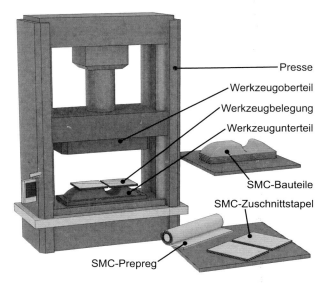

Abb. 11.3 Prozesskette zur Herstellung von SMC-Bauteilen (links) durch Fließpressen nach [9]

Um sicherzustellen, dass das Gemisch alle Bereiche der Werkzeugkavität erreicht, sollen die Zuschnitte mindestens 70 % der Formfläche abdecken [1, 10].

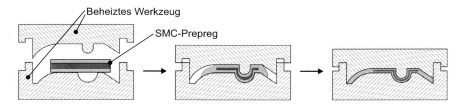

Abb. 11.4 Fließverhalten des Faser/Harz/Härter/Füllstoff-Gemischs bei der Verarbeitung von SMC-Halbzeugen durch Fließpressen nach [3]

Beim Einsatz von SMC-Prepregs mit Lang- oder Endlosfaserverstärkung werden auf der gesamten Formfläche Zuschnitte abgelegt. Die Verarbeitung erfolgt durch Formpressen ohne nennenswerte Fließvorgänge.

Nach dem Abkühlen und Entformen der Bauteile sind Nacharbeiten erforderlich, wie Entgraten, Bohren, Fräsen oder Lackieren. In Abhängigkeit vom Werkstoffeinsatz und der Bauteilgröße sind bei einer entsprechenden Automatisierung Taktzeiten von wenigen Minuten üblich und bis zu einer Minute erreichbar [1, 6].

SMC-Bauteile kommen u. a. im Fahrzeugbau für Automobile bzw. Nutzfahrzeuge (Motorhauben, Türen, Kofferraumdeckel, Zylinderkopfdeckel, Geräuschkapselungen oder Spoiler) und für Schienenfahrzeuge (Innen- und Außenverkleidungen) sowie in der Elektroindustrie (Elektroschaltschränke, Meldesäulen) und der Sanitärindustrie zum Einsatz. Auf BMC basierende Bauteile sind beispielsweise Scheinwerferreflektoren, Motorbauteile, elektrische Anschlusskästen oder Isolatoren.

11.2.2 Nicht fließfähige duroplastische Prepregs aus Garnen und ebenen, flächigen Halbzeugen

Für die Herstellung nicht fließfähiger duroplastischer Prepregs kommen grundsätzlich die gleichen Faserstoffe zum Einsatz, wie beispielsweise für gewebte oder gewirkte Halbzeuge im Bereich der Leichtbauanwendungen, also zumeist Glas-, Carbon- oder Aramidfasern. Diese werden einerseits direkt zu UD-Prepregs oder andererseits zunächst mittels Weben oder Multiaxial-Kettengewirken zu textilen Halbzeugen und anschließend zu Prepregs mit mehraxialer Verstärkung verarbeitet (vgl. Abb. 11.1). Die Endlosfasern in Rovingform werden dabei von Spulen abgezogen, die auf Spulengattern angeordnet sind. Für den Auftrag des duroplastischen Matrixmaterials stehen zwei hauptsächliche Verfahrensweisen zur Verfügung, der Auftrag mittels Trägerpapier (release film) bei der *Schmelzharzimprägnierung* oder der Auftrag nach dem Lösemittelverfahren [11]. Bei dem ersten Verfahren wird in einem ersten Arbeitsschritt zunächst die Matrix als Harzfilm auf das silikonisierte Trägerpapier aufgebracht (Abb. 11.5, Schritt 1). Die von den Spulengattern zugeführten Filamentgarne werden in einer Ebene zu einem Band zusammengeführt, mittels Kämmen parallelisiert und anschließend mit dem Trägerpapier in Kontakt gebracht. Unter Einwirkung von Druck und Temperatur (ca. 60 bis 90 °C) wird das Filamentband vollständig mit dem auf dem Trägerpapier befindlichen Harz durchtränkt (Abb. 11.5, Schritt 2). Anschließend wird ein Trennpapier aufgebracht und der UD-Prepreg endlos auf einer Rolle aufgewickelt. Es ist wichtig, das vorimprägnierte Halbzeug unmittelbar zu kühlen, um den weiteren Verlauf der Aushärtereaktion des Harzes zu stoppen. Diese Verfahrensweise hat sich heute industriell durchgesetzt [11].

Bei der *Lösungsmittelimprägnierung* werden die nebeneinander zu Filamentbändern ausgespreizten Rovings durch ein Matrixbad geführt (vertikale Prozessanordnung) beziehungsweise in Anlehnung an die Vorgehensweise bei der Herstellung mit Trägerpapier ein solches zunächst mit der Matrix beschichtet, um anschließend die Fasern darauf abzulegen (horizontale Prozessanordnung). Im Matrixbad ist das Harz/Härter-Gemisch mit Lösemittel versetzt, um die für die Imprägnierung notwendige Viskosität zu erreichen. Bei beiden Verfahrensvarianten schließt sich eine Heizstrecke zur Entfernung des Lösemittels und zur Vorvernetzung des Harzes an, bevor die UD-Prepregs anschließend mit Schutzpapier versehen aufgewickelt werden (Abb. 11.6). Diese Prepregs weisen anschließend bei Raumtemperatur eine hochviskose Imprägnierung auf.

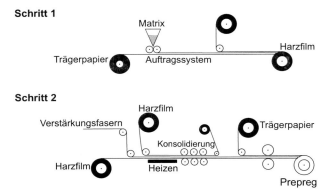

Abb. 11.5 Herstellung von UD-Prepregs mittels Trägerpapier (Schritt 1: Beschichten des Trägerpapiers, Schritt 2: Herstellung des UD-Prepregs)

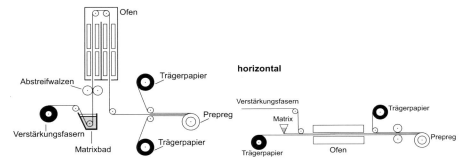

Abb. 11.6 Herstellung von UD-Prepregs im Lösemittelverfahren

UD-Prepregs können in unterschiedlichen Aufmachungen, als vorimprägnierter Einzelfaden (*Single Tow*), als Band (*Tape*) oder Streifen (*Stripe*) hergestellt werden (Abb. 11.7). Während die Single Tows, die nicht zu den Gelegen gezählt werden können, mit Breiten ab einem Millimeter hauptsächlich im Wickelverfahren weiter-verarbeitet werden, zählen die tapes und stripes zu den flächigen textilen Halbzeu-gen. Während Tapes mit einem sehr niedrigen Flächengewicht von etwa $100\,\mathrm{g/m^2}$ für sehr hochwertige Anwendungen, beispielsweise in Tragstrukturen von Flugzeu-gen zum Einsatz kommen, ist mit Stripes durch deren Flächengewichte von ca. 500 bis $1500\,\mathrm{g/m^2}$ eine wirtschaftliche Herstellung von Booten oder Rotoren für Wind-energieanlagen möglich. Das Flächengewicht bestimmt auch die im ausgehärteten Mehrschichtverbund erreichbaren Schichtdicken. So weist beispielsweise ein UD-Prepreg mit einem Faservolumengehalt von 60 % und einem Flächengewicht von $200\,\mathrm{g/m^2}$ eine Schichtdicke im ausgehärteten Zustand von ca. 0,18 mm auf [11].

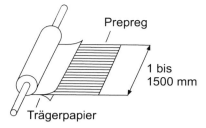

Abb. 11.7 Aufmachung von UD-Prepregs

Eine Besonderheit bei der Verbundfertigung auf Basis von Prepregs mit reaktionsfähiger Matrix ist die Notwendigkeit zur permanenten Kühlung während der Prepreg-Lagerung, um die Aushärtung des Harzes zu verlangsamen. Teilweise sind auch während der Verarbeitung klimatisierte Fertigungsräume notwendig. Übliche Harzsysteme erlauben bei einer Kühlung auf -18 °C eine Lagerdauer von zwölf Monaten. Vor der Weiterverarbeitung müssen die Prepregs aufgetaut werden. Dies sollte in der Folieverpackung unter Luftabschluss geschehen, um die Kondensation von Luftfeuchtigkeit auf der Prepregoberfläche zu verhindern und kann bis zu 48 Stunden in Anspruch nehmen [5]. Anschließend können die Prepregs für das jeweilige Bauteil konfektioniert werden. Auf Grund der Vorimprägnierung weisen die Prepregs eine gewisse Klebrigkeit der Oberfläche auf (Tack). Dies ermöglicht die sichere Positionierung in komplexen Formen und auch unter Schwerkrafteinfluss.

Die begrenzte Fließfähigkeit der Matrix der UD-Prepregs und die damit kaum mögliche Bewegung der Fasern gegeneinander führt jedoch zu einer Beschränkung der herstellbaren Bauteilgeometrien, welche den Einsatz dieser Materialien für komplex geformte Bauteile stark behindert bzw. mit einem hohen Aufwand verbindet. Beim Einsatz von UD-Prepregs werden jedoch höchste Steifigkeiten und Festigkeiten erreicht [3], die mit nicht vorimprägnierten textilen Halbzeugen (trockene Fasertechnologie) nicht erzielt werden können. Hier ist bei der Auswahl des Halbzeugs eine Abwägung der Anforderungen bezüglich Drapierbarkeit und Festigkeit vorzunehmen. Zur Verbesserung des eingeschränkten Deformationsvermögens bestehen unter anderem Ansätze, dieses durch Laser-Mikro-Perforation zu verbessern, obwohl dabei Festigkeitseinbußen unter Zugbelastung auftreten [12].

Eine weitere Einschränkung beim Einsatz von UD-Prepregs kann in der mangelnden Widerstandsfähigkeit gegenüber Delamination gesehen werden, die auf der fehlenden Verstärkungswirkung in Dickenrichtung beruht (s. Kap. 7). Weiterentwicklungen betreffen deshalb das Einbringen einer sogenannten z-Verstärkung in die unkonsolidierten Prepregs. Dies lässt sich durch Vernähen, Heften mit Metallklammern, Tuften oder das sogenannte z-Faser-Heften (z-pinning) mit speziellen Elementen aus Stahl, Titan, Glas oder Carbon realisieren [13, 14]. Letztere werden durch Ultraschall in den zuvor hergestellten Lagenaufbau eingetragen. Die resultierenden Festigkeitsverluste in Faserlängsrichtung sind jedoch höher als bei Multiaxialgelegen nach dem Kettenwirkverfahren, da durch den Eintragsprozess deutliche Schädigungen auftreten [15, 16].

Die Weiterverarbeitung der nicht fließfähigen duroplastischen Prepregs aus Garnen bzw. ebenen, flächigen Textilverstärkungen zu in der Regel geometrisch einfach gestalteten schalenförmigen, meist hochbeanspruchbaren Bauteilen für die Luftfahrtindustrie, den Prototypenbau oder den Sport- und Freizeitbereich erfolgt heute meist im *Niederdruck-Autoklavverfahren* [3] .

Dies erfordert mindestens eine eigensteife und formgebende Werkzeughälfte, die gemäß den Bauteilanforderungen mit den zugeschnittenen und entsprechend ausgerichteten duroplastischen Prepregs in einem meist sehr aufwändigen Prozess belegt wird. Dabei ist zu berücksichtigen, dass ein mehrachsiges Drapieren dieser Prepregs nicht möglich ist und während des Konsolidierungsprozesses keine Fließprozesse auftreten. Der mit einer Trennfolie und gegebenenfalls einem Werkzeugoberteil bzw. einer textilen Absaugstruktur versehene Aufbau wird in einer Vakuumfolie verpackt, abgedichtet und mittels Vakuum kompaktiert (Abb. 11.8, rechts). Für die reproduzierbare und zügige Werkzeugbelegung zur Herstellung großer Strukturkomponenten im Flugzeugbau kommen heute speziell dafür entwickelte robotergeführte Tapeablegemaschinen zum Einsatz. Trotz dieser technologischen Möglichkeiten handelt es sich hierbei um ein zeitaufwändiges Verfahren.

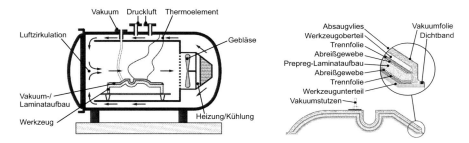

Abb. 11.8 Grundaufbau eines Autoklaven und exemplarischer Lagenaufbau für die Bauteilherstellung nach dem Autoklavverfahren

Die eigentliche Bauteilherstellung erfolgt in der *Autoklavanlage* (Abb. 11.8, links), deren Druckbehälter je nach Anlage mit den notwendigen Temperaturen für die Verarbeitung der duromeren Harzsysteme im Bereich von 80 bis 180 °C und mit Betriebsdrücken bis 70 bar beaufschlagt werden kann. Das Verfahren ist mit dem hohen Werkzeugbelegungsaufwand und den üblichen Zykluszeiten von drei bis zwölf Stunden sehr aufwändig, garantiert aber höchste mechanische Bauteileigenschaften bei reproduzierbarer Qualität [3].

Weiterentwicklungen des Herstellprozesses betreffen beispielsweise die Verringerung der für die Bauteilherstellung notwendigen Temperatur und des Drucks. Dies ermöglicht neben der Vereinfachung des Produktionsprozesses u. a. auch die An-

wendung von UD-Prepregs für große und komplexe Bauteile, etwa beim Bootsbau [2, 17].

Neben den beschriebenen Prepregs auf der Grundlage von Garnen, Geweben oder
Multiaxial-Kettengewirken existieren noch weitere adhäsiv gebundene Halbzeuge.
Bei der Herstellung dieser *Gelege* werden die Kett- und Schussfäden wie beim
Multiaxial-Kettenwirken (s. Kap. 7) übereinander abgelegt. Anschließend werden
sie allerdings nicht mechanisch, sondern durch Klebemittel wie Acrylat, Ethylenvi-
nylacetat, Polyurethan, Polyvinylalkohol, Polyvinylacetat, Polyvinylchlorid, Styrol-
Butadien verbunden. Auf diesem Weg können biaxiale oder multiaxiale Gelege auch
in Gitterform aus allen üblichen Faserstoffen wie Glas, Carbon oder Aramid hergestellt werden. Die Art und Reihenfolge der Schichtanordnung ist dabei frei wählbar,
so dass auch symmetrische Lagenanordnungen einfach realisiert werden können. Ihren Einsatz finden diese Halbzeuge unter anderem zur Verstärkung oder Armierung
von Dachbahnen, Segeln und Bodenbelägen, weniger in typischen Leichtbauanwendungen.

11.3 Thermoplastische Prepregs

11.3.1 Fließfähige thermoplastische Prepregs und Pressmassen (GMT/LFT)

11.3.1.1 Prepregs auf Vliesstoffbasis (GMT)

In der industriellen Anwendung werden verschiedene Aufmachungsformen faserverstärkter thermoplastischer Halbzeuge zur Weiterverarbeitung durch Fließpressen
eingesetzt. Auf Grund des zunehmenden Einsatzes in der Automobilindustrie weisen sie in den letzten Jahren ein überdurchschnittliches Wachstum auf [4].

Glasmattenverstärkte Thermoplaste (GMT) sind plattenförmige thermoplastische
Halbzeuge mit einer in der Regel durch Vernadeln vorverfestigten Glasvlies- bzw.
Glasmattenverstärkung. Als Thermoplast wird heute fast ausschließlich Polypropylen eingesetzt. Die Halbzeugherstellung erfolgt entweder durch Schmelzim-
prägnieren oder nach einem der Papierherstellung ähnlichen Nassverfahren in einem
mehrstufigen Prozess.

Die Halbzeugfertigung erfolgt in zwei Teilprozessen. In Stufe 1, einem Vlies-
stoffherstellungsprozess (s. Kap. 9.4.3.2), werden über die gesamte Arbeitsbreite
der Anlage Glasrovings aus Spulen abgezogen und geschnitten bzw. ungeschnit-
ten auf ein Transportband abgelegt. Die anschließende Verfestigung durch Vernadeln dient neben der Fixierung auch dem Auflösen der Faserbündel zu Einzelfasern, dem Kürzen zu langer oder endloser Fasern zum Erreichen einer ausreichenden Fließfähigkeit sowie der Ausbildung einer 3D-Faserarchitektur. Dieser Prozess

bestimmt damit wesentlich die Verarbeitungs-, Werkstoff- und Bauteileigenschaften. Die resultierenden Faserlängen liegen meist im Bereich von 25 bis 50 mm. In Stufe 2 (Abb. 11.9) erfolgen zunächst die Tränkung von zwei zugeführten Glasfaserviesstoffbahnen über Breitschlitzdüsen durch in Extrudern geschmolzenes Polypropylen, danach die Konsolidierung der Halbzeuge unter Einwirkung von Temperatur und Druck auf einer Doppelbandpresse sowie abschließend das Ablängen der GMT-Platten.

Wie bei der SMC-Fertigung können für höhere mechanische Anforderungen in die GMT ergänzend unidirektional in Herstellungsrichtung orientierte Endlosfasern integriert werden, die allerdings die Fließfähigkeit signifikant reduzieren [6]. Auch die lokale Integration von einer oder mehreren Schichten unkonsolidierter Hybridgarngeweben zur Verbesserung der Strukturintegrität ist möglich, wobei dann von GMTex gesprochen wird [18].

Bei klassischem GMT werden Faseranteile bis 40 Masse-% und beim Einsatz von unidirektional orientierten Endlosrovings bis 52 Masse-% erreicht [6].

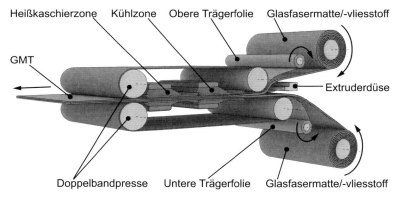

Abb. 11.9 Herstellprozess von GMT-Prepregs auf einer Doppelbandpresse

Die Weiterverarbeitung der konsolidierten GMT-Halbzeuge zu Bauteilen erfolgt normalerweise in fünf Teilprozessen auf servohydraulischen Pressen mit zweiteiligen Stahlwerkzeugen [3]:

*   Erstellen von passgerechten Zuschnitten,
*   Aufheizen der Zuschnitte in einem Umluft- oder Infrarotstrahlofen auf 230 °C bis 235 °C ,
*   Überführen der schmelzflüssigen Halbzeuge in das auf 25 °C bis 80 °C temperierte Presswerkzeug (matrixabhängig),
*   Formgeben und Konsolidieren durch Fließpressen bzw. Formpressen bei parallel erfolgender Abkühlung,
*   Entformen des Bauteils und Nachbearbeitung.

Der Fließvorgang beim Pressen des erwärmten Plastifikats (Abb. 11.10) unterscheidet sich deutlich vom SMC-Fließvorgang. Direkt nach dem Einlegen in die Werkzeugkavität beginnt die Schmelze wegen der Temperaturdifferenz zwischen Halbzeug und Werkzeug von den Werkzeugoberflächen her zu erstarren. Durch die von der Presse aufgebrachte Kraft fließt von der Mitte her die noch flüssige Matrix mit den Verstärkungsfasern in die restliche Kavität und erstarrt anschließend ebenfalls. Dies erfordert schnell schließende Pressen [3].

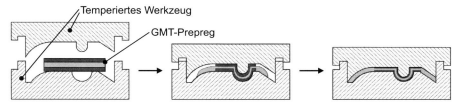

Abb. 11.10 Fließverhalten des Faser/Thermoplast-Gemischs bei der Verarbeitung von GMT-Prepregs durch Fließpressen nach [3]

11.3.1.2 In-line-Compoundierung (Langfaserthermoplast-Direktverfahren)

Langfaserverstärkte Thermoplastgranulate (LFT-G) werden meist durch Pultrusion, bei dem ein Endlosfaserstrang (Glas-, Carbon- oder Aramidfasern) in einem Pultrusionswerkzeug mit Polymerschmelze (meist Polypropylen oder Polyamid) imprägniert wird, und anschließendes Schneiden in 10 bis 25 mm langes Stäbchengranulat gefertigt. Dabei sollen Fasermassenanteile bis zu 80 % erreichbar sein. Alternativ kann das Beaufschlagen mit Matrix auch durch Imprägnieren oder Ummanteln erfolgen. Vor der Weiterverarbeitung der LFT-G durch Fließpressen (vgl. Abb. 11.10) wird das Granulat in Extrudern mit spezieller Schneckengeometrie faserschonend plastifiziert und das dosierte Plastifikat in das Presswerkzeug eingelegt. Daran schließen sich wie bei der LFT-Verarbeitung der Fließpressvorgang, das Entformen und das Nachbearbeiten des Bauteils an [3, 6].

Bei der Herstellung von in einem direkten Prozess gefertigten *langfaserverstärkte Thermoplasten* (LFT-D) entfällt die sonst übliche Granulatherstellung. Der Prozess ist unmittelbar mit der Bauteilfertigung gekoppelt. Die Realisierung der erhitzten fasergefüllten Pressmasse erfolgt durch gemeinsame Zuführung und Verarbeitung von thermoplastischem Granulat und Glasrovings in einen Plastifizierextruder, wobei die Glasfilamente in endliche Fasern geteilt und das Gemisch auf eine Temperatur nahe der Schmelztemperatur gebracht werden. Im Gegensatz zum LFT-G-Prozess folgen darauf aber unmittelbar das Befüllen des temperierten Presswerkzeuges mit dem dosierten Plastifikat, der Fließpressprozess zur Formgebung und Konsolidierung sowie das Entformen und das Nachbearbeiten des Bauteils [3, 6].

Eine Weiterentwicklung des LFT-D-Verfahrens stellt das LFT-D/ILC-Verfahren zum Hinterpressen von coextrudierten oder lackierten Folien mit LFT dar [19]. Dabei wird ein modifizierter Teilprozess zur Bereitstellung des Plastifikats mit separater Faserschneideinrichtung genutzt, um eine vollständige Faservereinzelung im Plastifikat zu erzielen. Der Hinterpressvorgang erfolgt durch Fließpressen, wobei zunächst die Folie auf der Sichtseite in das Werkzeug eingelegt wird. Dieses Verfahren weist ein hohes Potenzial für die Erzielung von Class-A-Oberflächen auf [18].

Eine andere Weiterentwicklung ist das sogenannte *Tailored-LFT*, das sich durch das Einbringen lokaler Verstärkungseinleger aus endlosfaserverstärktem Thermoplast (z. B. Rovings bzw. Verstärkungstextilien auf Hybridgarnbasis, bereits konsolidierte Profile oder gewickelte Verstärkungselemente) in die Kavität vor dem Pressprozess auszeichnet [18].

Die Werkstoffeigenschaften und die große Designfreiheit ermöglichen einen breiten Einsatz der im Fließpressverfahren gefertigten GMT- und LFT-Bauteile vor allem im Automobilbereich. Gegenüber SMC- oder BMC-Bauteilen haben sie ein geringeres Gewicht und weisen eine höhere Zähigkeit auf. Bei größeren Bauteilen sind die Herstellungskosten deutlich geringer. Gegenüber Spritzgußteilen führen die größeren Faserlängen der GMT und LFT bei hohen Dauer- oder Wechselbeanspruchungen zu einem deutlich besseren statischen und dynamischen Langzeitverhalten [6].

Anwendungsbeispiele für GMT- und LFT-Bauteile sind vor allem im Automobilbereich zu finden, so u. a. Montage- und Instrumententafelträger, Crashabsorberstrukturen, Unterbodenverkleidungen oder in der Regel im nicht sichtbaren Bereich angeordnete Abdeckungen.

11.3.2 Nicht fließfähige thermoplastische Prepregs mit Endlosfaserverstärkung aus Garnen bzw. ebenen, flächigen Halbzeugen

11.3.2.1 Allgemeines

Endlosfaserverstärkte Thermoplasthalbzeuge unterscheiden sich durch die Art und Anordnung der Verstärkungsfasern, durch das Matrixmaterial sowie durch den Grad der Imprägnierung und Konsolidierung. Als Verstärkungsmaterial werden Glas, Carbon, Aramid oder andere faserförmige Werkstoffe auf der Basis endloser Filamente eingesetzt. Diese werden in der Regel als textile Flächengebilde verarbeitet, wie Gewebe, Gelege oder Gewirke mit bi- oder multiaxialer Verstärkungsfadenanordnung. Die Nutzbarkeit von biaxial verstärkten Mehrlagengestricken (s. Kap. 6) ist ebenfalls experimentell nachgewiesen.

Als Matrixkomponente kann das gesamte Spektrum von Standard- (z. B. PP oder PA6) bis Hochtemperaturthermoplasten (z. B. PEEK oder PPS) genutzt werden [20–

23]. Grundsätzlich kann zwischen vollständig imprägnierten und konsolidierten plattenförmigen Halbzeugen (Organobleche) sowie nicht vollständig imprägnierten und konsolidierten Prepregs (teilimprägnierte bzw. textile Prepregs) unterschieden werden (vgl. Abb. 11.1). Ergänzend können für die Herausbildung bestimmter Organoblecheigenschaften neben den endlosfaserbasierten Verstärkungsschichten auch solche auf Vliesstoffbasis, beispielsweise Hybridvliesstoffe (s. Kap. 9.4.3.2), integriert werden.

11.3.2.2 Organobleche

Die Aspekte des Herstellens und Verarbeitens vollständig imprägnierter und konsolidierter plattenförmiger Halbzeuge sind beispielsweise in [3] beschrieben. Die Halbzeuge werden im Rahmen von Thermopressprozessen hergestellt, wobei diskontinuierlich (z. B. statische Pressen), semi-kontinuierlich (z. B. Intervallheiß- oder Transferpressen) oder kontinuierlich (z. B. Doppelbandpressen, vgl. Abb. 11.9) arbeitende Systeme eingesetzt werden können. Die konkreten Prozessparameter für die Fertigung der konsolidierten Organobleche hängen u. a. vom eingesetzten Matrixwerkstoff, der Verstärkungsstruktur, dem Grad der Vorimprägnierung, der Verbunddicke und der konkreten Presstechnik ab. Bei geringen Losgrößen werden entweder teilimprägnierte bzw. textile Prepregs verarbeitet oder es kommt das Film-Stacking-Verfahren zum Einsatz. Dabei werden der Presse Zuschnittstapel aus abwechselnd geschichteten textilen Verstärkungsstrukturen und Matrixfolien zugeführt. Für hohe Materialdurchsätze werden die textile Verstärkungskomponente und die Matrix direkt am Presseneingang zusammengeführt [3].

Die Weiterverarbeitung der Organobleche zu endlosfaserverstärkten Thermoplastbauteilen erfolgt meist durch diskontinuierliches bzw. kontinuierliches *Thermoformen* (Aufheizen, Umformen und Konsolidieren, Entformen). Dabei ist zu beachten, dass der *Umformprozess* maßgeblich vom Drapierverhalten der textilen Verstärkungsstruktur bei erweichter Matrix abhängt, das wiederum von den jeweils wirkenden Verformungsmechanismen der textilen Verstärkungsstruktur Faserdehnung, Faserstreckung, Fasergleiten und Scherung bestimmt wird [24, 25].

Zum diskontinuierlichen Umformen wird das Halbzeug über die Schmelztemperatur des Matrixwerkstoffes erwärmt, in ein meist auf 60 °C unter der Schmelztemperatur temperiertes Werkzeug einer schnell schließenden Presse transferiert und sofort umgeformt und abgekühlt (Abb. 11.11). Zur Vermeidung von Falten beim Umformprozess werden spezielle Halte-, Niederhalte- oder Spannelemente genutzt.

Abschließend muss das Bauteil noch nachbearbeitet werden. Bei Entkoppelung des zeitintensiven Aufheizprozesses vom Umformen sollen für den Umformvorgang bauteilabhängig Taktzeiten von 15 s erreichbar sein [3]. Als Umformwerkzeuge können bei hohen Stückzahlen und kleinen Umformradien z. B. zweiteilige metallische Werkzeuge für geringe Takt- und mit hohen Standzeiten eingesetzt werden. Zur Vermeidung von Falten oder unvollständig konsolidierten Bereichen muss deren Kavitätshöhe exakt an die Dicke des konkreten Halbzeugs und an das Drapier-

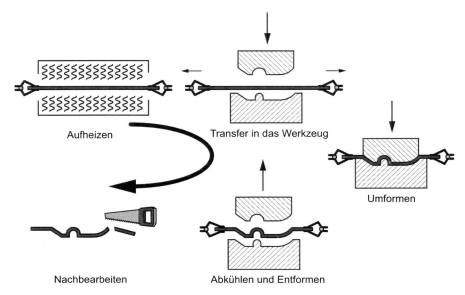

Abb. 11.11 Typischer Prozessablauf beim Thermoformen von Organoblechen

verhalten der Verstärkungsstruktur angepasst sein. Das Umformen mit einem als Elastomerblock oder mit einem aus Silikon ausgebildeten Stempel gegen ein metallisches Unterwerkzeug eignet sich ebenfalls für kurze Taktzeiten und gestattet mit einem einzigen Werkzeug die Verarbeitung unterschiedlich aufgebauter Organobleche. Kleine Umformradien sind allerdings nicht erzielbar, außerdem wird nur einseitig eine hohe Oberflächenqualität erreicht. Weitere Umformverfahren für Organobleche sind das Diaphragmaformen, das Hydroformen und das druckunterstützte Thermoformen [26, 27].

Aktuelle Bestrebungen der Industrie haben zur Entwicklung eines innovativen Verfahrens zur Verarbeitung von Organoblechen zu hochbeanspruchbaren thermoplastbasierten Hohlkörperstrukturen geführt. Nach dem sogenannten FIT-Hybrid-Verfahren wird das Umformen der Organobleche mittels Umformwerkzeug so mit einem Spritzgießprozess und einem anschließenden Ausblas- bzw. Aufblasvorgang zur Erzielung der endgültigen Bauteilkontur in einem Herstellungsprozess kombiniert, dass komplexe Bauteile mit integrierten Hohlprofilen entstehen [28].

Das kontinuierliche Thermoformen von Profilen aus Organoblechen wird beispielsweise nach dem aus der Metallverarbeitung bekannten Rollformverfahren realisiert. Dafür ist vor der eigentlichen Umformeinheit allerdings das Aufheizen des Halbzeugs erforderlich, beispielsweise mit Hilfe von Infrarotstrahlungsfeldern [3].

Aus Organoblechen gefertigte Bauteile werden in zahlreichen Anwendungen eingesetzt, wie etwa in Automobilen für strukturelle und energieabsorbierende Bauteile (Stoßfängerträger, Crashelemente, Strukturelemente), in der Luftfahrt (Flugzeugsitzkomponenten, Interieurbauteile), für Elektronikanwendungen (Gehäuse, Lautsprecherkomponenten) oder im Sportbereich (Schutzhelme, Schuhe, Fahrradkomponenten). Darüber hinaus sind weitere Anwendungsbeispiele in den Bereichen Sicherheit und Orthopädie zu finden.

11.3.2.3 Teilimprägnierte bzw. textile Prepregs

Teilimprägnierte thermoplastische Prepregs können unter Einsatz verschiedener meist kontinuierlich arbeitender Verfahren hergestellt werden. Die textilen Verstärkungsflächengebilde oder UD-Endlosfaserbänder werden dabei durch:

* Beschichten mit Polymerpulvern,
* Lösungsmittelimprägnieren,
* Tränken oder Beschichten mit Matrixschmelze,
* Beschichten mit Folien oder Vliesstoffen,
* Einbringen von thermoplastischen Fäden oder
* Mischen von Verstärkungsfasern und thermoplastischen Fasern (Hybridgarn unvollständig mit der thermoplastischen Matrixkomponente imprägniert.

Dies hat eine vor allem vom Imprägnierungsgrad abhängige Reduzierung der Umformbarkeit der teilimprägnierten Prepregs gegenüber den textilen Ausgangshalbzeugen bei Raumtemperatur sowie eine verbesserte Handhabbarkeit zur Folge, was u. a. bei der Weiterverarbeitung zu dreidimensionalen Preforms zu berücksichtigen ist.

Für die Weiterverarbeitung zum Bauteil werden die gleichen Prozesse genutzt wie für die Verarbeitung der Organobleche. Im Unterschied dazu muss beim Pressvorgang die vollständige Verbundkonsolidierung allerdings erst erreicht werden. Thermoplastische UD-Tape-Prepregs, auch als Tow-Prepregs bezeichnet, werden im Allgemeinen durch Wickel- bzw. Tapelegeprozesse weiterverarbeitet.

Die *Pulverbeschichtung* von textilen Halbzeugen erfolgt durch Aufstreuen des Pulvers, im Imprägnierbad oder durch elektrostatisches Anbinden. Durch Aufheizen der beschichteten Textilstruktur wird das Pulver angeschmolzen bzw. das Lösungsmittel entfernt. Die Intensität des teilweisen Eindringens der Matrix in das textile Halbzeug ist vom gegebenenfalls zusätzlich aufgebrachten Pressdruck abhängig. Auf der Basis von Polymerpulvern hergestellte UD-Tape-Prepregs können sowohl eine unvollständige als auch eine vollständige Imprägnierung aufweisen. Von besonderer Bedeutung ist die Pulverimprägniertechnik auch für die Einlagerung thermoplastischer Pulver in ein Verstärkungsfaden. Zur Öffnung des Garnes und der Verarbeitung des Pulver-Luft-Gemischs existieren unterschiedliche Verfahrensvarianten [29, 30]. Die dauerhafte Anbindung des Pulvers an die Verstärkungsfilamente wird durch einen zusätzlichen Mantel aus einem Thermoplast bzw. durch das Schmelzen des Pulvers erzielt [31].

Für die *Lösungsmittelimprägnierung* ist ein für den jeweiligen Thermoplastwerkstoff geeignetes Lösungsmittel notwendig. Da die Viskosität der Polymerlösung sehr niedrig ist, wird eine sehr hohe Imprägnierqualität erreicht. Nach der Imprägnierung muss das Lösungsmittel allerdings verdampft werden, was entsprechende Maßnahmen für den Arbeits- und Brandschutz erfordert.

Durch Tränken (beispielsweise Foulardieren) oder Beschichten mit Matrixschmelze wird das Verstärkungstextil direkt mit der Thermoplastschmelze benetzt, die anschließend abgekühlt wird und erstarrt. Bei der Flächenbeschichtung werden in einem separaten Prozess gefertigte Thermoplastfolien oder -vliesstoffe erwärmt und auf die Textilhalbzeuge kaschiert bzw. gepresst. Die Applikation der Thermoplastmatrix erfolgt nach beiden Verfahren meistens einseitig.

Textile bzw. Hybridgarn-Prepregs weisen in ihrer textilen Struktur sowohl endlose Verstärkungsfilamente als auch eine faser- oder filamentförmige Matrixkomponente auf. Sie sind in Abhängigkeit von der textilen Struktur bei der Weiterverarbeitung in weiten Grenzen drapierbar und damit vor allem für die Herstellung komplex gestalteter Bauteile mit und ohne zwischengeschalteter Preformherstellung geeignet.

Gegenüber der einfachen Möglichkeit zur Fertigung textiler Prepregs durch die gleichzeitige bzw. parallele Verarbeitung von Verstärkungs- und Thermoplastgarnen bei der textilen Flächenbildung lässt sich durch den Einsatz von Hybridgarnen (s. Kap. 4.1.3) eine deutlich homogenere Mischung der Verstärkungs- und der Matrixkomponente erzielen. Insbesondere der Einsatz von Hybridgarnen, die durch Integration der Polymerfilamente in Glasrovings (Twintex®) während der Glasherstellung oder aber die durch einen unter Nutzung modifizierter Lufttexturiertechnik durchgeführten Commingling-Prozess gefertigt sind, bieten eine weitgehend homogene Faser/Matrix-Verteilung und eine für die Weiterverarbeitung vorteilhafte geringe Biegesteifigkeit [21, 32, 33]. Dies ermöglicht ein schädigungsarmes Herstellen anforderungsgerecht ausgelegter textiler Verstärkungshalbzeuge und Preforms sowie bei der Verbundkonsolidierung kurze Fließwege für die meist hochviskose Matrixschmelze und eine hohe Umformbarkeit. Damit sind wesentliche Voraussetzungen für eine hohe Verbundqualität gegeben.

Nicht fließfähige teilimprägnierte bzw. textile thermoplastische Prepregs mit Endlosfaserverstärkung können entweder direkt oder über den Umweg des konsolidierten Organoblechs durch Formpressen zum Bauteil weiterverarbeitet werden (vgl. Abb. 11.11). Dafür werden die gleichen Pressprozesse unter Einwirkung von Temperatur und Druck genutzt, wie bei der Verarbeitung von Organoblechen. Fließprozesse treten dabei nicht auf. Zu beachten sind allerdings die aus der Umformung resultierenden Verzerrungen der Verstärkungsstruktur, die besonders bei komplex gestalteten Bauteilen erheblich sein können.

Bei der direkten Weiterverarbeitung von teilimprägnierten bzw. textilen Prepregs zum Bauteil müssen der Umformprozess, die vollständige Imprägnierung und die Konsolidierung über eine geeignete Prozessführung gekoppelt werden. Für die Imprägnierung muss die Werkzeugtemperatur deutlich über der Schmelztemperatur und für die Entformung deutlich darunter liegen. Häufig erfolgt die Bauteilherstellung in servohydraulischen Pressen mit zweiteiligen Stahlwerkzeugen. Allerdings können neben der klassischen Presstechnik auch die Diaphragma- bzw. die Autoklavtechnik genutzt werden. Abschließend muss das Bauteil noch nachbearbeitet werden [26].

Für die Realisierung sehr kurzer Presszyklen sind mehrere Verfahren bekannt. Zum einen werden die teilimprägnierten bzw. textilen thermoplastischen Prepregs in einer separaten Station aufgeheizt, beispielsweise mittels Infrarotstrahlung, und anschließend in ein kaltes, zweiteiliges Stahl- bzw. Silikon-Werkzeug eingelegt, dort umgeformt und konsolidiert [34]. Das Quicktemp-Konzept basiert auf einem permanent beheizten Außenwerkzeug und einem dünnen, schnell abkühlbaren Innenwerkzeug. Das Direktimprägnierverfahren nutzt ebenfalls ein dünnes, aber unbeheiztes Innenwerkzeug, das gemeinsam mit dem Prepreg-Material von einem oberhalb der Schmelztemperatur beheizten Umform- und Imprägnierwerkzeug aufgeheizt und danach von dort in ein deutlich darunter temperiertes Konsolidierwerkzeug transportiert wird, in dem der eigentliche Pressvorgang erfolgt [3]. Zur Herstellung endlosfaserverstärkter thermoplastischer Spacer Bauteile mit je einer Grund- und Deckfläche und dazwischen angeordneten Stegen aus entsprechend gestalteten textilen Hybridgarnpreforms werden mit speziellen Kinematiken ausgerüstete Formkassetten eingesetzt, die nach dem separaten Aufheizen das reproduzierbare Imprägnieren sowie das schnelle Abkühlen und Konsolidieren der Struktur ermöglichen [35].

Literaturverzeichnis

[1] FLEMMING, M. ; ZIEGMANN, G. ; ROTH, S.: *Faserverbundbauweisen - Fertigungsverfahren mit duroplastischer Matrix.* Berlin, Heidelberg : Springer Verlag, 1999
[2] PARTINGTON, N.: Prepregs for race boats: Adapting aerospace materials to the marine world. In: *JEC Composites Magazine* (2009), Nr. 51, S. 30–33
[3] NEITZEL, M. ; MITSCHANG, P.: *Handbuch Verbundwerkstoffe.* München, Wien : Carl Hanser Verlag, 2004
[4] BÜLTJER, U.: Produktion von GFK und duroplastischen Formmassen in Europa. In: *Proceedings. 7. Internationale AVK-TV Tagung.* Baden-Baden, Deutschland, 2004
[5] EHRENSTEIN, G.: *Faserverbund-Kunststoffe.* München, Wien : Carl Hanser Verlag, 2006
[6] KANNEBLEY, G. et al.: *AVK-TV-Handbuch.* Frankfurt, 2004
[7] LIEBOLD, R.: Harzmatten in engen Toleranzen herstellen. In: *Kunststoffe* 81 (1991), Nr. 10, S. 923–928
[8] REUTHER, E.: Kohlefaser SMC für Strukturbauteile. In: *Proceedings. 7. Internationale AVK-TV Tagung.* Baden-Baden, Deutschland, 2004
[9] DAVIS, B. A. et al.: *Compression Moulding.* München, Wien : Carl Hanser Verlag, 2003
[10] HELLRICH, W. ; HARSCH, G. ; HAENLE, S.: *Werkstoff-Führer Kunststoffe - Eigenschaften, Prüfungen, Kennwerte.* München, Wien : Carl Hanser Verlag, 2004
[11] ANONYM: *Prepreg Technology, Publication No. FGU 017b (Firmenschrift Hexcel Corporation).* 2005
[12] FORD, R. ; GRIFFITHS, B.: Formable aligned-fibre composite materials. In: *JEC Composites Magazine* (2009), Nr. 50, S. 52–54
[13] PARTRIDGE, I. K. ; CARTIÉ, D. D. R.: Delamination resistant laminates by Z-Fiber® pinning: Part I manufacture and fracture performance. In: *Composites: Part A* 36 (2005), Nr. 1, S. 55–64. DOI 10.1016/j.compositesa.2004.06.029

[14] MOURITZ, A. P.: Review of z-pinned composite laminates. In: *Composites: Part A* 38 (2007), Nr. 12, S. 2383–2397. DOI 10.1016/j.compositesa.2007.08.016

[15] BYUN, J.-H. ; SONG, S.-W. ; LEE, C.-H. ; UM, M.-K. ; HWANG, B.-S.: Impact properties of laminated composites stitched with z-fibers. In: *Proceedings. 15th International Conference on Composite Materials*. Durban, South Africa, 2005

[16] GRASSI, M. ; ZHANG, X. ; MEO, M.: Prediction of stiffness and stresses in z-fibre reinforced composite laminates. In: *Composites: Part A* 33A (2002), Nr. 12, S. 1644–1653. DOI 10.1016/S1359–835X(02)00137–9

[17] MILNER, S.: Innovative prepreg systems for the marine industry. In: *JEC Composites Magazine* (2007), Nr. 35, S. 37–39

[18] ERNST, H. ; HENNING, F. ; GEIGER, O.: Neueste LFT-D Direkttechnologie für hochbelastbare Bauteile und Komponenten mit hoher Oberflächengüte. In: *Proceedings. 10. Dresdner Leichtbausymposium*. Dresden, Deutschland, 2006, S. 1–62

[19] GEIGER, O.: Hinterformen von Folien mit langfaserverstärkten Thermoplasten. In: *Proceedings. 7. Internationale AVK-TV Tagung*. Baden-Baden, Deutschland, 2004

[20] PAUL, Ch. ; CHERIF, Ch. ; HANUSCH, J.: Dreikomponenten-Hybridgarn und -Hybridgarngestricke für komplexe Leichtbauanwendungen. In: *Proceedings. 8. Dresdner Textiltagung*. Dresden, Deutschland, 2006

[21] CHOI, B. D.: *Entwicklung von Commingling-Hybridgarnen für faserverstärkte thermoplastische Verbundwerkstoffe*. Dresden, Technische Universität Dresden, Fakultät Maschinenwesen, Diss., 2005

[22] KALDENHOFF, R.: *Friktionsspinn-Hybridgarne als neuartige textile Halbzeuge zur Herstellung von Faserverbundkunststoffen*. Aachen, RWTH Aachen, Fakultät für Maschinenwesen, Diss., 1996

[23] PAPPADÀ, S. ; RAMETTA, R. ; SUPPRESSA, G. ; PASSARO, A. ; MAFFEZZOLI, A.: PPS-carbon reinforced panals with improved damage tolerance. In: *Proceedings. 32nd International SAMPE Conference - New Material Characteristics to cover New Application Needs*. Paris, France, 2011

[24] ORAWATTANASRIKUL, S.: *Experimentelle Analyse der Scherdeformation biaxial verstärkter Mehrlagengestricke*. Dresden, Technische Universität Dresden, Fakultät Maschinenwesen, Diss., 2006

[25] HÖRSTING, K.: *Rationalisierung der Fertigung langfaserverstärkter Verbundwerkstoffe durch den Einsatz multiaxialer Gelege*. Aachen, RWTH Aachen, Fakultät für Maschinenwesen, Dissertation, Diss., 1994

[26] FLEMMING, M. ; ZIEGMANN, G. ; ROTH, S.: *Faserverbundbauweise - Halbzeuge und Bauweisen*. Berlin, Heidelberg : Springer Verlag, 1996

[27] HENNINGER, F. H.: *Beitrag zur Entwicklung neuartiger Fertigungsverfahren zur Herstellung von kontinuierlich faserverstärkten Thermoplasten*. Kaiserslautern, Technische Universität Kaiserslautern, Fachbereich Maschinenbau und Verfahrenstechnik, Diss., 2005

[28] HOFFMANN, L. ; RENN, M. ; DRUMMER, D. ; MÜLLER, T.: FIT-Hybrid - Hochbelastbare Faserverbundbauteile großserientauglich hergestellt. In: *Leightweightdesign* (2011), Nr. 2, S. 38–43

[29] RAMANI, K. ; HOYLE, C. H.: Processing of thermoplastic composites using a powder slurry technique, I. Impregnation and preheating. In: *Materials and Manufacturing Processes* 10 (1995), Nr. 6, S. 1169–1182. DOI 10.1080/10426919508935100

[30] SALA, G.: Heated chamber winding of thermoplastic powder-impregnated composites, Part 1, Technology and basic thermomechanical aspects. In: *Composites: Part A* 27 (1996), Nr. 5, S. 387–392. DOI 10.1016/1359–835X(95)00036–2

[31] OSTGATHE, M. ; MAYER, Ch. ; NEITZEL, M.: Organobleche aus Thermoplastpulver. In: *Kunststoffe* 86 (1996), Nr. 12, S. 1838–1840

[32] MÄDER, E. ; ROTHE, C.: Maßschneidern von Hybridgarnen für effektive Verbundeigenschaften. In: *Proceedings. 8. Dresdner Textiltagung*. Dresden, Deutschland, 2006

[33] CHERIF, Ch. ; RÖDEL, H. ; HOFFMANNN, G. ; DIESTEL, O. ; HERZBERG, C. ; PAUL, Ch. ; SCHULZ, Ch. ; GROSSMANN, K. ; MÜHL, A. ; MÄDER, E. ; BRÜNIG, H.: Textile Verarbei-

tungstechnologien für hybridgarnbasierte komplexe Preformstrukturen /Textile manufacturing technologies for hybrid based complex preform structures. In: *Journal of Plastics Technology* 5 (2009), Nr. 2, S. 103–129

[34] ADAM, F. ; HUFENBACH, W. ; GROSSMANN, K. ; MODLER, K.-H. ; HANKE, U. ; LIN, S. ; MODLER, N. ; KRAHL, M.: Processing of Novel 3D Hybrid Yarn Textile Thermoplastic Composites Using Process-adapted Consolidation Kinematics. In: *Proceedings. 8. Dresdner Textiltagung*. Dresden, Deutschland, 2006

[35] HUFENBACH, W. A. ; MODLER, N. ; KRAHL, M. ; HORNIG, A. ; FERKEL, H. ; KURZ, H. ; EHLEBEN, M.: Leichtbausitzschalen im Serientakt. Integrales Bauweisenkonzept. In: *Kunststoffe* 100 (2010), S. 56–59

Kapitel 12

Konfektionstechnik für Faserverbundwerkstoffe

Hartmut Rödel

Mit konfektionstechnischen Prozessen werden die Halbzeuge aus den textilen Flächenbildungsprozessen zugeschnitten, in die Form der endkonturnahen trockenen Preform umgeformt, montiert und für den Verbundwerkstoffherstellungsprozess vorbereitet. Dies umfasst Schnittkonstruktion der Preform-Einzelteile, Nesting und Lagenlegen als Zuschnittvorbereitung, Zuschnitt und textile Montage der Preform vorwiegend mittels Nähen, Schweißen und Kleben. Zum Gewährleisten der mechanischen Funktionalität des Compositebauteils sind die Halbzeuge auszuwählen und belastungsrichtungsgerecht in den Aufbau der Preform zu integrieren. Dies muss ohne Faltenbildung und nur mit definierter Veränderung der Fadenorientierung beim Drapieren erfolgen. Zwecks Reproduzierbarkeit sind im Zuschnitt und in der Montage Maschinen mit CNC-Steuerung oder robotergeführte Verbindungstechniken, darunter Einseiten-Nähtechnik, und Handhabungstechnik notwendig. Bauteileigenschaften werden durch Montageprozesse beeinflusst. Positiv wirkt die z-Verstärkung, während das Ein- und Durchstechen zur Reduzierung der In-Plane-Eigenschaften infolge der Perforation einkalkuliert werden muss.

12.1 Einleitung

Abgeleitet aus den genialen Konstruktionen der Natur werden durch den Menschen auf vielen Gebieten der Technik faserverstärkte Werkstoffe konzipiert, konstruiert und gefertigt.

Faserkunststoffverbunde (FKV) können in zwei wesentlichen Varianten erstellt werden, die sich durch das angewandte Matrixpolymer unterscheiden. FKV bestehen aus Matrixpolymer und Verstärkungstextil und bilden so den textilverstärkten Kunststoff oder auch das Composite. Als Matrixpolymer können Duromere, d. h. aushärtende, einmalig formbare Harze, oder Thermoplaste in Form von Granulaten,

Folien oder auch in textiler Aufmachung zur Anwendung gelangen. Vorteilhaft ist die wiederholte Umformbarkeit der Thermoplast-Matrixmaterialien.

Seit ca. 20 Jahren vollziehen sich analoge Prozesse der Entwicklung von textil-verstärktem Beton [1]. Textilverstärkte Metalle wie Magnesium, Keramik oder auch biologische Gewebe für medizinische Anwendungen sind ebenfalls Gegenstand der Forschung. Auf die Verarbeitungsaspekte und Anwendungsbeispiele von FKV und Textilbeton wird in den Kapiteln 16.3 und 16.5 näher eingegangen. Zur Realisie-rung dieser Verstärkungsfunktion stehen aus textiler Sicht vielfältige Varianten der Aufmachung textiler Faserstoffe und Textilstrukturen zur Verfügung, die in Abbil-dung 12.1 auch durch Anwendungsbeispiele untersetzt sind. Wesentlich ist es, die kraftaufnehmenden Fasern oder Filamente geometrisch so anzuordnen, dass sie die im Bauteil wirkenden Kräfte abtragen können.

Mit den textilen und konfektionstechnischen Technologien können verschiedenarti-ge textile Werkstoffe und Halbzeuge als Verstärkungstextilien für die Faserverbund-werkstoffe (FVW) bereitgestellt werden, die sich einerseits durch ihre mögliche Verstärkungswirkung im FVW und andererseits in ihrer geometrischen Komplexität wesentlich unterscheiden (Abb. 12.1).

Abb. 12.1 Varianten der Aufmachung von Verstärkungstextilien und Anwendungsbeispiele

Die vielfältigen Restriktionen und vor allem die weitgehend manuelle Handha-bung von vorimprägnierten textilen Halbzeugen (Prepregs, s. Kap. 11) lassen neu-artige Entwicklungen auf dem Gebiet der FVW sinnvoll erscheinen. Einen sehr tragfähigen Lösungsweg bietet die Preform-(Vorformling)-Technologie.

Komplexe *Preforms* lassen sich häufig konfektionstechnisch durch Fügen von ein-zelnen Verstärkungstextilien fertigen, die bereits den Endkonturen des zukünftigen Compositebauteils entsprechen. Außerdem können die Lagenstapel aus gefügten Einzelteilen durch genähte sogenannte z-Verstärkungen gegen *Delamination* im FVW-Bauteil geschützt werden. Durch die Nähnähte an der richtigen Stelle und in der richtigen Orientierung werden die interlaminare Scherfestigkeit als charak-teristische Werkstoffkenngröße gesteigert und zugleich die Rissausbreitung in der Verbundwerkstoffstruktur eingeschränkt.

Nach der textilen Herstellung der Preform erfolgen die Imprägnierung und die Konsolidierung dieser Preform in einem Kunststoffprozess. Harze können mit verschiedenen Verfahren in die Preform infiltriert werden und zur duromeren Matrix aushärten. Thermoplast-Matrixmaterialien sind infolge ihrer begrenzten Fließfähigkeit gegenüber duroplastischen Harzsystemen nicht geeignet, eine trockene Preform vollständig zu durchtränken. Hier muss die thermoplastische Komponente bereits in der trockenen Preform als eingestreutes Granulat, als Folie (auch Film-Stacking genannt) oder in textiler Aufmachung mit positioniert werden, um bei der Erwärmung auf Schmelztemperatur des Thermoplasts mit minimalen Fließwegen die Position des Matrixmaterials einnehmen zu können.

Zum weiteren Verständnis sind noch einige Definitionen erforderlich:

Textile Konfektion ist das Verarbeiten textiler Flächengebilde zu gebrauchsfähigen Endprodukten in Form von Bekleidung, Heim- und Raumtextilien sowie Technischen Textilien. Der Begriff Konfektion – (lat.) confire = fertigstellen, vollenden – dokumentiert den Abschluss der textilen Produktion mit der Herstellung von gebrauchsfähigen Endprodukten, wobei diese textilen Endprodukte einerseits in direkte Nutzung gehen können oder andererseits beispielsweise als Airbag oder Preform in einem komplexeren technischen System, welches aus verschiedenen Werkstoffen besteht, die textile Komponente sind.

Die textile Konfektion umfasst eine konstruktiv und technologisch abgestimmte Folge von Vorgängen für das Entwickeln und Konstruieren der Endprodukte, für das passgerechte Zuschneiden meist ebener textiler Halbzeuge und für das Verbinden mehrerer Einzelteile aus textilen Halbzeugen, ergänzt mit nichttextilen Komponenten, zum Endprodukt. Nichttextile Komponenten können beispielsweise Inserts sein, die FVW-Bauteile mit anderen Komponenten eines komplexen technischen Systems sicher und zeitstabil, aber auch lösbar für Wartungszwecke, verbinden.

Das ingenieurtechnische Fachgebiet der Konfektionstechnik umfasst demzufolge die Produktentwicklung für Produkte aus biegeweichen textilen Halbzeugen, die technologischen Verfahren sowie die Konstruktion und Anwendung von Maschinen zur Verarbeitung dieser biegeweichen textilen Halbzeuge in industriemäßiger, serienmäßiger und wirtschaftlicher Arbeitsweise. Produktionsorganisation und Qualitätssicherung dieser Prozesse sowie die relevante Prüftechnik gehören ebenfalls zur Konfektionstechnik.

Der Konfektionsprozess gliedert sich in die folgenden Prozessstufen (Abb. 12.2):

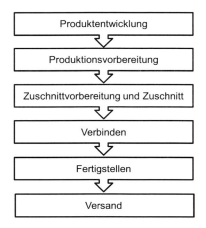

Abb. 12.2 Prozessstufen des Konfektionsprozesses [2]

12.2 Produktentwicklung

Die Anwendung branchenspezifischer CAD-Technik für die Produktentwicklung aus biegeweichen textilen Halbzeugen wird in Kapitel 15.3 dieses Buches detailliert ausgeführt. Deshalb wird an dieser Stelle nur der Zusammenhang hergestellt.

Für die Produktentwicklung textiler Preforms für FVW werden als Eingangsinformationen benötigt:

* Zielgeometrie des zu fertigenden Composite-Bauteils,
* ausgewählte Verstärkungstextilien, gekennzeichnet durch Faserstoff, Fadenkonstruktion und Flächenkonstruktion,
* räumliche Orientierung der Verstärkungstextilfäden in der Preform,
* variable Schichtung mehrerer Flächen (-konstruktionen) und
* Auslegung von Kontaktstellen für die Verbindung von Composites und anderen Elementen sowie Integration von Inserts und anderen Krafteinleitungselementen.

Für die FVW sind insbesondere die folgenden Faserstoffe interessant, die dann auch der konfektionstechnischen Verarbeitung unterliegen:

* Carbonfaser-Multifilamente,
* Glasfaser-Multifilamente,
* Aramidfaser-Multifilamente und
* Fasern aus natürlicher Zellulose wie Jute oder Flachs.

Die Palette der textilen Halbzeuge, die sich hinsichtlich Technologie, Struktur und Geometrie unterscheiden, ist in den speziellen Eigenschaften äußerst vielfältig:

- Vliesstoffe, im Sprachgebrauch der FVW-Branche auch als Matten bezeichnet,
- Gewebe (2D = eben),
- Gestricke/Gewirke,
- Fadenlagen-Nähgewirke,
- Gelege,
- Geflechte,
- Litzen,
- Bänder (Schmaltextilien),
- TFP-(Tailored Fibre Placement)-Strukturen,
- bi- und multiaxialverstärkte Mehrlagengestricke,
- Abstandsgewirke,
- Abstandsgewebe und
- 3D-Gewebe.

Zur Ermittlung der Konturen der einzelnen Zuschnittteile durch *Schnittkonstruktion* werden die Maße und die Anzahl der Schichten der Preform benötigt. Zu beachten sind außerdem die Fadenorientierung in den einzelnen Schichten (z. B. 0°, 45°, 90°) sowie die mittels geeigneter Messtechnik quantifizierbaren Halbzeugeigenschaften:

- Schersteifigkeit,
- Biegesteifigkeit und
- Zugkraft-Dehnungs-Verhalten.

Bei diesen Kennwerten des Materials geht es nicht, wie sonst meist üblich, um die Bruchkennwerte, sondern die Charakterisierung des Materialverhaltens bei kleinen Belastungen. Letztlich geht es um die Quantifizierung der Drapierbarkeit, die das faltenfreie Belegen einer Freiformfläche mit dem textilen Halbzeug beschreibt.

Zur Sicherstellung einer besseren Formteilgenauigkeit kann es notwendig sein, das Drapierverhalten der Preform während des Verarbeitungsprozesses lokal zu verändern. Verschiedene Methoden werden praktiziert. So kann beispielsweise eine lokale Verbesserung der Drapierbarkeit von Multiaxialgelegen durch definiertes Trennen von Maschenfäden erzielt werden [3]. Alternativ ist die Vorgehensweise, die mit der lokalen Einschränkung der Scherfähigkeit der textilen Struktur durch gezielten Klebstoffauftrag entwickelt wurde [4, 5].

Im Ergebnis der Schnittkonstruktion ist die Schnittkontur aller Schnittteile in Relation zur Fadenorientierung ermittelt. Die Schnittkonturen finden Weiterverwendung in der Schnittbildgestaltung. Die Schnittbildgestaltung, in anderen Technikbereichen auch Nesting genannt, ist eine Optimierungsaufgabe zur Ermittlung der minimal notwendigen Halbzeugfläche, wobei die Randbedingungen

- Fadenlauf,
- Breite der Meterware des Verstärkungstextilhalbzeuges,
- Stückzahlen der einzelnen Schnittteile,
- Schneidmedium (technologische Mindestabstände),
- Ermittlung des optimalen Weges des Schneidweges,

- Qualität der Schnittkanten und
- Minimierung der Prozesszeit durch minimale Hilfswege

einzuhalten sind.

In dem Softwaremodul Schneidweg ist der optimale Schneidweg in Steuerinformationen für einen CNC-Cutter umzusetzen. Zusätzlich bedarf es der Dokumentation der Produktentwicklung in einem Product-Data-Management-System (PDM-System), worin sowohl Materialien, Reihenfolge der Verarbeitungsschritte, Prozessparameter, Qualitätskriterien, Nahtlängen, zu verwendende Arbeitsmittel u. a. festzuhalten sind.

12.3 Schnittbildgestaltung und Materialausnutzung

Einige softwareunabhängige Informationen zur Schnittbildgestaltung (s. Abb. 12.3) und zur Materialausnutzung sind erforderlich, da die Schnittbildgestaltung wesentlichen Einfluss auf die Materialökonomie und die Kosten zur Entsorgung von Produktionsabfällen hat. Insbesondere für Großserienprodukte ist es wirtschaftlich angezeigt, auf die Schnittteilmaße abgestimmte Halbzeugbreiten zur Anwendung zu bringen.

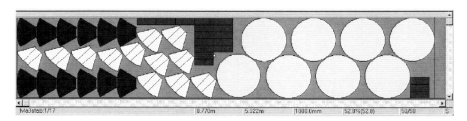

Abb. 12.3 Beispiel eines Schnittbildes für Zuschnittteile eines CF/PEEK-Rotors, bestehend aus kreisförmigen Grund- und Deckflächen sowie rechteckigen Flügelteilen mit Nahtzugaben in den Fadenorientierungen von 0° und 45° [6]

Die mathematischen Grundlagen der Schnittbildgestaltung sind in [7] anschaulich ausgeführt.

Aus umfassenden Untersuchungen [8] ist bekannt, dass u. a. produktspezifische Warenbreiten und Anordnungsvarianten der Schnittteilkonturen auf der Warenbahn zur optimalen Materialausnutzung beitragen. Dies ist bei den hohen Kosten der Carbonfaserstoffe und deren Restverwertung ein Aspekt, der mit dem zunehmenden Einsatz dieses Werkstoffes noch stärker bearbeitet werden muss.

12.4 Lagenlegen

12.4.1 Zweck des Lagenlegens

Flächenförmige textile Halbzeuge werden im Prozess der Herstellung meist als Meterware aufgewickelt und in dieser Aufmachung auch zwischen den Flächenbildungsfirmen und den weiterverarbeitenden Unternehmen transportiert. Vor der Umsetzung des erarbeiteten Schnittbildes in der Produktion ist es erforderlich, das textile Halbzeug abzuwickeln und auf einer ebenen Fläche entsprechend der Schnittbildlänge einschließlich kleiner beidseitiger Sicherheitszugaben möglichst ohne innere Verformungen und ohne Veränderung der Fadenanordnung zueinander abzulegen. Dabei ist es auch möglich, gleich mehrere Schichten des Halbzeuges übereinander zu legen, wenn dies durch den Bedarf an Zuschnittteilen gerechtfertigt und hinsichtlich der Schnittkantenqualität akzeptabel ist. Im Zuschnittprozess muss das verfügbare Schneidmedium diese Materialhöhe auch bearbeiten können.

Der Stoffstapel ist „drei-Kanten-gerade", d. h. an einer Längsseite und beiden Querschnittkanten, oder an der Mittellinie der Halbzeugbahn sowie beiden Querschnittkanten ausgerichtet, auszuführen. Ein an allen Kanten ausgerichteter Stoffstapel ist infolge von Breitenschwankungen nicht realisierbar.

Das Lagenlegen ist ein Hilfsprozess in Vorbereitung des Zuschnittprozesses, der zugleich zumindest für die Oberseite des Halbzeuges mit der Erkennung von Flächenfehlern verbunden werden kann. Dabei wirkt es sich vorteilhaft aus, wenn bei der Flächenbildung auftretende Fehler bereits durch Markierungen gekennzeichnet sind.

12.4.2 Legeverfahren

Für die Verarbeitung textiler Flächen sind in der Konfektionsindustrie vier Legeverfahren bekannt und in Anwendung [2]:

- Zickzack-Legen,
- Links auf rechts-Legen,
- Rechts auf rechts-Legen,
- Stufenförmiges Legen zur Berücksichtigung des mengenmäßigen Bedarfs an bestimmten Teilen.

Insbesondere das Verfahren Links auf rechts-Legen eignet sich für die Verarbeitung von Verstärkungstextilien. Werden bei Nutzung eines in Zonen geteilten Schnittbildes die Schnittkonturen für Zuschnittteile unterschiedlichen Bedarfes entsprechend angeordnet, so können unterschiedlich lange Lagen übereinander in Stufenform gelegt werden. Daraus werden beim Schneiden unterschiedliche Anzahlen der Zuschnittteile erzeugt. So betrachtet ist das Stufenförmige Legen eine Sonderform des Verfahrens Links auf rechts-Legen.

12.4.3 Varianten der Realisierung des Lagenlegens

Prinzipiell ist zwischen Aufziehen und Abrollen (Ablegen) zu unterscheiden, wobei aus Gründen der Belastung der Flächenstruktur dem Abrollen gegenüber dem Aufziehen stets der Vorzug zu geben ist. Beide Varianten können manuell oder mittels nachstehender Technik realisiert werden (Abb. 12.4 und Abb. 12.5).

Für das Abrollen ist generell die Anwendung einer Legemaschine mit Zusatzeinrichtungen zu empfehlen. Ein Handlegewagen kann die Investitionsaufwendungen reduzieren, verfügt aber auch nicht über die Zusatzeinrichtungen Längenmessung, Kantenregulierung, Faltenausstreichvorrichtung und Querschneideeinrichtung.

Abb. 12.4 Handlegewagen mit Muldenlagerung für die Halbzeugrolle [9] (Quelle: Wastema International Steinhauser Spezialmaschinen GmbH)

Die Lagerung der Halbzeugrolle in der Legetechnik kann mit Stangen oder in einer Bandmulde ausgeführt sein. Der Bandmulde ist durch den Umfangsantrieb der Halbzeugrolle und das schonende Ablegen der Vorzug zu geben. Bei Lagerung der Halbzeugrolle auf Stangen, möglichst mit kegelförmigen Zentrierelementen ausgerichtet, sollte ein auf den aktuellen Durchmesser der Halbzeugrolle abgestimmter Zentrumsantrieb die notwendige Halbzeuglänge bereitstellen.

In enger räumlicher Verbindung mit dem Lagenlegen ist das Stoffrollenlager anzulegen. Da die textilen Halbzeuge für Composites sich nicht durch Muster und

Abb. 12.5 Lagenlegemaschine mit Zusatzeinrichtungen: Mitfahrplattform für das Bedienpersonal, Kantenregulierung, Faltenausstreichvorrichtung, Querscheideeinrichtung [9] (Quelle: Wastema International Steinhauser Spezialmaschinen GmbH)

Farben wie in der Bekleidungsfertigung unterscheiden lassen, ist eine definierte Lagerung der einzelnen Halbzeugrollen mit präziser Etikettierung äußerst wichtig, um Fehlverarbeitungen zu vermeiden. Besonders zu empfehlen ist es, im Rahmen der Qualitätssicherung den Strichcode des Etiketts oder die RFID-Etiketten unmittelbar vor dem Lagenlegen mit der Software des Produktdatenmanagements und der Produktionsplanung und -steuerung abzugleichen und die Freigabe zur Verwendung der betreffenden konkreten Halbzeugrolle zu erhalten.

Zugleich muss die Lagertechnik die schonende Handhabung und Lagerung der Halbzeugrollen gewährleisten, um unbeabsichtigte Schädigungen der außen liegenden Wicklungen der Halbzeuge durch unsachgemäßen Kontakt oder gar scheuernde Reibung zu vermeiden. Außerdem ist die Masse derartiger Halbzeugrollen zu bedenken. Deshalb ist bereits bei der Projektierung von Lagenlege- und Zuschnittabteilungen auf eine den massengerechten und ebenso schonenden Umgang gewährleistende Lager-, Handhabungs- und Legetechnik zu achten. Halbzeugrollenpaternoster vereinen die geordnete schonende Lagerung mit geeigneter Handhabungstechnik zur Übergabe und gegebenenfalls Rücknahme der nicht vollständig verarbeiteten Halbzeugrollen in das Lagersystem.

Der Legetisch ist so auszuführen, dass eine auf die üblichen Halbzeugbreiten angepasste Tischbreite die ordnungsgemäße Handhabung der Halbzeugrollen und der ausgelegten Halbzeuge sicherstellen muss. Für die Übergabe der ausgelegten Lage oder auch des Lagenstapels an den Zuschnittautomaten ist es sinnvoll, zwischen Tischoberfläche und Halbzeuglage eine Lage Packpapier als Hilfsmittel beim Transport und zur Verringerung der Reibung zwischen der Tischoberfläche und der unteren Halbzeuglage vorzusehen. Falls der Zuschnittautomat die Lage oder den Lagenstapel mittels Vakuum fixiert, um die Schnittkräfte aufzunehmen, sollte das Packpapier geeignet perforiert sein. Alternativ kann die Tischoberfläche auch mit Luftdüsen zur Ausbildung eines Luftkissens zwischen Tischoberfläche und Lagenstapel ausgestattet werden, so dass dann die Halbzeuglage oder der Halbzeuglagenstapel leicht schwebend bewegt werden kann.

Tische mit Bandoberfläche, auch als Conveyor-Konstruktion bezeichnet, können ebenfalls zum Auslegen und Transport der Halbzeuglage genutzt werden. Einige Hersteller der Legetechnik bieten auch Bandtische mit mehreren Bändern übereinander an, so dass zwischen Lege- und Zuschnittprozess auch noch eine Variation der Reihenfolge der Verarbeitung im Zuschnittautomaten erfolgen und damit eine erhöhte Flexibilität im Produktionsprozess realisiert werden kann.

12.4.4 Behandlung von Fehlern in der Verstärkungsstruktur

Fehler in textilen Halbzeugen werden sich nicht ganz vermeiden lassen. Dies erfordert einerseits die verlässliche Kennzeichnung jeglicher Fehlerstellen durch den Halbzeughersteller, andererseits Verfahren zur Umgehung dieser Fehlerstellen in den Lagelege- und Zuschnittprozessen. Umfassende Untersuchungen zu dieser Problematik wurden bereits in den 1980er Jahren ausgeführt [8]. In diesem Zusammenhang wurde auch der Begriff Fehlerhäufigkeit als Anzahl der Fehler/Längeneinheit (1/m) definiert, der allerdings nur die Anzahl und nicht die geometrische Gestalt und Ausdehnung der fehlerhaften Stellen ausweist.

Fehler im textilen Halbzeug sind nach ihrer Entstehungsursache, nach ihrer Geometrie und auch nach ihrer Bedeutung im textilen Produkt, hier der Preform aus Verstärkungstextilien, zu bewerten. Die Kennzeichnung der Fehler sollte mit geeigneten Mitteln, im einfachsten Fall mit einem kontrastfarbenen, ausreichend dicken Faden an der Kante des Halbzeuges erfolgen. Metallische oder anderweitig maschinell detektierbare Kennzeichnungen können während des Lagenlegens von einem in die Legetechnik integrierten Sensor erkannt werden.

Die einfarbigen Verstärkungstextilhalbzeuge bieten für eine Fehlersuche während des Lagenlegens nicht die idealen Voraussetzungen. Ein Ab- und Aufrollen der Verstärkungstextilhalbzeuge für einen separaten Warenschauprozess ist aus Gründen der zusätzlichen Belastung und Schädigungsmöglichkeit der Strukturen nicht als sinnvoll anzusehen. Daher ist es unerlässlich, die Qualitätskontrolle bereits an der Textilmaschine auszuführen.

Für die Warenschau gibt es noch keine automatisierte Technik, z. B. auf Basis der Bildverarbeitung. Unter geeigneter Beleuchtung wird die zu bewertende Halbzeugfläche einer Arbeitskraft zur Beurteilung mittels des Sensors „Menschliches Auge" und unter Nutzung der Verarbeitungsmöglichkeiten des menschlichen Gehirns im kontinuierlichen Vorschub vorgelegt. Messtechnisch erfasst werden Breite und Länge der Halbzeugrolle, die Koordinaten erkannter Fehler können in ein Rechnerprotokoll übertragen werden. Die vor Jahren gehegte Hoffnung auf eine umfassende Anwendung der Bildverarbeitung durch Kombination von Auf- und Durchlicht-Kontrollen hat sich bisher nicht praxiswirksam erfüllt.

Hinsichtlich der Fehlergeometrie ist zu unterscheiden in:

- punktförmige Fehler,
- linienförmige Fehler (Kettfehler, Schussfehler, Laufmaschen) und
- flächenförmige Fehler (Schmutzflecken, Scheuerstellen durch Transport).

Für die Fehlerbehandlung haben sich nach [8] fünf Verfahren in der Praxis etabliert:

- Mehrlagenverfahren – Schneiden von zusätzlichen Teilen „auf Verdacht" bei der Fertigung größerer Serien,
- operative Fehlerbehandlung – Verschieben der Einzellage während des Legens, um die fehlerbehaftete Fläche in den Abfall zu bringen; ist nur einmal je Lage möglich,
- Fleckenmethode – Abdecken der fehlerhaften Stelle durch ein Stoffstück ausreichender Größe, um zusätzlich ein fehlerfreies Teil zu schneiden,
- Herausschneiden – Querschneiden der Warenbahn und so neu anlegen, dass neben fehlerbehafteten Teilen auch die fehlerfreien Teile zeitgleich geschnitten werden und
- Nachschneiden – fehlerbehaftetes Zuschnittteil dient als Vorlage für einen manuellen Zuschnitt eines Ersatzteiles.

Vielfach wird noch der restarme Zuschnitt als Variante der Fehlerbehandlung genannt, der für die umfassende Optimierungsrechnung auch eine vollständige Datenbasis in Form der Rollenlängen, der Fehlerpositionen u. a. Daten erfordert. Diese Datenbasis ist unter den häufig operativen Bedingungen der Produktion nicht umsetzbar. Es ist auch noch nicht geklärt, ob Aufwand der Datenerfassung und mögliche wirtschaftliche Effekte in einem akzeptablen Verhältnis stehen.

Mit der besseren rechentechnischen Durchdringung der Produktionsprozesse wird es insbesondere beim Einlagen-Zuschnitt möglich, noch in der Phase des Einlaufes des Halbzeuges in den Schneidbereich des CNC-Zuschnittautomaten bei Feststellen von Fehlern und Fehlerkoordinaten eine operative Schnittbildveränderung so vorzunehmen, dass der fehlerbehaftete Halbzeugbereich aus der Weiterverarbeitung ausgeschlossen wird und dennoch alle notwendigen Zuschnittteile bereitgestellt werden können.

12.5 Zuschnitttechnik

12.5.1 Allgemeines

Zum Trennen der flächenförmigen Halbzeuge in die errechneten Zuschnittteilkonturen stehen Konfektionsunternehmen handgeführte Zuschnitttechnik und CNC-Zuschnittautomaten zur Verfügung.

Handgeführte Zuschnitttechnik ist möglich mittels:

- Scheren,
- Elektrohandscheren für Einlagenzuschnitt,
- Rundmessermaschinen,
- Vertikalmessermaschinen, auch als Stoßmessermaschinen bezeichnet und
- Bandmessermaschinen.

Handgeführte Zuschnitttechnik kann auch mit kraftaufwandsreduzierenden Vorrichtungen versehen sein, im sogenannten Servo-Cutter ist die Vertikalmessermaschine in einer Schwenkarmlagerung schwebend über dem Zuschnitttisch gelagert.

Für die inzwischen am Markt etablierten CNC-Zuschnittautomaten sind verschiedene Schneidmedien, die unterschiedliche Vor- und Nachteile aufweisen, entwickelt und in die Produktion übergeleitet worden:

- Stichmesser und (angetriebene) Rundmesser – mechanischer Schnitt durch Keilwirkung,
- Ultraschall-Sonotroden – thermischer Schnitt durch mechanische Schwingungen mit Ultraschallfrequenz (20 kHz … 30 kHz),
- Laserstrahl – thermischer Schnitt,
- Plasmastrahl – thermischer Schnitt und
- komprimierter Wasserstrahl – mechanischer Schnitt durch abrasive Wirkung.

Für langfristig formkonstante Schnittteilkonturen, z. B. in jedem Produkt notwendige Verstärkungsteile, kann auch die Stanztechnik genutzt werden. Es ist zwischen Takt- und Durchlaufstanzen zu unterscheiden.

12.5.2 Trennen von Verstärkungstextilien

Die für Composites relevanten Faserstoffe Carbonfaser und Glasfaser erfordern Scheren mit faserstoffspezifischem Anschliff. Die längerfristige Eignung dieser Scheren bedingt die ausschließliche Verwendung für diesen konkreten Faserstoff. Ansonsten geht das spezielle Schneidvermögen sehr schnell verloren. Für das Trennen der Verstärkungstextilhalbzeuge können alle handgeführten Messermaschinen angewendet werden. Aus Handhabungsgründen empfiehlt sich in der Musterfertigung oder zum Schneiden von Teilstücken im Einlagenzuschnitt eine Rundmessermaschine mit kleinem Messerradius und minimaler Maschinenmasse. Zum rechnergestützten automatischen Zuschnitt sind CNC-Zuschnittautomaten seit Jahrzehnten im Einsatz. Für die speziellen Faserstoffe der Verstärkungstextilien sind freistehende Stichmesser (ohne die Stegführung wie beim Vertikalmesser) gut einsetzbar. Im Trend liegen ergänzende Werkzeuge im Schneidkopf, um beispielsweise Bohrungen oder Löcher definierten Durchmessers herstellen zu können.

Mittels Ultraschall, Laserstrahl oder Plasmastrahl können thermische Schnitte ausgeführt werden. Dies ist besonders interessant, wenn die Verstärkungstextilien anteilig thermoplastische Faserstoffe enthalten, so dass aus dem thermoplastischen Material eine angeschmolzene und damit feste, sichere Schnittkante entsteht. Der Anschliffwinkel der keilförmigen Sonotrode beim Ultraschall-Schneiden beeinflusst die Wirkungsbreite dieses Werkzeuges von der Schnittkante ausgehend in die Fläche der Zuschnittteile. Kleine Anschliffwinkel konzentrieren die Energie auf das Trennen, während Winkel größer 90° die Wirkung des Ultraschalls auch noch einige Millimeter von der Schnittkante entfernt verstärken. Insbesondere die Anwendung von Laser- und Plasmastrahlen ist mit Abgasen verbunden, die direkt an der Arbeitsstelle und aus den Fabrikräumen abgesaugt werden müssen.

Der komprimierte Wasserstrahl ist ein in der Fertigungstechnik bekanntes und angewandtes Schneidmedium für CNC-Zuschnittautomaten. Das Trennen der relevanten Verstärkungstextilfaserstoffe ist möglich, allerdings entsteht keine thermisch gesicherte Schnittkante. Eine kritische Durchfeuchtung der Verstärkungstextilstruktur ist nicht zu befürchten, da der Volumenstrom des Wassers sehr gering ist. Zum Bearbeiten konsolidierter FVW-Bauteile ist der komprimierte Wasserstrahl sehr gut geeignet.

Die Abbildungen 12.6 und 12.7 zeigen die mit den verschiedenen Schneidmedien erreichbare Schnittkantenqualität am Beispiel von Verstärkungstextilien mit thermoplastischer Faserstoffkomponente.

   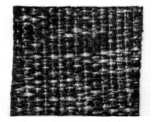

(a) nach Messerzuschnitt   (b) nach Laserzuschnitt

Abb. 12.6 Schnittkante von CF/PEEK-Gewebe nach Zuschnitt mit Messer und Laserstrahl [6]

Der in Abbildung 12.8 gezeigte Modellrotor ist manuell montiert. Das Problem ungesicherter Schnittkanten ist deutlich erkennbar.

Der Zuschnitttisch ist auf das entsprechende Zuschneidmedium anzupassen:

• Das Stichmesser (Abb. 12.9) erfordert eine Tischoberfläche mit Borstenfeld, da das Stichmesser in das Borstenfeld eintaucht und somit das Schneiden der unteren Lage gesichert ist. Die Lagefixierung erfolgt mittels Vakuums, so dass eine Abdeckung der Schneidfläche mit Folie aus energetischen Gründen sinnvoll ist. Zu beachten ist noch, dass infolge des Stichmessers jedes Zuschnittteil aus einer geschlossenen Schnittkontur entsteht. Verbindungsschnitte sind nicht notwendig, können aber zum Portionieren des sonst netzartigen Zuschnittabfalls programmiert werden.

Abb. 12.7 Schnittkante von CF/PEEK-Gewebe nach Wasserstrahlzuschnitt; Schnittkanten sind nicht gesichert, Gefahr des Herausfallens von Fäden, insbesondere an Schnittkanten in Richtung der Fadensysteme [6]

Abb. 12.8 Preform des Modellrotors I ohne Schnittkantensicherung [6]

Abb. 12.9 CNC-Cutter mit Stichmesser [9] (Quelle: Wastema International Steinhauser Spezialmaschinen GmbH)

- Als Ultraschall werden Wellen mit Frequenzen über 18 kHz bezeichnet, die für das menschliche Ohr nicht hörbar sind. Das Messer schwingt mit Ultraschallfrequenz und regt den Werkstoff zu mechanischen Schwingungen an. Als Unterlage ist eine stabile, ebene Fläche sinnvoll (Abb. 12.10). Äußerst wertvoll ist es, dass die Ultraschallanwendung die Tendenz des Verklebens, insbesondere beim Trennen von Prepregs, den mit Harz vorimprägnierten textilen Flächen, ausschließt. Klassische Schneidkeile neigen hingegen zum Verkleben durch das Harz. Die Ultraschall-Zuschnittautomaten sind in den Composite-Unternehmen auf Grund folgender Vorteile [10] eingeführt:

- hohe Schneidleistung ohne nachteilige Schnittkantenbeeinflussung,
- verringerte Reibung an der Schnittkante,
- geringe Schneidkräfte,
- hohe Schnittkantenqualität,
- geringe Schnittteilabstände im Schnittbild (Nesting) und
- kein Verkleben durch thermoplastische oder andere Substanzen.

Abb. 12.10 Handgeführtes Ultraschallmesser der Fa. Rinco, Schweiz

- Laserstrahlen müssen vom zu trennenden Material absorbiert und dadurch weitestgehend in Wärmeenergie umgewandelt werden. Gegebenenfalls erfordert es die Qualität des Schnittes, aus der Schnittfuge Schneidrückstände mittels Luftstrahles auszublasen.
- Plasmastrahlen führen einen Gasstrahl mit sich, so dass die Tischoberfläche die möglichst ungehinderte Durchströmung ermöglichen muss.
- Wasserstrahlschneiden erfordert eine Tischgestaltung, die einerseits den möglichst ungehinderten Abfluss des eingetragenen Wassers gewährleistet und andererseits der Schneidwirkung des Wasserstrahles langfristig widersteht. Bewährt haben sich Edelstahl-Waben-Konstruktionen.

Ein ungelöstes Problem ist das mechanisierte oder gar automatisierte Abräumen der Zuschnittteile oder der Zuschnittteilstapel bei Mehrlagenzuschnitt vom Zuschnitttisch und der damit verbundenen Trennung von Zuschnittabfall, Folienresten oder anderen Hilfsmaterialien.

Ein Forschungsansatz [11] basiert auf der Idee, den zusammenhängenden Zuschnittabfall von einem Tisch mit Bandoberfläche nach oben herauszuführen. Spezielle Elemente verhindern, dass Zuschnittteile mit nach oben genommen werden.

12.6 Textile Montage mittels Nähtechnik

12.6.1 Begriffe

Nähen ist das textiltypische Verbindungsverfahren für biegeweiche textile Zuschnittteile, wobei die erreichten Nahteigenschaften nahezu optimal für das aus den Zuschnittteilen gefertigte gebrauchsfähige Endprodukt sind. Seit Jahrtausenden wird mit Hand genäht. 1790 wurde das erste Nähmaschinenpatent angemeldet. Inzwischen hat die Nähtechnik eine enorme Entwicklung genommen, wobei durch die Anforderungen auf dem Gebiet der textilen Montage textiler Preforms in den 1990er Jahren ein rasanter Fortschritt in der nähtechnischen Entwicklung stattgefunden hat.

Mit der technischen Entwicklung wurde im Gegensatz zur Zuschnitttechnik der Bereich der Nähtechnik in einem umfassenden Normenwerk zusammengefasst, um das beim Nähen erforderliche Zusammenwirken von Nähmaschine, Nähfaden und Nähgut zu ordnen und exakt zu definieren.

In den relevanten Normenwerken sind enthalten:

Begriffe der Nähtechnik	DIN 5300 Teil 1 Nähen
Begriffe der Nähtechnik	DIN 5300 Teil 2 Maschine
Begriffe der Nähtechnik	DIN 5300 Teil 3 Nähgut, Nähfaden
Nähstichtypen	DIN 61400/ISO 4915
Nähnahttypen	DIN ISO 4916
Nähmaschinen	DIN 5307
Nadeln	DIN 5330

Nach Norm ist *Nähen* ein Vorgang, bei dem ein Nähfaden oder mehrere Nähfäden unter Einhaltung bestimmter Gesetzmäßigkeiten (DIN 61400) durch das Nähgut geführt wird bzw. geführt werden. Mit Nähen kann eine Verbindung hergestellt werden, wobei die *Nähverbindung*, die zwischen zwei oder mehreren Nähgutteilen oder Nähgutlagen durch eine oder mehrere, im Allgemeinen gleichabständige, Nähnähte hergestellte Verbindung ist. Diese Nähverbindung ist in der Regel linienartig ausgeführt. Lokal begrenzte Nähte ermöglichen eine nahezu punktförmige Verbindung. Alternativ können durch mehrere parallele oder fächerartige Nähte flächenförmige Montagearbeiten durchgeführt werden.

Zur Realisierung der Nähverbindung ist die *Stichbildung* notwendig, die im Allgemeinen das Durchstechen des Nähgutes mit einer Nadel unter gleichzeitigem Hindurchführen eines Nähfadens durch das Nähgut und dessen Verschlingung entweder durch das Nähgut, mit sich selbst oder mit anderen Nähfäden betrifft. An der Stichbildung können je nach Stichart auch mehrere Nadeln und mehrere Nähfäden beteiligt sein.

Aus der allgemeinen Kenntnis des Nähens und der Nähmaschine als auch der in Haushalten vorhandenen Technik wird meist davon ausgegangen, dass die Nähnadel das Nähgut in der Regel senkrecht durchsticht und sich somit die Punkte des *Einstiches* und *Ausstiches* entsprechend an der einen bzw. anderen Seite des Nähgutes befinden. An diesen Punkten werden die Nähnadel und der Nähfaden in das Nähgut hinein- bzw. herausgeführt. Insbesondere auch in der Preformfertigung mittels Nähens gibt es technische Varianten, bei denen Ein- und Ausstich auf der gleichen Seite des Nähgutes bzw. der geschichteten Verstärkungstextillagen liegen.

In der Abfolge mehrerer Stichbildungsvorgänge entsteht die *Nähnaht* als eine Aneinanderreihung von Nähstichen oder Nähstichtypen in einer oder mehreren Nähgutlagen. Nach ISO 4916 werden die Nähnähte in acht Klassen eingeteilt, wobei sich diese Einteilung der Nähnähte vor allem an bekleidungstechnischen Nähaufgaben orientiert.

Nach DIN 61400/ISO 4915 werden die Nähstichtypen in sechs Stichtypklassen gegliedert und mit einem dreistelligen Zahlensystem bezeichnet. Die damit möglichen Unterteilungen differenzieren die einzelnen Unterklassen. Beispielsweise definiert die Zahl 301 den von der Haushaltsnähtechnik bekannten Doppelsteppstich, mit der Zahl 304 wird der Zick-Zack-Doppelsteppstich beschrieben. Das Synonym „Einfach-" steht für die Stichbildung aus nur einem Faden, dem Nadelfaden. Mit der Bezeichnung „Doppel-" wird die Verarbeitung von Nadelfaden und einem Unterfaden ausgedrückt:

- Klasse 100 Einfachkettenstiche,
- Klasse 200 Einfachsteppstiche,
- Klasse 300 Doppelsteppstiche,
- Klasse 400 Doppelkettenstiche,
- Klasse 500 Überwendlichkettenstiche und
- Klasse 600 Überdeckkettenstiche.

Der Erläuterung der einzelnen Stichtypklassen und ihrer Eigenschaften ist noch voranzustellen, dass es nur zwei prinzipielle Varianten der Fadenverbindung beim Nähen gibt.

In allen Kettenstichen wird die *Verkettung* angewandt (Abb. 12.11) und in der stichtypklassenspezifischen Art modifiziert. Charakteristisch für die Kettenstiche ist die Vorlage der Fäden von theoretisch unendlich großen Spulen, so dass keine prinzipbedingten Unterbrechungen des Nähprozesses auftreten. Dies macht Kettenstiche für automatisiertes Nähen sehr interessant.

Der Doppelsteppstich basiert hingegen auf der *Verschlingung* von Nadel- und Unterfaden (Abb. 12.12), wobei der Fadenvorrat für den Unterfaden auf einer die verfügbare Fadenlänge begrenzenden Unterfadenspule gelagert und damit der systembedingte Spulenwechsel unvermeidlich ist. In einigen Nähautomaten der Bekleidungsindustrie wird zum Ausgleich dieses Mangels ein automatisches Wechselmagazin für die Unterfadenspulen vorgesehen. Dennoch ist jeder Spulenwechsel mit einer Unterbrechung der Nahtbildung und damit mit einer Störstelle in der Naht verbunden.

Stichtyp: 101

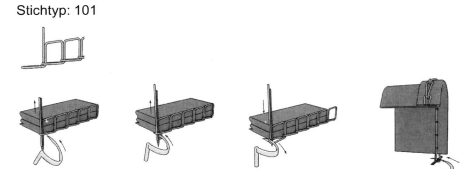

Abb. 12.11 Prinzip der Einfachkettenstichbildung [12] (Quelle: Pfaff Industriesysteme und Maschinen AG)

Von Bedeutung für die Preformmontage sind die Einfachkettenstiche der Stichtypklasse 100 (Abb. 12.11). Der Einfachkettenstich 101 ist zugleich für die Erläuterung der Stichbildung geeignet.

Mit der Forderung nach dem „Nähen in der Form" in der Preformmontage erhalten Blindstiche, die wie der Einfachkettenstich 103 mit einer gekrümmten Nadel derart ausgeführt werden, dass Einstich und Ausstich auf der gleichen Seite des Nähgutes liegen, besondere Wichtigkeit. Definitionsgemäß liegt beim Einfachkettenstich 103 die Einstichrichtung rechtwinklig zur Nahtbildungsrichtung. Der in der Preformmontage eingesetzte Zweinadel-Blindstich wird auch in dieser geometrischen Konstellation ausgeführt, während der Blindstich mit einer bogenförmigen Nadel des Roboter-Nähkopfes der KSL Group für die Preformmontage die Nadel in Nahtbildungsrichtung bewegt.

Der Vollständigkeit halber ist noch darauf hinzuweisen, dass der Blindstich auch als Doppelsteppstich ausführbar ist. In diesem Fall muss der spezielle Hakengreifer des Blind-Einfachkettenstiches durch ein Greifersystem mit Fadenvorrat auf einer Spule für Doppelsteppstich ersetzt werden.

Der Einfachsteppstich 200 hat keine wesentliche industrielle Bedeutung, da er mit einer Ausnahme in der Bekleidungsfertigung nur manuell gefertigt wird. Hinderlich für die maschinelle Ausführung des Einfachsteppstiches ist es, dass bei jedem Stich, der abwechselnd von beiden Seiten des Nähgutes ausgeführt werden muss, der gesamte Fadenvorrat für diese Naht mit durch das Nähgut hindurch bewegt werden muss.

Mit dem Doppelsteppstich 301 (Abb. 12.12) werden in Geradstichausführung feste Nähte ausgeführt, die infolge der gestreckten Anordnung der beiden Fäden im Stichbild auch kaum dehnfähig sind. Der Doppelsteppstich wird vielfach in der Preformfertigung genutzt.

Wenn an der Doppelsteppstich-Nähmaschine üblicherweise die Nadel nur eine vom Kurbeltrieb aus der Hauptwelle abgeleitete Ab- und Aufbewegung ausführt, muss

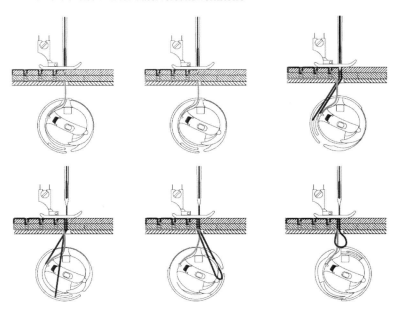

Abb. 12.12 Fadenanordnung im Doppelsteppstich – oben Nadelfaden, unten Unterfaden von der im Greifersystem gelagerten Spule – und Stichbildung [12] (Quelle: Pfaff Industriesysteme und Maschinen AG)

zur Fertigung des Zickzack-Doppelsteppstiches 304 zusätzlich die Nadelstange eine rechtwinklig zur Nahtrichtung wechselnde Versatzbewegung zur namensgebenden Zickzackanordnung des Nadel- und des Unterfadens erfahren. Technisch alternativ kann dies auch durch einen seitlichen Versatz des Nähgutes erreicht werden, wie dies in x,y-Kreuztisch-Nähautomaten der Fall ist.

Für die Bildung des Doppelkettenstiches 401 (Abb. 12.13) ist ein verändertes Greifersystem notwendig, denn die Verkettung des Doppelkettenstiches wird mit einem fadenführenden Hakengreifer erzeugt. Der Doppelkettenstich besitzt mehr Fadenreserve infolge der dreifachen Fadenlänge an der Unterseite des Stichbildes. Folglich ist Doppelkettenstich-Nähten im Vergleich mit dem Doppelsteppstich eine größere Nahtlängselastizität eigen. Auch der Doppelkettenstich kann als Zickzackstich ausgeführt werden.

Der Überwendlichkettenstich dient im Allgemeinen zum Umnähen der Schnittkanten, um diese vor herausfallenden Fäden der Textilstruktur zu sichern. Zugleich ist durch Zuführen mehrerer kantengleicher Zuschnittteile auch eine verbindende Naht herstellbar. In der Bekleidungsfertigung sind sogenannte Safety-Nähmaschinen im Einsatz, die mit zwei synchron arbeitenden Nadeln und geeigneten Hakengreifern parallel je eine Doppelkettenstich- und Überwendlichkettenstichnaht fertigen. Davon wird eine erhöhte Nahtsicherheit erwartet, wie dies mit der Bezeichnung Safety auch ausgedrückt wird.

Stichtyp: 401

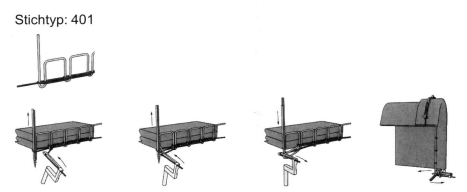

Abb. 12.13 Doppelkettenstich [12] (Quelle: Pfaff Industriesysteme und Maschinen AG)

Überwendlichkettenstiche sind mit einem, mit zwei oder mit drei Fäden ausführbar. Unter Stichtyp 501 ist der einfädige Überwendlichkettenstich genormt, unter den Nummern 502 und 503 sind die zweifädigen Überwendlichkettenstiche registriert, während mit den Nummern 504 und 505 die dreifädigen Ausführungen beschrieben werden. Sowohl bei den zwei- als auch bei den dreifädigen Varianten ergeben sich die Unterschiede ausschließlich in der räumlichen Position der Verkettungspunkte. Diese Verkettungspositionen werden nur durch Einstellen der Fadenbremsen bestimmt. Während bei dem zweifädigen Überwendlichkettenstich Nadel und fadenführender Hakengreifer ausreichen, müssen für die Herstellung des dreifädigen Überwendlichkettenstiches Nadel sowie fadenführende Unter- und Oberhakengreifer zusammenwirken. Zur Anwendung der Überwendlichkettenstiche in der Preformherstellung ist durch Untersuchungen [13] bekannt geworden, dass einzeln umnähte und danach geschichtete Verstärkungstextilien im Bereich dieser Nähte zu bauteileigenschaftsmindernden matrixreichen Zonen führen.

Überdeckkettenstiche 600 sind die Stichtypklasse mit dem größten Fadenverbrauch je Nahtlänge und demzufolge in Nahtrichtung äußerst dehnfähig. Die Überdeckkettenstiche werden mit mehreren Nadeln ausgeführt, die parallele Anordnungen der Nadelfäden erzeugen. Greiferfäden aus dem Hakengreifer und ein Legefaden an der Oberseite des Nähgutes erzeugen eine räumliche Fadenanordnung, die auch stumpf aneinander treffende Zuschnittteile ohne Überlappung verbinden kann. Eine Anwendung in der Preformherstellung ist bisher nicht bekannt.

Die Lage und Formung der zu verbindenden Zuschnittteile sowie die Lage der einzelnen Nähte kann mit Zeichnung und Bezeichnungen der *Nähnahttypen* erfolgen, wie dies an bekleidungstechnisch relevanten Beispielen in DIN ISO 4916 beschrieben ist. Aus den Darstellungen ist auch zu erkennen, ob die Ausführung der Nähte gleichzeitig mit einer Mehrnadelmaschine oder nur in einander folgenden Nähprozessen möglich ist.

In der Preformfertigung wird ergänzend dazu noch die Angabe über die Fadenorientierung der einzelnen Verstärkungstextilschichten benötigt, um die nähtechnische Montage der Preform auch belastungsgerecht ausführen zu können.

Die äußere Gestaltung der Nähmaschinengehäuse schafft die Voraussetzungen für eine optimale Handhabung. Beispielsweise können mit Freiarmkonstruktionen Nähte am Umfang von schlauchartigen Produkten ausgeführt werden. Der Durchmesser des Freiarmes muss dafür kleiner als der Durchmesser des Schlauches sein. Säulen- oder Armabwärts-Nähmaschinen ermöglichen hingegen die Montage von Längsbahnen zu einem Schlauch mit Längsnaht.

In der Regel sind Nähmaschinen in der charakteristischen C-Form ausgeführt, so dass es infolge des begrenzten Freiraumes Handhabungsbegrenzungen gibt, die durch Langarmnähmaschinen bei der Fertigung Technischer Textilien wie Zelte reduziert, aber nicht beseitigt werden können. Aus Japan ist die spezielle, langjährig durch Schutzrechte gesicherte, Gehäuseform bekannt, die sogenannte z-Gehäuseform [14]. Diese Gehäuseform gestattet die Montage größerer Flächen ohne Begrenzung durch einen Freiraum bei optimaler Handhabung. Diese z-Nähmaschine wird als Doppelsteppstich- und als Doppelkettenstich-Nähmaschine mit bis zu sechs parallel arbeitenden Nadeln angeboten. Die Anwendung in der Preformmontage ist bisher nicht bekannt.

Eine weitere Alternative zur Beseitigung des Handhabungsdefizits ist die Auflösung der typischen Nähmaschinengehäuseform durch Verwendung von Mehrmotorenantrieben anstelle eines Zentralmotorenantriebes mit umfangreicher Mechanik.

Nähmaschinen der allgemeinen Konfektionsindustrie nutzen heute ausschließlich elektrische Antriebe, wobei sich in Verbindung mit der Steuerungstechnik zunehmend elektronisch geregelte Antriebe durchsetzen. Außerdem liegen hinsichtlich Drehzahl und Drehwinkel geregelte Mehrmotorenantriebe für die einzelnen Wirkelemente anstelle mechanisch koppelnder Lösungen im Entwicklungstrend, wobei sich der Einführungsprozess derzeit noch durch die Kosten und die mangelnden Erfahrungen des technischen Personals der Unternehmen mit diesen Antriebs- und Steuerungstechniken gedämpft vollzieht. Die geforderte Präzision und Reproduzierbarkeit der Montagearbeiten der Preformfertigung lassen derartige Antriebs- und Steuerungstechniken für die Nähtechnik auf diesem Gebiet in Verbindung mit den entsprechenden Transporteursystemen unverzichtbar werden.

Für die produktspezifische Nahtbildung ist eine Relativbewegung zwischen Nähmaschine mit Nähnadel und Nähgut erforderlich.

Hierzu haben sich über die Jahrzehnte verschiedene Prinzipien bewährt:

• Intermittierender Transport des Nähgutes bei ortsfester Nähmaschine ist das Standard-Transporteursystem an Nähmaschinen im Industrie- und Haushaltsbereich. In der Regel wirkt der Transporteur von unten auf das Nähgut ein. Weitere Transporteurwirkung ist durch Ober- und Nadeltransport und deren Kombinationen in Verbindung mit manueller Nähgutführung möglich. Außerdem sind zusätzliche Transportwalzen oder -räder bekannt, die nach der Nähzone synchron zum Nähprozess arbeiten. Definiertes Einarbeiten von Längendifferenzen ist mittels sogenannter Differentialtransporteure technisch reproduzierbar und auch in Stufen steuerbar möglich.

- Werden beim Nähen nur kleinste Versatzstrecken zwischen den aufeinander-folgenden Einstichpunkten ausgeführt, ist durch ein kontinuierlich arbeitendes Transporteursystem die Bewegung des Nähgutes in der ortsfesten Nähmaschine eine technisch akzeptable und bei Knopflöchern in Bekleidung bewährte Lösung. Die damit verbundene Auslenkung der Nähnadel aus der Vertikalen ist dabei unerheblich.
- Üblicherweise ist die Nähnadel in einer Nadelstange befestigt, die von ei-nem geraden Kurbeltrieb nur in vertikaler Richtung bewegt wird. Eine ko-ordinatenachsenbezogene Aufteilung der Relativbewegung zwischen Nähgut und Nähmaschine kann in der Art erfolgen, dass der Zickzack-Stich aus ei-ner Versatzbewegung der Nadelstange rechtwinklig zur Nahtrichtung und dem Nähguttransport in Nahtrichtung realisiert wird. In größerer Dimension fin-det dieses Prinzip auch Anwendung in Schlafdecken-Nähautomaten, indem die Nähmaschine in x-Richtung, d. h. der axialen Richtung der Hauptwelle, bewegt wird, während in Produktlängsrichtung das Nähgut intermittierend versetzt wer-den. An die Antriebe werden hohe dynamische Ansprüche gestellt. Die be-wegten Massen müssen sich während der Phase des Einstiches der Nähnadel und während des Kontaktes zwischen Nähnadel und Nähgut in Ruhe befinden. Die Versatzbewegung von einigen Millimetern ist nur möglich, wenn sich die Nähnadel außerhalb des Nähgutes befindet. Dafür steht etwa ein Drittel der Zeit für eine Hauptwellenumdrehung zur Verfügung.
- Eine weitere Möglichkeit zur Herstellung der Nahtkontur ist die intermittieren-de Bewegung des Nähgutes in beiden Koordinatenrichtungen. Beispiel aus der Bekleidungsfertigung ist der Kurznahtautomat, der mit mechanischer Steuerung von zwei Kurvenscheiben die Bewegung in den beiden Koordinatenrichtungen überlagert. Mit anderen Maßen arbeiten CNC-x,y-Kreuztisch-Nähautomaten, die beispielsweise in der Praxis der Airbagherstellung mit großem Erfolg ge-nutzt werden.
- Mit entlang der ausgelegten Warenbahnen bewegten Nähmaschinen können beispielsweise Markisen und andere großformatige Produkte mit parallelen oder auch zentrischen Nähten gefertigt werden. Wesentlich ist die Abstimmung zwischen der Versatzbewegung des fahrbaren Nähmaschinentisches und der zy-klischen Arbeitsweise der Nähmaschine. Günstig wirkt sich hier aus, wenn die Nähmaschine einen Nadeltransport besitzt, der eine gleichförmige Relativbe-wegung gestattet.
- Alternativ werden bewegte Warenbahnen mit ein- oder beidseitig positionier-ten feststehenden Nähmaschinen vorbeibewegt und an den Kanten bearbeitet, indem beispielsweise Schlafdecken mit einem Band längs gesäumt werden. Für die kontinuierliche Randbearbeitung kann es zum Ausgleich von Breiten-schwankungen angezeigt sein, diese Nähmaschinen mit einer Kantensteuerung auszurüsten. Für die gleichzeitig beidseitige Bearbeitung ist der Einsatz von links- und rechtsständigen, aber sonst baugleichen Nähmaschinen sinnvoll.

- Nähroboter, d. h. im engeren Sinn ein Gelenkarm-Roboter mit Nähkopf, sind seit Mitte der 1980er Jahre bekannt. Mit ihnen war es erstmals möglich, Nähte im Raum und nicht nur wie in vorgenannten Varianten in der Ebene auszuführen. Der Prototyp aus einem japanischen Forschungsprojekt war zum Einnähen von Ärmeln in Sakkos konzipiert, ein industrieller Einsatz ist bisher nicht bekannt geworden. Weitere Entwicklungsschritte deutscher Forscher waren der industriellen Serienfertigung von Bezügen für Autositze und Kopfstützen sowie für Seitennähte von einfach geschnittenen Damenröcken gewidmet. Auch hier war die Überführung in die industrielle Praxis aus Zuverlässigkeits-, Flexibilitäts- und vor allem aus Kostengründen nicht erfolgreich bzw. breitenwirksam. Für die Montage textiler Preforms hat diese Konstellation kurz vor der Jahrtausendwende große Bedeutung gewonnen, allerdings fehlt auch hier noch die breite und in der Stückzahl relevante industrielle Anwendung. Die Basisidee der Roboteranwendung ist es, entlang den von Formkörpern in produkt- oder auch preformnaher Geometrie gehaltenen Zuschnittteilen Nähte auszuführen. Die Aufgabe der Nähtechnik beschränkt sich dabei auf die Stichbildung, die Transporteurfunktion wird dem Roboter übertragen.
  Während des Kontakts zwischen Nähnadel und Nähgut verbleibt der Nähmechanismus in einer Ruhelage, während sich der Roboterkopf zur Vermeidung von unnötigen Schwingungen in einer kontinuierlichen Bewegung befindet. Der Nähmechanismus muss nach Ende dieses Kontaktes dem Roboterkopf samt der äußeren Hülle des Nähmechanismusses nacheilen. Dafür ist der Nähmechanismus in Gleitsteinen gelagert.

Steuerungen der Nähmaschine sind traditionell als mechanische Steuerungen mit Kurvenscheiben oder Exzenter ausgeführt. Pneumatische Steuerungen können nicht nur als Pneumatikzylinder für größere Stellwege, sondern auch als pneumatische Logiksteuerungen sehr günstig genutzt werden. Wesentlich ist dabei, dass ausströmende Luft die textiltypischen Faserfragmente und Faserstäube wegbläst und nicht ansaugt. Hydraulik passt aus Gründen der Verschmutzungsgefahr nicht zur Nähtechnik und Textilverarbeitung. Die G. M. PFAFF AG hat beispielsweise vor einigen Jahren sogar eine luftgelagerte Nadelstange entwickelt, um einen Öltropfen an der Nadelspitze nach längerem Maschinenstillstand mit Folge der Produktverschmutzung zu vermeiden.

Elektrische Steuerungen bilden heute die Standardausrüstung der automatisierten Nähtechnik. Diese CNC-Technik, die geometrie- und maßflexibles Arbeiten ermöglicht, kann online oder auch offline mit den CAD-Systemen aus der Produktentwicklung und -konstruktion verbunden werden, um Nahtlängen oder auch Nahtkonturen für die Steuerung nachzunutzen. Zur reproduzierbaren Maschineneinstellung kommen zunehmend Schritt- und auch Linearmotoren zur Anwendung. Beispielsweise wird im SRP-System der G. M. PFAFF AG mit einem Linearmotor die Vorspannfeder des Drückerfußes hauptwellendrehzahlabhängig eingestellt, um die optimale Transportwirkung zu gewährleisten. Ein wesentlicher Hinweis ist noch zu geben, der sich auf die elektrische Leitfähigkeit der Carbonfilamente und deren bei der Verarbeitung zwangsläufig entstehenden Bruchstücke bezieht. Jegliche Steuerungen sind mit höchstmöglichem elektrischem Schutzgrad auszuführen, um elektrische Kurzschlüsse und Zerstörungen der Platinen zu vermeiden. Die eingesetzten Steuerungen sind entweder im Inneren mit Luft aus einem Kompressor so befüllt, dass Luft nur nach außen strömt und die Faserbruchstücke ferngehalten werden, oder die hermetisch dichten Schaltschränke verfügen über eine sehr große Oberfläche zur Ableitung der Wärmeenergie aus der Verlustleistung. Dann ist der Schrank vor jeder notwendigen Öffnung der Türen gründlich zu reinigen. In diesem Zusammenhang ist auch auf die zwingende Verwendung explosionsgeschützt ausgerüsteter Staubsauger hinzuweisen.

12.6.2 Stichbildung

12.6.2.1 Nähmaschinennadeln

Die Geometrie der Nähmaschinennadel bestimmt wesentlich den Grad der unvermeidlichen Perforation des Nähgutes, im konkreten Anwendungsfall der Verstärkungstextilien aus Carbon- oder auch Glasfilamenten, in der Folge des Durchstechens. Die sogenannten In-Plane-Eigenschaften in der Ebene der Verstärkungstextilien werden reduziert, da entweder lokal an der Einstichstelle Filamente beschädigt oder durch die Nadel und den damit eingebrachten Nähfaden aus der gestreckten Lage ausgelenkt werden.

Voraussetzung für das maschinelle Nähen war die Erfindung der Nähnadel mit dem Nadelöhr nahe der Nadelspitze. Nähnadeln sind in der Norm DIN 5330 definiert, die Hersteller halten umfangreiche Nadelkataloge bereit und unterstützen auch bei der Nadelauswahl. Nähnadeln werden aus drahtförmigem Halbzeug gefertigt, wobei sowohl spanende als auch umformende Fertigungsverfahren zur Anwendung gelangen (Abb. 12.14 a, b). Das Öhr wird in der Regel chemisch entgratet. Hochwertige Nähnadeln sind mit einem mechanisch poliertem Öhr zur Sicherung optimaler Kontaktstellen zwischen Nähnadel und Nähfaden ausgeführt (Abb. 12.14 c-g). Die traditionell rotationssymmetrischen Nadeln erhalten in jüngerer Zeit durch angewandte Umformtechnik sowohl aus der axialen Richtung ausgelenkte Formen als auch von der Kreisform abweichende Querschnitte.

Die Nähmaschinennadel ist zylindrisch geformt. Der Kolben dient zur Befestigung der Nadel in der Nadelstange des Nadelantriebes, der Schaft verbindet Kolben und Nadelspitze (Abb. 12.15). Das Nadelöhr ist nahe der Nadelspitze positioniert. Die Nadelspitze gewährleistet das Durchstechen des Nähgutes. Zur funktionsgerechten Führung des Nähfadens besitzt die Nähnadel zwei Nadelrillen, auch als Nadelrinnen bezeichnet, im Nadelschaft, die die Führung des Nadelfadens zum und vom Nadelöhr übernehmen. In einer langen Nadelrille (Abb. 12.15 b) wird der Nadelfaden von der Fadenspule über Fadenbremse und Fadengeber kommend zum Nadelöhr geleitet. Vom Nadelöhr wird der Nadelfaden durch die kurze Nadelrille (Abb. 12.15 a,

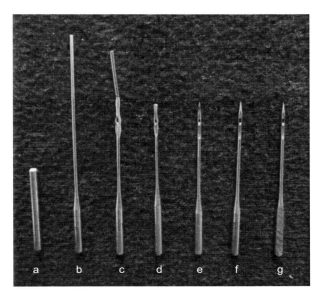

Abb. 12.14 Abfolge der Herstellung einer Nähmaschinennadel mittels (a, b) Umformtechnik, (c) Stanzens, (d, e) spanender Formgebung und (f, g) Galvanik

c) und durch das Nähgut an die Nähgutoberseite geführt und in der Naht stichtyp-klassenspezifisch positioniert. Für die sichere Funktion des Nähprozesses ist es erforderlich, den zylindrischen Kolben so einzusetzen, dass die kurze Nadelrille zum Greiferorgan zeigt [15]. Dies heißt, dass von den möglichen 360° Drehwinkeln um die Nadelachse nur eine Winkelstellung die richtige ist. Für den professionellen Anwender setzen Nadel- und Nähmaschinenhersteller die Kenntnis dieser Bedingung voraus, in Haushaltsnähtechnik werden Nähnadeln definiert am Kolben angeschliffen, um die richtige Position durch Formschluss zu sichern (s. Abb. 12.14 g).

Der richtige Einsatz von Nähmaschinennadeln erfordert verschiedene Angaben:

- Nadelsystem – Das Nadelsystem berücksichtigt die geometrischen Gegebenheiten der konkreten Nähmaschinenkonstruktion, d. h. die zwischen der Nadelstange und dem Greifersystem der Nähmaschine zu überbrückende Distanz. Das zu verwendende Nadelsystem legt der Nähmaschinenhersteller fest.
- Nadelfeinheit – Die Nadelfeinheit wird angegeben in Nm (Nummer metrisch). Die hinzugefügte Zahl entspricht dem 100fachen des Durchmessers des Nadelschaftes, z. B. entspricht Nm 90 einem Nadelschaftdurchmesser von 0,9 mm.
- Ausführung der Nadelspitze – Unter einer Nadelspitze könnte der mathematisch exakte Abschluss eines Kegels erwartet werden. In der nähtechnischen Praxis wird hingegen zwischen Verdrängungsspitzen und Schneidspitzen unterschieden. Verdrängungsspitzen wird die Verdrängungsfunktion unterstellt, d. h. anstelle der Beschädigung oder gar Trennung der Fäden der Verstärkungsflächen werden diese so aus ihrer ursprünglichen Lage ausgelenkt, dass die

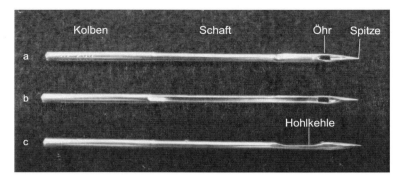

Abb. 12.15 Ansicht einer Nähmaschinennadel von drei Seiten: (a) Rückseite mit Hohlkehle links von Nadelöhr, (b) Nadel mit langer Rille zur Zuführung des Nadelfadens zum Öhr, (c) Seitenansicht mit Hohlkehle links vom Nadelöhr

Nähmaschinennadel und die von ihr eingebrachten Nähfäden ausreichenden Raum finden. Für diese Funktion des Verdrängens sind die kegelförmigen Nadelspitzen mit entsprechenden Übergangsradien abgerundet, wobei die Bezeichnungen wie Rundspitze (R), stumpfe Rundspitze (STU) oder spitze Rundspitze (SPI) eher nach Fuzzy-Logik anmuten. Schneidspitzen verfügen über eine angeschliffene Schneide, die definierte Öffnungen im Nähgut vorbereitet, in denen dann der Nähfaden definiert positioniert wird. Schneidspitzen finden Anwendung bei der Verarbeitung von Leder, die optischen Effekte der Nähte in Lederprodukten kennt jeder Nutzer. Für die Verarbeitung von Verstärkungstextilien aus Carbon- oder Glasfasern sind aus Gründen der Minimierung des Festigkeitsverlustes in der In-Plane-Ebene Verdrängungsspitzen vorzuziehen.

• Nadeloberflächenveredlung – Mit der Oberflächenveredlung der Nähmaschinennadel kann auf deren Nutzungszeit, insbesondere auf die Standzeit der Nadelspitze, und auf die Reibungsverhältnisse zwischen Nähmaschinennadel und Nähgut Einfluss genommen werden. Stahlnadeln werden galvanisch mit Nickel oder Chrom beschichtet. Längere Standzeiten bringt die Titannitrid-Beschichtung, die seit nahezu 20 Jahren von Groz-Beckert erfolgreich unter dem Markenzeichen Gebedur® auf den Markt gebracht und mit den Vorteilen höhere Prozesssicherheit, weniger Materialbeschädigungen, geringere Nadelauslenkung und deshalb weniger Fehlstiche, Fadenreißen und Fadenbruch sowie hohe Produktivität durch reduzierte Stillstandzeiten beworben wird [16]. Einen anderen Weg zur Minimierung der Reibungsverhältnisse beschreitet die Fa. Schmetz mit einer sogenannten Blukold-Beschichtung [17], die das Anhaften thermoplastischer Schmelzrückstände aus dem Nähgut an der Nähnadel verhindert. Unter der Bezeichnung Blukold-Nadel ist eine geraute, phosphatierte und mit Teflon beschichtete Nähnadel zu verstehen. Mit der NIT-Beschichtung erreicht die Fa. Schmetz eine besonders glatte, gleitfähige und auch korrosionsbeständige Oberfläche mit gleichmäßiger Beschichtungsdicke. Effekte sind sehr gute Abriebfestigkeit, sehr gute Gleiteigenschaften im Nadelöhr sowie leichtes Durchstechen auch harter Materialien. Aggressiven chemischen Ausrüstungen des Nähgutes widersteht die NIT-Beschichtung besonders gut.

Die *Nadeldurchstechkraft* kann als quantitative Größe des Nähprozesses messtechnisch erfasst werden und die Auswahl der Nähmaschinennadel unterstützen. Günstigerweise wird dazu die Stichplatte einer Nähmaschine mit Dehnungsmessstreifen präpariert, um die im Ergebnis der Wirkung der Nadeldurchstechkraft auftretende Durchbiegung der Stichplatte hauptwellendrehwinkelbezogen und bei üblicher Hauptwellendrehzahl zu erfassen [18]. Die Zuordnung zwischen Durchbiegung und Durchstechkraft erfolgt durch eine Kalibrierung mit definierten Kräften, die im Bereich des Stichloches einzuleiten sind. Gegebenenfalls ist der Querschnitt der Stichplatte durch Schleifen zu schwächen, um ausreichende und auswertbare Reaktionen infolge der Nadeldurchstechkraft im System zu erreichen. Die Fläche unter der ermittelten Nadeldurchstechkraftkurve entspricht der Nadeldurchstecharbeit. Das Maximum der Nadeldurchstechkraft wird in den Phasen des Einstiches während des Durchdringens des Nähgutes mit der Nadelspitze und des Aufweitens des Einstichkanals erreicht. Wesentlich ist hier der Bezug auf das Zyklogramm der Nähmaschine, denn für dieses Ein- und Durchstechen stehen je nach Nähgutdicke nur wenige Grad der Hauptwellenumdrehung zur Verfügung. Folglich steigt die Nadeldurchstechkraft mit der Hauptwellendrehzahl. Die Struktur des Nähgutes, die die Beweglichkeit der Filamente und Fasern des Flächengebildes bestimmt, sowie die Anzahl der zu montierenden Lagen beeinflussen die Nadeldurchstechkraft.

12.6.2.2 Schlingenhub an der Nähmaschine

Die Nähmaschine bewegt die Nähmaschinennadel mit Hilfe eines geraden Kurbeltriebes, der ummittelbar von der Hauptwelle der Nähmaschine angetrieben wird. Etwa auf halbem Weg vom oberen Umkehrpunkt (OT) zum unteren Umkehrpunkt (UT) durchsticht die Nadel das Nähgut. Beim Einstich der Nadel in das Nähgut liegt der Nadelfaden in U-Form beidseitig an der Nähnadel an. Das Durchstechen erfolgt mit maximaler Geschwindigkeit, woraus die Nadeldurchstechkraft und die damit verbundene Nadelerwärmung infolge der Reibung zwischen Nähnadel und Nähgut resultieren. Nach dem Passieren des unteren Umkehrpunkts entsteht eine Nadelfadenschlinge auf der Seite der Nadel mit der kurzen Nadelrille, da der Nadelfaden auf der Seite der kurzen Nadelrille vom Nähgut geklemmt wird. Nach dem Zurücklegen einer bestimmten Länge des Nadelweges nach UT, dem sogenannten Schlingenhub, erfasst das stichtypklassenspezifische Greiferorgan die Nadelfadenschlinge zur Verkettung bzw. Verschlingung des Nadelfadens mit sich selbst oder anderen Fäden (Abb. 12.16). Bei Nähmaschinen zur Bekleidungsfertigung hat der Schlingenhub die Größenordnung von 2 mm [2]. Der Schlingenhub muss an den zu verarbeitenden Nähfaden angepasst werden. Die derzeit verfügbare Nähtechnik kann aber nur manuell im Schlingenhub verändert werden. Technisch elegante Lösungen mit einem in Drehzahl und Drehwinkel geregelten Mehrmotorenantrieb für Nadel und Greiferorgan sind wirtschaftlich nicht tragfähig [15].

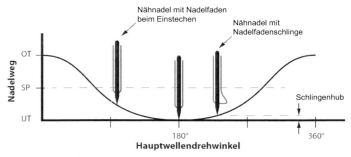

Abb. 12.16 Ausbildung der Nadelfadenschlinge beim Ausstich der Nähmaschinennadel [15]

12.6.2.3 Fadengeber

Beim Einstechen der fadenführenden Nähmaschinennadel wird Nadelfaden benötigt. Die Bereitstellung dieser Fadenlänge erfolgt durch den Versatz des Fadengebers. Auf eine Hauptwellenumdrehung der Nähmaschine gesehen wird etwa während 2/3 der Umlaufs Faden bereitgestellt und dann sehr schnell in etwa 1/3 des Umlaufs dieses Fadenelement wieder zurückgenommen. Die Fadengeberbewegung (Abb. 12.17) wird abgestimmt zur Nadelbewegung ausgeführt. Die für die Stichbildung selbst notwendige, im Vergleich zur Länge des aktiv bewegten Fadenelements kurze Länge gleitet aus der Fadenbremse nach, wenn die Fadenzugkraft in der Phase des Sticheinzuges kurzfristig die Bremskraft der Fadenbremse übersteigt.

Als Fadendurchgangszahl wird der Quotient zwischen der Länge des aktiven Fadenelements und der bei einem Stich verbrauchten Länge des Nadelfadens bezeichnet. Die Fadendurchgangszahl ist ein Maß für die Belastung des Nadelfadens durch Beschleunigungen beim Richtungswechsel und durch Scheuerung an den Fadenleitorganen der Nähmaschine beim Nähprozess.

12.6.2.4 Fadenbremse

An der Nähtechnik werden meist herkömmliche Tellerfadenbremsen mit manueller Vorspannung der Spiralfeder benutzt. Zur Entnahme des verarbeiteten Nähgutes wird die Fadenbremse parallel zum Anheben des Nähfußes gelöst, so dass der Nähfaden vor dem Abschneiden nachgleiten kann.

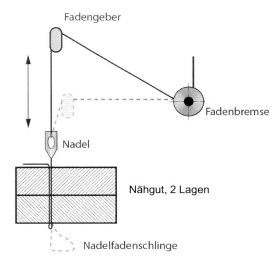

Abb. 12.17 Prinzip des Fadengebers [15]

In Einzelfällen sind auch Fadenbremsen nach dem Umschlingungsprinzip, welche die Seilreibung an mehreren Zylinderstiften nutzen, im Gebrauch. Geregelte Fadenbremsen, deren Bremskraft in Abhängigkeit anderer Prozessparameter beispielsweise durch Schrittmotoren angepasst wird, sind bisher nur aus dem Versuchsstadium bekannt und scheiterten aus Kostengründen.

12.6.2.5 Nähprozessparameter

Ausdruck der Produktivität der Nähmaschine ist die mögliche Hauptwellendrehzahl, die auch als Stichzahl = Anzahl Nähstiche/Zeiteinheit (Stiche/min) angegeben wird. Allerdings ist zu berücksichtigen, dass sowohl die Handhabung des Nähgutes während des Nähprozesses als auch die Verarbeitungseigenschaften von Nähfaden und/oder Nähgut eine Reduzierung der Hauptwellendrehzahl erfordern können.

Mit dem Begriff Stichlänge (DIN 5300, Teil 1) ist der Abstand zwischen zwei nacheinander erfolgenden Einstichen definiert.

Die Nähgeschwindigkeit (DIN 5300, Teil 1) kann auch als Nahtbildungsgeschwindigkeit aufgefasst werden, die sich aus dem Produkt aus Stichlänge und Stichzahl (m/min oder mm/s) ergibt.

Da die Stichlänge nicht exakt messbar ist, wird häufig mit der Stichdichte als Anzahl der Stiche je Längeneinheit (z. B. Stiche/10 cm) eine praktikablere Variante der Definition gewählt.

Die Nähfadenzugkraft ist ebenfalls eine hauptwellendrehwinkelabhängige Prozessgröße. Das Maximum tritt beim Sticheinzug auf, d. h. bei der Bildung der Verschlingung oder Verkettung. Dieses Maximum muss deutlich unter der Nähfadenfestigkeit liegen, eine Variation der Nähfadenzugkraft ist über die Einstellung der Fadenbremse der Nähmaschine möglich. Kriterium der Fadenbremseinstellung ist die optisch zu bewertende, stichtypcharakteristische Lage der Verschlingungs- oder Verkettungspunkte der Nähfäden. Die Messung der Nähfadenzugkraft gibt Aufschluss über die Prozesskräfte im Nähprozess. Das Registrieren des Fadenzugkraftmaximums in der Phase der Verschlingung oder Verkettung kann zugleich als sicheres Kriterium für die erfolgreiche Stichbildung angesehen und zur Nachweisführung produktbezogen gespeichert werden. Der Fadenzugkraftmesskopf wird vorzugsweise zwischen Fadengeber und Fadenführung des Nadelfadens zur Nähnadel positioniert.

12.6.3 Allgemeines zur Nähtechnik in der Preformfertigung

Ausgangspunkt für die Anwendung der Nähtechnik in der Preformfertigung ist die Forderung nach dem Schutz geschichteter textilverstärkter Verbunde vor *Delamination*. Die erste Idee ist Nähen in der kunststofftechnischen Form, unmittelbar nach dem Auslegen der Verstärkungstextilflächen in verschiedener Fadenorientierung in derselben. Dabei gehen die Verbundbauteilhersteller davon aus, dass die mit definierter Fadenorientierung ausgelegten Verstärkungstextilien möglichst nicht mehr in der Form bewegt werden. Aus diesem „Nähen in der Form" entstand die Vorstellung, ausgehend von der offenen Seite der Form die Nähfäden in das gestapelte Lagenpaket und auch weitere nur lokal vorhandene Zuschnittteile durch eine Einseitennähtechnik zu befestigen. Im Zuge der Konsolidierung während des Verbundbauteilherstellungsprozesses würden die Nähfäden durch Einbettung in der Matrix lagefixiert.

Die damit verbundenen Skizzen aus Publikationen und Schutzrechtsdokumenten (Abb. 12.18) zeigen jedoch keine Nähverbindungen. Aus der Unkenntnis der Terminologie und der Normen des Nähens wurde die dargestellte Technik als Nähtechnik bezeichnet, der „Nähfaden" ist aber nicht mit sich selbst verschlungen oder verkettet. Die richtige Bezeichnung ist *Tufting-Technik*, denn es werden nur Fadenschlingen in den Lagenstapel eingebracht. Durch die fehlende Verschlingung oder Verkettung des Nähfadens ist die Position der in den Stapel eingebrachten Fadenschlingen erst endgültig definiert, wenn die Matrix als Duromer ausgehärtet oder als Thermoplast erkaltet ist.

Dieses „Nähen in der Form" in der Realisierung als Tufting schafft für den Anwender keine Sicherheit, den textilen Stapel noch einmal bewegen oder gar transportieren zu können. Diese Tufting-Preform ist für diese Verrichtungen nicht ausreichend sicher montiert. Höhendifferenzen im Stapel kann die Tufting-Technik gut ausgleichen, wenn die Einstichtiefe lokal variiert wird.

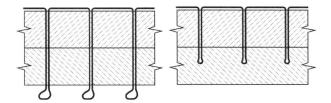

Abb. 12.18 Anordnungsvarianten des Tufting-Fadens in der geschichteten Verstärkungstextilstruktur nach [19]

Erste Hinweise auf die Anwendung des Nähens im Composite-Bereich wurden durch die NASA – Nähen von Preforms - NASA ACT Program 1989 – gegeben, die dort gezeigte CNC-Nähanlage lässt auf großformatige Bauteile schließen [20].

Die Tendenz des Übergangs von der Prepreg-(Nass-)Technologie zur Preform-(Trocken-)Technologie bietet die Möglichkeit, alle Stufen der textilen Fertigung einschließlich der textilen Montage zu nutzen, um belastungsgerecht aufgebaute endkonturnahe komplexe Preforms anzuwenden. Diese komplexen Preforms müssen während der Fertigungsschritte möglichst ohne weitere Hilfseinrichtungen handhabbar sein. Nähfäden sichern sich gegenseitig oder selbst durch Verschlingung oder Verkettung in der Naht. Dieser Vorzug der Nähtechnik gegenüber der Tufting-Technik muss zur Wirkung gebracht werden.

12.6.4 Nahtfunktionen

Mittels Nähens erzeugte Nähte in der Preformmontage können, wie in Kapitel 4.5.2.1 aus anderer Sichtweise dargestellt, die folgenden Funktionen übernehmen:

- Kantensicherungsnaht – In der Textilverarbeitung ist es häufig üblich, durch parallel zur Schnittkontur umlaufende Nähte das Herausfallen von Fadenstücken zu verhindern. Üblicherweise werden Überwendlichkettenstichnähte angewandt, die sich nicht im Preformbereich eignen, da nach Umnähen zur Kantensicherung, Stapeln und Konsolidieren in den Randbereichen matrixreiche Zonen auftreten, die die Ursache für Risse und Störungen in der Compositestruktur bilden können [13].
- Formgebungsnaht – Nähte können die Formgebung unterstützen bzw. die gewünschte Form herstellen. Beispiel ist die Bildung eines schlauchförmigen Textilproduktes mit einer genähten Längsnaht aus einem flächenförmigen Textilstreifen mit einer dem Umfang des Schlauches einschließlich Nahtzugabe für die Nahtausführung entsprechenden Breite.
- z-Verstärkungsnaht – Diese Naht dient dem ursprünglichen Zweck des Nähens in der Compositeherstellung, der Funktionalität der Rissbremse. Untersuchun-

gen [21] zeigen beispielsweise, dass die Ausbreitung von Rissen in der Folge von Impact-Belastungen entsprechend dem Raster der rechtwinklig zueinander angeordneten Nähte entspricht. Ohne diese Nähte ist die Rissausbreitung am größten.

- Montagenaht – Mit dem Ziel der Montage komplexer Preforms sind Montagenähte unverzichtbar. Beispielsweise kann ein mehrschichtig ausgeführtes T-Profil auf einer mehrschichtigen Basisfläche durch senkrecht angeordnete Montagenähte befestigt werden. Bei Bauteilbelastung übertragen die Nähnähte die Kräfte zwischen den montierten Elementen, haben aber auch die Funktionalität der Rissbremse.
- Schrägnaht oder auch z-verstärkende Montagenaht – Aus der Überlegung, dass Fäden nur Zugkräfte aufnehmen können, resultiert die Überlegung, durch die schräge Anordnung von Nähfäden in der geschichteten Struktur des Composites die Nähfäden noch günstiger in einer bestimmten Belastungsrichtung anzuordnen. Eine erste Schrägnähmaschine wurde aus einer Standard-Nähmaschine hergestellt [22], eine CNC-gesteuerte Schrägnähmaschine mit der Bezeichnung PSN 3020 fertigte in diesem Zusammenhang das Cetex-Institut für Textil- und Verarbeitungsmaschinen gemeinnützige GmbH (s. Abb. 12.19).

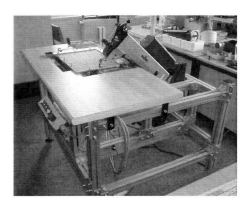

Abb. 12.19 Programmierbare Schrägnähmaschine PSN 3020, (Quelle: Cetex-Institut für Textil- und Verarbeitungsmaschinen gemeinnützige GmbH)

12.6.5 Nähtechnik für die Composite-Montage

Folgende Gründe führen zwangsläufig zur Forderung nach geeigneter CNC- und Roboter-Nähtechnik:

- höchste Anforderungen an Fertigungspräzision,

- höchste Anforderungen an Wiederholgenauigkeit (Reproduzierbarkeit),
- höhere Flächenmassen als in der klassischen Konfektionierung,
- Mehrfachschichtung von Flächen höherer Flächenmasse,
- Zwang der Einhaltung der Fadenorientierung in den einzelnen Schichten gemäß dem Belastungsprofil des Bauteils,
- räumliche Nähaufgaben und
- große Abmessungen der Preform.

12.6.5.1 CNC- und Roboter-Nähtechnik

Die Systematisierung der CNC- und Roboter-Nähtechnik kann nach mehreren Gesichtspunkten erfolgen:

- nach der Art der Führungsmaschine – Als Führungsmaschinen kommen CNC-x,y-Kreuztisch-Nähautomaten mit multidirektionaler oder tangentialer Nahtausführung oder robotergeführte Nähtechnik zur Anwendung. Die CNC-x,y-Kreuztisch-Nähautomaten führen Nähte in der Ebene aus, während mittels Robotertechnik auch räumliche Nähte möglich sind.
- nach der Geometrie der Nähgutvorlage – Es ist zwischen in der Ebene ausgelegten oder dreidimensional verformten Freiformflächen zu unterscheiden.
- nach dem Winkel der Nadel zur Oberfläche des Textilstapels – Üblicherweise sticht die Nähnadel der Nähmaschine rechtwinklig oder nahezu rechtwinklig in die Oberfläche des Textilstapels ein. Vorstehend ist unter Abschnitt 12.6.4 ausgeführt, dass sich mittels einer Schrägnaht Vorteile im Eigenschaftsprofil des Compositebauteils durch den schrägen Einstich und damit die schräge Positionierung der Nähfäden ergeben können.
- nach der Art des Zugriffs der Nähwerkzeuge – Zweiseiten-Nähtechnik ist die gebräuchliche Ausführung von Nähmaschinen, während die Einseiten-Nähtechnik bisher ausschließlich für spezielle Nähte wie Blindstichnähte bekannt und in Nutzung ist. Mit der Preformherstellung sind in den letzten Jahren mehrere Varianten von Einseiten-Nähtechnik entwickelt worden.

Das multidirektionale Nähen mittels CNC-x,y-Kreuztisch-Nähautomaten ist dadurch gekennzeichnet, dass der Nähkopf im Koordinatensystem eine bestimmte Orientierung stets beibehält. Die Relativbewegung zur Realisierung der vorgesehenen Nahtkontur wird durch überlagerten Versatz der Produktfläche in beiden Koordinatenrichtungen erreicht. Dies erfordert einen Freiraum im ortsfest positionierten Nähkopf in der Breite des Produktes einschließlich der Spannrahmen. Der Flächenbedarf beträgt damit das Vierfache der Produktfläche. Die Kopplung des Nadel- und des Greiferantriebes des Zweiseiten-Nähkopfes geschieht durch lange Wellen und beispielsweise Zahnriemenübertragung im notwendigen Übersetzungsverhältnis.

In der technischen Weiterentwicklung der Antriebstechnik mit geregelten Motoren ist es möglich, Nadel- und Greiferantrieb durch zwei separate Motoren mit elektronisch eingestelltem Übersetzungsverhältnis und Drehwinkelregelung der beiden Antriebswellen auszuführen. Damit ergibt sich die Möglichkeit, einen Versatz des Nähkopfes anstelle des Produktversatzes in einer oder auch beiden Koordinatenrichtungen vorzunehmen. Der Flächenbedarf für diese Nähautomaten reduziert sich damit auf die doppelte oder auch die einfache Produktfläche.

Ein Beispiel dieser Entwicklung sind die CNC-x,y-Kreuztisch-Nähautomaten SNA der Parker Hannifin GmbH Offenburg [23], die die geschilderten Entwicklungsschritte durchlaufen haben. Ursprünglich für die Herstellung von Steppdecken konzipiert, wird diese Technik im Rahmen des geförderten Projektes „Prozessentwicklung und ganzheitliches Leichtbaukonzept zur abfallfreien, durchgängigen Preform-RTM-Fertigung (PRO-Preform-RTM)" der IVW GmbH Kaiserslautern zur nähtechnischen Bearbeitung geschichteter Verstärkungstextilen genutzt. Die Vorlage der Verstärkungstextilien erfolgt direkt von den Rollen. Mit parallel ausgeführten Nähten werden Schnittkanten nähtechnisch mit Doppelsteppstich gesichert, bevor sie anschließend auf einem CNC-Cutter mit Stichmesser geschnitten werden (Abb. 12.20) [24].

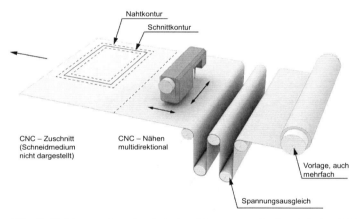

Nahtkontur

Schnittkontur

CNC – Zuschnitt
(Schneidmedium
nicht dargestellt)

CNC – Nähen
multidirektional

Vorlage, auch
mehrfach

Spannungsausgleich

Abb. 12.20 Konzept der nähtechnischen Montage vor der Zuschnittdurchführung

In [25] gelangt hingegen der CNC-x,y-Kreuztisch-Nähautomat KL 121 der Keilmann Group zur Anwendung, der sich durch die Realisierung des tangentialen Nähens auszeichnet. Das tangentiale Nähen wird erreicht, in dem der gesamte Nähkopf um die Nadelachse ohne Anschlag drehbar ausgeführt ist. Da sich Nähnadel und Greifersystem mit dieser Drehbewegung stets synchron zur Tangente der Nahtkontur ausrichten, wird immer vorwärts genäht. Dies sichert vor allem für den Nähfaden stets den optimalen Fadenlauf von der Nadel in das Nähgut hinein. Für die in der Regel sehr spröden Nähfäden aus Carbon- oder Glasfilamenten werden günstige Verarbeitungsbedingungen geschaffen.

Ein anderes Beispiel für die Ausführung der Nahtkonturen als tangentiales Nähen ist die im Rahmen der DFG-Forschergruppe 278 [6] konzipierte, konstruierte, gefertigte und erfolgreich angewandte Programmierbare Rundnähmaschine PRN 500, die zur Montage und z-Verstärkung kreisförmiger Preforms mit einem Durchmesser von bis zu 500 mm und einer Zentrumsöffnung mit Stapelhöhen bis zu 20 mm erfolgreich eingesetzt wurde (Abb. 12.21).

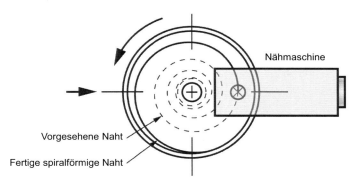

Abb. 12.21 Prinzip der Programmierbaren Rundnähmaschine PRN 500

Für die CNC-Steuerung stellt ein aufgabenspezifisches Programm sicher, dass Radien, Stichlängen, Anfangs- und Enddrehwinkel oder andere relevante Nahtkonturparameter in den konstruktiv bedingten Grenzen frei gewählt werden können. Im konkreten Fall dieser Rundnähmaschine versetzt eine Linearachse den Zentrumsantrieb so zur Nähnadel der Nähmaschine, dass variable Radien gefertigt werden können. Der Zentrumsantrieb realisiert die Umfangsbewegung, wobei je nach Nahtradius unterschiedliche Drehwinkel für eine konstante Stichlänge auszuführen sind. Insbesondere bei kleinen Radien sind dies sehr große Drehwinkel, so dass gegebenenfalls für diese intermittierenden Versatzbewegungen bei kleinen Radien die Nähmaschinendrehzahl reduziert werden muss.

Die optimalen Arbeitsbedingungen des Vorwärtsnähens konnten in weiteren Anwendungen, z. B. zur nähtechnischen Bewertung der nach verschiedenen Fadenbildungstechnologien hergestellten Composite-Nähfäden, genutzt werden [26].

12.6.5.2 Entwicklungs- und Einsatzgründe für Einseiten-Nähtechnik

In der Mitte der 1990er Jahre vermittelte das verstärkte Interesse der Composite-Branche der Nähtechnik einen Entwicklungsschub in der Richtung der Einseiten-Nähtechnik. Dafür sind die folgenden Gründe maßgeblich:

*   komplexe endkonturnahe Geometrien der Preforms mit Hohlräumen und Hinterschnitten,
*   geringe Flexibilität gestapelter Verstärkungstextilien, woraus ein Handhabungsproblem an Nähtechnik klassischer Bauformen entsteht,

- hohe Fertigungsgenauigkeit durch CNC-Technik und
- Wunsch nach dem Nähen in der Form.

Diese letztgenannte Forderung wird nur von einigen der neu entwickelten Verstärkungs- und Nähtechniken erfüllt. In nachstehender Reihenfolge wurden bekannt:

In der ALTIN Nähtechnik GmbH Altenburg wurde die Einseiten-Nähtechnik mit zwei miteinander arbeitenden Nadeln entwickelt und zunächst auf dem Forschungsmarkt international vertrieben (Abb. 12.22). Die den Faden führende Nadel mit Öhr (a) bewegt sich unter einem Winkel von 48° zum Nähgut und realisiert auf der Rückseite den Schlingenhub mit Ausbildung der Nadelfadenschlinge. Als Greifer für einen Einfachkettenstich fungiert eine Hakennadel (b), d. h. eine Nähnadel mit einseitig offenem Öhr, die senkrecht ins Nähgut einsticht und zusätzlich noch um diese vertikale Achse gedreht wird. Für diese Technik wurde als Warenzeichen OSS® One Side Sewing® eingetragen. Die Entwicklungen von ALTIN sind heute in überarbeiteter Form Teil des Angebotes der Keilmann Group.

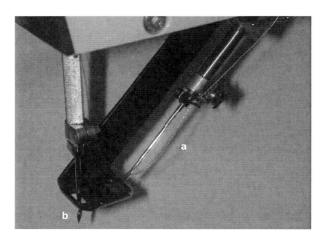

Abb. 12.22 Detail des Nähkopfes der ALTIN Nähtechnik GmbH mit zwei Nadeln, (a) schräg einstechende, fadenführende Nähnadel, (b) Nadel mit offenem Nadelöhr zur Erfüllung der Greiferfunktion

Mit einer anderen Konstellation zweier Nadeln ist der sogenannte ITA-Nähkopf [26] versehen. Hier führen beide Nadeln einen Nadelfaden mit, beide Fäden werden abwechselnd miteinander verkettet. Beiden Nadeln ist beim alternierenden Einstich die Aufgabe des Kettenstichgreifers zugewiesen, während in der Ausstichphase aus dem jeweiligen Nadelfaden die von der anderen Nadel zu erfassende Nadelfadenschlinge gebildet wird. Infolge dieser Doppelfunktion müssen die Nadeln zueinander bestimmte Mindestabstände einhalten. Deshalb ist eine wesentliche Veränderung der Stichlänge nicht möglich. Beide Nadeln sind V-förmig zueinander angeordnet, so dass im Nahtquerschitt eine V-Lage der Nadelfäden realisiert wird. Die Arbeiten wurden weitergeführt [27]. Im Rahmen einer umfassenden technischen Überarbeitung wurde die Aufteilung auf zwei phasenverschoben arbeitende gleiche Antriebe vorgenommen. Die Winkelstellung der Nadeln zueinander ist damit auch in Grenzen variabel. Über eine Nutzung des ITA-Nähkopfes durch weitere Anwender ist nichts bekannt.

Beiden vorstehend genannten Einseiten-Nähtechniken ist der Bedarf eines Freiraumes unterhalb des Nahtbereiches eigen, so dass das Nähen in der Form damit nicht ausgeführt werden kann.

Die Keilmann Group, siehe auch KSL Keilmann Sondermaschinenbau Lorsch GmbH, brachte einen Blindstich-Nähkopf auf den Forschungsmarkt der Composite-Technik. Eine um nahezu 180 Grad gekrümmte Nadel (Abb. 12.23), aber mit einem deutlich kleineren Radius als die bekannten Blindstichnähmaschinen der Bekleidungsfertigung erfordern, wird angewandt. Während bei der klassischen Blindstich-Ausführung Stichrichtung und Nahtrichtung senkrecht zueinander stehen, stimmen bei dieser Blindstichnaht Stich- und Nahtrichtung überein. Befürchtungen, dass beim Einstich der vorher eingebrachte Nadelfaden von der Nadel beschädigt werden könnte, werden durch eine leichte Schrägstellung der Nadelbahn zur Nahtrichtung von etwa fünf Grad ausgeräumt.

Abb. 12.23 Nähnadel des Blindstich-Nähkopfes der Keilmann Group

12.6.6 Nähguthalterungen und Formkörper

Unabhängig von der Nähtechnik ist es erforderlich, auf die spezielle Geometrie der Preform bezogene Nähguthalterungen und Formkörper zu konzipieren, zu konstruieren und für die Anwendung in der nähtechnischen Prefommontage bereitzustellen.

In den x,y-Kreuztisch-Nähautomaten sind die Nähguthalterungen günstigerweise so auszuführen, dass in diesen Halterungen der mehrschichtige Preformaufbau während des Füllens mit Zuschnittteilen definierter Fadenanordnung qualitätsgerecht hergestellt werden kann (Abb. 12.24). Die Nahtausführung einschließlich des Durchstechens des Lagenpaketes bedingt, dass in den einzelnen Metallflächen geeignete Öffnungen in linienförmiger oder auch flächiger Ausführung vorhanden sind.

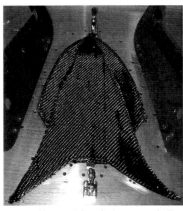

(a) geöffnete Nähguthalterung mit Zuschnittteilen

(b) geschlossene Nähguthalterung mit dem freien rechteckigen Feld für die Nahtausführung

Abb. 12.24 Nähguthalterung für Zuschnittteile, Beispiel: Vorfertigung der Rotorflügel für den Modellrotor II der DFG-FOR 278 [6]

Für dreidimensionale Nähte an Preforms sind komplexere Formkörper notwendig, die die mehrschichtige Vorlage und/oder die Vorlage bereits teilmontierter Elemente der Preform gestatten. Abbildung 12.25 zeigt den Formkörper für die Vormontage des Rotordeckels ohne aufgelegte Zuschnittteile. In Abbildung 12.26 ist der Formkörper (a) für die Vormontage des doppelt gekrümmten Rotordeckels des Modellrotors 2 mit aufgelegtem Glasgewebe und der Formkörper (b) für die Montage des Rotordeckels an die Oberkante der Rotorflügel erkennbar. Der Nähroboter ist so positioniert, dass er je nach Bedarf die eine oder die andere Nähaufgabe ausführen kann.

Damit die Bearbeitung mit der Einseiten-Nähtechnik OSS® möglich ist, wird in den Formkörpern, wie im Beispiel des Formkörpers für die Vormontage des Rotordeckels sichtbar, eine Nut mit dem Querschnitt von ca. 10 mm x 10 mm benötigt, damit die Fadenschlingenübergabe während des Nähprozesses störungsfrei erfolgen kann.

An allen in den Abbildungen 12.24 bis 12.26 gezeigten Nähguthalterungen und Formkörpern sind Schnapp-Spanner oder schraubbare Klemmvorrichtungen in Anwendung. Diese sind nur für Versuchszwecke geeignete Fixiervarianten. In einer

Serien-Preformmontage werden neue, schnell und automatisch arbeitende Spann-mechanismen wie z. B. Pneumatikvorrichtungen und kombiniert mit automatisier-ter Handhabung der textilen Zuschnittteile oder vormontierten Preformelemente benötigt.

Abb. 12.25 Formkörper mit Nuten für die ordnungsgemäße Ausführung des Stichbildungsprozes-ses am Beispiel des Modellrotors II der DFG-FOR 278 [6]

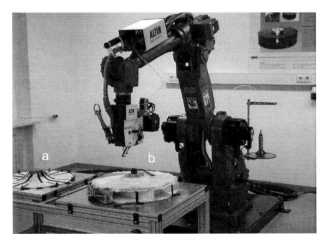

Abb. 12.26 Nähroboter mit Formkörpern zur (a) Vormontage des Rotordeckels und zur (b) Mon-tage von Flügeloberkante und Rotordeckel des Modellrotors II der DFG-FOR 278 [6]

12.6.7 Nähtechnische Bearbeitungszentren

Die Fertigung komplexer Preforms für textilverstärkte Kunststoffe oder auch andere Matrices erfordert produktorientiert konzipierte nähtechnische Fertigungstechnik. Es wird in [25] gezeigt, wie eine konfektionstechnische Abteilung für die Preformfertigung in einem Flugzeugwerk hinsichtlich Technologie, Technik, Logistik und Qualitätssicherung aussehen kann.

Die in Abbildung 12.26 gezeigte nähtechnische Bearbeitung einer Rotorpreform mittels robotergeführten Nähkopfs ist das Beispiel für die Ausführung einer Naht oder weniger definierter Nähte. Das Umspannen der Preform für die weitere Verarbeitung reduziert die Fertigungspräzision.

Internationale industrieeigene Forschungseinrichtungen und zunehmend auch die Kraftfahrzeugbranche beschäftigen sich mit der Herstellung trockener komplexer textiler Preforms. Dazu werden entsprechend der zu fertigenden Preform geeignete Bearbeitungszentren (in Analogie zur Metallverarbeitung) errichtet. Für diese Zwecke ist die Roboterpositionierung neben der preformspezifischen Nähguthalterung nur dann die Lösung, wenn von diesem Roboterstandort alle Bearbeitungsaufgaben ausgeführt werden können.

Erweiterungen des Arbeitsbereiches der robotergeführten Tufting-Technik oder Nähtechnik sind durch den Versatz des Roboters auf einer Schienenbahn oder noch raumgebender durch die hängende, ebenfalls ortsveränderliche Positionierung des Roboters über den preformspezifischen Nähguthalterungen realisierbar. So finden sich in den Internet-Präsentationen, z. B. [19], erste Vorstellungen für komplexe Bearbeitungszentren in produktspezifischer geometrischer Ausfertigung. Damit in Verbindung steht natürlich die technische Option des schnellen Nähkopfwechsels, um unterschiedliche Stichtypklassen und Nahtvarianten belastungsgerecht ausführen zu können.

In diesem Zusammenhang ist auch die Zugänglichkeit für die Nähköpfe an die entsprechenden Preformstellen zu beachten. Abbildung 12.27 zeigt, dass in Abhängigkeit von den Maßen die Zugänglichkeit für Tufting- und Nähköpfe nur begrenzt von innen, aber meist von außen gegeben ist.

Sowohl in [25] als auch in [6] sind die Nähguthalterungen mit manuell zu bedienenden Spannverschlüssen ausgestattet. Dies ist das Zeichen für weiterer Entwicklungsbedarf hinsichtlich der Nähguthalterungen, der definierten, fadenorientierungsgerechten Ablage der textilen Zuschnittteile (s. Kap. 15.3) und der automatisierten Handhabung der textilen Zuschnittteile.

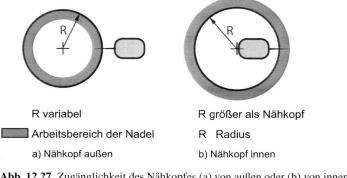

R variabel   R größer als Nähkopf

▨ Arbeitsbereich der Nadel   R   Radius

a) Nähkopf außen   b) Nähkopf innen

Abb. 12.27 Zugänglichkeit des Nähkopfes (a) von außen oder (b) von innen

12.6.8 Automatisierte Handhabung textiler Zuschnittteile

Die automatisierte Handhabung textiler Zuschnittteile für die automatisierte Montage ist seit Jahrzehnten Thema der einschlägigen Forschung. In den 1970er und verstärkt in den 1980er Jahren standen Fragen der Nähautomatisierung im Mittelpunkt der internationalen konfektionstechnischen Forschung, die in den drei bedeutenden Wirtschaftsräumen in vergleichbaren Entwicklungsprojekten forciert wurde. Der absolute Durchbruch ist nicht gelungen, weshalb die Bekleidungsindustrie statt auf Automatisierung zu setzen noch immer auf der Suche nach kostengünstigen Arbeitskräften zur textilen Montage der Bekleidung und ähnlicher Produkte ist. In der Preformmontage sind die Handhabungsaufgaben analog, allerdings bestehen wesentliche Unterschiede in den handzuhabenden textilen Strukturen, ihren Flächenmassen, ihren Eigenschaften hinsichtlich des Verhaltens bei Scher-, Biege- oder auch Torsionsbelastungen, ihren Faserstoffen und auch den Abmessungen.

Die Aufgaben der Handhabungstechnik im Konfektionsprozess sind an mehreren Stufen des technologischen Prozesses vorhanden und partiell unterschiedlich:

• Handhabung von Stoffballen beim Lagenlegen,
• Handhabung der nach dem Zuschnitt entstandenen Zuschnittteile oder Zuschnitteilstapel (Abräumen des Zuschnitttisches),
• Zuführung zur Verbindungstechnik mit Positionierung an Formkörpern und in Nähguthaltevorrichtungen,
• Entnahme der verbundenen Preformteile und Weiterleitung an die nächste Station im Montageprozess und
• Übergabe der fertigen Preform an den nachgelagerten Verbundbauteilherstellungsprozess (in territorialer Einheit) oder in die Transportbehältnisse.

Im Folgenden wird vorrangig auf die Zuführung der Zuschnittteile zu den Formkörpern und Nähguthaltevorrichtungen Bezug genommen.

Zum Erfassen textiler Zuschnittteile mit maschinellen Mitteln wurden bisher die folgenden physikalischen Prinzipien in textilrelevante Handhabungstechnik umgesetzt [28]:

- Nadelprinzip – Mindestens zwei Nadeln stechen meist gegenläufig schräg in die flächige Textilstruktur ein. Durch eine leichte Bewegung voneinander entfernt wird die textile Struktur gespannt und durch Reibung an den Nadeln befestigt. Mittels eines Roboters kann nun die Versatzbewegung ausgeführt werden. Problematisch ist die präzise Einstichtiefe, damit garantiert nur ein textiles Zuschnittteil sicher erfasst wird. Für die Mechanismen der Nadelbewegung sind verschiedene Varianten bekannt geworden.
- Kratzenprinzip – Das Kratzenprinzip setzt auf die multiple Wirkung vieler hakenförmiger Nadeln, die in mindestens zwei Greifplatten flächig und in ihrer Orientierung gegenläufig angeordnet sind. Beide Greifplatten werden aufgedrückt, gegenläufig zum Aufspannen der textilen Struktur bewegt und dann mittels Robotertechnik der Versatz ausgeführt.
- Klemmprinzip – Gegenläufige Klemmbacken werden im geöffneten Zustand auf die flächige textile Struktur aufgedrückt. Zwischen den Klemmbacken wölbt sich vor allem bei der Nutzung einer kompressiblen Unterlage wie Schaumstoff die Textilstruktur auf. Die Klemmen können geschlossen werden, wobei sich eine Sensortechnik zur Erfassung des Zustandes „Klemme hat Textilstruktur erfasst" registrieren sollte. Gegebenenfalls ist sonst ein Nachfassen programmierbar. Die Aufwölbung der Struktur beim Eindrücken der Klemmbacken darf nur so tief erfolgen, dass nicht noch eine zweite Lage erfasst wird [29].
- Saugprinzip – Das Saugprinzip nutzt die Wirkung des Unterdruckes in pneumatischen Systemen. Bekanntermaßen ist Saugluft sehr energieintensiv, so dass sich derartige Sauggreifer mit Dichtlippen zur Vermeidung von Fehlströmen der Luft vor allem für beschichtete Materialien eignen.
- Aerodynamisches Paradoxon – Die Anwendung des aerodynamischen Paradoxons wurde in [30] experimentell untersucht und für geschichtete poröse Textilstrukturen auch modelliert.
- Klebeprinzip – Klebegreifer, besser Adhäsionsgreifer, nutzen die Haftwirkung von Klebeband, welches über ein geeignetes Rollensystem so positioniert wird, dass beim Aufdrücken des Greifers klebefähiges Klebeband den Kontakt zwischen Greifer und textiler Struktur herstellt. Unter Anwendung eines gabelförmigen Gegenhalters ist die Verbindung wieder lösbar. Mit Blick auf die Qualität des Composites sollten keine Klebstoffrückstände an der Faser-/Filamentoberfläche verbleiben. Je nach Verbrauchszustand wird das Klebeband intermittierend weitergerückt. Bei Bedarf muss eine neue Rolle Klebeband eingesetzt werden.
- Gefriergreifer – Aus Unfallmeldungen ist bekannt, dass feuchte Extremitäten oder auch Zungen an Metallstrukturen mit Temperatur unter dem Gefrierpunkt anfrieren können. Dieser Effekt wird technisch genutzt, indem lokal eine kleine Menge Wasser auf die textile Struktur aufgesprüht wird. Die Greiferoberfläche ist auf eine Temperatur unter dem Gefrierpunkt abgekühlt, so dass das

entstehende Eis die Verbindung zwischen Greifer und textiler Oberfläche herstellt. In Gefriergreifern werden Peltier-Elemente eingesetzt, die durch wechselnde elektrische Energie gekühlt oder erwärmt werden können. Insbesondere textile Strukturen mit sehr feinen Filamenten und damit auch Kapillaren bereiten Schwierigkeiten, da das Wasser infolge der Kapillarwirkung nicht mehr von der gekühlten Fläche des Greifers erreicht werden kann. Aktuell setzt die Composite-Branche sehr auf die Anwendung der Gefriergreifer, die auch als Kryogreifer bezeichnet werden.

Problematisch ist die Zuverlässigkeit des Erfassungsvorganges, denn es wurde bisher nur in einer speziellen Paarung Greifsystem/textiles Material eine Zuverlässigkeit von maximal 99,8 % an einem Greifer erreicht. In der Regel müssen infolge der Größe der Zuschnittteile mehrere Greifer eingesetzt werden. Es existieren auch noch weitere Störungsquellen, so dass die Zuverlässigkeit des Gesamtsystems entsprechend weiter reduziert wird. Dies ist eine wesentliche Ursache dafür, dass bisher die automatisierte Handhabung textiler Zuschnittteile noch nicht den Durchbruch in die Praxis geschafft hat. Vielfach wurden derartig konzipierte Systeme in Teile zerlegt und mit manueller Tätigkeit gekoppelt.

Technische Zusatzeinrichtungen können die Zuverlässigkeit automatisierter Systeme steigern, denn in der Papierverarbeitung, in Druckereien und auch in Bürotechnik gelingt die automatisierte Handhabung der Papierbögen mit sehr hoher Zuverlässigkeit. Folglich ist der Blick in andere Technikbereiche sinnvoll und hilfreich:

- Sensoren für die Prüfung des Erfassens,
- Steuerungsalgorithmen, die gegebenenfalls eine Wiederholung des Greifvorganges auslösen,
- Messung und Nutzung von Prozessparametern des Greifprozesses (z. B. Anpresskraft, Klemmenöffnungsabstand),
- Aufheben der Haftung an den Schnittkanten infolge des Mehrlagenzuschnittes thermoplastischer Textilstrukturen,
- Reduzierung der Haftung zwischen den einzelnen Lagen des Schnittteilstapels infolge von Oberflächeneffekten durch geeignete Zwischenlagen oder andere technische Maßnahmen,
- Optimierung der mechanischen Greiferelemente zum Vermeiden von Zerstörungen der Filamente durch die Greiferwirkung,
- geeignete Klebstoffauswahl, um aus Klebstoffresten bei der Anwendung von Adhäsionsgreifern lokale Grenzschichtprobleme zwischen klebstoffverschmutzter Faser-/Filamentstruktur und Matrix zu vermeiden,
- hohe Ablagepräzision zur Einhaltung der vorgesehenen Fadenorientierung durch geeignete CNC-Technik,
- Qualitätssicherung mit optischen oder anderen Mitteln, um umgeschlagene Ecken zu erkennen, und zur Sicherung der Reihenfolge und der Fadenorientierung der zu schichtenden Lagen.

Abschließend ist zu bilanzieren, dass sich die technisch zuverlässige, akzeptabel störungsarme, automatisierte Handhabung textiler Zuschnittteile noch im Entwicklungsstadium befindet, woran auch einzelne erfolgreiche Lösungen wie die Handhabung dicker Glasfasermatten mittels Nadelgreifern nichts ändern.

Die nähtechnische Montage textiler Preforms setzt den beherrschten Kompromiss zwischen der Schädigung der Verstärkungstextilstrukturen infolge der Perforation beim Durchstechen und der Montage der komplexen Preform voraus. Die Konstrukteure müssen diesen Kompromiss, die Reduzierung der In-Plane-Eigenschaften bei gleichzeitiger Verbesserung der Out-of-Plane-Eigenschaften, so gestalten, dass für den konkreten Einsatzfall beispielsweise die notwendige interlaminare Scherfestigkeit oder das entsprechende Impact-Verhalten ohne kritische Veränderungen weiterer Eigenschaften erreicht werden.

12.7 Textile Montage mittels Schweißtechnik

Textilschweißen ist das stoffschlüssige Verbinden von zwei oder mehreren Teilen oder auch eines Teiles mit sich selbst (Schlauchfertigung) aus in der Regel gleichen Materialien unter Anwendung von Wärme und Druck. Die Schweißnaht entsteht ohne artfremde Zusatzstoffe. Voraussetzungen für die Anwendung der Schweißtechnik sind synthetische Faserstoffe mit thermoplastischen Eigenschaften oder Beschichtungsmaterialien der textilen Flächen mit analogen Eigenschaften. Zielstellung ist die textilgerechte, biegeweiche, flexible und ausreichend feste Naht.

Die Schweißverfahren lassen sich in kontinuierliche und Taktschweißverfahren einteilen (Tabelle 12.1).

Tabelle 12.1 Schweißverfahren und Arbeitsweise [31]

Schweißverfahren	Arbeitsweise
Heißluftschweißen	kontinuierliches Verfahren
Heizkeilschweißen	kontinuierliches Verfahren
Ultraschallschweißen	Taktverfahren oder kontinuierliches Verfahren
Hochfrequenzschweißen	Taktverfahren
Laserschweißen	kontinuierliches Verfahren oder Taktverfahren

Die Entwicklung der Schweißverfahren ist eng mit der Marktrelevanz thermoplastischer Materialien verbunden. Bereits in den 1940er Jahren waren Heißluft- und Heizkeilschweißen bekannt. In der 2. Hälfte der 1960er Jahre wurden formkonstante Nahtkonturen wie beispielsweise Knopflöcher in Nylon-Hemden mit dem Hochfrequenz-Verfahren hergestellt. Heute ist Hochfrequenz-Schweißen das etablierte Verbindungsverfahren zur Herstellung von Planen aus Polyester-Gewebe mit PVC-Beschichtung. Zu berücksichtigen ist die auf einige Faserstoffe und Polymere eingeschränkte Eignung des Hochfrequenz-Schweißverfahrens, da die Wechselwirkung zwischen dem hochfrequenten elektrischen Feld und dem Polymermaterial sowohl polare Makromoleküle als auch ausreichende innere Reibung zwischen den Molekülen voraussetzt [32]. Auch das Ultraschallschweißen ist eine seit Jahrzehnten bekannte Schweißtechnik, wobei dem Ultraschallschweißen die Eignung für das Schweißen von Faserstoffmischungen zugesprochen wird, sofern der thermoplastische Anteil bei zwei Dritteln liegt.

Die Eignung der Laserstrahlen zum definierten Wärmeeintrag ist hinlänglich bekannt und wurde bereits in den 1970er Jahren wissenschaftlich untersucht [33]. Nach 2000 war das Laserschweißen von Textilien wiederholt Gegenstand öffentlich geförderter Projekte.

Beim kontinuierlichen Schweißen erfolgt die Nahtbildung fortlaufend wie aus dem Nähprozess bekannt. Das Taktschweißen hingegen erfordert ein geschlossenes, den Schweißdruck realisierendes Werkzeug. Die Energie zum Erreichen der Schmelz- bzw. Schweißtemperatur im textilen Material wird durch mechanische oder elektrische Schwingungen oder durch die Laserstrahlung bereitgestellt.

Für einfache Schweißaufgaben wie Reparaturen stehen auch Handschweißmaschinen auf dem Markt bereit, die nach dem Heißluftverfahren oder dem Ultraschallverfahren arbeiten. Mit der Erwärmung des thermoplastischen Materials in der Schweißfuge bis zur Schmelztemperatur des Thermoplasts wird die Voraussetzung geschaffen, dass unter verfahrensspezifisch realisierter Druckwirkung die Fügepartner zusammengepresst und abgekühlt werden können. Eine sichere und die Kräfte auch übertragende Verbindung ist erreicht, wenn die Temperatur in der Schweißfuge unter die Glastemperatur abgesenkt ist (Abb. 12.28).

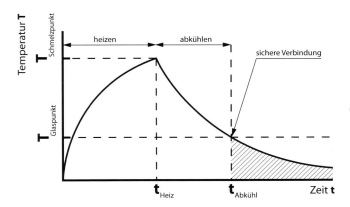

Abb. 12.28 Ablauf des Schweißprozesses [31]

Infolge des Anschmelzens der Faserstoffe entsteht im Bereich der Schweißnaht aus der Faserstruktur eine erstarrte Polymerschmelze. Diese weist nicht die textiltypischen Eigenschaften auf. Deshalb kann es sinnvoll sein, nur lokale Schweißpunkte zu setzen, um über die Nahtlänge noch partiell textile Eigenschaften, die auch Längsnahtelastizität einschließen, zu gewährleisten. Fluiddichte Nähte hingegen bedürfen der durchgehenden Naht. Die geometrische Anordnung der Nahtzugaben der Zuschnittteile sollte möglichst überlappend erfolgen, denn Schälnähte können nur begrenzte Kräfte übertragen [34].

In der Preformfertigung ist die Schweißtechnik nur einsetzbar, wenn es um die Verarbeitung von Hybridgarn-Textilstrukturen, beispielsweise Glasfaser/Polypropylen, geht. Der thermoplastische Faserstoffanteil wird im Laufe des Verarbeitungsprozesses der Verstärkungstextilien über die Preform zum Composite-Bauteil vom textilen Zustand in den Zustand der thermoplastischen Matrix überführt. Eine zeitliche Vorausnahme dieser Umformung durch eine lokale Schweißnaht unterstützt den Handhabungs- und Montageprozess der textilen Preform, allerdings wird diese Schweißnaht im Composite-Bauteil im Gegensatz zur Nähnaht keine Funktionalität als z-Verstärkung oder Rissbremse haben können.

Nach geeigneter Positionierung in einem preformspezifischen Formkörper können heftende Montagearbeiten durch Anwendung thermischer Energie ausgeführt werden. Mittels Ultraschall-Schweißgerät oder Heißluft-Schweißgerät wird lokal Wärmeenergie zugeführt, bis die thermoplastische Komponente des Hybridgarns fließfähig wird und nach Zusammenpressen und Abkühlen eine nur auf dem Matrixmaterial basierende Verbindung zwischen den beteiligten Zuschnittteilen herbeiführt (Abb. 12.29). Zu beachten ist, dass diese Verbindung eine Handhabungsunterstützung in den Stufen der Preformmontage und in Vorbereitung des Verbundbauteilherstellungsprozesses bieten kann, Auswirkungen auf die Bauteileigenschaften des FVW-Bauteils wie Delaminationsschutz sind nicht zu erreichen.

Abb. 12.29 Lokale Fixierung von geschichteten Verstärkungsstrukturen aus Hybridgarnen nach Ultraschallwirkung

12.8 Textile Montage in der Preformfertigung mittels Klebetechnologie bzw. Bindertechnologie

Die Klebetechnologie wird im Bereich der textilverstärkten Kunststoffe erfolgreich zur Lösung zweier Aufgaben angewandt. Die Montage textiler Preforms aus trockenen Verstärkungstextilien kann alternativ zum Nähen auch durch Anwendung der Klebetechnologie vorgenommen werden. Außerdem wird die Klebetechnologie zur Strukturfixierung von Verstärkungstextilien eingesetzt, da die Carbon- und Glasfilamente in den Flächenstrukturen infolge zu geringer Reibung untereinander sonst zu unerwünschten Verschiebungen der Fadenanordnung führen.

Kleben ist definiert als Herstellen einer Verbindung zwischen Fügeteilen unter Zuhilfenahme eines Zusatzmaterials, des Klebstoffes. Klebstoffe sind nach DIN EN 923 „nichtmetallische Werkstoffe, die Fügeteile durch Flächenhaftung (Adhäsion) und innere Festigkeit (Kohäsion) verbinden können".

Die Klebenaht weist zwischen den beiden Fügeteilen Bereiche der Adhäsion und der Kohäsion auf. Adhäsion betrifft die Haftung zwischen Verstärkungstextilfläche und Klebstoff, während Kohäsion die Haftung im Klebstoff selbst charakterisiert. Für die Haftung zwischen Verstärkungstextilfläche und Klebstoff ist die Grenzfläche der Verstärkungstextilien von besonderer Bedeutung.

Ein für die Composites weiterer wichtiger Aspekt ist die Kompatibilität des Klebstoffes mit dem künftigen Matrixmaterial, denn die Klebstoffposition darf keine Störstelle im Verbund sein, die beim Gebrauch des Composite-Bauteils Ausgangspunkt für eine schrittweise Zerstörung desselben werden könnte. Außerdem darf der Klebstoff die Infiltration des flüssigen Matrixmaterials nicht behindern, indem lokal die Permeabilität der porösen Verstärkungstextilien wesentlich eingeschränkt wird.

Mit Blick auf die zeitliche Funktionalität der Klebeverbindung ist zwischen dauerhafter Klebeverbindung auch im Composite-Bauteil und einer zeitweiligen, alternativ auch als heftend bezeichnete Funktion des Klebstoffes zu unterscheiden. Die heftende Funktion als Verarbeitungsunterstützung kann aufgehoben werden, wenn beispielsweise im Kunststoffwerkzeug durch den Eintritt und nach der Konsolidierung des Matrixmaterials der Klebstoff infolge der Prozesstemperaturen nicht mehr existent ist und seine gasförmigen Bestandteile beim Evakuieren des Kunststoffwerkzeuges abgesaugt werden. Andererseits sind reaktive Verbindungen zwischen Klebstoff und Matrixmaterial oder auch Aufnahme des Klebstoffes durch Lösung während der Infiltration im noch flüssigen Matrixmaterial Varianten der Integration des Klebstoffes in ein Composite-Bauteil.

In der Verbundbauteilbranche wird anstelle des Begriffes Klebstoff bevorzugt der Begriff Binder benutzt. Binder werden als Pulver oder als Dispersionen auf die Verstärkungstextilien aufgetragen und sind in der Regel infolge der thermoplastischen Eigenschaften thermisch aktivierbar. Die Applikationstechnik ist auf den Aggregatzustand des Binders abzustimmen. Pulver werden aufgestreut, während Dispersionen aufgesprüht werden können.

Der Auftrag von Binder auf Verstärkungstextilien kann zur allgemeinen Struktur-festigung global auf der Meterware oder alternativ lokal nur an den vorausberech-neten Stellen der Verstärkungstextil-Zuschnittteile so erfolgen, dass die Drapie-rung derselben in die 3D-Form der Preform unterstützt und zugleich unerwünschte Strukturverformungen beispielsweise durch Scherung verhindert werden [4]. Die Überführung dieser Verfahrensweise in die industrielle Praxis der Composite-Branche wird vorbereitet.

Aus dem Binderauftrag können makroskopisch betrachtet oberflächliche Kontakte zwischen Verstärkungstextil und Binder oder mikroskopisch gesehen auch ein parti-elles Eindringen in die Tiefe der Verstärkungstextilstruktur (Penetration) resultieren.

Die thermoplastischen Binder zur Strukturfixierung der Meterware können beim Drapieren der Zuschnittteile in die Preformgeometrie lokal durch Wärmeeinwirkung mit geeignet beheizten Werkzeugen kurzzeitig aktiviert werden, wodurch das Drücken in die beabsichtigte Lage ermöglicht wird und nach Erstarren des Binders diese Vorzugslage bis zur Konsolidierung der Preform zum Kunststoff-bauteil gesichert bleibt.

Hinsichtlich der Wechselwirkungen zwischen Binder und Matrixsystemen wird an dieser Stelle auf detaillierte Ausführungen in Kapitel 13 verwiesen.

Literaturverzeichnis

[1]   Deutsche Forschungsgemeinschaft (DFG): *Liste der laufenden Förderung der Deut-schen Forschungsgemeinschaft (s. Link Sonderforschungsbereiche SFB 528 und SFB 532).* http://www.dfg.de/foerderung/programme/listen/index.jsp (25.02.2011)
[2]   RÖDEL, H.: *Analyse des Standes der Konfektionstechnik in Praxis und Forschung sowie Bei-träge zur Prozeßmodellierung.* Aachen : Shaker Verlag, Habilitation, 1996
[3]   Cetex-Institut für Verarbeitungs- und Textilmaschinenbau gemeinnützige GmbH: *Cetex Infor-mationen.* http://www.cetex.de/html/institut/deu/download/doc/cetex_info/cetex_info_2006.pdf (25.02.2011)
[4]   Schutzrecht DE102007032904 (14. Juli 2007).
[5]   GIRDAUSKAITE, L.: *Lokale Strukturfixierung im Preformherstellungsprozess für komplex ge-krümmte Faserkunststoffverbundbauteile.* Dresden, Technische Universität Dresden, Fakultät Maschinenwesen, Diss., 2011
[6]   Technische Universität Dresden: *DFG-Forschergruppe FOR 278 Textile Verstärkungen für Hochleistungsrotoren in komplexen Anwendungen.* http://www.tu-dresden.de/mw/ilk/fg (25.02.2011)
[7]   TERNO, J. ; LINDEMANN, R. ; SCHEITHAUER, G.: *Zuschnittprobleme und ihre praktische Lösung.* Leipzig, Frankfurt/Main : Fachbuchverlag Leipzig und Verlag Harry Deutsch Thun, 1987
[8]   SCHLEGEL, W.: *Beitrag zur technologischen Optimierung des Zuschnittvorbereitungsprozes-ses in der textilen Konfektion.* Dresden, Technische Universität Dresden, Fakultät für Maschi-nenwesen, Habilitation, 1985
[9]   Fa. WASTEMA International Steinhauser Spezialmaschinen GmbH: *Foto-CD.* Veringenstadt. – Firmenunterlagen
[10] http://www.gfm.at/gfm/de/index.html (25.02.2011)

[11] BLANK, S. ; WÜSTENBERG, D.: Automatische Zuschnittischentsorgung. In: *Bekleidungstechnische Schriftenreihe* (1992), Nr. 89

[12] G. M. PFAFF AG: *Stichbildung*. Kaiserslautern. – Firmenschrift

[13] MITSCHANG, P.: Synergy Effects in the Field of Sewing Technology for the Manufacturing of Tailored Reinforcements. In: *Proceedings. 27. Aachener Textiltagung*. Aachen, Deutschland, 2000

[14] http://www.queenlight.co.jp/hp_eng/htm_eng/headpage.htm (19.02.2011)

[15] RÖDEL, H.: Stichbildung an Nähmaschinen. In: GRIES, Th. (Hrsg.) ; KLOPP, K. (Hrsg.): *Füge- und Oberflächentechnologien für Textilien - Verfahren und Anwendungen*. Berlin, Heidelberg : Springer Verlag, 2007, S. 10–30

[16] Groz-Beckert: *GEBEDUR-Nadeln. Revolution in Gold*. http://www.groz-beckert.com/ website/media/de/media_master_374_low.pdf (06.02.2011)

[17] Schmetz: *The world of sewing*. http://www.schmetz.com/ (06.02.2011)

[18] ARNOLD, J.: *Beitrag zum Bestimmen des Nadeltemperaturverhaltens bei Industrie-Doppelsteppstich-Schnellnähmaschinen unter Anwendung der Infrarotmesstechnik*. Dresden, Technische Universität Dresden, Fakultät für Maschinenwesen, Diss., 1985

[19] WITTIG, J.: Recent Development in the Robotic Stitching Technology for Textile Structural Composites. In: *Journal of Textile and Apparel, Technology and Management* 2 (2001), Nr. 1

[20] NASA: *The Advanced Stitching Machine: Making Composite Wing Structures Of The Future*. http://www.nasa.gov/centers/langley/news/factsheets/ASM.html (19.02.2011)

[21] WEILAND, A.: *Nähtechnische Herstellung von dreidimensional räumlich verstärkten Preforms mittels Einseitennähtechniken*. Dresden, Technische Universität Dresden, Fakultät Maschinenwesen, Diss., 2003

[22] RÖDEL, H.: Einsatz der Nähtechnik zur Herstellung von 3D-verstärkten Mehrschicht-Verbundstrukturen mit linearen Verstärkungen in z-Richtung unter variablem Winkel (1303/4-1) / TU Dresden, ITB. Dresden, 1999. – DFG-Antrag

[23] Paker Hannifin Corporation: *Textile Machines*. http://www.parker.com/portal/site/PARKER/menuitem.7100150cebe5bbc2d6806710237ad1ca/?vgnextoid=f5c9b5bbec622110VgnVCM10000032a71dacRCRDvgnextfmt=defaultvgnextdiv=A87859vgnextcatid=3188941vgnextcat=TEXTILE+MACHINESWtky= (06.02.2011)

[24] MITSCHANG, P. et al.: Prozessentwicklung und ganzheitliches Leichtbaukonzept zur abfallfreien, durchgängigen Preform-RTM-Fertigung – PRO-Preform-RTM (02PP2475) / Institut für Verbundwerkstoffe GmbH. Kaiserslautern, 2004. – Schlussbericht

[25] KÖRWIEN, Th.: *Konfektionstechnisches Verfahren zur Herstellung von endkonturnahen textilen Vorformlingen zur Versteifung von Schalensegmenten*. Bremen, Universität Bremen, Diss., 2002

[26] MOLL, K.-U.: *Nähverfahren zur Herstellung von belastungsgerechten Fügezonen in Faserverbundwerkstoffen*. Aachen, RWTH Aachen, Diss., 1999

[27] LAOURINE, E.: *Einseitige Nähtechnik für die Herstellung von dreidimensionalen Faserverbundbauteilen*. Aachen, RWTH Aachen, Diss., 2005

[28] PAKULAT, D.: *Beitrag zur Untersuchung des Vereinzelungsprozesses von textilen Flachformgütern*. Dresden, Technische Universität Dresden, Fakultät Maschinenwesen, Diss., 1983

[29] RÖDEL, H.: *Grundlagenuntersuchungen zum Vereinzeln von Flachformgütern*. Dresden, Technische Universität Dresden, Fakultät für Maschinenwesen, Diplomarbeit, 1980

[30] HYKEL, K.: *Vereinzelung gestapelten porösen Flachformgutes unter Anwendung des Aerodynamischen Paradoxons mit gekoppelter Filterströmung, aufgezeigt am Beispiel textiler Zuschnitteile*. Dresden, Technische Universität Dresden, Fakultät für Maschinenwesen, Diss., 1974

[31] RÖDEL, H.: *Konfektionierung technischer Textilien*. 2011. – Skript der Lehrveranstaltung

[32] AUTORENKOLLEKTIV: *Konfektion*. Leipzig : VEB Fachbuchverlag Leipzig, 1979

[33] POLLACK, D. ; WIEDEMANN, G.: *Beitrag zum Lasereinsatz, insbesondere des CO_2-Lasers, in der Textil-, Bekleidungs- und Chemiefaserindustrie*, TU Dresden, Fakultät für Maschinenwesen, Diss., 1978

[34] RÖDEL, H.: Konfektionierung Technischer Textilien. In: KNECHT, P. (Hrsg.): *Technische Textilien*. Frankfurt/Main : Deutscher Fachverlag, 2006, S. 119–137

Kapitel 13
Textile Ausrüstung und Ausrüsungstechniken

Heike Hund und Rolf-Dieter Hund

Undifferenziert betrachtet bestehen textilverstärkte Verbundwerkstoffe aus einer formgebenden, polymeren oder anorganischen Matrix und den darin eingebetteten textilen Verstärkungsstrukturen. Ein dritter, weniger eindeutig erkennbarer Bestandteil, entscheidend für die Qualität und Eigenschaften des fertigen Bauteils, ist zwischen den beiden erstgenannten Komponenten zu finden, die Grenzschicht. Diese Schicht wird durch die Ober-und Grenzflächen (Phasengrenzen) von Verstärkungsfaser und Matrix sowie dem Raum dazwischen gebildet. Hier treten die Wechselwirkungen zwischen der Faser und der umgebenden Formmasse auf. Der Abstand zwischen den Phasengrenzen kann im molekularen Bereich liegen, so dass unmittelbare Wechselwirkungen möglich sind. Aber auch das Einbringen weiterer, vermittelnder Substanzschichten ist möglich. Dieses Kapitel gibt einen Überblick, ausgehend von der Betrachtung auf molekularer Ebene der beteiligten Materialien, über die Vorbehandlung der textilen Oberflächen, bis zur Applikation funktioneller Ausrüstung.

13.1 Einleitung und Übersicht

Unter Ausrüstung textiler Materialien für den Einsatz im Leichtbau und der Membranherstellung ist die Bearbeitung der äußeren Materialschichten im Sinne einer Aktivierung, Funktionalisierung und Modifizierung zu verstehen, wobei die damit zu erzielenden Effekte von einer einfachen Haftverbesserung bis hin zum hoch komplexen Grenzschichtdesign reichen. Die hierfür einzusetzenden Methoden und Verfahren umfassen im Wesentlichen drei Bereiche. Sie können einzeln aber auch kombiniert angewendet werden:

- Nasschemische Verfahren zur Vorbehandlung, Ausrüstung und Beschichtung textiler Festigkeitsträger,

- Physikalisch/chemische Methoden basierend auf Corona-/Plasmatechnologie zur Bearbeitung textiler Oberflächen und
- Chemische Oberflächenaktivierung und Funktionalisierung durch Behandlung mit Reaktivgas.

Für spezielle, genau definierte Ausrüstungsziele ist es notwendig, neben der Wahl geeigneter Methoden auch ergebnisorientierte Verfahrensweisen zu entwickeln, die in der Lage sind, das gewünschte Ergebnis zu gewährleisten. So kann etwa eine nasschemische Oberflächenfunktionalisierung kontinuierlich oder diskontinuierlich vonstattengehen, wobei der Kontakt zwischen Textil und Behandlungslösung (Behandlungsflotte) mittels Tauchen, Sprühen, Foulardieren oder Walzenantrag (Pflatschen) zu bewerkstelligen ist. Des Weiteren kommen den dabei variabel zu gestaltenden Prozessparametern wie Konzentration chemisch reaktiver Substanzen, Temperatur und Behandlungszeit große Bedeutungen zu [1]. Für die Nutzung von Corona-/Plasmaanlagen zur Behandlung textiler Substrate ist es notwendig, den Energieeintrag, die Behandlungszeit sowie die eventuelle Zuspeisung von Gasen und auch gelösten Substanzen so zu wählen, das benötigte Oberflächenfunktionen resultieren, ohne dass es zu nennenswerten Materialschädigungen kommt [2]. Für die Anwendung von reaktiven Gasen zur Oberflächenaktivierung und Funktionalisierung stehen diskontinuierliche und kontinuierliche Verfahren zur Verfügung, bei denen Gaszusammensetzung, Druck, Begasungszeit und Temperatur die wesentlichen Einflussgrößen sind [3].

13.2 Chemisch-physikalische Grundlagen

Für die Darstellung textiler Materialien werden in der Hauptsache Grundstoffe genutzt, die den organischen Polymeren zuzuordnen sind. Daneben finden anorganische und metallische Werkstoffe Einsatz, wobei besonders Glas, Carbon, Keramik, Basalt und Stahl zu nennen sind. In den meisten Fällen besitzen die daraus hergestellten textilen Erzeugnisse eine an der Oberfläche aufgebrachte Schlichte, deren Bestandteile ihrerseits einem breiten Sortiment an Substanzen entnommen sind [4]. Für die effiziente Ausrüstung dieser Materialien ist es notwendig, sich mit den gegebenen Werkstoffcharakteristiken auseinander zu setzen, damit der Bearbeitung optimale Ergebnisse folgen. Im Fokus der Betrachtungen liegen dabei in erster Linie die physikalischen und chemischen Eigenschaften in den Bereichen der textilen Oberflächen. Als wichtige Größen sind hier die Oberflächenenergie, die chemische Struktur auf molekularer Ebene und die Topografie anzusehen, die insgesamt eine Aussage über die Adhäsionseigenschaften (s. Abb. 13.1) hinsichtlich der Verbundfähigkeit mit einem gegebenen Matrixsystem gestatten.

Unter *Topografie* ist hierbei die geometrische Strukturierung, insbesondere auf Mikroebene, zu verstehen. Weiterhin sind von diesen Größen Hinweise zur Ausrüstungsstrategie der textilen Materialien mittels Verfahren und Methoden der

Textilausrüstung zu erwarten. Im Folgenden soll auf diese Größen näher eingegangen werden.

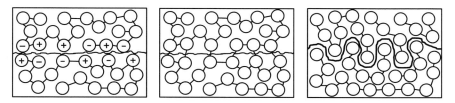

Abb. 13.1 Interpretation der adhäsiven Haftung, links: Dipolkräfte, Mitte: kovalente Bindungen, rechts: mechanische Verankerungen (nach [5])

13.2.1 Oberflächenenergie, Oberflächenspannung

Atome und Moleküle an der Oberfläche einer kondensierten Phase (Feststoff oder Flüssigkeit) verfügen in einer Raumrichtung über keine gleichartigen Nachbaratome oder Moleküle, mit denen sie chemische oder physikalische Wechselwirkungen eingehen können, um so ihr Energiepotenzial zu senken. Das heißt, ein Oberflächenatom oder Molekül ist gegenüber solchen aus dem Inneren der Phase durch einen deutlich höheren Energieinhalt gekennzeichnet, woraus eine spezifische Größe für das Wechselwirkungsvermögen mit weiteren angrenzenden Phasen (fest, flüssig oder gasförmig) resultiert. Diese Größe wird als *Oberflächenenergie* σ_s (Feststoffe) oder *Oberflächenspannung* σ_l (Flüssigkeiten) bezeichnet und besitzt somit die Dimension einer Energie/Fläche (Nm/m^2), was durch Kürzen zur Einheit N/m führt, wobei diese oft als Bruchteil davon, in mN/m (veraltet: dyn/cm) angegeben wird [6]. Da die energetischen Eigenschaften von Oberflächen von verschiedenen Wechselwirkungskräften hervorgerufen werden, ist die Oberflächenenergie von Festkörpern bzw. die Oberflächenspannung von Flüssigkeiten in disperse und polare Anteile differenzierbar. Die dispersen Anteile der Oberflächenenergie/-spannung σ^D beruhen auf elektronischen Wechselwirkungen unpolarer Molekülstrukturen, die schwache Dipole induzieren und somit relativ schwache Anziehungskräfte an der Phasenoberfläche verursachen. Ihre Bezeichnung als London-Kräfte geht auf die Arbeiten des Physikers FRITZ LONDON [7] zurück. Besitzen Atomgruppen in der Phasengrenze permanente Dipole, so sind diese für die polaren Anteile der Oberflächenenergie/-spannung σ^P verantwortlich. Permanente Dipole entstehen auf Grund kovalenter Bindungen von Atomen unterschiedlicher Elektronegativität [8] oder im Extrem durch geladene Atomgruppierungen. Einen weiteren erheblichen Beitrag zur Oberflächenenergie leisten Säure-Base-Wechselwirkungen nach dem LEWIS-Modell [9] und Wasserstoffbrückenbindungen [10]. Die Größen der Oberflächenenergien fester Stoffe sowie der Oberflächenspannungen flüssiger Phasen sind mittels indirekter Messmethoden und anschließender Berechnung leicht zugänglich, worauf in Abschnitt 13.4.1 eingegangen wird.

13.2.2 Grenzflächenernergie

Treten zwei miteinander nicht mischbare kondensierte Phasen (flüssig/flüssig, fest/flüssig, fest/fest) in Kontakt, so ergibt sich eine *Grenzflächenenergie* σ_{12}, deren Ausprägung durch die einzelnen Oberflächenenergien bzw. Oberflächenspannungen und deren dispersen und polaren Anteile bestimmt wird. OWENS und WENDT [11] haben diesen Zusammenhang wie folgt formuliert:

$$\sigma_{12} = \sigma_1 + \sigma_2 - 2 \left(\sqrt{\sigma_1^D \cdot \sigma_2^D} + \sqrt{\sigma_1^P \cdot \sigma_2^P} \right) \qquad (13.1)$$

σ_{12} = Grenzflächenenergie zwischen Phase 1 und 2
σ_1 = Oberflächenenergie Phase 1
σ_2 = Oberflächenenergie Phase 2
σ_1^D = disperser Anteil der Oberflächenenergie Phase 1
σ_2^D = disperser Anteil der Oberflächenenergie Phase 2
σ_1^P = polarer Anteil der Oberflächenenergie Phase 1
σ_2^P = polarer Anteil der Oberflächenenergie Phase 2

Die Grenzflächenenergie steht als entscheidende Größe für das Benetzungs- vermögen flüssiger Phasen, wie Thermoplastschmelzen, Reaktivharze, Beschich- tungspasten oder Ausrüstungsflotten, für die Benetzungsfähigkeit fester Phasen, wie textiler Strukturen und für die Haftungsphänomene zweier Phasen untereinander. Die genaueren Zusammenhänge dazu werden in Abschnitt 13.3.1 behandelt.

13.2.3 Chemische Eigenschaften textiler Oberflächen

Die im vorangehenden Abschnitt behandelte Oberflächenenergie kondensierter Pha- sen steht natürlich im engen Zusammenhang mit der chemischen Beschaffenheit der Werkstoffe, aus denen die textilen Strukturen, Matrixsysteme sowie Beschich- tungsmaterialien bestehen. Die chemischen Strukturen der Grenzschichten sind darüber hinaus interessant, wenn es um die Beurteilung ihres chemischen Reakti- onsvermögens geht, um dieses einerseits direkt zu nutzen oder andererseits Stra- tegien zur Funktionalisierung zu entwickeln und durchzuführen. Im Wesentlichen sind drei Materialschichten der Betrachtung zu unterziehen, welche im Einzelnen für Faseroberfläche, Schlichte und Matrix steht.

13.2.4 Chemische Eigenschaften von Fasermaterialien

Fasern aus Polyethylen (PE) und Polypropylen (PP)

PE und PP sind Polymere die zu den sogenannten Polyolefinen gehören und nur aus Wasserstoff-(H) und Kohlenstoffatomen (C) bestehen, die untereinander mittels Einfachbindungen verknüpft sind, so dass aliphatische Strukturen vorliegen (Abb. 13.2).

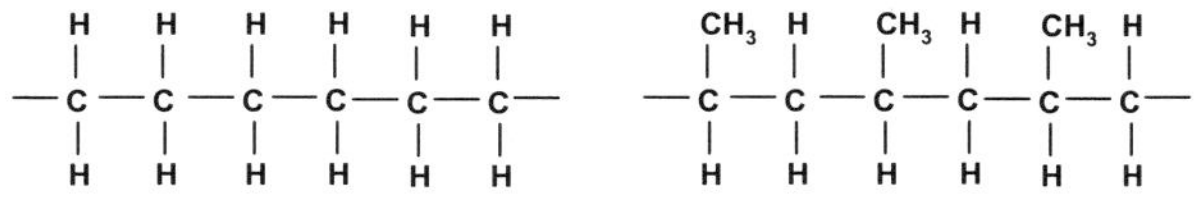

Abb. 13.2 Strukturelemente von PE (links) und PP (rechts)

Polyolefine zeichnen sich in der Regel als chemisch sehr widerstandsfähig (inert) aus, so dass keinerlei chemische Reaktionen mit Verbundpartnern zu erwarten sind. Auch verfügen PE und PP nur über schwache disperse Wechselwirkungen, was nur die Benetzung mit unpolaren Flüssigkeiten erlaubt. Die C-H Bindung ist aber sehr gut für die oxidative Funktionalisierung mittels verschiedener Verfahren geeignet (s. Abschn. 13.5.2), um so zu deutlich verbesserten Benetzungs- und Haftungseigenschaften zu gelangen. Des Weiteren bestehen Möglichkeiten, chemisch reaktionsbereite Molekülgruppen durch physikalische Verankerung oder Methoden der chemisch/physikalischen Behandlung in die Oberflächen von Fasern aus PE und PP einzubauen [12, 13].

Fasern aus aliphatischen Polyamiden (PA)

Bei diesen Faserstoffen werden die Molekülketten aus aliphatischen Kohlenwasserstoffabschnitten, die über Carbonamideinheiten (s. Abb. 13.3 und Kap. 3.2.3.1) verknüpft sind, geformt. Diese Art der Verknüpfungen wird auch Amid-, Peptid- oder Eiweißbindung genannt und führen zu Kohlenstoffketten die regelmäßig von Stickstoffatomen (N) unterbrochen sind. Die Zahl der C-Atome zwischen den N-Atomen der Monomereinheiten (Sequenzen) geben den daraus aufgebauten Polyamiden ihre Bezeichnung [14].

In den aliphatischen Polyamiden sind polare (Carbonamid) und unpolare (Kohlenwasserstoff) Strukturen miteinander verknüpft. Die Carbonamid-Einheiten sind zur Ausbildung von Wasserstoffbrücken befähigt, sowohl als Donator (N-H) und auch als Akzeptor (C=O). Weiterhin sind terminal stehende reaktive polare Amino- (-NH$_2$) und Carboxyl- (-COOH) Gruppen vorhanden. Die Zahl dieser Gruppen an einer PA-Faseroberfläche kann durch Hydrolyse erhöht werden, um so reaktive Zentren zu schaffen. Die Kohlenwasserstoffanteile (Segmente) im PA lassen sich entsprechend gleicher Strukturelemente in den Polyolefinen oxidativ funktionalisieren (s. Abschn. 13.5).

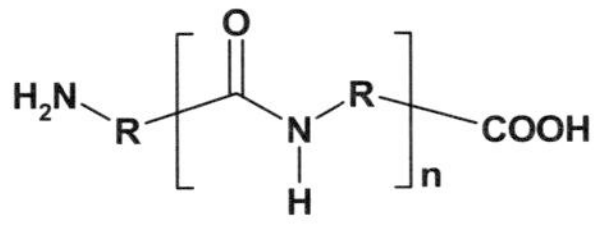

R = $-(CH_2)_5-$ Polyamid 6

R = $-(CH_2)_{10}-$ Polyamid 11

R = $-(CH_2)_{11}-$ Polyamid 12

Abb. 13.3 Aliphatische Polyamide aus einem Monomer

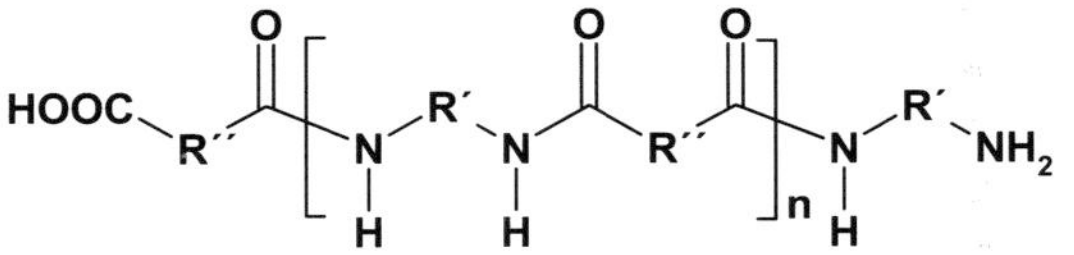

R´= $-(CH_2)_6-$, R´´= $-(CH_2)_4-$ PA 6.6 R´= $-(CH_2)_6-$, R´´= $-(CH_2)_8-$ PA 6.10

R´= $-(CH_2)_6-$, R´´= $-(CH_2)_{10}-$ PA 6.12

Abb. 13.4 Aliphatische Polyamide aus zwei Monomeren

Fasern aus aromatischen Polyamiden (Aramide)

Wie bei den aliphatischen Polyamiden erfolgt bei den aromatischen Polyamide die Kombination der Monomere über die Carbonamid-Bindung. Die Zwischenglieder bestehen aus aromatischen Phenyleneinheiten, die entweder meta oder para (Abb. 13.5) substituiert vorliegen. Die daraus resultierenden Polymere besitzen eine starke Tendenz zur Ausbildung von Wasserstoffbrücken, die auch großen Einfluss auf ihre innere Festigkeit besitzen [15].

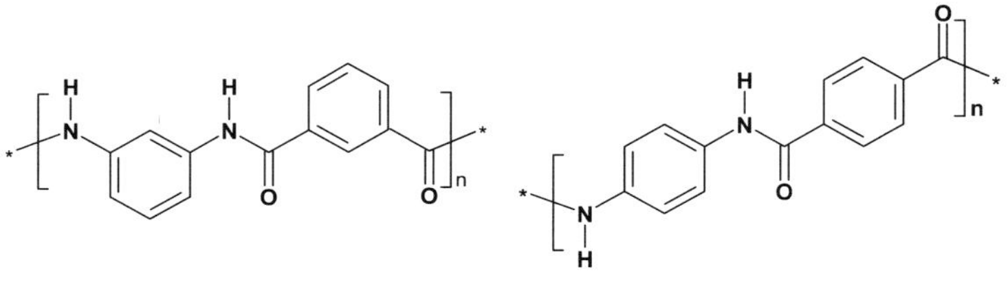

Abb. 13.5 Struktureinheit Poly (m-phenylenterephthaldiamid) (links); Poly (p-phenylenisophthaldiamid) (rechts)

Aromatische Polyamide besitzen, auf Grund ihrer alternierenden polaren/unpolaren Struktur, einen ausgeprägt polaren Anteil in ihrer Oberflächenenergie, was zu einem guten Benetzungsvermögen des Fasermaterials im nicht geschlichteten Zustand führt [16]. Einer chemischen Oberflächenmodifizierung von Fasern aus Aramiden sind besonders die aromatischen Diamineinheiten und die Amidgruppen zugänglich.

Fasern aus Polyethylenterephthalat (PET)

PET ist das weltweit am häufigsten eingesetzte polymere Material zur Herstellung textiler Fasern [17] und gehört zu den aromatischen-aliphatischen Polyestern. Aufgebaut aus Ethylenterephthalat-Einheiten (Abb. 13.6) ist PET widerstandsfähig gegen die meisten Lösungsmittel und viele chemische Einflüsse.

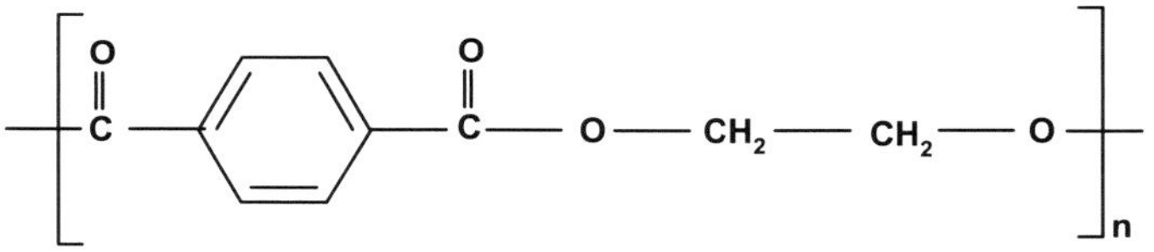

Abb. 13.6 Struktur von Polyethylenterephthalat

Textile Fasern aus PET besitzen sehr hydrophobe abweisende Oberflächen und weisen so eine schlechte Benetzbarkeit auf. Die Aktivierung und Modifizierung dieser Bereiche ist mittels oxidativen Angriffs auf die aliphatischen -CH_2-CH_2- Einheiten und durch kontrollierte Esterspaltung (s. Abschn. 13.5.2.1) zu erreichen, um so reaktive Zentren und Verankerungspunkte zu erzeugen.

Fasern aus Glas

Je nach Einsatzzweck, weisen Glasfasern sehr unterschiedliche Materialzusammensetzungen (s. Kap. 3.3.2) auf, wobei allerdings der überwiegende Anteil immer aus Silikaten besteht. Die dabei anzutreffenden kondensierten Kieselsäurestrukturen bilden dreidimensionale $(SiO_2)x$ Netzwerke aus (s. Abb. 13.7), die an ihren Phasengrenzen nicht kondensierte freie Silanolfunktionen besitzen [18]. Diese chemisch reaktiven Hydroxygruppen erlauben die kovalente Fixierung von vielen, verschieden funktionalisierten Alkoxysilanen, die ihrerseits mit Matrixmaterialien chemische Bindungen oder zu mindestens feste physikalische Verbunde ausbilden können (s. Abschn. 13.3.2) [19].

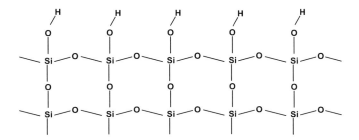

Abb. 13.7 Silikatstrukturen an der Oberfläche von Glasfasern (schematisch)

Fasern aus Kohlenstoff (Carbon)

Kohlenstofffasern sind je nach Herstellungsverfahren (s. Kap. 3.3.3), mehr oder weniger aus reinem, hexagonal angeordnetem, Kohlenstoffstrukturen aufgebaut. Die Idealstruktur ist in Abbildung 13.8 wiedergegeben.

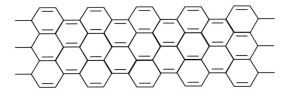

Abb. 13.8 Idealisierter Strukturausschnitt von Kohlenstofffasern

Die Kohlenstofffaser ist in ihren Randschichtbereichen mittels chemisch oxidativer Einwirkung modifizierbar, woraus physikalisch aktive und chemisch reaktive Zentren in ihrer Oberflächenstruktur resultieren. Interessanterweise ist bei der Reaktivgas-Behandlung zur Steigerung der Oberflächenpolarität, ein deutlicher Anstieg in der Faserfestigkeit und -steifigkeit zu beobachten [20, 21].

Fasern aus Keramik

Fasern aus oxidischen und nichtoxydischen Keramiken, wie Aluminiumoxid oder Siliziumcarbid, sind mit sehr hohen Oberflächenenergien ausgestattet und sind so sehr gut zu benetzen. Ihre Oberflächen sind weitestgehend chemisch stabil und können nur unter sehr drastischen Bedingungen aufgeschlossen werden [22].

Naturfasern (Flachs, Leinen)

Die Naturfasern Flachs und die daraus hergestellten Leinenstoffe sind aus cellulosischen Strukturen aufgebaut (Abb. 13.9). Sie verfügen über reaktive Hydroxylgruppen und sind in der Lage, Wasserstoffbrücken auszubilden.

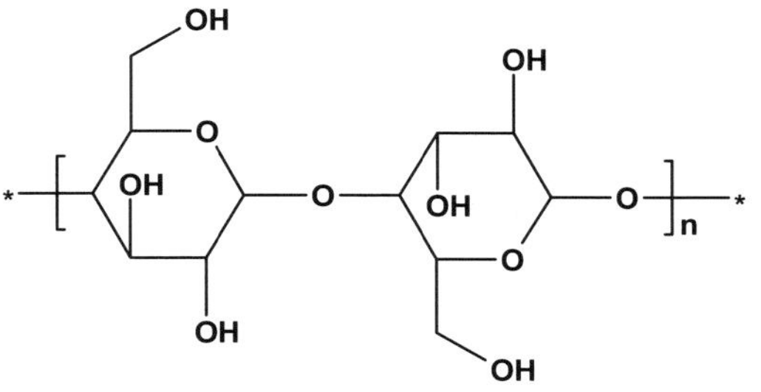

Abb. 13.9 Struktureinheit der Cellulose

Die OH-Gruppen der Cellulose lassen sich für vielfältige Reaktionen, wie z. B. Additionen, Kondensationen oder Substitutionen, chemisch nutzen, wobei die primär stehende Hydroxyfunktion deutlich höhere Reaktionsbereitschaft zeigt als die beiden sekundären. Die Sauerstoffbindung zwischen den Ringen ist sehr empfindlich gegenüber Säuren und wird von diesen leicht gespalten. Das Fasermaterial ist sehr hydrophil, besitzt eine porige Struktur und bietet für flüssige Phasen sehr gute Benetzungseigenschaften.

Weitere Faserstoffe

Weitere textiltechnisch interessante Faserstoffe sind Polyphenylensulfid (PPS), Polyetheretherketon (PEEK), Polybenzimid (PBI) und Polyphenylenbenzbisoxazol (PBO). Ihnen gemeinsam ist ihre außerordentlich große chemische Stabilität und ihre daraus resultierende inerte Faseroberflächen.

13.2.5 Chemische Eigenschaften von Spinnpräparationen und Schlichten

Spinnpräparationen für polymere Synthesefasern

Synthesefasern werden unmittelbar nach ihrer Erspinnung mit Spinnpräparationen in einer Gewichtsauflage von $0,5 - 2\,\%$ versehen, um sie mit den erforderlichen Eigenschaften zur Weiterverarbeitung auszustatten. In der Hauptsache werden hier sehr gute Lauf- und Gleiteigenschaften gefordert, um ein optimales Reibungsverhalten, die Vermeidung elektrostatischer Aufladung und den inneren Zusammenhalt der Einzelfilamente im Bündel zu gewährleisten. Hierfür werden chemische Produkte eingesetzt, die je nach Substrat und Spinntechnik in der Regel aus folgenden Substanzen bestehen [23]:

*   Gleitmittel (40 % – 60 %),
*   Emulgatoren,
*   Anti-Elektrostatika und
*   Additive (Netzmittel, Biozide, Korrosionsinhibtoren, Antioxidantien).

Gleitmittel basieren auf Fettsäuretriglyceriden (Pflanzenöle), veresterten Ölsäuren wie Octyl- und Tridecylstearaten, Trimethylolpropantrinonanoaten und Ethylenoxid/Propylenoxid-Addukten. Als Emulgatoren kommen Fettalkohol- und Fettsäureethoxylate, Partialglyceride, Triethoxyglyceride sowie anionische Tenside mit antistatischer Wirkung wie sulfonierte oder sulfatierte Pflanzenöle zum Einsatz. Alle vorgenannten Substanzen weisen relativ kleine Molekülmassen auf, bestehen zum großen Teil aus aliphatischen Kohlenwasserstoffstrukturen und verfügen über keine chemisch reaktiven Zentren. In einer Faser-Matrix-Grenzschicht stellen sie ein störendes Element dar, welches den benötigten Adhäsionskräften eines Materialverbundes entgegenwirkt, so dass die Entfernung dieser Präparationen mittels nasschemischer, plasmatechnischer oder reaktivgasbasierter Behandlung (s. Abschn. 13.5.2) empfehlenswert ist.

Präparationen für Glas- und Kohlenstofffasern

Im Gegensatz zu den polymeren Synthesefasern, werden Glas- und Kohlenstofffilamente mit Präparationen (Schlichten) versehen, die in den meisten Fällen grenzschichtaktive Substanzen aufweisen. Hierbei sind Schlichten entwickelt worden, die einerseits die im vorangegangenen Abschnitt beschriebenen mechanischen und antistatischen Schutzfunktionen für das Fasermaterial erfüllen und andererseits eine Wechselwirkung zu Matrixkomponenten eingehen können.

Schlichten für Glasfasern

Herkömmliche Textilschlichten für Glas bestehen aus Gemischen von Stärke oder Dextrin mit Ölen und Fetten [1]. Solche Präparationen werden insbesondere für textile Verstärkungsstrukturen verwendet und müssen vor der Weiterverarbeitung, d. h. einer Imprägnierung oder Beschichtung, entfernt werden, da sie der Haftung entgegenstehen. Nach einer solchen Entschlichtung, die am besten thermisch durchzuführen ist, wird die Verstärkungsstruktur mittels Tauchen mit einem geeigneten

Haftvermittler beschichtet. Oft werden Glasfasern aber direkt nach ihrer Herstellung mit Schlichten versehen, die sogenannten *Silanhaftvermittler* enthalten. Diese bestehen aus organisch funktionalisierten Trialkoxysilanen und sind in der Lage, nach Hydrolyse (Reaktion mit Wasser) ein Kondensationsprodukt mit den freien Hydroxylgruppen der Glasfaseroberfläche (s. Abschn. 13.2.4) zu bilden und so eine feste Verankerung zu finden (Abb. 13.10).

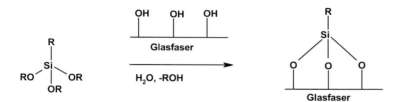

Abb. 13.10 Kovalente Anbindung von Trialkoxysilanen an der Glasoberfläche (R = Funktion)

Die organische Funktionalität des kondensierten Silans kann nun zur chemischen Anbindung von Matrix-Polymeren genutzt werden. Zur Verfügung steht eine ganze Reihe von Funktionalitäten [24], von denen einige hier betrachtet werden sollen.

Aminogruppen enthaltende Silane sind vielseitig einsetzbar, sie können z. B. an Isocyanat-Funktionen von Polyurethan (PU)-Prepolymeren addiert werden (Abb. 13.11).

Abb. 13.11 Addition von verankerten Aminosilanen an PU-Prepolymeren (R = C_3H_6)

Auch ist die Addition von Amino funktionalisierten Silanen an Epoxygruppen enthaltende Epoxidharze (EP) problemlos zu bewerkstelligen (Abb. 13.12).

Abb. 13.12 Addition von verankerten Aminosilanen an EP-Harzen (R = C_3H_6)

Silane, die Epoxy-Funktionen tragen, stehen für die Addition an Hydroxygruppen zur Verfügung. Solche Hydroxygruppen treten z. B. in Phenolharzen oder thermoplastischen Polyestern auf (Abb. 13.13).

Weitere Alkoxysilan-Verbindungen tragen Reste mit vinylischen, acrylischen oder auch aliphatischen Funktionstrukturen. Vinyl- und Acrylsilane können mit ungesättigten Polymeren reagieren, aliphatisch modifizierte Silane dienen der Haftung mit unpolaren Matrixmaterialien wie z. B. Polyolefinen [24].

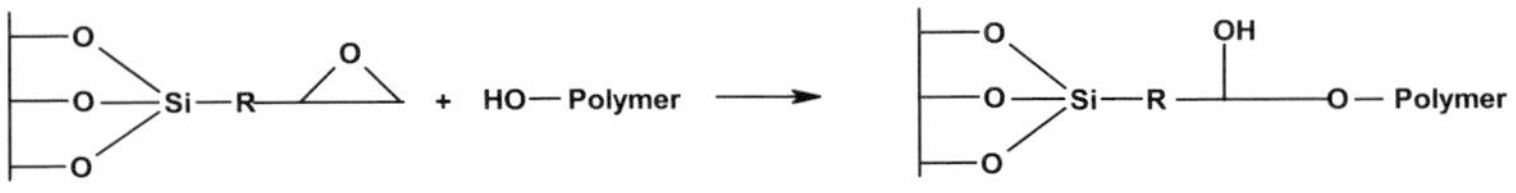

Abb. 13.13 Addition von verankerten Aminosilanen an Hydroxygruppen

Schlichten für Kohlenstofffasern

Kohlenstofffasern sind herstellerseitig mit Schlichten versehen, die dem jeweiligen Anwendungszweck entsprechen können [25]. Zur Applikation kommen dabei hauptsächlich Epoxid(EP)- und Polyurethanhaltige Schlichten, die sehr gut für die Verarbeitung des Fasermaterials in EP-Harzen bzw. in Thermoplasten geeignet sind, da hierbei Phasen aufeinander treffen, deren Oberflächeneigenschaften angenähert übereinstimmen (s. Abschn. 13.3). Allerdings können geschlichtete Oberflächen von Kohlenstofffasern mittels verschiedener Verfahren in ihrer Polarität gesteigert werden (s. Abschn. 13.5.2), so dass aktive Grenzflächen resultieren.

Weitere Schlichten

In der Regel besitzen alle textilen Garne und die daraus erstellten Flächengebilde Schlichten, um die mechanischen und antistatischen Eigenschaften des Materials so zu gestalten, so dass ihre Verarbeitung bei hohen Geschwindigkeiten möglich ist. Es kommen Mineralölprodukte, wässrige Polymerdispersionen wie Polyacrylate oder Polyvinylalkohole sowie Formulierungen auf Basis von Naturstoffen (s. o.) zum Einsatz. Da diese Schlichten in vielen Fällen ein sehr geringes Wechselwirkungspotenzial aufweisen und den Zugang zur Fasergrenzfläche verschließen, müssen diese entfernt werden. Das gilt insbesondere für geschlichtete Aramidfasern [1, 26], die ohne Beseitigung der genannten Verarbeitungshilfsmittel beim Einsatz in Verbundwerkstoffen nur verminderte Hafteigenschaften aufweisen.

13.2.6 Chemie der Matrix-Grenzflächen

Je nach Aufgabe und Anwendung finden Duroplaste, Thermoplaste oder auch anorganische Stoffsysteme (z. B. Beton) als Matrixmaterialien sowie als Beschichtungsmittel Einsatz. Die Wahl des Matrix- bzw. Beschichtungssystems entscheidet über die Einsatzgrenzen der faserverstärkten Verbundwerkstoffe oder textilbasierten Membranen. Neben den mechanischen Eigenschaften der Matrix ist ihre Eignung zur chemischen Anbindung an vorbehandelten und ausgerüsteten Faserstoffen von Interesse.

13.2.6.1 Reaktiv vernetzende Matrixharze

Reaktive Harzsysteme liegen zu ihrer Verarbeitung meistens als niedermolekulare prepolymere Substanzen in flüssiger Form vor [1]. Dies begünstigt einerseits die Benetzung der textilen Oberflächen und bietet andererseits viele Möglichkeiten der chemische Faser-Matrix-Bindung, da hierfür noch zahlreiche reaktive Gruppen vor der Harzhärtung zur Verfügung stehen. Die dabei häufig anzutreffenden duromer härtenden Harzsysteme werden im Folgenden kurz behandelt:

Epoxidharze

Epoxidharze (EP) verfügen über reaktive Zentren, die als Epoxy-Funktionen ausgebildet sind (Abb. 13.14). An diesen chemisch aktiven Gruppen sind hydroxy- und aminosubstituierte Moleküle oder Strukturelemente leicht addierbar, welches zur Aushärtung des Harzes genutzt wird. Eine solche Additionsreaktion ist auch mit entsprechenden, auf der Faseroberfläche angebotenen, chemischen Strukturen möglich.

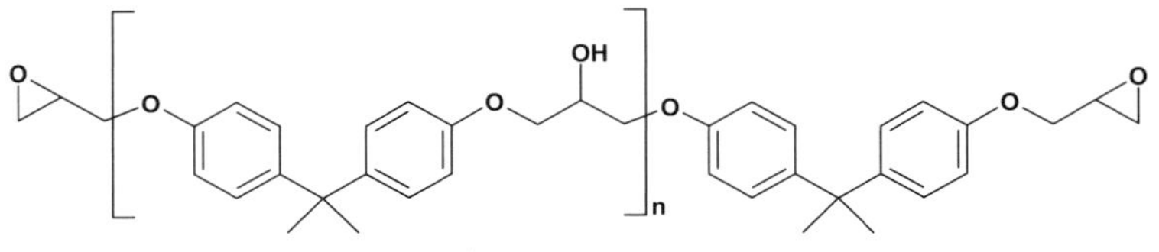

Abb. 13.14 Strukurbestandteil eines Epoxidharzes im unvernetzten Zustand, mit reaktiven Epoxy-Funktionalitäten als Endgruppen

Vinylesterharze

Vinylesterharze sind Acryl- oder Methacrylsäureester von Epoxidharzen. Sie besitzen reaktionsbereite C-C-Doppelbindungen (Abb. 13.15), werden z. B. in Styrol gelöst und mittels radikalischer Polymerisation gehärtet. An diesem Härtungsprozess können faserverankerte Vinylfunktionen teilhaben und so eine chemische Bindung zur Matrix ausbilden.

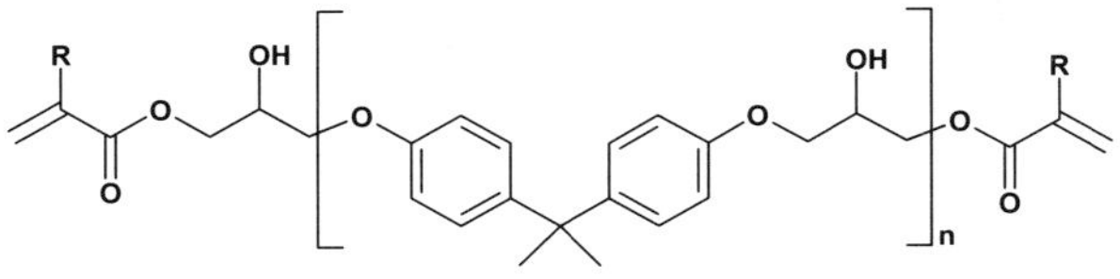

Abb. 13.15 Prepolymeres Vinylesterharz mit polymerisierbaren Vinyl-Funktionen (linker und rechter Molekülrand, R = H, CH$_3$)

Vinylester-Urethan Hybridharze

Vinylester-Urethan-Hybridharze enthalten neben dem Vinylesterharz langkettige Diisocyanate, die zur Vernetzung über die sekundären OH-Gruppen des Vinylesters dienen. Auch für die Anbindung an die Faser sind diese Isocyanat-Funktionen hervorragend geeignet, wenn dort Amino- oder Hydroxy-Gruppen zur Verfügung stehen. Als Reaktionsergebnis liegen dann Urethan- oder Harnstoffstrukturen vor (Abb. 13.16).

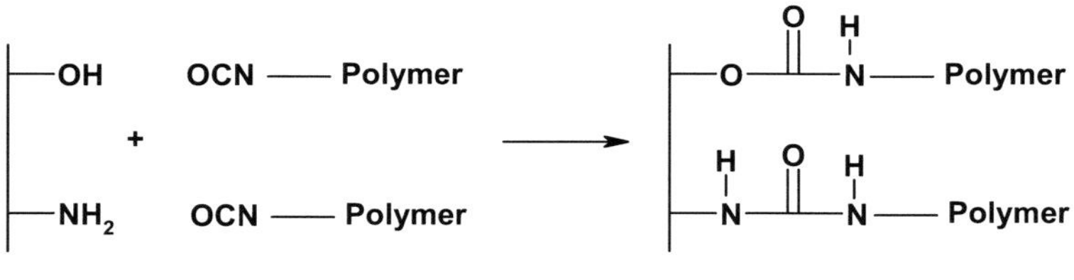

Abb. 13.16 Reaktionen von Isocyanaten mit Hydroxy- (oben) und Amino- (unten)-Funktionalitäten auf einer Faseroberfläche

Ungesättigte Polyesterharze

Ungesättigte Polyesterharze weisen, wie die Vinylesterharze, reaktive Doppelbindungen auf, die mittels Styrol vernetzbar sind. Auch hier besteht die Gelegenheit, in der Fasergrenzschicht verankerte Vinyl-Gruppen in die radikalisch ablaufende Polymerisation einzubeziehen (Abb. 13.17).

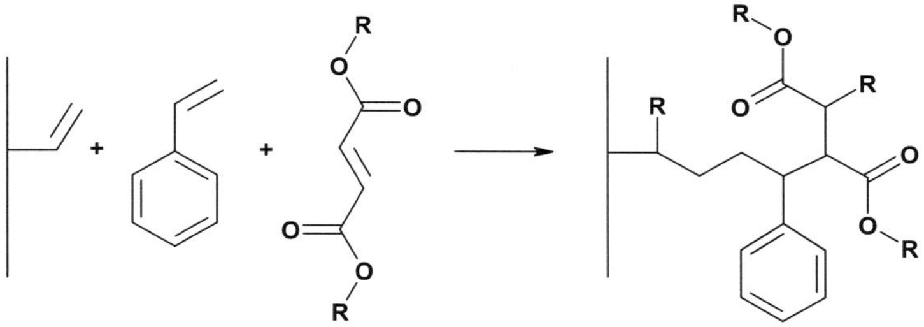

Abb. 13.17 Reaktion zwischen Vinyl-funktionalisierter Fasergrenzschicht, Styrol und ungesättigten Polyestern (R = polymerer Rest)

Phenolharze

Phenolharze sind prepolymere Kondensationsprodukte aus Phenolen und Aldehyden, wobei bevorzugt Formaldehyd Verwendung findet. Sie besitzen reaktive Methylol-Gruppen und setzen bei ihrer Härtung Formaldehyd frei. Sowohl die Methylol-Funktion als auch freies Formaldehyd kann zur Matrix-Faserbindung dienen, wenn dafür faserseitig Hydroxy- oder Amino-Funktionalitäten bereitstehen (Abb. 13.18).

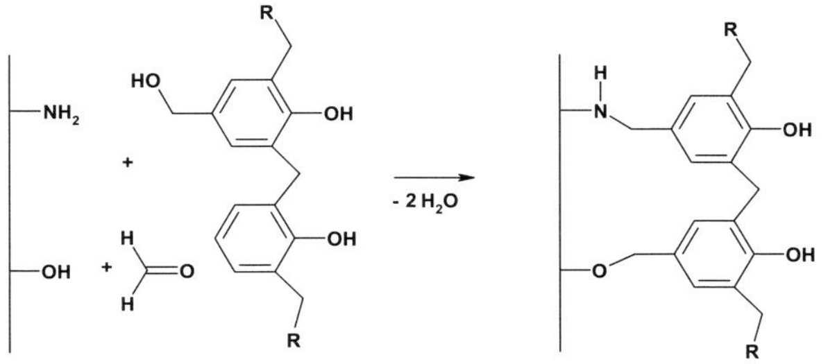

Abb. 13.18 Reaktionsmöglichkeiten zwischen faserseitigen Amino- und Hydroxyfunktionen, Formaldehyd und Phenolharzen (R = polymere Reste)

13.2.6.2 Thermoplastische Matrices

Für den Einsatz thermoplastischer Matrices steht eine Fülle von Materialien zur Verfügung [1]. Ihre Applikation erfolgt durch Aufschmelzen, Verteilung und Verpressen. Verfügen die thermoplastischen Werkstoffe über keine chemisch reaktiven Zentren und relativ niedrige Werte für die Oberflächenenergie, können polare strukturierte Oberflächen von Verstärkungsfasern so modifiziert werden, dass sie der Matrix ähnlich werden. Diese kann zum Beispiel durch Verwendung von Alkoxysilanen mit ausgeprägt aliphatischen Strukturelementen auf Glasfasern erreicht werden (s. Abb. 13.19).

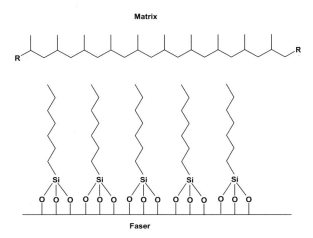

Abb. 13.19 Modifizierung von Glasfasern mit aliphatischen Strukturen

13.2.6.3 Mineralische Matrices

Textile Verstärkungsstrukturen haben in den letzten Jahren auf Grund ihres Leistungsvermögens Einsatz zur Bewehrung und Armierung von Betonbauteilen bei der Sanierung und Instandsetzung von Gebäuden gefunden (s. Kap. 16.4). Der dabei zu verarbeitende Verbundwerkstoff Beton, ist ein Gemisch aus Zement, Gesteinskörnung und Anmachwasser. Das Bindemittel, der Zement, im Wesentlichen bestehend aus Calciumoxid (CaO), Siliciumdioxid (SiO_2), Aluminiumoxid (Al_2O_3) und Eisenoxid (Fe_2O_3) [27], stellt ein hoch komplexes chemisches System dar, welches mit Wasser zu stabilen, unlöslichen Verbindungen reagiert. Hierbei entstehen u. a. Calciumsilikathydrate, die dem Baustoff Festigkeit verleihen. Der kraftschlüssige Verbund dieser anorganischen Matrix mit der textilen Verstärkungsstruktur, die in der Regel aus beschichteten Glasfaser- und/oder Kohlenstofffaserbündeln hergestellt, kann nur über eine mechanische Verzahnung und über polare Wechselwirkungen zustande kommen. Gute Verbundeigenschaften werden dabei mit Fasermaterialien erreicht, die mit sulfonierten oder carboxylierten, vernetzbaren Styrol-Butadien-Copolymeren beschichtet sind [28].

13.2.6.4 Beschichtungswerkstoffe

Die am häufigsten zur Beschichtung von textilen Verstärkungsstrukturen eingesetzten Materialien wie Polyvinylchlorid [29], Polyurethane, Polyacrylsäureester, Polytetrafluorethylen, Polysiloxane, Polychloropropen und Naturgummi werden in Abschnitt 13.5.3 und Kapitel 16.5 abgehandelt.

13.2.7 Topografie textiler Oberflächen

Eine weitere Einflussgröße für ein gutes Benetzungs- und Haftungsverhalten von Fasern stellt die *Oberflächentopografie* dar. Sie bezieht sich auf die Höhenabweichungen der tatsächlichen Grenzfläche von der ideal glatten gemittelten Begrenzungsebene. Als Ursachen der Haftung werden mechanische Verzahnungen und chemische Bindungen diskutiert [25, 30]. Der Beitrag der mechanischen Verzahnung zur Haftung ist abschätzbar. Er steigt in jedem Fall mit der Rauigkeit der Faseroberfläche an. Diese Rauigkeit impliziert eine vergrößerte Oberfläche, die auch die chemischen Wechselwirkungen begünstigt. Optimale mechanische Eigenschaften des Verbundkörpers werden dann erreicht, wenn die Adhäsionsenergie in der Grenzfläche zwischen Faseroberfläche und Matrix die Kohäsionsenergie der Polymermatrix übersteigt [31–35]. Die Rauigkeit der Oberfläche spielt angesichts der mechanischen Adhäsionstheorie eine entscheidende Rolle. Prinzipiell wird angenommen, dass eine erhöhte Oberflächenrauigkeit (s. auch Kap. 3.2.2.5) zur Verbesserung der Adhäsionseigenschaften und somit zur Haftverbesserung beiträgt [36, 37].

13.3 Materialkombinationen und Kompatibilität

Zur Beurteilung der Kompatibilität von Materialien für Verbundwerkstoffe sind die physikalischen und chemischen Eigenschaften ihrer Grenzfläche zu betrachten, woraus Rückschlüsse hinsichtlich des Benetzungsverhaltens und des Haftungsvermögens möglich sind.

13.3.1 Physikalische Kompatibilität

Generell lässt sich feststellen, dass eine Festkörperoberfläche hoher Oberflächenenergie mit ausgeprägten polaren Anteilen gute Benetzungseigenschaften besitzt. Ebenso ist bekannt, dass die Benetzungsfähigkeit einer flüssigen Phase, wie z. B. einer Polymerschmelze, Beschichtungspaste oder Reaktivharzformulierung, mit der Abnahme ihrer Oberflächenspannung zunimmt. Das heißt, dass für eine gute Benetzung textiler Festigkeitsträger mit polymeren Matrices bei der Erstellung von Verbünden für den Leichtbau, Festkörperphasen (Faserstoffe) mit hoher Oberflächenenergie (σ_s) und flüssige Phasen (Schmelzen, Pasten, Harze) mit geringer Oberflächenspannung (σ_l) von Vorteil sind. Dies lässt sich wie folgt formulieren (13.2):

$$\sigma_s > \sigma_l \qquad (13.2)$$

Die *Adhäsionsarbeit* (W_A), die zur Trennung zweier Phasen (mit den Oberflächenenergien σ_1 und σ_2) voneinander aufzubringen ist, wird mit der Gleichung (13.3) von DUPRÉ beschrieben.

$$W_A = \sigma_1 + \sigma_2 - \sigma_{12} \qquad (13.3)$$

Die in Abschnitt 13.2.2 beschriebene Gleichung (13.1) von OWENS und WENDT steht für die Berechnung der Grenzflächenenergie aus den Oberflächenenergien der Einzelkomponenten einer Materialkombination wie Faser und Matrix. Wird dieser Ausdruck für σ_{12} in die DUPRÈ Gleichung (13.3) integriert so folgt [38]:

$$W_A = \sigma_1 + \sigma_2 - \sigma_1 - \sigma_2 + 2\left(\sqrt{\sigma_1^D \cdot \sigma_2^D} + \sqrt{\sigma_1^P \cdot \sigma_2^P}\right) \qquad (13.4)$$

Wie aus Gleichung (13.4) ersichtlich ist, wird der maximal mögliche Wert für die Adhäsionsarbeit W_A im Falle genau gleicher Oberflächenenergien der Partner in den dispersen und polaren Anteilen erhalten. Somit sollten bei der Wahl von Werkstoffverbünden solche Partner gewählt werden, die in ihren oberflächenenergetischen Gegebenheiten ähnliche Eigenschaften aufweisen und außerdem gutes Benetzungsverhalten zeigen. In Abbildung 13.20 wird dieser Zusammenhang schematisch gezeigt.

Zur ersten Abschätzung der Kompatibilität von Materialkombinationen hinsichtlich ihrer Oberflächenenergie können Tabellenwerke herangezogen werden. Eine kleine Auswahl an entsprechenden Daten wird in Tabelle 13.1 wiedergegeben. Für die gängigen textilen Werkstoffe stehen die spezifischen Werte in Tabellen zur Verfügung, welche aber für real vorhandene textile Materialien deutliche Abweichungen aufweisen können. Dieses ist zum einen darin begründet, dass in der Regel keine Reinstoffsysteme, sondern mit Copolymeren und vielfältigen Additiven versehene Gemische, zur Herstellung textiler Garne und Fäden verwendet werden. Zum

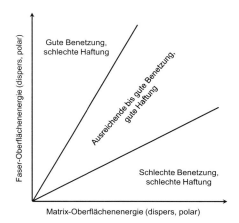

Abb. 13.20 Qualitativer Zusammenhang zwischen Oberflächenenergien, Benetzungsverhalten und Hafteigenschaften von Faser-Matrix-Systemen

Tabelle 13.1 Oberflächenenergie ausgewählter Werkstoffe [39]

Werkstoff	Oberflächenenergie [mN/m]		
	gesamt	dispers	polar
Polyethylen	35,1	k. A.	k. A.
Polypropylen	31,2	30,5	0,7
Polyamid	40,5	33,7	6,8
Aramid (entschlichtet)	30,8	10,3	20,5
Polyester (PET)	44,0	43,0	1,0
Glas (entschlichtet)	73,3	29,4	43,9
Glas (geschlichtet)	30,2	2,2	18,0
Carbon	34,8	33,0	1,8
Carbon (geschlichtet)	22,2	16,2	6,0
Basalt (geschlichtet)	39,2	19,7	19,5
Stahl	34,4	34,0	0,4
Wasser	72,8	51,0	21,8
SBR-Dispersion	22,2	16,3	5,9
PU-Harz	43	k. A.	k. A.
PMMA-Harz	45,8	39,2	6,6
Epoxyd-Harz	36	k. A.	k. A.
Phenol-Harz	42	k. A.	k. A.
Polyester-Harz	41	k. A.	k. A.

anderen sind die Textiloberflächen mit Schlichtemitteln und Spinnpräparationen beaufschlagt, die meistens deutliche Veränderungen des Grenzschichtverhaltens gegenüber den ungeschlichteten Rohmaterialien hervorrufen. Auch sind mittels chemisch-physikalischer Behandlungs- und Ausrüstungsverfahren sowie durch funktionelles Beschichten signifikante Änderungen in Quali- und Quantität der Oberflächenenergie möglich (s. Abschn. 13.5.2), wodurch Kompatibilitätssteigerungen für gegebene Faser-Matrix-Systeme erreichbar sind. Zur Ermittlung der an Materialien herrschenden Verhältnisse sind direkte Messungen von Vorteil. Die dafür anzuwendenden Methoden werden im folgenden Kapitel 13.4 näher erläutert.

13.3.2 Chemische Kompatibilität

Besitzen textile Fasern chemisch reaktive Gruppen in ihrer Oberflächenstruktur, so können diese als Bindungspunkte für die kovalente Verknüpfung mit reaktionsfähigen Matrixmaterialien dienen. Grundsätzlich kommen hierbei drei unterschiedliche Reaktionstypen in Frage, die zu folgenden Kombinationen führen können [40].

Additionsreaktionen

Fasermaterialien mit Amino ($-NH_2$)- und Hydroxy (-OH)- Funktionen stehen bereit für Additionsreaktionen mit Epoxy- Gruppen enthaltenden Epoxidharzen und Isocyanato (-NCO)- Gruppen prepolymerer Polyurethane. Verfügt die textile Komponente über Epoxy- oder Isocyanat-Funktionalitäten, so sind hier Matrix-Systeme mit Amino- und Hydroxy-Funktionsgruppen addierbar.

Kondensationreaktionen

Kondensationsreaktionen sind immer dann in den Grenzschichten von Materialkombinationen möglich, wenn wechselseitig Amino- und Carboxy (COOH)- Funktionen zur Verfügung stehen, die unter Abspaltung von Wasser eine Amidbindung ausbilden.

Polymerisationsreaktionen

Sind Kohlenstoff-Kohlenstoff-Doppelbindungen (π−Bindungen) in den Phasengrenzen von Faser und Matrix vorhanden, so können Polymerisationen stattfinden. Bei diesen Materialkombinationen kann es sich z. B. um eine mittels Ausrüstung modifizierte Faser und einem ungesättigten Polyesterharz oder Polymethacrylsäureesterharz handeln.

Die vorgenannten, zur chemischen Bindung notwendigen, Funktionalitäten an der Faseroberfläche müssen in den meisten Fällen mittels direkter Oberflächenmodifizierung, Aufbringen funktioneller Schlichten und Beschichtungen sowie haftvermittelnder Systeme geschaffen werden, wofür Verfahren und Methoden der Textilausrüstung geeignet sind (s. Abschn. 13.5).

13.4 Experimentelle Ermittlung physikalischer und chemischer Eigenschaften von Grenzflächen

Die charakteristischen Oberflächeneigenschaften von Materialien sind Folge ihrer chemischen und physikalischen Strukturierung auf der Mikro-, Meso- und Makroebene. Angefangen bei der atomaren Zusammensetzung der Makromoleküle, über deren Anordnung im Polymer bis hin zur Ausbildung der Phasengrenze (Oberfläche), sind viele Strukturelemente letztlich an den Grenzschichtphänomenen beteiligt. Angesichts dieser Gegebenheiten ist es vorteilhaft, die verschiedenen Einflussgrößen in einer zusammenfassenden Beschreibung darzustellen. Eine solche Darstellung beruht auf der Kenntnis der Oberflächenenergie textiler Materialien, wodurch das Wechselwirkungspotenzial der Oberfläche in numerischen Größen zu beschreiben ist. Diese Größen stehen dann für das Benetzungsverhalten, das physikalisch/chemische Haftungsvermögen und somit für die Kompatibilität mit gegebenen Matrixwerkstoffen. Die Erfassung dieses Summenparameters erfolgt mittels Messungen von Flüssigkeitskontaktwinkeln direkt an oder auf der Oberfläche der zu betrachtenden Materialien in flächiger sowie auch fadenförmiger Aufmachung [41]. Da die dabei ermittelten Werte für die Oberflächenenergie, aufgeschlüsselt in ihre dispersen und polaren Anteile, in Summe für die physikalisch wirkenden und für die chemisch aktiven Strukturbausteine stehen, kann es sinnvoll sein, chemische Funktionen gesondert nachzuweisen.

13.4.1 Untersuchungen zur Oberflächenenergie textiler Materialien

Die Oberflächenenergie fester Körper kann horizontal in der ebenen Fläche bzw. in vertikal hängender Form (z. B. als Faser) ermittelt werden. Im einfachsten Fall können dazu sogenannte Testtinten genutzt werden, die allerdings nur eine Abschätzung der Gesamtenergie gestatten. Oft ist dieses aber ausreichend, besonders wenn es um die Prüfung des Ausrüstungseffekts eines behandelten Materials geht. Genauere Informationen werden durch den Einsatz einer Kontaktwinkelmesseinrichtung für die Analyse flacher Körper und eines Tensiometers für die senkrechte Vermessung von Proben zugänglich.

Testtinten

Testtinten stellen ein einfaches und kostengünstiges Mittel zur Überprüfung der Oberflächenenergie fester Materialien dar. Hierbei handelt es sich um angefärbte Flüssigkeitsgemische, die eine genau definierte Oberflächenspannung besitzen. Diese Flüssigkeiten, deren Zusammensetzung nach DIN ISO 8296 genormt ist, sind in Abstufung von 2 mN/m im Bereich von 30 bis 72 mN/m erhältlich [42]. Es erfolgt der direkte Auftrag auf die Oberfläche und die Beurteilung der Benetzung oder Nichtbenetzung. Der Wert derjenigen Prüftinte, die eine über die Zeit stabile Benetzung hervorruft, entspricht dem Wert der Oberflächenenergie für die betrachtete Probe. Zur Beurteilung von Matrixmaterialien können diese zu Filmen ausgebildet werden, um sie dann der Prüfung zu unterziehen. Die Testung von Einzelfasern erfordert etwas Geschick, ist aber mit Hilfe eines Lichtmikroskops zu bewerkstelligen. Testtinten eignen sich besonders gut zur Überprüfung einer erfolgreichen chemischen und physikalischen Behandlung von Materialien zur Steigerung ihrer Grenzflächenaktivität.

Kontaktwinkelanalyse ebener Flächen

Die Kontaktwinkelmessung zur Berechnung der Oberflächenenergie, differenziert in disperse und polare Anteile (s. Abschn. 13.2.1), fester ebener Flächen wird mittels Geräten durchgeführt, die aus einem beleuchteten Probentisch, einer Auftropfvorrichtung (Spritze und Kanüle) für die Messflüssigkeiten, einer Kamera und einer EDV, ausgestattet mit einem Bildverarbeitungs- und einem Berechnungsprogramm, bestehen (Abb. 13.21).

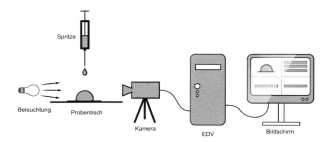

Abb. 13.21 Schematischer Aufbau eines Kontaktwinkel-Messsystems

Auf die Probenoberfläche werden verschiedene Messflüssigkeiten als Tropfen aufgetragen und deren Konturen mittels Kamera zum Bildverarbeitungsprogramm der EDV übertragen. Dieses Programm ist nun in der Lage Kontaktwinkel, die sich zwischen Probenfläche und Flüssigkeitstropfen ausbilden, über den Kontrast zu vermessen. Die dabei ermittelten Benetzungswinkel dienen dem Berechnungsprogramm als Grundlagen zur Kalkulation der Oberflächenenergiewerte, was im Folgenden für das Verfahren von OWENS, WENDT, RABEL und KAELBLE [43] betrachtet werden soll. Die Ermittlung der Winkel geschieht dabei durch an der Tropfenkontur angelegte Tangenten im Kontaktpunkt Flüssigkeit/Festkörper (s. Abb. 13.22). Der zur Berechnung verwendete Wert stellt das Mittel aus einem linksseitigen (Θ_l) und einem rechtsseitigen (Θ_r) Messwert dar.

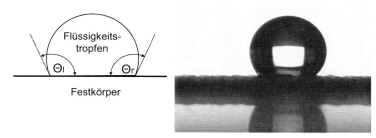

Abb. 13.22 Linker (Θ_l) und rechter (Θ_r) Kontaktwinkel eines Flüssigkeitstropfens auf einer Festkörperoberfläche unter Anwendung angelegter Tangenten [39] (links), Videobild eines Tropfens auf einer Materialoberfläche (rechts)

Für die Messung des *Kontaktwinkels* werden in der Praxis mindestens zwei Flüssigkeiten verwendet, von denen die Oberflächenspannungen in ihren dispersen und polaren Anteilen bekannt sind. Außerdem müssen die Flüssigkeiten hinsichtlich dieser Eigenschaften deutliche Unterschiede zeigen, d. h. es sollte eine polare und eine unpolare Messsubstanz zum Einsatz kommen. Ein gut geeignetes Flüssigkeitspaar besteht z. B. aus Wasser und Diiodmethan. Die zu diesem System zugehörigen Werte für die Oberflächenspannung sind in Tabelle 13.2 aufgeführt.

Tabelle 13.2 Oberflächenenergie von Messflüssigkeiten [39] in mN/m

Flüssigkeit	σ_l	σ_l^D	σ_l^P
Wasser (H$_2$O)	72,8	21,8	51,0
Diiodmethan (CH$_2$I$_2$)	50,8	50,8	0,0

Das oben genannte Verfahren zur Ermittlung der Oberflächenenergie beruht auf Grundlagen der Beziehung zwischen den Grenzflächenspannungen an einem Punkt der 3-Phasen-Kontaktlinie (Abb. 13.23), die bereits 1805 von YOUNG formuliert wurden.

Die Oberflächenspannungen der beiden kondensierten Phasen sind durch σ_s und σ_l beschrieben, wobei die Indices s und l für „solid" (Festkörper) bzw. „liquid" (Flüssigkeit) stehen. Die Grenzflächenspannung zwischen diesen beiden Phasen ist mit σ_{sl} bezeichnet, und Θ steht für den Kontaktwinkel, der dem Winkel zwischen

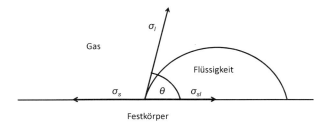

Abb. 13.23 Kontaktwinkel und Grenzflächenspannungen auf einer benetzten Oberfläche nach YOUNG

den Vektoren σ_l und σ_{sl} entspricht [41]. Der Zusammenhang, der zwischen diesen Größen besteht, wird als YOUNG-Gleichung bezeichnet

$$\sigma_s = \sigma_{sl} + \sigma_l \cdot cos\ \theta \tag{13.5}$$

Die Kombination der von OWENS und WENDT formulierten Gleichung der Grenzflächenspannung (s. Gl. (13.1), Abschn. 13.2.2) mit der YOUNG-Gleichung

$$\sigma_{sl} = \sigma_s + \sigma_l - 2 \left(\sqrt{\sigma_s^D \cdot \sigma_l^D} + \sqrt{\sigma_s^P \cdot \sigma_l^P} \right) \tag{13.6}$$

führt nach weiteren Arbeiten von KAELBLE und RABEL zu einer allgemeinen Geradengleichung der Form:

$$y = mx + b \tag{13.7}$$

was in der folgenden Schreibweise deutlich wird:

$$\frac{(1 + cos\ \theta) \cdot \sigma_l}{2\sqrt{\sigma_l^D}} = \sqrt{\sigma_s^P} \cdot \sqrt{\frac{\sigma_l^P}{\sigma_l^D}} + \sqrt{\sigma_s^D} \tag{13.8}$$

Gleichung 13.8 gestattet nun mit Hilfe gemessener Kontaktwinkel zweier Flüssigkeiten mit bekannten Oberflächenspannungen die Berechnung der Oberflächenenergie des Festkörpers. Zur Veranschaulichung ist dies in Abbildung 13.24 grafisch dargestellt.

Mit dem vorgenannten Verfahren zur Kontaktwinkelmessung und der daraus zu berechnenden Oberflächenenergie lassen sich ebene Flächen wie z. B. Matrixfilme, dichte Gewebe (behandelt und unbehandelt), Beschichtungen und bei Vorhandensein einer guten Messeinrichtung auch stärkere Monofilamente hinsichtlich ihres Grenzflächen-Wechselwirkungs-Potenzials charakterisieren.

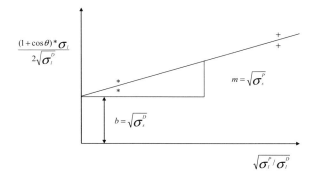

Abb. 13.24 Bestimmung der dispersen und polaren Anteile der Festkörperoberflächenenergie nach RABEL (*: Messungen mit Flüssigkeit 1, +: Messungen mit Flüssigkeit 2)

Ermittlung der Oberflächenenergie von Fasern und Filamenten

Die Oberflächenenergie von Fasern und Filamenten mit Durchmessern von mindestens $5\,\mu m$ lassen sich mit einem Tensiometer ermitteln. Ein solches *Tensiometer* ist mit einem vertikal motorisch verfahrbaren Tisch zur Aufnahme der Messflüssigkeiten und einem mit einer hochempfindlichen Feinwaage verbundenem Probenträger ausgestattet (Abb. 13.25). Die bei den Messungen anfallenden Daten werden an einen Rechner übermittelt, der daraus den Kontaktwinkel nach Gleichung (13.9) und die Oberflächenenergiewerte nach Gleichung (13.8) errechnet.

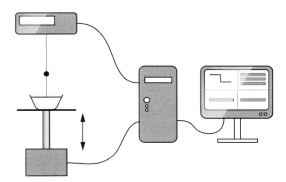

Abb. 13.25 Schematische Darstellung eines Einzelfaser-Tensiometers

Mit der beschriebenen Messeinrichtung lassen sich neben der Faseroberflächencharakterisierung mit Hilfe von Messflüssigkeiten, auch die Benetzungswinkel gegebener textiler Fäden mit Matrix- oder Beschichtungsmaterialien feststellen. Das Messprinzip folgt dabei der WILHELMY-Methode [41], wobei der Festkörper

(Faser) mit der Flüssigkeit in Kontakt gebracht wird, welche eine Kraft auf den Körper ausübt (Abb. 13.26).

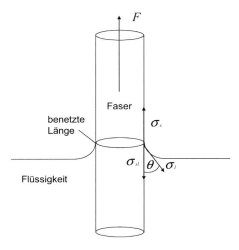

Abb. 13.26 Benetzung einer Einzelfaser im Einzelfaser-Tensiometer

Diese Wilhelmy-Kraft (F) wird gemessen und daraus der Kontaktwinkel Θ berechnet.

$$cos\ \theta = \frac{F}{\sigma_l \cdot l} \tag{13.9}$$

F   [N]   gemessene Wilhelmy Kraft
l   [m]   benetzte Länge
σ_l [N/m] Oberflächenspannung der Messflüssigkeit

Werden zwei unterschiedliche Messflüssigkeiten verwendet, wie z. B. Wasser und Diiodmethan, kann in einer weiteren Berechnung die Oberflächenenergie mittels der von OWENS, WENDT, RABEL und KAELBLE entwickelten Gleichung 13.8 von der Faser bestimmt werden.

13.4.2 Untersuchungen zur Chemie der Oberflächen textiler Materialien

Neben einer Bestimmung physikalisch/chemischer Oberflächen-Kenngrößen textiler Materialien kann die chemische Charakterisierung von Nutzen sein, um aktive chemisch reaktive Zentren in der Grenzfläche von Fasern direkt zu erfassen. Ganz besonders wichtig wird dieses nach aktivierenden oder funktionalisierenden Vorbehandlungen textiler Werkstoffe, um die Effektivität der angewandten Verfahren und Methoden zu beurteilen. Die dazu notwendigen Untersuchungen sind einerseits mit labortechnisch instrumenteller Analytik-Ausstattung, wie Infrarot-Spektrometer mit Oberflächenmesseinheit (IR-ATR) oder auch Röntgen-Photoelektronenspektroskopie (XPS), zu bewerkstelligen, können aber andererseits auch mit einfacheren Mitteln durchgeführt werden.

13.4.2.1 Instrumentelle chemische Analytik

Von den zur Charakterisierung infrage kommenden instrumentellen Analysenverfahren sollen an dieser Stelle zwei Methoden kurz vorgestellt werden, die gut geeignet sind, die chemischen Gegebenheiten textiler Oberflächen darzustellen. Für eine ausführliche Betrachtung wird hierbei auf die einschlägige Fachliteratur verwiesen [44, 45].

Infrarotspektroskopische (IR) Untersuchungen

Bei der Untersuchung fester, flüssiger oder gasförmiger Substanzen mittels *Infrarotspektroskopie* werden Absorptionsspektren im mittleren Infrarotbereich (MIR) des elektromagnetischen Spektrums erhalten. Die dabei auftretenden Absorptionssignale (Absorptionsbanden) lassen sich molekularen Teilstrukturen hinsichtlich der daran beteiligten Atome und deren Bindungsverhältnissen zuordnen. Die am Molekül beteiligten Atome werden durch Einstrahlen von elektromagnetischen Wellen im IR-Bereich, je nach Art und Verknüpfung der Atome, durch Absorption bestimmter Wellenlängen (= Energien) zu Valenz (ν)- und Deformationsschwingungen (δ) angeregt. Der relevante Wellenlängenbereich umfasst dabei 2,5 bis 25 μm, wobei üblicherweise die Angabe in der Wellenzahl pro Zentimeter erfolgt. Das entspricht Wellenzahlen von 400 bis 4000/cm. Zur spektroskopischen Betrachtung von Oberflächen wie z. B. die von textilen Fasermaterialien oder Flächengebilden muss das IR-Spektrometer über eine entsprechende Oberflächenmesseinrichtung verfügen, die nach der Methode der „abgeschwächten Totalreflektion" (ATR) arbeitet.

Die einem IR-Spektrum dokumentierten Informationen sind hauptsächlich qualitativer Natur und ermöglichen Aussagen wie über die Anwesenheit funktioneller Gruppen (z. B. -NH$_2$, -OH, -COOH, -NCO,-CN), das Vorliegen bestimmter Bindungen (z. B. Amid-, Urethan-, Ester-, Si-O- und andere Bindungen) und die Art der Kohlenstoff-Wasserstoff- (aliphatisch, vinylisch oder aromatisch) bzw. der Kohlenstoff-Kohlenstoffbindung (Ein-, Zwei- oder Dreifachbindung). Die Auswertung der in einem gemessenen Spektrum zu beobachtenden Signale erfolgt über Vergleichsspektren bekannter Strukturen und tabellierten Daten. Zu beidem liegt eine umfangreiche Fachliteratur vor [45]. Exemplarisch sind hierfür einige Daten nachfolgend aufgeführt (s. Tabelle 13.3).

Tabelle 13.3 Schwingungsdaten von wichtigen Molekülgruppen

Molekülgruppe	Bezeichnung	Wellenzahl in cm^{-1}
=NH	Imino	3100 – 3500
–NH$_2$	Amino	3200 – 3400
=C=O	Carbonyl	1700
–C≡N	Cyano	2200 – 2260
–C=C–	Vinyl	1650
–OH	Hydroxyl	2500 – 3000
$\triangle^{O}$	Epoxy	840 – 900
–COOH	Carboxyl	1200 – 1400
–NCO	Isocyanato	2250 – 2300

Untersuchungen mittels Röntgen-Photoelektronenspektroskopie

Röntgen-Photoelektronenspektroskopie, auch bekannt als ESCA (*Electron Spectroscopy for Chemical Analysis*), ist ein stark oberflächensensitives Analyseverfahren. Mit energetisch definierten Röntgenstrahlen werden aus der Probengrenzschicht Photoelektronen heraus geschlagen, welche mittels eines Elektronenanalysators detektierbar sind [46]. Je nach Bindungsenergie der Photoelektronen und Intensitäten der resultierenden Photoelektronensignale sind vorhandene Elemente, Atomgruppierungen und Strukturbausteine sowie ihr relativer Mengenanteil zu erkennen. Bei der Charakterisierung textiler Materialoberflächen ist dies vielfältig einsetzbar: zum Nachweis nutzbarer Funktionalitäten wie Hydroxy-, Carboxy- oder Aminogruppen, abgeschiedener Substanzen wie z. B. modifizierte Siliciumdioxidschichten oder zur Detektion abweisender Fluor oder Chlor enthaltender Substituenten. Für eine weitergehende Information zu diesen Analysenverfahren wird auf die Fachliteratur verwiesen [45, 47, 48].

13.4.2.2 Nasschemische Anfärbereaktionen

Von den vielen Möglichkeiten der nasschemischen Analyse chemisch aktiver Gruppen, wie z. B. mittels Säure-Base- und Redox-Titrationen oder spezifischen chemischen Reaktionen und Derivatsynthesen, sollen hier Anfärbeversuche herausgestellt werden; denn sie gestatten es, Funktionalitäten der textilen Oberfläche direkt sichtbar zu machen. Zur Durchführung dieser Versuche werden Farbstoffe aus dem Sortiment der Säurefarbstoffe und der basischen Farbstoffe benötigt. Sehr detaillierte Untersuchungen zu den *Anfärbereaktionen* und praktische Hinweise werden in [49] dargestellt bzw. gegeben.

Anfärbungen mit sauren Farbstoffen

Säurefarbstoffe wie z. B. Acid Blue 83, gehen mit protonierten Aminofunktionen auf Oberflächen textiler Materialien eine elektrostatische Wechselwirkung ein und werden so fest gebunden [49]. Hierbei erfolgt eine Anfärbung der Oberflächen, deren Gleichmäßigkeit und Intensität sich visuell oder auch farbmetrisch beurteilen lässt (s. Abb. 13.27). Die praktische Vorgehensweise ist sehr einfach: die Probenmaterialien werden ca. 30 min in ein essigsaures Färbebad eingetaucht, wobei gelegentlich umgeschwenkt wird. Wichtig ist es, das textile Substrat danach einer gründlichen Spülung zu unterziehen, so dass nur gebundener Farbstoff auf der Probe verbleibt. Da die Farbstoffanbindung unter alkalischen Bedingungen reversibel ist, ist auch die quantitative Erfassung der gebundenen Farbstoffmoleküle und somit der zur Verfügung stehenden Aminogruppen möglich. Hierfür muss legendlich die Konzentration des abgelösten Farbstoffs in den Entfärbungslösungen photometrisch bestimmt werden.

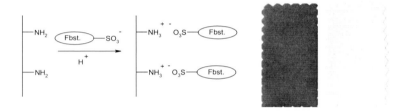

Abb. 13.27 Schematische Darstellung der Anbindung eines Farbstoffs (Fbst.) an die Aminofunktionen eines ausgerüsteten PET-Gewebes (links), Anfärbeergebnisse für funktionalisierten Polyester und dem Ausgangsmaterial (rechts)

Diese Anfärbetechnik ist sehr gut geeignet, schnelle Aussagen über die Effektivität eines textilen Vorbehandlungs- oder Ausrüstungsprozesses zu bekommen. Eine noch unkompliziertere, wenn auch nur qualitative Methode ist die Benetzung mit einer farblosen Ninhydrin-Lösung. Dieses, in der Biochemie häufig genutzte Reagenz, ergibt bei Anwesenheit von -NH$_2$-Gruppen eine deutlich dunkelviolette Färbung (Abb. 13.28).

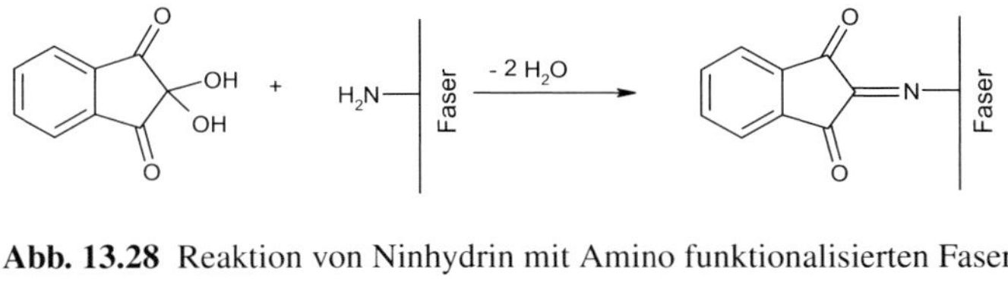

Abb. 13.28 Reaktion von Ninhydrin mit Amino funktionalisierten Fasern (vereinfacht) [12]

Anfärbungen mit basischen Farbstoffen

Basische Farbstoffe besitzen eine positive Ladung im Molekül und sind dazu geeignet, mit negativ geladenen Gruppen auf der Faseroberfläche eine ionische Bindung einzugehen. Dies kann dazu genutzt werden, entsprechende Funktionen wie z. B. Carbonsäure- oder deprotonierte Hydroxygruppen visuell nachzuweisen. Praktisch genutzt wird das z. B. für die schnelle Beurteilung oxidativer Behandlungen von textilen Strukturen infrage, wobei der Farbstoff Methylenblau mit Vorteil eingesetzt wird [13]. Dieser Farbstoff ist unter dem Einfluss eines sauren Milieus vom Textil einfach wieder ablösbar und kann so quantifiziert werden.

Weitere Anfärbungen zum Nachweis reaktiver Gruppen auf Faseroberflächen

An textile Grenzflächen, die nach Funktionalisierung oder Ausrüstung Epoxy- oder Isocyanat-Gruppen aufweisen, können Farbstoffe addiert werden, die über freie Amino-Funktionen verfügen (Abb. 13.29). Hierzu eignen sich relativ kleine farbgebende Moleküle aus der Reihe der Dispersionsfarbstoffe, die keine weiteren reaktiven Zentren besitzen. Hierbei ist die Freisetzung des gebundenen Farbstoffs von der Textiloberfläche nicht ohne weiteres möglich. Bei den Anfärbeversuchen sollte grundsätzlich eine nicht funktionalisierte Blindprobe unter ansonsten gleichen Bedingungen der Prüfung unterworfen werden, um Fehlinterpretationen auszuschließen.

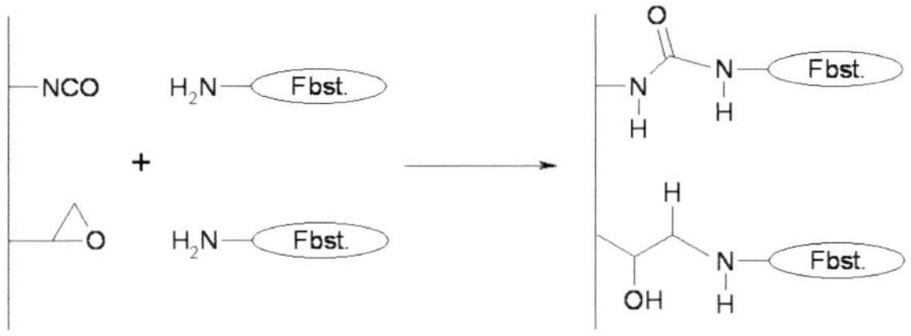

Abb. 13.29 Addition von Farbstoffen an Isocyant- und Epoxy-Funktionen

13.5 Ausrüstungsverfahren, Methoden und Technologien

Die Oberflächenaktivierung, Funktionalisierung und Ausrüstung von textilen Materialien ist auf allen Stufen der textilen Prozesskette durchführbar. Je nachdem ob eine Textilbahn vor einer Beschichtung mittels Corona aktiviert werden soll oder ein speziell funktionalisiertes Garn zu einem Flächengebilde zu verarbeiten ist, werden unterschiedliche Verfahren und Technologien verwendet. Welche Verfahren, Methoden und Technologien dabei zum Einsatz kommen können und wie diese zu nutzen sind, soll in diesem Abschnitt gezeigt werden. Eingegangen wird dabei besonders auf die Vorbehandlung und Ausrüstung textiler Fasern, Garne und Flächengebilde, die für den Einsatz im Leichtbau und als Technische Textilien vorgesehen sind.

13.5.1 Spinnprozess integrierte Ausrüstung von Fasern

Die zweckgerechte Ausrüstung von Synthesefasern ist auf der Stufe ihrer Herstellung möglich, um so neben den eigentlichen Werkstoffcharakteristiken verschiedene zusätzliche Eigenschaften zu realisieren, die besonders in der Fasergrenzschicht ihre Funktionalität entfalten sollen. Hierzu können die entsprechenden Wirksubstanzen (Additive) durch homogenes Einmischen in die Spinnmassen vor bzw. während des Spinnprozesses in das Fasermaterial inkorporiert oder andererseits nach erfolgter Faserbildung auf der Faseroberfläche appliziert werden.

Die direkte Inkorporierung von Additiven (interne Additivierung) wird üblicherweise durch Zumischung in Form eines Masterbatches bewerkstelligt [50] und führt so zu einer homogenen Verteilung der wirksamen Substanzen im Fasermaterial [51]. Additive, deren Aktivitäten in den Faserrandschichten zur Wirkung gelangen, werden so nur zu einem Bruchteil ihres Gehaltes nutzbar. Dieser Nachteil ist durch Einsatz von zur Migration befähigter Funktionsmoleküle zu beheben, da diese sich im Randbereich der Faser aufkonzentrieren und so nur eine geringe Einsatzmenge benötigt wird. Ein gutes Beispiel hierfür stellen sich an den Oberflächen anreichernde Additive für die Ausrüstung von Textilien aus Polyamid dar [52].

Die externe Applikation von Additiven erfolgt in der Regel simultan mit dem Auftrag der Spinnpräparation bzw. Schlichten, deren primäre Funktion die textile Verarbeitungsfähigkeit der Fasern sicherstellen soll. Durch geeignete Zusammensetzung und Formulierung dieser Schlichte ist es möglich, über den mechanischen Faserschutz hinaus, Funktionalitäten einzubringen, die z. B. für gutes Haftvermögen (s. Abschn. 13.2.5), antistatische Eigenschaften oder UV-Schutz stehen [53]. Besonders interessant ist die Applikation von *Carbon Nanotubes* (CNT), die den Schlichten bzw. Präparationen in Anteilen beizumischen sind. Damit wird den ausgerüsteten Fasermaterialien elektrische Leitfähigkeit verliehen, die über die Konzentration der CNT definiert einstellbar ist [54]. Auch sind CNT auf Grund ihrer nanoskaligen Dimensionen und ihrer enormen Festigkeit in der Lage, zur Defektausheilung an Faseroberflächen beizutragen sowie deren Grenzschicht hoch belastbar zu gestalten, wodurch z. B. die Bruchenergie deutlichen Zuwachs erfährt [55]. Beim Einsatz CNT-haltiger Schlichten wurde nachgewiesen, dass die CNTs in der fasernahen Grenzschicht nicht nur das Bruchverhalten beeinflussen, ebenfalls bewirken sie eine ausgeprägte Transkristallinität. Querzug- und Druckscherfestigkeit können um 10 % mit äußerst geringen CNT-Zugaben gesteigert werden. Durch gute Dispergierung der CNTs kann schon bei niedrigen CNT-Gehalten die Perkolationsschwelle eines Systems erreicht werden und so ein Grenzschichtsensor geschaffen werden [56]. CNT-basierte Grenzschichtsensoren können in realen Bauteilen und auch für unterschiedliche Schlichtesysteme bei Glasfaser basierten Verbunden verwendet werden, um so verschiedenste Grenzschichtdefekte erkennbar zu machen.

13.5.2 Vorbehandlung von textilen Garnen und Flächen im Veredlungsprozess

Die Vorbehandlung von Garnen und textilen Flächen dient dem Zweck, diese Materialien in Hinblick auf weitere Verarbeitungschritte, wie Ausrüstung, Beschichtung oder Einsatz in Verbundwerkstoffen, vorzubereiten. In vielen Fällen ist dabei das Entfernen von Spinnpräparationen oder Schlichten eine der ersten Aufgaben, da diese der weiteren Bearbeitung im Wege stehen. Ausnahmen hiervon können solche Schlichten sein, die neben ihren guten mechanischen Verarbeitungseigenschaften Funktionalität oder Kompatibilität aufweisen und für Glas- und Kohlenstofffasern Anwendung finden (s. Abschn. 13.2.5). Für Fasermaterialien aus Aramid ist die Entschlichtung notwendig, um die Oberflächen-Eigenschaften zu verbessern [1]. Das Beseitigen der Präparationen und Schlichten erfolgt durch separates Waschen mit entsprechenden Waschmitteln oder wird im Zuge weiterer Vorbehandlungsmaßnahmen mit erledigt. Diese Verfahren können wie folgt gegliedert werden:

- nasschemische Vorbehandlung,
- Vorbehandlung mittels Corona/Plasma und
- Gasphasenbehandlung mit Fluor/Luft-Gemischen.

Mit allen hier genannten Verfahren wird eine Aktivierung oder Funktionalisierung der textilen Oberflächen erzielt. Hierbei reicht das Wirkungsspektrum von der Ätzung der Materialgrenze zur Schaffung von Kavitäten und Rauigkeiten über die Erzielung von Polaritäten bis zum Erhalt chemisch reaktiver Gruppen an der Oberfläche. Zur Durchführung der nasschemischen Operationen sind herkömmliche Maschinen und Apparate der Textilveredlung geeignet wie z. B. Haspelkufe, Jet oder Hochtemperatur (HT)-Apparat, während die beiden anderen Verfahren, Corona/Plasma und Fluorierung, spezieller Behandlungsanlagen bedürfen.

13.5.2.1 Nasschemische Vorbehandlung textiler Materialien

Von den vielen Möglichkeiten einer nasschemischen Vorbehandlung sollen an dieser Stelle vier Verfahren beispielhaft vorgestellt werden. Im Einzelnen sind dies die Alkalibehandlung von aromatisch/aliphatischen Polyester-Fasern aus Polyethylenterephthalat (PET), die biokatalytische Vorbehandlung von Polyamid- (PA) Fasern, die Oxidation von Kohlenstofffasern und die HT-Bearbeitung von Fasern aus Poly-propylen (PP) und hochfestem Polyethylen (UHMWPE).

Aktivierung von Polyethylenterephthalat mittels Alkalibehandlung

PET ist ein Material, das mit einer relativ niedrigen Oberflächenenergie (s. Tabel-le 13.1), besonders in seinen polaren Anteilen, ausgestattet ist und somit zu den hydrophoben Werkstoffen gehört. PET besitzt keine unmittelbar nutzbaren che-mischen Funktionen und kann so z. B. nur mittels Dispersionsfarbstoffen im HT-Verfahren gefärbt werden [57]. Allerdings sind die für dieses Polymer typischen Estergruppen gegenüber alkalischer Hydrolyse (Verseifung) und gegenüber Ami-nen anfällig, die zur Aminolyse führen. Für die Aktivierung der PET-Grenzflächen kommt aber nur die Verseifung in Betracht, da diese besser kontrollierbar als die Aminolyse. Durch Alkalikonzentration, Temperatur und Zeit kann die *Alkalibe-handlung* so gesteuert werden [58], dass Material- und Festigkeitsverluste gering ausfallen. Im Ergebnis werden Faseroberflächen erhalten, die eine gesteigerte Ober-flächenenergie, lochartige Vertiefungen (Kavitäten) sowie eine erhöhte Rauigkeit besitzen. Hierdurch erhöht das Vermögen der Polyesterfaser Wechselwirkungen ein-zugehen, was sich günstig auf die Benetzungs- und Haftungseigenschaften des Ma-terials auswirkt. Eine solche Vorbehandlung lässt es z. B. zu, sehr fest verankerte SiO_2- und funktionalisierte SiO_2-Schichten auf PET zu realisieren, [59] und es ge-lingt die Metallisierung dieser Oberflächen [60] unter Einsatz nasschemischer Me-thoden. Exemplarisch sind in Abbildung 13.30 PET-Fasern vor und nach Alkalibe-handlungen gezeigt.

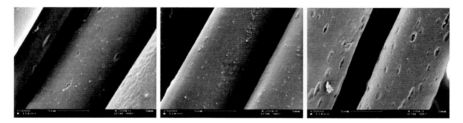

Abb. 13.30 PET-Fasern in 5000-facher Vergrößerung (links: unbehandelte, Mitte: leicht, rechts: stark alkalisiert)

Einen genaueren Blick auf die behandelten Oberflächen erlaubt Abbildung 13.31, wobei kaum unterschiedliche Mikrorauigkeiten ersichtlich werden.

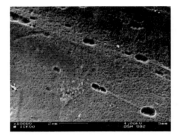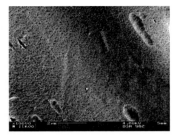

Abb. 13.31 Oberflächenstruktur leicht (links) und stark (rechts) alkalisierter PET-Fasern (10 000-fach)

Biokatalytische Oberflächenbehandlung aliphatischer Polyamide

Eine sehr elegante und umweltfreundliche Methode der Vorbehandlung von Polyamiden zur Steigerung der Grenzflächenaktivität ist die enzymatische Behandlung dieser Polymere [20]. Hierbei ist eine deutliche Zunahme der Oberflächenenergie von ca. 50 % zu beobachten.

Oxidation von Kohlenstofffasern mit Salpetersäure

Kohlenstofffasern werden oft direkt nach ihrer Herstellung oxidativ behandelt [61] und anschließend geschlichtet (s. Abschn. 13.2.5). Diese Schlichten sind in der Lage, mit Matrix- oder Beschichtungsmaterialien gleicher chemischer Struktur feste Verbünde einzugehen. Die messbaren Oberflächenenergien an Einzelfilamenten liegen dabei im Bereich von 22 mN/m wobei polare Anteile von 6 mN/m zu beobachten sind [20]. Durch eine Behandlung mit stark oxidierender Salpetersäure (HNO_3) können diese Werte auf ca. 40 mN/m bzw. 18 mN/m gesteigert werden, so dass eine deutlich aktivere Faseroberfläche resultiert, was besonders ihre polaren Eigenschaften betrifft. Diese verstärkte Polarität führt zu erhöhter Benetzbarkeit der vielen Tausend Einzelfilamente in einem Kohlenstofffaserbündel (Roving) und fördert so dessen Durchtränkung mit aufzubringenden Matrices oder Beschichtungsmitteln, woraus höhere Verbundfestigkeiten zu erwarten sind. Als Nebeneffekt wurden bei der Behandlung von Kohlenstofffasern mit HNO_3 signifikant höhere Werte für die Festigkeit der Einzelfilamente beobachtet [20].

Nasschemische Funktionalisierung von Fasern aus PP und hochfesten PE

Textile Materialien aus den aliphatischen Polymeren PP und PE besitzen gute bis hervorragende textilphysikalische Eigenschaften. Allerdings sind bei diesen Werkstoffen mit einer reinen Kohlenwasserstoffstruktur (s. Abschn. 13.2.4) keinerlei che-

misch oder physikalisch nutzbare Molekülbestandteile vorhanden, so dass diese für
den Einsatz in Verbünden kaum zu verwenden sind. Auch diese Materialien sind
oxidativ zu aktivieren, worauf später eingegangen wird (s. Abschn. 13.5.2.2 und
13.5.2.3). An dieser Stelle soll ein Verfahren vorgestellt werden, das mit relativ einfachen Mitteln, d. h. mit den gebräuchlichen Maschinen und Apparaten der Textilveredlung, zu besten Ergebnissen führt. Hierbei werden die polymeren Oberflächen
mit reaktiven Aminogruppen versehen, die physikalisch/mechanisch im Basispo-
lymer verankert sind. Diese Methode greift auf ein herkömmliches Verfahren der
Textilveredlung zurück, welches für das Färben von hydrophoben Fasern mit Dispersionsfarbstoffen Anwendung findet [57]. Anstatt farbgebender Moleküle werden
hierbei langkettige aliphatische Amine mit ihrem hydrophoben Molekülteil in der
Faseroberfläche verankert, so dass an den Grenzflächen der behandelten Fasern freie
reaktionsbereite Amino-Funktionen etabliert werden (s. Abb. 13.32).

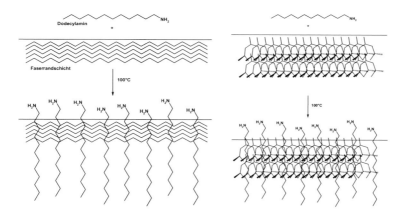

Abb. 13.32 Schematische Darstellung der Funktionalisierung von PE (links) und PP (rechts) mit
physikalisch verankerten aliphatischen Aminen

Diese Methode der Ausrüstung von Polyolefinen geht für PP [12] und UHMWPE
[13] problemlos vonstatten und ergibt hoch reaktive Fasergrenzschichten, die für
weitere Funktionalisierungen oder den direkten Einsatz in Verbundmaterialien zur
Verfügung stehen. Die Amino-Funktionen sind leicht nachzuweisen (s. Abschn.
13.4.2) und können vielfältig genutzt werden. Ein Beispiel hierfür ist die kovalente
Anbindung von Nano- und Submikropartikeln, die mit reaktiven Epoxy-Gruppen
versehen sind. Ein Teil dieser chemisch aktiven Gruppen dient zur Verankerung
auf der Faseroberfläche (s. Abb. 13.33 und 13.34), während die restlichen zum
Anbinden an Matrices zur Einstellung definierter Haftkräfte oder weiterer hoch-
funktioneller Ausrüstung, wie z. B. Abscheidung katalytisch wirksamer Edelmetall-
Nanopartikel [62], Verwendung finden können.

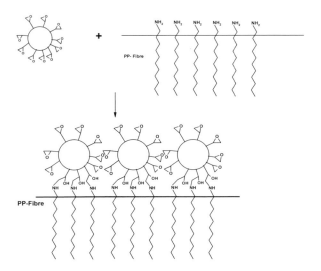

Abb. 13.33 Schematische Darstellung der Anbindung von Nano- und Submikropartikeln auf Amino-funktionalisierte PP- Faseroberflächen

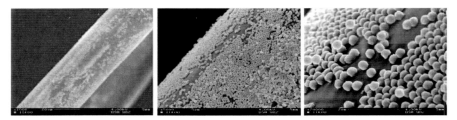

Abb. 13.34 Auf PP-Fasern verankerte reaktive Submikropartikel in 1000-facher (links), 5000-facher (Mitte) und 20 000-facher (rechts) Vergrößerung

13.5.2.2 Vorbehandlung textiler Grenzflächen mittels Corona-/Plasma-Technik

Eine sehr effektive Vorbehandlung textiler Materialien ist mit Anlagen durchführbar, die auf Basis der *Dielektrischen Barriere Entladung* (Dielectric Barrier Discharge, DBD) unter Atmosphärendruck ein kaltes Plasma erzeugen [62]. Dieses kann im einfachsten Fall zur Aktivierung der verschiedensten textilen Werkstoffe wie Polyolefine, Polyester, Polyamide oder auch Kohlenstofffasern genutzt werden. Hierbei kommt es zur Steigerung der Oberflächenenergie und der Möglichkeiten, an der Oberfläche chemische Modifizierungen vorzunehemen. Den Oberflächenveränderungen liegen Reaktionen der Materialgrenzschichten mit atmosphärischen Sauerstoff zu Grunde, die zum Einbau polarer Gruppen führen. Mittels Einspeisung von Gasen, wie z. B. Stickstoff (N_2), Distickstoffmonoxid (N_2O),

Kohlenmonoxid (CO), Kohlendioxid (CO_2) oder auch niedermolekularen organischen Verbindungen, sind definiert funktionalisierte Oberflächen möglich. Verfügt die Anlagentechnik über eine, wie in Abbildung 13.35 gezeigte, Verneblungseinrichtung, die flüssige Substanzgemische in das Plasma feinstverteilt einbringen kann, so sind weitere Oberflächenmodifizierungen erreichbar (Abb. 13.36).

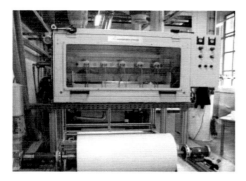

Abb. 13.35 Corona-/Plasma-Einheit der Fa. Ahlbrandt mit Gaseinspeisung und Verneblungssystem zur Vorbehandlung textiler Materialien unter Atmosphärendruck

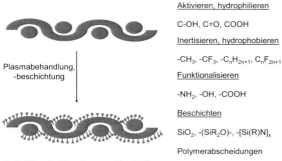

Aktivieren, hydrophilieren

C-OH, C=O, COOH

Inertisieren, hydrophobieren

-CH_3, -CF_3, -C_nH_{2n+1}, C_nF_{2n+1}

Plasmabehandlung, -beschichtung

Funktionalisieren

-NH_2, -OH, -COOH

Beschichten

SiO_2, -(SiR_2O)-, -$[Si(R)N]_x$

Polymerabscheidungen

↑ : funktionelle Gruppierungen/Beschichtungen

Abb. 13.36 Aktivierung und Funktionalisierung textiler Materialien mittels DBD-erzeugtem Atmosphärendruckplasma

Die Vorbehandlung oder Funktionalisierung textiler Materialien mittels Corona-/Plasma-Bearbeitung bei Atmosphärendruck erfordert allerdings einen zweifachen Warendurchlauf, damit die gewünschten Ausrüstungseffekte beidseitig verfügbar werden.

In Abbildung 13.37 ist das Behandlungsergebnis für die Bearbeitung eines UHMWPE-Gewebes unter rein atmosphärischen Bedingungen gezeigt. Eine Aufrauung auf der Mikroebene ist dabei gut erkennbar.

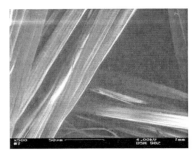 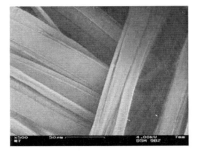

Abb. 13.37 Unbehandeltes (links) und mit DBD-Luft-Plasma-behandeltes (rechts) UHMWPE-Gewebe

13.5.2.3 Vorbehandlung textiler Fasern, Garne und Flächengebilden in der Gasphase mittels Fluor-/Luft-Gemischen

Eine weitere sehr elegante und äußerst effektive Vorgehensweise zur Vorbehandlung oder Endbehandlung von Textilmaterialien in allen Aufmachungsformen stellt die *Gasphasenbehandlung* mittels Fluor dar. Hierbei werden die reaktiven Substanzen zur Modifizierung der Faseroberflächen sowie deren Randschichten im gasförmigen Aggregatzustand als Einzelmoleküle zugeführt, was einerseits die Bedeckung des gesamten Fasermantels ohne jegliche Abschattungseffekte garantiert und andererseits auf Grund der in Gasen anzutreffenden hohen Diffusionsgeschwindigkeiten zu schnellen Umsetzungen führt. Zum Einsatz kommen dabei kontinuierliche sowie auch diskontinuierliche Verfahrensweisen, wobei die inline Prozessführung am interessantesten erscheint, da hier bahnförmige Textilware hoher Lauflänge kontinuierlich verarbeitbar ist. Aber auch der Betrieb eines Reaktors im offline Betrieb ist für die Behandlung textiler Preforms von hohem Nutzen. In Abbildung 13.38 ist eine kontinuierlich arbeitende Behandlungsanlage gezeigt.

Abb. 13.38 Fluorgasbehandlung in kontinuierlicher Verfahrensweise (Quelle: Fluor Technik System GmbH)

Für die Gasphasenfluorierung kommen Fluor-/Stickstoffmischungen im Verhältnis 1/9 zum Einsatz, die entweder rein oder unter Beifügung von atmosphärischer Luft (Oxifluorierung) zur Durchführung der Behandlung Verwendung finden. Das Verfahrensprinzip ist in Abbildung 13.39 zu sehen.

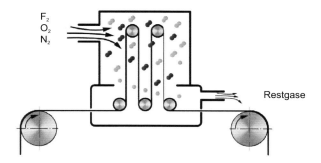

Abb. 13.39 Prinzipielle Darstellung der Fluorgasbehandlung im kontinuierlichen Verfahren

Das Spektrum der dabei erzielbaren Effekte und Funktionalitäten reicht von der Beseitigung textiler Verarbeitungsschlichten über die Gestaltung abweisender Materialoberflächen bis zur Ausbildung hoch aktiver und reaktiver Grenzschichten mit sehr guten Verbundeigenschaften. Das Verfahren ist für alle textilen Werkstoffe einzusetzen, muss allerdings durch Vorversuche entsprechend dem Material abgestimmt werden, um inakzeptable Schädigungen zu vermeiden. Bei der Oxifluorierung von Kohlenstofffasern ist neben der Steigerung der Oberflächenenergie, welches zu verbesserten Benetzungs- und Haftungseigenschaften führt, auch eine Zunahme von Festigkeit und E-Modul zu beobachten [20, 21].

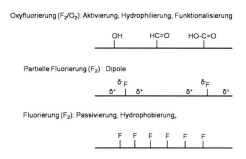

Abb. 13.40 Möglichkeiten der Aktivierung, Hydrophilierung und Funktionalisierung textiler Grenzflächen mittels Oxyfluorierung bzw. Fluorierung

Aus Abbildung 13.40 wird ersichtlich welche Möglichkeiten der Aktivierung, Hydrophilierung und Funktionalisierung die Fluorierung und Oxyfluorierung bieten.

Die morphologischen Veränderungen der Faseroberflächen durch Oxyfluorierung, wird in Abbildung 13.41 dargestellt.

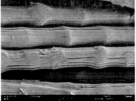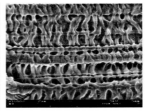

Abb. 13.41 Hochleistungs-PE-Faser, unbehandelt (links), oxyfluoriert in 1000-facher (Mitte) und 10000-facher (rechts) Vergrößerung

13.5.2.4 Weitere Methoden der Vorbehandlung textiler Materialien

Als weitere Methoden der Vorbehandlung zur Aktivierung textiler Materialoberflächen sind Bestrahlungen mit energiereichen Elektronen [63] (Elektronenstrahlbehandlung) und mit Licht des ultravioletten Bereiches des elektromagnetischen Spektrums [64] (UV-Behandlung) zu nennen. Beide Verfahren führen einerseits zu topografischen Veränderungen der Grenzflächen mittels Materialdegradation und versehen diese andererseits mit polaren Molekülstrukturen, was durch bei der Bestrahlung anwesenden Luftsauerstoff verursacht wird. Diese sehr interessanten Verfahren gerieten in Vergessenheit und finden aktuell wieder mehr Beachtung.

13.5.3 Ausrüstung von textilen Materialien

Die Ausrüstung textiler Materialien ist durch eine entsprechende Auswahl von Verfahren und Methoden so zu gestalten, dass sie zu einem Produkt mit den geforderten Eigenschaften führen. Zur Verfügung stehen dabei Verfahren der Veredlung im wässrigen Medium (Flotte), diverse Beschichtungsmethoden oder auch Laminier- und Kaschierprozesse [65]. Diese textilen Bearbeitungen können bei alleiniger Anwendung einem bestimmten Ausrüstungszweck dienen, z. B. einer Hydrophobierung oder Dimensionsstabilisierung von Textilien, oder auch in Kombination zum angestrebten Ergebnis führen, wie es bei der wässrigen Applikation eines Haftvermittlers und anschließendem Auftrag einer Beschichtung notwendig werden kann. In vielen Fällen ist für die Textilausrüstung eine Vorbehandlung erforderlich, die von der Wäsche zum Entfernen von Spinnpräparationen und Verarbeitungsschichten bis hin zur hochfunktionellen Gestaltung der Fasergrenzflächen reichen kann (s. Abschn. 13.5.2).

13.5.3.1 Textilausrüstung mittels wässriger Flotten

Textilen Werkstoffen bestimmte Material- und Gebrauchseigenschaften zu verleihen, indem sie aus wässrigen Flotten mit entsprechenden Wirkstoffen behandelt werden, wie z. B. mit Antistatika, weichmachenden Textilhilfsmitteln oder Dimension stabilisierenden Hochveredlungsmitteln, gehört zu den klassischen Aufgaben der Textilveredlung. Auch zur Herstellung hoch anspruchsvoller technischer Textilmaterialien ist mit dieser sogenannten Nassveredlung hoher Nutzen zu erzielen. Dieser kann z. B. in der Schwerentflammbarkeit, der Widerstandsfähigkeit gegen klimatische und biologische Umwelteinflüsse sowie der Reaktivitätssteigerung der Faseroberflächen (s. Abschn. 13.5.2.1) bestehen. Für Applikationen aus wässriger Flotte stehen zwei Verfahrensweisen zur Verfügung, und zwar diskontinuierlich arbeitende Auszugs- und kontinuierliche ablaufende Imprägnierverfahren.

Ausziehverfahren

Werden gelöste oder dispergierte Substanzen und Wirkstoffe (Veredlungsmittel) auf Grund ihrer Faseraffinität in wässriger Flotte von textilen Fasern aufgenommen, d. h. aus der Flotte ausgezogen, wird diese Art der Applikation als Ausziehverfahren bezeichnet. *Ausziehverfahren* arbeiten oft mit einem großen (langen) Flottenverhältnis, gemessen am Quotienten Masse Textil in kg zum Flottenvolumen in l, das bei ca. 1:10 liegt. Neuere Veredlungsaggregate erlauben allerdings deutlich geringere (kürzere) Flottenverhältnisse bis hinunter zu Größen von 1:1 und auch darunter. Für alle textilen Aufmachungsformen wie Faser, Garn oder Fläche stehen Veredlungsmaschinen und -apparate zur Verfügung, so dass sich die Durchführung der Ausrüstung variabel in die textile Prozesskette einfügen lässt [23].

Die herkömmlichen Ziele der Nassveredlung von Textilien im Auszugsverfahren bestehen in einer Farbgebung hoher Egalität und deren Nachbehandlung [23]. Es hat sich aber gezeigt, dass mit dieser Verfahrensweise die Oberflächenmodifizierung textiler Werkstoffe möglich wird. Dieses ist in der Ausrüstung von Polyolefinen mit frei verfügbaren Aminogruppen [12, 13] (s. Abschn. 13.5.2.1) genauso gegeben wie in der Metallisierung von Fasergrenzschichten in Garnen und Flächengebilden [59]. Auch die Immobilisierung von Bio-Katalysatoren (Enzyme) durch Bindung an Textiloberflächen [66, 67] und weitere Modifizierungen sind als Ziel mit Hilfe dieser Ausrüstungstechnik realisierbar.

Die Aggregate zur Nassbehandlung textiler Materialien stellen in vielen Fällen Maschinen und Apparate dar, deren Funktionsweise sich in der Textilveredlung seit vielen Jahren bewährt hat. Zur Bearbeitung von gewickelter flächiger Ware und von gespulten Garnen sind Apparate zweckmäßig, die mittels flexibel wählbarer Führung der Flottenströmung sehr gleichmäßige Ausrüstungsergebnisse gestatten und dabei besonders für Hochtemperaturprozesse geeignet sind. Für textile Bahnen in Strangform sind Veredlungsmaschinen einzusetzen, die auf Grund neuester Technik mit sehr kurzen Flottenverhältnissen arbeiten. Diese als Jet, Overflow und Airflow bezeichneten Behandlungsmaschinen sind ebenfalls HT-fähig und gewährleisten gute Arbeitsresultate.

Imprägnierverfahren

Imprägnierverfahren zeichnen sich durch den Einsatz hoch konzentrierter Behandlungsflotten, eine sehr gute Materialdurchtränkung und ihre kontinuierliche Arbeitsweise aus. Werden Tauchzeit des Textilematerials und Applikationskonzentrationen in den Veredlungslösungen bzw. -dispersionen genau kontrolliert, so lassen diese Verfahren genau definierte Arbeitsergebnisse und daneben auch Ressourcen schonende Verfahrensweisen zu.

Die Ziele der Ausrüstung von textilen Materialien mittels Imprägnierung decken sich in großen Teilen mit denen von Ausziehverfahren, wobei aber deutlich höhere Veredlungsmittelkonzentrationen verwendet werden. Daneben können Avivagen und Appreturen auf textile Bahnen appliziert werden. Sehr gut geeignet sind Imprägnierverfahren zur offenflächigen Beschichtung von textilen Strukturen, um diesen Gebilden Stabilität, Festigkeit und Haftvermögen zu verleihen. Gerade im Fall einer aus Multifilamentgarnen bzw. Rovings gefertigten offenmaschigen Flächenstruktur sind auf Grund hoher Durchdringungsraten der Beschichtungsformulierung optimale Resultate möglich.

Vorbehandlungen, Applikationen und Beschichtungen nach dem Imprägnierverfahren werden mittels einer Tauch-Quetsch-Einrichtung bewerkstelligt, die als Foulard (s. Abb. 13.42) bezeichnet wird. Die Ware (Substrat) wird im breiten Zustand durch einen Trog geleitet, der die Behandlungsflotte (z. B. Appretur-, Beschichtungs- oder Ausrüstungsflotte) enthält. Danach wird das dort imprägnierte Substrat durch ein Walzenpaar geleitet, um die durch aufgenommene Flottenmenge auf ein genau definiertes Maß abzuquetschen und die Ware weiter zu transportieren. Je nach Ausrüstungsziel folgt im Anschluss eine thermische Trocknung und Fixierung, eine Heißdampfbehandlung oder eine direkte Zwischenlagerung des imprägnierten Textilmaterials zur Durchführung einer in manchen Fällen gewünschten Reaktion des Ausrüstungsmittels. Außer in den Fällen der Beschichtung und Appretierung werden die behandelten Textilstrukturen gewaschen und anschließend getrocknet.

13.5.3.2 Beschichten von textilen Materialien

Werden textile Substrate kontinuierlich mit polymeren Materialien überzogen (Beschichtung), so resultieren neue Verbundwerkstoffe [29] mit völlig neuen Eigenschaften. Sie stellen nicht nur eine einfache Kombination der Einzelmaterialien dar, sondern sind auch als Gruppe mit neuen Eigenschaften versehen. Das mechanische Beanspruchungsvermögen der neuen Verbundwerkstoffe wird dabei hauptsächlich

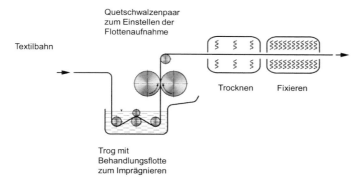

Abb. 13.42 Prinzipdarstellung des Foulardierens

von den textilen Komponenten gestellt, während Oberflächeneigenschaften den Beschichtungsmitteln zuzurechnen sind. Die geeignete Wahl von textilen Trägern, Beschichtungsmaterialien und ihren Formulierungen sowie Auftragsverfahren (s. Abschn. 13.5.3.3) erlaubt die Herstellung von Verbundwerkstoffen, die für ihren Einsatzzweck optimal geschaffen sind. Die Einsatzgebiete für beschichtete Textilien sind breit gefächert und in vielen Bereichen, wie z. B. im Membran-, Fahrzeug- und Flugzeugbau, im Bauwesen, in der Agrar- und Geowirtschaft, der Medizin, der Bekleidung sowie auf dem Gebiet der Raum- und Gebäudeausstattung zu finden. Zahlreiche weitere technische Anwendungen sind mit beschichteten textilen Trägern möglich, wobei Funktionstextilien immer breiteren Raum einnehmen. Hierbei sind besonders textile Systeme zur Stromerzeugung mittels Brennstoff- oder Solarzellen und zur Erfüllung sensorischer und aktorischer Aufgaben zu nennen.

Beschichtungswerkstoffe

Beschichtungsmaterialien bestehen aus filmbildenden synthetischen Polymeren und Lösungsmitteln bzw. Wasser als zweite Komponente. Die daraus formulierbaren Dispersionen oder Lösungen werden auf Basis von Vinylchloriden, Urethanen, Acrylsäureestern und weiteren Ausgangsstoffen hergestellt. Als einziges Naturprodukt ist dabei Natur-Latex vertreten [53]. Einige der Polymere, die zur Beschichtung einzusetzen sind, sollen in diesem Abschnitt Betrachtung finden.

Polyvinylchlorid (PVC)-Beschichtungen

Polyvinylchlorid (PVC) ist mit Abstand das meist verwendete Polymer zur Beschichtung von Textilien. Die Herstellung von PVC erfolgt durch die radikalische Polymerisation von Vinylchlorid, wobei ein sprödes und hartes Polymer (Abb. 13.43) erhalten wird, das als Hart-PVC bezeichnet wird.

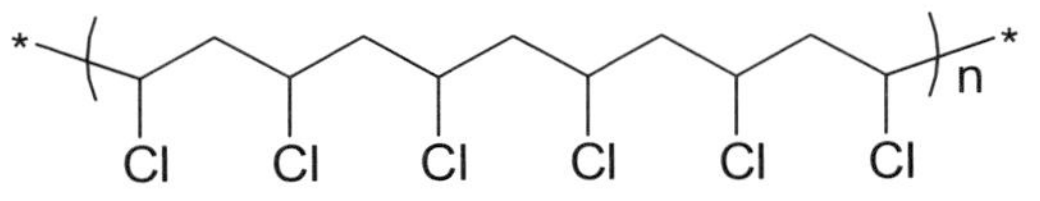

Abb. 13.43 Strukturelement von Polyvinylchlorid

Dieses Produkt eignet sich nicht zur Beschichtung flexibler textiler Materialien und muss durch Zugabe von Weichmachern in ein sogenanntes Plastisol überführt werden. Diese Weichmacher, die hauptsächlich aus Phthalsäureestern bestehen [68], erreichen dabei einen Anteil bis zu 40 %. Das dabei entstehende Weich-PVC bildet klare Filme, die eine große Abrasionsbeständigkeit sowie eine geringe Permeabilität aufweisen. Durch Zugabe von unterschiedlichsten Additiven können Weich-PVC-Beschichtungen viele Eigenschaften, wie z. B. Farbigkeit, Flammfestigkeit, Wetterbeständigkeit oder Schmutzabweisung, verliehen werden. Die Beschichtungen sind resistent gegen Säuren und Basen. Allerdings können organische Lösungsmittel zur Extraktion der Weichmacher führen, wodurch die Filme verspröden und bruchanfällig werden [69].

Polyurethan (PU)-Beschichtungen

Polyurethane (PU) entstehen durch die Additionsreaktion von Diisocyanten mit Diolen (Abb. 13.44). Das daraus entstehende Polymer kann je nach Art der Ausgangssubstanzen und ihrer Vernetzungsfähigkeit unterschiedlichste Konsistenz besitzen, so dass damit beschichtete Materialien entsprechend ihrem Einsatzzweck mit definierten Eigenschaften, wie Flexibilität, Weichheit, Elastizität oder auch Wasserdampfdurchlässigkeit, zu versehen sind.

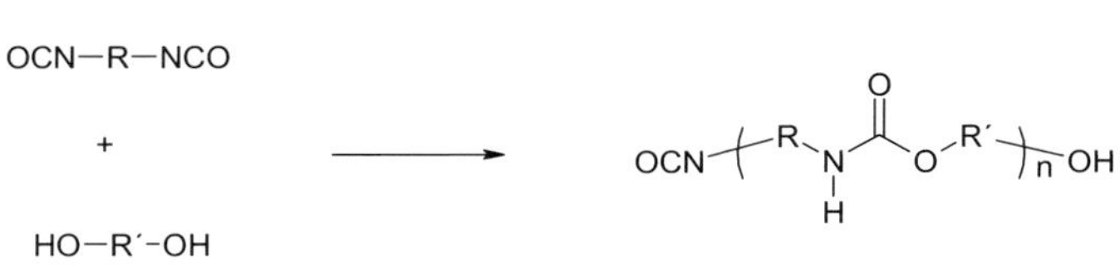

Abb. 13.44 Reaktionsprinzip von Diisocyanaten mit Diolen zum Polyurethan (R = $(CH_2)_6$, $C_6H_3(CH_3)$, C_6H_4-CH_2-C_6H_4; R´ = Polyester, Polyether)

Die Beschichtung erfolgt mittels wässriger Dispersion des Polymers oder durch Mischung von Prepolymeren, die durch den Einfluss thermischer Energie ausreagieren [70]. PU-Beschichtungen zeichnen sich durch hohe Zugfestigkeit, Reißfestigkeit, Zähigkeit und weichen Griff aus [53].

Polyacrylat (PAA)-Beschichtungen

Grundbausteine zur Darstellung von Polyacrylsäureestern (Polyacrylate) sind entweder Ester der Acrylsäure oder der Methyl substituierten Methacrylsäure (Abb. 13.45). Durch Polymerisation entstehen hieraus Polyacrylate, die je nach Art des Monomers und seiner Veresterung unterschiedlichste Eigenschaften aufweisen können. Beschichtungen mit Polyacrylsäureester sind eher weich und klebrig, während die mit Polymethacrysäureester eher hart und spröde ausfallen. Diese Materialien zeichnen sich durch hohe Widerstandsfähigkeit gegenüber UV-Licht, Hitze, Ozon, Chemikalien, Wasser, Alterung und Lösungsmittel aus [53].

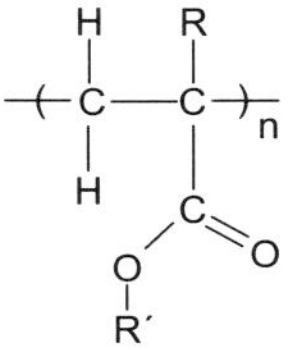

$$R = H, CH_3$$
$$R' = CH_3, C_2H_5, C_3H_7, CH_2CH(C_2H_5)C_4H_9$$

Abb. 13.45 Struktur von Polyacrylaten aus Acrylsäure- und Methacrylsäureestern

Polytetrafluorethylen (PTFE)-Beschichtungen

Polytetrafluorethylen (PTFE), ein Polymerisationsprodukt des Tetrafluorethylens, besitzt eine äußerst niedrige Oberflächenenergie, so dass beschichtete Textilien starke wasser- und ölabweisende Eigenschaften aufweisen (Abb. 13.46). Beschichtungen mit PTFE können Temperaturen bis zu 250 °C ausgesetzt werden und sind resistent gegen die meisten Lösungsmittel sowie Chemikalien. Mit stark alkalischen Substanzen ist die PTFE-Oberfläche ätzbar, womit die Hafteigenschaften des Materials zu verbessern sind.

Weiterhin ist PTFE ein hervorragendes Material zur Herstellung von Klimamembranen, wie sie zum Beispiel die GoreTex®-Membran darstellt. Die wasserdampfdurchlässigen Poren dieses Materials werden durch biaxiales Verstrecken dünner PTFE-Filme erhalten [71, 72].

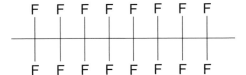

Abb. 13.46 Strukturelement von Polytetrafluorethylen

Elastische Werkstoffe für die Beschichtung

Sollen Beschichtungen elastische Eigenschaften aufweisen, so stehen neben den bereits oben erwähnten elastisch einstellbaren Polyurethanen, eine Reihe weiterer Werkstoffe zur Verfügung, von denen einige hier Betrachtung finden.

Naturgummi

Naturgummi-Beschichtungen basieren auf natürlich gewonnenen Emulsionen (Latex), die direkt zur Verarbeitung eingesetzt werden oder auf aus Latex gewonnenen Feststoffen, die unter Zufügung geeigneter Füllstoffe, Verarbeitung finden. Das darin enthaltene Polymer ist linear aus Isopren-Monomeren aufgebaut (Abb. 13.47) und führt zu Materialien mit hoher Festigkeit. Die im Makromolekül vorhandenen Doppelbindungen erlauben die Vernetzung (Vulkanisierung) des polymeren Materials. Naturgummi zeigt weiterhin kaum Alterungserscheinungen und weist sehr gute Adhäsionseigenschaften auf, was ideal für die Herstellung von Reifen ist.

Abb. 13.47 Bildung von Polyisopren aus 2 Methylbutadien (Isopren)

Polysiloxan-Beschichtungen

Polysiloxane können als Molekülketten oder Netze (Abb. 13.48) ausgebildet sein, wobei Silicium-Sauerstoff alternierende Einheiten das Gerüst bilden, das mit nicht reaktiven, organischen Alkyl- oder Arylresten versehen ist. Die zur Beschichtung notwendigen Silikonkautschuke sind in den gummielastischen Zustand überführbare Massen, bei denen die Polysiloxan-Moleküle vernetzbare Funktionen wie z. B. Wasserstoffatome, Hydroxy- oder Vinyl-Gruppen besitzen. Die je nach Struktur bei unterschiedlichen Temperaturen unter Zufügung von Initiatoren ausreagieren. Die dabei erreichte Elastizität ändert sich im Temperaturbereich von -70 °C bis 270 °C nicht. Polysiloxan-Beschichtungen sind widerstandsfähig gegen viele Chemikalien, Öle, Säuren und Gase, aber empfindlich gegenüber Ozon, UV und anderen Umwelteinflüsse [53].

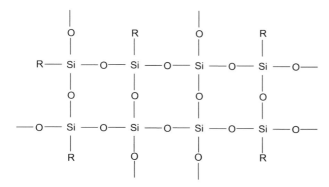

Abb. 13.48 Struktur von vernetzten Polysiloxanen (R = CH_3, C_2H_5, C_6H_5)

Polychloropren (CR)- Beschichtungen

Polychloropren (CR), auch unter dem Namen Neopren bekannt, ist ein synthetisches elastisches Material, das eine gute Ausgewogenheit in seinen Eigenschaften besitzt, die allerdings hinter denen von Naturgummi liegen (Abb. 13.49). So zeigt es gute mechanische Stabilität, Ozon-, Wetter- sowie Alterungsbeständigkeit, Adhäsionsvermögen zu vielen Substraten und geringe Entflammbarkeit.

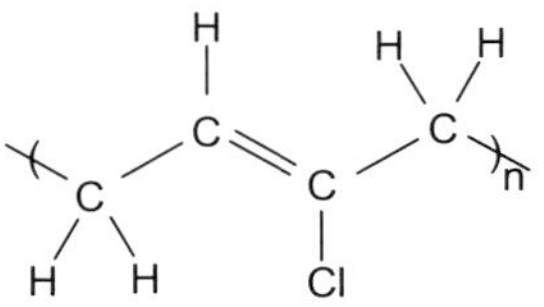

Abb. 13.49 Struktur von Polychloropren (Neopren)

Styrol-Butadien (SBR)-Beschichtungen

Styrol-Butadien (SBR) (Styrene-butadiene rubber) wird durch Emulsionspolymeri-
sation von Styrol und Butadien hergestellt, wobei ein unregelmäßiges Copolymer erhalten wird (Abb. 13.50). Die Formulierung und Applikation der Beschichtungsmaterialien ähnelt der Verarbeitung von Naturgummi. Im Vergleich zu diesem, besitzt
SBR eine geringere Elastizität und führt zu höherer Wärmeentwicklung bei dynamischer Belastung [53]. Die Beschichtung von Textilien ist einfach durchzuführen
und ergibt wetterstabile und ozonbeständige Produkte.

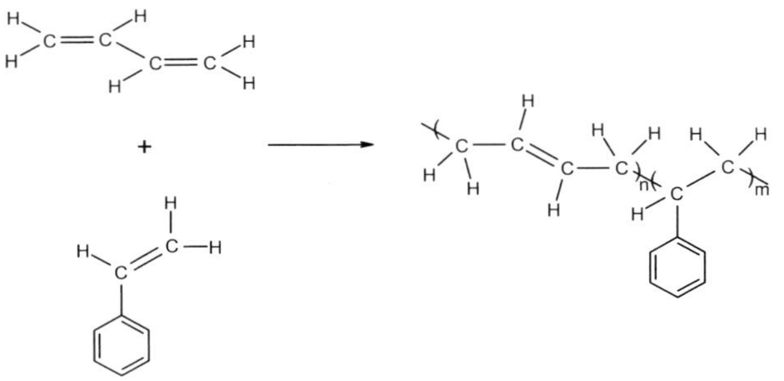

Abb. 13.50 Reaktion von Styrol und Butadien zum Styrol-Butadien (SBR)

13.5.3.3 Beschichtungsauftrag mittels Streichen (Rakeln)

Rakeln

Im Falle planarer und flexibler Substrate eignen sich für den Auftrag von Beschichtungen Streichmesser oder *Rakeln*. Sie sind über die Gesamtbreite der Ware fixiert
und arbeitet im Gegenlauf zum Walzenlauf und streichen die Beschichtungspaste
auf das Substrat. Unterschieden wird zwischen Walzenrakeln, Luftrakeln und Gum-
mituchrakeln. Seltener werden Stütz-, Tischrakeln, Kommabarsysteme und Spiral-
rakeln eingesetzt. Die verschiedenen Systeme werden ausführlich in der Literatur [65] beschrieben. Es lassen sich dünne Schichten im Bereich von wenigen Mikrometer realisieren.

Walzenrakel

Die Walzenrakel arbeitet gegen eine gummierte, verchromte oder Hartgusswalze (s.
Abb. 13.51). Häufig werden gummierte Walzen eingesetzt. Verchromte Stahlwalzen
oder Hartgusswalzen werden für unebene Substrate verwendet. Die Beschichtungs-

dicke wird durch verschiedene Parameter bestimmt. Die wichtigsten sind die Art des Substrats, die Viskosität, die Auftragsgeschwindigkeit sowie die möglichen Einstellungen des Rakels zur Walze. Beschichtungsauflagen zwischen $10 - 1250\,g/m^2$ sind mit diesem Verfahren möglich.

Abb. 13.51 Prinzip einer Walzenrakel (links) und Orginal einer Coatema-Anlage (rechts)

Luftrakel

Bei der Luftrakel ist der Gegenpol die Luft unter der gespannten Ware (Abb. 13.52). Die aufzutragende Beschichtungsmenge wird damit grundlegend von der Warenspannung bestimmt. Luftrakel werden bei geringen Beschichtungsauflagen (5 – 80 g/m^2) eingesetzt.

Abb. 13.52 Prinzip der Luftrakel (links) und Orginal einer Coatema-Anlage (rechts)

Über eine Linearführung, über oder hinter der Beschichtungswalze, ist das Rakelmesser positionierbar.

Der Einsatz der verschiedenen Technologien hängt von der Rheologie der Beschichtungspaste, des Substrats und der zu erzielenden Funktionalität der Beschichtungsschicht ab.

Trocknen und Härten von Beschichtungen

An den Vorgang des Beschichtens schließt sich das Trocknen und Härten an. Trocknen heißt, dass vor allem die verwendeten Lösungsmittel entfernt werden und sich ein Film bildet. Beim nachfolgenden Härten, der Vernetzung, wird durch chemische Reaktionen (verschiedene Polymerisationsreaktionen (s. Kap. 3) zweier oder mehrerer Bestandteile der Matrix, eine funktionelle Schicht erzeugt. Die benötigte Wärme kann durch Kontakt und Konvektion übertragen bzw. eingebracht werden. Bei den Kontaktverfahren wird die Ware über heiße Zylinder geführt, die Konvektionsverfahren arbeiten mit heißer Umluft. Beim Einsatz von Infrarottrocknern wird die notwendige Trocknungsenergie durch die Absorption von IR-Strahlung eingebracht. Bei der Bandbeschichtung (Coil Coating) wird auch UV-Strahlung im kurzwelligen Bereich genutzt. Induzierte hochfrequente Wirbelströme werden ebenfalls eingesetzt [65].

13.5.3.4 Weitere Beschichtungsverfahren und Methoden

Neben den vorstehend beschriebenen Rakelsystemen werden für den Auftrag der Beschichtungspasten andere Walzenantragsysteme verwendet. Im Folgenden wird stellvertretend das Prinzip des Kiss Coaters und des Revers-Roll-Coater beschrieben.

Kiss Coater

Für niedrig- bis mittelviskose Beschichtungen eignet sich der *Kiss Coater*. Aus einem Vorratsbehälter wird die Paste mittels einer Applikationswalze (zwischen zwei Führungswalzen) auf das Substrat aufgebracht. Dabei ist eine zum Warenlauf gegen- bzw. gleichläufige Rotation möglich. Warenspannung sowie die Geschwindigkeit der Applikationswalze im Verhältnis zur Anlagengeschwindigkeit sind die entscheidenden Parameter für einen gleichmäßigen Auftrag. Die Applikation sehr dünner Schichten, beispielsweise für die Oberflächenfunktionalisierung, ist möglich. Für die Hydrophobierung von Vliesstoffen für den medizinischen Bereich ist der Kiss Coater ebenfalls geeignet.

Revers-Roll-Coater

Sind die Auftragswalzen gegenläufig zur Trägerbahn angeordnet, handelt es sich um einen *Revers-Roll-Coater*, der für die Verarbeitung gut fließender niedrigviskoser Pasten geeignet ist. Hochviskose und dilatante Pasten, deren Viskosität mit steigender Scherkraft zunimmt, sind nicht verarbeitbar.

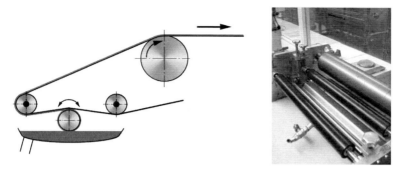

Abb. 13.53 Prinzip eines Kiss Coaters (links) und Orginal einer Coatema-Anlage (rechts)

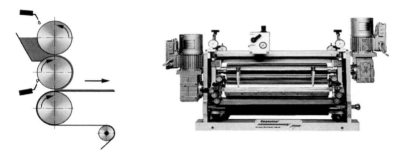

Abb. 13.54 Prinzip eines Reverse-Roll-Coaters (links) und Orginal einer Coatema-Anlage (rechts)

Pulverbeschichtung

Für bestimmte Anwendungen ist die Applikation von pulverförmigen Materialien notwendig. Ein Pulverstreuaggregat besteht immer aus einer gerasterten Walze. Die Art ihrer Rasterung und durch die Geschwindigkeit ihrer Rotation bei der Beschichtung, ist die Menge des aufgetragenen Pulvers definiert.

Hotmelt-Beschichtung

Polymere, die bei einer Temperatur zwischen $80\,°C$ und $220\,°C$ erweichen und wieder erhärten, werden als *Hotmelt* bezeichnet. Sie sind leicht zu dosieren, werden im flüssigen Zustand appliziert und benötigen kurze Kaschierdistanzen sowie Vernetzungszeiten. Mittels eines kontinuierlichen Beschichtungsverfahrens können flächige, geschlossene Filme appliziert werden. In Kombination mit der richtigen „Maske" können Beschichtungsgewicht und Breite bei Auftrag eines geschlossenen Films $> 10\,g/m^2$ oder eines z. T. porösen Films $< 10\,g/m^2$ definiert werden.

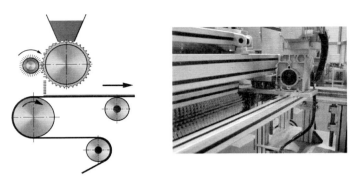

Abb. 13.55 Prinzip einer Pulverbeschichtung (links) und Orginal einer Coatema-Anlage (rechts)

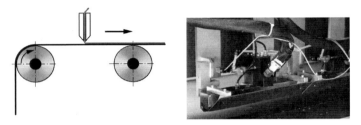

Abb. 13.56 Prinzip einer Hotmelt-Beschichtung (links) und Orginal einer Coatema-Anlage (rechts)

Neben den bereits oben aufgeführten Verfahren, die sich in der Praxis für breite Anwendungen durchgesetzt haben, gibt es eine Reihe von speziellen Auftragstechniken. Dazu gehören u. a. die chemische Gasphasenabscheidung (CVD) [73, 74] und die physikalische Gasphasenabscheidung (PVD) [75].

Literaturverzeichnis

[1]   EHRENSTEIN, G. W.: *Faserverbundkunststoffe: Werkstoffe, Verarbeitung, Eigenschaften.* München, Wien : Carl Hanser Verlag, 2006
[2]   FLEMMING, M. ; ZIEGMANN, G. ; ROTH, S.: *Faserverbundweisen: Fasern Matrices.* Berlin, Heidelberg : Springer Verlag, 1995
[3]   ACHEREINER, F.: *Verbesserung von Adhäsionseigenschaften verschiedener Polymerwerkstoffe durch Gasphasenfluorierung.* Erlangen-Nürnberg, Technische Fakultät der Universität Erlangen-Nürnberg, Diss., 2009
[4]   NEITZEL, M. ; MITSCHANG, P.: *Handbuch der Verbundwerkstoffe (Werkstoffe, Verarbeitung, Anwendung).* München, Wien : Carl Hanser Verlag, 2004
[5]   BISCHOF, C. ; POSSART, W.: *Adhäsion - Theoretische und experimentelle Grundlagen.* Berlin : Akademie Verlag, 1983
[6]   JAKUBASCH, H. J.: *Oberflächenchemie faserbildender Polymere.* Berlin : Akademie Verlag, 1984

[7] LONDON, F. ; EISENSCHITZ, R.: On the Ratio of the van der Waals Forces and the Homo-
     polar Binding Forces. In: Z. *Physik* 60 (1930), S. 491
[8] NOLLER, H. ; PAULING, L.: *Die Natur der chemischen Bindung.* Weinheim : Verlag Chemie
     GmbH, 1968
[9] ERBIL, H. Y.: *Surface Chemistry of Solid and Liquid Interfaces.* Oxford : Blackwell Publis-
     hing Ltd., 2006
[10] ERHARD, G: *Konstruieren mit Kunststoff.* München, Wien : Carl Hanser Verlag, 2008
[11] OWENS, D. K. ; WENDT, R. C.: Estimation of the Surface Free Energy of Polymers. In:
     Journal of Applied Polymer Science 13 (1969), S. 1741–1747
[12] PRINZ, K. ; HUND, R.-D. ; CHERIF, Ch.: Gezielte Eigenschaftsmodifizierung hoch inerter
     textiler Polypropylenfasern mittels chemisch reaktiver Gruppen. In: *Proceedings. 48. Che-
     miefasertagung Dornbirn.* Dornbirn, Österreich, 2009
[13] BARTUSCH, M.: *Gezieltes Oberflächendesign textiler Polymerwerkstoffe zur Erzielung nutz-
     barer physikalisch/chemisch/biologisch aktiver Grenzschichten.* Dresden, Technische Univer-
     sität Dresden, Masterarbeit, 2010
[14] BOTTENBRUCH, L. ; BINSACK, R.: *Polyamide, Kunststoffhandbuch Bd.3/4: Technische Ther-
     moplaste.* München, Wien : Carl Hanser Verlag, 1998
[15] BEYER, H. ; WALTER, W.: *Lehrbuch der Organischen Chemie.* Stuttgart : Hirzel, 2004
[16] RAHM, J.: *Beitrag zur Herstellung Langfaserverstärkter Aluminium-Matrix Verbundwerkstof-
     fe durch Anwendung der Prepregtechnik.* Chemnitz, TU Chemnitz, Fakultät Maschinenbau,
     Diss., 2008
[17] Business Analytic Center: *Polyethylenterephthlat (PET) Konjunkturaussichten und Progno-
     sen.* 2011
[18] BOBETH, W. ; JACOBASCH, H. J.: Zur Bedeutung der physikalisch-chemischen Ober-
     flächenparameter von Chemiefaserstoffen für deren Färbe-, Veredlungs- und Gebrauchseigen-
     schaften. In: *Lenzinger Berichte* 33 (1972), S. 33–42
[19] SCHÜRMANN, H.: *Konstruieren mit Faser-Kunststoff-Verbunden.* Berlin, Heidelberg : Sprin-
     ger Verlag, 2005
[20] ELAHI, F.: *Surface activation of carbon fibers using gas-fluorination, plasma treatment and
     chemical procedures.* Dresden, Technische Universität Dresden, Masterarbeit, 2008
[21] MATHUR, R. B. ; GUPTA, V. ; BAHL, O. P. ; TRESSAUD, A. ; FLANDROIS, S.: Improvement
     in the mechanical properties of polyacrylonitrile PAN/ -based carbon fibers after fluorination.
     In: *Synthetic Metals* 114 (2000), S. 197–200
[22] BALDUS, H. P. et al.: Properties of Amorphous SiBNC-Ceramic Fibres. In: *Key Engineering
     Materials* 177 (1997), S. 127–131
[23] ROUETTE, H.-K.: *Enzyklopädie Textilveredlung - Band 4.* Frankfurt am Main : Deutscher
     Fachverlag GmbH, 2009
[24] ARCLES, B. ; LARSON, G.: *Silicon Compounds: Silanes Silicones.* Morrisville, PA : Gelest,
     Inc., 2004
[25] CHUNG, D. D. L.: *Carbon Fiber Composites.* Boston, London, Oxford, Singapore, Sydney :
     Butterworth-Heinemann, 1995
[26] EYERER, P. ; ELSNER, P. ; VOIT, B. ; DUNGERN, A. v.: Verfahrenstechnische Grundlagen
     für verbesserte Faserverbundwerkstoffe durch online Herstellung (AiF 118 ZBG) / Leibniz-
     Institut für Polymerforschung e.V. Dresden. Dresden, 2002. – Abschlussbericht
[27] KUCH, H. ; SCHWABE, J. H. ; PALZER, U.: *Herstellung von Betonwaren und Betonfertigteilen,
     Edition Beton.* Düsseldorf : VBT Verlag Bau und Technik, 2009
[28] CURBACH, M.: Sonderforschungsbereich 528 (2008/2-2011/1) Textile Bewehrungen zur bau-
     technische Verstärkung und Instandsetzung / Technische Universität Dresden. Dresden, 2008.
     – Forschungsantrag
[29] WERNER, A.: *Encyclopedia of PVC New York.* New York : Litton Educational Publishing,
     1986
[30] HÜTTINGER, K. J.: The Fundamentals of Chemical Interactions in Composite Interfaces.
     In: FIGUEIREDO, J. L. ; BERNARDO, L. A. ; BAUER, R. T. K. ; HÜTTINGER, K. J. (Hrsg.):

Carbonfibres filaments and composites. Dordrecht, Boston, London : Kluwer Academic Publishers, 1990, S. 245–261

[31] DONNET, J.-B. ; WANG, H-T. ; PENG, J. C. M. ; REBOUILLAT, S.: *Carbon Fibers*. New York, Basel, Hong Kong : Marcel Dekker Inc., 1998

[32] HÜTTINGER, K. J. ; ZIELKE, U. ; HOFFMAN, W. P.: Surface-oxidized carbon fibers: III. Characterization of carbon fiber surfaces by the work of adhesion/pH diagram. In: *Carbon* 34 (1996), S. 1007–1013

[33] SHEN, W. ; LI, Z. ; LIU, Y.: Surface Chemical Functional Groups Modification of Porous Carbon. In: *Chemical Engineering* 1 (2008), S. 27–40

[34] ZIELKE, U.: *Untersuchungen zur Aktivierung einer Ultra-Hochmodul-Kohlenstofffaser durch eisenkatalysierte Oxidation*. Karlsruhe, Universität Karlsruhe, Institut für Chemische Technik, Diss., 1992

[35] KREKEL, G.: *Works of Adhesion at the Carbon fibres*. Karlsruhe, Universität Karlsruhe, Institut für Chemische Technik, Diss., 1995

[36] SEIDEL, C.: *Verbunde aus Hochtemperaturthermoplasten und Kupfer für flexible Schaltungsträger*. Erlangen-Nürnberg, Friedrich-Alexander-Universität Erlangen-Nürnberg, Diss., 2007

[37] SEIDEL, C. ; DAMM, C ; MUENSTEDT, H.: Surface modification of films of varioushigh temperature resistant thermoplastics. In: *Journal of Adhesion Science and Technology* 21 (2007), S. 423–439

[38] ATKINS, P. W.: *Physikalische Chemie*. 2. Auflage. Weinheim : VCH Verlagsgesellschaft mbH, 1996

[39] KRÜSS GmbH: *KRÜSS Informationsdatenbank (KIDB)*. http://www.kruss.de/de/ informationsdatenbank.html (05.04.2010)

[40] BREITMAIER, E. ; JUNG, G.: *Organische Chemie*. 5. Auflage. Stuttgart : Georg Thieme Verlag, 2005

[41] KRÜSS GmbH: *Theorie und Methoden*. http://www.kruss.de (05.04.2010)

[42] Ahlbrandt System GmbH: *Testtinte*. http://neu.ahlbrandt.de/index.php?page=teststifte-testtinten (05.04.2010)

[43] OWENS, D. K. ; WENDT, R. C.: Estimation of the Surface Free Energy of Polymers. In: *Journal of Applied Polymer Science* 13 (1969), S. 1741–1747

[44] GÜNZLER, H. ; GREMLICH, H.-U.: *IR-Spektroskopie: Eine Einführung*. 4. Auflage. Weinheim : Wiley-VCH, 2003

[45] HESSE, M. ; MEIER, H. ; ZEEH, B.: *Spektroskopische Methoden in der organischen Chemie*. 6. Auflage. Stuttgart : Thieme, 2002

[46] ERTL, G. ; KÜPPERS, J.: *Low Energy Electrons and Surface Chemistry*. Weinheim : Wiley-VCH, 1985

[47] HÜFNER, S.: *Photoelectron spectroscopy, principles and applications*. Berlin, Heidelberg, New York : Springer Verlag, 1996

[48] SCHINDLER, K.-M.: Photoelektronenbeugung. In: *Chemie in unserer Zeit* 30 (1996), Nr. 1, S. 32–38

[49] HARTWIG, A. ; ALBINSKY, K.: Qualitätssicherung der Oberflächenvorbehandlung von Kunststoffen in der Fertigung durch selektive Farbreaktionen (AiF-Nr. 10900 N/1) / Fraunhofer-Institut für Fertigungstechnik und Angewandte Materialforschung. Bremen. – Schlussbericht

[50] HUND, M. C. ; GRÜNEWALD, N.: Additives and Masterbatches. In: *Kunststoffe* 93 (2003), Nr. 7, S. 84–85

[51] WOLF, R. ; LAL KAUL, B.: *Ullmanns Encyclopedia of Industrial Chemistry Vol. A*. Weinheim : Wiley-VCH, 1992

[52] STRUBEL, R.: *Oberflächenanreicherbare Additive für die Permanentausrüstung von Polyamid 6-Textilien*. Dresden, Technische Universität Dresden, Diss., 2007

[53] ALAGIRUSAMY, R. ; DAS, A.: *Technical Textile Yarns*. Oxford, Cambridge, New Dehli : Woodhead Publish Ing., 2010

[54] RAUSCH, J. ; MÄDER, E.: Health monotoring in continous glass fibre reinforced thermoplastics: Manufacturing and application of interphase sensors based on carbon nanotubes. In:
Composites Science and Technology 70 (2010), Nr. 11, S. 1589–1596

[55] GAO, S. L. ; MÄDER, E. ; PLONKA, R.: Surface Defects Repairing by Polymer Coating with
Low Fraction of Nano-reinforcments. In: *Proceedings. The Fifth Asian-Australian Conference
on Composite Materials (ACCM-5)*. Hong Kong, China, 2006

[56] RAUSCH, J.: *Grenzflächenmodifizierung von Glasfaserverstärktem Polypropylen durch Einsatz von Carbon Nanotubes*. Dresden, Technische Universität Dresden, Diss., 2010

[57] ROUETTE, H. K.: *Handbuch der Textilveredlung, Farbgebung*. Frankfurt am Main : Deutscher
Fachverlag, 2009

[58] ROUETTE, H. K.: *Handbuch der Textilveredlung, Ausrüstung*. Frankfurt am Main : Deutscher
Fachverlag, 2009

[59] FATEMA, U. K.: *Verankerung chemischer Funktionen auf inerten textilen Fasermaterialien
aus Polyester und Polyolefinen mittels Methoden der Textilveredlung*. Dresden, Technische
Universität Dresden, Masterarbeit, 2006

[60] ONGGAR, T. ; HUND, R.-D. ; HUND, H. ; CHERIF, Ch.: Surface Functionalization and Silve-
ring of inert Polyethylen Terephthalate Textil Materials. In: *Material Technology* 25 (2010),
Nr. 2, S. 106–111

[61] ALMANSA, E. ; HEUMANN, S. ; EBERL, A. ; KAUFMANN, F. ; CAVACO-PAULO, A. ; GUBITZ,
G. M.: Surface hydrolysis of polamide with a new polyamidase from Beauveria brongniartii.
In: *Biocatalysis and Biotransformation* 26 (2008), Nr. 5, S. 371–377

[62] HEGEMANN, D. ; BALAZS, D.J.: Nanoscaled treatment of textiles using plasma technology.
In: SHISHOO, R. (Hrsg.): *Plasma Technologies for Textiles*. Cambridge : Woodhead Publishers, 2007

[63] CHARLES, A.: *Atomic Radiation and Polymers*. Oxford : Pergamon Press, 1960

[64] FOZZA, A. C. ; KLEMBERG-SAPHIA, J. E. ; WERTHEIMER, M.R.: Vacuum Ultraviolet Irra-
diation of Polymers. In: *Plasma and Polymers* 4 (1999), Nr. 213, S. 183–206

[65] GIESSMANN, A.: *Substrat- und Textilbeschichtung*. Heidelberg, Dordrecht, London, New
York : Springer Verlag, 2010

[66] STRUCH, M.: *Immobilisierung der Laccase aus Trametes versicolor an Chitosan und Chitosanfasern*. Dresden, Technische Universität Dresden, Bachelorarbeit, 2009

[67] KÜCHLER, K.: *Immobilisierung der Laccase aus Trametes versicolor an Chitosanfasern*,
Technische Universität Dresden, Diplomarbeit, 2010

[68] MAITHEN, B. ; JANDEL, A. S.: *JOT Fachbuch*. Wiesbaden : Friedrich Vieweg Sohn/ GWV
Fachverlag GmbH, 2005

[69] HALL, M. E.: Coating of technical textiles. In: HORROCKS, A. R. (Hrsg.) ; ANAND, S. C.
(Hrsg.): *Handbook of Technical Textiles*. Cambridge : Woodhead, 2000, S. 173–186

[70] ROUETTE, H. K.: *Handbuch der Textilveredlung, Beschichtung*. Frankfurt am Main : Deutscher Fachverlag, 2009

[71] PAINTER, C. J.: Waterproof, breathable fabric laminatesa. a perspective from film to market
place. In: *Journal of Coated Fabrics* 26 (1997), S. 107

[72] TRÄUBEL, H.: *New Materials Permeable to Water Vapor*. Berlin, Heidelberg, New York :
Springer Verlag, 1999

[73] ALLENDORF, M.: From bunsen to VLSI: 150 years of growth in chemical vapor deposition
technology. In: *The Electrochemical Society Interface* 7 (1998), Nr. 1, S. 36–39

[74] ALLENDORF, M.: On-line Deposition of Oxides on Flat Glass. In: *The Electrochemical
Society Interface* 10 (2001), Nr. 2

[75] SREE HARSHA, K. S.: *Principles of Physical Vapor Deposition of Thin Films*. Elsevier
Science Technology, 2006

Kapitel 14
Textilphysikalische Prüfungen

Thomas Pusch

Das Kapitel beschreibt grundlegende Aspekte und Methoden für die textilphysikalische Charakterisierung von Technischen Textilien und daraus hergestellter faserverstärkter Verbunde. Dabei werden Prüfverfahren betrachtet, die die Wertschöpfungskette vom Filament, über Garn, textile Fläche, Preform bis zum Verbund einschließen. Hierfür existieren kommerziell verfügbare Prüfgeräte, die standardisierte Prüfbedingungen und Prüfabläufe realisieren. Eine repräsentative Auswahl der standardisierten Prüfverfahren wird dargestellt. Der Schwerpunkt der Ausführungen liegt bei Prüfverfahren, die Informationen zu den mechanischen Eigenschaften, insbesondere zur Festigkeit der textilen Strukturen und der daraus hergestellten faserverstärkten Verbunde, liefern.

14.1 Einleitung

Die Sicherung der Gebrauchsfähigkeit von faserverstärkten Verbunden setzt die detaillierte Kenntnis relevanter Eigenschaften dieser Strukturen voraus. Diese werden mit Hilfe textilphysikalischer Prüfverfahren ermittelt. Auf Grund des erreichten Standes der Kunststofftechnik und der faserverstärkten Kunststoffe existieren für diese Materialgruppen sehr viele Prüfverfahren. In den nachstehenden Ausführungen werden hierfür wichtige Prüfverfahren zusammengestellt. Für neuere Entwicklungen, z. B. textilbasierte Membranen oder textilbewehrten Beton, gibt es bis jetzt kaum verbindliche und allgemein anerkannte Prüfverfahren. Einige Aspekte für die Prüfung dieser Materialgruppen können deshalb am Ende des Kapitels nur kurz angerissen werden.

Das Eigenschaftsprofil der faserverstärkten Verbunde ist außerordentlich komplex. Eine effektive Entwicklung neuer Strukturen ist nur mit Kenntnis der Parameter der Ausgangsmaterialien und aller Zwischenprodukte möglich. Aus diesem Grund ist es erforderlich, die gesamte Wertschöpfungskette der Verbunde prüftechnisch zu begleiten. Es werden deshalb in den folgenden Kapiteln auch Prüfverfahren für Filamente, Garne und textile Flächen/Prepregs dargestellt.

In der Praxis, aber auch in Forschung und Entwicklung, werden für die textil-physikalische Charakterisierung der Strukturen weitgehend genormte Prüfverfahren genutzt. Die Prüfnormen werden von verschiedenen Normengremien ausgearbeitet und bestehen nebeneinander. Oft gibt es dabei verschiedene Definitionen und Prüfvorschriften für die gleiche Materialeigenschaft. Auch bezüglich der Bezeichnungen der zu prüfenden Parameter sind die Normen nicht immer konsistent, zudem sind sie im ständigen Wandel begriffen. Dies erschwert eine systematische Darstellung des Fachgebiets, das auf Grund seines Umfangs nur schwerpunktmäßig dargestellt werden kann.

Eine weitere Schwierigkeit besteht darin, dass die Prüfergebnisse auch von den Prüfbedingungen beeinflusst werden, für unterschiedliche Materialien jedoch unterschiedliche Prüfbedingungen zweckmäßig oder sogar notwendig sind. Es existieren deshalb für vorgegebene textilphysikalische Parameter material- oder materialgruppenspezifische Normen. Die Ausarbeitung dieser Normen ist erst dann sinnvoll, wenn die Materialien oder Materialgruppen in der Praxis in breitem Maße verwendet werden. Bei den hier schwerpunktmäßig behandelten faserverstärkten Kunststoffverbunden betrifft das Carbon, Glas und Aramid. Die nachfolgenden Ausführungen befassen sich deshalb im Wesentlichen mit Prüfverfahren für textile Strukturen, die auf diesen Materialien basieren.

14.2 Prüftechnische Grundlagen

Mit Blick auf die hier vorliegenden Schwerpunktsetzungen erfolgt zunächst eine Darstellung einiger prüftechnischer Grundlagen. Die darin angeführten Aspekte sind für die nachfolgenden Ausführungen gleichermaßen relevant und können im Prinzip auf alle in den folgenden Kapiteln beschriebene Prüfverfahren angewendet werden.

14.2.1 Messtechnik vs. Prüftechnik

Die prüftechnische Charakterisierung textiler Strukturen basiert auf etablierten und modernen Methoden der Messtechnik – insofern liegen der textilen Prüftechnik primär messtechnische Aspekte zugrunde. Die wesentlichen messtechnischen Begriffe, Definitionen und Vorgehensweisen werden in [1–3] festgelegt und beschrieben.

Die Sichtweise der Messtechnik basiert auf der Annahme, dass die Messgröße einen konstanten Wert besitzt und alle Streuungen des von einer Messkette gelieferten

Messwertes eine Unvollkommenheit der Messkette sind. Der *wahre Wert* x_w einer Messgröße wird durch einen übersehbaren und einen nicht mehr übersehbaren Komplex von Einflüssen überlagert. Der übersehbare Komplex ist die *systematische Messabweichung* e_s. Diese beeinflusst den Messwert x „systematisch" in einer Richtung. Nicht übersehbare Einflüsse von Umwelt und Messsystem bewirken nicht-einseitig gerichtete Streuungen der einzelnen Messwerte x einer Messgröße um den Mittel- oder Erwartungswert $\mu_x = x_w + e_s$ und werden als *zufällige Messabweichung* e_r bezeichnet.

Der Messwert x kann mit dem Wert von e_s berichtigt werden. Hinreichend viele Wiederholungsmessungen liefern aus den zufälligen Messabweichungen e_r Informationen über die Streubreite der Messwerte. Diese sind nicht zur Berichtigung der Messwerte x geeignet, gestatten aber eine Aussage, in welchem Werteintervall $M \pm u$ sich der (konstante) wahre Wert x_w mit einer vorgebbaren Wahrscheinlichkeit (meist 95 %) befindet. Abbildung 14.1 verdeutlicht die Verhältnisse.

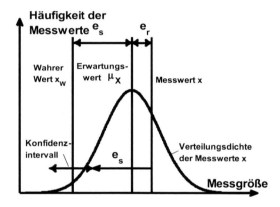

Abb. 14.1 Messung – Messwerte streuen infolge von Unvollkommenheiten (Messabweichungen) des Messverfahrens

Das Werteintervall $M \pm u$ wird als *Vertrauensbereich* oder *Konfidenzintervall* bezeichnet, u ist die *Messunsicherheit*. Die Verfahren zur Berechnung der Messunsicherheit u werden in [4–7] ausführlich beschrieben. Sie sind allgemein anerkannt und bilden die Basis für die übliche Darstellung der Ergebnisse von Messungen.

Textile Prüfungen sind Messungen, für die eine Vorgehensweise exakt vorgeschrieben ist. Die Vorgehensweise schließt mindestens Probenahme, Probenumfang, Probenvorbereitung und -konfektionierung, Umgebungsbedingungen, Aufbau und Eigenschaften des Prüfgerätes sowie die Auswertung und Darstellung der Prüfergebnisse ein. Diese ist in Prüfnormen festgeschrieben. Auf eine Betrachtung und Abschätzung der systematischen und zufälligen Messabweichungen wird üblicherweise verzichtet. Auf Grund der festgeschriebenen Mess- und Umfeldbedingungen kann vorausgesetzt werden, dass etwaige systematische Messabweichungen in den Prüflabors weltweit gleich sind und eine Berichtigung der Prüfergebnisse die Vergleichbarkeit der in unterschiedlichen Prüflabors gewonnenen Daten eher behindert. Weiterhin wird davon ausgegangen, dass Prüfgeräte/Prüfverfahren so konzipiert sind, dass zufällige Messabweichungen signifikant kleiner sind als die Eigenschaftsstreuungen der Proben. Streuungen der Prüfwerte bei Wiederholungsmessungen werden deshalb – mit deutlichem Unterschied zur Betrachtungsweise in der Messtechnik – ausschließlich als Streuungen der Materialparameter gesehen. Das bedeutet, dass das analog zur Messtechnik berechnete Konfidenzintervall den Wertebereich beschreibt, in dem sich der wahre Mittelwert des geprüften Materialparameters mit einer vorgebbaren Wahrscheinlichkeit (meist 95 %) befindet. Der Anteil der zufälligen Messabweichungen an der Streuung der Prüfwerte wird üblicherweise nicht in die Betrachtungen einbezogen. Abbildung 14.2 zeigt die Unterschiede zur Sichtweise der Messtechnik.

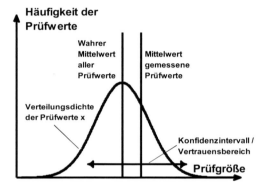

Abb. 14.2 Prüfung – Prüfwerte streuen infolge von (ortsabhängigen) Streuungen des geprüften Parameters

14.2.2 Messwertaufnehmer

Textilphysikalische Prüfungen beinhalten sehr oft Untersuchungen zu den Reaktionen des Prüfgutes, d. h. einer Probe, bei gebrauchstypischer Belastung sowie an den Belastungsgrenzen. Eine Vorzugsstellung nimmt dabei die definierte Verformung der Probe bei gleichzeitiger Messung der Kraftreaktion ein. Längen- und Kraftmesseinrichtungen werden deshalb einer näheren Betrachtung unterzogen.

Längenaufnehmer

Längen und Längenänderungen sind fundamentale Größen bei vielen textilphysikalischen Untersuchungen. Eine absolute Längenbestimmung mit hoher Genauigkeit ist selten erforderlich. Diese betrifft die Bestimmung von Abmaßen von textilen Flächengebilden und Bauteilen, welche nach messtechnischen Prinzipien erfolgt.

Eine prüftechnische Beurteilung textiler oder textilbasierter Strukturen erfordert in der Regel die Kenntnis des Verformungszustandes des zu prüfenden Teils und damit die Erfassung von Längen- oder Positionsänderungen. Für deren Bestimmung werden indirekte und direkte Messverfahren verwendet. Dabei können direkte Messverfahren berührend oder berührungslos funktionieren.

Indirekte Längenmessung

Durch die Prüfeinrichtung werden Positionen, also Längen und Längenänderungen, definiert eingestellt und in die Probe eingeprägt. Der typische Fall ist die starre Übertragung von definierten Traversenbewegungen auf Einspannklemmen und deren Klemmlinie und damit auf die Probe. Auf eine Längenbestimmung direkt an der Probe kann dadurch verzichtet werden. Traversen werden mit Präzisionsspindeln bewegt, der Drehwinkel der Spindeln ist mittels inkrementaler Drehgeber einfach und präzise bestimmbar. Die Traversenposition kann damit auf 1 bis 10 μm genau abgeleitet werden. Dehnungen und Durchbiegungen an den Teilen der Prüfmaschine und der Probenhalterungen, insbesondere bei Lastexposition, können zu systematischen Messabweichungen führen, die eine Größenordnung über der Einstellgenauigkeit der Traversenposition liegen. Die Hersteller der Prüfmaschinen bieten deshalb Korrekturalgorithmen an, um diese Messabweichungen aus den gemessenen Verläufen zu eliminieren.

Direkte Längenmessung

Eine direkte Längenmessung an der Probe ist aus messtechnischer Sicht immer günstiger, jedoch mit höherem Aufwand verbunden, da eine Längenmesseinrichtung beigestellt werden muss. Üblicherweise dienen Extensometer zur Messung von Abstandsänderungen auf Proben. Sie werden eingesetzt, wenn die Abstandsänderung der Einspannklemmen nicht repräsentativ für die mechanische Deformation der Probe ist. Dies ist beispielsweise bei der Verwendung von Umschlingungsklemmen für Garnprüfungen der Fall.

Extensometer können mechanisch berührend ausgeführt werden. Es sind *Clip-on Extensometer* oder *Ansatz-Extensometer*, deren zwei Schneidenpaare auf die Probe geklippt werden können. Die Messabstände der Schneiden liegen bei einigen Millimetern bis Zentimetern. Abstandsänderungen der fein in die Probe eingeprägten

Schneiden können mit Messabweichungen in der Größenordnung von $1\,\mu$m erfasst werden. Der Aufnehmer ist sinnvoll einsetzbar, wenn durch diesen die Kraftmessung nicht beeinflusst und die Probe nicht beschädigt wird. Vor allem bei dünnen Proben und Garnen besteht die Gefahr einer Beeinflussung. Wichtig ist auch eine Beurteilung der Situation bei Bruchuntersuchungen, da die Aufnehmer bei Rückverformung nach dem Bruch der Probe oder bei spleißenden Probenkomponenten zerstört werden können. Abbildung 14.3 a zeigt ein Beispiel für den Einsatz eines Ansatz-Extensometers bei einer Zugprüfung.

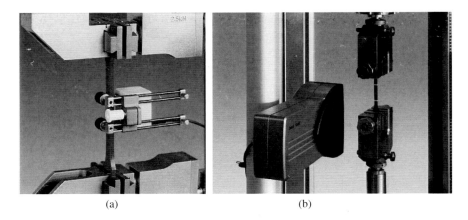

(a)   (b)

Abb. 14.3 (a) Ansatz-Extensometer, (b) Optische Längenmessung mittels Kamera und reflektierenden Messmarken (Fa. Zwick GmbH Co. KG, Ulm)

Optische Längenmesssysteme oder *optische Extensometer* arbeiten nichtberührend, sie beeinflussen weder die Kraftmessung noch werden sie beim Bruch der Probe beschädigt. Optische Längenänderungsaufnehmer erfassen Probenverformungen, indem sie optischen Merkmalen auf der Probenoberfläche nachgeführt werden. Sie benötigen deshalb optische Markierungen auf der Probe, die meist durch selbstklebende reflektierende Folien realisiert werden. Abbildung 14.3 b zeigt ein Beispiel für ein optisches Extensometer. Für die Erkennung der Markierungen, und damit deren Positionsänderungen, werden üblicherweise CCD-Kameras verwendet. Die Bildauswertung kann nach verschiedenen Verfahren erfolgen, in der Regel werden Korrelationsanalysen angewendet.

Optische Extensometer können nach Kalibrierung die Abstandsänderungen der optischen Markierungen mit Messabweichungen von 1 bis 10 μm erfassen. Größere Positionsänderungen werden mit zwei CCD-Kameras, deren Positionen exakt den Positionen der Messmarken folgen, erfasst. Die Positionsänderungen der Kameras können ebenfalls mit einer Genauigkeit von 1 bis 10 μm gemessen werden. Mit Entwicklung der notwendigen Software für die Bildauswertung wird es in absehbarer Zukunft möglich, die Probenoberflächen bei der Verformung durch Prüfmaschinen videooptisch zu erfassen und daraus das Dehnungsprofil zu errechnen. Mit der Auf-bringung eines Rasters auf der Probenoberfläche ist dies bereits möglich.

Die Applikation von Dehnungsmessstreifen (DMS) auf der Probenoberfläche ist ei-ne weitere Möglichkeit der Dehnungsbestimmung. Das Verfahren wirkt insofern berührend, als die DMS mit Hilfe dünner Verbindungsleitungen kontaktiert werden müssen.

Kraftaufnehmer

Kraftaufnehmer, die eine statische oder quasi-statische Kraftmessung ermöglichen, werden mit Blick auf ihre äußere Gestalt oft als Kraftmessdosen bezeichnet. Sie sind nomalerweise für Zug- und Druckkraftmessung gleichermaßen geeignet. Die wich-tigste Kenngröße ist die Nennkraft, bis zu der der Hersteller die Einhaltung der in der Genauigkeitsklasse festgelegten Höchstwerte für die Messabweichungen garan-tiert. Da die Kraft grundsätzlich nur an ihrer Wirkung erkannt werden kann, besitzen Kraftmesser Verformungskörper, deren kraftproportionale Verformung meist mit-tels *Dehnungsmessstreifen* gemessen wird. Prüfmaschinen für Technische Textilien und Faserverbundwerkstoffe sind mit Standard-Kraftmessdosen ausgerüstet, die ty-pische Nennkräfte im Bereich 0,1 kN bis 1000 kN und auf den Nennwert bezogene Messabweichungen in der Größenordnung von 0,1 % bis 1 % aufweisen. Wichtig ist eine hinreichende Unempfindlichkeit der Aufnehmer gegenüber Querbelastung. Abbildung 14.4 a zeigt ein Beispiel für eine typische Kraftmessdose mit DMS für Zugprüfmaschinen.

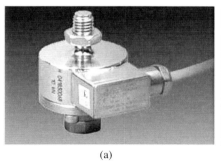

(a)   (b)

Abb. 14.4 (a) Kraftmessdose mit Dehnungsmessstreifen (Fa. Hottinger-Baldwin Messtechnik, Darmstadt), (b) Piezoelektrischer Kraftmesser (Fa. Kistler Instumente AG, Winterthur, Schweiz)

Für die Messung extrem schneller Kraftänderungen, wie sie bei Hochgeschwindig-keits-Zugprüfungen oder Schlagversuchen/Crash-Tests auftreten, sind diese Kraft-messdosen nicht geeignet, da sie relativ niedrige Resonanzfrequenzen besitzen und schnelle Kraftänderungen an der Probe nicht korrekt registrieren. Für derartige

Prüfungen werden dynamische Kraftmesser mit einem piezoelektrischen Sensorelement (Quarz) verwendet. Sie zeichnen sich durch eine hohe Steifigkeit und eine geringe Masse aus, so dass im interessierenden Kraftbereich Eigenresonanzfrequenzen bis zu 100 kHz erreicht werden können. Für quasi-statische Kraftmessungen ist dieser Aufnehmertyp nur bedingt, für statische Kraftmessungen überhaupt nicht geeignet. Bezüglich der Abmessungen sind piezoelektrische Kraftmesser den DMS-Kraftmessdosen sehr ähnlich. Abbildung 14.4 b zeigt ein typisches Beispiel für diesen Kraftmesser-Typ.

14.2.3 Prüfklima

Zur Erzielung reproduzierbarer Prüfergebnisse müssen die Prüfungen unter definierten Umgebungsbedingungen, d. h. im Normalklima durchgeführt werden, da die Materialparameter häufig von Temperatur und Feuchtigkeit der umgebenden Luft abhängen. Hierbei ist eine Klimatisierung des Prüflabors gemäß den Forderungen der Normen DIN EN ISO 139 („Textilklima", „alternatives Textilklima") [8] oder DIN EN ISO 291 („Kunststoffklima") [9] erforderlich.

Tabelle 14.1 Normalklimate für Konditionierung und Prüfung

Norm	Bezeichnung	Temperatur [°C]	Relative Feuchte [%]
DIN EN ISO 139	„20/65"	20 ± 2	65 ± 4
	„23/50 - alternativ"	23 ± 2	50 ± 4
DIN EN ISO 291	„23/50 K1"	23 ± 1	50 ± 5
	„23/50 K2	23 ± 2	50 ± 10

Die Prüfung von technischen Garnen und der daraus hergestellten Flächengebilde erfolgt in Abhängigkeit von der Garnsorte im „20/65"-Klima gemäß DIN EN ISO 139 oder im „23/50"-Klima nach DIN EN ISO 291. Hier sind die Forderungen der jeweils zutreffenden Prüfnormen zu erfüllen. Faserkunststoffverbunde und Halbzeuge werden im „23/50"-Klima nach DIN EN ISO 291 geprüft, wobei in Abhängigkeit von der Prüfung die Forderungen einer Toleranzklasse erfüllt werden müssen. Wichtig ist eine korrekte Angleichung des Prüfguts an das Normklima, das Konditionierzeiten von einigen Stunden bis zu einigen Tagen erfordert. Kriterien für die Sicherstellung einer korrekten Konditionierung sind den angeführten Normen zu entnehmen.

14.2.4 Mechanische Formänderung

Verbundbauteile werden hergestellt, um beim Gebrauch u. a. mechanische Lasten aufzunehmen. Die Kenntnis der Eigenschaften dieser Materialien und ihrer Vorstufen (Fasern, Filamente, Garne, textile Flächen, Prepregs) bei mechanischer Last ist deshalb von fundamentaler Bedeutung. Die mechanische Exposition erfolgt dabei bei

- gebrauchstypischen Lastzuständen, bei denen die Probe nicht geschädigt wird und
- extremen Lastzuständen, die zum Versagen der Probe führen.

Im ersten Fall können mechanische Kennwerte der Struktur erhoben werden, auf deren Basis das Kraft-Verformungs-Verhalten beliebiger Strukturgeometrien berechnet werden kann. Der zweite Fall liefert Informationen über die Grenzen der Gebrauchstüchtigkeit, also der Festigkeit der Struktur. Sehr häufig werden im Versuch beide Aspekte berücksichtigt, indem die Lastexposition (lineare Änderung einer Ortskoordinate) von Null bis zum Versagen der Probe aufgeprägt und gleichzeitig die Kraftreaktion gemessen wird.

Primär werden bei diesen Versuchen Kraft- und Weg-Verläufe gemessen. Die Kraft wird – falls möglich – querschnittbezogen als (mechanische) Spannung dargestellt, der Weg-Verlauf wird immer in Dehnung umgerechnet. Das allgemeine Spannungs-Dehnungs-Verhalten einer Struktur lässt sich im elastischen Bereich, also wenn zwischen Last- und Verformungszustand ein eindeutiger, umkehrbar linearer Zusammenhang besteht, darstellen gemäß

$$\underline{\varepsilon} = \underline{S} \cdot \underline{\sigma} \tag{14.1}$$

wobei $\underline{S}$ der Nachgiebigkeitstensor und $\underline{\sigma}$ und $\underline{\varepsilon}$ Spannungs- bzw. Dehnungstensoren sind. Um diese Gleichung handhaben zu können, werden Probengeometrie und Lasteintrag bei der Prüfung so gestaltet, dass möglichst viele Elemente der Tensoren in Gleichung (14.1) Null werden oder vernachlässigt werden können. Ein typischer Fall hierfür sind biaxial verstärkte Strukturen mit geringer Probendicke, die in den Faserrichtungen 1-2 verformt werden. Es liegt dann ein ebener Spannungszustand vor, bei dem nur die Normalspannungen σ_1 und σ_2 sowie die Schubspannung τ_{12} auftreten. Alle Spannungen, die senkrecht zur Probenebene wirken (Richtung 3, senkrecht zu den Faserrichtungen) sind Null oder können vernachlässigt werden. Hier liegt Orthotropie vor, d. h. Normalspannungen führen nicht zu Schubverzerrungen, dagegen Tangentialspannungen zu reiner Schubverzerrung. Gleichung (14.1) lässt sich für diesen Fall in Matrixschreibweise vereinfacht darstellen zu

$$\begin{pmatrix} \varepsilon_1 \\ \varepsilon_2 \\ \gamma_{12} \end{pmatrix} = \begin{pmatrix} \frac{1}{E_1} & -\frac{v_{21}}{E_2} & 0 \\ -\frac{v_{12}}{E_1} & \frac{1}{E_2} & 0 \\ 0 & 0 & \frac{1}{G_{12}} \end{pmatrix} \cdot \begin{pmatrix} \sigma_1 \\ \sigma_2 \\ \tau_{12} \end{pmatrix} \tag{14.2}$$

Eine Darstellung der mechanischen Parameter in der Elastizitätsmatrix gelingt nur bei Prüfungen mit langsamer Verformungsgeschwindigkeit, also bei quasistatischen Prüfungen. Bei einachsiger Belastung einer dünnen Probe in Richtung i gilt

$$E_i = \frac{\sigma_i}{\varepsilon_i} \tag{14.3}$$

E ist der Elastizitätsmodul im linearen Teil des Spannungs-Dehnungs-Diagramms („Hooksche Gerade"). Er ist ein Maß für den Widerstand des Prüfkörpers gegen erzwungene Verformung in Belastungsrichtung, also ein Maß für dessen Steifigkeit. Bei Zugbelastung/Druckbelastung erfolgt eine Kontraktion/Dehnung des Prüfkörpers senkrecht zur Belastungsrichtung. Die *Querkontraktionszahl* ν beschreibt diese Dehnungsänderung. Sie gibt an, in welchem Maße eine Beeinflussung der Probe in Querrichtung bei Belastung in einer Hauptrichtung auftritt. Es gilt

$$\upsilon_{ij} = -\frac{\varepsilon_j}{\varepsilon_i} \quad \text{bei} \quad \sigma_i \neq 0, \quad \sigma_j = 0 \tag{14.4}$$

Die Querkontraktionszahl ν wird bei Zugprüfungen auch als Poissonzahl μ bezeichnet.

Der Schubmodul G beschreibt die Schubverformung als Folge einer Schub- oder Scherbeanspruchung. Die Schubverformung wird durch den Schubwinkel γ ausgedrückt. Der Schubmodul ist die Steigung des Graphen im linearen Teil des Schubspannungs-Schubwinkel-Diagramms.

$$G_{ij} = \frac{\tau_{ij}}{\tan \gamma_{ij}} \quad \xrightarrow{\gamma \approx 0} \quad G_{ij} = \frac{\tau_{ij}}{\gamma_{ij}} \tag{14.5}$$

Die Voraussetzung der Orthotropie bietet den Vorteil, dass keine Kopplung zwischen Dehnung und Schubverzerrung auftritt. Das bedeutet aber auch, dass die Elastizitätsmoduln E und Schubmoduln G durch nebeneinander durchgeführte, unabhängige Versuche ermittelt werden müssen. Soll die Ermittlung des Schubmoduls auf Dehnungsmessungen zurück geführt werden, muss die Orthotropie aufgehoben werden. Üblicherweise erfolgt dies mit Proben, bei denen die Verstärkungsrichtungen einen Winkel von ± 45° zur Längsachse der Probe bilden.

Neben den angeführten Kenngrößen, die den Niederlastbereich betreffen (reversible Verformungen), sind die Festigkeitswerte für die Beurteilung des Gebrauchswerts wichtig (irreversible Verformung). Die Prüfung erfolgt durch die Verformung in einer Hauptachse mit konstanter Verformungsgeschwindigkeit bei gleichzeitiger Registrierung der Kraftreaktion der Probe. Die Ergebnisse dieser Experimente sind Spannungs-Dehnungs-Diagramme. Typische Spannungs-Dehnungs-Diagramme sowie zugehörige allgemeine Definitionen speziell für den Zugversuch sind in DIN EN ISO 527 T1 [10] enthalten. In Abbildung 14.5 sind relevante Spannungs-Dehnungs-Verläufe und die entsprechenden Definitionen dargestellt.

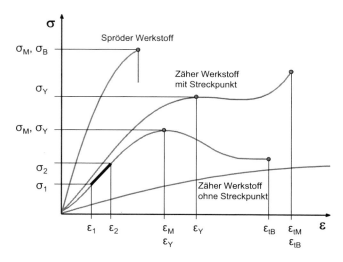

Abb. 14.5 Spannungs-Dehnungs-Diagramme nach DIN EN ISO 527 T1

Bei Angabe der Werte für Spannungen und Dehnungen im elastischen Bereich des Prüfkörpers werden die Formelzeichen σ und ε verwendet. Jenseits der Streckpunkte σ_Y bzw. ε_Y erfolgt eine Indizierung σ_t bzw. ε_t. Aus den Diagrammen werden die für die Probe relevanten Kennwerte abgeleitet. Tabelle 14.2 fasst diese Kennwerte zusammen.

Tabelle 14.2 Kennwerte nach DIN EN ISO 527 T1

Kennwert	Defintion	Einheit
Zugfestigkeit σ_M	Maximalwert Spannung	MPa
Bruchspannung σ_B	Spannung bei Bruch des Probekörpers	MPa
Streckspannung σ_Y	Spannungswert, bei dem Dehnungszuwachs ohne Spannungserhöhung auftritt	MPa
Dehnung bei Zugfestigkeit ε_M	Dehnung bei Maximalspannung	%
Nominelle Dehnung bei Zugfestigkeit ε_{tM}	Dehnung bei Maximalspannung, wenn Maximalspannung nach Streckpunkt auftritt	%
Bruchdehnung ε_B	Dehnung bei Bruch des Probekörpers, wenn Bruch vor dem Streckpunkt auftritt	%
Nominelle Bruchdehnung ε_{tB}	Dehnung bei Bruch des Probekörpers, wenn Bruch jenseits des Streckpunktes auftritt	%
Streckdehnung ε_Y	Dehnung bei Streckspannung	%
Elastizitätsmodul E	(Anfangs-) Steigung des $\sigma(\varepsilon)$–Graphen im Dehnungsintervall $0{,}05\,\% \ldots 0{,}1\,\%$	MPa
Poissonzahl μ	Verhältnis Querdehnung zu Längsdehnung (Querkontraktionszahl ν)	–

Die angeführten Kennwertdefinitionen bei Zugbelastung werden sinngemäß auch bei weiteren Lastsituationen – z. B. Druck, Scherung/Schub, Biegung – angewendet.

Besitzt die Probe keine definierte Querschnittsfläche in Richtung der Lastexposition, ist die Angabe einer querschnittbezogenen Kraft nicht möglich. Bei textilen Flächen erfolgt deshalb üblicherweise kein Bezug, es wird die (nicht-normierte) Reaktionskraft bei Verformung angegeben. Die Vergleichbarkeit der Prüfdaten wird durch festgeschriebene Probenabmessungen gesichert.

Bei linienhaften Proben, also Fasern, Filamenten und Garnen, liegt nur eine Belastungsrichtung vor, die Gleichung (14.1) reduziert sich auf Gleichung (14.3). Bei technischen Filamenten/Garnen kann meist ein Querschnitt/Gesamtquerschnitt angegeben werden, so dass auch ein Spannungs-Dehnungs-Verhalten gemäß Abbildung 14.5 ausgewiesen werden kann. Ist der Querschnittbezug nicht möglich oder nicht gewünscht, kann bei diesen Materialien ein Feinheitsbezug (feinheitsbezogene Zugkraft) erfolgen.

14.2.5 Darstellung von Prüfergebnissen

Die Darstellung der Prüfergebnisse ist normspezifisch, sie erfolgt üblicherweise in Form von grafischen Darstellungen relevanter Größen in Abhängigkeit von der gewählten Exposition der Probe und/oder durch Kennwerte. Grafische Darstellungen sind unhandlich, besitzen jedoch die meisten Informationen und enthalten Details. Sie werden im Bereich Forschung/Entwicklung bevorzugt. Kennwerte sind handlich, leicht zu übermitteln, sind aber oft nicht in der Lage, Details widerzuspiegeln. Sie werden vorrangig im kommerziellen Bereich zur Spezifizierung der Eigenschaften der Strukturen genutzt.

Zur Sicherstellung der Zuverlässigkeit von Kennwerten werden bei Textilprüfungen stets mehrere Proben unter gleichen Bedingungen vorbereitet und geprüft. Abweichungen zwischen den Einzelergebnissen werden – wie bereits in Abschnitt 14.2.1 dargestellt – ausschließlich als Streuung des betrachteten Parameters über die Gesamtheit des Prüfgutes angesehen. In der Regel werden aus den Einzelergebnissen statistische Kenngrößen berechnet. Diese sind Schätzwerte für die Prüfwerte, die bei einer Gesamtprüfung des Prüfgutes gemessen würden. Diese sind

- (arithmetischer) Mittelwert – als Schätzwert für den Mittelwert der Gesamtheit,
- Standardabweichung – als Schätzwert für die Standardabweichung der Gesamtheit,
- Variationskoeffzient – als Maß für die relative Streuung des Parameters und
- Vertrauensbereich/Konfidenzintervall – als Wertebereich, in dem sich der Mittelwert der Gesamtheit mit einer vorgegebenen Wahrscheinlichkeit (fast immer 95 %) befindet.

Diese vier statistischen Kenngrößen werden in der Regel in jedem Prüfprotokoll ausgewiesen.

In den folgenden Kapiteln werden für die geprüften Parameter die Bezeichnungen der zitierten Normen verwendet. Generell ist festzustellen, dass die Ausführungen bezüglich der Begriffe und Symbole deshalb nicht immer konsistent sind. Dies liegt daran, dass die ausgewiesenen Prüfvorschriften auf Grund der Komplexität der Situation, unterschiedlicher Autoren und der häufigen Veränderungen bei den Bezeichnungen und Formelzeichen in den vergangenen Jahrzehnten nicht konsistent aufgebaut werden konnten.

14.3 Prüfung von Fasern und Filamenten

Fasern und Filamente werden u. a. charakterisiert durch

*   Material (Art, Zusammensetzung, innere Struktur/Homogenität),
*   Geometrie, Form (Durchmesser, Länge, Kräuselung, Gleichmäßigkeit),
*   Masse (längenbezogene Masse/Feinheit),
*   mechanische Kennwerte (Kraft-Dehnungs-Verhalten, Festigkeit, Biege- und Torsionssteifigkeit, Retardation, Reibwert),
*   physikalische Materialeigenschaften (Wärmeleitfähigkeit, Wärmekapazität, elektrische Leitfähigkeit, thermische Ausdehnung, dielektrisches Verhalten),
*   chemische Materialeigenschaften (Reaktionsfähigkeit, bio-chemische Verträglichkeit, Benetzbarkeit) und
*   Beständigkeit (zeitliche Konstanz der Kennwerte, Kriechen, Einfluss von Strahlung, Feuchtigkeit, Temperatur).

Die genaue Kenntnis der Filamenteigenschaften ist von Interesse, da Grenzeigenschaften der daraus hergestellten Garne formuliert werden können. Die realen Garnparameter werden wesentlich durch die Garnkonstruktion beeinflusst und können deshalb auch bei genauer Kenntnis der Filamenteigenschaften nicht mit der erforderlichen Genauigkeit berechnet werden.

Die Bestimmung der Eigenschaften der Fasern oder Filamente erfolgt bei der Herstellung von Verbundstrukturen nur selten. Dies liegt daran, dass die Wertschöpfung in der Regel bei den gekauften Garnen beginnt, deren Eigenschaften ausschlaggebend sind. Die Ausführungen werden deshalb in diesem Kapitel kurz gehalten und beschränken sich auf wenige Parameter von technischen Fasern bzw. Filamenten. Weiterhin werden im Wesentlichen die Prüfvorschriften für Fasern/Filamente aus Glas, Aramid und Kohlenstoff (Carbon) zitiert. Diese sind sinngemäß für weitere Materialien anwendbar, für die meist keine speziellen Prüfvorschriften existieren.

Tabelle 14.3 Prüfverfahren für Fasern und Filamente

Kennwert	Einheit	Material	DIN/ISO-Prüfnorm
Durchmesser	μm	Glas	ISO 1888
		Glas, Aramid, Carbon	DIN 65571
Feinheit	dtex	Glas, Aramid, Carbon	DIN EN ISO 1973
Zugfestigkeit	Mpa		
E–Modul	MPa	Glas, Aramid, Carbon	(DIN EN ISO 5079)
Bruchdehnung	%		

14.3.1 Durchmesser

Der *Filamentdurchmesser* wird nach der Entfernung der Schlichte gemessen. Dabei stehen optische Verfahren zur Verfügung, wie z. B. Durchmesserbestimmung gemäß DIN 65571 mittels

- Lichtmikroskop und Mikrometerokular (Distanzmessung Zylinderdurchmesser),
- Lichtmikroskop und Digitalkamera mit anschließender Planimetrie (Querschliffmessung),
- Laserinterferometrie und
- Projektion.

Die Bestimmung des Filamentdurchmessers ist für die Hersteller technischer Garne, eingeschlossen Entwickler von Filamenten auf Basis neuer Materialien, wichtig. Anwender technischer Garne sind vorrangig an der Kenntnis der Verteilung der Filamente eines in der textilen Fläche befindlichen Garnes interessiert. Hierfür werden Querschliffe angefertigt. Für die Planimetrie stehen sowohl zur Durchmesserbestimmung als auch zur Ermittlung der Verteilung der Filamente im Querschnitt spezielle Softwaresysteme zur Verfügung, die gemeinsam mit Mikroskop und Digitalkamera als Komplettsystem angeboten werden.

14.3.2 Feinheit

Die *Feinheit* ist die längenbezogene Masse eines Filaments. Filamente für technische Garne besitzen eine definierte Querschnittsfläche A, mit Kenntnis der Massedichte ρ des Materials ergibt sich definitionsgemäß die längenbezogene Masse, also die Feinheit T_t, in der Form

$$T_t = \frac{m}{L} = \rho A \tag{14.6}$$

Gemäß ISO 1144 und der sachlich übereinstimmenden DIN 60905 T1 wird die Feinheit in tex angegeben, wobei gilt

$$1\,tex = \frac{1\,g}{1000\,m} = \frac{1\,mg}{1\,m} \qquad (14.7)$$

Die Feinheit von Filamenten wird oft in *dtex* angegeben.

Die Filamentfeinheit kann nach DIN EN ISO 1973 gravimetrisch bestimmt werden, indem eine bestimmte Faseranzahl auf eine vorgegebene Länge geschnitten wird. Aus Gesamtlänge und Gesamtmasse des Filamentbündels wird die Filamentfeinheit gemäß Gleichung (14.6) bestimmt. Das Handling der Filamente ist kompliziert, etwas einfacher ist die Bestimmung der Filamentfeinheit nach dem Schwingungsverfahren, das die angeführte Norm ebenfalls enthält. Hierzu wird das Filament unter einer Vorspannkraft F_v zwischen zwei Festpunkten (Schneiden), die einen Abstand L besitzen, angeordnet. Eine Schneide wird in Schwingungen variabler Frequenz senkrecht zur Filament-Längsachse versetzt, gleichzeitig wird die Amplitude der transversalen Auslenkung des Filaments optisch ermittelt. Die größte Auslenkung erfolgt bei der Eigen- oder Resonanzfrequenz f_r des Filaments, aus der gemäß

$$T_t = \frac{F_v}{4 \cdot f_r^2 \cdot L^2} \qquad (14.8)$$

die Filamentfeinheit T_t berechnet werden kann. Gleichung (14.8) ist die aus der Physik bekannte Gleichung für die schwingende Saite.

14.3.3 Zugfestigkeit, E-Modul

Es existieren wenige allgemeine Normen für die Bestimmung des Kraft-Verformungs-Verhaltens sowie der Versagenskennwerte von technischen Filamenten. Gesichtspunkte für die Prüfung können DIN EN ISO 5079 entnommen werden, die für Spinnfasern erarbeitet wurde. Es sind Zugprüfmaschinen erforderlich, die eine Einspannung der Filamente mit einem Klemmenabstand von 10 bzw. 20 mm und die Messung von geringen Kräften im Bereich von 0 bis ca. 100 cN gestatten. Die Verformungsgeschwindigkeit wird so gewählt, dass eine Dehnungsrate der Probe von 50 %/min erreicht wird. Die Klemmung der Filamente erfordert spezielle Klemmenbeläge, um einerseits ein Rutschen der Filamente in der Klemme zu verhindern, andererseits das Filament nicht zu schädigen. Die gemessene Kraft oder die daraus errechnete mechanische Spannung werden über der Dehnung aufgezeichnet. Dabei ergeben sich typische Verläufe, wie in Abbildung 14.5 bei der Kurve „Spröder Werkstoff" dargestellt. Die Maximalwerte von Spannung und Dehnung des Filaments treten bei Bruch auf. In den Prüfprotokollen werden diese Werte als Zugfestigkeit σ_M und Bruchdehnung ε_M ausgewiesen. Der E-Modul wird aus dem Anstieg des gemessenen Spannungs-Dehnungs-Verlaufs ermittelt.

Aus der Prüfung von Filamenten lassen sich – wie bereits dargestellt – Grenzaussagen zu den Eigenschaften der daraus hergestellten Garne ableiten. Insbesondere kann die theoretische Garnfestigkeit höchstens die Summe der Einzelfestigkeiten der einzelnen Filamente im Garn sein. Der Grad, wie weit die tatsächliche Garnfestigkeit infolge Garnkonstruktion und Filamentschädigungen von diesem Grenzwert entfernt ist, liefert wichtige Aussagen zur Qualität des Garnes und seiner Herstellung.

14.4 Prüfung von Garnen

Technische Garne werden durch die zu Beginn des Abschnittes 14.3 für Filamente angeführten Eigenschaften charakterisiert. Hinzu kommen Eigenschaften, die die

- Garnkonstruktion (Anzahl Filamente, Drehung, Materialanteile und Vermischung bei Hybridgarnen),
- Beschichtung (Schlichte/Präparation und deren Feuchtigkeitsgehalt),
- Garnfehler (Filamentbrüche, abstehende Filamente, Flusen) und den
- Aufbau des Rovings (Abweichung von Zylinderform, abgefallene Wicklung)

beschreiben. Prüfverfahren/Prüfnormen dazu sind in

- DIN EN ISO 14020 Teil 2 für Textilglasrovings,
- DIN EN ISO 13003 Teil 2 für Para-Aramid-Fasergarne und
- DIN EN ISO 13002 Teil 2 für Kohlenstofffilamentgarne

aufgelistet. In Tabelle 14.4 sind einige wesentliche Normen zusammengefasst. Auch hier erfolgt – mit der gleichen Begründung, wie bei den Filamenten – eine Beschränkung auf Glas-, Aramid- und Kohlenstofffasergarne.

14.4.1 Feinheit

Die Feinheit eines Garns ist die längenbezogene Masse eines Garns – mit oder ohne Schlichte/Präparation. Die Masse m eines Garnstückes bekannter Länge L wird bestimmt und daraus die längenbezogene Masse berechnet. Das Verfahren ist in DIN EN ISO 1889 genormt. Die Angabe der Feinheit erfolgt, wie in Abschnitt 14.3.2 bereits ausgeführt, im internationalen Tex-System gemäß ISO 1144.

Die Garnlänge zur Bestimmung der längenbezogenen Masse kann 5 bis 500 m betragen, die Länge wird so gewählt, dass das Garnstück eine Masse von etwa 3 bis 10 g besitzt. Die Garnlänge wird durch das Aufspulen des Garns auf eine Spule mit einem Umfang von 1 m bereitgestellt. Für eine gleichmäßige Wicklung wird eine traversierende Fadenführung vorgesehen.

Tabelle 14.4 Prüfverfahren für Garne

Kennwert	Einheit	Material	DIN/ISO-Prüfnorm
Feinheit	tex	Glas, Aramid, Carbon	DIN EN ISO 1889
Drehung	1/m	Glas, Aramid, Carbon	DIN EN ISO 1890
		Glas	ISO 3341 DIN EN ISO 9163 DIN 65382
Zugfestigkeit Höchstzugkraft-/ Bruchdehnung E-Modul	MPa % MPa	Aramid	DIN EN 12562 DIN EN ISO 2062 DIN 65382
		Carbon	DIN EN ISO 10618 DIN 65382
Schlichteanteil	%	Glas	ISO 1887 oder ISO 15039
Präparationsmasseanteil	%	Aramid, Carbon	DIN EN ISO 10548
Feuchtegehalt	%	Glas, Aramid, Carbon	DIN EN ISO 3344

Zur Entfernung der Schlichte, die einen Feinheitsbeitrag von einigen Prozent liefern würde, werden folgende Verfahren angewendet:

- Glas   Veraschung bei 625 °C,
- Aramid   Extraktion mittels Soxhlet-Extraktor bei 105 °C und anschlie-
                 ßender Trocknung,
- Carbon   Extraktion mittels Soxhlet-Extraktor bei 105 °C oder thermi-
                 sche Zersetzung bei 450 °C unter Stickstoffatmosphäre.

14.4.2 Drehung

Die Drehung wird gemäß DIN EN ISO 1890 mittels eines Drehungsprüfapparats ge-messen, der aus zwei horizontal fluchtenden Garnklemmen besteht, die einen Ab-stand von 500 mm aufweisen. Eine der Klemmen muss drehbar sein, die Anzahl der Umdrehungen der Klemme wird an einem Zählwerk angezeigt. Das Garn wird mit einer Vorkraft (typisch: 0,5 cN/tex) zwischen die Klemmen gespannt und da-nach bis zur Parallellage der Filamente aufgedreht. Die Parallellage wird mit einer Präpariernadel, die zwischen den Klemmen durch den gesamten Filamentverband geführt wird, festgestellt. Die Drehung T des Garnes ist die Anzahl Umdrehungen N des Garnes bei einer Garnlänge L von 1 m.

$$T = \frac{N}{L} \tag{14.9}$$

Das Garn muss von der Spule tangential abgezogen werden, um eine zusätzliche Drehungserteilung durch Kopfabzug des Garns von der Spule zu vermeiden. Üblich ist weiterhin die Angabe der Drehrichtung des Garns, die durch die Buchstaben *S* oder *Z* bezeichnet wird. Bei einem senkrecht gehaltenen Faden liegen die um ihre Achse geformten Windungen der Filamente in Richtung des Schrägstriches der Buchstaben S oder Z. Die bei konventionellen Spinnfasergarnen verwendete Angabe eines Drehungsbeiwertes ist bei technischen Garnen auf Grund der geringen Anzahl von Drehungen nicht üblich.

14.4.3 Zugfestigkeit, E-Modul

Die Garnfestigkeit und das elastische Verhalten von Garnen werden in einem Zugversuch bestimmt. Kraft/Spannung und Dehnung werden dabei simultan aufgezeichnet und daraus die gewünschten Kennwerte abgeleitet. Grundsätzlich sind Prüfungen mit unbehandelten und mit Kunststoffmatrices behandelten Garnen zu unterscheiden. Die Prüfung unbehandelter Garne ist wesentlich weniger aufwändig.

Die Imprägnierung bzw. Laminierung des Filamentgarnes mit Polymermatrices verbessert den inneren Verbund zwischen den einzelnen Filamenten. Damit lässt sich die Lasteinleitung gleichmäßig auf alle Filamente des Garnes verteilen. Es werden Dispersionen auf Acrylat-, Polychloropren- und Polyurethanbasis oder Epoxidharze als Matrices verwendet. Die einsetzbaren Polymere unterscheiden sich in ihren mechanischen Eigenschaften. Über die Polymereigenschaften sind somit auch die Eigenschaften des imprägnierten Garnbereiches einstellbar. Für den Einsatz zur Probenpräparation im Garnzugversuch muss deshalb eine hohe Reproduzierbarkeit der Matrixeigenschaften sichergestellt sein. Dies trifft auch dann zu, wenn nur die Lasteinleitungsbereiche der Garnproben mit einer Polymermatrix getränkt werden.

Für die Zugprüfung von Glas-, Aramid- und Carbon-Garnen/Rovings kann DIN 65382 genutzt werden. An den Enden imprägnierter Proben werden Endlaschen aus Pappe oder Kunststoff als Krafteinleitungselemente aufgebracht. Damit werden Beschädigungen der Filamente im Klemmbereich vermieden. Abbildung 14.6 zeigt schematisch ein Beispiel für die Aufmachung von Garnproben.

200 mm

Abb. 14.6 Beispiel für die Krafteinleitung über Endlaschen („Aufleimer") nach DIN 65382

Die Prüfung startet mit einer Vorspannkraft von 2 cN/tex. Die freie Einspannlänge hängt von der Probenform ab und beträgt 200 mm, mindestens jedoch 60 mm. Die

Verformungsgeschwindigkeit ist kleiner als 10 mm/min zu wählen. Der Einsatz eines externen Dehnungsaufnehmers, der in der Mitte der Probe aufgebracht wird, führt zu einer exakten Erfassung der Verformung der Garnprobe.

Speziell für Glas-Rovings liefert DIN EN ISO 9163 Richtlinien zur Probenvorbereitung/Imprägnierung sowie zur Aufbringung von Epoxydlaschen zur Krafteinleitung. Beispiele für die Aufmachung von Garnproben werden in Abbildungen 14.7 a und 14.7 b gezeigt.

(a)   (b)

Abb. 14.7 Beispiele für die Krafteinleitung über Endlaschen („Aufleimer") nach DIN EN ISO 9163

Vorteilhaft ist die verbesserte Krafteinleitung von den Klemmen auf die Endlaschen, da hier die Krafteinleitungselemente nicht mehr zusätzlich aufgeklebt, sondern direkt bei ihrer Herstellung auf die Probe aufgebracht werden. Probenahme und Ablauf des Prüfvorgangs bei diesem Prüfverfahren sind dem in DIN 65382 beschriebenen Vorgehen sehr ähnlich.

Für Kohlenstofffasern bzw. Kohlenstofffilamentgarne existiert DIN EN ISO 10618. Es werden drei Varianten für die Krafteinleitungselemente, die aus thermoplastischem Harz, Reaktionsharz oder Pappe bestehen können, festgelegt. Die Probenlänge beträgt 200 oder 150 mm, die Verformungsgeschwindigkeit soll höchstens 250 mm/min betragen. Abbildungen 14.8 a bis 14.8 d zeigen Beispiele für die Aufmachung von Garnproben. Es ist zu erkennen, dass sich die Krafteinleitungselemente in den verschiedenen Normen nicht prinzipiell unterscheiden.

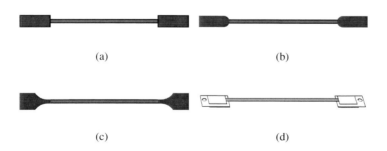

(a)   (b)

(c)   (d)

Abb. 14.8 Beispiele für Krafteinleitung über Endlaschen nach DIN EN ISO 10618

Damit beim eigentlichen Zugversuch möglichst alle Filamente gleichmäßig beansprucht werden, müssen die Filamente innerhalb des Garnes vor dem Imprägnieren gut ausgerichtet sein. Diese gegenüber dem Ausgangsmaterial veränderte Filamentausrichtung beeinflusst die zugmechanischen Eigenschaften der Garne. In der Regel ist eine erhöhte Zugkraftaufnahme zu beobachten.

Die Garnimprägnierung ist mit einem hohen Zeitaufwand verbunden. Für die Vorbereitung der Garnproben wird eine zusätzliche Formvorrichtung benötigt, die vor dem Gießprozess gut temperiert sein muss. Hinzu kommt, dass jederzeit gleichbleibende Eigenschaften der Imprägniermittel gewährleistet sein müssen. Abbildung 14.9 zeigt ein Beispiel für eine Vorrichtung zur Vorbereitung der Garnproben.

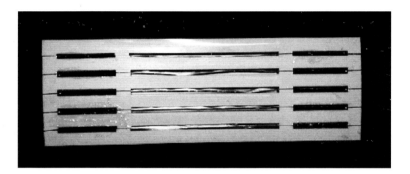

Abb. 14.9 Einbettungsform zum Spannen der Garne und zum Aufbringen der Krafteinleitungselemente

Um ein Klemmenrutschen der laminierten Garnenden zu vermeiden und eine gleichmäßige Krafteinleitung sicherzustellen, sind oft zusätzliche Klemmenbeläge erforderlich.

Die Probenvorbereitung und die Prüfung sind unkompliziert, wenn die Garne zur Prüfung nicht imprägniert werden. Speziell für Aramidgarne gilt hier DIN EN 12562 und für Glasrovings ISO 3341. DIN EN ISO 12562 lehnt sich stark an die für textile Garne anzuwendende DIN EN ISO 2062 an, d. h. die Einspannlängen betragen 500 oder 250 mm, die Verformungsgeschwindigkeiten 100 % der Einspannlänge je Minute, also 500 oder 250 mm/min. Die Vorspannkraft beträgt 2 cN/tex. Liegt das Aramid-Multifilamentgarn ungedreht vor, so ist eine vorgegebene Drehung aufzubringen. Für Gasrovings ist nach ISO 3341 ebenfalls eine Einspannlänge von 500 oder 250 mm zu verwenden, die Verformungsgeschwindigkeit liegt jedoch bei 200 mm/min und die Vorspannkraft bei 5 cN/tex.

Die richtige Auswahl der Probenhalter und Klemmenbeläge ist bei allen Prüfungsvarianten entscheidend für die Vermeidung von Prüffehlern wie Klemmenbruch (Bruch des Garns zwischen den Klemmen infolge von Druckbelastung) oder Klemmenschlupf (Rutschen des Garns zwischen den Klemmen infolge zu geringen Reibschlusses). Bei imprägnierten Garnen mit Krafteinleitungselementen sind gerade Probenhalter (Klemmen) mit einer definierten Klemmlinie geeignet. Bei Garnen ohne Imprägnierung muss der Zugversuch zwingend mittels Umschlingungsklemmen, bei denen ein Kraftabbau durch die Garnumschlingung entsteht, erfolgen. Abbildung 14.10 zeigt schematisch die beiden Varianten der Einspannung von Garnproben an einer Zugprüfmaschine.

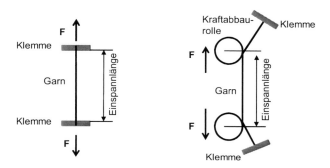

Abb. 14.10 Varianten für Probeneinspannungen beim Zugversuch für Garne; links: Klemmen für imprägnierte Garnproben mit Krafteinleitungselementen, rechts: Kraftabbaurollen („Umschlingungsklemmen") für unbehandelte Garnproben

Bei Verwendung von Umschlingungsklemmen kann die Garndehnung nicht aus der Traversenbewegung der Zugprüfmaschine abgeleitet werden, da das Garn im Anfangsbereich der Umschlingung an der Kraftabbaurolle rutscht. Es ist eine Dehnungsmessung direkt am Garn nötig, die über optische Längenmesssysteme erfolgt. Hierbei können die in Abschnitt 14.2.2 beschriebenen optischen Extensometer genutzt werden. Abbildung 14.11 zeigt ein optisches Dehnungsmesssystem, bei dem zwei Kameras die Lageänderung von auf der Garnprobe aufgebrachten Reflexfolien erfassen und daraus die Garndehnung ableiten.

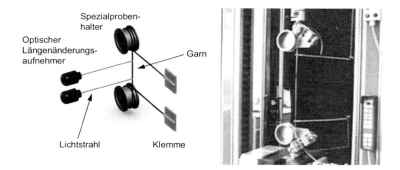

Abb. 14.11 Optische Dehnungsmessung mit zwei CCD-Kameras an einer Garnprobe mit zwei Reflexionsfolien; links: schematische Darstellung des Messprinzips, rechts: Umschlingungsklemmen an einer Zugprüfmaschine

Die Garnprüfung erfolgt grundsätzlich bei allen Prüfvarianten auf die gleiche Weise. Die Garnprobe wird in einer geeigneten Vorrichtung in die Zugprüfmaschine eingespannt und bis zur Vorspannkraft belastet. Danach wird die Garnprobe mit konstanter Verformungsgeschwindigkeit bei simultaner Aufzeichnung von Längenänderung und Zugkraft bis zum Garnbruch belastet. Üblicherweise werden die Zugkräfte querschnittsbezogen (Spannung σ) und die Längenänderungen längenbezogen (Dehnung ε) dargestellt, so dass eine der in Abbildung 14.5 prinzipiell dargestellten Formen des σ-ε-Verlaufs entsteht. Zugfestigkeit σ_M und E-Modul können, wie in Abbildung 14.5 gezeigt, bestimmt werden, ebenso die Bruchspannung σ_B sowie die jeweils zugehörigen Dehnungen ε_M und ε_B.

Für den Fall, dass der Garnquerschnitt nicht oder nur ungenau bekannt ist, kann die Zugkraft auch auf die einfach zu bestimmende Garnfeinheit (feinheitsbezogene Zugkraft in N/tex) bezogen werden.

Die beschriebenen Zugprüfungen erfolgen bei niedrigen Verformungsgeschwindigkeiten unter Normalklima gemäß DIN EN ISO 291 oder DIN EN ISO 139. Mit Blick auf den späteren gebrauchstypischen Einsatz der Garne, insbesondere für Impact-Anwendungen, werden zunehmend Zugprüfungen bei hohen Verformungsgeschwindigkeiten sowie hohen Temperaturen erforderlich. Derartige Prüfungen bei extrem hohen Dehnraten sind noch in der Entwicklungsphase. Allgemein übliche und anerkannte Prüfnormen für diese Fälle existieren noch nicht.

14.4.4 Schlichte- und Präparationsanteil

Der Schlichte- bzw. Präparationsanteil *SC* von Garnen kennzeichnet den Masseanteil von Schlichte/Präparation an der Gesamtmasse des Garns. Er ist definiert als das prozentuale Verhältnis des Masseverlustes Δm eines Garnstücks durch Entfernung von Schlichte/Präparation bezogen auf die Gesamtmasse m des Garns. Die Massebestimmung erfolgt stets an getrockneten Proben.

$$SC = \frac{\Delta m}{m} \cdot 100\% \qquad (14.10)$$

Die Entfernung von Schlichte/Präparation geschieht auf gleiche Weise wie bei der Bestimmung der Garnfeinheit. Glasrovings werden zunächst bei 105 °C getrocknet, danach wird die Masse bestimmt. Die Entfernung der Schlichte erfolgt durch mindestens eine Stunde „Glühen" in einem Muffelofen, vorzugsweise bei 625 °C. Die nachfolgende Abkühlung muss in einem Exsikkator erfolgen, um Feuchtigkeitsaufnahme zu vermeiden. Der Masseverlust („Glühverlust") wird bestimmt und der Schlichteanteil gemäß Gleichung (14.10) errechnet. Die Entfernung der Schlichte kann auch durch Extraktion mittels eines Soxhlet-Extraktors erfolgen.

Für Armidgarne wird zur Entfernung der Präparation ebenfalls der Soxhlet-Extraktor verwendet, ebenso bei Carbongarnen, wenn die Präparation löslich ist. Ist dies nicht der Fall, können nasschemische Oxidation (Schwefelsäure/Wasserstoff-peroxid-Gemisch) oder Pyrolyse unter Stickstoffatmosphäre Anwendung finden.

14.4.5 Feuchtegehalt

Der Feuchtegehalt H von Garnen kennzeichnet den Masseanteil von Wasser an der Gesamtmasse des Garns. Er ist – analog zum Schlichte- bzw. Präparationsanteil – definiert als das prozentuale Verhältnis des Masseverlustes Δm eines Garnstücks durch Entfeuchtung bezogen auf die Gesamtmasse m des Garns.

$$H = \frac{\Delta m}{m} \cdot 100\% \qquad (14.11)$$

Die Prüfung ist in DIN EN ISO 3344 genormt. Zunächst ist die Probe im Normalklima gemäß DIN EN ISO 291 mindestens sechs Stunden zu konditionieren, danach erfolgt die Massebestimmung. Die Trocknung erfolgt in einem Trockenschrank bei einer Temperatur, bei der Schlichte/Präparation noch nicht entweicht, üblicherweise bei 105 °C. Die Temperatur kann niedriger gewählt werden, wenn bereits Schlichte-/Präparationsverluste auftreten, sie muss jedoch mindestens 50 °C betragen. Danach wird die Probe im Exsikkator abgekühlt und der Masseverlust ermittelt.

14.4.6 Weitere Prüfverfahren

Mit den vorstehend beschriebenen Prüfungen ist das technische Garn bezüglich seiner Eignung für das vorgesehene Produkt weitgehend charakterisiert. Im kommerziellen Handel sind zusätzliche Qualitätsprüfungen üblich. Das betrifft besonders Prüfungen, die den Zustand des Garns (abstehende Filamente, Flusen, Verunreinigungen) und des Rovings (Zylinderform, abgefallene Wicklung) beschreiben. Diese Prüfungen sind für die Sicherstellung der störungsfreien Verarbeitbarkeit der Garne auf den Flächenbildungsmaschinen von großer Bedeutung.

Durch die günstigen Eigenschaften der textilbasierten Verbundstrukturen werden immer neue Einsatzfelder erschlossen. Das führt zu der Notwendigkeit, dass die Garne zunehmend unter extremen

- Lastsituationen und
- Umgebungsbedingungen

geprüft werden müssen. Extreme Lastsituationen sind vor allen Hochgeschwindigkeitsprüfungen. Hochgeschwindigkeits-Zugprüfungen bzw. Crash-Tests sind für Verbundstrukturen bereits üblich (s. Abschn. 14.6.3), inzwischen werden derartige Tests auch für Garne gefordert. Die Realisierung derartiger Prüfungen erweist sich als schwierig. Mit kommerziell verfügbaren Hochgeschwindigkeits-Zugprüfmaschinen werden gegenwärtig Prüfgeschwindigkeiten von 20 bis 25 m/s und Dehnraten für die Garne von einigen 10^2/s erreicht – diese Dehnraten werden den zukünftigen Forderungen nicht genügen. Die Kenntnis des Verformungs- und Versagensverhaltens der Garne bei extrem hohen Dehnungsraten ist notwendig, um das Impactverhalten der daraus hergestellten Verbunde abschätzen oder gezielt beeinflussen zu können. An die Messgeräte für Kraft und Länge bzw. Dehnung werden besonders bei Carbongarnen extreme Anforderungen bezüglich der Messdynamik gestellt. Das liegt daran, dass auf Grund der niedrigen Bruchdehnung von Carbon das Zeitintervall von Nulllast bis zum Bruch des Garns nur $100\,\mu$s oder weniger beträgt.

Extreme Umgebungsbedingungen sind hohe oder niedrige Temperaturen sowie Einflüsse von Umgebungsmedien. Temperaturexposition ist nur bei Prüfung von Zugfestigkeit und Elastizität sinnvoll, hier aber zunehmend wichtig, da sich die Einsatzbereiche erweitert haben und Verbunde in einem breiten Temperaturbereich eingesetzt werden. Die Prüfung erfordert Zusatzeinrichtungen an den Prüfmaschinen, also Klimakammern, IR-Strahler zur Heizung und ähnliches. Die Zusatzeinrichtungen werden vom Hersteller der Zugprüfmaschinen angeboten oder vom Nutzer entwickelt und beigestellt.

Die Untersuchung des Einflusses der umgebenden Medien auf die Zugfestigkeit wird mit Erweiterung der Einsatzgebiete der technischen Garne zunehmend nötig. Ein Beispiel hierfür ist die Nutzung der Garne zur Bewehrung von Beton. Hierzu müssen die Eigenschaften der Garne nach gebrauchstypischer Exposition, z. B. nach Lagerung in alkalischem Milieu bzw. nachgebildeten Porenwasserlösungen, ermittelt werden.

14.5 Prüfung von textilen Flächen

Aus den technischen Garnen werden mit Hilfe textiltechnologischer Verfahren textile Flächen hergestellt. Werden textile Flächen aus Endlosfasern in einem weiteren Arbeitsschritt mit einer ungehärteten duroplastischen Kunststoffmatrix vorimprägniert, dann werden diese Flächen als Prepregs bezeichnet. Die textilen Flächen, eingeschlossen Prepregs, werden im Wesentlichen durch Informationen über

- Material (Garn),
- Konstruktion (Gewebe, Gestricke, Gelege; Faden-, Maschendichten; Fehler im Flächengebilde),
- Abmessungen (Länge, Breite, Dicke),
- flächenbezogene Masse,
- Festigkeit, Elastizität,
- Biegesteifigkeit, Drapierbarkeit und

• Präparationsanteil sowie Matrixanteil

charakterisiert.

Material und textile Konstruktion sind vorgegebene Größen, die nur in Ausnahmefällen nachträglich geprüft werden. Auch die lateralen Abmessungen (Länge, Breite) tragen eher informativen Charakter. Einige relevante textilphysikalische Eigenschaften und zugehörige Prüfnormen sind in Tabelle 14.5 zusammengestellt.

Tabelle 14.5 Prüfverfahren für textile Flächen

Kennwert	Einheit	Material	DIN/ISO-Prüfnorm
Dicke	mm	Glas, Aramid, Carbon	DIN EN ISO 5084
Flächenbezogene Masse	g/m^2	Glas, Aramid, Carbon Glas-Prepregs Carbon-Prepregs	DIN EN 12127 DIN EN 2329 DIN EN 2557
Flächengewicht		Glas-, Aramid-, Carbon-Prepregs	DIN EN ISO 10352
Zugfestigkeit Höchstzugkraft-/ Bruchdehnung	N, MPa %	Glas, Aramid, Carbon	DIN EN ISO 13934 T1 (DIN EN ISO 527 T1)
Biegesteifigkeit	Nm^2	Glas, Aramid, Carbon	DIN 53362
Harz-/Faseranteil	%	Glas-Prepregs Glas-Prepregs Carbon-Prepregs Glas-, Carbon-Prepregs	DIN EN ISO 1172 DIN EN 2331 DIN EN 2559 DIN EN ISO 11667

14.5.1 Dicke

Die Dicke ist der senkrechte Abstand zwischen Ober- und Unterseite einer textilen Fläche. Eine textile Fläche besitzt in der Regel ein ausgeprägtes Oberflächenprofil, die Zuordnung des Kennwertes „Dicke" erfordert deshalb Festlegungen, die Prüfnormen entnommen werden müssen. Gemäß DIN EN ISO 5084 wird das Textil auf eine ebene (polierte) Bezugsfläche gelegt. Eine zweite parallele Platte, die als runder Druckstempel ausgeführt ist und mit einem Längenmesssystem gekoppelt ist, wird unter einem definierten Druck auf die Probe aufgebracht. Dabei wird der Abstand des Grundstempels zur Grundfläche bestimmt und als Dicke der textilen Fläche angegeben. Für Anpressdruck und -zeit sowie die Fläche des Druckstempels sind in der Norm Vorzugswerte formuliert.

Für Flächen aus technischen Garnen existieren spezielle Normen, z. B. ISO 4603 für Gewebe. Diese unterscheiden sich prinzipiell nicht von der angeführten Norm.

14.5.2 Flächenbezogene Masse

Die Bezeichnung dieses textilphysikalischen Parameters ist nicht einheitlich. Im allgemeinen Sprachgebrauch wird „Flächenmasse" verwendet, in der Normensprache treten die Begriffe „Flächenbezogene Masse" und „Flächengewicht" auf, jeweils mit identischem textilphysikalischen Inhalt. Der Parameter gibt die Masse in Gramm von $1\,m^2$ des Flächengebildes an. Auch das Kurzzeichen für die Flächenmasse wird nicht einheitlich geschrieben, M wurde aus DIN EN 12127 entnommen, DIN EN ISO 10352 verwendet ρ_A. Die für Glas-Prepregs zuständige Norm DIN EN 2329 oder die für Carbon-Prepregs zuständige DIN EN 2557 unterscheiden sich von der allgemeinen Norm DIN EN ISO 10352 für Prepregs nur in Details (Probenahme).

Die Ermittlung dieses Parameters gestaltet sich einfach, es werden entsprechend den Vorschriften der jeweiligen Norm quadratische Proben, vorzugsweise mit Flächen von A = 0,1 x 0,1 m² oder 0,2 x 0,2 m² aus der Gesamtfläche entnommen und deren Masse m bestimmt. Die flächenbezogene Masse M ergibt sich daraus gemäß

$$M = \frac{m}{A} \qquad (14.12)$$

Besonderheiten der einzelnen Normen betreffen die konkreten Bedingungen für die Entnahme der Proben aus der Gesamtfläche und die konkrete Versuchsdurchführung. Bei Prepregs ist zu beachten, dass die (zum Teil flüchtigen) Präparationen bei der Bestimmung der Flächenmasse berücksichtigt werden, eventuell vorhandene Trennfolien dagegen nicht. Die flächenbezogene Fasermasse wird nach Entfernung aller Präparationen und Harzanteile bestimmt.

14.5.3 Zugfestigkeit, E-Modul

Die Zugfestigkeit wird durch die Parameter Höchstzugkraft F_H (höchster auftretender Kraftwert bei Zugbeanspruchung) oder Bruchkraft F_B (Kraftwert beim Zerreißen oder Bruch der Probe) ausgedrückt. Die Parameter dienen insbesondere der Einschätzung, in welchem Maße die textile Fläche in der Lage ist, die sich aus Flächenkonstruktion und Garnfestigkeiten ableitbare Grenzfestigkeit zu erreichen. Die dazugehörigen Dehnungswerte der Probe sind die Höchstzugkraftdehnung ε_H bzw. die Bruchdehnung ε_B.

Monoaxiale Zugprüfung

Zugfestigkeit und Elastizität werden durch Zugprüfungen ermittelt. Es handelt sich um monoaxiale Zugprüfungen, d. h. es erfolgt eine Lastexposition der textilen Fläche in einer Richtung, meist in einer Vorzugsrichtung, z. B. bei Geweben in Schuss- oder Kettrichtung. Die Vorzugsstellung der monoaxialen Zugprüfung hat ihre Ursache in der relativ einfachen Realisierbarkeit der dazu notwendigen Prüfmaschinen – im Gegensatz zur prüftechnischen Realisierung von definierten biaxialen Lastexpositionen. Das hat dazu geführt, dass im allgemeinen Sprachgebrauch und in technischen Darstellungen der Begriff Zugprüfung als monoaxiale Zugprüfung verstanden wird. Dieser Konvention unterliegen auch die weiteren Ausführungen.

Zugprüfungen werden vorzugsweise als einfache Zugversuche, d. h. als *Streifenzugversuche* durchgeführt und orientieren sich an DIN EN ISO 13934 T1. Hierbei werden streifenförmige Proben in eine Zugprüfmaschine eingespannt und mit konstanter Verformungsgeschwindigkeit von 20 – 100 mm/min bis zum Versagen (Zerreißen, Bruch) belastet. Dabei werden Längung der Probe und Kraftreaktion aufgezeichnet. Die Einspannlänge der Proben in der Prüfmaschine beträgt vorzugsweise 200 oder 100 mm, die Probenbreite sollte 50 mm betragen. Der Probenzuschnitt muss so erfolgen, dass eine hinreichende Länge für die Einspannung zwischen den parallelen Klemmen vorhanden ist und gegebenenfalls eine definierte Probenbreite durch „Ausriffeln" von Randfäden gewährleistet ist. Bei Flächengebilden aus technischen Fäden erfolgt der Probenzuschnitt oft abweichend von der Norm. Wenn die Summe der Feinheiten der in Zugrichtung lastaufnehmenden Fäden bekannt ist, ist aus Gründen der Vergleichbarkeit unterschiedlich konfektionierter Proben ein Feinheitsbezug der gemessenen Kräfte sinnvoll. Kann die Summe der Faden- bzw. Filament-Querschnittsflächen angegeben werden, ist ein Querschnittsbezug der gemessenen Kräfte zu bevorzugen und die in Abbildung 14.5 erläuterten Kennwerte sind anwendbar.

Die korrekte Einspannung der textilen Flächen aus technischen Garnen ist oft problematisch. Meist ist auf Grund der Probengeometrie nur eine Klemmung zwischen parallelen Klemmbacken möglich. Die Klemmenkraft, die senkrecht zur Probenfläche wirkt, wird durch mechanisches Festschrauben oder durch hydraulische bzw. pneumatische Zylinder erzeugt. Abbildung 14.12 zeigt schematisch, in welcher Weise sich die Klemmenkraft mit der Prüfkraft der Zugprüfmaschine ändern kann. Die günstigsten Eigenschaften besitzt der Keilschraub-Probenhalter, der die Probe mit steigender Prüfkraft immer fester spannt.

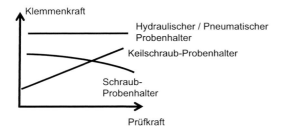

Abb. 14.12 Klemmenkraft verschiedener Probenhalterungen in Abhängigkeit von der Prüfkraft

Eine hinreichend hohe Klemmenkraft ist erforderlich, um ein Rutschen der Probe zwischen den Klemmen (Klemmenschlupf) zu verhindern. Eine sehr hohe Klemmenkraft kann jedoch zu einer mechanischen Schädigung der Probe zwischen den Klemmen und damit zu einem Klemmenbruch der Probe führen. Das gleichzeitige Ausschließen von Klemmenschlupf und Klemmenbruch verlangt Erfahrung des Prüfpersonals. Neben der Wahl des Klemmentyps und der Klemmkraft können verschiedene Klemmenoberflächen und Klemmenbeläge eingesetzt werden. Meist werden gewellte oder raue Profile verwendet, selten glatte. Die aus Stahl bestehenden Klemmen werden zudem oft mit hart-elastischen Belägen versehen, die den nötigen Klemmendruck gewährleisten, auf der textilen Oberfläche jedoch auch einen gewissen Formschluss ermöglichen. Es werden dafür zum Beispiel glatte oder gewellte Beläge aus Polyester-Urethan-Kautschuk (Vulkollan) eingesetzt.

Die elastischen Eigenschaften der textilen Fläche können aus dem Steifenzugversuch abgeleitet werden, wenn das Kraft-Dehnungs-Verhalten im unteren elastischen Lastbereich betrachtet wird. Der für klassische Textilien übliche Elastizitätsbegriff gemäß DIN 53835 T 13 oder DIN EN 14704 T2 betrifft das Verhältnis zwischen elastischer und bleibender Dehnung nach Lastexposition und ist für textile Flächen aus technischen Garnen nicht anwendbar. Sinngemäß kann die DIN EN ISO 527 T1 angewendet werden, wenn die Fäden der textilen Fläche in Belastungsrichtung gerade liegen und keine Längenänderungen durch geometrische Streckung der Fäden auftreten. Dies ist praktisch nie der Fall. Ausdruck dieser Tatsache ist das Fehlen allgemein anerkannter und verwendeter Normen für die Elastizität bzw. den E-Modul für textile Flächen aus technischen Garnen. Eine Aussagefähigkeit erhalten derartige Versuche nach einer Laminierung der textilen Flächen.

Biaxiale Zugprüfung

Die Notwendigkeit, das komplexe Materialverhalten textiler Flächen zu beschreiben, macht biaxiale Zugprüfungen erforderlich. Biaxial-Zugprüfmaschinen bestehen im Prinzip aus zwei senkrecht zueinander angeordneten monoaxialen Zugprüfmaschinen. Durch zwei Belastungsachsen wird eine gleichzeitige Lastexposition in Längs- und Querrichtung der Probe möglich. Zur Einspannung der Probe sind vier Probenhalterungen, die in der Regel aus parallelen Klemmbacken bestehen, erforderlich. Die Bewegung jeder einzelnen Probenhalterung ist separat steuerbar. Damit sind komplexe Lastsituationen im Experiment realisierbar, wobei die Belastung in einer Richtung immer auch Einfluss auf den mechanischen Zustand der anderen Richtungen hat. Die Biaxial-Zugprüfmaschine benötigt – im Gegensatz zur monoaxialen Zugprüfmaschine, die mit einer Kraftmessdose auskommt – vier Kraftmesser, um die Kraftreaktionen der Probe in den vier Belastungsrichtungen zu erfassen.

Biaxiale Zugprüfungen werden durchgeführt, um insbesondere die Eignung der geprüften Materialien für den geplanten Gebrauch zu testen. Die Proben werden dabei gebrauchstypisch konfektioniert und bis zum Versagen belastet. Längung und

Kraftreaktion der Probe werden für die vier Belastungsrichtungen simultan aufgezeichnet. Bezüglich der Einspannung der Probe gelten die gleichen Gesichtspunkte wie bei der monoaxialen Zugprüfung. Durch Verwendung von kalottenförmig ausgebildeten Druckstempeln, die senkrecht zur geprüften textilen Fläche angeordnet sind, kann die Eignung von Preforms für gekrümmte Verbundbauteile geprüft werden. Probengeometrie, Länge und Art der Klemmlinien bei der Einspannung und vor allem die wahlfreie Lastexposition in vier Richtungen, die längen- oder kraftgesteuert erfolgen kann, führen zu jeweils unikalen Prüfregimes und Prüfergebnissen. Eine Normung des biaxialen Zugversuchs ist deshalb schwierig, bisher existieren keine allgemein verbindlich anerkannten Normen und Kennwerte.

14.5.4 Biegesteifigkeit

Die *Biegesteifigkeit* der textilen Flächen liefert Anhaltspunkte für deren Drapierbarkeit und ist deshalb für die Beurteilung ihrer Nutzbarkeit als dreidimensionales Halbzeug wichtig. Die Nutzung des Begriffs der Biegesteifigkeit aus der Technischen Mechanik als Quotient zwischen Biegemoment und Krümmung ist an dieser Stelle nur sehr bedingt möglich, da sich beim Drapieren das Material nicht elastisch verformt, sondern die Filamente aneinander gleiten. Das wichtigste genormte Verfahren zur Bestimmung der Biegesteifigkeit ist das Freiträger- oder Cantilever-Verfahren nach DIN 53362 (ASTM D1388). Dabei wird, wie in Abbildung 14.13 gezeigt, eine streifenförmige Probe über eine Kante geschoben, so dass sie sich unter ihrem Eigengewicht nach unten biegt.

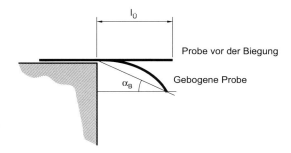

Abb. 14.13 Schematische Darstellung des Cantilever-Verfahrens

Bei einem vorgegebenen Biegewinkel von $\alpha_B = 41{,}5°$ wird die Überhanglänge $l_{\ddot{U}}$ gemessen und daraus ganz formal nach den Gleichungen der Technischen Mechanik die Biegesteifigkeit B gemäß

$$B = F_L \cdot \left(\frac{l_{\ddot{U}}}{2}\right)^3 \tag{14.13}$$

berechnet. F_L ist dabei die längenbezogene Gewichtskraft der Probe, die aus der in Abschnitt 14.5.2 dargestellten flächenbezogenen Masse abgeleitet wird. Der Biegewinkel $\alpha_B = 41,5°$ ist zweckmäßig, da dabei eine repräsentative Biegung der Probe erfolgt und bei diesem Winkel die Formel für die Berechnung der Biegesteifigkeit eine besonders einfache Form besitzt.

Neben dem Cantilever-Verfahren werden in der Praxis weitere spezielle (firmenspezifische) Verfahren eingesetzt, die den jeweiligen Drapiervorgang nachstellen. Grundsätzlich wird das Material dabei einer definierten Biegeverformung unterworfen und seine Kraftreaktion gemessen. Die zeitliche Reproduzierbarkeit der aufgeprägten Biegeverformung ist sehr wichtig, da die Kraftreaktion der Probe infolge von Relaxation und Garn-/Filamentverschiebungen zeitabhängig verläuft.

14.5.5 Harz- und Faseranteil

Der Füllstoffgehalt oder der Faseranteil bzw. der Gehalt an Verstärkungsfaser φ_m sind die Verhältnisse zwischen Fasermasse m_F und Gesamtmasse m_V eines Prepregs.

$$\varphi_m = \frac{m_F}{m_V} \cdot 100\,\% \tag{14.14}$$

Sie werden durch Bestimmung der Gesamtmasse des Prepregs und der Masse nach Entfernung der Matrix errechnet. Die Matrix wird durch

- Veraschung (Kalzinieren), also Erhitzung im Muffelofen (Glasfaser) und
- chemische Extraktion (Glasfaser: Salzsäure, Methylethylketon; Kohlenstofffaser: Schwefelsäure unter Verwendung von Wasserstoffperoxidlösung, Dichlormethan, Aceton, Methylethylketon o. ä.)

entfernt. Für die Extraktion wird vorzugsweise der Soxhlet-Extraktor verwendet.

14.5.6 Weitere Prüfverfahren

Die vorstehend beschriebenen Prüfungen sind typisch für textile Flächen. Es existiert jedoch darüber hinaus eine Vielzahl weiterer genormter Prüfverfahren, die insbesondere den jeweiligen Materialien angepasst sind. Beispiele hierfür sind Normenfamilien für Vliese oder Geotextilien. Aspekte für weitere Prüfverfahren für textile Flächen sind u. a.

- Verformbarkeit (Drapierung),
- Verformungsbeständigkeit (Rückformvermögen, Retardation, Relaxation),

- Vernähbarkeit,
- Dämmverhalten (Wärme, Wasser, Luft/Gas, Lärm) und
- Beständigkeit gegenüber Umgebungsmedien, Hitze/Flammen.

Neben genormten Prüfverfahren entwickeln die Hersteller textiler Flächen uni-
kale, nicht genormte Prüfverfahren, um spezielle Eigenschaften unter speziellen
Bedingungen zu prüfen. Sehr oft geht es dabei um die Verformbarkeit und die
Verformungsbeständigkeit. Ein Beispiel hierfür zeigt Abbildung 14.14. An der
Prüfapparatur werden Scherverformungen oder Kombinationen aus Scher- und Bie-
geverformung aufgeprägt, um die Drapierbarkeit der textilen Flächen zu beurteilen.

Abb. 14.14 Scherung einer textilen Fläche zur Beurteilung der Drapierbarkeit

14.6 Prüfung von Faserkunststoffverbunden

Die Prüfung von Faserkunststoffverbunden ist ein komplexes Gebiet, das eine umfassende Charakterisierung dieser Strukturen beinhaltet und auf Grund der Vielfalt
der existierenden Verfahren nicht vollständig dargestellt werden kann.

Die Prüfung der Verbundstrukturen kann die in den vorhergehenden Kapiteln dargestellten Prüfverfahren – beginnend beim Filament – beinhalten. Am anderen Ende
der Prüfkette stehen Prüfverfahren mit definiert konfektionierten Proben, d. h. Proben mit genormten Abmessungen, aus deren Eigenschaften auf das Gebrauchsverhalten der daraus hergestellten Verbundstrukturen geschlossen wird. Eine Auswahl
dieser Verfahren wird beschrieben. Zweckmäßig ist dabei eine Gliederung in

- Prüfungen ohne mechanische Belastung,
- Prüfungen mit geringer Verformungsgeschwindigkeit (eingeschlossen statische
  Last) und
- Prüfungen mit hoher Verformungsgeschwindigkeit.

Für die einzelnen Prüfungen existieren jeweils eigenständige Prüfverfahren. Aus
den Prüfwerten einer Kategorie sind die Eigenschaften einer anderen Kategorie in

der Regel nicht oder nur ungenau ableitbar. Oft trifft dies auch für die Einschätzung des Gebrauchsverhaltens komplexer Verbundbauteile auf Basis von Prüfdaten, die mittels standardisierter Probenabmessungen erhoben wurden, zu. In diesem Fall müssen bauteilspezifische Prüfverfahren entwickelt werden, die nicht Inhalt der nachfolgenden allgemeinen Beschreibungen sind.

Auf die Notwendigkeit definierter Probenherstellung/-vorbereitung sowie Prüfumgebung für alle Prüfungen wird an dieser Stelle wiederholt hingewiesen. Die Standardprüfungen erfolgen grundsätzlich im konditionierten Zustand, d. h. die Proben werden hinreichend lange im Prüfklima gemäß DIN EN ISO 291 angeglichen und danach in diesem Prüfklima geprüft.

14.6.1 Prüfungen ohne mechanische Belastung

Allgemeine Prüfungen zur Bestimmung belastungsunabhängiger Parameter dienen oft nur zur Information, sind jedoch besonders im kommerziellen Verkehr wichtig. Prüfverfahren betreffen u. a.

*   Material (Art, Anteile verschiedener Komponenten),
*   Konstruktion (Aufbau und Orientierung der Verstärkungslagen),
*   Abmessungen,
*   Masse, Menge (Dichte, flächenbezogene Masse, Faservolumenanteil),
*   physikalische Eigenschaften (thermische Ausdehnung, elektrische Leitfähigkeit, dielektrische Eigenschaften, Beständigkeit gegenüber Temperatur und Strahlung) und
*   Grenzflächeneigenschaften (Haftung Filament-Matrix).

Zwei Prüfverfahren, die in der prüftechnischen Praxis häufig erfolgen, sind in Tabelle 14.6 angeführt und werden nachfolgend beschrieben.

Tabelle 14.6 Allgemeine Prüfverfahren ohne mechanische Belastung

Prüfverfahren	Kennwert	DIN/ISO-Prüfnorm
Massebestimmung	Flächengewicht Flächenbezogene Masse	DIN EN ISO 10352
Bestimmung Zusammensetzung	Faservolumenanteil Füllstoffgehalt Faser-/Harzanteil	– DIN EN ISO 1172 DIN EN 2564

Das Flächengewicht bzw. die Flächenbezogene Masse wird in der üblichen Form, wie bereits in Abschnitt 14.5.2 beschrieben, als Quotient von Masse und Fläche der Probe bestimmt. Die Proben werden mittels einer Trennvorrichtung aus der Laborprobe herausgeschnitten und gewogen, die Probenabmessungen betragen dabei vorzugsweise 0,20 x 0,20 m² oder 0,20 x 0,10 m². Die Verfahren orientieren sich an der Vorgehensweise bei der Bestimmung des Flächengewichts von textilen Flächen.

Der Faservolumenanteil φ_V ergibt sich gemäß Gleichung (14.15) als Quotient zwischen Faservolumen V_F und Gesamtvolumen V_V des Faserkunststoffverbunds.

$$\varphi_V = \frac{V_F}{V_V} \cdot 100\,\% = \frac{A_F}{A_A} \cdot 100\,\% \qquad (14.15)$$

Zur Bestimmung des Faservolumenanteils wird ein Schliff einer Querschnittsfläche hergestellt und durch geeignete Verfahren, z. B. das Zählen der Filamente und Multiplikation mit der bekannten Querschnittsfläche der Filamente, die Gesamtfläche der Fasern A_F bestimmt und auf die Gesamtfläche A_A des Schliffs bezogen. Abbildung 14.15 verdeutlicht die Situation.

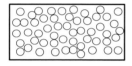 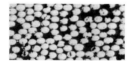

Abb. 14.15 Querschnittsflächen von Filamenten im Verbund; links: Schematische Darstellung, rechts: Schliffbild

Füllstoffgehalt oder Faseranteil bzw. Gehalt an Verstärkungsfaser φ_F sind die Verhältnisse zwischen Fasermasse m_F und Gesamtmasse m_V des Verbunds.

$$\varphi_F = \frac{m_F}{m_V} \cdot 100\,\% \qquad (14.16)$$

Sie werden durch Bestimmung der Gesamtmasse und der Masse nach Entfernung der Matrix errechnet. Die Matrix wird nach DIN EN 2465 durch

- Veraschung oder
- chemische Extraktion

entfernt – in analoger Weise, wie in Abschnitt 14.5.5 dargestellt. Das Verhältnis der massebezogenen Anteile φ_F ist nur bedingt informativ, wichtiger ist die Information, welcher Volumenanteil φ_V im Verbund durch Fasern besetzt ist. Aus diesem Grund wird – mit Kenntnis der Massedichten der Faser ρ_{Faser} und der Matrix ρ_{Matrix} bzw. nach Bestimmung der Massedichte $\rho_{Verbund}$ des Verbundes – der massebezogene Wert in den volumenbezogenen Wert gemäß Gleichung (14.17) umgerechnet.

$$\varphi_V = \varphi_F \cdot \frac{\rho_{Verbund}}{\rho_{Faser}} = \frac{\frac{m_{Faser}}{\rho_{Faser}}}{\frac{m_{Faser}}{\rho_{Faser}} + \frac{m_{Matrix}}{\rho_{Matrix}}} \cdot 100\,\% \qquad (14.17)$$

Etablierte Prüfverfahren liefern meist Informationen, die für den Faserkunststoffverbund „als Ganzes" gelten. Die Eigenschaften der einzelnen Komponenten und deren Wechselwirkung sind integral in dem Prüfergebnis enthalten. Die Entwicklung der Technologien für Faserkunststoffverbunde zeigt jedoch, dass die erreichbaren Grenzwerte für relevante Eigenschaften von Faserkunststoffverbunden, z. B. die Festigkeit, auch wesentlich durch eine optimale Gestaltung der Wechselwirkung zwischen den Komponenten beeinflusst werden können. Das betrifft an erster Stelle die Haftung von Filament und Matrix und die Einbindung und Verteilung der Filamente im Verbund. Allgemein anerkannte Normen für die Bestimmung dieser Eigenschaften, wie z. B. Ausziehversuche (Pull-Out-Tests) von Garnen aus Matrices, existieren noch nicht.

14.6.2 Prüfungen mit niedriger Verformungsgeschwindigkeit

Die Prüfungen mit niedriger Verformungsgeschwindigkeit sind die wichtigsten Prüfmethoden, um Faserkunststoffverbunde zu charakterisieren. Sie dienen insbesondere dazu,

- Materialparameter gemäß Ausführungen in Abschnitt 14.2.4,
- Festigkeiten und
- Standzeiten

zu bestimmen. Hierzu werden definiert hergestellte Proben einer definierten Verformung – üblicherweise in Richtung der Hauptachsen – unterworfen und die Kraftreaktion gemessen. Der Vorteil von definierten Lastzuständen in Richtung der Hauptachsen bei geringen Verformungsgeschwindigkeiten liegt in einer relativ geringen Streubreite der Prüfwerte. Die Matrixelemente der Gleichungen (14.1) bzw. (14.2) können auf diese Weise ermittelt werden. Erfolgt die Verformung bis zur Zerstörung der Probe, werden Informationen zu den Festigkeiten ermittelt.

Gebrauchstypischer sind komplexe Lastsituationen. Diese Prüfungen erfordern oft spezielle Prüfeinrichtungen und Prüfregimes. Prüfwerte, die mittels verschiedener Methoden ermittelt werden, sind in der Regel nicht direkt vergleichbar, da der Einfluss des Prüfverfahrens und der Probenabmessungen auf das Prüfergebnis groß ist. Lediglich die Tendenzen der Materialkennwerte – also Kennwert wird größer oder kleiner – können mit unterschiedlichen Prüfverfahren vergleichbar gestaltet werden. Geeignete und in breitem Maße angewandte Methoden sind in Tabelle 14.7 eingetragen und werden im Folgenden dargestellt.

14.6.2.1 Zugprüfung

Die Zugprüfung dient der Bestimmung der Elastizitätsmoduln E_i, der Querkontraktionszahlen v_{ij} (bzw. Poissonszahlen μ_{ij}) und der Festigkeiten σ_B. Dies wird möglich, da die Probe von Null beginnend bis zum Versagen, d. h. bis zum Bruch

Tabelle 14.7 Prüfverfahren mit niedriger Verformungsgeschwindigkeit

Prüfverfahren	Kennwert	DIN/ISO-Prüfnorm
Zugprüfung	Kennwerte gemäß Tabelle 14.2	DIN EN ISO 527-T1, T4, T5
Druckprüfung	Kennwerte analog Tabelle 14.2 statt „Zug" → „Druck" statt „Dehnung" → „Stauchung"	DIN EN ISO 14126
Biegeprüfung	Biegemodul, Biegefestigkeit	DIN EN ISO 14125
Schubprüfung	Schubspannung-Schubverformung Schubmodul, Schubfestigkeit	DIN EN ISO 14129
Scherprüfung	Interlaminare Scherfestigkeit	DIN EN ISO 14130
Kriechprüfung	Zug-/Biege-Kriechdehnung Zug-/Biege-Kriechmodul	DIN EN ISO 899-T1, T2

belastet wird und damit Nieder- als auch Hochlastbereich in einem einzigen Versuch abgedeckt werden. International gibt es zahlreiche Normen für die Zugprüfung, wie beispielsweise DIN EN 2561 oder ASTM D3039/D3039M, im europäischen Raum sollten weitgehend die DIN EN ISO 527 T4 und T5 Anwendung finden.

DIN EN ISO 527 T5 beschreibt die Bedingungen für Zugprüfungen an unidirektional verstärkten Faserkunststoffverbunden in Längs- und Querrichtung. Die erforderliche Probengeometrie zeigt Abbildung 14.16 a.

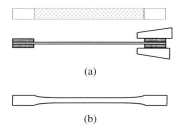

(a)

(b)

Abb. 14.16 Beispiele für Probengeometrie für Zugprüfungen; (a) Probengeometrie gemäß DIN EN ISO 527 T5, (b) Probengeometrie gemäß DIN EN ISO 527 T4

Die Krafteinleitung erfolgt über Krafteinleitelemente, die Aufleimer genannt werden, und mindestens 50 mm lang sein müssen. Sie können 0,5 bis 2 mm dick sein und bestehen aus GFK-Laminat, dessen Fasern ±45° zur Belastungsrichtung laufen. Sie werden mit einem hochelastischen Klebstoff auf die Probekörper geklebt. Die freie Länge zwischen den Aufleimern beträgt 150 mm, die Probenbreite 15 mm oder 25 mm und die Prüfgeschwindigkeit 2 mm/min bzw. 1 mm/min. Weitere Details enthält die DIN EN ISO 527 T5.

In DIN EN ISO 527 T4 sind Bedingungen für Zugprüfungen an isotrop und anisotrop verstärkten Faserkunststoffverbunden enthalten. Die Probenabmessungen und die Prüfbedingungen unterscheiden sich von den Forderungen der DIN EN ISO 527 T5. Es sind drei Varianten festgelegt, eine häufig verwendete Möglichkeit zeigt Abbildung 14.16 b. Zur Gewährleistung einer zentrischen Einspannung sind Zentrierstifte möglich.

Die Einspannung der Probekörper in der Zugprüfmaschine kann mittels verschiedener Probenhalterungen erfolgen, die in Abschnitt 14.4.3 angeführten Aspekte gelten auch für Zugprüfungen an Faserkunststoffverbunden. Durch die Einspannung darf keine Vorspannung in Verformungsrichtung in die Probe eingeprägt werden. Die günstigsten Eigenschaften besitzt meist der Keilschraub-Probenhalter, der den Probenkörper mit steigender Prüfkraft immer fester spannt. Für Kraft- und Längenmessung gelten die Ausführungen des Abschnittes 14.2.2. Eine Nutzung der Traversenposition zur Längenmessung sollte vermieden werden. Wesentlich günstiger sind Extensometer oder auf den Proben applizierte Dehnungsmessstreifen. Die Darstellung der Verläufe erfolgt stets als σ-ε-Diagramm gemäß Abbildung 14.5, die Kennwerte werden gemäß Tabelle 14.2 berechnet. Oft ist eine zusätzliche Auswertung der Versagensart, d. h. eine Aussage zum Bruchbild, sinnvoll.

Moderne Prüflabors verwenden biaxiale Zugprüfmaschinen, die eine biaxiale Lasteinleitung in die 0°- und gleichzeitig in die 90°-Richtung erlauben. Bezüglich Probekörpergeometrie, Versuchsregime und -auswertung existieren noch keine allgemein anerkannten Normative.

14.6.2.2 Druckprüfung

Bei der Druckprüfung werden die axialen Druckeigenschaften bestimmt. Die Druckprüfung ist eine eigenständige Prüfung und keine einfache Umkehrung der Zugprüfung, da bei Verbundstrukturen bereits bei relativ geringen Druckspannungen Versagensarten wie Ausknickung, Ausbeulung oder Delamination auftreten. Druckfestigkeiten sind deshalb auch meist geringer als Zugfestigkeiten.

Auf Grund der komplexen mechanischen Versagensmechanismen ist die Druckprüfung problematisch. Es gibt viele Prüfnormen, die wegen unterschiedlicher Probenabmessungen und Probenhalterungen unterschiedliche Werte liefern. Reproduzierbare Ergebnisse können auch bei konsequenter Einhaltung der jeweiligen Prüfnorm nur schwer erreicht werden, die Probenvorbereitung hat auch hier besondere Bedeutung.

In DIN EN ISO 14126 wird versucht, möglichst viele Aspekte existierender Prüfvorschriften in einer Norm zu vereinen. Sie normt zwei Probekörper, die zum einen vorzugsweise für unidirektionale Werkstoffe und zum anderen für „sonstige Werkstoffe" verwendet werden. Gebräuchliche Probenhalterungen/Spannvorrichtungen sind zugelassen, sofern die Verformung durch Biegen oder

Knicken beim Versagen der Probe nicht höher als 10 % ist. Damit kann eine axiale Beanspruchung bei der Druckprüfung unterstellt werden.

Die Proben gemäß DIN EN ISO 14126 haben Abmessungen von 110 x 10 mm^2 oder 125 x 25 mm^2, der größte Teil der Probe dient als Einspannfläche. Die für den Druckversuch freie Probenfläche beträgt 10 x 10 mm^2 bzw. 25 x 25 mm^2. Die Proben können Krafteinleitelemente (Aufleimer) erhalten, für die die gleichen Gesichtspunkte gelten wie beim Zugversuch. Abbildung 14.7 a zeigt schematisch eine Probe mit Aufleimern.

Für die Krafteinleitung sind zwei prinzipielle Verfahren vorgesehen, die in Abbildung 14.17 b und c dargestellt sind. Eine seitliche Druckkrafteinleitung führt dabei im Wesentlichen zu einer Schubbeanspruchung der Probe, die Druckeinleitung über die Stirnflächen wird als Mischbeanspruchung bezeichnet.

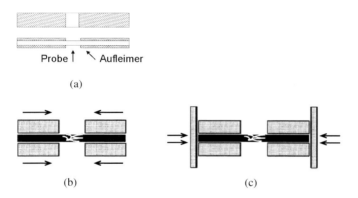

Abb. 14.17 Schematische Darstellung einer Druckprüfung nach DIN EN ISO 14126; (a) Probekörper, (b) Lasteinleitung über Seitenflächen (Schubbeanspruchung), (c) Lasteinleitung über Stirnflächen (Mischbeanspruchung)

Für die Druckprüfung können Zugprüfmaschinen verwendet werden, da durch Richtungsumkehr der Traversenbewegung eine Druckbelastung der Probe realisiert wird. Die Einspannung der Proben in die Zugprüfmaschine erfolgt über Spannpatronen (Trapezoide). Diese sind Adaptionen der in der ASTM D3410 verwendeten, international üblichen und auch in DIN EN ISO 14126 vorgesehenen Celanese- und IITRI-Spannvorrichtungen.

Die Stauchung der Probe wird vorzugsweise mit auf die freie Probefläche geklebten Dehnungsmessstreifen gemessen. Die Traversengeschwindigkeit wird auf 1 mm/min eingestellt und der Probenkörper ist bis zum Versagen belastet. Der σ-ε-Verlauf wird aufgezeichnet. Der Prüfbericht enthält die analog aus Tabelle 14.2 ableitbaren Kennwerte Druckfestigkeit, Stauchung bei Bruch und Druck-Elastizitätsmodul. Weiterhin ist die Versagensart (Scherung, Bruch, Delamination) im Prüfbericht auszuweisen.

Neben der DIN EN ISO 14126 können weitere Prüfverfahren verwendet werden, die sich von den angeführten Verfahren bezüglich der Probenkörper, Prüfbedingungen und vor allem der Probenhalterungen/Druckprüfeinrichtungen z. T. deutlich unterscheiden. Beispiele hierfür sind in den normativen Verweisungen am Ende dieses Kapitels angeführt.

14.6.2.3 Biegeprüfung

Die *Biegeprüfung* dient der Bestimmung des *Biegemoduls* und der Biegefestigkeit. Zur Ermittlung dieser Kennwerte werden fast ausschließlich die Dreipunkt- und die Vierpunkt-Biegeprüfung verwendet. Es existieren hierzu verschiedene Prüfvorschriften, die sich nicht im Prinzip, jedoch bezüglich Biegevorrichtung/Probenaufnahme, Probenabmessungen und experimenteller Parameter unterscheiden. Die Biegevorrichtung ist grundsätzlich symmetrisch aufgebaut, so dass eine symmetrische Krafteinleitung zur Biegung der Probe erfolgt. Durch die Biegung wird ein mehrachsiger Spannungszustand im Probekörper erzeugt, es entstehen Zug-, Druck- und Schubspannungen. Aus diesem Grund können unterschiedliche Versagensarten auftreten. Schubspannungen werden beim Biegeversuch durch ein hinreichend großes Verhältnis zwischen Probenlänge und Probendicke gering gehalten. Die prinzipiellen Versuchsanordnungen nach DIN EN ISO 14125 sind in Abbildung 14.18 gezeigt. Der Vorteil der Vierpunkt-Biegeprüfung besteht darin, dass zwischen den beiden, symmetrisch angeordneten Druckfinnen ein konstantes Biegemoment in der Probe entsteht.

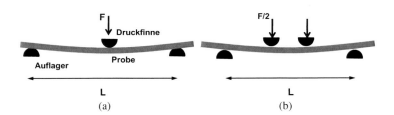

Abb. 14.18 Schematische Darstellung einer Biegeprüfung nach DIN EN ISO 14125; (a) Dreipunkt-Biegeprüfung, (b) Vierpunkt-Biegeprüfung

Die Probenabmessungen differieren in Abhängigkeit von der jeweiligen Norm stark. Die Probenlängen liegen typischerweise im Bereich von 50 bis 100 mm, die Probenbreiten bei 10 bis 25 mm und die Probendicken bei 2 bis 4 mm. Für die Dreipunkt-Biegeprüfung beträgt die Stützweite L der beiden Auflager 80 mm. Bei der Vierpunkt-Biegeprüfung beträgt der Abstand der Auflager 81 mm und der Abstand der Druckfinnen 27 mm.

Beim Biegeversuch wird durch die Druckfinnen der Probe mit konstanter Geschwindigkeit eine Durchbiegung bis zum Bruch/Versagen der Probe aufgeprägt. Die ein-

zustellende Geschwindigkeit der Druckfinnen hängt vom Kraftanstieg bei aufge-
prägter Durchbiegung ab, die Norm DIN EN ISO 14125 fordert Werte im Bereich
0,5 bis 500 mm/min. Die Verschiebung s der Ober- oder Unterseite der Probe in der
Mitte der Auflagedistanz sowie die von den Druckfinnen ausgeübte Gesamtkraft F
werden aufgezeichnet. Aus diesen gemessenen Größen werden Biegespannung und
Biegedehnung abgeleitet. Als Biegespannung σ_f und Biegedehnung ε_f werden dabei die Spannungen und Dehnungen an den Außenflächen der Probe in der Mitte
der Auflagedistanz L bezeichnet. Eine Unterscheidung der aus Symmetriegründen
betragsmäßig gleichen Druck- bzw. Zugspannungen auf Ober- bzw. Unterseite der
Probe findet nicht statt. Die Verläufe von σ_f und ε_f entsprechen sinngemäß den in
Abbildung 14.5 dargestellten Graphen, wenn in dem Diagramm als Abszisse die
Biegedehnung und als Ordinate die Biegespannung verwendet wird. Diese berechnen sich für die Dreipunkt-Biegung gemäß

$$\sigma_f = \frac{3FL}{2bh^2} \quad \text{und} \quad \varepsilon_f = \frac{6sh}{L^2} \tag{14.18}$$

und für die Vierpunkt-Biegung gemäß

$$\sigma_f = \frac{FL}{bh^2} \quad \text{und} \quad \varepsilon_f = \frac{4,7sh}{L^2} \tag{14.19}$$

wobei für b und h Breite und Dicke der Probe einzusetzen sind. Gleichungen (14.18)
und (14.19) gelten für kleine Durchbiegungen ($s < 0, 1 L$), für hohe Werte der Durchbiegung werden die Gleichungen modifiziert. Eine direkte Messung der Biegedeh-
nungen ε_f mit Hilfe auf der Probe applizierter Dehnungsmessstreifen ist alternativ
zu den in Gleichungen (14.17) und (14.18) dargestellten Beziehungen möglich. Der
Biegemodul E_f ist, analog zu der Darstellung in Abbildung 14.5, die Steigung der
σ_f-ε_f-Kurve im Dehnungsbereich $0,0005 \leq \varepsilon_f \leq 0,0025$.

Biegeversuche werden bis zum Versagen der Probe durchgeführt. Neben dem σ_f-ε_f-
Verlauf sind die Maximalwerte von σ_f und ε_f sowie die Versagensart im Prüfbericht
auszuweisen. Akzeptierbare Versagensarten bei der Biegeprüfung sind von den Auf-
lagepunkten entfernte, durch Zug- oder Druckspannung ausgelöste Brüche. Versagen durch interlaminare Scherung wird nicht akzeptiert, d. h. diese Prüfergebnisse
werden verworfen.

14.6.2.4 Schubprüfung

Schubbelastung in der Laminatebene tritt beim Gebrauch von Faserkunststoffverbunden häufig auf, dabei werden entgegengesetzte Querkräfte in das Bauteil eingeprägt. Im prüftechnischen Sprachgebrauch und auch in den Prüfnormen wird für diesen Fall auch der Begriff Scherbelastung verwendet, insbesondere dann, wenn das
Versagen des Prüfkörpers im Fokus der Untersuchung steht. Eine Scherbelastung
setzt streng genommen entgegengesetzte Querkräfte, die sich exakt auf der gleichen

Wirkungslinie befinden und die ein „Abscheren" des Werkstoffes nach sich ziehen, voraus. Dieser Fall liegt im Inneren des Bauteils vor und führt bei hinreichend hoher äußerer Schubbelastung zum Scherversagen des Bauteils. Die in diesem Kapitel beschriebenen Verfahren betreffen primär niedrige Schubbeanspruchungen, um den elastischen Bereich der Schubverformung zu charakterisieren. Aussagen zum Scherversagen werden durch Erweiterung der Schubprüfung bis zum Versagen der Probe möglich.

Die Charakterisierung des Materialverhaltens bei Schubbeanspruchung erfolgt durch eine Schubprüfung. Es erfolgt dabei die Bestimmung der Schubmoduln G_{ij} im Nachgiebigkeitstensor in Gleichung (14.1) gemäß Gleichung (14.5). Eine prüftechnische Nachbildung dieser Situation erweist sich als schwierig. Dies liegt einerseits an der technischen Realisierbarkeit definierter homogener Schubverformungen G_{ij} und der gleichzeitigen Messung der sich ergebenden Schubspannungen γ_{ij}, andererseits an der komplexen Reaktion insbesondere der Faserkunststoffverbunde, die sich durch mehr oder weniger inhomogene innere Spannungszustände sowie Nichtlinearität auszeichnen. Die Folge ist, dass – ähnlich wie bei der Druckprüfung und im Gegensatz zur Zug- und Biegeprüfung – viele Einzelverfahren zur Beurteilung des Schubverhaltens und des Schubversagens vorhanden sind. Am häufigsten werden die nachfolgend beschriebenen Verfahren, deren Ergebnisse auf Grund der unterschiedlichen experimentellen Randbedingungen jedoch differieren, verwendet.

45°-Zugprüfung (*In-Plane Shear Method*)

Die 45°-Zugprüfung, meist als „In-Plane Shear Method" bezeichnet, wird in DIN EN ISO 14129 beschrieben und basiert auf ASTM D3518. Das Verfahren ist prüftechnisch attraktiv, weil keine speziellen Vorrichtungen für die Halterung der Probe erforderlich sind. Ein streifenförmiger Prüfkörper mit rechteckigem Querschnitt und einer Faserorientierung von ±45° zur Längsachse wird einer einfachen Zugprüfung unterzogen. Die Proben haben Abmessungen von $250 \times 25\,mm^2$, wobei die aktive Probenlänge 150 mm beträgt. Die Proben sind 2 mm dick. Parallel und senkrecht zur Längsrichtung der Probe sind Dehnungsmessstreifen (DMS) zu applizieren.

Abb. 14.19 Probengeometrie für Schubprüfung gemäß DIN EN ISO 14129

Eine Zugbelastung der Probe in Längsrichtung, die bei einer Prüfgeschwindigkeit von 2 mm/min erfolgt, führt in diesen Proben zu Längsdehnungen ε_x und Querdehnungen ε_y, die mittels der Dehnungsmessstreifen gemessen werden. Zusätzlich wird die Zugkraft F_x in 0°-Richtung erfasst. Daraus können Schubdehnung γ_{12} und Schubspannung τ_{12} gemäß den Gleichungen (14.20) und (14.21)

$$\gamma_{12} = \varepsilon_x - \varepsilon_y \quad (\varepsilon_y < 0) \tag{14.20}$$

$$\tau_{12} = \frac{F_x}{2hb} \tag{14.21}$$

berechnet werden, wobei b die Breite und h die Dicke der Probe sind. Der Schubmodul G_{12} wird aus der Steigung des Schubspannungs-Schubdehnungs-Verlaufs bei Schubdehnungen von $\tau'_{12} = 0{,}001$ und $\tau''_{12} = 0{,}005$ unter Verwendung von Gleichung (14.5) bestimmt zu

$$G_{12} = \frac{\tau''_{12} - \tau'_{12}}{\gamma''_{12} - \gamma'_{12}} \tag{14.22}$$

Die Prüfung wird bei Erreichen eines Wertes von $\gamma_{12} = 0{,}05$ oder beim Versagen der Probe beendet, der zugehörige Wert τ_{12} wird als „Schubfestigkeit in der Lagenebene" bezeichnet. Primär dient diese Prüfung zur Bestimmung des Schubmoduls und nicht zur Beurteilung des Schub- bzw. Scherversagens. Prinzipiell kann diese Prüfung auch durchgeführt werden, wenn eine von 45° abweichende Faserorientierung in der Probe vorliegt.

Rail-Schubprüfungen (*Rail-Shear Methods*)

Die Rail-Shear Prüfung ist in der ASTM D4255 standardisiert. Eine allgemein anerkannte deutsche Bezeichnung für diese Prüfung existiert nicht. Die Prüfung erfordert spezielle schienenförmige („Rails") Probenhalterungen, mit denen eine Schubbelastung der Probe realisiert wird. Im einfachsten Fall, der Two-Rail-Schubprüfung, wird die Probe auf zwei Schienen geschraubt. Die Probenhalterung kann mit Hilfe einer Zugprüfmaschine auf Druck oder Zug belastet werden, über die Schienen werden in der Probe Schubspannungen erzeugt. Die Schubkraft wird durch Messung der Kraft F an der Zugprüfmaschine abgeleitet, die Schubdehnungen γ_{12} sind die Dehnungen $\varepsilon_{45°}$ an der Probe, die mit den Dehnungsmessstreifen direkt ermittelt werden.

Eine Erweiterung der vorstehenden Methode ist die Three-Rail-Schubprüfung, bei der drei Schienen zur Halterung der Probe nötig sind. Die Probenhalterung besteht aus zwei mit einer Basisplatte fest verbundenen äußeren Schienen, auf der die Probe fest aufgeschraubt ist. Hierzu sind Bohrlöcher in der Probe erforderlich. Über die mittlere Schiene, die von der Probenhalterung geführt wird, erfolgt ein Krafteintrag, der zu einer Schubbeanspruchung der Probe führt. Durch die zentrale symmetrische Belastung der Probe werden durch die Zugprüfmaschine keine zusätzlichen Querkräfte eingeprägt. Bei homogener Probe entsteht ein weitgehend homogenes Verschiebungsfeld. Der Schubmodul wird in analoger Weise wie bei der Two-Rail-Schubprüfung berechnet. Die Abbildungen 14.20 a und b zeigen schematisch die Lasteinleitung bei den beiden Prüfungsvarianten.

Iosipescu-Schubprüfung (*V-Notched Beam Method*)

Bei dem nach seinem Entwickler benannten Verfahren wird eine Schubbelastung durch V-Kerben, die bis zu einer Tiefe von 20 % der Probenbreite in die Probe geschnitten werden, erzeugt. Das Verfahren wurde für Metalle entwickelt, in ASTM D5379 ist eine Auslegung des Prüfverfahrens für Verbundwerkstoffe standardisiert.

V-Notched Rail Shear Schubprüfung (*V-Notched Rail Shear Method*)

Es handelt sich um eine Vereinigung der Vorteile der Two-Rail- und der Iosipescu-Schubprüfung, die in der ASTM D7078 standardisiert ist. Die Verbesserungen der Iosipescu-Schubprüfung betreffen vor allem den vergrößerten Abstand zwischen den Grundlinien der V-Kerben. Dadurch steht eine deutlich größere Fläche für die Applikation der Dehnungsmessstreifen zur Verfügung. Gegenüber der Two-Rail-Schubprüfung wurde die Probenhalterung verbessert, es sind keine Bohrungen in der Probe erforderlich, da die Probe geklemmt wird. Weiterhin ist die Gesamtfläche der Probe verringert. Beide Verbesserungen tragen vor allem zu einer höheren Effektivität des Prüfverfahrens bei. Die Durchführung der Schubprüfung und die Bestimmung des Schubmoduls erfolgen in analoger Weise wie bei der Iosipescu-Schubprüfung. Abbildung 14.20 c zeigt schematisch die Verhältnisse bei Schubprüfungen mit V-Kerben. Die beiden beschriebenen Prüfungsvarianten unterscheiden sich bezüglich der geometrischen Abmessungen von Probe und Probenhalterung, insbesondere der Proportionen von Probenlänge und Probenbreite.

Drehbare Platte („*Plate Twist Method*")

Die Prüfung wird in DIN EN ISO 15310 beschrieben, sie erfordert quadratische Proben. Die Prüfvorrichtung besitzt 2 Auflagepunkte, die in einer Diagonale der Probe liegen. In der anderen Diagonale erfolgt symmetrisch eine Lasteinleitung. Aus dem Kraft-Durchbiegungs-Verlauf kann der Schubmodul G_{12} abgeleitet werden, die hierzu nötigen Beziehungen enthält die zitierte Norm. Das Verfahren wird selten angewandt.

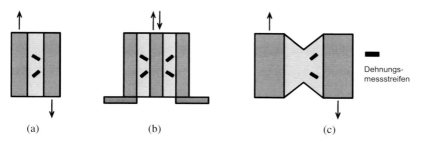

(a) (b) (c)

Abb. 14.20 Schematische Darstellung Schubprüfungen; (a) Two-Rail-Schubprüfung, (b) Three-Rail-Schubprüfung, (c) Schubprüfung mit V-Kerben (V-Notches)

Bilderrahmenversuch („*Large Panel Shear Test*")

Die Prüfung wird in DIN 53399 beschrieben und erfordert speziell konfektionierte quadratische Proben. Der Lasteinleitungsbereich der Probe erhält diagonale Einschnitte und Bohrungen und wird in einem Schubrahmen mit Schrauben befestigt. Der Schubversuch erfordert eine Zugprüfmaschine, in die der Schubrahmen mit vorgegebenen Geschwindigkeiten auseinandergezogen wird. Die Dehnungen müssen mit Dehnungsmessstreifen direkt auf der Probe in verschiedenen Richtungen erfasst werden. Aus diesen Daten wird der Schubmodul G_{12} abgeleitet.

14.6.2.5 Prüfung interlaminare Scherfestigkeit

Die Prüfung der interlaminaren Scherfestigkeit und die vorstehend beschriebenen Biege- und Schubprüfungen stehen in Zusammenhang, was auch eine andere, als die hier gewählte Gliederung der Darstellung ermöglicht. Ungeachtet dieser Ähnlichkeit ist die *interlaminare Scherfestigkeit* eine eigenständige Größe, insbesondere weil sie durch keine andere Prüfgröße, also auch nicht aus der Biege- oder Schubprüfung, abgeleitet werden kann. Das bei der Prüfung erhaltene Ergebnis ist kein absoluter Wert. Aus diesem Grund lautet die korrekte, normgerechte Bezeichnung *Scheinbare interlaminare Scherfestigkeit*. Die hier verwendete Bezeichnung entspricht dem allgemein üblichen Sprachgebrauch.

Im Prinzip handelt es sich um einen Kurzbiegeversuch nach dem Dreipunktverfahren entsprechend der Darstellung in Abbildung 14.18 a. Dabei liegt die rechteckige Probe auf zwei Auflagern und wird mittig durch eine Druckfinne so beansprucht, dass ein Versagen durch interlaminare Scherung auftritt. Dies wird dadurch erreicht, dass der Abstand L der beiden Auflager hier nur die fünffache Probendicke beträgt, also bei einer typischen Probendicke von 2 mm bei L = 10 mm liegt.

Die interlaminare Scherfestigkeit ist dabei der Wert der interlaminaren Scherspannung in der neutralen Ebene der Probe, der bei Versagen der Probe auftritt.

Die Probe wird symmetrisch über den Auflagern angeordnet und durch die Druckfinne mit einer Geschwindigkeit von 1 mm/min belastet. Dabei wird die Kraft F
aufgezeichnet. Aus dem Kraftwert F bei Versagen errechnet sich die scheinbare interlaminare Scherfestigkeit τ_{12} nach DIN EN ISO 14130 gemäß Gleichung (14.23)
zu

$$\tau_{12} = \frac{3}{4} \cdot \frac{F}{bh} \tag{14.23}$$

wenn für *b* und *h* Breite bzw. Dicke der Probe eingesetzt werden.

Wichtig ist, dass das Versagen der Probe durch interlaminare Scherung zwischen
zwei oder mehreren Ebenen erfolgt. Proben mit anderen Versagensarten werden
nicht in die Auswertung einbezogen.

Weitere Prüfvorschriften enthalten die Normativen Verweisungen am Ende dieses
Kapitels. Diese Verfahren basieren ebenfalls auf dem Kurzbiegeversuch. Proben und
Prüfeinrichtung besitzen gegenüber DIN EN ISO 14130 jedoch eine andere mecha-
nische Auslegung.

14.6.2.6 Prüfung Kriechverhalten

Das Kriechen eines Werkstoffes kennzeichnet dessen Formänderung bei einer zeitlich konstanten oder stufenförmig veränderten Belastung. Die quantitative Bestimmung der Kriechkennwerte erfolgt mittels Zeitstandversuch, der sich über mindestens 1000 Stunden erstreckt. Dabei wird die Probe einer Zug-, Biege- oder Druckbelastung ausgesetzt und die Verformung über ein langes Zeitintervall registriert.
Im Ergebnis des Zeitstandversuchs liegen Informationen über das visko-elastische
Verhalten des Werkstoffes vor. Die Kenntnis dieser Eigenschaft ist wichtig, da Verbundbauteile im praktischen Einsatz über lange Zeiträume Belastungen ausgesetzt
sind und dabei deren Gebrauchsfähigkeit erhalten bleiben muss.

Zeitstandversuche sind in der Metallurgie, im Bauwesen und in der Kunststofftechnik bereits seit langer Zeit üblich. Die für Kunststoffe entwickelten Prüfnormen für
Zug- und Biegebelastung sind auch für Faserkunststoffverbunde anwendbar. Zur
Prüfung des Kriechverhaltens sind dabei die Normen DIN EN ISO 899 T1 und T2
hinzuzuziehen. Im Sinne dieser Normen ist das Kriechen eine zeitliche Zunahme
der Dehnung der Probe, wenn die Probe einer Zug- (T1) bzw. einer Biegebelastung
(T2) ausgesetzt wird.

Der Zeitstandversuch nach DIN EN ISO 899 T1 ist ein spezieller Zugversuch. Gesichtspunkte für die Maße der Proben und die Durchführung von Zugversuchen
enthalten die zutreffenden Teile der Norm DIN EN ISO 527. Diese wurden bereits
in Abschnitt 14.6.2.1 beschrieben und sind für den Zeitstandversuch zu verwenden. Der Zeitstandversuch nach DIN EN ISO 899 T2 ist dagegen eine spezielle Drei-
punktprüfung, die unter anderen Aspekten in den Abschnitten 14.6.2.4 und 14.6.2.5
dargestellt wurde. Radien von Auflagern und Druckfinne sowie Abstand der Auf-

lager hängen von verschiedenen Gesichtspunkten ab. Deren Maße werden so festgelegt, dass sich eine Biegebelastung einstellt und eine interlaminare Scherung vermieden wird. Der Abstand der Auflager muss mindestens das 16fache der Probendicke betragen. Die Belastung ist mit ca. 50 % der Zugfestigkeit bzw. des Schubversagens festzulegen.

Die Messung der Dehnungsänderung bzw. Durchbiegung erfolgt vorzugsweise in einem Zeitintervall von einer Minute bis 1000 Stunden, wobei die Messzeitintervalle exponentiell ansteigen, so dass für die Darstellung der Zeitabhängigkeit der Kriechparameter eine logarithmische Darstellung der Zeitachse gewählt wird. Auf Grund der – durchaus gewünschten – geringen Deformationen beim Zeitstandversuch ist die Einhaltung einer konstanten Prüfumgebung ganz besonders wichtig. Für die Belastung der Proben sollte deshalb stets die Nutzung von Massestücken, gegebenenfalls unter Verwendung eines Hebelsystems, geprüft werden. Für die Messung der Deformation sind die üblicherweise verwendeten Längenmesssysteme hinreichend langzeitstabil. Dabei ist die Nutzung von langzeitstabilen mechanischen Messuhren mit einer Längenauflösung von 5 oder $10\,\mu m$ oft sinnvoll. Auf diese Weise wird die Prüfung weitgehend unabhängig von Störungen bei der Elektroenergieversorgung der Prüfeinrichtung.

Beim Zeitstand-Zugversuch werden aus der Längenänderung zwischen den Messmarken $(\Delta L)_t$ und aus dem Anfangsabstand der Messmarken ohne Belastung L_0 die Kriechdehnung bei Zugbeanspruchung ε_t und der Zug-Kriechmodul E_t gemäß Gleichungen (14.24) und (14.25)

$$\varepsilon_t = \frac{(\Delta L)_t}{L_0} \tag{14.24}$$

$$E_t = \sigma \cdot \frac{1}{\varepsilon_t} = \frac{F}{bh} \cdot \frac{L_0}{(\Delta L)_t} \tag{14.25}$$

ermittelt, wobei F die eingeleitete Kraft, b die Breite und h die Dicke der Probe sind.

Beim Zeitstand-Biegeversuch erfolgt die Messung der Durchbiegung S_t in der Mitte zwischen den Auflagern, also an der Position der Druckfinne. Daraus sowie mit Kenntnis des Abstands der Auflager L wird die Biege-Kriech-Dehnung ε_t – das ist die Dehnung der Randfaser der Probe – gemäß Gleichung (14.26) berechnet.

$$\varepsilon_t = \frac{6 S_t h}{L^2} \tag{14.26}$$

Der Biege-Kriechmodul E_t ist der Quotient aus der Spannung σ an einer Probenoberfläche in der Mitte der Stützweite und der Dehnung ε_t an der gleichen Position. Er berechnet sich unter Nutzung von Gleichung (14.18) gemäß Gleichung (14.27) zu

$$E_t = \sigma \cdot \frac{1}{\varepsilon_t} = \frac{3FL}{2bh^2} \cdot \frac{L^2}{6 S_t h} = \frac{L^3 F}{4bh^3 S_t} \tag{14.27}$$

wobei F wieder die eingeleitete Kraft und b bzw. h Breite bzw. Dicke der Probe sind. In Abhängigkeit von Ober- oder Unterseite der Probe ist die Spannung σ eine Druck- oder betragsgleiche Zugspannung. Die Ergebnisse der Zeitstandversuche werden grafisch dargestellt als

*   Kriechkurven und
*   Kriech-Modul-Kurven.

Dies sind Darstellungen der zeitlichen Verläufe $\varepsilon_t(t)$ und $E_t(t)$ mit logarithmischen Zeitachsen, meist bei verschiedenen zeitlich konstanten Belastungsstufen. Die Verläufe zeigen bei allen Laststufen praktisch immer ein Ansteigen der Dehnung ε_t und ein Absinken des Moduls $E_t(t)$ mit der Zeit. Werden mehrere Belastungsstufen verwendet und wird der Zeitstandversuch bis zum Versagen der Probe durchgeführt, dann können die Ergebnisse zusätzlich als

*   isochrone Spannungs-Dehnungs-Kurven und
*   Bruchkennlinien

dargestellt werden. Hierzu werden die bei den einzelnen Messzeiten ermittelten Spannungs-Dehnungs-Wertepaare in ein σ-ε_t-Diagramm gezeichnet und als Kurve verbunden.

Die Erstellung der Bruchkennlinie setzt höhere Belastungen voraus, so dass ein Versagen der Probe während des Versuchs, d. h. während der Belastungszeit von typischerweise 1000 Stunden, erfolgt. Die Bruchkennlinie ist die grafische Darstellung der Spannung σ über der Zeitdauer, bei der das Versagen auftritt. Um aussagefähige Daten zu erhalten, sollten mindestens zehn Versuche je Belastungsstufe durchgeführt werden.

Zeitstandversuche sind sehr zeitaufwändig, jedoch unverzichtbar. Der Wert der Zeitstandversuche und deren grafische Darstellungen liegt in der Möglichkeit die Kriechkennwerte zu extrapolieren und damit Aussagen zur Gebrauchsfähigkeit der untersuchten Strukturen über den gesamten Einsatzzeitraum – in der Regel 10 bis 30 Jahre – abzuleiten.

14.6.3 Prüfungen mit hoher Verformungsgeschwindigkeit

Für Faserkunststoffverbunde sind hohe Verformungsgeschwindigkeiten gebrauchstypisch. Das Verhalten der Strukturen bei hohen Verformungs- oder Deformationsgeschwindigkeiten, z. B. bei Crash, ist jedoch weder aus den Prüfparametern bei niedrigen Verformungsgeschwindigkeiten, noch mit Kenntnis der Materialparameter gemäß Gleichung (14.1) sicher ableitbar. Das Bemühen, die typische Gebrauchssituation der Verbundstruktur im Experiment nachzustellen, hat in den vergangenen Jahren zu zahlreichen Prüfverfahren geführt. Diese Verfahren entstanden vielfach unabhängig voneinander. Ziel dieser Verfahren ist die Beschaffung von Informationen über

- Materialgesetze bei hohen Verformungsgeschwindigkeiten,
- Materialschädigung bei schlagartiger Belastung und
- Materialermüdung bei Wechsellast.

In Tabelle 14.8 sind einige Prüfverfahren zusammengestellt.

Tabelle 14.8 Prüfverfahren mit hoher Geschwindigkeit

Prüfverfahren	Kennwert		DIN/ISO-Prüfnorm
Hochgeschwindigkeits-Zugprüfung	Höchstzugkraft	F_M	–
	Bruchspannung	σ_M	–
Schlagprüfung	Schädigungsarbeit	E_{50}	DIN EN ISO 6603 T1
	Durchstoßenergie	E_P	DIN EN ISO 6603 T2
	Charpy Schlagzähigkeit	a_{CU}	DIN EN ISO 179 T1, T2
	Izod Schlagzähigkeit	a_{IU}	DIN EN ISO 180 T1, T2
CAI-Prüfung	Restdruckfestigkeit	σ_{dBR}	DIN 65561 ISO 18352
Ermüdungsprüfung	Wöhlerkurve		DIN 50100

14.6.3.1 Hochgeschwindigkeits-Zugprüfung

Das Bruchverhalten von Faserkunststoffverbunden ist von der Verformungsgeschwindigkeit abhängig. Neben dem von der Verformungsgeschwindigkeit abhängigen viskoelastischen Verhalten der Werkstoffe können z. B. auch lokale innere Erwärmungen in der Probe oder Resonanzen auftreten und das Bruchverhalten zusätzlich beeinflussen.

Zur Ableitung der Werkstoffgesetze müssen die beim Gebrauch auftretenden hohen Dehnungsgeschwindigkeiten bei der Prüfung nachgebildet werden. Hierzu werden Hochgeschwindigkeits-Zugprüfungen durchgeführt. Konventionelle Zugprüfmaschinen verwenden einen Spindelantrieb für die Traversenbewegung, womit keine hohen Verformungsgeschwindigkeiten erreichbar sind. Für Hochgeschwindigkeits-Prüfungen existiert ein eigenständiger Maschinentyp, der als Zusatzeinrichtung eine Hydraulikeinheit benötigt. Mit Hilfe der Hydraulikeinheit wird eine Kolbenstange servo-hydraulisch auf Geschwindigkeiten von 20 bis 25 m/s beschleunigt. Bei dieser Geschwindigkeit koppelt die Kolbenstange mit der Vorrichtung, in die die Probe eingespannt ist, und verformt diese. In Abhängigkeit von deren Abmessungen werden Dehnungsgeschwindigkeiten von bis zu 10^2/s erreicht. Für die Kraftmessung sind wegen der erforderlichen Dynamik piezoelektrische Kraftaufnehmer erforderlich, eine Inspektion der Probe mit Hilfe einer Hochgeschwindigkeitskamera ist sinnvoll. Vorteilhaft ist die Tatsache, dass die servohydraulischen Antriebe auch deutlich niedrigere Geschwindigkeiten der Kolbenstange zulassen, so dass das Bruchverhalten in einem großen Intervall von Verformungsgeschwindigkeiten untersucht werden kann. Hierbei sind Zug- und Druckprüfungen möglich.

Die Auswertung der gemessenen Kraftverläufe erfordert Erfahrung, da die Kraftverläufe auch durch Verformungen von Komponenten der Prüfeinrichtung und die dynamischen Eigenschaften des Kraftaufnehmers beeinflusst werden. Die Auslegung der Proben, der Probenhalterung und des Prüfregimes wird in der Regel dem konkreten Untersuchungsgegenstand angepasst, spezielle Prüfnormen für die einfache Hochgeschwindigkeits-Zugprüfung existieren bisher nicht.

Oftmals reichen die mit Hochgeschwindigkeits-Zugprüfmaschinen erreichbaren Dehnraten für reale hochdynamische Lastsituationen nicht aus, eine Erhöhung der Klemmengeschwindigkeit wird durch Falltürme möglich. Hier wird eine Masse durch den freien Fall beschleunigt und trifft mit hoher Geschwindigkeit auf die Vorrichtung, in die die Probe eingespannt ist. In Abhängigkeit von der Fallhöhe und den Probenabmessungen sind Dehnungsgeschwindigkeiten (Zug- oder Druckverformung) in der Größenordnung $10^3/s$ erreichbar.

Extrem hohe Dehnungsraten bei Druckbelastung werden mit *Split Hopkinson Pressure Bars* erzeugt. Die Versuchsanlage besteht aus drei Säulen („Bars"), einem Projektil sowie den in einer Linie angeordneten zylindrischen Eingangs- und Ausgangsbars, zwischen denen sich die Probe befindet. Die Dicke der Probe ist klein gegenüber der Länge der Bars und der Probenquerschnitt ist kleiner als die Querschnittsfläche der Bars. Die Dehnung von Eingangs- und Ausgangsbar wird mit DMS registriert. Das Projektil wird z. B. mit Druckluft beschleunigt und mit hoher Geschwindigkeit (10 bis 50 m/s) auf das Eingangsbar gestoßen. Dadurch wird im Eingangsbar eine elastische Stoßwelle ausgelöst. Beim Eintreffen der Stoß- oder Schockwelle an der Probe wird ein Teil reflektiert, der verbleibende Anteil geht durch die Probe und verformt diese auf Grund ihres kleineren Querschnitts. In der Probe werden damit Dehnungsgeschwindigkeiten bis $10^4/s$ möglich. Durch Auswertung der DMS-Signale kann das viskoelastische Verhalten der Probe analysiert werden.

14.6.3.2 Crash-Prüfung

Generell ist einzuschätzen, dass für die Ableitung von Stoffgesetzen bei hohen Deformationsgeschwindigkeiten die vorstehend beschriebene Hochgeschwindigkeits-Prüfung die geeignetste Methode ist. Praxisrelevante Aussagen zur Schadenstoleranz bei Schlagbeanspruchung liefern Crash-Prüfungen. Diese werden auch als Crash-Tests oder Impact-Prüfungen bezeichnet. Sie erfolgen mit dem Ziel der Schädigung oder Zerstörung eines Bauteils als Folge einer definierten Schlagbeanspruchung. Die Verhältnisse sind komplex, so dass bei Schlagbeanspruchung die

Ergebnisse verschiedener Prüfmethoden nur bedingt vergleichbar sind. Es sind mehrere Prüfverfahren standardisiert. Breite Anwendung finden dabei die nachfolgend beschriebenen Verfahren.

Schlagversuch („*Drop-Weight Impact*")

Der Schlagversuch nach DIN EN ISO 6603 wurde für Kunststoffe entwickelt, ist aber auch für Faserkunststoffverbunde anwendbar. Er dient der Bestimmung des Durchstoßverhaltens der Materialien. Hierzu werden Proben mit einem Einspannring auf eine Auflagevorrichtung geklemmt. Bei dem in Teil 1 der angeführten Norm standardisierten nicht-instrumentierten Schlagversuch, der der ASTM D5628 entspricht, fällt ein Stoßkörper mit halbkugelförmiger polierter und gehärteter Auftrefffläche aus einer vorgegebenen Höhe auf den Mittelpunkt der Probe und schädigt diese.

Nach dem Schlag wird die Probe bezüglich des zuvor festzulegenden Schädigungsmerkmals, z. B. Durchstoß, Anriss oder Splittern, beurteilt. Fehlt das Schädigungsmerkmal, wird die Stoßenergie für den folgenden Versuch durch Erhöhung der Masse des Stoßkörpers vergrößert. Tritt eine Schädigung auf, muss die Masse beim nächsten Versuch wieder verringert werden. Mit Hilfe eines in der Norm genau beschriebenen Verfahrens („Eingabelungsverfahren") für die Masseveränderung wird ein Energiewert abgeleitet, bei dem 50 % der Proben mit dem festgelegten Schädigungsmerkmal versagen. Dieser Wert ist als Schädigungsarbeit E_{50} auszuweisen.

In Teil 2 der DIN EN ISO 6603 ist der instrumentierte Schlagversuch standardisiert. Probe und Probenhalterung sind analog zu Teil 1 der Norm auszulegen. Der Stoßkörper hat vorzugsweise eine Fallhöhe von 1 m, seine Fallmasse muss hinreichend hoch sein, um ein sicheres Durchstoßen der Probe mit nahezu konstanter Geschwindigkeit zu erreichen. Die vom Stoßkörper auf den Probekörper ausgeübte Kraft wird mit Hilfe eines piezoelektrischen Kraftmessers erfasst und als Funktion der Zeit aufgezeichnet. Daraus können mit Hilfe der bekannten Geschwindigkeit des Stoßkörpers von 4,4 m/s das Kraft-Weg-Diagramm, die Durchstoßenergie E_P und weitere Parameter abgeleitet werden.

Charpy-Schlagzähigkeitsprüfung

Die Charpy-Schlagzähigkeitsprüfung nach DIN EN ISO 179 wurde ebenfalls für Kunststoffe entwickelt und wird in breitem Maße bei der Kunststoffprüfung verwendet. Das Prüfverfahren ist für Faserkunststoffverbunde einsetzbar. Die Prüfapparatur ist ein Pendelschlagwerk, in das eine Probe so eingespannt wird, dass sie an zwei Widerlagern anliegt („waagerechter Balken"). Der Abstand der Widerlager muss in einem bestimmten Verhältnis zur Dicke der Probe stehen. An dieser Stelle erlaubt die Norm verschiedene Varianten. Das Pendel besitzt eine Hammerschneide, die auf die Mitte der Probe schlägt. Dabei steht eine kinetische Energie zur Verfügung, die der potenziellen Energie des Pendels am Beginn der Prüfung entspricht. Der Schlag auf die Probe kann auf die schmale oder breite Längsseite erfolgen, weiterhin ist die Schlagrichtung parallel oder senkrecht zur Verstärkungsebene möglich.

Teil 1 der angeführten Norm beschreibt die nicht-instrumentierte Schlagzähigkeitsprüfung. Nach Durchschlagen der Probe erreicht das Pendel eine Höhe, die einer potenziellen Energie entspricht, die sich aus der Startenergie minus dem Arbeitsvermögen E_C, d. h. der für den Bruch erforderlichen Arbeit, ergibt. Die Pendelschlagwerke sind so konstruiert, dass die potenzielle Energie des Pendels nach dem Schlag leicht ermittelt werden kann, im einfachsten Fall durch einen Schleppzeiger an einer entsprechend kalibrierten Energieskala. Die Charpy-Schlagzähigkeit a_{CU} wird danach als Quotient aus Arbeitsvermögen E_C und Probenquerschnitt errechnet. Der zweite Index U steht für ungekerbte Probe, im Gegensatz zum hier nicht benötigten Index N (von „notch") für gekerbte Proben.

Teil 2 der DIN EN ISO 179 beschreibt die instrumentierte Schlagzähigkeitsprüfung, bei der Aufschlagkraft und Durchbiegung der Probe aufgezeichnet werden. In diesem Fall muss die Hammerschneide eine Kraftmesseinrichtung, beispielsweise einen piezoelektrischen Kraftmesser, besitzen. Die Durchbiegung kann mit Hilfe eines Winkelsensors, der sich am Drehpunkt des Pendels befindet, abgeleitet werden. Das für die Ermittlung der Charpy-Schlagzähigkeit a_{CU} erforderliche Arbeitsvermögen der Probe wird in diesem Fall aus dem Integral der Kraft über die Durchbiegung berechnet. Der große Vorteil der instrumentierten Schlagzähigkeitsprüfung besteht in der Möglichkeit, aus dem gemessenen Kraftverlauf Aussagen zur Versagensart – Fließen, Zähbruch, Sprödbruch, Splitterbruch abzuleiten. Die jeweilige Versagensart muss im Prüfbericht dokumentiert werden.

Izod-Schlagzähigkeitsprüfung

Die Izod-Schlagzähigkeitsprüfung ist in DIN EN ISO 180 beschrieben. Sie ist vom Prinzip mit der nicht-instrumentierten Charpy-Prüfung vergleichbar. Der wesentliche Unterschied besteht beim Einspannen der Probe. Während bei der Charpy-Variante die Probe mittig an zwei Widerlagern liegt, ist die Probe bei der Izod-Variante einseitig eingespannt. Die Izod-Schlagzähigkeit a_{IU} ist analog zur Charpy-Schlagzähigkeit a_{CU} der Quotient aus Schlagarbeit E_C und Probenquerschnitt.

Compression After Impact (CAI)

Bei den vorstehend beschriebenen Schlagversuchen wird die Energie, die für die komplette Zerstörung des Probekörpers infolge eines definierten Crashs notwendig ist, ermittelt. Zur Einschätzung der Gebrauchsfähigkeit von Verbundbauteilen ist es oft noch wichtiger, deren Restfestigkeit nach einer „geringen" Schlagbeanspruchung zu kennen. Die Faserkunststoffverbunde werden ganz definiert geschädigt, um danach die damit verbundenen Eigenschaftsänderungen prüftechnisch zu erfassen. Geeignete Verfahren hierfür wurden zuerst in Firmen der Luftfahrtindustrie entwickelt.

Bei dem Standardverfahren für derartige Untersuchungen werden die Bauteile nach einer Crash- oder Schlagbelastung einer Druckprüfung ausgesetzt und die Restdruckfestigkeit bestimmt. Diese Prüfungen werden als „Compression After Impact Tests" meist kurz als „CAI" bezeichnet. Es existieren verschiedene Prüfvorschriften für CAI, die sich nicht prinzipiell, jedoch bei der Gestaltung der Probekörper und der Prüfbedingungen unterscheiden. Beispiele für üblicherweise angewandte Prüfvorschriften enthalten die Normativen Verweisungen am Ende dieses Kapitels. Der Probekörper ist eine flache rechteckige Platte, dessen Abmessungen normspezifisch sind, gemäß DIN 65561 z. B. 150 x 100 mm^2 oder gemäß der häufig angewandten Boeing Specification BSS-7260 127 x 76,2 mm^2 (5 x 3 inches). Der Probekörper wird in einen stabilen Rahmen eingespannt und wie beim Schlagversuch mit einem Stoßkörper, der sich in einer Fallvorrichtung befindet, gestoßen und damit geschädigt. Details hierzu enthalten die in den Normativen Verweisungen angeführten Normen. Wichtig ist, dass die Prüfvorrichtung so konstruiert ist, dass der Probekörper nur einer Schlagbeanspruchung unterworfen wird und mehrfaches Aufprallen verhindert wird.

Die Probekörper werden danach in eine Stützeinrichtung eingebracht, die eine gleichmäßige Druckbelastung an den Stirnflächen der Proben in Richtung ihrer Längsachse ermöglicht.

Zur Bestimmung der Druckfestigkeit wird der Probekörper mit einer konstanten Prüfgeschwindigkeit – 1 mm/min nach DIN 65561 – zusammengedrückt und bis zum Probenversagen, d. h. bis zum Bruch der Probe, belastet. Die Druckspannung bei Bruch der geschädigten Probe wird als Restdruckfestigkeit bezeichnet. Die Schädigung bzw. die Schadenstoleranz des Probekörpers wird in einem Schaubild, in dem die Restdruckfestigkeit σ_{dBR} als Funktion der Schlagenergie aufgetragen ist, beurteilt. Zusätzlich kann die Stauchung bei Bruch der geschädigten Probe bestimmt werden. Hierzu werden Dehnungsmessstreifen, die auf die Probe appliziert werden, verwendet.

14.6.3.3 Ermüdungsprüfung/Schwingfestigkeit

Ermüdungsprüfungen vervollständigen die Arten gebrauchstypischer Expositionen von Faserkunststoffverbunden. Sie werden bereits seit langer Zeit zur Beurteilung des Langzeitverhaltens von Metallen verwendet. Während bei der in Abschnitt 14.6.2.6 beschriebenen Kriechprüfung die Formänderung eines Probekörpers bei konstanter Last ermittelt wird, erfolgt die Ermüdungsprüfung unter Wechsellast bis zum Versagen der Probe. Bei zufallsartig wechselnder Belastung leiten sich Informationen über die Betriebsfestigkeit der Materialien ab. Dagegen liefert eine meist sinusförmige periodische Belastung die *Schwingfestigkeit*. Auf Grund der günstigen experimentellen Realisierbarkeit wird die Ermüdung des Werkstoffes in der Praxis meist durch Dauerschwingversuche mit einachsiger sinusförmiger Belastung der Probekörper ermittelt.

Begriffe und Kenngrößen der Dauerschwingversuche sind in DIN 50100 festgelegt. Die mechanische Exposition wird gemäß DIN 50100 durch den Spannungsausschlag $\sigma_a = (\sigma_o - \sigma_u)$ der symmetrisch um einen Mittelwert σ_m schwankenden Oberspannung σ_o und Unterspannung σ_u beschrieben. Die Proben können einer reinen Druck- ($\sigma_o < 0$) oder reinen Zug-Schwellbelastung ($\sigma_u > 0$) unterworfen werden. Eine Wechselbelastung liegt vor, wenn in einem Schwingspiel Druck- und Zugbelastung auftreten ($\sigma_u < 0, \sigma_o > 0$).

Die Ermüdung der Proben kann durch Zug-/Druckbelastung, aber auch durch Biegung oder Torsion erfolgen. Die Frequenz der mechanischen Schwingungen liegt dabei, in Abhängigkeit von den Schwingungsamplituden, im Bereich von ca. 0,1 Hz bis zu einigen 10 Hz. Es werden dynamische Prüfmaschinen eingesetzt, die verschiedene Belastungsprofile realisieren können. Insbesondere können die Belastungsstufen während der Prüfung gebrauchsähnlich (Betriebs-Schwingversuch) oder stufenweise (Mehrstufen-Schwingversuch) geändert bzw. konstant (Einstufen-Schwingversuch) gehalten werden.

Am häufigsten wird der Wöhlerversuch durchgeführt. Es handelt sich dabei um einen Einstufen-Schwingversuch. Dabei wird die Probe bei einer geeignet gewählten Belastung so beansprucht, dass sie nach 10^4 bis 10^5 Schwingspielen versagt. Die Versagensart wird mit Hinblick auf den geplanten Einsatz des Probenmaterials festgelegt, z. B. Bruchversagen, Riss o. ä. Danach wird der Versuch mit verringerten Belastungen wiederholt. Hierbei kann beispielsweise der Schwingungsausschlag σ_a bei konstanter Mittenspannung σ_m stufenweise verringert werden. Es sind auch andere Varianten der Lastverringerung möglich. Die Lastverringerung erfolgt so lange, bis nach $2 \cdot 10^6$ bis 10^7 Schwingspielen kein Versagen mehr auftritt. Die Belastungsgröße – in der Regel eine mechanische Spannung – wird über der Anzahl der Lastspiele bei Versagen der Probe aufgetragen und liefert die *Wöhlerlinie*. Die Wöhlerlinie wird in drei Bereiche unterteilt. Kurzzeitfestigkeit („K") liegt vor, wenn ein Versagen der Probe bei weniger als etwa 10^4 Schwingspielen eintritt. Der Bereich der Zeitfestigkeit oder Zeitschwingfestigkeit („Z") kennzeichnet dagegen Beanspruchungen, bei denen das Versagen erst nach ca. 10^4 bis zu ca. $2 \cdot 10^6$ Schwingspielen eintritt. Bei einer Beanspruchung, die der Probekörper über $2 \cdot 10^6$ bis 10^7 Schwingspiele ohne Schädigung übersteht, ist Dauerfestigkeit („D") erreicht, d. h. diese Lastexposition erträgt der Probekörper theoretisch unendlich lange. Abbildung 14.21 zeigt die schematische Darstellung einer Wöhlerlinie.

Beim Wöhlerversuch muss eine Lastgröße – Mittenspannung σ_m oder Spannungsausschlag („Schwingungsamplitude") σ_a konstant gehalten werden. Wenn beide Größen systematisch variiert werden, entsteht ein Satz von Wöhler-Linien, aus denen die jeweiligen Dauerschwingfestigkeiten entnommen werden können. Die Darstellung der Dauerschwingfestigkeiten als Funktion der verschiedenen Beanspru-

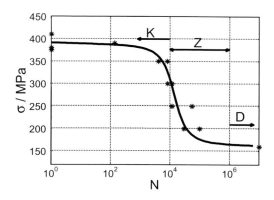

Abb. 14.21 Wöhlerlinie

chungsarten liefert Dauerfestigkeits-Schaubilder. Hierbei sind verschiedene Varianten, die in DIN 50100 beschrieben sind, möglich.

14.6.4 Weitere Prüfverfahren

Neben den beschriebenen Prüfverfahren existiert eine Vielzahl weiterer Verfahren, die bereits genormt sind und Informationen über Faserkunststoffverbunde bei typischen Gebrauchszuständen liefern, z. B. Kerbdruckprüfung, Prüfung Lochleibungsfestigkeit, Torsionsprüfung, Rissausbreitung usw. Eine vollständige Darstellung dieses im schnellen Wandel begriffenen Fachgebiets ist an dieser Stelle nicht möglich.

Neuentwickelte textile Strukturen, Halbzeuge oder Bauteile besitzen nicht selten Eigenschaften, die den etablierten Prüfmethoden und Prüfgeräten nicht oder nur unvollkommen zugänglich sind. Zunehmende Bedeutung haben dabei – wie bereits mehrfach ausgeführt – Prüfungen unter exponierten Bedingungen (Temperatur, Strahlung, Umgebungsmedien). Diese Verfahren werden üblicherweise nicht oder nur in der Spezialliteratur veröffentlicht. Das darin enthaltene Know-how wird mit der Zeit jedoch auch in Prüfstandards übergehen. Zunehmende Bedeutung haben zerstörungsfreie Prüfverfahren, da nur diese eine Kontrolle der Faserkunststoffverbunde über deren gesamten Lebenszyklus ermöglichen. Beispiele zerstörungsfreier Prüfverfahren, die [11] entnommen wurden, sind

- Röntgendurchstrahlprüfung (Erkennung von Hohlräumen, Porositäten, Rissen),
- Konfokale-Laser-Scanning-Mikroskopie (spannungsoptische Untersuchungen),
- Speckle-Interferometrie (Verformungsmessung, Auflösung 0,05 μm),

- Thermografie auf Basis von optischer, akustischer oder elektrischer Anregung (Erkennung von Anisotropie, Impactschäden, Delamination, Rissen),
- Ultraschall-, Körperschallanalyse (Defekterkennung) und
- Schwingungsanalyse, Vibrometrie (Defekterkennung).

Detaillierte Informationen zu diesen und weiteren Verfahren sind der entsprechenden Fachliteratur zu entnehmen.

14.7 Prüfung weiterer faserbasierter Verbundwerkstoffe

Die Ausführungen in den vorstehenden Abschnitten betreffen die textilphysikalische Charakterisierung der textilen Materialien und Strukturen, die in der Wertschöpfungskette vom Filament bis zum Faserkunststoffverbund-Bauteil eine Rolle spielen. Darüber hinaus existieren weitere faserbasierte Verbundwerkstoffe. Für die Charakterisierung von deren Komponenten sind die in den Abschnitten 14.1 bis 14.5 beschriebenen Verfahren und Gesichtspunkte anwendbar. Die in Abschnitt 14.6 dargestellten Verfahren müssen jedoch in diesen Fällen meist modifiziert werden. Oft müssen auf Grund der Eigenschaften und Abmessungen dieser Strukturen eigenständige Prüfverfahren entwickelt werden. Beispiele für solche Strukturen sind

- textilbasierte Membranen und
- textilbewehrter Beton.

Die Aufzählung ist unvollständig. Durch weltweite Aktivitäten auf diesem wissenschaftlich und wirtschaftlich attraktiven Gebiet werden weitere Familien von Verbundwerkstoffen in Zukunft eine Rolle spielen, für die eigenständige Prüfverfahren zu entwickeln sind. Beispielhaft wird dies für Textilmembranen und textilbewehrten Beton gezeigt.

14.7.1 Textilmembranen

Membranen werden u. a. charakterisiert durch Flächenmasse, Zugfestigkeit, Schnittfestigkeit, Weiterreißfestigkeit, Schweißnahtfestigkeit, Beschichtungshaftung und Schwerentflammbarkeit. Die wichtigsten Normen sind am Ende des Kapitels angeführt. Die detaillierte Beurteilung von Textilmembranen für den Leichtbau (s. Kap. 16.5) erfolgt vorzugsweise anhand von Ergebnissen biaxialer Zugprüfungen. Ausführungen zu biaxialen Zugprüfungen an textilen Flächen enthält Abschnitt 14.5.3, diese lassen sich auf Prüfungen von Textilmembranen übertragen. Textile Festigkeitsträger für Membranen sind meist Glas-, PES- oder Aramidgewebe aber auch Bi- bzw. Multiaxialgewirke. Zur Beurteilung des Kraft-Dehnungs-

Verhaltens der daraus hergestellten Textilmembranen ist eine biaxiale Lasteinleitung zweckmäßig. Lastzustände in der Probe werden maßgeblich durch

- Probenabmessungen, Probengeometrie,
- Einspannung der Probe (Klemmensegmente, Gesamtlänge der Klemmlinie) und
- Lasteintrag (symmetrisch/unsymmetrisch, längen- oder kraftgesteuert)

bestimmt. Europäische Normen zur Charakterisierung der textilen Membranen befinden sich in Vorbereitung.

Für biaxiale Zugprüfungen an Membranen sind quadratische Proben gut geeignet. Diese Proben können ausgerundete Ecken und/oder fadenparallele Schlitze besitzen. Ein undefinierter Lasteintrag durch Querkräfte an den Klemmlinien der Proben wird durch querbewegliche Klemmensegmente verhindert. Eine Vorzugslösung für Membranen bilden kreuzförmig geschnittene Proben mit mindestens 30 cm langen und 20 cm breiten Laschen und einem Prüffeld in Kreuzmitte von 20 x 20 cm^2 [12]. Weiterhin sind jeweils betragsmäßig gleiche Verfahrwege der Probenhalterungen in den beiden Lastachsen günstig. Insgesamt wird damit eine weitgehend homogene Lasteinleitung in das Messfeld erreicht. Das ermöglicht eine relativ einfache Auswertung der Prüfdaten. Jede Abweichung von diesen Bedingungen führt zu speziellen Lastexpositionen. Die Ergebnisse solcher Prüfungen sind dann nur für die Beurteilung genau dieses Belastungsfalls geeignet. Sie sind jedoch äußerst wichtig, wenn eine Bewertung gebrauchstypischer Situationen, z. B. an Befestigungselementen, an Nahtstellen mit Überlappungsbereichen, an Zug- bzw. Druckstäben usw. erforderlich ist. Schwierig gestaltet sich oft die Ableitung gesicherter Aussagen zu den

- Eigenschaften großer Flächen (Dachkonstruktionen) auf Basis von Prüfwerten, die an kleine Prüfflächen erhoben wurden, und
- zur Gebrauchsfähigkeit über den gesamten Nutzungszeitraum, der mehr als 25 Jahre betragen kann (Dachkonstruktionen) [13], auf Basis von Langzeitversuchen, die sich lediglich über einige Wochen oder Monate erstrecken.

Große Bedeutung haben biaxiale Zugprüfungen im niedrigen und mittleren Lastbereich. Die Gründe dafür sind – neben den elastischen – vor allem die viskoelastischen Eigenschaften dieser Materialien, die für die Bewertung von deren Gebrauchseigenschaften eine wichtige Rolle spielen. Das elastische und viskoelastische Verhalten der Membranen wird durch zyklische Versuche bestimmt. Bezüglich der elastischen Eigenschaften gelten wieder die gleichen Gesichtspunkte wie bei monoaxialen Prüfungen. Das viskoelastische Verhalten wird aus den bleibenden Längungen der Membranen nach den einzelnen Lastzyklen ermittelt. Bevorzugt werden Prüfungen, bei denen im Messfeld konstante Dehnungen entlang der Belastungsachsen vorliegen. Im allgemeinen Fall wird auf der Probenoberfläche ein Gitternetz aufgezeichnet, dessen Verzerrung videooptisch erfasst und mittels Bildverarbeitungssoftware in Dehnungsprofile umgerechnet wird. Weitere Ausführungen sind dem Kapitel 16.5 zu entnehmen.

14.7.2 Textilbewehrter Beton

Textilbewehrter Beton ist textilverstärkter Beton, bei dem die übliche Stahlarmierung durch textilbasierte Bewehrungsstrukturen, z. B. Flächengebilde aus Glas- oder aus Carbonfilamentgarnen, ersetzt wird. Das Verbundverhalten zwischen textiler Bewehrung und Betonmatrix bestimmt wichtige Eigenschaften textilbewehrten Betons wie Dauerhaftigkeit und Tragfähigkeit. Die Dauerhaftigkeit beschreibt die zeitliche Veränderung relevanter Parameter textilbewehrten Betons. Weiterhin ist die Tragfähigkeit, d. h. die Fähigkeit, unterschiedlichste Lastsituationen zu beherrschen, von großer Bedeutung. Für die Beurteilung der Eigenschaften textilbewehrten Betons stehen spezielle Prüfverfahren zur Verfügung. Breite Anwendung erfahren dabei

- SIC-Prüfung,
- Pull-Out-Test und
- Zug- und Biegeprüfung.

SIC-Prüfung

Die Faserwerkstoffe sind in der Betonmatrix einem alkalischen Milieu ausgesetzt und können dadurch geschädigt werden. Die Verwendung alkaliresistenter Garne, z. B. AR-Glasfilamentgarne, ist erforderlich. Trotzdem können Tragfähigkeits- bzw. Festigkeitsverluste durch Porenwasser auftreten. Zur quantitativen Beschreibung dieser Situation wird die SIC-Prüfung, die in der DIN EN 14649 genormt ist und die in der Praxis meist als SIC-Test (Strand-in-Concrete-Test) bezeichnet wird, genutzt. Die gebrauchsnahe Situation wird durch die Einbettung der Garne in Betonprüfkörper von einer Länge von 30 mm und einem Querschnitt von 10 x 10 mm^2 erreicht. Die Garnlängen müssen so bemessen werden, dass die aus dem Betonprüfkörper herausragenden Garnenden zur Einspannung in eine Zugprüfmaschine geeignet sind. Die Proben werden über mehrere Tage oder Wochen unter definierten exponierten Bedingungen z. B. in hoher Luftfeuchtigkeit, in alkalischen Porenwasserlösungen oder gemäß DIN EN 14649 in entionisiertem Wasser über 96 h bei 80 °C gealtert. Wichtig dabei ist, dass die aus der Probe herausragenden Garnenden vor der Exposition geschützt werden, damit dort keine Festigkeitsverluste auftreten. Nach der Exposition erfolgt eine Zugprüfung unter den in Abschnitt 14.4.3 beschriebenen Gesichtspunkten. Ein Vergleich der gemessenen Bruchkräfte („Restfestigkeit") mit den Bruchkräften ungeschädigter Garne erlaubt eine Einschätzung der Dauerhaftigkeit der gewählten Bewehrung. Neben der chemischen Schädigung können mit dem SIC-Test weitere Einflüsse auf die Verbundeigenschaften untersucht werden, beispielsweise mechanische Schädigungen der Garne durch das Betongefüge oder zusätzliche Querdrücke infolge der Bildung von Hydratationsprodukten [14].

Pull-Out-Test

Der Pull-Out-Test (Auszugstest) liefert vor allem Informationen über das Verbundverhalten zwischen dem für die Bewehrung verwendeten Garn und der Betonmatrix. Daraus können Abschätzungen sowohl zum Versagensverhalten und damit zur Dauerhaftigkeit als auch zur Tragfähigkeit abgeleitet werden. In der einfachsten Variante wird das Garn in eine Betonmatrix eingebracht und danach unter definierten Prüfbedingungen herausgezogen. Dabei werden Auszugskraft und -weg aufgezeichnet. Beim zweiseitigen Pull-Out-Test befindet sich das Garn zentrisch in einer prismatischen Probe, die in ihrer Mitte quer zur Garnachse eine Rissvorgabe besitzt [15]. Die Probe wird mit geringer Verformungsgeschwindigkeit zugbelastet, im Rissquerschnitt nimmt dabei allein das Garn die Zugkraft auf. Durch Aufzeichnung von Zugkraft und Verformungsweg wird der Kraftwert ermittelt, bei dem der Haftverbund zwischen Beton und Garn versagt.

Zug- und Biegeprüfung

Die Tragfähigkeit von textilbewehrtem Beton kann durch Zug- und Biegeprüfung beurteilt werden. Prinzipielle Gesichtspunkte dieser Prüfungen enthalten die Abschnitte 14.6.2.1 und 14.6.2.3, die dort beschriebenen Prüfregimes müssen für textilbewehrten Beton angepasst werden [15, 16].

Die Zugprüfung von textilbewehrtem Beton erfordert relativ große Proben, die z. B. 100 cm lang und 10 cm breit sein können. Die Einspannung der Proben in die Zugprüfmaschine erfolgt nicht durch die übliche Klemmung zwischen Klemmbacken, sondern z. B. über einbetonierte Hülsen, die kardanisch mit der Traverse der Zugprüfmaschine verbunden werden [15]. Der Lastbereich der Probe wird verjüngt ausgeführt („taillierte Streifenproben"), es können Sollrissstellen aufgebracht werden. Die Lastexposition der Proben erfolgt mit sehr geringen Dehnungsgeschwindigkeiten, typische Werte liegen bei 1‰/min. Die Zugprüfung erfolgt bis zum Bruch der Probe. Mit der standardmäßig an der Zugprüfmaschine vorhandenen Kraftmessdose wird die Bruchkraft gemessen und daraus die Bruchspannung errechnet. Lokale Dehnungsmessungen an der Probe erfolgen mittels applizierter Dehnungsmessstreifen. Rissbildung und Rissfortschritt werden durch optische/photogrammetrische Verfahren analysiert.

Die Eigenschaften textilbewehrten Betons bei Biegebeanspruchung werden vorzugsweise mit Hilfe der 4-Punkt-Biegeprüfung ermittelt. Die Proben sind ca. 100 cm lang und werden als Balken mit verschiedenen Profilen (z. B. Π-, T- oder I-Pofil) ausgeführt. Stützweite der Auflager und Abstand der Druckfinnen können variabel gestaltet werden. Lastexposition, Kraft- und Dehnungsmessung erfolgen analog wie beim Zugversuch, ebenso die Analyse von Rissbildung und Rissfortschritt. Für die Beurteilung des textilbewehrten Betons werden vor allem die Probenbereiche, bei denen Zugspannungen auftreten, herangezogen. Weitere Ausführungen sind dem Kapitel 16.5 zu entnehmen.

Literaturverzeichnis

[1] Norm DIN 1319 Januar 1995. *Grundlagen der Messtechnik - Teil 1: Grundbegriffe*
[2] Norm DIN 1319 Oktober 2005. *Grundlagen der Messtechnik - Teil 2: Begriffe für Messmittel*
[3] Norm DIN 1319 Mai 1996. *Grundlagen der Messtechnik - Teil 3: Auswertung von Messungen einer einzelnen Messgröße, Messunsicherheit*
[4] Norm DIN 1319 Februar 1999. *Grundlagen der Messtechnik - Teil 4: Auswertung von Messungen; Messunsicherheit*
[5] DEUTSCHES INSTITUT FÜR NORMUNG e. V. (Hrsg.): *Berechnung der Messunsicherheit nach dem ISO-Guide (GUM)*. 1. Auflage. Berlin : Beuth Verlag GmbH, 2011
[6] Norm DIN V ENV 13005 Juni 1999. *Leitfaden zur Angabe der Unsicherheit beim Messen*
[7] INTERNATIONAL ORGANISATION FOR STANDARDIZATION (Hrsg.): *ISO/IEC Guide 98-3: Uncertainty of measurement - Part 3: Guide to the Expression of Uncertainty in Measurement (GUM)*. 2008
[8] Norm DIN EN ISO 139 April 2005. *Textilien - Normalklimate für die Probenvorbereitung und Prüfung*
[9] Norm DIN EN ISO 291 August 2008. *Kunststoffe - Normalklimate für Konditionierung und Prüfung*
[10] Norm DIN EN ISO 527 April 1996. *Kunststoffe - Bestimmung der Zugeigenschaften - Teil 1: Allgemeine Grundsätze*
[11] *Aktivitäten der Abteilung Zerstörungsfreie Prüfung in Forschung und Ausbildung*. Stuttgart : Sonderdruck, 2010
[12] SAXE, K.: Ein biaxiales Prüfsystem. In: *Proceedings. Symposium Membrankonstruktionen*. Essen, Deutschland : Fachbereich Bauwesen der Universität-GH Essen, 1997
[13] FITZ, J.: Neuartige Architekturgewebe aus Fluorpolymeren. In: *Proceedings. Kooperationsforum Bayern Innovativ*. Miesbach, Deutschland, 2010
[14] SCHORN, H. ; SCHIEKEL, M. ; HEMPEL, R.: Dauerhaftigkeit von textilen Glasfaserbewehrungen im Beton. In: *Bauingenieur* 79 (2004), Nr. 2, S. 86–94
[15] MOLTER, M.: *Zum Tragverhalten von textilbewehrtem Beton*. Aachen, RWTH Aachen, Fakultät Bauingenieurwesen, Diss., 2005
[16] JESSE, F.: *Tragverhalten von Filamentgarnen in zementgebundener Matrix*. Dresden, Technische Universität Dresden, Fakultät Bauingenieurwesen, Diss., 2004

Normative Verweisungen

Fasern/Filamente:

ISO 1888	Textile glass – Staple fibres or filaments – Determination of average diameter (2006-07)
DIN 65571	Luft- und Raumfahrt – Verstärkungsfasern – Bestimmung von Filamentdurchmesser und Querschnittsfläche von Filamentgarnen; Berechnungsverfahren (1992-11)
DIN 60905-1	Tex-System; Grundlagen (1985-12)
DIN EN ISO 1973	Textilien – Fasern – Bestimmung der Feinheit - Gravimetrisches Verfahren und Schwingungsverfahren (1995-12)
DIN EN ISO 5079	Textilien – Fasern – Bestimmung der Höchstzugkraft und Höchstzugkraftdehnung an Spinnfasern (1996-02)

Garne:

DIN EN 14020-2	Verstärkungsfasern – Spezifikation für Textilglasrovings – Teil 2: Prüfverfahren und allgemeine Anforderungen (2003-03)
DIN EN ISO 13003-2	Para-Aramid-Filamentgarne – Teil 2: Prüfverfahren und allgemeine technische Lieferbedingungen (1999-06)
DIN EN ISO 13002-2	Kohlenstofffilamentgarne – Teil 2: Prüfverfahren und allgemeine Festlegungen (1999-06)
DIN EN ISO 1889	Verstärkungsgarne – Bestimmung der Feinheit (2009-10)
DIN EN ISO 1890	Verstärkungsgarne – Bestimmung der Drehungszahl (2009-10)
DIN 65382	Luft- und Raumfahrt; Verstärkungsfasern für Kunststoffe; Zugversuch an imprägnierten Garnprüfkörpern (1988-12)
DIN EN ISO 9163	Textilglas – Rovings – Herstellung von Probekörpern und Bestimmung der Zugfestigkeit von imprägnierten Rovings (2005-7)
DIN EN ISO 10618	Kohlenstofffasern – Bestimmung des Zugverhaltens von harzimprägnierten Garnen (2004-11)
DIN EN 12562	Textilien – Para-Aramid-Filamentgarne – Prüfverfahren (1999-10)
ISO 3341	Textile Glass -Yarns – Determination of breaking force and breaking elongation (2000-05)
DIN EN ISO 2062	Textilien – Garne von Aufmachungseinheiten – Bestimmung der Höchstzugkraft und Höchstzugkraftdehnung von Garnabschnitten unter Verwendung eines Prüfgeräts mit konstanter Verformungsgeschwindigkeit (2010-04)
ISO 1887	Textile glass – Determination of combustible-matter content (1995-05) DIN EN ISO 10548 Kohlenstofffasern – Bestimmung des Präparationsmassenanteils (2003-12)
DIN EN ISO 3344	Verstärkungserzeugnisse – Bestimmung des Feuchtegehaltes (1997-08)

Textile Flächen und Prepregs:

DIN EN ISO 5084	Textilien – Bestimmung der Dicke von Textilien und textilen Erzeugnissen (1996-10)
DIN EN 12127	Textilien – Textile Flächengebilde – Bestimmung der flächenbezogenen Masse unter Verwendung kleiner Proben (1997-12)
DIN EN ISO 10352	Faserverstärkte Kunststoffe – Formmassen und Prepregs – Bestimmung des Flächengewichtes (2011-04)
DIN EN 2329	Luft- und Raumfahrt – Glasfilament-Prepreg – Prüfmethode zur Bestimmung der flächenbezogenen Masse (1993-04)
DIN EN 2557	Luft- und Raumfahrt – Kohlenstoffaser-Prepregs – Bestimmung der flächenbezogenen Masse (1997-05)
DIN 53835-13	Prüfung von Textilien – Prüfung des zugelastischen Verhaltens – Textile Flächengebilde; einmalige Zugbeanspruchung zwischen konstanten Dehngrenzen (1983-119
DIN EN 14704-1	Bestimmung der Elastizität von textilen Flächengebilden – Teil 1: Streifenprüfungen (2005-07)
DIN 53362	Prüfung von Kunststoff-Folien und textilen Flächengebilden -Bestimmung der Biegesteifigkeit – Verfahren nach Cantilever (2003-10)
ASTM D1388	Standard Test Method for Stiffness of Fabrics (2008)
DIN EN ISO 1172	Textilglasverstärkte Kunststoffe – Prepregs, Formmassen und Laminate – Bestimmung des Textilglas- und Mineralfüllstoffgehalts; Kalzinierungsverfahren (1998-12)
DIN EN 2331	Luft- und Raumfahrt – Glasfilament-Prepreg – Prüfmethode zur Bestimmung des Harz- und Faseranteils sowie der flächenbezogenen Fasermasse (1993-04)
DIN EN 2559	Luft- und Raumfahrt – Kohlenstoffaser-Prepregs – Bestimmung des Harz- und Fasermasseanteils und der flächenbezogenen Fasermasse (1997-05)
DIN EN ISO 11667	Faserverstärkte Kunststoffe – Formmassen und Prepregs – Bestimmung des Gehaltes an Harz, Verstärkungsfaser und Mineralfüllstoff – Auflösungsverfahren (1999-10)

Faserkunststoffverbunde – ohne mechanische Belastung:

DIN EN ISO 10352	Faserverstärkte Kunststoffe – Formmassen und Prepregs – Bestimmung des Flächengewichtes (2011-04)
DIN EN ISO 1172	Textilglasverstärkte Kunststoffe – Prepregs, Formmassen und Laminate – Bestimmung des Textilglas- und Mineralfüllstoffgehalts; Kalzinierungsverfahren (1998-12)
DIN EN 2564	Luft- und Raumfahrt – Kunststoffaser-Laminate – Bestimmung der Faser-, Harz- und Porenanteile (1998-08)

Faserkunststoffverbunde – geringe Verformungsgeschwindigkeit – Zugprüfung:

DIN EN ISO 527-1	Kunststoffe – Bestimmung Zugeigenschaften – Teil 1: Allgemeine Grundsätze (1996-04)
DIN EN ISO 527-4	Kunststoffe – Bestimmung Zugeigenschaften – Teil 4: Prüfbedingungen für isotrop und anisotrop faserverstärkte Kunststoffverbundwerkstoffe (1997-07)
DIN EN ISO 527-5	Kunststoffe – Bestimmung Zugeigenschaften – Teil 5: Prüfbedingungen für unidirektional faserverstärkte Kunststoffverbundwerkstoffe (2010-01)
DIN EN 2561	Luft- und Raumfahrt – Kohlenstoffverstärkte Kunststoffe – Unidirektionale Laminate, Zugprüfung parallel zur Faserrichtung (1995-11)
ASTM D3039	Standard Test Method for Tensile Properties of Polymer Matrix Composite Materials (2008)

Faserkunststoffverbunde – geringe Verformungsgeschwindigkeit – Druckprüfung:

DIN EN ISO 14126	Faserverstärkte Kunststoffe – Bestimmung der Druckeigenschaften in der Laminatebene (2000-12)
DIN EN 2850	Luft- und Raumfahrt – Unidirektionale Laminate aus Kohlenstofffasern und Reaktionsharz – Druckversuch parallel zur Faserrichtung (1998-04)
DIN 65375	Luft- und Raumfahrt – Faserverstärkte Kunststoffe – Prüfung von unidirektionalen Laminaten – Duckversuch quer zur Faserrichtung (1989-05)
DIN V 65380	Luft- und Raumfahrt – Faserverstärkte Kunststoffe – Prüfung von unidirektionalen Laminaten und Gewebe-Laminaten – Druckversuch parallel und quer zur Faserrichtung (1987-04)
ASTM D3410	Standard Test Method for Compressive Properties of Polymer Matrix Composite Materials with Unsupported Gage Section by Shear Loading („Celanese") (2003)
ASTM D695	Standard Test Method for Compressive Properties of Rigid Plastics (2010)
ASTM D6641	Standard Test Method for Compressive Properties of Polymer Matrix Composite Materials Using a Combined Loading Compression (CLC) Test Fixture (2009)

Faserkunststoffverbunde – geringe Verformungsgeschwindigkeit – Biegeprüfung:

DIN EN ISO 178	Kunststoffe – Bestimmung der Biegeeigenschaften (2011-04)
DIN EN ISO 14125	Faserverstärkte Kunststoffe – Bestimmung der Biegeeigenschaften
DIN EN 2562	Luft- und Raumfahrt – Kohlenstoffaserverstärkte Kunststoffe – Unidirektionale Laminate – Biegeprüfung parallel zur Faserrichtung (1997-05)
DIN EN 2746	Luft- und Raumfahrt – Glasfaserverstärkte Kunststoffe – Biegeversuch, Dreipunktverfahren (1998-10)
ASTM D790	Standard Test Methods for Flexural Properties of Unreinforced and Reinforced Plastics and Electrical Insulating Materials (2010)
ASTM D7264	Standard Test Method for Flexural Properties of Polymer Matrix Composite Materials (2007)
ASTM D6272	Standard Test Method for Flexural Properties of Unreinforced and Reinforced Plastics and Electrical Insulating Materials by Four-Point Bending (2010)

Faserkunststoffverbunde – geringe Verformungsgeschwindigkeit – Schubprüfung:

DIN EN ISO 14129	Faserverstärkte Kunststoffe – Zugversuch an 45°-Laminaten zur Bestimmung der Schubspannungs/Schubverformungs-Kurve des Schubmoduls in der Lagenebene (1998-02)
ASTM D3518	Standard Test Method for In-Plane Shear Response of Polymer Matrix Composite Materials by Tensile Test of a ±45° Laminate (2007)
DIN 53399-2	Prüfung von faserverstärkten Kunststoffen – Schubversuch an ebenen Probekörpern (1982-11)
ASTM D4255	Standard Test Method for In-Plane Shear Properties of Polymer Matrix Composite Materials by the Rail Shear Method (2001)
ASTM D5379	Standard Test Method for Shear Properties of Composite Materials by V-Notched Beam Method, „Iosipescu-Method" (2005)
ASTM D7078	Standard Test Method for Shear Properties of Composite Materials by V-Notched Rail Shear Method (2005)
ASTM D5448	Standard Test Method for Inplane Shear Properties of Hoop Wound Polymer Matrix Composite Cylinders (2006)
DIN EN ISO 15310	Faserverstärkte Kunststoffe – Bestimmung des Schermoduls nach dem Verfahren der drehbaren Platte (2005-10)

Faserkunststoffverbunde – geringe Verformungsgeschwindigkeit – interlaminare Scherfestigkeit:

DIN EN ISO 14130	Faserverstärkte Kunststoffe – Bestimmung der scheinbaren interlaminaren Scherfestigkeit nach dem Dreipunktverfahren mit kurzem Balken (1998-02)
DIN EN 2563	Luft- und Raumfahrt – Kohlenstofffaserverstärkte Kunststoffe – Bestimmung der scheinbaren interlaminaren Scherfestigkeit (1997-03)
DIN EN 2377	Luft- und Raumfahrt – Glasfaserverstärkte Kunststoffe - Prüfverfahren zur Bestimmung der scheinbaren interlaminaren Scherfestigkeit (1989-10)
ASTM D2344	Standard Test Method for Short-Beam Strength of Polymer Matrix Composite Materials and Their Laminates (2000)

Faserkunststoffverbunde – geringe Verformungsgeschwindigkeit – Kriechprüfung:

DIN EN ISO 899-1	Kunststoffe – Bestimmung des Kriechverhaltens – Teil 1: Zeitstand-Zugversuch (2003-10)
DIN EN ISO 899-2	Kunststoffe – Bestimmung des Kriechverhaltens - Teil 2: Zeitstand-Biegeversuch bei Dreipunkt-Belastung (2003-10)

Faserkunststoffverbunde – hohe Verformungsgeschwindigkeit – Crash-Prüfung:

DIN EN ISO 6603-1	Kunststoffe – Bestimmung des Durchstoßverhaltens von festen Kunststoffen – Teil 1: Nicht-instrumentierter Schlagversuch (2000-10)
DIN EN ISO 6603-2	Kunststoffe – Bestimmung des Durchstoßverhaltens von festen Kunststoffen – Teil 2: Instrumentierter Schlagversuch (2002-04)
DIN EN ISO 180	Kunststoffe – Bestimmung der Izod-Schlagzähigkeit
ASTM D3763	Standard Test Method for High Speed Puncture Properties of Plastics Using Load and Displacement Sensors (2010)
ASTM D5420	Standard Test Method for Impact Resistance of Flat, Rigid Plastic Specimen by Means of a Striker Impacted by a Falling Weight (2010)
ASTM D5628	Standard Test Method for Impact Resistance of Flat, Rigid Plastic Specimens by Means of a Falling Dart (Tup or Falling Mass) (2010)

Faserkunststoffverbunde – hohe Verformungsgeschwindigkeit – Compression after Impact:

ISO 18352	Carbon-fibre-reinforced plastics – Determination of compression-after-impact properties at a specified impact-energy level (2009-08)
DIN 65561	Luft- und Raumfahrt – Faserverstärkte Kunststoffe – Prüfung von multidirektionalen Laminaten Bestimmung der Druckfestigkeit nach Schlagbeanspruchung (1991-05)
ASTM D7136	Standard Test Method for Measuring the Damage Resistance of a Fiber-Reinforced Polymer Matrix Composite to a Drop-Weight Impact Event (2007)
ASTM D7137	Standard Test Method for Compressive Residual Strength Properties of Damaged Polymer Matrix Composite Plates (2007)
Airbus AITM 1-0010	Determination of Compression Strength After Impact-Stress
Boeing BSS-7260	Boeing Company Specification BSS-7260

Faserkunststoffverbunde – hohe Verformungsgeschwindigkeit –
Ermüdungsprüfung:

DIN 50100	Werkstoffprüfung – Dauerschwingversuch – Begriffe, Zeichen, Durchführung, Auswertung (1978-02)
DIN 53442	Prüfung von Kunststoffen – Dauerschwingversuch im Biegebereich an flachen Probekörpern (1990-09)
ISO 13003	Fibre-reinforced plastics – Determination of fatigue properties under cyclic loading conditions (2003-12)
ASTM D3479	Standard Test Method for Tension-Tension Fatigue of Polymer Matrix Composite Materials (1996)

Membranen:

DIN EN ISO 527-3	Kunststoffe – Bestimmung der Zugeigenschaften - Teil 3: Prüfbedingungen für Folien und Tafeln (2003-07)
DIN EN ISO 1421	Mit Kautschuk oder Kunststoff beschichtete Textilien – Bestimmung der Zugfestigkeit und der Bruchdehnung (1998-08)
DIN EN ISO 2411	Mit Kautschuk oder Kunststoff beschichtete Textilien – Bestimmung der Haftfestigkeit von Beschichtungen (2000-08)
DIN 53363	Prüfung von Kunststoff-Folien – Weiterreißversuch an trapezförmigen Proben mit Einschnitt (2003-10)
DIN 4102	Brandverhalten von Baustoffen und Bauteilen – Teil 1: Baustoffe; Begriffe, Anforderungen und Prüfungen (1998-05)

Textilbewehrter Beton:

DIN EN 14649	Vorgefertigte Betonerzeugnisse – Prüfverfahren zur Bestimmung der Beständigkeit von Glasfasern in Beton (SIC–Prüfung) (2005-07)

Kapitel 15
Modellierung und Simulation

Lina Girdauskaite, Georg Haasemann und Sybille Krzywinski

Dieses Kapitel beschreibt grundlegende Aspekte und Methoden zur Modellierung und Simulation textiler Verstärkungsstrukturen und Faserkunststoffverbunde (FKV). Auf Grund der anisotropen Werkstoffeigenschaften ist die Simulation des Deformationsverhaltens der textilen Verstärkungsstrukturen sehr komplex. Unterschiedliche Ansätze werden vorgestellt und Simulationsmöglichkeiten auf der Basis kinematischer Modelle ausführlich diskutiert. Der Schwerpunkt dieser Ausführungen zielt auf die Unterstützung der Konstrukteure bei der Preformauslegung für komplexe FKV-Bauteile. Um den Verbundwerkstoff entsprechend der Belastung des Bauteils mittels Finite Element Modellen (FEM) richtig zu konfigurieren, sind derzeit umfangreiche experimentelle Untersuchungen zur Quantifizierung der Verbundeigenschaften erforderlich. Der Beitrag widmet sich deshalb darüber hinaus Modellierungs- und Simulationsverfahren auf Basis mehrskaliger Betrachtungsweisen zur Ermittlung mechanischer Materialkennwerte.

15.1 Einleitung

Für die Realisierung immer kürzerer Produktentwicklungszyklen ist der Einsatz rechnergestützter Methoden für die Beurteilung des Entwurfs eines Bauteils und dessen konstruktiver Umsetzung zwingend notwendig. Neben der Generierung von Geometriemodellen zur Beschreibung der Produktform ist die Charakterisierung des Materialverhaltens der Verstärkungshalbzeuge für die Modellierung erforderlich. Die Sicherung einer faltenfreien Verformung der textilen Verstärkungshalbzeuge zu stark gekrümmten, teilweise doppelt gekrümmten räumlichen Konturen und die Realisierung einer beanspruchungsgerechten Orientierung der Verstärkungsfasern sind wesentliche Kriterien bei der Auslegung von FKV-Bauteilen.

Dabei unterscheidet sich das mechanische Verhalten von textilen Verstärkungsstrukturen erheblich von dem Verhalten monolithischer Werkstoffe. Auf Grund des inhomogenen Aufbaus aus Fasern und Garnen sind lokal variierende Werkstoffeigenschaften zu verzeichnen. Werden aus annähernd gleichen Fasern und Garnen textile Verstärkungshalbzeuge nach unterschiedlichen Flächenbildungstechnologien hergestellt, resultieren daraus global variierende Werkstoffeigenschaften. Bedingt durch die Ausrichtung der Verstärkungsfasern sind die Eigenschaften der Verstärkungshalbzeuge anisotrop.

Auf Grund des biegeweichen, anisotropen Verhaltens von Verstärkungshalbzeugen ist die Modellierung dieser Strukturen zum Einsatz von Simulationsverfahren für eine zielgerichtete Auslegung und Konstruktion sehr anspruchsvoll. Bekannte Verfahren lassen sich hinsichtlich der Betrachtungstiefe in der Mikro-(Faser-), der Meso-(Garn-) oder der Makroebene (Flächengebilde) unterscheiden. Während die Struktur in der Mikro- und Mesoskala inhomogen ist, lässt die Makroskala eine homogene Betrachtungsweise zu.

Die anforderungsgerechte Ausrichtung der textilen Verstärkungsstrukturen bei komplex geformten Bauteilen stellt hohe ingenieurtechnische Forderungen nicht nur hinsichtlich der einzusetzenden Berechnungs- und Simulationsprogramme sondern auch an die zur Fertigung geeigneten Maschinen und Verfahren. Faserverstärkte Verbundwerkstoffe ermöglichen bei gezielter Auswahl der Verstärkungsstrukturen und effizienter Fertigung, verglichen mit metallischen Werkstoffen, eine kostengünstigere Bauteilherstellung. Dazu ist es nötig, die Geometrie hinsichtlich gestalterischer und konstruktiver Aspekte auf den zu verarbeitenden Werkstoff abzustimmen. Wird dies berücksichtigt, lassen sich mit Hilfe von Verbundwerkstoffen komplexe Bauteilgeometrien darstellen, die mit metallischen Werkstoffen nicht oder nur sehr aufwändig zu realisieren sind [1–6].

Die derzeit eingesetzten Technologien zur Herstellung textiler Preforms und zu ihrer exakten Positionierung im Werkzeug zur Umformung/Konsolidierung sind in der Regel unabhängig vom Bauteilherstellungsverfahren sowie vom eingesetzten Matrixmaterial für Anwendungen außerhalb der Luftfahrtindustrie nicht hinreichend wirtschaftlich und effizient [7–9]. Die Kosten für die Preformfertigung haben einen erheblichen Anteil an den gesamten Produktionskosten.

Gegenwärtig wird die gewünschte Reproduzierbarkeit der Preformqualität und der daraus resultierenden strukturmechanischen Bauteileigenschaften infolge der erheblichen Geometrieveränderungen beim Handling der textilen Halbzeuge zum Aufbau des Lagenpaketes sowie beim Vorformen und Einlegen in das Konsolidierungswerkzeug nicht erreicht. Während des Umformens zu komplexen Bauteilen geht die beanspruchungsgerechte Fadenlage teilweise verloren, so dass die benötigte Sicherheit bezüglich der Auslegung durch einen erhöhten Materialeinsatz erreicht wird. Dies geht zu Lasten des Leichtbaueffekts und verursacht höhere Kosten auf Grund der Überdimensionierung. Die Verbesserung der Simulationstools zur Beschreibung des Deformationsverhaltens trockener textiler Strukturen und Faserkunststoffverbunde ist deshalb eine vorrangige Aufgabe. Dazu werden die zur Simulation benötigten Materialkennwerte bestimmt.

15.2 Deformationsverhalten von textilen Verstärkungshalbzeugen

15.2.1 Allgemeine Betrachtungen

Für Anwendungen von textilen Halbzeugen aus Hochleistungsfaserstoffen in FKV ist es von entscheidender Bedeutung, die Verstärkung komplexer, teilweise stark gekrümmter Geometrien ohne Faltenbildung zu realisieren. Um diese Aufgabe künftig ohne zahlreiche Iterationen zu ermöglichen, besteht ein vorrangiges Ziel darin, die Verformung zu simulieren. Dazu werden Kennwerte benötigt, die das Deformationsverhalten beschreiben.

Bei der mechanischen Betrachtung der Deformation von textilen Flächengebilden sind die *Zug-, Biege-,* und *Scherkenngrößen* sowie *Verdrillsteifigkeiten* [10–12] zu berücksichtigen. Ein Messverfahren zur Bestimmung der Verdrillsteifigkeit von Flächengebilden wurde für klassische textile Strukturen entwickelt und getestet, welches sich auch zur Prüfung von Verstärkungshalbzeugen eignet. Die hierzu vorliegenden experimentellen Untersuchungen müssen künftig erweitert werden, um genaue Prüfbedingungen festzulegen [13].

15.2.2 Zugkenngrößen

Das Deformationsverhalten der textilen Flächen gegenüber Zugbeanspruchung ergibt sich aus den mechanischen Eigenschaften der verarbeiteten Fasern, der Garne und aus dem konstruktiven Aufbau [12]. Die Längenänderung, bezogen auf die Ausgangslänge der Probe, wird als Dehnung bezeichnet [14].

Die Ermittlung der Zugkenngrößen im Streifenzugversuch nach DIN EN ISO 13934 T1 ist in Kapitel 14.5.3 ausführlich beschrieben.

Die Prüfung des Kraft-Dehnungs-Verhaltens unter Anwendung des Streifenzugversuches wird vorzugsweise in zwei Richtungen, die in der Regel der Richtung der Verstärkungsfäden entsprechen, durchgeführt. Um die Auswirkungen der Querkontraktion zu minimieren, kann die Prüfung auch mit Biaxial-Zugprüfmaschinen (Hersteller u. a. Zwick GmbH & Co. KG [15], Fa. Kato Iron Works Co. Ltd [16]) ausgeführt werden. Die Messprobe wird an allen vier Seiten mit mehreren Klemmen gehalten. Die Klemmen befinden sich senkrecht zur Belastungsrichtung und werden mitgenommen oder bewegen sich rechnergesteuert proportional zur momentanen Längenänderung. Die Zugkraft wird in beide Richtungen gemessen. Der biaxiale Zugversuch bietet die Möglichkeit, annähernd belastungsgerecht zu prüfen [17]. Für die Verformungssimulation können damit zusätzlich zu den Längsdehnsteifigkeiten die Querdehnsteifigkeiten erfasst werden. Um Prüfergebnisse mit geringer Streuung zu erhalten, müssen die Einspannungsvarianten und die Probenform genau definiert und exakt eingehalten werden. Derzeit existieren keine Normen aber zahlreiche Prüfempfehlungen zu biaxialen Zugversuchen. Zur Vermeidung der Querverformung sowie des Einflusses durch die Einspannung des Materials werden in der Literatur anwendungsbezogene Probenformen und Krafteinleitungen diskutiert [18–21].

15.2.3 *Biegekenngrößen*

Die Biegesteifigkeit B ist ein Maß für den Widerstand, den das textile Flächengebilde dem Biegemoment bei einer bestimmten Krümmungsänderung entgegensetzt [10]. Die Biegesteifigkeit der textilen Flächen ist vom verwendeten Faserstoff und der Garnkonstruktion abhängig. Sowohl die Steifigkeit der Fasern im Faden als auch der konstruktive Aufbau des Flächengebildes beeinflussen diesen Kennwert maßgeblich. Die Biegesteifigkeit eines Flächengebildes wird in der Praxis am häufigsten mittels Freiträgerverfahren, auch als Cantilever-Verfahren bezeichnet, ermittelt [14]. Die Prüfung ist in Kapitel 14.5.4 dargestellt.

Umfangreiche Untersuchungen am Institut für Textilmaschinen und Textile Hochleistungswerkstofftechnik (ITM) der TU Dresden haben gezeigt, dass die momentan verwendeten Geräte zur Prüfung der Biegung nach dem Cantilever-Verfahren auf Grund der manuellen Bedienung und der damit verbundenen subjektiven Einflüsse keine reproduzierbaren Ergebnisse liefern. Die visuell zu bestimmende Überhanglänge geht in kubischer Potenz in die Berechnung der Biegesteifigkeit ein. Somit führen schon kleine Ungenauigkeiten beim Ablesen und die grobe Skaleneinteilung zu Fehlern bei der Berechnung der Biegesteifigkeit. Daher wurde am ITM ein neues Biegesteifigkeitsmesssystem (ACPM 200) entwickelt [22]. Durch einen hohen Automatisierungsgrad der Prüfdurchführung und -auswertung werden die beschriebenen Nachteile des bisherigen Gerätes kompensiert. Des Weiteren lässt sich der Einfluss lokaler Steifigkeitsunterschiede über der Probenbreite auf das Biegeverhalten quantifizieren. Das entwickelte Gerät kann für die Biegesteifigkeitsprüfung der Flächengebilde aus Hochleistungsfasern eingesetzt werden.

Für die Simulation des Biegeverhaltens ist die Bereitstellung der Messwerte in Form einer Moment-Krümmungs-Kurve erforderlich. Diese wird bei der Biegeprüfung am ACPM 200 nicht aufgezeichnet. In [23] wird eine indirekte Methode zur Bestimmung des Moment-Krümmungs-Verhaltens auf Basis des Cantilever-Verfahrens vorgestellt. Dazu werden im ersten Schritt die x-y-Koordinaten entlang der Biegekurve aus der Seitenansicht (mit Digitalkamera aufgenommen, Abb. 15.1) erfasst.

Diese Daten werden rechentechnisch weiterverarbeitet, um die Wertepaare der Momente und Krümmungen entlang der Überhanglänge, vom freien Endpunkt zu einem örtlich festgelegten Endpunkt, zu bestimmen. Der Nullpunkt des Koordinatensystems befindet sich am freien Ende der Probe. Die Programmierung des Algorithmus zur Bestimmung der Biegemoment-Krümmungs-Kurve (Abb. 15.2) kann beispielsweise mittels MATLAB erfolgen.

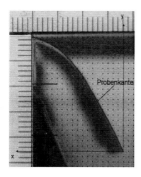

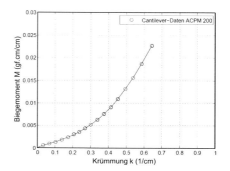

Abb. 15.1 Experimentell bestimmte Biegekurve

Abb. 15.2 Biegekurve aus ACPM 200-Daten errechnet

15.2.4 Scherkenngrößen

Die Scherung ist die Änderung des Winkels der sich kreuzenden Fadensysteme infolge der Schubbelastung. Die Bindungspunkte bilden einen Drehpunkt, wobei der Abstand der Bindungspunkte konstant ist. In Abbildung 15.3 werden vier Bindungspunkte betrachtet. Die ursprünglich rechteckige Anordnung dieser Punkte wird unter der Schubbelastung zu einer Raute verzerrt. Der sich ergebende Winkel φ wird dabei als Scherwinkel bezeichnet. Wenn es infolge der Verformung zur maximalen Fadenverdichtung kommt, erreicht der *Scherwinkel* seinen kritischen Wert φ_{kr}. Eine weitere Fadenkomprimierung kann nicht in der Ebene erfolgen. Es resultiert zwangsläufig eine Faltenbildung in den Flächengebilden.

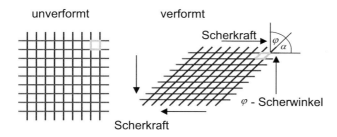

Abb. 15.3 Scherwinkel nach [12, 24, 25]

Die Scherung von textilen Flächengebilden lässt sich in zwei wesentliche Scherarten unterteilen, die unreine sowie die reine Scherung [26]. In Abbildung 15.4 sind die Unterschiede der Scherprinzipien dargestellt.

Zur Charakterisierung des Scherverhaltens von Flächengebilden sind zahlreiche Prüfmethoden erprobt worden, die sich jedoch nicht alle zur Prüfung von Verstärkungstextilien aus Hochleistungsfaserstoffen eignen.

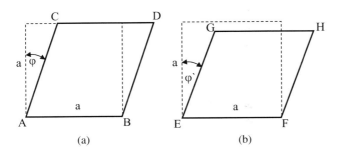

Abb. 15.4 Schematische Darstellung der Scherprinzipien [26]:(a) unreine Scherung, (b) reine Scherung

Bei der unreinen Scherung (Abb. 15.4 a) treten bei Scherbelastung neben der Winkeländerung zwischen den Fäden, durch die Fadenverdrehung an den Kreuzungspunkten, zusätzlich noch Zugverformungen auf. Der Abstand zwischen den beiden Klemmlinien bleibt während des gesamten Schervorgangs konstant, was zu einer Längenänderung der ungeklemmten Probenkanten führt. Wird der Scherdeformation eine Zugkraft über dem gesamten Belastungszyklus überlagert, kann bei klassischen Textilien ein frühzeitiges Ausbeulen des Materials verhindert werden. In der Regel neigen klassische Textilien bereits bei geringen Scherwinkeln zur Faltenbildung. Da Scherwinkel bis ca. 8° zur Prüfung von Verstärkungshalbzeugen nicht ausreichend sind, wird diese Prüfmethode nicht empfohlen. Bei größeren Winkeln ergeben sich bei der unreinen Scherprüfung Zugverformungen, die bei Verstärkungshalbzeugen nur mit sehr hohen Kräften realisiert werden können und deshalb für die Anwendung des Preformings nicht relevant sind.

Für die Prüfung von Verstärkungshalbzeugen wird deshalb die reine Scherprüfung empfohlen (Abb. 15.4 a). Bei der reinen Scherung erfolgt lediglich eine Änderung des Winkels zwischen den Fäden. Hierbei tritt keine Fadendehnung auf. Der Abstand zwischen den beiden Klemmlinien bleibt konstant, so dass sich die Probenkantenlängen nicht verändern. Dieses Prüfprinzip wird im Schrägzugversuch und im Scherrahmenversuch umgesetzt. Der *Schrägzugversuch*, bei welchem eine reine Scherung realisiert wird, kann sowohl an einer monoaxialen als auch an einer biaxialen Zugprüfmaschine durchgeführt werden. Dabei handelt es sich um einen Zugversuch an einer Probe, die 45° zu den Fadenrichtungen zugeschnitten wird [27, 28]. In der Region A (Abb. 15.5) wird reine Scherung, in der Region B – die Hälfte des Wertes der in Region A registrierten Scherung gemessen. Die Region C liefert keinen Beitrag zur Scherkraft. Während des Prüfverlaufes erfolgt die Aufzeichnung des Scherkraft-Scherweg-Diagrammes.

Die Firma NAISS entwickelte das Textilprüfgerät TEXPROOF mit einem Schertestmodul (Abb. 15.6) [29]. Die Probe wird zwischen zwei Klemmen fixiert. Dabei ist eine Klemme fest und die andere Klemme auf einer Kurvenbahn verfahrbar. Diese Bahn realisiert bei der Scherung den „Trellis"-Effekt. Dieser setzt ein, wenn die Richtungen angreifender Zugkräfte nicht mit den Hauptrichtungen

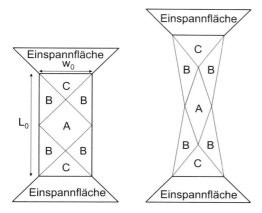

Abb. 15.5 Schrägzugversuch [27]

der Verstärkungsfäden übereinstimmen. Eine Scherung mit Winkeländerung findet statt, bis die Verstärkungsfäden in Kraftrichtung liegen oder bis ein von der Verstärkungsgeometrie abhängiger maximaler Winkel erreicht ist [29]. Die Lichtschranken registrieren den Scherwinkel bei einer Faltenhöhe senkrecht zu einer Fläche von 3 mm, und zwar unabhängig von der Probendicke.

Abb. 15.6 Schertestmodul TEXPROOF [29]

Bei dem *Scherrahmenversuch* [26–28, 30–37] wird eine reine Scherung realisiert, in dem eine quadratische Probe auf einem Scherrahmen befestigt, an den gegenüberliegenden Ecken in einer monoaxialen Zugprüfmaschine eingespannt und bis zu einem festgelegten Verformungsweg zur Raute verformt wird (Abb. 15.7).

Dabei wird der Kraftverlauf über dem gesamten Verformungsweg aufgezeichnet.
Der Scherwinkel kann aus der Längenänderung der Rautendiagonale berechnet werden. Die Fixierung der Probe auf Nadelleisten dient der Minimierung des Klemm-
einflusses auf das Scherergebnis [26]. Für die Versuchsdurchführung werden die
Proben (300 mm x 300 mm) spannungslos auf dem Scherrahmen aufgenadelt und
gesichert.

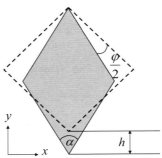

Abb. 15.7 Versuchsaufbau und Probendeformationsprinzip

Der Verformungsweg h des Scherrahmens beträgt bei den Untersuchungen 60 mm
(bei Multiaxialgelegen) bis max. 100 mm (bei Geweben). Dies entspricht so-
mit einem Scherwinkel von $\varphi = 0°$ bis $\varphi = 28{,}0°$ bzw. $\varphi = 0°$ bis $\varphi = 56{,}3°$. Die
Prüfgeschwindigkeit wird am ITM mit $v_{Pruf} = 200$ mm/min für die Prüfungen fest-
gelegt. Während der Scherprüfung wird die Scherkraft entlang des Verfahrwegs aufgenommen und grafisch dargestellt.

Der Scherwinkel kann nach Gleichung 15.1 berechnet werden:

$$\varphi = 90 - 2\arccos\left(\frac{1}{\sqrt{2}} + \frac{h}{2a}\right)$$
(15.1)

Dabei sind φ der Scherwinkel in °, h der Verformungsweg des Scherrahmens in
mm, a die Seitenlänge des Scherrahmens in mm (im Untersuchungsfall 200 mm).

Zu Beginn der Messreihen werden Referenzmessungen mit einem Rahmen ohne
Probe durchgeführt, um die Reibkräfte des Scherrahmens während der Prüfung
zu ermitteln. Die Reibkraft wird als Referenzkurve von allen Messkurven subtra-
hiert. Die Verformung der Proben wird während der Prüfung zusätzlich mit einer
Kamera aufgenommen, um die Aufwölbung in z-Richtung anhand des entstehenden Schattenbildes optisch zu erfassen. Die Kamera wird dazu in Richtung der
Flächennormale mittig vor der Probe positioniert. Für die fotografische Erfassung
der Probe werden mindestens drei Aufnahmen pro Sekunde während der gesamten
Prüfdauer empfohlen.

Aus den errechneten Scherkraft-Scherwinkel-Diagrammen lassen sich Aussagen über die zu erwartende Verformbarkeit ableiten. Zur Auswertung des Scherverhaltens werden meist der kritische Scherwinkel und der Grenzwinkel herangezogen, da diese in Simulationstools hinterlegt werden können.

Zur Bestimmung des Grenzwinkels wird der Scherkraft-Scherwinkel-Verlauf, wie in [38] erläutert, in eine lineare und eine nichtlineare Zone unterteilt (Abb. 15.8). Der Grenzwinkel φ_{Grenz} wird am Übergang des linearen zum nichtlinearen Bereich definiert.

Die Messwerte am Kurvenanfang werden auf Grund des Kraftanstiegs zu Beginn der Scherprüfung nicht berücksichtigt. Nach diesem Kraftanstieg geht die Kurve in einen nahezu linearen Bereich über, der als Anfangswert der Regressionsanalyse festgelegt wird. In der Regel handelt es sich dabei um die Messwerte, die in einem Bereich zwischen 5° und 10° liegen. Die Ergebnisse aus der Differenz zwischen der Messkurve und der Geraden weisen im Untersuchungsbeispiel Schwankungen unter 3 % auf. Im Übergang zwischen dem linearen und dem nichtlinearen Bereich wird die Abweichung wesentlich größer. Das Ende des linearen Bereiches wird nach [26] bei einer Abweichung von 5 % definiert.

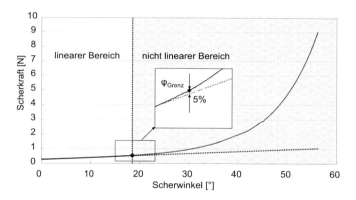

Abb. 15.8 Scherkraft-Scherwinkel-Diagramm mit φ_{Grenz} für ein Gewebe

Der kritische Scherwinkel der Flächengebilde kann, wie bereits beschrieben, optisch ermittelt werden. Die erste Aufwölbung der Probe wird häufig subjektiv visuell aus den aufgenommenen Bildern detektiert. Zu empfehlen ist es jedoch, die Faltenerkennung zu instrumentalisieren. Zur Ermittlung des Faltenbildes eignen sich die Grauwertbildauswertung oder der Einsatz eines optischen 3D-Verformungsmesssystems [26, 31].

Gegenwärtig erfolgt die Preformherstellung für komplexe FKV-Bauteile weitestgehend manuell. Die Verstärkungshalbzeuge werden dazu aus der Ebene zur gewünschten Bauteilgeometrie spannungsfrei verformt. Aktuelle Entwicklungen befassen sich mit der Automatisierung des Preformaufbaus. Um das automatisierte Ablegen der Verstärkungsstrukturen zu ermöglichen und reproduzierbar aus-

zuführen, wird dazu mit sogenannten „Nachführsystemen" gearbeitet. Diese bewirken eine Vorspannung im Textil, die sich wiederum auf die Faltenbildung während
der Deformation auswirken kann. Um diesen Einfluss zu untersuchen, wurde die
nachfolgend dargestellte Prüfeinrichtung entwickelt [28].

Das in [28] gebaute Schermessgerät besteht aus einem Scherrahmen, der zusätzlich
mit Kraftsensoren zur Bestimmung der Vorspannung und der Zugkräfte in Kett-
und Schussrichtung ausgestattet ist (Abb. 15.9). Somit ist es möglich, die während
des Tests auftretenden Zugkräfte in Kett- und Schussrichtung zu messen und die
Vorspannungen der Scherverformung zuzuordnen.

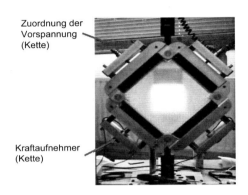

Zuordnung der
Vorspannung
(Kette)

Kraftaufnehmer
(Kette)

Abb. 15.9 Scherrahmen mit Kraftsensoren [28]

Bisher liefen vielfältige Forschungsanstrengungen zur Ermittlung geeigneter Scher-
prüfverfahren und der Anwendung der experimentellen Ergebnisse in Modellie-
rungsansätzen zum Deformationsverhalten parallel ab, ohne dass sich die For-
schergruppen untereinander abgestimmt haben. Deshalb wurde 2003 von aka-
demischen und industriellen Forschern eine internationale Gruppe zur Entwicklung und Durchführung eines Benchmarkings gegründet [31]. Scherrahmen-
und Schrägzugversuche für Halbzeuge mit symmetrischen und asymmetrischen
Verstärkungsfadenanordnungen wurden durchgeführt und verglichen. Die Tests
wurden von sieben internationalen Forschungseinrichtungen ((NU) Northwestern
University, USA, (UT) Universität Twente, Niederlande, (LMSP) Laboratoire de
Mécanique des Systèmes et des Procédés, INSA-Lyon, Frankreich, (UML) University of Massachusetts Lowell, USA, (UN) University of Nottingham, Groß-
britannien, (KUL) Katholieke Universiteit Leuven, Belgien und (HKUST) Hong
Kong University of Science and Technology, China) an drei identischen Geweben durchgeführt. Sechs der aufgeführten Arbeitsgruppen lieferten die Ergebnisse unter Nutzung des Scherrahmens und vier der Arbeitsgruppen auf Basis des
Schrägzugversuches.

Das Bemühen der genannten [31] und weiterer aktueller Forschungsarbeiten besteht darin, Empfehlungen für eine geeignete Prüftechnik und ein standardisiertes

Prüfverfahren zu erarbeiten. In [31] wurden hinsichtlich der Prüfdurchführung keine wesentlichen Einschränkungen vorgegeben.

Die Probenzuschnitte sind quadratisch und werden auf die jeweilige Rahmenabmessung (145 mm bis 250 mm) abgestimmt. Auf die genaue Probenvorbereitung wird nachfolgend eingegangen. Als Untersuchungsmaterialien werden Gewebe ausgewählt, so dass die Verstärkungsfäden in 0°/90° Richtung zueinander ausgerichtet sind. Die Prüfung erfolgt bei unterschiedlichen Prüfgeschwindigkeiten von 10 mm/min bis 1000 mm/min. Die Bauweisen der Scherrahmen sind nicht identisch (Abb. 15.10), sie alle haben jedoch gemeinsame Merkmale. Die Halbzeuge werden im Scherrahmen durch die Klemmmechanismen so gehalten, dass während der Prüfung kein Schlupf auftritt. Die Reibung zwischen der Verstärkungsstruktur und der Einspannung wird nicht berücksichtigt. Um den Beitrag der Kraft, die aus der Scherung der am Rand liegenden Verstärkungsfäden resultiert, zu eliminieren, hat die HKUST alle eingespannten Randfäden parallel zur Klemmrichtung entfernt. Die UT hat ebenso Verstärkungsfäden eliminiert, die in einem definierten Abstand parallel zur Klemmeinrichtung liegen, um eine vorzeitige Faltenbildung während der Prüfung zu vermeiden.

Für den Schrägzugversuch werden ebenfalls Proben unterschiedlicher Größe eingesetzt und mit verschiedenen Prüfgeschwindigkeiten geprüft.

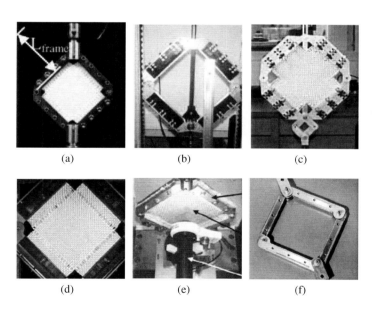

Abb. 15.10 Verwendete Scherrahmen [31]: (a) HKUST, (b) KUL, (c) UML, (d) UT, (e) LMSP, (f) UN

Die Ergebnisse der Studie haben gezeigt, dass es trotz unterschiedlicher prüftechnischer Voraussetzungen möglich ist, mittels Scherrahmen wertvolle experimentelle Daten zur Charakterisierung des Scherverhaltens der Verstärkungsstrukturen zu ermitteln. Die mechanische Konditionierung der Probe kann die Wiederholbarkeit verbessern. Dies zeigen die Ergebnisse der UML und des KUL. Alle vom UML getesteten Proben werden mechanisch aufbereitet und liefern Ergebnisse geringer Schwankungsbreite. Mit Hilfe der mechanischen Konditionierung werden die infolge des Webprozesses in der Verstärkungsstruktur verbliebenen Spannungen ausgeglichen (Abb. 15.11).

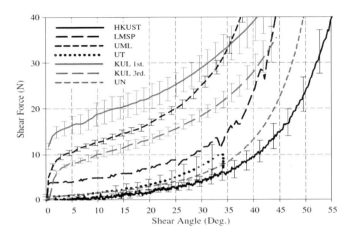

Abb. 15.11 Scherkraft-Scherwinkel-Kurven [31]

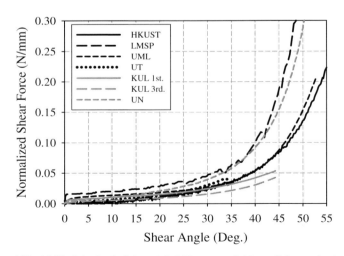

Abb. 15.12 Scherkraft-Scherwinkel-Kurven nach Normalisierung basierend auf der Rahmenlänge [31]

Um unterschiedliche Scherrahmenkonstruktionen, Scherrahmen- und/oder Proben-größen und -aufmachungen vergleichen zu können, werden Normalisierungsmetho-den [27, 31, 39] entwickelt und präsentiert (Abb. 15.12). Nach Anwendung der in der Studie beschriebenen Normalisierungsmethoden sind die Testergebnisse im für die Verformung von Verstärkungshalbzeugen relevanten Bereich bis 35° ähnlich (Abb. 15.12).

Parallel zur Berechnung des Scherwinkels werden optische Methoden zur Erfas-sung der Faltenbildung eingesetzt. Im Ergebnis kann festgestellt werden, dass bei Leinwandgewebe bis zu einem Scherwinkel von 35° im Scherrahmentest und 30° im Schrägzugversuch eine gute Übereinstimmung mit der Ermittlung des Scher-winkels aus dem Traversenweg erzielt werden konnte. Bei größeren Winkeln wird empfohlen, die Faltenbildung optisch zu detektieren.

Aus den bisherigen Ausführungen geht hervor, dass nach wie vor ein geeigne-ter Prüfstandard fehlt. Derzeit werden weltweit weitere Forschungsarbeiten durch-geführt, um u. a. die Auswirkungen der Vorspannung zu erfassen [28, 31].

Wie die Ausführungen zeigen, ist zur textilphysikalischen Charakterisierung von Halbzeugen aus Hochleistungsfaserwerkstoffen eine Anpassung der textilen Prüftechnik unumgänglich, da sich diese Verstärkungshalbzeuge in ihrem geometri-schen und strukturellen Aufbau teilweise deutlich von klassischen Flächengebilden unterscheiden.

Zusammenfassend lässt sich feststellen, dass sich das Deformationsverhalten von Flächengebilden aus Garnen, die aus endlosen Hochleistungsfasern bestehen, aus Anteilen der Fadendehnung, Fadenstreckung, Fadenverschiebung (Abb. 15.13) und Flächenscherung zusammensetzt [12, 24, 25, 38, 40]. Die wichtigste Kenngröße zur Beschreibung des Deformationsverhaltens von Verstärkungshalbzeugen, die Sche-rung, wurde bereits ausführlich beschrieben. Auf die weiteren Verformungsmecha-nismen wird nachfolgend kurz eingegangen.

Fadendehnung

Aus Hochleistungsfaserstoffen hergestellte Gewebe, Maschenwaren mit bi- und multiaxialen Verstärkungsfäden oder Gelege weisen bei Zugkräften unter 100 N, die zur Drapierung benötigt werden, eine minimale Dehnung auf, so dass zur Rea-lisierung der Verformung des textilen Flächengebildes nur ein sehr geringer Beitrag aus der Dehnung zu erwarten ist [12, 25, 28].

Fadenstreckung

Die Fäden der Flächengebilde, die durch Fadenverkreuzungen (z. B. Gewebe, Geflechte) und Fadenumschlingungen (Maschenwaren) hergestellt werden, lie-gen nicht gestreckt sondern wellen-, sinus- oder schleifenförmig vor. Infolge der

Veränderung der Krümmungsradien der Fäden unter Krafteinwirkung entsteht eine Fadenstreckung im Halbzeug [25, 26]. In Abbildung 15.13 ist die Fadenstreckung eines Gewebes dargestellt.

Fadenverschiebung

Die Fadenverschiebung tritt häufig bei Flächengebilden aus Hochleistungsfaserstoffen mit geringer Faden-Faden-Reibung auf. Derartige Flächengebilde sind unter anderem Multiaxialgelege und Gewebe mit langen Fadenflottierungen (Köper, Atlasgewebe).

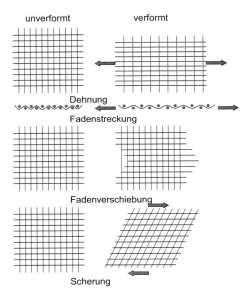

Abb. 15.13 Grundmechanismen der Verformung von textilen Verstärkungsstrukturen [24, 25]

Das Scherverhalten ist somit die wichtigste Deformationskenngröße zur Modellierung und Simulation des Formgebungsprozesses textiler Verstärkungsstrukturen aus Hochleistungsfaserstoffen. Ziel ist es, die konstruktive Auslegung von Bauteilen in Hochleistungs-Faserverbundweise durch eine zielgerechte Auswahl der Verstärkungsstrukturen zu unterstützen. Dabei ist es wichtig, den ohne Faltenbildung realisierbaren Umformgrad trockener Verstärkungsstrukturen im Vorfeld genau zu kennen.

Modellversuche zum Vergleich des Deformationsverhaltens von trockenen Verstärkungsstrukturen können auch mit Hilfe des *Durchdrückversuches* durchgeführt werden.

Eine für den *Durchdrückversuch* speziell konstruierte Versuchseinrichtung wird in eine Zugprüfeinrichtung integriert (Abb. 15.14). Dabei drückt eine zylindrisch auslaufende Halbkugel mit einem Durchmesser von 100 mm das zu prüfende Textil durch einen Ring. Dieser Ring ist austauschbar und hat im Fall der durchgeführten Untersuchungen einen Innendurchmesser von 120 mm und einen Kantenradius von 2 mm [8]. Das zu prüfende quadratisch zugeschnittene Textil wird an vier Positionen durch an Federn angebrachte Klemmen eingespannt und im Versuch von diesen definiert nachgeführt. Dieser Klemmmechanismus behindert die Verformung des textilen Halbzeugs nur geringfügig und hat keine signifikanten Auswirkungen auf den Verlauf der Messkurve. Der Durchdrückstempel und der Durchdrückring mit der Halterung werden jeweils in die obere bzw. untere Klemmeinrichtung einer Zugprüfmaschine, beispielsweise der Z100 der Fa. Zwick GmbH, eingespannt. Beim Versuch wird die Durchdrückkraft in Abhängigkeit vom Verfahrweg erfasst und ausgewertet.

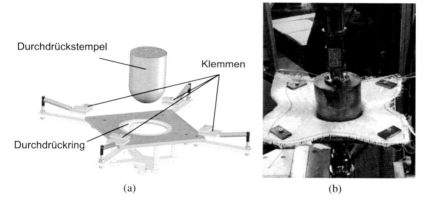

(a)   (b)

Abb. 15.14 (a) 3D-Modell des Durchdrückversuchsstandes, (b) Durchdrückversuch an einem Mehrlagengestrick [8]

15.3 Rechnergestützte Simulation des Deformationsverhaltens textiler Verstärkungshalbzeuge

15.3.1 Modelle zur Simulation des Deformationsverhaltens

Bei komplexen Bauteilen ist neben der Konzipierung einer beanspruchungsgerechten Verstärkung durch geeignete ein- oder mehrlagige Strukturen das erzielbare Drapierverhalten zur faltenfreien Umformung von erheblicher Bedeutung. Dabei soll die verstärkungsgerechte Fadenlage auch nach der Umformung zur gewünschten Bauteilkontur erhalten bleiben, um eine Verschlechterung der mechanischen Eigenschaften des Bauteils durch eine undefinierte Ablage des Verstärkungstextils zu vermeiden.

Generell werden zwei Varianten für die Formgebung unterschieden. Im ersten Fall wird ein z. B. rechteckiger Zuschnitt des textilen Halbzeugs in ein Werkzeug drapiert, das der gewünschten Bauteilgeometrie entspricht. Dabei treten in Verbindung mit der Fadenstreckung, je nach Krümmung, teilweise erhebliche Fadenverschiebungen sowie Flächenscherungen auf, die die gewünschte Fadenlage verändern. In Bereichen, in denen sich Falten bilden, wird die Verstärkungsstruktur eingeschnitten und ohne Fügeprozess großflächig überlappt, was entsprechende Aufdickungen und höhere Bauteilmassen nach sich zieht.

Im zweiten Fall werden konfektionstechnische Verfahren genutzt, um die komplexe Geometrie durch Zerlegung in Teilzuschnitte möglichst verzerrungsarm in der Ebene abzubilden. Um eine Preform herzustellen, die weitestgehend der Bauteilkontur entspricht, besteht das Ziel darin, die gewünschte Bauteilgeometrie näherungsweise durch möglichst wenig Teilzuschnitte abzubilden, die aber immer noch einer weiteren Drapierung zur Formgebung bedürfen. Winkel- oder Abstandsänderungen der Fäden sind dabei unvermeidbar. Um die Verstärkungsstrukturen belastungsgerecht und ohne Nacharbeit in die gewünschte 3D-Bauteilform zu bringen, erfolgt die Zuschnittentwicklung direkt auf dem virtuellen Geometriemodell [12].

Die einzelnen Zuschnitte werden zur Bauteilfertigung entweder manuell oder robotergeführt in die Werkzeugform gelegt oder vorher mittels Fügetechniken zur bauteilnahen Preform (*Near-Net-Shape*) gefügt. Meist führen diese Fügestellen zu einer Veränderung der Wanddicke in der Fügezone.

Laut [38], [41] und [42] lässt sich für die Modellierung des Drapierungsverhaltens von bidirektionalen Textilien folgende Grobeinteilung ableiten:

- das kinematische Modell,
- das Elastizitätsmodell und
- das Partikel-Modell.

Das *kinematische Modell* bildet die Mesostruktur (Fadenebene) der Textilien durch ein geometrisches Muster unter Berücksichtigung der geometrischen Randbedingungen auf einer Oberfläche ab.

Beim *Elastizitätsmodell* werden die textilen Halbzeuge, die überwiegend anisotrop, teilweise orthotrop dargestellt werden, diskretisiert, um die Deformation und die Fadenorientierungen mittels der Finite-Elemente-Methode zu bestimmen.

Im *Partikel-Modell* werden mikroskopische Wechselwirkungen abgebildet, die die Eigenschaften des makroskopischen Systems beschreiben. Jeder Fadenkreuzungspunkt wird durch ein Partikel repräsentiert, das die physikalischen Eigenschaften der Verstärkungsstruktur besitzt. Die wahrscheinlichste Anordnung der Kreuzungspunkte wird durch die Ermittlung des Minimums der Partikelenergie bestimmt. Dieser Ansatz erfordert keine Oberfläche für die Ablage des Textils. Somit ist es möglich, die freie Deformation von Textilien unter dem Einfluss der Schwerkraft zu simulieren. Die Faserbiegung wird dabei berücksichtigt.

In [38] wird ein wesentlicher Beitrag zur Drapierbarkeitssimulation von Geweben und Multiaxialgelegen auf Basis der Finite Element Methode erarbeitet. Neben der Beachtung des anisotropen Materialverhaltens werden auch fertigungstechnische Randbedingungen berücksichtigt. Zur Beschreibung des mechanischen Materialverhaltens kommt ein vierknotiges Schalenelement zum Einsatz. Das makromechanische Modell erlaubt die Berücksichtigung großer und nichtlinearer Scherdeformationsgrade bei vernachlässigbaren Dehnungen. Umfangreiche Experimente dienen der Bestimmung der benötigten Kennwerte. Des Weiteren können geometrische Nichtlinearitäten, verursacht durch den Kontakt der Verstärkungsstruktur mit dem Umformwerkzeug, und die mit dem Fortschreiten des Drapierprozesses variierenden Randbedingungen simuliert werden. Um an dieser Stelle auf eine Wiederholung der detaillierten Ausführungen zu verzichten, wird diese Literatur für weiterführende Informationen empfohlen.

Des Weiteren kann die textile Struktur möglichst genau anhand einer Einheitszelle (RVE - Repräsentatives Volumenelement) abgebildet werden [43–48]. Die Ermittlung der Modellierungsparameter ist hierbei aufwändig, kann aber bei Anwendung einer hinreichenden Parametrisierung zur Abbildung vielfältiger Strukturen des gleichen Flächenbildungsverfahrens genutzt werden. Eine Modellierung der Gesamtstruktur zur Simulation des Drapierverhaltens auf unterschiedlichen Bauteilgeometrien bedarf jedoch eines enormen Rechenaufwandes.

Obwohl kinematische Modelle zur Simulation des Deformationsverhaltens von Verstärkungsstrukturen die nachfolgend aufgeführten Nachteile aufweisen, sind sie auf Grund der kurzen Rechenzeiten und der Genauigkeit der Rechenergebnisse, die allerdings in Abhängigkeit der Komplexität des Bauteils variieren kann, zunehmend praxisrelevant. Als Nachteile sind insbesondere zu nennen [38]:

- Es werden nur einlagige Strukturen simuliert. Auftretende Reibungen zwischen den Lagen beim gleichzeitigen Drapieren mehrerer Lagen werden nicht berücksichtigt.
- Bei Verwendung von Drapiereffektoren oder anderen Umformwerkzeugen kann deren Auswirkung auf das Drapierergebnis nicht simuliert werden.
- Der Einfluss von Nachführsystemen zur Realisierung einer reproduzierbaren, möglichst faltenfreien Verformung bleibt unbeachtet.

Trotz weltweit intensiver Forschungsbemühungen zur Beschreibung des Drapierprozesses mittels FEM benötigen die gegenwärtig kommerziell verfügbaren Simulationstools sehr hohe Rechenzeiten und erfordern teilweise einen erheblichen experimentellen Aufwand zur Bestimmung der benötigten Kennwerte.

15.3.2 Kinematische Modellierung des Deformationsverhaltens

Wie bereits begründet, ist das Scherverhalten die wichtigste zu berücksichtigende Kenngröße zur Simulation des Verformungsverhaltens von trockenen Verstärkungsstrukturen. Bei der Beschreibung der Deformation werden die Effekte der Fadendehnung und Fadenstreckung meist vernachlässigt. Im kinematischen Modell werden nur Deformationen, die auf Scherung beruhen, berücksichtigt. Das Ablegen der bidirektionalen Verstärkungsstruktur auf der Oberfläche der Form wird simuliert. Das Modell liefert geometrische Informationen über die zur Verformung benötigten Scherwinkel. Die mechanischen Eigenschaften der Verstärkungsstruktur gehen in die Modellbildung nicht ein [42, 49, 50].

Die Kreuzungspunkte der Fadenachsen zwischen den Fäden werden als Gelenke modelliert. Zwischen diesen Kreuzungspunkten verhalten sich die Fäden wie Stäbe mit konstanter Länge. Ein geometrischer Algorithmus ermöglicht die Bestimmung der Kreuzungspunkte der Verstärkungsstruktur, wenn die Lage eines Kreuzungspunkts auf der Formgeometrie und die Faserorientierungsrichtung in diesem Punkt bekannt sind. Die Fäden zwischen den Gelenken werden geodätisch auf der Geometrie abgelegt. Die resultierenden Winkel in den Gelenken entsprechen den Scherwinkeln in der Verstärkungsstruktur. Auf Grund der Beschränkung der Scherung zur Realisierung einer faltenfreien Drapierung kann das Ablegen der zu berechnenden Kreuzungspunkte verhindert werden. Dies ist immer dann der Fall, wenn der kritische Scherwinkel, der in Simulationstools hinterlegt werden kann, überschritten wird [42, 49].

Anhand eines Vergleichs der berechneten lokalen Scherwinkel mit den kritischen Scherwinkeln der einzusetzenden textilen Halbzeuge, die sich z. B. bei Mehrlagengestricken, Geweben und Multiaxialgelegen deutlich unterscheiden können, erfolgt eine sinnvolle Vorgabe für die Zuschnitte. In der Regel berücksichtigen diesen Algorithmen keine Belastungen oder Reibungseffekte.

Beispiele für kommerzielle Software-Pakete auf geometrischer Basis sind *FiberSIM®* [51], *DesignConcept 3D (DC3D)* [52], *PAM-Quickform* [53], *Composite Part Design (CPD)* [54], die über Schnittstellen zu FE-Berechnungsprogrammen wie *ANSYS* [55] oder *MSC-Patran* und *MSC-Nastran®* [56] verfügen. Damit ist es möglich, die Fadenlage zu simulieren und anhand einer geometrisch hinreichend genau definierten Verstärkungsstruktur abzubilden. Das Ergebnis kann in FE-Berechnungsprogramme überführt werden und zur Nachrechnung der Beanspruchungsfälle dienen.

In [57] werden die Softwarelösungen *FiberSIM®* und *DC3D* für die Verformungssimulation und die Zuschnittgenerierung untersucht. Die Simulationen basieren auf dem kinematischen Modell.

Die textile Preform muss möglichst exakt der später zu erzielenden Bauteilgeometrie entsprechen. Eine Ausnahme bildet hier die Bauteildicke, die erst nach dem Konsolidierungsprozess erreicht wird. Ziel ist es, den Zuschnitt des Verstärkungstextils so zu gestalten, dass nur geringfügige Materialstauchungen oder

-dehnungen entstehen, die vorgegebene Verstärkungsrichtung eingehalten wird und eine faltenfreie Verformung gewährleistet werden kann. Die zur Zuschnittgenerierung aus 3D-Daten benötigten Geometriemodelle der herzustellenden Bauteile können mit kommerziell verfügbaren 3D-CAD-Softwarelösungen erstellt werden (u. a *CATIA* [53], *SolidWorks* [58]) oder über neutrale Schnittstellenformate (z. B. IGES und STEP) in die Simulationssoftware implementiert werden.

Mit Hilfe der Softwarelösung *DC3D* [52] kann der Anwender virtuelle 3D-Geometriemodelle erstellen und Machbarkeitsstudien ausführen, die auf einer automatischen Zuschnittgenerierung basieren. Die Ableitung der Zuschnittkonturen zur Realisierung der gewünschten Bauteilform erfolgt anhand der 3D-Geometrie. Dazu werden auf der Oberfläche Grenzen der Zuschnitte festgelegt. Um die in 3D entworfenen Zuschnitte in der Ebene abbilden zu können, werden die Oberflächen trianguliert. Mit dem Begriff der *Triangulierung* wird die Zerlegung eines Gebietes in Dreiecke beschrieben. Die Triangulierung kann krümmungsabhängig oder uniform erfolgen.

Das Simulationskriterium besteht darin, die Kantenlängen der Dreiecke, die Winkel im Dreieck sowie die Inhalte der Dreiecksflächen so wenig wie möglich zu verändern [12, 57]. Das Abwicklungsergebnis wird wesentlich durch zwei Anfangsbedingungen beeinflusst. Diese sind der *Startpunkt* und die *Faserorientierungsrichtung* [40]. Der Begriff der *Abwicklung* wird in der Konfektionstechnik üblicherweise für die Abbildung der in 3D entwickelten Schnittteile in der Ebene verwendet.

Da die Verstärkungstextilien ein richtungsabhängiges Spannungs-Dehnungs-Verhalten aufweisen können, spielt die Faserorientierung eine wichtige Rolle. Textilverstärkte Kunststoffbauteile werden in der Praxis unterschiedlich beansprucht, so dass die Verstärkungsfäden entsprechend der strukturmechanischen Auslegung ausgerichtet sein müssen.

Für eine Referenzgeometrie (Halbkugel mit ebener Anschlussfläche) werden Faserorientierungsrichtungen und der Startpunkt der Simulation variiert (Abb. 15.15).

Die Analyse der Abwicklung weist aus, welche Scherwinkel erforderlich sind, um den Zuschnitt auf das Formwerkzeug drapieren zu können. Durch den Vergleich mit dem experimentell ermittelten kritischen Scherwinkel des Verstärkungshalbzeuges erhält der Konstrukteur die Information, ob die gewählte Zuschnittfestlegung für die zu realisierende Bauteilgeometrie geeignet ist. Es bleibt dem Konstrukteur überlassen, zu entscheiden, ob die mit der Scherung verbundenen lokalen Auslenkungen der Verstärkungsfäden für die beanspruchungsgerechte Bauteilauslegung zulässig sind.

Um die gewünschte Wandstärke des Bauteils zu erreichen, werden häufig mehrere Lagen der Verstärkungsstrukturen benötigt. Die Bauteilgeometrie muss deshalb zur exakten Zuschnittgenerierung entsprechend der Lagendicke im kompaktierten Zustand angepasst werden.

Die Software *FiberSIM*® wird heute von führenden Herstellern in der Luft- und Raumfahrt zur Entwicklung von Faserkunststoffverbund-Konstruktionen eingesetzt.

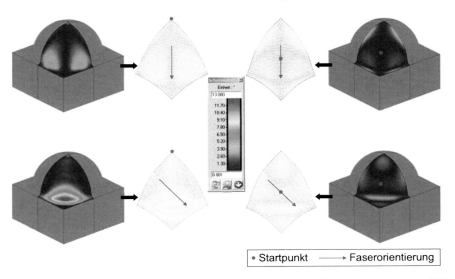

Abb. 15.15 Zuschnitte bei Variation der Faserorientierung und des Simulationsstartpunktes [57]

Die Ableitung der Zuschnittkonturen erfolgt auch hier aus der 3D-Geometrie. Dazu werden, wie bereits beschrieben, die Zuschnittgrenzen auf der Oberfläche definiert. *FiberSIM®* arbeitet direkt auf der CAD-Darstellung des Bauteils unter Evaluierung der nativen Geometrie ohne Transformation und Approximation [51]. Nach der Simulation des Ablegens der Verstärkungsstruktur auf der betrachteten Geometrie stehen Informationen über die benötigten Scherwinkel zur Verfügung [42, 49]. Die Simulationsergebnisse werden auf der Oberfläche der Geometrie mittels eines Kurvensets, bekannt als „Faserbahnkurven", die den Endzustand des Halbzeuges nach der Drapierung repräsentieren, dargestellt. Für biaxial verstärkte Strukturen ergibt sich ein Gitternetz auf der Oberfläche des Modells.

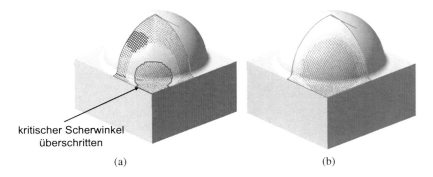

Abb. 15.16 (a) Scherdeformationen auf dem Zuschnitt, (b) Abweichung zur definierten Orientierung der Verstärkungsfäden [57]

FiberSIM® verfügt über eine Materialdatenbank, in der die Basiskennwerte und die charakteristischen Größen zur Beschreibung des Scherverhaltens der Verstärkungstextilien hinterlegt werden können. Die Berechnungsergebnisse werden mit den in der Datenbank gespeicherten Werten des Grenzwinkels und des kritischen Winkels bei Scherbeanspruchung verglichen. Die „Faserbahnkurven" sind farbskaliert dargestellt. Blau visualisiert Bereiche geringer Verzerrung, gelb signalisiert, dass der Grenzwinkel bereits erreicht ist und rot weist darauf hin, dass keine faltenfreie Drapierung möglich ist. Ein Beispiel hierfür zeigt Abbildung 15.16 a.

Mittels der Analyse zur Bestimmung der Abweichungen von der gewählten Faserorientierungsrichtung bietet *FiberSIM*® eine weitere Kontrollmöglichkeit zur Vermeidung von zahlreichen Iterationsschleifen während der Preformentwicklung. Ein Beispiel ist in Abbildung 15.16 b gegeben.

Da der Flächeninhalt des ebenen Zuschnittes sehr stark von dem Flächeninhalt des Counterparts in 3D abweicht, lassen sich Probleme während der Drapierung frühzeitig erkennen (Abb. 15.17). Dabei wird bewiesen, dass sich durch Variation des Startpunktes der Simulation das Ergebnis der Abwicklung optimieren lässt.

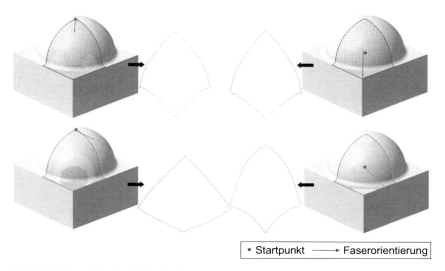

● Startpunkt ⟶ Faserorientierung

Abb. 15.17 Zuschnitte bei Variation der Faserorientierung und des Simulationsstartpunktes [57]

Die Ergebnisse der Verformungsanalysen beider Softwarelösungen ähneln einander (Abb. 15.18). Wie aus Abbildung 15.19 und Tabelle 15.1 ersichtlich wird, unterscheiden sich die berechneten Zuschnitte beider Softwarelösungen jedoch teilweise deutlich.

Die untersuchten Softwarelösungen basieren auf unterschiedlichen Algorithmen (*Fischnetz – FiberSIM*®, *Mosaik – DC3D*), die im Weiteren näher dargestellt und diskutiert werden [42, 49, 59–62].

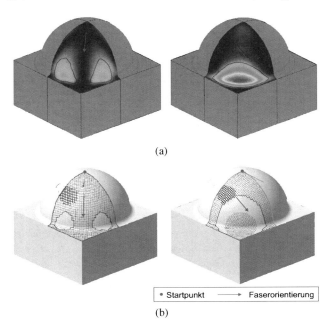

(a)

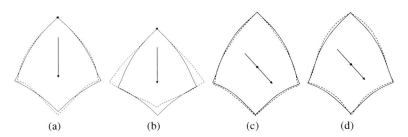

(b)

Abb. 15.18 Verformungsanalysen [57]: (a) *DC3D*, (b) *FiberSIM*®

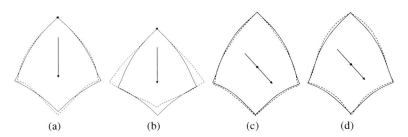

(a)   (b)   (c)   (d)

Abb. 15.19 Vergleich der mit *FiberSIM*® (gestrichelte Linie) und *DC3D* (durchgende Linie) entwickelten Zuschnitte [57]: (a) Startpunkt auf der Spitze des Zuschnittes (Scheitelpunkt), Faserorientierung 0° zur Kettrichtung, (b) Startpunkt auf der Spitze des Zuschnittes (Scheitelpunkt), Faserorientierung 45° zur Kettrichtung, (c) Startpunkt auf dem Flächenschwerpunkt des Zuschnittes, Faserorientierung 0° zur Kettrichtung, (d) Startpunkt auf dem Flächenschwerpunkt des Zuschnittes, Faserorientierung 45° zur Kettrichtung

Beiden Algorithmen liegt der Basis-Algorithmus des kinematischen Modells zu Grunde.

Alle Punkte $\vec{x}$ auf einer doppelt gekrümmten Geometrieoberfläche können parametrisch mit Oberflächenkoordinaten u_i dargestellt werden [42]:

$$\vec{x} = \vec{x}(u_1, u_2). \tag{15.2}$$

Tabelle 15.1 Flächeninhalt der in der Abbildung 15.19 dargestellten Zuschnitte

Zuschnitt	Fläche der Zuschnitte [mm²]		Differenz der Flächen [%]
	DC3D	FiberSIM®	
a)	63111,5	63980,5	1,4
b)	63111,5	69097,5	9,5
c)	63598,6	64379,5	1,2
d)	63598,6	67261,0	5,7

Die elementare Länge dS eines Oberflächensegments zwischen zwei nah beieinander liegenden Punkten ist durch die erste Fundamentalform der Oberfläche

$$dS^2 = G_{ij}du_i du_j \qquad (15.3)$$

mit den Koeffizienten

$$G_{ij} = \frac{\partial \vec{x}}{\partial u_i} \cdot \frac{\partial \vec{x}}{\partial u_j} \qquad (15.4)$$

gegeben. In Gleichung (15.3) findet die EINSTEIN'sche Summationskonvention Anwendung. Diese besagt, dass über alle in einem Term doppelt auftretenden Indizes automatisch zu summieren ist.

Die biaxial verstärkte Textilstruktur wird mit Koordinaten v_i entlang der Richtungen der Verstärkungsfäden beschrieben. Die elementare Länge ds eines Abschnitts des deformierten Textils ist gegeben durch

$$ds^2 = (\delta_{ij} + 2E_{ij})dv_i dv_j. \qquad (15.5)$$

E_{ij} bezeichnet die Koordinaten des Green-Lagrange-Tensors mit

$$E_{11} = 0, \quad E_{22} = 0 \quad \text{(keine Fadendehnung) und} \quad 2E_{12} = \cos\alpha, \qquad (15.6)$$

d. h. es wird angenommen, dass die Deformation der biaxial verstärkten Textilstruktur unter Schub durch reine Scherung mit dem Faserwinkel α erfolgt. Beim Ablegen des Textils auf die Oberfläche liegt Gleichheit der elementaren Länge eines Oberflächensegments und des entsprechenden Textilabschnitts vor, d. h. es gilt:

$$dS = ds \qquad (15.7)$$

und daraus folgt

$$G_{ij}du_i du_j = (\delta_{ij} + 2E_{ij})dv_i dv_j. \qquad (15.8)$$

Durch die Anwendung der EINSTEIN'schen Summationskonvention und das Einsetzen in (15.8) ergibt sich

$$G_{11}du_1^2 + 2G_{12}du_1 du_2 + G_{22}du_2^2 = dv_1^2 + 2\cos\alpha\, dv_1 dv_2 + dv_2^2. \qquad (15.9)$$

Die Drapierung einer biaxial verstärkten Textilstruktur auf die Oberfläche ist durch die Gleichung

$$u_i = u_i(v_1, v_2) \tag{15.10}$$

beschrieben. Durch Einsetzen von

$$du_1 = \frac{\partial u_1}{\partial v_1} dv_1 + \frac{\partial u_1}{\partial v_2} dv_2 \quad \text{und}$$

$$du_2 = \frac{\partial u_2}{\partial v_1} dv_1 + \frac{\partial u_2}{\partial v_2} dv_2 \tag{15.11}$$

in die Gleichung (15.9), ergibt sich

$$ds^2 = \left[G_{11} \left(\frac{\partial u_1}{\partial v_1} \right)^2 + 2G_{12} \frac{\partial u_1}{\partial v_1} \frac{\partial u_2}{\partial v_1} + G_{22} \left(\frac{\partial u_2}{\partial v_1} \right)^2 \right] dv_1^2 + \dots$$

$$\dots + \left[G_{11} \left(\frac{\partial u_1}{\partial v_2} \right)^2 + 2G_{12} \frac{\partial u_1}{\partial v_2} \frac{\partial u_2}{\partial v_2} + G_{22} \left(\frac{\partial u_2}{\partial v_2} \right)^2 \right] dv_2^2 + \dots$$

$$\dots + 2 \left[G_{11} \frac{\partial u_1}{\partial v_1} \frac{\partial u_1}{\partial v_2} + G_{12} \left(\frac{\partial u_1}{\partial v_1} \frac{\partial u_2}{\partial v_2} + \frac{\partial u_1}{\partial v_2} \frac{\partial u_2}{\partial v_1} \right) + G_{22} \frac{\partial u_2}{\partial v_1} \frac{\partial u_2}{\partial v_2} \right] dv_1 dv_2 = \dots$$

$$\dots = dv_1^2 + 2\cos\alpha \, dv_1 dv_2 + dv_2^2. \tag{15.12}$$

Aus dem Koeffizientenvergleich folgt

$$G_{11} \left(\frac{\partial u_1}{\partial v_1} \right)^2 + 2G_{12} \frac{\partial u_1}{\partial v_1} \frac{\partial u_2}{\partial v_1} + G_{22} \left(\frac{\partial u_2}{\partial v_1} \right)^2 = 1$$

$$G_{11} \left(\frac{\partial u_1}{\partial v_2} \right)^2 + 2G_{12} \frac{\partial u_1}{\partial v_2} \frac{\partial u_2}{\partial v_2} + G_{22} \left(\frac{\partial u_2}{\partial v_2} \right)^2 = 1$$

$$G_{11} \frac{\partial u_1}{\partial v_1} \frac{\partial u_1}{\partial v_2} + G_{12} \left(\frac{\partial u_1}{\partial v_1} \frac{\partial u_2}{\partial v_2} + \frac{\partial u_1}{\partial v_2} \frac{\partial u_2}{\partial v_1} \right) + G_{22} \frac{\partial u_2}{\partial v_1} \frac{\partial u_2}{\partial v_2} = \cos\alpha. \tag{15.13}$$

Die Anfangs- und Randbedingungen sind nötig, um die Gleichungen des kinematischen Modells numerisch zu lösen. Als Randbedingung sollen für

$$v_1 = 0 \quad \text{und}$$
$$v_2 = 0 \tag{15.14}$$

die Fäden geodätisch abgelegt werden. Zur numerischen Lösung des nichtlinearen Gleichungssystems (15.13) wird das biaxial verstärkte Halbzeug in ein Netz mit der Kantenlänge d diskretisiert, so dass der Knotenpunkt (i, j) die Koordinaten

$$v_1 = id \quad \text{und}$$
$$v_2 = jd \tag{15.15}$$

aufweist. Die Oberflächenkoordinaten bzw. die räumlichen Koordinaten können dann für jeden Knotenpunkt berechnet und daraus ebenfalls der Winkel α bestimmt werden [42, 49].

Die Drapiersimulation erfolgt in fünf Schritten:

1. der Anfangspunkt für das Auflegen der Verstärkungsstruktur auf der Oberfläche der Geometrie wird gewählt,
2. die Drapierungsrichtung für die Fäden wird mit $v_2 = 0$ bestimmt,
3. die Fäden mit $v_2 = 0$ werden entlang einer geodätischen Kurve auf der Oberfläche der Geometrie abgelegt,
4. Schritte 2. und 3. werden für die Fäden mit $v_1 = 0$ wiederholt,
5. alle Knoten (i, j) werden durchlaufen und die durch Gleichungen (15.13) gegebenen Bedingungen werden für jede Zelle mit den Knoten (i, j) und $(i-1, j-1)$ erfüllt.

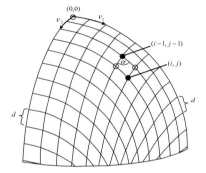

Abb. 15.20 Kinematische Simulation der Drapierung auf eine Kugeloberfläche, Diskretisierung des bidirektionalen Textils [42, 49, 57]

Abbildung 15.20 illustriert das kinematische Modell der Verstärkungsfäden beim Drapieren einer bidirektionalen Verstärkungsstruktur. Für die Abbildung $u_1(v_1, v_2)$ können verschiedene Ansätze verwendet werden [40, 49], die im weiteren Text beschrieben werden.

Das bidirektional verstärkte Halbzeug wird im *Fischnetz-Algorithmus* durch ein Netz von sich kreuzenden Fäden, die auf die Oberfläche entlang geodätischer Kurven angeordnet sind, repräsentiert. Dazu wird im Folgenden eine frei gewählte Zelle betrachtet (Abb. 15.20). Zuerst wird davon ausgegangen, dass die von dem linken Kreuzungspunkt ausgehenden Kanten bekannt sind. Die Startrichtungen der geodätischen Kanten, beginnend von dem oberen und dem unteren Kreuzungspunkt, deren Endpunkte sich treffen müssen, werden ermittelt. Die Berechnungsvorschrift wird als Minimierungsproblem des Abstandes zwischen zwei Endpunkten formuliert.

Da die Auswertung der Zielfunktion die Integration eines Differentials für geodätische Kurven gegebener Länge d beinhaltet, ist das Problem analytisch nicht lösbar. Infolgedessen werden Gradient und Hessematrix numerisch mit der Methode der finiten Differenzen berechnet [49]. Eine geodätische Kante wird ermittelt, in dem der Verstärkungsfaden auf der Oberfläche parametrisch durch die Gleichung (15.2) unter Verwendung von

$$u_1 = u_1(v)$$
$$u_2 = u_2(v) \tag{15.16}$$

definiert wird. Dabei bezeichnet v die Bogenlänge. Wenn

$$\frac{d\vec{x}}{dv} \cdot \frac{d\vec{x}}{dv} = 1 \tag{15.17}$$

und

$$\frac{d\vec{x}}{dv} = \frac{\partial \vec{x}}{\partial u_1} u_1{}' + \frac{\partial \vec{x}}{\partial u_2} u_2{}' \tag{15.18}$$

ist, ist der Verstärkungsfaden nicht dehnbar.

Die Fadenlage wird als geodätisch bezeichnet, wenn sich die ortsabhängige Normale zur Kurve und die Normale zur Oberfläche treffen [49]. Dies kann wie folgt formuliert werden:

$$\frac{d^2\vec{x}}{dv^2} = \frac{1}{\rho} \bar{n}. \tag{15.19}$$

Hier wird die Krümmung mit $1/\rho$ beschrieben. Mit der Gleichung

$$\bar{n} = \frac{\bar{J}}{|\bar{J}|} \tag{15.20}$$

wird die Normale zur Oberfläche berechnet, wobei

$$\bar{J} = \frac{\partial \vec{x}}{\partial u_1} \times \frac{\partial \vec{x}}{\partial u_2} \tag{15.21}$$

ist. Die Differenzierung der Bedingung (15.17) ergibt

$$\left(\frac{\partial \vec{x}}{\partial u_k} u_k' \right) \left(\frac{\partial^2 \vec{x}}{\partial u_i \partial u_j} u_i' u_j' + \frac{\partial \vec{x}}{\partial u_i} u_i'' \right) = 0. \tag{15.22}$$

Unter der Berücksichtigung von (15.19) folgt

$$\left\{ \begin{matrix} u_1'' \\ u_2'' \\ 1/\rho \end{matrix} \right\} = - \left[\frac{\partial \vec{x}}{\partial u_1} \quad \frac{\partial \vec{x}}{\partial u_2} \quad -\bar{n} \right]^{-1} \left\{ \frac{\partial^2 \vec{x}}{\partial u_i \partial u_j} u_i' u_j' \right\}. \tag{15.23}$$

Die ersten zwei Reihen sind Differentiale zweiten Grades für krummlinige Koordinaten $u_{k'}$, während die dritte Reihe zusätzlich die Krümmung liefert. Die Anfangsbedingungen für Gleichung (15.23) im Startpunkt sind $u_1(0)$ und $u_2(0)$, wobei du_2/du_1 die adäquaten Werte für die Startorientierungsrichtung darstellen. Die Werte $u_1'(0)$ und $u_2'(0)$ beinhalten die Normalisierungsbedingungen (15.17) [49].

Wird die Oberfläche einer Modellgeometrie mit planaren Dreiecken beschrieben, kommt der *Mosaik*-Algorithmus [49, 62] zum Einsatz. Bei komplexen Oberflächen wird eine Vielzahl von Elementen für die präzise Approximation einer Krümmung benötigt. Eine geodätische Kurve wird mittels solcher Mosaikoberflächen auf eine Zickzack-Kurve reduziert (Abb. 15.21).

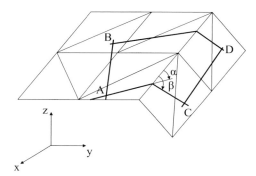

Abb. 15.21 Änderung der Faserorientierung in Knickstellen [49, 57]

Wenn der Startpunkt und die Faserorientierung gegeben sind, können hintereinander liegende Knotenpunkte direkt auf den Kanten des Mosaiks definiert werden. Die Faserrichtung zu Beginn des folgenden Dreieckes ergibt sich aus der Betrachtung, dass sich der Winkel zwischen dem Faden und der Kante von Dreieck zu Dreieck nicht ändert ($\alpha = \beta$ in der Abb. 15.21). Sind die Trajektorien AB und AC einer beliebigen Zelle ABCD gegeben, müssen die Anfangsrichtungen der Trajektorien BD und CD derart definiert werden, dass sich die Endpunkte in D schneiden. Dies entspricht wiederum einem Minimierungsproblem, welches bereits für den Fischnetz-Algorithmus erläutert wurde [49]. Die Güte des Mosaik-Algorithmus wird infolge der Diskretisierung der Oberfläche durch einen konstanten Fehler beeinträchtigt.

Zusammenfassend lässt sich feststellen, dass die Ermittlung des Optimums zwischen den strukturmechanischen Anforderungen und den Möglichkeiten der Formgebung (Zerlegung in einzelne Zuschnitte) für jeden Einsatzfall exakt erfolgen muss. Dabei können die genannten und erprobten Simulationswerkzeuge sehr hilfreich sein und zu einer Reduzierung der benötigten Entwicklungszeiten führen.

15.3.3 Lokale Strukturfixierung zur definierten Drapierung textiler Strukturen auf stark gekrümmten Oberflächen

Beim Verformen und Einlegen der textilen Halbzeuge zum Aufbau einer Preform spielt die Verformbarkeit eine entscheidende Rolle. Da die flexiblen, textilen Flächen in der Anwendung sehr empfindlich sind, besteht die Gefahr, dass die Verstärkungsfäden bei der Handhabung undefiniert verschoben werden und sich Randfäden, insbesondere bei spitzwinkligen Konturen, lösen oder verschieben können. Um diesen Effekten entgegen zu wirken, können Fixierungsmittel in Form von Bindern auf die textilen Halbzeuge aufgetragen werden. Bei einem vollflächigen Auftrag des Binders wird die Formstabilität des Halbzeuges wesentlich erhöht, was aber in der Regel zur Einschränkung einer faltenfreien Verformung führt. Aus diesem Grund werden nur Teilbereiche des vorkonfektionierten Halbzeuges fixiert [63–65].

Dazu wird ein Verfahren dargestellt, das einen wesentlichen Beitrag zur Verbesserung des Preformingprozesses leisten kann. Das entwickelte und patentierte Verfahren zur Strukturfixierung [66], das unter Berücksichtigung der 3D-Bauteilgeometrie die maßgeschneiderten lokalen Fixierungen realisiert, kann bestehende, teilweise erhebliche Zuschnitt-, Handhabungs- und Formgebungsprobleme in der Preformfertigungskette lösen. Folgende Merkmale charakterisieren das softwaregestützte Verfahren nach [66]:

- Ausrichtung der Strukturfixierung auf die berechneten Zuschnittsgeometrien,
- Identifizierung der Scherverformungen beim räumlichen Anordnen der Zuschnitte in die Preformgeometrie,
- Fixierung der Bereiche, die nur geringe Verzerrungen/Verschiebungen durch die Verformung erfahren,
- Anwendung der Fixierungsmittel in Rasteranordnung oder auch unregelmäßig (die Art der Fixierung richtet sich nach den jeweiligen Flächengebildestrukturen und den zu verarbeitenden Faserstoffen),
- Minimierung der Menge des Fixierungsmittels unter Berücksichtigung der meist porösen Struktur des textilen Halbzeuges, kontinuierliche oder auch diskontinuierliche Ausführung der Strukturfixierung in der Preformfertigungskette,
- konturgerechtes Stapeln von fixierten Zuschnitten unter Berücksichtigung der Schnittbildinformationen und
- Beachtung der Matrixverträglichkeit des Fixierungsmittels.

Bereiche, die nur geringe Verschiebungen durch die Verformung erfahren, sind als lokale Fixierungsstellen geeignet. Diese können durch Berechnung und Analyse der Abwicklungen ermittelt werden (s. Abschn. 15.3.2).

Die fixierten Bereiche können linienförmig oder flächenhaft angeordnet werden. Für die halbkugelähnliche Referenzgeometrie wird die Strukturfixierung linienförmig, wie in Abbildung 15.22 gezeigt, ausgerichtet. Die Fixierungslinien verlaufen längs und quer des Zuschnittes, so dass alle längs- und querliegenden Fäden fixiert werden. Dies verhindert das Herausfallen der Randfäden ohne die Kanten des Zuschnittes zu fixieren [64]. Die Menge des Fixierungsmittels wird verfahrensgemäß minimiert, um eine gute Verformbarkeit der Verstärkungsstrukturen zur Preform zu erhalten und die mechanischen Verbundkennwerte nicht negativ zu beeinträchtigen.

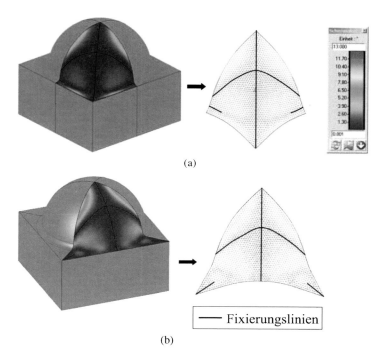

(a)

(b)

Abb. 15.22 Festlegung der Fixierungslinien auf unterschiedlichen Zuschnitten [57]

Auf Grund der deutlich unterschiedlichen Flächengebildestrukturen ist es notwendig, die Maßnahmen zur Strukturfixierung auf die verwendeten textilen Halbzeuge abzustimmen. Dazu werden diese hinreichend genau modelliert (Abb. 15.23 a). Die Modellierung erfolgt auf der Basis mikroskopischer Untersuchungen und ist beispielhaft für Verstärkungsgewebe dargestellt.

Für die 3D-Gewebemodellierung sind folgende Parameter erforderlich:

• die Breite der Kett- und Schussfäden,
• die Dicke des Gewebes,
• der Abstand zwischen den Fadenzentren normal zur Gewebeebene und
• der Abstand zwischen den Fadenzentren in der Gewebeebene.

Die modellierten Verstärkungsgewebe sind in Abbildung 15.23 b zu sehen.

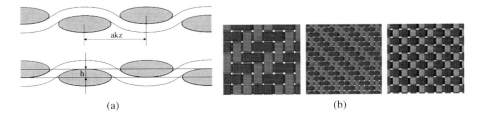

Abb. 15.23 (a) Abstände zwischen den Fadenzentren: (oben) normal zur Gewebeebene, (unten) in der Gewebeebene, (b) 3D-Gewebemodelle (Draufsicht)

Durch die Modellierung der Gewebe ist es möglich, die Zuschnittkonturen und die Strukturen der textilen Halbzeuge miteinander zu „koppeln", um die Zonen lokaler Fixierung auf die Struktur abzustimmen (Abb. 15.24). Die hierbei angewandte Methode der Strukturmodellierung ist aufwändig und deshalb in der industriellen Praxis für die Vielfalt der eingesetzten Verstärkungsstrukturen kaum realisierbar. Deshalb wird eine weitere Methode, die eine virtuelle Kontrolle der Lage der Verstärkungsfäden ermöglicht, entwickelt. Auf dem in *DC3D* berechneten 2D-Zuschnitt wird ein Raster, welches den Fadenverlauf der Verstärkungsstruktur abbildet, gezeichnet und auf das virtuelle Formwerkzeug verzerrungsgerecht projiziert (Abb. 15.24 b).

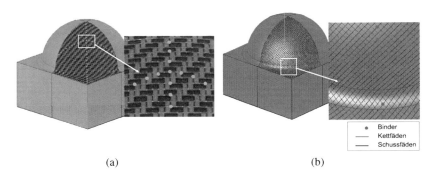

Abb. 15.24 (a) Matching des Gewebes auf der Referenzgeometrie, Binderapplikation, (b) Virtuelle Kontrolle der Lage der Verstärkungsfäden, Binderapplikation [57]

Die Strukturmodellierung liefert die Aussage, auf welche Stellen der Verstärkungsstruktur der Binder aufgetragen werden soll, um die ermittelten Fixierungsmuster zu realisieren und alle Fäden des Zuschnittes zu fixieren.

15.4 Modellierung von Verbundwerkstoffen

Das mechanische Verhalten von faserverstärkten Verbundwerkstoffen unterscheidet sich grundsätzlich von dem klassischer, monolithischer Werkstoffe. Wesentliche Merkmale sind dabei:

- lokal variierende Werkstoffeigenschaften auf Grund des inhomogenen Verbundaufbaus,
- global variierende Werkstoffeigenschaften auf Grund sich ändernder Verbundkonfigurationen und
- anisotrope globale Werkstoffeigenschaften bedingt durch die Ausrichtung der Verstärkungsfasern.

Eine große Herausforderung für den Konstrukteur besteht in der bestmöglichen Konfiguration des Verbundwerkstoffes hinsichtlich der zu erwartenden Belastung an einem Bauteil. Zur Untersuchung der gewählten Bauteilgestaltung in Bezug auf Kriterien wie maximale Deformation oder Spannung werden FE-Berechnungen genutzt. Für die FE-Modelle sind neben der Geometrie auch die konstitutiven Beziehungen entsprechend des verwendeten Werkstoffes vorzugeben. Die Adaptivität und die daraus folgende Vielzahl an möglichen Konfigurationen der textilen Verbundwerkstoffe sowie das komplexe Materialverhalten erfordern, insbesondere bei der Berücksichtigung des physikalisch nichtlinearen Verhaltens, einen hohen experimentellen Aufwand zur Quantifizierung der Verbundeigenschaften. Alternativ dazu lassen sich sowohl mechanische als auch andere Materialkennwerte mit Modellierungs- und Simulationsverfahren auf Basis einer mehrskaligen Betrachtungsweise wesentlich effizienter bestimmen.

Der hierarchische Aufbau von Verbundwerkstoffen ermöglicht, wie in Abbildung 15.25 dargestellt, eine eindeutige Abgrenzung zwischen verschiedenen Skalen, die durch charakteristische Längeneinheiten definiert sind.

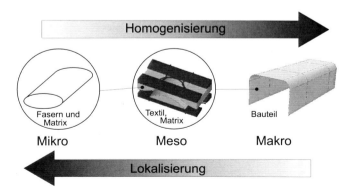

Abb. 15.25 Definition der Mikro-, Meso- und Makroskale auf Basis des hierarchischen Aufbaus von Verbundwerkstoffen

Dem entsprechend soll hier unterschieden werden zwischen:

- *Mikromechanik* ($< 0{,}1$ mm), die z. B. den Einfluss von Grenzflächen oder die Interaktion zwischen Faserfilamenten und Matrix beschreibt,
- *Mesomechanik* ($0{,}1$ mm $-1{,}0$ cm), die u. a. die Eigenschaften der Faden-Matrixbündel, deren Interaktion und Matrixrisse erfasst, und
- *Makromechanik* (> 1 cm), zur Ermittlung des Verhaltens von Bauteilen oder Bauteilbereichen unter vorgegebenen äußeren Belastungen.

Die in den Klammern angegebenen Dimensionen entsprechen charakteristischen Abmessungen für die jeweilige Betrachtungsebene.

Eine mehrskalige Simulation baut zum einen auf den konstitutiven Beziehungen der Verbundbestandteile auf, welche sich häufig durch eine einfache Formulierung und leichte Quantifizierung auszeichnen. Zum anderen wird mit der Modellierung, z. B. auf Basis der FEM, die Verbundarchitektur abgebildet. Als Homogenisierung wird dann der Übergang von einer Skale zu der nächst gröberen Skale bezeichnet, hier also von Mikro zu Meso bzw. Meso zu Makro. Die Umkehrung, also die Betrachtung des Zustandes einer Skale in der nächst feineren Skale, entspricht einer Lokalisierung. Mit dieser Betrachtungsweise und den entsprechenden Methoden lassen sich durch Variation geometrischer oder materieller Kennwerte im Bereich der Mikro- und Mesoskale die makroskopischen Eigenschaften des Verbunds ohne experimentelle Versuche gezielt einstellen.

Im Folgenden soll die Modellierung von textilverstärkten Verbundwerkstoffen in der Mikro- und Mesoebene näher beschrieben werden. Dies umfasst zum einen die geometrische Analyse des Verbunds in der jeweiligen Betrachtungsebene. Zum anderen wird mit der Anwendung von speziellen Modellierungsverfahren gezeigt, wie FE-Modelle zur Abbildung komplexer Verstärkungsarchitekturen effizient generiert werden können.

15.4.1 Modellierung des Faser-Matrixverbundes (Mikroebene)

Für die Simulation des Materialverhaltens in der Mikroebene und die Berechnung der effektiven Eigenschaften der Mesoebene mit Hilfe des FE-basierenden Homogenisierungsverfahrens ist der Verbund, bestehend aus Hochleistungsfilamenten und umgebendem Kunststoff, zu modellieren. Die dafür getroffenen Annahmen und Voraussetzungen werden im Folgenden beschrieben.

Die Durchtränkung der vermachten Gelegestruktur mit Matrixmaterial ist von den technologischen Parametern des Fertigungsverfahrens abhängig. Hier wird für die Modellierung davon ausgegangen, dass der Raum zwischen den Filamenten vollständig vom Matrixmaterial ausgefüllt ist.

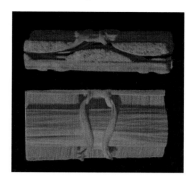

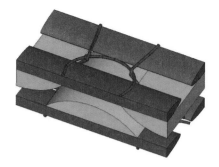

Abb. 15.26 CT-Aufnahme des Verbunds   **Abb. 15.27** Volumenmodell des MLG

Wie in der CT-Aufnahme von Abbildung 15.26 zu erkennen, sind die Filamente in einem Roving, unter Vernachlässigung lokaler Unregelmäßigkeiten, parallel angeordnet.

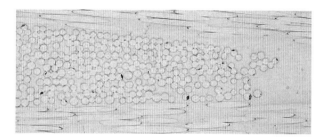

Abb. 15.28 Schliffbild des Kettfadenbereichs mit unregelmäßiger Anordnung der Filamente

Deshalb wird für das mikroskopische Modell des repräsentativen Volumenelements (RVE) angenommen, dass der Faser-Matrixbereich als UD-Verbund betrachtet werden kann.

Die unregelmäßige Anordnung der Filamente im Querschnitt des Rovings ist in Abbildung 15.28 als Aufnahme eines Verbundschliffs zu sehen. Auf Grund der hohen Filamentanzahl und deren statistischen Verteilung sind die effektiven mechanischen Eigenschaften senkrecht zur Ausrichtung des Rovings unabhängig von der Betrachtungsrichtung. Deshalb kann ein transversal isotropes Materialgesetz zur Beschreibung des mechanischen Verhaltens verwendet werden. Um die aufwändige Modellierung der statistischen Verteilung zu vermeiden, wird ein äquivalenter idealisierter UD-Verbund mit gleichmäßig angeordneten Filamenten, für den sich somit eine Einheitszelle als RVE definieren lässt, betrachtet. Eine Voraussetzung für das transversal isotrope effektive Verhalten ist die äquidistante Positionierung benachbarter Filamente. Zur Festlegung des Einheitszellenbereichs gibt es mehrere Möglichkeiten, wobei die Variante in Form eines schiefwinkligen Parallelepipeds in Abbildung 15.29 dargestellt ist.

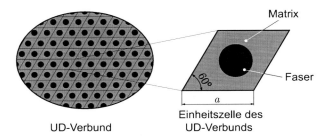

Abb. 15.29 Modell einer Einheitszelle des UD-Verbunds

Die äußere Abmessung des Modells in Filamentrichtung hat auf die effektiven Eigenschaften auf Grund der stetigen Fortsetzbarkeit keinen Einfluss und kann deshalb beliebig gewählt werden. Der von den Seitenlinien des Querschnitts eingeschlossene spitze Winkel entspricht 60°. Die Länge a dieser Linien kann dann unter Vorgabe von Filamentdurchmesser d_f und Faservolumenanteil φ durch

$$a = \sqrt{\frac{\pi}{2\sqrt{3}\,\varphi}} d_f \qquad (15.24)$$

berechnet werden.

15.4.2 Modellierung des Textiles im Verbund (Mesoebene)

15.4.2.1 Geometrische Beschreibung der Mehrlagengestrick-Verstärkung (MLG-Verstärkung)

Die Grundlage zur Beschreibung der Geometrie und zur Bestimmung unabhängiger Geometriegrößen bilden textil- und fertigungstechnische Parameter. Des Weiteren lassen sich, wie in Abbildung 15.30 dargestellt, digitale Aufnahmen von Textil und Verbund mit Hilfe eines Scanners bzw. Durchlichtmikroskops erstellen und hinsichtlich ebener Abmessungen auswerten. Die Ermittlung von Geometriegrößen in Plattendickenrichtung kann mit Hilfe von CT-Aufnahmen erfolgen. Als Beispiel ist eine Aufnahme in Abbildung 15.26 zu sehen. Da der CT-Scan mit einem hohen finanziellen Aufwand verbunden ist, sollen die im Folgenden hergeleiteten Gleichungen zur Ermittlung der räumlichen Verstärkungsgeometrie allein auf textiltechnischen Kennwerten und Abmessungen, die sich aus optischen Aufnahmen in der Textilebene bestimmen lassen, aufbauen.

Für die Modellierung auf Basis der FEM zur Untersuchung des Verbundverhaltens in der Mesoebene muss die Lage und somit der Verlauf der Verstärkungsfäden bekannt sein. Um die geometrische Beschreibung und dadurch auch die Modellie-

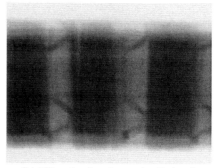

(a) Scannerbild mit dem MLG 3a   (b) Mikroskopieaufname des Verbunds

Abb. 15.30 Optische Aufnahmen des MLG und des Verbunds

rung zu vereinfachen, werden dabei nur grundlegende Geometrieformen, wie Linien und Kreissegmente, verwendet. Mit der Wahl geometrischer Grundformen für die Fadenquerschnitte lassen sich auch die Schwerpunktlagen bestimmen. Der Verlauf dieses Schwerpunktes entlang des jeweiligen Verstärkungsfadens muss für das binäre Modell, dass in Abschnitt 15.4.2.2 beschrieben wird, bekannt sein.

Die CT-Aufnahmen zeigen, dass für den Schussfaden eine Ellipse und für den Kettfaden ein Kreisabschnitt in guter Näherung als Querschnitt angenommen werden kann. Im Vergleich zum Kett- und Schussfaden hat der Maschenfaden einen kleinen Querschnitt. Deshalb wird er vereinfachend als kreisförmig betrachtet.

Mittels dieser geometrischen Abstrahierung lässt sich die Verstärkungsarchitektur eines Verbunds, dessen Textilverstärkung aus zwei wechselseitig gelegten MLG besteht, wie in Abbildung 15.27 darstellen. Für die quantitative Lagebeschreibung wird dann ein Koordinatensystem entsprechend der drei Ansichten in Abbildung 15.31 definiert.

Bei der Definition von Geometrieparametern wird vereinbart, dass Variablen mit tiefgestelltem K, S und M jeweils Größen mit Bezug auf Kett-, Schuss- oder Maschenfäden kennzeichnen.

Geometrie der Biaxialverstärkung

Die Abstände zwischen benachbarten Kett- und Schussfäden können aus den Kett- und Schussfadendichten η_K und η_S mit $l_K = \frac{1}{\eta_S}$ bzw. $l_S = \frac{1}{\eta_K}$ bestimmt werden. Die Querschnittsflächen A_K und A_S sind auf Grundlage der oben getroffenen Annahmen zur geometrischen Form und der in Abbildung 15.31 definierten Abmessungen D_K, d_K, D_S und d_S durch

$$A_K = \frac{2}{3}D_K\,d_K + \frac{d_K^3}{2D_K} \quad \text{und} \quad A_S = \frac{\pi}{4}D_S\,d_S \qquad (15.25)$$

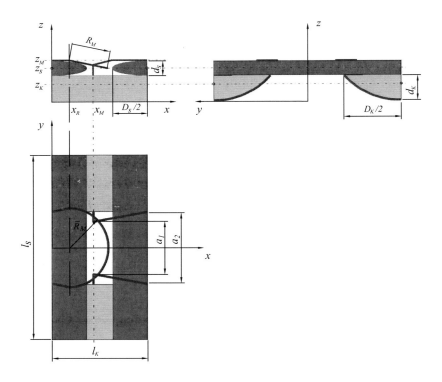

Abb. 15.31 Grafische Definition der Geometrieparameter des MLG

zu berechnen. Dabei entspricht die Gleichung für A_K einer Näherung der Fläche eines Kreisabschnitts. Die hier als unabhängig betrachteten Größen D_K und D_S lassen sich in den Aufnahmen des Scanners oder Mikroskops einfach bestimmen, da es Abmessungen in der Verbundebene sind. Dagegen können d_K und d_S als Abmessungen in z-Richtung nur über aufwändige Schliffbilder oder CT-Aufnahmen ermittelt werden. Alternativ lassen sich diese Größen aus dem Verhältnis der Masseanteile $\bar{m}_K$ und $\bar{m}_S$ von Kett- bzw. Schussfadenlagen, die als textiltechnische Parameter bekannt sind, abschätzen. Auf Basis der Annahme, dass die Massendichten der Rovings näherungsweise gleich sind, folgt das Verhältnis

$$\frac{\bar{m}_S}{\bar{m}_K} = \frac{A_S l_S n_S}{A_K l_K n_K},\qquad(15.26)$$

wobei n_K und n_S der jeweiligen Anzahl von Kett- bzw. Schussfadensystemen im MLG entspricht. Die Substitution der Flächen A_K und A_S durch die Gleichung (15.25) ergeben unter Vernachlässigung des in d_K kubischen Terms mit dem Verhältnis

$$rd := \frac{d_S}{d_K} = \frac{8\bar{m}_S D_K n_K \eta_K}{3\pi \bar{m}_K D_S n_S \eta_S}$$

die Gleichungen

$$d_K = \frac{d_{MLG}}{(n_S \, rd + n_K)\xi_K} \qquad \text{mit} \quad d_{MLG} := d/n_{MLG} \quad \text{und}$$

$$d_S = \frac{\xi_K}{\xi_S} \, rd \, d_K \qquad \text{mit} \quad \frac{1}{2} \le \xi_{K/S} \le 1 \qquad (15.27)$$

zur Berechnung der Kett- und Schussfadendicke. Dabei entspricht d_{MLG} der Dicke, die ein MLG im Verbund einnimmt. Des Weiteren wird angenommen, dass der Anteil des Maschenfadens an der Verbunddicke vernachlässigbar ist. Die Faktoren ξ_S und ξ_K beschreiben die Überlagerung von Fadenlagen durch ein Ineinandergreifen. Dies tritt z. B. bei wechselseitig gelegten Biaxialgestricken auf und ist in der oberen Ansicht der Abbildung 15.26 für die Kettfadenschicht deutlich zu erkennen. Für die Gestricke mit einem doppelten Maschenfadensystem besteht auf Grund des Textilaufbaus keine Möglichkeit der Überlagerung, woraus folgt, dass $\xi_K = \xi_S = 1$. Die Faktoren ξ_S und ξ_K hängen wesentlich von der Kompression der Gestricklagen in Dickenrichtung ab. Damit liefern analytische Lösungen auf rein geometrischer Basis keine zufriedenstellenden Ergebnisse.

Zur analytischen Approximation von effektiven mechanischen Eigenschaften der Faser-Matrixbereiche im Verbund muss der jeweilige Faservolumenanteil bekannt sein. Dieser lässt sich bei einer idealisierten Betrachtung der Bereiche als UD-Verbund durch $\varphi := A^f/A$ ermitteln. Die Gesamtquerschnittsfläche A kann für Kett- und Schussfäden aus den Gleichungen (15.25) bestimmt werden. Die Faserquerschnittsfläche A^f berechnet sich aus der Fadenfeinheit Tt und der Dichte des Textilwerkstoffes ρ mit $A^f = Tt/\rho$.

Die Koordinate z_K der Kettfadenachse berechnet sich mit Gleichung

$$z_K = \frac{(\frac{D_K}{2})^2 + d_K^2}{2d_K} - \frac{D_K^3}{12 A_K},$$

die sich aus dem Kreisradius und dem Abstand des Schwerpunktes zur Kreismitte herleiten lässt. Mit den Dicken d_K und d_S können dann alle weiteren z-Koordinaten der Verstärkungslagen bestimmt werden. Für das hier betrachtete Beispiel folgt somit

$$z_S = d_K + \frac{1}{2}d_S.$$

Geometrie des Maschenfadensystems

Der Maschenfaden wird, unter Berücksichtigung der geometrischen Auflösung in der Mesoebene und, wie in Abbildung 15.31 skizziert, stark abstrahiert abgebildet. So ist die reale Geometrie der Querschnittsfläche des Maschenfadens örtlich sehr veränderlich. Auf Grund des relativ geringen Durchmessers lässt sich der Querschnitt vereinfachend als kreisförmig betrachten. Zur Berechnung der Fläche A_M wird zudem angenommen, dass der Faseranteil des Maschenfadens $\varphi_M = A_M^f/A_M$ dem gemittelten Wert von Kett- und Schussfaden entspricht. Folglich kann der Durchmesser mittels $d_M = 2\sqrt{A_M/\pi}$ bestimmt werden. Mit dem Fadendurchmesser sind auch die y- und z-Koordinaten des Maschenfadens im Bereich der Umschließung des Kettfadens bekannt.

Die Geometrie des oberen Bereichs wird wesentlich durch den Radius R_M der Maschenschlaufe bestimmt. Dieser kann in seiner Projektion auf die x-y-Ebene als $\tilde{R}_M$ in den Mikroskopie- oder Scannerbildern gemessen werden. Da die Schlaufe, wie aus den CT-Bildern erkennbar, nach unten geneigt ist, wird angenommen, dass die Mitte auf Höhe der Schussfadenachse z_S liegt. Die Koordinate des als eben betrachteten Maschenbereichs in Dickenrichtung lässt sich mit $z_M = z_S + \frac{1}{2}d_S$ bestimmen. So kann der Schlaufenradius aus dem Projektionsradius und den z-Koordinaten mit

$$R_M = \sqrt{\tilde{R}_M^2 + (z_M - z_S)^2}$$

berechnet werden. Da die Schlaufenmitte, wie in Abbildung 15.26 zu sehen, an dem Schussfaden anliegt, ergibt sich für die x-Koordinate des Kreisbogenmittelpunkts die Beziehung

$$x_R = l_K - \frac{1}{2}(D_S + d_M + 2\tilde{R}_M).$$

Größe a_1 beschreibt den y-Abstand der Kontaktpunkte zwischen den nach unten verlaufenden Maschenfäden und der Schlaufe (Abb. 15.31). Unter Berücksichtigung der Kettfadenlage kann dieser Abstand mit $a_1 = l_S - D_K - 2d_M$ abgeschätzt werden. Aus dem Schnittpunkt des Schlaufenbogens mit der Koordinate $y = a_1/2$ folgt die Bestimmungsgleichung für

$$x_M = x_R + \sqrt{\tilde{R}^2 - \left(\frac{a_1}{2}\right)^2}.$$

Mit Hilfe der Strahlensatzbeziehung kann die Gleichung zur Berechnung des Abstandes a_2 hergeleitet werden:

$$a_2 = \frac{l_K - x_M}{l_K - x_M + x_R}(2\tilde{R} - a_1) + a_1.$$

Mit diesen zuvor angegebenen Gleichungen kann die räumliche Geometrie des Maschenfadens vollständig beschrieben werden.

Die hier dargelegten Analysen für die Bestimmung der geometrischen Kennwerte des MLG lassen sich auch in ähnlicher Weise auf andere MLG übertragen. Dabei ist zum Beispiel die möglicherweise unterschiedliche Anzahl von Kett- und Schussfadensystemen zu berücksichtigen. Des Weiteren kann auch durch eine entsprechende Anpassung der Gleichungen die Geometrie von ähnlichen Textilien wie zum Beispiel verwirkte Multiaxialgelege oder Gestricke bestimmt werden.

15.4.2.2 Finite Elemente Modellierung mit dem Binären Modell

Konzept und numerische Implementierung des Binären Modells

Das Binäre Modell wurde für die effiziente Modellierung textilverstärkter Verbunde entwickelt [67–69] und findet vielfältige Anwendung bei der Simulation statischer, thermischer und dynamischer Probleme [70, 71].

Die wesentliche Charakteristik des Binären Modells besteht in der Aufteilung von mechanischen Eigenschaften des Verbunds. Dieses Prinzip basiert auf großen Steifigkeitsunterschieden zwischen den Verstärkungsfäden und dem Matrixmaterial. Im Fall des hier untersuchten Verbunds ist der E-Modul der Glasfasern etwa 25 mal größer als der des Harzes.

Abbildung 15.32 stellt das Konzept des Binären Modells für einen biaxialen Faserverbund hinsichtlich der Mesoebene schematisch dar.

Dabei werden die axialen Steifigkeiten der Faser-Matrixbündel durch Stäbe ersetzt. Das sogenannte effektive Medium repräsentiert alle verbleibenden Eigenschaften von Matrix- und Fadenwerkstoff. Dazu gehören im Falle eines rein mechanischen Modells Querkontraktionseffekte sowie Schub- und Dehnsteifigkeiten des Matrixmaterials.

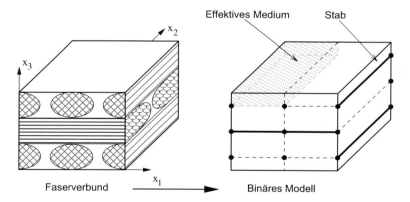

Abb. 15.32 Binäres Modell eines biaxialen Faserverbunds

Mit der Übertragung dieser Betrachtung auf die FE-Modellierung werden die axialen Steifigkeiten durch Zwei-Knoten-Stabelemente und das effektive Medium durch Vier-Knoten-Volumenelemente ersetzt. Letztere nehmen den vollständigen Raum des betrachteten Verbundbereichs ein. Die Geometrie der Elemente muss nicht, wie für eine konventionelle Vernetzung, an die Grenzflächen zwischen Matrix- und Fadenbereich angepasst werden. Deshalb kann die Elementform, zugunsten der Lösungskonvergenz und -genauigkeit, immer der eines Quaders entsprechen.

Die Lage der Stabelemente beschreibt dann den diskreten Verlauf des Schwerpunktes vom jeweiligen Fadenquerschnitt. Durch entsprechende Zwangsbedingungen ist die Kontinuität des Verschiebungsfelds der überlagerten Volumen- und Stabelemente zu gewährleisten. Dafür muss zwischen den zwei folgenden Möglichkeiten unterschieden werden.

Befindet sich ein Knoten des Stabelements an gleicher Stelle wie ein Knoten des Volumenelements, so können beide durch einen gemeinsamen Knoten ersetzt werden.

Sind, wie in Abbildung 15.32, die Richtungen und Lage der Stabelemente identisch mit denen der Volumenelementkanten, so können die Knotenpositionen von Stab- und Volumenelementen immer auf Übereinstimmung gebracht werden.

Für unregelmäßige Geometrien wie die des Maschenfadens wäre es dagegen mit hohem Aufwand verbunden, die Positionen der entsprechenden Volumenelementknoten an die von Stabelementen anzupassen. Deshalb soll ein zweiter Fall berücksichtigt werden, bei dem Stabelementknoten, wie in Abbildung 15.33 dargestellt, an einer beliebigen Stelle innerhalb der Volumenelemente liegen können. Dazu wird die Verschiebungskontinuität durch Elimination der Freiheitsgrade des Stabknotens i, hier allgemein mit $\{\hat{\mathbf{u}}\}^{(T)}$ bezeichnet, gewährleistet. Die Verschiebungszwangsbedingungen zwischen $\{\hat{\mathbf{u}}\}^{(T)}$ und Volumenelementfreiwerten $\{\hat{\mathbf{u}}\}^{(EM)}$ lassen sich durch die Gleichungen

$$\{\hat{\mathbf{u}}^i\}^{(T)} = \sum_{I=1}^{8} \begin{bmatrix} N_I(\xi^t) & 0 & 0 \\ 0 & N_I(\xi^t) & 0 \\ 0 & 0 & N_I(\xi^t) \end{bmatrix} \{\hat{\mathbf{u}}^I\}^{(EM)} =: [\mathbf{T}^i]\{\hat{\mathbf{u}}\}^{(EM)} \qquad (15.28)$$

beschreiben, wobei N_I die acht Formfunktionen des Volumenelements und ξ^t die lokalen Volumenelementkoordinaten des Stabknotens sind (Abb. 15.33).

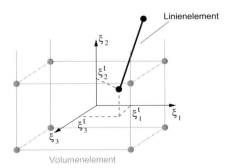

Abb. 15.33 Lokale Volumenelementkoordinaten eines Stabelementknotens

Mit der so ermittelten Matrix $[\mathbf{T}^i]$ können die Zwangsbedingungen, wie bei [72] beschrieben, implementiert werden. Die Anzahl der Freiheitsgrade des binären FE-Modells wird somit nur durch die Anzahl der Volumenelementknoten bestimmt.

Als Beispiel für ein binäres Modell sind in Abbildung 15.34 das FE-Netz der Volumenelemente und die Struktur der Stabelemente des RVE mit zwei wechselseitig gelegten Biaxialgestricken gezeigt.

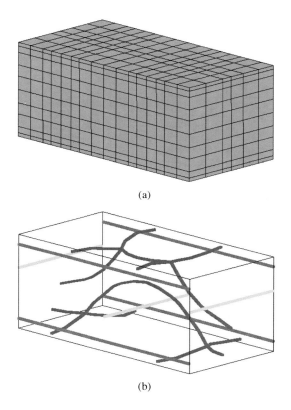

(a)

(b)

Abb. 15.34 Binäres Modell des RVE mit MLG-Verstärkung, (a) FE-Netz der Volumenelemente, (b) Struktur der Stabelemente

Das dabei betrachtete Biaxialgestrick und somit auch die verwendete Geometrie entspricht dem in Abschnitt 15.4 analysierten Beispiel. Dieses FE-Modell benötigt 3927 Verschiebungsfreiwerte. Ein ähnliches konventionelles FE-Modell, das nur die Struktur der Kett- und Schussfäden ausschließlich mit Volumenelementen beschreibt, besitzt etwa 18 200 Freiwerte. Dieser Vergleich macht die Effizienz des binären Modells hinsichtlich des numerischen Aufwands deutlich. Die Vernetzung der Maschenstruktur auf Basis von Volumenelementen ist zudem mit einem erheblichen Modellierungsaufwand verbunden. Dadurch muss auch das Netz wesentlich verfeinert werden und die Anzahl der Freiwerte des zu lösenden Gleichungssystems nimmt weiter zu.

Die geometrische Abstraktion des binären Modells erfordert eine Herleitung der konstitutiven Beziehungen, die den Stab- und Volumenelementen zuzuweisen sind.

Für ein elastisches Materialverhalten wird dies entsprechend der Darlegung von *Xu et al.* [68] im Folgenden beschrieben.

Konstitutive Beziehungen des effektiven Mediums

Die mechanischen Eigenschaften des effektiven Mediums für eine biaxiale Verstärkung können aus den effektiven Eigenschaften eines UD-Verbunds abgeleitet werden. Diese lassen sich mit Hilfe der Homogenisierung eines UD-Modells entsprechend des Abschnitts 15.4.1 oder durch eine analytische Näherung (s. [73]) berechnen. Zur Unterscheidung werden im Folgenden alle Kenngrößen des UD-Verbunds bzw. des effektiven Mediums durch ein hochgestelltes (UD) bzw. (EM) gekennzeichnet. Des Weiteren ist der Faservolumenanteil $\varphi^{(EM)}$ als das Verhältnis der Volumina von Faserverstärkung und RVE definiert. Die Faserorientierung im UD-Verbund stimmt mit der x_1-Richtung überein. Die im Folgenden verwendete Indizierung der Kennwerte des effektiven Mediums basiert auf dem in Abbildung 15.32 eingetragenen Koordinatensystem.

Bei der Übertragung von UD-Kennwerten auf die Eigenschaften des effektiven Mediums wird angenommen, dass die Quersteifigkeit der Faser-Matrixbündel den E-Modul $E_3^{(EM)}$ in Dickenrichtung wesentlich beeinflusst. Auch für Querkontraktionen und Schubmoduln des effektiven Mediums ist eine Abschätzung mit $v_{12}^{(UD)}$ bzw. $G_{12}^{(UD)}$ naheliegend [68]. Die verbleibenden E-Moduln bezüglich der Verbundebene $E_1^{(EM)}$ und $E_2^{(EM)}$ können, ausgehend von einer transversalen Isotropie mit der Vorzugsrichtung x_3, aus Schubmodul und Querkontraktion berechnet werden. Für die Ingenieurskonstanten des effektiven Mediums folgt zusammenfassend

$$G_{23}^{(EM)} = G_{13}^{(EM)} = G_{12}^{(EM)} = G_{12}^{(UD)},$$
$$v_{23}^{(EM)} = v_{13}^{(EM)} = v_{12}^{(EM)} = v_{12}^{(UD)},$$
$$E_3^{(EM)} = E_2^{(UD)} \quad \text{und} \tag{15.29}$$
$$E_1^{(EM)} = E_2^{(EM)} = 2(1 + v_{12}^{(EM)})G_{12}^{(EM)}.$$

Dieses elastische Verhalten weicht nur auf Grund der unterschiedlichen E-Moduln von einem isotropen Werkstoff ab. Da für textile Verbunde die Steifigkeiten im Wesentlichen von den Verstärkungsfäden bestimmt werden, lassen sich auch wie in [68] vereinfachend die Identitäten $E_1^{(EM)} = E_2^{(EM)} = E_2^{(UD)}$ annehmen. Daraus folgt ein isotropes Verhalten des effektiven Mediums.

MLG-Verbunde unterscheiden sich in ihrer Verstärkungsarchitektur vom zuvor betrachteten Biaxialverbund durch die Maschenstruktur. Da dessen Masseanteil bezüglich der Textilgesamtmasse mit etwa 4-14 % jedoch gering ist, kann der Struktureinfluss auf die Eigenschaften des effektiven Mediums vernachlässigt werden. Nur zur Berechnung von $\varphi^{(EM)}$ wird das Volumen des Maschenfadens berücksichtigt.

Konstitutive Beziehungen der Stäbe

Wie in diesem Abschnitt beschrieben, bilden die Stabelemente im binären Modell die axialen Steifigkeiten der mit Matrixmaterial konsolidierten Filamente im Verbundwerkstoff ab. Die für Kett- und Schussfäden verwendeten Rovings haben keine miteinander verdrillten Filamente. In Abbildung 15.26 ist zu erkennen, dass die Ausrichtung der Filamente und der Rovings gut übereinstimmt. Somit können diese Faser-Matrixbereiche als ein UD-Verbund betrachtet werden.

Wenn der Maschenfaden aus Glasfaser-Zwirn besteht, kann er nur bedingt als UD betrachtet werden. Da aber der Faservolumenanteil des Maschenfadens im Verbund vergleichsweise niedrig ist, lässt sich der mechanische Einfluss durch die gedrillte Filamentanordnung vernachlässigen. Deshalb kann auch der Bereich des Maschenfadens im konsolidierten MLG vereinfachend als UD-Verbund modelliert werden.

Für die folgenden Herleitungen zur Beschreibung effektiver Eigenschaften der Stabelemente werden die Bestandteile des UD-Verbunds, hier also Glas und Epoxydharz, als Kontinua betrachtet.

Die elastische Steifigkeit der Stabelemente kann analog zu dem effektiven Medium mit Hilfe eines analytischen UD-Modells bestimmt werden. Demzufolge entspricht der resultierende E-Modul in Stabrichtung dem Wert $E_1^{(UD)}(\varphi)$, der sich aus dem Faservolumengehalt φ des Faden-Matrixbereichs und den Materialeigenschaften von Faser und Matrix berechnet.

Im FE-Modell werden die Stab- und Volumenelemente überlagert. Dies entspricht einer Parallelschaltung der axialen Steifigkeiten beider Elemente. Um eine mehrfache Berücksichtigung des Beitrags zur elastischen Steifigkeit vom Matrixmaterial zu verhindern, ist der E-Modul des Stabelements $E^{(T)}$ nach Gleichung

$$E_\beta^{(T)} = E_1^{(UD)}(\varphi_\beta) - E_{axial}^{(EM)} \quad \text{mit} \quad \beta \in \{K, S, M\} \tag{15.30}$$

vorzugeben. Durch den Index β wird der Bezug zum jeweiligen Kett-, Schuss- und Maschenfaden angegeben und $E_{axial}^{(EM)}$ entspricht der Steifigkeit des effektiven Mediums in Richtung des Stabelements.

Zur Berechnung von $E_{axial}^{(EM)}$ wird der Dehnungszustand des Stabelements auf das zugeordnete Volumenelement übertragen. Damit lässt sich die gesuchte Größe durch

$$E_{axial}^{(EM)} = \{\bar{\varepsilon}^t\}^T \left[\mathbf{C}^{(EM)}\right] \{\bar{\varepsilon}^t\} \tag{15.31}$$

numerisch berechnen, wobei der Vektor $\{\bar{\varepsilon}^t\}$ einer Einheitsdehnung in Stabrichtung und die Matrix $[\mathbf{C}^{(EM)}]$ der Materialsteifigkeit des effektiven Mediums entspricht.

Im Fall einer FE-Simulation mit einem elastisch-plastischen Materialgesetz für das effektive Medium ist die Matrix in Gleichung (15.31) durch die jeweils aktuelle, konsistente Tangentensteifigkeit zu ersetzen.

15.5 Materialeigenschaften von Verbundwerkstoffen am Beispiel des Mehrlagengestricks

15.5.1 Experimentelle Untersuchungen

Das Ziel experimenteller Untersuchungen von Verbundwerkstoffen mit Textilverstärkung besteht in dem allgemeinen Studium der Materialphänomenologie unter Berücksichtigung verschiedener Betrachtungsauflösungen und der Quantifizierung effektiver ebener Materialeigenschaften. Diese wiederum können direkt bei der Berechnung von Strukturmodellen aus dem entsprechenden Verbundmaterial oder als Validierungsgrundlage der Simulations- und Modellierungsverfahren verwendet werden. Des Weiteren lassen mit den Auswertungen von Versuchen an Reinharzprüfkörpern Basiskennwerte für die Mikro- und Mesomodelle des Abschnitts 15.4.2 bereitstellen.

Im Gegensatz zu vielen monolithischen Werkstoffen sind die Eigenschaften endlosfaserverstärkter Verbunde stark anisotrop und von der Belastungsart abhängig. Dies erfordert im Vergleich zur erstgenannten Werkstoffgruppe einen deutlich höheren Versuchsumfang zur vollständigen experimentellen Analyse. Generell können die richtungsabhängigen Eigenschaften in Zug-, Druck-, Biege- und Schubversuch untersucht werden. Im Folgenden sollen diese Versuche sowie die damit verbundene Versuchsauswertung eingehender betrachtet werden.

15.5.1.1 Zug- und Druckversuch

Wie in Kapitel 14.6.2.1 beschrieben, kann mit dem Zug- bzw. Druckversuch das mechanische Verhalten des Werkstoffes unter einachsiger Zug- bzw. Druckbeanspruchung untersucht und quantifiziert werden. Das anisotrope Materialverhalten erfordert eine Auswertung von Datensätzen von Prüfkörpern mit unterschiedlichen Textilorientierungen. Für ein orthotropes Verhalten sind Versuche in drei verschiedene Richtungen, z. B. 0°, 45° und 90°, zur Bestimmung der ebenen elastischen Kennwerte notwendig. Die Untersuchung von Prüfkörpern mit weiteren Textilorientierungen ermöglicht eine Überprüfung der Annahme des orthotropen Verhaltens.

Die experimentelle Versuchsdurchführung zum Druckverhalten ist entsprechend der Verbunddicke d und des betrachteten Belastungsspektrums auszuwählen. Besteht die Gefahr eines Ausknickens des Prüfkörpers, so ist die Verwendung einer Knickstütze, wie in Abbildung 15.35 a zu sehen, erforderlich.

(a)   (b)

Abb. 15.35 Experimentelle Vorrichtungen für den Druckversuch, (a) Knickstütze für dünne Prüfkörper, (b) Druckstempel für dicke Prüfkörper

Bei ausreichend dickem Verbundmaterial kann der Prüfkörper, wie in Kapitel 14.6.2.2 dargelegt, direkt in die Spannbacken der Prüfmaschine oder wie in Abbildung 15.35 b zwischen zwei Druckstempel eingespannt werden.

Die Erfassung der Messdaten erfolgt im Allgemeinen über den Steuerrechner der Prüfmaschine. Die Kraft und der Traversenweg kann über die in der Prüfmaschine integrierten Vorrichtungen gemessen werden. Zur Ermittlung von Dehnungen auf der Prüfkörperoberfläche ist die Verwendung von Dehnungsmessstreifen (DMS) möglich. Im Vergleich zu monolithischen Werkstoffen muss die Länge der DMS für Verbundwerkstoffe deutlich größer sein [74]. Der Einsatz dieser längeren DMS ist allerdings mit erheblichen Kosten verbunden. Alternativ bietet sich die Verwendung eines Laserextensometers zur Bestimmung der Längsdehnung an. Auf dem Prüfkörper sind dafür zwei Messmarken aufzubringen, deren Abstand durch einen Laserstrahl während des gesamten Versuchs erfasst wird. Das Steuerungsprogramm berechnet daraus die technische Dehnung, die als integrale Größe über den Bereich zwischen den Messmarken zu interpretieren ist. Als weiteres Messverfahren kann parallel dazu das Deformationsfeld der gegenüberliegenden Prüfkörperoberfläche mit ARAMIS (Fa. GOM GmbH Braunschweig) ermittelt werden. Dies ermöglicht eine gleichzeitige Messung von Längs- und Querdehnung sowie die Untersuchung von Biegeeinflüssen. Ein entsprechender Versuchsaufbau ist in Abbildung 15.36 zu sehen.

Als exemplarisches Beispiel werden in Abbildung 15.37 drei typische Spannungs-Dehnungs-Verläufe aus den Zugversuchen in 0°-, 45°- und 90°-Richtung mit Proben aus einem biaxialen MLG-Verbundwerkstoff verglichen.

Abb. 15.36 Zugversuch bei paralleler Messung mit ARAMIS und Laserextensometer

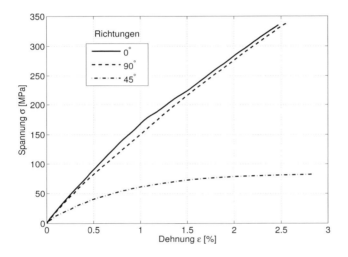

Abb. 15.37 Spannungs-Dehnungs-Diagramm aus Zugversuch in 0°-, 45°- und 90°-Richtung mit MLG-Verbundwerkstoff

Wie anhand der Verstärkungsarchitektur zu erwarten ist, weist der Verbund in Richtung der Verstärkungsfäden im Vergleich zu der 45°-Richtung eine wesentlich höhere Steifigkeit auf. So ist auch der Kurvenabschnitt, der dem linearelastischen Bereich zugeordnet werden kann, aus den Versuchen in Materialhauptachsenrichtung größer. Außerdem grenzt er sich durch das Abknicken des Verlaufs signifikant von dem nachfolgenden inelastischen Verhalten ab. Aus dem anfänglich linearen Anstieg der Spannungs-Dehnungs-Kurven ist für jeden Versuch mit der Textilorientierung α der E-Modul $E^{(\alpha)}$ zu bestimmen. Die Querkontraktionszahl $v^{(\alpha)}$ wird aus dem Anstieg $\varepsilon_q(\varepsilon_l)$ ermittelt, wobei ε_q und ε_l die Quer- bzw. Längsdehnungen sind. Aus diesen Ingenieurskennwerten werden die Nachgiebigkeitskoordinaten mittels

$$S_{11}^{(\alpha)} = \frac{1}{E^{(\alpha)}} \quad \text{und} \quad S_{12}^{(\alpha)} = -\frac{\nu^{(\alpha)}}{E^{(\alpha)}} \tag{15.32}$$

berechnet. Für q experimentelle Untersuchungen an Prüfkörpern mit verschiedenen Winkeln α_i ($i = 1, \ldots, q$) der Textilorientierung können diese Ergebnisse durch Tensortransformation auf die Nachgiebigkeitskoordinaten S_{xx}, S_{yy}, S_{xy} und S_{ss} im Hauptachsensystem x-y bezogen werden, wobei mit S_{ss} die Schubnachgiebigkeit bezeichnet wird. Unter der Annahme eines orthotropen Materialverhaltens ergibt sich das Gleichungssystem

$$\begin{bmatrix} m_1^4 & n_1^4 & 2m_1^2 n_1^2 & m_1^2 n_1^2 \\ m_2^4 & n_2^4 & 2m_2^2 n_2^2 & m_2^2 n_2^2 \\ \vdots & \vdots & \vdots & \vdots \\ m_q^4 & n_q^4 & 2m_q^2 n_q^2 & m_q^2 n_q^2 \\ m_1^2 n_1^2 & m_1^2 n_1^2 & m_1^4 + n_1^4 & -m_1^2 n_1^2 \\ \vdots & \vdots & \vdots & \vdots \\ m_q^2 n_q^2 & m_q^2 n_q^2 & m_q^4 + n_q^4 & -m_q^2 n_q^2 \end{bmatrix} \begin{pmatrix} S_{xx} \\ S_{yy} \\ S_{xy} \\ S_{ss} \end{pmatrix} = \begin{pmatrix} S_{11}^{(\alpha_1)} \\ S_{11}^{(\alpha_2)} \\ \vdots \\ S_{11}^{(\alpha_q)} \\ S_{12}^{(\alpha_1)} \\ \vdots \\ S_{12}^{(\alpha_q)} \end{pmatrix}, \tag{15.33}$$

wobei $m_i := \cos(\alpha_i)$ und $n_i := \sin(\alpha_i)$ sind. Wenn die Anzahl der Versuche und somit auch die der auszuwertenden Ergebnisse in den verschiedenen Richtungen größer ist als vier, wird das Gleichungssystem (15.33) überbestimmt und die Lösung für die unbekannten Nachgiebigkeitskoordinaten kann über eine Regressionsrechnung, z. B. mit MATLAB, ermittelt werden.

15.5.1.2 Biegeversuch

Das Verhalten von Verbundwerkstoffen bei einer Biegebelastung kann deutlich von dem bei Zug- oder Druckbelastung abweichen. Ursache hierfür ist der strukturelle Aufbau des Verbunds in Dickenrichtung [50]. Daher ist eine experimentelle Untersuchung der Biegesteifigkeit, insbesondere bei dünnen Verbundplatten, erforderlich.

Es existiert eine große Anzahl von unterschiedlichen Konstruktionsvarianten für die Vorrichtung des Biegeversuchs. In Ergänzung zu den Betrachtungen hinsichtlich der Prüfung auf Basis von Normen in Kapitel 14.6.2.3, kann zwischen Vorrichtungen mit horizontaler oder vertikaler Prüfkörperanordnung und der Möglichkeit zur Aufbringung von Wechselbiegebelastung unterschieden werden. Zur Untersuchung des Verhaltens von Werkstoffen bei Wechselbiegung wurde am Institut für Festkörpermechanik (IFKM) der TU Dresden eine horizontale Vorrichtung mit Vierpunktlagerung entwickelt. Wie in Abbildung 15.38 zu sehen, wird dabei der Prüfkörper zwischen zwei festen und zwei losen Rollen gelagert.

Die Aufnahmen der Rollenpaare mit dem inneren Abstand l_b sind drehbar gelagert, um die Biegedeformation nicht zu behindern. Durch lose Rollen, die über Lager-

Abb. 15.38 Horizontale Wechselbiegevorrichtung

bolzen mit dem Abstand $L_b > l_b$ an der Gabel befestigt sind, wird der Prüfkörper belastet. Die Konstruktion dieser Vorrichtung ermöglicht eine variable Anpassung der Geometriegrößen l_b und L_b.

Über entsprechende Aufnehmer am Versuchstand werden Daten der Weg- und Kraftmessung mit dem Steuerungsrechner aufgezeichnet. Des Weiteren wird die räumliche Verschiebung der Prüfkörperoberfläche mit dem ARAMIS-Messsystem bestimmt. Mit Hilfe des Verschiebungsfeldes, dass in Abbildung 15.39 für die 0° und 45°-Richtung zu sehen ist, lässt sich die Querkontraktion des Verbundmaterials bestimmen [50].

   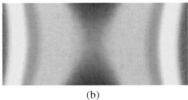

(a)   (b)

Abb. 15.39 Farbskalierte Darstellung der Verschiebung u_z der Prüfkörperoberfläche eines Verbunds mit MLG-Verstärkung, (a) Textilorientierung 0°, (b) Textilorientierung 45°

Mit der Annahme eines linearen Spannungsverlaufs über die als homogen betrachtete Dicke des Verbunds lassen sich aus den gemessenen Dehnungen ε_b an der Oberfläche die Verläufe $\sigma_b(\varepsilon_b)$ der Biegespannung bestimmen. Der Anstieg des anfänglich linearen Kurvenverlaufs wird als Biege-E-Modul $E_b^{(\alpha)}$ für die Textilorientierung α bezeichnet. Ein Vergleich des Zug- und Biege-E-Moduls in der Verbundebene eines MLG-Verbunds ist im Polardiagramm von Abbildung 15.40 zu sehen.

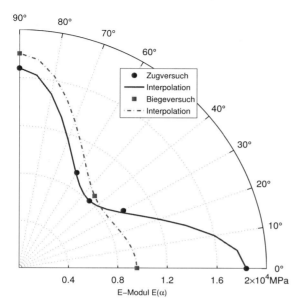

Abb. 15.40 E-Modul in der Verbundebene aus Zug- und Biegeversuch mit einem MLG-Verbund

Hier zeigt sich eine gute Übereinstimmung der Ergebnisse in 45°-Richtung. Dagegen ist der E-Modul bei 0° kleiner und bei 90° größer als die Werte aus dem Zugversuch. Dieser Effekt wird durch die inhomogene Beanspruchung bei Biegung und den Aufbau der Verstärkungsstruktur verursacht. So werden die Proben mit 90°-Orientierung einer Biegebelastung um 0° ausgesetzt. Dabei nimmt die absolute Biegespannung ausgehend von der Plattenmittelebene zur Prüfkörperoberfläche hin zu, wobei es in den oberflächennahen Bereichen keine Verstärkung in diese Richtung gibt. Dagegen verursachen die im Lagenaufbau außenliegenden Schussfäden bei einer Biegung um die 90°-Richtung einen höheren Widerstand gegen die Verformung. Für die Steifigkeit bei reiner Zugbeanspruchung ist dagegen die Lage der Verstärkungsfäden in Dickenrichtung irrelevant.

15.5.1.3 Schubversuch

Für die experimentelle Untersuchung des Verbundverhaltens unter reiner ebener Schubbelastung gibt es verschiedene Versuchs- und Belastungsvorrichtungen (s. Kap. 14.6.2.4). Wie in [75] beschrieben, zeichnet sich die Versuchsdurchführung mit einem Schubrahmen durch mehrere Vorteile gegenüber alternativen Varianten aus. Abbildung 15.41 zeigt eine derartige Vorrichtung, die in Anlehnung an DIN 53399-2 dimensioniert ist. Mittels applizierter Aufleimer wird eine gleichmäßige Krafteinleitung gewährleistet. In Analogie zum Zugversuch kann auch hierfür die Messung der Deformation jeweils auf gegenüberliegenden Seiten des Prüfkörpers das Laserextensometer bzw. ARAMIS verwendet werden.

Abb. 15.41 Versuchsaufbau und Messeinrichtungen des Schubversuchs

Die makroskopische Schubspannung τ berechnet sich mit der Gleichung

$$\tau = \frac{\sqrt{2}}{2\,l\,d}F, \tag{15.34}$$

wobei l die Seitenlänge der Messfläche und F die äußere Zugkraft an der Versuchsvorrichtung ist. Als Ergebnis der Messungen mit ARAMIS wurden die Dehnungsverläufe in den Diagonalrichtungen der quadratischen Messfläche ermittelt. Durch die parallele Bestimmung der vertikalen Dehnung mit dem Laserextensometer lässt sich eine mögliche Biegung des Prüfkörpers ermitteln.

Im Versuchsaufbau der Abbildung 15.41 entspricht die vertikale Dehnung der Hauptdehnung ε_1 und die horizontale Dehnung der Nebendehnung ε_2. Unter Berücksichtigung einer anisotropen Deformation berechnet sich die Schubverzerrung γ durch [76]

$$\gamma = \frac{\varepsilon_1 - \varepsilon_2}{1 + \varepsilon_1 + \varepsilon_2}. \tag{15.35}$$

Abbildung 15.42 zeigt die mit ARAMIS bestimmte Verteilung der Hauptdehnung. Die gleichmäßige Dehnungsverteilung wird, außer von lokalen Inhomogenitäten, nicht durch Randeinflüsse der Krafteinleitung gestört.

Der ebene Schubmodul G_{xy} des geprüften Verbundes kann aus dem anfänglichen Anstieg des Kurvenverlaufs $\tau(\gamma)$ bestimmt werden. Ein Vergleich mit den Ergeb-

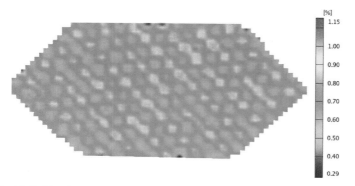

Abb. 15.42 Verteilung der Hauptdehnung im Schubversuch mit einem MLG-Verbund

nissen des Zugversuchs ermöglicht die Überprüfung der versuchsübergreifenden Konsistenz in den Resultaten dieser beiden experimentellen Untersuchungen.

15.5.2 Homogenisierung auf Basis des Energiekriteriums

15.5.2.1 Gundlagen der Homogenisierung

In rechnergestützten Simulationen des Beanspruchungs- und Deformationszustandes makroskopischer Bauteile aus Faserverbundwerkstoff ist die Modellierung der Mikro- oder Mesostruktur aus Effizienzgründen nicht sinnvoll. Deshalb wird für diese Berechnungen der heterogene Werkstoff durch ein homogenes Kontinuum ersetzt. Die Materialparameter in den konstitutiven Beziehungen des Ersatzkontinuums, die hier auch als effektive Materialkennwerte bezeichnet werden, lassen sich im Allgemeinen experimentell bestimmen. Auf Grund des makroskopisch anisotropen Materialverhaltens und der daraus folgenden Vielzahl von Kennwerten ist dies mit erheblichem Aufwand verbunden. Außerdem erfordert jede Änderung der Verstärkungsarchitektur oder des Werkstoffes von Verbundbestandteilen neue experimentelle Untersuchungen. Um diesen Aufwand zu vermeiden, können alternativ die effektiven Eigenschaften mittels Homogenisierungsverfahren berechnet werden.

In diesem Abschnitt werden die heterogene Mikro- und die homogene Makroebene repräsentativ für eine Mehrskalenanalyse mit unterschiedlichen Größenordnungen betrachtet. In der Makroebene kann die charakteristische Länge L als maximaler Abstand zweier Punkte in einem homogenen Körper Ω mit

$$L = \max_{\mathbf{X}_1, \mathbf{X}_2 \in \Omega} |\mathbf{X}_1 - \mathbf{X}_2| \qquad (15.36)$$

definiert werden. Analog dazu beschreibt l eine charakteristische Länge der Mikrostruktur. Eine wesentliche Grundlage vieler *Homogenisierungsverfahren* ist das Konzept des repräsentativen Volumenelements (RVE). Dafür wird ein Teilgebiet $Y = \{\mathbf{y} = y^i \mathbf{e}_i, |y^i| < \frac{a}{2}\}$ in der Mikroebene ausgewählt, das aus statistischen Gesichtspunkten die Charakteristik des Werkstoffes in der Makroebene vollständig abbildet. Dieses Teilgebiet wird als repräsentatives Volumenelement bezeichnet. Für Verbundwerkstoffe mit einer periodischen Mikrostruktur kann das RVE, wie in Abbildung 15.43 dargestellt, auch als eine Einheitszelle definiert werden.

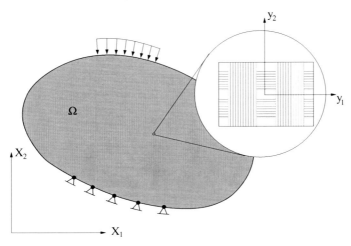

Abb. 15.43 Makro- und Mesoebene

Mit Hilfe der zuvor eingeführten charakteristischen Längen lassen sich allgemeine Bedingungen zur Verwendung der Homogenisierungsverfahren und für die Definition des RVE formulieren. Wird sowohl das RVE als auch das Ersatzkontinuum im Rahmen eines CAUCHY-Kontinuums beschrieben, muss die Bedingung

$$L \gg a \gg l \tag{15.37}$$

erfüllt sein [50]. Kann dies nicht gewährleistet werden, ist eine Betrachtung des makroskopischen Körpers mit einer erweiterten Theorie, wie z. B. der des COSSE-RAT-Kontinuums, erforderlich. Ansonsten ist die Voraussetzung für die Betrachtung des heterogenen Körpers mit Hilfe eines homogenen Ersatzkontinuums nicht erfüllt und diese somit nicht zulässig.

Im Folgenden wird allgemein vereinbart, dass alle Variablen mit Großbuchstaben in Bezug auf das Makrokontinuum, hingegen mit Kleinbuchstaben auf das Mikrokontinuum definiert sind. Das grundlegende Element der Homogenisierung im Rahmen des Energiekriteriums besteht in der Kopplung zwischen Mikro- und Makroebene. Das statische Gleichgewicht auf der Mikroebene lässt sich, unter Vernachlässigung von Volumenkräften, mit den Gleichungen

$$\nabla \cdot \sigma = 0 \quad \text{und} \quad \sigma = \sigma^T \quad \text{in} \quad Y \tag{15.38}$$

formulieren, wobei ∇ der Gradientenoperator und σ der CAUCHY-Spannungstensor sind. Die konstitutiven Beziehungen

$$\sigma^n(\tau) = \mathscr{F}_\sigma^n(\varepsilon(t), t \in [0,\tau]) \quad \forall \quad n \in \{1 \ldots N\} \tag{15.39}$$

beschreiben jeweils aktuelle Spannungs-Verzerrungs-Beziehungen zur Zeit t für die Werkstoffkomponente n in einem RVE mit N Werkstoffen. Die Verzerrungen ε

$$\varepsilon(\mathbf{y}) = sym(\mathbf{u} \otimes \nabla) \tag{15.40}$$

berechnen sich aus dem Verschiebungsfeld $\mathbf{u}(\mathbf{y})$ der Mikroebene.

Mittels des Volumenmittelwerts erfolgt die Kopplung der Kenngrößen aus Mikro- und Makroebene. Daraus ergeben sich die Beziehungen

$$\Sigma := \frac{1}{|Y|} \int_{\partial Y} \mathbf{y} \otimes \mathbf{t}\, dA \quad \text{mit} \quad \mathbf{t} := \sigma^T \cdot \mathbf{n} \tag{15.41}$$

für die makroskopische Spannung Σ und

$$\mathbf{E} := \frac{1}{|Y|} \int_{\partial Y} sym(\mathbf{u} \otimes \mathbf{n})\, dA \tag{15.42}$$

für die makroskopische Verzerrung $\mathbf{E}$. Sowohl Gleichung (15.41) als auch (15.42) zeigen, dass makroskopische Zustandsgrößen eindeutig durch den Spannungs- bzw. Verschiebungsvektor $\mathbf{t}$ und $\mathbf{u}$ auf der Oberfläche ∂Y des RVE beschrieben sind.

Eine Berechnung effektiver Spannungen und Verzerrungen auf der Grundlage von (15.38) bis (15.42) wird als *Homogenisierung* bezeichnet. Die makroskopischen Materialeigenschaften $\mathbf{C}$ beschreiben dann die lineare Transformation zwischen diesen Feldern durch

$$\langle \sigma(\mathbf{y}) \rangle = \mathbf{C} : \langle \varepsilon(\mathbf{y}) \rangle \quad \text{mit} \quad \langle \cdots \rangle := \frac{1}{|Y|} \int_Y (\cdots)\, d\mathbf{y}\,. \tag{15.43}$$

Das inverse Problem, d. h. die Ermittlung der mikroskopischen bei vorgegebenen makroskopischen Größen, wird *Lokalisierung* genannt. Da für diesen Fall keine Randbedingungen existieren, ist das Problem noch unvollständig formuliert. Die Definition dieser Randbedingungen erfolgt mit dem Ziel, den Zustand des Materials im Inneren des betrachteten Bereichs so gut wie möglich zu reproduzieren. Im Folgenden wird zusammenfassend gezeigt, dass sich auf Basis eines Energiekriteriums drei Arten von Randbedingungen ableiten lassen.

Das Energie-Mittlungstheorem nach [77], auch als HILL-MANDEL-Bedingung bezeichnet, fordert die Äquivalenz der Energien des heterogenen Mikrokontinuums und des homogenen Ersatzkontinuums. Daraus folgen die Beziehungen

$$\langle \boldsymbol{\varepsilon}(\mathbf{y}) : \mathbf{c}(\mathbf{y}) : \delta \boldsymbol{\varepsilon}(\mathbf{y}) \rangle = \langle \boldsymbol{\varepsilon}(\mathbf{y}) \rangle : \mathbf{C} : \langle \delta \boldsymbol{\varepsilon}(\mathbf{y}) \rangle \quad \text{bzw.}$$

$$\frac{1}{|Y|} \int_{\partial Y} \mathbf{t} \cdot \delta \mathbf{u} \, dA = \boldsymbol{\Sigma} : \delta \mathbf{E} \,, \tag{15.44}$$

wobei δ der Variationsoperator ist.

Wird die Verzerrungsfluktuation als Abweichung des Feldes von seinem Mittelwert definiert, so gilt

$$\breve{\boldsymbol{\varepsilon}}(\mathbf{y}) := \boldsymbol{\varepsilon}(\mathbf{y}) - \langle \boldsymbol{\varepsilon}(\mathbf{y}) \rangle \,.$$

Die positive Definiertheit des Elastizitätstensors $\mathbf{c}$ ist gewährleistet, wenn für die quadratische Form

$$\breve{\boldsymbol{\varepsilon}}(\mathbf{y}) : \mathbf{c}(\mathbf{y}) : \breve{\boldsymbol{\varepsilon}}(\mathbf{y}) \geq 0 \tag{15.45}$$

gilt. Diese Beziehung lässt sich mit den Gleichungen (15.43) und (15.44) als

$$\langle \boldsymbol{\varepsilon}(\mathbf{y}) \rangle : (\langle \mathbf{c}(\mathbf{y}) \rangle - \mathbf{C}) : \langle \boldsymbol{\varepsilon}(\mathbf{y}) \rangle \geq 0 \tag{15.46}$$

darstellen. Die quadratische Form des Volumenmittels von $\mathbf{c}$ ist somit größer als die des effektiven Elastizitätstensors $\mathbf{C}$ und repräsentiert eine obere Schranke, die auch als VOIGT-Schranke bezeichnet wird. In Analogie dazu führen diese Betrachtungen zusammen mit der Ergänzungsenergie, d. h. der quadratischen Form des Nachgiebigkeitstensors $\mathbf{s} := \mathbf{c}^{-1}$, zu der REUSS-Schranke, die einer unteren Schranke entspricht.

Zur Ermittlung dieser Schranken werden die mikroskopischen Verzerrungs- bzw. Spannungsfelder als konstant mit

$$\boldsymbol{\varepsilon}(\mathbf{y}) := \langle \boldsymbol{\varepsilon} \rangle \quad \text{bzw.} \quad \boldsymbol{\sigma}(\mathbf{y}) := \langle \boldsymbol{\sigma} \rangle$$

vorgegeben. Daraus folgen die Definitionen

$$\mathbf{C}^V := \langle \mathbf{c} \rangle \qquad \text{und} \tag{15.47a}$$

$$\mathbf{C}^R := \langle \mathbf{c}^{-1} \rangle^{-1} \tag{15.47b}$$

als VOIGT- und REUSS-Schranken für den effektiven Elastizitätstensor $\mathbf{C}$.

Durch Vorgabe eines konstanten Verzerrungs- bzw. Spannungsfeldes wird im Allgemeinen das mechanische Gleichgewicht oder die Kompatibilitätsbedingungen verletzt. Da die makroskopischen Spannungen und Verzerrungen in (15.41) bzw. (15.42) durch entsprechende Randgrößen eindeutig definiert sind, stellt sich die Frage nach Randbedingungen, die auch die HILL-MANDEL-Bedingung (15.44) erfüllen. Folgende drei Formulierungen genügen dieser Forderung.

1. Die Vorgabe von $\mathbf{u}$ auf der RVE-Oberfläche mit

$$\mathbf{u}(\mathbf{y}) = \mathbf{E} \cdot \mathbf{y} \quad \forall \quad \mathbf{y} \in \partial Y \tag{15.48}$$

   entspricht Verschiebungen, die in $\mathbf{y}$ linear sind.
2. Analog dazu können mit

$$\mathbf{t}(\mathbf{y}) = \Sigma \cdot \mathbf{n}(\mathbf{y}) \quad \forall \quad \mathbf{y} \in \partial Y \tag{15.49}$$

bereichsweise konstante Oberflächenspannungen definiert werden.

3. Die Gültigkeit von periodischen Randverschiebungen und antiperiodischen Spannungsvektoren

$$\mathbf{u}(\mathbf{y}^+) - \mathbf{u}(\mathbf{y}^-) = \mathbf{E} \cdot (\mathbf{y}^+ - \mathbf{y}^-) \tag{15.50a}$$
$$\mathbf{t}(\mathbf{y}^+) = -\mathbf{t}(\mathbf{y}^-) \tag{15.50b}$$

basiert auf der Grundlage einer periodischen Mikrostruktur in der Einheitszelle.

Mit $\mathbf{y}^+ \in \partial Y^+$ und $\mathbf{y}^- \in \partial Y^-$ werden die Koordinaten zweier, entsprechend der Periodizität zugeordneter Punkte auf den gegenüberliegenden Oberflächen ∂Y^- und ∂Y^+ des RVE definiert (Abb. 15.44).

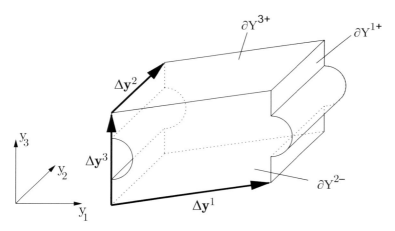

Abb. 15.44 RVE mit drei zugeordneten Oberflächenpaaren

Bei einem heterogenen Kontinuum führen die drei Arten von Randbedingungen zu verschiedenen Ergebnissen. Allgemein ist das Verhalten des RVE, vergleichbar den VOIGT und REUSS-Ansätzen, bei linearen Randverschiebungen steifer und bei konstanten Randspannungen weicher im Vergleich zu periodischen Randverschiebungen. Für viele Werkstoffe hat sich gezeigt, dass periodische Randbedingungen die vergleichsweise besten Ergebnisse liefern [78]. Deshalb werden die Betrachtungen im Folgenden auf diese Form reduziert.

15.5.2.2 Einführung generalisierter Größen

Zur Übertragung der periodischen Verschiebungsrandbedingungen (15.50) auf ein FE-Modell, welches die Einheitszelle repräsentiert, werden im Folgenden generali-

sierte Größen eingeführt. Sie sind zudem die Voraussetzung für eine effiziente Auswertung der Simulationsergebnisse, z. B. zur Berechnung der effektiven Eigenschaften oder Tangentensteifigkeiten.

Bei der Betrachtung einer beliebigen Einheitszelle, wie z. B. in Abbildung 15.44
dargestellt, lässt sich die Oberfläche in jeweils zugeordnete Paare von Seitenflächen
$\alpha \in \{1,2,3\}$ aufteilen. Diese Teilflächen $\partial Y^{\alpha+}$ und $\partial Y^{\alpha-}$ müssen im Sinne der
Periodizität kompatibel sein. Damit ist die Differenz der Ortskoordinaten in Glei-
chung (15.50a) für jedes Flächenpaar α konstant und kann mit der Definition

$$\Delta \mathbf{y}^\alpha := \mathbf{y}^{\alpha+} - \mathbf{y}^{\alpha-} \quad \forall \quad \alpha \in \{1,2,3\} \tag{15.51}$$

ausgedrückt werden. Mit dieser Beziehung und der Einführung eines generalisierten
Verschiebungsinkrements $\Delta \mathbf{u}^\alpha$ lässt sich Gleichung (15.50a) durch

$$\Delta \mathbf{u}^\alpha := \mathbf{u}(\mathbf{y}^{\alpha+}) - \mathbf{u}(\mathbf{y}^{\alpha-}) = \mathbf{E} \cdot \Delta \mathbf{y}^\alpha \tag{15.52}$$

beschreiben. Die vollständige Formulierung eines räumlichen oder ebenen Rand-
wertproblems (RWP) erfordert somit die Angabe von neun bzw. vier generalisierten
Verschiebungsinkrementen.

In Analogie zu den Verschiebungen werden außerdem generalisierte Kräfte der
Form

$$\mathbf{F}^\alpha := \int_{\partial Y^{\alpha+}} \mathbf{t}^+ \, dA \tag{15.53}$$

eingeführt, so dass die homogenisierte Spannung (15.41) mit

$$\Sigma = \frac{1}{|Y|} \sum_\alpha \Delta \mathbf{y}^\alpha \otimes \mathbf{F}^\alpha \tag{15.54}$$

zu berechnen ist. Ein Vergleich dieser Beziehung mit der ursprünglichen Integral-
formulierung (15.41) verdeutlicht den durch die Einführung von generalisierten
Größen wesentlich reduzierten Aufwand hinsichtlich einer numerischen Umsetzung.

Zur Ermittlung der effektiven linearelastischen Steifigkeiten $\mathbf{C}$ sind sechs verschiedene makroskopisch homogene Deformationszustände zu betrachten, für die der
Verzerrungstensor $\mathbf{E}$ durch

$$E_{ij} = E_{ji} = \begin{cases} 1 & \text{für} \quad i = I, j = J \\ 0 & \text{sonst} \end{cases} \tag{15.55}$$

vorzugeben ist. Tabelle 15.2 enthält eine mögliche Belegung der Indizes I und J.

Mit den Verschiebungsrandbedingungen (15.52) und der Lösung des RWP lassen
sich die generalisierten Kräfte $\mathbf{F}^\alpha(E_{IJ})$ bei der mittleren Verzerrung E_{IJ} berechnen. Damit entsprechen die makroskopischen Spannungen in Gleichung (15.54) den
durch die Deformation angeregten Materialsteifigkeiten und es gilt

Tabelle 15.2 Belegung der Indizes I und J in Gleichung (15.55)

RWP Nr.	1	2	3	4	5	6
IJ für $E_{IJ} = 1$	11	22	33	23	13	12

$$\Sigma_{kl}(E_{IJ}) = C_{klIJ} E_{(IJ)} = \frac{1}{|Y|} \sum_\alpha \Delta y_k^\alpha F_l^\alpha(E_{IJ}) , \qquad (15.56)$$

wobei über Indizes mit Klammern nicht zu summieren ist.

15.5.2.3 Homogenisierung im makroskopisch ebenen oder einachsigen Spannungszustand

Viele heterogene Werkstoffe, wie z. B. der hier betrachtete Textilverbund, lassen sich aus makroskopischer Sicht als Schalenstrukturen im Rahmen eines ebenen Spannungszustandes (ESZ) betrachten. Daraus ergibt sich die Fragestellung nach einem Homogenisierungsverfahren, mit dem die effektiven mechanischen Eigenschaften dieser Strukturbetrachtung direkt ermittelt werden können. Auf Grund der ausgeprägt dreidimensionalen Architektur im Textilverbund ist mittels Homogenisierung der Übergang vom räumlich heterogenen RVE auf eine homogene ebene Struktur zu realisieren.

Im ESZ gilt $\Sigma_{i3} = 0$, wobei die Koordinatenrichtung X_3 mit der Orientierung des Normalenvektors der Schalenmittelebene zusammenfällt. Deshalb werden entsprechend der zuvor beschriebenen 2. Art von Randbedingungen konstante Oberflächenspannungen an der Schalenoberfläche vorgegeben. Daraus folgt

$$\mathbf{t}(\mathbf{y}) = \mathbf{0} \quad \forall \quad \mathbf{y} \in \partial Y^3. \qquad (15.57a)$$

Die Übertragung von ebenen makroskopischen Verzerrungen $\{E_{\beta\gamma} | \beta, \gamma \in \{1,2\}\}$ auf das RVE erfolgt dann durch die periodischen Verschiebungsrandbedingungen auf den verbleibenden Oberflächen ∂Y^1 und ∂Y^2, deren Normalenvektoren tangential in der Schalenebene liegen. Mit Gleichung (15.52) können diese Randbedingungen durch

$$\Delta \mathbf{u}^\alpha = \mathbf{E} \cdot \Delta \mathbf{y}^\alpha \quad \forall \quad \alpha \in \{1,2\} \qquad (15.57b)$$

beschrieben werden. Da für makroskopische Verzerrungen im Rahmen des ESZ $E_{13} = E_{23} = 0$ gilt und die Vektoren $\Delta \mathbf{y}^1$ und $\Delta \mathbf{y}^2$ in der y_1-y_2-Ebene liegen, sind die Verschiebungsinkremente $\Delta u_3^1 = \Delta u_3^2 = 0$.

Als Ergebnis der Homogenisierung werden die ebenen Spannungen $\Sigma_{\beta\gamma}$ mit Gleichung (15.54) berechnet, wobei nur über $\alpha \in \{1,2\}$ zu summieren ist. Außerdem lässt sich die makroskopische Dehnung E_{33} mit Gleichung (15.42) bestimmen.

Als konsequente Fortsetzung der Betrachtungen zum ESZ können auch die Randbedingungen für einen einachsigen Spannungszustand hergeleitet werden. Mit der

Vorgabe von Σ_{11} als die von Null verschiedene makroskopische Spannung sind die Spannungsvektoren

$$\mathbf{t}(\mathbf{y}) = \mathbf{0} \quad \forall \quad \mathbf{y} \in \partial Y^2 \cup Y^3 \tag{15.58a}$$

und die Verschiebungsinkremente

$$\Delta \mathbf{u}^1 = E_{11} \Delta \mathbf{y}^1 \tag{15.58b}$$

auf der Oberfläche des RVE vorzugeben. Um eine vollständige Formulierung von Randbedingungen zu gewährleisten, ist im vorliegenden Fall darauf zu achten, dass neben der Starrkörpertranslation auch die Starrkörperrotation längs der Zugachse verhindert werden muss.

15.5.2.4 Beispiel für die Homogenisierung eines MLG-Verbunds

Im Folgenden wird als ein Beisiel für die Anwendung der Homogenisierungsmethode ein Verbund mit Glasfaser-MLG und Epoxidharzmatrix betrachtet. Dabei besteht die Textilverstärkung in dem Verbund aus zwei wechselseitig gelegten Gestricken, deren Geometrie in Abschnitt 15.4.2.1 analysiert wird.

Auf Basis der mehrskaligen Betrachtungsweise sind im ersten Schritt die effektiven Materialkennwerte eines UD-Verbunds der Mikroebene zu berechnen. Die entsprechenden Deformationen der in Abschnitt 15.4.1 beschriebenen Einheitszelle bei der Einheitsdehnung $E_{11} = 1$ bzw. Einheitsschubverzerrung $\Gamma_{12} = 1$ sind in den Abbildung 15.45 a und 15.45 b dargestellt.

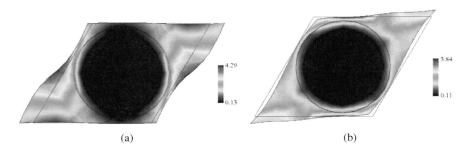

(a)   (b)

Abb. 15.45 Deformation der UD-Einheitszelle, (a) Makrodeformation E_{11} mit farbskaliertem ε_{11}, (b) Makrodeformation Γ_{12} mit farbskaliertem γ_{12}

Mit den dabei berechneten effektiven elastischen Kennwerten können die konstitutiven Beziehungen des binären Modells der Mesoebene entsprechend der Beschreibung in Abschnitt 15.4.2.2 festgelegt werden.

Das FE-Modell der Mesoebene für den hier betrachteten Verbund ist in Abbildung 15.34 als binäres Modell zu sehen. Die Homogenisierung im Rahmen des ebenen Spannungszustandes erfordert drei Simulationen mit vorgegebener makroskopischer Verzerrung. Als Beispiel sind der Deformationszustand $E_{xx} = 1$ sowie $\Gamma_{xy} = 1$ mit der berechneten lokalen Dehnungsverteilung ε_{xx} bzw. γ_{xy} in Abbildung 15.46 gezeigt.

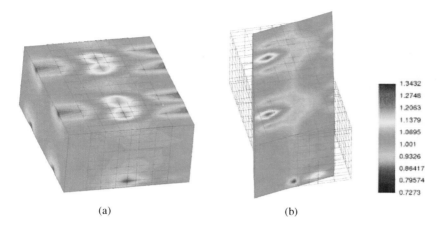

(a) (b)

Abb. 15.46 Deformation der Verbundeinheitszelle, (a) Makrodeformation $E_{xx} = 1$ mit farbskaliertem $\varepsilon_{xx}(x,y)$, (b) Makrodeformation $\Gamma_{xy} = 1$ mit farbskaliertem $\gamma_{xx}(x,y)$

Aus den Farbskalierungen der beiden Bilder ist erkennbar, dass für große Bereiche des RVE, entsprechend der makroskopisch vorgegebenen Deformation, Dehnung bzw. Schubverzerrung = 1 sind und es nur auf Grund der Stabelemente zu einer lokalen Fluktuation kommt.

Die Verifikation der Simulationsergebnisse mit den experimentellen Daten erfolgt auf Basis der Ingenieurskonstanten. So ist in dem Polardiagramm der Abbildung 15.47 der E-Modul der x-y-Ebene in Abhängigkeit von Winkel α dargestellt.

Die in radialer Richtung orientierten Linien kennzeichnen die Streubereiche der experimentell bestimmten E-Moduln. Der Kurvenverlauf des numerisch berechneten E-Moduls entspricht einer sehr guten Voraussage der experimentell bestimmten Werte. Die Ursache für die geringen Differenzen zwischen Simulation und Experiment sind häufig auf technologische Ursachen zurückzuführen. So entstehen z. B. durch leichte Deformation des Textils beim Konsolidierungsprozess lokale Variationen in der Verstärkungsarchitektur. Dadurch kommt es zu einer geringen Abweichung zwischen der modellierten und der realen Verbundgeometrie in der Mesoebene.

Zusammenfassend lässt sich feststellen, dass die linearelastischen effektiven Eigenschaften des MLG-Verbunds durch das Homogenisierungsverfahren in Verbindung mit dem binären Modell sehr gut abgeschätzt werden können. Somit ist dieses Modellierungskonzept, im Vergleich zur konventionellen Volumenvernetzung, wesent-

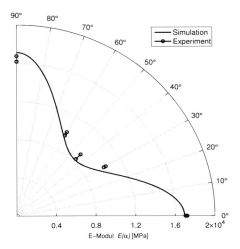

Abb. 15.47 Polardiagramm mit experimentell und numerisch bestimmtem ebenen E-Modul

lich effizienter und dabei, hinsichtlich mechanischer Beurteilungskriterien, gleichwertig.

Literaturverzeichnis

[1]   www.tu-dresden.de/mw/ilk/sfb639 (22.03.2011)

[2]   DRECHSLER, K.: *Textiltechnik und Fahrzeugbau.* http://www.uni-stuttgart.de/wechselwirkungen/ww2004/K.20Drechsler.pdf (21.02.2011)

[3]   DRECHSLER, K: Latest developments in stitching and braiding technologies for textile preforming. In: *Proceedings. 60. International SAMPE.* Los Angeles, USA, 2004

[4]   HUFENBACH, W.: Funktionsintegrativer Leichtbau im globalen Spannungsfeld - Vorwort. In: *Proceddings. 10. Dresdner Leichtbausymposium.* Dresden, Deutschland, 2006

[5]   STAUBER, R.: Kunststoffe und Verbundwerkstoffe - Anwendungen und Trends. In: *Proceedings. Symposium Polymere im Automobilbau, Bayer Innovativ.* München, Deutschland, 2006

[6]   STAUBER, R.: Verbundwerkstoffe im Automobilbau - Anforderungen und Trends. In: *Proceedings 2. Aachen-Dresden International Textile Conference.* Dresden, Deutschland, 2008

[7]   CHERIF, Ch.: Textilbasierte Leichtbaustrukturen für den Fahrzeug- und Maschinenbau. In: *Proceedings. 11. Dresdner Leichtbausymposium "Materialeffizienz durch Systemleichtbau - den Fortschritt nachhaltig gestalten".* Dresden, Deutschland, 2006

[8]   CHERIF, Ch. ; DIESTEL, O: Hochdrapierbare Mehrlagengestricke für Schutzhelme (AiF-Projekt- Nr. 15153 BR) / Technische Universität Dresden, Institut für Textilmaschinen und Textile Hochleistungswerkstofftechnik der Technische Universität Dresden. Dresden, 2009. – Abschlussbericht

[9]   MITSCHANG, P.: Kontinuierlich faserverstärkte Thermoplaste – Neue Werkstoff- und Prozessoptionen. In: *Proceedings. 10. Europäische Automobil-Konferenz Vision Kunststoff-Automobil 2015.* Bad Nauheim, Deutschland, 2006

[10]   FISCHER, P.: *Ermittlung mechanischer Kenngrößen textiler Flächen zur Modelierung des Fallverhaltens unter Berücksichtigung konstruktiver, faserstoffbedingter und technologischer*

Abbhängigkeiten. Dresden, Technische Universität Dresden, Fakultät Maschinenwesen, Diss., 1997

[11] SCHENK, A.: *Berechnung des Faltenwurfs textiler Flächengebilde.* Dresden, Technische Universität Dresden, Fakultät Maschinenwesen, Diss., 1996

[12] KRZYWINSKI, S.: *Verbindung von Design und Konstruktion in der textilen Konfektion unter Anwendung von CAE.* Dresden : TUDpress (Dresdner Forschungen, Maschinenwesen Bd. 19), Habilitation, 2005

[13] KRZYWINSKI, S. ; SCHENK, A. ; HAASE, E.: Berücksichtigung der Materialeigenschaften textiler Mehrschichtstrukturen und Nähte in der Simulation und virtuellen Passformkontrolle von Bekleidungstextilien (DFG RO 1303/13-2) / Technische Universität Dresden, Institut für Textilmaschinen und Textile Hochleistungswerkstofftechnik. Dresden, 2010. – Abschlussbericht

[14] REUMANN, R.-D.: *Prüfverfahren in der Textil- und Bekleidungstechnik.* Berlin, Heidelberg, New York : Springer Verlag, 2000

[15] http://www.zwick.de (03.02.2010)

[16] KAWABATA, S. ; NIVA, M. ; KAWAI, H.: 3-the finite deformation theory of plain-weave fabrics Part I: the biaxial deformation theory. In: *The Journal of the Textile Institute* 64 (1973), S. 21–46

[17] REICHARDT, C. H. ; WOO, H. K. ; MONTGOMERY, D. J.: A Two-Dimensional Load-Extension Tester for Woven Fabrics. In: *Textile Research Journal* 23 (1953), Nr. 6, S. 424

[18] BALLHAUSE, D.: *Diskrete Modellierung des Verformungs-und Versagensverhaltens von Gewebemembranen.* Stuttgart, Universität Stuttgart, Institut für Statik und Dynamik der Luft- und Raumfahrtkonstruktionen, Diss., 2007

[19] BÖGNER, H.: *Vorgespannte Konstruktionen aus beschichteten Geweben und die Rolle des Schubverhaltens bei der Bildung von zweifach gekrümmten Flächen aus ebenen Streifen*, Universität Stuttgart, Institut für Werkstoffe im Bauwesen, Diss., 2004

[20] MINAMI, H.: A Multi-Step Linear Approximation Method for Nonlinear Analysis of Stress and Deformation of Coated Plain-Weave Fabric. In: *Journal of Textile Engineering* 52 (2006), Nr. 5, S. 189–195

[21] BIGAUD, D. ; SZOSTKIEWICZ, C. ; HAMELIN, P.: Tearing analysis for textile reinforced soft composites under mono-axial and bi-axial tensile stresses. In: *Composite Structures* 62 (2003), Nr. 2, S. 129–137

[22] SEIF, M.: *Bereitstellung von Materialkennwerten für die Simulation von Bekleidungsprodukten.* Dresden, Technische Universität Dresden, Fakultät Maschinenwesen, Diss., 2007

[23] EISCHEN, J. W. ; CLAPP, T. G. ; PENG, H ; GHOSH, T. K.: Indirect Measurement of the Moment-Curvature Relationship for Fabrics. In: *Textile Research Journal* 60 (1990), Nr. 9, S. 525–533

[24] HÖRSTING, K.: *Rationalisierung der Fertigung langfaserverstärkter Verbundwerkstoffe durch den Einsatz multiaxialer Gelege.* Aachen, RWTH Aachen, Fakultät Maschinenwesen, Diss., 1994

[25] KÖRWIEN, T.: *Konfektionstechnisches Verfahren zur Herstellung von endkonturnahen textilen Vorformlingen zur Versteifung von Schalensegmenten.* Bremen, Universität Bremen, Diss., 2003

[26] ORAWATTANASRIKUL, S.: *Experimentelle Analyse der Scherdeformation biaxial verstärkter Mehrlagengestricke.* Dresden, Technische Universität Dresden, Fakultät Maschinenwesen, Diss., 2006

[27] HARRISON, P. ; CLIFFORD, M. J. ; LONG, A. C.: Shear characterisation of viscous woven textile composites: a comparison between picture frame and bias extension experiments. In: *Composites Science and Technology* 64 (2004), Nr. 10-11, S. 1453–1465

[28] LAUNAY, J. ; HIVET, G. ; DUONG, A. V. ; BOISSE, P.: Experimental analysis of the influence of tensions on in plane shear behaviour of woven composite reinforcements. In: *Composites Science and Technology* 68 (2008), S. 506–515

[29] http:// www.naiss.de (22.10.2006)

[30] BOISSE, P. ; GASSER, A. ; HIVET, G.: Analyses of fabric tensile behaviour: determination of the biaxial tension-strain surfaces and their use in forming simulations. In: *Composites : Part A* 32 (2001), S. 1395–1414

[31] CAO, J. ; AKKERMAN, R. ; BOISSE, P. ; CHEN, J. ; CHENG, H. S. ; DE GRAAF, E. F. ; GORCZYCA, J. L. ; HARRISON, P. ; HIVET, G. ; LAUNAY, J. ; LEE, W. ; LIU, L. ; LOMOV, S. V. ; LONS, A. ; DE LUYCKER, E. ; MORESTIN, F. ; PADVOISKIS, J. ; PENG, X. Q. ; SHERWOOD, J. ; STOILOVA, TZ. ; TAO, X. M. ; VERPOEST, I. ; WILLEMS, A. ; WIGGERS, J. ; YU, T. X. ; ZHU, B.: Characterization of mechanical behavior of woven fabrix: Experimental methods and benchmark results. In: *Composites: Part A* 39 (2008), S. 1037–1053

[32] LOMOV, S. V. ; VERPOEST, I.: Model of shear of woven fabric and parametric description of shear resistance of glass woven reinforcements. In: *Composites Science and Technology* 66 (2006), Nr. 7-8, S. 919–933

[33] MORNER, B. ; EEG-OLOFSSON, Z.: Measurement of shearing properties of fabric. In: *Textile Research Journal* 27 (1957), S. 611

[34] POTLURI, P. ; CIUREZU, D.A. P. ; RAMGULAM, R.B.: Measurement of meso-scale shear deformations for modelling textile composites. In: *Composites Part A* 37 (2006), S. 303–314. DOI 10.1016/j.compositesa.2005.03.032

[35] ZHU, B. ; YU, TX ; TAO, XM: An experimental study of in-plane large shear deformation of woven fabric composite. In: *Composites Science and Technology* 67 (2007), Nr. 2, S. 252–261

[36] STUMPF, H.: *Study on the manufacture of thermoplastic composites from new textile preforms.* Hamburg, TU-Hamburg-Harburg, Diss., 1998

[37] LEBRUN, G. ; BUREAU, M. N. ; DENAULT, J.: Evaluation of bias-extension and picture-frame test methods for the measurement of intraply shear properties of PP/glass commingled fabrics. In: *Composite structures* 61 (2003), Nr. 4, S. 341–352

[38] CHERIF, Ch.: *Drapierbarkeitssimulation von Verstärkungstextilien für den Einsatz in Faserverbundwerkstoffen mit der Finite-Element-Methode.* Aachen : Shaker Verlag, 1999

[39] PENG, X. J. ; CAO, J. ; CHEN, P. ; XUE, P. ; LUSSIER, D. S. ; LIU, L: Experimental and numerical analysis on nomalization of picture frame tests for composite materials. In: *Composites Science and Technology* 64 (2004), S. 11–21

[40] HANCOCK, S. G. ; POTTER, K. D.: Inverse drape modelling-an investigation of the set of shapes that can be formed from continuous aligned woven fibre reinforcements. In: *Composites: Part A* 36 (2005), S. 947–953

[41] BOGDANOVICH, A.: Three-dimensional continuum micro-, meso- and macromechanics of textile composites. In: *Proceedings. TEXCOMP-8.* Nottingham, England, 2006

[42] ERMANNI, P. ; ENDRUWEIT, A.: Textile Halbzeuge. In: ERMANI, P. (Hrsg.): *Composites Technlogien.* Zürich : Eidengenössische Technische Hochschule Zürich, 2007, S. 1–45

[43] http://www.nottingham.ac.uk/ emxmns/texgen.htm (14.01.2008)

[44] http://www.mtm.kuleuven.be/Research/C2/poly/software.html (14.01.2008)

[45] LOMOV, S. V. et al.: Mathematical modelling of internal geometry and deformability of woven preforms. In: *Int. J. of Forming Processes* 61 (2003), Nr. 3/4, S. 413–442

[46] KOISSIN, V. E. ; IVANOV, D. S. ; LOMOV, S. V. ; VERPOEST, I.: Fibre distributions inside yarns of textile composite: geometrical and FE modelling. In: *Proceedings. TEXCOMP-8.* Nottingham, England, 2006

[47] CROOKSTON, J. J. ; KARI, S. ; WARRIOR, N. A. ; JONES, I. A. ; LONG, A. C.: 3D textile composite mechanical properties prediction using automated FEA of the unit cell. In: *Proceedings. 16th Int. Conf. on Composite Materials (ICCM-16).* Kyoto, Japan, 2007

[48] LOMOV, S. V. ; TRUEVTZEV, A. V. ; CASSIDY, C.: A predictive model for the fabric-to-yarn bending stiffness ratio of a plain-woven set fabric. In: *Textile Research J.* 70 (2000), Nr. 12, S. 1088–1096

[49] WEEËN, F. van d.: Algorithms for Draping Fabrics on Doubly-Curved Surfaces. In: *International Journal for Numerical Methods in Engineering* 31 (1991), S. 1415–1426

[50] HAASEMANN, G.: *Effektive mechanische Eigenschaften von Verbundwerkstoffen mit Biaxialgestrickverstärkung.* Dresden : TUDpress, Diss., 2008

[51] http://www.vistagy.com (22.02.2011)

[52] http://www.lectra.com (22.02.2011)

[53] http://www.esi-group.com (22.02.2011)

[54] http://www.3ds.com (22.02.2011)

[55] http://www.ansys.com (22.02.2011)

[56] http://www.mscsoftware.com (22.02.2011)

[57] GIRDAUSKAITE, L.: *Lokale Strukturfixierung im Preformherstellungsprozess für komplex gekrümmte Faserkunststoffverbundbauteile*. Dresden, Technische Universität Dresden, Fakultät Maschinenwesen, Diss., 2011

[58] http://www.solidworks.com (22.02.2011)

[59] BYUN, J. H. ; CHOU, T. W.: Modelling and characterization of textile structural composites: A review. In: *The Journal of Strain Analysis for Engineering Design* 24 (1989), Nr. 4, S. 253–262

[60] WHITNEY, T. J. ; CHOU, T.-W.: Modeling of 3-D Angle-Interlock Textile Structural Composites. In: *Journal of Composite Materials* 23 (1989), Nr. 9, S. 890–911

[61] PASTORE, C. M. ; CAI, Y. J.: Applications of computer aided geometric modelling for textile structural composites. In: WILDE, W. P. D. (Hrsg.) ; BLAIN, W. R. (Hrsg.): *Composite Materials Design and Analysis*. Berlin : Springer Verlag, 1990, S. 127–142

[62] LOMOV, S. V. ; IVANOV, D. S. ; VERPOEST, I. ; ZAKO, M. ; KURASHIKI, T. ; NAKAI, H. ; HIROSAWA, S.: Meso-FE modelling of textile composites: Road map, data flow and algorithms. In: *Composites Science and Technology* 67 (2007), Nr. 9, S. 1870–1891

[63] GIRDAUSKAITE, L. ; KRZYWINSKI, S. ; RÖDEL, H. ; BÖHME, R. ; JANSEN, I.: Trockene Prefroms für komplexe Faserverbundkunststoffbauteile. In: *Technische Textilien* 52 (2009), Nr. 6, S. 280–281

[64] GIRDAUSKAITE, L. ; KRZYWINSKI, S. ; RÖDEL, H. ; WILDASIN-WERNER, A. ; BÖHME, R. ; JANSEN, I.: Local Structure Fixation in the Composite Manufacturing Chain. In: *Applied Composite Materials* 17 (2010), Nr. 6, S. 597–608

[65] BÖHME, R. ; GIRDAUSKAITE, L. ; JANSEN, I. ; KRZYWINSKI, S. ; RÖDEL, H.: Reproduzierbare Preformfertigung für textilverstärkte Kunststoffe. In: *Lightweightdesign* (2009), Nr. 5

[66] Schutzrecht DE102007032904 (27. November 2008).

[67] CARTER, W. C. ; COX, B. N. ; FLECK, N. A.: A binary model of textile composites - I. Formulation. In: *Acta Metallurgica et Materialia* 42 (1994), Nr. 10, S. 3463–3479. DOI 10.1016/0956–7151(94)90479–0

[68] XU, J. ; COX, B. N. ; MCGLOCKTON, M. A. ; CARTER, W.C.: A binary model of textile composites–II. The elastic regime. In: *Acta Metallurgica et Materialia* 43 (1995), Nr. 9, S. 3511–3524

[69] MCGLOCKTON, M. A. ; COX, B. N. ; MCMEEKING, R. M.: A Binary Model of textile composites: III. High failure strain and work of fracture in 3D weaves. In: *J. Mech. Phys. Solids.* 51 (2003), Nr. 8, S. 1573–1600

[70] HAASEMANN, G.: An application of the Binary Model to dynamic finite element analysis. In: *Proc. Appl. Math. Mech.* 3 (2003), Nr. 1, S. 176–177

[71] HAASEMANN, G. ; ULBRICHT, V. ; BRUMMUND, J.: Modelling the mechanical properties of biaxial weft-knitted fabric reinforced composites. In: *Proc. Appl. Math. Mech.* 4 (2004), Nr. 1, S. 193–194

[72] COOK, R. D. ; MALKUS, D. S. ; PLESHA, M. E.: *Concepts and applications of finite element analysis*. 3. Auflage. New York, USA : John Wiley Sons, 1989

[73] ALTENBACH, H. ; ALTENBACH, J. ; RIKARDS, R.: *Einführung in die Mechanik der Laminat- und Sandwichtragwerke*. Stuttgart : Deutscher Verlag für Grundstoffindustrie, 1996

[74] TUTTLE, M. E. ; BRINSON, H. F.: Resistance-foil strain-gage technology as applied to composite materials. In: *Experimental Mechanics* 24 (1984), Nr. 1, S. 54–65

[75] SKUDRA, A. M. ; BULAVS, F. J. ; ROCENS, K. A.: *Kriechen und Zeitstandverhalten verstärkter Plaste*. Leipzig : VEB Deutscher Verlag für Grundstoffindustrie, 1975

[76] WELZ, M. ; GÄDKE, M.: Versuche zur Bestimmung des Schubmoduls glasfasermattenverstärkter Kunststoffe (FD-30) / DLR Braunschweig. Braunschweig, 1971. – Abteilungsbericht

[77] HILL, R.: On constitutive macro-variables for heterogeneous solids at finite strain. In: *Proc. R. Soc. Lond. A* 326 (1972), Nr. 1565, S. 131–147

[78] HOLLISTER, S. J. ; KIKUCHI, N.: A comparison of homogenization and standard mechanics analyses for periodic porous composites. In: *Computational Mechanics* 10 (1992), Nr. 2, S. 73–95

Kapitel 16
Weiterverarbeitungsaspekte und Anwendungsbeispiele

Chokri Cherif, Olaf Diestel, Thomas Engler, Evelin Hufnagl und Silvio Weiland

Die weltweite Energie- und Klimasituation erfordert, dass zukünftig alle Möglichkeiten zur Senkung des Energieverbrauchs, nicht nur in der Verkehrstechnik und im Bauwesen, sondern auch in allen Wirtschaftszweigen ausgeschöpft werden. Der Leichtbau mit textilverstärkten Verbundwerkstoffen bietet bei der Entwicklung energieeffizienter und funktionsintegrierender Strukturbauteile faszinierende Möglichkeiten gegenüber konventionellen metallischen Bauweisen. Aus der Kombination von zwei oder mehreren unterschiedlichen Werkstoffen resultieren neuartige Verbundwerkstoffe, deren Leistungsfähigkeit die Summe der Eigenschaften der Einzelkomponenten übersteigt.

Dieses Kapitel geht exemplarisch auf ausgewählte Aspekte der Weiterverarbeitung und den Einsatz textiler Halbzeuge für Leichtbauanwendungen in den Gebieten Faserkunststoffverbunde, Textilbeton und textile Membranen ein. Es demonstriert das Leistungsvermögen textiler Werkstoffe für den Leichtbau sowie deren Praxistauglichkeit auch in Großserienanwendungen. Auf die Fertigungstechnologien im Zusammenhang mit diesen Leichtbauanwendungen wird ebenfalls eingegangen.

16.1 Einführung

Der Leichtbau mit textilverstärkten Verbundwerkstoffen bietet bei der Entwicklung material- und energieeffizienter Strukturbauteile umfassende Möglichkeiten gegenüber konventionellen metallischen Bauweisen. Durch die zielgerichtete Kombination von zwei oder mehreren unterschiedlichen Werkstoffen lassen sich Verbundwerkstoffe generieren, deren Leistungsfähigkeit weit über die Summe der Fähigkeiten der Einzelkomponenten hinausgeht. Werkstoffverbunde mit schichtweiser Anordnung der Einzelkomponenten kommen in der Natur häufig vor und finden heute bereits in vielen Lebensbereichen Anwendung. Die außergewöhnlich hohe Flexibilität für die Bauteilgestaltung mit anforderungsgerecht anisotrop einstellbaren Eigenschaften unter ingenieurmäßigen und designerischen Gesichtspunkten sowie die umfassenden Möglichkeiten für die Erzielung eines hohen Leichtbaunutzens auf der Basis textiler Hochleistungswerkstoffe machen diese noch junge Werkstoffgruppe der endlosfaserverstärkten Verbundwerkstoffe im Faserkunststoffverbund (FKV), im Textilbeton und in der faserbasierten Membrantechnik für Leichtbauanwendungen in unterschiedlichen Einsatzgebieten besonders lukrativ.

Textile Werkstoffe und Halbzeuge weisen unter Ausnutzung der bestehenden Möglichkeiten zur textil- und konfektionstechnischen Gestaltung einschließlich der Funktionalisierung ein außerordentlich vielfältiges, beliebig einstellbares Eigenschaftsprofil auf. Dies ermöglicht ein besonders hohes Potenzial für den Serieneinsatz in komplexen, hoch beanspruchten Leichtbauteilen der Verkehrstechnik und des Maschinenbaus. Darüber hinaus ergeben sich Anwendungen für die Bewehrung schlanker und filigraner Betonbauteile, für die Ertüchtigung und Instandsetzung von bestehenden Bauwerken sowie für textile Membranen. Verarbeitungs- und beanspruchungsgerecht ausgelegte textile Werkstoffe und Halbzeuge leisten einen entscheidenden Beitrag zur Ressourcenschonung durch die Reduzierung der Masse bewegter Bauteile und des Werkstoffeinsatzes sowie durch Energieeinsparung. Sie zeichnen sich durch eine flexible Anpassbarkeit der Werkstoffstruktur und damit durch eine definierte Einstellbarkeit der Werkstoffeigenschaften sowie der Eigenschaftsanisotropie an die bestehenden Bauteilanforderungen aus. Die flexibel gestaltbare Faserherstellungs- und Textiltechnik bieten ein ideales Fundament, um die in der Natur vorkommenden idealen Leichtbaukonstruktionen in ihrer gesamten Breite und Komplexität für den industriellen Einsatz nutzbar zu machen und zielgerichtet weiterzuentwickeln.

Das Potenzial textiler Halbzeuge als leistungsfähiger Leichtbauwerkstoff ermöglicht durch die gezielte Auswahl und Kombination der textilen Werkstoffe und der textilen Prozesse sowie durch die maßgeschneiderte kraftflussgerechte Anordnung der Rovings in den textilen Strukturen eine nahezu beliebige Vielfalt an Eigenschaftsprofilen und Designvarianten bis hin zu funktionsintegrierenden *Near-Net-Shape*-Bauteilen. Im Allgemeinen bieten die textilen Werkstoffe ein breites Variationsspektrum und eine enorme Vielfalt an Möglichkeiten zum anforderungsgerechten Auslegen und Konstruieren von lasttragenden Strukturen im Hinblick auf Festigkeit, Steifigkeit und Energieabsorption.

Für künftige Massenanwendungen in der gesamten Verkehrstechnik und im Maschinenbau wird gegenwärtig ein Systemleichtbau im *Multi-Material-Design* verfolgt, mit dem eine hohe Effizienz beim Ressourceneinsatz erzielt werden kann. Endlosfaserverstärkte Faserkunststoffverbunde verzeichnen derzeit ein stetiges Wachstum in den verschiedenen Anwendungsgebieten, da sie über ein besonders hohes Potenzial für den Serieneinsatz in komplexen, hoch beanspruchten Leichtbauteilen mit großem Leichtbaunutzen verfügen und damit zur Energieeinsparung beitragen (s. Abschn. 16.3).

Die aktuellen klimatischen, ressourcenbezogenen, gesellschaftlichen und wirtschaftspolitischen Rahmenbedingungen führen zunehmend dazu, alle Möglichkeiten zur Senkung des Energieverbrauchs nicht nur in der Verkehrstechnik und im Maschinenbau, sondern auch im Baubereich auszuschöpfen. Dies hat dazu geführt, dass im Bauwesen sowohl für den Neubau als auch für die Sanierung ressourceneffiziente Technologien gefordert sind, die derzeit entwickelt und intensiv vorangetrieben werden (s. Abschn. 16.4).

Textile Membranen als dünne und hauptsächlich durch Zugkräfte beanspruchte Materialien stellen für den industriellen, bautechnischen und architektonischen Bereich innovative Verbundwerkstoffe dar, die durch die eingesetzten Werkstoffe (Verstärkungsmaterial, Beschichtungssystem, Haftvermittler) und die maßgeschneiderten Textilkonstruktionen sowie Beschichtungstechnologien in breitem Maße und in den geforderten Spezifikationen gestaltet werden können. Die damit erzielbaren flexiblen Bauweisen ermöglichen eine Vielzahl von nahezu frei formbaren Objekten und Leichtbaulösungen, die mit konventionellen metallischen Werkstoffen nicht realisierbar sind (s. Abschn. 16.5).

Die bisherigen Leichtbauanwendungen in den Gebieten der Faserkunststoffverbunde, des Textilbetons und der textilen Membranen demonstrieren eindrucksvoll die Leistungsfähigkeit textiler Werkstoffe und Halbzeuge für Verstärkungs- und Ertüchtigungsaufgaben sowie deren Praxistauglichkeit. Die Bandbreite der Applikationen nimmt stets zu und wird in naher Zukunft nach den derzeit vorangetriebenen Entwicklungen und Trends noch signifikant weitersteigen, woraus ein volkswirtschaftlich interessanter Wirtschaftszweig entsteht. Auf ausgewählte Entwicklungen und Technologien wird in den Abschnitten 16.3 bis 16.5 näher eingegangen.

16.2 Aufbau von Verbundwerkstoffen

Die faserverstärkten Verbundwerkstoffe bestehen grundsätzlich aus mindestens drei Komponenten. Abbildung 16.1 illustriert den prinzipiellen Verbundwerkstoffaufbau und nennt die wichtigsten Funktionen der beiden Ausgangskomponenten *Verstärkungsfasern* und *Matrix* sowie der sich bei der Verbundherstellung zwischen diesen ausbildenden dreidimensionalen *Grenzschicht* im Verbund.

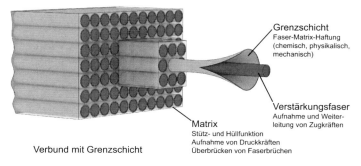

Grenzschicht
Faser-Matrix-Haftung
(chemisch, physikalisch,
mechanisch)

Verstärkungsfaser
Aufnahme und Weiter-
leitung von Zugkräften

Matrix
Stütz- und Hüllfunktion
Aufnahme von Druckkräften
Überbrücken von Faserbrüchen

Verbund mit Grenzschicht

Abb. 16.1 Aufbau eines Faserverbundwerkstoffes

Die Faserkomponente übernimmt eine verstärkende und lasttragende Funktion. Die hierfür eingesetzten Faserstoffe sind Verstärkungsmaterialien, die im Vergleich zu der Matrixkomponente extrem hohe mechanische und gegebenenfalls weitere funktionale Eigenschaften aufweisen. Besondere Relevanz für Verbundbauteile mit sehr hohem Leistungsniveau besitzen Hochleistungsfilamentgarne bzw. -rovings sowohl auf polymerer und mineralischer als auch metallischer Basis. Diese Hochleistungsfaserstoffe zeichnen sich infolge ihrer charakteristischen molekularen und übermolekularen Struktur durch extrem hohe Zugfestigkeiten und Elastizitätsmoduln aus, die insbesondere unter Berücksichtigung der Werkstoffdichte herkömmlicher Werkstoffe sowie Kunststoffe bzw. mineralische Werkstoffe um ein Vielfaches übersteigen.

Die *Matrix* als zweite Komponente im Faserverbundwerkstoff umhüllt das Verstärkungsmaterial vorzugsweise bis zur vollständigen Ummantelung aller Einzelfilamente. Sie soll in Verbindung mit der sich ausbildenden Faser-Matrix-Grenzschicht einen leistungsfähigen Verbund realisieren und dabei zu einer kraftschlussgerechten Fixierung der Verstärkungsfasern in der gewünschten räumlichen Orientierung führen. Von der die Druckkräfte aufnehmenden Matrix ist auch für das erforderliche Einleiten und Verteilen der von außen aufgebrachten Kräfte und Momente in die Verstärkungsfasern ein erheblicher Beitrag zu leisten. Zudem übernimmt die Matrix eine Schutzfunktion für die Verstärkungsfaser gegenüber von außen einwirkenden mechanischen, thermischen und chemischen Belastungen. Die Matrices können je nach Anwendungsfall aus thermoplastischen, duroplastischen, elastomeren, mineralischen, metallischen oder keramischen Werkstoffen bestehen. In diesem Kapitel werden auch in Form von Beschichtungsmaterialien vorkommende Werkstoffe als Matrices betrachtet.

Eine dritte, nicht eindeutig evidente, aber dennoch für den Verbund wichtige Komponente bestimmt die Eigenschaften und das Leistungsvermögen des Verbundbauteils maßgeblich – die Faser-Matrix-Phasengrenzen. Diese *Grenzschicht*, die sich aus den Grenzflächen von Verstärkungsfaser und Matrix sowie dem Übergangsbereich dazwischen zusammensetzt, steht maßgeblich für das Wechselwirkungs- und Adhäsionsvermögen der am Aufbau beteiligten Materialkomponenten. Diese Eigenschaften haben einen direkten Einfluss auf die Krafteinleitung in die Fasern sowie auf das Impactverhalten des Verbundwerkstoffes.

Die Lastübertragung zwischen den beiden Komponenten Faser und Matrix sowie das Wachstum vorhandener Risse werden neben den mechanischen Eigenschaften der Einzelkomponenten selbst entscheidend durch die Haftfestigkeit des Verbundes dominiert. Die Festigkeit und Zähigkeit eines Faserverbundwerkstoffes können über die Faser-Matrix-Grenzschicht signifikant verändert und somit definiert eingestellt werden.

Die Distanz zwischen den Faser-Matrix-Phasengrenzen kann bis hinunter auf die molekulare Ebene reichen, so dass unmittelbare Wechselwirkungen zwischen den Komponenten vorhanden sind. Aber auch das Einbringen weiterer, aktiv vermittelnder Substanzen in die Grenzschicht ist möglich, um diese so auszustatten, dass sie den gestellten Anforderungen an den Gesamtverbund hinreichend

Rechnung trägt. Durch die Ausrüstung von Ober- bzw. Grenzflächen der textilen Verstärkungsstrukturen sind zusätzliche sensorische und aktorische Funktionen in Verbundbauteile integrierbar, um so eine kontinuierliche Strukturüberwachung, Selbstdiagnose und -regelung zu erzielen. Auf die Gestaltungsmöglichkeiten von Grenzflächen und -schichten sowie auf die dazu gegebenenfalls notwendigen Oberflächenmodifizierungen wird in Kapitel 13 für die unterschiedlichen Werkstoffkombinationen näher eingegangen.

16.3 Faserkunststoffverbunde

16.3.1 Allgemeines

Das Interesse am industriellen Einsatz von Verbundwerkstoffen als Alternative für metallische Bauteile im Fahrzeug-, Maschinen- und Anlagenbau oder für Sportgeräte bzw. Medizintechnik wächst vor dem Hintergrund der steigenden Leichtbauanforderungen stetig. Ein hoher Leichtbaunutzen der Bauteile ist insbesondere dann wichtig, wenn große Massen beschleunigt bzw. transportiert werden müssen. Faserkunststoffverbunde (FKV) können auf Grund ihres hohen Leichtbaupotenzials einen maßgeblichen Beitrag für die aus globaler Sicht notwendigen Energie- und Ressourceneinsparungen sowie Umweltschutzanstrengungen leisten. Die drei wesentlichen Leichtbauprinzipien bestehen im

- Material- bzw. Stoffleichtbau,
- Gestalt- bzw. Formleichtbau und
- Funktionsleichtbau (Funktionsintegration, Montageschritteinsparung usw.).

Hochleistungsfasern bzw. -rovings aus z. B. Glas oder Carbon sind wegen ihrer sehr hohen spezifischen Zugsteifigkeit und -festigkeit (s. Abschn. 16.3.3) prädestiniert für den Leichtbau. Sie lassen sich allerdings auf Grund ihres biegeschlaffen textilen Charakters und ihrer Empfindlichkeit gegenüber Belastungen senkrecht zur Faserachse meist nicht direkt als feste Konstruktionswerkstoffe für Fahrzeug-, Maschinen- oder Anlagenbauteile nutzen. Das Prinzip der Faserverbundwerkstoffe beruht deshalb darauf, dass die lastaufnehmenden Verstärkungsfasern bzw. -fäden mit gezielt anforderungsgerecht einstellbarer Anisotropie stoff- bzw. formschlüssig so mit einem geeigneten als Bettungsmasse fungierenden Matrixmaterial kombiniert werden, dass ein fester Werkstoff entsteht (s. Abb. 16.1).

Als Faserkunststoffverbunde (FKV) werden alle Faserverbunde bezeichnet, die auf polymeren Matrixsystemen beruhen. Generell kann dafür jeder Kunststoff eingesetzt werden. Diese Matrixsysteme lassen sich grundsätzlich in die drei Gruppen Duroplaste, Thermoplaste sowie Elastomere einteilen. Neben Kunststoffen werden in Verbindung mit ausgewählten Verstärkungsfasertypen beispielsweise auch Metalle oder Keramiken als Matrixsysteme genutzt. Dabei kommen für die Verbundherstellung andere Fertigungsverfahren als für FKV zum Einsatz. Die folgenden Ausführungen konzentrieren sich ausschließlich auf FKV.

Die relative Bedeutung der beiden Ausgangskomponenten Verstärkungsfasern und Matrix (s. Abb. 16.1) für wichtige mechanische und physikalische Verbundeigenschaften wird in der Literatur entsprechend Tabelle 16.1 eingeschätzt. Dies verdeutlicht, dass die mechanischen Verbundeigenschaften maßgeblich durch die Verstärkungsfasern bestimmt werden. Entscheidend dafür ist außerdem der Anteil der Verstärkungsfasern im Verbund, der als Fasermasse- bzw. Faservolumenanteil angegeben wird und u. a. von der textilen Verstärkungsstruktur und vom Bauteilherstellungsverfahren abhängt. Die Matrix stützt und schützt die Fasern. Ihre Bruchdehnung sollte deutlich über der der Verstärkungsfasern liegen.

Tabelle 16.1 Relative Bedeutung von Fasern und Matrix für Verbundeigenschaften [1, 2]

	Faser	Matrix
Mechanische Eigenschaften		
Steifigkeit	3	1
Festigkeit	3	1
Ermüdung	3	1
Schadenstoleranz	1	3
Impactverhalten	3	1
Thermomechanische Eigenschaften	3	1
Faser-Matrix-Haftung	2	2
Physikalische Eigenschaften		
Korrosionsverhalten	1	3
Temperaturbeständigkeit	0	4
Chemische Beständigkeit	0	4
Elektrische Eigenschaften	2	2
Verarbeitungseigenschaften	0	4

0: 0 %, 1: 25 %, 2: 50 %, 3: 75 %, 4: 100 %

Entscheidend für die Interaktion zwischen den Verstärkungsfasern und der Matrix und damit für die tatsächlich resultierenden Verbundeigenschaften der FKV ist auch die Qualität der sich bei der Verbundfertigung ausbildenden Grenzschicht (s. Abschn. 16.2 und Abb. 16.1). Das für FKV in der Regel geforderte hohe Lastübertragungspotenzial ist nur durch eine hohe Faser-Matrix-Haftung in Verbindung mit einer vollständigen Benetzung der Verstärkungsfasern bei der Verbundbildung erreichbar. Es hängt u. a. von verschiedenen Verfahrensparametern und der Matrixviskosität bei der Tränkung bzw. Imprägnierung der Verstärkungsstruktur sowie von der Oberflächenstruktur der Fasern bzw. von der Fadenstruktur ab. Entscheidend für eine funktionierende Grenzschicht sind allerdings die haftungsgerechte Auslegung der Matrixsysteme sowie die Funktionalisierung bzw. Ausrüstung der Verstärkungsfasern und -fäden mit Hilfe geeigneter Schlichten, Haftvermittler oder Oberflächenaktivierungsmaßnahmen. Für viele FKV-Standardwerkstoffkombinationen stehen in der Praxis herstellerseitig angepasste Materialvarianten zur Verfügung. Allerdings werden von den Verstärkungsfaserherstellern in der Regel keine detaillierten Angaben zur Zusammensetzung und zur Wirkungsweise ihrer Schlichten bzw. Haftvermittler herausgegeben. Deshalb ist die weitere Haftungsverbesserung über die Gestaltung der Faser-Matrix-Grenzschicht heute oft Gegenstand entsprechender Forschungsarbeiten [3–6].

FKV verfügen über ein besonders hohes Potenzial für die konsequente Kombination der oben genannten Leichtbauprinzipien und damit für die Erzielung eines hohen Leichtbaunutzens der Bauteile. Dies resultiert daraus, dass sie unter ingenieurmäßigen Gesichtspunkten bei der Nutzung zahlreicher Freiheitsgrade gezielt anforderungsgerecht ausgelegt und unter Anwendung unterschiedlicher textiler und kunststofftechnischer Fertigungsverfahren mit richtungsabhängigen Eigenschaften hergestellt werden können. Abbildung 16.2 verdeutlicht das hohe Leichtbaupotenzial dieser Werkstoffgruppe im Vergleich zu Metallen anhand der spezifischen Steifigkeiten und Festigkeiten. Durch eine gezielte Kombination der FKV mit anderen Werkstoffgruppen bieten sich außerdem hervorragende Ansätze für intelligente Werkstoffkombinationen zur Realisierung ganzheitlicher Bauteile in Hybridbauweise bzw. im Multi-Material-Design, das die Vorteile aller Werkstoffgruppen vereint [7, 8].

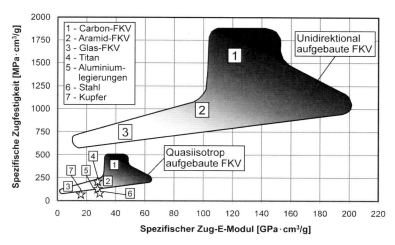

Abb. 16.2 Vergleich der spezifischen mechanischen Eigenschaften von FKV und Metallen nach [9]

Gegenüber metallischen Werkstoffen weisen FKV außerdem eine Reihe weiterer Eigenschaften auf, die für den industriellen Einsatz von hohem Interesse sind [9, 10]:

- hohe Formstabilität einschließlich einstellbarer Wärmeausdehnung,
- gutes Dämpfungsverhalten,

- geringe Wärmeleitfähigkeit,
- hohe Korrosionsbeständigkeit,
- umfassende Möglichkeiten für Integralbauweise sowie
- hohe Designfreiheit.

Verstärkungsfaserarten, die in FKV zum Einsatz kommen, sind u. a. Glas, Carbon, Aramid, Polyethylen, Keramik oder Basalt, ebenso Naturfasern, wie Flachs, Hanf, Jute oder Sisal. Hinsichtlich der Eigenschaften und Aufmachungsformen dieser Verstärkungsfaserarten wird auf Kapitel 3.3 verwiesen.

Die polymeren Matrixsysteme müssen für eine möglichst vollständige Imprägnierung der Verstärkungsfasern einen flüssigen Ausgangszustand aufweisen.

Die Aushärtung *duroplastischer Matrixsysteme* erfolgt durch chemische Vernetzungsreaktionen, die auf der Polymerisation, der Polyaddition oder der Polykondensation beruhen. Bei *elastomeren Matrixsystemen*, wie Silikon oder Gummi, ist der Grad der Vernetzung deutlich schwächer, so dass diese Werkstoffe elastische Eigenschaften aufweisen. Beide Systeme sind nicht schmelzbar. In der Regel werden diesen Matrixsystemen weitere Zusatzmaterialien, wie Füllstoffe, Additive, Flammschutzmittel oder Farbstoffe beigemischt, um das geforderte Verarbeitungsverhalten und die notwendigen Bauteileigenschaften zu erzielen.

Thermoplastische Matrixsysteme müssen zunächst durch Erwärmen in den Schmelzezustand überführt werden. Der nach der Imprägnierung notwendige Übergang in den festen Aggregatzustand basiert auf der Abkühlung und Erstarrung der Polymerschmelze. Unter Temperatureinwirkung lassen sich Thermoplaste auch nach der Verbundbildung erneut erweichen bzw. aufschmelzen und erstarren nach dem Abkühlen wieder. Damit sind thermoplastische Verbunde mehrfach umformbar und auch schweißbar.

Die nachfolgenden Ausführungen beschränken sich auf die Herstellung von FKV unter Verwendung duro- bzw. thermoplastischer Matrixsysteme. Die Herstellung von Prepregs (mit Matrix vorimprägnierte Materialien), deren Weiterverarbeitung davon unabhängig in einem separaten Prozess erfolgen kann, wurde bereits in den Kapiteln 11.2 und 11.3 erläutert. Deshalb liegt der Schwerpunkt dieses Kapitels auf Herstellungsverfahren, bei denen die textilen Verstärkungsstrukturen erst direkt bei der Bauteilfertigung mit dem jeweiligen Matrixsystem imprägniert bzw. getränkt werden, was beispielsweise durch Injektion oder Infusion erfolgen kann.

16.3.2 Verstärkungsaufbauten

Die Möglichkeiten zur Ausbildung der Verstärkungsfadenkonstruktion und der textilen Verstärkungsstruktur sind unter Berücksichtigung der in den Kapiteln 4 bis 10 beschriebenen Vielfalt textiler Fertigungsverfahren und der zahlreichen kunststofftechnischen Verfahrensvarianten zur Einbringung von Verstärkungsfasern bzw. -fäden in den Verbund breit gefächert. Abbildung 16.3 zeigt exemplarisch typische

Verstärkungsfaser- bzw. Verstärkungsfadenanordnungen in Einzelschichten bzw. in einzelnen textilen Flächengebilden. Die Faserlänge und -ausrichtung bestimmen im Verbund die erreichbaren Verstärkungsfaseranteile und die mechanischen Eigenschaften wesentlich mit.

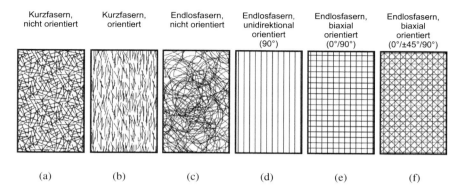

Kurzfasern, nicht orientiert	Kurzfasern, orientiert	Endlosfasern, nicht orientiert	Endlosfasern, unidirektional orientiert (90°)	Endlosfasern, biaxial orientiert (0°/90°)	Endlosfasern, biaxial orientiert (0°/±45°/90°)
(a)	(b)	(c)	(d)	(e)	(f)

Abb. 16.3 Typische Verstärkungsfaser- bzw. Verstärkungsfadenanordnungen in der Einzelschicht bzw. im textilen Flächengebilde in Abhängigkeit von Faserlänge und -ausrichtung

Die in Abbildung 16.3 a und c gezeigten nichtorientierten Kurzfaser- bzw. Endlosfaserverstärkungen, die meist als chemisch oder mechanisch verfestigte Vliesstoffe (sogenannte Schnittmatten bzw. Endlosmatten) verarbeitet werden (s. Kap. 9.4.3), weisen normalerweise keine ausgeprägte Vorzugsausrichtung der Verstärkungsfasern auf. Sie gestatten nur vergleichsweise niedrige Faservolumengehalte bis ca. 30 Volumen-% und niedrige mechanische Verbundeigenschaften, die in alle Richtungen der Ebene nahezu gleich, also „quasiisotrop" sind und werden meist für Bauteile mit Standardanforderungen eingesetzt.

Durch bestimmte Maßnahmen bei der Vliesbildung lassen sich auch Kurzfaser- bzw. Endlosfaserverstärkungen mit einer gewissen Vorzugsorientierung der Verstärkungsfasern generieren (Abb. 16.3 b), was sich entsprechend auf die im Verbund erreichbaren Verstärkungsfaseranteile und die mechanischen Verbundeigenschaften auswirken.

Unidirektionale (UD) Verstärkungen mit einachsiger Ausrichtung endloser Verstärkungsfasern (Abb. 16.3 d) kommen meist als duro- oder thermoplastische Prepregs (s. Kap. 11.2) zur Verarbeitung, da sie ohne Fixierung der Struktur nicht handhabbar sind und auseinanderfallen würden. Außerdem werden in der Praxis auch z. B. gewebte textile Strukturen mit einer einachsigen Verstärkungsfaser-/Verstärkungsfadenanordnung als UD-Verstärkung bezeichnet, die über ein zweites, materialseitig untergeordnetes Fadensystem verfügt. Dieses fixiert die einachsig ausgerichteten Verstärkungsfäden und trägt dabei zu keiner nennenswerten Verstärkungswirkung im Verbund bei. UD-Verstärkungen ermöglichen in Verstärkungsrichtung die höchsten Faservolumengehalte bis 80 % und die besten mechanischen Eigenschaften. Quer dazu ist die Verstärkungswirkung allerdings sehr gering (vgl. Abb. 16.4), da sie hauptsächlich von den Matrixeigenschaften sowie von den Grenzflächeneigenschaften zwischen Faser und Matrix bestimmt wird. UD-Verstärkungen werden vor allem für Bauteile mit höchsten mechanischen Anforderungen eingesetzt.

Auf Endlosfasern beruhende mehraxiale Verstärkungen mit entsprechender Anordnung der Verstärkungsfäden in der Ebene (Abb. 16.3 e und f) basieren auf den verschiedenen fadenverarbeitenden Flächenbildungsverfahren, wie Weben, Mehrlagenstricken, Multiaxialwirken oder Flechten (s. Kap. 5 bis 8). Die in unterschiedlichen Richtungen angeordneten Verstärkungsfäden können dabei miteinander verkreuzt sein (Gewebe, Geflecht). Alternativ besteht die Verstärkungsstruktur aus übereinander in unterschiedliche Richtungen angeordneten Scharen parallel liegender Verstärkungsfäden, die z. B. über eine Maschen- bzw. Bindefadenstruktur fixiert sind (Multiaxialwirken, Mehrlagenstricken, Mehrlagenweben). Über den konkreten Aufbau des Verstärkungstextils können die mechanischen Verbundeigenschaften in der entsprechenden Ebene des Lagenaufbaus (s. Tabelle 16.2) von stark anisotrop bis „quasiisotrop" eingestellt werden. Allerdings sind die im Verbund erreichbaren Faservolumenanteile von der konkreten textilen Halbzeugkonstruktion und die erzielbaren Verbundsteifigkeiten und -festigkeiten von der Beanspruchung der Verstärkungsfasern im jeweiligen textilen Verarbeitungsprozess bzw. von der oft nicht vollständig gestreckten Anordnung der Verstärkungsfasern bzw. -fäden in der Textilstruktur abhängig. Sie liegen in einem Bereich bis maximal 65 % und somit unter denen von FKV aus UD-Verstärkungen.

Abbildung 16.4 zeigt die hohe Richtungsabhängigkeit der mechanischen Eigenschaften von FKV am Beispiel der Zugfestigkeit und des Zug-E-Moduls eines UD-Verbundes vom Differenzwinkel zwischen Verstärkungsfaserorientierung und Beanspruchungsrichtung. Eine Abweichung der Faserorientierung einer UD-Verstärkung von der Lastrichtung um 5 % würde demzufolge eine Reduzierung der Zugfestigkeit um mindestens 30 % nach sich ziehen. Daraus folgt, dass die bei der Bauteilfertigung erreichten Abweichungen der Verstärkungsfaserorientierung von der Sollvorgabe möglichst klein sein müssen, um das Leistungspotenzial der Verstärkungsfasern im FKV bestmöglich ausnutzen zu können.

Da reale Belastungen nur in Einzelfällen aus einachsigen Bauteilbeanspruchungen resultieren, werden FKV-Bauteile gewöhnlich so ausgelegt und gefertigt, dass sie einen Verstärkungsaufbau (Laminataufbau) aus mehreren, in Richtung ihrer Dicke übereinander angeordneten sowie beanspruchungsgerecht ausgebildeten und ausgerichteten Verstärkungsschichten aufweisen. Um schwindungsbedingte Eigenspannungen und daraus resultierende ungewollte Verkrümmungen der konsolidierten Verbunde zu vermeiden, ist es wichtig, dass die Anordnung dieser Schichten über die Dicke des Verstärkungsaufbaus möglichst symmetrisch ausgeführt wird.

Tabelle 16.2 zeigt exemplarisch verschiedene Möglichkeiten für die Kombination von Endlosfaserverstärkungen gemäß Abbildung 16.3 d bis f zu isotropen Gesamtlaminataufbauten mit unidirektionaler bis mehraxialer Verstärkung.

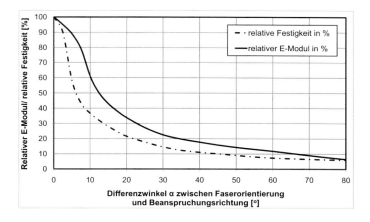

Abb. 16.4 Richtungsabhängigkeit von E-Modul und Festigkeit bei UD-FKV nach [9]

Tabelle 16.2 Typische, über die Verbunddicke symmetrische Verstärkungsfaser-/Verstärkungs-fadenanordnungen aus endlosfaserverstärkten Prepregs bzw. Textilhalbzeugen

Verstärkungs-anordnung in Einzelschichten	Verstärkungsfadenanordnung im Verbund			
	Unidirektional	Mehrachsig, biaxial	Mehrachsig, quasiisotrop	Mehrachsig, dreidimensional
Unidirektional				
Bi- bzw. mehraxial				

Die Darstellungen in der rechten Spalte stehen für komplexe textile Halbzeuge mit einem hohen Anteil in z-Richtung, also senkrecht zur Flächengebildeebene angeordneter Verstärkungsfasern bzw. -fäden, die z. B. durch 3D-Weben, Mehr-lagenweben oder Mehrlagenstricken (vgl. Kap. 5 und 6) textiltechnisch gefertigt werden können. Derartige z-Verstärkungen reduzieren beim Einsatz der Verbund-bauteile die interlaminare Delamination, also das Versagen des Verbundes zwi-schen den Verstärkungsschichten, ermöglichen ein schadenstolerantes Bauteilversagen und können sich vorteilhaft auf das Crash- und Impactverhalten der Verbunde auswirken. Dabei ist allerdings zu beachten, dass die z-Verstärkung zu einer anteiligen Reduzierung beispielsweise der Zug- und Biegeeigenschaften in der Ebene führt, da die senkrecht zur Verbundebene angeordneten Verstärkungsfasern die dabei auftretenden Zugkräfte nicht aufnehmen können. Außerdem kann es infolge der z-Verstärkung zu unerwünschten harzreichen Zonen um die entsprechenden Fadenabschnitte kommen.

Abbildung 16.5 verdeutlicht schematisch anhand eines Polardiagramms die qualitative Verteilung der mechanischen Verbundeigenschaften in Abhängigkeit vom Beanspruchungswinkel für eine unidirektionale Verstärkungsanordnung in 0°-Richtung sowie für zwei mehraxiale Verstärkungsanordnungen (0°/90° bzw. 0°/+45°/-45°/90°).

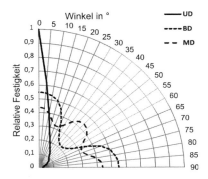

Abb. 16.5 Richtungsabhängigkeit der Zugfestigkeit von unidirektional (UD), bidirektional (BD) und mehrachsig quasiisotrop (MD) verstärkten FKV, bezogen auf die Zugfestigkeit der UD-Verstärkung in Verstärkungsrichtung

Die Tränkbarkeit eines Verstärkungsfaseraufbaus mit der Matrix wird besonders bei Injektions- bzw. Infusionprozessen, in denen die Matrix die textile Struktur durchströmen muss, maßgeblich durch seine Permeabilität bestimmt. Sie stellt für diese Prozesse einen wichtigen Materialparameter dar und hängt von der textilen Verstärkungsstruktur und dem Grad ihrer Kompaktierung während der Bauteilherstellung ab. Die Geschwindigkeit des Tränkprozesses lässt sich hauptsächlich über den Injektionsdruck bzw. den Infusionsunterdruck und die Matrixviskosität bzw. in Abhängigkeit vom Verarbeitungsverfahren über die Nutzung zusätzlicher Fließhilfsmittel beeinflussen (s. Kap. 6.3.4). Da die textile Verstärkungsstruktur auf Grund der Bauteilanforderungen in der Regel vorgegeben ist und normalerweise nicht im Hinblick auf das Imprägnierverhalten ausgelegt wird, ist es wichtig, dieses möglichst gut zu kennen bzw. vorhersagen zu können. Die Bestimmung der Permeabilität ist bisher nicht standardisiert. Allerdings werden dafür zahlreiche Messverfahren entwickelt und genutzt, die sich jedoch hinsichtlich des technischen Aufwandes und der Aussagekraft z. T. deutlich unterscheiden [11–15].

Für Injektions- bzw. Infusionsprozesse spielt außerdem die Porosität der textilen Verstärkungsstruktur eine entscheidende Rolle, da es dabei nicht zum Ausfiltern von wichtigen, die Gebrauchseigenschaften mitbestimmenden Zusatzmaterialien kommen darf, wie beispielsweise von Füllstoffen oder flammhemmenden Mitteln.

16.3.3 Matrixsysteme

Da prinzipiell alle Kunststoffe als Matrixwerkstoff eingesetzt werden können, ist die Vielfalt entsprechend hoch. Die wichtigsten Duroplaste sind z. B. ungesättigte Polyesterharze (UP), Vinylesterharze (VE), Epoxidharze (EP) und Phenolharze (PF). Das Spektrum der Thermoplaste ist vielfältig und reicht von Standardthermoplasten, wie Polypropylen (PP) oder Polyamid (PA) bis zu solchen für Hochleistungsanwendungen, wie beispielsweise Polyphenylensulfid (PPS), Polyetherimid (PEI), Polyethersulfon (PES) oder Polyetheretherketon (PEEK).

Der Einfluss der Matrix auf die Herstellung und die Eigenschaften von FKV und damit auf die möglichen Anwendungsbereiche darf nicht unterschätzt werden. Neben der Ausbildung einer haftungsgerechten Grenzschicht zur Verstärkungsfaser wirkt sie sich u. a. entscheidend auf die Schadenstoleranz, das Korrosionsverhalten, die Temperatur- und Brandbeständigkeit sowie die chemische Beständigkeit der Verbunde aus (s. Tabelle 16.1).

Insbesondere die thermischen Matrixeigenschaften bestimmen das Temperatureinsatzspektrum der FKV, da die Wärmeformbeständigkeit bzw. die Temperaturbeständigkeit bis auf wenige Ausnahmen (polymere Verstärkungsfasern) deutlich unter denen der Verstärkungsfasern liegen. Das Dehnungsverhalten der Matrix ist in Verbindung mit der Grenzschicht vor allem bei Druckbeanspruchungen senkrecht zur Verstärkungsfaserausrichtung sowie für das Langzeitverhalten von FKV und deren Verhalten unter dynamischen Belastungen entscheidend [1, 16]. Abbildung 16.6 vermittelt eine grobe Übersicht über die Bereiche, in denen die in der Literatur angegebenen Werte für die maximale Dauergebrauchstemperatur und die Bruchdehnung der oben genannten Matrixgruppen liegen.

Außerdem hängen von den Matrixeigenschaften (z. B. Viskosität im Verarbeitungszustand, Art und Menge der eingebrachten Zusatzmaterialien) maßgeblich die nutzbaren Verfahren und Prozessparameter zur Verbundherstellung sowie die Möglichkeiten für die Weiterverarbeitung der Verbunde im Anschluss an die Bauteilherstellung ab. So verhalten sich mittels Injektionsverfahren derzeit verarbeitete duroplastische Matrixsysteme bei Verarbeitungstemperatur annähernd wie *newtonsche Flüssigkeiten* und weisen vergleichsweise niedrige Viskositäten zwischen 20 und 500 mPas auf. Im Gegensatz dazu liegen die für thermoplastische Verbunde typischen Polymerschmelzen, die nicht den newtonschen Flüssigkeiten zuzurechnen sind, bei Verarbeitungstemperatur im Bereich von 10^5 bis 10^6 mPas, wodurch das Fließen der Matrix bei der Tränkung bzw. Imprägnierung textiler Verstärkungsstrukturen deutlich erschwert wird [3, 16].

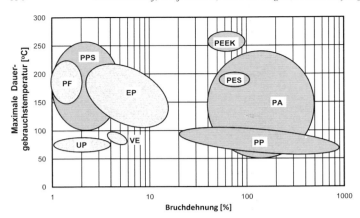

Abb. 16.6 Maximale Dauergebrauchstemperatur und Bruchdehnung von typischen Kunststoff-Matrixsystemen in Anlehnung an [9]

Die *Matrixviskosität* ist stark temperaturabhängig und kann durch eine Steigerung der Verarbeitungstemperatur reduziert werden. Dies kann allerdings nicht beliebig erfolgen, da bei höheren Temperaturen der Polymerabbau einsetzt und zur Degradation der Matrixeigenschaften führt. Bei duromeren Harzsystemen kommt es durch den Vernetzungs- bzw. Aushärteprozess zu einem Viskositätsanstieg über die Reaktionszeit, der die Verarbeitungszeit begrenzt, die auch als *„Topfzeit"* bezeichnet wird. Dabei ist zu beachten, dass mit der Reduzierung der Matrixviskosität durch eine Temperaturerhöhung eine Steigerung der Vernetzungsgeschwindigkeit und damit eine Verringerung der Topfzeit einhergehen.

Da die wichtigsten, als Matrixkomponente in Frage kommenden klassischen Thermoplaste bereits in Kapitel 3.4.2 beschrieben sind, werden die nachfolgenden Aussagen auf ausgewählte duroplastische Matrixsysteme beschränkt.

Ungesättigte Polyesterharze (UP) und Vinylesterharze (VE) härten durch eine radikalische Polymerisation aus. Dieser Vorgang verläuft sehr schnell und die Vernetzung ist sehr intensiv. Ungesättigte Polyesterharze sind sehr einfach zu verarbeiten und in der praktischen Anwendung weit verbreitet. Es existieren zahlreiche Harztypen, deren Eigenschaften z. B. in Richtung einer hohen Temperatur- und Chemikalienbeständigkeit, eines hohen Brandschutzes oder einer erhöhten Zähigkeit ausgerichtet sind, was jedoch oft zu Lasten anderer Eigenschaften geht. Nachteilig sind ihre moderate Witterungsbeständigkeit infolge von im ausgehärteten Zustand noch vorhandenen Doppelbindungen, die hohe Verarbeitungsschwindung (Reduzierung des Matrixvolumens infolge der chemischen Vernetzung) sowie die Styrolemission. Die deutlich reaktiveren Vinylesterharze zeichnen sich im Vergleich dazu durch bessere mechanische Eigenschaften, eine geringere Verarbeitungsschwindung sowie eine hohe Wärme- und Chemikalienbeständigkeit aus [1, 3].

Im Gegensatz zu den durch radikalische Polymerisation aushärtenden Duroplasten erfolgt die Vernetzung bei Epoxidharzen (EP) bzw. Phenolharzen (PF) durch Polyaddition bzw. Polykondensation, also durch eine schrittweise Reaktion ihrer funktionellen Gruppen. Epoxidharze weisen im Vergleich zu den anderen drei Harzsystemen bessere mechanische Eigenschaften auf und zeichnen sich durch eine besonders hohe Wärmeformbeständigkeit aus. Allerdings muss das Harz/Härter-Verhältnis hier sehr genau eingestellt werden, um eine möglichst vollständige Vernetzung zu erzielen. Nachteilig sind der Preis und die höhere Feuchteaufnahme. Phenolharze werden vor allem wegen ihres hervorragenden Brandverhaltens und ihrer hohen Chemikalienbeständigkeit eingesetzt, beispielsweise für Fahrzeuginnenanwendungen. Allerdings kommt es bei der Verarbeitung von Phenolharzen zur Emission von giftigem Formaldehyd, was entsprechende Sicherheitsmaßnahmen bzw. eine Verarbeitung unter Einsatz geschlossener Bauteilherstellungsverfahren erfordert [1, 3].

In Tabelle 16.3 sind wichtige Kenngrößen für ausgewählte duroplastische Matrixwerkstoffe zusammengestellt.

Tabelle 16.3 Typische Eigenschaften duroplastischer Matrixsysteme [3, 9]

Eigenschaft	UP	EP	PF	VE
Dichte in g/cm^3	1,17 ... 1,30	1,10 ... 1,25	1,25 ... 1,30	1,16 ... 1,25
Zugfestigkeit in MPa	40 ... 75	45 ... 100	50 ... 100	50 ... 80
Zug-E-Modul in GPa	2,8 ... 3,5	2,8 ... 3,4	5,0 ... 6,0	2,9 ... 3,1
Verarbeitbarkeit bei Raumtemperatur	ja	ja	nein	ja
Maximale Verarbeitungstemperatur in °C	180	170	190	175
Glasübergangstemperatur in °C	90 ... 115	110 ... 210	k. A.	90 ... 190
Verarbeitungsschwindung in %	6,0 ... 10,0	1,0 ... 3,0	0,5 ... 1,5	0,1 ... 1,0

16.3.4 Bauteilherstellungsverfahren und -anwendungen

16.3.4.1 Übersicht

Wie bereits in Abschnitt 16.3.1 erwähnt, beschränken sich die hier behandelten Bauteilherstellungsverfahren auf solche Methoden, die auf dem Imprägnieren bzw. Tränken trockener textiler Verstärkungshalbzeuge mit einem flüssigen Matrixsystem beruhen. Die Spanne der verarbeitbaren Textilhalbzeuge reicht von Fäden bzw. Rovings über Flächengebilde bis zu komplex gestalteten Preforms. Die eigentliche Bauteilfertigung umfasst in der Regel die Teilprozessse *Imprägnieren* bzw. *Tränken* der Verstärkungsstruktur, *Formgebung* und *Konsolidierung*. Falls erforderlich, lassen sich bei den meisten Verfahren auch Kerne auf der Basis von z. B. Schäumen, Balsaholz oder Wabenstrukturen in die Verbundbauteile integrieren und so Sandwichstrukturen erzeugen. Darauf wird hier allerdings nicht näher eingegangen. Zur

Erzielung guter mechanischer Eigenschaften ist eine thermische Nachbehandlung der Bauteile durch *Tempern* erforderlich.

Wesentliche Kriterien für den Einsatz der unterschiedlichen Bauteilherstellungsverfahren und Verfahrensvarianten sind u. a. [1, 9]:

- Bauteilgröße und -komplexität,
- mechanische Anforderungen an das Bauteil,
- Ausgangsmaterial (Verstärkungsstruktur, Matrixsystem),
- benötigter Faservolumenanteil,
- geforderte Oberflächenqualität,
- Stückzahl,
- Kosten sowie
- Verfügbarkeit der Technik.

Die üblichen Verfahren zur Bauteilfertigung aus textilen Flächengebilden bzw. endlosen Verstärkungsfäden werden in Anlehnung an [17] in die nachstehenden Kategorien A bis E mit jeweils ähnlichen Funktionsweisen untergliedert. Diese Aufzählung wird um die Kategorien F und G erweitert:

A Handlaminier-, Vakuuminfusions-, Autoklav- und Schlauchblasverfahren,
B Resin-Transfer-Moulding- (RTM-) Verfahren,
C Pressverfahren,
D Wickel- und Rundflechtverfahren,
E Pultrusionsverfahren,
F Faser-Harz-Spritzen und Faserschleudern sowie
G Spritzgießen und Verfahrenskombinationen mit Spritzgießen.

Da das Autoklavverfahren und die Pressverfahren bereits Gegenstand von Kapitel 11.2 bzw. 11.3 sind, wird hier nicht weiter darauf eingegangen. Die Verfahren der Kategorien A und B basieren auf der Verarbeitung textiler Verstärkungsflächengebilde bzw. vorbereiteter Preforms (s. Kap. 11). Die Kategorien D und E umfassen Verfahren, die vorzugsweise auf der Verarbeitung von Verstärkungsfäden bzw. schmalen Textilstrukturen beruhen. Darüber hinaus sind in der Industrie mit den Verfahren der Kategorie F auch solche weit verbreitet, nach denen endlose Verstärkungsfäden, meist GF-Rovings, zu endlichen Fasern getrennt und mit dem Harzsystem direkt zu Bauteilen mit isotroper Kurzfaserverstärkung verarbeitet werden. Da auch das Spritzgießen in Verbindung mit endlosfaserbasierten Textilverstärkungen eine zunehmende Bedeutung erfährt, wird es als Kategorie G mit aufgenommen.

Ausgewählte Verfahren werden nachfolgend kurz erläutert und anschließend hinsichtlich bestimmter Kriterien verglichen. Auf Grund der erheblichen Bandbreite der möglichen Bauteilanwendungen im FKV-Bereich mit jeweils speziellen Anforderungen und Merkmalen beschränken sich die hier aufgeführten anwendungsbezogenen Aussagen auf die grundsätzlich realisierbaren Bauteilgeometrien und die Verstärkungsstrukturen. Ergänzend werden wichtige Anwendungsbereiche genannt. Für weitergehende, auf konkrete Beispielanwendungen bezogene Informationen wird auf die einschlägige Fachliteratur verwiesen.

16.3.4.2 Handlaminier-, Vakuuminfusions- und Schlauchblasverfahren

Das *Handlaminierverfahren* und das *Vakuuminfusionsverfahren* (Kategorie A) basieren auf der Fertigung einfacher bis komplexer, schalenförmiger Bauteile in kostengünstigen offenen Werkzeugen. Die Kontur des Formwerkzeuges entspricht der später glatten Schauseite des Bauteils. Die Bauteilrückseite weist verfahrensbedingt normalerweise eine raue Oberfläche auf. Die textilen Verstärkungsflächengebilde (z. B. Vliesstoffe, Gewebe oder Gelege) werden dabei entsprechend des geforderten globalen und lokalen Verstärkungsaufbaus und der angestrebten Wandstärken des jeweiligen Bauteils zugeschnitten und meist manuell in bzw. auf der Form positioniert bzw. drapiert. Eine reproduzierbare Fertigung ist damit nur eingeschränkt möglich. Die Imprägnierung mit dem reaktionsfähigen Harzsystem unterscheidet sich bei diesen Verfahren. Nach dem Aushärten des Bauteils wird es entformt und zum endgültigen Bauteil nachbearbeitet.

Beim *Handlaminierverfahren* erfolgen der Aufbau der Verstärkungsstruktur und das Tränken der Verstärkungstextilien mit dem Harzsystem schichtweise. Für das Einarbeiten des Harzes und das Verdichten und Entlüften des Laminataufbaus werden einfache Hilfsmittel genutzt, wie Pinsel und Andruckrollen. In Abhängigkeit von der Bauteilgröße und -komplexität müssen die Zeit für den Laminiervorgang und die Topfzeit des Harzsystems passend aufeinander abgestimmt sein. Prinzipiell kann der noch nicht ausgehärtete Laminataufbau auch vakuumdicht in einer Vakuumfolie verpackt und durch Anlegen von Unterdruck bis zur Aushärtung komprimiert werden. Da es sich beim Handlaminieren um ein offenes Bauteilherstellungsverfahren handelt, sind bei der Verarbeitung von Harzsystemen, die mit der Emission von gesundheitsschädigenden Stoffen verbunden sind (z. B. Phenolharz), entsprechende Sicherheitsmaßnahmen einzuhalten. Das Handlaminierverfahren wird u. a. für die Herstellung von Rotorblättern für Windkraftanlagen, im Bootsbau und im Nutzfahrzeugbau eingesetzt [18–20].

Beim *Vakuuminfusionsverfahren* , auch als *Resin-Infusion- (RI-)Verfahren* bezeichnet, wird dagegen der vollständige Aufbau der Verstärkungsstruktur bzw. der Preform einschließlich verschiedener Fertigungshilfsmittel vakuumdicht verpackt, mit Anguss und Absaugung versehen, durch Anlegen eines Vakuums komprimiert und mit dem Harzsystem getränkt (s. Abb. 16.7 a). Dabei wird das Harzsystem durch den Unterdruck (< 1 bar) aus dem Vorratsbehälter, in dem der Umgebungsdruck anliegt, über mindestens einen Linien- oder Ringanguss durch die Verstärkungstextilien hindurch zur Absaugstelle gefördert. Die Folie dient dabei als flexibles Oberwerkzeug. Alternativ kann zusätzlich auch ein Gegenwerkzeug in den Vakuumaufbau mit eingebracht werden, wodurch beidseitig glatte Oberflächen möglich sind. Auf Grund des begrenzten Druckunterschieds sind die Matrixfließwege und die Bauteilgrößen zunächst begrenzt. Dieser Begrenzung kann allerdings durch verschiedene Maßnahmen entgegengewirkt werden, wie gezielte Temperierung, Einsatz von Fließhilfen bzw. Verteilmedien oder geeignete Angusskonzepte [2, 3, 20, 21].

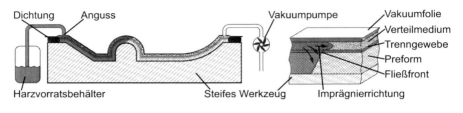

(a) Vakuuminfusion   (b) Fließfrontfortschritt bei der Vakuuminfusion

Abb. 16.7 Vakuumaufbau für die Vakuuminfusion in Anlehnung an [7]

Abbildung 16.7 b stellt exemplarisch einen typischen Vakuuminfusionsaufbau mit textiler Verstärkungsstruktur (Preform), Trenngewebe, Verteilmedium und Vakuumfolie dar. Das Trenn- bzw. Abreißgewebe gestattet die nachträgliche Trennung der Fertigungshilfsmittel von der Bauteiloberfläche. Sogenannte Verteilmedien (z. B. 3D-Gewirke oder -Gelege), die eine hohe Permeabilität und Drucksteifigkeit aufweisen, dienen der schnellen und sicheren Imprägnierung der Verstärkungstextilien. Über die Fließkanäle des Verteilmediums lässt sich damit das Harzsystem auch nach der Komprimierung des Gesamtaufbaus durch den Unterdruck gleichmäßig über den Verstärkungsaufbau verteilen. Die eigentliche Tränkung der Faserstruktur erfolgt in diesem Fall vorzugsweise in Dickenrichtung und damit auf kurzem Weg (s. Abb. 16.7 b). Die Zykluszeit ist bauteilabhängig und wird mit bis zu 60 Minuten angegeben [3, 7, 17, 22].

Dünnwandige Hohlstrukturen, beispielsweise für Rahmentragwerke, lassen sich nach dem *Schlauchblasverfahren* herstellen. Dabei werden zwei Formhälften kombiniert, mit dem textilen Verstärkungsaufbau und einer schlauchförmigen Vakuumfolie versehen, abgedichtet und die Textilien nach dem Prinzip der Vakuuminfusion imprägniert. Die schlauchförmige Vakuumfolie bildet dabei den Hohlraum des Bauteils aus [17].

Die Verfahren der Kategorie A kommen wegen der kostengünstigen Werkzeuge in der Regel für die wirtschaftliche Herstellung von kleinen bis großen Bauteilen in geringen Stückzahlen zur Anwendung. Nachteilig ist der entstehende Abfall an Trenngeweben, Verteilmedien und Vakuumfolien einschließlich des darin enthaltenen Harzes. Typische Vakuuminfusionsbauteile sind u. a. Maschinenbauteile (Verkleidungen, Bauelemente), Boots- und Schiffsbauteile sowie Rotorblätter von Windkraftanlagen [1, 9, 17–19]. Darüber hinaus ist der Einsatz des Vakuuminfusionsverfahrens auch für die Luft- und Raumfahrt von wachsender Bedeutung (z. B. Flügelkästen von Flugzeugen oder Boostergehäuse von Trägerraketen [23, 24].

16.3.4.3 Resin-Transfer-Moulding-Verfahren

Beim *RTM-Verfahren* (Kategorie B) erfolgt das Imprägnieren der textilen Verstärkungsaufbauten bzw. endkonturnahen Preformen in steifen, mehrteiligen und geschlossenen Werkzeugen mit einer der Bauteilgeometrie entsprechenden definierten Kavität durch Injektion niedrigviskoser reaktiver Harzsysteme unter hohem Druck. Die Bauteile verfügen beidseitig über glatte Oberflächen und können eine sehr komplexe Gestalt aufweisen, was allerdings einen hohen werkzeugtechnischen Aufwand erfordert. Abbildung 16.8 zeigt die wichtigsten Prozessschritte zur Bauteilfertigung im RTM-Prozess.

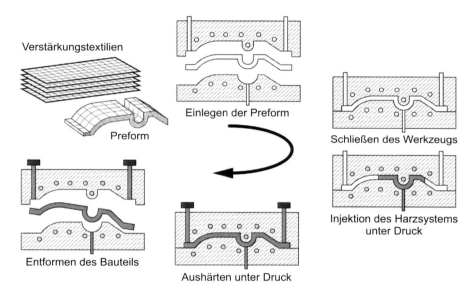

Abb. 16.8 Typischer Prozessablauf bei der Bauteilherstellung nach dem RTM-Verfahren

Zunächst wird eine Preform erzeugt und in die Kavität des geöffneten Werkzeuges eingelegt. Alternativ kann der textile Verstärkungsaufbau auch erst in der Form erzeugt werden. Zur Verbesserung der Bauteiloberflächenqualität bzw. der UV-Beständigkeit können vor dem Einlegen *Gelcoats* (dünne Reinharzschichten) auf die Werkzeugkavität aufgebracht bzw. Oberflächenvliesstoffe eingesetzt werden. Nach dem Schließen des Werkzeuges und dem Komprimieren der Preform wird das Werkzeug, meist über darin integrierte Heizkanäle, temperiert, wodurch sich auch die Preform erwärmt. Die Imprägnierung der Preform erfolgt durch Injektion des flüssigen Harzsystems unter Druck, das dabei vom Anguss in der Preformebene durch das Textil bis zu den Steigern fließt. Die Temperierung vereinfacht die vollständige Tränkung der Preform, da sie während der Injektion eine Abnahme der Viskosität des Harzsystems ermöglicht. Nach dem Aushärten des Bauteils unter Druck zur Reduzierung der Größe von Poren bzw. von Einfallstellen infolge Schwindung wird das Bauteil entformt und zum Endbauteil nachbearbeitet [1, 3, 9, 25].

Die Größenordnung typischer Zykluszeiten für strukturelle Bauteile wird mit ca. 5 bis 25 Minuten angegeben [8, 22]. Die gleichmäßige Erwärmung und schnelle Aushärtung des Harzsystems kann durch Einsatz von Mikrowellentechnik (300 MHz bis 300 GHz) wirksam unterstützt werden [8].

Es sind zahlreiche Modifikationen des RTM-Verfahrens bekannt, die auf die Verbesserung bzw. Verkürzung des Injektionsprozesses sowie auf die Erweiterung der verarbeitbaren Matrixsysteme und des herstellbaren Bauteilspektrums bei hoher Bauteilqualität zielen. Exemplarisch werden hier nur einige aufgeführt [1, 3, 26–28]:

- *VARTM-Verfahren* (*Vacuum-Assisted-Resin-Transfer-Moulding*); Evakuierung der Luft vor der Injektion,
- *ARTM-Verfahren* (*Advanced-Resin-Transfer-Moulding* bzw. Spaltimprägnierverfahren); Injektion bei nicht vollständig geschlossenem Werkzeug, anschließend wird das Werkzeug auf Endmaß geschlossen, Imprägnierung der Preform auf kurzem Fließweg in Dickenrichtung und
- *SRIM-Verfahren* (*Structural-Reaction-Injection-Moulding*); Injektion hochreaktiver, niedrigviskoser Polymergemische unter hohem Druck (> 20 bar).

Eine aktuelle Verfahrensentwicklung stellt die Bauteil-Herstellung unter Nutzung von nach dem *Resin-Transfer-Prepregging-Verfahren* gefertigten Preforms dar. Diese werden in einem ersten Prozessschritt im tiefgekühlten Formwerkzeug ohne Komprimierung der Preform durch Injektion eines duromeren Harzsystems mittels kaskadierter Injektionseinheiten mit Nadelverschlussdüsen so imprägniert, dass ein Harzüberschuss entsteht. Durch Abkühlen der Preform wird die Vernetzungsreaktion der Matrix verzögert, so dass handhabbare Preforms entstehen. In einem zweiten Prozessschritt erfolgen unter Einwirkung von Temperatur und Druck die Komprimierung, die Formgebung und die Vernetzung. Überschüssiges Harz wird dabei in eine Nebenkavität des Werkzeuges geleitet und so der endgültige Faservolumengehalt im Bauteil eingestellt. Aktuelle Arbeiten zeigen, dass der erste Prozessschritt nach ca. 6 Minuten und der zweite nach etwa 10 Minuten abgeschlossen werden können [28, 29].

Das RTM-Verfahren einschließlich seiner Varianten ermöglicht die Herstellung von Bauteilen ab einem Gewicht von wenigen Gramm bis über 50 kg in reproduzierbarer Qualität, mit beidseitig glatter Oberfläche und mit hohem Verstärkungsfaseranteil. Darüber hinausgehende Bauteile erfordern wegen der hohen Injektionsdrücke einen aufwändigen Werkzeugbau und sind durch die Verarbeitungszeit der Harzsysteme begrenzt [17]. Die Bauteile erfordern gewöhnlich wenig Nacharbeit. Da es sich um einen geschlossenen Prozess handelt, lassen sich bei der Herstellung von RTM-Bauteilen gesundheitsschädigende Emissionen weitgehend vermeiden. Das Verfahren ist gut automatisierbar und für mittlere bis große Serien wirtschaftlich einsetzbar [3, 17]. Allerdings ist es infolge des notwendigen hohen Drucks durch erhebliche Werkzeugkosten gekennzeichnet und hinsichtlich der Prozessbeherrschung sehr anspruchsvoll.

Neben der Verarbeitung duroplastischer Matrixmaterialien ist es auch möglich, den RTM-Prozess mit Thermoplasten durchzuführen, beispielsweise unter Einsatz von Additiven zur Verbesserung des Fließverhaltens der Schmelzen [22]. Alternativ ist der RTM-Prozess auch direkt mit der In-situ-Polymerisation von z. B. E-Caprolactam bei Anwesenheit textiler Verstärkungsstrukturen in der Kavität verbunden. Für die Herstellung solcher textilverstärkter Polyamid 6-Bauteile wird eine Taktzeit von 3 Minuten angegeben [8].

Typische RTM-Bauteile sind beispielsweise im Fahrzeugbau (z. B. Spoiler, Dachaufbauten, Heckklappen, Verkleidungen), bei hochwertigen Sportgeräten (z. B. Fahrradrahmen), im Maschinenbau (z. B. Bauelemente, Verkleidungen) sowie im Luftfahrzeugbau (z. B. Anbindungsbeschläge im Spoilerbereich) zu finden [1, 8, 17, 25].

16.3.4.4 Wickelverfahren

Das *Wickelverfahren* (Kategorie D) basiert auf dem lagenweisen Umwickeln von wiederverwendbaren oder z. B. auswaschbaren verlorenen Formkernen mit Verstärkungsfäden bzw. -rovings oder bandförmigen Verstärkungstextilien, die meist direkt an der Wickelanlage mit reaktionsfähigem Harz getränkt werden (s. Abb. 16.9, Walzentränkung).

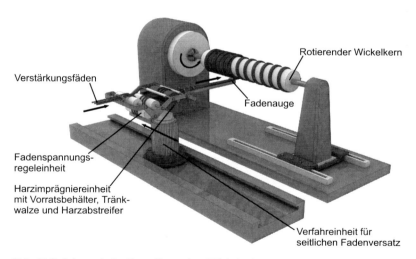

Abb. 16.9 Schematische Darstellung einer Wickelanlage (Kreuzwicklung)

Alternativ zum offenen Harzbad kommt für eine verbesserte Imprägnierung bzw. zur Reduzierung der Anlagenverschmutzung auch die *Siphon-Imprägnierung* zum Einsatz, bei der die Rovings gekapselt bis zum Ablegepunkt in Schläuchen geführt werden [22]. Die Verdichtung des Laminataufbaus wird über die Fadenspannung erreicht. Überschüssiges Harz kann z. B. mittels Saugvliesstoff entfernt werden. Beim Einsatz wiederverwendbarer Kerne müssen diese nach dem Aushärten auf Grund der Schwindung des Matrixmaterials meist mittels geeigneter Abzugsvorrichtungen entfernt werden oder es kommen teilbare Kerne zum Einsatz [1, 3, 10].

Für komplexe Bauteilgeometrien und Wickelmuster kommen aufwändige CNC-gesteuerte Wickeleinrichtungen mit vier und mehr Achsen zur Anwendung oder es wird beispielsweise unter Nutzung von Robotertechnik die Positionierung des Wickelkerns in Abhängigkeit von der Wickelsituation permanent angepasst [1].

Als Wickelmuster lassen sich, wie bei der Erzeugung von Garnspulen, über die Relativbewegung zwischen dem rotierenden Wickelkern und dem seitlichen Versatz der Fadenaugen Umfangs-, Parallel- oder Kreuzwicklungen (vgl. Abb. 16.9) erzeugen. Darüber hinaus wird, z. B. für ellipsoide oder für zylinderförmige Bauteile mit gewölbten Böden, die Polarwicklung genutzt, die geringe Fadenablagewinkel relativ zur Bauteillängsachse gestattet. Die Fadenablage ist über einen Winkelbereich von $\pm 10°$ bis $\pm 89°$ möglich [3, 17, 30].

Das Wickelverfahren ist durch eine hohe Automatisierbarkeit in Verbindung mit einer guten Reproduzierbarkeit der Faserlage und der Bauteileigenschaften und einem hohen Faservolumenanteil bis 65 % gekennzeichnet, der in Einzelfällen auch höher sein kann. Verfahrensbedingt ist der industrielle Einsatz weitgehend auf die Herstellung zylindrischer bis kegelförmiger oder ellipsoider Bauteile mit oder ohne gewölbte Böden für z. B. Rohre, Antriebswellen, Achsen, Walzen, Masten, Blattfedern oder Behälter bzw. Tanks ausgerichtet [3, 10, 17, 31]. Darüber hinaus werden auch Komponenten von Rotorblättern für Windkraftanlagen gewickelt [8, 19]. Glatte Wickeloberflächen bzw. konkav gekrümmte Bauteile sind ohne aufwändige Zusatzmaßnahmen nicht umsetzbar. In Abhängigkeit von der Auslegung der Wickelanlage lassen sich kleine bis sehr große Bauteile realisieren, wie z. B. bis zu 42,5 m lange Rohre [31] oder im Modellversuch eine hoch integrierte Waggonstruktur für Schienenfahrzeuge [32]. Für die Lasteinleitung in gewickelte stab- oder rohrförmige Strukturen wurden spezielle Technologien entwickelt, wie beispielsweise die Ausbildung integrativer Rohrinnengewinde unter Einsatz mehrteiliger Wickelkerne oder die wickeltechnische Integration von mit Pins bestückten metallischen Flanschen [31–34]. Die hohe Leistungsfähigkeit der Wickeltechnik zeigt sich u. a. an der in München aufgestellten, 52 m hohen selbsttragenden Skulptur „Mae West", die aus 32 bis zu 40 m langen gewickelten Carbonfaser-Rohren mit 220 bis 280 mm Durchmesser besteht [31].

Die Verarbeitung von duro- oder thermoplastischen Prepreg-Tapes (s. Kap. 11.2.2 bzw. 11.3.2) im Wickelverfahren ist ebenfalls möglich und erfordert eine entsprechende Konsolidierung beispielsweise im Autoklav bzw. mittels Laser, Heißluft oder beheizter Andruckrollen [3, 22].

16.3.4.5 Pultrusionsverfahren

Beim *Pultrusionsverfahren* (Kategorie E) wird entsprechend Abbildung 16.10 in der Regel eine Verstärkungsfaden- bzw. -rovingschar in einer Harzimprägniereinrichtung mit der niedrigviskosen duroplastischen Matrix getränkt und als Strang mit unidirektionaler Fadenanordnung über einen das Gemisch verdichtenden trichterförmigen Einlauf durch ein Pultrusionswerkzeug gezogen. Darin erfolgen die Formgebung zur Ausbildung der Profilgeometrie sowie unter Temperaturerhöhung das Aushärten der Matrix. Im letzten Werkzeugabschnitt wird das Profil in Verbindung mit der Kalibrierung der Profilgeometrie meist aktiv gekühlt. Die Abzugskraft wird über eine an dem bereits ausgehärteten Profil angreifende Abzugseinrichtung in die Rovings eingeleitet. Diese kann als Band- bzw. Raupenabzug ausgebildet sein oder aus zwei abwechselnd eingreifenden, in Profillängsachse changierenden Greifersystemen bestehen (s. Abb. 16.10). Prinzipbedingt sind die Verstärkungsfasern parallel zur Profillängsrichtung orientiert. Zur Realisierung anderer Anordnungen für die Verbesserung der mechanischen Eigenschaften quer zur Profillängsachse können zusätzlich geflochtene Schläuche oder bandförmige Verstärkungsflächengebilde in das Profil eingebracht werden. Die Schneideinrichtung dient dem Ablängen der Profile zu handhabaren Abschnitten [3, 10, 17].

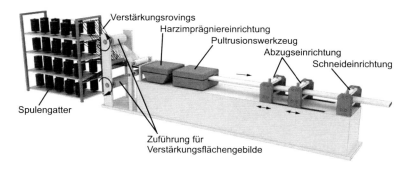

Abb. 16.10 Schematische Darstellung einer Pultrusionsanlage

Das auch als *Strangzieh-* oder *Profilziehverfahren* bezeichnete Pultrusionsverfahren eignet sich für die automatisierte und kontinuierliche Fertigung von offenen oder geschlossenen FKV-Profilen in reproduzierbarer Qualität und mit hohen Faservolumenanteilen von über 60 % bis ca. 80 %. Bei entsprechender Anlagenauslegung lassen sich Profile mit aufwändigen Profilquerschnitten bis hin zu Schalenstrukturen großer Länge herstellen, die in vielen Bereichen des Maschinen- und Fahrzeugbaus (z. B. Aufzugbau, Kabelführungssysteme, LKW-Führerhausliegen), im Bauwesen (z. B. Betonarmierung, Segmente für Treppen bzw. Gitterroste) oder für Sportanwendungen eingesetzt werden. Wegen der hohen Anlagen- und Werkzeugkosten und der mit einem großen manuellen Aufwand verbundenen Vorbereitung der Anlagen lässt sich das Pultrusionsverfahren allerdings erst ab Profilmengen von mehreren 100 Metern wirtschaftlich betreiben [1, 17, 35–37].

In jüngerer Zeit wurde das Pultrusionsprinzip durch ein innovatives Verfahren mit der Bezeichnung *Radius-Pultrusion*™ erfolgreich für die industrielle Fertigung gekrümmter Profile weiterentwickelt, was zu einer erheblichen Erweiterung des Produktspektrums führen wird [38, 39].

Die Verarbeitung von duro- oder thermoplastischen Prepreg-Tapes (s. Kap. 11) ist wie beim Wickelverfahren auch nach dem Pultrusionsverfahren möglich. Die Fertigung von vollständig mit Matrix imprägnierten Thermoplastprofilen ist wegen der hohen Viskosität der Matrixschmelze nicht trivial, weshalb dafür als Ausgangsmaterial meist Hybridgarne oder strangförmige geflochtene oder gewirkte Hybridgarn-Prepregs (s. Kap. 11.3.2) genutzt werden [3, 40, 41].

Das sogenannte *Profil-Armierungsziehen* vereint die Vorzüge von Pultrusions- und Wickeltechnik in Verbindung mit thermoplastischer Matrix zur Herstellung geschlossener Profile. Dabei wird die unidirektionale Verstärkungsfadenanordnung des pultrudierten Rohres direkt anschließend durch Umwickeln mit trockenen Verstärkungsrovings unter einstellbarem Winkel ergänzt. Daran schließen sich das Tränken der Rovings sowie das Kompaktieren und Konsolidieren des Verbundes an [42].

16.3.4.6 Faser-Harz-Spritzen und Faserschleudern

Für das *Faser-Harz-Spritzen* (Kategorie F) existieren zahlreiche Bauarten von Faserspritzanlagen, die sich hinsichtlich des Arbeitsdrucks (von 2 bis 100 bar) und der Zerstäubung unterscheiden. Abbildung 16.11 verdeutlicht das Funktionsprinzip. Generell wird das reaktionsfähige Matrixsystem (meist UP-Harz) gemeinsam mit im Schneidkopf erzeugten Kurzfasern von 15 bis 50 mm Länge in ein offenes Formwerkzeug gespritzt. Das Mischen der Komponenten kann sowohl in der Sprüheinrichtung als auch, wie in Abbildung 16.11 gezeigt, außerhalb erfolgen. Für eine hochwertige Bauteiloberfläche kann die Werkzeugoberfläche vorher mit Gelcoat beschichtet werden. Die Verdichtung und Entlüftung des aufgespritzten Faser-Matrix-Gemisches erfolgt wie beim Handlaminierverfahren manuell bzw. teilmechanisiert. Nach dem Aushärten und Entformen wird nachbearbeitet, wobei wegen der lediglich isotropen Kurzfaserverstärkung lokale Überbeanspruchungen zu vermeiden sind. Der Faservolumenanteil kann über das Mischungsverhältnis der Ausgangskomponenten von 20 % bis 40 % eingestellt werden [1, 43].

Beim Faser-Harz-Spritzen handelt es sich u. a. wegen der direkten Rovingverarbeitung und der moderaten Werkzeugaufwendungen um ein kostengünstiges Bauteilherstellungsverfahren (Kosten für Herstellung, Zuschnitt und Handhabung flächiger Textilstrukturen), das allerdings nur gering mechanisch beanspruchbare Bauteile mit anisotroper Kurzfaserverstärkung und ungleichmäßigen Wanddicken ermöglicht.

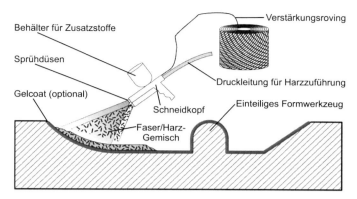

Abb. 16.11 Schematische Darstellung des Faser-Harz-Spritzens

Das Verfahren wird meist für großflächige Bauteile, wie Behälter, Schwimmbecken oder Dachelemente, in kleinen bis mittleren Stückzahlen genutzt [1].

Nach einem neuen, innovativen Verfahren wird das Faserspritzverfahren zur Herstellung handhabbarer, thermoplastischer 3D-Preforms mit Kurzfaserverstärkung genutzt, die in einem zweiten Prozessschritt nach den in Kapitel 11.3 beschriebenen konventionellen Thermopressprozessen zu Bauteilen weiterverarbeitet werden können. Dazu werden in Anlehnung an Abbildung 16.11 ohne Zugabe einer duroplastischen Matrix Hybridgarne (s. Kap. 4.1.3) zu endlichen, ca. 50 mm langen Kurzfasern geschnitten, auf ein mittels Industrieroboter geführtes, luftdurchlässiges Formwerkzeug gespritzt und dort mittels Unterdruck fixiert. Die Fasern lassen sich mit einer lokal einstellbaren Vorzugsorientierung ablegen, wobei das Verhältnis der Festigkeit in Vorzugsrichtung und senkrecht dazu bis 3:1 betragen kann. Durch das Erwärmen der Fasern während der Ablage schmilzt die thermoplastische Hybridgarnkomponente leicht an, so dass eine gute Fixierung der Preform erfolgt. Vorteilhaft ist weiter, dass kein Beschnitt der Preforms notwendig ist und die Dicke sowie die Faserorientierung der Preform lokal unterschiedlich eingestellt werden können. Im Vergleich mit Verbunden aus endlosfaserverstärkten Halbzeugen (Hybridgarn und Verstärkungsfaseranteil gleich) liegen die Verbundfestigkeiten der auf den Faserspritz-Preforms basierenden Verbunde nur ca. 10 % darunter [44, 45].

Beim *Faserschleudern* (Kategorie F) wird wie beim Faser-Harz-Spritzen ein direkt bei der Bauteilherstellung erzeugtes Kurzfaser-Matrix-Gemisch verarbeitet. Allerdings wird es hier unter Einsatz einer Lanze mit Mischkopf und Düse auf die Innenwand einer als rotierende Schleudertrommel ausgebildeten Form gespritzt. Durch die wirkenden Kräfte wird das Gemisch verdichtet und kann anschließend aushärten. Die anisotrope Kurzfaserverstärkung kann einen Masseanteil von 25 bis 45 % aufweisen und ist auf Grund der im Vergleich zum Harz deutlich höheren Dichte der GF-Fasern an der Außenseite besonders hoch. Das Entformen ist wegen der Schwindung des Harzsystems unkritisch. Durch zusätzliches Einlegen flächiger Verstärkungsstrukturen lassen sich die mechanischen Eigenschaften verbessern. Die meist zylindrischen bis leicht konischen und dickwandigen Hohlkörperbauteile weisen eine glatte Außenfläche auf und werden z. B. für Erdtanks, Silos, Masten oder aber für Rohre zum Transport aggressiver Medien eingesetzt [1, 10, 43].

16.3.4.7 Spritzgießverfahren

Das *Spritzgießen* (*Injection Moulding*, Kategorie G) ist ein großseriengeeignetes Urformverfahren zur Herstellung von Kunststoff-Formteilen in einem Fertigungsprozess. Üblicherweise werden dabei z. B. als Granulate vorliegende Thermoplaste, ähnlich wie beim Schmelzspinnen (s. Kap. 3.2.1) in einem Extruder plastifiziert und über eine Düse unter sehr hohem Druck in ein geschlossenes, mehrteiliges Werkzeug mit einer der Bauteilgestalt entsprechenden Kavität gespritzt. Dieser Vorgang setzt sich üblicherweise aus der Einspritz-, der Kompressions- und der Nachdruckphase (Ausgleich der Volumenschwindung) zusammen. Die üblichen Verarbeitungstemperaturen liegen werkstoffabhängig bei 150 bis 300 °C. Der anschließende Abkühlprozess beeinflusst entscheidend die Bauteilqualität hinsichtlich Gefüge, Gestalt und Maßhaltigkeit. Nach dem Erstarren des Thermoplasts schließen sich das Entformen und das Auswerfen des Bauteils über ein werkzeugintegriertes Auswerfersystem an. Bei entsprechender Werkzeugqualität sind die erforderlichen Nacharbeiten an den Bauteilen sehr gering. Die Werkzeugkosten sind generell sehr hoch und steigen mit der Komplexität des Bauteils deutlich an, so dass der Einsatz des Verfahrens nur für große Stückzahlen wirtschaftlich ist [46, 47].

Durch Mehrkomponenten-Spritzgießverfahren, wie das Verbund- und das Montagespritzgießen sowie das Coinjektionsverfahren, die auf dem Einsatz mehrerer Spritzaggregate basieren, lassen sich auch unterschiedliche, z. B. harte und weiche Werkstoffe, in einem Bauteil miteinander kombinieren [46–48]. Weitere Sonderverfahren sind u. a. das Hinterspritzen von Textilien oder Folien und das Mikrospritzgießen [49].

Duromere, wie UP- oder PF-Harzsysteme bzw. Elastomere, wie Nitril-Butadien-Kautschuk, lassen sich ebenfalls durch Spritzgießen verarbeiten, wobei die Vernetzungsreaktion erst im beheizten Werkzeug (120 bis 200 °C) erfolgt [46, 47]. Darauf wird im Folgenden allerdings nicht näher eingegangen.

Faserverstärkte Spritzgießbauteile weisen höhere mechanische Eigenschaften auf, als unverstärkte und werden üblicherweise durch die Verarbeitung fasergefüllter Formmassen (Faserlänge von 0,2 bis 0,5 mm) gefertigt. Die Herstellung von mit längeren endlichen Fasern (ca. 2 bis 5 mm) verstärkten Spritzgießbauteilen ist durch die Verarbeitung sogenannter langfaserverstärkter thermoplastischer Granulate, Pellets oder Chips möglich. Beim Aufschmelzen in der als Extruder ausgebildeten Plastifiziereinheit kommt es auf Grund der darin auftretenden Biege-, Scher- und Reibungsvorgänge sowie durch den eigentlichen Einspritzprozess in das Werkzeug zu einer erheblichen Reduzierung der mittleren Faserlänge. Der typische Abbau der mittleren Faserlänge für ein GF/PP-Langfasergranulat mit 10 mm Ausgangsfaserlänge und einem Fasermasseanteil von 30 % wird mit 6 mm vor der Düse und 2,4 mm im Bauteil angegeben [50].

Zur Erzielung noch größerer Faserlängen werden Verfahren entwickelt, bei denen die in der Schnecke durch die textilen Verstärkungsfasern zurückzulegende Wegstrecke deutlich verringert wird. Dies trifft beispielsweise auf das *Injection-Moulding-Compounder-Verfahren* (IMC) zu. Hier werden die Verstärkungsrovings erst im hinteren Teil des Doppelschneckenextruders zugeführt, in dem der Thermoplast bereits vollständig plastifiziert vorliegt [51]. Allerdings erschwert der kurze Schneckenweg die vollständige Durchmischung und Benetzung der Verstärkungsfasern.

Es ist auch möglich, Spritzgießbauteile mit vorkonsolidierten textilen Verstärkungsstrukturen aus Endlosfilamentgarnen zu verstärken, um höhere mechanische Eigenschaften bzw. eine geringere Kriechneigung zu erreichen oder das Crashverhalten zu verbessern. Die bisherigen Ansätze beziehen sich allerdings meist auf einfach gestaltete Strukturen [52, 53]. Nach dem *LOREF-Verfahren* (*Locally Reinforced Thermoplastics*) werden beispielsweise erfolgreich durch Pultrusion gefertigte, endlosfaserverstärkte Stabelemente in die Spritzgießkavität eingelegt und umspritzt, wobei diese auf Grund der hohen Fließgeschwindigkeit der Thermoplastmatrix unter Anwendung von Vorspannelementen, Schiebern bzw. Klemmstiften und gegebenenfalls Abstandshaltern in ihrer Lage fixiert werden müssen [53].

Alternativ dazu wurden vorkonsolidierte textile Gitterstrukturen aus bi- bis multiaxial orientierten, vollkommen gestreckten GF/PP-Hybridgarnen mit einem Verstärkungsfaseranteil von 60 % entwickelt, die sich u. a. auch für die vollflächige oder lokale Verstärkung von Spritzgießbauteilen eignen. Die Gitterstrukturen werden unter Einsatz einer modifizierten Nähwirktechnik gefertigt, wobei die Vorkonsolidierung durch Infrarotbestrahlung direkt im Anschluss an die Flächenbildung online so erfolgt, dass sich die Struktur noch im gespannten Zustand auf den Transportketten befindet. Dies führt zur Stabilisierung der Struktur ohne Veränderungen der Gittergeometrie und ermöglicht eine gute Handhabbarkeit sowie eine gute Weiterverarbeitbarkeit bei der Bauteilherstellung. Die Gitterstrukturen können mit über die Dicke symmetrischen Fadenlagenanordnungen, kraftflussgerechten Kettfadenverläufen und integrierten Funktionselementen ausgebildet sein. Die experimentellen Arbeiten belegen die gute Verarbeitbarkeit vorkonsolidierter Gitterstrukturen beim Spritzgieß- bzw. *LFI-Prozess* (*Long-Fiber-Injection-Process*) [54, 55]. Abbildung 16.12 zeigt eine entsprechend gefertigte Preform mit integrierten Lasteinleitungselementen sowie ein gefertigtes Bauteil.

Mit dem Ziel, großserientaugliche, wirtschaftlich einsetzbare Bauteilherstellungsverfahren mit kurzen Zykluszeiten zu schaffen, wurden in letzter Zeit verschiedene Verfahrenskombinationen zur Herstellung von hybriden FKV-Bauteilen entwickelt, bei denen das Umformen vorgewärmter Organobleche (s. Kap. 11.3.2.2) in den Spritzgießzyklus integriert ist. Exemplarisch wird hier kurz auf das *In-Mould-Forming* (IMF) und das *Fluid-Injection-Technique (FIT)-Hybrid-Verfahren* eingegangen. Beide Verfahren ermöglichen kurze Fertigungsprozesse und vermeiden ein energieintensives mehrmaliges Aufheizen der Organobleche [56].

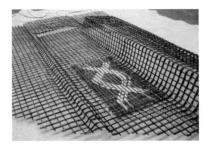

Abb. 16.12 Vorkonsolidierte textile Gitter-Preform mit Lasteinleitungselement (links) und Demonstratorbauteil (rechts) (Quelle: Institut für Leichtbau und Kunststofftechnik, TU Dresden)

Beim *In-Mould-Forming* erfolgt das Umformen des separat z. B. durch Infrarotbestrahlung aufgeheizten Organoblechs in Verbindung mit speziellen Spann- und Greifertechnologien durch das Schließen des Werkzeuges. Daran schließt sich direkt der Spritzgießprozess an, so dass sich auf Grund der Restwärme des eingelegten Halbzeugs eine gute stoffschlüssige Verbindung der beiden Matrixkomponenten ergibt. Das Abstanzen überflüssiger Randmaterialien erfolgt ebenfalls im gleichen Werkzeug, so dass kaum noch Nacharbeiten erforderlich sind. Auf diese Weise lassen sich sehr stabile Schalenstrukturen mit angespritzten Rippen realisieren, wie Bauteile für die Lenksäulenanbindung oder für den PKW-Seitenaufprallschutz [56–59].

Beim sogenannten *FIT-Hybrid-Verfahren* erfolgt die Fertigung von hochbelastbaren Rohrstrukturen durch die Umformung der vorgewärmten und in ein Werkzeug eingelegten beiden Organobleche zunächst durch das spritzgießtechnische Einbringen einer Thermoplastmasse zwischen die Halbzeuge. Die endgültige Ausformung wird über die Erzeugung von Gasdruck erreicht. Dieser wird entweder durch das Einleiten von Gas, das die als Strang abgelegte Thermoplastmasse aufbläst bzw. in eine Nebenkavität treibt, oder durch den Einsatz einer gasbeladenen Schmelze erzeugt [56, 60].

16.3.4.8 Vergleich der Bauteilherstellungsverfahren und Entwicklungstendenzen

Wie in diesem Abschnitt dargestellt, sind zahlreiche bauteil- und wirtschaftlichkeitsrelevante Kriterien maßgeblich für die Auswahl des Fertigungsverfahrens zur Herstellung von konkreten FKV-Bauteilen. Tabelle 16.4 zeigt einen Vergleich ausgewählter Verfahren hinsichtlich der einsetzbaren textilen Verstärkungsstrukturen, der erreichbaren Faservolumenanteile sowie typischer Stückzahlbereiche für eine wirtschaftliche Bauteilfertigung.

Es wird deutlich, dass die Verfahren der Kategorie A und das Faserspritzen vor allem für Prototypen und Kleinserien wirtschaftlich einsetzbar sind. Für die Her-

Tabelle 16.4 Vergleich ausgewählter Bauteilherstellungsverfahren [1, 3, 9, 17, 22, 43]

Kategorie, Verfahren	Ausgangs-Verstärkungsmaterial	Erreichbarer Faser-volumenanteil in %	Wirtschaftliche Stückzahlen pro Jahr
A, Handlaminier-verfahren	Flächengebilde	15 … 30 (Matte) 40 … 50 (Gewebe)	1 … 150
A, Vakuuminfusions-verfahren	Flächengebilde, Preforms	35 … 55	10 … 100 (2000)
B, Harzinjektions-verfahren	Flächengebilde, Preforms	35 … 65	100 … 10 000 (50 000)
D, Wickelverfahren	Rovings, bandförmige Flächengebilde	40 … 65 (80)	1 … 1000
E, Pultrusionsverfahren	Rovings, bandförmige Flächengebilde	45 … 80	1000 … 100 000
F, Faser-Harz-Spritzen	Rovings (geschnitten)	15 … 35	1 … 400
G, Spritzgießen	Kurzfasern, Rovings geschnitten, Flächengebilde	bis 40 bis 10	> 1000 > 1000

stellung von Bauteilen in mittleren und Großserien eignen sich neben dem RTM-und dem Pultrusionsverfahren die in Kapitel 11 vorgestellten Pressverfahren vor allem auf der Basis kurzfaserverstärkter, fließfähiger duro- oder thermoplastischer Prepregs (ca. 10^6 Teile pro Jahr). Hochbeanspruchbare Profile und überwiegend zylinderförmige Bauteile mit anforderungsgerechter Endlosfaserverstärkung sind vor allem nach dem Pultrusions- und dem Wickelverfahren herstellbar. Für einfach bis komplex gestaltete, schalenförmige bzw. hohle Hochleistungsbauteile eignen sich in Abhängigkeit von der Seriengröße das Vakuuminfusions- bzw. das RTM-Verfahren, die beide auf der Verwendung von verarbeitungs- und beanspruchungsgerecht gestaltbaren Preforms aus textilen Verstärkungsflächengebilden basieren. Außerdem eignet sich dafür auch die in Kapitel 11.2.2 erläuterte Verarbeitung von vorzugsweise unidirektional verstärkten Prepregs nach der Autoklav-Technologie.

Die Bauteilherstellungsverfahren weisen weitere verfahrensspezifische, ihren Einsatz bestimmende Merkmale auf, wie etwa die erreichbaren Bauteilgeometrien und die mechanischen Eigenschaften. Abbildung 16.13 zeigt exemplarisch Ergebnisse einer Portfolioanalyse von FKV-Bauteilen [3]. Hier sind typische Bauteilgruppen in Bezug auf die üblicherweise realisierte Bauteilgröße und Formkomplexität eingeordnet. Die Größe und die Formkomplexität der Bauteile werden als entscheidend für die Auswahl des Bauteilherstellungsverfahrens angesehen, während die Bauteilbeanspruchung das wichtigste Kriterium für die Werkstoffauswahl darstellt [3, 61].

Generell ist zu erkennen, dass die derzeitigen Entwicklungen auf dem Gebiet der Herstellung hochbeanspruchbarer FKV-Bauteile maßgeblich durch den notwendig gewordenen erweiterten Einsatz solcher Bauteile mit hohem Leichtbaunutzen vor

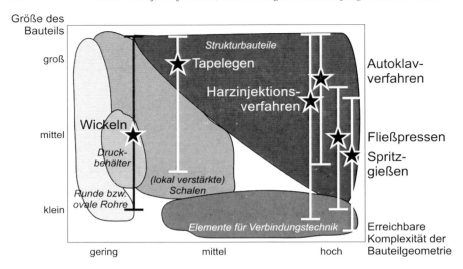

Abb. 16.13 Einordnung der Bauteilherstellungsverfahren hinsichtlich der erreichbaren Bauteilgeometrien nach RIEBER [61]

allem im Maschinen- und Fahrzeugbau getrieben sind. Dies erfordert für mittlere und vor allem für Großserien geeignete und wirtschaftlich einsetzbare Fertigungsverfahren und Prozessketten. Bezogen auf die Bauteilherstellungsverfahren zielen die Entwicklungen deshalb auf reproduzierbare Fertigungsprozesse für Bauteile mit hoher Qualität bis hin zur Class A-Oberflächenqualität, auf einen hohen Automatisierungsgrad, mehrere Prozessstufen integrierende Verfahren sowie die Entwicklung und den Einsatz hochreaktiver Harzsysteme, um Zykluszeiten unter einer Minute zu erreichen. Außerdem werden mit den aktuellen Forschungs- und Entwicklungsarbeiten vielfach energiesparende Fertigungsmethoden und ein sparsamer Umgang mit den meist noch recht kostenintensiven Ausgangsmaterialien für Hochleistungs-FKV-Bauteile angestrebt.

16.4 Textilbewehrter Beton

16.4.1 Besonderheiten von Betonmatrices

Beton ist ein künstliches Gestein und entsteht durch Vermischen von Zement, Gesteinszuschlägen und Wasser. Als preiswerter Massenbaustoff zeichnet er sich besonders durch eine hohe Druckfestigkeit aus, die bei hochfestem Beton 60 N/mm^2 und mehr betragen kann. Seine sehr geringe Zugtragfähigkeit, die bei der ingenieurmäßigen Modellbildung meist vernachlässigbar ist, wird im konventionellen

Betonbau durch eingelegte Stahlbewehrungen kompensiert. Vereinfachend werden sämtliche Betonzugkräfte von der Bewehrung aufgenommen.

Im ungerissenen Zustand (Zustand I) verhält sich ein solcher als Stahlbeton bezeichneter Verbundwerkstoff annähernd linear-elastisch. Unter steigender Belastung werden die in der Zugzone aufnehmbaren Betonspannungen lokal überschritten. Dies führt zunächst zu einem Erstriss und anschließend durch die rissüberbrückende Wirkung der Bewehrung zur Ausbildung eines Rissbildes (Zustand IIa). Sobald die Betonzugfestigkeit zwischen zwei benachbarten Rissen nicht mehr überschritten wird, ist das Rissbild abgeschlossen. Bei weiterer Belastung des Verbundwerkstoffes öffnen sich die Risse (Zustand IIb). Die Rissöffnung wird durch die zunehmend gedehnte Stahlbewehrung begrenzt. Die Betondruckzone ist erst in diesem Zustand effektiv ausgenutzt, wobei sich die Gebrauchstauglichkeit der Konstruktion über eine Festlegung maximaler Rissbreiten gewährleisten lässt. Bei regelgerechter Bemessung kündigt sich das Versagen durch eine optisch wahrnehmbare Verformungs- sowie Rissbreitenzunahme infolge eines Plastifizierens des Bewehrungsstahles (Zustand III) an.

Die Zustände I, IIa sowie IIb lassen sich auch zur Charakterisierung der Spannungs-Dehnungs-Beziehung von textilbewehrtem Beton heranziehen (s. Abschn. 16.4.4, Abb. 16.24). Der Zustand III tritt materialbedingt nicht ein. Das dennoch duktile Trag- und Verformungsverhalten von Textilbeton mit einer ausreichenden Vorankündigung des Versagens ermöglicht – im Gegensatz zu kurzfaserbewehrten Betonen – die Ausbildung tragender Bauteile. Mit dem Einsatz von Kurzfasern kann dagegen lediglich die Gebrauchsfähigkeit von Betonbauteilen durch eine positive Beeinflussung der Rissbildung und -verteilung sowie durch eine erhöhte Schlag- und Abrasionsbeständigkeit gesteigert werden. Die Tragfähigkeit des Verbundbauteils wird jedoch auf Grund verarbeitungstechnisch oft begrenzter Faservolumengehalte von etwa 10 % und der willkürlichen Ausrichtung der Kurzfasern wenig beeinflusst.

Auf die Zusammenführung inhomogener, spröder Betonmatrices und duktiler Bewehrungen aus Stahl bzw. quasi-duktiler Endlosfaserbewehrungen zu einem Verbundwerkstoff lassen sich die Kenntnisse und Erfahrungen zur Bildung von Faserkunststoffverbunden (s. Abschn. 16.3) kaum übertragen. Einerseits werden bei Letzteren duktile Kunststoffe mit meist spröden Faserstoffen kombiniert und für eine gute Verstärkungswirkung sehr hohe Faservolumengehalte bis zu 75 % angestrebt. Dies entspricht näherungsweise dem Zehnfachen des Bewehrungsgehaltes von Betonbauteilen. So beträgt der Anteil textiler Betonbewehrungen anwendungsabhängig nur 1 bis 7 Volumen-%. Andererseits befinden sich faserverstärkte Kunststoffe unter Gebrauch in einem elastischen Verformungszustand. Eine veränderte Lage der Kunststoffverstärkung gegenüber der Belastungsrichtung wirkt sich bereits ab Winkelabweichungen von 3° gravierend auf das Tragvermögen des Verbundbauteils aus. Die zugelassene pseudo-plastische Verformung bewehrter Betone schafft diesbezüglich günstigere Bedingungen, da sich eine faserbasierte Verstärkung bzw. Bewehrung zwischen den Rissufern des Betons in Belastungsrichtung orientieren kann. Die Tragwirkung der für die Betonbewehrung einsetzbaren Endlosfasern vermindert sich näherungsweise linear um 50 % bis zu einer Winkelabweichung von 35° gegenüber der belastungsgerechten Orientierung [62]. Diese, im Versuch ermittelte Abhängigkeit berücksichtigt bereits Umlenkkräfte an den Risskanten, die eine lokale Querdruckbeanspruchung der Endlosfasern hervorrufen.

Für den Einsatz von Endlosfasern, die in der Regel als gitterartige Textilien in den Beton eingebracht werden, sind herkömmliche Konstruktionsbetone meist ungeeignet. Rezepturen für textilbewehrte Betone erfordern die Anwendung einer angepassten Kornzusammensetzung des Gesteinszuschlages der Betonmatrix in Richtung eines *Feinkornbetons*. Bisher verwendete Größtkörner weisen Durchmesser von 1 bis 2 mm auf und erfordern auf Grund der großen Benetzungsoberfläche hohe Zementleim- bzw. Zementgehalte (Abb. 16.14). Die mechanischen Kennwerte solcher Betonrezepturen entsprechen denen von Hochleistungsbetonen.

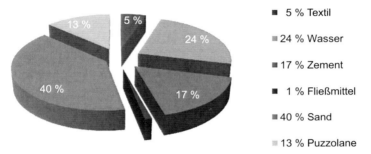

Abb. 16.14 Zusammensetzung von textilbewehrtem Feinkornbeton in Volumen-%

Die Betonmatrix muss zudem Anforderungen zur chemischen Verträglichkeit gegenüber den eingesetzten Faserstoffen und deren Beschichtungen erfüllen. Insbesondere bei textilen Bewehrungen aus alkaliresistentem Glas (AR-Glas) wirkt sich die hohe Alkalität des Betons, die Stahlbewehrungen hervorragend vor Korrosion schützt, jedoch ungünstig auf die Dauerhaftigkeit des ebenfalls abzustimmenden Verbundverhaltens aus. Deshalb kommen vorzugsweise Komposit- und Hochofenzemente unter Zugabe puzzolanischer Bestandteile zur Anwendung. Letztere verbessern auch das Korngefüge sowie das Verarbeitungsverhalten der Betonmatrices beim Laminieren, Spritzen oder bei Injektionen. Für diese Applikationsverfahren lässt sich die Konsistenz des Frischbetons durch verschiedene Betonzusatzmittel einstellen.

16.4.2 Geeignete textile Fasermaterialien

Für die textile Bewehrung im Beton sind grundsätzlich alle Endlosfasern geeignet, die sich durch ein sehr gutes Verbundverhalten mit Beton sowie durch eine hohe Festigkeit und geringe Bruchdehnung auszeichnen. Der Elastizitätsmodul des Fasermaterials sollte deutlich über dem der Betonmatrix liegen, da sonst die Steifigkeit des Bauteils bei Rissbildung deutlich abfällt. Zudem müssen die Fasern sowohl chemisch (Alkaliresistenz) als auch physikalisch dauerhaft mit dem mineralischen Matrixsystem verträglich sein.

Diesen Anforderungen entsprechen am besten Chemiefasern aus AR-Glas sowie Carbon. Die Entwicklung und Fertigung textiler Betonbewehrungen erfolgt deshalb vorrangig auf der Basis dieser beiden Faserstoffe. Teilweise sind auch Basaltfasern unter Beachtung möglicher Eigenschaftsschwankungen verwendbar. Fasern aus Polypropylen, Polyvinylalkohol und Polyacrylnitril werden für die Kurzfaserverstärkung von Beton genutzt [63]. Vor allem aber haben sich kurze Stahlfasern im baupraktischen Einsatz für verschiedene Anwendungen stahlfaserbewehrter Sonderbetone bewährt. Typische Eigenschaften der relevanten Faserstoffe sind in Kapitel 3.3 gegenübergestellt.

Die AR-Glas- und Carbonfasern liegen in Form von Filamentgarnen bzw. Rovings vor, die unter Zugbelastung geringe strukturbedingte Dehnungen aufweisen. Um im späteren Verbundwerkstoff eine möglichst gleichmäßige Beteiligung aller Filamente des Garns an der Lastabtragung sicherzustellen, werden gestreckte und möglichst parallele Filamentausrichtungen benötigt [64]. Daher sollten für textile Betonbewehrungen nur direkt erzeugte, nicht assemblierte Garne bzw. Direktrovings zur Anwendung gelangen. Im textilen Fertigungsprozess werden AR-Glasfilamentgarne jedoch aus dem Innenbereich kernloser Spulen abgezogen. Pro Abwicklung erfährt das Garn deshalb eine Verdrehung um die Garnachse. Günstigere Kreuzspulen mit zylindrischem Spulenkern gewährleisten dagegen durch Tangentialabzug ein nahezu drehungsfreies Abarbeiten des Garnmaterials. Diese Spulenaufmachung steht insbesondere für Carbonfilamentgarne zur Verfügung.

Speziell für Textilbetonanwendungen entwickelte Hybridgarne (Friktionsspinnfasergarne, coextrudierte Garne) konnten sich bisher für den Einsatz in textilen Betonbewehrungen nicht durchsetzen. Weitere Garntypen, z. B. Foliebändchen aus Polypropylen, kommen dort zur Anwendung, wo das Fasermaterial lediglich konstruktive Funktionen übernimmt, z. B. bei der Fertigung oder für die Weiterverarbeitung der textilen Bewehrungen. Dadurch lassen sich teure Hochleistungsgarne einsparen, die mit etwa 75 % entscheidend die Materialkosten des Verbundwerkstoffes bestimmen.

Mit dem Einsatz von AR-Glas sowie Carbon entfällt die beim Stahlbeton für den Korrosionsschutz notwendige Mindestbetondeckung, da diese Faserstoffe unter den üblichen Umgebungsbedingungen nicht korrodieren. Somit sind sehr dünne Textilbetonschichten ausführbar. Im Vergleich zum Stabstahl ergeben sich mit der Verwendung der feingliedrigen textilen Bewehrung zudem kurze Verankerungslängen und eine sehr feine Rissverteilung, weil über die vielfach größere Oberfläche der Garne sehr hohe Verbundkräfte übertragen werden können. Nicht zuletzt verfügen textile Bewehrungen aus AR-Glas oder Carbon mit Zugfestigkeiten im Beton bis 2500 N/mm^2 über eine deutlich höhere Festigkeit als üblicher Bewehrungsstahl.

Aus bautechnologischer und wirtschaftlicher Sicht ist es günstig, wenn beim Betonieren möglichst wenige Lagen der textilen Bewehrung einzubringen sind. Da der erreichbare Bewehrungsgehalt bzw. Faservolumenanteil baustoffbedingt begrenzt wird, bestimmen vorrangig die traglastbezogenen Kosten die Wirtschaftlichkeit des Bewehrungseinsatzes (Abb. 16.15). Bei dieser Betrachtungsweise bleiben jedoch zum einen geringfügige Unterschiede der faserstoffbedingten Textilfertigungskosten unbeachtet. Zum anderen lassen sich mit praxisrelevanten Filamentgarnfeinheiten von mehr als 1000 tex zwar hohe Bewehrungsgehalte realisieren, mit zunehmenden Garnfeinheitswerten verschlechtern sich aber auch die Verbundeigenschaften gegenüber dem Beton. Nicht nur unter Kostenaspekten sind die hieraus resultierenden aufwändigeren Sekundärbeschichtungen (s. Abschn. 16.4.4) und die notwendige Vergrößerung von Lasteinleitungslängen bei der baupraktischen Umsetzung von Textilbeton zu berücksichtigen [65].

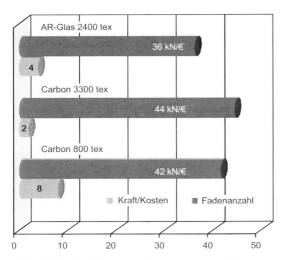

Abb. 16.15 Kraft-Kosten-Beziehung und Anzahl der einzubringenden Garne für einen Betonzugkörper (Querschnitt: 1 cm^2; Länge: 100 cm; Bewehrungsgehalt in Belastungsrichtung: 3,5 Volumen-%)

16.4.3 Fertigungstechnologische Grundlagen textiler Betonbewehrungen

Die endlosfaserbasierte *Betonbewehrung* in Form von Textilien eignet sich sowohl für ebene als auch für gekrümmte Bauteile und ermöglicht eine effektive Umsetzung unterschiedlicher Bewehrungsanteile in den verschiedenen Belastungsrichtungen bei komplexen Beanspruchungen. Die Bewehrung kann dabei direkt und gerichtet in die Zugzone der Bauteile eingebaut werden. Die Struktur-Eigenschafts-Anforderungen an die textilen Bewehrungshalbzeuge sind aus technologischer Sicht vor allem von der Realisierbarkeit offener, gitterartiger Strukturen mit ausreichender Verschiebefestigkeit und gleichzeitig guter Drapierbarkeit geprägt. Die Gitterstruktur der Bewehrung wird für eine ausreichende Betondurchlassfähigkeit und zur Gewährleistung einer vollständigen Betonumhüllung der Garne benötigt. Hierfür müssen die Gitteröffnungen dem Drei- bis Vierfachen des Größtkorndurchmessers der Betonmatrix entsprechen.

Die vorteilhaften zugmechanischen Eigenschaften der eingesetzten Filamentgarne dürfen weder als Folge der maschinellen Verarbeitung noch durch eine ungenaue Lageanordnung im Textil verloren gehen. Die Gegenüberstellung der Spannungs-Dehnungs-Beziehungen von Filament, Garn und Textil in Abbildung 16.16 soll die mit dieser Forderung verbundene Zielsetzung verdeutlichen, nämlich die maximale Ausnutzung des Festigkeitspotenzials der Einzelfilamente in der Bewehrungsstruktur. Bei der Zugprüfung eines Garns versagen die Einzelfilamente sukzessiv. Da die Bruchkraft zur Spannungsermittlung auf die Querschnittsfläche des gesamten Filamentbündels bezogen wird, ist die Bündelfestigkeit erwartungsgemäß geringer als die mittlere Festigkeit der Filamente. Die Garnfestigkeit selbst hängt von der statistischen Bruchverteilung, der Spannungsverteilung im Filamentbündel, den Umlagerungsmöglichkeiten sowie von vorhandenen Vorschädigungen ab. Infolge der Verarbeitung des Garns zur textilen Struktur (z. B. im Nähwirkprozess) treten durch Filamentbrüche bzw. Garnabrieb, Garnanstiche oder Querpressungen des Garns weitere Festigkeitsverluste auf. Die Verläufe der Spannungs-Dehnungs-Beziehungen von Filament, Garn und Textil unterscheiden sich darüber hinaus infolge nicht ideal parallel und gestreckt liegender Filamente im Garn bzw. Garne in der Struktur.

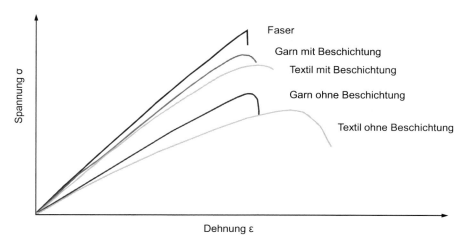

Abb. 16.16 Qualitative Spannungs-Dehnungs-Verläufe von Filament, Garn und Textil bei vergleichbaren Prüfbedingungen

Neben den erreichbaren Struktureigenschaften stellen die Produktivität sowie die Kostenaufwendungen weitere Auswahlkriterien für das textile Flächenbildungsverfahren dar. Für die Fertigung von Betonbewehrungen kommen somit nur wenige Verfahren mit industrieller Verbreitung in Frage [66]. Gegenwärtig werden etablierte Lege- bzw. Wirktechniken bevorzugt genutzt.

Mit der exakten und gestreckten Anordnung von Hochleistungsgarnen in Fadenlagennähwirkstoffen lassen sich die höchsten Steifigkeiten und Zugfestigkeiten der textilen Bewehrung erzielen. Derartige Strukturen setzen sich aus mehreren Lagen bi- bis multiaxial orientierter Faden- bzw. Garnscharen zusammen, die durch eine Maschenfadenstruktur verbunden sind (Abb. 16.17). Diese Bewehrungsfadenscharen können hinsichtlich Winkel und Reihenfolge der einzelnen Lagen vielgestaltig ausgebildet sein. Die Beschaffenheit der Gitterstrukturen lässt sich zudem durch die Variation der lagenweise wählbaren Fasermaterialien und Flächenmassen sowie durch die Auswahlmöglichkeiten für die Bindung dem Einsatzzweck anpassen (s. Kap. 7.4.2).

Alternativ sind Gitterstrukturen mit Hilfe moderner Webverfahren herstellbar. Für die Bewehrung von Beton eignen sich Flachgewebe in Form von Voll- bzw. Halbdrehergeweben, die auf Grund der notwendigerweise offenen Gitterstruktur eine Stabilitätserhöhung durch eine Verschiebefestausrüstung erfordern. Der entscheidende Nachteil von konventionellen Drehergeweben besteht jedoch in der prinzipbedingten Ondulierung der Bewehrungsfäden. Eine Verfahrenserweiterung des Dreherwebens (z. B. EasyLeno® 2T, s. Kap. 5.5.4) gestattet es aber, die eigentliche Webstruktur als filigranes Bindefadensystem auszubilden und in dieses nahezu ondulationsfreie Bewehrungsfäden einzuarbeiten.

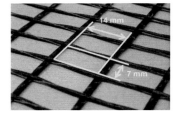

(a) Biaxialgelege   (b) Drehergewebe

Abb. 16.17 Biaxiale Gitterstrukturen, gefertigt auf Basis (a) erweiterter Nähwirk- bzw. (b) Webverfahren

Eine Besonderheit textiler Betonbewehrungen stellen dreidimensionale Abstandskettengewirke mit zwei gitterartigen Deckflächen dar (s. Kap. 7.5). Die Deckflächen der Abstandskettengewirke sind mittels biaxialem Bewehrungsfadeneintrag verstärkt. Für Betonanwendungen werden Deckflächenabstände zwischen 15 und 100 mm realisiert. Mit der Abstandswirktechnologie sind auch innerhalb der Maschinenarbeitsbreite wechselnde Deckflächenabstände zur Herstellung konturierter Strukturen realisierbar. Zudem können die beiden Deckflächen aus verschiedenen Materialien und mit unterschiedlicher Bewehrungsfadendichte ausgeführt sein.

Während Nähwirkstoffe mit zweidimensionalem Charakter sowohl für die nachträgliche Verstärkung vorhandener Betonbauwerke als auch für die Umsetzung textilbewehrter Betonfertigteile zum Einsatz kommen, ist die Erstellung räumlicher Textilstrukturen mit integrierter Flächenbewehrung nur für wenige Spezialanwendungen von Bedeutung.

16.4.4 Verbund- und Tragverhalten textiler Strukturen im Beton

Im Beton sind die Filamente entlang des Garnes und innerhalb des Garnquerschnittes in unterschiedlicher Qualität eingebunden. Je nach Lage im Querschnitt kommen die Filamente in verschiedenem Maße mit dem Feinbeton in Kontakt, so dass grundsätzlich zwischen innerem und äußerem Verbund bzw. Rand- und Kernfilamenten zu unterscheiden ist. Als äußere Matrixverbundzone werden die mit Matrix umschlossenen Filamente am Rand definiert, während die inneren Bereiche nur vereinzelt von Hydratationsprodukten des Betons durchdrungen sind und sich nur über einen geringeren Reibungsverbund untereinander am Lastabtrag beteiligen. Die daraus resultierenden idealisierten Dehnungen der Rand- und Kernfilamente sind in Abbildung 16.18 veranschaulicht.

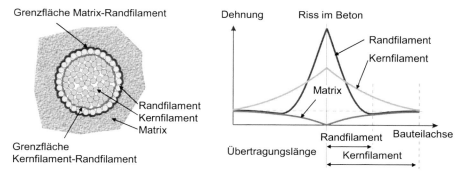

Abb. 16.18 Verbundmodell und qualitativer Dehnungsverlauf von Randfilamenten, Kernfilamenten und Matrix [67]

Die einzelnen Randfilamente stehen im eingebetteten Zustand nicht mit ihrer gesamten Oberfläche, sondern nur teilweise in Kontakt zur Betonmatrix. Während die Ausprägung dieser Haftbrücken wesentlich von der Zusammensetzung des Betons abhängt, wird die Verschiebbarkeit der Kernfilamente gegeneinander und somit deren Aktivierung für die Lastabtragung maßgeblich über deren Reibverbund bestimmt. Dieser Verbund in der Grenzschicht Filament/Filament ist in der Regel unzureichend und kann durch eine zusätzliche Beschichtung der textilen Bewehrung gezielt eingestellt werden. In Abbildung 16.19 weisen deshalb die Kernfilamente unterschiedliche Dehnungen über den Garnquerschnitt auf, die sich mit zunehmendem Beschichtungsanteil an die der Randfilamente angleichen. Über diesen Einfluss der Beschichtung sowie deren Einflussnahme auf die Eigenschaften der Grenzfläche Filament/Matrix lässt sich auch das Tragverhalten des Verbundwerkstoffes entscheidend verbessern [68].

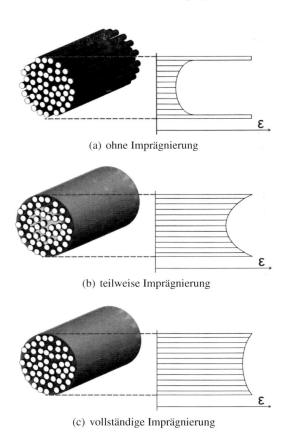

(a) ohne Imprägnierung

(b) teilweise Imprägnierung

(c) vollständige Imprägnierung

Abb. 16.19 Beschichtungsabhängige Spannungsverteilung im Filamentgarn

Die mit Hilfe einer zusätzlichen Beschichtung aktivierbaren Tragreserven der textilen Betonbewehrung sind bereits in Abbildung 16.16, Abschnitt 16.4.3 qualitativ dargestellt. Neben einer Verfestigung der Filamentgarne erfüllt die Beschichtung aber auch die folgenden Funktionen:

• zusätzliche Stabilisierung der Gitterstruktur in Abhängigkeit des benötigten Weiterverarbeitungsverhaltens,
• Verbundverbesserung zur Feinbetonmatrix,
• Verringerung des kapillaren Saugens und des Gastransportes durch die textile Bewehrung und

• Verbesserung des Langzeitverhaltens von Textil sowie Textil-Beton-Verbund.

Als Beschichtungsmittel kommen wässrige Polymerdispersionen auf Basis selbst-vernetzender, carboxylierter Styrol-Butadien-Copolymere und höhermolekularer Epoxidharzdispersionen zum Einsatz [69]. Ebenso eignen sich Harzimprägnierungen für die Vergleichmäßigung der Spannungsverteilung im Garn sowie für die Verbundverbesserung zum Beton [70]. Die Beschichtungsrezepturen müssen folglich sowohl auf die Primärbeschichtung bzw. Schlichte des Garnmaterials als auch auf die eingesetzten Zemente bzw. Betonbindemittel abgestimmt sein (s. Kap. 13.3).

Die besten Ergebnisse werden bei einer Beschichtung optimal ausgerichteter Garne erzielt, d. h., die Verfestigung sollte vorzugsweise noch im Flächenbildungsprozess erfolgen. Für das Aufbringen entsprechender Fixiermittel stehen geeignete ein- sowie zweiseitige Walzenauftragssysteme zur Verfügung (Abb. 16.20). Bei der Trocknung der nassbeschichteten Gitterstrukturen müssen – bedingt durch die dynamische Prozessführung der Textilfertigung sowie auf Grund der hohen Produktionsgeschwindigkeit – sehr kurze Aufheiz- und Abkühlzeiten realisiert werden. Für die Integration in einen textilen Fertigungsprozess sind deshalb mittelwellige Carbon-Rundrohr-Infrarotstrahler besonders gut geeignet, die zur Trocknung offener textiler Strukturen gegebenenfalls auch einseitig in Kombination mit Strahlungswandlern angeordnet sein können [71].

(a) Walzenauftrag   (b) Infrarotstrahler

Abb. 16.20 Walzenauftragssystem nach dem „Kiss-Coater-Prinzip" und Carbon-Rundrohr-Infrarotstrahler

Technologisch aufwändiger und hinsichtlich der geforderten gestreckten Lage der Filamentgarne ungünstiger ist die Beschichtung der textilen Bewehrung in einem separaten Prozess. Allerdings bestehen hierdurch erweiterte Möglichkeiten hinsichtlich der Wahl des Auftragssystems sowie der Beschichtungsrezepturen. Die in einem externen Beschichtungsprozess ausreichend lang dimensionierbare Heißluftzone gestattet zudem eine sehr präzise Einstellung reproduzierbarer Trocknungsbedingungen.

16.4.5 Einflüsse textiltechnologischer Parameter des Nähwirkverfahrens auf den Verbundbaustoff

Die Bewehrungswirkung von gitterartigen Geweben bzw. gewirkten Multiaxial-strukturen im Beton resultiert hauptsächlich aus den Materialeigenschaften der eingesetzten Bewehrungsfäden sowie der Stabilisierungs- und Verbundwirkung der applizierten Beschichtung. Letztere beeinflusst in hohem Maße auch die Handhabbarkeit der textilen Flächengebilde sowie deren mögliche Anordnung im Bauteil, wobei diese beiden Merkmale in zum Teil konträrer Wechselwirkung stehen.

Das Verhalten des beanspruchten Bauteils verändert sich darüber hinaus aber auch in Abhängigkeit strukturbedingter Textileigenschaften, die sich mit Hilfe der Parameter des Nähwirkverfahrens

- Maschinen- und Legerfeinheit sowie Fadeneinzug,
- Legeranordnung bzw. Lagenschichtung und -orientierung,
- maschengerechte oder nicht maschengerechte Abbindung der Bewehrungs-fäden,
- Spannung der Maschenfäden,
- Bindungsvariante und
- Stichlänge

gezielt einstellen lassen. Der Bindung (z. B. Rechts/Links-Trikot), der Abbindung der Bewehrungsfäden (maschengerecht und nicht maschengerecht) und der mit diesen beiden textiltechnologischen Einflussfaktoren in Zusammenhang stehenden Erweiterung des Nähwirkverfahrens um einen Nadelbarrenversatz (Kap. 7.2) kommen dabei die größte Bedeutung zu.

Technologiebedingt führt das konventionelle Nähwirkverfahren zu einer zwar relativ geringen, aber unvermeidbaren Welligkeit der 0°-Bewehrungsfäden (Kettfäden) im Bereich der Kreuzungspunkte mit den 90°-Bewehrungsfäden (Schussfäden). Diese verursacht im zugbeanspruchten Betonverbund Umlenkkräfte (Abb. 16.21), die verbundschädigende Spaltrisse entlang der Bewehrungsfäden sowie Abplatzungen der Betondeckung im Bereich der oberflächennahen Schussfäden hervorrufen können.

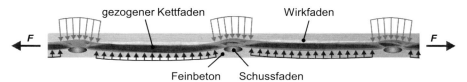

Abb. 16.21 Querzugkräfte im Beton infolge der Umlenkungen des Bewehrungsfadens mit der Gefahr von Delaminationen und Betonabplatzungen [65]

Über eine Bindungskonstruktion im erweiterten Nähwirkprozess [65] lässt sich der Kettfadenverlauf deutlich vergleichmäßigen (Abb. 16.22). Die dadurch nicht mehr nur einseitig konzentrierte, sondern nunmehr kettfadenumschließende Maschenfadenstruktur kompaktiert zugleich den Fadenquerschnitt und vergrößert damit die Gitteröffnungen. Darüber hinaus wird die Aufteilung des Kettfadenmaterials in eine obere und eine untere Lage bzw. eine lagensymmetrische Anordnung der Fadenlagen ermöglicht. Fadenwelligkeiten können dadurch auf ein vernachlässigbares Maß reduziert werden.

Die mit derartigen Textilstrukturen bewehrten Betonbauteile zeichnen sich durch eine gesteigerte Steifigkeit sowie eine verringerte Schadensanfälligkeit aus. In Verbindung mit einer Beschichtung der textilen Bewehrung bewirkt der vergleichmäßigte Verbund zwischen Kettfaden und Beton eine weitere Verbesserung der Eigenschaften des Verbundwerkstoffes.

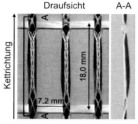 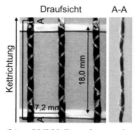 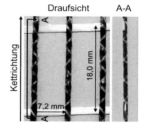

(a) 0°/90°-Bewehrungsfäden mit konventioneller Bindung Doppel-Trikot, gegenlegig

(b) 0°/90°-Bewehrungsfäden mit Nadelversatz Trikot, Basisversatz

(c) lagensymmetrische Anordnung (0°/90°/0°) von Bewehrungsfäden mit Bindung Nadelversatz Trikot, Basisversatz

Abb. 16.22 Bindungstechnische Entwicklung von Fadenlagennähwirkstoffen für die zur Betonbewehrung (0°-Bewehrungsfäden in Kettrichtungen)

Ein weiterer bindungstechnischer Einfluss auf die Handhabung und Weiterverarbeitung der textilen Bewehrung sowie auf das Tragvermögen des Verbundwerkstoffes besteht durch die Möglichkeit eines maschengerechten Schussfadeneintrages an Nähwirkmaschinen. In ihrem prinzipiellen Aufbau gleichen diese verstärkten Nähgewirke den bisher beschriebenen Fadenlagennähwirkstoffen und unterscheiden sich lediglich durch die maschengerecht abgebundenen Schussfäden. Ein Durchstechen der vorgelegten Fäden entfällt, so dass das Bewehrungsmaterial in weit geringerem Maße geschädigt wird. Die erzeugbaren Strukturen sind auf Grund der maschengerechten Abbindung drapierfähiger, weisen aber auch eine geringere Verschiebestabilität auf. Das Kraft-Dehnungs-Verhalten in Kett- und Schussfadenrichtung lässt sich im Vergleich mit der herkömmlichen Abbindung richtungsunabhängiger gestalten.

16.4.6 Bemessungsrelevante Kennwerte von textilbewehrtem Beton

In der Regel ist es nicht möglich, aus den bekannten Eigenschaften der einzelnen Ausgangsstoffe von Textilbeton direkt auf das Tragverhalten des Verbundwerkstoffes zu schließen. Für dessen Beschreibung wird deshalb auf experimentell ermittelte Kennwerte zurückgegriffen. Diese lassen sich im Wesentlichen in einaxialen Zugversuchen an garn- oder textilbewehrten Feinbetonschichten, sogenannten Dehnkörperversuchen, sowie in Garnauszugsversuchen bestimmen (s. Kap. 14.7.2).

Entsprechend den aufgenommenen Messgrößen liefert der Dehnkörperversuch auf mittlere Dehnungen der Textilbetonschicht bezogene Zugkräfte. Die Verformung wird hierbei entlang der Kraftrichtung über mehrere Risse gemessen. Die Kräfte werden einerseits auf den Dehnkörper- bzw. Betonquerschnitt A_c bezogen und als Materialfestigkeit σ_c interpretiert oder andererseits ins Verhältnis zum Bewehrungsquerschnitt A_t gesetzt, um die Spannung σ_t der textilen Bewehrung bzw. die Textilfestigkeit im Verbundwerkstoff zu erhalten:

$$\sigma_c = F/A_c \qquad (16.1)$$

oder

$$\sigma_t = F/A_t \qquad (16.2)$$

Die sich ergebenden Spannungs-Dehnungs-Beziehungen (Abb. 16.23) bilden eine wesentliche Voraussetzung für die Auslegung und Bemessung des Verbundwerkstoffes sowie für die Ableitung charakteristischer Kennwerte, Streuungen und Teilsicherheitsfaktoren.

Die für die Auswertung der Dehnkörperversuche benötigte Bewehrungsfläche eines Garnes $A_{t,Garn}$ lässt sich über die Umrechnung der in der Textilindustrie üblichen Garnfeinheit bzw. längenbezogenen Masse ermitteln, wobei die Werte des unbeschichteten Garnes anzusetzen sind:

$$A_{t,Garn} = \frac{Garnfeinheit}{Faserstoffdichte} = \frac{Tt_{Garn}}{\rho_{Faser}} \qquad (16.3)$$

Die gesamte Querschnittsfläche der textilen Bewehrung A_t ergibt sich aus der Lagenanzahl und dem Achsabstand der Bewehrungsfäden:

$$A_t = Lagenanzahl \cdot \frac{Bauteilbreite}{Garnabstand} \cdot A_{t,Garn} \qquad (16.4)$$

Alternativ kann für eine textile Bewehrungsstruktur eine Bewehrungsfläche pro laufenden Meter in Längs- und Querrichtung eines Bauteils definiert werden.

Anstelle exakter Angaben z. B. zu Spannungs- und Dehnungs-Verläufen können aus Versuchen am Verbundwerkstoff Eingangswerte (z. B. E-Moduln und Festigkei-

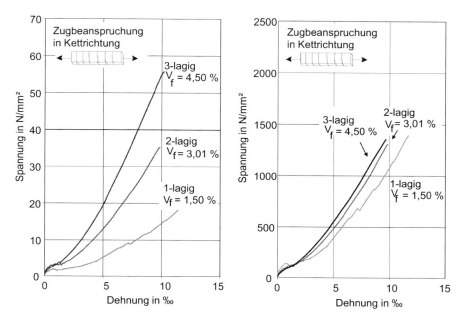

Abb. 16.23 Spannungs-Dehnungs-Beziehungen von Dehnkörpern mit textiler Bewehrung aus Carbonfilamentgarnen der Feinheit 3300 tex (Kettfadenabstand: 10,8 mm; Schussfadenabstand: 18,0 mm; Flächenmasse des Textils: 609 g/m² einschließlich 15 Masse-% Polymerbeschichtung)

ten der textilen Bewehrung) für die Bemessung abgeleitet werden. Darüber hinaus ist für eine bestimmte Konfiguration textiler Bewehrung und Feinbeton die trilineare Approximation der Spannungs-Dehnungs-Beziehungen (Abb. 16.24) mit den charakteristischen Zuständen I, IIa und IIb möglich (s. Abschn. 16.4.1). Über die nährungsweise linearisierte Beziehung zwischen Textilbruchspannung und mittlerer Verformung des Verbundwerkstoffes kann eine iterative Bemessung von textilbewehrten Betonschichten erfolgen [72].

Neben der experimentellen Charakterisierung stehen für die Beschreibung der Tragmechanismen von textilbewehrtem Beton eine Vielzahl mechanischer, analytischer sowie numerischer Modelle zur Verfügung. Je nach Modellkonzept, Beobachtungsskala und beschreibenden Parametern (z. B. Filament- oder Garneigenschaften, Verbundeigenschaften) wird auf verschiedenen Strukturebenen gearbeitet. Modelle auf der Makroebene betrachten dabei den Verbundwerkstoff als ein homogenes Ersatzmaterial, bei dem Schädigungs- und Versagensmechanismen verschmiert über wenige Modellparameter abgebildet werden. Mesomechanische Modellierungen betrachten Betonmatrix-, Verbund- und Bewehrungselemente, die ebenfalls schon in Gruppen unterteilt sein können. Auf der Mikroebene gilt es, grundlegende Mechanismen zwischen Filamenten untereinander und den Bestandteilen des Betons zu formulieren. Derzeit werden universelle Multiskalen-Modelle für das hochkomplexe Tragverhalten von Textilbeton aufgestellt, die die verschiedenen Einflussfaktoren

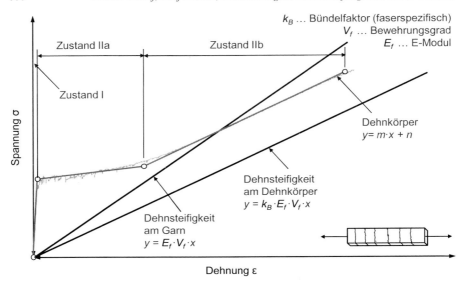

Abb. 16.24 Approximation der Spannungs-Dehnungs-Beziehung eines einaxial zugbelasteten Dehnkörpers aus Textilbeton [67]

und ihre gegenseitige Beeinflussung berücksichtigen. Einen diesbezüglichen Ansatz bildet ein Mikro-Meso-Makro-Prognosemodell, das basierend auf der Simulation des Mikrostrukturverhaltens das makroskopische Materialverhalten des Verbundwerkstoffes vorhersagt [73]. Damit lassen sich die den textilbewehrten Beton charakterisierenden mechanischen Kenngrößen (Abb. 16.25) aus experimentell ermittelten Kraft-Verformungs-Abhängigkeiten ableiten.

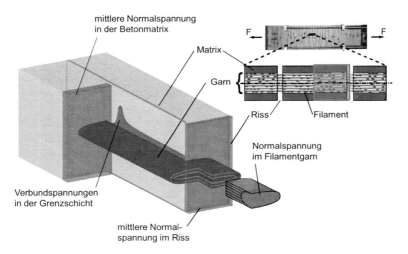

Abb. 16.25 Spannungsverteilung und Verbundkraftübertragung im Garn-Matrix-Modell [73]

16.4.7 Instandsetzung und Verstärkung bestehender Bausubstanz

Das Verstärken von Stahlbetonkonstruktionen erfolgt örtlich begrenzt oder erfasst ganze Bauwerke. Zur Anwendung kommen dabei Spritzbetone mit Bewehrung oder auch geklebte Bewehrungen aus Stahl sowie Faserkunststoffverbunde. Der Einsatz einer *Textilbetonverstärkung* (Abb. 16.26) vereinigt die Vorteile von Spritzbeton mit den Vorzügen von Klebeverstärkungen [72]. Materialbedingte Nachteile, wie das hohe Eigengewicht von Spritzbetonverstärkungen oder die mangelnde Brandbeständigkeit, Feuchteempfindlichkeit, sowie hohe Ausführungskosten von Klebeverstärkungen werden kompensiert. Damit stellt das Verstärken mit Textilbeton eine aussichtsreiche Alternative und Ergänzung zu herkömmlichen Verstärkungsmethoden dar und erweitert die Instandsetzungsmöglichkeiten für Stahlbeton.

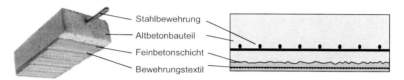

Stahlbewehrung

Altbetonbauteil

Feinbetonschicht

Bewehrungstextil

Abb. 16.26 Aufbau eines mit Textilbeton instandgesetzten Stahlbetonbauteils

Durch die Korrosionsbeständigkeit der textilen Bewehrungsmaterialien lassen sich die Verstärkungsschichten sehr dünn ausbilden. Bei vier Lagen textiler Bewehrung und einem Größtkorn von 1 mm im Beton beträgt die Schichtdicke der Verstärkung lediglich 12 bis 18 mm. Das Eigengewicht des Altbauteils wird damit nur unwesentlich erhöht. Textile Bewehrungen sind zudem leicht formbar und passen sich nahezu jeder Bauteilgeometrie an. Somit lassen sich auch profilierte Querschnitte, Stützen oder schalenförmige Bauteile instandsetzen. Zur Verstärkung ist Textilbeton dann prädestiniert, wenn eine möglichst flächige Zugzonenergänzung mit Bewehrung zur Erhöhung der Tragfähigkeit führt (Abb. 16.27). Der Verstärkungsgrad kann dabei durch Variation des Bewehrungsgehaltes über Lagenanzahl und Faserquerschnittsfläche pro Lage gewählt werden.

Prinzipiell können textilbetonverstärkte Stahlbetonbauteile je nach Geometrie, Beanspruchung und Bewehrungsgehalt auf verschiedene Weise versagen. Durch geeignete konstruktive Maßnahmen werden Bauteile häufig gezielt für ein Biegeversagen konzipiert. Diese Versagensform ermöglicht im Vergleich mit den anderen Versagensmechanismen ein duktiles Bauteilverhalten und damit eine Versagensvorankündigung durch Risse und Verformungen. Bei biegebeanspruchten textilbetonverstärkten Stahlbetonbauteilen wirken die textile Verstärkungsstruktur und der Betonstahl gemeinsam als gemischte Betonbewehrung. Dabei ist es grundsätzlich möglich, beim Zusammenwirken von Textil und Bewehrungsstahl die klassische Stahlbeton-Biegetheorie und damit ein bereits etabliertes Bemessungsverfahren an-

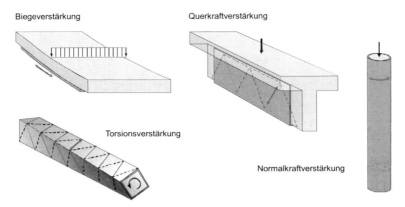

Abb. 16.27 Möglichkeiten der Verstärkung mit textilbewehrtem Beton

zuwenden (Abb. 16.28). Allerdings müssen die unterschiedlichen Hebelarme der Bewehrungen berücksichtigt werden [72].

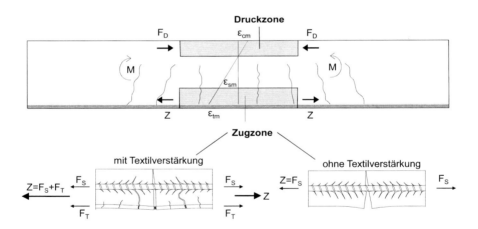

Abb. 16.28 Biegetragverhalten und Zugstabanalogie textilbetonverstärkter Bauteile [72]

Neben der Erhöhung der Tragfähigkeit können auch weitergehende Instandsetzungsaufgaben – wie die Herstellung einer neuen oder zusätzlichen dichten Betondeckung, die Gestaltung von Oberflächen, die Versteifung von Konstruktionen oder die Beeinflussung der Rissbildung – gelöst werden.

Für das Auftragen der einzelnen textilbewehrten Betonlagen zu einer Verstärkungsschicht kann auf einfache und bewährte Applikationsverfahren zurückgegriffen werden. Ein weiterer Vorteil gegenüber lamellenförmigen Verstärkungen besteht in der erreichbaren flächigen Krafteinleitung. Die Gefahr eines Delaminationsversagens wird dadurch signifikant vermindert.

Erstmalig wurde im Oktober 2006 das Hyparschalentragwerk des Hörsaalgebäudes der FH Schweinfurt nachträglich mit textilbewehrtem Beton aus Carbonfilamentgarnen in drei Lagen verstärkt (Abb. 16.29). Die Ertüchtigung des Tragwerkes war erforderlich, weil die Stahlbetonkonstruktion des nur acht Zentimeter dicken hyperbolischen Paraboloids Spannungsüberschreitungen in der oberen Stahlbewehrungslage in den auskragenden Bereichen der Hyparschale zeigte. Da textilbewehrter Beton bisher noch kein genormter Konstruktionswerkstoff ist, war für den Einsatz der textilen Bewehrung eine Zustimmung im Einzelfall notwendig.

Abb. 16.29 Verstärkung des Hypar-Schalentragwerkes der FH Schweinfurt

Zwei Jahre nach der erfolgreichen Erstanwendung konnte in Zwickau eine weitere Textilbetonverstärkung ausgeführt werden. Die Dachkonstruktion in Form einer Tonne wurde 1903 aus Stahlbeton hergestellt. Da die Tragfähigkeit dieser Konstruktion nach heutigen Normen nicht nachweisbar ist, war für die Umnutzung des Gebäudes eine Verstärkung erforderlich. Durch den Einsatz einer vorgemischten Feinbetonmischung als Sackware konnte der Aufwand für Dosieren und Mischen auf der Baustelle enorm reduziert werden. Eine weitere Besonderheit bestand darin, dass die Textilbetonverstärkungsschicht lagenweise über Kopf eingebaut werden musste (Abb. 16.30). Mit der dafür entwickelten Applikationstechnik wurden ab 2009 u. a. mehrere tausend Quadratmeter Deckenfläche eines Prager Büro- und Geschäftshauses sowie eines Produktionsgebäudes in Koblenz mit zwei bis vier Lagen Textil aus Carbonfaser-Heavy Tows ertüchtigt.

16.4.8 Ausbildung von textilbewehrten Einzelbauteilen

Auf Grund der korrosionsbeständigen textilen Bewehrung und der damit verbundenen geringen Betonüberdeckung ist die Fertigung sehr dünnwandiger Betonbauteile möglich. Textilbeton eignet sich deshalb hervorragend für leichte, aber dennoch hochbelastbare Betonbauteile, z. B. für Fassaden-, Dach- und Balkonbauteile, Lärmschutzwände, Stadtmöblierungen oder für den Behälter- und Rohrleitungsbau.

Abb. 16.30 Einbau der Verstärkungsschicht aus Textilbeton

Zudem sind räumliche Formgebungen umsetzbar. Hierfür stehen verschiedene Anwendungsbeispiele mit allgemeiner bauaufsichtlicher Zulassung oder entsprechender Zustimmungen im Einzelfall.

Die erste bauaufsichtliche Zulassung für ein Bauteil aus Textilbeton wurde für eine unter dem Namen betoShell® bekannte textilbewehrte, dünnwandige Fassadenplatte erteilt (Abb. 16.31). Die geforderten Zulassungsversuche erfolgten an der Technischen Universität Dresden. Die Fertigteilelemente sind nur 20 mm dick. Neben erheblichen Masseeinsparungen und daraus resultierenden leichteren Befestigungskonstruktionen lassen sich die für konventionelle Stahlbetonfassadenplatten verfügbaren Oberflächenstrukturierungen (gewaschene, gesäuerte, gestrahlte oder geschliffene Oberflächen) einfacher und kostenintensive Einfärbungen durch geringere Zugabemengen an Farbpigmenten vielgestaltiger realisieren. Zudem ermöglicht der Einsatz von Feinbetonen mit einem Größtkorn von 1 bis 2 mm sehr glatte und gefügedichte Oberflächen (schalungsglatter Sichtbeton) sowie scharfkantige Profilierungen und Fugen, die zu einem völlig neuen Erscheinungsbild von Betonflächen führen.

Die Abmessungen der Textilbeton-Fassadenelemente sind durch die allgemeine bauaufsichtliche Zulassung (DIBt Z-33.1-843) 2,40 m x 1,20 m begrenzt. Größere Elemente können über Zustimmungen im Einzelfall eingesetzt werden. Derartig großformatige, selbsttragende Elemente aus Textilbeton wurden z. B. an der RWTH Aachen in Form eines ca. 590 m² umfassenden Sandwichfassadensystems installiert. Hierbei sind 15 mm dünne Textilbetonschichten beidseitig auf einen tragfähigen Hartschaumkern aufgebracht (Abb. 16.31). Die Elementabmessungen betragen 3,45 m x 1,0 m x 0,18 m.

Die weltweit erste Brücke aus Textilbeton entstand 2005 für die Landesgartenschau in Oschatz. Im Herbst 2007 wurde eine zweite, 17 m lange Fuß- und Radwegbrücke in Kempten der Öffentlichkeit übergeben, welche auch ein Räumfahrzeug tragen kann (Abb. 16.32). Beide erstmalig an der TU Dresden entwickelten Brücken be-

Abb. 16.31 betoShell® Fassadenelemente aus Textilbeton (Quelle: Ulrich van Stipriaan)

stehen aus u-förmigen Textilbetonsegmenten, die mittels Spanngliedern zu einem Tragwerk zusammengefügt sind. Gegenüber konventionell hergestellten Stahl- bzw. Spannbetonbrücken wiegen die Textilbetonkonstruktionen nur etwa ein Drittel. Infolge der geringen Masse konnte der gesamte Brückenüberbau vormontiert auf nur einem LKW zum Einsatzort transportiert und per Autokran eingehoben werden.

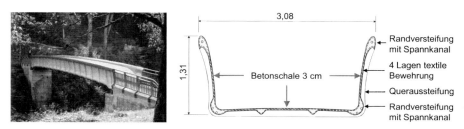

Abb. 16.32 Fuß- und Radwegbrücke in Kempten

Die mit etwa 100 m längste Textilbetonbrücke wurde als sechsfeldriger Durchlaufträger mit vorgespanntem siebenstegigen Plattenbalkenquerschnitt im Sommer 2010 in Albstadt errichtet (Abb. 16.33). Die sechs Fertigteile haben eine Länge bis zu 17,20 m und Stützweiten bis zu 15,05 m. Für das Brückentragwerk kamen textile Flächenbewehrungen sowie GFK-Bewehrungsstäbe und Monolitzen-Spannelemente für den linienförmigen Lastabtrag zum Einsatz [74].

Abb. 16.33 Fußgängerbrücke in Albstadt (Quelle: Groz-Beckert KG)

16.4.9 Entwicklungstendenzen für Textilbeton

Textilbewehrter Beton zur Verstärkung von Stahlbetonbauteilen schließt die Lücke zwischen heute gebräuchlichen Kohlenstofffaserklebeverstärkungen und konventionellen, kurzfaserbewehrten Spritzbetonen. Die Ausführbarkeit dünner Textilbetonschichten und deren nahezu freie Formbarkeit im Herstellungsprozess ermöglicht zudem die Produktion filigraner und leichter, ausschließlich textilbewehrter Betonfertigteile mit vielfältigen Erscheinungsbildern. Die hierfür notwendige Technologie zur Fertigung textiler Betonbewehrungen sowie die Grundlagen für eine materialgerechte Anwendung von Textilbeton sind vorhanden. Derzeit dennoch bestehende Anwendungserschwernisse sind auf offene Fragen zum Zusammenwirken von Betonstahl und textiler Bewehrung und vor allem auf das Fehlen bauaufsichtlicher Regelungen zurückzuführen. Dabei besteht nicht mehr die Frage nach einem geeigneten Bemessungsmodell für textilbewehrten Beton, sondern die Aufgabe, die zutreffenden Eingangskenngrößen unter Beachtung von Sicherheitsaspekten durch Prüfungen zu quantifizieren. Hierbei kommen der Definition von Qualitätsmerkmalen für die gesamte Prozesskette der Textilfertigung (Filament, Garn, Textil, Beschichtung) sowie den in Kapitel 14.7.2 beschriebenen Prüfmethoden zur Bestimmung von Filamentgarnkennwerten im Verbund mit Feinbetonmatrices eine wesentliche Bedeutung zu.

Eine nachträgliche Beschichtung der Filamentgarne führt zu einer gleichmäßigeren Auslastung aller Filamente. Zudem werden die Garne zusätzlich gegenüber einer ungünstigen Morphologie der Grenzfläche zum Beton sowie – insbesondere beim Einsatz von AR-Glas – vor dessen alkalischem Milieu geschützt. Hinsichtlich des baupraktischen Einsatzes müssen dennoch materialspezifische Anpassungen der Beschichtungsrezepturen z. B. für Carbon-, Basalt- und Stahlfasern erfolgen, deren Primärbeschichtungen bzw. Schlichten derzeit für den Einsatz in Faserkunststoffverbunden optimiert sind. Weiterhin ist es notwendig, eine Standardisierung von geeigneten Textilkonstruktionen und Textil-Feinbetonmatrix-Kombinationen vorzunehmen sowie Anforderungen an die Gebrauchstauglichkeit (z. B. Grenzen der Rissbreiten und -abstände) zu detaillieren und in bereits weitgehend entwickelte Bemessungsgrundlagen einzubinden.

Durch die Einführung neuer Textilmaschinenkonzepte für die gestreckte und lagensymmetrische Fadenlegung mit integrierter Beschichtung und nachgelagerter Konturierung werden die herkömmlichen Fertigungstechnologien für gitterartige Verstärkungstextilien grundlegend erweitert. Über neu verfügbare Abbindungs- bzw. Bindungsvarianten erschließen sich insbesondere für den Textilbeton vorteilhafte Anordnungen von Bewehrungsfäden sowie ein günstigeres Verbundverhalten und eine deutlich verbesserte Qualität der textilen Bewehrung.

Für die Anwendung von Textilbeton sind sowohl europäische als auch länderspezifische und regionale Regelungen zur Zulassung von Bauprodukten zu beachten.

16.5 Textilmembranen für den Leichtbau

16.5.1 Begriffsbestimmung und Anwendungsbereiche

Membranen für den Leichtbau stellen innovative, in der Regel dünne, biegsame und hauptsächlich durch Zugkräfte beanspruchte Materialien dar, die durch Werkstoffauswahl und Konstruktion so gestaltet werden, dass sie die unterschiedlichsten Funktionen erfüllen können, z. B. Trennen, Abgrenzen, Umhüllen, Lastaufnahme und -verteilung, Wetter-, Schall- sowie Hitzeschutz. Daraus resultiert ein breites Einsatzspektrum, das sich von Membranen für Textiles Bauen bis hin zu Segeln für den Hochleistungssegelsport erstreckt und dabei auch Sonnenschutztextilien, Werbeflächen, Zelte, Schwimmbecken- und Teichauskleidungen, Behälter, Förderbänder, Ölsperren, Faltenbälge, Geotextilien, LKW-Planen, Cabrioverdecke, Airbags, Schlauchboote sowie Rettungsinseln einschließt. Abbildung 16.34 zeigt verschiedene Überdachungslösungen unter Nutzung von Membranen.

Aus den verschiedenen Einsatzbedingungen leiten sich spezifische Anforderungen ab, die sich oftmals nur dann erfüllen lassen, wenn die Membranen im Gegensatz zu reinen Folieaufbauten, z. B. pneumatisch vorgespannte Luftkissen aus Ethylen-Tetrafluorethylen-Copolymer (ETFE)-Folie [75], einen Festigkeitsträger in Form einer Textilfläche aufweisen. Dieser ist an seiner Oberfläche verwendungsangepasst behandelt, etwa durch Beschichtung oder Foliekaschierung. Solche, in den weiteren Ausführungen als Textilmembranen definierte Flächenstrukturen bilden die Grundlage für eine Vielzahl neuartiger technischer Leichtbaulösungen, insbesondere für den Hochleistungsbereich. Dazu zählen vor allem das Umsetzen textiler Architektur im Bauwesen, aber auch die Realisierung massereduzierender Konstruktionen für den Fahrzeugbau sowie den Sport- und Freizeitbereich.

So lassen sich Textilmembranen architektonisch als Dachlösungen für den Außenbereich nutzen (Abb. 16.34). Diese können in vielfältiger Weise ausgestaltet sein. Beispiele hierfür sind permanente und semipermanente Bedachungen, verfahrbare bzw. bewegliche Dachflächen, nachträgliche Adaptionen bestehender Bauten, wie Vordächer oder Verbindungsgänge, aber auch temporäre, wiederverwendbare

Konstruktionen für Messestände, Ausstellungspavillons, Zelte, Schutzsysteme gegen Hurrikans usw. [76, 77].

Abb. 16.34 Anwendungsbeispiele für Membranen zur Überdachung
(Quelle: Mehler Texnologies GmbH)

Die Bauweise mit derartigen Membranen ist bei Architekten und Planern zunehmend populär, wie eine Vielzahl an beeindruckenden Großobjekten zeigt. Darunter zählen beispielsweise das Ausstellungsgelände „Grand Pavilion Showgrounds" in Melbourne (Abb. 16.35, $10\,000\,\mathrm{m}^2$ verbaute Membranfläche), der internationale Flughafen in Bangkok ($100\,000\,\mathrm{m}^2$ verbaute Membranfläche), die drei Stadien für die Fußballweltmeisterschaft 2010 in Südafrika (Greenpoint Stadion Kapstadt, Moses Mabhida Stadion Durban, Nelson Mandela Bay Arena Port Elizabeth) oder das Haj Terminal des internationalen Flughafens in Jeddah, Saudi-Arabien ($440\,000\,\mathrm{m}^2$ überdachte Fläche) [77, 78].

Für diese Art des Bauens werden auch zukünftig überdurchschnittliche Innovationsraten und Wachstumschancen vorausgesagt [79, 80]. Gründe hierfür liegen vor allem darin, dass die mit Textilmembranen erreichbaren Massereduzierungen, beispielsweise im Bereich der Überdachungen und Fassaden, das Realisieren großer Spannweiten von bis zu mehr als 200 m mit äußerst filigranen Tragwerken bzw. Unterkonstruktionen ermöglichen [81]. Hinzu kommen ansprechende Detaillösungen und gestalterische Effekte, wie das Einfärben oder Bedrucken der Materialien [82]. Des Weiteren ergeben sich neue Lösungsansätze für die Umsetzung freier, organi-

Abb. 16.35 Membranbauwerk „Grand Pavilion Showgrounds", Melbourne
(Quelle: Mehler Texnologies GmbH)

scher Formen anstelle solcher mit einfacher Geometrie, die den Membranbau weiter befördern [77].

Neben dem Einsatz im Außenbereich haben Textilmembranen auf Grund ihrer facettenreichen Gestaltungsmöglichkeiten in den letzten Jahren ebenso in der Innenarchitektur eine weite Verbreitung erfahren. Dabei stehen hier Akustik- und Lichteffekte im Vordergrund, z. B. bei Decken-, Wand- oder raumtrennenden Elementen, die einerseits Lärmbelästigungen minimieren, andererseits für eine angenehme Lichtdurchflutung sorgen [82, 83].

Als Beispiele für Leichtbaulösungen im Fahrzeug-, Sport- und Freizeitbereich können Schiebeverdecke für Trailer, Segeltücher für Wasserfahrzeuge, Heißluftballons, Gleitschirme und Drachen genannt werden [84, 85].

Das bereits jetzt äußerst breitgefächerte Anwendungsspektrum lässt weitere Potenziale von Textilmembranen erkennen, die es durch Weiterentwicklungen des textilen Festigkeitsträgers einschließlich seiner Oberflächenfunktionalisierung zu erschließen gilt. Dabei stellen sich einsatzbedingt immer neue Anforderungen an die Membranen, z. B. die Beherrschung von Raumklima und Akustik [86]. Am Beispiel von Membranen als Baustoff, sogenannte Baumembranen, soll nachfolgend dargestellt werden, welche Ansprüche an solche Strukturen zu stellen sind und wie deren Umsetzung und Verbau erfolgen.

16.5.2 Anforderungen an Baumembranen

In Auswertung der Fachliteratur beziehen sich die an Baumembranen gestellten wesentlichen Anforderungen auf Schutz-, Dauerbeständigkeits-, Verarbeitungs- und mechanische Eigenschaften, wie folgt [87]:

- hohe Zugfestigkeit bei möglichst geringer Dehnung und Flächenmasse [80], hohe Weiterreiß- und Schnittfestigkeit [80, 88],
- Schwerentflammbarkeit, Erreichen der Brandschutz-Baustoffklasse A2, B1 oder B2 nach DIN 4102 [82],
- hohe Witterungsbeständigkeit einschließlich Beständigkeit gegen Hagel oder Sandsturm und UV-Strahlung [80, 82],
- hohe Biobeständigkeit (Schimmel, Mikroben) [87],
- hohe Dauerbeständigkeit gegen Alterung, Abnutzung, Verschmutzung, Ermüdung [87],
- hohe Wasser- und Gasdichtigkeit [87],
- sehr gute Kälte- und Wärmestabilität [80],
- hohe Knickbeständigkeit [87],
- gute Verschweißbarkeit, Vernähbarkeit, Bedruckbarkeit, Anbindungsmöglichkeit an feste Bauteile [87, 88],
- selbstreinigende Oberflächeneigenschaften [80],
- optische Eigenschaften, wie einstellbare Lichtdurchlässigkeit, geringe Vergilbungsneigung und Farbechtheit [87],
- Recyclingfähigkeit [88] und
- lärm- und wärmedämmende Eigenschaften [89].

Hierbei ist zu berücksichtigen, dass sich die Ansprüche an Baumembranen in Abhängigkeit vom Anwendungsbereich reduzieren oder erweitern können und ihnen unterschiedliche Wertigkeiten zugeordnet werden. Als Beispiel sei hier der Anforderungskatalog an Membrankonstruktionen für Sportstätten genannt, der sich unter dem Aspekt von Fassadenanwendungen deutlich verändert.

16.5.3 Beschaffenheit von Baumembranen

16.5.3.1 Prinzipaufbau

Baumembranen bestehen in der Regel aus einem textilen Festigkeitsträger, der beidseitig beschichtet ist. Sie können je nach Anforderung zusätzliche Oberflächenlackierungen aufweisen (Abb. 16.36).

Der Verbund zwischen Textilträger und Beschichtung (Hauptstrich) sowie zwischen Beschichtung und Oberflächenlackierung wird durch *Haftvermittler* unterstützt. Diese tragen dazu bei, dass insbesondere das Lastaufnahmevermögen der Trägerstruktur weitestgehend ausgeschöpft wird. Sowohl die Beschichtung als auch die Oberflächenlackierung schützen den Festigkeitsträger und verleihen der Membran die Eigenschaften, die aus der Sicht ihrer Anwendung benötigt werden. So enthält die Beschichtung vor allem solche Zusatzstoffe, wie UV-Stabilisatoren, Mittel zur Erhöhung der Feuerbeständigkeit, Farbstoffe und Fungizide, während die Lackierung beispielsweise die Reinigung der Membran erleichtert [88].

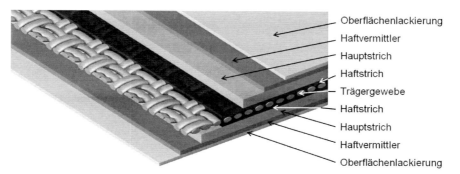

Abb. 16.36 Prinzipaufbau einer Baumembran unter Verwendung eines Trägergewebes (Quelle: Mehler Texnologies GmbH)

16.5.3.2 Ausgangsmaterialien, Textilkonstruktionen, Verbundbildung

Ausgangsfaserstoffe für die lastaufnehmende Textilfläche der Membran bilden vorrangig Glas-, Polyester-, Polyamid-, Aramid (Nomex)- und Polyethylen (Dyneema)-Fasern, die in Form von Rovings bzw. Filamentgarnen mit verschiedenen Feinheiten zum Einsatz kommen [88, 90–93]. So sind beispielsweise für Polyesterfilamentgarne Feinheiten von 110 tex bis 220 tex typisch.

Bei der Beschichtung bzw. *Kaschierung* des Textilträgers finden vor allem Polyvinylchlorid (PVC), Polyethylen (PE), Fluorkunststoffe, wie Polytetrafluorethylen (PTFE) und Polyvinylidenfluorid (PVDF), Silikon, Polyurethan (PU) sowie Natur- und synthetischer Kautschuk in Pasten-, Dispersions- oder Folieform Verwendung (s. Kap. 13.5.3.2). Die zusätzlich aufgebrachten Schutzlackierungen bestehen beispielsweise aus Acrylat oder Polyvinylfluorid (PVF) [80, 88, 93]. Zur Realisierung der Beschichtung bzw. Kaschierung stehen verschiedene Maschinen zur Verfügung, auf die in den Kapiteln 13.5.3.3 und 13.5.3.4 eingegangen wird. Für das Auftragen von pastenförmigen PVC-Beschichtungen eignet sich die in Abbildung 16.37 dargestellte Streichmaschine. Zur Applikation von Lacken kann ein Lackierwerk in Kombination mit einer Streichmaschine eingesetzt werden (Abb. 16.38).

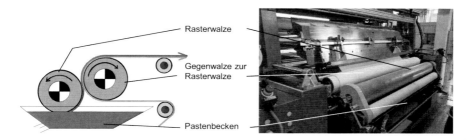

Abb. 16.37 Streichmaschine (Quelle: Coatema Coating Machinery GmbH)

Abb. 16.38 Lackierwerk in Kombination mit der Streichmaschine (Quelle: Coatema Coating Machinery GmbH)

Von der Art und Weise der Führung des textilen Trägers durch die Beschichtungs- bzw. Kaschieranlage hängt das Kraft-Dehnungs-Verhalten der fertigen Membran ab. Durch Einspannung des Textils im Randbereich lassen sich annähernd gleiche Spannungsverhältnisse in Längs- und Querrichtung während der Verarbeitung erzielen, die ein nahezu homogenes Kraft-Dehnungs-Verhalten der Membran bewirken. Ohne seitliche Führung treten bei späteren Krafteinwirkungen Unterschiede zwischen den Längs- und Querdehnungen auf, was bei der Umsetzung von Membranbauten zu berücksichtigen ist.

Als textile Flächengebilde dominieren bisher Gewebe (s. Kap. 5), vorrangig in Leinwand- sowie Panamabindung, wobei für die daraus erzeugten Membranen folgende Materialkombinationen mit den dafür charakteristischen Eigenschaften weite Verbreitung gefunden haben:

- PVC-beschichtete geschlossene oder offene Polyester-, Polyamid- und Aramidfasergewebe, die sich auf Grund ihrer guten Knickbeständigkeit für wandelbare und mobile Konstruktionen besonders eignen [77, 80, 82], teilweise mit lackierter oder auflaminierter Außenschicht als Witterungs-, Anschmutz- und Versprödungsschutz [88, 90, 92, 94–97]. Polyesterfasergewebe mit PVC-Beschichtung bilden derzeit noch den Hauptanteil an textilen Überdachungen.
- PTFE-beschichtete oder -laminierte bzw. -kaschierte Glas-, Aramid- und Polyesterfasergewebe, die antiadhäsive und selbstreinigende Eigenschaften und eine sehr hohe Lebensdauer besitzen, aber relativ hart, schubsteif sowie knickempfindlich sind [80, 82, 90, 94]. Die Beschichtung erfolgt oftmals auch beidseitig, etwa zur Erzielung einer Wasserdichtheit sowie hoher Alterungsbeständigkeiten und Reißfestigkeiten [81, 91]. Derartige Membranen haben sehr häufig transluzente Eigenschaften [96].
- Tetrafluorethylen-Hexafluorpropylen-Vinylidenfluorid (THV)-beschichtete Polyesterfaser- und ETFE-Gewebe, die zwar preisintensiv, jedoch auf Grund ihrer extremen Knickbeständigkeit, ihrer schmutzabweisenden Eigenschaften und der hohen Abriebfestigkeit oft die optimale Lösung für wandelbare Konstruktionen darstellen [80, 94].
- Fluorpolymerfilm-laminierte Glasgittergewebe, die vor allem eine hohe Lichtdurchlässigkeit aufweisen [77].

- Silikon-beschichtete Glasfasergewebe mit unterschiedlicher Fadendichte [77, 80, 82, 93], die sich durch eine hohe Transluzenz sowie gute Witterungsbeständigkeit auszeichnen und bei denen auch eine farbige Gestaltung möglich ist [96].
- Polyurethan-beschichtete Polyester- und Glasfasergewebe, teilweise mit Oberflächenversiegelungen aus Acryl, PVDF und Tetrafluorethylen-Hexafluorpropylen (Teflon FEP), die äußerst flexibel sind und eine hohe Lebensdauer zeigen [92, 95].

Weiterentwicklungen der Trägergewebe bestehen darin, zur Erhöhung der Weiterreißfestigkeit zusätzlich rissblockierende Fäden, insbesondere Aramidfilament- und PTFE-Garne, einzuarbeiten [98]. Diese werden als geradlinige, frei liegende Fadenstrecken (Flottierungen, s. Kap. 5.6.3) in das Gewebe eingebunden und sind, wenn erforderlich, nur auf einer Warenseite sichtbar (Abb. 16.39). Obwohl sich dadurch die Weiterreißfestigkeit bis auf das Fünffache steigern lässt, steigt die Flächenmasse der Membran dabei nur wenig an.

Abb. 16.39 Beispiele für Gewebe mit eingebundenen Flottierungen

Zur Verbesserung der Schalldämmung erfolgt z. B. eine Kombination mit sogenannten Akustikvliesen [99]. Weiterhin gehen Bestrebungen dahin, zum einen Hybridgewebe einzusetzen, die beispielsweise aus PTFE-Garnen und unterschiedlichen Mono- oder Multifilamenten, wie PVDF, ETFE, FEP, THV, bestehen, zum anderen Gewebe aus neuartigen Fluorpolymerfilamenten zu verwenden, die mit demselben Polymer beschichtet sind [100]. Letztere lassen sich äußerst günstig recyceln.

Alternativ zu den herkömmlichen Geweben kommen offene oder geschlossene Drehergewebe, z. B. aus Polyesterfilamentgarnen, zum Einsatz, bei denen Kett- und Schussfäden mittels Dreherfäden miteinander verbunden sind [101]. Dadurch wird ein weitestgehend geradliniger Kett- und Schussfadenverlauf erzielt. Weiterhin finden auch hochfeste Gewirke, die ebenfalls aus Polyesterfilamentgarnen hergestellt sein können, mit Schussfadeneintrag in Längs-, Quer- und diagonaler Richtung, z. B. sogenannte *DOS-Strukturen* (*Directly Oriented Structures*), Anwendung [102]. Gitterartige, nach der Nähwirktechnik hergestellte Multiaxialgewirke (s. Kap. 7.4.2) aus Aramid- und Polyesterfilamentgarnen werden ebenso als Festigkeitsträger verwendet [84]. Des Weiteren erfolgt die Nutzung von Gelegen als Trägerstrukturen für

Membranen, die aus nur lose aufeinander gelegten Fäden bestehen [87, 95, 103]. In diesem Zusammenhang kann festgestellt werden, dass die auf Grund der gestreckten Fadenlage erreichbaren hohen Festigkeiten offenere Strukturen ermöglichen. Eine für die genannten Textilträger typische Variante stellt die Beschichtung mit PVC dar. Als textile Träger, etwa für Kautschukbeschichtungen, dienen auch Gestricke, Vliesstoffe, Abstandsgewebe sowie Abstandsgewirke, die unter dem Aspekt des Erreichens maximaler Festigkeiten bei gleichzeitig niedrigen Flächenmassen ungünstigere Voraussetzungen gegenüber den bereits beschriebenen Textilstrukturen aufweisen [99, 104]. Sie eignen sich dagegen eher als schalldämmende Mittelschicht bei mehrschaligen Membrankonstruktionen.

16.5.3.3 Kennwerte von Baumembranen

Zur Quantifizierung der an Baumembranen gestellten Anforderungen dient die Ermittlung charakteristischer Kennwerte (s. Kap. 14.7.1), die üblicherweise innerhalb der nachfolgend angegebenen Bereiche bzw. Grenzen liegen:

- Dicke: 1 mm bis 4 mm [82],
- Flächenmasse: 300 g/m^2 bis 2000 g/m^2 [82, 88–90, 92, 93, 104],
- Höchstzugkraft: 200 N/5 cm bis 20 000 N/5 cm, wobei teilweise unterschiedliche Werte in Kett- und Schussrichtung vorliegen (Angaben erfolgen auf Grund der geringen Dicke nur breitenbezogen in N/5 cm.) [88, 90, 92, 93, 99, 104],
- Dehnung: 2 % bis 35 % [93, 99],
- Weiterreißkraft: 150 N bis 2000 N [88, 90, 93],
- Auftragsmengen für die Beschichtung: 10 g/m^2 bis 1500 g/m^2 [80],
- Haftkraft: 75 N/5 cm bis 150 N/5 cm [93, 98],
- Dauerknickverhalten: $\geq 50\,000$ bis 100 000 Knickungen [90, 92],
- Kältebeständigkeit: -20 °C bis -50 °C [90, 93],
- Wärmebeständigkeit: 70 °C bis 180 °C [90, 93],
- Lichtdurchlässigkeit: 2 % bis 50 % [88, 93, 105] und
- Brandverhalten gemäß Brandschutz-Baustoffklassen A2, B1, B2 [93].

Die teilweise extrem weiten Kennwertbereiche resultieren aus den unterschiedlichsten Anwendungsfällen und lassen die große Vielfalt an umgesetzten Baumembranen erkennen. Damit wird eindrucksvoll demonstriert, dass bereits jetzt die Membranbauunternehmen eine sehr umfangreiche Palette an einsetzbaren Materialien vorfinden. Darüber hinaus gehen die Bemühungen der Membranhersteller dahin, Strukturen anzubieten, die Einsatzerfordernisse bestmöglich berücksichtigen.

16.5.4 Umsetzung von Membranbauten

Textilmembranen für Architekturanwendungen können als gespannte, rahmen- oder luftgestützte Konstruktionen ausgeführt sein [88]. Abbildung 16.40 und Abbildung 16.41 zeigen ausgewählte Umsetzungsbeispiele.

Abb. 16.40 Mechanisch gespannte Struktur (Quelle: Ceno Tec GmbH)

Abb. 16.41 Luftgestützte Konstruktion (Quelle: Ceno Tec GmbH)

Von der Bauweise her wird zwischen ein- und mehrlagigen Konstruktionen unterschieden, wobei erstere sich nur für Bauwerke ohne hohe bauphysikalische Anforderungen eignen, während letztere z. B. wärmedämmende Funktionen erfüllen können [82].

Vorbereitend auf den Zuschnitt und die Konfektionierung von Membranen werden nach der Erstellung des dreidimensionalen *Nahtbildes* die einzelnen Zuschnittbahnen unter Nutzung spezieller computergestützter Näherungsmethoden in die Ebene überführt. Unter Berücksichtigung der Vorspannung sowie der Zugaben, z. B. für Schweißnähte und Randdetails, erfolgen die Festlegung der endgültigen Größe der Teile sowie der Zuschnitt mittels digital gesteuertem Cutter. Für das unter Vorspannung vorzunehmende Verschweißen finden je nach Membranmaterial hochfrequente oder thermische Schweißverfahren Anwendung, wobei nur die Beschichtung verschweißt wird [82]. Das Fügen der Zuschnittteile kann auch durch Nähen oder Kleben erfolgen.

Die Anschlüsse von Baumembranen an die Trägerkonstruktion lassen sich u. a. unter Einsatz von Klemmprofilen durch lineare Klemmung eines eingeschweißten *Randkeders* oder über Randseile bzw. hochfeste Randgurte herstellen [82]. Als Trägerkonstruktionen kommen z. B. Tragwerke aus Stahl, etwa filigrane Stahlstrukturen aus Fachwerkträgern, gekrümmte Ringträger, interne Masten sowie externe Zug- und Druckstäbe mit Hinterspannung, aber auch Seiltragwerke zur Anwendung [78, 90, 106].

Um den hohen Aufwand bei der Planung und konstruktiven Umsetzung von Membranbauten zu reduzieren, gehen die Bestrebungen zu standardisierten Membranmodulen bzw. modularen Membrankonstruktionen und adaptiven Bausystemen [81, 94]. Besondere Schwerpunkte der Entwicklung liegen auf dem Gebiet der Zusatzausstattungen von Membranen als multifunktionale Raumhülle [94]. So reduzieren beispielsweise sogenannte *Low-E-Beschichtungen* (niedrig emissive Beschichtungen) auf Membranen die Wärmeabstrahlung und minimieren so Wärmeverluste [77, 94]. Zur Verbesserung der Wärmepufferung können Latentwärmespeicher auf der Basis von *Phasenwechselmaterialien (Phase Change Materials* (PCM) dienen [86]. Weiterhin reduziert der kombinierte Einsatz von Membran-, Isolations- sowie Reflexionslagen sowohl die Wärmeleitung als auch die Konvektion und Wärmestrahlung [105]. Hinsichtlich der Energiegewinnung lassen sich Membranen durch kapillarartige Systeme zu Kollektorflächen erweitern oder nehmen flexible Photovoltaikelemente auf [99]. Über das Einweben elektrolumineszenter Fasern, das Aufbringen pigmentierter Partikel, die ihre Farbe bei UV-Einstrahlung verändern, oder durch Auflaminieren flexibler OLED-Flächen werden künftig neue lichttechnische Funktionen realisierbar sein und beheizbare, formveränderliche oder selbstreparierende Werkstoffe weitere Anwendungen ermöglichen [94]. Diese Tendenzen spiegeln den allgemeinen Trend zur Funktionalisierung Technischer Textilien wider.

Ein völlig neuer Ansatz beim Bauen mit Membranen besteht darin, modulare mehrlagige textile Gebäudehüllen mit adaptiven Eigenschaften als eine Variante moderner Hüllenaufbauten zu entwickeln [107]. Solche Systeme sollen sich durch eine höchstmögliche Anpassungsfähigkeit (Adaptivität), z. B. an Sonneneinstrahlung, Feuchte und Windlasten, auszeichnen und gleichzeitig in der Lage sein, Energie zu gewinnen sowie zu speichern. Im Erreichen eines günstigen Recyclingverhaltens bei möglichst geringem Werkstoffverbrauch wird eine weitere Zielsetzung gesehen. Derartige adaptive Gebäudehüllen stellen einen grundlegenden Beitrag zur Weiterentwicklung der Bautechnik dar [108].

Literaturverzeichnis

[1]   ANONYM: *Handbuch Faserverbundkunststoffe.* Dresden, 2009
[2]   ERMANNI, P.: *Composites Technologien (Skript zur ETH-Vorlesung 151-0307-00L, Version 4.0).* Zürich, August 2007
[3]   NEITZEL, M. ; MITSCHANG, P.: *Handbuch Verbundwerkstoffe.* München, Wien : Carl Hanser Verlag, 2004
[4]   MÄDER, E.: *Grenzflächen, Grenzschichten und mechanische Eigenschaften faserverstärkter Polymerstoffe.* Dresden, Technische Universität Dresden, Fakultät Maschinenwesen, Habilitation, 2001
[5]   BURGERT, I. ; SCHLAAD, H. ; BERTIN, A. ; MILWICH, M. ; SPECK, T. ; FERY, A.: Optimierung der Faser-Matrix Grenzfläche von Faserverbundwerkstoffen nach dem Vorbild der Natur. In: *Proceedings. Denkendorfer Bionik-Kolloquium „Bio-Inspired Textile Materials".* Denkendorf, Deutschland, 2008
[6]   SIDDIQUI, N. A. ; LI, E. L. ; SHAM, M.-L. ; TANG, B.-Z. ; GAO, S.-L. ; MÄDER, E. ; KIM, J.-K.: Tensile strength of glass fibres with carbon nanotube-epoxy nanocomposite coating: Effects of CNT morphology and dispersion state. In: *Composites Part A: Applied Science and Manufacturing* 41 (2010), Nr. 4, S. 539–548. DOI 10.1016/j.compositesa.2009.12.011
[7]   HUFENBACH, W. (Hrsg.) et al.: *Textile Verbundbauweisen und Fertigungstechnologien für Leichtbaustrukturen des Maschinen- und Fahrzeugbaus.* Dresden : SDV - Die Medien AG,

2007

[8]   HENNING, F. ; GEIGER, O.: Großserienfähige Faserverbundtechnologien für den Automobil-
        bau. In: *Proceedings. Symposium Automobil Innovativ "Faserverbundwerkstoffe und High-
        Tech-Metalle für Automobil- und Maschinenbau"*. Augsburg, Deutschland, 2010

[9]   ANONYM: *Leitfaden zur Realisierung von Bauteilen aus faserverstärkten Kunststoffen im
        Textilmaschinenbau*. Aachen, Frankfurt : VDMA, 2008

[10]   EHRENSTEIN, G.: *Faserverbund-Kunststoffe, Werkstoffe - Verarbeitung - Eigenschaften*.
        München, Wien : Carl Hanser Verlag, 2006

[11]   ENDRUWEIT, E. et al.: Experimental determination of the permeability of textiles: A bench-
        mark exercise. In: *Composites Part A: Applied Science and Manufacturing* (2011). DOI
        doi:10.1016/j.compositesa.2011.04.021

[12]   KLUNKER, F.: *Aspekte zur Modellierung und Simulation des Vacuum Assisted Resin Infusi-
        on*. Clausthal, Technische Universität Clausthal, Diss., 2008

[13]   RIEBER, G. ; MITSCHANG, P.: 2D Permeability changes due to stitching seams. In: *Compo-
        sites: Part A* 41 (2010), Nr. 1, S. 2–7. DOI 10.1016/j.compositesa.2009.09.006

[14]   VERLEYE, B. ; CROCE, R. ; GRIEBEL, M. ; KLITZ, M. ; LOMOV, S. V. ; MORREN, G. ;
        SOL, H. ; VERPOEST, I. ; ROOSE, D.: Permeability of textile reinforcements: Simulation,
        influence of shear and validation. In: *Composites Science and Technology* 68 (2008), S.
        2804–2810. DOI 10.1016/j.compscitech.2008.06.010

[15]   LOUIS, B. M. ; FRATTA, C. di ; DANZI, M. ; ZOGG, M. ; ERMANNI, P.: Improving time
        effective and robuste techniques for measuring in-plane permeability of fibre preforms for
        LCM processing. In: *Proceedings. SEICO 11 - SAMPE EUROPE 32nd International Tech-
        nical Conference "New Material Characteristics to cover New Application needs"*. Paris,
        France, 2011, S. 204–211

[16]   FLEMMING, M. ; ZIEGMANN, G. ; ROTH, S.: *Faserverbundbauweisen - Fasern und Matri-
        ces*. Berlin, Heidelberg : Springer Verlag, 1995

[17]   HUFENBACH, W. ; HELMS, O.: *Leitfaden zum Methodischen Konstruieren mit Faser-
        Kunststoff-Verbunden*. Dresden, 2010

[18]   DAUN, G.: Schaltbare Härter verbessern Rotor-Fertigung. In: *Kunststoffe* 99 (2009), Nr. 7,
        S. 74–76

[19]   HAU, E.: *Windkraftanlagen - Grundlagen, Technik, Einsatz, Wirtschaftlichkeit*. 3. Auflage.
        Berlin, Heidelberg, New York : Springer Verlag, 2003

[20]   HENNE, M. ; MARTI, A. ; STAUFACHER, S.: Boot im Gleitflug. In: *Kunststoffe* 96 (2006),
        Nr. 10, S. 72–76

[21]   LONG, A. C.: *Design and manufacture of textile composites*. Abington Cambridge : Wood-
        head Publishing Ltd., 2005

[22]   SCHLEDJEWSKI, R.: Fortschritte bei der Verarbeitung faserverstärkter Kunststoffe. In:
        Kunststoffe 96 (2006), Nr. 10, S. 182–188

[23]   ANONYM: FACC entwickelt Flügelkasten aus Composite. In: *Takeoff - Das FACC Informa-
        tionsmagazin* (2010), Nr. 26, S. 4–7

[24]   ANONYM: *CFK-Verbundtechnologie - Technische und wirtschaftliche Vorteile. "Carbon -
        Schwabens Schwarzes Gold"*. Augsburg, 2009

[25]   ANONYM: Schlüsseltechnologie: Eigene RTM Fertigung bei FACC. In: *Takeoff - Das FACC
        Informationsmagazin* (2010), Nr. 25, S. 14–15

[26]   MICHAELI, W. ; FISCHER, K.: Untersuchungen zur Fertigung von flächigen Bauteilen aus
        faserverstärkten Kunststoffen mithilfe des Spältimprägnierverfahrens. In: *Kunststofftechnik*
        4 (2008), Nr. 4, S. 1–29

[27]   BHAT, P. ; MEROTTE, J. ; SIMACEK, P. ; G., Advani S.: Process analysis of com-
        pression resin transfer molding. In: *Composites: Part A* 40 (2009), S. 431–441. DOI
        10.1016/j.compositesa.2009.01.006

[28]   HABERSTROH, E. et al.: Aus der Technologieschmiede Aachen. In: *Kunststoffe* 96 (2006),
        Nr. 6, S. 76–80

[29] FISCHER, K. ; MICHAELI, W.: Durch neue Prozessketten zur FVK-Großserie. In: *Proceedings. 17. Nationales Symposium SAMPE Deutschland e.V. "Faserverbundwerkstoffe - Hochleistung und Großserie"*. Aachen, Deutschland, 2011

[30] FLEMMING, M. ; ZIEGMANN, G. ; ROTH, S.: *Faserverbundbauweisen - Fertigungsverfahren mit duroplastischer Matrix.* Berlin, Heidelberg : Springer Verlag, 1999

[31] DAWSON, D. K.: Mae West: Pipe Dream in Munich. In: *High-Performance Composites* (2011), Nr. 3, S. 46–53

[32] ZIEGMANN, G.: Faserverbunde im Schienenfahrzeugbau - Materialien und Technologien. In: *Kunststoffe* 87 (1997), Nr. 9, S. 1142–1146

[33] HUFENBACH, W. ; KROLL, L. ; GUDE, M. ; HELMS, O. ; ULBRICHT, A. ; GROTHAUS, R.: Integrative Rohrgewinde in Wickeltechnik für hochbeanspruchte Verbindungen. In: *VDI-Berichte Nr. 1903.* Düsseldorf : VDI-Verlag GmbH, 2005, S. 301–316

[34] ANONYM: *Metallanbindung.* http://www.carbon-grossbauteile.com/Beispiele.Metallanbindung.aspx (16.05.2011)

[35] KIPF, O.: Pultrusion von Rundprofilen in einem industriellen Produktionsprozess. In: *Proceedings. euroLITE 2008.* Salzburg, Österreich, 2008

[36] MIRAVETE, A.: *New Materials and New Technologies Applied to Elevators.* Mobile, USA : Elevator World, 2002

[37] JANSEN, K. ; WEIDLER, D.: Click-clac-Snap - Verbindungstechnologie für pultrudierte Profile im Automobilinnenraum. In: H.-P., Degischer; (Hrsg.): *Proceedings. Verbundwerkstoffe - 14. Symposium Verbundwerkstoffe und Werkstoffverbunde.* Weinheim, Deutschland : WILEY-VCH Verlag, 2003, S. 890–895

[38] *Radius-PultrusionTM.* http://www.thomas-technik.de/pdf/Radius*pultrusion.pdf* (16.05.2011)

[39] ANONYM: Krümmungen endlos produziert. In: *Kunststoffe* 99 (2009), Nr. 11, S. 77

[40] MILWICH, M.: Forschung und Entwicklung von Faserverbundwerkstoffen am ITV Denkendorf vom Rohstoff bis zum Bauteil. In: *Proceedings. Workshop des Carbon Composites e.V. "Garne und Textilien für den Faserverbundleichtbau".* Denkendorf, Deutschland, 2010

[41] OFFERMANN, P. ; DIESTEL, O. ; FUCHS, H. ; HUFNAGL, E. ; ARNOLD, R.: Strangförmige Textilarmierungen für thermoplastische Kunststoffprofile. In: *Technische Textilien* 42 (1999), Nr. 2, S. 143–147

[42] SCHOLL, S. ; SCHÜRMANN, H.: Endlosprofile mit gezielter Orientierung. In: *Kunststoffe* 98 (2008), Nr. 7, S. 84–87

[43] MURPHY, J.: *The Reinforced Plastik Handbook.* 2. Auflage. Oxford, New York : Elsevier Advanced Technology, 1998

[44] MICHAELI, W. ; PÖHLER, M.: 3D-Faserspritzen mit Faserorientierung. In: *Lightweightdesign* 3 (2010), Nr. 6, S. 57–62

[45] MICHAELI, W. ; PÖHLER, M.: 3D-Faserspritzen - Komplexe Preforms mit lokal einstellbaren Eigenschaftsprofilen. In: *Proceedings. 25. Internationales Kunststofftechnisches Kolloquium des IKV, Session 12: "Verarbeitung lang- und endlosfaserverstärkter Thermoplaste".* Aachen, Deutschland, 2010, S. 4–8

[46] SCHWARZ, O. ; EBELING, F.-W. ; LÜPKE, G.: *Kunststoffverarbeitung.* 6. Auflage. Würzburg : Vogel Buchverlag, 1991

[47] MICHAELI, W. ; GREIF, H. ; KRETZSCHMAR, G. ; KAUFMANN, H. ; VOSSEBÜRGER, F.-J.: *Technologie der Kunststoffe.* München, Wien : Carl Hanser Verlag, 1992

[48] EGGER, P. ; KRALICEK, M. ; ZEIDLHOFER, H.: Starke Partner. In: *Kunststoffe* 99 (2009), Nr. 11, S. 26–30

[49] HELLRICH, W. ; HARSCH, G. ; HAENLE, S.: *Werkstoff-Führer Kunststoffe - Eigenschaften, Prüfungen, Kennwerte.* München, Wien : Carl Hanser Verlag, 2004

[50] SCHEMME, M.: Langfaserverstärkte Thermoplaste - Status und Perspektiven. In: DRUMMER, D. (Hrsg.): *Thermoplastische Faserverbundkunststoffe - Werkstoff/Verarbeitung/Simulation/Anwendung.* Erlangen : Lehrstuhl für Kunststofftechnik, Universität Erlangen-Nürnberg, 2011, S. 1–33

[51] SPÖRRER, A. ; ALTSTÄDT, V. et al.: Verarbeitung von langfaserverstärkten, hochgefüllten Thermoplasten im einstufigen Spritzgießprozess. In: *Proceedings. 8. Internationale AVK-TV Tagung.* Baden-Baden, Deutschland, 2005

[52] SCHEMME, M.: Langfaserverstärkte Thermoplaste (LFT) - Entwicklungsstand und Perspektiven. In: *Proceedings. Fachtagung Technische Kunststoffe.* Würzburg, Deutschland, 2006

[53] KOCH, T. ; SCHÜRMANN, H.: Spritzgussbauteile lokal verstärken. In: *Kunststoffe* 96 (2006), Nr. 1, S. 55–58

[54] HUFNAGL, E. ; HUFENBACH, W.: Weiterentwicklung und Anwendung thermoplastischer endlosfaserverstärkter mehraxialer Gitterstrukturen als Funktionselemente (IGF 282 ZBR) / Technische Universität Dresden, Institut für Textilmaschinen und Textile Hochleistungswerkstofftechnik, Institut für Leichtbau und Kunststofftechnik. Dresden, 2010. – Abschlussbericht

[55] CHERIF, Ch. ; FRANZKE, G. ; HUFNAGL, E. ; ERTH, H. ; HELBIG, R. ; HUFENBACH, W. ; BÖHM, R. ; KUPFER, R.: Thermoplastische endlosfaserverstärkte Spritzgussbauteile durch Einsatz textiler Gitter. In: *Kunststofftechnik/Journal of Plastics Technology* 4 (2008), Nr. 4

[56] MÜLLER, T. ; DRUMMER, D.: Neue Prozessstrategien für Hybridstrukturen auf Basis faserverstärkter Thermoplaste. In: DRUMMER, D. (Hrsg.): *Thermoplastische Faserverbundkunststoffe - Werkstoff/Verarbeitung/Simulation/Anwendung.* Erlangen : Lehrstuhl für Kunststofftechnik, Universität Erlangen-Nürnberg, 2010, S. 123–141

[57] ANONYM: Werkzeugtechnologie für gewebeverstärkte Leichtbauteile. In: *Gummi. Fasern, Kunststoffe* 64 (2011), Nr. 3, S. 142

[58] MITZLER, J. ; RENKL, J. ; WÜRTELE, M.: Hoch beanspruchte Strukturbauteile in Serie. In: *Kunststoffe* 101 (2011), Nr. 3, S. 36–40

[59] SCHMACHTENBERG, E. ; AL-SHEYYAB, A.: Kurzer Prozess bei hybriden Strukturen. In: *Kunststoffe* 97 (2007), Nr. 12, S. 120–124

[60] HOFFMANN, L. ; RENN, M. ; DRUMMER, D. ; MÜLLER, T.: FIT-Hybrid - Hochbelastbare Faserverbundbauteile großserientauglich hergestellt. In: *Lightweightdesign* 4 (2011), Nr. 2, S. 38–43

[61] RIEBER, G.: Die Rolle der Permeabilität für Injektionsprozesse. In: *Proceedings. Workshop des Carbon Composites e.V. "Garne und Textilien für den Faserverbundleichtbau".* Denkendorf, Deutschland, 2010

[62] MOLTER, M.: *Zum Tragverhalten von textilbewehrtem Beton.* Aachen, RWTH Aachen, Fakultät Bauingenieurwesen, Diss., 2005

[63] NAAMAN, A. E.: *Ferrocement Laminated Cementitious Composites.* Michigan, USA : Techno Press 3000, 2000

[64] ABDKADER, A. ; GRAF, W. ; MÖLLER, B. ; OFFERMANN, P. ; SICKERT, J.-U.: Fuzzy-Stochastic Evaluation of Uncertainties in Material Parameters of textiles. In: *AUTEX Research Journal* 2 (2002), Nr. 3, S. 115–125

[65] HAUSDING, J. ; LORENZ, E. ; ORTLEPP, R. ; LUNDAHL, A. ; CHERIF, Ch.: Application of stitch-bonded multi-plies made by using the extended warp knitting process: reinforcements with symmetrical layer arrangement for concrete. In: *The Journal of the Textile Institute* 102 (2011), Nr. 8, S. 726–738. DOI 10.1080/00405000.2010.515729

[66] GRIES, T. ; ROYE, A. ; OFFERMANN, P. ; ENGLER, T. ; PELED, A.: Textiles for the Reinforcement of Concrete. In: BRAMESHUBER, W. (Hrsg.): *RILEM Report 36, State-of-the-Art Report of RILEM Technical Committee TC 201-TRC 'Textile Reinforced Concrete'.* Bagneux, France : RILEM Publications s.a.r.l., 2006

[67] JESSE, F. ; CURBACH, M.: Verstärken mit Textilbeton. In: BERGMEISTER, K. (Hrsg.) ; FINGERLOOS, F. (Hrsg.) ; WÖRNER, J.-D. (Hrsg.): *Beton-Kalender 2010, Teil I.* Berlin : Ernst Sohn, 2009, S. 457–565

[68] BUTLER, M.: *Zur Dauerhaftigkeit von Verbundwerkstoffen aus zementgebundenen Matrices und alkaliresistenten Glasfaser-Multifilamentgarnen.* Dresden, Technische Universität Dresden, Fakultät Bauingenieurwesen, Diss., 2008

[69] GAO, S.-L. ; MÄDER, E. ; PLONKA, R.: Nanostructured coatings of glass fibers: Improvement of alkali resistance and mechanical propertiers. In: *Acta Materialia* 55 (2007), S. 1043–1052

[70] KRÜGER, M.: *Vorgespannter textilbewehrter Beton*. Stuttgart, Universität Stuttgart, Fakultät Bau- und Umweltingenieurwissenschaften, Diss., 2004

[71] KÖCKRITZ, U.: *In-Situ Polymerbeschichtung zur Strukturstabilisierung offener nähgewirkter Gelege*. Dresden, Technische Universität Dresden, Fakultät Maschinenwesen, Diss., 2007

[72] WEILAND, S.: *Interaktion von Betonstahl und textiler Bewehrung bei der Biegeverstärkung mit textilbewehrtem Beton*. Dresden, Technische Universität Dresden, Fakultät Bauingenieurwesen, Diss., 2009

[73] LEPENIES, I. G.: *Zur hierarchischen und simultanen Multi-Skalen-Analyse von Textilbeton*. Dresden, Technische Universität Dresden, Fakultät Bauingenieurwesen, Diss., 2007

[74] HEGGER, J. ; KULAS, C. ; SCHNEIDER, H. N. ; BRAMESHUBER, W. ; HINZEN, M. ; RAUPACH, M. ; BÜTTNER, T.: TRC Pedestrain Bridge - Design, Load-bearing Behavior and Production Process of a Slender and Light-weight Construction. In: BRAMSHUBER, W. (Hrsg.): *International RILEM Conference on Material Science - Volume I*. Bagneux, France : RILEM Publications s.a.r.l., 2010, S. 353–364

[75] ANONYM: *ETFE-Folien - das "flexible Glas"*. http://www.sattler-ag.com/sattler-web/de/produkte/338.htm (03.03.2011)

[76] ANONYM: Das "fünfte Element". Textile Membranen in der Architektur. In: *architektur* 7 (2000), Nr. 2, S. 60–68

[77] KOCH, K.-M. (Hrsg.): *Bauen mit Membranen*. München : Prestel Verlag, 2004

[78] NIENHOFF, H.: Solitäre im urbanen Zusammenhang. Drei Stadien für die Fußballweltmeisterschaft in Südafrika. In: *[Umrisse] Zeitschrift für Baukultur* 9 (2009), Nr. 2, S. 10–17

[79] ANONYM: *BAUGENIAL erwartet deutlichen Wachstumsschub im Leichtbau*. http://www.rigips.com/web/at/press/pressdetail.php?SubCoIID=4216 (19.11.2009)

[80] GLAWE, A. ; GIESSMANN, H.: Production of roof membranes and coated textiles for textile constructions. In: *Technische Textilien* 49 (2006), Nr. 4, S. 239–243

[81] ALTEVOLMER, Ch.: Modulare Gebäudehülle für Verkehrsknotenpunkte. In: *[Umrisse] Zeitschrift für Baukultur* 9 (2009), Nr. 2, S. 40–45

[82] ZETTLITZER, W.: *Der konstruktive Membranbau. Transparentes Bauen am Beispiel der Allianz-Arena München*. www.covertex.com/version01/de/presse/pdf/konstruktive_membranbau.pdf (23.11.2009)

[83] ANONYM: *Koch Membranen: Der Spezialist für Textile Architektur-Textiles Bauen-Technische Konfektion-Licht und Akustik-Verdunkelung*. http://www.kochmembranen.com/de/produkte/produkte_uebersicht.php (19.04.2010)

[84] TE RIELE, D.: Carapax®: Twaron Multi-axial Composite Trailer Roof. In: *Proceedings. 49. Chemiefasertagung Dornbirn*. Dornbirn, Österreich, 2010

[85] MÜLLER, J.: Theorie und Praxis der Textilbeschichtung - Funktionale Technische Textilien durch Beschichtung mit Silicon, Anforderung an Beschichtungstechnologie, Anwendungsgebiete. In: *Proceedings. Praxisseminar Textilbeschichtung*. Mönchengladbach und Dormagen, Deutschland, 2008

[86] HOLZBACH, M.: *Adaptive und konditionierende textile Gebäudehüllen auf Basis hochintegrativer Bauteile*. Stuttgart, Universität Stuttgart, Fakultät Architektur und Stadtplanung, Diss., 2008

[87] HAMSEN, K.-H.: Theorie und Praxis der Textilbeschichtung - Polyvinylchlorid als Beschichtungsrohstoff. In: *Proceedings. Praxisseminar Textilbeschichtung*. Mönchengladbach und Dormagen, Deutschland, 2008

[88] MEHLER TEXNOLOGIES: *Technical guideline to permanent tensile architectures (2009)*. – Hückelhoven. – Firmenschrift

[89] SEDLBAUER, K.: Textilien im Bau - bauphysikalische Anforderungen an den konstruktiven Membranbau. In: *Proceedings. Bayern Innovativ Kooperationsforum mit Fachausstellung „Textilien für Bau und Architektur"*. Miesbach, Deutschland, 2010

[90] ANONYM: *Textile Architecture.* http://www.sattler-ag.com/sattler-web/de/produkts/138.htm (23.04.2010)

[91] ANONYM: *PTFE (Teflon®) Coated Glass Fabrics.* http://www.fiberflon.de/PTFE_coated_glass_fabrics/EN/5/fiberflon.html (07.05.2010)

[92] JULIUS HEYWINKEL GMBH: *Beschichtete Gewebe.* Bramsche, Deutschland, 2009 – Firmenschrift

[93] ANONYM: *Precontraint-Technologie.* http://www.ferarri-architecture.com/de/precontraint.php (28.09.2009)

[94] MÜLLER, J.: Membran-Bau-Material. In: *[Umrisse] Zeitschrift für Baukultur* 9 (2009), Nr. 2, S. 34 – 36

[95] LANDSKROON: *Technical Textiles.* Apeldoorn, Niederlande, 2009 – Firmenschrift

[96] JANSSEN, E.: Theorie und Praxis der Textilbeschichtung - Beschichtung ohne Grenzen. Die Vielfalt beschichteter Erzeugnisse für die Herstellung funktioneller technischer Textilien. In: *Proceedings. Praxisseminar Textilbeschichtung.* Mönchengladbach und Dormagen, Deutschland, 2008

[97] SYNTEEN LÜCKENHAUS TEXTIL-TECHNOLOGIE: *Technische Textilien für Dichtungsbahnen.* Klettgau-Erzingen, Deutschland, 2009 – Firmenschrift

[98] HOFFMANN, G. ; CHERIF, Ch. ; TROMMER, K. ; BÖHME, Y. ; STOLL, M. ; WIRTH, F.: Gezielter Einsatz von Hochleistungsgarnen und Beschichtungen zur Steigerung der Weiterreißfestigkeit von Planenmaterialien. In: *Proceedings. 48. Chemiefasertagung Dornbirn.* Dornbirn, Österreich, 2009

[99] WAGNER, R.: Textile Architecture Future in Membrane Construction. In: *Proceedings. 15. Techtextil-Symposium.* Frankfurt/M., Deutschland, 2009

[100] FITZ, J.: Neuartige Architekturgewebe aus Fluorpolymeren. In: *Proceedings. Bayern Innovativ Kooperationsforum mit Fachausstellung "Textilien für Bau und Architektur".* Miesbach, Deutschland, 2010

[101] HÄNSCH, F. S.: Flexible Structure for new Possibilities in Textile Building. In: *Proceedings. 15. Techtextil-Symposium.* Frankfurt/M., Deutschland, 2009

[102] ENGTEX AB: *Reinforcement for coating.* Mullsjö, Sweden, 2009 – Firmenschrift

[103] THEODOR PREUSS: *Technische Gewirke.* Ubstadt-Weiher, Deutschland, 2009 – Firmenschrift

[104] ANONYM: *Properties and Applications of Industrial Materials. Highly resistant composite materials from more than 100 substrates and 300 elastomer coatings.* http://www.contitech.de/pages/produkte/gewebe/stoffe/technisch_stoffe_en.html (04.03.2011)

[105] STEGMAIER, T. ; ABELE, H. ; RIETHMÜLLER, C. ; SCHWEINS, M. ; PLANCK, H.: Lichtmanagement für Textile Architektur. In: *Proceedings. Bayern Innovativ Kooperationsforum mit Fachausstellung "Textilien für Bau und Architektur",* Miesbach, Deutschland, 2010

[106] ANONYM: Das etwas andere Dach. In: *[Umrisse] Zeitschrift für Baukultur* 9 (2009), Nr. 2, S. 47

[107] HAASE, W.: *Modulare, mehrlagige, textile Gebäudehülle mit adaptiven Eigenschaften.* http://www.irb.fraunhofer.de/bauforschung/projekte.jsp?p=20088034119 (04.04.2011)

[108] HAASE, W. ; SEDLBAUER, K. ; KLAUS, Th. ; SOBEK, W. ; SCHMID, F. ; SYNOLD, M. ; SCHMIDT, T.: Adaptive textile und folienbasierte Gebäudehüllen. In: *Bautechnik* 88 (2011), Nr. 2, S. 69–75

Formelzeichen und Abkürzungen

Formelzeichen

α_{tex}	$[-]$	Drehungsbeiwert
Γ	$[\%]$	Fasermasseanteil
γ	$[°]$	Steigungswinkel der Fasern zur Garnachse
γ	$[\%]$	Schubdehnung
δ	$[-]$	Deformationsschwingung
η	$[Pa \cdot s]$	dynamische Viskosität der Flüssigkeit
ε	$[\%]$	Dehnung
ε_B	$[\%]$	Bruchdehnung
ε_M	$[\%]$	Dehnung bei Zugfestigkeit
ε_Y	$[\%]$	Streckdehnung
Θ	$[°]$	Kontaktwinkel
Θ_l	$[°]$	Kontaktwinkel (links)
Θ_r	$[°]$	Kontaktwinkel (rechts)
μ	$[-]$	Mittelwert
μ	$[-]$	Poissonzahl
ν	$[m/s]$	Geschwindigkeit des Kapillarstromes
ν	$[-]$	Valenzschwingung
ν	$[-]$	Querkontraktionszahl
ν_L	$[\%]$	Anteil eingeschlossener Luft
ρ	$[g/m^3]$	Faserdichte
ρ_F	$[kg/m^3]$	Faserstoffdichte
ρ_{Faser}	$[g/m^3]$	Dichte der Verstärkungsfaser
ρ_{Garn}	$[g/m^3]$	Packungsdichte des Garns
ρ_{Matrix}	$[g/m^3]$	Dichte der Matrixfaser
ρ_V	$[kg/m^3]$	Rohdichte des Vliesstoffes
$\rho_{Verbund}$	$[g/m^3]$	Dichte des Verbundwerkstoffes
σ	$[Pa]$	mechanische Spannung
σ^D	$[mN/m]$	disperser Anteil der Oberflächenenergie

σ_1^D	[mN/m]	disperser Anteil der Oberflächenenergie Phase 1
σ_2^D	[mN/m]	disperser Anteil der Oberflächenenergie Phase 2
σ^P	[mN/m]	polarer Anteil der Oberflächenenrgie
σ_{12}	[mN/m]	Grenzflächenenergie Phase 1/Phase 2
σ_1	[mN/m]	Oberflächenenergie Phase 1
σ_l	[mN/m]	Oberflächenspannung der benetzenden Flüssigkeit
σ_1^P	[mN/m]	polarer Anteil der Oberflächenenergie Phase 1
σ_2	[mN/m]	Oberflächenenergie Phase 2
σ_2^P	[mN/m]	polarer Anteil der Oberflächenenergie Phase 2
σ_B	[Pa]	Bruchspannung
σ_f	[Pa]	Biegespannung
σ_l	[mN/m]	Oberflächenspannung flüssiger Phasen
σ_M	[Pa]	Zugfestigkeit
σ_s	[mN/m]	Oberflächenenergie fester Phasen
σ_V	[Pa]	Streckspannung
τ	[Pa]	Schubspannung
τ	[–]	tortuosity factor
ϕ	[°]	Scherwinkel
φ	[%]	Faservolumenanteil
A	[m^2]	Fläche
A_{Pore}	[%]	prozentualer Anteil an Hohlräumen (Poren)
B	[Nm^2]	Biegesteifigkeit
b	[m]	Probenbreite
d	[m]	Dicke Vliesstoff
d	[mm]	Durchmesser (k ... Kette, s ... Schuss)
$d_{p,max}$	[m]	maximaler Porendurchmesser
e	[%]	Einzwirnung
e_r	[–]	systematische Messabweichung
e_s	[–]	systematische Messabweichung
F	[N]	Kraft
f	[–]	Anzahl der Einzelfilamente im Garn
f	[Hz]	Frequenz
f_r	[Hz]	Resonanzfrequenz
F_V	[N]	Vorspannkraft
G	[Pa]	Schubmodul
H	[%]	Feuchtegehalt
K	[–]	dimensionsloser Korrekturfaktor
l	[m]	Länge
l_0	[m]	Fadenlänge der vorgelegten Ausgangsgarne (Einfachgarn oder Vorzwirn)
L_F	[–]	Loft-Faktor nach Jordan
l_P	[μm]	Länge eines Porenkanals
m	[g]	Masse
M	[kg/m^2]	flächenbezogene Masse
M	[g/mol]	Molmasse des Polymers

M_0	[g/mol]	Molmasse des Monomers
m_A	[kg/m^2]	Flächengewicht Vliesstoff
m_{Faser}	[kg]	Verstärkungsfasermasse
m_i	[g]	Gesamtmasse aller Moleküle der Molekülfraktion
m_{Matrix}	[kg]	Matrixfasermasse
$m_{Verbund}$	[kg]	Gesamtmasse des Verbundwerkstoffes
M_n	[g/mol]	Zahlenmittel der Molmassenmittelwerte
M_w	[g/mol]	Massenmittel der Molmassenmittelwerte
M_i	[g/mol]	relative Molmasse einer engen Molekülfraktion
n	[mm]	Garnabstand (k ... Kette, s ... Schuss)
n_{Faser}	[–]	Anzahl Verstärkungsfasergarne
n_i	[mol]	Anzahl der Moleküle der Molekülfraktion
n_{Matrix}	[–]	Anzahl Matrixfasergarne
n_{Spi}	[min^{-1}]	Spindeldrehzahl pro Minute
p	[Pa]	hydrostatischer Druck
P	[–]	Polymerisationsgrad
P	[%]	Porosität
p	[–]	Besetzungsfaktor (bindungsabhängig)
p_B	[Pa]	Benetzungsdruck
r	[m]	Porendurchmesser
SC	[%]	Schlichte-/Präparationsanteil
T	[–]	Anzahl Drehungen pro m
Tt	[tex]	Feinheit in tex
Tt_{Faser}	[tex]	Verstärkungsfaserfeinheit
Tt_{Matrix}	[tex]	Matrixfaserfeinheit
U	[–]	Molekulare Uneinheitlichkeit
V	[m^3]	Volumen
V_F	[m^3]	Volumen Fasern
V_{Faser}	[m^3]	Verstärkungsfaservolumen
V_L	[m^3]	Volumen eingeschlossener Luft
V_{Matrix}	[m^3]	Matrixfaservolumen
$V_{Verbund}$	[m^3]	Verbundwerkstoffvolumen
v_L	[m/min]	Liefergeschwindigkeit
V_V	[m^3]	Gesamtvolumen Vliesstoff
$Vol. - \%$	[%]	Faservolumengehalt
W	[–]	Anzahl der Windungen pro m im Umwindungszwirn
W_A	[N/m]	Adhäsionsarbeit bezogen auf Fläche
x_w	[–]	wahrer Wert einer Messgröße

Abkürzungen

1D	eindimensional
2D	zweidimensional
2,5D	zweieinhalbdimensional
3D	dreidimensional
A, A1, A2	Klemmpunkt bei der Beschreibung der Drehungserteilung
AR	Aramidfaserstoff
ARTM	Advanced Resin Transfer Moulding
AS4	Carbonfasertyp
ATR	abgeschwächte Totalreflexion
B, B1, B2	Klemmpunkt bei der Drehungserteilung
C	Klemmpunkt bei der Beschreibung der Drehungserteilung
CA	Acetat
CAD	Computer Aided Design
CAI	Compression After Impact
CCD	Charge-coupled device
CD	cross direction (rechtwinklig zur Maschinenrichtung, Produktionsrichtung)
CD tow	continuous discontoinuous tow
CF	Carbonfaserstoff bzw. Kohlenfaserstoff
CFK	Carbonfaserverstärkter Kunststoff
CLF	Polyvinylchloridfaserstoff
CNC	Computer Numerical Control
CNT	Carbon Nano Tubes
COM	in-situ commingled
co-PBT	Polybutylenterephthalat
CR	Chloropren-Kautschuk, Chloropren-Rubber
CUP	Cuprofaserstoff
CV	Viskosefaserstoff
CVD	Chemical Vapour Deposition
DBD	Dielectric Barrier Discharge
DFG	Deutsche Forschungsgemeinschaft
DFG-FOR	DFG-Forschergruppe
DG	Gewebedichte
DIN	Deutsches Institut für Normung
DMS	Dehnungsmessstreifen
ECPE	Extended Chain Polyethylen-Fasern
EDV	Elektronische Datenverarbeitung
EL	Elastan
E-Modul	Elastizitätsmodul
EN	Europäische Norm
EP	Epoxidharz
ESCA	Electron Spectroscopy for Chemical Analysis

ESZ	ebener Spannungszustand
Fbst.	Farbstoff
FKV	Faserkunststoffverbund
FOY	full oriented yarn
FVW	Faserverbundwerkstoff
GF	Glasfaser
GFK	Glaserfaserverstärkter Kunststoff
GMT	Glasmattenverstärktes Thermoplast
hf	hochfest
HM	Hochmodul-Typ (bei AR) / High-Modulus (bei CF)
HMS	High modulus/High strength
HOY	high oriented yarn
HST	High Strain and Tenacity
HT	Hochtemperatur
HT	High Tensile
IGES	Initial Graphics Exchange Specification
IM	Intermediate Modulus
IR	Infrarot
ISO	Internationale Organisation für Normung
ITA	Institut für Textiltechnik der RWTH Aachen
ITM	Institut für Textilmaschinen und Textile Hochleistungswerkstofftechnik der TU Dresden
K	1000 Filamente
LC	Liquid Crystal
LCP	Liquid Crystal Polymers
LFT	Langfaserverstärktes Themoplast
LI	Flachs
LL	Links-Links
LOY	low oriented yarn
MAG	Multiaxialgelege
m-AR	meta-Aramid
MD	machine direction (Maschenrichtung, Produktionsrichtung)
MIR	mittlerer Infrarotbereich
ML	Maschenlänge
MLG	Mehrlagengestrick
MOY	medium oriented yarn
MPIA	Poly-m-Phenylenisophthalamid
MPP	Mesophasenpech
MR	Maschenreihe
MRR	Maschenreihenrichtung
MS	Maschenstäbchen
MSR	Maschenstäbchenrichtung
MTF	Metallfasern
N	Normaltyp
NeB	englische Baumwollgarnnummer

Nm	Metrische Nummer – Längennummerierung
NMP	N-Methylpyrolidon
OE	Open end (= offenes Garnende)
OT	Oberer Umkehrpunkt
PA	Polyamid
PAA	Polyacrylsäure
p-AR	para-Aramid
PBI	Polybenzimidazolen
PBI_M	Polybenzimid für Matrixfasern
PBO	Polyphenylenbenzbisoxazol
PBO_M	Polybenzoxazolen für Matrixfasern
PC	Polycarbonat
PDM	Produkdatenmanagementsystem
PE	Polyethylen
PEEK	Polyetheretherketon
PEI	Polyetherimid
PES	Polyester
PET	Polyethylenterephthalat
PF	Phenolharz
POY	pre-oriented yarn, partially oriented yarn
PP	Polypropylen
PPD	p-Phenylendiamin
PPS	Polyphenylensulfid
PPTA	Poly-p-Phenylenterephthalamid
PSU	Polyethersulfon
PTFE	Polytetrafluorethylen
PU	Polyurethan
PVA	Polyvinylalkohlfasern
PVC	Polyvinylchlorid
PVD	Physical Vapour Deposition
R	organische Gruppe
REM	Rasterelektronenmikroskopie
RFID	Radio Frequency Identification
RL	Rechts-Links
RR	Rechts-Rechts
RRG	Rechts-Rechts-gekreuzt
RTM	Resin Transfer Moulding
RWP	Randwertproblem
S	Drehung in S-Richtung
SBCF	Stretch Broken Carbon Fiber
SBR	Styrene-butadiene rubber
SBS	Side-by-Side
SE	Seide
SI	Sisal
SIC	Strand-in-Concrete

SMA	Shape Memory Alloys
SMC	Sheet Moulding Compound
SME	Shape Memory Effect
SRIM	Structural Reaction Injection Moulding
STEP	Standard for Exchange of Product model data
T300	Carbonfasertyp
TDC	Terephthaloyldichlorid
tex	Feinheit – Gewichtsnummerierung
Td	Titer-Denier-System
TFP	Tailored Fibre Placement
UD	unidirektional
UHM	Ultrahigh-Modulus
UHMWPE	Ultra high molecular weight polyethylene
UP	ungesättigtes Polyester-Harz
UT	unterer Umkehrpunkt
UV	Ultraviolett
VARTM	Vacuum Assisted Resin Transfer Moulding
VE	Venylesterharz
VI	Vacuum Injection
x	Kennzeichen für die Fachung
XPS	Röntgen-Photoelektronenspektroskopie
Z	Drehung in Z-Richtung

Stichwortverzeichnis